W0460609

UTB

UTB 2388

Eine Arbeitsgemeinschaft der Verlage

Böhlau Verlag · Wien · Köln · Weimar
Verlag Barbara Budrich · Opladen · Farmington Hills
facultas.wuv · Wien
Wilhelm Fink Verlag · München
A. Francke Verlag · Tübingen und Basel
Haupt Verlag Bern · Stuttgart · Wien
Julius Klinkhardt Verlagsbuchhandlung · Bad Heilbrunn
Mohr Siebeck · Tübingen
Nomos Verlagsgesellschaft · Baden-Baden
Orell Füssli Verlag · Zürich
Ernst Reinhardt Verlag · München · Basel
Ferdinand Schöningh Verlag · Paderborn · München · Wien · Zürich
Eugen Ulmer Verlag · Stuttgart
UVK Verlagsgesellschaft · Konstanz, mit UVK/Lucius · München
Vandenhoeck & Ruprecht · Göttingen · Oakville
vdf Hochschulverlag AG an der ETH · Zürich

Grundwissen der Ökonomik

Betriebswirtschaftslehre

Herausgegeben von
F.X. Bea · Tübingen
M. Schweitzer · Tübingen

Franz Xaver Bea
Steffen Scheurer
Sabine Hesselmann

Projektmanagement

2., überarbeitete und erweiterte Auflage

UVK Verlagsgesellschaft mbH · Konstanz
mit UVK/Lucius · München

Bibliografische Information der Deutschen Bibliothek
Die Deutsche Bibliothek verzeichnet diese Publikation in der Deutschen Nationalbibliografie; detaillierte bibliografische Daten sind im Internet über <http://dnb.ddb.de> abrufbar.

ISBN 978-3-8252-2388-5

Einbandgestaltung: Atelier Reichert, Stuttgart
Druck und Bindung: fgb · freiburger graphische betriebe, Freiburg

UVK Verlagsgesellschaft mbH
Schützenstr. 24 · 78462 Konstanz
Tel. 07531-9053-0 · Fax 07531-9053-98
www.uvk.de

Vorwort der Herausgeber

Für Studierende und Praktiker ist es erfahrungsgemäß eine große Hilfe, wenn ihnen das Wissen eines Faches in einer knappen, systematisch aufbereiteten und leicht fasslichen Form dargeboten wird. Gleichzeitig müssen sie die Gewissheit haben, dass die Inhalte dem gegenwärtigen Erkenntnisstand entsprechen.

Diesem Ziel dienen die Uni-Taschenbücher (UTB), die wir in der Reihe „Grundwissen der Ökonomik: Betriebswirtschaftslehre" herausgeben. Die Themen der Einzeltitel sind so gewählt, dass sie den gesamten Wissensbereich der modernen Betriebswirtschaftslehre abdecken.

Als Autoren konnten Hochschullehrer gewonnen werden, die dank der Verschiedenheit von Alter, Herkunft und Wissenschaftsauffassung die Gewähr dafür bieten, dass der Charakter der Reihe von keiner bestimmten Schulrichtung geprägt, sondern ein getreues Abbild der Wissenschaftsvielfalt in der Betriebswirtschaftslehre geboten wird.

Eine Besonderheit der Reihe besteht darin, dass Bände, bei denen es sich vom Gegenstand her anbietet, durch Arbeitsbücher ergänzt werden. Diese Studienhilfen dienen vor allem der Vertiefung theoretischer Erörterungen, der Einübung von Wissen und der Anwendung des Erlernten auf praktische Fälle. Mit diesem Konzept ist zugleich die Chance verbunden, die Tätigkeit von Dozenten didaktisch und methodisch zu unterstützen und sie von Arbeiten zu befreien, deren Erledigung zwangsläufig zu Lasten vordringlicher Aufgaben ginge.

Der Leser sei abschließend auf zwei Titel der Reihe hingewiesen, die wir als Basis-Lehrangebote konzipiert haben: die dreibändige „Allgemeine Betriebswirtschaftslehre" und das neue „BWL-Lexikon". Die Allgemeine Betriebswirtschaftslehre, von einem Expertenteam verfasst, bildet die Klammer um die Einzeltitel der Reihe und bezweckt eine systematische und branchenunabhängige (allgemeine) Einführung in das Fach. Ergänzend ermöglicht das neue UTB-Lexikon mit über 2000 Stichwörtern für alle Titel der Reihe eine kurze und leicht fassliche Klärung von Einzelproblemen. Es kann als fallweise Suchhilfe oder begleitend im laufenden Lernprozess eingesetzt werden.

Tübingen, Mai 2011

F. X. Bea
M. Schweitzer

Einführung

1 Zielgruppe

Dieses Buch wendet sich an drei Zielgruppen:

(1) **Studenten**, die sich
   - mit den Grundlagen und den vertiefenden Aspekten des Projektmanagements insgesamt oder
   - mit einzelnen Aspekten des Projektmanagements gezielt auseinandersetzen wollen.

(2) **Praktiker**, die eine Aktualisierung ihres Wissensstandes zum Projektmanagement anstreben.

(3) **Forscher**, die durch kritische Reflexion der hier vorgestellten, in sich geschlossenen Konzeption des Projektmanagements Impulse für die Weiterentwicklung ihres Forschungsgebietes erhalten können.

2 Aufbau

Das Buch besteht aus vier Teilen:

(1) Der **erste Teil „Projektmanagement und Unternehmensführung“** bietet eine Einführung in den Gesamtzusammenhang des Buches: Aufgrund der zunehmenden Komplexität und Dynamik der Unternehmensumwelt bekommt das Projektmanagement im Zuge des „Managements des Wandels“ eine ganz neue strategische Bedeutung.

   Projektmanagement entwickelt sich weg von der reinen Abwicklungsmethodik für einzelne Projekte hin zu einer umfassenden Führungskonzeption. Das Projektmanagement wird somit eingesetzt, um wichtige **Ziele** der Unternehmensführung zu erreichen:

   - Eine erfolgreiche strategische Unternehmensentwicklung
   - Die Steigerung des Unternehmenswertes

   Daraus ergeben sich zwei wichtige **Aufgabenfelder** des Projektmanagements:

   - Die Planung, Umsetzung und Kontrolle jedes einzelnen Projektes durch ein systematisches Einzelprojektmanagement

- Die Planung, Umsetzung und Kontrolle der Gesamtheit aller Projekte durch ein systematisches Multiprojektmanagement

Während es sich beim Management eines einzelnen Projektes (**„Management von Projekten"**) um eine eher operative Aufgabenstellung handelt, beinhaltet das Multiprojektmanagement sowohl strategische als auch operative Aufgaben. Je größer der Anteil von Projekten am Gesamtumsatz eines Unternehmens wird, desto stärker beeinflussen die Projekte die strategische Ausrichtung des Unternehmens (**„Management durch Projekte"**). Werden Projekte als „Kern des Geschäftes" verstanden und deshalb alle Führungsfunktionen auf das Projektmanagement ausgerichtet, so geht man sogar noch einen Schritt weiter auf dem „Entwicklungskontinuum des Projektmanagements": Es entsteht ein **„projektorientiertes Unternehmen"**.

Der weitere Aufbau des Buches folgt diesen Entwicklungsschritten des Projektmanagements.

(2) Der **zweite Teil „Management von Projekten"** befasst sich mit der effizienten Abwicklung von Projekten. Er beginnt mit der Darstellung der **Projektorganisation**, da mit ihrer Hilfe wichtige Rahmenbedingungen für die konkrete Arbeit im Projekt festgelegt werden und sie somit die Basis für ein effizientes Management von Projekten liefert. Im Mittelpunkt stehen die **Phasen** des Managements von Projekten:

- Projektstart mit Projektvorbereitung und Kick-Off-Meeting
- Zielpräzisierung
- Projektplanung mit Projektstrukturplanung, Arbeitsaufwandsplanung, Projektablaufplanung, Projektterminplanung, Projektressourcenplanung und Projektkostenplanung
- Projektumsetzung
- Projektkontrolle
- Projektabschluss

Zudem werden zwei begleitende Prozesse näher betrachtet: Das **Qualitätsmanagement** in Projekten sowie das **Chancen- und Risikomanagement** in Projekten.

(3) Der **dritte Teil „Management durch Projekte"** beschäftigt sich verstärkt mit der strategischen Seite des Projektmanagements: Wie tragen Projekte zur strategischen Unternehmensentwicklung und zur Wertsteigerung des gesamten Unternehmens bei? Wie wählt man aus einer Vielzahl von Projekten die „richtigen" Projekte im Sinne der Unter-

nehmensstrategie aus? Wie kann die gesamte Projektlandschaft in einem Unternehmen erfolgreich geplant, umgesetzt und kontrolliert werden? Welche Rahmenbedingungen sind dafür notwendig?

(4) Der **vierte Teil** widmet sich dem **„projektorientierten Unternehmen"**. Die Entwicklung zu einem projektorientierten Unternehmen stellt eine adäquate unternehmerische Antwort auf eine Situation mit sehr hoher Umfeld- und Unternehmensdynamik und einem hohen Anteil von Projekten am Gesamtgeschäft dar.

Die **Führungsfunktionen**, wie z.B. die Organisation oder die Unternehmenskultur, werden hierbei systematisch auf die Erfordernisse des Projektmanagements ausgerichtet. Dieser Schritt hängt aufs Engste mit dem gezielten Aufbau der notwendigen **Kompetenzen** im Unternehmen zusammen. Dazu gehören sowohl organisationale Kompetenzen als auch persönliche Kompetenzen des einzelnen Mitarbeiters. Ein projektorientiertes Unternehmens kann somit als Prototyp einer **„lernenden Organisation"** verstanden werden. In diesem Teil des Buches werden daher die Zusammenhänge zwischen Projektmanagement und Wissensmanagement näher beleuchtet.

Wichtigstes Ziel einer solchen Entwicklung hin zum „projektorientierten Unternehmen" ist der Aufbau von besonders nachhaltigen Wettbewerbsvorteilen im Sinne von Strategieinnovationen, die auf einer unternehmensweiten strategischen Kompetenz beruhen. Nach einer Diskussion dieser Wettbewerbsvorteile endet dieser Teil mit einem Ausblick auf mögliche Weiterentwicklungen des Projektmanagements.

Das Entwicklungskontinuum des Projektmanagements dient als „Wegweiser" durch das Buch und leitet als Logo den jeweiligen Teil ein:

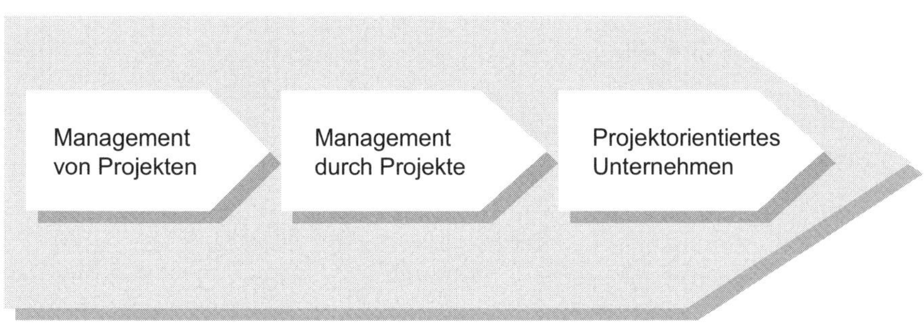

3 Empfehlungen für die Benutzung

Wir haben uns zum Ziel gesetzt, das Spektrum des Projektmanagements in seiner ganzen Breite aufzuzeigen und die einzelnen Aspekte und Elemente in eine geschlossene Konzeption einzufügen.

Trotz der Geschlossenheit ist es für den Leser ohne weiteres möglich, einzelne Teile separat zu bearbeiten, insbesondere die verschiedenen Themen in Teil 2, wie z.B. die Projektstrukturplanung und die Projektkostenplanung. In Teil 3 bauen die Abschnitte inhaltlich teilweise aufeinander auf, z.B. gibt es jeweils ein Grundlagenkapitel zu den Themen „Strategische Unternehmensentwicklung" (Abschnitt 2) und „Wertsteigerungsmanagement" (Abschnitt 3), deren Lektüre für das weitere Verständnis der Ausführungen zum Multiprojektmanagement in Abschnitt 4 empfehlenswert ist.

Grundsätzlich weisen die einzelnen Teile die folgende identische Struktur auf:

(1) **Einführung** mit einem Logo

(2) **Hauptteil** mit optischer Hervorhebung von Definitionen, Kernaussagen, Praxisbeispielen und einer Zusammenfassung

(3) **Schluss** mit

- Fragen zur Wiederholung, die anhand der Abschnittsangaben eine Überprüfung des Wissens ermöglichen
- Fragen zur Vertiefung, die dem Leser weitere Zusammenhänge und offene Probleme erschließen
- Literaturempfehlungen, welche die wichtigste Literatur zum intensiven Studium sachlich geordnet umfassen

4 Veränderungen gegenüber der ersten Auflage

Die Neuauflage haben wir genutzt, um das Lehrbuch auf den neuesten Stand des Wissens zu bringen. Die in mehreren Buchbesprechungen gewürdigte Innovation unseres Buches, nämlich die Verzahnung von Projektmanagement und Strategischem Management, haben wir noch stärker zur Geltung gebracht.

Auch haben wir aktuelle Diskussionen aufgegriffen. Zu nennen sind v.a. folgende Themen: Projektmanagement-Assessment, Critical Chain-Projektmanagement, Agiles Projektmanagement sowie Professionalisierung des Projektmanagements durch das Projektmanagementoffice.

5 Die Verfasser

Das Buch wurde von uns in mehrjähriger Teamarbeit geschrieben. Es basiert auf Erfahrungen, die in jahrelanger praktischer Projektarbeit und -beratung gesammelt wurden. Zudem sind Erfahrungen aus einer langen Reihe von Lehrveranstaltungen mit Studenten und Praktikern in die Arbeit eingeflossen.

Sehr gespannt waren wir auf die Rezensionen der ersten Auflage unseres Buches. Unter der Vielzahl durchweg wohlwollender Buchbesprechungen seien zwei hervorgehoben:

Professor Dr. Heinz Schelle in „Projekt Management aktuell" 1/2009 und

Professor Dr. Heinz K. Stahl in der FAZ vom 08.12.2008.

Beiden Verfassern danken wir für die gründliche und konstruktive Besprechung unserer Arbeit. Wir haben uns bemüht, in der vorliegenden zweiten Auflage die Ratschläge zur Verbesserung des Buches aufzugreifen.

Für Hinweise und Vorschläge zur Verbesserung der nunmehr zweiten Auflage bedanken wir uns im Voraus.

Unserem früheren Verleger, Herrn Professor Dr. von Lucius, danken wir für die erneut angenehme und fruchtbare Zusammenarbeit. Ebenso danken wir unserem neuen Lektor, Herrn Dr. Jürgen Schechler, für den guten Start unserer Zusammenarbeit.

Professor Dr. Franz Xaver Bea *(geb. 1937): Früherer Inhaber des Lehrstuhls für Betriebswirtschaftslehre, insbesondere Planung und Organisation, an der Universität Tübingen. Forschungsschwerpunkte: Strategisches Management, Projektmanagement, Organisation.*

e-mail: franz-xaver.bea@uni-tuebingen.de

Dr. Steffen Scheurer *(geb. 1963): Diplom-Kaufmann und Bankkaufmann. Verschiedene Lehrtätigkeiten; seit 1988 Berater und Trainer mit den Themenschwerpunkten: Strategisches Management, Wertsteigerungsmanagement, Controlling und Projektmanagement.*

e-mail: steffen.scheurer@ub-scheurer.de

Sabine Hesselmann *(geb. 1969): Diplom-Kauffrau und Bankkauffrau. Frühere Mitarbeiterin am Lehrstuhl von Professor Bea; verschiedene Lehrtätigkeiten; Mitarbeiterin der Dualen Hochschule Baden-Württemberg; seit 2000 Beraterin und Trainerin mit den Themenschwerpunkten: Strategisches Management, Controlling und Projektmanagement.*

e-mail: sabine.hesselmann@gmx.de

Inhaltsübersicht

Inhaltsverzeichnis

Teil 1: Projektmanagement und Unternehmensführung

1 Projektmanagement im Wandel

In der Geschichte der Menschheit spielen Aufgaben, die den Charakter von Projekten annehmen, eine beachtliche Rolle. Zu nennen sind z.B. der Bau der Pyramiden oder des Suez-Kanals, die Bekämpfung von Krankheiten oder die Organisation einer Friedenskonferenz. In den vergangenen Jahrzehnten hatten insbesondere technisch ausgerichtete Infrastrukturprojekte, wie der Bau von Staudämmen und Straßen, Bedeutung erlangt. Mit den Raumfahrtprogrammen rückte das Projektmanagement dann endgültig in die Nähe der industriellen Entwicklung und Fertigung.

Die Beschäftigung mit Projekten war oftmals primär eine Angelegenheit von Ingenieuren. Aus diesem Grunde wurde die Netzplantechnik lange Zeit als Synonym für Projektmanagement angesehen. Eine solch eingeschränkte Sichtweise des Projektmanagements wird den heutigen Herausforderungen nicht mehr gerecht. Dies wird deutlich, wenn ein Blick auf die Trends geworfen wird, mit denen sich Unternehmen zunehmend auseinandersetzen müssen.

Diese Trends führen zu einer deutlich erhöhten **Komplexität** im unternehmerischen Umfeld. Sie äußert sich in einer immer größer werdenden Anzahl von Einflussfaktoren auf ein Unternehmen und in deren weltweiten Vernetzung. Zusätzlich unterliegen diese Einflussfaktoren auch noch einer erhöhten **Veränderungsdynamik**. In Abb. 1-1 werden exemplarisch einige dieser makroökonomischen, gesellschaftlichen und technologischen Trends dargestellt (vgl. *Hofmann/Rollwagen/Schneider* [Deutschland] sowie *Bundesministerium für Umwelt, Naturschutz und Reaktorsicherheit* [Megatrends]).

Werden diese Trends detaillierter betrachtet, fällt auf, dass es sich immer wieder um dieselben grundlegenden Faktoren handelt, die diese Trends beeinflussen: das Wissen, die weltweite Vernetzung sowie die zunehmende Dynamik des Wandels.

Der Faktor **Wissen** treibt maßgeblich die technologische Entwicklung voran; diese findet inzwischen jedoch nur noch selten lokal abgegrenzt statt. Mit der schnell zunehmenden Digitalisierung aller Bereiche der Gesellschaft, die eng mit wirtschaftlichen Tätigkeiten verbunden sind, wird eine **weltweite Vernetzung** von Wirtschaft und Gesellschaft immer stärker zur Normalität. Mit dieser globalen Vernetzung nehmen jedoch auch die gesellschaftlichen, politischen und ökonomischen Wechselwirkungen zu. Dies führt zu einer zunehmenden Dynamik des Wandels in allen Lebensbereichen, damit natürlich auch im Bereich des Wirtschaftens.

Makroökonomische Trends	Gesellschaftliche Trends	Technologische Trends
Globalisierung bei gleichzeitiger Wahrung lokaler Zusammenhänge	Wachsende politische und gesellschaftliche Vernetzung weltweit	Informations- und Kommunikationstechnologie als Schrittmachertechnologie
Weltweite Verteilung von Expertenwissen	Kulturelle Vielfalt	Internet 2.0 bestimmt zunehmend technologische Trends
Herausbildung lokaler Wissenscluster, die über Ländergrenzen hinweg im Wettbewerb stehen	Wachsende persönliche Mobilität	Schnellere Produktlebenszyklen durch laufenden technologischen Fortschritt
Erstarken der BRIC-Staaten, insbesondere der asiatischen Staaten	Zunehmende Individualisierung des Einzelnen	Technologisches Expertenwissen liegt global verteilt vor
Erhöhte wirtschaftliche Dynamik durch wechselseitige Vernetzung der Volkswirtschaften	Mündiger und zeitnah informierter und engagierter Bürger, Konsument und Arbeitnehmer	Technologische Innovationen bestimmen zunehmend über den Geschäftserfolg
Weltweiter Kampf um knappe Ressourcen	Zunehmende Ausbildung von Spezialwissen	Zunehmende Konvergenz von Technologien
...	Globale Vernetzung des Wissens über gemeinsame Plattformen	...
	...	

Abb. 1-1: Makroökonomische, gesellschaftliche und technologische Trends

Zugleich entwickelt sich Wissen durch die globale Vernetzung wesentlich schneller, so dass Wettbewerbsvorteile, die auf exklusivem Wissen aufbauen, immer schneller erodieren. Dies zeigt sich bspw. an den sich verkürzenden Produktlebenszyklen in vielen technologiegetriebenen Branchen. Damit sind verstärkt Lösungen gefordert, die es erlauben, das Wissen von Spezialisten oder von kooperierenden Partnerunternehmen flexibel, in immer wieder wechselnden Zusammenstellungen und zeitlich begrenzt in die eigenen Wertschöpfungsketten zu integrieren. Sogar die direkte Einbeziehung der Kundenintelligenz in die Entwicklung neuer Produkte im Rahmen eines über das **Web 2.0** organisierten offenen Entwicklungsprozesses ist mittlerweile denkbar. Verbesserung der Kundennähe, Steigerung der Innovationsfähigkeit bei gleichzeitiger Senkung der Entwicklungskosten sind die Herausforderungen zur Sicherung von Wettbewerbsvorteilen.

Um diese Herausforderungen erfolgreich meistern zu können, spielt offensichtlich in Zukunft die Flexibilisierung der Organisation und der konkreten Arbeitssituation eine wesentliche Rolle für das Attrahieren der benötigten Wissensträger. Der Trend weist hier weg von festen und dauerhaften Arbeitsverhältnissen hin zu flexiblen, zeitlich begrenzten und bedarfsorientierten Engagements der Wissensträger. Insgesamt ist wohl davon auszugehen, dass sich sowohl Wissen als auch die zugehörigen Wissensträger schneller, flexibler und weltweit vernetzter entwickeln werden als in der Vergangenheit.

Zusammenfassend kann festgestellt werden, dass aus diesen Trends steigende Anforderungen an die Fähigkeiten von Unternehmen erwachsen: Offenheit, Marktnähe und Kundenorientierung werden immer stärker gefordert. Die zentrale Herausforderung der strategischen Unternehmensführung muss vor diesem Hintergrund wohl als **„Management des Wandels"** verstanden werden. Im Umgang mit dem Wandel spielen unternehmerische Kompetenzen wie Flexibilität, Kreativität, Innovationsfähigkeit und -bereitschaft, aber auch Geschwindigkeit und Entscheidungsfähigkeit eine wichtige Rolle.

Gemäß dem Gedanken des **„strategischen Fit"** müssen Unternehmen mit dem Aufbau von entsprechenden Kompetenzen, Strukturen und Prozessen reagieren, um erfolgreich mit diesen Veränderungen umgehen zu können (vgl. z.B. *Bea/Haas* [Management] 16ff.). Diesen Ansprüchen sind die klassischen Organisationsmodelle nicht gewachsen. Stattdessen verspricht die Organisation des Geschäftes im Rahmen von Projekten einen adäquaten Umgang mit den ständig wachsenden Herausforderungen durch Umwelt und Kunden.

Hierauf verweist auch die Studie *„Deutschland im Jahr 2020"* der Deutsche Bank Research. Diese Studie sieht in einer „Projektwirtschaft" ein mögliches neues Wertschöpfungsmuster für die Bewältigung der beschriebenen Herausforderungen (vgl. *Hofmann/Rollwagen/Schneider* [Deutschland]). Diese Sichtweise wird auch von der *HAYS-Studie* zur betrieblichen Projektwirtschaft aus dem Jahr 2009 gestützt (vgl. Abb. 1-2 und 1-3). In ihr wird eine Vielzahl von externen und internen Ursachen für die Einführung einer betrieblichen Projektwirtschaft in Unternehmen genannt, die einen engen Bezug zu den oben beschriebenen Trends und Herausforderungen aufweisen (vgl. *Rump/Schabel/Alich/Groh* [Betriebliche Projektwirtschaft]).

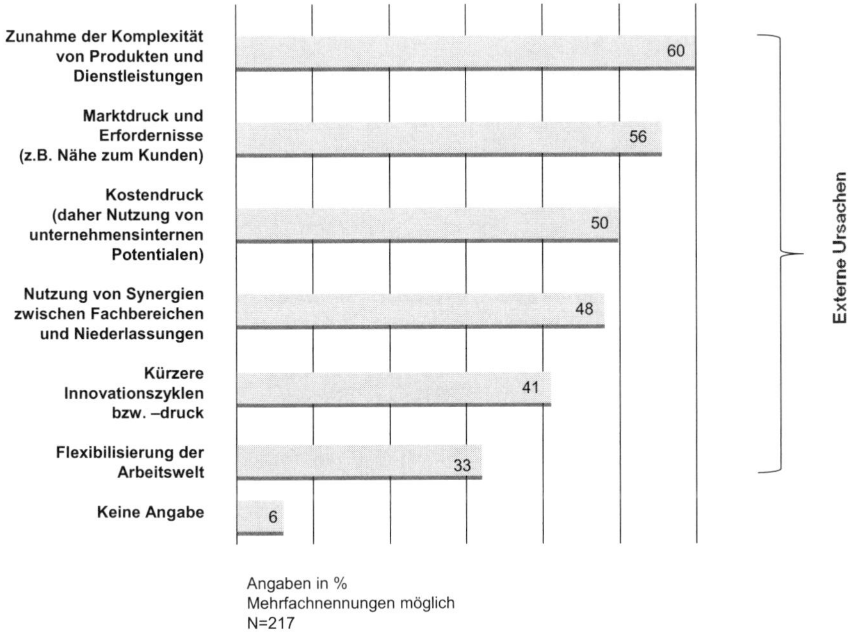

Abb. 1-2: Externe Ursachen für die Einführung einer betrieblichen Projektwirtschaft (Quelle: *Rump/Schabel/Alich/Groh* [Betriebliche Projektwirtschaft] 14)

Projekte sind vom Charakter her zunächst kleinere, äußerst flexible Einheiten, die geradezu prädestiniert dafür sein können, mit schnellem Wandel und Komplexität umzugehen. **Modelle der Projektorganisation** ermöglichen zudem eine Objektorientierung anstelle der Funktionsorientierung sowie die Möglichkeit der fachübergreifenden Zusammenarbeit in einer teamorientierten Projektgruppe. Es findet somit eine Überwindung der tayloristischen Arbeitsteilung statt.

Doch damit nicht genug: Wird der Gedanke des „strategischen Fit“ konsequent zu Ende gedacht und zugleich das „Management des Wandels“ als zentrale Herausforderung der strategischen Unternehmensführung angenommen, kann dem Projektmanagement eine **ganz neue strategische Bedeutung** beigemessen werden. Allerdings muss hierzu das Verständnis des Projektmanagements über das reine „Management von Projekten“ hinaus erweitert werden.

Die Notwendigkeit zur Erweiterung der Sichtweise ergibt sich einerseits durch die Tatsache, dass in einem Unternehmen, das den geschilderten Umfeldbedingungen mit einem vermehrten Einsatz von Projekten begegnet, zunehmend mehrere Projekte gleichzeitig geplant, durchgeführt und kontrolliert werden müssen, die meist auf dieselben Ressourcen zurückgreifen. Je größer der Anteil des Projektgeschäftes am Umsatz wird, desto mehr gewinnt dieses Projektgeschäft an strategischer Bedeutung: Die Struktur des Projektportefeuilles des Unternehmens bestimmt zunehmend die strategische Entwicklung des gesamten Unternehmens.

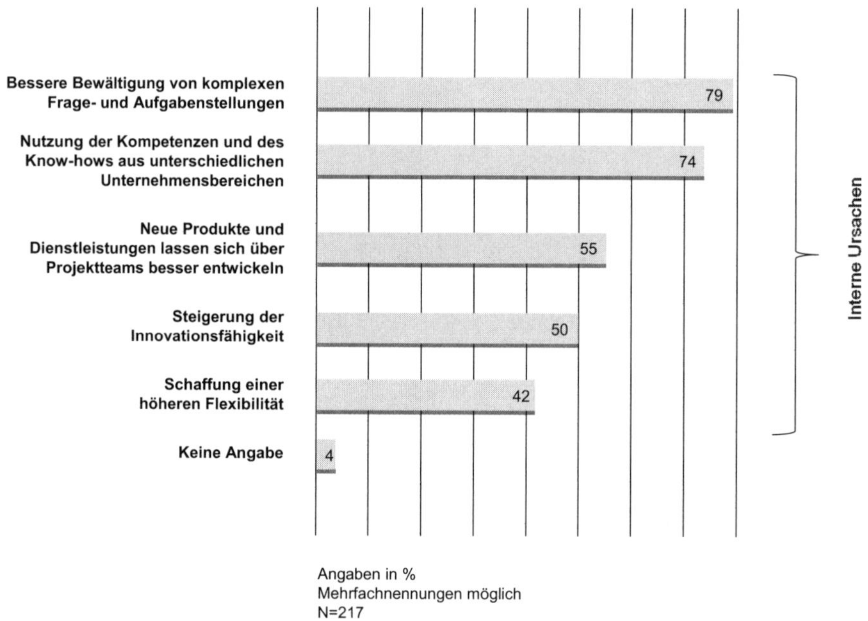

Abb. 1-3: Interne Ursachen für die Einführung einer betrieblichen Projektwirtschaft (Quelle: *Rump/Schabel/Alich/Groh* [Betriebliche Projektwirtschaft] 15)

Andererseits ist die strategische Erweiterung der rein operativen Sichtweise auf das Projektmanagement sinnvoll, da Projekte in zunehmendem Maße gezielt zur Umsetzung von Strategien eingesetzt werden. Strategien sind „Maßnahmen zur Sicherung des langfristigen Erfolgs eines Unternehmens" (*Bea/Haas* [Management] 54). Mit ihrer Hilfe soll ein Fit zwischen den Anforderungen der Umwelt und den Stärken und Schwächen des Unternehmens erreicht werden. Bei Fragen der strategischen Unternehmensentwicklung handelt es sich somit i.d.R. um schlecht strukturierte, komplexe und aufgrund der vielfältigen Verflechtungen der verschiedenen Einflussfaktoren fortlaufend um neuartige Problemstellungen. Zum Charakter strategischer Steuerungsprobleme und den daraus resultierenden Konsequenzen vgl. *Scheurer* [Steuerung].

Genau diese Charakteristika werden typischerweise Projekten zugeschrieben: Neuartigkeit, Einmaligkeit, eine beachtliche Größe bzw. Bedeutung sowie ein hoher Grad an Komplexität zeichnen Projekte aus (vgl. S. 32). Schon allein der Projektcharakter strategischer Aufgabenstellungen spricht daher dafür, Projekte im Rahmen der strategischen Unternehmensentwicklung gezielt zu nutzen.

Auf der Grundlage eines „Managements von Projekten" entwickelt sich somit ein **„Management durch Projekte"** mit einem originär strategischen Charakter. Das Projektmanagement befindet sich im Wandel: Während es früher vorrangig als Methodik zur möglichst effizienten Abwicklung einzelner Projekte eingesetzt wurde, gewinnt es in den letzten Jahren zunehmend Relevanz für die Unternehmensführung.

Wir können noch einen Schritt weitergehen: Wird Projektmanagement als Mittel der strategischen Unternehmensführung begriffen und systematisch in diesem Sinne ins Unternehmen eingebettet, können **besonders nachhaltige Wettbewerbsvorteile** erzielt werden.

Wie stark die strategische Rolle des Projektmanagements bei einem Unternehmen ausgeprägt sein sollte, kann nicht allgemein beantwortet werden. Vielmehr hängt dies von der Situation des Unternehmens ab. Generell gilt: Je stärker die Umwelt- und Unternehmensdynamik ist, in der sich das Unternehmen befindet, und je mehr Anteile des Gesamtumsatzes über Projekte abgewickelt werden, umso ausgeprägter sollte das Projektmanagement in die strategische Unternehmensentwicklung eingebettet werden. Wir schlagen in diesem Zusammenhang ein „Entwicklungskontinuum des Projektmanagements" vor. Dies wird in Abschnitt 3 vorgestellt. Zuvor soll allerdings im folgenden Abschnitt 2 noch unser Verständnis des Projektmanagements als „Führungskonzeption" beschrieben werden.

2 Projektmanagement als Führungskonzeption

2.1 Merkmale einer Führungskonzeption

Im vorigen Abschnitt wurde die historische Entwicklung des Projektmanagements ausgehend von antiken Großvorhaben bis hin zur industriellen Entwicklung und Fertigung kurz geschildert. Dabei wurde klar, dass Projektmanagement - geschichtlich gesehen - zunächst als eine stark einzelprojektbezogene **Abwicklungsmethodik** verstanden werden muss.

Erst in neuerer Zeit, sicher auch wesentlich beschleunigt durch die Globalisierung, gewinnt Projektmanagement einen zunehmend **strategischen Charakter**. Diese Entwicklung des Projektmanagements lässt sich nicht mehr zurückdrehen, im Gegenteil, sie wird sich eher weiter beschleunigen. Aus diesem Grunde ist es u.E. höchste Zeit, Projektmanagement neu im Kontext der Unternehmensführung zu interpretieren. Wir betrachten Projektmanagement aus diesem Grund als Führungskonzeption.

> Eine **Führungskonzeption** beschreibt die grundsätzliche Ausrichtung der Unternehmensführung bei der zielorientierten Gestaltung des Unternehmens. Sie äußert sich in den Zielen, den Aufgaben und den Methoden der Führung.

Wird das Projektmanagement als Führungskonzeption verstanden, so bedeutet dies, dass die Ziele, die Aufgaben und die Methoden des Projektmanagements unmittelbar mit der strategischen Entwicklung des Unternehmens verknüpft werden müssen.

Ein solch umfassendes Verständnis von Projektmanagement ist schon aus praktischen Erwägungen nahezu unumgänglich. Da in der Praxis davon auszugehen ist, dass immer höhere Umsatzanteile über Projekte abgewickelt werden, reicht ein Verständnis von Projektmanagement, das nur auf die Abwicklung eines einzelnen Projektes fokussiert ist, nicht mehr aus. Ein umfassenderer Projektmanagement-Ansatz ist vielmehr notwendig. Dies gilt umso mehr, als nicht nur die Unternehmensentwicklung immer mehr von den Projekten abhängt, sondern auch das Unternehmensergebnis bzw. das Wertsteigerungspotenzial des gesamten Unternehmens. Damit wird deutlich, dass der stark ingenieurwissenschaftliche Ansatz des Projektmanagements durch einen ökonomischen Ansatz ergänzt werden muss.

Erst in den letzten Jahren sind einige originär betriebswirtschaftlich ausgerichtete Abhandlungen zum Projektmanagement erschienen (z.B. das Lehrbuch von *Corsten/Corsten/Gössinger* [Projektmanagement]). Allerdings wird in der Mehrzahl dieser Bücher der Schwerpunkt der Betrachtung ebenfalls auf einzelne Projekte und deren Abwicklung mittels eines Phasenkonzepts gelegt. Mit einem Phasenkonzept und dem Entwurf von Instrumenten, welche die Abwicklung der einzelnen Phasen unterstützen, soll die Durchführung von Projekten systematisiert und effizienter gemacht werden. Auch aus ökonomischer Sicht steht somit zumeist lediglich die Frage der **Projekteffizienz** im Mittelpunkt. Die effiziente Durchführung von Projekten ist und bleibt natürlich immer richtig und wichtig, allein diese Betrachtungsweise reicht angesichts der geschilderten Entwicklung nicht mehr aus. Neben der Frage der Effizienz des Einzelprojektes stellt sich zunehmend die Frage nach der **Effektivität** der gesamten „Projektlandschaft“ eines Unternehmens.

Wirtschaftliches Denken und Handeln lässt sich generell durch die zwei Ziele der Effektivität und der Effizienz beschreiben:

- **Effizienz**
  Bei der Effizienz handelt es sich um die Relation von **aktuellem Output zu aktuellem Input**; hier steht also die Sicherung der Wirtschaftlichkeit bei der Umsetzung operativer Planungen im Vordergrund.
- **Effektivität**
  Die Effektivität bezeichnet das Verhältnis von **aktuellem zu erwünschtem Output** und kann somit als Leitlinie für die langfristige strategische Ausrichtung eines Unternehmens dienen.

Hofer/Schendel ([Strategy] 2) verdeutlichen den Unterschied zwischen Effektivität und Effizienz sehr anschaulich: Effektivität bedeutet, die richtigen Dinge zu tun („to do the right things“), während Effizienz heißt, die Dinge richtig zu tun („to do the things right“).

(1) Projekteffizienz

Die Projekteffizienz rückt die Sicherung der Wirtschaftlichkeit im Zuge der operativen Umsetzung eines Projektes in den Vordergrund. Das Projekt selbst und seine Durchführung werden bei dieser Betrachtung zunächst nicht grundlegend in Frage gestellt.

Aus diesem eher operativ angelegten Aspekt der Wirtschaftlichkeit ergeben sich folgende **Aufgaben**:

- **Durchführung von Soll-Ist-Vergleichen**
  Aus den Projektzielen ergeben sich die Soll-Größen für die Kontrolle. Konkretisiert werden diese Größen in der Projektplanung. Für die effiziente Durchführung eines Projektes spielen insbesondere die drei Zieldimensionen „Kosten“, „Zeit“ und „Leistung“ eine wichtige Rolle, die miteinander das „Magische Dreieck der Projektsteuerung“ bilden (vgl. Abb. 1-4).

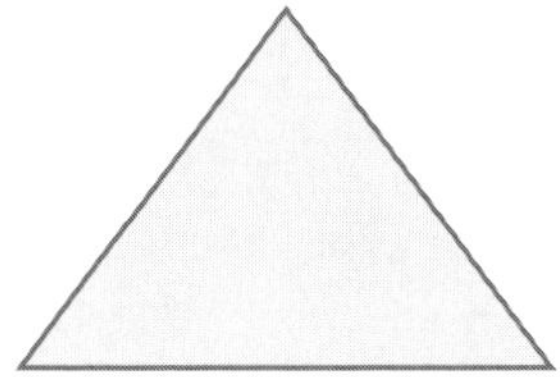

Abb. 1-4: Magisches Dreieck der Projektsteuerung

- **Durchführung von Soll-Wird-Vergleichen**
  Mit einer Planfortschrittskontrolle werden ab Projektbeginn die Ziele mit den aufgrund von Erfahrungswerten abgeleiteten Prognosen der Zielerreichung verglichen. Auf der Grundlage dieser Soll-Wird-Vergleiche lassen sich rechtzeitig Korrekturmaßnahmen einleiten, falls Abweichungen festgestellt werden.

(2) Projekteffektivität

Effektivität fragt danach, ob ein Unternehmen auf dem richtigen Weg ist. Im Sinne der Projekteffektivität sollte vom Projektstart an über die gesamte Projektlaufzeit hinweg bis zum Projektabschluss laufend die Frage gestellt werden, ob das betreffende Projekt grundsätzlich zur Erreichung der Unternehmensziele beiträgt.

Entscheidend dabei ist, dass die Sicherstellung der Projekteffektivität in jeder Phase des Projektablaufes zu Konsequenzen für das betrachtete Projekt, evtl. aber auch für andere Projekte des Projektportefeuilles führen kann. Mit anderen Worten: Auch ein bereits laufendes Projekt muss aus dieser Perspektive immer wieder von neuem in Frage gestellt werden.

Die Ausrichtung an der Effektivität als strategischer Variante der Wirtschaftlichkeitsbetrachtung verlangt die Wahrnehmung folgender **Aufgaben**:

- **Auswahl von Projekten**
  Um jene Projekte auszuwählen, die am besten zur Erreichung der Unternehmensziele beitragen, ist ein systematischer Auswahlprozess von Projekten auf der Grundlage von strategischen und ertragswirtschaftlichen Kriterien erforderlich.

- **Entscheidung über Abbruch oder Weiterführung eines laufenden Projektes**
  In der Praxis werden laufende Projekte nur selten vollständig abgebrochen. Allerdings findet seit einigen Jahren im Zuge der Shareholder-Value-Orientierung und der Konzentration auf Kernkompetenzen eine stärkere Diskussion um die Desinvestition als eigene strategische Alternative statt. Damit dürfte bei entsprechenden Voraussetzungen zukünftig ein Projektabbruch auch eher möglich werden.

- **Analyse abgeschlossener Projekte**
  Nach Projektabschluss sollte ein letzter Soll-Ist-Vergleich durchgeführt werden (Projektnachkalkulation), um die Einhaltung der Kosten- und Leistungsziele und somit die Erreichung des geplanten Erfolgsbeitrages zu überprüfen. Aus dieser abschließenden wirtschaftlichen Betrachtung können sich Änderungen für zukünftige Projekte ergeben, wie z.B. eine Anpassung bisheriger Prognoseverfahren für den Ansatz von Planwerten. Die Dokumentation und Analyse von positiven und negativen Erfahrungen bei einem Projekt stellen wichtige Grundlagen für organisationales Lernen dar

Wir fassen zusammen: Ein umfassend fundierter ökonomischer Ansatz des Projektmanagements muss neben Antworten auf die effiziente Abwicklung eines einzelnen Projektes auch Antworten zur strategischen Unternehmensentwicklung durch eine Vielzahl von Projekten liefern. Dies kann nur dann gelingen, wenn **Projektmanagement als umfassende Führungskonzeption** verstanden wird. In den folgenden Abschnitten zeigen wir detaillierter, welche Ziele und welche Aufgaben dem Projektmanagement zukommen, wenn dieses als Führungskonzeption interpretiert wird. Zudem wird aufgezeigt, welche methodischen Konsequenzen sich daraus für das Projektmanagement ergeben.

2.2 Ziele des Projektmanagements

Versteht man Projektmanagement als Führungskonzeption, so wird das Projektmanagement zu einem Instrument der Unternehmensführung. Die grundlegende Aufgabenstellung der Unternehmensführung besteht darin, das Unternehmen so in seiner Umwelt zu positionieren, dass es ihm dauerhaft gelingt, sich erfolgreich weiterzuentwickeln und überdurchschnittliche Rentabilitäten zu erzielen. Konkretisiert wird diese Aufgabenstellung über die strategische Ausrichtung des Unternehmens sowie über die Steigerung des Unternehmenswertes. Wir unterscheiden also zwei **Ziele** des Projektmanagements:

- Strategische Unternehmensentwicklung
- Steigerung des Unternehmenswertes

Im Folgenden wird geprüft, welchen Beitrag das Projektmanagement zur Verwirklichung dieser Ziele leisten kann.

2.2.1 Strategische Unternehmensentwicklung

Grundlage für ein Verständnis des Projektmanagements als Führungskonzeption ist die Tatsache, dass in der Praxis ein zunehmender Anteil der unternehmerischen Aktivitäten über Projekte abgewickelt wird. Für die Dynamik des Unternehmens ist es somit von entscheidender Bedeutung, ob die Projekte eher zufällig nach Maßgabe ihres zeitlichen Anfalls in Angriff genommen und umgesetzt werden, oder ob die Wahl bestimmter Projekte von der Absicht zur strategischen Entwicklung des gesamten Unternehmens beeinflusst wird.

Da eine eher zufällige Abwicklung von Projekten weder aus wertorientierter Sicht noch aus Sicht der strategischen Unternehmensentwicklung sinnvoll ist, muss Projektmanagement zunehmend mit der übergeordneten Sichtweise der Unternehmensführung verknüpft werden. Konkret bedeutet dies, dass sich Projektmanagement neben der Aufgabenstellung der Einzelprojektabwicklung auch aus diesem Grunde der Aufgabe eines Multiprojektmanagements stellen muss.

An die Stelle einer eher zufallsbehafteten Abwicklung sukzessiv auftretender Projekte muss die **gezielte Auswahl eines Projektportefeuilles** treten. Dieses Projektportefeuille sollte das Ergebnis eines Auswahlprozesses sein, der sich systematisch an **qualitativen und quantitativen Kriterien einer strategischen Unternehmensentwicklung** ausrichtet.

Eine derartige Zusammenstellung eines Projektportefeuilles, das letztlich wesentlichen Einfluss auf die Ausrichtung der strategischen Unternehmensentwicklung hat, und die parallele Umsetzung einer Vielzahl solch strategischer Projekte im Rahmen eines systematischen Multiprojektmanagements verleihen dem Projektmanagement einen **originär strategischen Charakter**.

Wie bereits dargelegt, liegt die Herausforderung des Projektmanagements nicht nur in der Zusammenstellung eines strategieorientierten Projektportefeuilles, sondern zugleich in der Bildung einer Kombination von Projekten, die mittel- bis langfristig zu einer aus Sicht des Kapitalmarktes notwendigen Wertsteigerung des Unternehmens beiträgt.

2.2.2 Steigerung des Unternehmenswertes

(1) Nachhaltiger Shareholder Value

Die Steigerung des Unternehmenswertes hat in den letzten Jahren als Unternehmensziel stark an Bedeutung gewonnen. Insbesondere die **Internationalisierung der Kapitalmärkte** kann als Grund für diese Entwicklung angeführt werden:

Der erhöhte Kapitalbedarf, der sich aus dem verstärkten globalen Wettbewerb ergibt, zwingt die Unternehmen, Eigenkapital auf den internationalen Kapitalmärkten zu akquirieren. Gerade im angloamerikanischen Raum handelt es sich bei den potenziellen Investoren um institutionelle Anleger, wie Pensionskassen und Investmentfonds, die selbst unter hohem Wettbewerbsdruck stehen. Um zu verhindern, dass das ihnen anvertraute Kapital wieder abgezogen wird, sind sie gezwungen, möglichst attraktive Anlagemöglichkeiten zu suchen.

Daher konkurrieren die Unternehmen weltweit um das knappe Kapital der Investoren. Eine Orientierung der Unternehmensentwicklung an den Interessen der Anleger steht daher für viele Unternehmen außer Frage.

Als Konsequenz orientieren sich immer mehr Unternehmen an der Leitidee der wertorientierten Unternehmensführung. Somit sind alle unternehmerischen Entscheidungen an der Wertsteigerung des Unternehmens auszurichten. Bezogen auf das Projektmanagement liegt ein Projekterfolg dann vor, wenn Projekte zur **Steigerung des Unternehmenswertes** beitragen.

Damit stellt sich natürlich die Frage, was unter der Steigerung des Unternehmenswertes zu verstehen ist. Ob der Wert eines Unternehmens gesteigert wird, kann nicht unabhängig von der daran interessierten Zielgruppe beantwortet werden. Da sich aus den dargestellten Rahmenbedingungen die Eigentümer eines Unternehmens als eine besonders wichtige Zielgruppe mit starken Interessen am Unternehmen ableiten lassen, wird meist der Barwert aller zukünftigen Netto-Zahlungen an die Anteilseigner - oder mit anderen Worten: der **Shareholder Value** - als Maßstab gewählt.

Allerdings ist die Konzentration auf die Interessen der Eigner des Unternehmens nicht unumstritten: Im Rahmen des Stakeholder-Ansatzes wird gefordert, auch andere Interessengruppen, die in irgendeiner Form von der Unternehmung betroffen sind, einzubeziehen (vgl. *Freeman* [Stakeholder]). In der Tat ist von potenziellen Interessenkonflikten zwischen den Eigentümern und anderen Stakeholdern, wie den Mitarbeitern oder der Öffentlichkeit, auszugehen.

Allerdings kann es für kein Unternehmen sinnvoll sein, auf die Dauer wider die Interessen seiner Mitarbeiter und Kunden zu handeln. Man kann diese Bezugsgruppen vielmehr auch als „Quelle langfristiger Cash-flows" verstehen, die eine Steigerung des Unternehmenswertes überhaupt erst ermöglichen (*Rappaport* [Shareholder Value] 9). Aus diesem Grunde sind in Theorie und Praxis zunehmend Ansätze zu finden, die von einem Ausgleich unterschiedlicher Interessenlagen, insbesondere ökonomischer, ökologischer und sozialer Interessen ausgehen, um so einen **nachhaltigen Shareholder Value** zu generieren (vgl. *Rauschenberger* [Shareholder Value] 12). Abb. 1-5 verdeutlicht die Idee eines solchen nachhaltigen Shareholder Value.

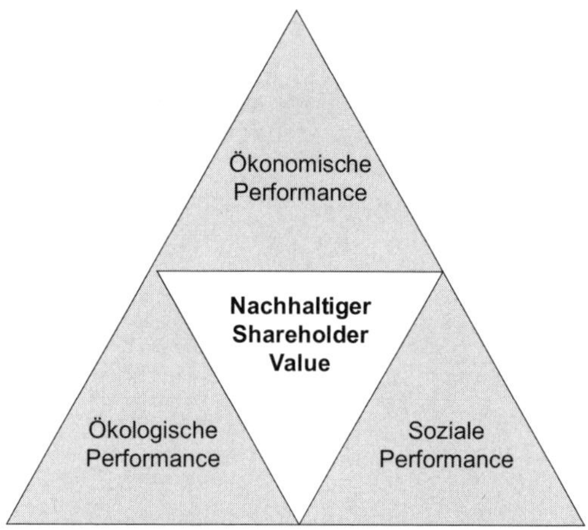

Abb. 1-5: Nachhaltiger Shareholder Value
(Quelle: *Rauschenberger* [Shareholder Value] 13)

Wir gehen im Weiteren von einem **stakeholder-orientierten Ansatz** aus, dessen Zielsetzung in einer **nachhaltigen Steigerung des Unternehmenswertes** liegt.

Damit kann auch die Bewertung eines Projektes nicht isoliert nur nach Wertsteigerungskriterien erfolgen, sondern muss um einen strategischen Aspekt ergänzt werden. So kann ein Projekt auf den ersten Blick zwar einen negativen Wertbeitrag erbringen, aber dem langfristigen Aufbau von Kernkompetenzen dienen und somit dennoch sinnvoll im Sinne einer nachhaltigen Unternehmenswertsteigerung sein. Beispielhaft seien Projekte zur Erforschung zukunftsträchtiger Technologien oder zunächst verlustbringende Pilotprojekte zur Öffnung neuer Märkte genannt.

Wir fassen zusammen: In der Praxis werden unternehmerische Aktivitäten zunehmend über Projekte abgewickelt. Projekten kommt damit ein immer größeres Gewicht hinsichtlich der Steigerung des Unternehmenswertes zu. Projektmanagement kann sich vor diesem Hintergrund nicht mehr nur auf die effiziente Abwicklung von einzelnen Projekten beschränken. Neben einem wirtschaftlichen Vollzug von Projekten gewinnt in erster Linie die **Auswahl** von wertsteigernden Projekten an Bedeutung. Werden im Sinne der Wertsteigerung des Unternehmens bereits die „falschen“ Projekte ausgewählt, kann dieser Fehler auch durch eine noch so wirtschaftliche Abwicklung dieser Projekte nicht mehr, oder mindestens nur noch sehr bedingt, korrigiert werden.

Projektmanagement solchermaßen als Instrument der Unternehmensentwicklung und Unternehmenswertsteigerung verstanden, verfolgt damit zwei wesentliche Ziele:

- Die Zusammenstellung und das Management eines Projektportefeuilles, mit dem die **strategische Entwicklung** des Unternehmens gefördert werden kann.
- Die Zusammenstellung und das Management eines Projektportefeuilles, mit dem sich eine aus Sicht des Kapitalmarktes **notwendige Wertsteigerung** des Unternehmens erzielen lässt.

Diese beiden Ziele liegen im weiteren Verlauf dieses Lehrbuches sowohl der Betrachtung der theoretischen Grundlagen als auch der Darstellung der konkreten Umsetzungsaktivitäten des Projektmanagements zugrunde.

(2) Nonprofit-Organisationen

Es ist zu beachten, dass es eine Vielzahl von Unternehmen gibt, bei denen die Wertsteigerung keine nennenswerte oder überhaupt keine Rolle spielt. Diese Unternehmen werden als Nonprofit-Organisationen bezeichnet. Bei ihnen steht die Bedarfsdeckung durch die Bereitstellung eines Leistungsprogramms im Vordergrund. Erscheinungsformen von Nonprofit-Organisationen sind z.B. Vereine, Verbände, Gewerkschaften, Genossenschaften, Anstalten und Stiftungen des öffentlichen Rechts, Naturschutzorganisationen, Kirchen, religiöse Gemeinschaften, Wohlfahrts- und caritative Organisationen, staatliche Krankenhäuser, Theater, Schulen, Universitäten und öffentlich-rechtliche Rundfunkanstalten. Bei diesen Unternehmen verlangen die zunehmende Komplexität und Dynamik der Unternehmensumwelt genauso wie bei den gewinnorientierten Unternehmen den vermehrten Einsatz von Projekten als wesentliche Instrumente der Unternehmensentwicklung. Als Beispiel seien die Universitäten genannt, die mit neuen Studiengängen und Lehrmethoden sowie länder- und fachübergreifenden Forschungsprojekten auf die zunehmende Internationalisierung und wachsende gesellschaftliche Relevanz des Bildungssystems reagieren.

Für das Projektmanagement von Nonprofit-Organisationen ergeben sich aus der Unterordnung des Wertsteigerungsziels unter das Ziel der strategischen Entwicklung unterschiedliche Konsequenzen:

1. Das **Management von Projekten** (Teil 2, S. 31ff.) ist im Wesentlichen zielunabhängig konzipiert und insofern behalten die Aussagen zu den Phasen des Managements von Projekten und zur Projektorganisation auch für Projekte von Nonprofit-Organisationen ihre prinzipielle Gültigkeit.
2. Beim **Management durch Projekte** (Teil 3, S. 464ff.) steht die Projektwahl im Vordergrund. Diese wiederum ist im Wesentlichen determiniert von den Zielen, die von der Nonprofit-Organisation verfolgt werden. Da bei Nonprofit-Organisationen das Ziel der Wertsteigerung entfällt, müssen die Methoden der Projektauswahl stärker an der erwünschten Entwicklung der Organisation ausgerichtet werden. Die Beachtung der Kostenvorgaben ist dabei meist eine wichtige Rahmenbedingung.

Beispiel: Die Prioritäten im Rahmen des Bedarfsplanes für Verkehrsprojekte der öffentlichen Hand werden wesentlich vom Ergebnis einer Kosten-Nutzen-Rechnung bestimmt. In die Nutzenschätzung können dabei öffentliche Güter wie Reduktion von Verkehrsunfällen und Verbesserung der Umweltqualität einfließen.

2.3 Aufgaben des Projektmanagements

Aus den Zielsetzungen des Projektmanagements leiten sich in einem nächsten Schritt auch die Aufgabenstellungen des Projektmanagements als Führungsfunktion ab. Die Aufgaben liegen

- in der Planung, Umsetzung und Kontrolle jedes Einzelprojektes durch ein systematisches **Einzelprojektmanagement** sowie
- in der Planung, Umsetzung und Kontrolle der angestrebten strategischen Unternehmensentwicklung und Unternehmenswertsteigerung durch ein systematisches **Multiprojektmanagement**.

In dieser Form sind die Aufgaben noch relativ abstrakt formuliert. Im Kern geht es aber um die Einführung und Umsetzung eines systematischen Planungs-

und Steuerungsprozesses sowohl auf der Ebene des gesamten Projektportefeuilles als auch auf der Ebene des Einzelprojektmanagements.

Planung, Umsetzung und Kontrolle sind auf das Engste miteinander verbunden. Umsetzung und Kontrolle werden häufig unter den Begriff „Steuerung“ subsumiert.

Mit der **Planung** sollen vorlaufend komplexe Probleme soweit strukturiert und durchdacht werden, dass sie einer Lösung zugeführt werden können.

Mit der **Steuerung** wird dann versucht, die Realisierung der geplanten Problemlösungen sicherzustellen. Hierzu sind i.d.R. Korrektur- und Anpassungsmaßnahmen notwendig, da sich die Realität oftmals nicht plangemäß verhält.

Projektmanagement als Führungskonzeption hat sich somit **geordneter und systematisch aufgebauter Planungs- und Steuerungsprozesse** zu bedienen, um die zugrunde liegenden Zielsetzungen der strategischen Unternehmensentwicklung und Wertsteigerung zu erreichen. Daher werden wir uns in diesem Lehrbuch eng an diese grundlegende Planungs- und Steuerungssystematik halten:

- In Teil 2 des Lehrbuchs stellen wir die Abwicklung von **Einzelprojekten** in den Phasen Planung, Umsetzung und Kontrolle dar.
- In Teil 3 des Lehrbuches befassen wir uns mit der Planung, Umsetzung und Kontrolle des **Projektportefeuilles**.

2.4 Methodik des Projektmanagements

Die Methodik des Projektmanagements ist eng verknüpft mit den Aufgaben des Projektmanagements und den zu deren Umsetzung benötigten systematischen Planungs- und Steuerungsprozessen. Im Rahmen der Planungs- und Steuerungsphasen kommt eine Vielzahl von Einzelmethoden zur Anwendung.

Um die Betrachtung dieser Einzelmethoden soll es an dieser Stelle jedoch noch nicht gehen. Diese werden im direkten Bezug zu den jeweiligen Fragestellungen des Einzelprojektmanagements bzw. des Multiprojektmanagements in Teil 2 (Management von Projekten) bzw. in Teil 3 (Management durch Projekte) dargestellt.

Vielmehr soll an dieser Stelle eine **übergeordnete Methodik** in Form der „Führungsregelkreise des Projektmanagements“ vorgestellt werden. Dieser Methodik liegt wiederum die Vorstellung von Projektmanagement als Führungskonzeption zugrunde. Damit wird klar, dass diese übergeordnete Methodik die Planung und Steuerung von Projekten ganzheitlich, und zwar ausgehend vom Einzelprojekt bis hin zur Multiprojektplanung und Multiprojektsteuerung umfassen muss.

Bevor diese Führungsregelkreise vorgestellt werden, soll im Folgenden zunächst noch auf die generellen Aufgaben einer Methodik eingegangen werden. Die generellen Aufgabenstellungen einer Methodik gelten für die übergeordnete Methodik der Führungsregelkreise des Projektmanagements ebenso wie für die Summe aller einzelnen Methoden, die wir in Teil 2 und Teil 3 des Lehrbuches noch darstellen werden (S. 133f., S. 591ff.).

2.4.1 Aufgaben einer Methodik des Projektmanagements

Eine Methodik des Projektmanagements stellt eine Vorgehensweise dar, die es erlaubt, die Vielzahl aller im Zusammenhang mit dem Projektmanagement anfallenden **Aufgaben** zu **strukturieren** und mit der Bereitstellung von Techniken deren **Lösung** zu **unterstützen**.

Zugleich erlaubt die Anwendung einer Methodik gleichsam die **checklistenartige Abarbeitung** der anfallenden Aufgabenstellungen und verhindert damit das Vergessen wichtiger Aufgabenbestandteile.

Durch die systematische Bearbeitung der mit dem Projektmanagement verbundenen Aufgabenstellungen mittels einer allgemein bekannten Projektmanagementmethodik werden die Bearbeitungsschritte zudem **intersubjektiv** überprüfbar und somit für alle Beteiligten **transparent** und nachvollziehbar.

Mit der Transparenz der Aufgabenabwicklung wird zugleich die Voraussetzung für einen **arbeitsteiligen Abwicklungsprozess** geschaffen. Dies ist gerade im Hinblick auf das Projektmanagement von besonderer Bedeutung, da es sich beim Projektmanagement typischerweise um eine Querschnittsaufgabe handelt. Es müssen i.d.R. solche Aufgaben bearbeitet werden, die einen abgestimmten Lösungsansatz über eine Vielzahl von Fachabteilungen bzw. Funktionsbereiche hinweg verlangen.

Damit rückt zugleich eine weitere Funktion einer Projektmanagementmethodik in den Mittelpunkt: Querschnittsaufgaben verlangen nach einem hohen Abstimmungsgrad zwischen den beteiligten Fachbereichen und damit nach einer **einheitlichen Kommunikationsgrundlage**.

Die **Methodik** des Projektmanagements dient der Abwicklung des Projektmanagements. Sie umfasst Regeln zur Durchführung der einzelnen Managementaktivitäten und Techniken zur Lösung von Managementaufgaben.

2.4.2 Die Führungsregelkreise des Projektmanagements

Die wesentlichen Aufgaben, die sich aus dem Verständnis des Projektmanagements als Führungskonzeption ergeben, haben sowohl einen effektivitätsorientierten als auch einen effizienzorientierten Charakter. Projektmanagement soll mithelfen, die erwünschte Unternehmensentwicklung umzusetzen sowie die erwartete Wertentwicklung des Unternehmens zu erzielen. Mit der Zielsetzung der Wertsteigerung rückt zugleich die möglichst rentable Abwicklung jedes Einzelprojektes mit in den Fokus. Die Aufgabenstellungen sind im Grunde untrennbar miteinander vernetzt.

Wir stellen die effizienzorientierte und damit stärker operativ orientierte Abwicklung des Einzelprojektes in Teil 2 dar, gefolgt vom effektivitätsorientierten, strategisch ausgerichteten Multiprojektmanagement in Teil 3 des Buches.

In der Realität des Projektmanagements sind diese Aufgabenstellungen jedoch nicht so trennscharf voneinander abzugrenzen. Vielmehr gibt es immer wieder wechselseitige Beziehungen zwischen der strategischen und der operativen Ebene des Projektmanagements, insbesondere dann, wenn es um die Sicherstellung der Projektwertbeiträge geht. Diese wechselseitige Vernetzung zwischen den unterschiedlichen Aufgabengebieten des Projektmanagements wollen wir nicht aus dem Auge verlieren. Aus diesem Grunde führen wir **Führungsregelkreise des Projektmanagements** ein:

Während sich die in Teil 2 und Teil 3 dargestellte Projektmanagementmethodik unmittelbar mit der Strukturierung und Lösung der strategischen und operativen Projektaufgaben beschäftigt, konzentrieren sich die hier vorgestellten Führungsregelkreise auf den **Zusammenhang zwischen der strategischen und operativen Projektebene**. Letztlich erfolgt über die Führungsregelkreise die Verzahnung zwischen einem Management von Projekten und dem Management durch Projekte i.S. einer **ganzheitlichen Führungskonzeption**. Dies wird über die systematische Rückkopplung von Planung, Umsetzung und Kontrolle unter Berücksichtigung von Effektivitäts- und Effizienzkriterien erreicht. Dies ist zugleich ein wesentliches Merkmal für eine primär an der Wirtschaftlichkeit ausgerichtete Führungskonzeption „Projektmanagement".

Abb. 1-6 zeigt die Führungsregelkreise des Projektmanagements, die im Folgenden näher beschrieben werden sollen.

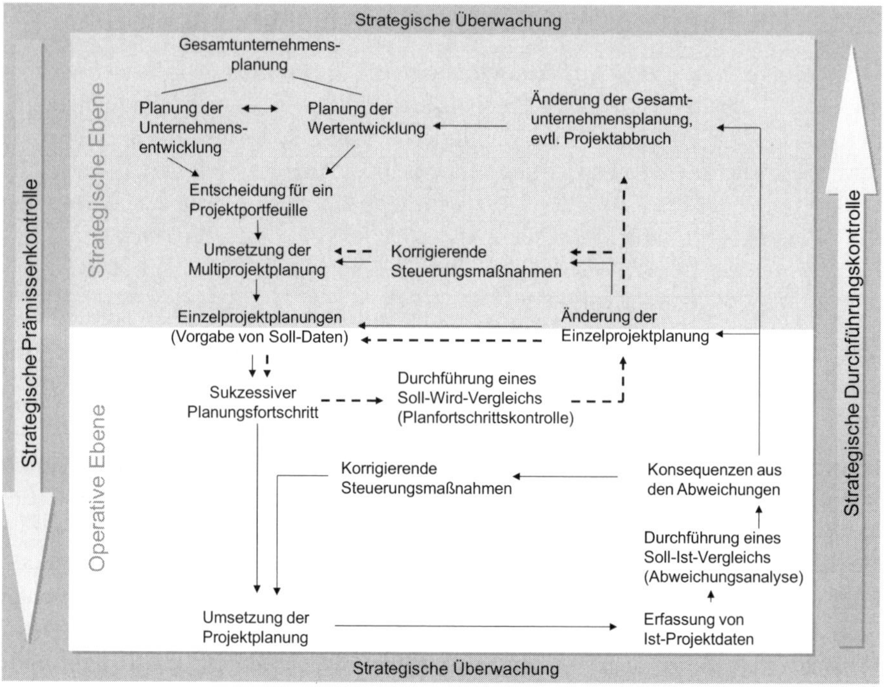

Abb. 1-6: Führungsregelkreise des Projektmanagements

(1) Der obere dunkler unterlegte Teil des Systems von Regelkreisen zeigt die **strategische Ebene des Managements durch Projekte**. Die erste Aufgabenstellung besteht in der Auswahl der „richtigen“ Projekte. Dabei sind zwei Aspekte für die Bildung des Projektportefeuilles entscheidend:

1. Die Ausrichtung des Projektportefeuilles an der angestrebten Entwicklung des gesamten Unternehmens

2. Die Ausrichtung an der angestrebten Wertsteigerung des Unternehmens

In einem zweiten Schritt muss dann die Umsetzung dieses Projektportefeuilles auf der Multiprojektebene so erfolgen, dass eine koordinierte Überführung der Vielzahl von Projekten von der Multiprojektebene auf die Ebene der Einzelprojektplanung möglich wird. Hier findet dann zugleich der Übergang in das operativ angelegte Management von Projekten statt. Diese Ebene ist durch den hell unterlegten Teil des Systems von Regelkreisen gekennzeichnet.

(2) Auf der **operativen Ebene** geht es v.a. um die effiziente Abwicklung jedes einzelnen Projektes. In diesem Zusammenhang spielen die Regelkreise im hell unterlegten Teil der Abbildung eine entscheidende Rolle, insbesondere der durchgezogene Regelkreis, der bei den Einzelprojektplanungen und dem sukzessiven Planungsfortschritt beginnt.

(a) Entscheidend für die Sicherung der Wirtschaftlichkeit der Projektab--wicklung ist das Durchlaufen eines **ersten Kontrollzyklus'** noch im Planungsstadium des Projektes (gestrichelte Pfeile). Hier zeigen sich im Rahmen einer Planfortschrittskontrolle bereits erste wichtige Abweichungen, die möglicherweise noch korrigiert werden können, während dies im Stadium der bereits konkret gewordenen Projektumsetzung nur noch schwer oder gar nicht mehr möglich ist. Fallen die Abweichungen sehr nachhaltig aus, stellt sich bereits in diesem sehr frühen Stadium der Projektabwicklung die Frage nach einem Projektabbruch oder gar nach strategischen Konsequenzen für das gesamte Projektportefeuille.

Hier zeigt sich die **enge Verknüpfung zwischen operativer und strategischer Ebene** des Projektmanagements. Werden eher kleinere Abweichungen festgestellt, können diese durch Änderungen der Einzelprojektplanung in ihren wirtschaftlichen Auswirkungen noch korrigiert werden. Möglicherweise ist jedoch parallel zur Korrektur der Einzelprojektplanung zusätzlich auch auf der Ebene der Multiprojektplanung eine Anpassung vorzunehmen.

(b) Auch der durchgezogene Regelkreis, der bei der Umsetzung der Einzelprojektplanung beginnt und einen **Soll-Ist-Vergleich** sowie eine **Abweichungsanalyse** enthält, trägt zur Sicherung der Projekteffizienz bei. Allerdings werden Wirtschaftlichkeitsabweichungen hier erst zu einem späteren Zeitpunkt in der Projektumsetzung erkannt und sind damit entsprechend schwieriger zu korrigieren. Zusätzlich stellt sich selbst zu diesem relativ späten Zeitpunkt in der Projektabwicklung bei entsprechend großen Abweichungen die strategische Frage nach einem Projektabbruch bzw. nach einer Änderung der Gesamtunternehmensplanung.

Das gesamte System von Regelkreisen des Projektmanagements wird von einer **strategischen Kontrollfunktion** begleitet, die v.a. auf der strategischen Multiprojektebene zusätzlich dafür sorgt, dass über das miteinander vernetzte Management durch Projekte und Management von Projekten die Entwicklung des gesamten Unternehmens auf dem angestrebten Wege verbleibt. Bei genauerer Betrachtung dieser strategischen Kontrollfunktion wird sich an späterer Stelle

(S. 652ff.) nochmals der enge Zusammenhang zwischen operativem und strategischem Projektmanagement zeigen.

Im weiteren Verlauf des Buches werden wir immer wieder auf die Führungsregelkreise als übergeordnete Methodik zurückgreifen, um zu erläutern, welche Regeln für die Durchführung der Managementaktivitäten sinnvoll erscheinen. Zudem werden wir verschiedene Techniken vorstellen, die zur Unterstützung dieser Managementaktivitäten eingesetzt werden können (vgl. die Zusammenstellung in den Tabellen auf S. 135, S. 274, S. 332, S. 351).

3 Das Entwicklungskontinuum des Projektmanagements

Bereits im ersten Abschnitt wurde auf die zunehmende Veränderungsdynamik und Komplexität des unternehmerischen Umfeldes hingewiesen, nicht zuletzt bedingt durch die sich immer schneller entwickelnde Globalisierung der Wirtschaft. Daraus ergibt sich für die Unternehmensführung die Notwendigkeit, „den Wandel zu managen".

An dieser Stelle wurde bereits der Gedanke des „strategischen Fit" eingebracht, nach dem die Unternehmensführung eine Abstimmung zwischen den Umweltanforderungen, den Unternehmensstrategien und den unternehmerischen Strukturen, Prozessen und Kompetenzen herstellen sollte. Diese Abstimmung hängt davon ab, wie stark die Dynamik im Umfeld eines Unternehmens tatsächlich ist. So ist es durchaus vorstellbar, dass bestimmte Branchen und damit auch die darin befindlichen Unternehmen bisher noch kaum von der Globalisierung tangiert sind. Zudem besteht kein genereller Grund für global ausgerichtete Strategien. Es kann durchaus auch Sinn machen, sich strategisch auf bestimmte regionale Nischen auszurichten.

Mit anderen Worten: Welche unternehmerischen Strukturen, Prozesse oder Kompetenzen aufzubauen sind, muss jede Unternehmensführung **situationsabhängig** selbst entscheiden. Dies bezieht sich natürlich auch auf die Ausgestaltung des Projektmanagements. Die Entscheidung für eine bestimmte Form der Projektorientierung im Unternehmen kann von der reinen Einzelprojektabwicklung bei einem eher sporadischen Auftreten einzelner Projekte bis hin zur Umgestaltung des gesamten Unternehmens zu einem projektorientierten Unternehmen zum gezielten Aufbau von Wettbewerbsvorteilen in dynamischen Unternehmensumfeldern reichen. Aus diesem Grunde schlagen wir ein **Entwicklungskontinuum des Projektmanagements** mit verschiedenen Schritten der

Projektorientierung in einem Unternehmen vor. Diese Zusammenhänge sind in Abb. 1-7 dargestellt.

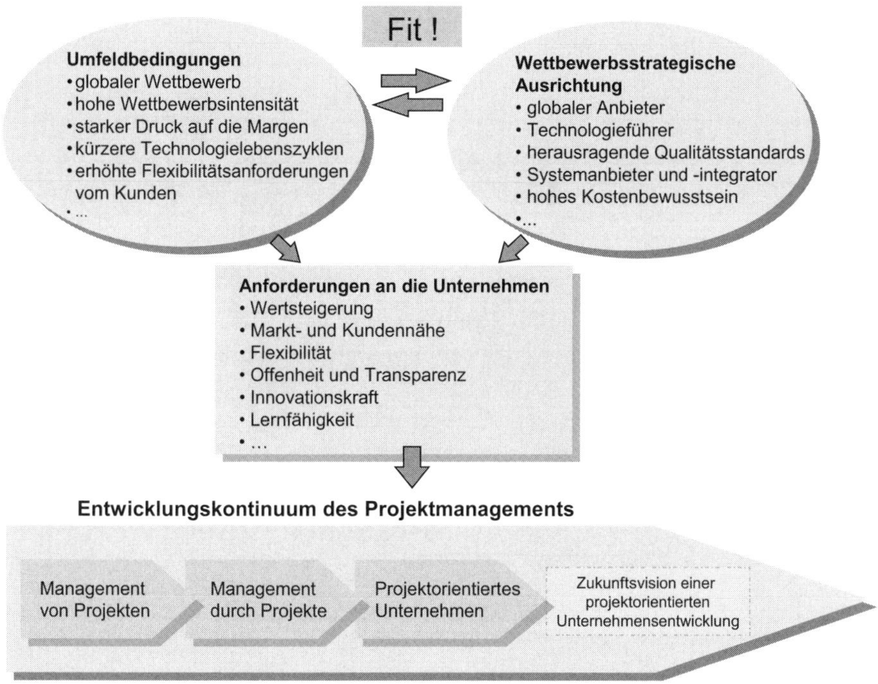

Abb. 1-7: Situativer Ansatz des Projektmanagements

Welche Ausprägung des Projektmanagements zu einer bestimmten Umfeld- und Unternehmenssituation passt, kann nicht generell festgelegt werden.

Es gibt allerdings einige grundlegende Zusammenhänge: Je globaler das Geschäft in einer Branche abläuft, je know how-intensiver Produkte oder Dienstleistungen des Unternehmens sind, desto stärker unterliegen diese Unternehmen der weltweit vernetzten Veränderungsdynamik der Märkte. Je höher die Umweltdynamik und Komplexität des eigenen Geschäftes, desto proaktiver sollte sich das Management auf den Weg von der Abwicklung einzelner Projekte zu einem projektorientierten Unternehmen machen.

Dabei wird der jeweilig letzte Entwicklungsschritt des Projektmanagements nicht etwa ersetzt, sondern vielmehr mit neuen Strukturen und Prozessen komplementär ergänzt. Insofern fußt ein „Management durch Projekte“ immer auch auf einem „Management von Projekten“. Ebenso werden in einem projektorientierten Unternehmen die Prozesse und Methoden aus den vorausgehenden Entwicklungsstufen übernommen und durch weitere projektorientierte Anpassungen des Führungssystems ergänzt. Es handelt sich bei diesen Schritten also eher um sukzessive Entwicklungen auf einem Kontinuum als um definierbare „Stufen“.

Insofern ist es auch schwierig, eine genaue Abgrenzung zwischen den einzelnen Entwicklungsstufen des Projektmanagements vorzunehmen. Dass dies im Folgenden trotzdem versucht wird, ist nicht zuletzt den didaktischen Notwendigkeiten eines Lehrbuches geschuldet. Es sei allerdings bereits an dieser Stelle darauf hingewiesen, dass der geneigte Leser sich nicht zu wundern braucht, wenn er beispielsweise bei der Darstellung des „projektorientierten Unternehmens“ Argumente findet, die ihm schon bei der Darstellung des „Managements von Projekten“ in leicht variierter Form begegnet sind. Bestimmte Kennzeichen eines projektorientierten Unternehmens können beispielsweise bereits bei einem „Management durch Projekte“ angelegt, aber noch nicht umfassend und mit voller Konsequenz umgesetzt worden sein.

Trotz aller Abgrenzungsschwierigkeiten soll mit Abb. 1-8 nun der Versuch gemacht werden, den einzelnen Entwicklungsschritten des Projektmanagements unterschiedliche Schwerpunkte zuzuordnen.

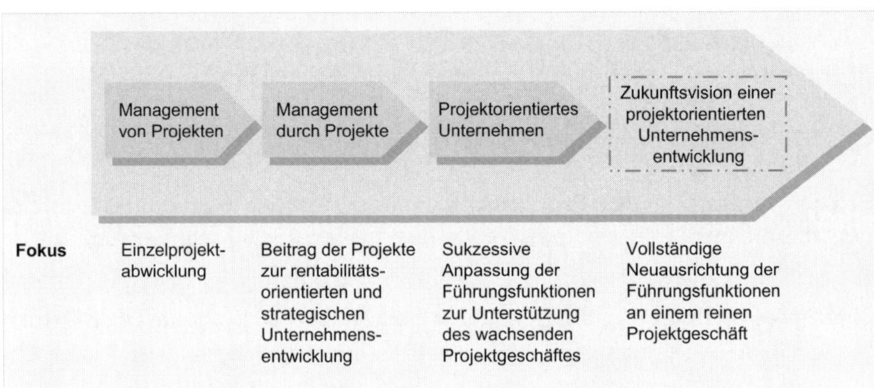

Abb. 1-8: Entwicklungskontinuum des Projektmanagements

Die einzelnen Entwicklungsschritte werden im Folgenden grob skizziert:

(1) Management von Projekten

Das Management von Projekten befasst sich auf der Einzelprojektebene mit der möglichst effizienten Abwicklung dieser Projekte. In diesem Zusammenhang kann zwischen einem institutionalen und einem funktionalen Aspekt unterschieden werden. Bei der institutionalen Betrachtungsweise geht es um – wie der Name schon sagt – die Institutionen des Projektmanagements. Sie umfassen im Wesentlichen die Zuständigkeit für die Projektverantwortung, die Zuordnung von Mitarbeitern zu einem Projekt sowie die Modalitäten des Planungsablaufs, insbesondere die zeitliche und sachliche Koordination von Teilplänen.

Die funktionale Betrachtungsweise richtet den Blick auf die Managementaufgaben. Wir wählen im Folgenden diesen Blickwinkel und unterscheiden folgende **Phasen des Managementprozesses**:

- Projektstart mit der Projektvorbereitung
- Zielpräzisierung
- Planung einzelner Projekte
- Umsetzung einzelner Projekte
- Kontrolle einzelner Projekte
- Projektabschluss

Diese Phasen des Managements von Projekten werden eingehend in Teil 2 dieses Lehrbuches dargestellt. Sie werden von den beiden Begleitprozessen, dem Qualitätsmanagement sowie dem Chancen- und Risikomanagement, flankiert.

Das Management von Projekten hat in der Fachliteratur zwar bereits eine große Resonanz gefunden, der Schwerpunkt der Betrachtungen liegt jedoch zumeist auf den methodischen Fragestellungen der Projektabwicklung. Wir wollen mit diesem Lehrbuch die bisher weniger beachteten ökonomischen Fragestellungen (z.B. die Projektkostenplanung) etwas genauer beleuchten.

(2) Management durch Projekte

Im Rahmen des Managements durch Projekte wird Projektmanagement zum Bestandteil der Unternehmensführung. Projekte werden als Mittel der Unternehmensentwicklung und als Mittel der Steigerung des Unternehmenswertes gesehen. Projektmanagement wird so zu einem systematischen **Multiprojektmanagement**, das sich insbesondere mit der Planung, der Umsetzung und der Kontrolle eines ganzen Projektportefeuilles beschäftigt.

In den letzten Jahren haben bereits verschiedene Themen des Managements durch Projekte in der Literatur Beachtung gefunden, ein geschlossener Ansatz liegt u. E. jedoch noch nicht vor. Wir wollen mit diesem Lehrbuch einen Ansatz des Projektmanagements vorstellen, der sich als Führungskonzeption versteht und der zugleich die Türe für weitere Entwicklungen öffnet.

(3) Das projektorientierte Unternehmen

Das projektorientierte Unternehmen greift die Grundgedanken aus dem Management durch Projekte auf und führt sie weiter fort. Hier werden Projekte als **„Kern des gesamten Geschäfts"** gesehen. Aus diesem Grunde erfolgen eine projektorientierte Weiterentwicklung der Führungssubsysteme sowie die Initiierung einer projektorientierten Unternehmenskultur. Darüber hinaus zeichnen sich projektorientierte Unternehmen durch eine weitestgehende Entscheidungsdezentralisierung und durch ein umfassendes Empowerment der Projektteams aus. Zudem gewinnt die Entwicklung einer lernenden Organisation zum Aufbau organisationaler und persönlicher Kompetenzen in Sachen Projektmanagement zunehmende Bedeutung. Wir werden in diesem Lehrbuch aufzeigen, wie sich Unternehmen zu projektorientierten Unternehmen entwickeln können und welche Wettbewerbsvorteile hiervon zu erwarten sind.

Zuletzt werden wir in Form einer **Zukunftsvision** noch einen Ausblick auf eine denkbare weitere Entwicklungsstufe des Projektmanagements wagen.

4 Aufbau des Buches

Der Aufbau des Buches folgt dem eben beschriebenen Entwicklungskontinuum des Projektmanagements. In Teil 2 wird das Management von Projekten beschrieben. In Teil 3 wird das Management durch Projekte dargestellt. In Teil 4 finden sich die Ausführungen zum projektorientierten Unternehmen.

Die Teile 2 und 3 gehorchen im Grunde derselben planungs- und steuerungsorientierten Logik im Aufbau. Im Mittelpunkt der Betrachtung stehen jeweils die Planung, Umsetzung und Kontrolle von Einzelprojekten bzw. eines gesamten Projektportefeuilles. Alle Sachverhalte, die im Rahmen des Managements von und dem Management durch Projekte dargestellt werden, sind natürlich auch für das projektorientierte Unternehmen relevant, werden dort jedoch durch die speziellen Rahmenbedingungen des projektorientierten Unternehmens ergänzt. Die Klammerfunktion über alle Entwicklungsstufen des Projektmanagements bilden die Führungsregelkreise des Projektmanagements, die aufzeigen, wie Einzel- und Multiprojektmanagement miteinander vernetzt sind.

Abb. 1-9 zeigt diesen Gesamtzusammenhang nochmals auf.

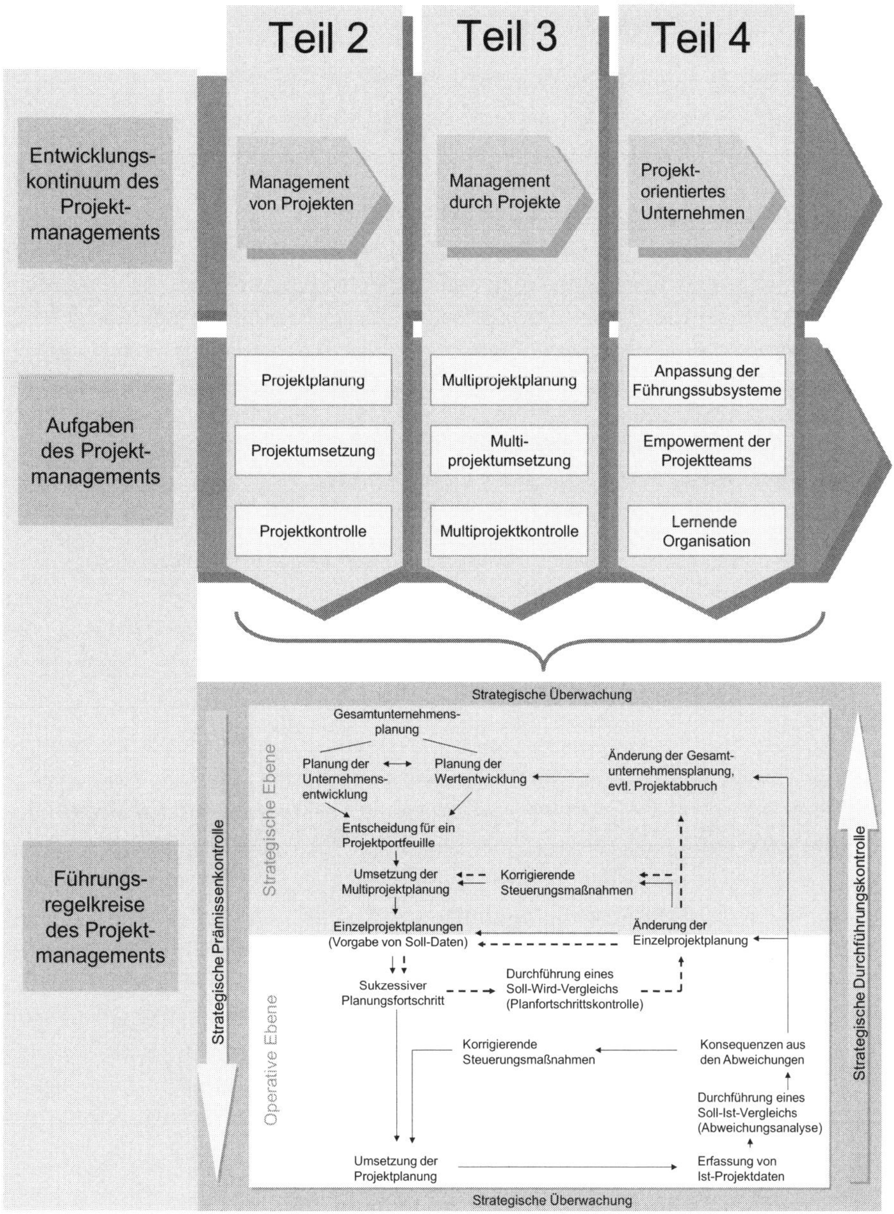

Abb. 1-9: Aufbau des Buches

5 Zusammenfassung

(1) Projektmanagement im Wandel

Projektmanagement befindet sich im Wandel und muss aufgrund der Umfeldbedingungen als umfassende Führungskonzeption interpretiert werden.

(2) Projektmanagement als Führungskonzeption

Eine Führungskonzeption beschreibt die grundsätzliche Ausrichtung der Unternehmensführung bei der zielorientierten Gestaltung des Unternehmens. Sie äußert sich in den Zielen, den Aufgaben und den Methoden der Führung.

(a) Ziele des Projektmanagements

Projektmanagement i.S. einer Führungskonzeption dient folgenden Zielen:

- Strategische Entwicklung des Unternehmens
- Wertsteigerung des Unternehmens

(b) Aufgaben des Projektmanagements

Aufgabe des „Managements von Projekten" ist die Planung, Umsetzung und Kontrolle jedes Einzelprojektes durch ein systematisches **Einzelprojektmanagement**.

Aufgabe des „Managements durch Projekte" ist die Unterstützung der Unternehmensentwicklung durch eine systematische Zusammenstellung eines wertsteigernden Projektportefeuilles und durch konsequentes **Multiprojektmanagement**.

(c) Methodik des Projektmanagements

Die Methodik des Projektmanagements dient der Abwicklung des Projektmanagements. Sie umfasst Regeln zur Durchführung der einzelnen Managementaktivitäten und Techniken zu deren Unterstützung. Die übergeordnete Methodik zur Verbindung der effektivitäts- und effizienzorientierten Aufgabenbereiche des Projektmanagements stellen in der vorliegenden Führungskonzeption „Projektmanagement" die **Führungsregelkreise** des Projektmanagements dar.

(3) Entwicklungskontinuum des Projektmanagements

Das Entwicklungskontinuum des Projektmanagements zeigt situationsabhängige Entwicklungsstufen des Projektmanagements auf. Diese sind eng miteinander verbunden und bauen aufeinander auf. Die einzelnen Stufen sind:

- Management von Projekten
- Management durch Projekte
- Projektorientiertes Unternehmen
- Zukunftsvision einer projektorientierten Unternehmensentwicklung.

Fragen zur Wiederholung

1. Aus welchen Gründen befindet sich das Projektmanagement im Wandel? (1)
2. Was ist unter „Management von Projekten“ zu verstehen und welche Aufgaben sind mit ihm verbunden? (3)
3. Erläutern Sie den Begriff „Management durch Projekte“ und beschreiben Sie die Aufgaben, die mit ihm verbunden sind. (3)
4. Was wird unter dem Entwicklungskontinuum des Projektmanagements verstanden? (3)

Fragen zur Vertiefung

1. Was unterscheidet das „Projektmanagement als Führungskonzeption“ vom bisherigen Projektmanagementverständnis?
2. Welches Verständnis von Projektmanagement liegt vor, wenn in der Netzplantechnik der Kern des Projektmanagements gesehen wird?
3. Beschreiben und vergleichen Sie die Führungsregelkreise des Projektmanagements (Abb. 1-6).
4. Durch welche besonderen Merkmale zeichnet sich ein projektorientiertes Unternehmen aus?
5. Wie verbinden die Führungsregelkreise des Projektmanagements das Management durch Projekte mit dem Management von Projekten?

Literaturempfehlungen

Bea, F.X. u. J. *Haas*: Strategisches Management. 5. A., Stuttgart 2009.

Patzak, G. u. G. *Rattay*: Projektmanagement: Leitfaden zum Management von Projekten, Projektportfolios, Programmen und projektorientierten Unternehmen. 5. A., Wien 2009.

Schelle, H.: Projekte zum Erfolg führen: Projektmanagement systematisch und kompakt. 6. A., München 2010.

Teil 2: Management von Projekten

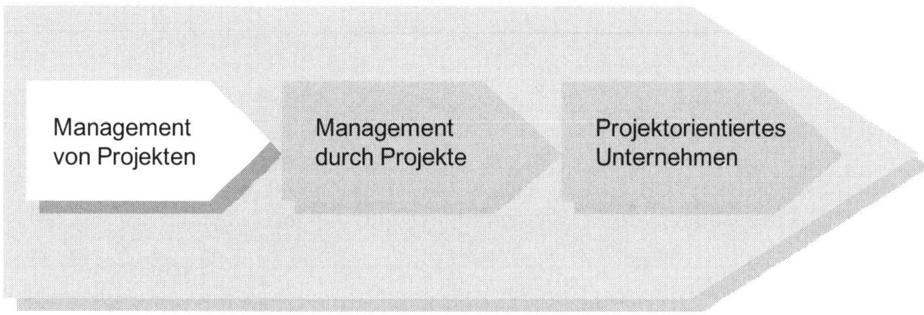

1 Grundlagen des Managements von Projekten

Das „Management von Projekten“ beschäftigt sich mit der effizienten Abwicklung einzelner Projekte. Im Entwicklungskontinuum des Projektmanagements repräsentiert das Management von Projekten den ersten Schritt der Projektorientierung in einem Unternehmen und bildet damit die Basis für alle weiteren Aktivitäten des Projektmanagements.

Für die erfolgreiche und effiziente Abwicklung eines Projektes muss zunächst die Projektorganisation ausgewählt und konkretisiert werden. Zudem bedarf es einer klaren, systematischen Vorgehensweise für die Abarbeitung des Projektes vom Projektstart bis zum Projektabschluss. Teil 2 in diesem Lehrbuch folgt diesen Erfordernissen.

Zunächst werden wir in Abschnitt 1 auf die grundlegenden **Begriffe**, die **Aufgaben** und die **Phasen** des Managements von Projekten eingehen.

In Abschnitt 2 folgen grundlegende Ausführungen über die **Projektorganisation**.

Abschnitt 3 ist der **Vorselektion von Projekten** gewidmet.

In den Abschnitten 4 bis 9 werden die einzelnen **Phasen des Managements von Projekten** vom Projektstart über die Planung und Kontrolle bis hin zum Projektabschluss vorgestellt. Dabei wird jeweils auf die Aufgabenstellungen in den einzelnen Phasen und auf Techniken eingegangen, die man zur Unterstützung der jeweiligen Phase einsetzen kann.

Abschnitt 10 ist zwei Begleitprozessen gewidmet, die das gesamte Projekt flankieren: Dem **Qualitätsmanagement** und dem Umgang mit **Chancen** und **Risiken**.

In Abschnitt 11 werden Möglichkeiten zur **Professionalisierung und Weiterentwicklung des Projektmanagements** in einer Organisation aufgezeigt.

Beginnen wir mit den Grundbegriffen des Projektmanagements: Was zeichnet ein Projekt aus?

1.1 Begriff „Projekt“

1.1.1 Merkmale von Projekten

In der Literatur finden sich zahlreiche Versuche, den Begriff „Projekt“ zu definieren. Geht man auf den lateinischen Ursprung des Wortes zurück (proiectum = das nach vorn Geworfene), so werden bereits wesentliche Merkmale von

Projekten sichtbar. Heute werden in wissenschaftlichen Publikationen v.a. folgende Projektmerkmale hervorgehoben: Zielvorgabe, zeitliche Befristung, Neuartigkeit, Einmaligkeit, Komplexität, spezifische Organisation (vgl. dazu *Beck* [Projektorganisation] 42ff.). Im Rahmen der **DIN-Norm** 69901-5 wird der Projektbegriff definiert. Danach ist ein Projekt ein

„Vorhaben, das im Wesentlichen durch die Einmaligkeit der Bedingungen in ihrer Gesamtheit gekennzeichnet ist, wie z.B.

- Zielvorgabe,
- zeitliche, finanzielle, personelle oder andere Begrenzungen,
- projektspezifische Organisation."

Allerdings wird mit dieser DIN-Normierung den Definitionsversuchen kein Ende bereitet, da diese Definition auch Fragen aufwirft. So wird etwa nicht geklärt, was unter einer „projektspezifischen Organisation" zu verstehen ist.

Wir definieren:

Ein **Projekt** ist ein Vorhaben, das zeitlich befristet ist, sich durch Neuartigkeit und Einmaligkeit auszeichnet sowie eine beachtliche Größe und einen hohen Grad an Komplexität aufweist.

Zerlegen wir diese Definition in die einzelnen Bestandteile, erhalten wir folgende fünf **Merkmale von Projekten**:

1. Zeitliche Befristung

Für ein Projekt ist von Anfang an ein Termin für den Projektabschluss vorgesehen. Zwar ist jede Aufgabe irgendwann einmal beendet, aber für ein Projekt ist das Ende der Projektarbeit geplant. Bei näherer Betrachtung ist jedoch das Projektende nicht immer ohne weiteres auszumachen. Dies ist insbesondere dann der Fall, wenn ein Projekt in eine laufende Produktion übergeht, etwa wenn das Projekt „Entwicklung eines neuen Produktes" zu einer sich daran anschließenden Produktion führt. Damit verknüpft ist eine gewisse Instabilität, denn es müssen Ressourcen bereitgestellt werden, über deren Verfügbarkeit am Projektende neu disponiert werden muss. Daraus ergeben sich auch entsprechende Konsequenzen für die Gestaltung der Projektorganisation.

2. Neuartigkeit

Ein Projekt stellt eine neue Herausforderung dar, da es sich nicht um einen wiederholten Routinevorgang handelt, sondern um ein Eindringen in ein mehr oder weniger unbekanntes Terrain. Der Beschaffung von Informationen über das Projekt ist daher besondere Aufmerksamkeit zu widmen. Mit dem hohen Innovationsgehalt von Projekten ist ein hohes Risiko untrennbar verbunden.

3. **Einmaligkeit**

   Ein Projekt stellt ein einmaliges Vorhaben dar; es unterscheidet sich insofern von den Routineaufgaben. Einzelne Aktivitäten im Rahmen dieses Vorhabens können dabei durchaus Routinecharakter haben. Wird dieses Vorhaben wiederholt, verliert es den Projektcharakter und wird zur Routine. Nicht selten ist eine Routineaufgabe aus einem Projekt hervorgegangen. Als Beispiele seien genannt: Die Entwicklung von Individualsoftware zur Standardsoftware oder die Vermarktung der Erkenntnisse aus dem Gang einer Tochtergesellschaft an die Börse bei der Firma *Jenoptik* für die Beratung von börsenwilligen Unternehmen.

4. **Größe**

   Da ein Projekt ein spezifisches Management, v.a. einen spezifischen Planungsprozess und eine eigene Projektorganisation verlangt, muss eine bestimmte Größenordnung vorliegen, welche diesen Einsatz rechtfertigt. Die Grenzziehung lässt sich verständlicherweise nicht exakt vornehmen. Dieses Merkmal ist relativ in dem Sinne zu sehen, dass es auf die Verhältnismäßigkeit zum gesamten Aufgabenbereich eines Unternehmens ankommt.

5. **Komplexität**

   Ein Projekt besteht aus verschiedenen voneinander abhängigen Teilaufgaben, die aufeinander abzustimmen sind. Ihre Wahrnehmung wird auf verschiedene Personen aus unterschiedlichen Fachgebieten befristet übertragen. Mit dem Merkmal der Komplexität verbunden ist ein hoher Schwierigkeitsgrad.

Die genannten fünf Merkmale eines Projektes zeichnen sich durch eine gewisse Unschärfe aus. Der Übergang von der Routineaufgabe, also einer regelmäßig durchzuführenden Tätigkeit, zu einem Projekt ist fließend. Es bedarf also einer fallspezifischen Betrachtung, um eine Grenzziehung vorzunehmen.

Als **Beispiel** für ein Projekt kann die Entwicklung eines neuen Automobiltyps betrachtet werden. Der Prototyp des Fahrzeugs muss einer Reihe von Anforderungen genügen. Dazu gehören u.a. Design, Fahreigenschaften, Ausstattung, Sicherheit, Kraftstoffverbrauch, Emissionswerte. Dementsprechend sind Fahrwerk, Aufbau und Motor aufeinander abzustimmen. Dieser Prozess findet bereichsübergreifend statt und stellt insofern eine Aufgabe mit hoher Komplexität dar. Diese

Aufgabe ist zudem zeitlich befristet, da der Prototyp irgendwann in Serie geht. Die Merkmale der Neuartigkeit, der Einmaligkeit und der Größe liegen auf der Hand.

1.1.2 Arten von Projekten

Die Welt der Projekte ist überaus vielfältig. Wir wählen **drei Kriterien**, mit deren Hilfe sich Projekte grundlegend klassifizieren lassen (vgl. auch *Beck* [Projektorganisation] 59ff.):

(1) Projektinhalt

(2) Verhältnis von Auftraggeber und Auftragnehmer

(3) Aufgaben von Projekten

Zu (1): Projektinhalt

Projektart	Beispiele
Verbesserung der Infrastruktur	Brücke, Autobahn, Tunnel, ICE-Trasse
Industrieanlagen	Bohrfeld, Hüttenwerk, Flughafen, Fabrikanlage, Kraftwerk
Luft- und Raumfahrt	A 380 von Airbus, Apollo-Programm
Forschung und Entwicklung	Entwicklung einer neuen Produktart, z.B. einer neuen Chip-Generation, eines neuen Automobiltyps, eines neuen Medikamentes, eines neuen Werkstoffes
Kunst und Kultur	Film-, Musik- und Theaterproduktionen, Ausstellungen, Festivals, Verfassen eines Lehrbuchs
Gründung von Institutionen	Gründung einer Universität, einer Bibliothek, einer Fertigungsstätte
Unternehmensinterne Problemlösung	Reorganisation, Sanierung, Einführung der flexiblen Arbeitszeit, eines neuen IT-Systems, Entwicklung einer Software, Standortverlagerung, Rechtsformänderung

Abb. 2-1: Arten von Projekten nach dem Projektinhalt

Zu (2): Verhältnis von Auftraggeber und Auftragnehmer

- Nationale Projekte, internationale Projekte (Auftraggeber und Auftragnehmer stammen aus verschiedenen Ländern, die Projektleitung ist international zusammengesetzt, wesentliche Projektleistungen werden im Ausland erbracht)
- Private Projekte, öffentliche Projekte (Auftraggeber ist die öffentliche Hand, z.B. Behörden, Gemeinden, Regierungen)
- Eigenauftragsprojekt (Auftraggeber und Auftragnehmer sind identisch), Fremdauftragsprojekt (der Auftraggeber kommt von außerhalb des Unternehmens). Beide Projektarten werden auch als interne und externe Projekte bezeichnet. Es gibt Unternehmen, deren Produktionsprogramm in der Abwicklung von Fremdauftragsprojekten besteht. Zu nennen ist etwa der Anlagenbau.

Zu (3): Aufgaben von Projekten

Nach den Aufgaben von Projekten lassen sich **strategische** und **operative Projekte** unterscheiden. Beide Arten von Projekten lassen sich nach folgenden **Abgrenzungsmerkmalen** beschreiben:

- **Zielausrichtung**
  Strategische Projekte sind an übergeordneten Zielen, wie der Sicherung des langfristigen Erfolges, der Existenz des Unternehmens oder der Entwicklungsfähigkeit des Unternehmens, ausgerichtet. Diese Zielausrichtung wird auch als Effektivität bezeichnet. Operative Projekte dienen der richtigen Umsetzung der im Tagesgeschäft anfallenden Entscheidungen, sind also an der Effizienz orientiert.

- **Bezugszeitraum**
  Strategischen Projekten liegt ein längerer Betrachtungszeitraum zugrunde, während operative Projekte kurzfristig zu lösenden konkreten Umsetzungsaufgaben dienen. Dem entsprechend sind strategische Projekte einer sehr viel stärkeren Dynamik unterworfen, als dies bei operativen Projekten der Fall ist.

- **Grad der Detailliertheit**
  Strategisch orientierte Projekte befassen sich mit der grundsätzlichen Ausrichtung eines Unternehmens. Dem entsprechend sind diese Projekte zunächst weniger operationalisierbar, Projektziele und Projektaufgaben nicht vollständig detaillierbar. Je stärker Projekte operationalisierbar sind, Projektziele und Projektaufgaben eindeutig und detailliert beschrieben werden können, desto eher handelt es sich um operative Projekte.

- **Strukturqualität der Probleme**
  Während sich strategische Projekte i.d.R. durch eine hohe Komplexität auszeichnen, also schlecht strukturierte Projektprobleme erfassen, handelt es sich bei operativen Projekten um gut strukturierte, d.h. relativ einfache und gut abgrenzbare Probleme.
- **Grad der Informationspräzision**
  Strategische Projekte sind aufgrund ihres langfristigen Charakters und ihrer Dynamik auf langfristige Prognosen angewiesen. Zudem sind neben Informationen über das Unternehmen auch die Informationen über die relevante Umwelt des Unternehmens mit einzubeziehen. Oftmals handelt es sich bei den benötigten Informationen um qualitative und wenig konkrete Informationen. Operative Projekte zeichnen sich dagegen durch eine konkrete, präzisere Informationslage aus, in der sich das Projektproblem oftmals sogar vollständig quantitativ beschreiben lässt.
- **Grad des Problemumfanges**
  Durch strategische Projekte wird versucht, die langfristige Entwicklung des gesamten Unternehmens gedanklich vorwegzunehmen, während sich operative Projekte nur auf die gedankliche Vorwegnahme einzelner genau abgegrenzter Problemfelder beziehen.
- **Umweltbezug**
  Strategische Projekte beschreiben den langfristig erfolgreichen Entwicklungspfad für ein Unternehmen. Dies kann nur unter Einbeziehung der für das Unternehmen relevanten Umwelt gelingen. Strategische Projekte sind deshalb durch ein viel höheres Maß an Außenorientierung gekennzeichnet als operative, d.h. in sich geschlossene Umsetzungsprojekte.

Nicht alle Projekte der Realität lassen sich nach diesen Kriterien trennscharf als strategische oder operative Projekte einordnen. Für jedes Kriterium kann vielmehr ein **Ausprägungskontinuum** als Grundlage für den Aufbau eines Projektprofils definiert werden, anhand dessen eine Einordnung von unterschiedlichen Aufgabenstellungen möglich wird. Je weiter sich die untersuchten Projekte dem einen oder dem anderen Extrem des Profils nähern, desto eher handelt es sich um ein strategisches oder operatives Projekt.

Bei dieser Abgrenzung geht es letztlich auch nicht um eine scharfe Trennung zwischen strategischen und operativen Projekten. Diese ist schon deshalb nicht sinnvoll, weil die Umsetzung der Unternehmensstrategie letztlich immer über eine Konkretisierung strategischer Projekte mittels einer Vielzahl operativer Projekte abläuft. Strategieimplementierung besteht darin, strategische Projekte so in operative Projekte zu überführen, dass über die Abwicklung aller Projekte letztlich die strategische Ausrichtung des Unternehmens gewährleistet wird. Letztlich sind also strategische und operative Projekte ohnehin ineinander verzahnt.

In diesem Lehrbuch werden zwei Hauptteile unterschieden: „Management **durch** Projekte" und „Management **von** Projekten". Im vorliegenden Teil 2 „Management von Projekten" werden primär die operativen Fragen des Projektmanagements, in Teil 3 „Management durch Projekte" v.a. die strategischen Aspekte des Projektmanagements, insbesondere des Multiprojektmanagements, beschrieben. Trotz dieser Zweiteilung gehen wir jedoch von einer engen Verknüpfung von strategischen und operativen Projektaspekten aus. Dieses wechselseitige Verhältnis wird immer wieder verdeutlicht.

1.2 Aufgaben des Managements von Projekten

Wir haben die Steigerung des Unternehmenswertes als wichtige Zielsetzung des Projektmanagements identifiziert. Das Management von Projekten trägt mit einer effizienten Planung, Umsetzung und Kontrolle der einzelnen Projekte zur Wertsteigerung bei: Die geplanten Wertbeiträge der Einzelprojekte sind mittels einer systematischen Vorgehensweise zu realisieren.

Methodisch stehen somit sowohl **verschiedene Planungstechniken** als auch **laufende Soll-Wird- und Soll-Ist-Vergleiche** im Zuge des sukzessiven Planungs- und Realisierungsfortschritts des Projektes im Mittelpunkt der Betrachtung. Der Steuerungszyklus, der diesen Vergleichen zugrunde liegt, ist in den „Führungsregelkreisen des Projektmanagements" in Abb. 2-2 dargestellt.

Der obere dunkler unterlegte Teil der Führungsregelkreise zeigt strategisch ausgerichtete Aufgaben im Zuge der Steuerung, die im Rahmen des „Managements durch Projekte" angegangen werden sollen.

Im **„Management von Projekten"** bewegen wir uns im unteren Teil der Regelkreise, der weiß unterlegt ist. Dabei handelt es sich um die operative Ebene, bei der v.a. die effiziente Abwicklung jedes einzelnen Projektes im Vordergrund steht.

Wir unterscheiden hier zwei Regelkreise:

(1) Der **erste Regelkreis** mit den gestrichelten Pfeilen zeigt einen ersten Kontrollzyklus während des **Planungsstadiums** des Projektes: Bei der Projektplanung wird in verschiedenen iterativen Schritten vorgegangen, indem bei den Teilprozessen unterschiedliche inhaltliche Schwerpunkte bei der

Planung gelegt werden (z.B. Planung des Ablaufs, der Termine und der Ressourcen). Bei jedem Planungsschritt ergibt sich ein genaueres Bild des geplanten Projektes. Zudem erfolgt die Projektplanung „vom Groben zum Detail“, d.h. der Detailliertheitsgrad der Planung nimmt im Zeitverlauf zu. Man kann die ursprünglichen Ziele und Planungen mit den Werten der neuen, detaillierteren Planung vergleichen und Abweichungsanalysen durchführen sowie das Projekt nach bestimmten Prioritäten optimieren.

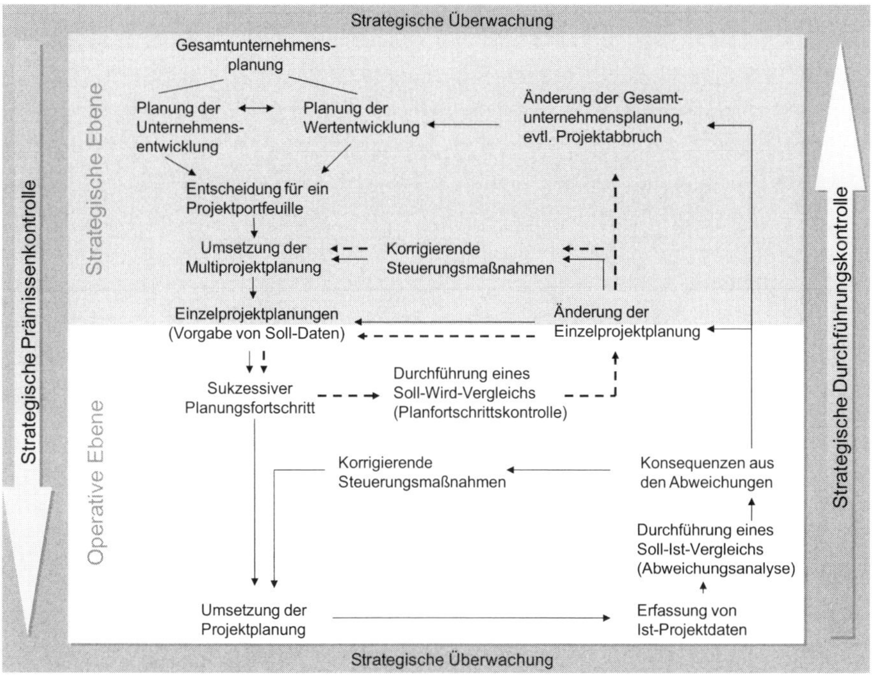

Abb. 2-2: Führungsregelkreise des Projektmanagements

Diese Planfortschrittskontrolle ist besonders wichtig, da man viele Abweichungen in der späteren Umsetzung nur schwer oder auch gar nicht mehr in den Griff bekommen kann, denn oftmals ist es hier bereits schlicht zu spät für Korrekturmaßnahmen. Manchmal zeigt sich bereits in der Planung, dass die ersten Annahmen unrealistisch waren. Bei sehr nachhaltigen und starken Abweichungen kann es sogar sinnvoll sein, das gesamte Projekt in Frage zu stellen, was je nach Umfang und Bedeutung des Projektes gewichtige strategische Auswirkungen nach sich ziehen kann. An dieser

Stelle wird die Verknüpfung zwischen der strategischen und der operativen Ebene des Projektmanagements sehr deutlich.

(2) Der **zweite Regelkreis** beginnt ebenfalls bei den Planungen für das einzelne Projekt, umspannt jedoch auch die **Umsetzung dieser Planung**, in der dann tatsächliche Ist-Daten anfallen, die mit den ursprünglich geplanten Soll-Daten verglichen werden können. Naturgemäß werden hier Abweichungen erst zu einem späteren Zeitpunkt erkannt. Je nach Bedeutung der Abweichung können sich drei Konsequenzen aus den Abweichungen ergeben:

- Man ergreift korrigierende Steuerungsmaßnahmen, um den Ist-Wert zu beeinflussen.
- Man ändert die Einzelprojektplanung. Hat die Abweichung lediglich Auswirkungen auf das einzelne Projekt, werden die Soll-Werte in der Planung geändert. Wirkt sich die Abweichung jedoch auch auf andere Projekte aus, sind Steuerungsmaßnahmen auf der Multiprojektebene notwendig.
- Bei sehr einschneidenden Abweichungen geht man auf die Ebene der Gesamtunternehmensplanung zurück und betrachtet die Abweichung vor diesem Hintergrund. Hier kann sich sogar die strategische Frage nach einem Projektabbruch stellen.

Die angesprochenen Soll-Ist- und Soll-Wird-Vergleiche beziehen sich v.a. auf die Dimensionen „Kosten", „Zeit" und „Leistung", die miteinander das **„Magische Dreieck der Projektsteuerung"** bilden (vgl. Abb. 2-3). Unter „Leistung" werden sowohl der Umfang als auch die Qualität der zu erbringenden Leistung zusammengefasst.

Die drei Dimensionen wirken stark interdependent: Will man beispielsweise ein Projekt in kürzerer Zeit fertig stellen, so zieht dies entweder einen höheren Ressourceneinsatz und somit höhere Kosten nach sich oder es müssen Abstriche bei der Endleistung in Kauf genommen werden. So kann eine Zeitverknappung bei einem Produktentwicklungsprojekt eine schlechtere Qualität aufgrund von Zeiteinsparungen bei Testläufen oder eine Einschränkung der Funktionalitäten des Produktes verursachen.

In den Abschnitten 6 – 8 dieses Teils, also den Abschnitten zur Planung, Umsetzung und Kontrolle von Projekten, werden verschiedene Methoden vorgestellt, die der Steuerung von Projekten dienen. Die meisten Verfahren zielen darauf ab, eine der oben dargestellten Dimensionen „Kosten", „Zeit" oder „Leistung" genauer zu verfolgen. Aufgrund der starken Abhängigkeiten ist jedoch über die Steuerung der einzelnen Dimension hinaus zusätzlich eine integrierte **Betrachtung über alle drei Dimensionen hinweg** sinnvoll: Hierfür eignet sich insbesondere die Earned Value-Analyse, die detailliert auf S. 302ff. dargestellt wird.

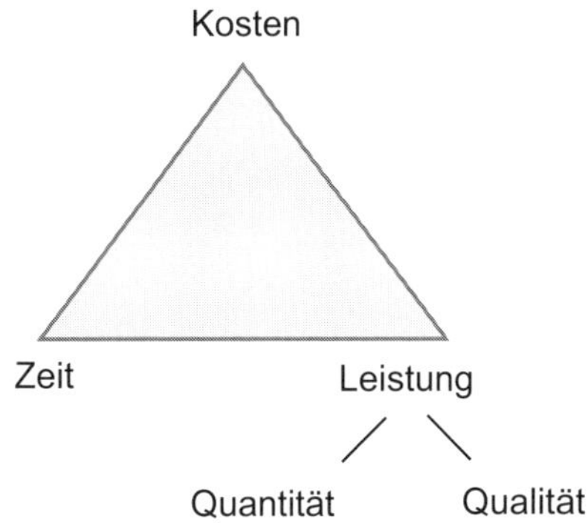

Abb. 2-3: Magisches Dreieck der Projektsteuerung

1.3 Phasen des Managements von Projekten

1.3.1 Vorteile der Phaseneinteilung

Um ein Projekt möglichst effizient abwickeln zu können, hat es sich als zweckmäßig erwiesen, für das Management einen systematischen Prozess, also eine logische Abfolge verschiedener Aktivitäten, festzulegen.

Dieser Prozess stellt eine **grundlegende Vorgehensweise** dar, mit der die Vielzahl von Aufgabenstellungen rund um das Projektmanagement strukturiert werden kann. Deren Abwicklung wird durch spezifische Methoden unterstützt.

Ein solcher systematischer Projektablauf erleichtert die Realisierung eines Projektes, da hierbei

- schrittweise,
- systemorientiert und
- schematisch

vorgegangen wird.

(1) Schrittweises Vorgehen

Projekte sind komplex und oft weit in die Zukunft gerichtet. Aus beiden Merkmalen ergibt sich, dass die meisten Projekte mit starken Risiken behaftet sind. Eine rein synoptische, d.h. eine langfristige und relativ starre Planung wird deshalb dem Planungsgegenstand nicht gerecht. Es bietet sich daher eine eher inkrementale Vorgehensweise an, ein Vorgehen in einzelnen Schritten, das zu einer zunehmenden Einengung des Problemfeldes (vom Groben zum Detail) führt. Auf diese Weise wird das Risiko reduziert und eine Flexibilität bei der Planung erreicht.

(2) Systemorientiertes Vorgehen

Da Projekte sowohl eine hohe Komplexität aufweisen als auch einen stark innovativen Charakter haben, müssen sie in den Gesamtzusammenhang des Unternehmens eingebettet werden. Dies erfolgt durch ein systemorientiertes Vorgehen. Ein System ist ein Gefüge von Elementen und deren Beziehungen zueinander. Systeme stehen einerseits in Beziehung zu ihrem Umsystem und lassen sich andererseits in Subsysteme zerlegen.

Die systemorientierte Betrachtungsweise wird besonders deutlich bei öffentlichen Großprojekten, wie beispielsweise dem Projekt *„Stuttgart 21"* mit einer radikalen Umgestaltung des Hauptbahnhofs. Sie tangieren viele Bereiche unserer Gesellschaft und regen auch die aktive Beteiligung vieler Interessengruppen an. Das Projektmanagement muss diesem Umstand Rechnung tragen durch eine entsprechende Zusammensetzung des Projektteams und Gestaltung der Projektplanung und -umsetzung. Projektteams sollten interdisziplinär zusammengesetzt sein. Bestimmte Projektteammitglieder können die Interessen von gesellschaftlichen Gruppen wahrnehmen. Eventuell sollten externe Stakeholder in ein Projektteam einbezogen werden, wie etwa bei der Planung einer Universitätsklinik Ärzte, Pfleger und Patienten.

(3) Schematisches Vorgehen

Für das Management von Projekten ist eine Vorgehensweise notwendig, die bestimmte zeitlich und sachlich abgegrenzte Ablaufschritte festlegt. Innerhalb dieser Schritte können bestimmte Managementtechniken zum Einsatz kommen, die in den Abschnitten 4 - 10 vorgestellt werden.

Das Vorgehen nach einem Schema bringt folgende **Vorteile** mit sich:

- Es findet eine **Komplexitätsreduktion** statt, d.h. die Vorgehensweise wird vereinfacht.

- Es wird ein Zwang zu einer **geordneten Vorgehensweise** bei der Strukturierung eines Projektes ausgeübt.
- Der Ablaufprozess wird für Externe **besser durchschaubar** und damit kontrollierbar.
- Es werden die Grundlagen für eine **Arbeitsteilung** bei der Abwicklung des Planungsprozesses gelegt.

1.3.2 Die einzelnen Phasen

Die vielfältigen Aufgaben des Projektmanagements, die in einem Projekt anfallen, werden in diesem Lehrbuch in die folgenden Phasen eingeteilt:

Phasen des Projektmanagementprozesses:
- Projektstart
- Zielpräzisierung
- Projektplanung
- Projektumsetzung
- Projektkontrolle
- Projektabschluss

Begleitende Prozesse:
- Qualitätsmanagement
- Risiko- und Chancenmanagement

Diese Phasen des Managementprozesses schließen sich nicht notwendigerweise linear genau in dieser Reihenfolge aneinander an, sondern in der Realität bestehen häufig wechselseitig rekursive Vernetzungsbeziehungen zwischen den verschiedenen Phasen. Diese Interdependenzen ergeben sich durch die hohe Komplexität strategischer Projekte und ihre starke Verknüpfung mit der Entwicklungsdynamik der unternehmerischen Umwelt.

Diese rekursive Vernetzung der verschiedenen Phasen wird in Abb. 2-4 dargestellt. Hierbei liegt die von *Ulrich* und *Probst* entwickelte Methodik des vernetzten Denkens zur Lösung komplexer Probleme zugrunde (vgl. *Ulrich/ Probst* [Anleitung]).

(1) Die beiden Phasen des Projektstarts und des Projektabschlusses markieren die Anfangs- und Endpunkte des Projektes und sind als solche einmalige Ereignisse, die kaum Interdependenzen mit anderen Phasen aufweisen. Ein

gelungener **Projektstart** stellt allerdings eine wichtige Grundlage für alle weiteren Phasen und somit für den Gesamterfolg des Projektes dar. Er benötigt daher eine sorgfältige Vorbereitung, in der die wichtigsten Rahmenbedingungen für das Projekt geklärt werden, wie beispielsweise die Formulierung und Konkretisierung des Projektauftrags, die Zusammenstellung des Projektteams und eine erste grundlegende Projektumfeldanalyse.

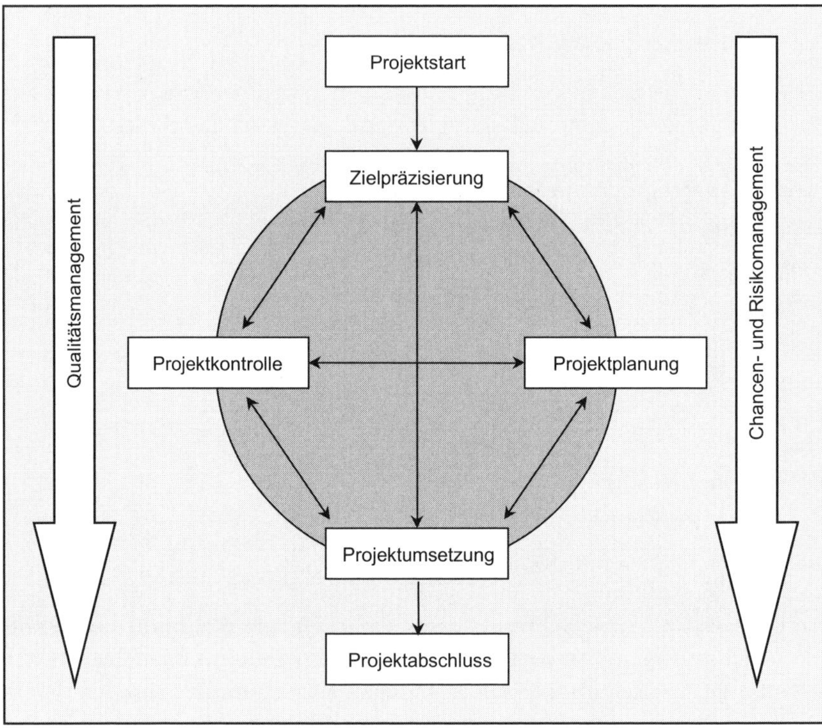

Abb. 2-4: Die Phasen des Projektmanagementprozesses

(2) Die **Zielpräzisierung** wird in der einschlägigen Literatur oftmals als Teilaufgabe im Verlauf des Projektstarts gesehen. Wir haben uns jedoch dazu entschieden, der Zielpräzisierung aufgrund ihrer herausragenden Bedeutung für den Projekterfolg und ihres stark projektbegleitenden Charakters eine eigene Phase zu widmen: Zu Beginn des Projektes verständigen sich alle Beteiligten auf die grundlegenden Gesamtprojektziele, doch aufgrund der hohen Komplexität und Dynamik im Projektverlauf ist es häufig nicht möglich, zum Projektstart bereits alle Detailziele festzulegen, die zur Errei-

chung dieser obersten Projektziele notwendig sind. Die Detailziele entwickeln sich vielmehr im Laufe des Projektes weiter, sie füllen die grundlegenden Gesamtprojektziele „mit Leben".

Unter Umständen können sich während des Projektes auch grundlegende Änderungen der übergeordneten Projektzielsetzung ergeben. In diesem Fall ist es besonders wichtig, diese Änderungen wahrzunehmen, sie zu thematisieren, mit den Beteiligten zu diskutieren und sie in der Planung, Umsetzung und Kontrolle des Projektes zu berücksichtigen.

(3) Vor diesem Hintergrund zeigt sich auch der iterative Charakter der **Projektplanung**: Wenn sich Projektziele im Projektverlauf konkretisieren oder sich auch verändern können, dann kann somit auch die Planung nicht ein Mal zu Beginn des Projektes erfolgen und von da an für den gesamten Projektverlauf feststehen, sondern es besteht eine wechselseitige Beziehung zwischen dem Fortschreiten der Projektplanung und der Entwicklung der Projektziele. Einerseits können sich Zieländerungen auf die Projektplanung auswirken. Andererseits werden Zielanpassungen oftmals auch erst dann notwendig, wenn die Projektplanung voranschreitet und beispielsweise festgestellt wird, dass ein Teil der Planung wohl doch nicht realistisch war und die Ziele daher nicht wirklich erreichbar erscheinen. Eine solche Zielanpassung ist nicht unproblematisch und muss gut abgestimmt sein (insbesondere mit dem internen Projektauftraggeber und dem externen Kunden), da die Ziele als Soll-Größe für die Bewertung des Projekterfolgs dienen und somit eine wichtige Grundlage für die Projektsteuerung darstellen.

(4) Die Projektplanung ist allerdings nicht nur mit der Zielpräzisierung vernetzt, sondern genauso mit der **Projektumsetzung**: Bei sehr komplexen Problemen ist ein detaillierter Vorentwurf zur Lösung des Projektproblems bei Projektbeginn nur eingeschränkt möglich. Durch die Umsetzung der Planung werden schrittweise Ergebnisse erzielt, die am Projektproblem und den bisherigen Lösungsansätzen gespiegelt werden sollten. Beispielsweise kann ein Teilergebnis einen vollkommen anderen Lösungsansatz nahe legen und somit erneute Planungen notwendig machen.

(5) Diese Erkenntnisse schlagen sich nun auch in der **Projektkontrolle** nieder: Da die Zielpräzisierung, die Projektplanung und die Projektumsetzung stark miteinander verknüpft sind, kann sich auch bei den Kontrollinhalten eine gewisse Dynamik ergeben. Die Projektkontrolle muss somit stark in den ständigen Kommunikationsprozess eingebunden sein, in dem die Projektleistungen entstehen. Diese Erkenntnis kann eine grundlegende Konsequenz für die Organisationsform der Kontrolle zeitigen: Bei sehr dynamischen

Projekten kann diese Aufgabe wahrscheinlich kaum noch über Controller in eigenen organisatorischen Einheiten, die nicht dem Projektteam angehören, wahrgenommen werden. Der Kontrollcharakter ändert sich somit von einer Fremdkontrolle hin zu einer stärkeren Selbstkontrolle.

(6) Die Frage nach der Verwirklichung der Projektziele spielt insbesondere beim **Projektabschluss** eine Rolle: Ein geordneter, systematischer Projektabschluss dient der Reflexion des gesamten Projektes, v.a. der Frage nach den Stärken und Schwächen sowie nach übergeordneten Erkenntnissen, die in Zukunft auch für andere Mitarbeiter von Bedeutung sein könnten („Lessons Learned"). Diese Erkenntnisse für das Gesamtunternehmen zu sichern und verfügbar zu machen, ist ein entscheidender Schritt des Wissensmanagements in Unternehmen. Ein „schleichendes" Projektende birgt die Gefahr in sich, dass die Lösungen aus der einzigartigen Kombination des Wissens in genau diesem Projektteam nach Auflösung des Projektes unwiederbringlich verloren gehen. Besonders wichtig ist in diesem Fall der überlegte weitere Einsatz der Projektmitarbeiter mit ihren Erfahrungen innerhalb der Organisation, aber auch eine systematische, praxisorientierte Dokumentation der Ergebnisse.

(7) Der vorgestellte Projektmanagementprozess wird von zwei Querschnittsaufgaben begleitet:

- Dem Qualitätsmanagement und
- dem Risiko- und Chancenmanagement.

(a) Qualitätsmanagement

Qualität verlangt die Übereinstimmung des Projektergebnisses mit den Anforderungen der Stakeholder, insbesondere des Kunden.

Beim Projektstart müssen die ersten grundlegenden Anforderungen in Form übergeordneter Projektziele zwischen den Beteiligten geklärt und festgelegt werden. Die Phase der Zielpräzisierung widmet sich sehr stark den Anforderungen des Kunden, indem die übergeordneten Ziele analysiert und konkretisiert werden. In der Projektplanung, -umsetzung und -kontrolle spielt die Qualität der Leistung eine wichtige Rolle als eine Dimension des „magischen Dreiecks": Veränderungen der Qualität wirken sich sofort auf die anderen beiden Dimensionen „Zeit" und „Kosten" aus et vice versa. Ein erfolgreicher Projektabschluss hängt zum Großteil davon ab, inwieweit es gelungen ist, die Anforderungen des Kunden tatsächlich zu erfüllen.

Um diese Aufgaben in den verschiedenen Phasen des Projektmanagementprozesses erfüllen zu können, ist eine systematische Vorgehensweise, ein eigener Managementprozess mit dem Schwerpunkt „Qualität" notwendig. Allerdings können die Phasen dieses Begleitprozesses zeitlich und inhaltlich nicht genau den Phasen des übergeordneten Projektmanagementprozesses zugeordnet werden. Aus diesem Grunde behandeln wir das Qualitätsmanagement als eigenständigen begleitenden Prozess (Abschnitt 10.1). Auf diese Weise können alle qualitätsbezogenen Themen zusammenhängend dargestellt werden.

(b) Risiko- und Chancenmanagement

Ebenso werden wir mit der **systematischen Berücksichtigung von Chancen und Risiken** im Managementprozess umgehen.

Jedes Projekt beinhaltet Chancen und Risiken, wobei man sich im Alltag meist mehr mit den Risiken als mit den Chancen beschäftigt. Diese Fokussierung ist sicherlich darauf zurückzuführen, dass Risiken i.d.R. auch emotional als „Gefahr" empfunden werden. Wir plädieren jedoch für ein gleichwertiges Chancen- und Risikomanagement, da sich durch das Ergreifen von Chancen positive Auswirkungen auf den Projektwertbeitrag ergeben und auch Risiken vermieden werden können.

Abb. 2-4 auf S. 44 zeigt den Projektmanagementprozess mit den beiden begleitenden Prozessen „Qualitätsmanagement" sowie „Chancen- und Risikomanagement".

Selbstverständlich können die vielfältigen logisch zusammenhängenden Aufgaben des Projektmanagements auch in andere Phasen untergliedert werden. Verschiedene bekannte Projektmanagement-Standards sind entlang des Projektmanagementprozesses aufgebaut (vgl. Abschnitt 11, S. 402ff.), wobei der Prozess jeweils individuell definiert wird.

1.) Die **DIN-Norm 69901-2:2009-01** unterscheidet beispielsweise fünf Prozesse:

- Initialisierung
- Definition
- Planung
- Steuerung
- Abschluss

Die verschiedenen inhaltlichen Themen, wie z.B. das Qualitäts- oder das Risikomanagement, werden in der Norm dann den einzelnen Phasen zugeordnet.

2.) Der „Guide to the Project Management Body of Knowledge" (**PMBOK-Guide**) wird vom amerikanischen „Project Management Institute" (PMI) herausgegeben. Dort werden fünf übergeordnete Prozessgruppen definiert:

- Initiierung (Initiating)
- Planung (Planning)
- Ausführung (Executing)
- Überwachung und Steuerung (Monitoring and Controlling)
- Abschluss (Closing)

Insgesamt werden 42 verschiedene Prozesse unterschieden, die diesen fünf Prozessgruppen zugeordnet werden.

3.) Auch die bekannte Projektmanagement-Methode **PRINCE2** orientiert sich am Projektmanagementprozess. Es werden hier sieben Prozesse unterschieden:

- Vorbereiten eines Projektes (Starting up a Project)
- Initiieren eines Projektes (Initiating a Project)
- Lenken eines Projektes (Directing a Project)
- Steuern einer Phase (Controlling a Stage)
- Managen der Produktlieferung (Managing Product Delivery)
- Managen der Phasenübergänge (Managing Stage Boundaries)
- Abschließen eines Projekts (Closing a Project)

Die verschiedenen Prozessdefinitionen betonen unterschiedliche Aspekte des Projektmanagements und legen somit eigene Schwerpunkte. Im weiteren Verlauf des Lehrbuches wird die Phasendefinition aus Abb. 2-4 zugrunde gelegt.

Nach diesem ersten Überblick über den Projektmanagementprozess wollen wir uns nun detailliert mit der **Projektorganisation** beschäftigen: Die Projektorganisation stellt die Grundlage für ein effizientes Management von Projekten dar, denn mit ihrer Hilfe werden wichtige Rahmenbedingungen für die konkrete Arbeit im Projekt festgelegt.

Es sei darauf hingewiesen, dass sich die im Folgenden zu erörternde Projektorganisation im Wesentlichen auf das Management eines einzelnen Projektes bezieht. Die Anforderungen an die Projektorganisation im Rahmen eines Multiprojektmanagements werden in Teil 3, S. 554ff. erörtert. Dabei wird insbesondere auf die Rolle des Projektmanagement-Office (PMO) eingegangen.

2 Projektorganisation

2.1 Grundlagen

Die Gestaltung der Organisation eines Projektes ist von entscheidender Bedeutung für dessen Erfolg. Zahlreiche Projektfehlschläge sind auf mangelnde Klarheit in der Verteilung von Aufgaben und Befugnissen zurückzuführen. Nach *Madauss* ([Projektmanagement] 86) scheitern viele Projekte „nicht etwa an mangelnder fachlicher Kompetenz der am Projekt beteiligten Mitarbeiter, sondern an dem organisatorischen Durcheinander". Hinzu kommt, dass häufig die Eigenarten eines Projektes bei der Ausgestaltung seiner Organisation nicht genügend berücksichtigt werden.

Derartige Schwächen sind letztlich im **„Dilemma der Projektorganisation"** begründet. Was verbirgt sich dahinter? Projekte sind zeitlich befristet, Unternehmen dagegen auf eine dauerhafte Existenz ausgerichtet. Projekte bringen folglich eine gewisse Unruhe in die ansonsten relativ stabilen Strukturen und gleichförmigen Abläufe des Unternehmens. Es stellt sich daher die Frage, wie der „Fremdkörper Projektorganisation" in das bestehende Organisationsgefüge eingegliedert werden kann.

Eine mögliche Antwort besteht darin, das Unternehmen gänzlich auf die Anforderungen der Projekte auszurichten, eine andere ist die Abwicklung des Projektes im Rahmen der gegebenen Struktur. Die zweite Lösung würde die Stabilität des Bestehenden zwar unberührt lassen, die wirkungsvolle Durchführung des Projektes freilich beeinträchtigen. Bei der ersten Variante würde zwar den Anforderungen an das Projekt optimal entsprochen, das Unternehmen wäre jedoch einer beträchtlichen Unruhe ausgesetzt. Das Dilemma der Projektorganisation besteht demnach im **Spannungsfeld von Wechsel und Dauerhaftigkeit**. Aus ihm erwächst aber auch die innovative Kraft dieser Organisationsform.

Was versteht man nun unter einer Projektorganisation?

2.1.1 Begriff der Projektorganisation

Die **Organisation** ist

- ein von der Unternehmung geschaffenes System von Regeln,
- um gemeinsame Ziele zu verfolgen,
- in welcher Ordnung aber auch von selbst entstehen kann (*Bea/Göbel* [Organisation] 7).

Auch ein Projekt benötigt ein solches System von Regeln, daher werden wir im Folgenden die Bestandteile dieser Definition auf Projekte übertragen:

(1) Die Projektorganisation als **„geschaffenes System von Regeln"** umfasst die Aufbau- und die Ablauforganisation. Bei der **Aufbauorganisation** steht die Verteilung von Aufgaben und Kompetenzen auf Stellen im Mittelpunkt. Die **Ablauforganisation** beschäftigt sich dagegen mit den Prozessen, die zur Erledigung einer Aufgabe notwendig sind. Den beiden Gestaltungsbereichen der Projektorganisation sind die Abschnitte 2.3 und 2.4 gewidmet. Für die Wahrnehmung der Aufgaben sind Organisationseinheiten notwendig. Die wichtigsten Organisationseinheiten im Projektmanagement werden vorlaufend in Abschnitt 2.2 dargestellt.

(2) Die Mitglieder einer Organisation, in diesem Fall eines Projektes, verbindet ein gemeinsamer Zweck, nämlich die **Erreichung eines Ziels**. Allerdings ist hierbei nicht gesagt, dass eine Organisation lediglich einen einzigen Zweck verfolgt oder dass die Organisationsmitglieder nicht auch eigenen Zielen nachgehen, die nicht in jedem Fall kompatibel mit den Organisationszielen sind (vgl. *Schreyögg* [Organisation] 9). Hieraus ergeben sich wichtige Aufgaben für den Projektleiter: Im Rahmen der Zielpräzisierung steht die Harmonisierung der Ziele der Beteiligten im Mittelpunkt, zudem nehmen die Kommunikation und Information sowohl intern im Projektteam als auch in das Unternehmen hinein und über die Unternehmensgrenzen hinaus eine zentrale Stellung ein. Im nächsten Abschnitt 2.1.2 werden wir uns zudem mit den übergeordneten Zielen beschäftigen, die aus strategischer Sicht mit Hilfe der Projektorganisation verfolgt werden sollen.

(3) Ein weiteres Merkmal der Organisation betrifft die Selbstorganisation. Innerhalb des Projektes kann „Ordnung auch von selbst entstehen", ein Projekt stellt also ein **selbstorganisierendes System** dar. Diese Erkenntnis hat wichtige Konsequenzen für das Verständnis von Projekten in einer Organisation sowie für die Arbeit des Projektleiters. Mit der Betrachtung der Beziehung zwischen Projektorganisation und Selbstorganisation werden wir die Ausführungen zur Projektorganisation in Abschnitt 2.5 abschließen.

Die hohe Flexibilität und Schlagkraft, die dem Projektmanagement zugeschrieben werden, resultieren größtenteils aus der besonderen zwischenmenschlichen Arbeitsform: Im Projektmanagement spielen der einzelne Mitarbeiter und gruppendynamische Prozesse im Projektteam eine herausragende Rolle. Die gewünschten innovativen Lösungen basieren auf dem Know how des Einzelnen bzw. der neuartigen Kombination des Know how in der Gruppe. Somit sind die Offenheit und Motivation jedes Mitarbeiters, sein spezifisches Wissen in die Gruppenlösung einzubringen, erfolgsentscheidend.

Zur **sozialen Komponente des Projektmanagements** mitsamt Teambildung und -entwicklung gibt es aufgrund ihrer Bedeutung im Projektmanagement eine Fülle von Literatur (z.B. *Hansel/Lomnitz* [Projektleiter], *Kellner* [Projekt-Mitarbeiter], *Sprenger* [Projektgruppen] oder Kapitel in verschiedenen Lehrbüchern, wie *Schelle* [Projekte] 67ff., *Patzak/Rattay* [Projektmanagement] 176ff. et passim oder *Kuster u.a.* [Projektmanagement] 219ff.). Wir werden die soziale Komponente v.a. im Rahmen der Erläuterung der Rolle des Projektleiters und des Projektteams sowie des Abschnitts 2.5 „Projektorganisation als Selbstorganisation" thematisieren.

Die Projektorganisation stellt ein **Führungsinstrument** dar, d.h. sie wird zur Führung von Projekten zielorientiert eingesetzt. Wir haben uns bereits in Teil 1 mit den strategischen Zielen beschäftigt, die mit Hilfe des Projektmanagements verfolgt werden. Nun stellt sich die Frage, wie die Projektorganisation zur Verwirklichung dieser Ziele beitragen kann.

2.1.2 Ziele der Projektorganisation

Als Führungsinstrument muss eine Organisation dazu beitragen, die Ziele des Unternehmens in optimaler Weise zu unterstützen. Wir haben **zwei Ziele des Projektmanagements** identifiziert: Die Förderung der strategischen Unternehmensentwicklung und die Steigerung des Unternehmenswertes.

Wir können davon ausgehen, dass eine Organisation zur Erreichung dieser beiden übergeordneten Ziele des Projektmanagements optimal beiträgt, wenn die folgenden Ziele der Projektorganisation verfolgt werden (vgl. die Übersicht in *Bea/Göbel* [Organisation] 12ff.):

- **Effizienz der Ressourcennutzung**
  Eine wesentliche Aufgabe der Organisation besteht darin, Voraussetzungen für eine effiziente Ressourcennutzung zu schaffen. Dies gilt nicht nur für Maschinen, Gebäude und Arbeitskräfte, also die klassischen Produktionsfaktoren, sondern auch für das Wissen, das gerade bei Projekten eine besondere Rolle spielt. Die Projektmanagement-Methodik wurde in besonderem Maße dazu entwickelt, die Effizienz der Ressourcennutzung zu erhöhen.
- **Verringerung des Koordinationsbedarfs**
  Im Rahmen der Projektorganisation wird den beteiligten Mitarbeitern i.d.R. eine höhere Autonomie zugestanden. Die beteiligten Linienabteilungen sind

durch solche Teammitglieder vertreten, die Aufgaben im Team eigenverantwortlich erledigen; Schnittstellen werden somit reduziert. Die Einführung eines unternehmensweiten Projektphasenplans trägt zur Klärung der Schnittstellen zwischen Projektteam und Linienorganisation bei.

- **Steigerung der Entscheidungsqualität**
  Die interdisziplinäre Zusammensetzung des Teams ermöglicht, dass Probleme aus verschiedenen Perspektiven betrachtet und erörtert werden: Viele Entscheidungen werden direkt im Projektteam getroffen, in dem Spezialisten aus allen beteiligten Fachbereichen miteinander an der Problemlösung arbeiten. Für übergeordnete Entscheidungen, die der Projektauftraggeber trifft, erarbeitet das Projektteam i.d.R. eine Entscheidungsvorlage mit ganzheitlichen Lösungsalternativen.

- **Förderung der Motivation**
  Projekte bieten günstige Voraussetzungen für eine Steigerung der Motivation des einzelnen Mitarbeiters: Der Beitrag zur Zielerreichung des Teams kann aufgrund der Zerlegung der Gesamtaufgabe in Arbeitspakete dem Einzelnen relativ genau zugerechnet werden. Zudem werden in Projekten meist höchst innovative Aufgaben bewältigt, was bei Spezialisten i.d.R. zu einer intrinsischen Motivation, also einer Motivation durch die Arbeit selbst, führt. Auch die Arbeit im Team wirkt auf die meisten Menschen motivationssteigernd; gerade ein gemeinsames Wir-Gefühl kann die Teammitglieder zu herausragenden Leistungen beflügeln.

- **Steigerung der Lern- und Innovationsbereitschaft**
  Projekte werden i.d.R. mit der Absicht auf den Weg gebracht, etwas Neues sowohl im Hinblick auf das Endprodukt wie auch in Bezug auf die Organisation des Leistungsprozesses zu wagen. Dieser Grundgedanke muss in der Projektorganisation ihren Niederschlag finden. Dies ist insbesondere dann gewährleistet, wenn folgenden Unterzielen entsprochen wird:

  (a) Sicherstellung des in den Projektteams erworbenen Wissens (Beachtung der Gefahr des Wissensverlustes bei der Teamauflösung nach Projektende),

  (b) Förderung der Kollektivierung des individuellen Wissens (Aufforderung der Mitarbeiter zur Kommunikation),

  (c) Belohnung von Risiko- und Innovationsbereitschaft (Vermeidung von Sanktionen bei Misserfolgen).

- **Verstärkung der Kunden- und Marktorientierung**
  Ein Projekt dient der Erstellung einer spezifischen Leistung, die ein interner oder externer Kunde in Auftrag gegeben hat. Es handelt sich hierbei um eine speziell auf den jeweiligen Kunden zugeschnittene Lösung. Um die Projektziele zu erreichen, sind meist direkte und intensive Kontakte des Projektteams mit dem Kunden notwendig. Normalerweise kommt es im Projektverlauf zu Änderungen, die gemeinsam mit dem Kunden bewältigt werden müssen.

- **Erhöhung der Flexibilität**
  Projekte stellen eine Antwort auf die höhere Dynamik der Umwelt dar, da ein Projektteam aufgrund der Delegation von Verantwortung, der Dezentralisation der Entscheidung und der Übertragung von Kompetenzen schneller auf Veränderungen reagieren kann. Diese Flexibilität betrifft zum einen das Verhältnis des Unternehmens zum Markt, zum anderen das Verhältnis des Projektteams zur Linienorganisation.

- **Steigerung des Grades der Partizipation von Stakeholdern an Entscheidungen**
  Der Erfolg von Projekten hängt oftmals in besonderem Maße von der Unterstützung durch die wichtigsten Stakeholder ab. Im Rahmen der Projektumfeldanalyse werden die Erwartungen und Befürchtungen der Stakeholder antizipiert und in die weitere Projektplanung und -umsetzung einbezogen.

Diese Ziele der Projektorganisation tragen in unterschiedlichem Maße zur Förderung der strategischen Unternehmensentwicklung und zur Steigerung des Unternehmenswertes bei. Während die Effizienz der Ressourcennutzung ausschließlich als Instrument zur Steigerung des Unternehmenswertes angesehen werden kann, werden mit Hilfe der anderen organisatorischen Ziele beide strategischen Unternehmensziele verfolgt.

Wir kommen nun zu den Elementen der konkreten Organisationsgestaltung, mit deren Hilfe diese Ziele erreicht werden sollen. Zunächst werden wir uns mit den Organisationseinheiten der Projektorganisation beschäftigen, denen die Verantwortung für die Ausführung der notwendigen Aufgaben zugewiesen wird. Anschließend betrachten wir die beiden Gestaltungsbereiche der Projektorganisation: Die Projektaufbauorganisation und die Projektablauforganisation.

2.2 Organisationseinheiten

Die Aufgaben im Rahmen der Projektorganisation werden von Organisationseinheiten wahrgenommen. Die kleinste selbständig handelnde Organisationseinheit ist die Stelle. Sie ist mit bestimmten Zuständigkeiten ausgestattet. Die einzelnen von einer Projektstelle wahrzunehmenden Aufgaben, ihre Befugnisse und ihre Einordnung in die Aufbauorganisation werden in einer Stellenbeschreibung festgehalten.

Charakteristisch für die Projektorganisation ist, dass einzelne Personen Inhaber verschiedener Stellen sein können. So kann ein Linienmitarbeiter gleichzeitig Mitglied in verschiedenen Projektteams sein. Dies kann zu Schwierigkeiten führen, da eine Person somit unterschiedliche „Rollen" innehat. Eine Rolle beinhaltet die Summe der Erwartungen des Umfelds an den Inhaber einer bestimmten Stelle. Rollen sind grundsätzlich personen-unabhängig. Für die Wahrnehmung verschiedener Rollen durch eine Person sprechen verschiedene Argumente, z.B. dient der damit verbundene Konflikt der eigenen Entwicklung und die Konstellation ermöglicht einen schnelleren Informationsfluss aufgrund der Mitgliedschaft in verschiedenen Projekten (vgl. *Patzak/Rattay* [Projektmanagement] 144ff.).

Abb. 2-5 bietet einen Überblick über die wichtigsten Organisationseinheiten im Einzel- und Multiprojektmanagement.

Organisationseinheiten im Einzelprojektmanagement	**Organisationseinheiten im Multiprojektmanagement**
Projektauftraggeber (Abschnitt 2.2.1)	Projektmanagement-Office (PMO) (Teil 3, Abschnitt 4.2 und Teil 4, Abschnitt 5)
Projektlenkungsausschuss / Steering Committee (2.2.1)	Multiprojektlenkungsausschuss (MPL) (Teil 3, Abschnitt 4.4.1.1)
Projektleiter (2.2.2)	
Projektcontroller (2.2.3)	
Projektteam (2.2.4)	
Projektmanagement-Office (PMO) (11.4)	

Abb. 2-5: Organisationseinheiten im Projektmanagement

Für die Projektorganisation von besonderer Bedeutung ist der Projektleiter. Wir werden uns daher verstärkt seiner Rolle im Projekt zuwenden. Er wird vom Projektauftraggeber eingesetzt. Die Durchführung des Projektes obliegt dann dem Projektteam. Die organisatorischen Einheiten und ihre Aufgaben werden nun im Folgenden beschrieben.

Beim Multiprojektmanagement müssen noch zusätzliche Organisationseinheiten eingerichtet werden. Diese Organisationseinheiten sollen eine Brücke zwischen der primären Unternehmensorganisation und der sekundären Projektorganisation schlagen. Ihre Aufgaben werden in Teil 3 und Teil 4 im Rahmen des Multiprojektmanagements bzw. des projektorientierten Unternehmens erläutert. Das Projektmanagement-Office kann jedoch bereits im Rahmen des Managements von Projekten eine wichtige Rolle bei der Professionalisierung und Weiterentwicklung des Projektmanagements spielen. Dieser Aspekt wird in Abschnitt 11.4 vertieft.

2.2.1 Projektauftraggeber

Grundsätzlich unterscheidet man interne und externe Auftraggeber. Externe Auftraggeber gibt es vor allem bei Kundenprojekten: Hier wird der Kunde als (externer) „Auftraggeber“, das Unternehmen, in dem das Projekt abläuft, als „Auftragnehmer“ bezeichnet.

Bei externen Projekten formuliert der externe Auftraggeber die Anforderungen an das Projekt i.d.R. in einem sog. Lastenheft, das aus einer Zusammenstellung der an den Auftraggeber zu erbringenden Leistungen besteht (zum Lastenheft und zum Pflichtenheft vgl. S. 124 und S. 125).

Interne Auftraggeber sind für jedes Projekt unverzichtbar: Mindestens ein Mitarbeiter aus dem (Top-)Management des eigenen Unternehmens initiiert das Projekt und erteilt den Projektauftrag. Er steckt die wichtigsten Ziele ab und gibt die finanziellen Mittel für das Projekt frei. Zudem nimmt er auch Kontroll- und Steuerungsfunktionen wahr und vertritt die Projektinteressen auf übergeordneter Ebene nach außen. Bei tiefer gehenden Konflikten oder grundlegenden Projektkrisen stellt er eine wichtige Stelle zur Schlichtung dar und unterstützt den Projektleiter bei allen unerwarteten Problemen größeren Ausmaßes.

Bei sehr großen und/oder für das gesamte Unternehmen sehr bedeutenden Projekten reicht meist eine Person als Auftraggeber nicht aus: Es wird ein sog. **Projektlenkungsausschuss** (oder auch **Steering Committee**) ins Leben gerufen, in dem mehrere Entscheider miteinander als Gremium die Rolle des Auftraggebers wahrnehmen.

Im Rahmen des Multiprojektmanagements gibt es i.d.R. noch ein weiteres Gremium, das auf Gesamtunternehmensebene als Projektauftraggeber fungieren kann: Der **Multiprojektlenkungsausschuss**. Dieser Ausschuss hat eine strategische Funktion, indem er über Projekte entscheidet, mit deren Hilfe die angestrebte strategische Ausrichtung des gesamten Unternehmens verwirklicht werden soll. Die Rolle dieser speziellen Art von Lenkungsausschüssen wird in Teil 3 (S. 635ff.) umfassend erklärt.

2.2.2 Projektleiter

2.2.2.1 Rolle des Projektleiters

Der **Projektleiter** konkretisiert, führt und steuert das Projekt. Er ist verantwortlich für die Erfüllung des Projektauftrags und damit für die Erreichung der Projektziele unter den gegebenen Rahmenbedingungen.

Insofern ist der Projektleiter verpflichtet, den internen Auftraggeber laufend über den Projektfortschritt zu informieren. Die Erfolgschancen des Projektleiters werden entscheidend bestimmt vom Grad der Unterstützung durch die Unternehmensleitung und der damit verbundenen Entscheidungskompetenz.

In der Projektstartphase bereitet der Projektleiter die Projektplanung und -umsetzung insbesondere durch die Konkretisierung des Projektauftrags vor. Im Idealfall stellt er das geeignete Team für die Aufgabenerfüllung zusammen. Er führt die Projektmitarbeiter, koordiniert die Projektplanung und –umsetzung, er übernimmt in Zusammenarbeit mit dem Projektcontroller die Steuerung des Projektes, betreibt das Projektmarketing und berichtet an die zuständigen Stellen.

Anhand dieser umfangreichen Aufgaben wird deutlich, dass ein Projektleiter ein „Unternehmer im Unternehmen" ist (vgl. auch S. 736ff.). Um seine Rolle auszufüllen, benötigt er neben einer guten Kenntnis der Projektmanagementmethoden exzellente kommunikative und zwischenmenschliche Fähigkeiten. Gleichzeitig muss er mit den strategischen Zielen des Unternehmens und den innerbetrieblichen Abläufen gut vertraut sein. Nicht zuletzt braucht er noch eine stabile Basis an Fachwissen.

Einen großen Teil der Kommunikation des Projektleiters nimmt die Interaktion mit der Linienorganisation des Unternehmens ein. Hier ist es von Vorteil, wenn der Projektleiter gut vernetzt ist. Daneben gilt es im Besonderen, die Schnittstellen zwischen Projektteam und Kunden sowie diejenigen zum Projektmanagementoffice und zum Auftraggeber zu pflegen. Natürlich muss sich der Projektleiter auch um die Schnittstellen und die Arbeitsatmosphäre innerhalb des Projektteams kümmern, kurzum: Ihm kommt die Führungsrolle im Projekt zu.

2.2.2.2 Führung in Projekten

Die ureigenste Aufgabe eines Projektleiters liegt in der Führung des Projektteams.

Führung ist sehr umfassend. Die meisten Aufgaben, die einer Geschäftsführung auf der Ebene des gesamten Unternehmens zukommen, fallen im Projekt auch dem Projektleiter zu. An dieser Stelle wird deutlich, weshalb es manchmal für alle Beteiligten schwierig sein kann, wenn der „beste Fachspezialist" zum Projektleiter ernannt wird. Wir haben gesehen, welches Kompetenzprofil ein erfolgreicher Projektleiter benötigt: Der Projektleiter muss viele Rollen in einer Person verkörpern, z.B. die des Moderators, Konfliktmanagers, Teamentwicklers, Politikers und des Maklers zwischen den Interessen des Unternehmens und des Projektteams. In nahezu jedem Lehrbuch für Projektmanagement finden sich ganze Kataloge mit Anforderungen an einen Projektleiter, die insgesamt eher einen „Projekt-Supermann" beschreiben als eine reale Person.

Weshalb sind diese unterschiedlichen Fähigkeiten und Kompetenzen überhaupt von Nöten? Dies ist zum Großteil auf die **Spezifika der Projektarbeit** zurückzuführen (vgl. *Böck/Reiff* [Führungsinstrumente] 162, *Spalink* [Führung] 209f., *Kuster u.a.* [Projektmanagement] 203f.):

- Das Projektteam wird von Anfang an **nur für eine begrenzte Zeit** eingerichtet. Daraus erwachsen Unsicherheiten für die Projektmitarbeiter.
- In manchen Organisationsmodellen verfügt der Projektleiter nicht über **formale Macht** in Form von klaren Weisungsbefugnissen.
- Das Team wird zur Lösung der komplexen Projektaufgabe **interdisziplinär** zusammengestellt, d.h. die Mitglieder werden i.d.R. aus verschiedenen Unternehmensbereichen, Fachgebieten und Hierarchieebenen zusammengezogen.
- Je nach Art des Projektes handelt es sich dabei entweder um **Spezialisten auf hohem Niveau**, die der Projektleiter koordinieren und integrieren muss, oder um relativ **heterogene Gruppen** in Bezug auf Profession und Qualifikation.
- Die Teammitglieder verstehen sich meist zunächst vorrangig als **Vertreter ihrer Abteilungen in der Linienorganisation.**
- Die Teammitglieder kennen sich oft zu Beginn des Projektes noch nicht und haben ihre eigenen **individuellen Ziele und Motive** für ihre Mitarbeit im Projekt.
- Die Projektarbeit zeichnet sich meist durch **hohen Zeit-, Kosten- und Erfolgsdruck** aus und ist durch **häufige Änderungen** geprägt.

- Die Arbeit erfordert insbesondere **kreative Techniken** statt bekannter Arbeitsformen und **relativ flexible Kommunikations- und Informationsprozesse**.

Insgesamt benötigen die Projektmitarbeiter oftmals andere Kompetenzen und Kenntnisse als für eine Arbeit in der Linie. Der Einstieg ins Projekt ist durch wesentlich geringere Transparenz und Stabilität gekennzeichnet. Sowohl für die Projektmitarbeiter als auch den Projektleiter besteht eine erhöhte Unsicherheit. Die Ausgangssituation macht deutlich, wie wichtig die **aktive Gestaltung und Steuerung der internen Beziehungen im Team** und auch der sich im Projektverlauf ergebenden **Gruppenprozesse** sind. Zunächst hat der Projektleiter ja noch keine funktionierende Gruppe, sondern „eine mehr oder weniger bunt zusammengewürfelte Menge von unterschiedlich motivierten Experten" vor sich (*Böck/Reiff* [Führungsinstrumente] 163). Der Projektleiter hat daher die Aufgabe, den Teambildungsprozess zu begleiten und zu unterstützen.

Welcher **Führungsstil** eignet sich nun am besten, um die vielfältigen Aufgaben des Projektmanagements erfolgreich zu erfüllen?

Mit der Frage nach „dem richtigen Führungsstil" beschäftigt sich die Wissenschaft schon seit langem und es wurden die verschiedensten Antworten gegeben. Zunächst lassen sich die klassischen Führungsstile von autoritär bis kooperativ in einem Kontinuum darstellen (vgl. Abb. 2-6).

Betrachtet man den Charakter des Projektmanagements als eher partizipative Führungskonzeption (vgl. Teil 3), so passen der autoritäre und patriarchalische Führungsstil weniger zur übergeordneten Zielsetzung. Tendenziell wird der Projektleiter wohl eher als „primus inter pares" auftreten und so stärker eine beratende Funktion einnehmen (vgl. *Diethelm* [Projektmanagement 1] 47). Viele Autoren plädieren grundsätzlich für eine **situative Führung**, die beispielsweise von den Aufgaben, der Art der Entscheidungen, dem Druck zum jeweiligen Zeitpunkt, den Strukturen im Projektteam und von den Erwartungen der Teammitglieder abhängt (vgl. z.B. *Burke* [Projektmanagement] 391ff., *Pfetzing/Rohde* [Projektmanagement] 290ff. oder *Spalink* [Führung] 216).

Allerdings stellt sich hierbei die Frage, inwieweit eine autoritäre Führungskraft tatsächlich in der Lage ist, bei Bedarf auf einen partizipativen Führungsstil umzuschalten, oder inwieweit ein grundsätzlich kooperativer Manager zum Patriarch werden kann, wenn seine Umwelt das von ihm erwartet. Eine Führungskraft ist eine individuelle Persönlichkeit und kann sich mit einem so grundlegenden Verhaltensmuster wie dem Führungsstil wahrscheinlich nur bis zu einem bestimmten Grad den Erwartungen anderer und der Situation anpassen.

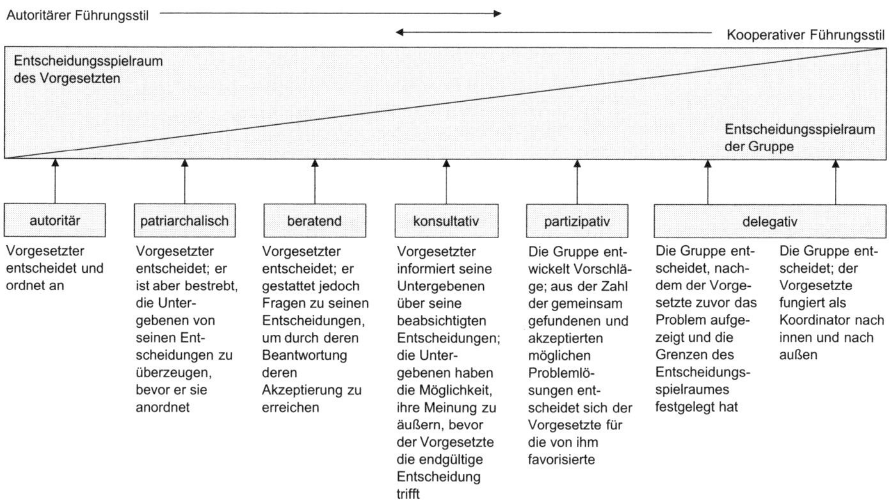

Abb. 2-6: Führungsstile
(Quelle: *Bea* [Führung] 8 nach *Tannenbaum/Schmidt*)

Patzak/Rattay halten daher den **„authentischen Führungsstil"** für den erfolgversprechendsten: Authentische Persönlichkeiten sind sich ihrer eigenen inneren Werte bewusst und handeln in Übereinstimmung mit diesen Werthaltungen, wie z.B. Akzeptanz und Respekt, Vertrauen, Toleranz und Offenheit für Neues. Die Mitarbeiter spüren, dass hier die Aussagen und das konkrete Verhalten mit den eigenen inneren Haltungen übereinstimmen, und engagieren sich aufgrund dieser glaubwürdigen Botschaften meist außergewöhnlich stark. Umgekehrt fühlen sich die Mitarbeiter durch doppeldeutige Botschaften irritiert, z.B. wenn Führungskräfte radikale Sparpläne durchsetzen und sich selbst andererseits höhere Privilegien zugestehen oder das eigene Engagement von Führungskräften in intensiven Arbeitsphasen nicht ausreichend erscheint (vgl. *Patzak/Rattay* [Projektmanagement] 382ff.).

Eine besonders wichtige Thematik im Rahmen der Führung ist die **Ausrichtung des Teams auf die übergeordneten Projektziele**. Zunächst müssen alle Projektmitarbeiter wissen, welche Bedeutung die zu lösende Aufgabe und das Projekt für das gesamte Unternehmen haben. Diese Einordnung ist besonders unter dem Aspekt der Teambildung nötig, denn die Dringlichkeit und die Bedeutung der Aufgabe geben dem Team seine Daseinsberechtigung und tragen somit auch stark zur Motivation bei. Im Einzelnen sind dann klare Zielvereinbarungen notwendig, damit die Projektziele auch in das individuelle Zielsystem des einzelnen Projektmitarbeiters eingehen. Um bei der Zielvereinbarung adäquat agieren zu können, sollte sich der Projektleiter bereits im Zuge der Projektvorbereitung mit den individuellen Zielen der potenziellen Mitarbeiter beschäftigen (vgl. die Projektumfeldanalyse S. 100 und die Zielpräzisierung in der Projektstartphase S. 111).

Als Merkmal einer Organisation wurde ihr Charakter als selbstorganisierendes System angesprochen. Geht man davon aus, dass in einem Projekt selbstorganisierende Prozesse stattfinden, so ergeben sich daraus Konsequenzen für die Rolle und die Führung des Projektleiters. Wir werden daher in Abschnitt 2.5 die Zusammenhänge beschreiben und Gestaltungsempfehlungen ableiten.

Allerdings muss sich jeder Projektleiter bewusst sein, dass er allein ohne sein Team nicht erfolgreich sein kann, denn für die Lösung der Projektaufgabe sind die spezifische Kombination des Wissens der Teammitglieder und auch ihr Arbeitseinsatz notwendig. Die Zusammenstellung des Projektteams stellt somit einen entscheidenden Erfolgsfaktor des Projektes dar. Da dieses Buch sich besonders mit der betriebswirtschaftlichen Sicht auf Projekte beschäftigt, greifen wir im Folgenden eine aus diesem Blickwinkel besonders wichtige Rolle auf: Die Rolle des **Projektcontrollers**.

2.2.3 Projektcontroller

Der Begriff des Controlling ist in der betriebswirtschaftlichen Literatur recht weit gefasst. Dem Controlling werden i.d.R. vier Funktionen zugesprochen (vgl. *Scheurer* [Führungsfunktion] 32):

- **Informationsversorgungsfunktion**: Aus dieser Sicht steht die Beschaffung und Aufbereitung von Informationen für das Management im Vordergrund.
- **Koordinationsfunktion:** Diese Perspektive stellt die Koordination der verschiedenen Führungssubsysteme, insbesondere aber die Koordination von Planung und Kontrolle in den Mittelpunkt.
- **Rationalitätssicherung der Führung:** Controlling hilft, die Wollens- und/oder Könnensdefizite des Managements auszugleichen, um so trotz der vorhandenen Rationalitätsdefizite ökonomisch rationales Handeln sicherzustellen.
- **Erfolgszielbezogene Steuerung:** Aus dieser Sichtweise stehen die konsequente Zielausrichtung und die Sicherung der angestrebten Ertragsziele im Mittelpunkt.

Hier wird deutlich, dass es beim Projektcontrolling nicht nur um die Planung und Kontrolle von Kosten geht, sondern dass dem Controlling auch eine besondere Dienstleistungs- und Unterstützungsfunktion für alle Projektmanagementaufgaben zukommt. Zudem hat der Projektcontroller die wichtige Aufgabe, die Verbindung zwischen Projektcontrolling und Multiprojektcontrolling und/oder Unternehmenscontrolling sicherzustellen (vgl. die verschiedenen Führungsregelkreise in Abb. 2-2 auf S. 39).

Der Projektcontroller stellt somit eine wichtige Stütze des Projektleiters dar und begleitet die Planungs-, Steuerungs- und Kontrollprozesse, also den gesamten Managementprozess vom Projektstart bis zum Abschluss des Projektes. Seine Aufgabe besteht insbesondere darin, Abweichungen vom Projektplan frühzeitig wahrzunehmen und Vorschläge für korrigierende Eingriffe zu formulieren. Zur Erfassung von Planabweichungen muss der Controller geeignete Kennzahlen und Messverfahren entwickeln (vgl. *Patzak/Rattay* [Projektmanagement] 408ff., *Friedl* [Controlling]).

Auch in der Definition der DIN-Norm 69901-5:2009-01 wird deutlich, dass es hierbei um die Gesamtheit der Projektziele geht und nicht nur um das Kontrollobjekt „Kosten“: Hier wird Projektcontrolling definiert als „Sicherstellung des Erreichens aller Projektziele durch Ist-Datenerfassung, Soll-Ist-Vergleich, Analyse der Abweichungen, Bewertung der Abweichungen gegebenenfalls mit Korrekturvorschlägen, Maßnahmenplanung, Steuerung der Durchführung von Maßnahmen“.

Eine der wichtigsten Aufgaben des Projektcontrollers ist es somit, den Projektleiter zum richtigen Zeitpunkt mit aktuellen, transparenten Informationen zu unterstützen. Somit schafft er die Grundlage für fundierte Entscheidungen des Projektleiters. Eine umfassende Analyse und Erläuterung der Aufgaben des Projektcontrollers findet sich bei *Fiedler* [Controlling] 11ff.

2.2.4 Projektteam

2.2.4.1 Zusammenstellung des Projektteams

Um die Projektaufgabe zu erstellen, sind i.d.R. Teammitglieder mit den unterschiedlichsten fachlichen Kompetenzen notwendig. Bestimmte Rollen sind in den meisten Teams anzutreffen, wie z.B. ein Projektcontroller oder ein Qualitätsmanager.

Meist fungieren Teammitglieder als Vertreter ihrer Abteilung in der Stammorganisation, wie dem Einkauf, der Produktion oder dem Vertrieb. Sie übernehmen dann die Aufgaben, die zu ihrem Kompetenzprofil passen.

Je nach Art des Projektes werden differenziertere Rollen benötigt, wie z.B. in einem IT-Projekt Systemanalytiker und Programmierer aus der Entwicklung.

Was macht nun den Unterschied zwischen einem Projektteam und einer sonstigen Arbeitsgruppe aus?

„Simply stated, a team is more than the sum of its parts" (*Katzenbach/ Smith* [Teams] 112). Für *Katzenbach/Smith* ([Teams] 112f.) wird ein „echtes" Team dadurch charakterisiert, dass

1. eine kleine Anzahl von Personen miteinander arbeitet,
2. die komplementäre Fähigkeiten haben und die
3. sich einem gemeinsamen Zweck, gemeinsamen Leistungszielen und einer gemeinsamen Vorgehensweise bei ihrer Arbeit verpflichten,
4. für die sie sich sowohl individuell als auch gemeinsam verantwortlich fühlen.

Richtet man ein Projektteam ein, so erhofft man sich i.d.R. eine höhere Motivation zu Höchstleistungen der Teammitglieder durch den Gruppeneffekt, insbesondere durch das Wir-Gefühl und die gegenseitige Ergänzung der verschiedenen Fähigkeiten.

Dazu der Organisationspsychologe *Lutz v. Rosenstiel* ([Sozialtechniken] 8): „Aus der Organisationspsychologie wissen wir: Nichts erhöht so sehr die Bindung, wie das Gefühl, dass die eigenen beruflichen Ziele gefördert werden."

Bei der Zusammensetzung eines Projektteams spielen zunächst **fachliche Kompetenzen** eine wichtige Rolle, um die Erreichung der Projektziele auf der sachlichen Ebene zu ermöglichen. Doch nicht minder wichtig sind die **methodischen Kompetenzen**, wie z.B. Beherrschung der Techniken zur Problemlösung, Planung oder Entscheidungsfindung, sowie die **sozialen Kompetenzen** der Beteiligten, beispielsweise eine grundlegende Offenheit für die Ideen anderer und Fähigkeiten zur Kommunikation.

Nach *Patzak/Rattay* ([Projektmanagement] 180) sollten für ein erfolgreiches Projektteam jene Projektmitarbeiter ausgewählt werden, „die gemeinsam für das konkrete Projekt fachlich, kommunikativ und kapazitätsmäßig in der Lage sind, den Anforderungen des Gesamtprojekts zu entsprechen". Darüber hinaus ist noch zu prüfen, ob weitere Personen aufgrund ihrer direkten Betroffenheit durch die Projektergebnisse am Projekt mitwirken sollten.

Durch die Gegenüberstellung der sich ergebenden Beteiligungsbedürfnisse und –erfordernisse wird der Auswahlprozess für die Teambesetzung wesentlich transparenter: Es werden **„Key Player"** identifiziert, die aufgrund ihrer Erfahrung sowie ihrer fachlichen Qualifikation unverzichtbar für das Projekt erscheinen. Gleichzeitig können aber auch motivierte „Freiwillige" mit eingebunden werden, wenn deren fachliche und soziale Qualifikationen zur Aufgabe des Teams passen.

Bei der Besetzung von Stellen in einem Projektteam wird i.d.R. formloser vorgegangen, als dies bei Linienstellen der Fall ist. Der Projektleiter erarbeitet in Zusammenarbeit mit dem Projektmanagementoffice Vorschläge bezüglich der zu beteiligenden Fachbereiche und auch bezüglich der einzubindenden Personen. Oftmals muss die endgültige Auswahl jedoch dem jeweiligen Linienvorgesetzten überlassen werden, wenn das Teammitglied als Repräsentant seines Fachbereichs fungiert. Der Projektleiter hat somit meist nur eine eingeschränkte Freiheit bei der Besetzung des Teams; er muss vielmehr häufig Mitarbeiter ins Projektteam integrieren, die er nicht für wirklich geeignet hält oder die zunächst wenig Motivation für die Projektarbeit mitbringen (vgl. *Böck/Reiff* [Führungsinstrumente] 171).

Die **Größe eines Projektteams** hängt zum überwiegenden Teil von situativen Faktoren wie der Größe, der Art und der Komplexität des Projektes sowie von den organisatorischen Rahmenbedingungen (z.B. verfügbare Ressourcen) und der jeweiligen Branche ab, denn daraus ergibt sich die Anzahl der Fachbereiche, die am Projekt zu beteiligen sind (vgl. *Madauss* [Projektmanagement] 90f. und 98f.).

2.2.4.2 Probleme in Teams

Bei der Suche nach der „idealen" Besetzung des Projektteams sollte man sich neben der inhaltlichen und organisatorischen Thematik mit den **Persönlichkeiten der potenziellen Teammitglieder und ihren Beziehungen zueinander** beschäftigen. Es gibt Aspekte, die sich gerade zu Projektbeginn sehr negativ auf die Arbeitsfähigkeit des Teams auswirken können. Eventuell sollte über eine andere Zusammensetzung des Teams nachgedacht werden, falls sehr starke Konflikte zu erwarten sind. Ist dies nicht möglich oder die Bearbeitung des Konfliktes sogar Teil des Projektes, so sollte sich der Projektleiter bereits vor dem Kick-Off-Meeting mit möglichen Entwicklungen beschäftigen, um bei Schwierigkeiten eine Vorstellung von sinnvollen Lösungen zur Verfügung zu haben. **Führungsprobleme** können sich beispielsweise ergeben durch

- Unterschiede in den Fähigkeiten der Mitarbeiter,
- Unterschiede in der hierarchischen Zuordnung der Teammitglieder im Rahmen der Primärorganisation,

- „offene Rechnungen", also alte Konflikte zwischen den Mitgliedern,
- die Notwendigkeit zur Vertretung der Politik der entsendenden Primärorganisation; hier ist zu bedenken, dass bei der Auflösung des Projektteams i.d.R. ein Wiedereinstieg in die ursprüngliche Organisation angestrebt wird,
- fehlendes Engagement bei zwangsverpflichteten Teammitgliedern (vgl. *Kraus/Westermann* [Projektmanagement] 175ff.). Sie verhalten sich häufig als Trittbrettfahrer. Diese wiederum können ihre Kollegen anstecken.

Bei der Auswahl stellt sich somit grundsätzlich die Frage, ob sich zwischen den Beteiligten wirklich eine **kommunikative** und **vertrauensvolle Atmosphäre** entwickeln kann, die für den Erfolg des Projektes doch so wichtig ist (vgl. *Wastian/Braumandl/v. Rosenstiel* [Psychologie]).

2.3 Projektaufbauorganisation

Im Rahmen der Aufbauorganisation wird die Art und Weise der Verteilung der einzelnen Projektaufgaben auf die Aufgabenträger und der anschließenden Koordination geregelt.

> Die **Aufbauorganisation** befasst sich mit der Zerlegung und Verteilung von Aufgaben und Kompetenzen sowie der Koordination von Aufgaben und Aufgabenträgern. Das Ergebnis ist die formale Organisationsstruktur der Unternehmung (*Bea/Göbel* [Organisation] 288).

Parameter der Gestaltung der Organisationsstruktur stellen die Spezialisierung, die Delegation und die Koordination dar. Mit der **Spezialisierung** wird der Grad der Arbeitsteilung in einem Projekt festgelegt. Durch die **Delegation** werden Kompetenzen von der Geschäftsführung, vom Multiprojektlenkungsausschuss und dem Projektmanagementoffice auf den Projektleiter und vom Projektleiter auf die Projektteammitglieder übertragen. Der **Koordination** kommt die Aufgabe zu, die durch Spezialisierung und Delegation erfolgte Zerlegung des Projektes zu einer gemeinsamen Aufgabenerfüllung zusammenzuführen.

Die genannten drei Gestaltungsparameter können unterschiedlich kombiniert werden; das Ergebnis sind unterschiedliche Modelle der Projektorganisation.

2.3.1 Modelle der Projektaufbauorganisation

Wir werden die folgenden Grundmodelle vorstellen:

- Stabs-Projektorganisation,
- Matrix-Projektorganisation,
- Reine Projektorganisation.

Diese Grundmodelle lassen sich **nach dem Grad der organisatorischen Verselbständigung des Projektes**, also dem Grad der Unabhängigkeit der Projektorganisation von der Linienorganisation, unterscheiden. Der Projektleiter hat somit mehr oder weniger Verantwortung und Kompetenzen sowie das gesamte Projektteam einen mehr oder weniger ausgeprägten Freiheitsgrad (vgl. *Litke* [Projektmanagement] 69). Abb. 2-7 stellt ein Kontinuum dar, auf dem die verschiedenen Modelle entsprechend angeordnet sind.

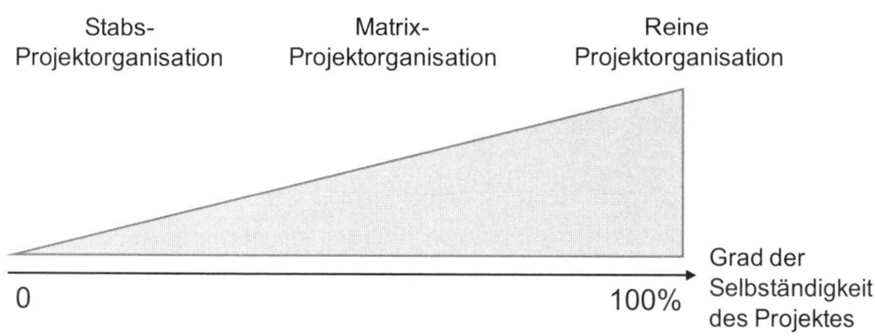

Abb. 2-7: Modelle der Projektorganisation nach dem Grad der organisatorischen Selbständigkeit des Projektes

Die verschiedenen Organisationsmodelle legen insbesondere das Verhältnis zwischen Projekt- und Linienorganisation fest.

Verschiedene moderne Trends in der Managementpraxis haben zur Entwicklung neuer Organisationsmodelle beigetragen. Kulturmanagement, Lean Management, Total Quality Management, Business Reengineering, Liberation Management und Corporate Social Responsibility sind einige der bekannten Schlagworte der letzten Jahre. Aus ihnen sind neuere Organisationsmodelle hervorgegangen, die in Wechselwirkung zum Projektmanagement stehen. Eines dieser Modelle werden wir im Zusammenhang mit der projektorientierten Unternehmung genauer beleuchten: Die Lernende Organisation (S. 726ff.).

2.3.1.1 Stabs-Projektorganisation

Bei der Stabs-Projektorganisation werden Projektstäbe in die ansonsten unveränderte Organisation eines Unternehmens eingebettet (vgl. Abb. 2-8).

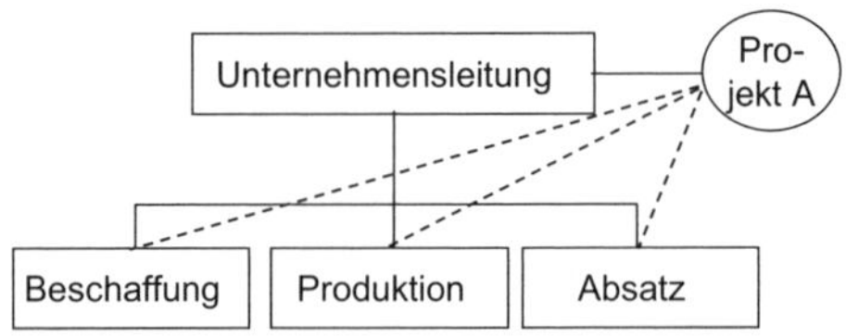

Vorteile	Nachteile
+ Einfache organisatorische Umsetzung + Flexibler Personaleinsatz + Stab als Vermittlungsinstanz + Relativ hohe Akzeptanz der erarbeiteten Lösungen	- Problem der Verantwortungsübernahme - Fehlende Identifikation mit Projekt - Verlängerte Reaktionszeit - Spannungsverhältnis Stab-Linie

Abb. 2-8: Stabs-Projektorganisation

Der für das Projekt verantwortliche Stab besitzt keine Weisungsbefugnis gegenüber den Linienstellen; seine Aufgaben liegen im Bereich der Informationsweitergabe, Koordination und Entscheidungsvorbereitung. Dieses Modell wird daher auch als „Einfluss-Projektmanagement" bezeichnet. Dieser Einfluss gelingt aber nur dann, wenn der Mitarbeiter im Stab über eine hohe fachliche Kompetenz in Verbindung mit persönlicher Ausstrahlung und über ausgeprägte Führungs- und Kommunikationsfähigkeiten verfügt. Falls der Projektleiter nicht in der Lage ist, diesen Einfluss geltend zu machen oder er von der Instanz, an die der Stab angegliedert ist, bei Schwierigkeiten kaum oder gar nicht unterstützt wird, treten schnell Autoritätsverluste und damit verbundene Motivationsprobleme auf.

Vorteile:

Die einfache organisatorische Umsetzung ist der Hauptvorteil der Stabs-Projektorganisation. Dazu kommt die hohe Flexibilität hinsichtlich des Einsatzes der Mitarbeiter: Sie können ohne Schwierigkeiten gleichzeitig in verschiedenen Projekten eingesetzt werden (vgl. *Litke* [Projektmanagement] 71). Eventuell können die Stäbe auch den ersten Kontakt mit dem neuen Organisationselement „Projekt" als eine Art Vermittlungsinstanz erleichtern. Die Akzeptanz der erzielten Arbeitsergebnisse in den Linienabteilungen ist relativ hoch, da es sich um Kompromisse zwischen den Linieninteressen handelt.

Nachteile:

Der größte Nachteil der Stabs-Projektorganisation besteht darin, dass niemand die volle Verantwortung für das Projekt tragen und somit ein Erfolg oder Misserfolg niemandem tatsächlich zugerechnet werden kann. Dies kann auch dazu führen, dass sich das Projektteam und auch die Linienvorgesetzten nicht wirklich mit dem Projekt identifizieren. Die Überwindung von Schwierigkeiten über Abteilungsgrenzen hinweg wird dadurch erschwert (vgl. *Litke* [Projektmanagement] 71). Der Projektleiter hat nicht die Befugnisse, um gegen Widerstände der Linienorganisation anzugehen. Die Entscheidungen werden in den Linieninstanzen gefällt, die aber meist nicht intensiv in das betreffende Projekt eingebunden sind. Oftmals baut sich auch ein Spannungsverhältnis zwischen Stab und Linie auf. Denn während die Linienvorgesetzten das Gefühl haben, Einfluss zu verlieren, hat der Stab den Eindruck, nicht genug Entscheidungskompetenz zu besitzen. Zudem müssen für das Vorankommen im Projekt häufig Kompromisse gesucht werden, was den Projektfortschritt stark verzögern kann.

In der Praxis finden sich verschiedene Ausprägungen der Stabs-Projektorganisation: Projekt-Stäbe können unmittelbar der Unternehmensleitung, aber ebenso gut tiefer angesiedelten Instanzen zugeordnet sein. Ihr personeller Umfang kann von einem bis zu vielen Stabsmitarbeitern reichen, die ihrerseits die Stabstätigkeit in Voll- oder Teilzeit ausüben.

2.3.1.2 Matrix-Projektorganisation

Eine Matrixorganisation liegt grundsätzlich dann vor, wenn gleichzeitig zwei Gliederungsmerkmale zur Anwendung kommen. Im Falle der Matrix-Projektorganisation werden die Kompetenzen zwischen einem funktionsorientierten und einem projektorientierten Leitungssystem aufgeteilt (vgl. Abb. 2-9).

Der Projektleiter verfügt über Entscheidungs- und Weisungsbefugnisse bezüglich des Projektes, die Linieninstanz bezüglich der Wahrnehmung von Funktionen, d.h. die Mitarbeiter bekommen Anweisungen von zwei Instanzen, dem Projektleiter und dem Linien-/ Fachvorgesetzten. Der Projektleiter ist somit zuständig und verantwortlich für die Abstimmung sämtlicher projektbezogener Aktivitäten. Er wird dabei durch Projektmitarbeiter aus der Linie unterstützt, die in Voll- oder Teilzeit für das Projekt arbeiten. Ihre Linienvorgesetzten tragen die Verantwortung für die fachlichen Aufgaben im Projekt.

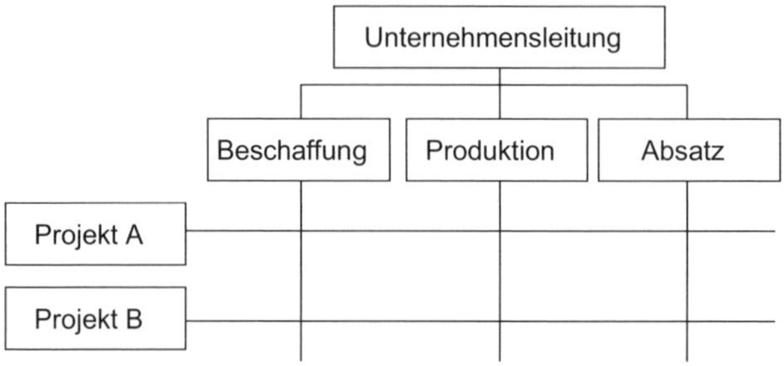

Vorteile

+ Mehr Verantwortungsgefühl
+ Keine Unsicherheit für Mitarbeiter
+ Gezielte Übertragung von Spezialwissen
+ Flexibler Personaleinsatz

Nachteile

- Konfliktpotenzial wegen Doppelunterstellung
- Übergenaue Dokumentation
- Herumreichen des „Schwarzen Peters"

Abb. 2-9: Matrix-Projektorganisation

Der Projektleiter kann auf diese Weise den Projektfortschritt vorantreiben, während die Linieninstanzen auf einen möglichst effizienten Ressourceneinsatz und eine adäquate inhaltliche Aufgabenbearbeitung achten. Die Verantwortung wird somit aufgeteilt und Kompetenzen überschneiden sich. Auf diese Weise wird ein **Konfliktpotenzial** institutionalisiert, das die Matrix-Organisation kennzeichnet. Dieser Konflikt soll allerdings nicht dazu führen, dass sich die Weisungsberechtigten bei jeder zu diskutierenden Frage in endlose Debatten verwickeln. Ziel ist vielmehr eine kooperative Zusammenarbeit, in der es zwar zu Meinungsdifferenzen kommen kann, diese aber einvernehmlich gelöst werden, um gemeinsam neue, kreative Lösungen zu erarbeiten.

An dieser Stelle wird deutlich, dass eine Matrix-Projektorganisation nur dann optimale Ergebnisse liefern kann, wenn eine entsprechende **Matrix-Kultur** herrscht, die für die erforderliche Kompromissbereitschaft im Interesse des Projektes sorgt.

Vorteile:

Für die Matrix-Projektorganisation spricht ein stärker ausgeprägtes Verantwortungsgefühl des Projektleiters und seines Teams. Im Vergleich zur reinen Projektorganisation haben die Mitarbeiter den Vorteil, dass sie nicht aus der Linienorganisation herausgelöst werden: Sie haben die Sicherheit ihres Arbeitsplatzes nach Projektende, sie sind in neue Entwicklungen an ihrem angestammten Arbeitsplatz involviert und die Kontinuität der fachlichen Weiterbildung lässt sich leichter gewährleisten. In der Matrix-Projektorganisation lassen sich Erfahrungen gut von einem Projekt auf ein anderes übertragen. Außerdem gestaltet sich der Personaleinsatz flexibel; die Mitarbeiter können gleichzeitig in mehreren Projekten mitwirken (vgl. *Litke* [Projektmanagement] 74).

Nachteile:

Nachteilig kann sich die Doppelunterstellung der Mitarbeiter auswirken, falls keine entsprechende Matrix-Kultur herrscht. Die intendierten Konflikte können dazu führen, dass sich die Mitarbeiter absichern wollen und somit alles übergenau dokumentieren. Erfolge und Misserfolge lassen sich nur schwerlich zuordnen und es kann somit zum „Herumreichen des Schwarzen Peters" kommen.

2.3.1.3 Reine Projektorganisation

Die Projekte werden aus der Linie ausgegliedert und somit zu selbständigen Elementen der Organisationsstruktur, die von den Projektleitern in voller Verantwortung geleitet werden. Die Projektmitarbeiter werden vollständig dem jeweiligen Projekt zugeteilt und für die Dauer des Projektes fachlich und personell dem Projektleiter unterstellt (vgl. Abb. 2-10).

Der hohe Stellenwert des Projektes wird in der Organisationsstruktur zum Ausdruck gebracht. Nicht selten wird das Team auch räumlich zusammengefasst.

Die Reine Projektorganisation beinhaltet die stärkste Ausrichtung des Unternehmens auf die Anforderungen eines Projektes. Die weitestgehende Ausprägung der Reinen Projektorganisation besteht in der Gründung eines eigenständigen Unternehmens für die Durchführung eines (Groß-)Projektes, etwa in Form einer Projekt-GmbH.

Vorteile:

Vorteilhaft ist die höhere Motivation und Identifikation der Mitarbeiter mit dem Projekt; mit einer Reinen Projektorganisation wird das Wir-Gefühl des Projektteams am stärksten gefördert. Der Projektleiter wird zum „Unternehmer im Unternehmen", denn er trägt die volle Verantwortung und kann viele projektbezogene Entscheidungen eigenständig treffen. Die eindeutige Weisungsbefugnis des Projektleiters erleichtert die Lösung von Problemen und eine schnelle Reaktion auf Veränderungen.

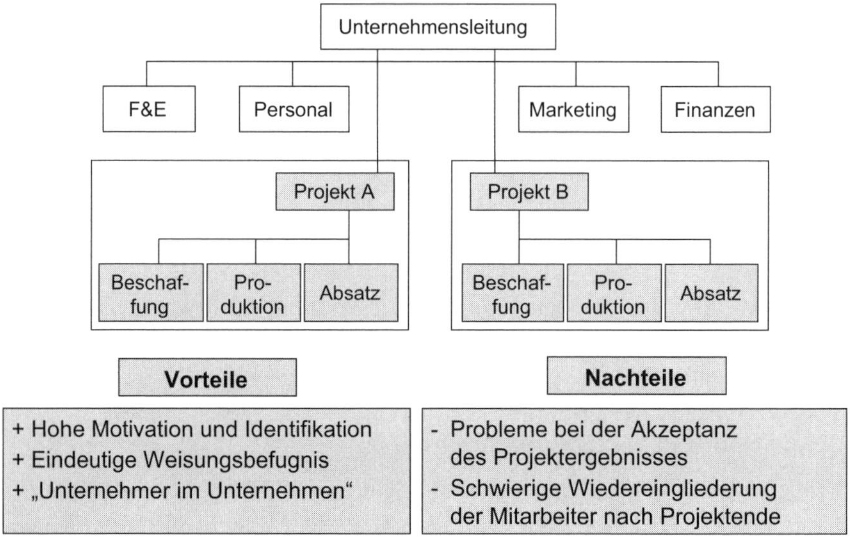

Abb. 2-10: Reine Projektorganisation

Nachteile:

Es muss mit einem Mangel an Akzeptanz der Projektergebnisse in den Funktionsbereichen gerechnet werden. Außerdem kann es zum Projektende Probleme bei der Wiedereingliederung der Mitarbeiter in die Funktionsbereiche geben. Die daraus resultierende Unsicherheit für den Mitarbeiter kann zu erhöhter Fluktuation führen, wenn es im Vorfeld versäumt wird, gemeinsam Zukunftsperspektiven zu erarbeiten. Bei der Reinen Projektorganisation stellt die Wahl des Projektleiters eine besonders wichtige und erfolgskritische Aufgabe dar.

Die drei vorgestellten Grundformen der Projektorganisation müssen für den Einsatz in der Praxis möglichst passgenau auf die Situation im Unternehmen zugeschnitten werden. Die Entscheidung für oder gegen eine bestimmte Form ist z.B. von der Höhe des Risikos, der Komplexität und der Dringlichkeit der Projekte abhängig. Ein besonders wichtiger Faktor für einen nachhaltigen Erfolg der Projektorganisation ist die Abstimmung mit der herrschenden Unternehmenskultur.

2.3.2 Auswahl des passenden Organisationsmodells

Nachdem wir uns die drei vorgestellten Grundformen der Projektorganisation verdeutlicht haben, stellt sich die Frage, wie das „richtige" Modell ausgewählt wird.

Es gibt nicht den „one best way of organizing", also keine ideale Organisationsform, die grundsätzlich zu empfehlen wäre. Die Eignung der Modelle hängt von der jeweiligen Situation ab, die vom Entscheidungsträger nur eingeschränkt beeinflusst werden kann. Ausschlaggebend sind zum einen die äußeren Rahmenbedingungen, wie z.B. der Grad der Umweltdynamik, die Qualifikation des Personals, die bestehende Unternehmenskultur oder die Anzahl und Art der gleichzeitig zu bearbeitenden Projekte. Zum anderen spielen individuelle Projektspezifika eine entscheidende Rolle, z.B. die Art, Neuartigkeit und Komplexität der Projektaufgabe, die Projektgröße und auch die Projektdauer.

In der Organisationstheorie beschäftigt sich der „situative Ansatz" mit den Zusammenhängen zwischen Situation und Organisationsstruktur. Abb. 2-11 zeigt das erweiterte Grundmodell dieses Ansatzes.

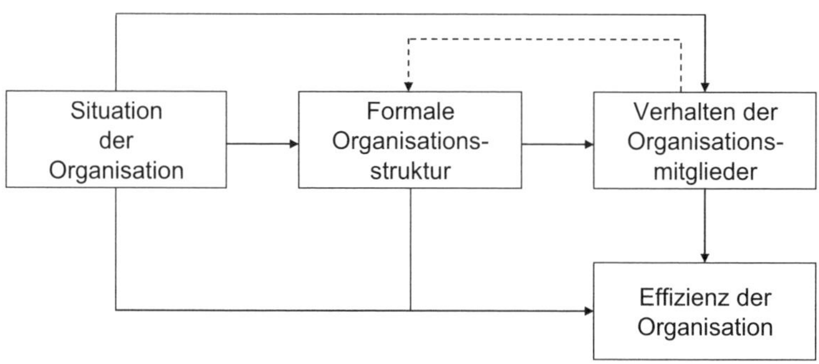

Abb. 2-11: Erweitertes Grundmodell des situativen Ansatzes (In Anlehnung an: *Kieser/Walgenbach* [Organisation] 215)

Eine bestimmte Situation legt eine bestimmte formale Organisationsstruktur nahe. Diese Struktur zieht ein bestimmtes Verhalten der Mitarbeiter nach sich. Dieses Verhalten bestimmt zum Großteil den Erfolg der jeweiligen Organisation.

Die Kunst besteht also darin, einen **Fit zwischen der jeweiligen Situation und der Struktur** herzustellen, um ein Verhalten der Organisationsmitglieder zu initiieren, das zur Erfüllung der Unternehmensziele beiträgt. Daraus folgt, dass jedes Projekt daraufhin überprüft werden sollte, welche Struktur in der jeweiligen Situation am erfolgsversprechendsten erscheint. Auch wenn man sich z.B. grundsätzlich für eine Matrix-Projektorganisation entschieden hat, kann es Projekte geben, für die sinnvollerweise eine andere Form gewählt werden sollte.

Es wurden bereits einige Kriterien genannt, die bei der Entscheidung für ein bestimmtes Organisationsmodell herangezogen werden können. Tendenziell ergeben sich die folgenden **Empfehlungen**:

(1) Die **Stabs-Projektorganisation** eignet sich nur bedingt für komplexe Vorhaben, sondern eher für kleinere Projekte mit geringem Risiko, die nicht zeitkritisch sind. Auch wenn der größte Teil des Projektes einen bestimmten Bereich betrifft und andere Abteilungen lediglich unterstützend wirken, kann diese Organisationsform sinnvoll sein. Ein weiteres Einsatzgebiet liegt in Projekten, deren Projektziel in der Erarbeitung von organisationsweiten Kompromissen liegt, beispielsweise im Bereich der Organisationsentwicklung.

(2) Die **Matrix-Projektorganisation** bietet sich v.a. bei einer hohen Anzahl laufender Projekte und bei stark abteilungsübergreifenden Projekten, also bei ausgeprägter Interdisziplinarität an. Zudem eignet sich diese Organisationsform, wenn vorrangig relativ ähnliche Projekte bearbeitet werden, z.B. unter Verwendung einer bestimmten Technologie.

(3) Die **Reine Projektorganisation** eignet sich besonders für sehr komplexe, neuartige Aufgaben von besonderer strategischer Bedeutung und mit hohem Risiko sowie starkem Zeitdruck.

Mit der Festlegung der Aufbauorganisation wurde geklärt, wer welche Aufgaben und Kompetenzen hat und welches Verhältnis zwischen Projekten und Linienabteilungen herrschen soll. Der nächste Schritt besteht nun in der Umsetzung der Aufgabe in einer sachlichen, zeitlichen und räumlichen Abfolge. Während die Aufbauorganisation eher statisch angelegt ist, steht nun der dynamische Aspekt der Arbeit im Vordergrund.

2.4 Projektablauforganisation

Ablauforganisation ist die raum-zeitliche Strukturierung von Prozessen. Unter einem Prozess versteht man eine zusammenhängende Folge von Tätigkeiten, die einen Kundennutzen erzeugen (*Bea/Göbel* [Organisation] 329 und 395).

Die Ablauforganisation vollzieht sich in zwei Schritten: Zunächst wird ein erster grober Phasenablauf mit den wichtigsten Arbeitsschritten über einen **Projektphasenplan** definiert; darauf aufbauend erfolgt in der Projektplanung die **detaillierte Ablaufplanung** der zu erledigenden Aufgaben, z.B. mit Hilfe eines Netzplans. Projektphasenpläne werden häufig standardisiert in einem Unternehmen eingesetzt, wenn ein großer Teil der Unternehmenstätigkeit in der Durchführung von Projekten eines bestimmten Typs besteht. Sie haben daher einen projektübergreifenden Charakter, während die konkrete Ablaufplanung wesentlich stärker operativ ausgerichtet ist. Sie wird in Abschnitt 6.6, S. 157ff., genauer erläutert.

2.4.1 Aufbau von Projektphasenplänen

„**Projektphasen** unterteilen den Projektlebenszyklus in zeitlich zusammenhängende Abschnitte und spiegeln so den Projektverlauf mit den inhaltlichen Aktivitäten aus Sicht der jeweiligen Organisation wider. Abhängig von den Anforderungen der jeweiligen Projektart, Branche oder Organisation können diese Aktivitäten verschieden unterteilt werden“ (DIN 69 901-2:2009-01).

Ein Projektphasenplan stellt somit die Grundlage für die detaillierte Ablaufplanung dar.

Jede Phase besteht aus bestimmten Arbeitsschritten, denen sinnvolle Methoden und Tools zur Unterstützung bei der Erledigung der Aufgaben zugeordnet werden. Abb. 2-12 verdeutlicht diesen Zusammenhang anhand eines Beispiels für einen Phasenplan.

Jede Phase wird durch Erreichung eines **Meilensteins** abgeschlossen. Ein Meilenstein ist nach DIN 69 900:2009-01 ein „Schlüsselereignis“, also ein „Ereignis besonderer Bedeutung“. Meilensteine sind durch bestimmte geplante Projektergebnisse und einen Plantermin gekennzeichnet.

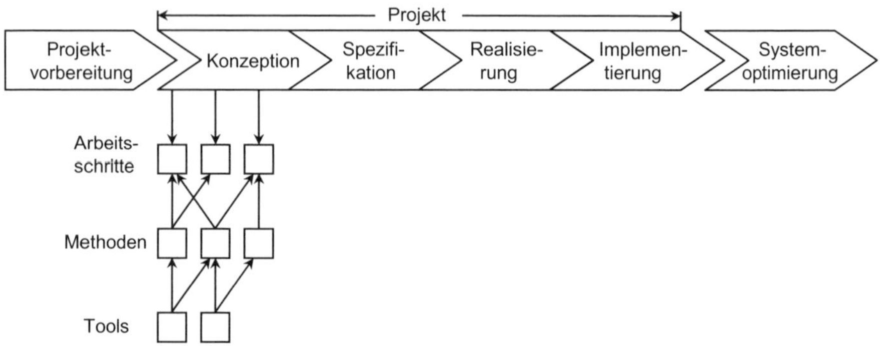

Abb. 2-12: Zusammenwirken von Projektphasen, Arbeitsschritten, Methoden und Tools (In Anlehnung an: *Winkelhofer* [Projekt-Methoden] 15)

Stellen wir uns vor, der Phasenplan aus Abb. 2-12 würde zum folgenden **Beispielsprojekt** gehören: Ein Unternehmen ist auf die Programmierung von Software spezialisiert und bekommt den Auftrag, eine Datenbanklösung für eine Bank zu erarbeiten.

Mit der Datenbank soll es möglich sein, alle Informationen zu einem bestimmten Kunden zu verwalten und überblicksartig zusammenzufassen. Dies kann insbesondere dann schwierig sein, wenn hierfür auf unterschiedliche Systeme zugegriffen werden muss, wie z.B. auf Daten einer kooperierenden Bausparkasse oder einer Fondsverwaltung. Aufgrund der technischen Möglichkeiten soll nun auch die gesamte Korrespondenz mit dem Kunden digitalisiert vorliegen, so dass jeder befugte Bankmitarbeiter jederzeit einen Überblick über alle notwendigen Informationen gewinnen kann. Zudem soll darauf geachtet werden, dass die Datenbank mit der vorhandenen Hardware einsetzbar ist.

Das Projekt könnte mit dem Meilenstein „Projektauftrag erteilt“ beginnen, der den Start der **Konzeptionsphase** markiert. Am Ende der Konzeptionsphase stehen mehrere alternative Vorschläge für die Grundkonzeption, aus denen der erfolgversprechendste Vorschlag ausgewählt wird.

In der **Spezifikationsphase** werden zusammen mit dem Kunden die genauen Anforderungen an das zu entwickelnde System ausgearbeitet. Der Meilenstein am Ende dieser Phase ist erreicht, wenn eine schriftliche Dokumentation dieser Anforderungen (detaillierte Systemspezifikation mitsamt Umsetzungsplanung) vorliegt.

Die **Realisierungsphase** beinhaltet die konkrete Umsetzung der Spezifikationen in Form von entsprechender Software, die Integration von Software und Hardware sowie verschiedene Tests zur Überprüfung der Funktionsfähigkeit des gesamten Systems. Meilenstein am Ende dieser Phase könnte eine ausgefeilte Systemdokumentation sein, die später als Grundlage für das Verfassen einer Bedienungsanleitung, aber auch für Anpassungen und Änderungen im Laufe der Nutzung des Systems dient.

In der folgenden Phase der **Implementierung** wird die Software beim Kunden eingesetzt. Dazu sind i.d.R. auch ergänzende Schulungsmaßnahmen notwendig. Der Meilenstein könnte mehrere Projektergebnisse umfassen: „Bank mit Software ausgestattet" und „Betroffene Mitarbeiter geschult".

Im Anschluss an das eigentliche Projekt wird das System genutzt; dabei können sich neue Anforderungen oder Ideen zur **Optimierung des Systems** ergeben.

Die **Meilensteine** spielen im Projektverlauf eine besonders wichtige Rolle: Zum einen dienen sie als eine Art „Entscheidungsstation", an der die Weiterführung des Projektes und die weitere Vorgehensweise überprüft werden können. Zum anderen bilden sie prägnante „Kontrollpunkte", an denen der Stand des Projektes bezüglich Kosten, Terminen und Leistung gut der ursprünglichen Planung gegenübergestellt werden kann. Die Meilensteine werden uns daher im Zuge der operativen Planung, Umsetzung und Kontrolle von Projekten noch an verschiedenen Stellen begegnen.

Zur Vorbereitung der Arbeit im Projektteam durchdenkt der Projektleiter das zugrunde liegende Projektproblem und überlegt, welche Phasen für das jeweilige Projekt sinnvoll wären. Falls vorhanden, greift er auf den Norm-Phasenplan des Unternehmens für Projekte dieser Art zurück und legt ihn der weiteren Projektarbeit zugrunde. Dieser Schritt bedeutet eine enorme Arbeitserleichterung, denn die Kommunikation wird wesentlich effizienter, da er sich bezüglich der Phasen, der Verantwortlichkeiten, der Methoden und der Tools klar auf die Norm-Vorgehensweise beziehen kann. Es ist davon auszugehen, dass die Mehrheit der Teammitglieder den Standard-Phasenplan kennt, wenn es sich um ein für das Unternehmen „typisches" Projekt handelt.

Im oben beschriebenen Beispielsprojekt wäre die Erstellung von Datenbanklösungen für Banken das Haupttätigkeitsfeld des Unternehmens. Da jedoch jede Lösung individuell und sehr komplex ist, wird sie in Projektform erarbeitet. Um die Arbeit im Projekt zu erleichtern und einen bestimmten Qualitätsstandard zu sichern, wurde daher ein Norm-Phasenplan erarbeitet, der nun jedem Projekt dieser Art zugrunde gelegt wird. Jeder Mitarbeiter, der in einem solchen Projekt arbeitet, weiß daher genau, wie der grobe Ablauf aussieht, welche Meilensteine es gibt und welche Methoden und Tools im Projektverlauf genutzt werden.

Der Projektleiter kann sich somit auf die Frage konzentrieren, ob für das jeweilige Projekt spezifische Besonderheiten zu beachten sind, die eine Ergänzung oder eine Abweichung vom festgelegten Vorgehen erfordern. Natürlich muss ein Norm-Phasenplan auf einer relativ hoch aggregierten Ebene bleiben, da er auf eine Vielzahl ähnlicher Projekte passen soll. Daher kann es notwendig sein, dass der Projektleiter noch einen Detaillierungsschritt unternimmt und beispielsweise die genaue Ausprägung von anzuwendenden Techniken und Tools festlegt, falls verschiedene Möglichkeiten zur Auswahl vorhanden sind. Außerdem muss er die Zeitpläne erstellen oder anpassen. Auf diese Weise hat das Projektteam schon von Anfang an eine konkrete Vorstellung vom zeitlichen und methodischen Rahmen.

2.4.2 Beispiele für Projektphasenpläne

Entsprechend der Tatsache, dass es viele unterschiedliche Projektarten gibt, die verschiedene Vorgehensweisen erfordern, wurde auch eine Vielzahl von Phasenmodellen entwickelt. Zur Illustrierung werden im Folgenden einige Varianten dargestellt:

(1) Ein sehr **allgemeines Phasenkonzept** wird von *Rinza* ([Projektmanagement] 44) vorgestellt: Er differenziert den gesamten Projektablauf in eine

- Konzeptionsphase
- Definitionsphase
- Realisierungsphase
- Verwendungsphase

Im Bereich **Softwareentwicklung** gibt es bekannte allgemeine Modelle, die häufig als Basis für die unternehmensindividuelle Beschreibung des Norm-Phasenplans verwendet werden. Im Softwarebereich spielt neben dem V-Modell insbesondere das Wasserfallmodell eine wichtige Rolle. Dieses Modell und eine Weiterentwicklung werden im Folgenden dargestellt (vgl. *Hansen/ Neumann* [Wirtschaftsinformatik] 364ff.).

(2) Die ursprüngliche Fassung des **Wasserfall-Modells** weist die folgenden Phasen auf:

- Anforderungsanalyse
- Entwurf
- Implementierung
- Test
- Wartung

Dieses Modell hat einen sequenziellen Charakter: Jede Phase wird explizit abgeschlossen, bevor die nächste Phase beginnen darf. Dies hat bei der doch sehr komplexen Entwicklungsthematik im Softwarebereich zur Folge, dass Fehler i.d.R. erst sehr spät erkannt werden. Zudem kann der Kunde erst in späteren Phasen den Nutzen der Entwicklung beurteilen, wenn greifbare Ergebnisse vorliegen.

Boehm ([Software]) erweitert das Wasserfall-Modell daher, indem er Rückkopplungen zwischen den Phasen vorsieht, die direkt aufeinander folgen (vgl. Abb. 2-13).

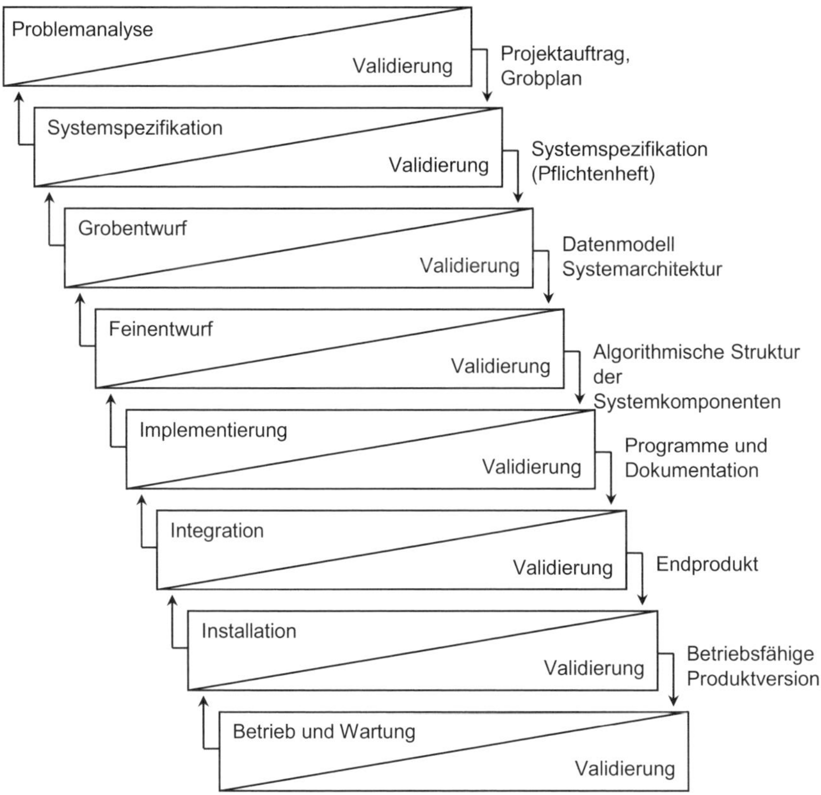

Abb. 2-13: Erweitertes Wasserfall-Modell nach *Boehm*
(Quelle: *Hansen/Neumann* [Wirtschaftsinformatik] 368)

Zur Erkennung von Fehlern wird im Anschluss an jede Phase eine Validierung eingeplant, in der die Ergebnisse der Phase geprüft und abgenommen werden. Zeigen sich hier Fehler, ist zur Korrektur ein Rücksprung in die vorherige Phase möglich.

Bei sehr umfangreichen Softwareprojekten zeigte sich in der Realität jedoch, dass Fehler und erkannte Schwachstellen häufig Änderungen in der Anforderungsspezifikation nach sich zogen und somit ein Rücksprung in wesentlich frühere Phasen notwendig wurde. Auf der Grundlage der neuen Erkenntnisse sollten die Phasen dann noch einmal durchlaufen werden.

(3) *Boehm* entwickelte aufgrund dieser Erfahrungen ein iteratives Modell zur Softwareentwicklung: Das **Spiralmodell**. Er versucht, bei diesem Modell alle Änderungen zu berücksichtigen, die sich aufgrund eines höheren Wissensstandes durch Erfahrungen, aber auch u.a. durch Marktveränderungen ergeben. Durch die geplanten wiederholten Durchläufe im Uhrzeigersinn ergeben sich Zyklen mit jeweils gleichen Schrittfolgeprozessen:

- Festlegung von Zielen, Lösungsvarianten, Nebenbedingungen und Einschränkungen
- Erarbeitung und Beurteilung von Lösungsvarianten, Erkennen und Beseitigen von Risiken
- Entwicklung und Validierung des Produkts der nächsten Stufe
- Planung der nächsten Phasen

Die Vorteile des Spiralmodells liegen in der rechtzeitigen Entdeckung von Fehlern und der Erarbeitung und Beurteilung von Lösungsvarianten.

Abb. 2-14 zeigt das Spiralmodell nach *Boehm*.

(4) In den letzten Jahren hat zudem eine neue Vorgehensweise in der Softwareentwicklung an Bedeutung gewonnen: Das **Agile Projektmanagement**. Da es sich hierbei jedoch um eine grundlegend veränderte Herangehensweise an Projekte handelt, wird sie in Abschnitt 11 bei den alternativen Vorgehensmodellen eingehend betrachtet (S. 429ff.).

Die betrachteten Softwareentwicklungsprozessmodelle werden häufig beim Entwurf von unternehmenseigenen Phasenplänen zugrunde gelegt. Häufig orientiert man sich auch an Standard-Vorgehenskonzepten, wie dem **„V-Modell ® XT“**, das mittlerweile für den gesamten öffentlich-rechtlichen Bereich von Bedeutung ist. Eine detaillierte Beschreibung des Modells findet sich auf der Homepage der Beauftragten der Bundesregierung für Informationstechnik unter http://www.v-modell-xt.de.

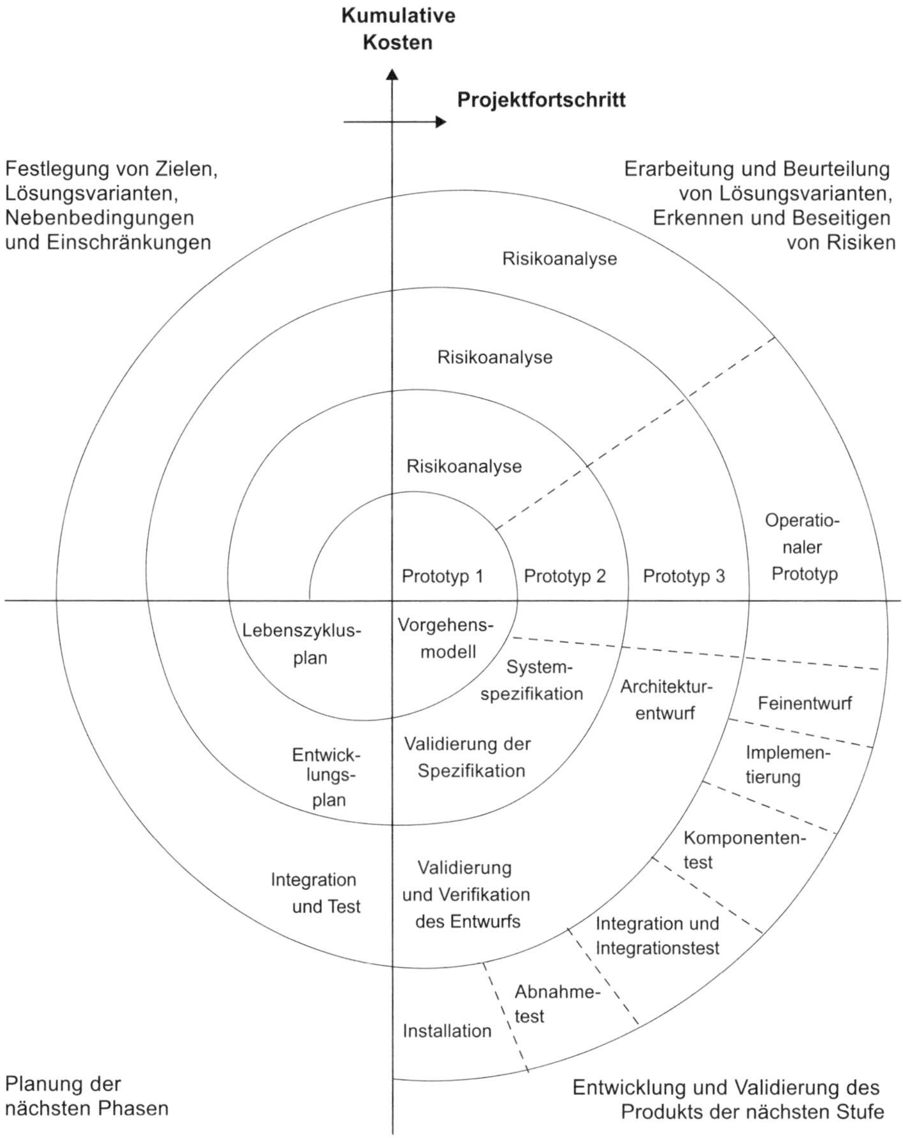

Abb. 2-14: Spiralmodell nach *Boehm*
(Quelle: *Hansen/Neumann* [Wirtschaftsinformatik] 371)

In Theorie und Praxis wird der Einsatz von Projektphasenplänen kontrovers diskutiert. Welche Vor- und Nachteile können Projektphasenplänen zugeschrieben werden?

2.4.3 Kritische Würdigung von Projektphasenplänen

Die Nutzung von Phasenmodellen verspricht folgende **Vorteile** (vgl. *Schelle* [Projekte] 234ff., *Eckrich* [Umsetzung] 45):

- Ein Phasenmodell beinhaltet ein geordnetes, systematisches Vorgehen. Auf diese Weise können komplexe Projekte überschaubarer und beherrschbarer werden. Zudem entspricht die Aufteilung eines Problems in zeitlich aufeinander folgende Schritte dem intuitiven Verhalten des Menschen beim Lösen komplexer Fragestellungen.
- Ein Phasenmodell zwingt die am Projekt Beteiligten dazu, das Projekt nach dem Prinzip „schrittweise vom Groben zum Detail" anzugehen: Auf diese Weise kann der Gefahr entgegengewirkt werden, bereits am Anfang des Projektes eine spezielle Detailfrage sehr zeitintensiv zu diskutieren.
- Mit Hilfe eines Phasenmodells kann man ein erhebliches Erfahrungspotenzial unternehmensweit nutzbar machen.
- Die Meilensteine bieten eine gute Grundlage für die Beurteilung und Überwachung des Projektfortschritts bezüglich Kosten, Zeit und Leistung. Die Projektabwicklung wird somit transparenter. Durch die intensive Überprüfung der Meilensteinergebnisse können Fehler und Verzögerungen frühzeitiger erkannt und für die weitere Arbeit berücksichtigt bzw. bereinigt werden.
- Das Erreichen eines Meilensteins stellt eine Zäsur im Projektablauf dar. Dies ermöglicht neben einer Kontrolle des Projektstatus auch eine Überprüfung der bisher gesetzten Prämissen, z.B. bezüglich der Marktlage. Vielleicht müssen die bisherigen Ziele revidiert oder der weitere Projektverlauf geändert werden; evtl. erweist es sich sogar als sinnvoll, das Projekt abzubrechen. Die Meilensteine ermöglichen also sequenzielle Entscheidungen. Auf diese Weise wird das Projektrisiko erheblich reduziert.
- Die Orientierung an einem Phasenmodell erleichtert den Projektmitarbeitern die Einarbeitung in das Projekt. Dies gilt auch für externe Berater. Die Projektbeteiligten haben eine gemeinsame Basis für ihre Arbeit. Jeder Mitarbeiter weiß, wie ein Projekt dieser Art generell abläuft, welche Methoden gewöhnlich zugrunde gelegt und welche Tools verwendet werden. Es müssen lediglich Ergänzungen, Detaillierungen oder Abweichungen genauer disku-

tiert werden. Die Kommunikation innerhalb des Projektteams wird also stark erleichtert. Zudem können durch die Standardisierung den Mitarbeitern wertvolle Hilfestellungen in Form von Leitfäden, Beispielen, Handbüchern, Empfehlungen zur Verfügung gestellt werden.

- Das einheitliche Vorgehen erstreckt sich auch auf die Projektberichterstattung (Reporting) und wirkt sich somit positiv auf die Effizienz der Entscheidungsträger bei der Überwachung des Projektes aus.

Der Einsatz von Phasenmodellen wird allerdings in den letzten Jahren heftig diskutiert. Die Gegner führen hierbei folgende **Nachteile** an (vgl. *Schelle* [Projekte] 236f., *Olfert* [Projektmanagement] 79):

- Die Projektrealität wird in den Phasenmodellen idealisiert, insbesondere wird meistens davon ausgegangen, dass alle Aktivitäten streng sequenziell ablaufen. Eine parallele Abarbeitung von Aufgaben bzw. eine zeitliche Trennung von bestimmten Aufgaben sind jedoch an der Tagesordnung. Auch Phasenrücksprünge gehören zur gängigen Praxis, beispielsweise könnte in der Testphase ein schwerwiegendes Problem entdeckt werden, das einen Rücksprung in die Konzeptionsphase nach sich zieht.
- Eine Standardisierung führt immer zum Verlust von Individualität. Spezielle Belange des Projektes oder des Unternehmens können nicht immer ausreichend berücksichtigt werden. Wird ein Modell in einem Unternehmen zu starr verfolgt, kann es aufgrund der fehlenden Flexibilität Probleme bei der Projektabwicklung geben.
- Zur Anwendung der Modelle sollten die Mitarbeiter geschult werden, was einen entsprechenden Aufwand mit sich bringt. Zum Teil sind die Modelle relativ abstrakt; die fehlende Anschaulichkeit macht es den Mitarbeitern häufig schwer, einen Zugang zu den Modellen zu finden und sich detailliert mit ihnen zu beschäftigen.

Diese drei Argumente sind zum Teil grundlegende Kritikpunkte an Modellen schlechthin. Das Realproblem wird bei Modellen durch Abstraktion auf die für die Erfassung des Problems wesentlichen Informationen reduziert. Es stellt sich jedoch die Frage, ob die Kritikpunkte in jedem Fall gegen die Verwendung von Phasenmodellen sprechen müssen.

Beispielsweise kann die parallele und überlappende Ausführung von Aufgaben sehr sinnvoll und effizient sein. Dies spricht jedoch nicht automatisch gegen ein Phasenkonzept, sondern eher dafür, denn gerade bei einer stärkeren Parallelisierung der Entwicklungsprozesse gewinnen Meilensteine für die Planung und

Überwachung an Bedeutung. Sie dienen dann als wichtige „Synchronisations- und Kontrollpunkte" *(Schmelzer/Buttermilch* [Produktentwicklung] 53).

Schelle betont zudem die Notwendigkeit, Phasenmodelle nicht bürokratisch zu handhaben, sondern eine gewisse Flexibilität bei der Anwendung zuzulassen, z.B. beim Übergang von einer zur nächsten Phase bei nicht ganz fertig gestellten Arbeitsergebnissen. Selbstverständlich muss dabei auf die endgültige Fertigstellung geachtet werden (vgl. *Schelle* [Projekte] 237f.).

Zur Verfolgung des Projektfortschritts sind Meilensteine und ein systematisches Vorgehen unerlässlich. Bei einer gewissen Sensibilität für die möglichen Problemfelder der Phasenmodelle (z.B. im Rahmen einer gut vorbereiteten Einführung mit intensiven Schulungen) können sie dem Anwender gute Dienste i.S. der vorher ausgeführten Vorteile leisten. Projektphasenpläne stellen somit ein grundlegendes Instrument der Ablauforganisation in Projekten dar.

Um das Thema Projektorganisation abzuschließen, soll nun der Zusammenhang zwischen der Projektorganisation und der Selbstorganisation hergestellt werden. Bei der Definition der Projektorganisation wurde erklärt, dass innerhalb eines Projektes „Ordnung auch von selbst entstehen kann". Wir werden nun untersuchen, welche Konsequenzen sich aufgrund dieser Sichtweise für die Projektorganisation ergeben können.

2.5 Projektorganisation als Selbstorganisation

2.5.1 Projekte als selbstorganisierende Systeme

Eine Organisation – so haben wir festgestellt – ist ein System von Regeln, um gemeinsame Ziele zu verfolgen. In Organisationen entsteht Ordnung aber auch sowohl „selbstbestimmt" durch die Organisationsmitglieder als auch „von selbst" durch die Eigendynamik des jeweiligen Systems. Ohne bewusste menschliche Planung entstehen „spontan" bestimmte Regelmäßigkeiten und Muster (vgl. *Bea/Göbel* [Organisation] 185ff. und die dort angegebenen Quellen).

Der Sozialwissenschaftler *Friedrich August von Hayek* ([Freiburger Studien] 33ff.) charakterisiert eine **spontane Ordnung** folgendermaßen:

- Es handelt sich um eine **abstrakte und komplexe Ordnung**. Diesen Formen der Ordnung liegen ähnliche allgemeine Ordnungsprinzipien zugrunde, ihre konkreten Manifestationen können sich jedoch stark unterscheiden. Die konkrete Ausprägung der Ordnung wird durch eine Vielzahl von Umständen bestimmt, die eine einzelne Person jedoch niemals alle kennen kann.

- Eine spontane Ordnung wird nicht von jemandem „gemacht", sondern sie **bildet sich ohne Absicht** aus der Summe der Handlungen der Individuen (polyzentrische Ordnung).
- Ausschlaggebend für die Bildung solcher Ordnungen sind **abstrakte Regeln**, die einen Teil des Verhaltens der Einzelelemente beherrschen. Ein Teil des Verhaltens wird jedoch auch von den ganz konkreten Umständen des einzelnen Elements bestimmt und weicht insofern vom Verhalten der anderen Elemente ab. Die Gesamtordnung entsteht somit aufgrund der teilweise geregelten, teilweise aber auch auf die unmittelbar individuellen Umstände abgestimmten Verhaltensweisen der Einzelelemente.
- Regeln für eine spontane Ordnungsbildung müssen **allgemein** sein und dem Einzelnen die Möglichkeit lassen, sich selbst seine Position im Gesamtmuster zu schaffen.

Überträgt man diese Charaktermerkmale auf Projekte als soziale und selbstorganisierende Systeme, dann ergeben sich weit reichende Konsequenzen für die **Führung in Projekten**:

- Grundlage für die Bildung spontaner Ordnungen in Projekten sind **relativ abstrakte Regelungen:** Einerseits sollen sie einen verbindlichen Handlungsrahmen für die Teammitglieder schaffen, andererseits aber auch genügend Freiraum für den Einzelnen lassen, sich ständig an neue Umstände anzupassen, die von vorneherein in ihrer Entwicklung überhaupt nicht voraussehbar waren.
- Unter spontanen Ordnungen i.S. eines Projektes sind **qualitativ vollkommen neue Lösungen** komplexer Projektprobleme zu verstehen, die sich in einem rein synoptischen Planungsakt so nur schwer ergeben könnten. Voraussetzung hierfür ist, dass alle Teammitglieder ihr ganz spezifisches Wissen in eine Problemlösungsmethodik mit einbringen, die so offen ist, dass Abstimmungen i.S. eines spontanen Gesamtmusters zustande kommen können.
- Auch die **Unternehmenskultur bzw. die spezifische Projektkultur** stellt ein abstraktes Regelwerk dar. In der Projektkultur kommt das Selbstverständnis eines Teams deutlich zum Ausdruck: „Teams bestehen aus Menschen. Menschen bilden Kulturen und diese Kulturen helfen ihnen, Beziehungen zu definieren, Rollen zu bestimmen und Normen zu setzen. Kultur vermittelt Sinn, und ohne Sinn sind Menschen keine Menschen" (*Deal* [Unternehmenskultur] 28).
- Selbstorganisationsprozesse vollziehen sich in sozialen Systemen durch **Kommunikation**. Um das „Grundmaterial" für das Ablaufen solcher Pro-

zesse sicherzustellen, sollte somit für eine projektspezifisch sinnvolle Informationsvielfalt gesorgt werden.

Aus diesen Erkenntnissen leiten sich **konkrete Gestaltungsaufgaben des Projektleiters** ab:

- Die Ergebnisse eines Projektes ergeben sich als Mischung aus bewusster Gestaltung und spontan entstandenen Ordnungsprozessen, die nicht unmittelbar intendiert waren. Eine der wichtigsten Aufgaben des Projektleiters besteht daher darin, die Rahmenbedingungen für das Projektteam so zu gestalten, dass kreative Selbstorganisationsprozesse im Rahmen der Projektarbeit ablaufen können. Um diese **Prozesse kanalisieren** zu können, sind relativ abstrakte Regeln notwendig. Beim Aufstellen der Regeln dürfte es einfacher und weniger einschränkend sein, zu beschreiben, was vermieden werden soll (negative Abgrenzung), als zu erklären, was genau wie zu tun ist (positiv formulierte Regelsetzung). Auf diese Weise könnten Freiräume für spontane Musterbildungen geschaffen und gleichzeitig die Entscheidungs- und Handlungsmöglichkeiten des einzelnen Teammitglieds eingeschränkt werden. Dabei wird davon ausgegangen, dass die spontanen Ordnungen Lösungen hervorbringen, die besser zur jeweiligen Situation passen als direkte Steuerungseingriffe.
- Die **Projektkultur** stellt ebenfalls ein abstraktes Regelwerk mit kanalisierender Wirkung auf die selbstorganisierenden Prozesse dar. Im nächsten Abschnitt werden wir darauf eingehen, wie der Projektleiter gestaltend auf die Projektkultur einwirken kann, beispielsweise durch konkretes Vorleben der von ihm bevorzugten Werte.
- Für die selbstorganisierenden Prozesse hat die **Kommunikation** eine herausragende Bedeutung. Der Projektleiter sollte daher darauf achten, dass die Informationsvielfalt im Team gegeben ist, beispielsweise durch eine möglichst interdisziplinäre Zusammensetzung des Teams und durch ein intensives Beziehungsmanagement.

Diese Aspekte der Selbstorganisation wirken sich auch positiv auf ein anderes Organisationsmodell aus, das heute immer mehr an Bedeutung gewinnt: Die **„Lernende Organisation"**. Die Zusammenhänge zwischen Projektorganisation und der Lernenden Organisation werden in Teil 4, S. 726, detailliert erläutert, wenn wir das „Projektorientierte Unternehmen" beschreiben, das quasi als Prototyp einer Lernenden Organisation verstanden werden kann.

In den bisherigen Ausführungen wurde an mehreren Stellen auf die herausragende Bedeutung der Projektkultur im Zusammenhang mit der Kanalisierung der selbstorganisierenden Prozesse im Projektteam hingewiesen. Wir wollen daher im nächsten Abschnitt auf die Bedeutung der Kultur in einem Projekt eingehen.

2.5.2 Die Bedeutung der Projektkultur

Im Folgenden soll das Phänomen „Projektkultur" betrachtet werden: Wir wollen untersuchen, wie sich eine solche Projektkultur auf den Projekterfolg auswirken kann und inwieweit es möglich ist, gestaltend auf sie einzuwirken. Die Frage der Gestaltbarkeit der Projektkultur stellt sich insbesondere vor dem Hintergrund ihrer Bedeutung als abstraktes Regelwerk mit kanalisierender Wirkung auf die Prozesse der Selbstorganisation im Team.

> Die **Unternehmenskultur** ist „die Gesamtheit von im Laufe der Zeit in einer Unternehmung entstandenen und akzeptierten Werten und Normen, die über bestimmte Wahrnehmungs-, Denk- und Verhaltensmuster das Entscheiden und Handeln der Mitglieder einer Unternehmung prägen" (*Bea/Haas* [Management] 491).

Innerhalb der Unternehmenskultur bilden sich verschiedene Subkulturen in bestimmten Teilbereichen oder -systemen eines Unternehmens, z.B. in der Forschung und Entwicklung oder im Controlling. Auch in Projekten entwickeln sich i.d.R. aufgrund der intensiven Arbeit im Team eigenständige Subkulturen. Der direkte Kontakt zum Kunden mit seiner eigenen Unternehmenskultur kann zur Ausprägung einer eigenständigen Projektkultur beitragen (vgl. *Patzak/ Rattay* [Projektmanagement] 375).

(1) Wirkungen der Projektkultur

Welche Wirkungen gehen nun von einer **eigenständigen Projektkultur** aus? Es ist grundsätzlich mit positiven und negativen Effekten zu rechnen (vgl. *Bea/Haas* [Management] 509ff.).

Als **positive Wirkungen** sind zu nennen:

- Koordination (gemeinsames Orientierungsmuster)
- Integration (Wir-Gefühl)
- Motivation (Engagement für das Projekt)
- Repräsentation (Positives Erscheinungsbild eines Projektes)

(a) Koordinationswirkung: Die Projektkultur erzeugt ein einheitliches Orientierungsmuster, das die Abstimmung zwischen den Projektteammitgliedern vereinfacht. Die Unsicherheit des einzelnen Teammitglieds bezüglich des Verhaltens der anderen Teammitglieder wird reduziert, d.h. man kann ein bestimmtes Verhalten der anderen erwarten.

(b) Integrationswirkung: Die Projektkultur vermittelt dem einzelnen Teammitglied Solidarität und damit eine Rollensicherheit. Es entsteht ein intensives Wir-Gefühl, ein starkes Zusammengehörigkeitsgefühl zu einer sozialen Gruppe.

(c) Motivationswirkung: Das Wir-Gefühl kann zu Höchstleistungen beflügeln.

(d) Repräsentationswirkung: Das Projektteam hat durch seine Kontakte zum Kunden, aber auch zur eigenen Linienorganisation eine gewisse Außenwirkung. Von engagierten Projektteams können positive Erwartungen der Umwelt geweckt werden, die sich z.B. bei Kunden günstig auf den Absatzerfolg und das Image des gesamten Unternehmens auswirken können. In der Linienorganisation kann das Interesse an Projektarbeit steigen, so dass es grundsätzlich zu positiven Effekten für die Rekrutierung von Personal in Projekten kommen kann.

Doch die Projektkultur hat nicht nur positive Wirkungen, sondern sie kann auch zu **Schwierigkeiten** führen:

- Konformitätsdruck
- Selbstüberschätzung
- Reduktion der Umweltsensibilität
- Wahrnehmungsfilterung

(a) Konformitätsdruck: Durch den starken Gruppenzusammenhalt entsteht ein relativ hoher Gruppendruck, d.h. gruppenkonformes Verhalten wird gefördert. Es kann eine Tendenz entstehen, abweichende Problemsichten zu unterdrücken und zwar sowohl durch eine Selbstkontrolle gegenüber Abweichungen vom Gruppenkonsens als auch durch einen direkten Gruppendruck gegenüber potenziellen Abweichlern von der Gruppennorm. *Janis* ([Groupthink] 335ff.).hat für die Probleme eines hohen Gruppendrucks auch den Begriff „Groupthink" (Gruppenbefangenheit) geprägt.

(b) Selbstüberschätzung: Das Team neigt durch die hohe Gruppenkohäsion zu einer „Illusion der Unverwundbarkeit" (*Janis* [Groupthink] 337). Diese unrealistische Einschätzung führt i.d.R. zu einem übertriebenen Optimismus und hoher Risikoneigung.

(c) **Reduktion der Umweltsensibilität:** Die allgemeine Euphorie kann dazu führen, dass sich das Team abkapselt und den Bezug zur Realität und zur Umwelt verliert.

(d) **Wahrnehmungsfilterung:** Das teameigene Normen- und Wertesystem schiebt sich unbemerkt zwischen das Projekt und seine Umwelt. Auf diese Weise behindert es das rechtzeitige Erkennen von relevanten Umweltveränderungen. *Janis* ([Groupthink] 338f.) führt hier z.B. Stereotype an, die man über Nicht-Gruppenmitglieder ausbildet.

Grundsätzlich kann eine relativ hohe Eigenständigkeit einer Projektkultur auch **Probleme mit der bestehenden Linienorganisation** mit sich bringen:

Beispielsweise kann es zu Konflikten kommen, wenn die Unternehmenskultur durch ein stark hierarchisches Denken geprägt ist, also durch vertikale Informations- und Weisungsflüsse und durch eine eher autoritäre Führung (vgl. *Kraus/ Westermann* [Projektmanagement] 148ff.), während in einem Projektteam weitgehende Hierarchiefreiheit herrschen sollte. Nur ohne hierarchische Grenzen ist ein freier Fluss von Informationen, ein wirkliches Zusammenhörigkeitsgefühl und eine Offenheit für die Ideen des anderen möglich. Dies gilt für viele weitere partizipative Elemente der Projektarbeit, die sich auch in der Projektkultur widerspiegeln. Dieser grundsätzliche **Konflikt zwischen Unternehmenskultur und Projektkultur** sollte insbesondere dann thematisiert werden, wenn die Unternehmensführung eine Entscheidung zur Einführung eines systematischen Projektmanagements trifft. Es zeigt sich an dieser Stelle sehr deutlich, dass sich diese Entscheidung nicht nur auf die Erweiterung der bestehenden Organisation durch eine neue Form der Sekundärorganisation beschränkt, sondern eine grundlegende Veränderung der „Führungskonzeption“ mit sich bringt (vgl. S. 57).

(2) Gestaltung der Projektkultur

Betrachten wir das Verhältnis der spezifischen **Projektkultur zu den anderen Subkulturen** im Unternehmen, insbesondere zu den fachspezifischen Kulturen in der Linie, so kann man drei Arten von Projektkulturen unterscheiden (vgl. *Sprenger* [Projektgruppen] 178f.):

- **Isolierte Projektkultur:** Das Projektteam kapselt sich stark von den fachspezifischen Kulturen in seiner Umgebung ab und nimmt somit kaum noch Außenimpulse auf.
- **Gegenläufige Projektkultur:** Die Wertesysteme des Projektteams und der Linienabteilungen unterscheiden sich stark und führen zu Konflikten.

- **Autonome Projektkultur:** Eine autonome Projektkultur ist sowohl durch eine hohe interne Stabilität und als auch durch die Fähigkeit der schnellen Aufnahme und Berücksichtigung von Außenimpulsen in der Projektarbeit gekennzeichnet.

Es stellt sich nun die Frage, inwieweit man eine Projektkultur **zielgerichtet beeinflussen** kann. Der Projektleiter hat einige Möglichkeiten, um die Projektkultur in einer bestimmten Art und Weise zu prägen:

- Bereits mit der **Auswahl der Projektteammitglieder** lässt sich auf eine bestimmte Entwicklung der Projektkultur Einfluss nehmen.
- Der Projektleiter setzt durch das **konsistente Vorleben** der von ihm angestrebten Werte von Anfang an wichtige Zeichen für das gesamte Team.
- Diese Werte können insbesondere über die Entwicklung und Verwendung bestimmter **Symbole** vermittelt werden (vgl. *Schein* [Organizational Culture]). Dazu gehören
  (a) Riten und Rituale, wie die Gestaltung der Projektteamsitzungen, Feiern für das Erreichen wichtiger Projektabschnitte oder für private Anlässe,
  (b) Mythen und Geschichten, wie die Sammlung und Dokumentation von Episoden und Anekdoten rund um das Projekt, die den speziellen Pioniergeist, die Erfolge und Krisen des Teams widerspiegeln,
  (c) Corporate Identity, z.B. durch einen eigenen Projektraum, ein Logo oder die Kleidung des Projektteams,
  (d) Wahrgenommene Atmosphäre und Leistungen, wie die spezifische Sprache des Projektteams oder gelebte Werte wie Pünktlichkeit und Zuverlässigkeit.
- Zudem kann der Projektleiter das **sichtbare Normen- und Wertesystem** entsprechend gestalten, soweit keine bindenden Vorgaben von Seiten des Gesamtunternehmens existieren. Hier sind meist größere Spielräume vorhanden, da es zwar allgemeine Führungsgrundsätze, Verhaltensrichtlinien und Standards gibt, diese jedoch für den speziellen Fall entsprechend konkretisiert und zugeschnitten werden müssen. Besonders formale und informale Spielregeln, die den Umgang innerhalb des Projektteams bestimmen, können entscheidend durch den Projektleiter geprägt werden, und zwar schon durch die Art, wie sie zustande kommen. Beispielsweise kann ein eher autoritärer Projektleiter versuchen, möglichst alle Spielregeln selbst aufzustellen und sie dem Projektteam dann als verbindlich zu präsentieren. Diese Vorgehensweise verspricht aufgrund des grundsätzlich partizipativen Charakters des Projektmanagements und der Tatsache, dass man niemals alle

Spielregeln antizipieren kann, wenig Erfolg. Mit einer gemeinsamen Festlegung der wichtigsten Spielregeln im Kick-Off-Meeting gäbe der Projektleiter dagegen andere Signale; dabei sollte er sich im Vorfeld entsprechende Grundvorstellungen zurechtgelegt haben, die seine angestrebten Werte konsistent wiedergeben.

- Das **Verhältnis des Teams zu den Kulturen der Umwelt**, insbesondere der Fachbereiche, kann in den Sitzungen thematisiert werden (vgl. *Patzak/ Rattay* [Projektmanagement] 377ff.). Bildet sich im Projektverlauf eine stark isolierte Projektkultur, so sollte der Projektleiter durch symbolische Handlungen entsprechende Zeichen setzen, mit denen er den Willen zur Veränderung und die Offenheit als Wert einbringt. Die Entwicklung einer gegenläufigen Projektkultur kann dann für beide Seiten befruchtend sein, wenn es gelingt, die sich ergebenden Konflikte konstruktiv zu lösen (vgl. *Sprenger* [Projektgruppen] 178f.). Hier ist die Fähigkeit des Projektleiters gefragt, die übergeordnete „Metaebene" einzunehmen, um den Konflikt entsprechend zu erkennen und dann zu vermitteln. Grundsätzlich sollte der Projektleiter darauf achten, dass sich keine Projektkultur bildet, die mit den wichtigsten Normen und Werten der übergeordneten Unternehmenskultur nicht vereinbar ist. Dazu ist es notwendig, mit dem Team das Projekt in den größeren Sinnzusammenhang des Gesamtunternehmens einzuordnen und auf diese Weise den Zweck des Projektes transparent zu machen.

Es erscheint also möglich und auch sinnvoll, prägend auf die Projektkultur einzuwirken, um über die gemeinsamen Werte Einfluss auf die selbstorganisierenden Prozesse im Team zu nehmen.

Im Anschluss an diese grundlegenden Betrachtungen zur Projektorganisation wollen wir nun die **einzelnen Phasen des Managements von Projekten** detailliert beleuchten. Vor dem eigentlichen Projektstart muss jedoch geprüft werden, ob das Projekt überhaupt machbar erscheint und ob die Durchführung aus Sicht des Unternehmens wirklich sinnvoll ist.

3 Vorselektion von Projekten

3.1 Notwendigkeit der Vorselektion

Ein Unternehmen hat i.d.R. nur knappe Ressourcen zur Verfügung. Geldmittel, Personal, Sachmittel und Material müssen so eingesetzt werden, dass sie am besten i.S. der Unternehmensziele wirken. Das bedeutet, dass nur solche Projekte durchgeführt werden sollten, die möglichst gut zur Erreichung der Unternehmensziele beitragen. Mit diesem Themengebiet werden wir uns in Teil 3 eingehend beschäftigen, da es sich hierbei um die Verbindung zwischen Projektmanagement und strategischer Unternehmensführung, also das sog. „Management durch Projekte" handelt. Zuvor ist zu prüfen, ob das Projekt **grundsätzlich** durchführbar ist oder ob es Anhaltspunkte dafür gibt, dass das Projekt bei erstem Anschein unwirtschaftlich ist oder wichtige Voraussetzungen für dessen Verwirklichung fehlen. Dies ist die Aufgabe der **Machbarkeitsstudie**. Die Vorselektion soll verhindern, dass ein aussichtsloses Projekt überhaupt in Angriff genommen wird.

3.2 Machbarkeitsstudie

3.2.1 Aufgaben

Mit Hilfe der Machbarkeitsstudie, auch als Durchführbarkeitsstudie oder als **„feasibility study"** bezeichnet, soll geklärt werden, ob ein Projekt aus heutiger Sicht grundsätzlich „machbar" erscheint. Dies ist insbesondere dann der Fall, wenn das Projekt aus

- technischen
- wirtschaftlichen
- rechtlichen
- ökologischen
- sozialen
- risikobezogenen

Aspekten als durchführbar einzustufen ist.

Grundlage für die Überprüfung dieser Erfordernisse ist zunächst einmal eine möglichst genaue **Beschreibung des Projektes**. Hierzu gehört eine erste Beschreibung der Projektziele, der Projektaufgaben, der einzusetzenden Technologien, der benötigten Ressourcen sowie des Projektzeitrahmens. Diese Beschreibung ermöglicht eine erste Abschätzung der mit dem Projekt verbundenen Auszahlungsströme. Ergänzend hierzu ist eine **Marktanalyse** vorzunehmen, die über die Abschätzung von Preisen, Absatzmengen, Absatzkosten sowie weiterer prognostizierter Rahmenbedingungen wie Zins-, Währungs- und Inflationsentwicklungen eine erste grobe Bestimmung der Projekteinzahlungen zulässt (vgl. *Corsten/Corsten/Gössinger* [Projektmanagement] 12). Darüber hinaus ist die weitere und engere **Projektumwelt** zu beschreiben.

In Summe sollen im Rahmen der Machbarkeitsstudie über die Beschreibung des Projektes und seiner Umwelt die **wesentlichen Projekteinflussfaktoren** ermittelt werden. Zudem werden in einem ersten, in diesem Stadium noch ganz bewusst grob gehaltenen Planungsschritt die wesentlichen Planungsprämissen erarbeitet und so die wahrscheinlichen Konsequenzen der Projektdurchführung für das Unternehmen beleuchtet. Insbesondere sollen durch diese erste Grobplanung jene Eigenschaften des Projektes oder der Projektumwelt identifiziert werden, die das Projekt von vornherein unwirtschaftlich oder eine Projektdurchführung vollkommen unmöglich machen würden. Insofern dient die Machbarkeitsstudie auch einer ersten Risikoanalyse des Projektes.

3.2.2 Teilstudien

Die Prüfung der grundsätzlichen Projektdurchführbarkeit erstreckt sich auf mehrere Bereiche; dem entsprechend unterscheiden wir verschiedene Teilstudien.

Teilstudien der Machbarkeitsstudie:

- Technische Studie
- Wirtschaftlichkeitsstudie
- Rechtliche Studie
- Ökologische Studie
- Sozialstudie
- Risikostudie

(1) Technische Studie

Sie befasst sich mit der technischen Realisierbarkeit eines Projektes. Ihr kommt im Rahmen der Machbarkeitsstudie eine besondere Bedeutung zu, da technische Gesichtspunkte den Projektrahmen entscheidend bestimmen (Stand der Technik als Engpassfaktor). Aus den Ergebnissen der technischen Studie leiten sich wichtige Schlüsse für die Verfahrenswahl ab; verschiedene Produktionsverfahren erfordern wiederum unterschiedliche Produktionsmittel. Soll bspw. eine Brücke über den Bosporus gebaut werden, so sind genaue Kenntnisse über Tragekraft, Reißfestigkeit, Kälteempfindlichkeit von Werkstoffen unabdingbar. Aus diesen Werkstoffeigenschaften leiten sich maßgebliche Einschränkungen für die Brückenkonstruktion und daraus wiederum für die Gestaltung der Bauarbeiten ab.

Im Rahmen der technischen Studie sind überdies die natürlichen Merkmale alternativer Projektstandorte zu untersuchen. Dazu rechnen etwa: Klima (Niederschlag, Temperaturen, Wind), Luftreinheit und Bodenbeschaffenheit. Um erneut auf das Beispiel der Bosporusbrücke zurückzukommen: Hier wäre bezüglich der natürlichen Merkmale v.a. zu untersuchen, ob die

Bodenbeschaffenheit und Anfälligkeit für Erdbeben ein derartiges Bauvorhaben zulassen.

Ein wesentlicher Aspekt im Rahmen der technischen Studie ist der **Beherrschungsgrad** der im Projekt zum Einsatz kommenden Technologie. Für die Risikostruktur des Projektes ergibt sich ein deutlicher Unterschied zwischen einem Routineprojekt, in dem eine schon oft erprobte Technologie zum Einsatz kommt, und einem Innovationsprojekt mit vollkommen neuartiger Technologie.

Diese Einschätzung ist natürlich dann am besten möglich, wenn bereits ein ausgefeiltes Lastenheft des Kunden vorliegt, in dem die technischen Anforderungen an die zu erstellenden Projektergebnisse genau beschrieben sind. Viele Ausschreibungen von Aufträgen erfolgen bereits auf der Grundlage eines Lastenheftes, allerdings kann die Beschreibung ungenau ausfallen. Dies kann beispielsweise darauf zurückgeführt werden, dass dem Kunden die technischen Spezialkenntnisse für die Umsetzung seiner Wünsche fehlen. Eine wichtige Herausforderung besteht für das Projektteam somit darin, die Anforderungen des Kunden in ihre unternehmensspezifische, technische Sprache zu übersetzen. Bei diesem Arbeitsschritt entsteht das sog. „Pflichtenheft" (vgl. S. 124f.).

Ungenügende Aufmerksamkeit für technische Feinheiten oder eine ungenügend exakte Beschreibung der technischen Projektbesonderheiten im Lastenheft kann sich u.U. als äußerst folgenschwer für ein Projekt erweisen: Kosten- und Terminvorgaben werden überschritten, mitunter muss das Projekt abgebrochen werden, nachdem bereits beträchtliche Investitionen vorgenommen worden sind.

Zur Durchführung der technischen Studie werden Fachleute aus ingenieur- und naturwissenschaftlichen Disziplinen benötigt: Elektrotechnik, Maschinenbau, Bauwesen, Statik, Luft- und Raumfahrttechnik, Informatik, Optik, Akustik, Biologie, Chemie, Meteorologie usw.

(2) Wirtschaftlichkeitsstudie

Die Wirtschaftlichkeitsstudie umfasst eine Kapazitätsstudie, eine Zeitstudie sowie eine Marktstudie.

Die Aufgabe der **Kapazitätsstudie** besteht in der Prüfung, ob Sachmittel und Personal sowie die erforderliche finanzielle Ausstattung in ausreichendem Maße vorhanden sind.

Da Projekte i.d.R. nach einem vorgegebenen Zeitplan abzuwickeln sind, ist der vorgegebene Zeitrahmen in einer **Zeitstudie** auf Realisierbarkeit zu überprüfen.

Aus den Grobplanungen hinsichtlich der benötigten Ressourcen und deren zeitlichem Einsatz ergeben sich erste Prognosen der projektbezogenen Auszahlungen. Diesen Auszahlungen ist eine Prognose der projektbezogenen Einzahlungsströme gegenüberzustellen. Diese lassen sich aus der **Marktstudie** gewinnen.

Zusammenfassend sollte im Rahmen der Wirtschaftlichkeitsstudie durch die Gegenüberstellung der Ein- und Auszahlungsströme eine erste **Grobschätzung der Projektwirtschaftlichkeit** ermöglicht werden. Für eine endgültige Abschätzung der Wirtschaftlichkeit eines Projektes muss diese Gegenüberstellung der Zahlungsströme allerdings noch mit einer Risikoabschätzung im Hinblick auf die tatsächliche Realisierbarkeit der Zahlungsströme kombiniert werden.

(3) Rechtliche Studie

Die Gestaltung eines Projektes wird mitunter erheblich durch rechtliche Rahmenbedingungen eingeschränkt. Daher ist der Rechtsstudie im Rahmen der Machbarkeitsstudie besondere Aufmerksamkeit zu widmen. Die Projektalternativen werden daraufhin untersucht, ob sie die gesetzlichen Bestimmungen, Auflagen, Vorschriften erfüllen. Wesentliche Rechtsgebiete sind u.a.:

- Baurecht
- Umweltrecht
- Wettbewerbsrecht
- Arbeits- und Sozialrecht
- Steuerrecht

Mit der Rechtsstudie verbunden sind Anfragen bei Genehmigungsbehörden wie etwa dem TÜV.

(4) Ökologische Studie

Mit der zunehmenden Verknappung aller natürlichen Ressourcen und dem parallel wachsenden Anspruch der Gesellschaft auf nachhaltiges Wirtschaften kommt der Untersuchung der ökologischen Konsequenzen eines Projektes immer größere Bedeutung zu. Unter Umständen reicht die formale Einhaltung umweltrechtlicher Vorschriften für eine erfolgreiche Projektdurchführung nicht mehr aus, insbesondere dann, wenn mit dem Projekt gegen ökologische Werte der Gesellschaft verstoßen wird. Zu denken ist etwa an die eventuelle Strahlenbelastung, die mit der Errichtung einer Mobilfunkanlage verbunden ist. Insofern bietet es sich an, eine gesonderte Studie zu den ökologischen Auswirkungen des Projektes durchzuführen.

(5) Sozialstudie

Im Rahmen einer Sozialstudie ist zu prüfen, ob gesellschaftliche Rahmenbedingungen gegen eine Durchführung des Projektes sprechen. Dies kann bspw. dann der Fall sein, wenn bestimmte Bevölkerungsgruppen von einem Projekt besonders betroffen sind. Denkbar wäre bspw. der Einsatz von Hochtechnologien in Gebieten, die noch von eher archaisch geprägten Einwohnern besiedelt sind, oder der Bau von Staudämmen, der zu umfangreichen Umsiedlungen führen würde. Auch Vorbehalte, die sich aus religiösen Gründen gegen bestimmte Projekte ergeben könnten, sollten in diesem Zusammenhang überprüft werden.

(6) Risikostudie

Da nicht ohne weiteres davon ausgegangen werden kann, dass die prognostizierten Zahlungsströme wie erwartet realisiert werden können, sollte eine systematische und strukturierte Analyse der mit der Projektdurchführung verbundenen Risiken vorgenommen werden (vgl. Abschnitt 10.2). Soll das Projekt im Ausland realisiert werden, empfiehlt sich zusätzlich eine gesonderte Analyse des speziellen Länderrisikos (zu den Verfahren der Länderrisikoanalyse vgl. *Corsten/Corsten/Gössinger* [Projektmanagement] 13).

Am Ende der Durchführbarkeitsstudie steht eine **Entscheidung für oder gegen die grundsätzliche Weiterverfolgung eines Projektes**. Fördert die Machbarkeitsstudie die Erkenntnis zu Tage, dass das Projekt grundsätzlich nicht durchführbar erscheint oder unter wirtschaftlichen Gesichtspunkten nicht sinnvoll realisiert werden kann, wird das Projekt nicht weiterverfolgt. Dabei ist zu berücksichtigen, dass alle bis zu diesem Zeitpunkt bereits entstandenen Kosten für die Grobplanung des potenziellen Projektes verloren sind.

Gerade für Unternehmen, die v.a. im Großprojektgeschäft tätig sind, wie bspw. Unternehmen der Bauindustrie oder des Anlagenbaus, stellt sich somit aus ökonomischen Gründen bereits im Vorfeld die Frage, bei welchen Projekten es sich für das Unternehmen überhaupt lohnt, eine Machbarkeitsstudie durchzuführen. Hier wird die so genannte Hitrate zu einem nicht zu unterschätzenden Faktor, der das gesamte Unternehmensergebnis maßgeblich mit beeinflussen kann. Die **Hitrate** setzt den Anteil der Projekte, für die schlussendlich ein Zuschlag von Seiten des Kunden erzielt wurde, in Beziehung zur Anzahl aller Projekte, für die ein Angebotsverfahren eingeleitet wurde. Werden Angebote für zu viele Projekte erstellt und kommt es anschließend nur vereinzelt zu Projektzuschlägen für das Unternehmen, können die vorlaufenden Planungskosten für die erstellten Durchführbarkeitsstudien bereits so hoch sein, dass sie von den letztlich realisierten Projekten und deren Wertbeiträgen nicht mehr überkompensiert werden können.

Zeigt die Machbarkeitsstudie, dass das Projekt sowohl durchführbar als auch wirtschaftlich sinnvoll erscheint, wird das Projekt nach strategischen Kriterien untersucht: Inwieweit wird das Projekt zu einer Verwirklichung der strategischen Unternehmensziele beitragen? Die genaue Methodik für diesen Auswahlprozess wird in Teil 3 in Abschnitt 4.3.1 (S. 557ff.) eingehend erläutert.

Nach der grundsätzlichen Entscheidung für die Durchführung des Projektes beginnen wir nun mit dem Prozess des Managements von Projekten:

- Projektstart
- Zielpräzisierung
- Projektplanung
- Projektumsetzung
- Projektkontrolle
- Projektabschluss

Begleitende Prozesse:

- Qualitätsmanagement
- Chancen- und Risikomanagement

4 Projektstart

Die erste Phase des operativen Projektmanagementprozesses beinhaltet

- die Vorbereitung des Projektes bis hin zum
- offiziellen Start im Zuge eines Kick-Off-Meetings.

Der Projektstart stellt einen wichtigen Erfolgsfaktor für das gesamte Projekt dar, denn zu Projektbeginn wird die inhaltliche und methodische Ausrichtung des ganzen Projektes festgelegt. Es ist daher nicht ausgeschlossen, dass die Projektvorbereitung mehr Zeit in Anspruch nimmt als die Durchführung des Projektes selbst.

Beispiel:
Die Planungsvorbereitung des Projektes *Stuttgart 21* dauerte insgesamt 15 Jahre. Ein Hauptgrund für diese überaus lange Zeit der Vorbereitung ist insbesondere in der politischen Brisanz des Projektes zu sehen.

4.1 Projektvorbereitung

Zur Projektvorbereitung gehören die folgenden **Aufgaben**:

- Aufnahme der Vertragsverhandlungen zwischen Auftraggeber und Auftragnehmer (bei externen Projekten)
- Formulierung und Erteilung des Projektauftrags
- Erste Analyse des Projektumfelds
- Planung des Projektmanagementsystems

In den meisten Fällen findet zum offiziellen Projektstart ein sog. **Kick-Off-Meeting** statt, zu dem die wichtigsten Projektbeteiligten, insbesondere das Projektteam, der interne Auftraggeber sowie ein Vertreter des Projektmanagementoffice, eingeladen werden.

Die Vorbereitung eines Projektes hängt im Detail davon ab, wie die Entscheidung für das Projekt zustande gekommen ist. Wurden alle Schritte der Projektauswahl von der Machbarkeitsstudie über die Ableitung von quantitativen und qualitativen Kriterien zur Projektbewertung aus strategischer Sicht bis zur systematischen Entscheidung für eine bestimmte Kombination von Projekten durchgeführt (vgl. S. 495ff.), so liegen bereits viele fundierte Informationen über das zukünftige Projekt vor. Bei Kundenprojekten ging dem Projekt evtl. bereits ein Akquisitionsprojekt voraus, in dem erste Planungen als Grundlage für das Angebot erfolgten. Ist dies nicht der Fall, so besteht die erste Aufgabe im Zuge der Projektvorbereitung in der Sammlung von Informationen mit dem notwendigen Detailliertheitsgrad.

Bei externen Projekten beginnen die Vertragsverhandlungen mit dem Kunden oftmals bereits vor dem offiziellen Projektstart. An dieser Stelle werden die wichtigsten Eckpfeiler für die spätere Ertragssituation festgelegt, obwohl der Informationsstand zu diesem Zeitpunkt häufig noch nicht sehr weit gediehen ist. Hier kommt es stark darauf an, wie konkret die Anforderungen des Kunden bereits vorliegen, d.h. wie genau die zu erstellende Leistung im Lastenheft spezifiziert wurde.

4.1.1 Vertragsverhandlungen zwischen Auftraggeber und Auftragnehmer

Die Gestaltung der Verträge mit dem Kunden kann über den wirtschaftlichen Erfolg eines Projektes entscheiden. Zu diesem frühen Zeitpunkt ist es wichtig, die Rahmenbedingungen für das Projekt entsprechend anzulegen, denn hier werden die Weichen für das gesamte Projekt gestellt.

> Ziel eines **Vertrages** ist es, alle entscheidenden Rechte und Pflichten der Vertragsparteien formal und inhaltlich festzulegen.

Es geht in diesem frühen Stadium darum, bei der Gestaltung des Vertrages Kompromisse beider Parteien bezüglich essenzieller Bestandteile des Vertrags festzuschreiben und dabei Freiheitsgrade für die Projektplanung und –umsetzung zu erhalten. Je nach Größe des Projekts und der beteiligten Unternehmen werden die Gestaltung, der Abschluss und die Abwicklung von Verträgen entweder durch eine eigene Stabsstelle, durch den Projektleiter mit Unterstützung von Experten, wie z.B. der Rechtsabteilung oder auch durch externe Firmen vollzogen (vgl. *Pfetzing/Rohde* [Projektmanagement] 406ff.). Wir werden uns mit dem Vertragsmanagement detailliert im Rahmen der Projektumsetzung beschäftigen (S. 264ff.). Hier sollen lediglich die Grundzüge angesprochen werden, da diese Thematik bereits bei der Projektvorbereitung eine entscheidende Rolle spielen kann.

Viele Lösungen, für die Projekte ins Leben gerufen werden, sind sehr komplex und weisen viele Schnittstellen zu anderen Systemen auf, z.B. zur technischen Umgebung beim Kunden. Zu Projektbeginn ist es daher oftmals extrem schwierig, die Anforderungen genau zu spezifizieren, so dass sich im Laufe des Projektes nahezu zwangsläufig **Änderungen** ergeben. Doch selbst, wenn sich der Auftraggeber über die Anforderungen an das Produkt absolut im Klaren ist, können Kommunikationsprobleme zwischen den Parteien zu Änderungen führen: Das Pflichten- und das Lastenheft wurden vielleicht nicht mit der notwendigen Sorgfalt zusammengestellt oder es ergeben sich auch bei größten Anstrengungen Missverständnisse durch Unklarheiten in der Formulierung (vgl. Abschnitt 5: Zielpräzisierung). Manchmal erkennt der Kunde auch erst im Laufe der Projektumsetzung anhand der Projektergebnisse, wie die gewünschte Leistung konkret aussehen sollte. Zudem können sich während der Projektlaufzeit beispielsweise neue Auflagen von Behörden oder technologische Neuerungen ergeben, die im Projekt berücksichtigt werden müssen.

An dieser Stelle wird deutlich, dass der **Umgang mit Änderungen** ein wichtiger Bestandteil des Vertrages sein sollte, denn es muss klar sein, welche wirtschaftlichen Konsequenzen sich aus den Änderungen ergeben und welche Partei sie im jeweiligen Fall zu tragen hat. Beispielsweise könnten sich durch umfassende Änderungswünsche des Kunden hohe Kosten und auch ein erheblicher Terminverzug des Lieferanten ergeben. Falls der Kunde daran interessiert wäre, den Lieferanten in diesem Fall für den verspäteten Liefertermin zur Rechenschaft zu ziehen, besteht das Ziel des Lieferanten dann in der Abwehr der sich daraus ergebenden Forderung. Aus Sicht des Lieferanten können die Vereinbarung einer systematischen Vorgehensweise bezüglich der Änderungen sowie die Übernahme zusätzlich entstehender Kosten entscheidend für den wirtschaftlichen Erfolg des gesamten Projektes sein.

Jeder Vertrag sollte die folgenden **Mindestbestandteile** enthalten (vgl. *Corsten/Corsten/Gössinger* [Projektmanagement] 17f.):

- Genaue und detaillierte Leistungsspezifikation
- Festlegung einer eventuellen Selbstbeteiligung des Auftraggebers
- Auskunfts- und Informationspflichten sowie die Verschwiegenheitspflicht der beiden Seiten
- Fragen des Urheberrechts
- Art und Umfang der Ressourcen, die für die Durchführung des Projektes notwendig sein werden
- Eventuell Unterauftragsvergabe
- Festlegung des Preises
- Festlegung der Konditionen (Bedingungen der Leistungsabgabe und der Leistungsannahme sowie Zahlungsbedingungen)
- Regelungen für den Streitfall (z.B. Gerichtsstand, Garantien)

An dieser Stelle fällt auf, dass einige der genauen Regelungen erst im Zuge der detaillierten Projektplanung festgelegt werden können. Deshalb sollte sowohl der Gestaltung als auch dem Abschluss und der Abwicklung von Verträgen eine systematische Vorgehensweise zugrunde liegen. Dieser Prozess, das **Vertragsmanagement**, wird im Rahmen der Projektumsetzung in Abschnitt 7, S. 264ff., vorgestellt.

Der Vertrag kann jedoch in den seltensten Fällen als praktikable Grundlage für die konkrete Projektarbeit dienen, denn er ist i.d.R. in juristischer Fachsprache gehalten. Daher benötigt jedes Projekt einen Projektauftrag.

4.1.2 Der Projektauftrag

Der Projektauftrag bildet die Basis für die Arbeit des Projektteams: Alle wichtigen Aspekte und Rahmenbedingungen werden in einer für alle Betroffenen verständlichen Sprache zusammengefasst.

Nicht jedem Projekt liegt ein konkreter Vertrag mit einem Kunden zugrunde. Dies trifft beispielsweise für interne Projekte, wie Organisationsentwicklungs- oder Prozessverbesserungsprojekte zu. Dennoch braucht das Projektteam für seine Arbeit eine möglichst konkrete Beschreibung der Wünsche des Auftraggebers und der Ausgangslage des Projektes sowie eine Zusammenstellung der bisher verfügbaren Informationen. Dies ist insbesondere für einen Projektleiter wichtig, der bisher noch keine Berührungspunkte mit dem neuen Projekt hatte und nun mit der Umsetzung des Projektes betraut wird. Für alle weiteren Aufgaben der Projektvorbereitung, wie die Zusammenstellung des Projektteams, eine erste Projektumfeldanalyse und die Planung des Vorgehens im Projektmanagement, benötigt er eine genaue Vorstellung von der zu lösenden Aufgabe, den Projektzielen aus Sicht des Auftraggebers sowie vom momentanen Status des Projektes.

Zu einem **vollständigen Projektauftrag** gehören daher (vgl. *Stöger* [Projektmanagement] 59) eine

- Darstellung der Ausgangs- und Problemlage
- Beschreibung der groben Projektziele
- Klärung der Position des Kunden im Projekt und eine Beschreibung des Kundennutzens
- grobe Darstellung der wichtigsten Projektphasen mit Meilensteinen und Terminen
- kurze Darstellung der Projektorganisation, insbesondere der wichtigsten Rollen im Projekt (Projektauftraggeber, Projektleiter, Projektteam) sowie der Entscheidungs- und Berichtsgremien
- grobe Kostenschätzung
- Zusammenstellung aller Stakeholder des Projektes (z.B. Lieferanten, externe Institutionen)
- Auflistung der wichtigsten Risiken und Chancen
- Genehmigung durch den Projektauftraggeber
- Annahme des Projektauftrags durch den Projektleiter

Bei dieser Aufzählung wird deutlich, dass viele Informationen zu diesem Zeitpunkt wahrscheinlich noch nicht vollständig zur Verfügung stehen, z.B. über die Projektorganisation. In der Realität bekommt der Projektleiter zunächst mündliche und schriftliche Informationen über das Projekt und erstellt den

Projektauftrag im Zuge der Projektvorbereitungsphase oftmals selbst. Oder er bekommt einen Projektauftrag, der noch nicht ganz vollständig ist, und ergänzt die weiteren notwendigen Informationen.

Die Aufgabe des Projektleiters im Verlauf der Projektvorbereitung besteht somit darin, diesen groben Rahmen aufzuspannen und nach Möglichkeit so mit Leben zu füllen, dass dem Projektteam alle notwendigen Informationen für seine Arbeit zur Verfügung stehen und somit die Grundlage für die Planung und die Umsetzung des Projektes geschaffen wurde. Am Ende der Projektvorbereitung sollte der Projektauftrag so weit formuliert sein, dass der interne Auftraggeber ihn unterschreiben und das Projekt somit für die Übernahme durch das Projektteam freigeben kann.

Erfahrene Projektmanager legen großen Wert auf einen unterschriebenen Projektauftrag, um die grundsätzliche Übereinstimmung bezüglich der wichtigsten Eckpfeiler des Projektes zu Projektbeginn zu dokumentieren. Diese Vorgehensweise ist sehr zu empfehlen, denn eine realistische Erfolgsbeurteilung im Projektverlauf und bei Projektende ist nur möglich, wenn die ursprünglichen Ziele und Rahmenbedingungen klar erfasst sind. Zudem kann sich der Projektleiter mit einem formalen Projektauftrag der Unterstützung und des Engagements des Auftraggebers versichern (vgl. *Burke* [Projektmanagement] 137).

Ein klar formulierter Projektauftrag stellt einen wichtigen Erfolgsfaktor für das gesamte Projekt dar. Auch der Umgang mit „unangenehmen“ Themenfeldern, wie beispielsweise der Ablauf von Entscheidungsprozessen, sollte geklärt sein, bevor das Team seine Arbeit aufnimmt (vgl. *Winkelhofer* [Projekt-Methoden] 41). Alle Beteiligten geben auf der Basis des Projektauftrags ihr „Commitment“ zum Projekt ab und gehen somit eine Leistungsverpflichtung mit innerem Engagement ein.

Die direkten Projektbeteiligten sind besonders wichtige Stakeholder eines Projektes. Die systematische Gestaltung der Beziehungen zu den Stakeholdern stellt einen wichtigen Erfolgsfaktor eines Projektes dar. Wir werden uns nun mit einer Methode beschäftigen, die dem Projektleiter und dem Projektteam einen proaktiven Umgang mit den Erwartungen und Befürchtungen der wichtigsten Stakeholder ermöglicht: Die Projektumfeldanalyse.

4.1.3 Projektumfeldanalyse

Der Erfolg eines Projektes hängt zum größten Teil davon ab, wie sich die Beziehung des Projektes zum Projektumfeld gestaltet. Insbesondere die Unterstützung des Projektes durch die wichtigsten Stakeholder kann für die Erreichung der Projektziele ausschlaggebend sein. Diese Unterstützung ist nur dann dauerhaft gesichert, wenn die Projektziele mit den Zielen dieser Personen vereinbar sind und sie einen konkreten Nutzen aus dem Projekt erwarten können (vgl. *Menz/Stahl* [Stakeholderkommunikation] 3ff.).

Vor einer genaueren Planung sollte sich der Projektleiter daher mit der Frage beschäftigen, welchen **unternehmensinternen und –externen Einflussfaktoren** das Projekt unterliegen könnte, die zu einem Großteil die hohe Komplexität und Dynamik in Projekten verursachen. Sie sollten daher möglichst frühzeitig und umfassend erfasst werden, um ihre potenziellen Entwicklungen und Konsequenzen abschätzen und daraus entsprechende Maßnahmen ableiten zu können. Eine solche Umfeldanalyse ist bereits eine wichtige Grundlage für ein erfolgreiches Chancen- und Risikomanagement (vgl. Abschnitt 10.2).

Bei einer **Umfeldanalyse** kann folgendermaßen vorgegangen werden:

- Abgrenzung des Projektes
- Stakeholderanalyse
- Analyse sonstiger Einflussfaktoren
- Ableitung von Maßnahmen zur Gestaltung der Umfeldbeziehungen

(1) Abgrenzung des Projektes

Als Basis für eine sinnvolle Abgrenzung des Projektes und aller Aufgaben, die dazu gehören, sollten zunächst die Interaktionen und Beziehungen zwischen Projekt und Projektumfeld untersucht werden. Abb. 2-15 zeigt als innersten Kern das Projekt.

Das Projekt ist umgeben von verschiedenen Umweltsegmenten, die man nach dem Grad der Nähe zum Projekt in zwei Kategorien untergliedern kann: In ein

- **Engeres Projektumfeld:** Auftraggeber, Projektmanager, Lieferanten, Projektmitarbeiter, Gesamtunternehmen.
- **Weiteres Projektumfeld:** Gesellschaft, Politische Instanzen, Behörden, Natur, technologische Entwicklung, Finanzmarkt, gesamtwirtschaftliche Entwicklung.

(2) Stakeholderanalyse

Ausgehend von den in Abb. 2-15 beschriebenen Umweltsegmenten können die direkt bzw. indirekt am Projekt Beteiligten identifiziert und im Hinblick auf ihre speziellen Projektinteressen analysiert werden. Diese Personen werden auch Stakeholder genannt:

Als **Stakeholder** (stake = ein mit Risiko verbundener Einsatz) können Bezugsgruppen, Interessengruppen, Anspruchsgruppen bezeichnet werden, die von der Unternehmung, in diesem Fall vom Projekt, betroffen sind. Sie verfolgen deshalb ein gewisses Interesse gegenüber dem Unternehmen (vgl. *Göbel* [Verantwortung] 140ff.).

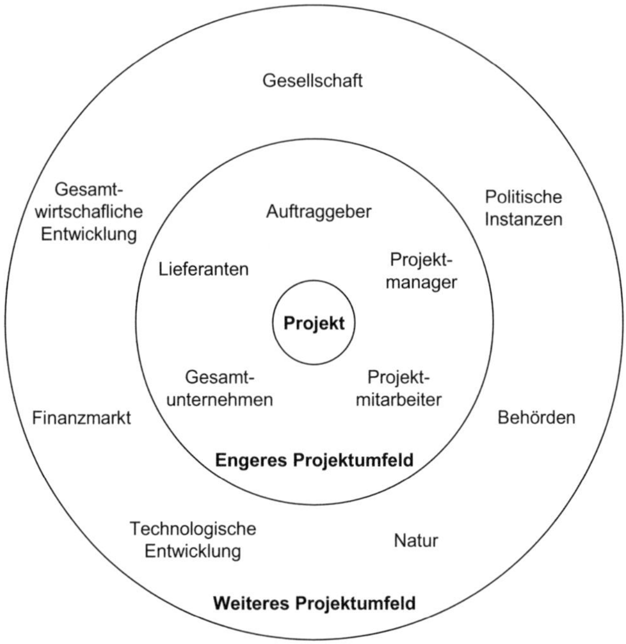

Abb. 2-15: Das Projekt und sein Umfeld

Die Einstellung der verschiedenen Personen bzw. Interessengruppen zum Projekt und auch ihre Bedeutung für das Projekt können sich sehr unterschiedlich gestalten. Daher besteht der nächste Schritt in einer systematischen Zusammenstellung der verschiedenen Stakeholder, ihrer jeweiligen Einstellung zum Projekt, ihren individuellen Zielen mit Relevanz für das Projekt und ihrer potenziellen Bedeutung (vgl. Abb. 2-16). Am besten versucht man, sich möglichst gut in die jeweilige Person hineinzuversetzen und dann ihre Erwartungen und Befürchtungen bezüglich des Projektes zu erfassen. Erst dann wird der Entwurf von sinnvollen Maßnahmen für ein systematisches Management dieser Beziehungen möglich.

Personen, Interessen-gruppen	Einstellung zum Projekt ☺ 😐 ☹	Projekt-relevante Ziele	Bedeutung, Macht, Einfluss (1-5)	+ Erwartungen - Befürchtungen	Maßnahmen, Strategien

Abb. 2-16: Stakeholderanalyse
(In Anlehnung an: *Patzak/Rattay* [Projektmanagement] 98)

(3) Analyse sonstiger Einflussfaktoren

Neben den Stakeholdern mit ihren persönlichen Interessen können weitere sachliche Einflussgrößen ein Projekt beeinflussen. Exemplarisch sei hier auf Faktoren aus dem weiteren Unternehmensumfeld, wie die gesamtwirtschaftliche Entwicklung, die technologische Entwicklung in der jeweiligen Branche oder auch auf politische Veränderungen hingewiesen. Diese Faktoren sind ebenso wie die Stakeholderinteressen zu analysieren und auf ihre Auswirkungen auf das Projekt hin zu untersuchen.

Abb. 2-17 beschreibt eine Reihe von sachlichen Einflussfaktoren sowie verschiedene Projekt-Stakeholder und ihre möglichen unterschiedlichen Interessen.

(4) Ableitung von Maßnahmen zur Gestaltung der Umfeldbeziehungen

In Abb. 2-16 zur Stakeholderanalyse wurde bereits eine Spalte für die Sammlung von Ideen für Maßnahmen vorgesehen.

Sofern die Maßnahmen etwas mit den **Menschen im Umfeld** des Projektes zu tun haben, gehören sie zum Themengebiet „Projektkommunikation und Projektmarketing“ (vgl. S. 244ff.). Während sich die Projektkommunikation eher an die projektinternen Stakeholder richtet, beschäftigt sich das Projektmarketing vorwiegend mit projektexternen Stakeholdern und zielt darauf ab, den Bekanntheitsgrad des Projektes zu erhöhen und sein Image zu verbessern (vgl. *Patzak/Rattay* [Projektmanagement] 105).

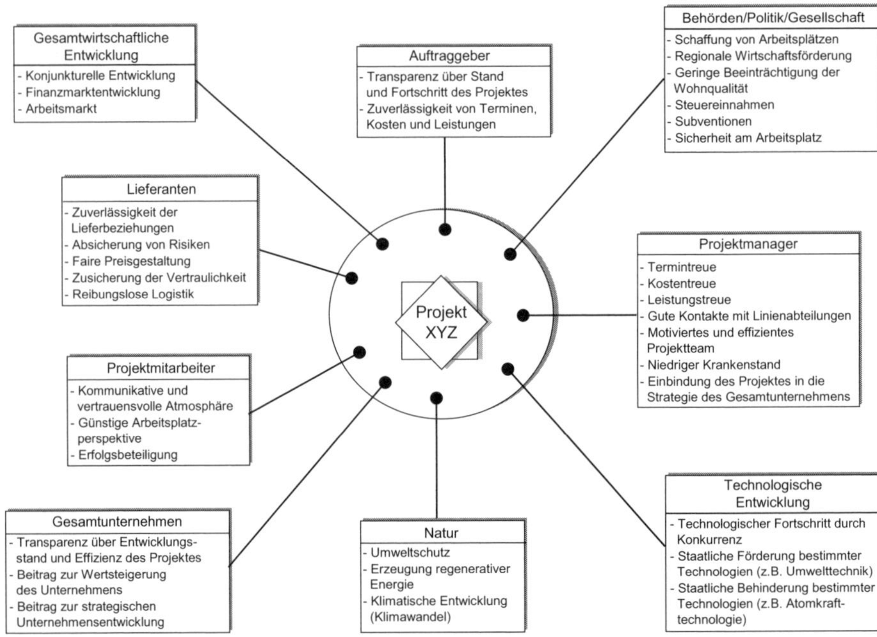

Abb. 2-17: Sachliche Einflussfaktoren und Stakeholder (In Anlehnung an: *Baganz* [Projektabwicklung] 168)

Zur Erreichung dieser Ziele ist es notwendig, systematisch projektbegleitende Maßnahmen einzuplanen, durchzuführen und ihren Erfolg zu überwachen. Es zeigt sich also, dass es sich hier um eine umfangreiche Aufgabenstellung handelt, für die auch entsprechende Ressourcen eingeplant werden sollten.

Die Maßnahmen, die im Rahmen der **sachlichen Analyse** angedacht wurden, fließen im weiteren Verlauf in die Planung des Projektes ein.

Die Umfeldanalyse wurde bisher im Zuge der Projektvorbereitung vom Projektleiter durchgeführt, um ein erstes Gefühl für wichtige Einflussgrößen und mögliche Hindernisse zu bekommen. Vielleicht erkennt er im Zuge dieser Analyse, dass er über seine bisherigen Planungen hinaus noch weitere Personen ins Projektteam einbeziehen sollte, die stellvertretend die Interessen betroffener Gruppen wahrnehmen. Denkbar wäre beispielsweise eine Einbeziehung der Kundeninteressen durch einen Vertriebsmitarbeiter oder Key-Account-Manager, die Berücksichtigung von Lieferanteninteressen über einen Einkäufer oder sogar durch die direkte Integration von Kunden- bzw. Lieferantenmitarbeitern in das Projektteam selbst.

Da es sich bei der Umfeldanalyse jedoch um eine Momentaufnahme handelt, die sich durchaus relativ schnell verändern kann, ist es notwendig, die Analyse projektbegleitend immer wieder zu aktualisieren. Beispielsweise könnte man die Analyse zu Beginn jeder Projektphase wiederholen, um Änderungen erkennen und adäquat reagieren zu können (vgl. *Patzak/Rattay* [Projektmanagement] 205). Die Projektumfeldanalyse bietet eine gute Basis für eine projektprozessbegleitende **Selbstreflexion des Projektstandes** und für die Erklärung möglicher Einflussfaktoren auf die Entwicklung des Projektes. Sie fördert das Bewusstsein für die soziale Vernetzung des Projektes (vgl. *Boos* [Projektmanagement] 74).

Ein weiterer Schritt der Projektvorbereitung besteht in der Planung der übergeordneten Vorgehensweise im Rahmen des Projektes und in der Definition der Rahmenbedingungen für die Projektarbeit, also in der Planung des Projektmanagementsystems.

4.1.4 Planung des Projektmanagementsystems

Die Führung dient der zielorientierten Gestaltung. Damit dies möglich ist, müssen einige Rahmenbedingungen und Konventionen für die Projektarbeit schon vor dem eigentlichen Projektstart geregelt werden. Der Projektmanager legt damit wichtige Bestandteile der Vorgehensweise im Projekt fest.

Folgende **Instrumente** der Führung sind hierbei von besonderer Bedeutung:

- Planung, Kontrolle und Steuerung
- Organisation
- Information und Kommunikation

(1) Planung, Kontrolle und Steuerung

Vor dem eigentlichen Projektstart ist eine Vordefinition eines ersten groben Projektablaufs mit den wichtigsten Arbeitsschritten notwendig. In der Praxis erfolgt diese Grobplanung über einen Projektphasenplan, mit dem wir uns bereits in Abschnitt 2.4 (S. 73) im Rahmen der Projektablauforganisation beschäftigt haben. Oftmals werden im Unternehmen Norm-Phasenpläne für Projekte erarbeitet, die den Kern der Geschäftstätigkeit betreffen, z.B. für Produktentwicklungsprojekte. Der Projektleiter kann nun in der Vorbereitung des Projektes auf diesen Norm-Phasenplan zurückgreifen und untersuchen, inwieweit diese Vorgehensweise auf das konkrete Projekt passt. Viele **Prozesse** sind noch projektspezifisch zu konkretisieren oder zu ergänzen, wie z.B.

- die Gestaltung des Steuerungsprozesses in Bezug auf Kosten, Zeit und Leistung: Wer plant und kontrolliert wann was? Wie werden die Abweichungen analysiert? Wer sucht nach Maßnahmen zur Korrektur von Abweichungen? Wer entscheidet über diese Maßnahmen? Kurzum: Es geht um die praktische Ausgestaltung der Steuerungsregelkreise in Abb. 2-2, S. 39.
- die Planung der projektbegleitenden Prozesse, also des Qualitätsmanagements sowie des Chancen- und Risikomanagements: Wie laufen hier Planung, Umsetzung und Kontrolle konkret mit welchen Maßnahmen zu welchen Zeitpunkten ab?
- die Planung wichtiger Prozesse, die sich auf die konkrete Arbeit im Team beziehen, z.B. das Beschaffungsmanagement, Personalmanagement, Konfigurationsmanagement.

Die Kommunikation mit dem Projektteam wird sich auf dieser Grundlage wesentlich einfacher gestalten, denn der Projektleiter kann davon ausgehen, dass die Mehrheit seiner Teammitglieder den Norm-Phasenplan mit den vorgeschlagenen Methoden und Tools kennt. So kann er in der Kick-Off-Veranstaltung insbesondere auf die Projektspezifika abheben und seine Vorschläge zu ihrer Gestaltung mit den Experten aus dem Projektteam eingehend diskutieren, falls dies notwendig sein sollte.

Zudem erstellt er auf der Grundlage des Norm-Phasenplanes einen ersten groben Zeitplan, damit das Projektteam beim Kick-Off-Meeting einen grundlegenden Eindruck der zur Verfügung stehenden Zeiträume für die einzelnen Phasen bekommt und ihre Realisierbarkeit einschätzen kann.

Es wird allerdings auch Fälle geben, bei denen der Projektleiter nicht auf einen unternehmensspezifischen Norm-Phasenplan zurückgreifen kann, insbesondere bei internen Projekten, die in dieser Form im Unternehmen erstmalig durchgeführt werden und nicht zur „normalen" Geschäftstätigkeit des Unternehmens gehören. Er könnte in diesem Fall beispielsweise Vorschläge aus der Literatur zur Unterstützung heranziehen und diese auf die Besonderheiten des konkreten Projektes zuschneiden.

(2) Organisation

Im Zuge der Projektvorbereitung muss geklärt werden, wie die Aufbauorganisation des Projektes konkret gestaltet sein soll: Mit der Festlegung der Organisationsstruktur werden Verantwortungen und Kompetenzen auf Aufgabenträger verteilt. Wir haben verschiedene Organisationsmodelle für Projekte kennen gelernt, die sich nach dem Grad der Unabhängigkeit der Projektorganisation von der Linienorganisation unterscheiden (S. 65).

Die Wahl der passenden Organisationsform hängt von der jeweiligen Situation ab. Für jedes einzelne Projekt sollte geprüft werden, ob es innerhalb der bestehenden Projektorganisation durchgeführt werden sollte, denn je nach Projektart und –ziel kann es auch sinnvoll sein, für das Projekt eine abweichende Struktur zu schaffen.

Beispiel: Ein Unternehmen entwickelt kundenspezifisch zugeschnittene Software. Der größte Teil seiner Unternehmenstätigkeit läuft daher in Projektform ab und es hat dafür eine Matrixprojektorganisation eingeführt. Nun soll ein Projekt zur Verbesserung der Prozesse in der Forschung und Entwicklung initiiert werden. Ergänzend zur bestehenden Matrixprojektorganisation wird in diesem speziellen Fall aufgrund der unternehmensspezifischen Gegebenheiten dieses interne Projekt nun in Form der Stabs-Projektorganisation in der Nähe des Leiters der Forschungs- und Entwicklungsabteilung angesiedelt.

Vor dem eigentlichen Projektstart muss zudem geklärt werden, wer wichtige Kontroll- und Steuerungsmaßnahmen übernimmt, z.B. ob ein eigener Projektlenkungsausschuss die Aufgaben des Projektauftraggebers übernehmen sollte, da das Projekt einen besonders abteilungsübergreifenden Charakter aufweist. Zudem müssen die Eskalationswege festgelegt werden, die der Projektleiter beschreiten kann, wenn es zu stärkeren Abweichungen von der Projektplanung, zu grundlegenden Veränderungen oder zu Konflikten kommt. Die betreffenden Stellen müssen dann mit jenen Personen besetzt werden, die für die jeweilige Aufgabe notwendig sind, und es muss geklärt werden, welche Aufgabe genau in wessen Aufgabenbereich fällt. Zum Teil sind solche Rollenbeschreibungen im organisationsweiten Projektmanagement-Handbuch hinterlegt.

Wichtig ist bei diesen organisatorischen Entscheidungen, dass Verantwortung, Kompetenzen und Aufgaben der jeweiligen Stelle klar geregelt sind. Die wichtigsten Eckpunkte müssen nun im Detail festgelegt werden: Welche Gremien oder Stellen sind wie besetzt, wie oft kommen sie zusammen, welche Themen werden dort behandelt, welche Verantwortlichkeiten, Kompetenzen und Aufgaben hat das jeweilige Gremium bzw. die Stelle? Wie könnte die Arbeitsaufteilung innerhalb des Projektteams aussehen? Wer trifft im Projekt welche Entscheidungen? In welchem Fall sind Abstimmungen und Eskalationen notwendig?

Und zu guter Letzt steht die Besetzung des Projektteams an: Welche Personen sollten in das Projektteam eingebunden sein (vgl. Abschnitt 2.2.4)? Lassen sich mit diesem Projektteam die Projektziele aus fachlicher und zwischenmenschlicher Sicht realisieren? Gibt es noch einen besonders wichtigen Stakeholder, der im Projektteam berücksichtigt werden sollte?

(3) Information und Kommunikation

Zum Projektbeginn müssen Regelungen zur Berichterstattung und Dokumentation des Projektes getroffen werden. Außerdem muss es Rahmenbedingungen für die Kommunikation innerhalb des Projektteams geben, wie z.B.

- die Vereinbarung eines wöchentlichen Regeltermins (Jour fixe)
- die Einrichtung eines gemeinsamen Projektlaufwerks
- die Festlegung der Sprache, die innerhalb des Projektes genutzt wird (schriftlich und mündlich)

Auch die Kommunikation mit den wichtigsten Stakeholdern muss einbezogen werden. Auf die Information und Kommunikation gehen wir im Detail im Rahmen der Projektumsetzung ein (S. 244ff.).

4.2 Kick-Off-Meeting

„Die Umwelt, so wie wir sie wahrnehmen, ist unsere Erfindung" (*Foerster* [Wirklichkeit] 40), d.h. jedes Individuum **konstruiert** sich mit seinem ganz eigenen Wahrnehmungsapparat, mit seinen eigenen Ansichten und seinen ureigenen Zielen **seine eigene, höchst subjektive Realität**.

Das obige Zitat stammt von *Heinz von Foerster*, einem Vertreter des „Radikalen Konstruktivismus". Die radikalen Konstruktivisten, zu denen auch *Ernst von Glasersfeld*, *Humberto Maturana* oder *Francisco Varela* zählen, gehen auf Basis von erkenntnistheoretischen und neurophysiologischen Untersuchungen davon aus, dass die reale Welt zwar existent, jedoch nicht direkt erkennbar ist (vgl. *Foerster* [Wirklichkeit] 39ff. und *Varela* [Zirkel] 304f.). Mit anderen Worten: Es wird behauptet, dass es keine „objektive Wahrheit an sich", sondern nur relative Wahrheiten gibt, die mit dem wahrnehmenden Individuum unauflösbar verknüpft sind.

Dieser Einstieg in das Thema „Kick-Off-Meeting" ist sicherlich etwas ungewöhnlich, soll aber aufzeigen, mit welcher Grundhaltung ein Projektleiter in das erste offizielle Treffen mit seinem Team gehen sollte. Wenn wir nämlich diese Grundgedanken auf das Projektmanagement übertragen, müssen wir davon ausgehen, dass es auch bezüglich des Projektproblems keine objektive Wahrheit gibt und somit jedes Mitglied eines Projektteams sein eigenes, subjektives, von seinen Erfahrungen und Ansichten geprägtes Bild des Projektproblems hat. Dies wäre einerseits positiv, da jedes Teammitglied somit eine vollkommen neue und unterschiedliche Sicht auf das Projektproblem mitbrächte und auf diese Weise sehr innovative und neuartige Lösungen entstehen können. Andererseits gäbe es zunächst aber keinerlei Konsens und jedes Teammitglied würde gemäß seines subjektiven Konstruktes seine Teile der Projektlösung angehen, was letztendlich zu einem vollständigen Chaos führen könnte.

Was in einer Gruppe als „wahre Konstruktion" gelten soll, kann nur durch soziale Übereinstimmung, also durch Konsensbildung mit den anderen Individuen der Gruppe, und durch Überprüfung des praktischen Nutzens der gemeinsamen Konstruktion zur realen Problemlösung festgestellt werden.

Wir können aus dieser philosophischen Grundidee eine wichtige Erkenntnis über einen wichtigen Erfolgsfaktor des Projektmanagements in der Praxis gewinnen: Zunächst müssen alle Beteiligten in einem **gemeinsamen „sozialen Konstruktionsakt"** ein gemeinsames Bild des Projektproblems gewinnen, anschließend müssen auch die möglichen Lösungsansätze gemeinsam konstruiert werden.

Hieraus ergibt sich unmittelbar, dass in Projekten nicht nur eine hohe inhaltliche Komplexität, sondern auch eine **starke soziale Komplexität** vorliegt. Jedes Teammitglied sollte sein „Konstrukt" von der Wirklichkeit gleichberechtigt einbringen können. Die wichtigste Aufgabe des Projektleiters zu Projektbeginn läge somit darin, die projektinterne Kommunikation zu fördern, aufrecht zu erhalten und sie so zu strukturieren, dass ein gemeinsames Konstrukt als Grundlage für die Projektarbeit entstehen kann. Er hilft also bei der Übersetzung der unterschiedlichen Wirklichkeitskonstruktionen.

In Abschnitt 2.5 haben wir uns mit der Selbstorganisation in Projekten beschäftigt und festgestellt, dass sich qualitativ vollkommen neue Lösungen komplexer Projektprobleme ergeben können, wenn man dem Team Freiräume für die Bildung spontaner Ordnungen einräumt. Kombinieren wir diese theoretischen Erkenntnisse, also die gleichzeitige Einbeziehung der unterschiedlichsten individuellen Wirklichkeitskonstruktionen und die Sicherung der Freiheit zur Entfaltung einer spontanen Ordnung, dann kann ein neues **Systemwissen des Teams** entstehen, das über den Wissensbestand jedes einzelnen Teammitglieds hinausreicht. Dieses Systemwissen kann letztendlich zu wichtigen Vorteilen führen, die man sich durch den Einsatz von Projektmanagement aus strategischer Sicht erhofft: Die Situationskompetenz und –flexibilität nimmt zu, die Lernfähigkeit steigt und es ergibt sich schlussendlich eine stärkere und kreativere Problemlösungsfähigkeit des Teams.

Was heißt das jetzt konkret für den Projektleiter bei der Gestaltung der Kick-Off-Veranstaltung? Die Projektstartsitzung bietet die Möglichkeit, die Weichen für eine förderliche Projektkultur und somit für die Verwirklichung der positiven Effekte der Teamarbeit zu stellen, auf die das Projektmanagement in besonderem Maße setzt.

Welche **inhaltlichen Themen** sollten in einer Kick-Off-Veranstaltung (auch Projektstart-Besprechung oder Start-up-Meeting genannt) besprochen werden?

Das wichtigste Thema ist die **Klärung der Projektziele** mit den Beteiligten. Die Ziele des Kunden und des internen Auftraggebers müssen dem Team transparent sein. Je nach Projekt kann es sinnvoll sein, dass auch Vertreter des Kunden oder weitere wesentliche Stakeholder in die Kick-Off-Veranstaltung integriert werden. Ansonsten nehmen an der Veranstaltung gewöhnlich der Projektleiter, das Projektteam, das Projektmanagementoffice und der interne Auftraggeber teil. Die Projektmitglieder müssen grundsätzlich die Möglichkeit haben, alle Zielkonflikte, Unklarheiten oder Befürchtungen anzusprechen, die sie aufgrund ihrer Erfahrungen, durch Gerüchte oder einfach wegen ihrer eigenen individuellen Zielsetzungen sehen. Hier ist der Projektleiter im Rahmen seiner Führungsrolle in besonderem Maße gefordert, denn die Verständigung über die Projektziele ist ausschlaggebend für den Projekterfolg. Der nächste Abschnitt „Zielpräzisierung“ widmet sich ausführlich dem Umgang mit Zielen in einem Projekt.

Zudem werden alle Themen besprochen, die in der Projektvorbereitung geklärt oder in Angriff genommen wurden. Einige der Themen werden lediglich vorgestellt, wie die Rahmenbedingungen technischer Art (Projektlaufwerk o.ä.) oder die Regeln zur Berichterstattung an die nächste Instanz, andere werden grundlegend diskutiert und bearbeitet, wie beispielsweise die interne Aufgabenverteilung im Team oder die Projektumfeldanalyse.

Eine **Tagesordnung** für eine Kick-Off-Veranstaltung könnte folgendermaßen aussehen:

(1) Vorstellung der Teilnehmer mit der beruflichen Verbindung zum Projekt sowie den Erwartungen an die Projektarbeit und das Kick-Off-Meeting

(2) Einführung in das Projekt: Der Projektauftrag mit den wichtigsten Rahmenbedingungen und Diskussion über die Projektziele

(3) Durchführung der Projektumfeldanalyse und einer Risikoanalyse (evtl. auch später im Zuge des Einstiegs in die Projektarbeit)

(4) Vorstellung des Phasenmodells mit den zeitlichen Vorstellungen für die einzelnen Phasen und den Meilensteinen, Diskussion

(5) Einführung in die konkrete Arbeit: Organisatorische und technische Arbeitsvoraussetzungen (z.B. Projektlaufwerk, Dateibenennung/ Konfigurationsmanagement), Beschaffungsmanagement, Personalmanagement)

(6) Teambildung: Aufstellen von Teamregeln (z.B. Pünktlichkeit, Handyverbot in Sitzungen) und Entscheidungsregeln, Verteilung wichtiger Rollen (z.B. Moderator für größere Sitzungen), Festlegen des Informations- und Kommunikationssystems (z.B. Wie oft finden Projektteamsitzungen statt? Wer wird grundsätzlich von wem über was informiert?)

(7) Einstieg in die Arbeit des Teams: Annäherung an die Projektaufgabe, erster Entwurf eines Projektstrukturplans, genauere Planung für die nächste Projektphase, Verteilung konkreter Aufgaben, Vereinbarung der nächsten Schritte.

Neben den inhaltlichen Themen sollte beim Kick-Off-Meeting darauf geachtet werden, dass genügend Zeit und Raum für **informelle Gespräche** eingeplant wird, damit die Teammitglieder sich besser kennen lernen können. Dies wirkt i.d.R. motivationsfördernd und trägt zu einem guten Arbeitsklima in der Gruppe während der gesamten Projektlaufzeit bei (vgl. *Spalink* [Führung] 214).

Nicht jedes Projekt wird mit einem Kick-Off-Meeting begonnen, z.T. gibt es einen „schleichenden Beginn". Dies mag bei Projekten, in denen relativ unkomplizierte Sachverhalte bearbeitet werden, noch sinnvoll erscheinen; sobald jedoch die Teamkomponente eine Rolle spielt (und das ist im Projektmanagement nahezu immer der Fall, da es ja per definitionem für komplexe Sachverhalte mit hohem Innovationscharakter eingesetzt wird), sollte unbedingt die Zeit für eine Projektstartveranstaltung investiert werden.

Insbesondere die Möglichkeit der gemeinsamen Zielklärung rechtfertigt diese Investition, denn durch Missverständnisse und Konflikte können sich im Projektverlauf weit reichende und grundlegende Problemfelder ergeben. Mit dem systematischen Umgang mit Zielen werden wir uns im Folgenden beschäftigen.

5 Zielpräzisierung

5.1 Funktionen von Zielen

Projektziele sind i.d.R. bei Projektbeginn nicht präzise und endgültig formuliert, sie müssen vielmehr ständig überprüft werden.

> Beispiel für ein Projektziel am Beginn der elektromobilen Zukunft: Entwicklung einer alltagstauglichen Batterie für ein Familienauto, die für 800 Kilometer Strom bereitstellt. Dieses recht vage formulierte Ziel bedarf der Präzisierung, wenn es die Funktionen von Zielen erfüllen soll. So ist z.B. zu klären, ob ein Akku auf der Basis der Lithium-Ionen-Technik oder ob eine Batterie in Verbindung mit einem Verbrennungsmotor (Hybridtechnik) oder der Akku als ausschließlicher Energielieferant entwickelt werden soll.

Ziele haben im Rahmen des Managements eine herausragende Bedeutung, denn Führung ist **zielorientierte** Gestaltung.

> **Ziele** stellen „Aussagen über erwünschte Zustände dar, die als Ergebnisse von Entscheidungen eintreten sollen" (*Bea* [Entscheidungen] 338).
>
> In den DIN-Normen zum Projektmanagement wird unter einem **Projektziel** (englisch: project scope/goal) die „Gesamtheit von Einzelzielen, die durch das Projekt erreicht werden" (DIN 69 901-5:2009-01), verstanden.

Ziele erfüllen im Rahmen des Managements **unterschiedliche Funktionen** (vgl. *Bea/Haas* [Management] 72f. und *Kupsch* [Unternehmungsziele] 1ff.):

- Entscheidungsfunktion
- Koordinationsfunktion
- Motivationsfunktion
- Informationsfunktion
- Kontrollfunktion
- Legitimationsfunktion

(1) Entscheidungsfunktion

Im Rahmen einer systematischen Entscheidungsfindung dienen Ziele als Kriterien zur Bewertung von Alternativen. Jede Alternative wird daraufhin überprüft, inwieweit sie zur Erfüllung der einzelnen Ziele beiträgt.

(2) Koordinationsfunktion

Bei komplexen und dynamischen Projekten ist es notwendig, die verschiedenen Teilaktivitäten der einzelnen Teammitglieder zu integrieren und auf ein gemeinsames Ziel hin auszurichten. Ziele stellen quasi den „roten Faden" vom Projektstart bis zum Projektabschluss dar.

(3) Motivationsfunktion

Der Wille zur Erreichung eines gemeinsamen Ziels trägt wesentlich dazu bei, dass ein Wir-Gefühl im Projektteam entsteht und somit die positiven Effekte der Teamarbeit zum Tragen kommen können.

(4) Informationsfunktion

Ziele informieren die Projektmitarbeiter, aber auch die Kollegen im Unternehmen sowie die Unternehmensumwelt über die künftigen Aktivitäten. Hierbei ist besonders auf die Kommunikation der Ziele zu achten.

(5) Kontrollfunktion

Ziele dienen als Soll-Größen in der Projektkontrolle und –steuerung. Ohne Ziele fehlen die Vergleichsgrößen, eine Kontrolle wird somit unmöglich. Ziele stellen insofern die einzige Möglichkeit dar, den Erfolg eines Projektes tatsächlich zu messen. Vielleicht hält diese Tatsache nicht selten davon ab, konkrete Ziele zu formulieren, wenn im Unternehmen keine entsprechende Kultur zum Umgang mit Fehlern und Abweichungen herrscht.

(6) Legitimationsfunktion

Das Ziel gibt dem Team seine Daseinsberechtigung. Gerade interne Projekte initiieren oftmals einen Wandel im Unternehmen: Es entstehen neue Lösungen oder Vorgehensweisen, die in der letzten Projektphase in die Linie transferiert werden sollen. Die Kollegen in der Linie stehen diesen Veränderungen und somit dem gesamten Projekt zunächst meist skeptisch gegenüber (zum „organisatorischen Konservatismus" vgl. *Kieser/Hegele* [Kommunikation]). Das Projektteam füllt die abstrakten Projektziele nun mit Leben. Die Teammitglieder können durch ihren engagierten Einsatz den Zielen und dem gesamten Projekt ein besonderes Gewicht und eine hohe Glaubwürdigkeit unter den Kollegen verleihen, wenn die Verfolgung der Ziele auch tatsächlich vom Management unterstützt wird und somit keine widersprüchlichen Signale an die Kollegen gesendet werden.

5.2 Anforderungen an Ziele

Die beschriebenen Funktionen von Zielen verdeutlichen bereits, dass die **Einbindung des einzelnen Mitarbeiters** in die Projektentscheidung für die Erreichung der Ziele eine wesentliche Rolle spielt: Um die Vorteile des Projektmanagements, wie Flexibilität und Kundennähe, tatsächlich realisieren zu können, liegt der Schlüssel in einer weitgehenden Entscheidungs- und Verantwortungsdelegation an den Projektleiter und das Projektteam. Diese Delegation funktioniert jedoch nur dann im Sinne des Gesamtunternehmens, wenn der einzelne Projektmitarbeiter entsprechende Ziele verfolgen kann und will.

Für das **„Können"**, also die Fähigkeit, die Unternehmensziele zu verfolgen, müssen zunächst alle Beteiligten die gleiche Vorstellung von den Projektzielen haben. Wir haben gesehen, dass dies vor dem Hintergrund der Erkenntnisse des „Radikalen Konstruktivismus" nicht selbstverständlich ist (S. 108). Wenn man von der Prämisse ausgeht, dass wir alle unser eigenes Konstrukt von „der Wirklichkeit" und bestimmten Situationen haben, wird klar, wie wichtig hier eine offene und gleichberechtigte Kommunikation ist.

Das **„Wollen“**, also die Motivation, spiegelt eine andere Facette der Einbindung des Einzelnen in die Zielfindung und –präzisierung wider: Jeder einzelne Projektbeteiligte hat als Individuum seine eigenen Ziele. Im Projektteam bedeutet dies, dass die Harmonisierung der Projektziele aus Sicht des Gesamtunternehmens und des einzelnen Projektmitarbeiters entscheidend und somit eine wichtige Führungsaufgabe im Projekt ist. Der Projektleiter sollte sich im Vorfeld mit den individuellen Erfahrungen, der Situation und den konkreten Erwartungen des jeweiligen Mitarbeiters auseinander setzen.

Auf dieser Grundlage kann er **persönliche Anreize** für den einzelnen Mitarbeiter abschätzen und entsprechend einsetzen (z.B. durch das Aufzeigen eines weiterführenden Karrierepfads in Verbindung mit dem Projekt). Diese Anreize werden i.d.R. an **persönliche Zielvereinbarungen** gekoppelt. Hier bringt der Einsatz der Projektmanagement-Methodik einen erheblichen Vorteil mit sich: Der Projektmitarbeiter übernimmt eigene Arbeitspakete, die er selbständig bearbeitet. Er erlebt somit seinen Beitrag zur Erreichung der Projektziele sehr konkret, der Projektleiter kann die Leistungen des Mitarbeiters relativ genau beurteilen und ihm ein konstruktives Feedback geben.

Auch die **Ziele anderer Personen**, die vom Projekt tangiert sind, spielen für den Erfolg des Projektes eine wichtige Rolle: Wir haben bereits die **Projektumfeldanalyse** kennen gelernt, die insbesondere der Analyse der Ziele der einzelnen Projektbeteiligten und der Ableitung von entsprechenden Strategien gilt (S. 100). Ziele besonders wichtiger Stakeholder sollten mit in die Zielsetzung des Projektes einfließen.

Eine erste Berücksichtigung individueller Zielsetzungen sollte bereits in der Projektstartphase erfolgen, doch wie alle Ziele können sich auch Individualziele im Laufe der Zeit verändern. Es ist also notwendig, Ziele als Ergebnisse eines **projektbegleitenden, gemeinsamen Zielpräzisierungsprozesses** zu begreifen.

Zwei weitere Argumente sprechen dafür, dass Ziele nicht einmalig vorgegeben werden, sondern einem laufenden, wechselseitigen Abstimmungsprozess unterliegen, wenn ein Projekt erfolgreich sein soll: Die Komplexität und die Dynamik von Projekten.

Komplexität:
Bei sehr komplexen Projekten ist die Formulierung der Ziele zu Projektbeginn meist relativ schwierig. Insbesondere strategische Projekte weisen teilweise Ziele auf einem sehr abstrakten Niveau aus, wie z.B. „den Aufbau von Kernkompetenzen im Unternehmen“. Solche Ziele eröffnen einen relativ verschwommenen Zielraum, in dem die Teilziele unterschiedliche Beziehungen

zueinander aufweisen können. Beispielsweise können zwei Teilziele konfliktär sein und sich somit gegenseitig behindern. Auf die Analyse der Zielbeziehungen werden wir noch genauer eingehen (S. 119).

Dynamik:
In der Regel ergeben sich im Projektverlauf wichtige Änderungen, die sich gravierend auf die Ziele auswirken können. Beispielsweise können die bisherigen Projektziele durch Gesetzesänderungen grundlegend in Frage gestellt werden.

Beispiel: Die Subventionen für Solarstromprojekte werden gekürzt.

Zudem ändert der Kunde oftmals die Zielsetzungen im Projekt. Dies kann kleinere Änderungen im technischen Bereich oder sogar die gesamte übergeordnete Zielsetzung betreffen. Wichtig ist hierbei, dass sich diese Zielveränderungen nicht „schleichend" vollziehen, denn dann können die Ziele die oben dargestellten Funktionen nicht mehr erfüllen.

Schleichende Zielveränderungen machen eine erfolgreiche Projektarbeit unmöglich, da die Projektplanung und –steuerung auf die Erreichung von Zielen ausgerichtet ist, die bereits nicht mehr gelten. Hier helfen nur Klarstellungen, um die Projektplanung und –steuerung wieder systematisch an die neuen Gegebenheiten anzupassen.

Die Formulierung von Zielen muss daher bestimmten Anforderungen genügen.

5.3 Formulierung von Zielen

Damit Ziele ihre Funktionen erfüllen können, sind bei ihrer Formulierung einige Regeln zu beachten. Zunächst sollte jedes Ziel **vollständig** formuliert sein. Dabei ist jedes Ziel durch

- den Zielinhalt,
- den Zeitbezug,
- den sachlichen Geltungsbereich und
- das Zielausmaß

gekennzeichnet (vgl. *Heinen* [Einführung] 98ff.).

(1) Beim **Zielinhalt** handelt es sich um die Größe, die beeinflusst werden soll. Hier können wir strategische und operative Projektziele unterscheiden: Während bei strategischen Projektzielen der Beitrag des Projektes zur Verwirklichung der Strategie des Gesamtunternehmens im Mittelpunkt steht (z.B. Kernkompetenzen, Marktführerschaft), handelt es sich bei operativen Projektzielen

meistens um die drei Größen des Magischen Dreiecks, also Kosten, Zeit und Leistung. Diese Zielgrößen tragen dann mittelbar zur Erreichung der übergeordneten strategischen Ziele bei.

Im Zuge des Prozesses der Zielpräzisierung wird „vom Grobem zum Detail" vorgegangen: Die Projektziele werden in verschiedenen Schritten konkretisiert und operationalisiert bis hin zu den detaillierten Anforderungen an das Projektergebnis. Dabei spielt als Ausgangspunkt die „Projektvision" als oberste strategische Zielsetzung eine wichtige Rolle. Abb. 2-18 verdeutlicht eine solche Zielhierarchie.

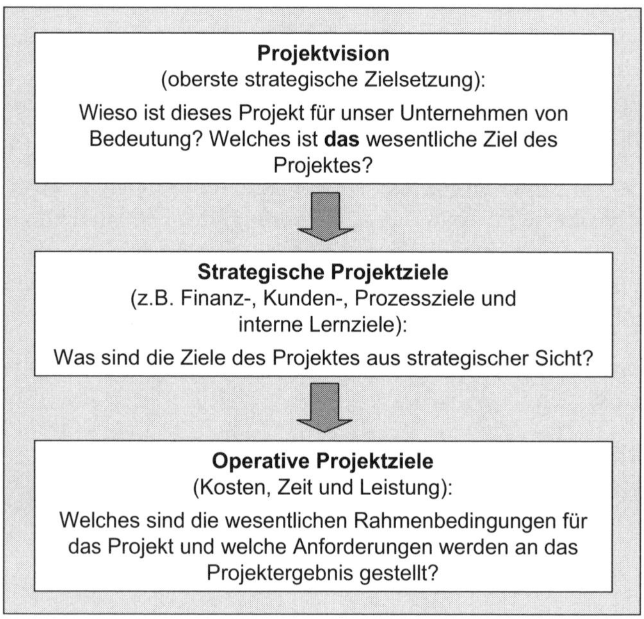

Abb. 2-18: Zielhierarchie

Abb. 2-19 zeigt eine Zielhierarchie am Beispiel eines Projektes zur Qualitätsverbesserung.

(2) Mit dem **Zeitbezug** wird festgelegt, bis wann das Ziel erreicht, also das Projekt erfolgreich beendet sein soll oder bestimmte vorgegebene Teilaufgaben mit jeweiligen Teilzielen (Meilensteine) abgearbeitet sein sollen.

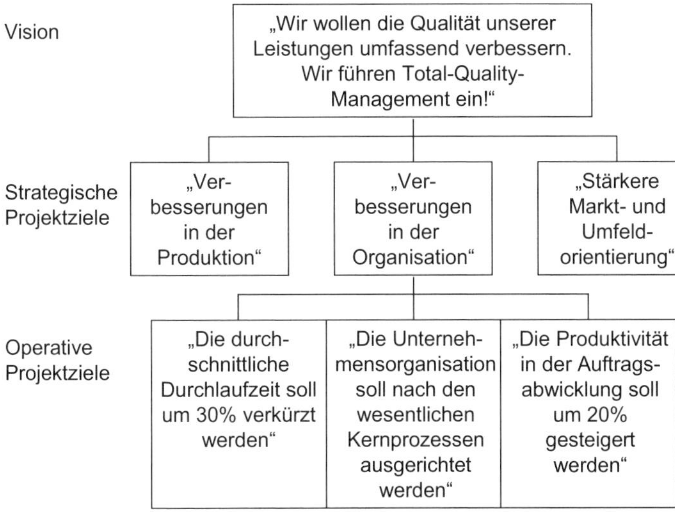

Abb. 2-19: Zielhierarchie eines umfassenden Projektes zur Qualitätsverbesserung (In Anlehnung an: *Patzak/Rattay* [Projektmanagement] 122)

(3) Der **sachliche Geltungsbereich** konkretisiert das Betätigungsfeld, für welches das Ziel realisiert werden soll. So könnte beispielsweise ein internes Projekt zur Verbesserung der Prozesse in der Forschungs- und Entwicklungsabteilung oder der Personalabteilung ins Leben gerufen werden.

(4) Mit dem **Zielausmaß** wird festgelegt, wie stark der Zielinhalt verändert werden soll. Hierbei werden oft konkrete Werte vorgegeben, v.a. für Kosten, die nicht überschritten werden dürfen (Budgetgrenzen). Je nach Art des Zieles kann das Zielausmaß aber auch relativ vage formuliert sein, wie z.B. „Minimierung“ oder „Maximierung“ einer bestimmten Zielgröße oder noch verschwommener als „Erreichen eines befriedigenden Ausmaßes“ (Satisfizierung). Gerade interne Verbesserungsprojekte starten oft mit relativ schwammig formulierten Zielen, wie „Verbesserung von Prozessen“, deren Erreichung sich in dieser ersten Fassung nur schwer kontrollieren lässt.

Abb. 2-20 enthält in einer Übersicht die vier wichtigsten Fragen, die beantwortet werden müssen, damit ein Ziel **vollständig** definiert ist.

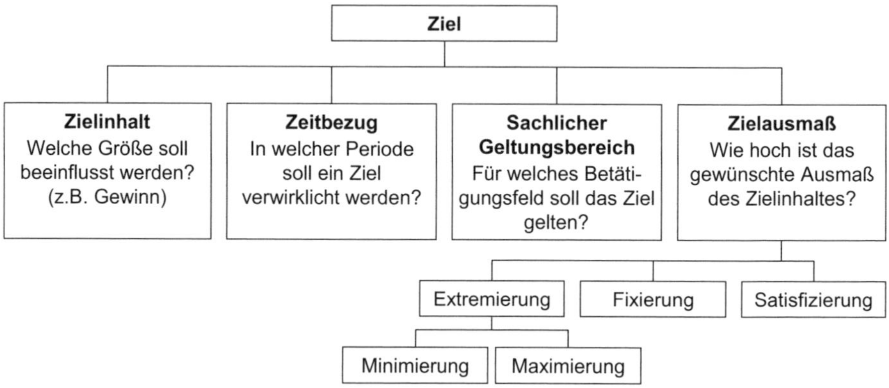

Abb. 2-20: Vollständige Definition eines Ziels

Die vollständige Beschreibung eines Ziels reicht jedoch allein noch nicht aus, um ein Ziel so zu gestalten, dass es eine **motivierende Wirkung** entfaltet.

Ziele sollen deshalb

- klar und eindeutig,
- aktuell,
- logisch und emotional widerspruchsfrei,
- positiv formuliert,
- messbar, also in absoluten oder relativen Werten quantifizierbar,
- erreichbar und aktiv beeinflussbar,
- realistisch und gleichzeitig anspruchsvoll sowie
- lösungsneutral sein.

Greifen wir hier einige **Anforderungen** heraus, die nicht auf den ersten Blick selbsterklärend erscheinen:

(1) „Logisch und emotional widerspruchsfrei" heißt zum einen, dass die Ziele den strategischen Unternehmenszielen und der herrschenden Unternehmenskultur entsprechen sollten, zum anderen sollte ein Ziel bei Erreichung nicht als überflüssig oder sinnlos empfunden werden.

(2) Bei „aktiv beeinflussbar" steht der eigene Beitrag zur Zielerreichung im Vordergrund: Liegt die Verwirklichung dieses Ziels tatsächlich (mit) in meiner Hand?

(3) Die „Lösungsneutralität" betont, dass Ziele keine Lösungen sind und auch keine Wege zur Lösung beinhalten sollten. Ein Ziel könnte beispielsweise sein, beim Bau einer Straße eine Bahnlinie zu überwinden. Eine genaue Aufgabendefinition würde dagegen eine Lösungsalternative vorschreiben, wie „Erstellung eines Straßentunnels an der Stelle XY" (vgl. *Winkelhofer* [Projekt-Methoden] 125). Der qualitative Unterschied zwischen dem Ziel und der Aufgabenstellung ist hier klar zu sehen: Beim Ziel stehen dem Projektteam verschiedene Möglichkeiten offen, wie z.B. der Bau einer Brücke, bei der Aufgabendefinition ist diese Entscheidung bereits gefallen.

Die Regeln zielen u.a. darauf ab, dass der Erfolg des Projektes tatsächlich gemessen werden kann. Der Projektstatus kann erst anhand des Erreichungsgrads von operationalen Zielen festgestellt werden. Operationale Ziele ermöglichen also ein fundiertes Feedback für das Projektteam und dokumentieren den Projekterfolg zum Schutz gegen Nachforderungen des Auftraggebers (vgl. *Patzak/ Rattay* [Projektmanagement] 119). Zur Operationalisierung müssen die Ziele im Projektverlauf von einer übergeordneten, strategischen Ebene bis hin zu konkreten Anforderungen präzisiert werden. Zur Zielpräzisierung sind insbesondere die Beziehungen zwischen den Zielen zu untersuchen.

5.4 Beziehungen zwischen Zielen

Man unterscheidet drei Arten von Beziehungen zwischen Zielen (vgl. *Kupsch* [Unternehmungsziele] 26ff.):

- Interdependenzrelationen
- Präferenzrelationen
- Instrumentalrelationen

(1) **Interdependenzrelationen** geben an, ob und in welcher Form die Realisierung eines Zieles die Verwirklichung anderer Ziele beeinflusst. Wir unterscheiden komplementäre, konkurrierende und neutrale Ziele. Komplementäre Ziele fördern sich gegenseitig, während bei konkurrierenden Zielen ein Zielkonflikt vorliegt. Diese Relationen spielen im Projektmanagement auf zwei Ebenen eine wichtige Rolle: Zum einen kann es zu Zielkonflikten innerhalb eines Projektes kommen, zum anderen sind die Ziele verschiedener Projekte zueinander in Beziehung zu setzen. So macht es z.B. wenig Sinn, ein Projekt zur Verbesserung der Mitarbeiterzufriedenheit zu starten, wenn gleichzeitig ein radikales Kostenminimierungsprogramm angefahren wird,

das auch die freiwilligen Zulagen der Mitarbeiter betrifft. Die Glaubwürdigkeit des einen Projektes kann hier durch ein anderes untergraben werden.

(2) Präferenzrelationen stellen Aussagen dar, ob und in welchem Umfang ein Ziel der Erreichung eines anderen Zieles vorgezogen oder nachgeordnet wird. Präferenzen müssen insbesondere bei Zielkonflikten festgelegt werden. In den seltensten Fällen können mit den beschränkten Ressourcen alle Ziele gleichzeitig im gewünschten Ausmaß verfolgt werden. Daher muss eine Entscheidung getroffen werden, welches Ziel vorrangig verfolgt werden soll. Wir haben bereits beim Magischen Dreieck des Projektmanagements gesehen, dass die drei wichtigsten operativen Projektziele „Kosten", „Zeit" und „Leistung" grundsätzlich in einem Konflikt stehen.

(3) Instrumentalrelationen begründen ein Ziel-Mittel-Verhältnis zwischen Zielen. Unterziele sind Mittel zur Erreichung von Oberzielen. Instrumentalrelationen spielen eine besonders wichtige Rolle bei der Entwicklung von operationalen Kriterien, anhand derer das Projekt und der Projektfortschritt bewertet und nachgewiesen werden können. Hierfür muss das festgelegte Oberziel in „handhabbare" Unterziele zerlegt werden.

Im Prozess der Zielpräzisierung, den wir im nächsten Abschnitt erläutern werden, kommt der Analyse aller drei Beziehungsarten eine wichtige Bedeutung zu. Allerdings lassen sich diese Analysen keiner bestimmten Phase zuordnen, sondern sie sind auf jeder Konkretisierungsstufe und bei Zieländerungen auch mehrfach innerhalb einer Phase durchzuführen.

In allen Phasen werden Ziele definiert oder verändert. Sie sind zunächst auf ihre Verträglichkeit untereinander zu untersuchen (Analyse der Interdependenzrelationen). Anschließend erfolgt eine Gewichtung der Ziele (Analyse der Präferenzrelationen). Hat man sich auf bestimmte Ziele geeinigt, sollen die Ziele konkretisiert werden, d.h. man leitet aus den Oberzielen operationalere Unterziele ab (Analyse der Instrumentalrelationen).

5.5 Prozess der Zielpräzisierung

Ziele verändern und konkretisieren sich im Verlauf eines Projektes. In Abb. 2-21 wird ein idealtypischer Zielpräzisierungsprozess im Projektverlauf dargestellt. Je nach Projektart kann dieser Prozess ausführlicher oder auch einfacher gestaltet sein.

In den folgenden Abschnitten betrachten wir die Zielpräzisierung in den einzelnen Projektphasen im Detail.

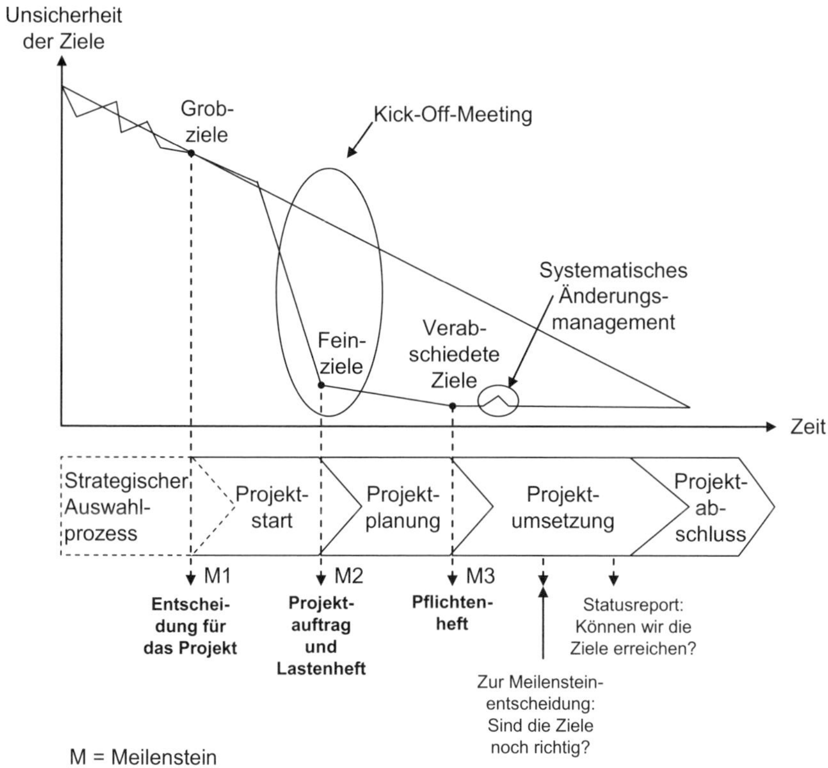

Abb. 2-21: Prozess der Zielpräzisierung in Projekten
(In Anlehnung an: *Schelle* [Projekte] 92)

5.5.1 Bedeutung der Ziele für die Projektauswahl

Vor dem eigentlichen Projektbeginn steht die strategisch sinnvolle Auswahl von Projekten im Mittelpunkt: Man entscheidet sich für die Initiierung und Durchführung jener Projekte, von denen man den größtmöglichen Beitrag zur Verwirklichung der Unternehmensstrategie erwartet. Dieser Beitrag wird beispielsweise mit Hilfe einer Nutzwertanalyse abgeschätzt, bei der die Ziele auf Gesamtunternehmensebene eine wichtige Rolle als Entscheidungskriterien spielen (S. 593ff.). Bei der Bewertung der Projektalternativen wird dabei deutlich, welche strategischen Ziele mit einem Projekt in welchem Ausmaß verfolgt werden können.

In Teil 3 befassen wir uns mit dem Management durch Projekte. Dabei geht es insbesondere um die Frage, welche Projekte gewählt werden sollen. Die Antwort hängt im Wesentlichen vom Zielsystem des Unternehmens ab. Wir rücken zwei Ziele in den Vordergrund:

- Die Unternehmensentwicklung durch Projekte und
- die Wertsteigerung durch Projekte.

5.5.2 Zielpräzisierung in der Projektstartphase

In der **Projektstartphase** arbeitet der zukünftige Projektleiter konsequent daran, die strategischen Ziele für die konkrete Arbeit zu präzisieren. Die klare Identifikation und Berücksichtigung der individuellen Ziele der Projektbeteiligten ist i.d.R. ausschlaggebend für den Projekterfolg. Abb. 2-22 verdeutlicht diesen Schritt der Harmonisierung der individuellen und projektbezogenen Ziele.

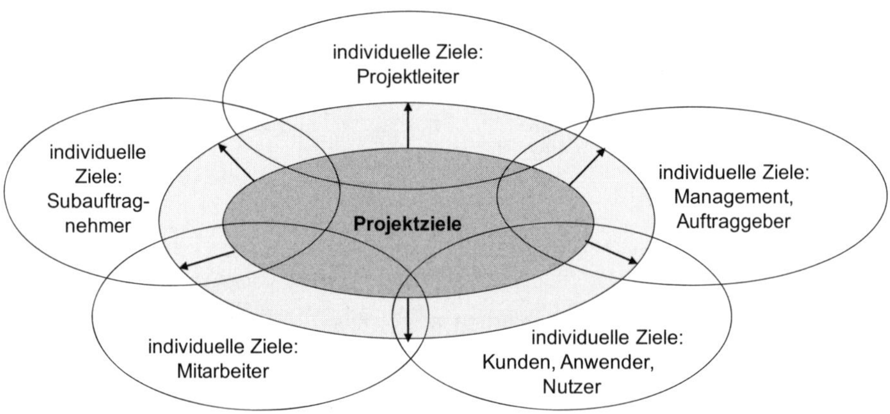

Abb. 2-22: Abstimmung von individuellen und projektbezogenen Zielen (Quelle: *Patzak/Rattay* [Projektmanagement] 124)

Auf diese Weise nähert sich der Projektleiter den verschiedenen Zielen an, analysiert potenzielle Zielkonflikte und klärt die Rahmenbedingungen für das Projekt. Ihm kommt eine Mittlerfunktion zwischen der strategischen Ebene (Geschäftsführung und Auftraggeber) und der operativen Ebene (Projektteam) zu, denn er initiiert den Informationsaustausch zwischen den beiden Ebenen und spielt durch die Art der Vermittlung auch bei der Interpretation der jeweiligen Informationen eine wichtige Rolle (vgl. *Mente* [Zielbildung] 128). Mit seinen

Erkenntnissen versucht er, das Projekt möglichst sinnvoll zu gestalten, z.B. durch eine entsprechende Zusammenstellung des Projektteams, durch ein klärendes Gespräch mit dem internen Auftraggeber über seine Vorstellungen oder durch die Aufnahme von Zielen wichtiger Stakeholder als Erfolgsfaktoren für das Projekt.

Diese Maßnahmen beruhen allerdings zunächst lediglich auf den Überlegungen einer einzigen Person. Im Kick-Off-Meeting werden diese Überlegungen auf das gesamte Projektteam ausgeweitet. Der offizielle Projektstart ist eine wichtige Gelegenheit, um sich zusammen mit dem internen Auftraggeber auf ein gemeinsames Konstrukt des Projektproblems und der Projektziele zu einigen und die Ziele anschließend zu konkretisieren.

Zu dieser Klärung gehört eine genaue Untersuchung der Zielbeziehungen, wie sie in Abschnitt 5.4 erläutert wurde. Zudem hat es sich bewährt, explizit „Nicht-Ziele" zu formulieren, also Graubereiche bewusst auszugrenzen, die andere Projektbeteiligte als Teil des Projektes sehen könnten (vgl. *Patzak/ Rattay* [Projektmanagement] 123).

Stellen wir die einzelnen **Schritte zur Zielpräzisierung** in der Projektstartphase übersichtlich zusammen:

(1) Erste Zielanalyse im Rahmen der Vorbereitung des Projektes durch den Projektleiter (ggf. in Abstimmung mit wichtigen Stakeholdern):
   - Analyse der Zielinterdependenzen mit Hilfe einer Umfeldanalyse
   - Analyse der Präferenzen durch Gewichtung
   - Analyse der Ziel-Mittel-Verhältnisse, also Operationalisierung der strategischen Zielsetzungen

(2) Möglichst vollständige und motivierende Formulierung der Ziele für den Projektauftrag und die Vorstellung beim Kick-Off-Meeting

(3) Gemeinsame Zielanalyse mit dem Projektteam auf der Grundlage der Zielvorstellungen der wichtigsten Stakeholder (auch der Projektteammitglieder selbst)

(4) Einigung auf ein gemeinsam zu verfolgendes Zielsystem und eine gemeinsame Projektvision

(5) Dokumentation des Zielsystems im Projektauftrag

Mit dem Kick Off-Meeting sollten alle Fragen bezüglich der wichtigsten Ziele des Projektes so weit geklärt sein, dass der Projektauftrag vom internen Auftraggeber durch Unterschrift erteilt und vom Projektleiter durch Unterschrift übernommen werden kann. Er stellt die Grundlage für den systematischen Umgang mit den im Projekt zu erbringenden Leistungen dar.

Bei externen Projekten gehört für die Planung des Leistungsumfangs i.d.R. ein weiteres Dokument zum offiziellen Projektbeginn: Das Lastenheft.

> Das **Lastenheft** ist die „vom Auftraggeber festgelegte Gesamtheit der Forderungen an die Lieferungen und Leistungen eines Auftragnehmers innerhalb eines (Projekt-)Auftrags“ (DIN 69 901-5:2009-1).

Der Kunde beschreibt darin möglichst genau seine Vorstellungen bezüglich des Projektes, also sowohl die groben Ziele des Projektes aus seiner Sicht als auch seine konkreten Feinziele.

Typische **Anforderungen an ein Projekt zur Entwicklung eines neuen Produktes** könnten etwa folgendermaßen aussehen (vgl. *Burke* [Projektmanagement] 59f.):

- Das Produkt hat eine bestimmte Funktion in einer bestimmten Geschwindigkeit auszuführen.
- Das Produkt muss in einer genau definierten Umgebung funktionieren.
- Das Produkt muss bestimmten Standards und Normen entsprechen.
- Bei der Fertigung des Produktes dürfen lediglich nach bestimmten Qualitätsnormen zertifizierte Zulieferer eingebunden werden.
- Bei der Gestaltung des Produktes müssen bestimmte ergonomische Erkenntnisse berücksichtigt werden.
- Das Produkt muss energiesparend sein.
- Das Design muss so angelegt sein, dass die spätere Wartung und mögliche Reparaturen möglichst zeit- und kostensparend erledigt werden können.
- Der Preis darf xx Euro nicht überschreiten.
- Das Projekt muss bis zum 01.09.2012 abgeschlossen sein.

Das Lastenheft wird dem Projektteam übergeben. Es dient ihm als Grundlage für die weitere Arbeit.

5.5.3 Zielpräzisierung in der Projektplanungsphase

In der Projektplanungsphase arbeitet das Projektteam an den Ideen, wie die Anforderungen des Lastenheftes genau umgesetzt werden sollen. Es erstellt, sozusagen als Antwort auf das Lastenheft des Kunden, ein **Pflichtenheft**.

Während also das Lastenheft auf den Auftraggeber zurückgeht, stammt das Pflichtenheft vom Projektteam. Nun werden konkrete Maßnahmen zur Zielerreichung ausgearbeitet, es handelt sich also um eine sehr operative Ebene der Ziele.

> Das **Pflichtenheft** umfasst nach DIN 69 901-5:2009-01 die „vom Auftragnehmer erarbeiteten Realisierungsvorgaben auf der Basis des vom Auftraggeber vorgegebenen Lastenheftes."

Die **Gliederung** des Pflichtenhefts entspricht weitgehend der des Lastenhefts, allerdings wird das Pflichtenheft explizit um zwei Themen erweitert: Die Kosten und die Termine mit den geplanten Meilensteinen (vgl. *Helmke* [Lasten- & Pflichtenheft] 156). Bei externen Projekten werden i.d.R. die Preise anstatt der Kosten angegeben.

Um zu prüfen, inwieweit die Vorstellungen der beiden Parteien nun tatsächlich übereinstimmen, sollte sich anschließend der Auftraggeber mit dem Pflichtenheft beschäftigen und den Inhalt bestätigen. Dieses **abgestimmte Pflichtenheft** stellt dann eine verbindliche Vereinbarung zwischen dem Kunden und dem Auftragnehmer dar.

Im Zuge der Projektplanung wird das Projekt mit Hilfe eines **Projektstrukturplans** in kleinere Einheiten, die sog. Arbeitspakete, zerlegt. Diese Arbeitspakete dienen als Grundlage für genauere Schätzungen und für die Übertragung klarer Verantwortlichkeiten für einzelne Aufgaben im Projekt. Mit diesem Schritt sind die zu erbringenden Leistungen im Projekt genau festgelegt.

Gegen Ende der Planungsphase können bereits die ersten Änderungen auftauchen, mit denen das Projektteam umgehen muss. Dieses Thema ist allerdings schwerpunktmäßig der Projektumsetzungsphase zuzuordnen.

5.5.4 Umgang mit Zielen in der Projektumsetzungsphase

In der Projektumsetzungsphase geht es vor allen Dingen darum, die Ziele wie geplant zu erreichen. Dabei gibt es verschiedene **Kontrollarten** (vgl. *Bea/Haas* [Management] 247f.):

- Die **Ergebniskontrolle**, also den klassischen Soll-Ist-Vergleich: Wo stehen wir gerade im Vergleich zur ursprünglichen Planung?
- Die **Planfortschrittskontrolle** (Soll-Wird-Vergleich): Können wir aus heutiger Sicht die ursprüngliche Planung halten?
- Die **Prämissenkontrolle** (Wird-Ist-Vergleich): Stimmen alle Annahmen noch, die wir unserer Planung zugrunde gelegt haben, bzw. haben sich die Dinge so entwickelt, wie wir es bisher dachten?

Ein systematisches Projektmanagement bietet für diese Kontrollarten große Vorteile: Man kann die Meilensteine als Anhaltspunkte für die weitere Zielerreichung zugrunde legen (**Planfortschrittskontrolle**) oder auch als Zäsur sehen, um eine übergeordnete Perspektive zur Überprüfung der Prämissen und der Sinnhaftigkeit der Ziele einzunehmen (**Prämissenkontrolle**). Regelmäßige Projektstatusberichte ermöglichen einen Überblick über den aktuellen Projektstand und dienen somit dem Soll-Ist-Vergleich (**Ergebniskontrolle**).

Die regelmäßige Durchführung dieser unterschiedlichen Kontrollen ist außerordentlich wichtig für den Erfolg des Projektes, denn nur auf der Grundlage eines „klaren Blicks" auf die aktuelle Situation ist es möglich, passende Steuerungsmaßnahmen zu initiieren. Kommt es zu Abweichungen, müssen sie zunächst analysiert werden: Worauf ist die Abweichung zurückzuführen und welche Bedeutung hat sie für das gesamte Projekt?

Diese Aufgabe ist an sich bereits nicht trivial (wir werden in Abschnitt 8 verschiedene Methoden erläutern, die diesem Zweck dienen), allerdings steigert sich in der Realität der Schwierigkeitsgrad meist noch: Im Laufe der Projektumsetzung ergeben sich gewöhnlich Änderungen, d.h. die Soll-Größe wird im Projektverlauf verändert.

Dieses Problem soll anhand eines praktischen **Beispiels** verdeutlicht werden: Ein Kunde gibt die Entwicklung einer Stereoanlage in Auftrag. Eine konkrete Anforderung dabei war, eine neue, besonders innovative blaue Schrift für das Display zu entwickeln. Nachdem er die blaue Schrift zum ersten Mal gesehen hat, revidiert er die Anforderung und hätte nun doch lieber eine dunkelgelbe Schrift, da sie wesentlich besser lesbar ist. Die von der Entwicklung der blauen Schrift abgeleiteten Sollgrößen sind somit überholt.

Es stellt sich nun die Frage, wie mit dieser Änderung der Anforderungen umgegangen wird. Die Umsetzung einer neuen Anforderung kann mit unterschiedlichem Aufwand einhergehen, der sich auf die benötigte Zeit und die Kosten auswirkt. Nehmen wir an, die Änderung im Beispiel sei recht aufwändig und trotz Einsatz aller verfügbaren Kräfte würden sechs Wochen zur Umsetzung benötigt. Der ursprüngliche Endtermin des Projektes ist somit nicht mehr zu halten, was aber nicht auf ein „schlampiges" Projektmanagement beim Auftragnehmer, sondern auf die relativ späten Änderungswünsche des Kunden zurückzuführen ist. Natürlich treibt der Einsatz aller verfügbaren Entwickler für sechs Wochen auch die Kosten des Projektes in die Höhe.

Um eine sinnvolle Grundlage für die weiteren Verhandlungen mit dem Kunden zu gewinnen und diese Tatsachen in einem eventuellen späteren Streitfall wirklich nachweisen zu können, muss mit dieser Änderung professionell und systematisch umgegangen werden. Diese Stelle des Verhandlungsprozesses ist für den gesamten Wertbeitrag des Projektes äußerst sensibel: Wenn bei aufwändigen Änderungen der Preis nicht entsprechend nachverhandelt wird, wirkt sich das i.d.R. aufgrund der „explodierenden" Kosten äußerst negativ auf den Wertbeitrag aus, im

> schlimmsten Fall wird jetzt sogar Wert vernichtet! Oder der Kunde könnte wegen der Verzögerung Regressansprüche an den Auftragnehmer richten. Bereits bei den Vertragsverhandlungen muss darauf geachtet werden, dass solche Änderungsfälle vorkommen können.

Aufgrund dieser herausragenden Bedeutung eines systematischen Änderungsmanagements und eines entsprechenden Umgangs mit den Verträgen werden wir uns mit diesen Themen in Abschnitt 7 „Projektumsetzung" ausführlich beschäftigen.

An die Projektumsetzung schließt sich die Phase des Projektabschlusses an. Auch hier sind die Projektziele von Bedeutung.

5.5.5 Bedeutung der Ziele in der Projektabschlussphase

Die Projektabschlussphase dient insbesondere der Reflexion und der Abschlussbewertung des Projektes. Bei beiden Aufgaben spielen die Ziele eine wichtige Rolle: Um den Erfolg des Projektes beurteilen zu können, müssen die Ergebnisse mit den Zielen verglichen werden. Dies erfolgt, wie in der Projektumsetzungsphase erläutert, zwar schon im Laufe des Projektes, doch am Projektende stellt sich die übergeordnete Frage: Haben wir alle Ziele erreicht, die wir uns für dieses Projekt gesteckt hatten? Hier spielen sowohl finanzorientierte als auch kunden-, prozess- oder lernorientierte Ziele eine Rolle, während im Projektverlauf meist vorrangig auf die drei operativen Dimensionen „Kosten", „Zeit" und „Leistungsumfang/ Qualität" fokussiert wird. Auch die Änderungen im Projektverlauf sind für diese Beurteilung zu berücksichtigen.

Außerdem stellt sich für jeden einzelnen Stakeholder die Frage, ob mit dem Projekt tatsächlich seine Ziele verwirklicht wurden. Für die Motivation der Projektmitarbeiter hat dies eine hohe Bedeutung: Wie erfolgreich war unsere Arbeit im Projektteam insgesamt und welchen Anteil hatte ich daran?

Dies ist ein wichtiger Grund für einen **formalen Projektabschluss**, bei dem die einzelnen Projektmitarbeiter die Möglichkeit haben, ihre Eindrücke, Meinungen und Erlebnisse offen zu diskutieren sowie ein Feedback vom internen Auftraggeber, vom Projektmanagementoffice und vom Projektleiter zu bekommen. Das offene Feedback des Projektleiters sollte dabei eher in einem Gespräch unter vier Augen stattfinden, sobald es um persönlichere Inhalte geht. Im Vorfeld eines solchen Projektabschlussgesprächs sollte man sich klarmachen, dass hier nicht nur Kritik offen angesprochen, sondern dass auch Anerkennung zum Ausdruck gebracht werden sollte. Oftmals konzentriert man sich in der Hektik des Alltagsgeschäfts auf die kritischen Punke und vergisst, gute Leistungen anzuerkennen. Langfristig erfolgreiche Projektmanager sind sich bewusst, dass ein Projekt eine Teamleistung darstellt, die sie allein nicht erbringen könnten.

Ein weiterer Grund für einen formalen Projektabschluss liegt im großen Potenzial für das **Wissensmanagement eines Unternehmens**: Große Teile des im Zuge des Projektes durch das Projektteam erarbeiteten Wissens sollen auch nach Auflösung des Projektteams dem Unternehmen zur Verfügung stehen. Beispielsweise können

- Empfehlungen für ähnliche Projekte ausgearbeitet werden, um aus Fehlern und Erfolgen zu lernen,
- die wichtigsten Ergebnisse des Projektes mit früheren Projekten verglichen und so ein Trend ermittelt werden,
- Ansprechpartner für bestimmte innovative Themengebiete definiert und im Unternehmen bekannt gemacht werden.

Auf diese Weise kann ein Projekt dazu beitragen, die Ziele des nächsten Projektes zu erreichen.

Das Thema „Projektabschluss" wird noch ausführlich behandelt (S. 310ff.).

Im Anschluss an das Thema „Zielpräzisierung" wenden wir uns im nächsten Abschnitt der nächsten großen Phase im Management von Projekten zu: Der Projektplanung.

6 Projektplanung

6.1 Aufgaben der Projektplanung

> Die **Projektplanung** stellt einen systematischen Prozess der Analyse und Strukturierung eines Projektes dar.

Dieser Prozess dient insbesondere der Reduktion der Komplexität der Planungsaufgabe. Er zielt somit darauf ab,

- die Unsicherheit zu reduzieren,
- die Effizienz zu erhöhen,
- die Ziele genauer zu verstehen und somit den Anforderungen des Auftraggebers besser gerecht zu werden sowie
- eine Grundlage für die Projektumsetzung und -kontrolle zu schaffen (vgl. *Kerzner* [Projektmanagement] 387).

Die **Qualität der Projektplanung** übt einen entscheidenden Einfluss auf die Erreichung der Kosten-, Zeit- und Leistungsziele aus.

Diese Aussage soll am Beispiel der Festlegung, Entstehung und Beeinflussbarkeit der Kosten im gesamten Projektlebenszyklus verdeutlicht werden. Zu Beginn des Projektes sind nur wenige Ideen zur Verwirklichung vorhanden, die zukünftigen Kosten sind also noch stark beeinflussbar. Je weiter man in der Projektplanung voranschreitet, umso mehr Entscheidungen werden getroffen und umso weniger können die später anfallenden Kosten noch beeinflusst werden. Es erfolgen in der Planung beispielsweise Festlegungen auf bestimmte Produktdesigns oder Fertigungsverfahren, die erst in späteren Projektphasen tatsächlich Kosten nach sich ziehen. In Abb. 2-23 werden diese Zusammenhänge verdeutlicht.

Das Kostenvolumen des Projektes wird größtenteils von jenen Entscheidungen bestimmt, die in den frühen Projektphasen, v.a. in der Projektplanung, getroffen werden. Dies trifft auch auf eventuelle Fehlerbehebungskosten zu, die bei einer entsprechend genauen und vollständigen Projektplanung wahrscheinlich zu einem Großteil vermeidbar gewesen wären.

Im Allgemeinen kann man davon ausgehen, dass ein höherer Planungsaufwand in den frühen Projektphasen sich meist sehr positiv auf den gesamten Projekterfolg auswirkt. Beispielsweise können der Realisierungs- und Erprobungsaufwand und auch der spätere Wartungsaufwand erheblich verringert werden.

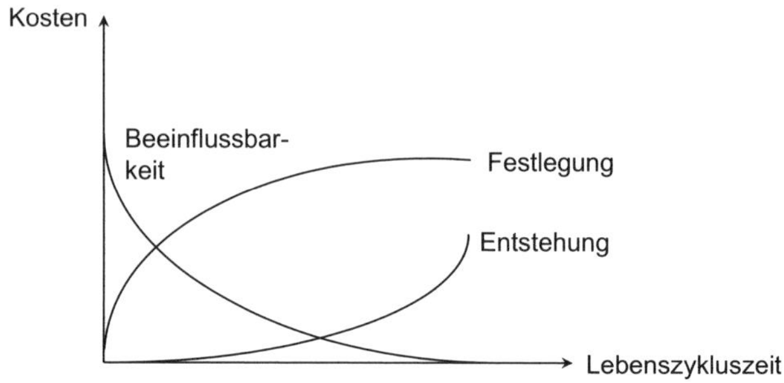

Abb. 2-23: Festlegung, Entstehung und Beeinflussbarkeit der Kosten im Lebenszyklus (In Anlehnung an: *Coenenberg/Fischer/Günther* [Kostenrechnung] 543)

Außerdem ist es oftmals möglich, die Projektlaufzeit zu verkürzen und so z.B. bei Produktentwicklungsprojekten das Produkt früher auf den Markt zu bringen. Eine entsprechende Intensität und Sorgfalt der Planung kann sich auch positiv auf den gesamten Lebenszyklus auswirken, d.h. das genauere Treffen der Kundenwünsche oder eine höhere Qualität können eine verlängerte Lebensdauer eines Produktes zur Folge haben (vgl. *Burghardt* [Projektmanagement] 76). Diese Wirkungen werden in Abb. 2-24 veranschaulicht.

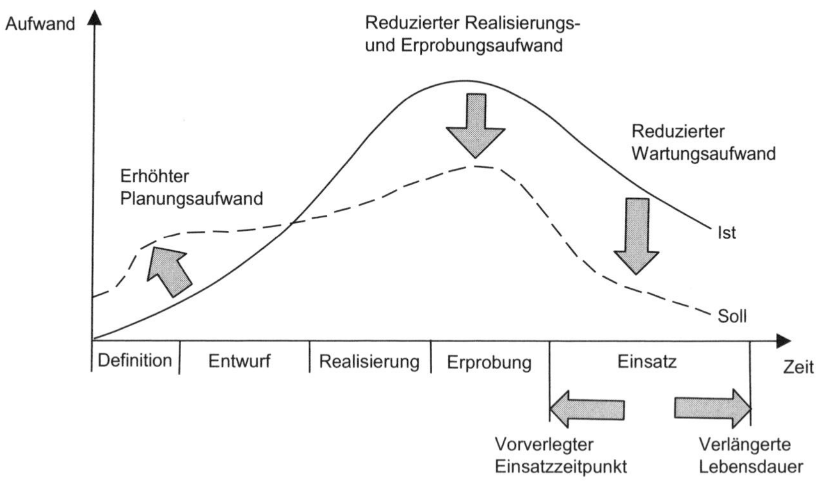

Abb. 2-24: Wirkung einer Erhöhung des Planungsaufwands
(In Anlehnung an: *Burghardt* [Projektmanagement] 77)

Betrachtet man die Stellung der Projektplanung **im Zusammenhang mit der Projektumsetzung und Projektkontrolle**, so sollen in der Projektplanung möglichst realistische Sollvorgaben für den weiteren Projektverlauf ermittelt werden. Diese **Vorgaben** betreffen

- den Umfang und die Qualität der Arbeitsleistung
- die Termine, zu denen die Arbeitsleistung erbracht sein muss
- den notwendigen Ressourceneinsatz
- die Kosten
- die Einzelschritte der Projektdurchführung (Projektablauf)

Im Laufe des sukzessiven Projektfortschritts werden diese Vorgaben als Soll-Daten den im Rahmen der Projektumsetzung gewonnenen Ist-Daten gegenübergestellt. Um die Vorgehensweise plastisch zu erläutern, wird im Folgenden auf die Führungsregelkreise zurückgegriffen, die in Abb. 2-25 nochmals dargestellt sind. Uns interessiert hierbei jetzt insbesondere der untere hell unterlegte Teilbereich (der obere dunkel gekennzeichnete Bereich beinhaltet die Multiprojektebene und ist daher in Teil 3 genauer beschrieben).

Werden im Rahmen der Projektumsetzung **Soll-Ist-Abweichungen** festgestellt, so folgt eine detaillierte Abweichungsanalyse. Je nach Stärke der Konsequenzen, die sich aus der Abweichung ergeben, werden unterschiedliche Maßnahmen ausgelöst: Oftmals genügen korrigierende Steuerungsmaßnahmen im Rahmen der weiteren Projektdurchführung, um die Ist-Werte den Soll-Werten anzunähern. Reicht dies nicht aus, muss der gesamte Plan des Projektes überarbeitet werden.

Häufig wirken sich Änderungen in einzelnen Projekten auch auf andere Projekte aus. Ein klassisches Beispiel hierfür sind Ressourcenverschiebungen zwischen Projekten. Daher können auch korrigierende Steuerungsmaßnahmen auf der Multiprojektebene notwendig werden. Eventuell ergeben sich aus der Abweichung auch Konsequenzen, welche die Sinnhaftigkeit des gesamten Projektes in Frage stellen. Beispielsweise kann eine Fehlplanung dazu führen, dass das Projekt nicht mehr den geplanten Wertbeitrag erbringt oder sogar Wert vernichtet. Das Projekt muss nunmehr erneut auf strategischer Ebene überprüft werden, denn vielleicht ist ein Abbruch des Projektes, auch in dieser fortgeschrittenen Phase, sinnvoller als eine Weiterführung.

In Abb. 2-25 ist noch ein weiterer Regelkreis zu sehen (gestrichelte Linie), der bei der Einzelprojektplanung ansetzt: Die Planfortschrittskontrolle. Hierbei handelt es sich um einen laufenden **Soll-Wird-Vergleich**, d.h. man vergleicht auf der Grundlage gemachter Erfahrungen die Zielgröße (Soll) mit Wirkungsprognosen (Wird) der späteren Zielerreichung. Auf diese Weise sollen eventuell auftauchende Störgrößen möglichst frühzeitig erkannt werden. Dies kann zu Änderungen in der Einzelprojektplanung, eventuell aber auch in der übergeordneten Gesamtunternehmensplanung führen.

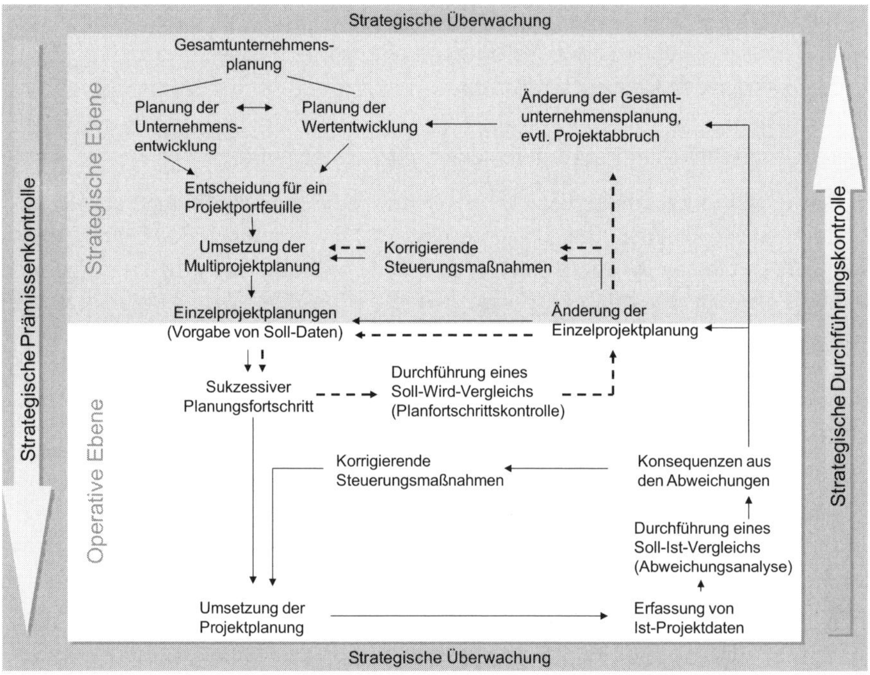

Abb. 2-25: Die Führungsregelkreise des Projektmanagements

An dieser Stelle muss darauf hingewiesen werden, dass eine Projektplanung natürlich immer mit Ungewissheit behaftet ist, da eine Planung auf die Erreichung von Zielen in der **Zukunft** abzielt. Auf die sich daraus ergebenden Problemfelder und entsprechenden Methoden wird aufgrund ihrer großen Bedeutung in Theorie und Praxis in einem eigenen Abschnitt (Abschnitt 10.2) eingegangen. Hier soll nur erwähnt sein, dass ein erster Projektplan auf der Grundlage von relativ vielen Annahmen zustande kommt und somit zunächst lediglich ein erstes grobes Bild liefern kann. Mit dem Projektfortschritt nimmt die Sicherheit über bestimmte Sachverhalte zu, d.h. die Projektplanung hat einen iterativen Charakter und wird daher mehrfach überarbeitet und angepasst.

6.2 Planungstechniken

Die Projektplanung wird unterstützt durch den Einsatz von Planungstechniken. Die Anwendung einer Technik im Rahmen eines IT-Programmes wird häufig als „Tool" bezeichnet.

Planungstechniken stellen strukturierte und formalisierte Instrumente zur Erleichterung und Verbesserung von Wahrnehmungs- und Denkprozessen dar, die bei der Planung zu bewältigen sind.

Sie übernehmen eine instrumentale und eine organisatorische Funktion (vgl. *Bea/Haas* [Management] 58ff.).

Instrumentale Funktionen:

- Erleichterung des Planungsprozesses
- Verbesserung des Planungsprozesses

Organisatorische Funktionen:

- Arbeitsteilung bei der Durchführung des Planungsprozesses
- Transparenz des Planungsprozesses
- Kontrolle des Planungsprozesses

(1) Instrumentale Funktionen

Unter den instrumentalen Funktionen ist die Erleichterung und Verbesserung des Planungsprozesses zu verstehen, d.h. mit einer Planungstechnik wird gewissermaßen die gefühlsbetonte Intuition des Planenden durch die in der Technik enthaltene vorgedachte Rationalität ergänzt und z.T. sogar ersetzt. Allerdings geht die Intuition des Planenden auch beim Einsatz von Planungstechniken nicht vollkommen verloren: Zum einen wird bereits die Auswahl der „richtigen" einzusetzenden Technik zum Großteil von Intuition getragen, zum anderen sind auch für die Nutzung der Technik das eigene „Bauchgefühl" und individuelle Überlegungen gefragt, die gesamte Planung läuft lediglich wesentlich systematischer ab.

(2) Organisatorische Funktionen

Planungstechniken haben insofern eine organisatorische Bedeutung, als sie eine Arbeitsteilung im Rahmen der Lösung eines Planungsproblems, eine Verbesserung der Transparenz des Planungsprozesses und damit eine Kontrolle der Planung ermöglichen.

Die **Arbeitsteilung** zielt insbesondere darauf ab zu verhindern, dass bewusst oder unbewusst bestimmte, vom Planenden erwünschte Planungsergebnisse herbeigeführt werden.

Die **Transparenz** des Planungsprozesses wird v.a. durch die Dokumentation der einzelnen Arbeitsschritte erhöht. Die Ergebnisse werden für Dritte nachvollziehbar. Die Transparenz ist eine wichtige Voraussetzung für die **Kontrolle** und **Steuerung** im weiteren Projektverlauf.

Mit dem Einsatz von Planungstechniken sind allerdings auch **Gefahren** verbunden: Sie bestehen in einer blinden Anwendung einer Technik und damit einem Verlust an Kritikfähigkeit gegenüber den Ergebnissen. Diese Gefahr besteht insbesondere dann, wenn der Einsatz von Planungstechniken durch IT-Systeme unterstützt wird, da die Technik sehr komplex ist. Eine gewisse „kritische Distanz" ist notwendig, um zu überprüfen, inwieweit die Ergebnisse tatsächlich plausibel erscheinen. Zudem besteht die eigentliche Herausforderung bei den meisten Techniken in der Interpretation der Ergebnisse und der Ableitung von Konsequenzen, für die sowohl eigene rationale Überlegungen als auch Kreativität notwendig sind.

Die in Frage kommenden und in Abb. 2-26 genannten Planungstechniken werden im Folgenden genauer beschrieben und jenen Teilprozessen der Projektplanung zugeordnet, zu denen sie thematisch gehören. Manche Planungstechniken, wie z.B. die Netzplantechnik, sind nur schwer einem bestimmten Teilprozess zuzuordnen, da mehrere Aufgabengebiete mit ihnen abgedeckt werden. Wir werden dies dann bei den jeweiligen Techniken gesondert ansprechen.

Die Kontrolltechniken werden im Zusammenhang mit der Kontrolle erörtert (vgl. S. 274), Techniken des Qualitätsmanagements auf S. 332 und Techniken des Risiko- und Chancenmanagements auf S. 351f.

6.3 Teilprozesse der Projektplanung

Die Projektplanung stellt einen systematischen Prozess der Analyse und Strukturierung eines Projektes dar.

Dieser Prozess besteht aus verschiedenen Teilprozessen, bei denen unterschiedliche Themenbereiche im Vordergrund stehen, die sich an den jeweiligen Objekten der Planung orientieren: Was muss für eine erfolgreiche Durchführung eines Projektes alles geplant werden?

Teilprozesse der Projektplanung	**Planungstechniken**
Strukturplanung	Projektstrukturpläne (Abschnitt 6.4)
Arbeitsaufwands-planung	Expertenschätzungen (6.5.2) Multiplikatormethode (6.5.3) Parametrische Methode (6.5.4) Beispiele für spezielle Techniken in der Software-entwicklung: COCOMO II (6.5.4.1), Function Point Analysis (6.5.4.2)
Ablaufplanung	Listen zur Ablaufplanung (6.6.1) Balkenpläne (6.7.3; 6.7.4) Netzpläne (6.6.2)
Terminplanung	Geschwindigkeitsdiagramm (6.7.1) Terminliste (6.7.2) Zeitfixierter Balkenplan (6.7.3) Vernetzter Balkenplan (6.7.4) Netzplan (6.7.5)
Ressourcenplanung	
- Personal	Ermittlung des Ressourcenbedarfs auf Arbeitspaketebene und aggregiert pro Mitarbeitergruppe mit gleicher Qualifikation (Belastungsdiagramm) (6.8.1.1) Detaillierte oder pauschale Kapazitätsermittlung (6.8.1.2) Ressourcenvergleich und –optimierung (6.8.1.3, 6.8.1.4)
- Sachmittel	Sachmittelplanung auf Arbeitspaketebene und aggregiert (6.8.2) Kapazitätsermittlung (z.B. mit Belegungsplan) Ressourcenvergleich und –optimierung (6.8.2)
- Material	Materialplanung auf Arbeitspaketebene und aggregiert (6.8.3) Materialplanung und –optimierung für den gesamten Produktlebenszyklus
- Finanzen	Projektspezifische Finanz- und Liquiditätsplanung (6.8.4)

Kostenplanung	Prozesskostenrechnung (6.9.3.1) Life Cycle Costing (6.9.3.2) Target Costing (6.9.3.3) Integrierte Projektkostenplanung (6.9.4)

Abb. 2-26: Übersicht über Planungstechniken

Abb. 2-27 beschreibt die **Teilprozesse der Projektplanung**.

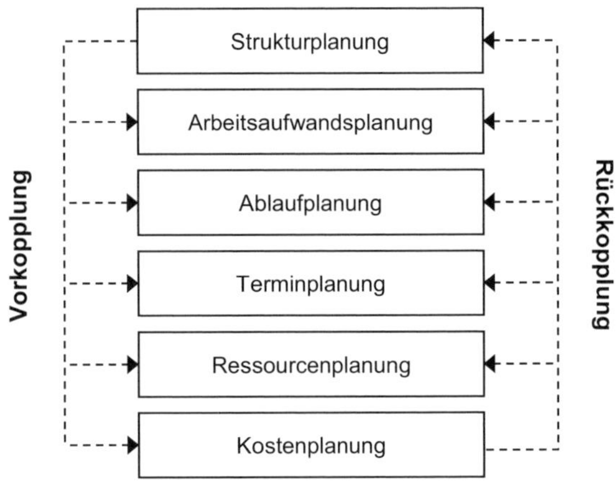

Abb. 2-27: Teilprozesse der Projektplanung

(1) Die Basis für alle weiteren Planungsaktivitäten ist der **Projektstrukturplan**, denn mit seiner Hilfe durchdringt der Planende die Aufgabenstellung und übersetzt sie in handhabbare Arbeitspakete.

(2) Der nächste Schritt besteht in der **Planung des Arbeitsaufwands**, der mit den jeweiligen Aufgaben verbunden ist: Wie viel Arbeitszeit wird die Bewältigung der Aufgabe wohl benötigen? Über welche Zeiträume wird sie sich hinziehen (Abschätzung der Dauer)?

(3) Anschließend sollten die Aufgaben in einen zeitlichen und logischen Ablauf gebracht werden. Dies geschieht durch die **Ablaufplanung**.

(4) Auf dieser Grundlage können nun Aussagen zu **Terminen** erarbeitet werden. An dieser Stelle werden die Interdependenzen zwischen den Teilprozessen besonders deutlich, denn meist steht ein mit dem Kunden vereinbarter Endtermin im Raum, der unbedingt eingehalten werden soll. Dass

dieser Termin bei den bisherigen Planungsaktivitäten ohne Probleme im ersten Anlauf erreichbar ist, wird wohl eher die Seltenheit sein. Normalerweise ergibt sich hier eine Rückkopplung zu den anderen Plänen, denn beispielsweise versucht man, Aktivitäten zu parallelisieren. Hier ist es allerdings sinnvoll, bereits den nächsten Planungsschritt mit einzubeziehen: Die Ressourcenplanung.

(5) Um die Möglichkeiten zur Optimierung richtig einschätzen zu können, sind die Quantität und die Qualität der notwendigen **Ressourcen** entscheidend: Welche Ressourcen stehen in welchem Ausmaß wann mit welchen Qualifikationen zur Verfügung? Gibt es besonders knappe Ressourcen, die einen Engpass darstellen werden? Können Aktivitäten überhaupt parallelisiert werden, wenn dabei z.B. auf dieselbe Ressource zurückgegriffen wird, d.h. kann diese Ressource den geplanten Aufwand für beide Aufgaben in diesem Zeitraum überhaupt bewältigen? Falls es hier zu grundlegenden Schwierigkeiten kommt, ist es durchaus möglich, dass man bis auf den Projektstrukturplan zurückgeht und beispielsweise eine andere Technologie einsetzt, um eine Engpassressource zu vermeiden, oder das gesamte Arbeitspaket an einen Subunternehmer vergibt.

(6) Der letzte Schritt in der Projektplanung besteht in der **Planung der Kosten** des Projektes. Die Kosten hängen von vielen Rahmenbedingungen ab, denen man sich in den anderen Planungsschritten bereits angenähert hat. Vor allem der geplante Aufwand der einsetzbaren Ressourcen schlägt direkt als Kosten zu Buche. Auch hier sind Rückkopplungen zu den anderen Planungsschritten möglich: Vielleicht hat man eine nahezu optimal erscheinende Lösung erarbeitet, die jetzt allerdings so teuer ist, dass der geplante Wertbeitrag des Projektes empfindlich schrumpft. Bei der Optimierung können alle bisherigen Pläne einbezogen werden.

Je kleiner und übersichtlicher ein Projekt ist, umso leichter ist es, bei den einzelnen Planungsschritten die vor- und nachgelagerten Aktivitäten intuitiv zu berücksichtigen.

Zudem arbeitet man in der Projektplanung **„vom Groben zum Detail"**, d.h. die erste Projektplanung wird i.d.R. noch auf einer relativ hoch aggregierten Ebene stattfinden, um erste Tendenzaussagen für die grundlegenden Entscheidungen ableiten zu können. Dieser erste Plan wird dann in weiteren Planungsrunden iterativ verfeinert, bis ein umfassender und detaillierter Plan entsteht.

Im Zuge der Umsetzung ergeben sich neue Informationen, die in den Projektplan eingearbeitet werden müssen, um ihre Auswirkungen auf das Projekt sinnvoll abschätzen zu können. Die Aktualität des Projektplans und die Möglichkeit, die neue Variante mit der ursprünglichen Planung zu vergleichen, stellt eine wichtige Voraussetzung für die Projektsteuerung dar. Diesem Thema werden wir uns im Zuge der Projektkontrolle in Abschnitt 8 zuwenden.

Die nächsten Abschnitte sind jeweils einem der Teilprozesse der Planung gewidmet. Es werden die Aufgaben des jeweiligen Teilprozesses und jene Planungstechniken erörtert, die zur Unterstützung der jeweiligen Aufgabe sinnvoll eingesetzt werden können.

6.4 Projektstrukturplanung

Die Aufgabe der Projektstrukturplanung besteht darin, die Gesamtaufgabe in einzelne Elemente zu zerlegen (DIN 69901-2:2009-01).

Ein **Projektstrukturplan** soll

- eine gute Übersicht über das Projekt in seiner Gesamtheit und über die Einzelaufgaben ermöglichen,
- die Vollständigkeit der Einzelaufgaben sicherstellen,
- als Grundlage für die Arbeitsteilung im Projekt dienen, indem Arbeitspakete definiert werden, die sich an einen eindeutig Verantwortlichen delegieren lassen und
- die Basis für die notwendige Koordination bei Schnittstellen zwischen den Arbeitspaketen bilden.

Der Projektstrukturplan dient somit als Grundlage für alle weiteren Pläne und wird daher auch als **„Plan der Pläne“** bezeichnet.

6.4.1 Arten von Projektstrukturplänen

Es lassen sich vier verschiedene Verfahren der Gliederung unterscheiden, die unterschiedlich gegliederte Projektstrukturpläne ergeben (vgl. DIN 69901-3: 2009-01 und *Litke* [Projektmanagement] 92ff.):

- Die **objektorientierte** Gliederung
- Die **funktionsorientierte** Gliederung
- Die **phasenorientierte** Gliederung
- Die **gemischte** Gliederung

(1) Bei der **objektorientierten** Gliederung erfolgt die Strukturierung nach den einzelnen Bestandteilen (Objekten), die für das Projekt benötigt werden (vgl. Abb. 2-28). Dieses Verfahren wird meist dann benutzt, wenn das Projekt die Herstellung eines Produktes zum Ziel hat, wie beispielsweise den Bau eines Hauses oder die Erstellung eines Softwareprogramms. Die Zer-

legung erfolgt dann nach der technischen Struktur des zu erstellenden Produktes.

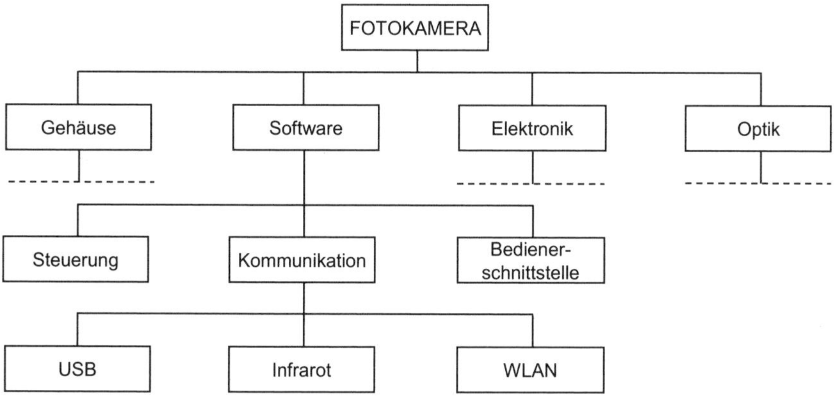

Abb. 2-28: Objektorientierter Projektstrukturplan

(2) Entwirft man einen **funktionsorientierten** Projektstrukturplan, so wird das Projekt in einzelne Verrichtungen zerlegt, die für die Verwirklichung des Projektes notwendig sind (vgl. Abb. 2-29). Dies ist insbesondere dann sinnvoll, wenn das Projekt Aspekte umfasst, die über die Herstellung eines Produktes hinausgehen, wie z.B. eine erfolgreiche Markteinführung oder die Erschließung von Beschaffungsmärkten.

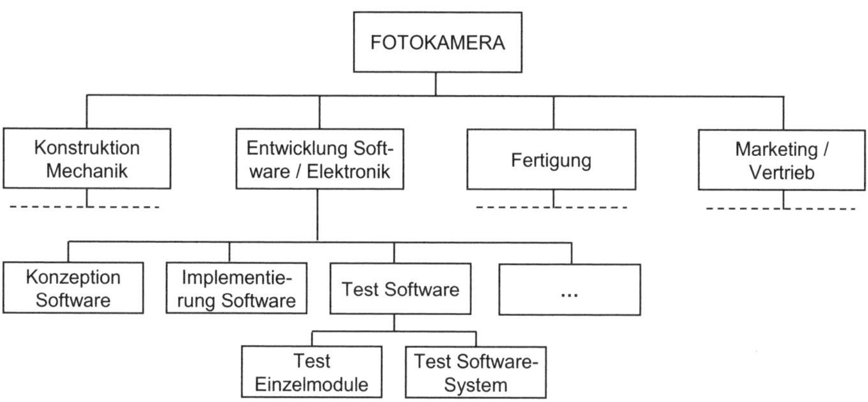

Abb. 2-29: Funktionsorientierter Projektstrukturplan

(3) Bei einem **phasenorientierten** Projektstrukturplan (auch ablauforientierter PSP genannt) werden die Phasen des jeweiligen Vorgehensmodells der Strukturierung zugrunde gelegt (vgl. Abb. 2-30). Projektphasenpläne wurden bereits in Abschnitt 2.4.2 vorgestellt.

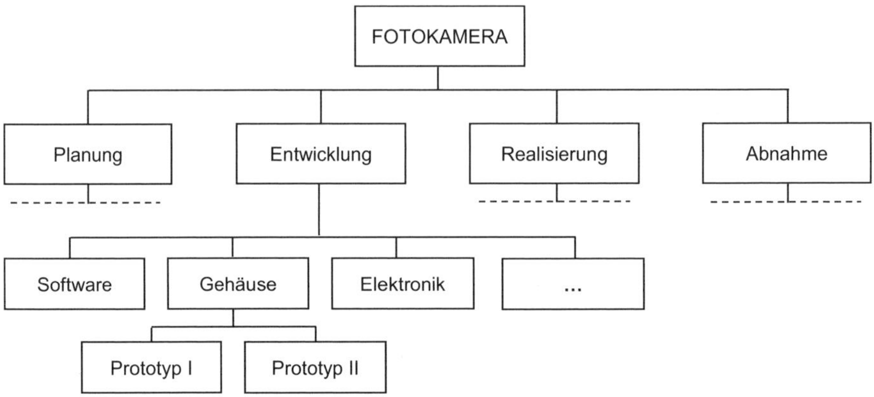

Abb. 2-30: Phasenorientierter Projektstrukturplan

(4) Im Rahmen einer **gemischten** Vorgehensweise werden die o.g. Verfahren nach praktischer Zweckmäßigkeit kombiniert (vgl. Abb. 2-31). Besonders sinnvoll erscheinen hier die Gliederung nach Objekten in den höheren Ebenen und eine weitere Aufspaltung nach Verrichtungen in den unteren Ebenen. Diese Methode hat sich aus den Bedürfnissen der Praxis heraus entwickelt und ermöglicht die vollständige Erfassung aller Arbeiten, die im Rahmen des Projektes zu erledigen sind.

Da die Erstellung eines Projektstrukturplans meist sehr zeit- und arbeitsintensiv ist, werden in der Praxis oftmals **Standard-Projektstrukturpläne** angewendet. Natürlich können sie nur dann eingesetzt werden, wenn die Projekte eine ähnliche Struktur aufweisen. Sie werden häufig lediglich als Grundlage verwendet und dann in der Planungsphase projektspezifisch angepasst.

6.4.2 Elemente des Projektstrukturplans

Bei der Erstellung eines Projektstrukturplans wird das Gesamtprojekt in einzelne Teilaufgaben und Arbeitspakete gegliedert. Bei sehr großen Projekten wird das Gesamtprojekt zunächst in Teilprojekte zerlegt, die dann einzeln im Detail geplant werden.

Ein **Arbeitspaket** stellt die kleinste Einheit im Projektstrukturplan dar: „Die im Projektstrukturplan definierten Bestandteile des Projektes werden im ersten Schritt bis auf Arbeitspaketebene heruntergebrochen“ (DIN 69901-2:2009-01).

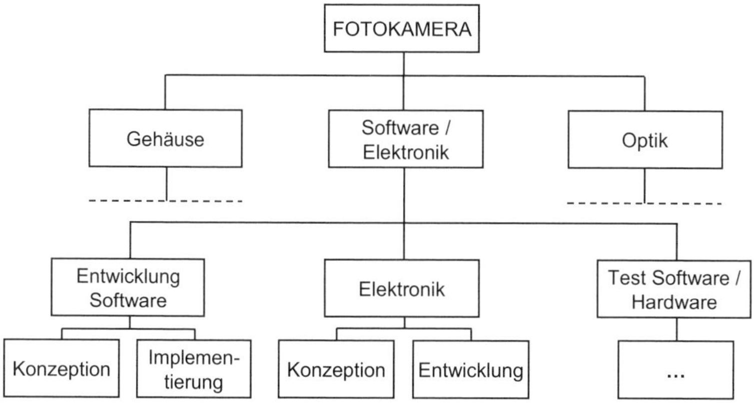

Abb. 2-31: Gemischter Projektstrukturplan

Es sollte eine in sich geschlossene Aufgabenstellung innerhalb des Projektes darstellen, die selbständig von einer Einheit (Person oder Gruppe) bearbeitet werden kann. Ein Arbeitspaket kann auf einer beliebigen Gliederungsebene liegen (vgl. Abb. 2-32).

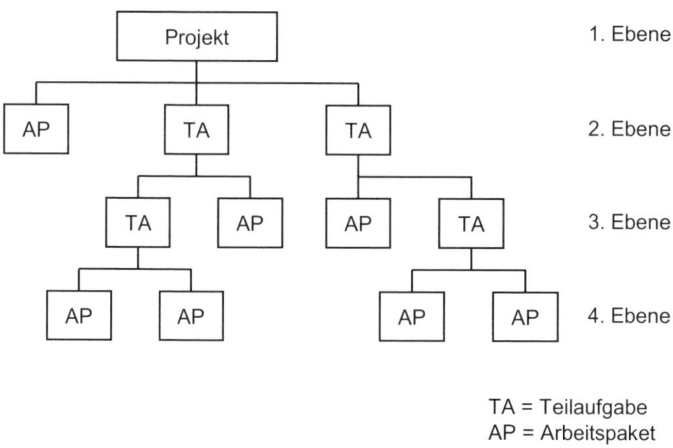

Abb. 2-32: Projektstrukturierung bis auf Arbeitspaketebene (In Anlehnung an: *Schelle* [Projekte] 120)

Für jedes Arbeitspaket muss es einen **Verantwortlichen** aus dem Projektteam geben. Hierbei sollte besonders darauf geachtet werden, dass dem zuständigen Mitarbeiter nicht nur die Verantwortung, sondern auch die entsprechenden

Kompetenzen übertragen werden, um die Aufgabe erfolgreich erledigen zu können.

Schelle ([Projekte] 127ff.) empfiehlt folgende **Regeln** bei der Definition von Arbeitpaketen*:*

- Es sollte für jedes Arbeitspaket nur eine verantwortliche Person geben.
- Aufgaben, die von anderen Unternehmen übernommen werden, sollten als eigene Teilaufgaben oder Arbeitspakete ausgewiesen werden.
- Für jedes Arbeitspaket muss eine klare Spezifikation der Leistung formuliert werden. Die Leistungen, die in verschiedenen Arbeitspaketen erbracht werden sollen, müssen somit eindeutig voneinander abgrenzbar sein. Ansonsten können später keine zuverlässigen Aussagen über den Projektfortschritt gemacht werden.
- Es empfiehlt sich, die für das Arbeitspaket geplante Zeit zu der geplanten Dauer des gesamten Projektes in Beziehung zu setzen. Ist die Dauer des Arbeitspaketes hierbei relativ groß, kann ein nicht oder zu spät erkannter Terminverzug das gesamte Projekt gefährden. Natürlich gibt es Arbeitspakete, die sich ihrer Natur nach über die Dauer des Gesamtprojektes erstrecken, wie z.B. die Terminplanung und –kontrolle; für diese Arbeitspakete gilt diese Regel selbstverständlich nicht.
- Der Kostenanteil des Arbeitspakets an den gesamten geplanten Kosten des Projektes sollte nicht zu niedrig sein, denn sonst wird die Kostenkontrolle relativ aufwändig oder zu oberflächlich. Es werden Richtwerte von 1-5% der Gesamtkosten eines Vorhabens empfohlen.

6.5 Arbeitsaufwandsplanung

6.5.1 Ermittlung des Arbeitsaufwands

Der nächste Schritt nach der Planung der Projektstruktur besteht in der Abschätzung des Aufwands, der zur Erbringung der Leistung im Projekt notwendig sein wird.

Die Beschäftigung mit dem Thema „Aufwandsplanung" in der Projektmanagementliteratur kann für einen Betriebswirtschaftler zunächst zu Verwirrungen führen. In der Betriebswirtschaftslehre ist der Begriff des Aufwandes im Rechnungswesen klar definiert und umfasst „den periodisierten erfolgswirksamen Verbrauch an Real- und Nominalgütern, der mit Auszahlungen verbunden ist" (*Schweitzer/Küpper* [Systeme] 17).

Im Projektmanagement wird dieser Begriff häufig für eine Schätzung der notwendigen Arbeitszeit von Mitarbeitern zur Erledigung einer Aufgabe genutzt.

Grundsätzlich entsteht ein Aufwand durch die **Nutzung von Ressourcen**; die Aufwandsplanung stellt somit eine wichtige Vorarbeit für die detaillierte Ressourcenplanung dar. Im Rahmen der Ressourcenplanung werden wir die folgenden Ressourcen betrachten: Personal, Sachmittel, Material und Finanzmittel.

An dieser Stelle wird den Gepflogenheiten des Projektmanagements gefolgt: In diesem Abschnitt wird der Schwerpunkt der Ausführungen auf der Schätzung des Arbeits-/Personalaufwands liegen. Für diese Vorgehensweise sprechen zwei Gründe: Erstens kommt dem Arbeitsaufwand in vielen Projekten die weitaus größte praktische Relevanz zu, da er oftmals die höchsten Kostenblöcke verursacht. Zweitens sind mit der Schätzung des Arbeitsaufwands besondere methodische Schwierigkeiten verbunden. Details zur Planung der Sachmittel, des Materials und der Finanzen finden sich in Abschnitt 6.8 bei der Projektressourcenplanung.

Im Rahmen der Arbeitsaufwandsplanung wird jedes Arbeitspaket daraufhin untersucht, wie viel Arbeitszeit für seine Erledigung nötig sein wird. Dieser Aufwand wird gewöhnlich in „Manntagen", „Mannwochen", „Mannmonaten" oder auch „Mannjahren" gemessen.

Doch nicht nur die reine Arbeitszeit spielt bei dieser Planung eine Rolle, sondern auch die **Dauer**, also der Zeitraum, über den sich diese Leistungserbringung erstrecken wird. Dies hängt zum Großteil von der Art und Weise ab, wie die Arbeit erbracht werden kann: Arbeitspakete, deren Aktivitäten von mehreren Personen parallel erledigt werden können, sind von kürzerer Dauer als Vorgänge mit gleichem Aufwand, deren Arbeitsschritte sich nur sequenziell abarbeiten lassen. Teilweise ergeben sich auch längere Dauern aus der Art der Aufgabe, wie z.B. die Berücksichtigung der Zeit zum Trocknen von Beton auf einer Baustelle.

Beispiel:
Die reine Arbeitszeit für ein Arbeitspaket beträgt laut erster Schätzung 5 Tage. Aufgrund notwendiger Abstimmungsrunden werden diese 5 Tage sich jedoch erfahrungsgemäß über 10 Tage verteilen. Der Arbeitsaufwand des Arbeitspakets beträgt somit 5 Tage, die Dauer dagegen 10 Tage.

Bei der Ablaufplanung, z.B. mit einem Netzplan, steht die Frage im Vordergrund, bis wann das Projekt beendet sein kann, wenn alle zeitlichen und logischen Abhängigkeiten berücksichtigt werden. Daher wird hier mit den Dauern gearbeitet.

Will man jedoch eine Antwort auf die Frage, was das Projekt kosten wird, so benötigt man den Arbeitsaufwand, den man dann mit Geldeinheiten bewertet.

Die Schätzung von Arbeitsaufwand und Dauer bildet somit eine wichtige Basis für grundlegende Entscheidungen: Beispielsweise ermöglicht sie eine Abschätzung, ob ein Projekt bei den gegebenen Rahmenbedingungen überhaupt durchgeführt werden kann.

Unterschätzt man insbesondere den direkten Arbeitsaufwand, so kann dies den wirtschaftlichen Erfolg eines Projektes zunichte machen. Der geschätzte Aufwand hat einen **maßgeblichen Einfluss auf die Kostenstruktur eines Projektes** (vgl. *Cronenbroeck* [Projektmanagement] 62). Bei Entwicklungsprojekten beispielsweise resultiert aus den Arbeitszeiten der Entwickler häufig der größte Kostenblock, während die anderen Kostenarten, wie z.B. Materialkosten, je nach Art des Produktes oftmals zu vernachlässigen sind.

Im schlimmsten Fall kann eine Fehleinschätzung des Aufwands in einem Großprojekt **schwere Imageschäden und hohe Vertragsstrafen aufgrund von Terminverzögerungen** nach sich ziehen.

Beispiel:
Wegen gravierender technischer Probleme bei der Einführung der LKW-Maut konnte das Betreiberkonsortium **Toll Collect** den ursprünglichen Starttermin, den 31.08.2003, nicht einhalten. Die Einführung wurde zunächst auf den 02.11.2003 verschoben, doch auch dieser Termin konnte nicht realisiert werden. Das System wurde dann mit eingeschränkter Funktionalität zum 01.01.2005 eingeführt. Seit Anfang 2006 wird das System mit der vollen Funktionalität eingesetzt. Dieser Terminverschiebung lag auch eine Unterschätzung des mit dem Projekt verbundenen Aufwands zugrunde. Die Hauptanteilseigner von Toll Collect, die Deutsche Telekom und die Daimler AG, wurden in den Medien heftig kritisiert und von den Auftraggebern mit hohen Vertragsstrafen konfrontiert. Inzwischen läuft das System problemlos.

Die Aufwandsschätzung gewinnt in den letzten Jahren aufgrund verschiedener Entwicklungen zunehmend an Bedeutung (vgl. *Kindler/Jahnke/v. Schneyder* [Aufwandsschätzung] 14):

- Früher konnten Probleme bei der Aufwandsschätzung oftmals durch **Risikozuschläge** in der Kalkulation abgedeckt werden. Mittlerweile hat sich der Wettbewerb allerdings so stark verschärft, dass ein solches Vorgehen vor dem Kunden nicht mehr gerechtfertigt werden kann. Die Kunden erwarten transparente Kalkulationen; finanzielle Spielräume dieser Art bestehen in den meisten Branchen nicht mehr.
- Der professionelle Umgang mit Risiken erhält im **rechtlichen Umfeld** der Unternehmen einen höheren Stellenwert. Diese Entwicklung zeigt sich v.a. im Corporate Governance Kodex, im Gesetz zur Kontrolle und Transparenz im Unternehmensbereich (KonTraG), sowie im Transparenz- und Pub-

lizitätsgesetz (TransPuG). Aus unzutreffenden Aufwandsschätzungen können sich bedeutende Projektrisiken ergeben, je nach Branche und Unternehmen gehören diese Risiken sogar zu den größten und wichtigsten.

In der Praxis stellt die Aufwandsschätzung eine relativ anspruchsvolle Aufgabe dar: In der Regel ist **viel Erfahrung** notwendig, um den Aufwand realistisch beziffern zu können. Wurden die **Ziele** nicht genau definiert und spezifiziert (vgl. Abschnitt 5), so ist es nahezu unmöglich, den Aufwand zu ihrer Erreichung abzuschätzen. Häufig weisen Projekte einen **hohen Innovationsgrad** auf, was die Schätzung ebenfalls erschwert. Zudem unterliegt ein Projekt bzw. ein Arbeitspaket erfahrungsgemäß bestimmten **Einflüssen**, die nur schwer quantifiziert werden können, wie z.B. unerwarteter Personalwechsel im Projektverlauf oder auch die Änderungshäufigkeit der Anforderungen durch den Kunden. Manchmal erschweren auch **Änderungen der Randbedingungen** die Schätzung, beispielsweise Gesetzesänderungen, die Einfluss auf das Projektergebnis haben (vgl. *Litke* [Projektmanagement] 110).

Um die Genauigkeit der Aufwandsschätzung zu verbessern und den Schätzvorgang zu vereinfachen, wurden verschiedene **Methoden** entwickelt. Sie alle gehen in irgendeiner Form von **Erfahrungen** aus, die sie für die neuen Schätzungen im Rahmen eines Analogieschlusses zugrunde legen. Versucht man die Vielfalt der Methoden zu ordnen, so taucht in der Literatur oftmals der Begriff „Analogiemethode" als eigenständig anzuwendende Technik auf. Diese Klassifikation ist insofern irreführend, als alle Methoden auf dieser grundsätzlichen Vorgehensweise des Analogieschlusses als „Folgerung von der Ähnlichkeit zweier Dinge auf die Ähnlichkeit zweier anderer oder aller übrigen" beruhen.

Die angesprochene Vielfalt der Methoden ist darauf zurückzuführen, dass die verschiedenen Projektarten **sehr unterschiedliche Spezifika** aufweisen; d.h. bei einem Softwareentwicklungsprojekt können ganz andere Größen Einfluss auf den Aufwand nehmen, wie dies bei einem internen Prozessverbesserungsprojekt der Fall ist. Es müssen unterschiedliche Daten für die Schätzung verarbeitet werden, was auch verschiedene Vorgehensweisen nahe legt. Zudem ist es notwendig, die Verfahren **passend zum Einsatzzeitpunkt im Projektverlauf** auszuwählen, denn die Informationslage verbessert sich i.d.R. im Laufe des Projektfortschritts, d.h. der Detailliertheitsgrad und die Sicherheit nehmen zu.

Viele Methoden eignen sich gleichzeitig zur Schätzung der anfallenden **Kosten**, was sich durch den engen Zusammenhang zwischen Arbeitsaufwand und Kosten erklären lässt.

Ausgehend von der Expertenschätzung als Grundlage werden im Folgenden die bekanntesten Methoden vorgestellt (vgl. Abb. 2-33).

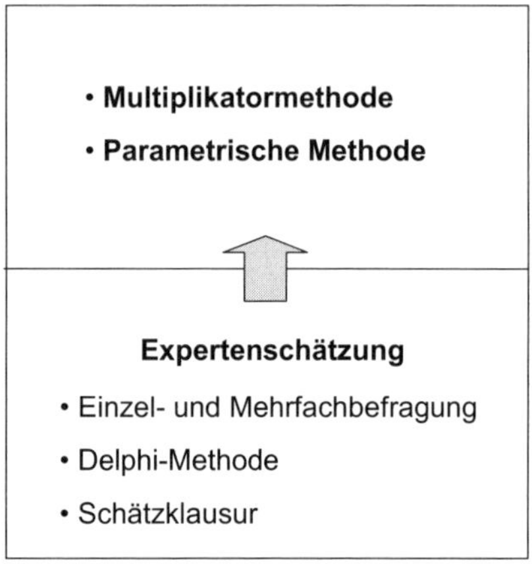

Abb. 2-33: Ausgewählte Methoden der Aufwandsschätzung (In Anlehnung an: *Kindler/Jahnke/v. Schneyder* [Aufwandsschätzung] 16)

Den meisten Methoden lässt sich eine Vielzahl unterschiedlicher Verfahren zuordnen; die Mehrzahl dieser Verfahren wurde zur Aufwandsschätzung innerhalb von Software-Projekten entwickelt. Wir werden zur Erläuterung der jeweiligen Methode daher meist ein Verfahren aus diesem Bereich heranziehen.

6.5.2 Expertenschätzungen

Eine Expertenschätzung stellt ein qualitatives Prognoseverfahren dar, in dessen Rahmen das spezielle Fachwissen eines ausgewählten Personenkreises genutzt wird (vgl. *Winkelhofer* [Projekt-Methoden] 270). Diese Experten können bei einer subjektiven Schätzung des Aufwands, der voraussichtlichen Dauer und/oder der Kosten auf ihre Kenntnisse und Erfahrungen zurückgreifen.

Ist ein Arbeitspaket entsprechend groß, so wird der **Aufwand für die einzelnen Vorgänge geschätzt**, aus denen sich das Arbeitspaket zusammensetzt. Aggregiert man die dabei ermittelten Werte, erhält man den Aufwand für das jeweilige Arbeitspaket. Durch Aggregation des Aufwands für die verschiedenen Arbeitspakete erhalten wir den Aufwand für eine Teilaufgabe (vgl. Abb. 2-34).

Bei den Expertenschätzungen werden verschiedene Methoden unterschieden:

- Die Einzel- und Mehrfachbefragung
- Die Delphi-Methode
- Die Schätzklausur

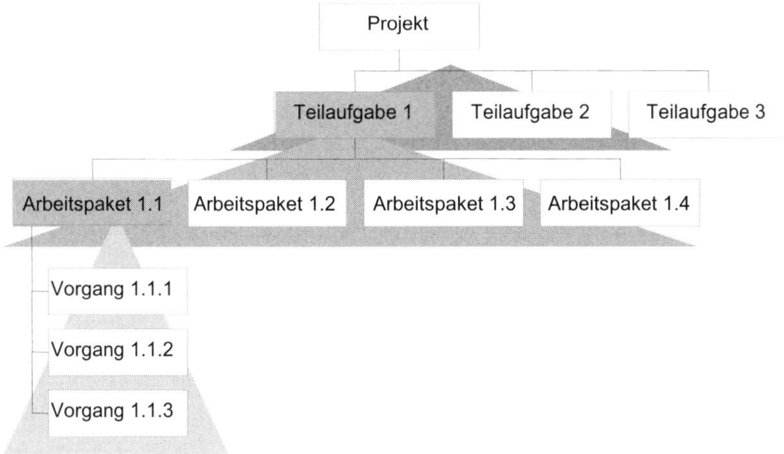

Abb. 2-34: Aggregation des Aufwands

6.5.2.1 Die Einzel- und Mehrfachbefragung

(1) Bei der **Einzelbefragung** wird auf das Fachwissen einer einzigen Person zurückgegriffen: Ein Experte oder der Projektleiter prognostiziert die zu schätzenden Größen. Hierbei können jeweils ein Schätzwert oder mehrere Schätzwerte wie im Drei-Punkt-Verfahren angegeben werden, falls das Risiko explizit berücksichtigt werden soll: Beim Drei-Punkt-Verfahren werden ein optimistischer, ein pessimistischer und ein dritter Wert, entweder der Mittelwert oder der Erwartungswert, geschätzt.

Diese Vorgehensweise ist relativ unkompliziert, schnell und einfach durchführbar, doch die Qualität der Schätzungen hängt zweifelsohne größtenteils von den Erfahrungen des befragten Experten ab. Somit kann es zu grundlegenden **Fehleinschätzungen** kommen, wenn

- dem Experten die notwendigen Fachkenntnisse fehlen,
- er den Plan nur oberflächlich beurteilt und nicht tiefer durchdringt,
- versehentlich Aufgabenteile übersieht,
- aus der Vergangenheit bestimmte „Vorurteile" mitbringt und diese unbesehen auf das neue Projekt überträgt,
- die eigene Produktivität nicht realistisch eingeschätzt, sondern zu positiv beurteilt wird,
- mögliche Schwierigkeiten unterschätzt und/oder

- opportune, d.h. von den Vorgesetzten erwartete Schätzungen abgegeben werden (vgl. *Burghardt* [Projektmanagement] 110).

Die Einzelbefragung ist daher mit entsprechenden Risiken behaftet, die man mit einer Mehrfachbefragung zu vermeiden versucht.

(2) Bei der **Mehrfachbefragung** werden mehrere Experten gebeten, jeder für sich den Aufwand für ein Arbeitspaket zu schätzen. Man gewinnt somit mehrere Werte für jedes Arbeitspaket.

6.5.2.2 Die Delphi-Methode

Bei der Delphi-Methode handelt es sich um ein Verfahren der **mehrfachen Befragung einer Gruppe von Experten**. Sie besteht aus folgenden **Schritten**:

- Auswahl von Experten
- Schätzung durch die Experten unabhängig voneinander ohne Diskussion
- Statistische Auswertung
- Bekanntgabe der Mittelwerte der Antworten und Bitte um Begründung stark abweichender Antworten durch die jeweiligen Experten
- Einreichung der Begründungen
- Information aller Experten über Mittelwerte und Begründungen
- Wiederholung der Schätzung und der weiteren Vorgehensweise (ca. zwei- bis dreimal)

Im Rahmen der Delphi-Methode wird das Wissen mehrerer Experten mit Rückkopplungsmöglichkeiten genutzt. Dabei wird besonders auf die Anonymität der Experten geachtet, um eine unerwünschte gegenseitige Beeinflussung zu verhindern. Allerdings ist diese Vorgehensweise relativ zeitaufwändig.

Ausschlaggebend für den Erfolg dieser Methode sind, wie bei allen Expertenbefragungen, die Auswahl der Befragten sowie ihre Bereitschaft zur Teilnahme und ihre Fähigkeiten zur Prognose.

6.5.2.3 Die Schätzklausur

Im Gegensatz zur Delphi-Methode wird bei der Schätzklausur besonderer Wert auf **gruppendynamische Prozesse** gelegt: Die Experten (in dem Fall meist die Projektmitarbeiter) planen die wichtigsten Aspekte des Projektes gemeinsam und schätzen anschließend den Aufwand für die einzelnen Arbeitspakete.

Eine Schätzklausur verläuft in folgenden **Schritten** (vgl. *Burghardt* [Projektmanagement] 112f.):

- **Vorbereitung**
  Als Grundlage für die Schätzung wird von allen Experten gemeinsam ein detaillierter Projektstrukturplan erarbeitet.

- **Durchführung**
  In diesem Abschnitt steht die Schätzung des Aufwandes im Mittelpunkt. *Burghardt* stellt eine vereinfachende Methode vor, bei der lediglich ein Referenzkomplex detailliert untersucht und einer genauen Aufwandsschätzung unterzogen wird. Die Ergebnisse werden dann auf die anderen Projektbestandteile entsprechend übertragen. Prinzipiell ist jedoch auch eine ausführliche Mehrfachschätzung für jedes Arbeitspaket mit einer eingehenden Diskussion der Gründe für die abgegebenen Schätzungen möglich. Wichtig ist hierbei das **offene Gespräch**, denn auf diese Weise können die Experten auf unterschiedliche Planungsprämissen aufmerksam werden. Am Ende dieser Phase steht die Einigung auf einen gemeinsamen Schätzwert.

- **Nachbereitung**
  Nach der Schätzung wird eine **erste grobe Projektplanung** mit Termin- und Ressourcenplan sowie einer Risikoanalyse aufgestellt, um ein klares Bild über das Projekt zu bekommen. Zudem wird die Plausibilität der Schätzwerte anhand anderer Verfahren überprüft.

Der große Vorteil der Schätzklausur liegt in der gemeinschaftlichen Auseinandersetzung mit dem Projekt und seinen Problemstellungen. Auf diese Weise entsteht eine gemeinsame Basis für das Verständnis der Ziele des Projektes und der Wege zur Zielerreichung. Die Schätzungen entstehen im gegenseitigen Austausch und werden daher auch gemeinsam getragen.

Um Aufwandsschätzungen möglichst objektiv zu gestalten, wurden verschiedene Methoden entwickelt, bei denen Erfahrungswerte in Form von Algorithmen mit in die Schätzung einfließen. Im Folgenden werden zwei Methoden vorgestellt:

- Multiplikatormethode
- Parametrische Methode

6.5.3 Multiplikatormethode

Bei der Multiplikatormethode geht man von bestimmten messbaren Produktgrößen aus, die den Aufwand zu ihrer Herstellung zum Großteil festlegen, z.B. Lines of Code (LoC) bei der Softwareentwicklung. Man leitet aus vergangenen Projekten bestimmte Erfahrungswerte in Form von **Kennzahlen** ab, mit denen die jeweilige Produktgröße multipliziert wird, um den Aufwand abzuschätzen.

Die Vorgehensweise wird in Abb. 2-35 beispielhaft dargestellt. Dabei wird deutlich, dass die Kennzahl in Abhängigkeit bestimmter Einflussparameter festgelegt wird. Dabei könnte es sich z.B. um den Schwierigkeitsgrad einer Software-Entwicklung handeln, denn der Aufwand für die Programmierung einer Line of Code (LoC) kann je nach Komplexität relativ stark variieren.

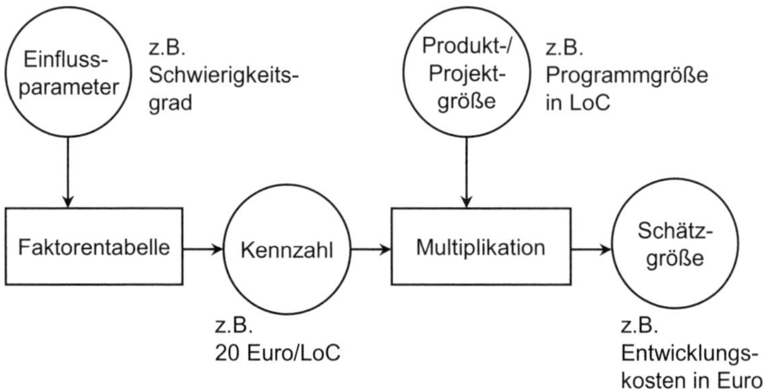

Abb. 2-35: Prinzip der Multiplikatormethode
(In Anlehnung an: *Burghardt* [Projektmanagement] 96)

Man geht hier von einem linearen Zusammenhang zwischen Produktgröße und Arbeitsaufwand aus. Allerdings hat sich in der Praxis gezeigt, dass der Aufwand mit zunehmender Größe meist überproportional steigt. Dies ist wahrscheinlich darauf zurückzuführen, dass bei einem größeren Projekt die Komplexität und der Aufwand für Koordination und Kommunikation meist stark anwachsen (vgl. *Noth* [Aufwandschätzung] 166).

6.5.4 Parametrische Methode

Die parametrische Methode konzentriert sich auf den Zusammenhang zwischen bestimmten Produktgrößen und dem Aufwand zu ihrer Herstellung. Man legt eine möglichst große Menge abgeschlossener Entwicklungsprojekte zugrunde und versucht, mit Hilfe von **Regressionsanalysen** entsprechende Zusammenhänge herauszufinden. Im Rahmen der parametrischen Methode wird also, wie im Rahmen der Multiplikatormethode, mit Algorithmen gearbeitet: Der Aufwand wird mit Hilfe von Formeln bestimmt, die aus empirischen Erhebungen abgeleitet werden.

Im Unterschied zur Multiplikatormethode, bei der ein einfacher linearer Zusammenhang zugrunde gelegt wird, geht man bei der Parametermethode von komplexeren Zusammenhängen aus.

Da die Produktgrößen je nach Projekt sehr unterschiedlich sein können, z.B. Menge oder Volumen bei Hardware und Anzahl der „Line of Codes“ bei Software, gibt es hier unterschiedliche Modelle zur Aufwandsschätzung, die auf die Eigenheiten des jeweiligen Bereiches genau zugeschnitten sind.

Beispielhaft sollen hier zwei Verfahren, die für die Schätzung des Arbeitsaufwandes in der Softwareentwicklung konzipiert worden sind, vorgestellt werden:

- Das in der Praxis häufig eingesetzte **COCOMO-Verfahren** (**Co**nstructive **Co**st **Mo**del) bzw. sein Nachfolger COCOMO II sowie
- die **Function Point Analysis**

6.5.4.1 COCOMO

Das **COCOMO-Verfahren** wurde von *Barry Boehm* (University of Southern California) entwickelt und erstmals 1981 im Rahmen seiner Buches „Software Engineering Economics“ vorgestellt (vgl. *Boehm* [Software]).

Aufgrund der **umfassenden, nahezu revolutionären Veränderungen** in der Software-Entwicklung in den letzten zwei Jahrzehnten wurden Anpassungen an die neuen Gegebenheiten notwendig. So entstand COCOMO II (vgl. *Boehm* u.a. [COCOMO II] XXIX).

Mit diesem Verfahren sollte es möglich werden, mit Hilfe von bestimmten „Prozesstreibern“ das Modell an die eigenen Gegebenheiten anzupassen und durch das Modellieren der „Prozesstreiber“ die sinnvollste Gestaltungsvariante zu erkennen. Zudem sollte das Modell in der Lage sein, unterschiedlich detaillierte Informationen zu verschiedenen Zeitpunkten im Projekt zu verarbeiten, also eher ungenauere Schätzungen bezüglich der Kostentreiber in den ersten Projektphasen und zunehmend genauere Informationen im weiteren Projektverlauf.

COCOMO II beinhaltet **drei verschiedene Modelle**, die entweder für ein gesamtes Projekt oder innerhalb eines Projektes zu verschiedenen Zeitpunkten eingesetzt werden können (vgl. *Boehm u.a.* [COCOMO II] 10f.):

(a) Das “Application Composition”-Modell

Dieses Modell zielt auf die Schätzung des Aufwands zur **Lösung von stark risikobehafteten Problemfeldern** ab, wie die Gestaltung der Benutzerschnittstellen oder die Interaktion von Software und Gesamtsystem. Es wird oft für die Entwicklung von Prototypen in den frühesten Projektphasen eingesetzt.

(b) Das "Early Design"-Modell

Dieses Modell dient der **groben Aufwandsschätzung**; es kann daher gut für die Gegenüberstellung verschiedener Möglichkeiten zur Gestaltung der Software- und Systemarchitektur in den frühen Projektphasen genutzt werden, in denen noch wenig Informationen für die Schätzung zur Verfügung stehen.

(c) Das "Post-Architecture"-Modell

Nach der Entscheidung für eine Software- und Systemarchitektur ist ein **detailliertes Modell** notwendig. Da die anderen beiden Modelle zum Teil vereinfachte Ausprägungen dieser Variante darstellen, soll dieses Modell kurz erläutert werden.

Die Aufwandsschätzung im „Early Design"- und im „Post-Architecture"-Modell beruht auf der Gleichung:

$$(1)\ MM_{nominal} = A \cdot G^{B}$$

mit

MM	Aufwand in Mannmonaten
A	Konstante zur Erfassung der durchschnittlichen Produktivität (Mannmonate / Thousands of source lines of code); diese Konstante wird auf der Grundlage des vorliegenden Bestands an Projektdaten ermittelt
G	Produktgröße in Codezeilen (thousands of source lines of code (KSLOC))
B	Exponentialfaktor zur Erfassung des Einflusses der „Scale Drivers" auf den Aufwand

Zu einzelnen Bestandteilen dieser Gleichung:

- **Produktgröße G**

  Bei der Ermittlung der Produktgröße soll die Menge an intellektueller Arbeit quantifiziert werden, die für eine Produktentwicklung notwendig ist. Grundlage ist hier eine Definition der Maßgröße, mit der die Vergleichbarkeit über die verschiedenen Programmiersprachen hinweg gesichert werden kann. Daher wird für diese Definition eine Checkliste des Software Engineering Institute (SEI) herangezogen.

  Im Rahmen von COCOMO II wird die Möglichkeit der Modifikation der Produktgröße genutzt, um verschiedene Effekte zu berücksichtigen: Beispielsweise geht das Modell davon aus, dass sich im Laufe einer Software-Entwicklung die Anforderungen der Kunden verändern können, d.h. jedes Projekt ist wesentlich größer, als es zu Beginn aussieht. Dieser Effekt wird mit einem Prozentsatz auf die Lines of Codes (LoCs) vorweggenommen, der die aufgrund der Veränderung nutzlos entwickelten Codes widerspiegelt. Außerdem übt die Absicht, das Produkt oder einzelne Bestandteile wieder verwenden zu wollen („Re-use"), einen starken Einfluss auf die Produktgröße aus; z.B. hängt die Wiederverwendung stark von einer überschaubaren Struktur und einer detaillierten Beschreibung bzw. Dokumentation ab. Als weiterer Effekt wird im Modell der Aufwand für die Überarbeitung und Anpassung von Software über die Modifikation der Produktgröße berücksichtigt.

- **„Scale Drivers" (Exponent B)**
  Über die „Scale Drivers" sollen Skaleneffekte („economies" und „diseconomies of scale") im Projekt quantifiziert werden. Beispielsweise üben der Neuigkeits- bzw. Innovationsgrad und die Entwicklungsflexibilität bezüglich Übereinstimmungen mit Vorgaben und externen Nutzerschnittstellen überdurchschnittlichen Einfluss auf den Aufwand aus. Auch dem professionellen Umgang mit Risiken wird ein starker Einfluss auf den Aufwand zugeschrieben. Sehr deutlich wird der überdurchschnittliche Effekt der „Team Cohesion": Viele Schwierigkeiten im Projekt können darauf zurückzuführen sein, dass die Stakeholder des Projektes, wie die Nutzer, Kunden, Entwickler usw., unterschiedliche Meinungen und Interessen vertreten und eine Einigung nur unter großen Mühen möglich ist. Ein weiterer „Scale Driver" ist die Fähigkeit der Organisation, mit den notwendigen Prozessen umzugehen. Diese Fähigkeit kann mit Hilfe des „Capability Maturity Model" (CMMI), einem Modell des Software Engineering Institute zur Einschätzung der Prozessreife einer Organisation, messbar gemacht werden.

Im „Early Design"- und im „Post-Architecture"-Modell wird der **nominale Aufwand**, der in Gleichung (1) berechnet wurde, einer tiefergehenden Analyse unterzogen und so wird der reale Aufwand geschätzt. Hierzu werden Kostentreiber untersucht, die den Aufwand für die Fertigstellung des Projektes stark beeinflussen; sie werden in einer neuen Formel multiplikativ mit dem nominalen Aufwand verbunden:

$$(2)\ MM_{real} = MM_{nominal} \cdot \left(\prod_i AM_i \right)$$

mit
Am_i Aufwandsmultiplikatoren, die sich aus den Einschätzungen der Kostentreiber für das jeweilige Projekt ergeben

Im „Post-Architecture"-Modell gibt es 17 Kostentreiber, die in der weniger detailliert ausgelegten „Early Design"-Variante zu 7 Kostentreibern zusammengefasst werden. Wir werden zur Veranschaulichung einige der Kostentreiber herausgreifen; sie werden in vier Kategorien eingeteilt (vgl. *Boehm u.a.* [COCOMO II] 41ff.):

- **Produkt-Faktoren**
  Hier spielt beispielsweise die notwendige Software-Verlässlichkeit eine wichtige Rolle: Diese ist umso höher, je problembehafteter und risikoreicher ein Fehler in der Software ist. Die höchste Ausprägung ist die Gefährdung menschlichen Lebens aufgrund eines Softwarefehlers. Auch die Komplexität des Produktes gehört zu den einzuschätzenden Produkt-Kostentreibern.
- **Plattform-Faktoren**
  Eine Plattform bezeichnet in diesem Zusammenhang die Verbindung von Hardware und Infrastruktur-Software. Bei den Plattform-Faktoren handelt es sich meist um wichtige Nebenbedingungen, wie die Befehlsausführungszeit oder den notwendigen Arbeitsspeicher.
- **Personal-Faktoren**
  Die Fähigkeiten und die Erfahrungen der beteiligten Mitarbeiter sowie ihr kontinuierlicher Einsatz werden bewertet.
- **Projekt-Faktoren**
  Spezifische Projekt-Faktoren sind beispielsweise der Einsatz von Software-Tools und die zur Verfügung stehende Zeit zur Entwicklung.

Außer dem realen Aufwand kann mit COCOMO II die benötigte Entwicklungszeit abgeschätzt werden, d.h. die Dauer des Projektes beim Einsatz einer bestimmten Teamgröße. Bei Realisierung des Projektes werden die Schätzungen überprüft und die Ergebnisse fließen als historische Daten mit in zukünftige Projekte ein.

Besondere **Vorteile** der COCOMO II-Methode können im abgestuften Einsatz der drei Modelle je nach Projektfortschritt und im individuellen Zuschnitt der Schätzungen auf die eigenen Gegebenheiten gesehen werden. Die Schätzungen sind relativ objektiv und nachvollziehbar. Die Erfahrungen aus den früheren Projekten werden genutzt, um für zukünftige Projekte genauere Schätzungen zu erreichen.

Als **Nachteil** kann der relativ große Aufwand für die Schätzungen angeführt werden. Zudem ist für die Einführung von COCOMO meist ein Experte notwendig, der die Mitarbeiter im Umgang mit den teilweise recht komplexen Modellen schult.

6.5.4.2 Function Point Analysis

Ein weiteres, in der Praxis sehr verbreitetes Verfahren zur Aufwandsschätzung im Rahmen von Softwareprojekten ist die Function Point Analysis (auch Funktionswertverfahren genannt). Diese Methode wurde in den 70er Jahren von *Allan J. Albrecht* im Auftrag von IBM erarbeitet. Ausschlaggebend für die Entwicklung dieses Verfahrens war die Tatsache, dass zunehmend unterschiedliche Programmiersprachen verwendet wurden: Der Aufwand für die Programmierung einer „Line of Code" in verschiedenen Sprachen ist kaum vergleichbar.

Es werden daher **„Function Points"** als neue, ordinale Maßeinheiten herangezogen, die sich an der Erfüllung von bestimmten Funktionen aus Sicht des Nutzers orientieren. Das Grundprinzip der Function Point Analysis besteht in der funktionsorientierten Zerlegung der Gesamtaufgabe in kleinere Einheiten, die eine genaue Zählung der fünf wichtigsten Komponenten ermöglichen:

- Ein- und Ausgabedaten,
- Abfragen,
- archivierte Daten und
- Daten, die für andere Anwendungen notwendig sind und somit Schnittstellenfunktionen übernehmen.

Diese „Geschäftsvorfälle" werden in einem ersten Schritt nach vorgegebenen Regeln gezählt (vgl. *Noth* [Aufwandschätzung] 176). Dieser Wert der Function Points gibt den Aufwand allerdings noch nicht vollständig wieder, sondern muss entsprechend adjustiert werden.

Es folgt eine **Bewertung von verschiedenen Applikations- und Umgebungsfaktoren**, die sich entscheidend auf den Aufwand auswirken. Beispielsweise kann bei der Entwicklung die „Reusability", also die Anforderung, einen Code in einer anderen Applikation wieder verwenden zu können, eine wichtige Rolle spielen und zunächst zu einem höheren Aufwand führen. Die Bewertung wird zum sog. „degree of influence" komprimiert und mit den vorliegenden Function Points verknüpft; als Ergebnis resultieren die sog. „bewerteten Function Points" (*Litke* [Projektmanagement] 120).

Der letzte Schritt der Function Point Analysis besteht in der eigentlichen Aufwandsschätzung: Es werden die Relationen von Function Points und dem Aufwand abgeschlossener Projekte als Referenzdaten herangezogen. Aus diesen Relationen ergibt sich eine **Kurve**, die den Zusammenhang zwischen den bewerteten Function Points und dem entsprechenden Aufwand aufzeigt (vgl. Abb. 2-36). Will man nun ein neues Projekt durchführen und hat die bewerteten Function

Points ermittelt, so kann man den wahrscheinlichen Aufwand dieser Kurve entnehmen (vgl. *Litke* [Projektmanagement] 123).

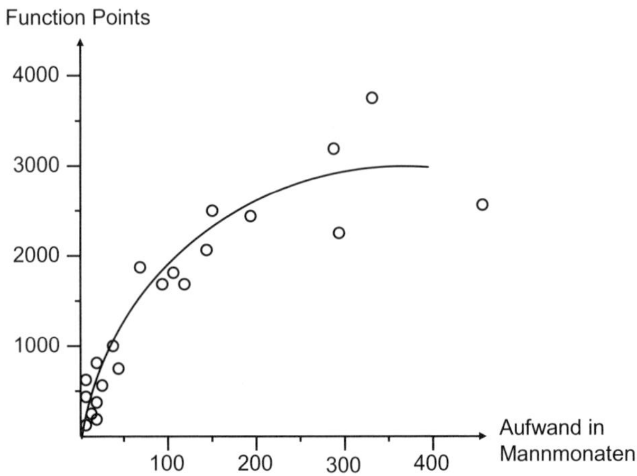

Abb. 2-36: Funktionswertkurve für Anwendersoftware-Systeme nach IBM (In Anlehnung an: *Burghardt* [Projektmanagement] 94)

An dieser Stelle zeigt sich deutlich, warum dieses Instrument meist unternehmensspezifisch angewendet wird: Um aussagefähige Schätzungen ableiten zu können, sollten die zugrunde liegenden Projektdaten (Function Point-/ Aufwands-Relationen) möglichst aus der gleichen Entwicklungsumgebung stammen. Jedes weitere durchgeführte Projekt geht in die Datenbasis ein und trägt somit zur Aktualisierung der Kurve bei.

Als **Vorteile** des Function Point-Verfahrens können die Objektivität und Nachprüfbarkeit der Function Points und der gesamten Vorgehensweise gelten. Zudem dienen die Function Points oftmals als Basis für weitere Kennzahlen im Bereich Softwareentwicklung. Sie werden in verschiedenen Normen und Standards empfohlen oder vorausgesetzt. Mittlerweile sind beispielsweise unterschiedliche Varianten des Function Point-Verfahrens als ISO-Standard für die Messung des funktionalen Umfangs von Software international anerkannt. In den Achtziger Jahren wurde die „International Function Point User Group" (IFPUG) gegründet, die sich mit der Weiterentwicklung und Verbreitung der Function Point Methode beschäftigt.

Die Function Point Analyse erfordert eine umfassende Schulung der Beteiligten, viel Erfahrung und eine einheitliche Vorgehensweise der Anwender. Zudem ist es notwendig, die Systemeigenschaften und die Entwicklungsumgebung für die in die Kurve einfließenden Projekte genau zu dokumentieren, damit eine Grundlage für die Identifikation abweichender Projekte zur Verfügung steht.

6.6 Projektablaufplanung

Auf der Grundlage der Planung der Projektstruktur und der Schätzung des Aufwands erfolgt als nächster Schritt die Planung des Projektablaufs.

> Mit Hilfe der **Projektablaufplanung** soll ein Überblick über organisatorische und technische Zusammenhänge innerhalb eines Projektes gewonnen werden (vgl. Meyer [Projektablaufplanung] 297).

Im Vordergrund steht daher die Untersuchung

- der Abhängigkeiten zwischen den Aktivitäten,
- von Möglichkeiten zur Parallelisierung von Aktivitäten,
- der notwendigen Zeitabstände zwischen den Aktivitäten sowie
- der Schnittstellen zwischen Arbeitspaketen.

Die Projektablaufplanung stellt einerseits die Grundlage für die Planung der Termine, Ressourcen und Kosten dar, andererseits beeinflussen diese Komponenten ihrerseits wiederum die Ablaufplanung: Es können sich verschiedene Beschränkungen im Bereich „Termine“, „Ressourcen“ oder „Kosten“ ergeben, die sich auf die Abläufe auswirken können. Beispielsweise können andere Arbeitsgänge notwendig werden, wenn die erforderliche Zeit für die geplanten Arbeitsschritte nicht zur Verfügung steht. Es zeigt sich hier also besonders deutlich, dass die verschiedenen Teilprozesse der Planung stark voneinander abhängen und daher eine iterative Vorgehensweise mit Vor- und Rückkopplungen angezeigt ist.

Werden den einzelnen Vorgängen des Ablaufplans geschätzte Vorgangsdauern zugeordnet und diese mit dem Kalender abgeglichen, so entsteht der Terminplan. Bei kleineren Projekten erfolgt die Ablauf- und Terminplanung oft in einem Schritt, daher werden die beiden Planungsschritte in der Literatur auch häufig zusammengefasst (vgl. *Schelle* [Projekte] 133ff., *Patzak/Rattay* [Projektmanagement] 248ff., *Cronenbroeck* [Projektmanagement] 63f.).

6.6.1 Grundlegende Vorgehensweise

Im Rahmen des Projektstrukturplans wurden Arbeitspakete identifiziert. Je nach Komplexität des Projektes und Detailliertheitsgrad der Planung werden diese Arbeitspakete zur Ablaufplanung genutzt oder sie werden noch weiter bis auf die Ebene der einzelnen Vorgänge heruntergebrochen. In Abb. 2-37 werden die Arbeitspakete in Vorgänge zerlegt, die im Zuge der Ablaufplanung in eine organisatorische und logische Reihenfolge gebracht werden. Zudem muss darauf geachtet werden, wie die Schnittstellen und Abhängigkeiten zwischen den Arbeitspaketen aussehen. Auch eine solche Schnittstelle zwischen Vorgängen in zwei verschiedenen Arbeitspaketen ist in Abb. 2-37 zu sehen.

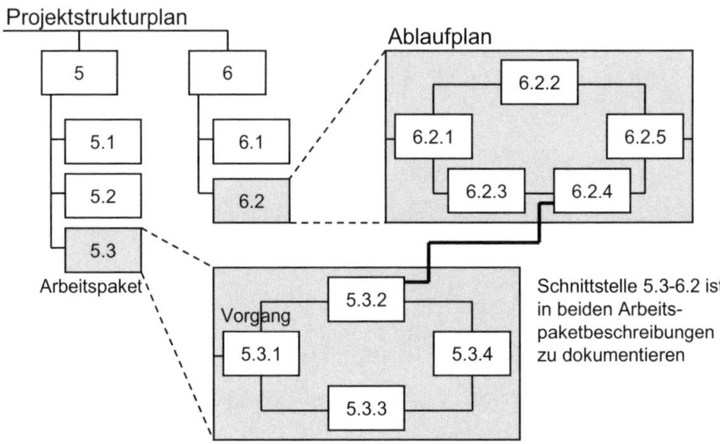

Abb. 2-37: Zusammenhang zwischen Projektstrukturplan und Ablaufplan (Quelle: *Meyer* [Projektablaufplanung] 298)

Um einen grundlegenden Eindruck vom zeitlichen Ablauf des Projektes zu gewinnen, ist es notwendig, für jeden Vorgang bzw. jedes Arbeitspaket abzuschätzen, wie lange seine Bearbeitung dauern wird. Diese Schätzung basiert i.d.R. auf einer ersten groben Planung des Personalaufwands (vgl. Abschnitt 6.8.1.1 bei der Ressourcenplanung).

Je nach Größe und Komplexität des Projektes bieten sich verschiedene **Methoden der Ablaufplanung** an:

- Listen
- Balkenplan
- Netzplantechnik

(1) Ein sehr einfaches Hilfsmittel für einfache, leicht überschaubare Projekte ist eine **Liste**, „in der die Vorgänge eines Projektes in ihrer ablauflogischen Reihenfolge zusammengestellt werden" (*Schwarze* [Netzplantechnik] 131). Eine solche Liste ist in Abb. 2-38 dargestellt.

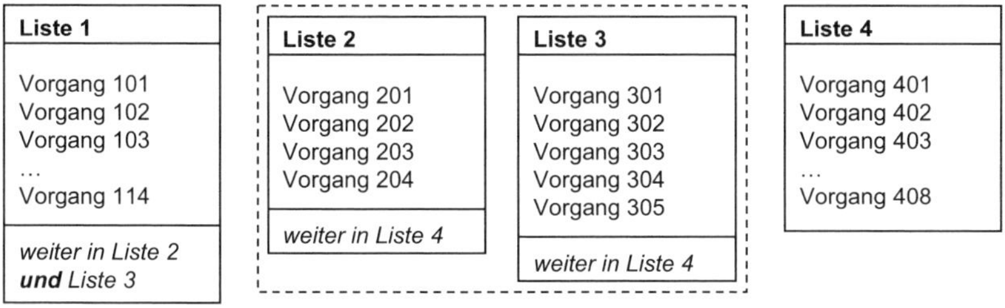

Abb. 2-38: Planung eines Projekts mit parallelen Vorgängen über Listen (Quelle: *Schwarze* [Netzplantechnik] 131)

(2) Als weitere, in der Praxis sehr beliebte Methode zur Ablaufplanung kann der **Balkenplan** angeführt werden. Da im Balkenplan der Projektablauf jedoch unabdingbar mit der Zeitachse verknüpft ist, wird dieses Instrument im Rahmen der Terminplanung dargestellt (S. 180).

(3) Eine bewährte und sehr bekannte Methode zur Analyse, Beschreibung, Planung, Kontrolle und Steuerung von komplexen Projektabläufen stellt die **Netzplantechnik** dar. Grundgedanke der Netzplantechnik ist die Darstellung der Vorgänge und ihrer sinnvollen Reihenfolge; meist wird diese Methode auch für die Zeit- und Terminplanung genutzt. Zum besseren Verständnis werden wir die Netzplantechnik an dieser Stelle umfassend darstellen.

6.6.2 Die Netzplantechnik als Methode der Ablaufplanung

Die **Netzplantechnik** umfasst nach DIN 69900:2009-01 „auf Ablaufstrukturen basierende Verfahren zur Analyse, Beschreibung, Planung, Steuerung, Überwachung von Abläufen, wobei Zeit, Kosten, Ressourcen und weitere Größen berücksichtigt werden können." Der Netzplan ist somit die „graphische oder tabellarische Darstellung einer Ablaufstruktur, die aus Vorgängern bzw. Ereignissen und Anordnungsbeziehungen besteht."

Der Name „Netzplantechnik" geht auf die Darstellungsform dieser Methode zurück: Bei Projekten mit vielen Vorgängen ähnelt die graphische Darstellung einem Netz.

6.6.2.1 Grundbegriffe

Im Rahmen der Netzplantechnik wird eine spezielle Terminologie benutzt, die in der DIN-Norm 69900 festgelegt ist. Von besonderer Wichtigkeit sind hierbei:

- **Vorgänge**
  Ein Vorgang ist ein „Ablaufelement zur Beschreibung eines bestimmten Geschehens mit definiertem Anfang und Ende" (DIN 69900). Je nach Aggregationsgrad können hier Arbeitspakete betrachtet werden oder man zerlegt die Arbeitspakete in einzelne Aufgaben, die dann als Vorgänge der Planung zugrunde gelegt werden.

- **Dauer**
  Ein Vorgang ist durch eine bestimmte Dauer gekennzeichnet, die benötigt wird, um den Vorgang auszuführen. Die Dauern werden auf der Grundlage einer groben Aufwandsschätzung ermittelt (vgl. Abschnitt 6.8.1.1).

- **Ereignisse**
  Ein Ereignis ist ein „Ablaufelement, das das Eintreten eines bestimmten Zustands beschreibt" (DIN 69900). Ein Ereignis kann über keine Dauer verfügen, da es einen bestimmten Zeitpunkt kennzeichnet, der mit Erfüllung einer bestimmten Bedingung eintritt. Jeder Vorgang beginnt und endet mit einem Ereignis.
  Besonders wichtige Ereignisse werden „Meilensteine" genannt; sie werden oft als Eckpunkte für die Planung, Steuerung und Kontrolle von Projekten, insbesondere für die Messung des Projektfortschritts genutzt.

- **Anordnungsbeziehungen**
  Unter einer Anordnungsbeziehung versteht man eine „quantifizierbare Abhängigkeit zwischen Ereignissen oder Vorgängen" (DIN 69900). Es handelt sich hierbei um Abhängigkeiten insbesondere technischer Art. Es gibt vier verschiedene **Typen von Anordnungsbeziehungen**:

  (a) Die Normalfolge

  Das Ende des Vorgängers ist mit dem Anfang des Nachfolgers verknüpft, d.h. der nachfolgende Vorgang B kann erst dann beginnen, wenn der Vorgänger A abgeschlossen ist (vgl. Abb. 2-39). Diese Abhängigkeit kommt in der Praxis am häufigsten vor.

  (b) Die Anfangsfolge

  Die Anfänge der beiden beteiligten Vorgänge hängen voneinander ab, z.B. kann der Vorgang B begonnen werden, sobald Vorgang A begonnen worden ist. Die beiden Vorgänge laufen dann parallel ab. Im Beispiel in Abb. 2-40 sieht man ein anderes Verständnis der Testtätigkeit als in Abb. 2-39: Hier wird das Testen als nahezu gleichlaufendes Element zur Softwareentwicklung verstanden.

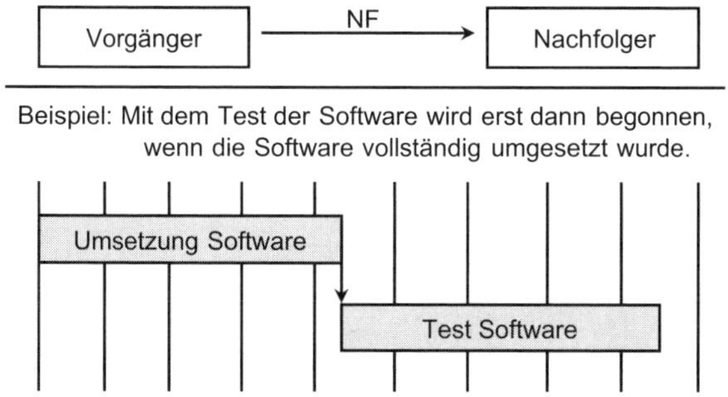

Abb. 2-39: Die Normalfolge (NF)

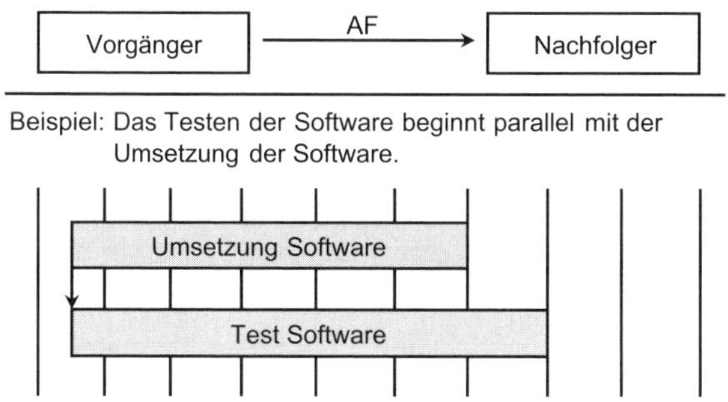

Abb. 2-40: Die Anfangsfolge (AF)

(c) Die Endfolge

Die beiden Enden der beteiligten Vorgänge sind miteinander verknüpft, z.B. kann Vorgang B erst beendet werden, wenn auch sein Vorgänger abgeschlossen wurde (vgl. Abb. 2-41).

(d) Die Sprungfolge

Der Anfang des Vorgängers ist mit dem Ende des Nachfolgers verbunden, d.h. Vorgang B kann erst dann beendet werden, wenn Vorgang A begonnen worden ist (vgl. Abb. 2-42).

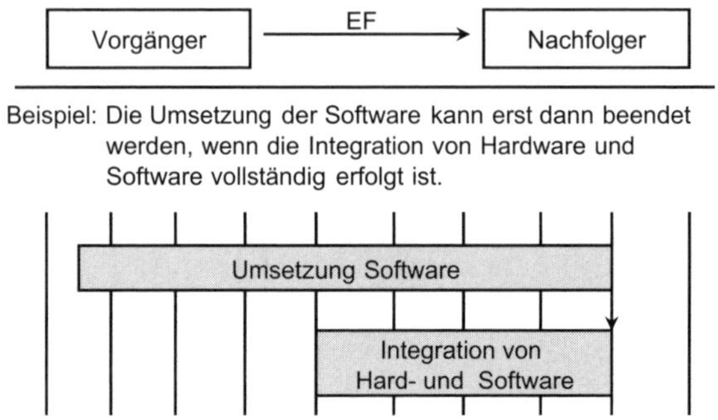

Abb. 2-41: Die Endfolge (EF)

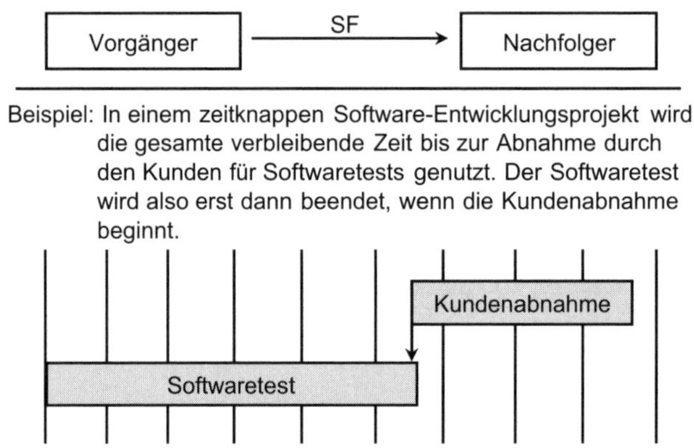

Abb. 2-42: Die Sprungfolge (SF)

6.6.2.2 Arten von Netzplänen

Es gibt verschiedene Arten von Netzplänen, in denen die drei Bestandteile „Vorgänge", „Ereignisse" und „Anordnungsbeziehungen" unterschiedlich dargestellt werden:

- Ereignisknoten-Netzplan (Beispiel: PERT)
- Vorgangspfeil-Netzplan (Beispiel: CPM)
- Vorgangsknoten-Netzplan (Beispiel: MPM)

(1) Ereignisknoten-Netzplan

Die Ereignisse werden hier als Knoten und die Anordnungsbeziehungen als Pfeile visualisiert (vgl. Abb. 2-43). Die Vorgänge können auf diese Weise nicht explizit und detailliert dargestellt werden. Oftmals werden an den Pfeilen die Zeitabstände zwischen den Ereignissen vermerkt.

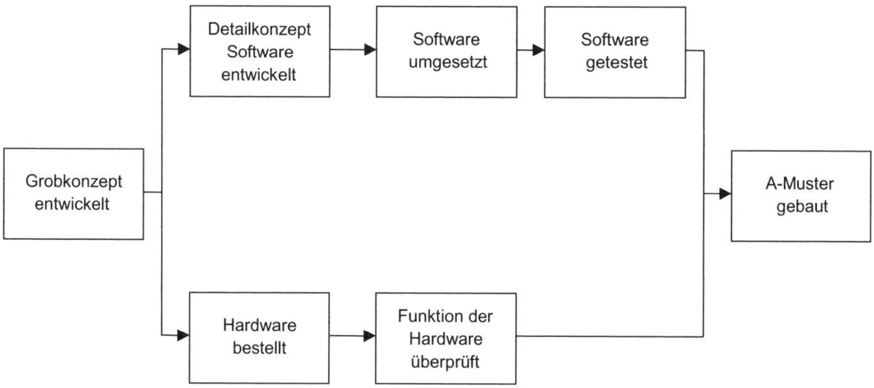

Abb. 2-43: Ereignisknoten-Netzplan

Beim Ereignisknoten-Netzplan treten die Vorgänge stark in den Hintergrund. Der Schwerpunkt liegt, wie der Name sagt, auf den Ereignissen, die hier meist den Charakter von wichtigen Meilensteinen annehmen. Diese Netzpläne werden daher v.a. als Übersichtspläne in Form von Meilenstein-Netzplänen genutzt. Die vereinfachten Pläne mit den Meilensteinen und ihrer Reihenfolge können als übersichtliches Informations- und Kontrollinstrument für die Geschäftsführung eingesetzt werden. Zudem bietet sich ein Ereignisknoten-Netzplan an, wenn detaillierte Informationen über die Vorgänge fehlen (z.B. bei Forschungs- und Entwicklungsprojekten) (vgl. *Schwarze* [Netzplantechnik] 103 und 107f.).

Als bekanntestes Beispiel für einen Ereignisknoten-Netzplan gilt die **„Program Evaluation and Review Technique" (PERT)**, die Ende der 50er Jahre in den USA entstand. PERT wurde damals für den Einsatz bei der US Navy entwickelt, die damit Hunderte von Zulieferern für ihr „Polaris U-Boot-Raketensystem" koordinieren wollte (vgl. *Burke* [Projektmanagement] 25). Im Rahmen der PERT-Methode wird explizit berücksichtigt, dass die Schätzung der Vorgangsdauern unter Ungewissheit erfolgt: Die Vorgangsdauer ist somit eine Zufallsvariable, die sich aus einer vorzugebenden Wahrscheinlichkeitsverteilung ergibt.

Um die relativ aufwändige, statistische Vorgehensweise zu vereinfachen, entwickelte man ein Modell auf der Grundlage einer **Dreizeitenschätzung**:

- Eine **häufigste Dauer** (h) als Zeitaufwand unter normalen Bedingungen,

- Eine **pessimistische Dauer** (p) als Zeitaufwand unter ungünstigen Bedingungen, d.h. bei Eintreten negativer Störfaktoren, die sich zeitverlängernd auswirken,
- Eine **optimistische Dauer** (o) als Zeitaufwand unter besonders günstigen Bedingungen, also die kürzestmögliche Dauer (vgl. *Zimmermann/Stark/ Rieck* [Projektplanung] 52).

Als Wahrscheinlichkeitsverteilung wird bei der PERT-Technik von einer Beta-Verteilung ausgegangen. Aus den drei geschätzten Werten wird auf dieser statistischen Grundlage eine „mittlere erwartete Dauer" berechnet. Sie ergibt sich als Durchschnitt von häufigster Dauer, pessimistischer Dauer und optimistischer Dauer, wobei die häufigste Dauer wesentlich stärker gewichtet wird, nach folgender Formel:

$$\text{Mittlere erwartete Dauer} = \frac{o + 4h + p}{6}$$

Die PERT-Methode ist grundsätzlich für Projekte gedacht, bei denen die Vorgangsdauern erheblich schwanken können, wie z.B. Forschungsprojekte. Es ist eine fundierte rechentechnische Unterstützung notwendig, um die Masse an Informationen entsprechend auswerten zu können.

(2) Vorgangspfeil-Netzplan

Die Vorgänge werden als Pfeile dargestellt, die Knoten symbolisieren die Ereignisse (vgl. Abb. 2-44). Bei dieser Variante des Netzplans stehen die Vorgänge im Mittelpunkt der Betrachtung, die Ereignisse sind von untergeordneter Bedeutung.

Bei Vorgangspfeil-Netzplänen kann es Schwierigkeiten bei der Darstellung parallel ablaufender Vorgänge und komplexer Abhängigkeiten geben.

Das wichtigste Beispiel für einen Vorgangspfeil-Netzplan ist die **„Critical Path Method" (CPM)**, die wie PERT in den 50er Jahren in den USA entstand. Im Mittelpunkt stand dabei die Zeit-Kosten-Wechselbeziehung: Wie wirkt sich eine Verkürzung des Projektes auf die Kosten aus? Einige Kosten werden tendenziell sinken (wie z.B. die Miete für Testanlagen), andere werden dagegen steigen (wie z.B. Kosten für Überstunden). Mit Hilfe der CPM können die Auswirkungen auch bei großen und sehr komplexen Projekten relativ überschaubar modelliert werden (vgl. *Burke* [Projektmanagement] 24).

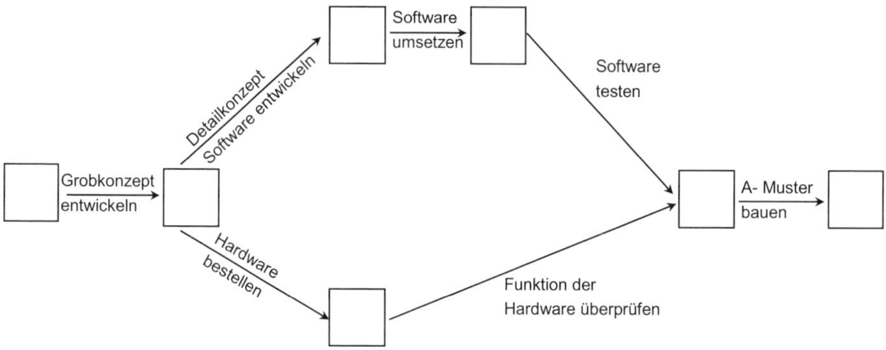

Abb. 2-44: Vorgangspfeil-Netzplan

(3) Vorgangsknoten-Netzplan

Die Vorgänge werden als Knoten, die Anordnungsbeziehungen als Pfeile zwischen den Knoten dargestellt (vgl. Abb. 2-45).

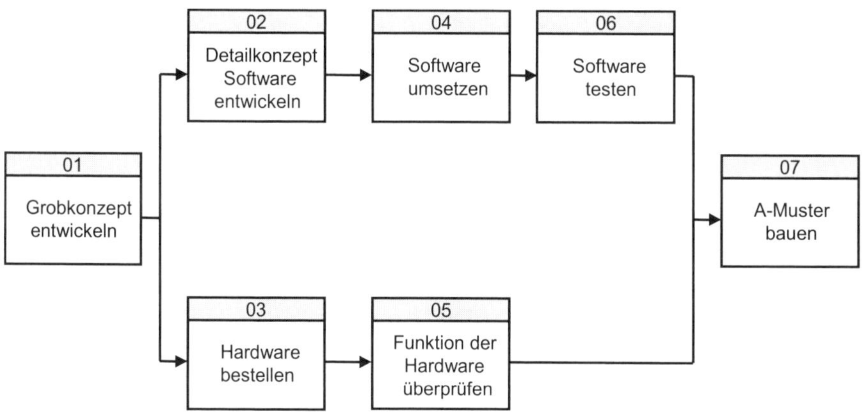

Abb. 2-45: Vorgangsknoten-Netzplan

Diese Darstellungsform bietet die Möglichkeit, alle wichtigen Informationen über den Vorgang aufzunehmen, ohne dass der Netzplan zwingend an Übersichtlichkeit und Lesbarkeit verliert. Hierbei kämen beispielsweise in Frage (vgl. *Schwarze* [Netzplantechnik] 95f.):

- Eine Vorgangsnummer
- Eine kurze Beschreibung des Vorganges
- Die Dauer

- Der früheste und späteste Anfang
- Das früheste und späteste Ende
- Pufferzeiten (Zeitreserven)
- Kostenstellennummern
- Benötigte Mitarbeiter
- Benötigte Maschinen

Ein Knoten könnte somit, je nach notwendiger Information, folgendermaßen aussehen:

Vorgangs-Nr.	Projekt-Nr	Teilproj.-Nr.	Kostenstelle
Vorgangsbeschreibung			
Dauer	FAZ	GP	FEZ
Priorität	SAZ	FP	SEZ

Vorgangs-Nr.	Vorgangsbeschreibung		
Projekt-Nr			
Teilproj.-Nr.			
Kostenstelle	Dauer	FAZ	FEZ
Arbeitskr. A	Maschinen I	GP	FP
Arbeitskr. B	Maschinen II	SAZ	SEZ

Legende: FAZ = frühester Anfangszeitpunkt SAZ = spätester Anfangszeitpunkt GP = gesamte Pufferzeit
FEZ = frühester Endzeitpunkt SEZ = spätester Endzeitpunkt FP = freie Pufferzeit

Abb. 2-46: Zwei alternative Darstellungen eines Vorgangsknotens (Quelle: *Schwarze* [Netzplantechnik] 96)

Allerdings sollten auch nicht zu viele Informationen in die Knoten integriert werden, da ansonsten der Netzplan leicht unübersichtlich werden kann.

Ereignisse werden im Rahmen des Vorgangsknoten-Netzplans nicht dargestellt. Will man bei dieser Methode dennoch Meilensteine als besonders wichtige Ereignisse darstellen, so ist dies mit einem speziell gekennzeichneten Vorgang möglich.

Die bekannteste Variante eines Vorgangsknoten-Netzplans stellt die **„Metra-Potencial-Method" (MPM)** dar, die ebenfalls in den späten 50er Jahren entwickelt wurde. Vorgangsknoten-Netzpläne werden derzeit in Theorie und Praxis am häufigsten eingesetzt (vgl. *Zimmermann/Stark/Rieck* [Projektplanung] 59 und *Patzak/Rattay* [Projektmanagement] 258). Auch für unser Beispiel im folgenden Abschnitt wird daher ein Vorgangsknoten-Netzplan zugrunde gelegt.

Zwei der drei vorgestellten Varianten der Netzplantechnik (CPM und MPM) gehören zu den **deterministischen Netzplänen**. Man geht hier davon aus, dass der Projektablauf im Rahmen der Planung relativ genau festgelegt werden kann. Dies ist in der Realität nicht immer der Fall, insbesondere bei Projekten in der Forschung und Entwicklung oder bei Markteinführungsprojekten. Bei diesen Projekten wird oftmals erst während der Projektumsetzung entschieden, ob bestimmte Vorgänge überhaupt oder erst zu einem späteren Zeitpunkt angegangen werden sollen.

In diesem Fall werden oftmals **Entscheidungsnetzpläne** eingesetzt; sie werden auch **stochastische Netzpläne** genannt. Mit Hilfe eines Entscheidungsnetzplans können alternative Projektabläufe dargestellt werden. Dazu werden sog. Entscheidungsknoten verwendet, die eine Entscheidung über den weiteren Verlauf des Projektes symbolisieren. Manchmal ist es möglich, den verschiedenen alternativen Vorgängen Wahrscheinlichkeiten zuzuordnen. Auf diese Weise entsteht ein sog. **„Entscheidungsbaum“**, wie er in der Entscheidungslehre oder im Operations Research eingesetzt wird (zum Umgang mit einem Entscheidungsbaum vgl. z.B. *Bamberg/Coenenberg/ Krapp* [Entscheidungslehre] 242f. und 253ff. oder *Klein/Scholl* [Entscheidung] 419ff.). Vertiefende Ausführungen zur Darstellung, zu Besonderheiten und zum Umgang mit stochastischen Netzplänen finden sich z.B. bei *Schwarze* [Netzplantechnik] 136ff. oder *Corsten/Corsten/Gössinger* [Projektmanagement] 226ff., zur Auswertung stochastischer Netzpläne vgl. *Domschke/Drexl* [Operations Research] 236ff.

Da in der Praxis vorwiegend die deterministische Netzplantechnik eingesetzt wird, werden wir uns im Folgenden auf diese Art von Netzplänen konzentrieren.

6.6.2.3 Die Arbeit mit einem Netzplan

Beim Arbeiten mit einem Netzplan wird gewöhnlich folgendermaßen vorgegangen:

(1) **Strukturanalyse und Entwurf des Netzplans:** Die Projektaufgabe wird in Vorgänge und/oder Ereignisse zerlegt und die logischen Zusammenhänge werden erfasst.

(2) **Zeitanalyse:** Der erste Schritt der Zeitanalyse besteht je nach Art des Netzplans in der Schätzung der Vorgangsdauern bzw. der Dauern zwischen den Ereignissen. Anschließend können der sog. „Kritische Pfad“ und die Zeitreserven berechnet werden.

(3) **Optimierung des Netzplans:** Bei der Erstellung eines Netzplans gibt es i.d.R. keine „optimale Lösung“. Man versucht, aus einer Vielzahl möglicher Lösungen eine Lösung herauszufiltern, die aufgrund der technischen und terminlichen Rahmenbedingungen durchführbar erscheint und zudem eine möglichst gute Zielerreichung verspricht. Es handelt sich hierbei um einen iterativen Prozess, da man die komplexen Zusammenhänge nur schwerlich „im ersten Wurf“ erkennen kann.

(4) **Nutzung für die Projektsteuerung und –kontrolle:** Der Netzplan kann für die Überwachung des Projektfortschritts eingesetzt werden. Im Laufe der Projektumsetzung werden Änderungen in den Netzplan eingebaut. Auf dieser Grundlage versucht man, die Auswirkungen der Änderungen zu antizipieren.

6.6.2.3.1 Strukturanalyse und Entwurf des Netzplans

Die Zerlegung der Projektaufgabe und die Erfassung der Zusammenhänge wurden bereits eingehend diskutiert. Es soll allerdings noch kurz auf verschiedene praxisrelevante Problemstellungen und deren Lösung eingegangen werden.

Da ein Netzplan bei komplexen Projekten schnell unübersichtlich werden kann, wird der Gesamtnetzplan in der Praxis oftmals in Anlehnung an den Projektstrukturplan in einzelne **Teilnetzpläne** aufgeteilt. Hierbei muss besonders auf die umfassende Darstellung der Schnittstellen zwischen verschiedenen Teilnetzplänen geachtet werden.

In vielen Unternehmen werden häufig Projekte des gleichen Projekttyps abgewickelt (z.B. Applikationsprojekte für die Anpassung eines Produktes auf Kundenbedürfnisse). Um den Entwurf eines Netzplans für diese Projekttypen zu erleichtern, werden oftmals **Standard-Netzpläne** entwickelt, in denen die bisherigen Erfahrungen aus anderen Projekten gebündelt werden. Diese Standard-Netzpläne werden dann an die speziellen Bedürfnisse angepasst, die sich aus dem konkreten Projekt ergeben, z.B. durch Erweiterung des Netzplanes um neue Vorgänge.

6.6.2.3.2 Zeitanalyse

Zur Zeitanalyse gehören

- die Schätzung der Dauern,
- die relative Terminrechnung mit der Vorwärts- und der Rückwärtsrechnung,
- die Ermittlung von Zeitreserven.

Die Berechnung von Zeitreserven ist untrennbar verbunden mit dem Konzept des „Kritischen Pfades“ und mit der Erkennung von Pufferzeiten.

(1) Schätzung der Dauern

Die Erledigung der Aufgaben, die in einem Vorgang enthalten sind, benötigt Zeit. Jeder Vorgang ist mit einem bestimmten Arbeitsaufwand verbunden. Um die Dauer eines Vorgangs abzuschätzen, ist i.d.R. auch eine erste grobe Planung der personellen Ressourcen notwendig (vgl. Abschnitt 6.5.1).

(2) Relative Terminrechnung

Als Grundlage für die Zeitplanung muss zunächst für jeden Vorgang bestimmt werden, wann er

- frühestens anfangen kann (Frühestmöglicher Anfangszeitpunkt (FAZ)),
- frühestens beendet sein kann (Frühestmöglicher Endzeitpunkt (FEZ)),
- spätestens anfangen kann (Spätestnotwendiger Anfangszeitpunkt (SAZ)),

- spätestens beendet sein muss (Spätestnotwendiger Endzeitpunkt (SEZ)).

Gibt es keine Zeitreserven bei einem Vorgang, so sind die frühesten bzw. spätesten Zeitpunkte der Anfang bzw. das Ende.

(a) Vorwärtsrechnung

Im Rahmen der Vorwärtsrechnung werden die frühesten Anfangszeitpunkte (FAZ) und frühesten Endzeitpunkte (FEZ) berechnet. Hierbei ist darauf zu achten, dass ein Vorgang frühestens dann beginnen kann, wenn alle Vorgänger abgeschlossen sind.

Das folgende **Beispiel** verdeutlicht die Vorgehensweise bei der Vorwärtsrechnung. Hierfür wollen wir wieder das Beispiel von S. 74f. aufgreifen:

Das betrachtete Unternehmen plant das Projekt, die Datenbanklösung für eine Bank zu erstellen. Wir vereinfachen die Vorgehensweise etwas und konzentrieren uns lediglich auf den Ablauf bis zur Erstellung des ersten Prototyps (A-Muster) eines mit der Datenbank bestückten PCs.

Zunächst wird ein Grobkonzept erarbeitet, das die weitere Vorgehensweise bezüglich der Software und der Hardware betrifft. Die Hauptaufgabe besteht in der Entwicklung der Software; die Hardware wird für den Prototyp von einem Lieferanten zugekauft. Hierbei handelt es sich um den gleichen PC-Typ, auf dem dann die Software bei der Bank letztendlich eingesetzt werden soll. Nach Lieferung des PCs wird er auf seine Funktionstüchtigkeit überprüft. Der letzte Schritt besteht in der Verbindung von Hard- und Software zur Schaffung eines Prototyps.

Abb. 2-47 verdeutlicht die Vorgänge, die zur Herstellung des Prototyps notwendig sind.

Vorgangs-nummer	Beschreibung des Vorgangs	Dauer (in Tagen)	Vor-gänger	Nach-folger
01	Grobkonzept entwickeln	4	-	2 und 3
02	Detailkonzept Software entwickeln	5	1	4
03	Hardware bestellen	7	1	5
04	Software umsetzen	10	2	6
05	Funktion der Hardware überprüfen	1	3	7
06	Software testen	2	4	7
07	A-Muster bauen	1	5 und 6	-

Abb. 2-47: Tabelle zur Beschreibung der Vorgänge im Beispiel

In einem ersten Schritt werden die Vorgänge lediglich gesammelt, in einem nächsten die Dauer geschätzt und abschließend die Vorgänger und Nachfolger bestimmt.

Dieses Beispiel würde in der Realität wahrscheinlich nicht mit Hilfe eines Netzplans geplant, da es relativ überschaubar ist. Allerdings wählen wir hier eine hoch aggregierte Ebene für die Vorgänge (Arbeitspaketebene), um uns auf die Darstellung der Vorgehensweise konzentrieren zu können.

Entsprechend der Darstellung in DIN 69900:2009-01 werden die Vorgangsknoten folgendermaßen aufgebaut:

<table>
<tr><td colspan="3">Vorgangsnummer</td></tr>
<tr><td colspan="3">Beschreibung des Vorgangs</td></tr>
<tr><td>Anfangszeitpunkte:
FAZ
SAZ</td><td>Dauer

Gesamtpuffer</td><td>Endzeitpunkte:
FEZ
SEZ</td></tr>
</table>

Abb. 2-48: Darstellung eines Vorgangsknotens im Beispiel

Nun wird mit den vorhandenen Angaben der Netzplan gezeichnet:

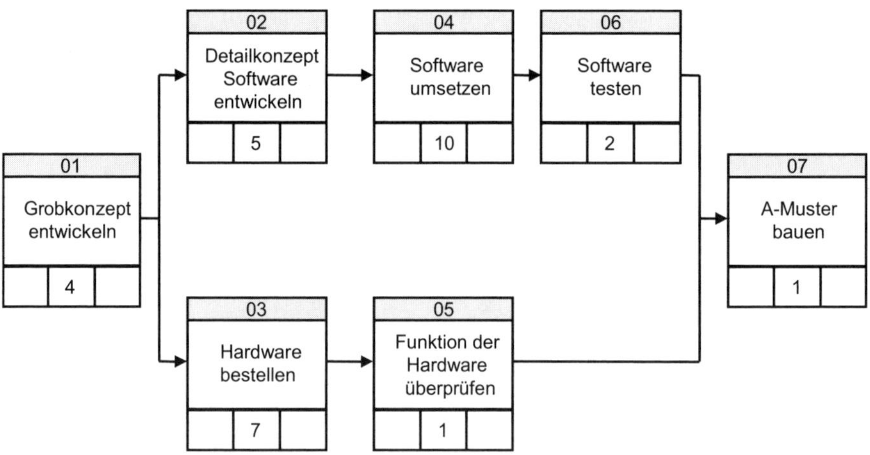

Abb. 2-49: Vorgangsknoten-Netzplan für das Beispiel

Jetzt können wir mit der sog. **Vorwärtsrechnung** beginnen, um das früheste Ende unseres Projektes zu berechnen. Der Startzeitpunkt entspricht dem

Zeitpunkt 0. Mit dem Arbeitspaket kann gleich begonnen werden, also ebenfalls zum Zeitpunkt 0. Für die Erstellung des Grobkonzeptes wurden 4 Tage veranschlagt, d.h. der Vorgang kann frühestens nach 4 Tagen beendet sein. Sobald das Grobkonzept steht, kann mit dem Detailkonzept für die Software begonnen werden. Kann das Detailkonzept tatsächlich in den veranschlagten 5 Tagen fertig gestellt werden, erreichen wir einen FEZ von 9. Zeitgleich, also ebenfalls in Zeitpunkt 4, wird die Hardware bestellt, für deren Lieferung 7 Tage einzukalkulieren sind, d.h. der FEZ liegt bei Zeitpunkt 11.

Die weiteren frühestmöglichen Anfangs- und Endzeitpunkte werden ebenso berechnet. Eine besondere Schwierigkeit bereitet allerdings die Berechnung der FAZ und FEZ von Vorgang 07, denn Hardware und Software können erst dann zu einem Prototyp zusammengefügt werden, wenn beide Komponenten zur Verfügung stehen. Obwohl die Hardware bereits ab Zeitpunkt 12 verfügbar wäre, kann der Bau des A-Musters frühestens in Zeitpunkt 21 erfolgen, da erst jetzt die funktionstüchtige Software einsetzbar ist (vgl. Abb. 2-50).

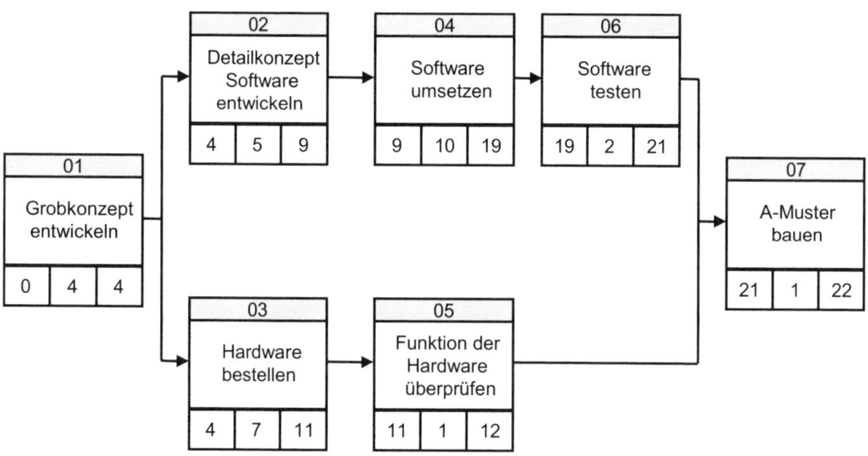

Abb. 2-50: Vorgangsknoten-Netzplan mit FAZ und FEZ

Das A-Muster könnte somit frühestens zum Zeitpunkt 22 zur Verfügung stehen.

(b) Rückwärtsrechnung

Die Rückwärtsrechnung dient der Beantwortung der Frage, wann alle Vorgänge spätestens beginnen bzw. abgeschlossen sein müssten, um den frühesten Projektendtermin aus der Vorwärtsrechnung erreichen zu können. Es geht also um die Berechnung der spätestnotwendigen Anfangs- und Endzeitpunkte.

Man nimmt nun das gerade im Rahmen der Vorwärtsrechnung gewonnene früheste Projektende als spätest zulässiges Projektende an und folgt dem Netzplan jetzt in der gegenläufigen Richtung. Sollte für das Projekt mehr Zeit zur Verfügung stehen, wird der entsprechende Endtermin als spätest zulässiges Projektende angesetzt.

Für die Fertigstellung des A-Musters wird 1 Tag benötigt, so dass dieser Vorgang spätestens zum Zeitpunkt 21 begonnen sein muss, wenn das Projektende weiterhin bei Zeitpunkt 22 liegen soll. Bei der Software ergeben sich keine Änderungen zwischen den frühstmöglichen und den spätestnotwendigen Anfangs- und Endzeitpunkten, d.h. es gibt dort keine Zeitreserven. Bei der Hardware sind allerdings Reserven feststellbar: Die Hardware steht frühestens zum Zeitpunkt 12 funktionstüchtig zur Verfügung, müsste aber erst spätestens zum Zeitpunkt 21 einsetzbar sein.

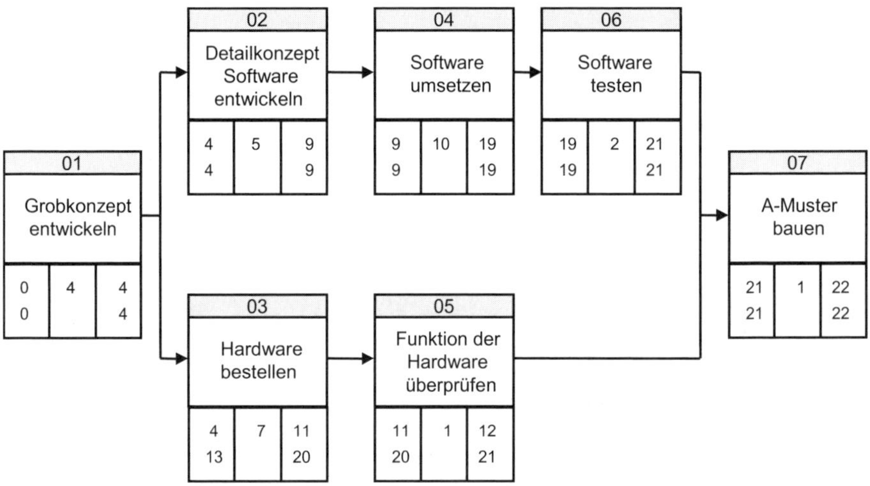

Abb. 2-51: Netzplan mit Vorwärts- und Rückwärtsrechnung

(3) Ermittlung von Zeitreserven

(a) „Kritischer Pfad"

Der „Kritische Pfad" besteht aus Vorgängen ohne Zeitreserven, d.h. eine zeitliche Änderung wirkt sich automatisch auf den Endtermin des Netzplanes aus. Die Vorgänge des „Kritischen Pfades" bedürfen daher besonderer

Aufmerksamkeit der Projektleitung, denn Verzögerungen bei diesen Vorgängen gefährden den vereinbarten Projektendtermin.

Im Beispiel kann man den Kritischen Pfad deutlich daran erkennen, dass bei den betreffenden Vorgängen die FAZ der SAZ und die FEZ der SEZ entsprechen. Er verläuft entlang der Vorgänge, die sich mit der Software-Planung und -Umsetzung beschäftigen (Vorgänge 02, 04, 06).

(b) Pufferzeiten

Es können zwei **Arten von Pufferzeiten** berechnet werden:

- Der **Gesamtpuffer** als Differenz der Frühesten Anfangszeit (FAZ) und der Spätesten Anfangszeit (SAZ). Er gibt an, wie weit sich ein Vorgang verschieben lässt, ohne eine Verzögerung des Projektendes zu verursachen.

  Im obigen Beispiel gibt es bei den Vorgängen 03 und 05, also bei der Bestellung und Funktionsprüfung der Hardware, Zeitreserven. Bei Vorgang 03 entspricht die Differenz von Spätester und Frühester Anfangszeit 9 Tagen. Für die rechtzeitige Fertigstellung des A-Musters würde es also auch genügen, die Hardware am Tag 13 zu bestellen bzw. die Lieferung der Hardware dürfte sich um 9 Tage verzögern.

  Die Zeitreserve bei Vorgang 05 beträgt ebenfalls 9 Tage. Diese 9 Tage dienen als Gesamtpuffer für beide Vorgänge: Sollten die gesamten 9 Tage bereits bei Vorgang 03 benötigt werden, so gibt es keinen Puffer mehr für Vorgang 05. Werden Teile des Puffers für Vorgang 03 aufgebraucht, so reduziert sich der Puffer von Vorgang 05 entsprechend.

- Der **Freie Puffer** ist die „Zeitspanne, um die ein Ereignis bzw. Vorgang gegenüber seiner frühesten Lage verschoben werden kann, ohne die früheste Lage anderer Ereignisse bzw. Vorgänge zu beeinflussen“ (DIN 69900:2009-01).

  In unserem Beispiel gibt es einen freien Puffer bei Vorgang 05: Die früheste Endzeit (FEZ) von 12 kann um 9 Tage verschoben werden, ohne dass die früheste Anfangszeit (FAZ) des Nachfolgers „A-Muster bauen“ gefährdet wird. Gibt es mehrere Nachfolger, so wird der freie Puffer als Differenz des kleinsten frühesten Anfangs aller Nachfolger des betrachteten Vorgangs und dem frühesten Ende des betrachteten Vorgangs berechnet (vgl. *Schwarze* [Netzplantechnik] 155).

6.6.2.3.3 Optimierung des Netzplans

Auf der Grundlage der Zeitanalyse ergibt sich ein erstes Bild der bisherigen Projektplanung mitsamt der Abhängigkeiten zwischen den Arbeitspaketen, den kritischen Pfaden und den vorhandenen Puffern. Erst jetzt beginnt die eigentliche Arbeit mit dem Netzplan: Was bedeuten diese Abhängigkeiten und wie sollte ich den Ablauf gestalten, damit ich eine möglichst gute Lösung im Sinne einer wirklich guten Zielerfüllung unter den gegebenen Restriktionen erreiche? Durch das graduelle und iterative Verbessern der Abläufe nähert man sich einer „möglichst optimalen" Lösung an.

Zunächst werden die Arbeitspakete, insbesondere diejenigen auf dem kritischen Pfad, daraufhin untersucht, inwieweit Arbeiten parallelisiert und damit zeitlich überlappend gestaltet werden können. Dadurch können sich neue Puffer ergeben, die auch die kritischen Pfade ändern können.

Anschließend kommt der entscheidende Schritt der **Zeit-Kosten-Optimierung**: In den meisten Projekten wird Zeitverzug mit Strafen, sog. Pönalzahlungen, belegt. Eventuell winken auch Bonuszahlungen für eine schnellere Fertigstellung des Projektes oder es entgehen dem Unternehmen anderweitig Gewinne, z.B. durch einen früheren Auftritt mit einem neuen Produkt auf dem Markt.

Man vergleicht also zunächst die momentan geplante Gesamtdauer mit der vom Kunden vorgesehenen Dauer, abgeleitet vom vorgegebenen Endtermin. Bei Abweichungen müssen diese Zusatzkosten bzw. Zusatzerträge den Kosten gegenübergestellt werden, die durch Beschleunigungsmaßnahmen entstehen würden.

Als **Beschleunigungsmaßnahmen** kommen in Frage (vgl. *Patzak/Rattay* [Projektmanagement] 272):

- **Überlappung von Arbeitspaketen (Fast Tracking)**
  Man lässt ein Arbeitspaket beginnen, bevor dessen Vorgänger ganz abgeschlossen ist, obwohl die Arbeitspakete logisch eigentlich hintereinander gehören und somit das eine Arbeitspaket abgeschlossen sein sollte, ehe das andere beginnen kann. Ein sehr drastisches Beispiel könnte sein, die Auslieferung eines Produktes zu beginnen, bevor die Systemtests vollständig abgeschlossen sind. Dieses Beispiel zeigt, dass Fast Tracking hohe Risiken mit sich bringen kann. Die möglichen Auswirkungen der Überlappung der Arbeitspakete müssen daher sehr genau durchdacht und entsprechende Maßnahmen eingeplant werden.

- **Verdichtung (Crashing)**
  Arbeitspakete können durch Kapazitätsmaßnahmen grundlegend verkürzt werden. Hier kommen beispielsweise Überstunden, das Bereitstellen weiterer Ressourcen, die Vergabe von Arbeitspaketen an spezialisierte Unterauftragnehmer oder die Bereitstellung von Bonuszahlungen für die Mitarbeiter in Frage. Eine Verdichtung ist allerdings nicht für jedes Arbeitspaket geeignet und kann zu Mehrkosten führen.

- **Technologische Maßnahmen**
  Hier kommen beispielsweise ein Technologiewechsel, das Splitten von Vorgängen, das Eingehen höherer Risiken, z.B. durch Minimierung der Testläufe, oder das Einplanen leistungsfähigerer Ressourcen zum Einsatz.
- **Organisatorische Maßnahmen**
  Ein Beispiel könnte hier die Umbesetzung des Teams sein, die sich aber auch kontraproduktiv auswirken kann, z.B. in Form von Motivationsverlusten bei den verbleibenden Teammitarbeitern.

Die **Optimierung** kann dann nach folgender Logik erfolgen (vgl. *Patzak/ Rattay* [Projektmanagement] 270ff.):

1. Konzentration auf den kritischen Pfad bzw. die kritischen Pfade
2. Einsatz von Beschleunigungsmaßnahmen an jenen Stellen, bei denen das Kosten-Nutzenverhältnis am günstigsten erscheint. In der Praxis wird häufig an dem frühestmöglichen Vorgang angesetzt, der sich für eine Beschleunigung eignet. Auf diese Weise soll das Projektrisiko minimiert werden.
3. Festlegung des Ausmaßes der Beschleunigung: Ende der Beschleunigung, wenn der nächste Pfad kritisch wird

6.6.2.3.4 Nutzung für die Projektsteuerung und –kontrolle

Wurde ein Netzplan entworfen und optimiert, so bietet er eine gute Grundlage für die Projektsteuerung, wenn die tatsächlichen Vorgänge und Dauern verfolgt und in einem aktualisierten Netzplan nachgehalten werden. Auf diese Weise können die Auswirkungen von eventuellen Änderungen auf andere Vorgänge und Termine konkret abgeschätzt werden.

Die Änderung eines Netzplans war in früheren Zeiten ohne **Softwareunterstützung** ein sehr aufwändiges Unterfangen. Mittlerweile sind Änderungen mit Hilfe des PCs gut nachzuvollziehen und mit einem überschaubaren Aufwand verbunden. Die meisten Softwarepakete für das Projektmanagement nutzen die Ablaufplanung als Grundlage für die weiteren Teilprozesse der Planung, wie die Kosten- und die Ressourcenplanung sowie für die Projektsteuerung (vgl. *Meyer* [Projektablaufplanung] 314).

6.6.2.4 Kritische Würdigung

Abschließend sollen die Vor- und Nachteile der Netzplantechnik genauer untersucht werden (vgl. z.B. *Schelle* [Projekte] 135ff., *Schwarze* [Netzplantechnik] 106f.).

Vorteile der Netzplantechnik:

- Mit Hilfe der Netzplantechnik können komplizierte Abhängigkeiten im Projektablauf dargestellt werden, d.h. der Netzplan schafft Transparenz. Hierzu ist es notwendig, das gesamte Projekt exakt zu durchdenken und eventuelle Probleme zu antizipieren.
- Grundsätzlich kann in einem Netzplan der Ablauf eines Projektes geplant werden, ohne dass die Dimension „Zeit" zunächst im Vordergrund steht, d.h. man plant wahrscheinlich realistischere Zeitaufwände, als wenn man die Auswirkungen auf die Terminlage im gleichen Schritt fokussiert.
- Die Netzplantechnik ermöglicht eine detaillierte Zeitplanung und die Erkennung des „Kritischen Pfades", bei dem Zeitabweichungen die Erreichung des geplanten Endtermins gefährden können. Die Vorgänge auf dem „Kritischen Pfad" sind jedoch genauso Ansatzpunkte zur Verkürzung der Gesamtprojektdauer, also zur Zeitoptimierung (vgl. *Schmitz/Windhausen* [Projektplanung] 77).
- Werden die tatsächlichen Ist-Werte für die Aktualisierung des Netzplans genutzt, so ist die Netzplantechnik eine sinnvolle Grundlage für die begleitende Projektsteuerung und –kontrolle. Die Konsequenzen von Abweichungen für die Durchführung weiterer Vorgänge und die termingerechte Erreichung von Meilensteinen können auf diese Weise frühestmöglich untersucht und zur Ableitung von entsprechenden Gegenmaßnahmen genutzt werden.
- Durch die klare Visualisierung der Abhängigkeiten trägt der Netzplan zu einer verbesserten Zusammenarbeit und Koordination der Projektbeteiligten bei.
- Mit Hilfe der graphischen Darstellung kann leichter überprüft werden, inwieweit alle Vorgänge berücksichtigt wurden und ihre Einordnung im Ablauf stimmt.
- Ein Netzplan führt dem Planenden die Größe eines Projektes anschaulich vor Augen.
- Der Netzplan dient als Grundlage für die weitere Planung, z.B. der Ressourcen und der Kosten. Die notwendigen Informationen können beispielsweise in einem Vorgangsknoten-Netzplan explizit vermerkt werden.
- Die Erstellung und Verwendung von Standardnetzplänen kann zu einer Verbesserung der Planungsqualität für ähnliche Projekte führen. Insbesondere die Schätzgenauigkeit der Dauern und somit der Termine sowie der notwendigen Ressourcen könnte durch die Nutzung der zurückliegenden Erfahrungen verbessert werden. Zudem kann ein Standardnetzplan die Effizienz der Projektplanung steigern.

Nachteile bzw. Probleme der Netzplantechnik:

- Die Netzplantechnik ist ein relativ aufwändiges Instrument, dessen Beherrschung in Planung und Analyse einige Übung erfordert. Meist sind Schulungen notwendig, um das Instrument sinnvoll nutzen zu können.
- Erfolgt eine sehr detaillierte Planung, so kann die Netzplantechnik unübersichtlich und schwerfällig werden. Zudem kann ein zu hoher Detaillierungsgrad die Flexibilität des Projektteams reduzieren, da die genaue Beschreibung wie eine Reglementierung wirkt. Wird der Plan dagegen zu grob erstellt, könnten eventuelle Koordinations- und Abstimmungsnotwendigkeiten übersehen werden.
- Oftmals gibt es mehrere Möglichkeiten für die Reihenfolge von Abläufen, d.h. die Anordnungsbeziehungen sind nicht immer eindeutig. Für die Ausarbeitung der Planung kann es daher sinnvoll sein, verschiedene Methoden der Ablaufplanung zu kombinieren, z.B. zuerst eine Checkliste zur Identifikation der wichtigsten Vorgänge heranzuziehen und anschließend einen ersten Balkenplan zu zeichnen. Auf diese Weise kann man sich schrittweise über eine möglichst effiziente Anordnung der Vorgänge und Meilensteine Klarheit verschaffen.
- Ein Netzplan kann in unterschiedlichen Varianten gezeichnet werden. Der Nutzer muss sich also zunächst auf die vorliegende Variante (z.B. Darstellung der Knoten mit Anordnung von Anfangs- und Endzeitpunkten sowie Dauer und Puffer) einstellen.
- Bei deterministischen Netzplänen kann beim Nutzer der Eindruck entstehen, dass es lediglich einen einzigen möglichen Projektablauf gibt. Mit Hilfe der Netzplantechnik wird jedoch keine optimale Reihenfolge festgelegt, sondern eine sinnvolle Reihenfolge unter Berücksichtigung logischer Abhängigkeiten und der gegebenen Rahmenbedingungen (z.B. Kapazitäten, Termine). Sollten sich Probleme bei der Planung oder Realisierung des Projektes ergeben, kann es sehr wichtig sein, den Netzplan zu ändern.

Die Netzplantechnik kann eine hilfreiche, vielseitige und flexible Methode zur Planung, Steuerung und Kontrolle des Projektablaufes und der Projekttermine sein. Sie dient auch als wichtige Grundlage für die Ressourcen- und die Kostenplanung. Insbesondere bei großen Projekten kann es sich anbieten, die Netzplantechnik mit anderen Instrumenten der Projektablauf- und der Projektterminplanung zu kombinieren, wie z.B. dem Balkenplan.

6.7 Projektterminplanung

Im Rahmen der Projektablaufplanung wird die logische Anordnung der Aufgaben festgelegt, die im Projektverlauf erledigt werden müssen. Der nächste

Schritt besteht nun in der Ermittlung der Zeit für die in der Ablaufplanung beschriebene Aktivitätenfolge.

Folgende **Methoden der Terminplanung** werden unterschieden:

- Geschwindigkeitsdiagramm
- Terminliste
- Zeitfixierter Balkenplan
- Vernetzter Balkenplan
- Netzplan

Die Methoden weisen einen sehr unterschiedlichen Informationsbedarf und Komplexitätsgrad auf. Sie sollen von der einfachsten zur komplexesten Methode aufsteigend erörtert werden.

6.7.1 Geschwindigkeitsdiagramm

In einem Geschwindigkeitsdiagramm wird der Projektablauf mit Hilfe von Leistungskenngrößen verdeutlicht. Es handelt sich dabei um eine relativ grobe Darstellung.

Je nach Kenngröße unterscheidet man

- Weg-Zeit-Diagramme
- Mengen-Zeit-Diagramme
- Leistungs-Zeit-Diagramme

Abb. 2-52 beschreibt den Terminplan für den Bau einer Brücke in Form eines Weg-Zeit-Diagramms. Jedem Arbeitspaket wird eine gewisse Dauer zugeordnet und diese im Diagramm abgetragen.

Für ein solches Geschwindigkeitsdiagramm muss der Leistungsfortschritt sehr klar an einer bestimmten Leistungsgröße festgemacht werden können (wie im Beispiel der Abb. 2-52 an den gebauten Kilometern der Brücke). Zudem muss das Projekt relativ überschaubar sein, da das Diagramm schnell unübersichtlich wird.

6.7.2 Terminliste

Bei einer Terminliste (auch Terminplan genannt) werden alle Aufgaben mit ihren geschätzten Dauern sowie den geplanten Start- und Endterminen aufgeführt.

Die Terminliste in Abb. 2-53 geht auf unser Beispiel der Erarbeitung einer Datenbank aus Abb. 2-47 zurück; dabei werden fünf Arbeitstage in der Woche berücksichtigt.

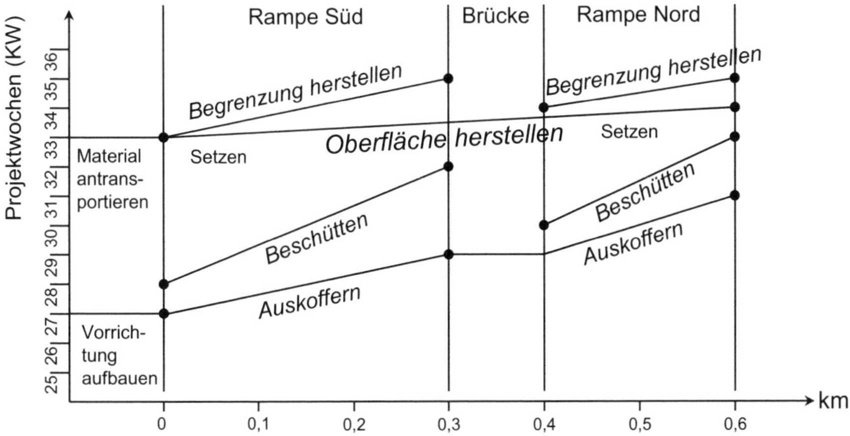

Abb. 2-52: Weg-Zeit-Diagramm
(Quelle: *Patzak/Rattay* [Projektmanagement] 250)

Vorgangs-nummer	Beschreibung des Vorgangs	Dauer	Start-termin	End-termin
01	Grobkonzept ent-wickeln	4	Mo, 01.02.10	Do, 04.02.10
02	Detailkonzept Soft-ware entwickeln	5	Fr, 05.02.10	Do, 11.02.10
03	Hardware bestellen	7	Fr, 05.02.10	Mo, 15.02.10
04	Software umsetzen	10	Fr, 12.02.10	Do, 25.02.10
05	Funktion der Hard-ware überprüfen	1	Di, 16.02.10	Di, 16.02.10
06	Software testen	2	Fr, 26.02.10	Mo, 01.03.10
07	A-Muster bauen	1	Di, 02.03.10	Di, 02.03.10

Abb. 2-53: Terminliste

Eine solche Liste kann dem Projektleiter gut als Grundlage für die Vereinbarung von Lieferterminen mit den Verantwortlichen für bestimmte Arbeitspakete dienen. Die endgültige Liste wird dann wahrscheinlich eher die Endtermine beinhalten und insbesondere der Überwachung des Projektfortschritts dienen (vgl. Abschnitt 8.2.1).

Eine Terminliste ist einfach zu erstellen und zu verstehen. Allerdings sind Abhängigkeiten in der Liste nicht direkt zu sehen, fließen aber mittelbar mit in die Erstellung der Liste ein. Dies hat zur Folge, dass die Methode nur bei relativ einfachen, leicht überschaubaren Projekten angewendet werden sollte, bei denen wenige Verknüpfungen vorliegen. Ansonsten wird die Liste schnell unübersichtlich und zu komplex für den Anwender, der die Abhängigkeiten zwar bei der Erstellung mitdenken muss, sie aber nicht systematisch notieren kann.

6.7.3 Zeitfixierter Balkenplan

In einem Balkenplan werden die geplanten Dauern pro Arbeitspaket in graphischer Form als Balken dargestellt. Auf diese Weise soll die Übersichtlichkeit erhöht werden. Die einfachste Form eines Balkenplanes wird nach ihrem Erfinder, *Henry Lawrence Gantt*, als Gantt-Technik bezeichnet.

Die **Vorgehensweise** entspricht jener bei der Erstellung einer Terminliste: Zunächst werden die Arbeitspakete aufgelistet. Je nach gewünschtem Detaillierungsgrad der Planung können hier auch die einzelnen Aufgaben pro Arbeitspaket aufgeführt werden. Dann werden die Dauern geschätzt und die Start- und Endtermine abgeleitet.

Meistens werden Balkenpläne um **Meilensteine** ergänzt, die mit Hilfe einer Raute dargestellt werden: Bestimmte markante Ereignisse, die besonders wichtig für den weiteren Projektverlauf sind, werden mit in den Balkenplan integriert. Diese Meilensteinplanung dient als Grundlage für die spätere Kontrolle in Form einer Meilensteintrendanalyse, wie wir sie in Abschnitt 8.2.2.5 vorstellen werden. In Abb. 2-54 steht beispielsweise ein Meilenstein „A-Muster gebaut“ am Ende des Ausschnitts aus dem Projektplan, da dieses Arbeitsergebnis für den weiteren Projektablauf besonders erfolgskritisch ist.

Der zeitfixierte Balkenplan ermöglicht eine gute Übersicht über die geplante terminliche Lage der Arbeitspakete bzw. der einzelnen Aufgaben. Er ist aufgrund seines direkten Zeitbezugs gut verständlich und zeitliche Überlappungen werden schnell deutlich. Somit ist ein Balkenplan „das zentrale Visualisierungsmittel der Terminplanung und ein wichtiges Kommunikationsinstrument für das Projektmanagement“ (*Patzak/Rattay* [Projektmanagement] 255). Oftmals werden komplexe Projekte zunächst mit Hilfe der Netzplantechnik durchgeplant, dann aber zu Kommunikationszwecken in Balkenpläne übersetzt.

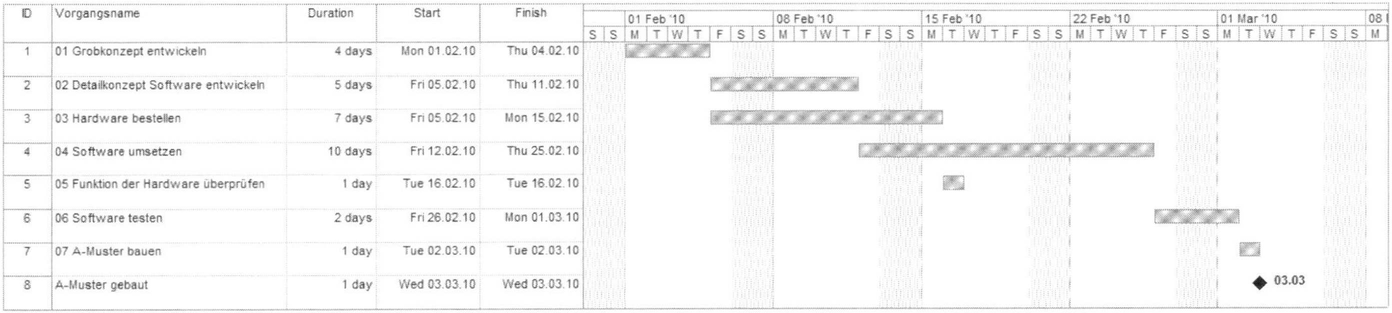

Abb. 2-54: Beispiel für einen zeitfixierten Balkenplan in der Projektmanagement-Software MS Project

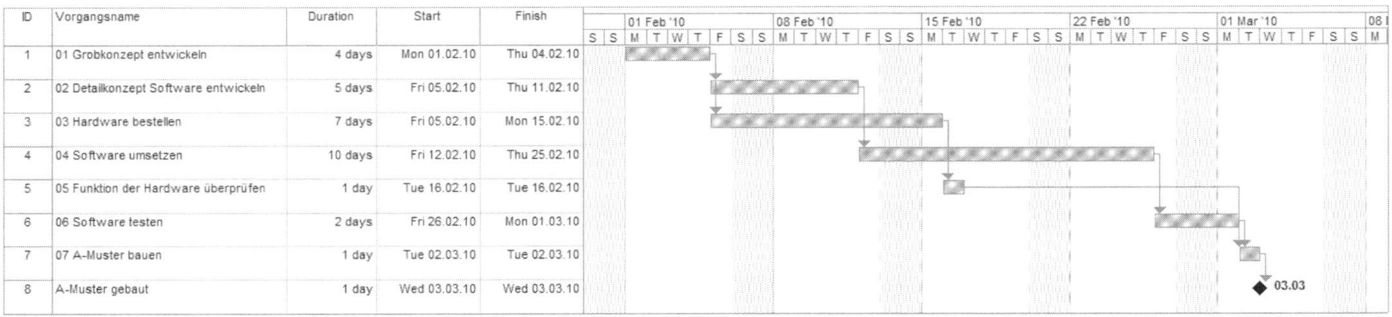

Abb. 2-55: Beispiel für einen vernetzten Balkenplan in der Projektmanagement-Software MS Project

Allerdings werden bei dieser Grundvariante des Balkenplans die Abhängigkeiten zwischen den verschiedenen Arbeitspaketen lediglich implizit gedanklich mit berücksichtigt, sind jedoch nicht explizit ausgewiesen. Dies erschwert die Anpassung des Balkenplans an neue Entwicklungen. Bei Änderungen muss dann besonders darauf geachtet werden, dass die Abhängigkeiten wieder mit in die Planung einfließen und nicht versehentlich übersehen werden. Diese Problematik steht bei der Weiterentwicklung zum vernetzten Balkenplan im Vordergrund.

6.7.4 Vernetzter Balkenplan

Bei vernetzten Balkenplänen werden zusätzlich zur zeitlichen Darstellung der Aufgabenpakete auch ihre logischen und ressourcenbedingten Abhängigkeiten mit in die Betrachtung einbezogen. Es handelt sich hierbei also um ein Instrument der Termin- **und** Ablaufplanung, wie es auch der Netzplan darstellt.

Die Vorgehensweise zur Erstellung des zeitfixierten Balkenplans wird um einen zusätzlichen Schritt erweitert: Nach der Auflistung aller Arbeitspakete und der Schätzung der jeweiligen Dauer werden die Abhängigkeiten mit ihren Auswirkungen auf die Zeitachse berücksichtigt (z.B. Wartezeiten). Zudem werden oftmals Meilensteine mit eingeplant, wie es auch bei den zeitfixierten Balkenplänen möglich ist.

Ein vernetzter Balkenplan verdeutlicht die kritischen Pfade und die zeitlichen Puffer im Projekt: Beispielsweise erkennt man in Abb. 2-55 auf einen Blick, dass Arbeitspaket 05 einen großen zeitlichen Puffer enthält. Da Arbeitspaket 05 unmittelbar von Arbeitspaket 03 abhängt, erstreckt sich der Puffer auf beide Arbeitspakete gemeinsam. Andererseits wird deutlich, dass die Arbeitspakete 01, 02, 04, 06 und 07 auf dem kritischen Pfad liegen, d.h. dass Verzögerungen in diesen Arbeitspaketen sich sofort negativ auf den Endtermin auswirken.

In einem vernetzten Balkenplan sind die meisten Informationen enthalten, die sich auch in einem Netzplan finden. Allerdings kann der Balkenplan relativ schnell an Übersichtlichkeit verlieren, je mehr Arbeitspakete mit verschiedenen Verknüpfungen zu berücksichtigen sind. Der vernetzte Balkenplan ist daher v.a. für relativ einfach strukturierte Projekte zu empfehlen, bei komplexen Aufgabenstellungen ist der Netzplan das geeignetere Instrument.

6.7.5 Netzplan

Die Netzplantechnik wurde bereits eingehend in Abschnitt 6.6.2 dargestellt. Ein Netzplan bietet auf der Grundlage der Ablaufplanung umfassende Möglichkeiten für die Termin-, Ressourcen- und Kostenplanung. An dieser Stelle soll lediglich auf die Bedeutung im Rahmen der Terminplanung eingegangen werden.

Für die Terminplanung müssen die Ergebnisse im Anschluss an die Zeitanalyse und die Optimierung des Netzplans noch in Kalendertermine umgerechnet werden. Die meisten Projektmanagement-Softwarepakete bieten die Möglichkeit, diese Umrechnung vorzunehmen. Sie berücksichtigen dabei Sonn- und Feiertage sowie andere arbeitsfreie Tage, wie z.B. Betriebsferien, und bieten die Möglichkeit, ggf. die Länge des Arbeitstages und die Länge der Arbeitswoche zu modifizieren (vgl. *Schelle* [Projekte] 140). Nun ist der Vergleich der geplanten Termine mit den Terminvorstellungen des Auftraggebers möglich.

Für die **Kalendrierung** müssen folgende Daten zur Verfügung stehen (vgl. *Patzak/ Rattay* [Projektmanagement] 269f.):

- Start- oder Endtermin des Projektes als Kalendertag
- Die übliche Arbeitszeit (z.B. fünf Arbeitstage pro Woche)
- Die Feiertage im Durchführungszeitraum
- Die Fixtermine
- Bei Planung eines Teilprojektes Ecktermine als Schnittstellen zum Gesamtprojektplan

6.8 Projektressourcenplanung

Die Terminplanung hängt eng mit der Ressourcenplanung für das jeweilige Projekt zusammen: Aufgrund der starken Wechselwirkungen entsteht eine optimierte Projektplanung zur Erreichung eines gewünschten Endtermins unter möglichst effizientem Ressourceneinsatz meist in einem iterativen Prozess. Beispielsweise kann ein Ressourcenbedarf in Höhe von 50 Manntagen entweder durch 2 Mitarbeiter gedeckt werden, die jeweils 25 volle Tage arbeiten, oder durch 10 Mitarbeiter, die 5 Tage für die Erfüllung der Aufgabe aufwenden müssen. Obwohl die 5 Tage vor dem Hintergrund eines festen Endtermins rein rechnerisch vielleicht eine gute Lösung sein könnten, muss dies nicht notwendigerweise der Fall sein: Es gibt empirische Untersuchungen, die belegen, „dass die Projektdauer nicht in gleichem Maße sinkt, wie zusätzliche Mitarbeiter eingesetzt werden. In bestimmten Fällen steigt sogar der erforderliche Zeitbedarf" (*Fiedler* [Controlling] 115). Dies dürfte größtenteils auf einen überproportionalen Anstieg der Kommunikationsbeziehungen zwischen den Teammitgliedern zurückzuführen sein.

Die **Ressourcenplanung** ermittelt und optimiert die während des Projektverlaufs benötigten Ressourcen in quantitativer und qualitativer Hinsicht.

Dabei sollen zum einen Engpässe aufgedeckt und beseitigt werden, zum anderen sollen Spitzenbelastungen und Unterbelastungen der Ressourcen vermieden werden (vgl. *Litke* [Projektmanagement] 107).

Unter **Projektressourcen** werden alle Einsatzmittel verstanden, die zur Durchführung eines Projektes notwendig sind.

Dabei unterscheidet man

- Personal, wie z.B. Projektteammitglieder, externe Berater, interne Linienmitarbeiter
- Sachmittel, wie z.B. Testgeräte, Räume, Maschinen
- Material, also die Bestandteile eines zu schaffenden Produktes, wie z.B. Speicherchips bei einem Navigationsgerät
- Finanzmittel.

Das Personal und die Finanzmittel spielen nahezu in allen Projekten eine entscheidende Rolle.

Je nach Projektart ergeben sich jedoch unterschiedliche zusätzliche Schwerpunkte bezüglich des Managements der Einsatzmittel: Im Anlagenbau sind meist teure Sachmittel, wie Kräne oder Spezialmaschinen, von großer Bedeutung, bei Produktentwicklungen kann das systematische Management des Materials, also der einzelnen Bestandteile des neuen Produktes, besonders wichtig sein. Die Ressource „Finanzmittel" beinhaltet genau genommen alle anderen Ressourcen bis zu einem gewissen Grad.

Die **Ressourcenplanung** verläuft gewöhnlich in vier Schritten:

(1) Ermittlung des Ressourcenbedarfs

(2) Ermittlung der verfügbaren Kapazität

(3) Vergleich von Kapazität und Bedarf

(4) Ressourcenoptimierung

Wir werden diese Vorgehensweise zunächst auf jene Ressource anwenden, der i.d.R. wohl die größte Bedeutung für den Projekterfolg zukommt: Das **Personal.** Anschließend gehen wir auf die Sachmittel- und die Materialplanung sowie die Finanzplanung ein.

6.8.1 Personalplanung

Patzak/Rattay befragten Projektmanager nach den Gründen für Schwierigkeiten in Projekten und erhielten folgende Antworten (vgl. *Patzak/Rattay* [Projektmanagement] 85ff.):

1. Nicht ausreichende Ressourcen
2. Unrealistisch gesetzte Terminziele
3. Unklare, nicht vereinbarte Projektziele
4. Mangelnde Verbindlichkeit und Motivation der Teammitglieder
5. Ungenügende Planung
6. Mangelhafte Kommunikation
7. Änderung der Ziele und des Mitteleinsatzes
8. Konflikte zwischen Projekt und Linienorganisation

Die meisten dieser Probleme lassen sich zumindest mittelbar auf Fehler in der Personalplanung bzw. bei der Umsetzung der Planung zurückführen. Oftmals werden eingeplante Ressourcen anderweitig eingesetzt, da es im Tagesgeschäft dringenden Bedarf gibt. Daher ist eine wichtige Voraussetzung für erfolgreiche Projektarbeit das anhaltende Commitment des internen Auftraggebers bezüglich der geplanten Ressourcenausstattung für das Projekt. Insbesondere bei internen Projekten werden zugesagte Ressourcen häufig zugunsten von Kundenprojekten umgewidmet.

Ein weiteres Problemfeld stellt die Zusammensetzung des Projektteams dar, denn nicht alle Mitarbeiter können gleich erfolgreich und effizient miteinander arbeiten. Zudem müssen die notwendigen Qualifikationen bei den betroffenen Mitarbeitern auch wie geplant vorhanden sein.

Wenden wir uns dem ersten Schritt der Personalplanung zu: Der Ermittlung des Ressourcenbedarfs im Verlauf des Projektes.

6.8.1.1 Ermittlung des Ressourcenbedarfs

Am Beginn der ersten Planung eines Projektes wird der Ressourcenbedarf meist **grob geschätzt**, ohne dass nach verschiedenen notwendigen Qualifikationen unterschieden wird. Es wird lediglich etwa ein bestimmter Personalbedarf an „Manntagen", „Mannwochen", „Mannmonaten" oder „Mannjahren" ausgewiesen. In der ersten Planung steht meist im Vordergrund, einen möglichst realistischen Blick auf die Gesamtdauer des Projektes und die erwarteten Gesamtkosten zu bekommen.

Im Rahmen einer verfeinerten Projektplanung werden den Arbeitspaketen die unterschiedlichen notwendigen Ressourcen zugeordnet. Bei der Personalplanung wird dabei **jedes Arbeitspaket** daraufhin untersucht, welche Qualifikationen für die Ausführung der anstehenden Aufgaben notwendig sind (beispielsweise Entwicklungsingenieure, Programmierer oder Controller), wie viele Mitarbeiter eingesetzt werden müssen, wie lange die Mitarbeiter gebraucht werden und wann sie genau zur Verfügung stehen müssen (vgl. *Fiedler* [Controlling] 132). Erst eine solche qualifikationsorientierte Bedarfsplanung ermöglicht genaue Aussagen über die Auslastung bzw. Überlastung einzelner Ressourcen. Der Bedarf für die einzelnen Arbeitspakete wird **je Mitarbeitergruppe mit gleicher Qualifikation** aggregiert.

DV-gestützte Projektmanagement-Tools wie MS-Project unterstützen und ermöglichen verschiedene Darstellungen der Ressourcenplanung, z.T. auch projektübergreifend.

Der Ressourcenbedarf für eine bestimmte Qualifikation kann sehr übersichtlich mit Hilfe eines **Belastungsdiagramms** dargestellt werden, das sinnvollerweise auf einem Netzplan beruht. Abb. 2-56 zeigt die einem Netzplan zugrunde liegenden Daten und ihre Überführung in ein Belastungsdiagramm für die Mitarbeitergruppe „Programmierer".

Vorgang	Vorgänger	Dauer	Ressourcenbedarf
A	-	5	10
B	-	20	4
C	A	25	2
D	A	20	4
E	B, C, D	12	4
F	B, C, D	15	5
G	C	10	3
H	E, F, G	2	1

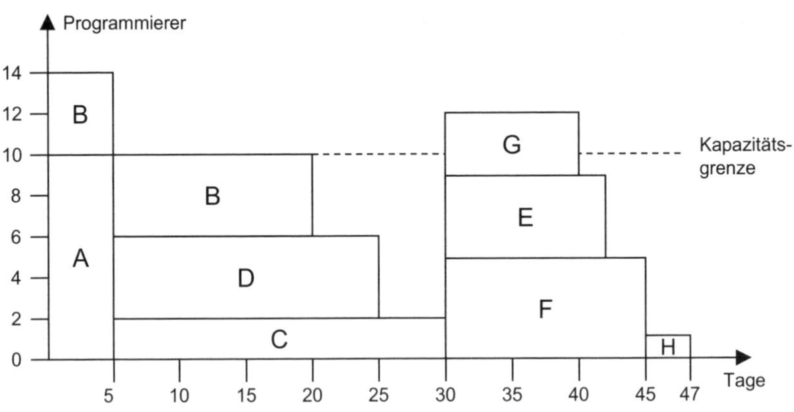

Abb. 2-56: Belastungsdiagramm für die Mitarbeitergruppe „Programmierer" (Quelle: *Horsch* [Projektmanagement] 239)

Alternativ ist es möglich, den Ressourcenbedarf nicht i.S. der Anzahl der benötigten Mitarbeiter, sondern den Aufwand in Zeiteinheiten pro Arbeitspaket und pro Monat abzutragen (vgl. Abb. 2-57). Dies ist v.a. dann sinnvoll, wenn der Aufwand nicht unbedingt gleichmäßig auf verschiedene Mitarbeiter verteilt werden soll oder bei mehreren Aufgaben eine Rundung auf „ganze Mitarbeiter" erfolgen müsste, die zu starken Verzerrungen führen könnte.

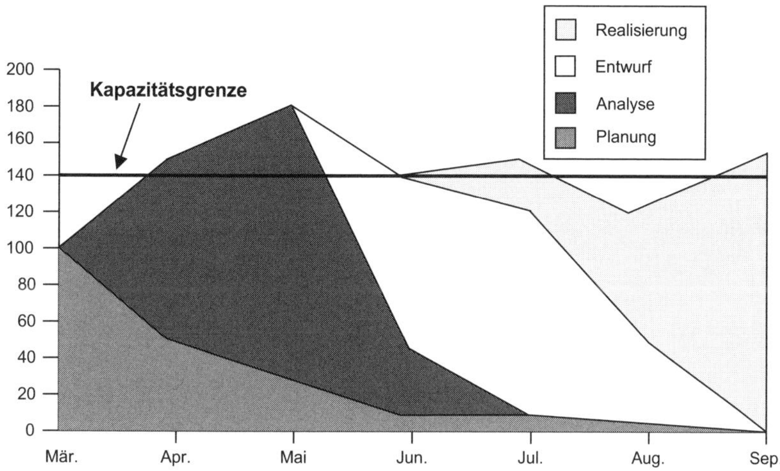

Abb. 2-57: Belastungsdiagramm mit Aufwänden
(Quelle: *Fiedler* [Controlling] 3. A., 123)

In beiden Abbildungen ist bereits das Ergebnis des nächsten Schritts eingezeichnet: Die Kapazitätsgrenze.

6.8.1.2 Ermittlung der verfügbaren Kapazität

Nachdem nun klar ist, welche Ressourcen wann und wie lange für das Projekt eingesetzt werden sollten, müssen diese Erkenntnisse den tatsächlich verfügbaren Kapazitäten gegenübergestellt werden. Auf diese Weise können Unter- und Überdeckungen erkannt und entsprechend vermieden werden.

Bei der Berechnung der **Verfügbarkeit des Personals** kann detailliert oder pauschal vorgegangen werden:

(1) Bei der **pauschalen** Vorgehensweise wird die durchschnittlich zur Verfügung stehende Netto-Arbeitszeit nach Abzug aller Samstage, Sonntage und Feiertage, Urlaubs-, Weiterbildungs- und durchschnittlichen Krankheitstage berechnet. Beispielsweise könnte man sehr pauschal 6 Wochen Urlaub und 2

Wochen Fehl- und Ausfallzeiten ansetzen. Auf diese Weise würden 10 Monate Arbeitszeit resultieren, die man mit der durchschnittlichen Arbeitszeit pro Monat multiplizieren kann, um die durchschnittlich zur Verfügung stehenden Jahresarbeitsstunden pro Mitarbeiter zu berechnen (vgl. *Burghardt* [Projektmanagement] 137f.).

(2) Im Zuge einer **detaillierten** Planung werden zeitliche Sprünge in der Verfügbarkeit für jeden einzelnen Monat mit eingeplant, z.B. in Urlaubszeiten, während umfassender Seminare oder aufgrund von Mitarbeiterfluktuation.

Die beiden Kapazitätsgrenzen in den obigen Abb. 2-56 und 2-57 beinhalten keine zeitlichen Sprünge und sind somit pauschal errechnet.

Bei der Berechnung der Verfügbarkeit des Personals ist zudem darauf zu achten, dass die Mitarbeiter auch anderweitig eingesetzt sein können, z.B. haben sie je nach Organisationstyp des Projektmanagements vielleicht Routineaufgaben in der Linienabteilung zu erledigen, der sie angehören, oder sie sind noch in weiteren Projekten engagiert.

Die Transparenz über die Verfügbarkeit des Personals sollte über alle Projekte gewährleistet sein (zur Multiprojektressourcenplanung vgl. S. 614).

6.8.1.3 Vergleich von Kapazität und Bedarf

In Abb. 2-56 ist in den ersten 5 Tagen und in den Tagen 30-40 ein Ressourcenengpass erkennbar: Es stehen durchschnittlich 10 Programmierer zur Verfügung, in den ersten 5 Tagen würden jedoch 14 Programmierer benötigt, in den Tagen 30-40 wären 12 Programmierer notwendig. Hier liegt also eine Unterdeckung bzw. eine Überauslastung der vorhandenen Ressourcen vor. In den Tagen 20-30 und den Tagen 40-47 gäbe es jedoch durchaus noch freie Kapazitäten, d.h. es ist eine Überdeckung bzw. eine Unterauslastung der vorhandenen Ressourcen festzustellen.

Auch in Abb. 2-57 zeigt das „Kapazitätsgebirge" Unter- und Überdeckungen: Im März, Juli und August stünden noch Ressourcen zur Verfügung, im April, Mai und Juni würde die Kapazitätsgrenze teilweise stark überschritten.

(1) Überschreitungen der Kapazitätsgrenze (Unterdeckungen)

Sie gefährden den Projekterfolg, denn wenn hier nicht eingegriffen wird und ein Kapazitätsausgleich erfolgt, wird dieser Ressourcenengpass das Projekt die ganze Projektlaufzeit über begleiten, quasi als eine Art „Berg von unerledigten Aufgaben", der immer vor sich her geschoben wird. Die Wahrscheinlichkeit, das Projekt mit der vereinbarten Qualität zu den geplanten Kosten zum entsprechenden Termin abschließen zu können, sinkt stark. Soll der Endtermin unbedingt gehalten werden, müssen wahrscheinlich zu einem bestimmten Zeitpunkt

Ressourcen aus anderen Projekten abgezogen werden, die in einer Art „Feuerwehraktion" mit hohen Kosten den termingerechten Abschluss gewährleisten. Oder es werden irgendwann Abstriche in der Qualität gemacht bzw. es ergeben sich Qualitätsmängel, da die systematische, aufeinander aufbauende Projektplanung nicht eingehalten werden kann und somit Aufgaben zu Zeitpunkten angegangen werden, an denen ihre Voraussetzungen noch nicht erfüllt sind.

(2) Unterauslastungen (Überdeckungen)

Sie bergen zwar kein Gefährdungspotenzial für das Projekt, sind aber v.a. aus wirtschaftlicher Sicht suboptimal. Oftmals ist es möglich, die Arbeiten so umzuverteilen, dass es nicht zu Ressourcenengpässen kommt.

Es stellt sich nun die Frage, wie diese Über- und Unterdeckungen zum Ausgleich gebracht werden könnten; dieses Thema wird im Zuge der Ressourcenoptimierung angegangen.

6.8.1.4 Ressourcenoptimierung

(1) Vorgehensweise

Für die Optimierung der Bereitstellung von Ressourcen gibt es grundsätzlich zwei Vorgehensweisen mit einem unterschiedlichen Fokus:

- Die terminorientierte Optimierung
- Die kapazitätsorientierte Optimierung

(a) Bei der **terminorientierten Optimierung** steht die Einhaltung eines geplanten Termins im Vordergrund. Alle Optimierungsmaßnahmen sind daher auf dieses Ziel ausgerichtet, d.h. es kann eventuell zu einer suboptimalen Kapazitätsauslastung kommen. Das Budget spielt in diesem Fall eine eher untergeordnete Rolle.

(b) Die **kapazitätsorientierte Optimierung** fokussiert auf die Verkürzung der Durchlaufzeit des Projektes bei Akzeptanz einer gewissen Kapazitätsgrenze. Das Budget sollte möglichst gering sein. Bis zu einem gewissen Grad sind dabei Terminverschiebungen akzeptabel (vgl. *Horsch* [Projektmanagement] 240).

Bei der Ressourcenoptimierung ist es unerlässlich, sich über die Prioritäten der verschiedenen Projektziele im Klaren zu sein und entsprechend die Optimierung der Ressourcen vorzunehmen.

(2) Maßnahmen zur Ressourcenoptimierung

Als konkrete Maßnahmen zur Ressourcenoptimierung kommen grundsätzlich **Veränderungen in den Arbeitspaketen** in Betracht (vgl. *Horsch* [Projektmanagement] 240ff.):

- Verschieben eines Arbeitspakets
- Strecken eines Arbeitspakets
- Stauchen eines Arbeitspakets
- Teilen eines Arbeitspakets

(a) Beim **Verschieben eines Arbeitspakets** wird das Ressourcenproblem über die Verlegung der Vorgänge gelöst. Dies ist natürlich nur dann möglich, wenn die zeitlichen und logischen Beziehungen zu den anderen Arbeitspaketen dies zulassen. Beispielsweise ergibt sich in Abb. 2-56 die Möglichkeit, das Arbeitspaket B so zu verschieben, dass es erst im Anschluss an Arbeitspaket A beginnt, da hier ein freier Puffer vorhanden ist.

(b) Das **Strecken eines Arbeitspakets** hat zur Folge, dass mehr Zeit für die Bearbeitung eingeplant wird. Auf diese Weise bleibt der Aufwand zwar gleich, doch der Ressourcenbedarf sinkt. In Abb. 2-56 können wir uns beispielsweise das Arbeitspaket G anschauen, für das ein Gesamtaufwand in Höhe von 30 Manntagen vorgesehen ist. In der bisherigen Planung würden drei Programmierer jeweils 10 Tage an dem Arbeitspaket arbeiten. Streckt man jedoch das Arbeitspaket auf 15 Tage, so würden rein rechnerisch zwei Programmierer für die Erledigung des Arbeitspakets ausreichen.

Wenn man genauso bei Vorgang E vorgehen würde (Streckung von 12 auf 16 Tage unter Senkung des Ressourcenbedarfs von 4 auf 3 Programmierer), wäre der in Abb. 2-56 dargestellte Ressourcenengpass gelöst (vgl. Abb. 2-58).

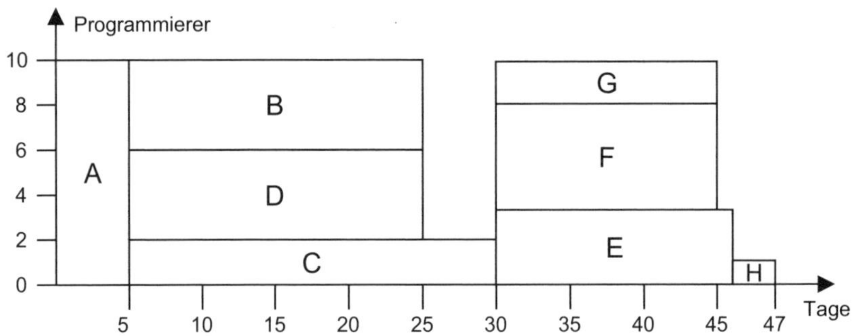

Abb. 2-58: Optimierter Ressourceneinsatz (Quelle: *Horsch* [Projektmanagement] 241)

(c) Das **Stauchen eines Arbeitspakets** führt zu einer zeitlichen Verkürzung und somit zu einer Erhöhung des Ressourcenbedarfs. In der Abb. 2-58 zugrunde liegenden Planung wäre dies eventuell für Arbeitspaket C sinnvoll, um die Arbeitspakete G, F und E entsprechend vorziehen zu können. Allerdings muss dann auch wieder eine Optimierung der Arbeitspakete B und D erfolgen, da ansonsten die Kapazitätsgrenze überschritten wird.

(d) Beim **Teilen** wird das Arbeitspaket in mehrere Teilpakete zerlegt und die Teile werden zeitlich so verschoben, dass das Ressourcenproblem gelöst werden kann.

Bei dieser Variante wird besonders deutlich, dass sich nicht alle Maßnahmen für jedes Arbeitspaket eignen: Es gibt sicherlich Arbeitspakete, die man beispielsweise aus technischen Gründen nicht aufteilen kann. Das Stauchen eines Arbeitspaketes würde voraussetzen, dass weitere Mitarbeiter auch tatsächlich sinnvoll zur Erledigung des Arbeitspakets beitragen können, was aufgrund der notwendigen Qualifikationen oder auch wegen langwieriger Abstimmungsprozesse bei der Aufteilung der Aufgaben nicht immer sichergestellt ist. Auch das Strecken eines Arbeitspakets macht eventuell keinen Sinn, wenn unbedingt eine bestimmte Kombination von Mitarbeitern zur Erledigung des Arbeitspaketes notwendig ist.

Es ist also zusammenfassend festzustellen, dass die Optimierung der Ressourcen zunächst stark von der Gewichtung der Projektziele in der Projektdefinition und dann im Detail von den Eigenheiten des jeweiligen Arbeitspakets und den logischen und zeitlichen Zusammenhängen zwischen den Arbeitspaketen abhängt.

Zudem können weitere Maßnahmen in Betracht gezogen werden, die nicht an den Arbeitspaketen ansetzen, sondern völlig **neuartige Lösungen** vorsehen:

- Vergabe eines Arbeitspaketes an einen Subunternehmer
- Ersatz bisher geplanter Technologien oder der eingeplanten Qualifikationen durch andere
- Kritische Durchsicht der geplanten Arbeitsergebnisse in Richtung des vereinbarten Leistungsumfangs: Wurden Funktionalitäten eingeplant, die aus Sicht des Auftraggebers über den erwarteten Leistungsumfang hinausgehen, für die er aber nicht mehr zu zahlen bereit ist? Könnte der Arbeitsumfang eines Arbeitspakets daher reduziert werden?
- Erweiterung der eigenen Ressourcen durch Einstellung von neuem Personal.

(3) Optimierungsalgorithmen

Die Ressourcenoptimierung kann durch EDV-Lösungen unterstützt werden. Dabei werden zwei Optimierungsalgorithmen angeboten (vgl. *Patzak/Rattay* [Projektmanagement] 288f.):

(a) Ressourcenbedarfsglättung (auch „weicher" oder „sanfter" Abgleich genannt):

Der Kapazitätsausgleich erfolgt lediglich über die Verschiebung von Arbeitspaketen mit Puffern unter Beibehaltung der geplanten Projektdauer.

Sollten danach noch weitere Ressourcenengpässe bestehen, müssen sie entweder manuell durch das Einplanen entsprechender Maßnahmen beseitigt werden oder die Überschreitungen der Kapazitätsgrenzen werden hingenommen, falls dies zulässig ist.

(b) Ressourcenbedarfsbeschränkung (auch Optimierung bei begrenzter Verfügbarkeit oder „harter" Abgleich):

Bei dieser Form des EDV-gestützten Kapazitätsausgleichs darf die Kapazitätsgrenze auf keinen Fall überschritten werden. Darauf ergibt sich meist eine entsprechende Verlängerung der Projektdauer und somit einer Verschiebung der geplanten Termine. Sinnvolle technologische und ablauflogische Maßnahmen werden in diesen Programmen nicht automatisch eingeplant. Die Ergebnisse dieses Algorithmus sind in der Praxis aufgrund der Verschiebungen der geplanten, in den meisten Fällen festen Endtermine nur eingeschränkt nutzbar. Auf jeden Fall ist eine manuelle Überarbeitung mit entsprechendem Know how notwendig.

Der Einsatz von Software bei der Kapazitätsplanung ist insbesondere vor dem Hintergrund der Möglichkeiten zur iterativen Entwicklung einer praktikablen Lösung bei komplexen Projekten hilfreich.

Bei der Auswahl der passenden EDV-Lösung ist unbedingt darauf zu achten, dass das Programm eine entsprechende Schnittstelle in Richtung der Multiprojektressourcenplanung besitzt, denn insbesondere bei der Ressourcenplanung ist die Verknüpfung von Einzelprojekt- und Multiprojektsicht von immenser Bedeutung. Eine Umwidmung von Ressourcen für einen „Feuerwehreinsatz" in einem wichtigen Projekt führt oftmals für das zunächst niedriger priorisierte Projekt zu entsprechenden Verzögerungen und somit sind neue „Feuerwehreinsätze" vorprogrammiert.

6.8.2 Sachmittelplanung

Das Projektteam benötigt i.d.R. Sachmittel, wie z.B. Büroeinrichtung, Testgeräte, Fuhrpark.

Grundsätzlich stehen für ein Unternehmen drei **Strategien** zur Verfügung, diese Sachmittel bereitzustellen (vgl. *Pfetzing/Rohde* [Projektmanagement] 265f.):

- Eigene Bevorratung der Ressourcen
- Individuelle Erzeugung im Rahmen des Projektes
- Kauf bzw. Miete bei Bedarf

Auch bei der Sachmittelplanung bietet sich – wie bei den anderen Ressourcen – folgende Vorgehensweise an:

- Ermittlung des Ressourcenbedarfs
- Ermittlung der vorhandenen Kapazität
- Vergleich von Kapazität und Bedarf
- Ressourcenoptimierung

(1) Zunächst muss der **Ressourcenbedarf ermittelt** werden. Dazu bietet es sich an, bereits bei der Beschreibung **der einzelnen Arbeitspakete** entsprechende Rubriken für die benötigte Sachmittelart, die Menge, die Dauer und die notwendigen Einsatztermine bzw. Vorlaufzeiten für den Einsatz des Sachmittels im Arbeitspaket vorzusehen.

Um bei komplexen Projekten einen guten Überblick über die notwendigen Sachmittel zu bekommen, sollten die Sachmittel **arbeitspaketübergreifend** in einer Übersicht zusammengestellt werden.

(2) Die **Ermittlung der vorhandenen Kapazität** hängt davon ab, welchen Beschaffungsweg der Planende wählt: Bei interner Beschaffung werden die Sachmittel möglichst termingerecht in einem internen Belegungsplan vorgemerkt (vgl. Abb. 2-59), bei Miete des Sachmittels werden die Termine bei externen Anbietern angefragt und reserviert. Wird das Sachmittel selbst im Rahmen des Projektes hergestellt, so obliegt es dem eigenen Projektmanagement, für eine termingerechte Bereitstellung des Sachmittels zu sorgen.

Sachmittel	Merkmale	KW 10					KW 11				
		Mo	Di	Mi	Do	Fr	Mo	Di	Mi	Do	Fr
PC-Schulungs-raum A	max. 20 TN	P1	P1	P1			P2	P2	P2		
	10PC	P1	P1	P1			P2	P2	P2		
Schulungs-raum B	max. 30 TN			P2	P2	P2		P3			
	2 Beamer, Videoanlage			P2	P2	P2		P3			
Besprech-ungszimmer	max. 10 TN	P1	P1	P1							
	1 Flip-Chart	P1	P1	P2							
Testanlage	20 User			P4	P4	P4	P4	P4			
Videoanlage 1	Digital, 2003	T1	T1	T2	T2	T2					
Videoanlage 2	Analog, 2000									T3	T3

Abb. 2-59: Interner Belegungsplan für Sachmittel
(Quelle: *Pfetzing/Rohde* [Projektmanagement] 266)

(3) Der Arbeitschritt **„Vergleich von Kapazität und Bedarf"** ist mittelbar im vorausgehenden Schritt enthalten, denn bei Reservierung findet ein solcher Vergleich bereits statt.

(4) Wie bei der Personalplanung kann auch bei der Sachmittelplanung entweder termin- oder kapazitätsorientiert **optimiert** werden (vgl. Abschnitt 6.8.1.4).

6.8.3 Materialplanung

Im Anschluss an die Personal- und die Sachmittelplanung wollen wir uns nun einer dritten Art von Ressource zuwenden: Dem notwendigen Material.

> Unter dem Begriff **Material** fasst man „Rohstoffe, Halb- und Fertigfabrikate, die in den weiteren Produktionsprozess eingehen, Hilfsstoffe, Betriebsstoffe sowie Handelswaren zusammen" (*Troßmann* [Beschaffung] 115).

Der Planungsprozess entspricht der bisher vorgestellten Vorgehensweise. Je nach Projekt kann die Materialplanung eine sehr anspruchsvolle und erfolgskritische Aufgabe sein, insbesondere bei der Bereitstellung sehr vieler, teurer oder schlicht schwer zu beschaffender Materialien.

Zur Ermittlung des Materialbedarfs können in die **Beschreibung der Arbeitspakete** ebenfalls entsprechende Rubriken für die benötigte Materialart, die Menge und die Termine eingebracht werden. Am besten wird der gesamte Materialbedarf anschließend auch in einer **arbeitspaketübergreifenden** Übersicht zusammengestellt.

Von besonderer Bedeutung bei der Materialplanung ist die Tatsache, dass im Rahmen der Produktentwicklung in einem Projekt oftmals das Material für die nachfolgenden Produktlebenszyklusphasen festgelegt wird. Hier ist daher besonders auf eine entsprechende **nachhaltige Optimierung** mit Blick auf die Zukunft zu achten (dieser Aspekt wird im Zuge der Kostenplanung in Abschnitt 6.9.3.2.3 „Kostenmanagement im Rahmen des Life Cycle Costing" weiter vertieft).

Die Bereitstellung des Materials kann grundsätzlich auf drei Arten erfolgen:

- Eigene Erzeugung
- Kauf bei Bedarf
- Eigene Lagerhaltung

Eine eigene Erzeugung bei Bedarf bietet sich bei spezifischem Material an, das nicht ohne Weiteres auf dem Markt zu beschaffen ist. Beispiel: Material mit innovativen Eigenschaften, z.B. verbesserte Speicherfähigkeit bei Autobatterien.

Ein Kauf bei Bedarf kommt für selten zu beschaffende Materialien in Frage (z.B. seltene Erde für die Herstellung von Bildschirmen).

Im Gegensatz dazu ist eine Lagerhaltung dann angebracht, wenn es sich um Mengen homogener Materialien handelt, z.B. Büromaterial, Verpackungsmaterial, Speicherchips.

Der Einsatz des beschaffungspolitischen Instrumentariums kann unterstützt werden durch eine Reihe von Techniken. Zu nennen sind u.a. Techniken der Bedarfsprognose zur Ermittlung des künftigen Materialbedarfs, die ABC-Analyse zur Analyse der wert- und mengenmäßigen Struktur des Materials, das Modell der optimalen Bestellmenge zur Ermittlung eines kostenoptimalen Bestellvorgangs.

6.8.4 Finanzplanung

Die Finanzplanung stellt einen wichtigen Bestandteil der Projektplanung dar. Der Finanzplanung kommen zwei Aufgaben zu:

- Die Sicherung der Liquidität
- Die Optimierung der Finanzierungskosten des Projektes

Bevor auf diese zwei Aufgaben eingegangen wird, ist allerdings noch auf eine Besonderheit der Finanzplanung im Rahmen des Projektmanagements hinzuweisen: Die Finanzplanung wird nur in seltenen Fällen direkt im Projekt selbst durchgeführt.

In der Regel erfolgt sowohl die Liquiditätssicherung als auch die Optimierung der Finanzierungskosten durch **übergeordnete Controlling- oder Treasurybereiche**. Die Bündelung der kurz- und mittelfristigen Finanzierung von Projekten über einen Cash-Pool macht häufig bereits aufgrund der ausgleichenden Cash-Synergieeffekte zwischen den verschiedenen Projekten Sinn. Zudem schlägt so auch die Risikostruktur einzelner Projekte nicht direkt auf deren Finanzierungskosten durch. Vielmehr ergibt sich durch die gebündelte Finanzierung ein Risikodiversifikationseffekt.

In der Regel werden die Projekte jedoch gemäß ihrem Finanzierungsbedarf anteilig an den gemeinsam entstehenden Finanzierungskosten beteiligt bzw. erhalten bei Liquiditätsüberschüssen entsprechende Zinsgutschriften.

Bei Großprojekten, also insbesondere im Anlagenbau oder im Rahmen von Bauprojekten, ist eine **projektspezifische Finanzplanung** dagegen durchaus denkbar.

(1) Sicherung der Liquidität

Die Liquidität eines Projektes ist dann gesichert, wenn den Zahlungsverpflichtungen innerhalb eines gegebenen Planungszeitraumes jederzeit entsprechend den vertraglichen Vereinbarungen nachgekommen werden kann. Idealerweise lassen sich die entsprechenden Zahlungsströme direkt aus dem Projekt generieren.

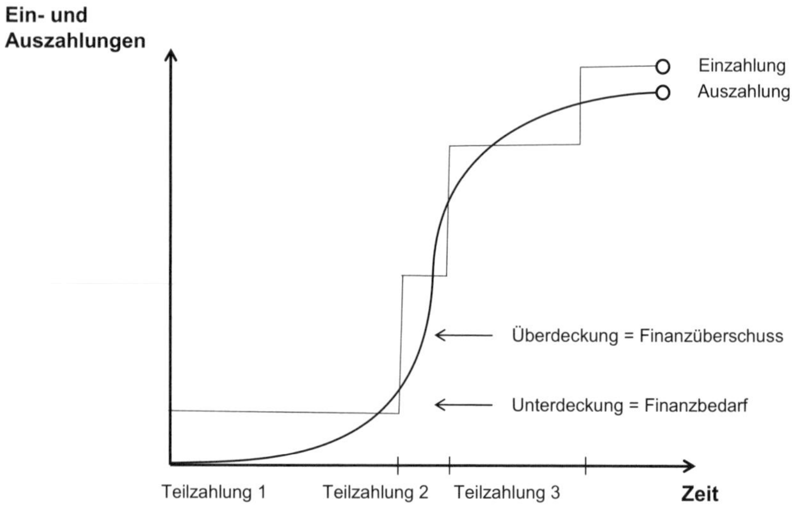

Abb. 2-60: Ein- und Auszahlungen im Rahmen eines Projektes (Quelle: *Patzak/Rattay* [Projektmanagement] 309)

In Abb. 2-60 sind die einzelnen Teilzahlungen im Rahmen eines Kundenprojektes den laufenden Auszahlungen gegenübergestellt. Die **Auszahlungen** lassen sich aus der Projektkostenplanung ableiten. Zur Vorgehensweise bei der Ermittlung von Zahlungsstromgrößen vgl. den Abschnitt „Zahlungswirksamkeit der Kosten" (S. 578ff.).

Vorauszahlungen des Kunden sind oftmals an die Erreichung von Zahlungs-Meilensteinen gebunden. Liegt eine Unterdeckung vor, kann ein Ausgleich entweder über den unternehmenseigenen Cash-Pool, eine Kreditaufnahme oder durch eine Beschleunigung der Verwirklichung von zahlungsauslösenden Meilensteinen erreicht werden.

(2) Optimierung der Finanzierungskosten

Finanzierungskosten entstehen bei Kreditaufnahme durch Kreditzinsen und Gebühren. Im Falle einer projektspezifischen Finanzierung wird die Höhe der

Kreditzinsen wesentlich vom Risikograd eines Projektes beeinflusst. Erfolgt die Finanzierung über unternehmensweite Cash-Pools, hängen die Finanzierungskosten vom Gesamtunternehmensrisiko ab.

Möglichkeiten der Reduzierung von Finanzierungskosten bieten sich jedoch immer auch auf Projektebene, insbesondere jedoch auf dem Felde der Projektplanung. Vereinfacht lässt sich sagen, dass mit optimaler Projektplanung auch ein wesentlicher Beitrag zur Minimierung der Finanzierungskosten geleistet wird. Dies gilt insbesondere dann, wenn es gelingt, die Projektplanung so zu optimieren, dass aus dem Projekt Liquiditätsüberschüsse resultieren.

Möglichkeiten zur Reduzierung der Finanzierungskosten durch finanzpolitische Maßnahmen bestehen eher auf Gesamtunternehmensebene. Hier geht es um die Optimierung von Eigen- und Fremdfinanzierung und um den Einsatz geeigneter Finanzierungsinstrumente.

Erfolgt eine direkte, projektspezifische Fremdfinanzierung, enthalten die Kreditzinsen die gesamten Risiken der Projektfinanzierung. Sie fallen insbesondere dann ins Gewicht, wenn die kreditgewährenden Institutionen (z.B. Banken) keine Rückgriffsmöglichkeit auf das projekttragende Unternehmen haben, sondern auf den vom Projekt erwirtschafteten Return angewiesen sind. In diesem Fall tragen ein intensives Projektrisikomanagement sowie eine umfassende Finanzkommunikation in Richtung der Banken zu Reduzierung der Finanzierungskosten bei.

Bei der Finanzplanung werden Aus- und Einzahlungen betrachtet, also gezahlte Geldbeträge, die zwischen dem Unternehmen und Personen, Personengruppen und Institutionen fließen (vgl. *Schweitzer/Küpper* [Systeme] 17). In der Praxis wird für detaillierte interne Steuerungszwecke von den Projektbeteiligten meistens auf Kosten- und Erlösgrößen zurückgegriffen: „Während jedoch die Finanzrechnung Informationen zur Verfolgung des Liquiditätsziels liefert, dienen die Informationen der Kosten- und Erlösrechnung zur Erfassung der Erfolgswirkung von Unternehmensentscheidungen" (*Schweitzer/Küpper* [Systeme] 11).

6.9 Projektkostenplanung

6.9.1 Aufgaben der Projektkostenplanung

Die Projektkostenplanung muss folgende **Aufgaben** erfüllen:

- Bereitstellung von Informationen für die Projektkalkulation bei Kundenprojekten
- Sicherung der Wirtschaftlichkeit
- Bereitstellung einer Datenbasis für die Berechnung des Projektwertbeitrages

(1) Die Preisgestaltung bei Kundenprojekten wird wesentlich von der **Projektkalkulation** beeinflusst. Insbesondere liefert die Projektkalkulation Informationen über die Preisuntergrenze bei Preisverhandlungen mit dem Kunden.

(2) Die **Wirtschaftlichkeit** wird im Zuge der operativen Umsetzung durch laufende Soll-Ist- und Soll-Wird-Vergleiche von geplanten und tatsächlich anfallenden Kosten gesichert. Dieser Abschnitt wird sich daher vorrangig mit der Methodik zur Festlegung der „Soll"-Komponente, also der geplanten Projektkosten, beschäftigen.

(3) Zudem kann der Kostenplanung noch eine weiterführende Aufgabe zukommen: Sie kann als **Datenbasis für die Berechnung des Projektwertbeitrags** herangezogen werden. Hierbei handelt es sich um einen strategisch ausgerichteten Entscheidungswert, dem ein investitionstheoretisches Kalkül zugrunde liegt (vgl. Teil 3, S. 526ff.): Er stellt den Beitrag eines Projektes zur Steigerung des Unternehmenswertes dar.

Der Projektwertbeitrag wird zur Beantwortung der Frage genutzt, ob ein Projekt überhaupt durchgeführt werden sollte (Projektauswahl). Im Projektverlauf kann auch der Fall auftreten, dass sehr große Abweichungen der tatsächlichen Werte von der Projektplanung die gesamte Weiterführung des Projektes in Frage stellen. Dies wäre ebenfalls ein typisches Beispiel für den Einsatz des Projektwertbeitrags als Entscheidungshilfe.

Für die Berechnung des Projektwertbeitrags sind grundsätzlich Zahlungsstromgrößen notwendig, die in der Praxis allerdings nicht immer vorhanden sind. Mit Hilfe verschiedener Modifikationen können kostenrechnerische Daten für die Ableitung von Cash-flows herangezogen werden (zu den Problemfeldern und der konkreten Vorgehensweise vgl. Teil 3, S. 540ff. und S. 572ff.).

Die Kostenplanung kann also unterschiedlichen Zwecken dienen. Traditionell steht bei der Kostenplanung die verursachungsgerechte Zurechnung der Kosten und Erlöse auf ein Produkt im Vordergrund. Im Projektmanagement verändert sich der Fokus, d.h. statt dem „Produkt" stellt **das „Projekt" das Objekt für die Zurechnung** dar. In eine Projektkostenrechnung sollten naturgemäß **nur projektbezogene Daten** einfließen. Diese Erkenntnis klingt trivial, sie ist es aber nicht, da sich die Gewinnung projektbezogener Daten bei der momentanen Grundkonzeption des internen Rechnungswesens als Problem erweisen kann: Verschiedene Kostenstellen werden oftmals für mehrere Projekte genutzt; eine verursachungsgerechte Zurechnung ist deshalb meistens schwierig. Zudem werden verschiedene Gemeinkostenblöcke oftmals nicht den Projekten angelastet, die sie tatsächlich verursacht haben, sondern jenen Projekten, die **im Augenblick** durchgeführt werden. Diese Schwierigkeit gilt insbesondere für Vorlauf- und Nachlaufkosten. Die bestehende Kostenrechnung im Unternehmen sollte daher im Hinblick auf dieses Problemfeld geprüft werden.

Im Folgenden werden wir zunächst untersuchen, wie eine Kostenplanung für Projekte aussehen sollte, wenn sie den **Spezifika von Projekten** gerecht werden will. Projekte unterscheiden sich in mancherlei Hinsicht von jenen Vorstellungen, die der herkömmlichen betriebswirtschaftlichen Kostenrechnung zugrunde liegen. Daher werden wir anschließend auf **wichtige Verfahren der Kostenplanung und des Kostenmanagements** eingehen, die aus unserer Sicht diese Spezifika am besten berücksichtigen: Die Prozesskostenrechnung, das Life Cycle Costing und das Target Costing.

Auf der Grundlage dieser drei Verfahren haben wir ein **Konzept für eine „Integrierte Projektkostenplanung"** erarbeitet, das sowohl für die Planung als auch für die Umsetzung und Kontrolle von Projekten eingesetzt werden kann. Dabei werden drei Bausteine, nämlich die Prozesskostenrechnung, das Life Cycle Costing und das Target Costing zu einem umfassenden Gesamtsystem zusammengeführt. Jeder Schritt wird anhand eines praktischen Beispiels detailliert erläutert. Den Abschluss des Themengebietes „Projektkostenplanung" bildet eine kritische Würdigung der „Integrierten Projektkostenplanung". Wenden wir uns nun den Herausforderungen zu, die sich aus den Besonderheiten von Projekten für die Kostenplanung ergeben.

Abb. 2-61 gibt einen Überblick über die Grundzüge der integrierten Projektkostenplanung.

6.9.2 Besonderheiten der Projektkostenplanung

Soll die Kostenplanung spezifisch auf Projekte zugeschnitten werden, so ist eine Reihe von Besonderheiten zu beachten:

(1) Bei vielen Projekten finden große Teile der Wertschöpfung in indirekten Leistungsbereichen, wie der Forschung und Entwicklung oder dem Vertrieb, statt. Gerade die Entwicklung eines neuen Produktes kann hier als gutes Beispiel dienen. Die **verursachungsgerechte Zurechnung der Kosten der indirekten Leistungsbereiche** erfordert ein entsprechendes Instrumentarium.

(2) Eine weitere Besonderheit ergibt sich aus der Tatsache, dass Projekte gewöhnlich einen **längeren Betrachtungszeitraum** aufweisen und typischerweise über mehrere Perioden abgewickelt werden. Die traditionelle Kostenrechnung wurde primär zur Fundierung kurzfristiger Entscheidungen bei gegebenen Kapazitäten entwickelt und ist daher gewöhnlich einperiodig ausgerichtet. Beispielsweise dienen die geplanten Kostendaten als

Grundlage für eine einperiodige Erfolgsbetrachtung im Sinne einer „Vorausberechnung der erwarteten Ist-Erfolge alternativer Handlungen in der Planperiode“ (*Schweitzer/Küpper* [Systeme] 306) oder für die Plankalkulation zur Berechnung von Kosten pro Stück in der betrachteten Periode. Dieser Planungshorizont **einer** Periode wird dem **langfristigen Charakter von Projekten** nicht gerecht; man denke hier beispielsweise an ein Produktentwicklungsprojekt, das zunächst ausgeprägte Forschungs- und Entwicklungsaktivitäten mit sich bringt, die sich oftmals über mehrere Perioden erstrecken.

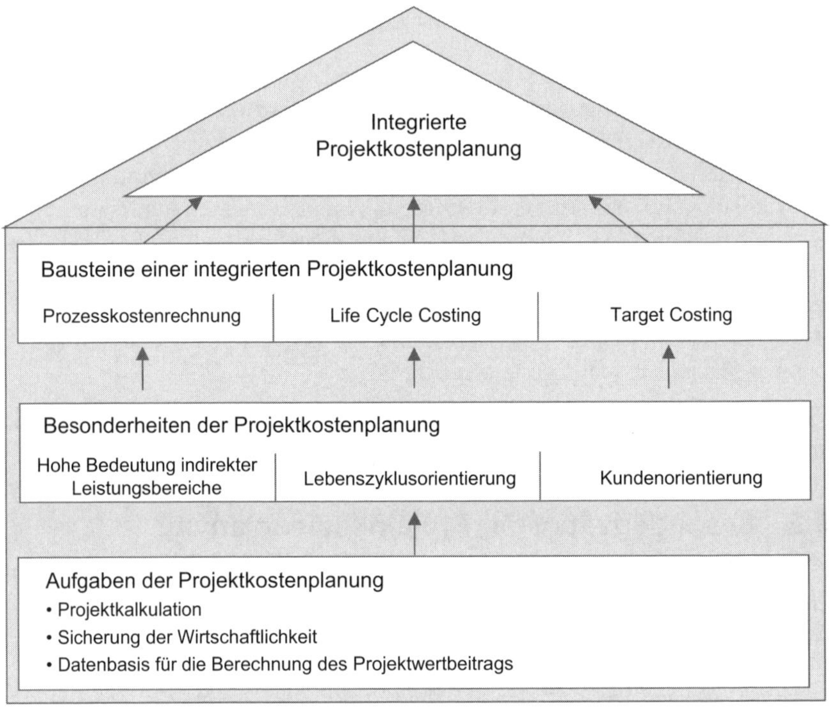

Abb. 2-61: Grundzüge der integrierten Projektkostenplanung

(3) Dazu kommt ein weiteres Charakteristikum von Projekten: Projekte sind eine sehr flexible und vor allem **kundenorientierte Organisationsform**. Sie gewinnen zunehmend an Bedeutung, da die Märkte einem Trend zur Individualisierung der Produkte und Dienstleistungen, d.h. einer Suche nach spezifischen, komplexen Problemlösungen, sowie einer stärkeren Dynamik und einem höheren Preisdruck aufgrund des globalen Wettbewerbs ausgesetzt sind. Ein wichtiger Erfolgsfaktor für ein Projekt ist daher die

Einbeziehung des Kunden und seiner Vorstellungen bezüglich Preis und Funktionalität. Die Projektkostenplanung sollte in der Lage sein, entsprechende Daten zu generieren und zu verarbeiten.

Es ergeben sich somit **drei wichtige Spezifika von Projekten**, die sich auf die Methodik der Kostenplanung auswirken:

1. Hohe Bedeutung **indirekter Leistungsbereiche** je nach Art des Projektes
2. **Lebenszyklusorientierung** aufgrund des längeren Betrachtungszeitraums
3. **Kundenorientierung** aufgrund der geänderten Rahmenbedingungen auf den Märkten, auf die mit Projekten reagiert werden soll

Betrachten wir diese drei Besonderheiten im Einzelnen:

6.9.2.1 Hohe Bedeutung indirekter Leistungsbereiche

Der Wertschöpfungsprozess in einem Projekt beinhaltet gewöhnlich viele vorbereitende, planerische und steuernde Tätigkeiten. An vielen Projekten sind, teilweise überwiegend oder sogar ausschließlich, indirekte Leistungsbereiche beteiligt, z.B. die Forschung und Entwicklung, die Beschaffung, das Qualitätsmanagement, die Produktionsplanung oder der Vertrieb.

Die Kostenstrukturen unterscheiden sich in diesem Fall von den Strukturen, die bei den Verfahren der traditionellen Kostenrechnung, insbesondere der Zuschlagskalkulation, früher im Mittelpunkt standen. Bei der Zuschlagskalkulation stehen wertmäßige Bezugsgrößen im Vordergrund, d.h. Gemeinkosten werden pauschal über Zuschlagssätze verrechnet. Die Aktivitäten in den indirekten Leistungsbereichen unterliegen jedoch anderen „Kostentreibern“, beispielsweise hängen die Kosten einer Materialbestellung i.d.R. nicht vom Wert des bestellten Materials ab. Wenn man nun eine möglichst **verursachungsgerechte Zurechnung** dieser Kosten wünscht, so ist eine differenzierte Untersuchung der einzelnen Prozesse in diesen Bereichen notwendig.

In den 80er Jahren wurde aufgrund der Veränderungen in der Wertschöpfungsstruktur, die zu einer Veränderung der Kostenstrukturen führte, die **Prozesskostenrechnung** entwickelt (vgl. die ausführliche Begründung bei *Coenenberg/ Fischer/Günther* [Kostenrechnung] 144ff.).

In Abschnitt 6.9.3.1 werden wir die Methodik der Prozesskostenrechnung als einen wichtigen Baustein für eine integrierte Projektkostenbetrachtung näher erläutern.

6.9.2.2 Lebenszyklusorientierung

Bei den meisten Projekten fallen bereits in den ersten Projektphasen erhebliche **Vorlaufkosten** an. Beispielsweise sind hier Investitionen in die Forschung und Entwicklung oder in die Marktforschung notwendig. Auch der Anteil der **Nachlaufkosten** im Anschluss an den Absatz des Produktes, wie etwa Entsorgungs- oder Garantiekosten, gewinnt immer stärker an Bedeutung. Aus diesem Grunde verlieren periodenbezogene Ergebnisse stark an Aussagekraft, stattdessen ist eine periodenübergreifende Betrachtung aller wirtschaftlichen Konsequenzen, die mit einem Projekt verbunden sind, notwendig.

Dies bedeutet, dass bei der Kostenplanung alle Kosten über den gesamten Lebenszyklus hin berücksichtigt werden müssen. Nun könnte man argumentieren, dass der Lebenszyklus eines Projektes bis zu einem gewissen Grade Definitionssache ist: Während in einem Unternehmen die Entwicklung und die Produktion eines neuen Produktes zwei eigene Projekte mit einer Schnittstelle darstellen können, gehört in einem anderen Unternehmen beides in ein Projekt „Entwicklung, Produktion und Absatz des Produktes xy". Der Projektlebenszyklus würde somit nahezu den gesamten Produktlebenszyklus umfassen.

Auf die Definition des Projektes kommt es uns hierbei jedoch nicht an: Soll ein Projekt ökonomisch sinnvoll beurteilt werden, müssen **alle wirtschaftlichen Konsequenzen** berücksichtigt werden; dazu gehören auch die Kosten der Vorlauf- und Nachlaufperiode des Projektes. Aufgrund des langfristigen Zeithorizontes erscheint es sinnvoll, alle anfallenden Kosten mit in die Berechnungen einzubeziehen, daher werden wir im Weiteren eine Vollkostenbetrachtung vornehmen.

Eine lebenszyklusorientierte Betrachtung ist eine wichtige Voraussetzung für eine effektive Kostensteuerung: In den ersten Lebenszyklusphasen wird bei einem relativ niedrigen Kostenanfall bereits ein Großteil der gesamten Kosten im Lebenszyklus (nach empirischen Untersuchungen ca. 70-80%) festgelegt. In Abb. 2-62 wird dieser Zusammenhang zwischen Kostenfestlegung und tatsächlichem Kostenanfall verdeutlicht.

Aus diesem Grund sollte in den frühen Phasen des Projektes der Kosten"**management**"-Gedanke eine besonders wichtige Rolle spielen (die folgenden Ausführungen basieren auf *Ewert/Wagenhofer* [Unternehmensrechnung] 291ff.): Es kann beispielsweise wirtschaftlich sinnvoll sein, Kosten der späteren Projektphasen, wie der Produktion oder des Vertriebs, nach vorne in die Phasen vor Produkteinführung zu verlagern. Eine weitere Möglichkeit für ein umfassendes Kostenmanagement ergibt sich durch die Verlagerung von Nutzungskosten, die im Konsumentenzyklus anfallen, nach vorne zum Hersteller.

Diese Maßnahmen des Kostenmanagements werden in Abschnitt 6.9.3.2.3 im Rahmen des Life Cycle Costing genauer betrachtet.

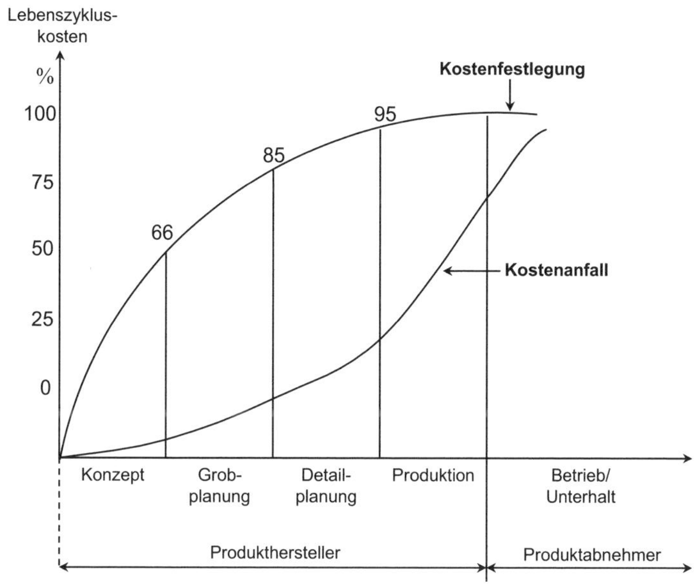

Abb. 2-62: Darstellung des Zusammenhangs zwischen Kostenfestlegung und Kostenanfall (Quelle: *Zehbold* [Lebenszykluskostenrechnung] 176)

Ein weiterer wichtiger Grund spricht für eine langfristige Betrachtungsperspektive bei Projekten: Die übliche jahresbezogene Denkweise könnte zu einer **suboptimalen Steuerung** führen. Beispielsweise könnten zugesicherte Budgets aufgrund von zeitlichen Verzögerungen im Projekt verfallen oder das Management könnte zur kurzfristigen Verbesserung des Jahresbudgets eine vorübergehende Qualitätseinbuße im Projekt in Kauf nehmen, obwohl dies wesentlich höhere Kosten für Mängelbehebungen in den Folgeperioden nach sich ziehen wird (vgl. *Rattay* [Projektplanung] 384).

Eine solche lebenszyklusorientierte Perspektive steht bei der traditionellen Kostenrechnung normalerweise nicht im Vordergrund, sondern es wird eine periodenorientierte Erfolgsbetrachtung angestrebt. Aufgrund der Wichtigkeit dieser eher strategisch ausgerichteten Fragestellung wurde daher das **Life Cycle Costing** (je nach Ausgestaltung auch Lebenszyklusrechnung oder Lebenszykluskostenrechnung genannt) als Instrument des Kostenmanagements entwickelt. Werden einer solchen Rechnung Zahlungsströme zugrunde gelegt, so können Verfahren der Investitionsrechnung eingesetzt werden, bei denen der zeitliche Anfall der Zahlungen berücksichtigt wird. Dies ist aufgrund des langfristigen Betrachtungszeitraums notwendig. Allerdings gibt es Varianten des Life Cycle Costing, die auf Kosten- und Erlösgrößen basieren.

Das Life Cycle Costing wird somit der zweite wichtige Baustein der „Integrierten Projektkostenrechnung“ sein. Es wird in Abschnitt 6.9.3.2 genauer dargestellt.

6.9.2.3 Kundenorientierung

Wie wir bereits in Abb. 2-62 gesehen haben, werden in den ersten Phasen des Projektes die größten Kostenanteile bereits festgelegt. In der Planung und der Konzeption eines Produktes werden sinnvolle technische Lösungen ausgearbeitet, die dann später sowohl die weitere Vorgehensweise in der Entwicklung als auch in der Produktion beeinflussen können. Genau an dieser Stelle spielt die **frühzeitige Berücksichtigung von Marktanforderungen** eine zentrale Rolle: Die Bedürfnisse der Kunden und die daraus resultierende Zahlungsbereitschaft für bestimmte Funktionen eines Produktes sind für den Erfolg einer Entwicklung ausschlaggebend.

Für einen in die Entwicklung eingebundenen Ingenieur kann die Verwirklichung einer herausfordernden, komplexen und sehr innovativen technischen Lösung für eine Funktion eines Produktes sehr motivierend wirken. Diese aufwändige Lösung macht jedoch aus wirtschaftlicher Sicht nur dann Sinn, wenn der Kunde sie auch tatsächlich nutzt, entsprechend schätzt und bereit ist, dafür auch einen höheren Preis in Kauf zu nehmen. Entsprechendes gilt natürlich auch für interne Projekte, die sich genauso an den Wünschen des (in diesem Fall internen) Kunden orientieren müssen, um den gewünschten Nutzen stiften zu können. Die knappen Ressourcen sollten also grundsätzlich nicht für die Lösung von Problemen verwendet werden, die für den Auftraggeber lediglich eine untergeordnete Priorität aufweisen.

Grundsätzlich sollte sich die Projektkostenrechnung also an der erwünschten Kombination von Produktfunktionalitäten und Zielkosten aus der Sicht des Kunden orientieren und auch in der Lage sein, entsprechende Daten zu generieren und zu verarbeiten. Eine Umsetzung dieses Grundgedankens findet sich im **Target Costing**, dem methodischen dritten Baustein der „Integrierten Projektkostenrechnung“.

6.9.3 Bausteine einer „Integrierten Projektkostenplanung“

Im vorhergehenden Abschnitt wurden drei wichtige Spezifika von Projekten ausgearbeitet und jeweils ein Instrument der Kostenplanung bzw. des Kostenmanagements benannt, das vorrangig auf das jeweilige Spezifikum ausgerichtet und meist als Antwort auf die zugrunde liegende Problematik entstanden ist. Es handelt sich hierbei um

- Die Prozesskostenrechnung
- Das Life Cycle Costing
- Das Target Costing

Alle drei methodischen Bausteine einer „Integrierten Projektkostenrechnung“ werden im Folgenden genauer vorgestellt und daraufhin untersucht, inwieweit sie den oben dargestellten Besonderheiten der Projektkostenplanung und somit den sich daraus ergebenden Anforderungen tatsächlich genügen.

6.9.3.1 Prozesskostenrechnung

6.9.3.1.1 Ziele der Prozesskostenrechnung

Die **Ziele der Prozesskostenrechnung** bestehen in der Schaffung von Kostentransparenz in den indirekten Leistungsbereichen durch Erweiterung der Kostenrechnung um eine **Prozessanalyse**. Auf diese Weise werden Ineffizienzen erkannt und Einsparpotenziale aufgedeckt (z.B. unnötige oder im Vergleich zum Fremdbezug zu teure Leistungen) (vgl. *Friedl* [Kostenmanagement] 205ff.). Mit der Prozesskostenrechnung wird der Einfluss von sog. „Kostentreibern“ (cost drivers) auf die Höhe der Kosten verdeutlicht und so eine verursachungsgerechtere Verrechnung der Gemeinkosten der indirekten Leistungsbereiche auf die Kostenträger ermöglicht (vgl. *Schmidt* [Kostenrechnung] 222f.). Außerdem ist eine zusätzliche Analyse der Prozesse im Hinblick auf sog. „Value Activities“ möglich, die vom Kunden gewünscht und auch entsprechend bezahlt werden. Diese Aktivitäten sind aus strategischer Sicht für ein Unternehmen besonders bedeutsam, denn sie stellen i.d.R. Ansatzpunkte für Wettbewerbsvorteile dar (vgl. *Coenenberg/ Fischer/Günther* [Kostenrechnung] 150).

Der **Grundaufbau der Prozesskostenrechnung** entspricht dem der konventionellen Kostenrechnung: Auch bei der Prozesskostenrechnung werden die Kostenarten-, Kostenstellen- und die Kostenträgerrechnung unterschieden.

Die wichtigsten methodischen Unterschiede ergeben sich in der Kostenstellen- und Kostenträgerrechnung: In der Kostenstellenrechnung erfolgt auch für die indirekten Leistungsbereiche eine differenzierte Kostenplanung in Abhängigkeit von bestimmten Bezugsgrößen (Kostentreibern). Die dort entstehenden Gemeinkosten werden dann zu einem möglichst großen Teil über die notwendigen Prozesse verrechnet anstatt über pauschale Zuschlagssätze (vgl. *Schmidt* [Kostenrechnung] 224).

Was ist nun aus kostenrechnerischer Sicht unter einem Prozess zu verstehen?

„**Prozesse** oder <Activities> sind repetitive Tätigkeiten, die in den verschiedenen Kostenstellen oder Abteilungen eines Unternehmens bei der Ausführung der übertragenen Aufgaben anfallen“ (*Coenenberg/Fischer/Günther* [Kostenrechnung] 151].

Liest man diese Definition, so könnten aufgrund der Charakteristika von Projekten Zweifel an der Anwendbarkeit dieser Methodik im Zusammenhang mit einer Wirtschaftlichkeitsbetrachtung von Projekten aufkommen: Projekte sind ja grundsätzlich einmalig und neuartig, also eben nicht „repetitiv“. Dennoch kommen bei der Planung, Umsetzung und Kontrolle von Projekten Prozesse zum Einsatz, die für alle Projekte und auch für das „normale Tagesgeschäft“, das nicht in Projektform bearbeitet wird, ähnlich oder sogar gleich aussehen. Ein sehr plastisches Beispiel ist die Bestellung notwendiger Materialien oder der Prozess der Lieferantenauswahl, der einmal im Unternehmen festgelegt wird und dann normalerweise immer gleich abläuft. Projekte beinhalten also durchaus eingespielte, festgelegte, systematische Teilprozesse als wichtige Bestandteile.

6.9.3.1.2 Methodik der Prozesskostenrechnung

Die Methodik der Prozesskostenrechnung besteht aus den folgenden **Schritten**:

- Vorstrukturierung der Hauptprozesse
- Tätigkeitsanalyse
- Verdichtung zu Teilprozessen
- Ermittlung der Prozesskostentreiber
- Zusammenfassung der Teilprozesse zu Hauptprozessen
- Ermittlung von Prozesskosten und Prozesskostensätzen

(1) Vorstrukturierung der Hauptprozesse

Bei der Einführung der Prozesskostenrechnung werden zunächst die Hauptprozesse identifiziert, die für den jeweils zu analysierenden Bereich von Bedeutung sind. Wir wollen die Vorgehensweise an einem **Beispiel** verdeutlichen, das auf *Coenenberg/Fischer* [Prozesskostenrechnung] beruht: Es sollen die Hauptprozesse in der Beschaffung eines Unternehmens betrachtet werden. In einem ersten Gespräch mit den Hauptverantwortlichen in der Abteilung wurden die folgenden vier wichtigsten Hauptprozesse in der Beschaffung herausgestellt:

- Beschaffung Material
- Beschaffung Maschinen und Fertigungsanlagen
- Beschaffung Dienstleistungen
- Betreuung und Optimierung Logistik

Die Vorgehensweisen bei der Beschaffung von Material, Maschinen und Fertigungsanlagen sowie Dienstleistungen unterscheiden sich v.a. nach der Höhe des eingesetzten Kapitals, der Einmaligkeit und dem Neuigkeitsgrad. Der unterschiedliche Risikograd spiegelt sich beispielsweise in der Intensität der Abstimmungsprozesse mit dem internen Auftraggeber und dem späteren Nutzer wider. Zudem gibt es einen kontinuierlichen Verbesserungsprozess für die Logistik, der in der Beschaffungsabteilung angesiedelt ist.

(2) Tätigkeitsanalyse

Im nächsten Schritt müssen nun die Tätigkeiten in den einzelnen Kostenstellen untersucht werden, die an der Erstellung der Leistungen im jeweiligen Prozess beteiligt sind. Die einzelnen Aktivitäten in jeder Kostenstelle werden genau aufgelistet. Eine solche Analyse erfolgt i.d.R. auf der Grundlage von Arbeitsplänen und Stellenbeschreibungen sowie mit Hilfe von Befragungen der betroffenen Mitarbeiter. Abb. 2-63 zeigt das Ergebnis einer solchen Befragung für die Kostenstelle 830, die im Rahmen der Abteilung „Beschaffung" ausschließlich für die Bestellungen zuständig ist.

Fragebogen		
Abteilung: Beschaffung		Kostenstelle: 830
Aktivitäten	**Mannjahre**	**Personal- und Sachkosten**
Bestellungen für Material abwickeln	5,3	559.000
Bestellungen für Maschinen und Fertigungsanlagen abwickeln	4,5	475.000
Bestellungen für Dienstleistungen abwickeln	3,2	337.000
Σ outputbezogene Prozesse	13,0	1.371.000
Sonstige Verwaltung	1,5	129.000
Datum	Unterschrift	

Abb. 2-63: Prozessübersicht in einer Kostenstelle (In Anlehnung an: *Coenenberg/Fischer* [Prozesskostenrechnung] 26)

Den verschiedenen Aktivitäten werden Kosten zugeordnet. Die Kosten dieser Aktivitäten kann man direkt oder indirekt ermitteln: Bei der direkten Ermittlung untersucht man sämtliche Kostenarten einzeln und ordnet sie den jeweiligen Prozessen zu (analytische Kostenplanung). Diese Vorgehensweise ist relativ aufwändig. Daher werden die Kosten oftmals indirekt ermittelt, indem man auf andere Maßgrößen zurückgreift, wie z.B. auf die anteilig benötigte Arbeitszeit in Mannjahren oder die anteiligen Personalkosten pro Aktivität.

(3) Verdichtung zu Teilprozessen

Die verschiedenen Tätigkeiten, die im zweiten Schritt analysiert wurden, werden nun zu Teilprozessen aggregiert, z.B. zum Teilprozess „Material einkaufen". Zu diesem Teilprozess gehören neben der Bestellung von Material noch weitere Aktivitäten, die in anderen Kostenstellen ablaufen, beispielsweise die Tätigkeit „Lieferantenanalyse für Material durchführen".

(4) Ermittlung der Prozesskostentreiber

Die Teilprozesse werden in einem nächsten Schritt daraufhin untersucht, ob sie

- vom Leistungsvolumen abhängen, also „leistungsmengeninduziert" oder ob sie
- mengenunabhängig sind und somit grundsätzlich anfallen. Diese Teilprozesse werden als „leistungsmengenneutral" bezeichnet.

Die leistungsmengeninduzierten Prozesse können über sog. **Kostentreiber (Cost Driver)** gemessen werden; ihre Menge steht in einem direkten Zusammenhang mit den Kosten des Prozesses.

Als Beispiel können wir den Prozess „Material einkaufen" genauer betrachten. Es handelt sich dabei um einen leistungsmengeninduzierten Prozess. Die „Anzahl der Bestellungen" wäre hier der Kostentreiber. In der traditionellen Zuschlagskalkulation würde in diesem Fall implizit davon ausgegangen, dass die Kosten dieses Prozesses eher vom Wert des bestellten Materials abhängen. Abb. 2-64 zeigt verschiedene Kostentreiber für unterschiedliche Wertschöpfungsstufen.

Logistik	Produktion	Vertrieb
Ein-/Auslagerungspositionen	Bauplanpositionen	Kundenaufträge
Lieferscheinpositionen	Vorfertigungspositionen	Zollsendungen
Materialbestellungen	Qualitätsprüfungen	Rechnungen
Eingangsprüfungen	Montageprüfungen	Retourenausgänge
	Rüstvorgänge	Frachtbriefe

Abb. 2-64: Kostentreiber für verschiedene Wertschöpfungsstufen (Quelle: *Coenenberg/Fischer* [Prozesskostenrechnung] 27)

Ein leistungsmengenneutraler Teilprozess hängt dagegen nicht vom Leistungsvolumen ab; als Beispiel kann hier der Prozess „Abteilung leiten“ dienen.

(5) Zusammenfassung der Teilprozesse zu Hauptprozessen

Die verschiedenen Teilprozesse werden, insbesondere für die Lenkung und Kontrolle durch einen Prozessverantwortlichen (Process Owner), zu einem kostenstellenübergreifenden Hauptprozess zusammengeführt. Abb. 2-65 verdeutlicht diesen Schritt.

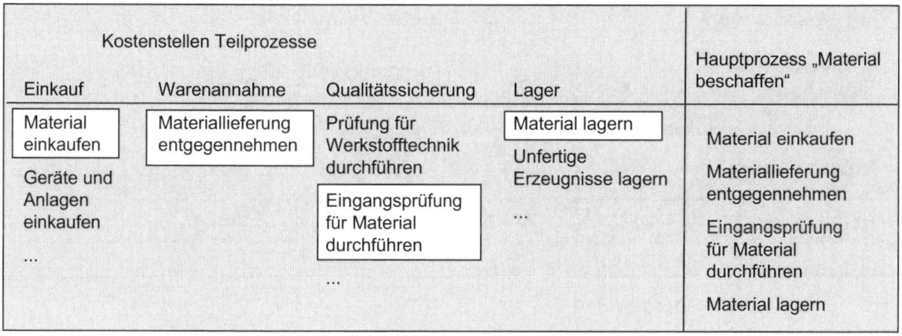

Abb. 2-65: Bildung des Hauptprozesses „Material beschaffen“ aus verschiedenen Teilprozessen (In Anlehnung an: *Coenenberg/Fischer* [Prozesskostenrechnung] 27)

(6) Ermittlung von Prozesskosten und Prozesskostensätzen

Ziel der Prozesskostenrechnung ist die Gewinnung eines Prozesskostensatzes für die einmalige Durchführung eines Prozesses.

Der Prozesskostensatz berechnet sich folgendermaßen:

$$\text{Prozesskostensatz} = \frac{\text{Prozesskosten}}{\text{Prozessmenge}}$$

Betrachten wir zur Illustrierung den oben dargestellten Hauptprozess „Material beschaffen“. Um den Prozesskostensatz für diesen Hauptprozess zu ermitteln, müssen zunächst die Prozesskostensätze der Teilprozesse ermittelt werden (vgl. Abb. 2-66).

An dieser Stelle sollten wir zwei wichtige Themengebiete beleuchten: Zum einen den Umgang mit den leistungsmengeninduzierten und leistungsmengenneutralen Kosten, zum anderen die Aggregation zum Prozesskostensatz für den Hauptprozess.

Teilprozess	Lmi-Kosten in TEuro	Lmn-Kosten in TEuro	Prozess-menge	Lmi-Prozess-kostensatz	Gesamt-prozess-kostensatz
Material einkaufen	750	150	5.000 Bestellungen	0,15	0,18
Materiallieferung entgegennehmen	300	40	6.000 Lieferungen	0,05	0,057
Eingangsprüfung für Material durchführen	500	60	1.000.000 Stück	0,0005	0,00056
Material lagern	250	20	6.000 Lieferungen	0,042	0,045
Hauptprozess	1.800	270			

Abkürzungen:

Lmi Leistungsmengeninduziert

Lmn Leistungsmengenneutral

Abb. 2-66: Ermittlung der Prozesskostensätze
(In Anlehnung an: *Coenenberg/Fischer* [Prozesskostenrechnung] 30)

Grundsätzlich können **zwei Varianten der Behandlung der leistungsmengenneutralen Kosten** unterschieden werden: Die erste Variante besteht darin anzunehmen, dass sich die leistungsmengenneutralen Kosten proportional zu den leistungsmengeninduzierten Kosten verhalten. Diese Vorgehensweise wurde im vorliegenden Beispiel in Abb. 2-66 gewählt, d.h. die leistungsmengenneutralen Kosten wurden zu den leistungsmengeninduzierten Kosten addiert und durch die Prozessmenge dividiert. Eine solche Betrachtung wird mit hoher Wahrscheinlichkeit Unschärfen enthalten. Bei der zweiten Variante werden die leistungsmengenneutralen Kosten getrennt behandelt. Diese Vorgehensweise haben wir für unser Beispiel der „Integrierten Projektkostenplanung" in Abschnitt 6.9.4 gewählt.

Die **Aggregation dieser Teilprozesssätze zu einem Hauptprozesskostensatz** stellt sich in diesem Fall nicht ganz unproblematisch dar, denn die Teilprozesse sind von unterschiedlichen Kostentreibern abhängig. Würde man diese Kostensätze einfach addieren, so bestünde die Gefahr einer Informationsverzerrung. Um hier eine sinnvolle Aggregation zu ermöglichen, müssen die Verhältnisse zwischen den Kostentreibern festgelegt werden. In diesem Fall kann beispielsweise davon ausgegangen werden, dass eine Bestellung durchschnittlich

200 Stück umfasst. Der leistungsmengeninduzierte Prozesskostensatz für eine Bestellung würde somit 0,1 betragen. An dieser Stelle zeigt sich, dass die Festlegung solcher Annahmen zu erheblichen Ungenauigkeiten führen und dass es sich daher bei einem Prozesskostensatz meist lediglich um einen approximierten Wert der einmaligen Durchführung eines Prozesses handeln kann.

6.9.3.1.3 Kritische Würdigung der Prozesskostenrechnung

Die oben dargestellte Vorgehensweise zeigt deutlich, wie die Prozesskostenrechnung durch die Strukturierung und Analyse der Gemeinkostenblöcke zu einer **höheren Transparenz** beitragen kann. Diese Transparenz ist insbesondere für verschiedene strategische Entscheidungen außerordentlich wertvoll (vgl. *Bea/Haas* [Management] 360ff.). Zudem kann die Prozesskostenrechnung **nur bei repetitiven Prozessen** sinnvoll zum Einsatz kommen; in manchen Bereichen, in denen es weniger wiederkehrende Prozesse gibt, ist die Prozesskostenrechnung daher z.T. nur schwer anwendbar. Der erste Schritt besteht daher in der Überprüfung der Anwendbarkeit der Prozesskostenrechnung.

Die Tatsache, dass es sich bei der Prozesskostenrechnung um eine **Vollkostenrechnung** handelt, wird in Theorie und Praxis diskutiert und unterschiedlich bewertet (vgl. *Ewert/Wagenhofer* [Unternehmensrechnung] 688f.): In der **Praxis** herrscht das Vollkosten-Denken vor; zudem sind die Betroffenen meist sehr gut in der Lage, das zugrunde liegende Mengengerüst (also die Prozessmengen) abzuschätzen. Daher findet die Prozesskostenrechnung in der Praxis eine relativ hohe Akzeptanz. Von Seiten der **Theorie** wird die zugrunde liegende Vollkostenbetrachtung kontrovers diskutiert: Eine Schlüsselung von Gemeinkosten ist immer mit Schwierigkeiten verbunden, da sie unter Proportionalitätsannahmen erfolgt. Allerdings gehen viele Autoren davon aus, dass langfristig wirksame Entscheidungen auf der Grundlage langfristiger Kosten, also Vollkosten, zu treffen sind, denn langfristig sind sämtliche Kosten disponibel. Aus theoretischer Sicht könnte die Proportionalitätsannahme gerechtfertigt werden, wenn man davon ausgeht, „dass die Prozesskosten die durch strategische Entscheidungen beeinflussbaren Kosten **approximieren**" (*Ewert/ Wagenhofer* [Unternehmensrechnung] 689). Bei strategischen Projekten handelt es sich sicherlich um solche Entscheidungen.

Daher wird die Prozesskostenrechnung als wichtiger Baustein im Konzept der „Integrierten Projektkostenrechnung" genutzt. Das Gesamtkonzept wird in Abschnitt 6.9.4 vorgestellt. Zunächst sollen jedoch noch die beiden anderen Bausteine genauer betrachtet werden: Das Life Cycle Costing und das Target Costing.

6.9.3.2 Life Cycle Costing

6.9.3.2.1 Ziele des Life Cycle Costing

Ein strategisches Projekt zeichnet sich in den meisten Fällen durch eine relativ lange Laufzeit aus (ca. 3-7 Jahre). Da die Probleme, die sich aus dieser Tatsache ergeben, bei einem Produktprojekt besonders deutlich werden, legen wir ein solches im Folgenden als Beispiel zugrunde (die Grundgedanken können auf die meisten weiteren strategischen Projekte analog übertragen werden): Aufgrund der stärkeren Mechanisierung und Automatisierung sowie der Zunahme der Produktkomplexität fallen bereits vor Beginn der Produktion erhebliche Vorlaufkosten an, die in die Wirtschaftlichkeitsbetrachtung eines Projektes integriert werden müssen. Auch der steigende Anteil der Nachlaufkosten im Anschluss an den Absatz eines Produktes, wie Kosten für die Entsorgung oder Garantiezusagen, muss bei der Planung, Steuerung und Kontrolle eines Produktprojektes Berücksichtigung finden (vgl. zu dieser Argumentation exemplarisch *Riezler* [Lebenszyklusrechnung] 18ff., *Kremin-Buch* [Kostenmanagement] 181f. oder *Joos-Sachse* [Kostenrechnung] 292f.). Periodenbezogene Ergebnisgrößen verlieren in diesem Zusammenhang stark an Aussagefähigkeit. Deshalb ist eine Betrachtung des Projektes über seine gesamte Lebensdauer notwendig.

Ziel der Lebenszyklusrechnung ist es, die mit einem strategischen Projekt über dessen gesamten Laufzeit (Projektlebenszyklus) verbundenen wirtschaftlichen Wirkungen berechenbar zu machen (vgl. *Riezler* [Lebenszyklusrechnung] 8).

6.9.3.2.2 Vorgehensweise des Life Cycle Costing

Die Zusammensetzung der Kosten und Erlöse im Lebenszyklus eines Produktprojektes lässt sich Abb. 2-67 entnehmen.

Die Kosten der Vor- und Nachlaufphase werden im Rahmen der traditionellen Kostenrechnung nicht den Produkten zugerechnet, die sie **tatsächlich verursacht** haben, da sie als Gemeinkosten meist den jeweils in der Periode ihrer Verrechnung **hergestellten** Produkten angelastet werden. *Ewert/Wagenhofer* schlagen daher eine umfassende periodenübergreifende Verrechnung dieser Kosten durch „Aktivierung" der Vorlaufkosten und „Passivierung" der Nachlaufkosten vor (vgl. *Ewert/ Wagenhofer* [Unternehmensrechnung] 294). Diese Idee liegt im Prinzip auch der Konzeption der „Integrierten Projektkostenrechnung" zugrunde.

Kosten	Erlöse
Vorlaufkosten - Forschung und Entwicklung - Marktforschung - Produktionsplanung und –organisation - Lieferantenauswahl - Vertriebsplanung und -organisation	**Vorlauferlöse** - Subventionen - Steuererleichterungen - Erstattungen der Kunden, z.B. für Forschung und Entwicklung
Kosten in der Produktions- und Absatzphase - Laufende Kosten (Produktion, Vertrieb etc.) - Einmalige Kosten (Einführung, „relaunch")	**Erlöse in der Produktions- und Absatzphase** - Laufende Erlöse aus dem Verkauf der Produkte
Nachlaufkosten - Kosten aus Wartung und Reparatur - Kosten aus Produkthaftung und Entsorgung	**Nachlauferlöse** - Wartungs- und Reparaturerlöse - Lizenzerlöse - Erlöse aus dem Verkauf von Produktionsanlagen

Abb. 2-67: Kosten und Erlöse im Lebenszyklus
(In Anlehnung an: *Bea/Haas* [Management] 363f.)

Natürlich bringt eine möglichst verursachungsgerechte Verrechnung dieser Kosten **Probleme** mit sich:

- Viele dieser Kosten fallen für eine **Gruppe von Produkten** gemeinsam an, d.h. es handelt sich um klassische Gemeinkosten.
- Zur Kostenverteilung ist eine **Prognose der zukünftigen Absatzmengen** notwendig; hier wird das erhebliche Prognoseproblem bei der Schätzung der einfliessenden Parameter über lange Zeiträume besonders deutlich (vgl. *Horváth* [Controlling] 476).
- In manchen Branchen kann man nur schwer abschätzen, inwieweit eine Investition wirklich Erfolg versprechend ist. *Ewert/Wagenhofer* ([Unternehmensrechnung] 296) führen hier die Pharmaindustrie mit einer Erfolgsquote der Forschung von oft weniger als 5% an. Nun stellt sich die Frage, wie mit den **Kosten für die fehlgeschlagene Forschung** umgegangen werden soll, da eine wirklich verursachungsgerechte Zurechnung nicht möglich ist.

6.9.3.2.3 Kostenmanagement im Rahmen des Life Cycle Costing

Das Life Cycle Costing leistet bei der Planung und Ermittlung des Gesamterfolgs eines Projektes sowie bei der Unterstützung der Maßnahmen zur tatsächlichen Erzielung dieses Erfolges unverzichtbare Dienste. Folgende **Einsatzfelder** sind besonders wichtig (vgl. *Ewert/Wagenhofer* [Unternehmensrechnung] 297ff.):

(1) Verschiebung von Produktions- und Vertriebskosten in die Vorlaufphasen zur Reduktion der Kosten über den gesamten Zyklus

Es kann sinnvoll sein, Kosten der späteren Projektphasen, wie der Produktion oder des Vertriebs, nach vorne in die Phasen vor Produkteinführung zu verlagern. Auf diese Weise können oftmals die Kosten in der Gesamtsicht reduziert werden. Hier gilt als Faustregel, dass man mit einer zusätzlich investierten Geldeinheit in die Produktplanung und -entwicklung sowie die Konstruktion acht bis zehn Geldeinheiten in den späteren Phasen sparen kann (vgl. *Shields/Young* [Product Life Cycle Costs] 39). So könnte beispielsweise eine verstärkte Auseinandersetzung mit dem Design eines Produktes zur Verringerung der Produktkosten und/oder einer Erhöhung der Qualität führen. Daraus können dann später geringere Nachbesserungskosten resultieren oder es können kostspielige Rückrufaktionen vermieden werden.

(2) Verschiebung von Kosten vom Konsumentenzyklus zum Produktionszyklus

Hier kann eine Verlagerung von Nutzungskosten, die beim Konsumenten anfallen, auf den Hersteller u.U. sinnvoll sein. Oftmals übersteigen die Nutzungskosten (z.B. Lohnkosten, Wartungskosten) die Anschaffungskosten um ein Vielfaches. Die Mehrkosten, die dem Produzenten durch eine Vorverlagerung entstehen, können deshalb häufig über einen wesentlich höheren Verkaufspreis überkompensiert werden. Das Life Cycle Costing kann hier als Planungsrechnung in verschiedenen Varianten durchgeführt werden.

Auf jeden Fall führt die langfristige Betrachtungsperspektive des Life Cycle Costing dazu, dass eine sonst suboptimale Steuerung aufgrund der üblichen jahresbezogenen Denkweise durch eine Optimierung über die gesamte Lebensdauer des Projektes hinweg ersetzt wird.

Grundsätzlich würden sich für die Wirtschaftlichkeitsbetrachtung über die gesamte Lebensdauer eines Produktes hinweg dynamische Investitionsrechenverfahren wesentlich besser eignen als Kostenrechnungen, denn Investitionsrechnungen berücksichtigen den zeitlichen Anfall der Zahlungen. Allerdings wird in vielen Unternehmen größtenteils auf der Grundlage von Kosten und Erlösen geplant, da die Verantwortlichen den Umgang mit diesen Größen präferieren.

Daher muss im Rahmen des Life Cycle Costing die Kostenrechnung entsprechend angepasst werden, um die relevanten Steuerungsinformationen liefern zu können (vgl. *Horváth* [Controlling] 474 und *Ewert/Wagenhofer* [Unternehmensrechnung] 292ff.). Eine solche Anpassung wird daher auch im Rahmen des Konzeptes der „Integrierten Projektkostenrechnung" vorgenommen, wie sie in Abschnitt 6.9.4 vorgestellt wird.

Zuvor wollen wir uns noch dem dritten Baustein der „Integrierten Projektkostenrechnung" zuwenden: Dem Target Costing.

6.9.3.3 Target Costing

6.9.3.3.1 Ziele des Target Costing

Aufgrund der veränderten Rahmenbedingungen auf den Märkten, die zu einem verschärften Wettbewerb in den meisten Branchen führen, ist die Einbeziehung der **Vorstellungen der Kunden** und ihrer Zahlungsbereitschaft zur notwendigen Voraussetzung für den Erfolg eines Projektes geworden. Bei einem Produktprojekt hängt die Zahlungsbereitschaft des Kunden davon ab, welche Funktionen er von dem Produkt erwartet und welchen Nutzen er diesen Funktionen beimisst. Umgekehrt bedeutet dies für einen Entwickler, dass er die vom Kunden gewünschten Funktionen mithilfe entsprechender Komponenten so realisieren muss, dass dessen Preisvorstellungen nicht überschritten werden. Hierzu kann die Nutzenzuordnung des Kunden denjenigen Komponentenkosten gegenübergestellt werden, die sich aus der Realisierung einer gewissen Produktfunktionalität ergeben. Auf diese Weise kann man erkennen, inwieweit die Kosten jeder Komponente der Wichtigkeit aus Kundensicht entsprechen. Zudem sollte die Realisierung der betrachteten Funktionen auch noch einen Spielraum für eine Gewinnmarge des eigenen Unternehmens lassen.

Bei der Herausforderung, eine markt- und kundenorientierte Preisbildung mit der unternehmensorientierten Sicherung einer Gewinnmarge zu verbinden, kann das Target Costing wertvolle Dienste leisten. *Horváth/Niemand/ Wolbold* kennzeichnen das Target Costing als „umfassendes Bündel von Kostenplanungs-, Kostenkontroll- und Kostenmanagementinstrumenten, die schon in den frühen Phasen der Produkt- und Prozessgestaltung zum Einsatz kommen, um die Kostenstrukturen frühzeitig im Hinblick auf die Marktanforderungen gestalten zu können" (*Horváth/Niemand/Wolbold* [Target Costing] 4).

Prinzipiell werden diese Instrumente auf Produktebene eingesetzt; allerdings ist der Grundgedanke auch auf Projekte übertragbar, denn es gibt immer bestimmte Anforderungen an das erwünschte Arbeitsergebnis. Jeder externe oder interne Auftraggeber wird eine Kosten-Nutzen-Betrachtung bezüglich der jeweiligen Arbeitsergebnisse anstellen; dieser Schritt entscheidet zum Großteil über seine

Zufriedenheit mit dem Projekt. Eine vorausschauende Orientierung an entsprechenden Wert-Kosten-Relationen ist daher unverzichtbar.

Das Hauptziel des Target Costing besteht darin, sicherzustellen, dass sich das Kostenmanagement an der Perspektive des Marketing als Stellvertreter für die Wünsche des Kunden und an der gewählten Unternehmensstrategie orientiert (vgl. *Horváth* [Controlling] 480). Es geht also nicht um eine reine Kostensenkung, sondern um die **kunden- und strategieorientierte Gestaltung der Kostenstrukturen**.

6.9.3.3.2 Vorgehensweise des Target Costing

Die Vorgehensweise des Target Costing kann in die folgenden drei **Phasen** zerlegt werden (vgl. *Bea/Haas* [Management] 353ff.):

- Zielkostenermittlung
- Zielkostenspaltung
- Zielkostenrealisierung

(1) Zielkostenermittlung

Für die Bestimmung der Zielkosten (Target Costs) gibt es verschiedene Varianten. Am weitesten verbreitet ist die „Market into company"-Methode, die wir auch der „Integrierten Projektkostenrechnung" zugrunde legen. In Abb. 2-68 wird die Vorgehensweise skizziert.

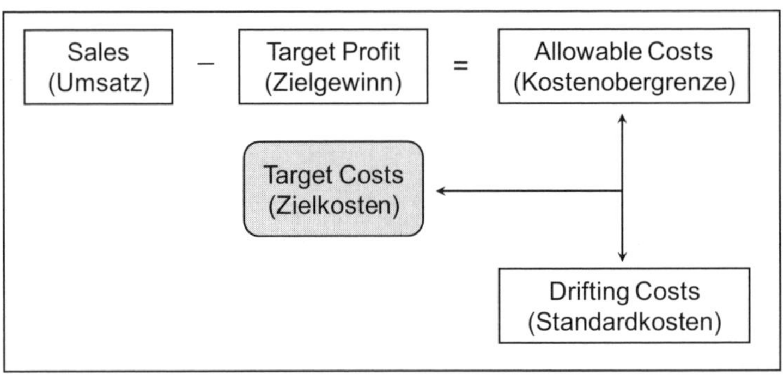

Abb. 2-68: Zielkostenermittlung nach *Sakurai* ([Target Costing])

Hierbei wird an den Preisvorstellungen des Kunden angesetzt und der mögliche Umsatz zu den **Preisen aus Kundensicht** abgeleitet. Parallel dazu werden auf der Grundlage der mittelfristigen Erfolgsplanung gewünschte Zielgewinne festgelegt, meist in Form einer Umsatz- oder Gesamtkapitalrendite. In einem nächsten Schritt wird der Zielgewinn vom erzielbaren

Umsatz subtrahiert; auf diese Weise erhält man die sog. „Allowable Costs" als Kostenobergrenze. An dieser Stelle zeigt sich der heuristische Charakter des Target Costing, denn das Ergebnis wird aufgrund der Zusammenhänge zwischen diesen beiden Größen aus theoretischer Sicht meist nicht optimal, sondern lediglich eine praktikable Näherungslösung sein (vgl. *Ewert/ Wagenhofer* [Unternehmensrechnung] 283).

Die auf diese Weise ermittelten „Allowable Costs" werden nun den „Drifting Costs" gegenübergestellt. Hierbei handelt es sich um die Standardkosten unter Verwendung der im Augenblick im Unternehmen angewendeten Technologien und Verfahren. Die „Target Costs" sind dann das Resultat von Verhandlungen zwischen der Unternehmensleitung und den Projektverantwortlichen; sie werden je nach Marktsituation und vermuteten Kosteneinsparungen zwischen den „Allowable Costs" und den „Drifting Costs" liegen.

Aus der Gegenüberstellung der „Drifting Costs" und „Target Costs" ergibt sich die sog. „Zielkostenlücke", die mit Hilfe entsprechender Maßnahmen zur Kostengestaltung angegangen werden soll. Hierzu ist eine Operationalisierung der Target Costs notwendig, die im zweiten Schritt erfolgt.

(2) Zielkostenspaltung

Um Maßnahmen zur Kostengestaltung einsetzen zu können, werden die Zielkosten auf einzelne Komponenten „heruntergebrochen". Dieser Schritt besteht aus verschiedenen **Teilaktivitäten**:

(a) Zunächst muss die Bedeutung der einzelnen Teilfunktionen des Produktes für den Kunden erhoben werden. Hierfür wird im Allgemeinen die indirekte Messung mit Hilfe des Conjoint Measurement-Verfahrens empfohlen. Es handelt sich hierbei um eine Befragung von Konsumenten, aus der mit Hilfe der multivariaten statistischen Datenanalyse **Teilnutzenwerte** für einzelne Produkteigenschaften abgeleitet werden (vgl. *Joos-Sachse* [Kostenrechnung] 305; detaillierte Erläuterungen finden sich beispielsweise bei *Berndt* [Marketing] 186ff.). Als Ergebnis erhält man Präferenzurteile der Kunden über bestimmte Produkteigenschaften und somit die Einschätzungen der Kunden bezüglich des Nutzens der verschiedenen Eigenschaften. Diese Nutzenwerte werden in einem nächsten Schritt den Produktkomponenten zugeordnet, mit deren Hilfe eine bestimmte Eigenschaft umgesetzt werden soll. Aus diesem Arbeitsschritt resultieren **Gewichtungen für die einzelnen Komponenten aus Kundensicht.**

Nun erfolgt eine **Kostenschätzung für die Produktkomponenten**. Dabei werden zunächst die „Drifting Costs" für die Komponenten zugrunde gelegt und relative Kostenanteile für jede Komponente berechnet.

(b) Diese relativen Kostenanteile werden nun für jede Komponente den relativen Nutzenanteilen gegenübergestellt. Als Idealzustand wird angestrebt, dass **der Ressourceneinsatz und somit die Kosten pro Komponente genau ihrer Bedeutung aus Kundensicht entsprechen**. Um zu sehen, inwieweit dieser Idealzustand für jede Komponente erreicht wird, können komponentenbezogene Zielkostenindizes berechnet werden:

$$\text{Zielkostenindex} = \frac{\%\ \text{Nutzenanteil}}{\%\ \text{Kostenanteil}}$$

Liegt dieser Zielkostenindex unter 1, so ist die Komponente gemäß der Idealforderung zu aufwändig und somit in Relation zum relativen Kundennutzen „zu teuer“. Ein Zielkostenindex über 1 legt eine Überprüfung der Komponente nahe: Entspricht die Komponente im Moment tatsächlich den Kundenanforderungen oder ist sie „zu einfach“? (vgl. *Coenenberg/Fischer/ Günther* [Kostenrechnung] 558ff.).

Zur Verdeutlichung können die Nutzen- und Kostenanteile der Komponenten in ein sog. **„Zielkostenkontrolldiagramm“** eingetragen werden; das Idealverhältnis von Nutzen und Kosten für jede Komponente wäre auf der 45-Grad-Linie gegeben (vgl. Abb. 2-70).

Zur Illustrierung der gesamten Vorgehensweise des Target Costing werden wir auf ein **Beispiel** von *Coenenberg/Fischer/Günther* ([Kostenrechnung] 557ff.) zurückgreifen. Für ein medizinisches Diagnosegerät wurden die Zielkostenindizes in Abb. 2-69 ermittelt.

Diese Zielkostenindizes werden in ein Zielkostenkontrolldiagramm eingetragen (vgl. Abb. 2-70). Aufgrund der unterschiedlichen Bedeutung der einzelnen Komponenten wird ein trichterförmiger Toleranzbereich für Abweichungen („Zielkostenzone“) definiert.

(c) Mit Hilfe des Zielkostenkontrolldiagramms bzw. der Zielkostenindizes können **verbesserungswürdige Komponenten identifiziert** werden. Bis zu dieser Stelle hat jedoch noch keine wirkliche Zielkostenspaltung stattgefunden, denn bisher wurden nur die relativen Anteile der „Drifting Costs“, also der Standardkosten unter Verwendung der bisherigen Technologien, betrachtet.

Komponente	Nutzenanteil in %	Kostenanteil in %	Zielkostenindex
Magnet	44	31	1,42
Electronic Cabinet	26	27	0,96
Patientenliege	5	3	1,67
System Components	9	12	0,75
Gradientenspule	7	4	1,75
HF-Kabine	4	7	0,57
Montage/Installation	5	16	0,31

Abb. 2-69: Zielkostenindizes
(Quelle: *Coenenberg/Fischer/Günther* [Kostenrechnung] 557)

Eine Verteilung des notwendigen Kosteneinsparvolumens auf die einzelnen Komponenten steht bisher noch aus. Im Extremfall könnten im Zielkostenkontrolldiagramm alle Komponenten auf der angestrebten 45 Grad-Linie liegen, d.h. Kosten- und Nutzenanteile würden sich genau entsprechen. Somit würde sich durch dieses Verfahren kein Ansatzpunkt für weitere Gestaltungsmaßnahmen ergeben, obwohl noch entsprechende Anstrengungen zu unternehmen sind, da evtl. die gesamten „Drifting Costs" weitaus höher sind als die „Allowable Costs" bzw. die vereinbarten „Target Costs".

(d) In der Praxis werden die Kostenkürzungen oftmals prozentual gleichmäßig auf die Komponenten verteilt (vgl. *Ewert/Wagenhofer* [Unternehmensrechnung] 285). Eine andere Lösung ergibt sich durch die **Verteilung** der „Allowable Costs" bzw. „Target Costs" gemäß den Gewichtungen aus der Nutzenbestimmung (vgl. *Schmidt* [Kostenrechnung] 253) und der daraus resultierenden Berechnung des Kostenreduktionsbedarfs.

Um diese Grundidee graphisch zu verdeutlichen, schlagen *Fischer/ Schmitz* ([Target Costing] 427ff.) die Nutzung eines **erweiterten Zielkostenkontrolldiagramms** vor. Dabei wird das bisherige Zielkostenkontrolldiagramm erweitert, indem zunächst die absoluten „Drifting Costs" pro Komponente zu den „Allowable Costs im engeren Sinne" ins Verhältnis gesetzt werden. Diese „Allowable Costs i.e.S." beinhalten lediglich die Kosten, die durch das Projektteam auch beeinflussbar sind; es werden also bestimmte Gemeinkostenblöcke abgezogen. Die Anteile der „Drifting Costs" an den „Allowable Costs i.e.S." werden nun pro Komponente errechnet und ebenfalls ins Zielkostenkontrolldiagramm eingetragen.

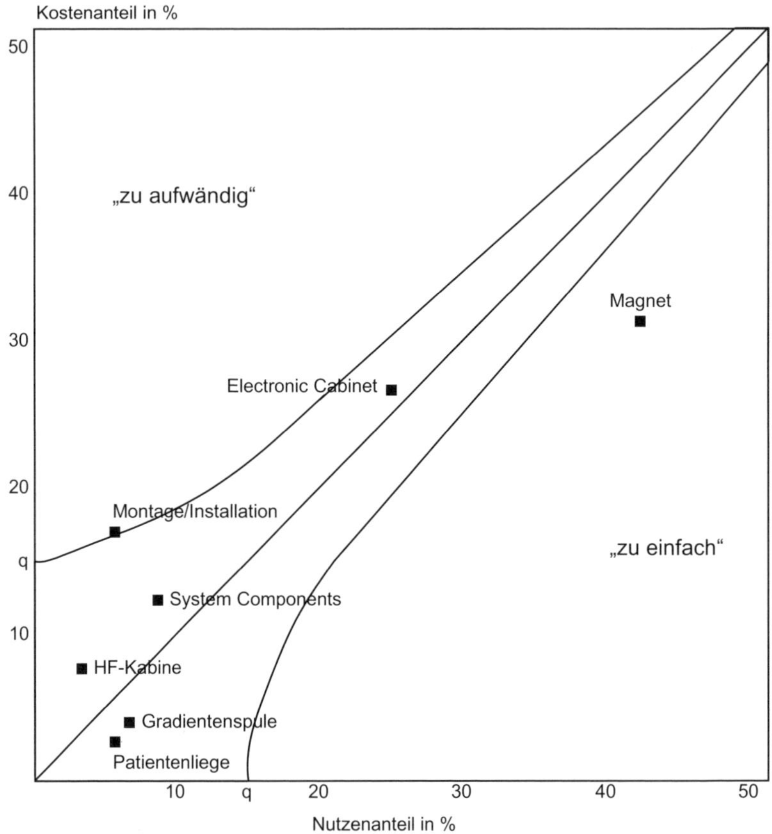

Abb. 2-70: Zielkostenkontrolldiagramm am Beispiel der Entwicklung eines medizinischen Diagnosegeräts
(Quelle: *Coenenberg/Fischer/Günther* [Kostenrechnung] 558)

Zur Illustrierung der Vorgehensweise greifen wir wieder auf das obige Beispiel von *Coenenberg/Fischer/Günther* ([Kostenrechnung] 559ff.) zurück. Zunächst werden die „Allowable Costs im engeren Sinne“ pro Stück berechnet. Im Beispiel sind dies 500 TEuro pro Stück.

Dieser Wert dient nun als Grundlage für eine neue Aufteilung: Es wird berechnet, welcher Anteil an den Allowable Costs die jeweilige Komponente entsprechend ihrem Nutzen haben dürfte (Nutzenkonformer Kostenanteil auf Basis AC in TEuro (DC)). Die Differenz zwischen dem absoluten Kostenanteil an den Drifting Costs und diesem nutzenkonformen Kostenanteil auf Basis der Allowable Costs zeigt den Kostenreduktionsbedarf an. Für den

Eintrag in das erweiterte Zielkostenkontrolldiagramm ist allerdings ein prozentualer Wert notwendig. Daher wird der Drifting Cost-Anteil auf Basis der Allowable Cost (AC) in % berechnet:

$$\text{DC-Anteil auf Basis AC pro Komponente in \%} = \frac{\text{DC-Kostenanteil in TEuro pro Komponente} \cdot 100}{\text{Gesamtsumme Allowable Costs pro Stück}}$$

Abb. 2-71 enthält die Ergebnisse der verschiedenen Schritte.

Komponente	**Nutzenanteil in %**	**Kostenanteil auf Basis DC in % (■)**	**DC-Kostenanteil in TEuro**	**Nutzenkonformer Kostenanteil auf Basis AC in TEuro**	**DC-Kostenanteil auf Basis AC in % (♦)**	**Kostenreduktionsbedarf**
Magnet	44	31	310	220	62	90
Electronic Cabinet	26	27	270	130	54	140
Patientenliege	5	3	30	25	6	5
System Components	9	12	120	45	24	75
Gradientenspule	7	4	40	35	8	5
HF-Kabine	4	7	70	20	14	50
Montage / Installation	5	16	160	25	32	135
Σ	100	100	1.000	500	200	500

Abb. 2-71: Absolute und relative Kostenanteile der Komponenten auf Basis der Drifting Costs (DC) und der Allowable Costs i.e.S. (AC) (Quelle: *Coenenberg/Fischer/Günther* [Kostenrechnung] 560)

Abb. 2-72 zeigt ein erweitertes Zielkostenkontrolldiagramm: Die neuen Drifting Cost-Anteile auf Basis der Allowable Costs sind als Rauten am Ende der Pfeile eingezeichnet; die Quadrate stellen die bereits bekannten Nutzen- und Kostenanteile aus Abb. 2-70 dar.

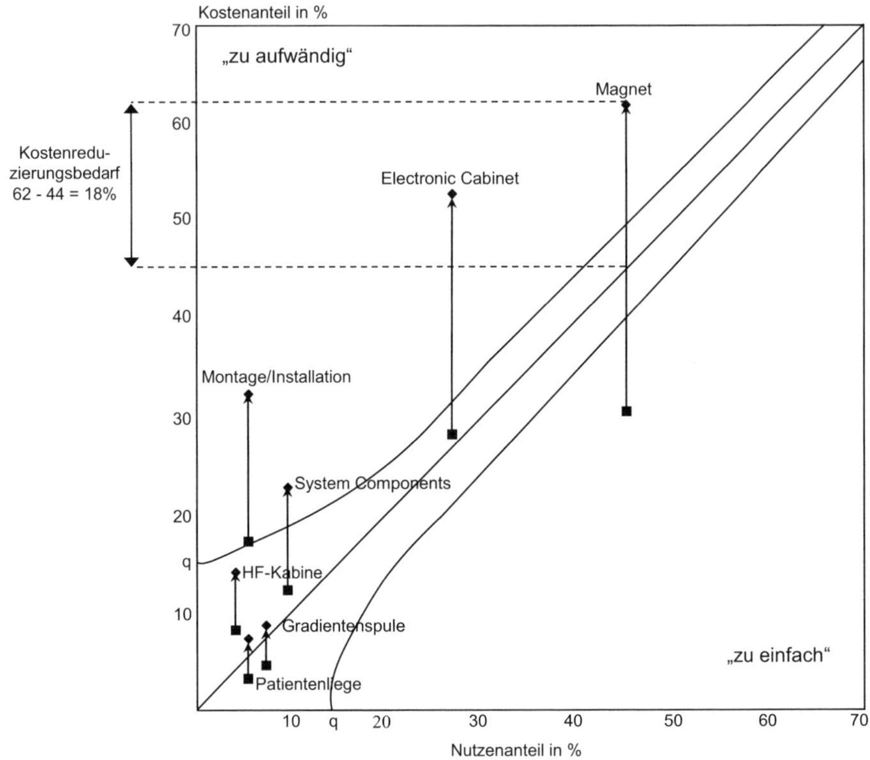

Abb. 2-72: Erweitertes Zielkostenkontrolldiagramm am Beispiel eines medizinischen Diagnosegeräts
(Quelle: *Coenenberg/Fischer/Günther* [Kostenrechnung] 562)

(e) Die eingezeichnete Winkelhalbierende ist nun als Ideallinie der Relation von Nutzen und Allowable Cost pro Stück zu interpretieren. Hier können **verschiedene Fälle** unterschieden werden:

- **Kostenpfeile liegen vollständig unter der Winkelhalbierenden:**

  Drifting Costs < Allowable Costs

  Folge: Überprüfung, ob die Komponente tatsächlich "zu einfach" ist

- **Kostenpfeile beginnen in der Zielkostenzone und liegen nun deutlich darüber:**

  Drifting Costs > Allowable Costs

  Folge: Entsprechender Kostenreduktionsbedarf

  Beispiel:
  Bei der Komponente „Electronic Cabinet“ entsprechen sich der Nutzenanteil

und der Kostenanteil auf Basis der Drifting Costs mit 26 bzw. 27% nahezu. Im Verhältnis zu den Allowable Costs zeigt sich jedoch ein enormer Kostenreduktionsbedarf in Höhe von 140 TEuro pro Stück.

- **Kostenpfeile beginnen unterhalb der Winkelhalbierenden und enden nun darüber:**

  Drifting Costs > Allowable Costs

  Folge: Obwohl zunächst eine „zu einfache Lösung“ signalisiert wurde, besteht Kostensenkungsbedarf bei der betrachteten Komponente.

  Beispiel:
  Die Komponente „Magnet“ erschien zunächst beim Kosten-/ Nutzen-Vergleich auf Basis der Drifting Costs als „zu einfach“, nun zeigt sich jedoch ein Kostenreduktionsbedarf in Höhe von 90 TEuro pro Stück.

Der Kostenreduktionsbedarf einer Komponente kann aus dem Diagramm abgelesen werden, indem man von der Ordinate ausgeht und die Differenz zwischen dem Schnittpunkt mit der Ideallinie und der entsprechenden Raute ermittelt. Für die Komponente „Magnet“ ergibt sich auf diese Weise ein Wert von 62 – 44 = 18%, den man nun auf die gesamten „Allowable Costs i.e.S.“ in Höhe von 500 TEuro bezieht. Der Kostenreduktionsbedarf beträgt somit absolut 90 TEuro. Zweckmäßigerweise werden hier die „Allowable Costs i.e.S.“ pro Stück betrachtet.

(3) Zielkostenrealisierung

Die Zielkostenspaltung gibt Auskunft über Notwendigkeiten zur Verbesserung von Komponenten und zur Kostensenkung. Zur Erreichung der Zielkosten werden nun verschiedene Maßnahmen erwogen, wie z.B. die Veränderung technischer Eigenschaften des Produkts, die Substitution von Materialien, die Modifikation des Produktionsprozesses oder auch der Fremdbezug von Komponenten statt deren Eigenfertigung. Einerseits werden in diesem Schritt die Funktionen überprüft und die Konstruktion eventuell nochmals in Frage gestellt, andererseits kommen Konzepte wie Benchmarking, Wertanalyse oder die Integration von Zulieferern zur Reduzierung der Produktkosten zum Einsatz.

Obwohl einige Autoren eine enge Verbindung zum Life Cycle Costing betonen (vgl. beispielsweise *Seidenschwarz* [Target Costing] 7 oder *Sakurai* [Kostenmanagement] 50), wird das Target Costing meist als einperiodiges Konzept ausgestaltet. Allerdings erscheint die Kombination des mehrperiodigen, ganzheitlich ausgelegten Life Cycle Costing mit einer einperiodigen Target Costing-Variante nicht wirklich sinnvoll, da auf diese Weise nur im Ausnahmefall einer einperiodigen Entwicklungs-, Produktions- und Absatzphase eine aussagefähige Zielkostenlücke ermittelt werden könnte. In der Konzeption der „Integrierten Projektkostenrechnung" wird daher ein mehrperiodiger Target Costing-Ansatz zugrunde gelegt.

6.9.3.4 Zusammenfassende Beurteilung der vorgestellten Bausteine

Nach der Darstellung der drei methodischen Bausteine der „Integrierten Projektkostenrechnung" werden nun die bisherigen Ergebnisse überblicksartig zusammengefasst.

In Abschnitt 6.9.2 haben wir die Besonderheiten der Kostenplanung in Projekten näher untersucht und dabei drei wichtige Anforderungen an die Projektkostenplanung abgeleitet:

- Die Berücksichtigung der hohen Bedeutung der indirekten Leistungsbereiche
- Die Lebenszyklusorientierung
- Die Kundenorientierung

In Abschnitt 6.9.3 wurden drei methodische Bausteine vorgestellt, die im Zusammenhang mit diesen Anforderungen hilfreich sein können:

- Die Prozesskostenrechnung
- Das Life Cycle Costing
- Das Target Costing

Abb. 2-73 zeigt auf, inwiefern diese drei methodischen Bausteine den jeweiligen Anforderungen an eine Projektkostenplanung genügen.

Die drei Bausteine bieten also wertvolle Beiträge für eine sinnvolle Projektkostenrechnung. Allerdings entsteht ein für die Praxis hilfreiches Modell nur durch die Kombination dieser drei Bausteine, denn kein Instrument kann allein die komplexen Anforderungen an eine Projektkostenrechnung erfüllen.

Diese Kombination in Form einer „integrierten Projektkostenplanung" wird im Folgenden anhand eines Beispiels vorgestellt.

6.9.4 Integrierte Projektkostenplanung

6.9.4.1 Modell der integrierten Projektkostenplanung

Unser Modell der „Integrierten Projektkostenplanung" baut auf drei methodischen Bausteinen auf: Der Prozesskostenrechnung, dem Life Cycle Costing und dem Target Costing. Die Vorgehensweise im Zuge des „Dynamischen Target Costing" beruht auf Ideen von *Mussnig* ([Target Costing]).

Das Modell lässt sich auf alle Projekte anwenden, für die sich projektspezifische Kosten und Erlöse bestimmen lassen. Dies ist primär bei produkt- und absatzmarktbezogenen Projekten der Fall. Die Grundgedanken des Modells lassen sich auch auf andere Projektarten übertragen.

Anforderung Baustein	Berücksichtigung indirekter Leistungsbereiche	Lebenszyklusorientierung	Kundenorientierung
Prozesskostenrechnung	Differenzierte und damit verursachungsgerechtere Zurechnung von Gemeinkosten	-	Detaillierte Grundlagen für Preisverhandlungen mit dem Kunden
Life Cycle Costing	Zurechnung der jeweiligen Gemeinkosten auf das verursachende Projekt (nicht als Gemeinkostenblock früherer oder späterer Projekte)	Lebenszyklusorientierte Betrachtung der Kosten/Erlöse des gesamten Projektes	Optimierung der Gesamtkosten und –erlöse im Konsum- und Produktionszyklus
Target Costing	-	Zielkostenvorgaben für alle Perioden der Produktions- und Absatzphase → Dynamisches Target Costing	Preisvorstellungen des Kunden für bestimmte Funktionen als Grundlage der Produktentwicklung

Abb. 2-73: Beiträge der einzelnen methodischen Bausteine zu einer integrierten Projektkostenrechnung

Am Ende des Abschnitts über das Life Cycle Costing (S. 214f.) haben wir erläutert, dass für ein mehrperiodiges Konzept grundsätzlich die Investitionsrechnung auf der Grundlage von Zahlungen die sinnvollste Methode wäre. Auch im Zuge der Wertbeitragsrechnung werden wir uns mit diesem Thema beschäftigen (S. 502).

Im Modell der „Integrierten Projektkostenplanung“ greifen wir jedoch nicht auf die Investitionsrechnung, sondern auf die Kostenrechnung zurück, da das Management hier üblicherweise über umfangreiche Planungserfahrungen verfügt: „Die Erfahrungswerte beziehen sich aber üblicherweise nicht auf die sporadisch zur Verfügung stehenden Zahlungsgrößen, sondern auf die Kostendaten monatlicher Abweichungsberichte. Dementsprechend verweist eine Reihe von

Autoren darauf, dass das Denken in Kostengrößen in den Unternehmen gebräuchlicher ist als jenes in Zahlungen, da die Entscheidungsträger mit der finanzorientierten Investitionsrechnung nur fallweise Kontakt haben" (*Mussnig* [Target Costing] 161 und die dort angegebenen Quellen).

Da wir im Modell der „Integrierten Projektkostenplanung" Kosten und Leistungen über den gesamten Lebenszyklus des Projektes erfassen und mit Hilfe dynamischer Entscheidungswerte hilfreiche Informationen für das Kostenmanagement im gesamten Projektverlauf ableiten wollen, ist eine Dynamisierung unverzichtbar. Eine aus theoretischer Sicht einwandfreie Lösung zur Berechnung eines Kapitalwertes auf der Grundlage von Kosten und Leistungen bietet der Weg über das „Lücke-Theorem" unter Berücksichtigung von kalkulatorischen Zinsen. Die kalkulatorischen Zinsen werden auf das gebundene Kapital zu Periodenbeginn berechnet, das i.d.R. dem Buchwert am Ende der Vorperiode entspricht.

Zur Illustration wird nun jeder Schritt anhand eines praktischen Beispiels konkret nachvollzogen. Anschließend folgt eine kritische Würdigung des Modells.

6.9.4.2 Praktisches Beispiel

Zur Verdeutlichung des Modells wird das folgende Beispielsprojekt herangezogen:

Es soll ein **qualitativ hochwertiger und innovativer Kühlschrank** entwickelt, produziert und verkauft werden. Die angestrebte Innovation bezieht sich auf den Einsatz neuartiger Technologien, um ein spezielles Mikroklima im Gemüsefach zu erzeugen, das eine wesentlich längere und vitaminschonendere Aufbewahrung von Gemüse ermöglicht.

Der Kühlschrank soll exklusiv für einen Großkunden entwickelt und hergestellt werden: Ein Hersteller exklusiver Küchen möchte ihn für sein neuestes Küchenprogramm einsetzen, bei dem „Gesundes Kochen" im Mittelpunkt steht.

Gemeinsam mit dem Kunden wird der folgende Zeitplan aufgestellt: Die ersten zwei Jahre sind notwendig, um den Kühlschrank zu entwickeln und zur Produktionsreife zu führen. Im dritten Jahr läuft die Serienproduktion voll an und wird weitere zwei Jahre andauern. Nach Produktionsende rechnet das Unternehmen damit, dass es noch zwei Jahre Service- und Garantieleistungen zu erfüllen hat. Das Gesamtprojekt hat also eine Laufzeit von 7 Jahren.

Im Folgenden werden die einzelnen Schritte zum Aufbau einer integrierten Projektkostenplanung beschrieben. Das dazugehörige Beispiel soll die Vorgehensweise verdeutlichen. Das Beispiel wird durch Umrandung abgehoben.

6.9.4.3 Die einzelnen Schritte der integrierten Projektkostenplanung

Die integrierte Projektkostenplanung wird in folgenden **acht Schritten** aufgebaut:

- Planung der Absatzmengen, Preise und Rabatte
- Bestimmung von Zielrenditen als dynamische Vorgaben
- Ableitung von „Allowable Costs“ pro Periode mit direktem Umsatz
- Ermittlung der „Drifting Costs“ pro Periode
- Berechnung kalkulatorischer Zinsen nach *Lücke*
- Ableitung von vorläufigen Periodenergebnissen für die Perioden des Marktzyklus und Berechnung des erlaubten Vorlauf- und Nachlaufvolumens
- Ableitung der Zielkostenlücke durch Gegenüberstellung des erlaubten Vorlauf- und Nachlaufvolumens mit dem absolut notwendigen Vor- und Nachlaufvolumen
- Verteilung des erlaubten und absolut notwendigen Vor- und Nachlaufvolumens anhand der Mengen

(1) Planung der Absatzmengen, Preise und Rabatte

Zunächst werden die Preisvorstellungen des Kunden erhoben und der mögliche Umsatz für die verschiedenen Perioden geplant. Ergebnis dieses Schrittes sind die Nettoumsätze pro Periode der Produktion und des Verkaufs.

Periode t_2 wäre die erste Periode, in der die Kühlschränke in Serienproduktion hergestellt und verkauft würden. Der Kunde plant, in dieser Periode 1.000 Kühlschränke abzunehmen. In Periode t_3 geht er von insgesamt 2.500 Stück aus und in Periode t_4 von 2.700 Stück. Der Vertrieb rechnet damit, dass in allen drei Perioden ein Preis von 1.200 Euro pro Kühlschrank erzielbar wäre.

Aufgrund der steigenden Absatzmengen und der damit verbundenen Lernkurveneffekte wird dem Kunden ein Preisnachlass in Höhe von 5% des Nettopreises gewährt.

Abb. 2-74 verdeutlicht die Planung zu diesem Zeitpunkt.

Periode	t_0	t_1	t_2	t_3	t_4	t_5	t_6
Geplante/Abgesetzte Menge	0	0	1.000	2.500	2.700	0	0
Preis	0	0	1.200	1.200	1.200	0	0
= Bruttoumsatz	0	0	1.200.000	3.000.000	3.240.000	0	0
Durchschnittlicher Rabattsatz	0	0	5%	5%	5%	0	0
Rabatt	0	0	60.000	150.000	162.000	0	0
= Nettoumsatz	0	0	**1.140.000**	**2.850.000**	**3.078.000**	0	0

Abb. 2-74: Planung der Absatzmengen, Preise und Rabatte

(2) Bestimmung von Zielrenditen als dynamische Vorgaben

Parallel zu Schritt 1 wurden die gewünschten Zielgewinne festgelegt: Da sich sowohl die Attraktivität der Zielmärkte als auch die eigene Wettbewerbsposition während des Projektes verändern können, könnte das Management im Laufe der gesamten Projektlaufzeit unterschiedliche Renditeerwartungen in den verschiedenen Perioden zugrunde legen. Mit der Methode des dynamischen Target Costing ist die Erfassung dieser Unterschiede relativ einfach möglich, da die Zielgewinne für jede Periode einzeln planbar sind.

Im Beispiel gibt die Geschäftsführung eine einheitliche Umsatzrendite (RoS) in Höhe von 12% des Nettoumsatzes vor. Da sich dieser Schritt auf den Nettoumsatz bezieht, können nur Perioden betroffen sein, in denen es Umsätze gibt, also die drei Produktions- und Verkaufsperioden t_2-t_4.

Periode	t_0	t_1	t_2	t_3	t_4	t_5	t_6
= Nettoumsatz	0	0	**1.140.000**	**2.850.000**	**3.078.000**	0	0
Ziel ROS	0	0	12%	12%	12%	0	0
Zielgewinn	0	0	136.800	342.000	369.360	0	0

Abb. 2-75: Bestimmung von Zielrenditen für die Produktions- und Verkaufsperioden

(3) Ableitung von „Allowable Costs" pro Periode mit direktem Umsatz

Durch Subtraktion der Zielgewinne von den Nettoumsätzen ergeben sich die „Allowable Costs" pro Periode mit direktem Umsatz als Kostenobergrenze. Um noch einmal den gesamten Weg bis zu diesen „Allowable Costs" pro Periode mit direktem Umsatz nachzuvollziehen, wird die gesamte bisherige Vorgehensweise in Abb. 2-76 zusammengefasst.

Periode	t_0	t_1	t_2	t_3	t_4	t_5	t_6
Geplante/Abgesetzte Menge	0	0	1.000	2.500	2.700	0	0
Preis	0	0	1.200	1.200	1.200	0	0
= Bruttoumsatz	0	0	1.200.000	3.000.000	3.240.000	0	0
Durchschnittlicher Rabattsatz	0	0	5%	5%	5%	0	0
Rabatt	0	0	60.000	150.000	162.000	0	0
= Nettoumsatz	0	0	**1.140.000**	**2.850.000**	**3.078.000**	0	0
Ziel ROS	0	0	12%	12%	12%	0	0
Zielgewinn	0	0	136.800	342.000	369.360	0	0
Allowable Costs	0	0	1.003.200	2.508.000	2.708.640	0	0

Abb. 2-76: Ableitung von „Allowable Costs" pro Periode mit direktem Umsatz

(4) Ermittlung der „Drifting Costs" pro Periode

Bei den „Drifting Costs" handelt es sich um die Kosten, die sich unter Verwendung der im Augenblick im Unternehmen angewendeten Technologien und

Verfahren ergeben würden. Die „Drifting Costs" sind daher die Ergebnisse einer ersten Kostenplanung auf der Grundlage der bisherigen Erfahrungen aus anderen Projekten, die sich auf das zu planende Projekt übertragen lassen.

(a) Einzelkosten

Betrachten wir zunächst die verschiedenen Arten von Einzelkosten im Beispiel.

Projekt-F&E: Auf der Grundlage der Erfahrungen aus früheren Projekten mit ähnlichem Innovationsgehalt schätzt der zukünftige Projektleiter die Anzahl der notwendigen Arbeitsstunden der Ingenieure aus der Forschungs- und Entwicklungsabteilung. In den Perioden t_2 bis t_4 wird die F&E noch Aufgaben in der Serienbetreuung übernehmen.

Erstattung F&E-Kosten: Der Kunde würde sich an den Forschungs- und Entwicklungskosten beteiligen. Er würde in t_1 45.000 Euro und in t_3 12.000 Euro übernehmen.

Kosten der Produktionsvorbereitung: In der Produktionsvorbereitung werden die Produktionsprozesse geplant und festgelegt. Die Kosten werden der Periode t_1 zugerechnet.

Materialeinzelkosten: Diese Kosten fallen in der Produktionsphase an, also in den Perioden t_2, t_3 und t_4. Anfangs rechnet das Projektteam mit Kosten in Höhe von 654 Euro pro Stück. In Periode t_3 wird es wahrscheinlich zu einer Verteuerung der elektronischen Bauteile kommen, so dass die Kosten auf 657 Euro pro Stück steigen dürften. In Periode t_4 können durch die größeren Abnahmemengen entsprechende Rabatte bei den Zulieferern realisiert werden, so dass die Materialeinzelkosten noch 605 Euro pro Stück betragen dürften.

Fertigungseinzelkosten: Diese Kosten ergeben sich ebenfalls in der Produktionsphase. Sie werden für die Periode t_2 auf 110 Euro, die Periode t_3 auf 105 Euro und die Periode t_4 auf 102 Euro pro Stück geschätzt. Bei dieser Planung geht man also von einem entsprechenden Lernkurveneffekt aus.

Rüstkosten: Diese Kosten fallen durch die Einstellung der Fertigungsanlagen und ihre Bestückung mit notwendigen Werkzeugen ebenfalls in den Produktionsphasen an.

Ausschuss: Erfahrungsgemäß gibt es bei jeder Fertigung auch einen gewissen Prozentsatz an fehlerhaften Stücken, der normalerweise aufgrund des Lernkurveneffektes abnimmt.

Garantiekosten: Die Garantiekosten lassen sich über Qualitätserfassungssysteme annähern. Sie fallen in der Produktionsphase, aber auch in der Auslaufphase an.

(b) Gemeinkosten

Kommen wir nun zu den Gemeinkosten: Hier wird die Prozesskostenrechnung eingesetzt und somit zwischen leistungsmengeninduzierten und leistungsmengenneutralen Gemeinkosten unterschieden.

Die **leistungsmengeninduzierten Gemeinkosten** sind auf die einzelnen Prozesse mit Hilfe der jeweiligen Kostentreiber differenziert zurechenbar.

Bei den **Materialgemeinkosten** schlägt insbesondere das Materiallager zu Buche.

Die **Fertigungsgemeinkosten** umfassen beispielsweise Abschreibungen für Maschinen und Werkzeuge, Energiekosten, Hilfslöhne und Kosten für Hilfsmaterial. Aus Vereinfachungsgründen wollen wir an dieser Stelle lediglich die Positionen, die Abschreibungen nach sich ziehen, detaillierter betrachten: Die Anschaffung einer Maschine und von Spezialwerkzeugen.

- Für den Bau der Kühlschränke ist eine Erweiterung der bestehenden Fertigungsstraßen notwendig. In Periode t_1 erfolgt die **Anschaffung einer entsprechenden neuen Fertigungsmaschine** für 140.000 Euro. Diese Auszahlung wird in der Kostenplanung kostenrechnerisch erfasst, also über Abschreibungen auf Basis der Produktionsmengen in den leistungsmengeninduzierten Fertigungsgemeinkosten. Es wird davon ausgegangen, dass mit der Maschine insgesamt 11.200 Stück gefertigt werden können. Das Produkt soll im Anschluss an das Projekt in Varianten weitergeführt werden, so dass die restliche Kapazität der Maschine in Höhe von 5.000 Stück nahtlos ab t_5 hierfür genutzt werden kann.
- Für die Forschung und Entwicklung und für die Fertigung sind **Spezialwerkzeuge** notwendig, die in den Perioden t0 (10.000 Euro), t1 (5.000 Euro) und t3 (5.000 Euro) angeschafft werden. Sie werden jeweils linear über zwei Perioden abgeschrieben.

In allen Perioden werden **leistungsmengeninduzierte Verwaltungsgemeinkosten** und **Vertriebsgemeinkosten** eingeplant.

In Abb. 2-77 sind alle dem Projekt direkt zurechenbaren Kosten aufgeführt: Die Einzelkosten und die leistungsmengeninduzierten Gemeinkosten.

Periode	t_0	t_1	t_2	t_3	t_4	t_5	t_6
Einzelkosten							
Projekt-F&E	21.000	37.500	12.500	14.500	5.000	0	0
Erstattung Projekt-F&E	0	-45.000	0	-12.000	0	0	0
Kosten der Produktionsvorbereitung	0	800	0	0	0	0	0
Materialeinzelkosten	0	0	654.000	1.642.500	1.633.500	0	0
Fertigungseinzelkosten	0	0	110.000	262.500	275.400	0	0
Rüstkosten	0	0	2.000	5.000	5.400	0	0
Ausschuss	0	0	25.000	50.000	48.600	0	0
Garantiekosten	0	0	12.000	25.000	29.500	22.000	17.000
Gemeinkosten (leistungsmengeninduziert)							
Materialgemeinkosten	0	0	41.000	95.000	100.035	0	0
Fertigungsgemeinkosten	5.000	7.500	50.000	131.250	137.700	1.500	0
Verwaltungsgemeinkosten	10.500	15.000	75.000	85.000	87.000	8.000	5.000
Vertriebsgemeinkosten	35.000	68.000	55.000	75.000	77.000	10.000	8.000

Abb. 2-77: Direkt zurechenbare Kosten des Beispiel-Projektes

Bei den **leistungsmengenneutralen Gemeinkosten** ist eine verursachungsgerechte Zurechnung grundsätzlich nicht möglich. Sie werden in Form eines **Deckungsbudgets** zwischen Management und dem Projektverantwortlichen bzw. dem Projektteam ausgehandelt.

Im Beispiel soll das Projekt in der Vorlauf- und Produktionsphase Anteile der **Gemeinkosten der Basisentwicklung** tragen, in den Produktionsperioden Anteile der **leistungsmengenneutralen Material- und Fertigungsgemeinkosten** und über alle Perioden hinweg Anteile **der leistungsmengenneutralen Verwaltungs- und Vertriebskosten.**

In Abb. 2-78 sind alle leistungsmengenneutralen Kosten über die Projektlaufzeit hinweg aufgeführt.

Periode	t_0	t_1	t_2	t_3	t_4	t_5	t_6
Deckungsbudget (leistungsmengenneutrale Kosten)							
Basisentwicklung	18.000	18.000	18.000	18.000	18.000		
Materialgemeinkosten (lmn)			18.000	42.000	45.000		
Fertigungsgemeinkosten (lmn)			33.000	88.000	92.000		
Verwaltungskosten (lmn)	17.000	17.000	17.000	17.000	17.000	17.000	17.000
Vertriebskosten (lmn)	15.000	15.000	15.000	15.000	15.000	15.000	15.000
Summe Deckungsbudget	50.000	50.000	101.000	180.000	187.000	32.000	32.000

Abb. 2-78: Deckungsbudget als Summe der leistungsmengenneutralen Kosten

(5) Berechnung kalkulatorischer Zinsen nach *Lücke*

Für die sinnvolle Ausgestaltung eines dynamischen Target Costing über mehrere Perioden sollte die Kapitalwertmethode eingesetzt werden. Hierfür sind i.d.R. zahlungsorientierte Größen notwendig. Im Moment bewegen wir uns jedoch auf der Ebene von Kosten und Leistungen: Auszahlungen, z.B. für Investitionen, fallen oftmals zu einem anderen Zeitpunkt an als die daraus resultierenden Kosten, wie die Abschreibungen der Investition. Daher wird der Barwert der Zahlungsströme i.d.R. nicht demjenigen auf der Grundlage der Kosten- und Leistungsgrößen entsprechen.

Mit Hilfe des „Lücke-Theorems" kann diese zeitliche Differenz durch den Ansatz von kalkulatorischen Zinsen auf das zu Beginn der Periode gebundene Kapital ausgeglichen werden (vgl. *Lücke* [Investitionsrechnungen] 314). Weitere Ausführungen zum **Lücke-Theorem** finden sich in Teil 3, Abschnitt 3 (S. 510f.). Die kalkulatorischen Zinsen werden auf die Kapitalbindung berechnet: Die Kapitalbindung bezeichnet „für jeden Zeitpunkt den bei der Kosten- und Leistungsrechnung insgesamt zuviel oder zuwenig verrechneten Überschuss relativ zu den sich aus der Zahlungsrechnung tatsächlich ergebenden Zahlungsüberschüssen“ (*Ewert/Wagenhofer* [Unternehmensrechnung] 66).

Die kalkulatorischen Zinsen sind für alle Produktionsfaktoren zu berechnen, die bei dem betrachteten Investitionsobjekt angefallen sind. Laut *Lücke* betrifft dies insbesondere Maschinen, Werkstoffe und Löhne (vgl. *Lücke* [Investitionsrechnungen] 315f.).

Um das Beispiel nicht zu komplex zu gestalten, konzentrieren wir uns im Folgenden exemplarisch auf zwei Formen der **Kapitalbindung** im Anlagevermögen und eine im Umlaufvermögen: Die Anschaffung der Fertigungsmaschine, die Anschaffung der Spezialwerkzeuge und das Materiallager. Der Zinssatz für die kalkulatorischen Zinsen beträgt im Beispiel 10%.

Die **Fertigungsmaschine** wird in t_1 angeschafft und anschließend auf Basis der jeweiligen Produktionsmengen abgeschrieben. Zum Ende von t_4 wird die Produktion eingestellt und die Maschine wird einem Anschlussprojekt zur Fertigung von Varianten zur Verfügung gestellt. Diese Übertragung wird über eine „sekundäre Einzahlung“ in t_5 dargestellt. Basis für die Berechnung der Kapitalbindung stellen die Zahlungsströme dar. Daher entspricht die Kapitalbindung in t_1 der Anfangsauszahlung. Die Kapitalbindung in den Folgeperioden ergibt sich als Differenz der Kapitalbindung der Vorperiode und der Abschreibung der laufenden Periode. In t_5 wird noch die „sekundäre Einzahlung“ mit berücksichtigt.

Die **Spezialwerkzeuge** werden in t_0, t_1 und t_3 beschafft und bezahlt. Sie werden jeweils über 2 Jahre linear abgeschrieben. Die Kapitalbindung ergibt sich wiederum aus der Kapitalbindung der Vorperiode, den neuen Zahlungen der laufenden Periode und der Abschreibung.

Das **Materiallager** ist im Beispiel lediglich in den Produktionsphasen von Bedeutung. Wir gehen von einem durchschnittlichen Lagerbestand von 5% des Materialeinsatzes aus. Auf diesen Lagerbestand werden die kalkulatorischen Zinsen berechnet.

In Abb. 2-79 ist die Berechnung der kalkulatorischen Zinsen im Beispiel dargestellt.

(6) Ableitung von vorläufigen Periodenergebnissen für die Perioden des Marktzyklus und Berechnung des erlaubten Vorlauf- und Nachlaufvolumens

Betrachtet man die obige Zusammenstellung der Kosten und Leistungen über die gesamte Laufzeit des Projektes, so wird deutlich, dass im jetzigen Stadium lediglich für die Produktions- und Verkaufsperioden, also t_2 bis t_4, „Allowable Costs“ vorliegen. Dies ist darauf zurückzuführen, dass erst zu diesem Zeitpunkt die Umsätze tatsächlich anfallen. Im Moment stehen wir jedoch am Beginn von t_0 und sollen mit Hilfe dieser drei „Allowable Cost“-Werte entscheiden, inwieweit das Projekt tatsächlich den angestrebten Zielgewinn erreichen kann und ob Kostenmanagement-Maßnahmen notwendig sind.

Periode	t_0	t_1	t_2	t_3	t_4	t_5	t_6
Anlagevermögen							
Fertigungsmaschine							
Investitionsauszahlung	0	140.000	0	0	0	0	0
AfA auf Basis der Produktionsmengen	0	0	12.500	31.250	33.750	0	0
Sekundäre Einzahlung	0	0	0	0	0	-62.500	0
Kapitalbindung	0	140.000	127.500	96.250	62.500	0	0
Kalkulatorische Zinsen auf Anlagen (nach Lücke), 10%	0	0	14.000	12.750	9.625	6.250	0
Werkzeuge							
Investitionsauszahlung	10.000	5.000	0	5.000	0	0	0
Lineare AfA	5.000	7.500	2.500	2.500	2.500	0	0
Kapitalbindung	5.000	2.500	0	2.500	0	0	0
Kalkulatorische Zinsen auf Anlagen (nach Lücke), 10%	0	500	250	0	250	0	0
Umlaufvermögen							
Materiallager							
Materialeinsatz	0	0	654.000	1.642.500	1.633.500	0	0
Lagerbestand: 5% des Materialeinsatzes	0	0	32.700	82.125	81.675	0	0
Kalkulatorische Zinsen: 10%	0,0	0,0	0,0	3.270,0	8.212,5	8.167,5	0,0
Summe kalkulatorische Zinsen	0	500,0	14.250,0	16.020,0	18.087,5	14.417,5	0

Abb. 2-79: Berechnung der kalkulatorischen Zinsen im Beispiel

Um das tatsächlich beurteilen zu können, ist es notwendig, die Werte dynamisiert zu betrachten und sie auf einen Zeitpunkt hin zu verdichten: Wir brauchen einen Barwert, mit dessen Hilfe wir erkennen können, inwieweit das Unternehmen einen Spielraum hat, insbesondere bezüglich der Vorlauf- und Nachlaufkosten. Es ist möglich, einen Barwert für das „erlaubte Vorlauf- und Nachlaufvolumen" zu berechnen, also ein Pendant zu den einperiodigen „Allowable Cost"-Größen, das die Werte des gesamten Lebenszyklus beinhaltet. Dieses „erlaubte Vorlauf- und Nachlaufvolumen" kann als Budget für die Deckung von Investitionen, Entwicklungskosten und leistungsmengenneutralen Gemeinkosten in der Vorlauf- und Nachlaufphase interpretiert werden. Wird dieses Budget über die gesamte Projektlaufzeit komplett verbraucht, so würden genau die gesetzten Rentabilitätsanforderungen des Managements gedeckt.

Hierfür werden zunächst die **„Vorläufigen Periodenergebnisse"** in den drei Marktperioden berechnet. Ausgangspunkt sind hier die „Allowable Costs" für die drei Marktperioden (vgl. Abb. 2-80). Bei Einhaltung dieser erlaubten Kosten würde die Renditevorgabe des Managements genau erfüllt. Subtrahiert man hier alle direkt zurechenbaren Kosten, also die Einzelkosten und die leistungsmengeninduzierten Gemeinkosten, so erhält man „Vorläufige Periodenergebnisse". Diese Ergebnisse könnten als eine Art „Puffer" interpretiert werden, der sowohl für höhere Investitionen in die Forschung und Entwicklung als auch zur Deckung der leistungsmengenneutralen Gemeinkosten genutzt werden könnte oder aber das Gesamtprojektergebnis erhöht.

Periode	t_0	t_1	t_2	t_3	t_4	t_5	t_6
Geplante/Abgesetzte Menge	0	0	1.000	2.500	2.700	0	0
Preis	0	0	1.200	1.200	1.200	0	0
= Bruttoumsatz	0	0	1.200.000	3.000.000	3.240.000	0	0
Durchschnittlicher Rabattsatz	0	0	5%	5%	5%	0	0
Rabatt	0	0	60.000	150.000	162.000	0	0
= Nettoumsatz	0	0	**1.140.000**	**2.850.000**	**3.078.000**	0	0
Ziel ROS	0	0	12%	12%	12%	0	0
Zielgewinn	0	0	136.800	342.000	369.360	0	0
Allowable Costs	0	0	1.003.200	2.508.000	2.708.640	0	0
Einzelkosten							
Projekt-F&E	21.000	37.500	12.500	14.500	5.000	0	0
Erstattung Projekt-F&E	0	-45.000	0	-12.000	0	0	0
Produktionsvorbereitung	0	800	0	0	0	0	0
Material	0	0	654.000	1.642.500	1.633.500	0	0
Fertigung	0	0	110.000	262.500	275.400	0	0
Rüsten	0	0	2.000	5.000	5.400	0	0
Ausschuß	0	0	25.000	50.000	48.600	0	0
Garantien	0	0	12.000	25.000	29.500	22.000	17.000
Gemeinkosten (lmi)							
Material	0	0	41.000	95.000	100.035	0	0
Fertigung	5.000	7.500	50.000	131.250	137.700	1.500	0
Verwaltung	10.500	15.000	75.000	85.000	87.000	8.000	5.000
Vertrieb	35.000	68.000	55.000	75.000	77.000	10.000	8.000
Kalkulatorische Zinsen (nach Lücke)	0	500,0	14.250,0	16.020,0	18.087,5	14.417,5	0
Summe der anfallenden Vor- bzw. Nachlaufkosten (Einzelkosten, lmi Gemeinkosten und kalkulatorische Zinsen)	71.500	84.300				55.918	30.000
Abgezinste Vor- bzw. Nachlaufkosten (Einzelkosten, lmi Gemeinkosten und kalkulatorische Zinsen)	71.500,0	76.636,4				34.720,4	16.934,2
Barwert der abgezinsten Vor- und Nachlaufkosten	199.790,9						
Vorläufiges Periodenergebnis			**-47.550,0**	**118.230,0**	**291.417,5**		

Abb. 2-80: Berechnung der vorläufigen Periodenergebnisse

Ohne Berücksichtigung der Vorlauf- und Nachlaufkosten müssten in t_2 noch ca. 47.500 Euro eingespart werden, wenn der eingeplante Gewinn erreicht werden soll. In t_3 und t_4 wäre dagegen noch eine Art Puffer vorhanden. Es zeigt sich, dass sich auf der Grundlage der „Vorläufigen Periodenergebnisse“ noch keine eindeutigen Empfehlungen ableiten lassen. Daher besteht der nächste

Schritt in der Dynamisierung dieser Werte, also einer Barwertbetrachtung mit Abzinsung auf die Periode t_0 (vgl. Abb. 2-81).

In unserem Beispiel legen wir für die Dynamisierung einen **Zinssatz von 10%** zugrunde.

Periode	t_0	t_1	t_2	t_3	t_4	t_5	t_6
Vorläufiges Periodenergebnis			**-47.550,0**	**118.230,0**	**291.417,5**		
Abgezinstes vorläufiges Periodenergebnis			-39.297,5	88.827,9	199.042,1		
Erlaubtes Vorlauf- und Nachlaufvolumen	248.572,5						

Abb. 2-81: Berechnung des erlaubten Vorlauf- und Nachlaufvolumens

(7) Ableitung der Zielkostenlücke durch Gegenüberstellung des erlaubten Vorlauf- und Nachlaufvolumens mit dem absolut notwendigen Vor- und Nachlaufvolumen

Nachdem das erlaubte Vor- und Nachlaufvolumen errechnet wurde, ist als Nächstes eine **Barwertbetrachtung der „Drifting Costs"** notwendig, um die Größen miteinander vergleichen zu können. Dabei gibt es grundsätzlich zwei Varianten: Den Barwert der **direkt zurechenbaren Vor- und Nachlaufkosten**, also der Einzelkosten und leistungsmengeninduzierten Gemeinkosten, und den Barwert **unter Berücksichtigung des Deckungsbudgets**, also der zwischen Management und Projektteam vereinbarten Anteile an den leistungsmengenneutralen Gemeinkosten.

Da der Barwert dem Vor- und Nachlaufvolumen entspricht, das laut Kostenplanung auf der Grundlage von Standardkosten notwendig wäre, werden wir diese Größe zukünftig **„Absolut notwendiges Vor- und Nachlaufvolumen"** nennen, entweder inklusive oder ohne Deckungsbudget.

Die **„Aggregierte Zielkostenlücke"** ergibt sich dann als Differenz des „Erlaubten Vorlauf- und Nachlaufvolumens" und des „Absolut notwendigen Vor- und Nachlaufvolumens".

Da es zwei Varianten des „Absolut notwendigen Vor- und Nachlaufvolumens" gibt, ergeben sich auch zwei **Zielkostenlücken**:

- Die „Aggregierte Zielkostenlücke ohne Deckungsbudget"
- Die „Aggregierte Zielkostenlücke incl. Deckungsbudget"

Die Berechnung der Zielkostenlücken wird in Abb. 2-82 aufgezeigt.

Periode	t_0	t_1	t_2	t_3	t_4	t_5	t_6
Deckungsbudget (leistungsmengenneutrale Kosten)							
Basisentwicklung	18.000	18.000	18.000	18.000	18.000	0	0
Material	0	0	18.000	42.000	45.000	0	0
Fertigung	0	0	33.000	88.000	92.000	0	0
Verwaltung	17.000	17.000	17.000	17.000	17.000	17.000	17.000
Vertrieb	15.000	15.000	15.000	15.000	15.000	15.000	15.000
Summe Deckungsbudget pro Periode	50.000	50.000	101.000	180.000	187.000	32.000	32.000
Abgezinste Deckungsbudgets	50.000	45.455	83.471	135.237	127.724	19.869	18.063
Barwert der abgezinsten Deckungsbudgets	479.818						
Summe der anfallenden Vor- bzw. Nachlaufkosten (Einzelkosten, lmi Gemeinkosten und kalkulatorische Zinsen)	71.500	84.300				55.918	30.000
Abgezinste Vor- bzw. Nachlaufkosten (Einzelkosten, lmi Gemeinkosten und kalkulatorische Zinsen)	71.500,0	76.636,4				34.720,4	16.934,2
Barwert der abgezinsten Vor- und Nachlaufkosten	199.790,9						
Vorläufiges Periodenergebnis			**-47.550,0**	**118.230,0**	**291.417,5**		
Abgezinstes vorläufiges Periodenergebnis			-39.297,5	88.827,9	199.042,1		
Erlaubtes Vorlauf- und Nachlaufvolumen	248.572,5						
Absolut notwendiges Vor- und Nachlaufvolumen incl. Deckungsbudget	679.609,4						
Aggregierte Zielkostenlücke incl. Deckungsbudget	-431.036,9						
Absolut notwendiges Vor- und Nachlaufvolumen ohne Deckungsbudget	199.790,9						
Aggregierte Zielkostenlücke ohne Deckungsbudget	48.781,6						

Abb. 2-82: Ableitung von aggregierten Zielkostenlücken mit und ohne Deckungsbudget

Betrachtet man die „Aggregierte Zielkostenlücke ohne Deckungsbudget“, so übersteigt das „Erlaubte Vor- und Nachlaufvolumen“ das „Absolut notwendige Vor- und Nachlaufvolumen“, d.h. es gibt auf den ersten Blick keinen Bedarf für Kostenmanagement-Maßnahmen, sondern es steht sogar noch ein größerer Spielraum zur Verfügung. Allerdings wurde diese Größe lediglich auf der Grundlage der direkt zurechenbaren Kosten gewonnen, d.h. es wurden bislang keine Anteile an den leistungsmengenneutralen Gemeinkosten berücksichtigt.

Dies geschieht mit Hilfe der Größe „Aggregierte Zielkostenlücke incl. Deckungsbudget", die zeigt, dass mit der vorliegenden Planung die vorgesehenen leistungsmengenneutralen Gemeinkosten in der Vorlauf- und Nachlaufphase nicht gedeckt werden können. Hier zeigt sich ein Bedarf für den Einsatz von Kostenmanagement-Maßnahmen, wenn das gesamte Deckungsbudget erwirtschaftet werden soll.

(8) Verteilung des erlaubten und absolut notwendigen Vor- und Nachlaufvolumens anhand der Mengen

Für den Entwurf konkreter Kostenmanagement-Maßnahmen ist der Barwert eine relativ schwer praktisch handhabbare Größe. Daher werden die verschiedenen Vor- und Nachlaufvolumina anhand der Mengen auf die Produktions- und Verkaufsperioden verteilt.

> Alle drei Barwerte, die in Schritt 7 berechnet wurden (Abb. 2-82), werden nun durch die geplante Gesamtstückzahl in Höhe von 6.200 Stück geteilt und mit der jeweiligen Periodenmenge multipliziert. Der resultierende Betrag wird in die jeweilige Periode aufgezinst (vgl. Abb. 2-83).

Periode	t_0	t_1	t_2	t_3	t_4	t_5	t_6
Barwert erlaubte Vor- und Nachlaufkosten / Stück	40,09						
Barwert nötige Vor- und Nachlaufkosten / Stück (incl. Deckungsbudget)	109,61						
Barwert nötige Vor- und Nachlaufkosten / Stück (ohne Deckungsbudget)	32,22						
Erlaubte Jahresdeckungslast			48.511,7	133.407,3	158.487,8		
Nötige Jahresdeckungslast (umgelegte absolut nötige Vor- und Nachlaufkosten incl. Deckungsbudget)			132.633,4	364.742,0	433.313,5		
Nötige Jahresdeckungslast (umgelegte absolut nötige Vor- und Nachlaufkosten ohne Deckungsbudget)			38.991,5	107.226,5	127.385,1		

Abb. 2-83: Verteilung der Barwerte in die Produktions- und Absatzperioden

Um nun die Zielkostenlücke bzw. den Zielkostenpuffer auf die drei Perioden mit Umsätzen verteilen zu können, wird zunächst der „Erlaubte Periodenbeitrag" als Differenz der „Vorläufigen Periodenergebnisse" und der „Erlaubten Jahresdeckungslast" berechnet. Diese Größe gibt an, welcher Periodenbeitrag sich ergeben würde, wenn tatsächlich die erlaubte Jahresdeckungslast umgesetzt würde, die aus den erlaubten Vor- und Nachlaufkosten resultieren würde.

Dieser „Erlaubte Periodenbeitrag“ wird nun in jeder Periode den Periodenbeiträgen gegenübergestellt, die sich ergeben würden, wenn die beiden Varianten der „Nötigen Jahresdeckungslast“, also der absolut nötigen Vor- und Nachlaufkosten incl. und ohne Deckungsbudget, zum Zuge kämen. Diese prognostizierten Periodenbeiträge würden sich also analog zur Verwirklichung der „Drifting Costs“ im einperiodigen Fall ergeben. Die Subtraktion dieser Periodenbeiträge führt zu „Prognostizierten Zielkostenlücken“ für die Perioden mit Umsätzen. Dividiert man diese Zielkostenlücken durch die jeweiligen Periodenmengen, so bekommt man eine relativ leicht handhabbare Größe, die „Zielkostenlücke pro Stück“.

In Abb. 2-84 wird diese Vorgehensweise für das vorliegende Beispiel verdeutlicht.

Periode	t_0	t_1	t_2	t_3	t_4	t_5	t_6
Erlaubter Periodenbeitrag (Vorläufiges Periodenergebnis - Erlaubte Jahresdeckungslast)			-96.061,7	-15.177,3	132.929,7		
Prognostizierter Periodenbeitrag (incl. Deckungsbudget)			-180.183,4	-246.512,0	-141.896,0		
Prognostizierte Zielkostenlücke (incl. Deckungsbudget)			**-84.121,7**	**-231.334,7**	**-274.825,6**		
Erlaubter Periodenbeitrag (Vorläufiges Periodenergebnis - Erlaubte Jahresdeckungslast)			-96.061,7	-15.177,3	132.929,7		
Prognostizierter Periodenbeitrag (ohne Deckungsbudget)			-86.541,5	11.003,5	164.032,4		
Prognostizierte Zielkostenlücke (ohne Deckungsbudget)			**9.520,3**	**26.180,7**	**31.102,7**		
Zielkostenlücke (incl. Deckungsbudget) / Stück			-84,1	-92,5	-101,8		
Zielkostenpuffer (ohne Deckungsbudget / Stück)			9,5	10,5	11,5		

Abb. 2-84: Berechnung der prognostizierten Zielkostenlücke mit und ohne Berücksichtigung des Deckungsbudgets

Wie erwartet, zeigt sich bei der Berechnung der **Zielkostenlücke ohne Berücksichtigung des Deckungsbudgets**, dass die Organisation noch einen Spielraum hätte. Betrachtet man dagegen die **Zielkostenlücke incl. Deckungsbudget**, so wird ein erheblicher Kostensenkungsbedarf deutlich. Die Zielkostenlücke in t_4 ergibt sich beispielsweise deshalb, weil zur Erreichung der 12% ROS eigentlich ein positiver Periodenbeitrag in Höhe von ca. 132.930 Euro nötig wäre, im Moment aber wahrscheinlich ein stark negativer Periodenbeitrag in Höhe von 141.896 Euro erzielt wird (Prognostizierter Periodenbeitrag). Es würden also noch ca. 274.826 Euro fehlen, um den vorgegebenen ROS zu erreichen.

Damit sind wir bei der Anwendung des Target Costing am Ende der Phase der „Zielkostenermittlung" angekommen (vgl. Abschnitt 6.9.3.3.2): Aus der Gegenüberstellung der „Drifting Costs" und der „Target Costs" ergibt sich die „Zielkostenlücke", die mit Hilfe entsprechender Maßnahmen zur Kostengestaltung angegangen werden soll. Bisher haben wir jedoch in diesem Abschnitt immer von „Allowable Costs" und nicht von „Target Costs" gesprochen. Dabei sind wir davon ausgegangen, dass es aufgrund der Komplexität des Dynamischen Target Costing sinnvoll ist, zunächst die „Allowable Costs" als Kostenobergrenze zugrunde zu legen und dann im nächsten Schritt über die definitive Festlegung der Target Costs zu entscheiden, wenn das Ausmaß der Differenz von „Drifting Costs" und „Allowable Costs" genauer untersucht wurde.

In den drei Perioden mit Umsätzen ergeben sich unter Berücksichtigung der Vor- und Nachlaufkosten Zielkostenlücken pro Stück in Höhe von ca. 84, 93 bzw. 102 Euro, wenn das geplante Deckungsbudget voll durch das Projekt erwirtschaftet und zugleich der vorgesehene ROS in Höhe von 12% erreicht werden soll.

Um diese Zielkostenlücke zu schließen, folgt nun die Phase der Zielkostenspaltung, in der im Zuge der Gegenüberstellung von relativen Kosten- und Nutzenanteilen verbesserungswürdige Komponenten identifiziert werden (vgl. den Abschnitt über die Zielkostenspaltung 6.9.3.3.2).

Der letzte Schritt besteht in der Zielkostenrealisierung durch Maßnahmen, wie z.B. die Veränderung technischer Eigenschaften des Produkts, die Substitution von Materialien, die Modifikation des Produktionsprozesses oder auch der Fremdbezug von Komponenten statt deren Eigenfertigung. Will man die verschiedenen möglichen Maßnahmen bewerten und ihre Kostenwirkung vergleichen, so sind neue Kostenschätzungen notwendig.

6.9.4.4 Kritische Würdigung des Modells der integrierten Projektkostenplanung

Mit Hilfe des Modells der Integrierten Projektkostenplanung werden Steuerungswerte für die einzelnen Perioden generiert, bei denen die Vor- und Nachlaufkosten im Zuge der Ableitung von Target Costs berücksichtigt werden. Es sind komparativ-statische Vergleiche für die kurzfristige Steuerung des Projektes möglich, die folgende **Vorteile** aufweisen:

- Falls sich bereits im Laufe der sich konkretisierenden Planungen oder in einer Periode unerwartet eine neue Zielkostenlücke ergibt, kann sofort eingegriffen werden. Außerdem lässt sich besser abschätzen, ob sich das Problem auch in den folgenden Perioden fortsetzen wird und ob bzw. wie in diesem Fall in den Folgeperioden gegengesteuert werden muss. Die ökonomischen Auswirkungen von Abweichungen über den Gesamtlebenszyklus werden somit schneller transparent.

- Periodenübergreifende Kostenmanagement-Maßnahmen können besser beurteilt werden.
- Im Rahmen der Lebenszyklusbetrachtung können sich ändernde Marktverhältnisse sowohl auf der Absatz- als auch auf der Beschaffungsseite, beispielsweise in Form von Preisänderungen, in das Kalkül einfließen. Außerdem können mögliche Lernkurveneffekte, beispielsweise im Hinblick auf den Materialverbrauch, berücksichtigt werden.

Das Konzept weist allerdings auch verschiedene **Problemfelder und theoretische Unzulänglichkeiten** auf:

- Durch die Dynamisierung des Target Costing ergibt sich bei der Umperiodisierung anhand der jeweiligen Menge der Periode eine Verzerrung aufgrund des Zinseszinseffektes: Die Perioden mit Mengen unter dem Durchschnitt werden über den Zinseszinseffekt unterproportional, die Perioden mit überdurchschnittlichen Mengen überproportional mit Kostenanteilen belastet. Die **geplanten Mengen** üben also einen großen Einfluss auf die Zielkostenlücken aus. „Bei allen Produkten, deren Istmengen in der Einführungs- und Wachstumsphase die Planmengen nicht erreichen, besteht ... die Gefahr der Unterdeckung des Vorlaufvolumens. Dies gilt auch dann, wenn über den gesamten Lebenszyklus die geplanten Absatzzahlen erreicht werden" (*Mussnig* [Target Costing] 216). Daraus kann man eine wichtige, intuitiv eingängige Konsequenz für das Kostenmanagement ableiten: Je früher größere Mengen auf dem Markt abgesetzt werden können, desto schneller lassen sich die Vor- und Nachlaufkosten wieder „amortisieren" und das Projektrisiko verringern.
- Die oben dargestellte Abhängigkeit der Zielkostenlücken von den geplanten Mengen wirft besondere Probleme bei Mengenänderungen im Laufe des Projektlebenszyklus auf: Es können sich bei angepasster Rechnung **vollkommen neue Zielkostenlücken** ergeben. Aus diesem Grund ist es von besonderer Wichtigkeit, die sich hieraus ergebenden Risiken möglichst detailliert zu durchdenken und Reaktionsmöglichkeiten zu antizipieren. Daher sollten schon im ersten Planungsstadium des Projektes mehrere alternative Planungsrechnungen auf der Grundlage verschiedener Szenarien entwickelt werden. Ergänzend können Sensitivitätsrechnungen eingesetzt werden, um die Sensibilität des Managements für Risikofaktoren zu erhöhen. Dies ist für eine vorlaufende Risikoabschätzung und auch für den Fall von Nachverhandlungen mit dem Kunden von Bedeutung.

- Trotz aller Bemühungen um eine möglichst verursachungsgerechte **Zurechnung von Gemeinkosten** gibt es eine gewisse „Willkür" bei der Verrechnung der leistungsmengenneutralen Gemeinkosten, die jedoch **allen** vollkostenrechnerischen Ansätzen anhaftet. Aufgrund des langfristigen Betrachtungszeitraums erscheint eine vollkostenrechnerische Vorgehensweise allerdings sinnvoll.
- Die gesamte Vorgehensweise der Dynamisierung ist relativ komplex. Dadurch könnte es schwierig werden, allen Beteiligten das Gesamtkonzept näherzubringen. Wahrscheinlich ist es daher sinnvoll, im Unternehmen Experten auszubilden, die als Projektcontroller den Projekten ihre Spezialkenntnisse der Projektkalkulation zur Verfügung stellen.

Wir fassen zusammen: Die vorgestellte Gesamtlösung zur Projektkostenplanung ist aufgrund der oben dargestellten Eigenschaften, insbesondere jedoch aufgrund der mehrperiodischen Betrachtungsweise, theoretisch nicht vollkommen problemfrei, aber sie stellt als **Praktikerverfahren** einen wichtigen Fortschritt dar.

Vorteile der Integrierten Projektkostenplanung:

Die gesamten Kosten über den vollständigen Lebenszyklus stehen im Mittelpunkt der Betrachtung, es werden operationale Vorgaben für mehrere Perioden unter Berücksichtigung von dynamischen Effekten abgeleitet. Die Zurechnung der Kosten der indirekten Leistungsbereiche erfolgt möglichst verursachungsgerecht und transparent.

7 Projektumsetzung

7.1 Aufgaben der Projektumsetzung

In Abschnitt 6 wurden die Aufgaben und die verschiedenen Methoden der Planung eines Projektes vorgestellt. In der Projektumsetzung werden die Pläne als Grundlage für eine systematische Erarbeitung der gewünschten Projektergebnisse eingesetzt.

In den Führungsregelkreisen des Projektmanagements befinden wir uns links unten im weiß unterlegten Teilbereich, dem operativen „Management von Projekten“ (Abb. 2-85).

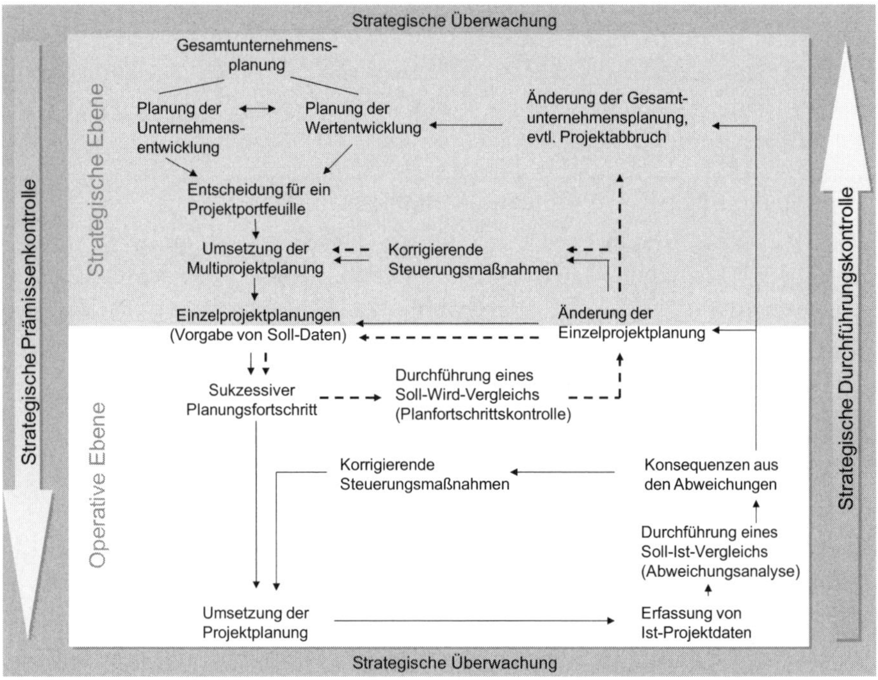

Abb. 2-85: Die Führungsregelkreise des Projektmanagements

Im Zuge der Umsetzung ergeben sich „Ist-Daten“, die den bisher geplanten „Soll-Werten“ gegenübergestellt werden. Auf dieser Grundlage können auch „Wird-Daten“ prognostiziert werden, um abschätzen zu können, ob die ursprünglichen Soll-Werte zum Projektende auch aus heutiger Sicht noch erreichbar erscheinen.

Ergeben sich bei diesen Vergleichen Abweichungen, so werden diese genau analysiert. Je nach Art und Stärke der Abweichung gibt es drei **Möglichkeiten**, mit diesen Abweichungen umzugehen:

(1) Entscheidung zugunsten korrigierender Steuerungsmaßnahmen und deren Durchführung

(2) Wiederaufnahme der Projektplanung, Einarbeitung von Änderungen auf Einzelprojektebene und evtl. Korrekturmaßnahmen auf Multiprojektebene

(3) Bei sehr gravierenden Abweichungen: Evtl. Änderung der Gesamtunternehmensplanung oder Projektabbruch

An dieser Stelle wird deutlich, wie stark die Umsetzung mit der Planung und der Kontrolle verknüpft ist.

Die Kontrolle und Sicherung im Sinne der Auslösung von Anpassungsmaßnahmen werden wir im nächsten Abschnitt 8 „Projektkontrolle" detailliert betrachten. In diesem Abschnitt über die Projektumsetzung liegt der Schwerpunkt auf Aktivitäten des

- Projektinformationsmanagements,
- Änderungsmanagements,
- Konfigurationsmanagements und
- Vertrags- und Nachforderungsmanagements.

Dabei muss natürlich betont werden, dass diese Aufgaben nicht nur auf die Projektumsetzungsphase beschränkt sind, sondern dass sie hier gewöhnlich gehäuft anfallen (vgl. die Beziehungen zwischen den Phasen des Managements von Projekten S. 43ff.).

7.2 Teilprozesse der Projektumsetzung

Folgende Aufgabenbereiche sind essentiell für den Erfolg der Projektumsetzung:

- Das **Projektinformationsmanagement** dient der Bereitstellung und dem Austausch von projektrelevanten Daten sowohl innerhalb des Projektteams als auch mit wichtigen Stakeholdern. Mit dem Austausch der Informationen ist **Kommunikation** verbunden. Die verschiedenen Instrumente des Projektinformationswesens können für das **Projektmarketing** genutzt werden.

- Im Projektverlauf sind Änderungen erforderlich, z.B. aufgrund von Fehleinschätzungen, Schwierigkeiten bei der Umsetzung wegen veränderter Rahmenbedingungen oder auch Veränderungen der Kundenanforderungen. Das **Änderungsmanagement** und das **Konfigurationsmanagement** dienen dem systematischen und insbesondere nachvollziehbaren Umgang mit diesen Entwicklungen.
- Änderungen im Projektverlauf führen häufig zu Reibungen zwischen dem Auftraggeber und dem Auftragnehmer. In diesem Fall gewinnt das **Vertrags- und Claim Management** an Bedeutung.

7.3 Projektinformationsmanagement

7.3.1 Aufgaben und Ziele

Der Erfolg eines Projektes hängt maßgeblich davon ab, ob es gelingt,

- den *richtigen* Personen
- die *richtigen* Informationen
- zum *richtigen* Zeitpunkt und in den *richtigen* Abständen
- in der *richtigen* Qualität und im *richtigen* Umfang/Detaillierungsgrad
- mit Hilfe des *richtigen* Mediums

zur Verfügung zu stellen.

Dieser Satz macht bereits deutlich, dass die Bestimmung der verschiedenen Parameter ein systematisches Informationsmanagement erfordert, denn es muss zunächst festgelegt werden, wer oder was im jeweiligen Fall „richtig" ist: Das Projektinformationsmanagement ist zielorientiert zu gestalten.

> Das **Projektinformationsmanagement** umfasst alle Aktivitäten und Instrumente zur
> – Analyse des Informationsbedarfs für alle Stakeholder des Projektes,
> – Erfassung und Beschaffung,
> – Verarbeitung,
> – Weiterleitung sowie
> – Speicherung
> projektrelevanter Daten.

Um diesen vielfältigen Aufgaben gerecht zu werden, muss bereits zu Projektbeginn das Projektinformationssystem geplant und festgelegt werden (vgl. S. 105ff. „Planung des Projektmanagementsystems").

Die **Ziele** des Projektinformationsmanagements sind:

- Unterstützung der Zusammenarbeit aller Personen, die am Projekt beteiligt sind, durch Bereitstellung und Verteilung aller projektrelevanten Informationen
- Möglichst frühzeitige Erkennung von Veränderungen im Projektumfeld und von Problemen im Zuge der Projektdurchführung
- Schaffung einer Grundlage für die Delegation und Koordination der Projektaufgaben, insbesondere durch die Vereinbarung von möglichst kurzen Kommunikationswegen
- Zeitnahe Bereitstellung von entscheidungsrelevanten Informationen und somit Sicherstellung der Steuerungsfähigkeit
- Schaffung von Akzeptanz und Beteiligung der vom Projekt Betroffenen
- Sicherung des erarbeiteten Projektwissens für weitere Projekte

Für die Erreichung dieser Ziele müssen die Informationen

- regelmäßig und pünktlich zur Verfügung stehen,
- vergleichbar, klar formuliert, übersichtlich und verständlich sowie
- relevant, aktuell, vollständig und wahr sein (vgl. *Rinza* [Projektmanagement] 104).

Für ein erfolgreiches Projektinformationssystem ist die Erkenntnis aller Projektteammitglieder notwendig, dass sie in diesem System eine essenziell wichtige Rolle einnehmen, denn die Qualität der Informationen, die in das System eingehen, hängt entscheidend von ihrem Engagement ab: „Gibt man Müll in das System hinein, so kommt auch nur Müll heraus" (*Burke* [Projektmanagement] 348).

Eine besondere Herausforderung des Projektinformationsmanagements ist in der Bestimmung und Umsetzung des **optimalen Grades an Informationsversorgung** zu sehen: Sowohl die Unter- als auch die Überversorgung mit Informationen können sich kontraproduktiv auf den Projekterfolg auswirken, so dass ein Kompromiss zwischen Sicherstellung der Handlungsfähigkeit und dem Zeitaufwand zur Bereitstellung und Verarbeitung der Informationen angestrebt werden sollte (vgl. *Diethelm* [Projektmanagement 2] 168).

Ein verwandtes Thema ist der **Zuschnitt der Informationen auf den jeweiligen Empfänger**, z.B. durch Anpassung des Detailliertheitsgrades. Unterschiedliche Zielgruppen haben i.d.R. auch verschiedene Informationsbedürfnisse. Beispielsweise benötigt die Geschäftsführung lediglich einen aggregierten Überblick über den Projektstand, während der interne Auftraggeber eventuell an umfassenderen Informationen interessiert ist. Der Projektleiter muss für seine Arbeit dagegen auf eine Fülle von detaillierten Informationen über den aktuellen Status des Projektes zurückgreifen können. Man kann also grundsätzlich davon ausgehen, dass die Informationen umso stärker aggregiert werden müssen, je höher die Hierarchiestufe des Empfängers ist (vgl. *Schreckeneder* [Projektcontrolling] 204).

Zur **Gestaltung des spezifischen Projektinformationssystems** empfiehlt sich die folgende Vorgehensweise:

(1) Durchführung einer Umfeldanalyse zur Festlegung der relevanten Zielgruppen für Informationen (vgl. Abschnitt 4.1.3),

(2) Intensive Beschäftigung mit den Bedürfnissen der jeweiligen Zielgruppe,

(3) Entwurf von entsprechenden Maßnahmen, Prozessen mit Terminplan und eventuell Normvorlagen für die relevanten Zielgruppen,

(4) Diskussion und Festlegung der organisatorischen und zwischenmenschlichen Regeln für die Information und Kommunikation innerhalb des Projektteams als besonders wichtiger Zielgruppe,

(5) Erstellung eines Kommunikationsplans für die interne und externe Kommunikation.

Verzichtet man auf die aktive Gestaltung des Informationssystems, so drohen verschiedene Gefahren. Zum einen sind viele Ineffizienzen zu erwarten, da sich grundlegende Voraussetzungen für die praktische Arbeit erst entwickeln müssen, z.B. ein Projektlaufwerk mit einer entsprechenden Struktur. Zum anderen können fehlende Regelungen auch zum Missbrauch führen, indem Informationen aktiv zurückbehalten oder Gerüchte verbreitet werden, um den reibungslosen Ablauf des Projektes zu vereiteln (vgl. *Kuster u.a.* [Projektmanagement] 186ff.).

Das Projektinformationsmanagement enthält als wichtigen Baustein die Projektkommunikation als Austausch von projektrelevanten Informationen. Grundsätzlich kann man schriftlich und mündlich kommunizieren. Im Projektinformationsmanagement sind die in Abb. 2-86 aufgeführten Bestandteile von besonderer Bedeutung.

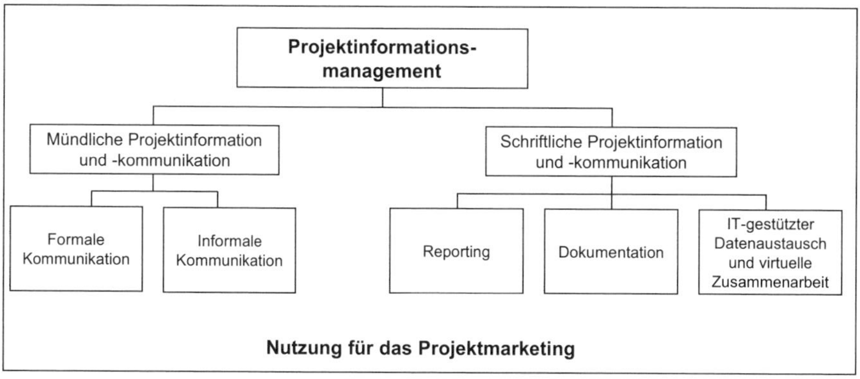

Abb. 2-86: Bestandteile des Projektinformationsmanagements (In Anlehnung an: *Patzak/Rattay* [Projektmanagement] 340ff.)

Die verschiedenen Elemente des Projektinformationsmanagements können eingesetzt werden, um bei den Stakeholdern um Unterstützung für das Projekt zu werben (Projektmarketing). Wir werden uns nun mit den einzelnen Bestandteilen des Informationswesens beschäftigen: Der mündlichen und schriftlichen Kommunikation sowie dem Projektmarketing.

7.3.2 Mündliche Kommunikation

Die „Face-to-Face"-Kommunikation nimmt gewöhnlich eine besonders wichtige Stellung im Vergleich zur mündlichen Kommunikation über Medien wie Video oder Telefon ein: Sie ermöglicht das Zusammenspiel von Wort, Bild, nonverbaler Kommunikation und sozialem Kontakt sowie die Gelegenheit eines unmittelbaren Feedback und gilt daher als effektivste und intensivste Art der Zusammenarbeit (vgl. *Kuster u.a.* [Projektmanagement] 190). Sie trägt außerdem in einem besonderen Maße zur Entwicklung eines Wir-Gefühls im Team bei. Aufgrund der starken Komplexität und Dynamik in Projekten kann von einem relativ hohen Kommunikationsbedarf ausgegangen werden, d.h. die Kommunikationsfähigkeit und -bereitschaft stellen i.d.R. grundlegende Kompetenzen für Projektmitarbeiter dar.

Bekannte Kommunikationswissenschaftler, wie *Friedemann Schulz von Thun* oder *Paul Watzlawick*, haben sich intensiv mit der mündlichen Kommunikation beschäftigt. Eine zentrale Erkenntnis ist hierbei, dass man „nicht nicht kommunizieren kann". Zudem können die Grundlagen des Konstruktivismus herangezogen und auf ihre Auswirkungen auf die Kommunikation untersucht werden, mit denen wir uns in Abschnitt 4.2 im Zuge des Kick-Off-Meetings beschäftigt haben: Jeder Mensch hat sein „Konstrukt" von einem Sachverhalt, das auf seinem persönlichen Hintergrund beruht, also auf Erfahrungen, Know how, seiner Gefühlslage und vielem mehr. Bereits die Wahrnehmung als erster Schritt einer Kommunikation ist von Subjektivität geprägt: „Von entscheidender Bedeutung für das Verständnis des Wahrnehmungsprozesses ist seine

- Subjektivität,
- Aktivität,
- Selektivität.

Jeder Einzelne lebt in einer ***subjektiv*** wahrgenommenen Welt…. Wahrnehmung ist ein ***aktiver*** Vorgang der Informationsaufnahme und -verarbeitung, durch den sich der Einzelne seine subjektive Umwelt selbst konstruiert….Wahrnehmung ist ein System der *Informationsbewältigung* und dient dazu, aus der unübersehbaren Menge der auf unsere Sinnesorgane einwirkenden Reize einen kleinen Teil auszuwählen" (*Kroeber-Riel/Weinberg/ Gröppel-Klein* [Konsumentenverhalten] 321).

Aus dieser Perspektive betrachtet, können sich relativ leicht Schwierigkeiten und Missverständnisse in der Kommunikation ergeben. Verschiedene Lehrbücher legen einen Schwerpunkt auf dieses Thema. So finden sich interessante Ausführungen zu den theoretischen Hintergründen der mündlichen Kommunikation beispielsweise bei *Patzak/Rattay* [Projektmanagement] 346ff., *Diethelm* [Projektmanagement 2] 171ff., *Kuster u.a.* [Projektmanagement] 193ff. oder *Burke* [Projektmanagement] 342ff.

Bei der mündlichen Kommunikation können die formale und die informale Kommunikation unterschieden werden.

7.3.2.1 Formale Kommunikation

Zur formalen mündlichen Kommunikation in Projekten gehören insbesondere **Sitzungen und Workshops**. Der Erfolg von zielorientierten Treffen dieser Art hängt zu einem großen Teil von einer gründlichen Vorbereitung ab. Dies wird deutlich, wenn man sich vor Augen führt, dass die Besprechung eines kurzen Themas von nur 5 Minuten bei einem Team von 6 Personen bereits 30 Minuten Arbeitszeit in Anspruch nimmt, d.h. Sitzungen sind teuer und zeitaufwändig. Eine gute Vorbereitung trägt außerordentlich zu einer

- effektiven Gestaltung, also der Bearbeitung der „richtigen" Themen und

- effizienten Gestaltung, d.h. einer möglichst wirtschaftlichen Durchführung eines Meetings bei.

Zur Vorbereitung gehört insbesondere eine strukturierte Tagesordnung mit Zeitplan. Auch die Nachbereitung in Form von Protokollen ist nicht zu vernachlässigen, denn sie dient der Dokumentation des Diskussionsverlaufs, wichtiger Maßnahmen mit Verantwortlichem und Zeitplan sowie der getroffenen Entscheidungen.

Zur formalen Kommunikation gehören auch Treffen mit dem internen Auftraggeber zur Darstellung und Diskussion des aktuellen Projektstandes oder weitere Projektpräsentationen vor anderen wichtigen Stakeholdern des Projektes.

7.3.2.2 Informale Kommunikation

Neben der formalen Kommunikation, die bestimmten Gestaltungsregeln unterliegt, findet zwischen Menschen meist auch eine informale Kommunikation in Form von ungeplanten Gesprächen statt. Die informale Kommunikation spielt für die Teambildung eine wichtige Rolle, denn über diese Art der Kommunikation werden soziale Beziehungen aufgebaut und gepflegt.

So können Schwierigkeiten „unter Kollegen“ wesentlich schneller und flexibler gelöst werden: Man unterstützt und hilft sich gegenseitig, was einen reibungslosen Ablauf des Projektes fördert. Mögliche Entwicklungen im Umfeld des Projektes werden i.d.R. im Rahmen von informellen Gesprächen wesentlich früher thematisiert. Auch im Zuge des Projektmarketing ist die Wirkung von informalen Gesprächen mit Stakeholdern nicht zu unterschätzen.

Informale Kommunikation kann also unterstützend für das Projekt wirken, zwingend ist dies jedoch nicht: Zu viel informale Kommunikation in Form von intensiven Privatgesprächen kann die Effizienz des Projektes auch mindern. Zudem können die Kanäle der informalen Kommunikation auch dafür genutzt werden, das Projekt zu behindern.

Allerdings beeinflusst die informale Kommunikation die Bereitschaft, aktiv mitzuarbeiten stark und trägt entscheidend zur Gruppenkohäsion bei, die Teamarbeit besonders erfolgreich machen kann.

Wenden wir uns nun den Formen der schriftlichen Kommunikation zu.

7.3.3 Schriftliche Kommunikation

In der Einleitung wurde bereits festgestellt, dass es nicht immer leicht ist, den optimalen Grad für die Versorgung der Teammitglieder mit Informationen zu treffen. Schriftliche Informationen können bereitgestellt und durch die Interessierten selbständig abgerufen oder den Empfängern direkt zugestellt werden. Um einen „information overload" zu verhindern, sollte für den Empfänger der Information schnell ersichtlich sein, welches Thema sie betrifft und welche Relevanz sie somit für ihn hat.

In Mails sollten die Betreffzeilen entsprechend genutzt werden, bei den Regeln zur Namensgebung von Dateien sollte die inhaltliche Zuordnung zu einem bestimmten Thema gewährleistet sein.

Zudem ist sicherzustellen, dass die Informationen tatsächlich nur denjenigen Personen zugänglich sind, die sie benötigen, d.h. es müssen Zugriffsrechte vergeben und Verteilungsregeln vereinbart werden.

Zu den schriftlichen Bestandteilen des Projektinformationssystems gehören insbesondere das Reporting, die Dokumentation von Projekten sowie der Datenaustausch und die Zusammenarbeit innerhalb des Projektteams über das Internet.

7.3.3.1 Reporting

Das Reporting oder auch Berichtswesen dient der schriftlichen Information der verschiedenen Stakeholder des Projektes über den aktuellen Stand und mögliche zukünftige Entwicklungen. Zu diesen **Stakeholdern** gehören v.a.

- der Projektleiter
- das Projektteam
- der interne Auftraggeber
- der Kunde und seine Organisation
- relevante Behörden oder sonstige Institutionen

Das Reporting stellt die Grundlage für die Steuerung und Kontrolle des Projektes dar. Die Grundzüge des Reporting sind meist unternehmensweit geregelt und werden im Projektmanagement-Handbuch beschrieben. Innerhalb des vorgegebenen Rahmens ist bei der Gestaltung von Berichten besonders auf die jeweiligen individuellen Bedürfnisse der Stakeholder zu achten.

Sinnvollerweise wird bereits zu Projektbeginn ein **Projektreportingsystem** festgelegt, in dem alle zu erstellenden Berichte geregelt und kurz beschrieben sind. Dabei stehen die folgenden **Themen** im Mittelpunkt:

- Ziel des jeweiligen Reports, z.B. Informationen über den Projektstatus für das Projektmanagementoffice zur Weiterverwendung im Multiprojektreporting
- Adressaten des Reporting
- Verantwortliche Personen für die Erhebung und Aufbereitung der Informationen
- Genaue Inhalte, z.B. Kennzahlen, Abweichungsanalysen
- Regeln für die Erstellung des jeweiligen Reports, beispielsweise für die Durchführung von Abweichungsanalysen
- Erhebungsprozess, z.B. Berichtszyklus, Tooling, Ressourcen für die Datenerhebung

Die folgenden **Berichte** gehören zum Standard im Projektmanagement (sie dienen zum Großteil ebenso der Dokumentation):

- Projektauftrag
- Projektstatus-/Projektfortschrittsberichte
- Protokolle von Besprechungen
- Projektpräsentationen
- Abschlußberichte für Phasen oder das gesamte Projekt
- Projekthandbuch

(1) Projektauftrag

Der Projektauftrag wird in der Projektstartphase ausgearbeitet. Am Ende dieser Phase steht die Übergabe an das Projektteam durch Unterschrift des internen Auftraggebers (vgl. Abschnitt 4.1.2 „Der Projektauftrag“). Bei größeren Planänderungen wird hier eventuell eine entsprechende Anpassung im weiteren Verlauf des Projektes notwendig.

(2) Projektstatus-/Projektfortschrittsberichte

Zur Sicherung der Transparenz über den Projektverlauf, insbesondere zur möglichst frühzeitigen Erkennung von Abweichungen, sind regelmäßige Berichte notwendig: In einem Projektstatusbericht wird der aktuelle Stand des Projektes, in einem Projektfortschrittsbericht lediglich die Veränderung seit dem letzten Bericht dargestellt. In Abschnitt 8 „Projektkontrolle“ wird stark auf diese Art von Berichten Bezug genommen, denn sie stellen die Basis für die Planung und Umsetzung von Steuerungsmaßnahmen dar.

Sie beinhalten meist

- eine Soll-Ist-Kontrolle: Entspricht der momentane Stand unserer Planung?
- und eine Soll-Wird-Kontrolle: Erscheint die Erreichung der Ziele zum Projektende aus heutiger Sicht realistisch?

In den meisten Unternehmen mit einem systematischen Projektmanagement sind Projektstatus- und Projektfortschrittsberichte standardisiert, um die Vergleichbarkeit zwischen den verschiedenen Projekten sicherzustellen sowie den Erhebungs- und Kommunikationsaufwand zu verringern. Einheitliche Projektstatus- und Projektfortschrittsberichte sind insbesondere vor dem Hintergrund des Multiprojektreportings wichtig. Beispiele für Kennzahlen, die hierbei erhoben werden können, finden sich in Teil 3, Abschnitt 4.5.3.2 (S. 664f.).

(3) Protokolle von Besprechungen

Bei jeder Besprechung sollte ein Protokoll geschrieben werden. Dieses Protokoll dient zum einen der Sicherung der Besprechungsergebnisse, zum anderen als Informationsmittel für nicht anwesende interessierte Dritte. Auch für Protokolle steht oftmals eine organisationsspezifische standardisierte Fassung zur Verfügung.

(4) Projektpräsentationen

Insbesondere im Zuge des Projektmarketing für die Aufnahme und die Festigung des Kontaktes zu wichtigen Stakeholdern sind speziell auf die Adressaten abgestimmte Projektpräsentationen von besonderer Bedeutung. Hierbei sollte man sich stark auf die jeweiligen Interessen und Ziele der Stakeholder einstimmen, um ihre Bedürfnisse bei der Gestaltung der Präsentation gut zu treffen. Meist wird zu Beginn eines Projektes eine erste Vorstellungsdatei erstellt, die dann stakeholderspezifisch angepasst und erweitert werden kann.

(5) Abschlussberichte für Phasen oder das gesamte Projekt

Bei dieser Art von Berichten steht die Überprüfung der geplanten Projektergebnisse zu bestimmten Zeitpunkten (Meilensteine) im Vordergrund.

(6) Projekthandbuch

In einem Projekthandbuch werden die wichtigsten Regelungen, Analysen und Pläne für das einzelne Projekt gesammelt. Diese Regeln betreffen v.a.

- Projektauftrag und Leistungsplanung
- Projektumfeld
- Projektorganisation: Organisationseinheiten, Rollen im Projektmanagement
- Projektphasen
- Projektplanung

- Controlling mit Beschreibung des Änderungswesens
- Information und Kommunikation
- Abschluss der Phasen sowie des gesamten Projektes (vgl. *Kuster u.a.* [Projektmanagement] 181)

Die ersten Inhalte für das Projekthandbuch entstehen bereits in der Projektstartphase, sie werden dann im Projektverlauf ergänzt und detailliert. Das Projekthandbuch dient sowohl der Berichterstattung als auch der Dokumentation des Projektes. Mit den festgeschriebenen Regelungen werden Einheitlichkeit und Verbindlichkeit im Projektteam und zwischen Team und Linienorganisation geschaffen: Es kann als laufend aktualisiertes Nachschlagewerk dienen. Andererseits sichert es die Nachvollziehbarkeit des Projektablaufs, erleichtert die Einarbeitung neuer Mitarbeiter und die Auswertung der Erfahrungen zur Nutzung in anderen Projekten (vgl. *Patzak/ Rattay* [Projektmanagement] 369ff.).

Nicht zu verwechseln ist das Projekthandbuch mit dem **Projektmanagement-Handbuch**, in dem die organisationsweiten Standards für die Arbeit in Projekten niedergeschrieben sind. Das Projektmanagement-Handbuch findet i.d.R. auf alle Projekte in einem Unternehmen Anwendung.

Die dargestellten Aufgaben des Projekthandbuchs gehören inhaltlich z.T. zur Projektdokumentation, mit der wir uns im nächsten Abschnitt beschäftigen werden.

7.3.3.2 Dokumentation

Die Projektdokumentation soll sicherstellen, dass

- alle notwendigen Dokumente während des Projektes übersichtlich zur Verfügung stehen,
- die Nachvollziehbarkeit und Revisionsfähigkeit eines Projektes gewährleistet ist,
- grundlegende Erkenntnisse, Arbeitsergebnisse und Daten auch in anderen Projekten genutzt werden können und
- für andere gleichartige Projekte eine verbesserte Planungsgrundlage zur Verfügung steht.

Wie sollte eine Projektdokumentation aufgebaut sein, um diese Ziele zu erreichen?

Wir können **zwei Perspektiven** unterscheiden, die in der Projektdokumentation eingenommen werden sollten, um die Dokumentationsaufgabe umfassend zu erfüllen:

(1) Welche Arbeitsergebnisse wurden erbracht? (Inhaltsdokumentation)

(2) Wie wurden diese Arbeitsergebnisse erarbeitet? Wie lief das Management des Projektes ab? (Projektmanagement-/Vorgehensdokumentation)

Die Dokumentenstruktur kann entsprechend dieser Aufteilung aufgebaut werden (vgl. Abb. 2-87).

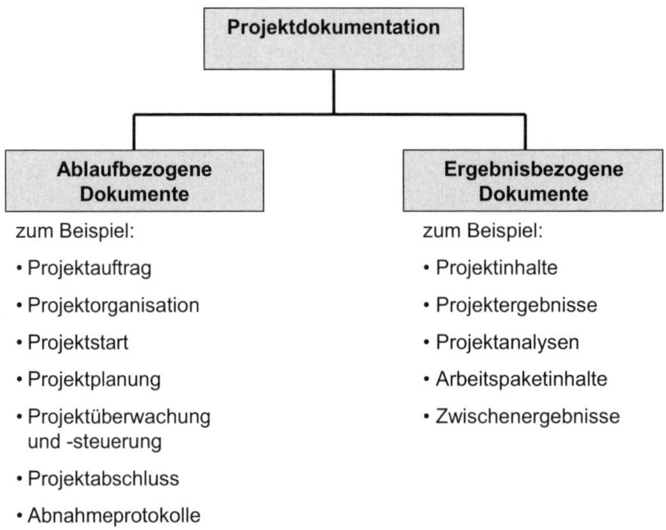

Abb. 2-87: Beispiel einer Projekt-Dokumentenstruktur
(In Anlehnung an: *Cronenbroeck* [Projektmanagement) 89)

Zur Strukturierung der ergebnisbezogenen Dokumentation bietet sich der Projektstrukturplan als Basis an.

Für eine übersichtliche Projektdokumentation ist es wichtig, sich an Dokumentationsregeln zu halten, wie z.B. eine entsprechende Namensgebung der Dateien mit Datum und Versionskennung, die Nutzung gemeinsamer Standardvorlagen oder die Verteilung von Zugriffsrechten. Diese Regeln werden entweder unternehmensweit vorgegeben oder müssen zu Projektbeginn vom Projektteam vereinbart werden. Sie werden im Projekthandbuch festgehalten.

Um das Vorgehen im Projekt zu dokumentieren, kann ein Projekttagebuch angelegt werden. Der Projektleiter könnte dafür beispielsweise ein gebundenes Notizbuch nutzen, in das er chronologisch die wichtigsten Ereignisse, wie z.B. Treffen oder Entscheidungen, aber auch Skizzen oder weitere Zwischenstationen der konkreten Projektarbeit einträgt.

Für die Projektarbeit wird heute in der Praxis meist ein eigenes Projektlaufwerk eingerichtet. Dieses Laufwerk dient zwar vorrangig dem Datenaustausch im Zuge der Projektarbeit, hat aber i.d.R. auch einen Dokumentationscharakter. Aufgrund seiner großen Bedeutung werden wir uns im nächsten Abschnitt etwas ausführlicher mit dieser Form der schriftlichen Kommunikation beschäftigen.

7.3.3.3 IT-gestützter Datenaustausch und virtuelle Zusammenarbeit

Auf einem Projektlaufwerk wird eine Ordnerstruktur aufgebaut, in der alle relevanten Dateien für das Projekt gesammelt werden und auf das die Teammitglieder Zugriff haben, um die aktuellsten Informationen auszutauschen. Dabei kann es sich um Arbeitsgrundlagen, wie Normen oder das unternehmensweite Projektmanagement-Handbuch handeln, aber auch um Dateien, die im Zuge des Projektes entstehen.

Das Internet ermöglicht zudem eine Verständigung über E-Mails, die zwar grundsächlich zu den schriftlichen Kommunikationsformen gehört, aber teilweise auch den Charakter einer mündlichen Kommunikation aufweisen: Der Ton vieler E-Mails ist wesentlich informaler und lockerer, als dies bei einem Brief der Fall wäre.

Durch das Internet stehen somit neue Kommunikationsformen zur Verfügung, die die Zusammenarbeit im Projekt stark erleichtern können. Innerhalb von Sekunden können Zwischenergebnisse mit entsprechenden Kommentaren ausgetauscht werden, die ein anderes Projektteammitglied weiterbearbeiten soll. Auf dem Projektlaufwerk stehen den Teammitgliedern die jeweils neuesten Versionen der notwendigen Dateien nahezu zeitgleich zur Verfügung.

Allerdings ist diese Arbeitsweise auch mit Risiken verbunden: Zum einen muss sichergestellt werden, dass nicht mehrere Personen gleichzeitig an einer Datei arbeiten und dies nicht voneinander wissen. Somit könnten plötzlich mehrere Stände einer Datei existieren. Für diese Problematik existieren entsprechende IT-Lösungen.

Zum anderen können bei ausschließlichem Kontakt über E-Mails Missverständnisse auftreten. Durch das Fehlen der nonverbalen Kommunikation, wie beispielsweise der Stimme und der Körpersprache, können Fehldeutungen entstehen. Bei Teams, die vorwiegend virtuell zusammenarbeiten, wird i.d.R. eine weniger starke Gruppenkohäsion auftreten, da die räumliche Nähe und insbesondere der persönliche Kontakt fehlen. Allerdings kann diesem Risiko durch gelegentliche intensive Kontakte, z.B. im Zuge von regelmäßigen Projektsitzungen mit Möglichkeiten zum informalen Austausch, entgegengewirkt werden.

Aufgrund des unkomplizierten Versands einer E-Mail sollte besonders darauf geachtet werden, die Information tatsächlich nur an jenen Personenkreis zu schicken, für den sie wirklich relevant ist. Oftmals werden Mails „cc" an ranghohe Führungskräfte versandt, um Druck auf den Empfänger auszuüben. Allerdings führt diese Gewohnheit i.d.R. zu einer Informationsüberflutung der Führungskraft und auch zu einer schlechten Stimmung aufgrund des versteckten Drucks (vgl. *Kuster u.a.* [Projektmanagement] 174f.).

Die Vereinbarung von Regeln zur Handhabung von Projektlaufwerken und Dateien gehören zum Aufgabengebiet des Konfigurationsmanagements, mit dem wir uns in Abschnitt 7.4.2 beschäftigen.

Die meisten der bisher geschilderten Kommunikationsformen können auch für das Projektmarketing eingesetzt werden.

7.3.4 Projektmarketing

Das **Projektmarketing** umfasst „alle jene Aktivitäten, die der Erhöhung des Bekanntheitsgrades und der Imageverstärkung eines Projekts dienen" (*Patzak/Rattay* [Projektmanagement] 207).

Im Detail können dem Projektmarketing die folgenden **Ziele** zugeordnet werden:

- Erreichen von Unterstützung für das Projekt bzw. zumindest einer positiven Stimmung bei den Interessengruppen, evtl. auch über informale Kontakte
- Schaffung von Akzeptanz und Vertrauen bei den Stakeholdern des Projektes, insbesondere durch die intensive Kommunikation des Sinns und der Vorteile des Projektes, aber auch durch authentische Darstellung der möglichen Nachteile und Problemfelder

- Vorbereitung der Einführung von Projektergebnissen in der Organisation, z.B. durch Beseitigung und Vorbeugung von emotionalen Barrieren. Dies kann insbesondere durch einen sensiblen und respektvollen Umgang mit Ängsten und Widerständen geschehen
- Gewinnung von interner Schwungkraft für das Projekt durch bestehende Erwartungen Dritter und durch Transparenz bezüglich der Projektfortschritte

Auf der Grundlage der in Abschnitt 4.1.3 dargestellten Projektumfeldanalyse werden die wichtigsten Stakeholder als vom Projekt Betroffene identifiziert. Dann werden die Ziele, die Erwartungen und Befürchtungen der jeweiligen Person oder Gruppe gesammelt und daraus Strategien und Maßnahmen abgeleitet, wie man zukünftig dem Stakeholder begegnen will. Auf diese Weise sollen die Beziehungen zum Projektumfeld möglichst positiv und aktiv gestaltet werden. Dies wird insbesondere durch eine entsprechende Kommunikation erreicht.

Die Palette der möglichen **Instrumente des Projektmarketing** ist breit. Hier einige Beispiele:

- Zugeschnittene Präsentationen bei den Stakeholdern von der exklusiven Kundenpräsentation bis zur breiten Informationsveranstaltung für alle Mitarbeiter
- Einbeziehen von „Key Playern" aus der Organisation im Projektteam, um positive „Mund-zu-Mund-Propaganda" zu erreichen
- Beiträge in der Firmenzeitschrift oder anderen unternehmensinternen Medien, insbesondere eine eigene Intranetpräsenz oder Aushänge am „schwarzen Brett"
- Spezifische Informationsblätter für bestimmte Zielgruppen
- Veranstaltungen und Workshops, bei denen sich die Betroffenen intensiv einbringen können
- Events, wie „Tage der offenen Tür" oder Feste

Eine laufende Begleitung des Projektes durch ein intensives Projektmarketing kann die Erfolgschancen eines Projektes beträchtlich erhöhen. Es empfiehlt sich daher, das Projektmarketing von Anfang an als wichtigen Teil des Projektinformationssystems in die Projektplanung mit einzubeziehen und im Zuge der Durchführung entsprechend Änderungen einzubringen, falls dies notwendig wird.

7.4 Änderungs- und Konfigurationsmanagement

Änderungen im Projektverlauf gehören zum Alltag in einem Projekt. Insbesondere in der Umsetzungsphase tauchen Änderungen auf, sei es aufgrund von

Fehleinschätzungen in der Planung, neuen Entwicklungen im Umfeld des Projektes, entdeckten Fehlern bei der Projektumsetzung oder Änderungswünschen sowie Unklarheiten in den Anforderungen des Kunden oder des internen Auftraggebers.

Projekte sind gewöhnlich in ein sehr vielfältiges und dynamisches Umfeld eingebettet. Zudem werden innovative und komplexe Aufgabenstellungen in Projektform angegangen. Der Umgang mit Komplexität und Dynamik stellt eine der großen Herausforderungen im Projektmanagement dar; er äußert sich insbesondere im Management von Änderungen im Projektverlauf.

Werden Änderungen nicht systematisch durchgeführt, so können sich weit reichende Konsequenzen für die Erreichung der Projektziele ergeben.

Beispiel: Auf Wunsch des Kunden wird die Ausstattung eines neu zu entwickelnden Produktes geändert (vgl. das Beispiel der Stereoanlage S. 126). Diese Änderungen haben nicht nur Auswirkungen auf das Produkt selbst, sondern auch auf eine Vielzahl von mit ihm verbundenen Produktionsprozessen (Stücklisten, Konstruktions- und Fertigungspläne) und Zusatzleistungen (Handbücher, Produktbeschreibungen). Von besonderem Gewicht sind die Folgen für die Zieldimensionen „Kosten“ und „Zeit“. Die Änderungen werden oftmals nicht systematisch und somit nachvollziehbar festgehalten.

Im Zusammenhang mit der Erörterung der Zielpräzisierung in der Projektumsetzungsphase (S. 125ff.) sind wir auf die Problematik des Umgangs mit Zieländerungen in der Umsetzungsphase eingegangen. Zu der Schwierigkeit, dass die Erreichung der Projektziele durch die Änderung unrealistisch werden kann, kommen noch weitere Problemfelder, wie Unklarheiten bezüglich des aktuellsten Stands von zu bearbeitenden Unterlagen oder Schnittstellenprobleme mit anderen Komponenten oder Arbeitspaketen (vgl. *Pfetzing/ Rohde* [Projektmanagement] 394).

Hier kommt es bei unsystematischen Änderungen schnell zu einem Konsistenzproblem, wenn nicht darauf geachtet wird, dass die Änderungen tatsächlich in alle Dokumente und Arbeitsergebnisse eingebracht werden, die sie betreffen (vgl. *Schelle* [Projekte] 194).

Eine Leistungsänderung darf also **nur kontrolliert vorgenommen werden**, d.h. als erster Schritt müssen die Auswirkungen auf andere zu erstellende Leistungen im Projekt sowie auf Kosten und Termine analysiert werden.

Wir werden uns zunächst mit der grundlegenden Vorgehensweise und der Organisation des Änderungsmanagements beschäftigen. Anschließend wenden wir uns dem Konfigurationsmanagement zu, das über das Änderungsmanagement hinausgeht und gleichzeitig eine wichtige Voraussetzung für den sinnvollen Umgang mit Änderungen darstellt.

7.4.1 Änderungsmanagement

> Das **Änderungsmanagement** befasst sich mit der Festlegung und Einhaltung einer systematischen Vorgehensweise zur Freigabe und Überwachung von Änderungen.

Zum Änderungsmanagement gehören die folgenden **Schritte**:

(1) Erstellung eines Änderungsantrags (Change Request)

Sobald ein Änderungsbedarf erkannt wird, werden die wichtigsten Daten zur jeweiligen Änderung in einem Änderungsantrag beschrieben. Der Änderungsantrag ist die Grundlage für eine genaue Betrachtung der Auswirkungen der Änderung. Er enthält gewöhnlich

- eine Kurzbeschreibung der Änderung mit einer Darstellung aller möglichen Alternativen und einer Empfehlung für die Auswahl der aus Sicht des Beantragenden sinnvollsten Alternative,
- eine Untersuchung der Auswirkungen, insbesondere auf die Zieldimensionen Kosten, Zeit und Leistung sowie auf die Schnittstellen zu anderen Arbeitspaketen und Komponenten.

(2) Genehmigung oder Ablehnung des Änderungsantrages

(3) Durchführung der Änderung

(4) Rückmeldung der erfolgreichen Änderung

Dieser Prozess wird begleitet von der ständigen Aktualisierung der Unterlagen zur Erfassung des Status der Änderungen im Projekt (Änderungsstatusliste).

Änderungen können eine unterschiedliche Tragweite aufweisen. Aus diesem Grunde ist es sinnvoll, die Freigabe von Änderungen auf verschiedene hierarchische Ebenen zu verteilen und Kriterien für die Verlagerung auf die nächst höhere Ebene festzulegen. In Abb. 2-88 findet sich ein Beispiel für eine Änderungsorganisation.

Für ein erfolgreiches Änderungsmanagement ist ein Konfigurationsmanagement notwendig, in das der Umgang mit Änderungen eingebettet ist.

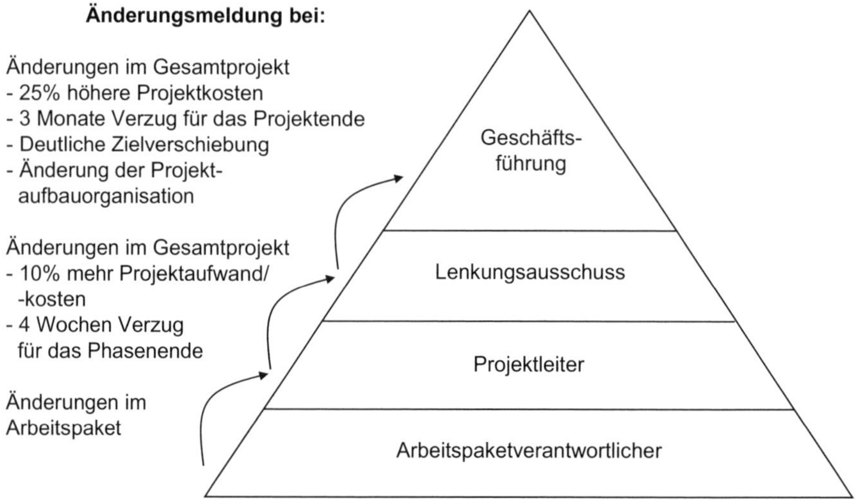

Abb. 2-88: Beispiel für eine Änderungsorganisation (In Anlehnung an: *Pfetzing/Rohde* [Projektmanagement] 390)

7.4.2 Konfigurationsmanagement

Aufgrund der hohen Komplexität vieler Projekte werden oft Teillösungen (z.B. Muster oder Prototypen) entwickelt, mit deren Hilfe man sich dem Endprodukt annähern kann. Meist gehören viele verschiedene Systembestandteile zu einer solchen Teillösung, von denen es in einem Projektverlauf ebenfalls eine Vielzahl geben kann. Mancher Entwicklungsschritt stellt eine Sackgasse dar, so dass z.B. ein Rückgriff auf eine frühere Version notwendig wird.

Vor diesem Hintergrund ist es eine erfolgskritische und auch herausfordernde Aufgabe, zu jedem Zeitpunkt im gesamten Produktlebenszyklus sicherzustellen, dass diese Teillösungen mit genau diesen Funktionen und genau diesen Bestandteilen jederzeit reproduziert werden können.

Es muss somit systematische Steuerungs- und Dokumentationsprozesse geben, die dafür sorgen, „dass

- dadurch einmal das Produkt (der Projektgegenstand) und seine Struktur (die Konfiguration) generiert werden sowie zum anderen
- Inhalt und Umfang des Projektes mit seinen Projektplänen ständig auf dem aktuellen Stand sind“ (*Saynisch* [Konfigurationsmanagement] 31).

Eine **Konfiguration** umfasst „miteinander verbundene funktionelle und physische Merkmale, wie sie in den Produktkonfigurationsangaben beschrieben sind“ (DIN ISO 1007:2004-12). Man kann sie auch definieren als „eine benannte und formal freigegebene Menge von Entwicklungsergebnissen, mit den jeweils gültigen Versionsangaben, die in ihrer Wirkungsweise und ihren Schnittstellen aufeinander abgestimmt sind und gemeinsam eine vorgegebene Aufgabe erfüllen sollen“ (*Pfetzing/Rohde* [Projektmanagement] 395).

Das Konfigurationsmanagement, also der systematische Umgang mit Konfigurationen, spielt insbesondere in der Softwareentwicklung eine wichtige Rolle, denn Software weist eine besonders hohe „Plastizität“ auf, d.h. man kann sie besonders leicht ändern (vgl. *Schelle* [Projekte] 196). *Balzert* erläutert einige Schwierigkeiten in diesem Bereich, die die wichtige Bedeutung des Konfigurationsmanagements verdeutlichen:

- „Häufige Änderungen an Software-Elementen verursachen ein Chaos.
- Bereits korrigierte Fehler tauchen wieder auf.
- Es ist unklar, warum und von wem welche Änderungen durchgeführt wurden.
- Es ist unklar, ob ein Fehler bereits behoben wurde oder nicht.
- Was in der neuen Freigabe geändert wurde, ist unbekannt.“ (*Balzert* [Software-Technik] 234).

Das Konfigurationsmanagement geht über das Änderungsmanagement hinaus und hat folgende **Ziele** (vgl. *Saynisch* [Konfigurationsmanagement] 31, *Pfetzing/ Rohde* [Projektmanagement] 393f.):

- Nachvollziehbarkeit des gesamten Entwicklungsprozesses sowie der Zusammenhänge und Unterschiede zwischen früheren und den aktuellen Konfigurationen
- Nachhaltige Sicherung von Ordnung, Transparenz und Qualität in Entwurf und Herstellung
- Wiederverwendbarkeit (Reuse) von Bauteilen als Module in Systemen
- Klarheit über die aktuellsten Versionen und Information aller Beteiligten über diesen aktuellen Stand

Grundlage für ein systematisches Konfigurationsmanagement ist die Festlegung einer festen Bezugsbasis, also einer **Referenzkonfiguration**, auf die man sich bezieht, wenn Änderungen eingebracht und beschrieben werden sollen. In der

Softwareentwicklung wird für eine Referenzkonfiguration beispielsweise festgelegt, welche Software-Elemente, wie z.B. Benutzerdokumentationen oder Programme, in welcher Version zu einem bestimmten Stichtag zum Produkt gehören (vgl. *Schelle* [Projekte] 195f. und die dort angegebenen Quellen).

Das Konfigurationsmanagement besteht aus folgenden **Teilgebieten**, die stark miteinander verknüpft sind (vgl. Abb. 2-89):

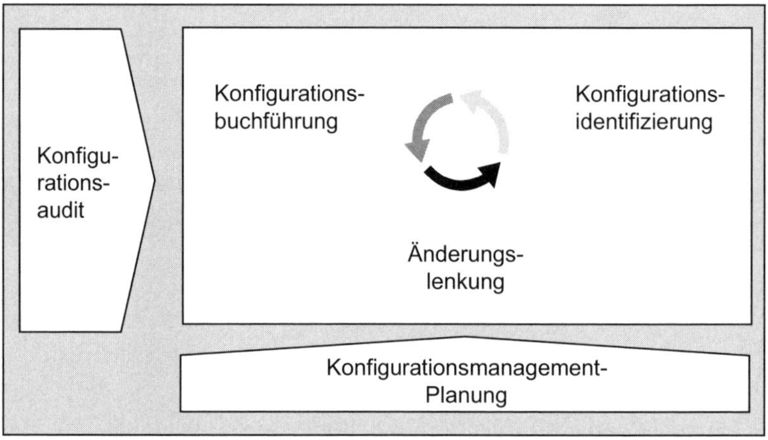

Abb. 2-89: Teilgebiete des Konfigurationsmanagements nach DIN ISO 10007:2004-12 (Gestaltet in Anlehnung an: *Pfetzing/Rohde* [Projektmanagement] 395)

Laut DIN ISO 10007:2004-12 sollte das Konfigurationsmanagement dem folgenden Prozess folgen:

(1) Konfigurationsmanagement-Planung

Diese Planung stellt die Basis für den gesamten Konfigurationsmanagementprozess dar und dient z.B.

- der Abstimmung aller Aktivitäten des Konfigurationsmanagements im gesamten Produktlebenszyklus,
- der Festlegung der anzuwendenden Verfahren,
- der Beschreibung der Verantwortungen und Befugnisse für die Durchführung des Konfigurationsmanagements.

Er sollte dokumentiert, genehmigt und überwacht werden.

(2) Konfigurationsidentifizierung

Alle Elemente, die zu einer Konfiguration gehören, sollen sowohl fachlich-inhaltlich als auch formal eindeutig identifizierbar werden. Für die fachlich-inhaltliche Identifizierung werden sog. **Baselines** (Bezugskonfigurationen) als definierter Ausgangszustand für alle Änderungen festgelegt. Zur formalen Identifizierung einigen sich die Beteiligten z.B. auf eine bestimmte Kennzeichnung (vgl. *Saynisch* [Konfigurationsmanagement] 32).

(3) Änderungslenkung

Dieser Schritt entspricht dem Änderungsmanagement, wie es im vorherigen Abschnitt dargestellt wurde: Erstellung des Änderungsantrags, Genehmigung oder Ablehnung, Durchführung der Änderung und Rückmeldung.

(4) Konfigurationsbuchführung

Über die verschiedenen Aktivitäten werden Aufzeichnungen und Berichte erstellt.

(5) Konfigurationsaudit

Mit Hilfe von Konfigurationsaudits soll formal überprüft werden, „ob ein Produkt den Anforderungen und seinen Produktkonfigurationsangaben entspricht" (DIN ISO 10007:2004-12). Hier unterscheidet man

- Funktionsbezogene Konfigurationsaudits: Erfüllt eine Konfigurationseinheit die aufgeführten Funktionsmerkmale und Leistungsanforderungen?
- Physisches Konfigurationsaudit: Erfüllt eine Konfigurationseinheit die aufgeführten physischen Merkmale?

Voraussetzung für ein erfolgreiches Konfigurationsmanagement ist eine entsprechende Ablauf- und Aufbauorganisation. Sie erfolgt i.d.R. auf der Ebene des einzelnen Projektes und sollte alle Teilaufgaben umfassen: Die Festlegung der Abwicklungsschritte, der Verantwortlichkeiten und Kompetenzen, der anzuwendenden Methoden und Tools, insbesondere der Software für das Konfigurationsmanagement.

Das Konfigurationsmanagement stellt eine wichtige Grundlage für den Umgang mit Nachforderungen (engl. „Claims") dar, denn für die Abwehr von Fremdforderungen bzw. die Durchsetzung von Eigenforderungen müssen die Fakten zu den erfolgten Änderungen im Projektverlauf transparent und nachvollziehbar sein. Das Claim Management baut auf dem Vertragsmanagement auf, mit dem wir uns im Folgenden beschäftigen wollen.

7.5 Vertrags- und Nachforderungsmanagement

7.5.1 Vertragsmanagement

Da in der Praxis Verträge oftmals bereits in sehr frühen Projektphasen ausgehandelt und die wichtigsten Eckpfeiler vereinbart werden, wurde das Thema bereits in Abschnitt 4.1.1 im Zuge der Projektstartphase angesprochen.

Das **Vertragsmanagement** ist ein
„Aufgabengebiet innerhalb des Projektmanagements zu Gestaltung, Abschluss, Fortschreibung, Abwicklung und Verwaltung von Verträgen zur Erreichung des Projektziels einschließlich laufender Dokumentation des gesamten vertragsrelevanten Geschehens" (DIN-Norm 69901-5:2009-01).

Wir werden uns an dieser Stelle nicht bis ins Detail mit den rechtlichen Grundlagen des Vertragsmanagements beschäftigen, sondern das Thema insbesondere aus betriebswirtschaftlicher Sicht beleuchten.

Das Ziel eines Vertrages ist es, alle entscheidenden Rechte und Pflichten der Vertragspartner formal und inhaltlich festzulegen.

In Projekten werden zwischen Auftraggeber und Auftragnehmer i.d.R. Dienstverträge, Werkverträge oder Kaufverträge geschlossen. Die verschiedenen Vertragsarten beinhalten eine unterschiedliche Verteilung der Risiken: Während bei einem Dienstvertrag das Risiko weitgehend vom Auftraggeber übernommen wird, liegen bei den beiden anderen Verträgen die Risiken eher auf der Seite des Auftragnehmers (vgl. *Cronenbroeck* [Projektmanagement] 40f.).

Zusätzlich zu den grundlegenden Verträgen werden häufig begleitende Rechtsverhältnisse begründet, wie Kreditverträge, Transportvereinbarungen oder Beratungs- und Wartungsverträge.

Am häufigsten dürften Projektmanagement-Verträge als Werkverträge ausgestaltet werden, denn hier wird laut § 631 BGB „der Unternehmer zur Herstellung des versprochenen Werkes, der Besteller zur Entrichtung der vereinbarten Vergütung verpflichtet". Ein **Werkvertrag** besteht im Allgemeinen aus den folgenden Bestandteilen (vgl. *Weber* [Vertragsrechtliche Fragen] 7ff.):

- Präambel zur Klärung der Ausgangslage der Vertragsparteien
- Definitionen zur Festlegung von grundlegenden Begriffen, insbesondere bei internationalen Verträgen
- Technische Spezifikationen des Projektgegenstandes, insbesondere das Lastenheft

- Kommerzieller und organisatorischer Teil zur Vereinbarung von Preisen, Terminen und Zahlungsbedingungen
- Juristischer Teil zur Festlegung der Rechtsfolgen bei verspäteter oder qualitativ unzureichender Lieferung oder bei Verstößen gegen die Vertragsbedingungen

Die besondere Herausforderung der Analyse und der Gestaltung von Verträgen liegt in der **Abstimmung zwischen den technischen, betriebswirtschaftlichen und juristischen Bestandteilen**. Für die Vereinbarung von Verträgen sind daher Experten aus den jeweiligen Bereichen notwendig, die u.U. bei sehr umfangreichen und komplexen Projekten besser im jeweiligen Expertenkreis von Auftraggeber und Auftragnehmer die jeweiligen Vertragsinhalte miteinander diskutieren und vereinbaren (vgl. *Madauss* [Projektmanagement] 349).

Bei der Vertragsanalyse werden die ersten Vorschläge des Vertragspartners auf Vollständigkeit und Inhalt überprüft. In der Praxis werden häufig Checklisten für die Vertragsanalyse genutzt, in denen die wichtigsten Bestandteile eines Vertrages festgehalten sind. Falls Teile des Vertrages noch nicht zufrieden stellend formuliert wurden oder zu regelnde Bereiche noch komplett fehlen, sollten sie entsprechend nachverhandelt werden.

Bei **internationalen Verträgen** sind zusätzlich wichtige Fragen zu klären (vgl. *Cronenbroeck* [Projektmanagement] 40ff.):

- Instanzen der Rechtsverfolgung, d.h. Schiedsgerichte und staatliche Gerichte
- Staatliche Bestimmungen, wie Import- und Exportbeschränkungen sowie Genehmigungs-, Zoll- und Devisenvorschriften
- Angebots-, Leistungs- und Rückzahlungsgarantien
- Regelung von Währungsrisiken bei Kursschwankungen
- Wahl des Zahlungsortes
- Zugrunde liegende Vorschriften außerhalb des Vertrags, z.B. Einhaltung von DIN-Normen

Die Vertragsverhandlungen erstrecken sich i.d.R. bei großen und komplexen Projekten über einen längeren Zeitraum und umfassen mehrere Iterationsschleifen von Vorverhandlungen bis hin zur Abschlussverhandlung.

Der Vertragsabschluss stellt einen wichtigen formalen Akt dar, der gebührende Aufmerksamkeit von beiden Vertragspartnern verdient. Dieser Akt hat auch eine emotionale Seite und gibt fundamentale Ansatzpunkte für eine umfassende Kommunikation mit einem der wichtigsten Stakeholder, dem Kunden.

Beim Vertragsmanagement spielt der Zusammenhang mit dem Änderungsmanagement, dem Konfigurationsmanagement und dem Nachforderungsmanagement eine wichtige Rolle:

(1) Zusammenhang mit dem Änderungsmanagement

Die laufende Überwachung der Vertragserfüllung ist nur dann möglich, wenn Änderungen während des Projektverlaufs transparent sind. Bei Änderungen handelt es sich um „vertragsrelevantes Geschehen" im Sinne der DIN-Norm 69901-5:2009-01. Insbesondere müssen die Gründe und die Konsequenzen der jeweiligen Änderung nachvollziehbar sein.

(2) Zusammenhang mit dem Konfigurationsmanagement

Das Konfigurationsmanagement bietet die Grundlage für eine gezielte Steuerung und eine lückenlose Dokumentation von Änderungen durch Festlegung einer Bezugsbasis und entsprechender Prozesse sowie Regeln.

(3) Zusammenhang mit dem Nachforderungsmanagement

Änderungen können unterschiedliche Konsequenzen in Projekten nach sich ziehen. Es kann zu Zeitverzögerungen kommen, zu höheren Kosten oder auch zu Veränderungen der ursprünglich spezifizierten Leistung, z.B. durch technische Änderungen. Es stellt sich nun die Frage, wer diese Konsequenzen letztendlich zu tragen hat: Der Auftragnehmer oder der Auftraggeber. Je nach Gestaltung der Verträge gibt es Grundlagen für eigene Nachforderungen des Auftragnehmers (Eigen-Claims) oder auch für die Abwehr von Nachforderungen von Seiten des Auftraggebers oder Dritter (Fremd-Claims).

7.5.2 Nachforderungsmanagement

Das **Nachforderungsmanagement** (engl. Claim Management) beinhaltet „die Überwachung aller Verträge auf Ansprüche hinsichtlich Mehr-, Minder- oder Andersleistungen sowie die Dokumentation dieser Wünsche durch Abschluss von Ergänzungsverträgen oder Vertragsänderungen, die eine angemessene Entschädigung für die Mehr-, Minder- oder Andersleistungen vorsehen" (DIN-Norm 69901-2:2009-01).

Die Bedeutung des Claim Managements für den wirtschaftlichen Erfolg eines Projektes ist nicht zu unterschätzen, denn hohe Nachforderungen wirken sich i.d.R. stark auf den Wertbeitrag aus.

Es werden grundsätzlich zwei **Arten von Claims** unterschieden:

- **Eigen-Claims**
  Der Fokus ist auf die Durchsetzung von eigenen Ansprüchen gegenüber Dritten gerichtet.
- **Fremd-Claims**
  Sie zielen auf die Verhinderung von Ansprüchen Dritter an das eigene Unternehmen ab.

Dabei betreffen Claims nicht nur die Beziehung zwischen dem Kunden und dem Auftragnehmer, sondern sie können bei allen Stakeholdern auftreten, zu denen Vertragsbeziehungen bestehen, z.B. zu Subunternehmern, Lieferanten, externen Beratern, Finanzierungspartnern oder gleichberechtigten Partnern in einem Konsortium. Fremd-Claims können beispielsweise häufig auf Eigen-Claims gegenüber einem anderen Partner zurückgeführt und somit weitergegeben werden.

Für ein erfolgreiches Claim Management sind **Kompetenzen** in drei Bereichen notwendig (vgl. Abb. 2-90).

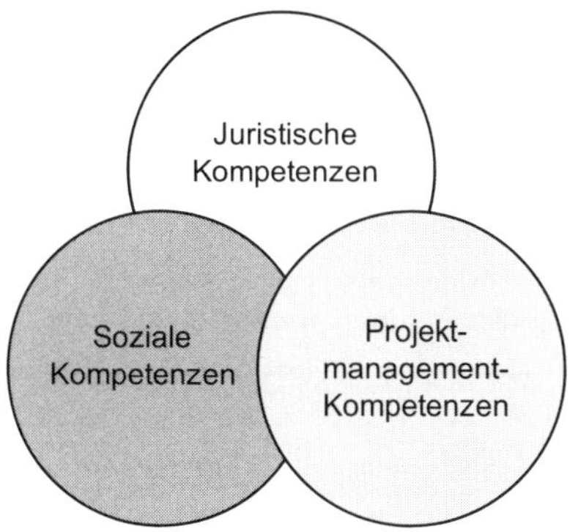

Abb. 2-90: Notwendige Kompetenzen für das Claim Management

- **Juristische Kompetenzen**
  Insbesondere für die Vertragsanalyse und –gestaltung, aber auch für die Verfolgung und Durchsetzung von Claims, sind fundierte juristische Kenntnisse von Nöten.
- **Soziale Kompetenzen**
  Um Claims bereits im Vorfeld zu erkennen, ist eine ausgeprägte Sensibilität für die Erwartungen und Befürchtungen der jeweiligen Stakeholder notwen-

dig. Zudem werden kommunikative Fähigkeiten für den Umgang mit den Stakeholdern benötigt.

- **Projektmanagement-Kompetenzen**
  Wenn man Claims eindeutig nachweisen oder entkräften will, spielt eine nachvollziehbare Planung, Steuerung und Organisation des Projektes eine entscheidende Rolle.

Das Nachforderungsmanagement besteht aus **drei Aufgabengebieten** (vgl. *Patzak/Rattay* [Projektmanagement] 107ff., 399ff. und 491):

- Claim-Vorsorge
- Claim-Erkennung
- Claim-Verfolgung

(1) Die **Claim-Vorsorge** gehört schwerpunktmäßig in die frühen Projektphasen vom ersten Kundenkontakt bis hin zum Vertragsabschluss: Ein möglicher Anspruch soll verhindert werden, bevor er überhaupt entsteht. Entsprechende Maßnahmen wären beispielsweise die Vertragsgestaltung, eine möglichst klare Projektdefinition, ein proaktives Umfeldmanagement, eine umfassende Risikoanalyse, eine methodisch saubere Projektplanung sowie eine eindeutige Projektorganisation.

Gerade die Vertragsgestaltung kann einen großen Beitrag zur Claim-Vorsorge leisten, indem schon im Vorfeld auf bekannte Problemfelder geachtet wird, wie z.B. die rechtzeitige Einbindung eines Juristen, eine Möglichkeit zur weitgehenden Weitergabe von Fremd-Claims an Subunternehmer, eine klare Formulierung von möglichen Vertragsstrafen oder auch mögliche Risiken bei der Formulierung des Vertrags in einer Fremdsprache. Auch die Projektorganisation trägt entscheidend zum Erfolg der Claim-Vorsorge bei, indem Verantwortungen, Kompetenzen und Schnittstellen klar definiert werden. Ein besonders schwieriges Feld stellt die Leistungsspezifikation dar: Zu Projektbeginn sind die Vorstellungen des Kunden häufig noch relativ vage, so dass der Detailliertheitsgrad des Lastenheftes für den Vertrag oftmals nur schwerlich ausreicht.

(2) Die **Claim-Erkennung** ist v.a. auf ein entsprechendes Bewusstsein der Beteiligten für das Auftreten und die Identifikation möglicher Claim-Situationen angewiesen. Sie fällt typischerweise in die Planungs- und Durchsetzungsphasen im Projektverlauf, erstreckt sich aber bis hin zum Ablauf der Gewährleistungsfrist.

Bei Fremd-Claims steht die Vermeidung möglicher Nachforderungen im Mittelpunkt. Als Grundlage sollte das Projektteam den Vertrag und eventuelle Vertragsänderungen kennen und das Claim Management ins Tagesgeschäft, z.B. in Projektteamsitzungen, integrieren. Zudem ist ein funktionsfähiges und regelmäßiges Projektcontrolling notwendig, um Abweichungen schnellstmöglich zu erkennen. Entscheidungen, Änderungen oder wichtige Ereignisse sollten schriftlich dokumentiert und wenn nötig bestätigt werden, um sich vor Fremd-Claims schützen zu können. Eine solche Dokumentation ist ebenfalls sinnvoll, wenn Ereignisse oder Änderungen einen Eigen-Claim auslösen könnten.

(3) Die **Claim-Verfolgung** beinhaltet konkrete Maßnahmen zur Abwehr von Fremd-Claims und zur Platzierung und Durchsetzung von Eigen-Claims. Wie die Claim-Erkennung findet sie schwerpunktmäßig in den Planungs- und Umsetzungsphasen statt, endet aber ebenfalls erst mit Ablauf der Garantiefrist. Für die Durchsetzung bzw. die Abwehr von Claims sind systematische Vorgehensweisen notwendig, denn nicht in jedem Fall sind die besten Maßnahmen ohne weiteres gleich ersichtlich. Nach einer Beurteilung der aktuellen Lage werden verschiedene Alternativen ausgearbeitet, um mit dem Claim umzugehen:

Bei Fremd-Claims geht es i.d.R. um die Reaktion auf eine Nachforderung, d.h. eine Ablehnung, Reduzierung oder Weiterleitung des Claims bzw. die Formulierung eines Gegenclaims.

Bei Eigen-Claims werden dagegen verschiedene Alternativen für Claims ausgearbeitet nach Art, Höhe und Zeitpunkt der Geltendmachung des Claims.

Die verschiedenen Alternativen werden bewertet und es erfolgt eine Entscheidung für eine Variante. Diese Variante wird nun umgesetzt, insbesondere werden Verhandlungen mit dem Vertragspartner eingeleitet. Ein solches Gespräch sollte bis ins Detail vorbereitet sein. Im Notfall kann auch ein Prozess in Erwägung gezogen werden, allerdings sollte vorher genau überprüft werden, ob es sich tatsächlich lohnt, das Prozessrisiko einzugehen. Auch in der Projektabschlussphase kann noch ein letzter Akt der Claim-Verfolgung anstehen, solange erbrachte Leistungen noch nicht beglichen wurden.

8 Projektkontrolle

8.1 Aufgaben der Projektkontrolle

„Planung ohne Kontrolle ist sinnlos, Kontrolle ohne Planung unmöglich" (*Wild* [Unternehmungsplanung] 44).

Planung und Kontrolle sind unmittelbar miteinander verknüpft: Jede Planung muss überprüft werden, diese Überprüfung erfolgt durch einen Vergleich von geplanten Größen mit definierten Vergleichsgrößen.

Kontrolle ist ein systematischer Prozess zur Ermittlung von Abweichungen zwischen Plangrößen und Vergleichsgrößen.

Dieser Prozess setzt nicht erst zum Ende der Planung ein, sondern er beginnt bereits mit den ersten Planungen. Betrachten wir die weiß unterlegten Führungsregelkreise des Projektmanagements in Abb. 2-91, um die Arten der Kontrolle auf der operativen Ebene zu verdeutlichen:

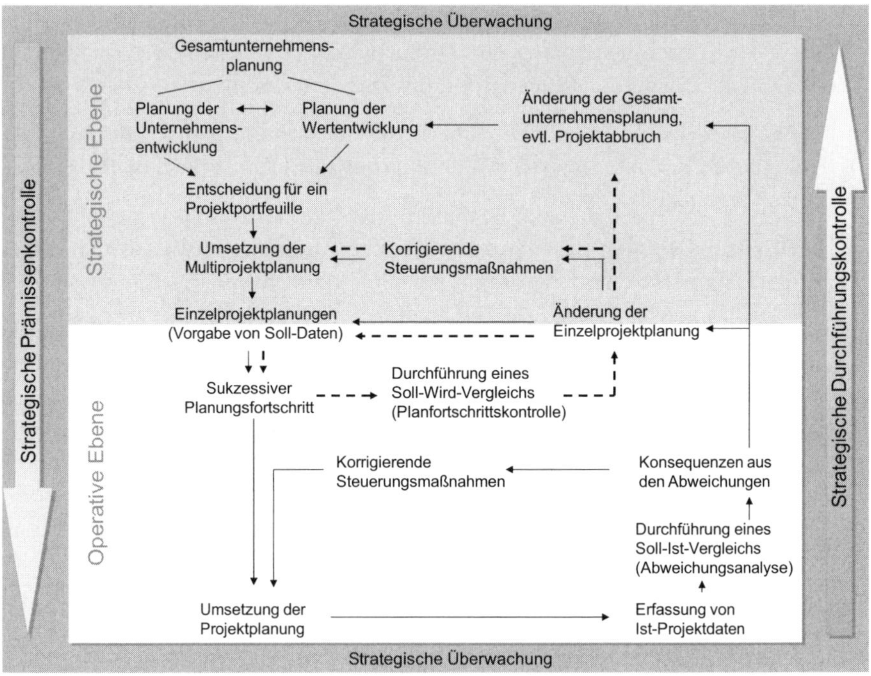

Abb. 2-91: Die Führungsregelkreise des Projektmanagements

(1) Die Kontrolle, die schon mit der Planung einsetzt, spiegelt sich im **oberen gestrichelten Regelkreis**: Mit jedem Planungsschritt, also mit der Verfeinerung der Planung „vom Groben zum Detail“ und mit den verschiedenen inhaltlichen Planungsschwerpunkten, können sich Veränderungen ergeben. Man

vergleicht die ursprüngliche Planung (Soll) mit der prognostizierten Entwicklung aufgrund der neuen Informationen (Wird). Auf dieser Grundlage kann man Abweichungsanalysen vornehmen und das Projekt nach bestimmten Prioritäten optimieren.

Ziel dieser Art von Kontrolle ist es, Abweichungen so früh wie irgend möglich zu erkennen und entsprechende Maßnahmen zu ergreifen, falls dies notwendig erscheint. Im schlimmsten Fall kann eine Abweichung sogar das gesamte Projekt in Frage stellen und zu einem Projektabbruch führen. Beispielsweise könnte sich im Laufe der Planungen zeigen, dass eine bestimmte Engpassressource nun doch nicht verfügbar ist und alle anderen Alternativen einen viel höheren Kostenblock mit sich bringen, was letztendlich zu einem negativen Wertbeitrag des Projektes führen würde. An dieser Stelle zeigt sich also eine Schnittstelle zwischen der operativen und der strategischen Ebene des Projektmanagements.

(2) Der **zweite Regelkreis** beinhaltet jene Art von Kontrolle, die man gewöhnlich vor Augen hat, wenn man von Kontrolle spricht: Die **Soll-Ist-Kontrolle**. Sie beginnt gegen Ende der Planungsphase und beinhaltet die Umsetzung der Projektplanung, so dass die vorgegebenen Soll-Werte nun mit tatsächlichen Ist-Daten im Zuge der Projektumsetzung verglichen werden können. In diesem Regelkreis sieht man die verschiedenen **Schritte der Soll-Ist-Kontrolle** und der sich anschließenden Sicherung deutlich:

(a) Vorgabe von Soll-Werten

(b) Erfassung von Ist-Werten im Projekt zu bestimmten Stichtagen:

- Regelmäßige vereinbarte Stichtage, z.B. alle 2 Wochen,
- anlässlich der Erreichung eines Meilensteins oder
- ad hoc für Sonderberichte, beispielsweise aufgrund von Krisenfällen.

(c) Durchführung eines Soll-Ist-Vergleichs mit Abweichungsanalyse

(d) Reflexion der Konsequenzen, die sich aus der Abweichung ergeben

(e) Je nach Bedeutung der Konsequenz:

- Planung, Umsetzung und Verfolgung von korrigierenden Steuerungsmaßnahmen,
- Änderung der Einzelprojektplanung oder sogar
- Änderung der Gesamtunternehmensplanung, evtl. Projektabbruch.

In den Führungsregelkreisen sind noch zwei weitere Kontrollarten zu sehen:

- Die strategische Prämissenkontrolle
- Die strategische Durchführungskontrolle

Hierbei handelt es sich um zwei übergeordnete Kontrollen mit strategischem Blickwinkel:

(3) Die **Prämissenkontrolle** (auch Wird-Ist-Vergleich genannt) beschäftigt sich mit den Plannahmen, die jeder Planung zugrunde liegen. Diese Prämissen können sowohl operativerer Art, z.B. über die zur Verfügung stehende Kapazität an Ressourcen, als auch eher strategischer Natur sein, wie beispielsweise bestimmte Annahmen über die Entwicklung der Werte in der Gesellschaft, die für die Marketingstrategie zum Verkauf eines Produktes ausschlaggebend sein können. Die Prämissenkontrolle begleitet daher das gesamte „Management durch Projekte" und das „Management von Projekten" und wird aufgrund ihres strategischen Grundcharakters in Teil 3, Abschnitt 4.5.2.2 umfassend erläutert.

(4) Die strategische **Durchführungskontrolle** stellt eine Planfortschrittskontrolle auf strategischer Ebene dar: Gibt es Störungen, die unseren gewählten strategischen Kurs gefährden? Auch diese Art der strategischen Kontrolle wird im Zuge des „Managements durch Projekte" in Teil 3, Abschnitt 4.5.2.3 dargestellt.

Kommen wir nun zur konkreten Ausgestaltung der Aufgaben der Kontrolle im operativen „Management von Projekten" zurück. Die angesprochenen Soll-Ist- und Soll-Wird-Vergleiche beziehen sich v.a. auf die Dimensionen „Kosten", „Zeit" und „Leistung", die miteinander das **„Magische Dreieck der Projektsteuerung"** bilden (vgl. Abb. 2-3, S. 41).

Die drei Dimensionen „Kosten", „Zeit" und „Leistung" stehen stellvertretend für die Gesamtheit der operativen Projektziele, die den jeweiligen Dimensionen zuzuordnen sind. Für die Verwirklichung dieser Ziele steht gewöhnlich nur eine knappe Menge an Ressourcen (Personal, Sachmittel, Material und Finanzmittel) zur Verfügung.

Die drei Dimensionen wirken stark interdependent: Soll man beispielsweise ein Projekt in kürzerer Zeit fertig stellen, so zieht dies entweder einen höheren Ressourceneinsatz und somit höhere Kosten nach sich oder es müssen Abstriche bei der Endleistung in Kauf genommen werden. So kann eine Zeitverknappung bei einem Produktentwicklungsprojekt eine schlechtere Qualität aufgrund von Zeiteinsparungen bei Testläufen oder eine Einschränkung der Funktionalitäten des Produktes verursachen.

In den folgenden Abschnitten werden verschiedene Methoden zur Kontrolle der Zielerreichung der drei Dimensionen „Kosten“, „Zeit“ und „Leistung“ vorgestellt. Im Rahmen der Projektplanung wurden jedoch wesentliche Inhalte geplant, die auf den ersten Blick nicht deckungsgleich mit diesen drei Dimensionen erscheinen: Es wurden die Projektstruktur, der Projektablauf, die Projekttermine, die Projektressourcen und die Projektkosten geplant:

- Die Projektstruktur dient der Definition der Projektleistung.
- Der Projektablauf und die Projekttermine gehören zur Dimension Zeit.
- Die Projektressourcen bestimmen zum Großteil die Projektkosten, aber auch den Ablauf und die Termine des Projektes. Sie können auf vielfältige Weise Abweichungen verursachen und werden daher im Rahmen der Abweichungsanalysen diskutiert.

Aus dieser Sicht erscheint es also ausreichend, zunächst die drei Dimensionen des Magischen Dreiecks zu verfolgen; bei den Abweichungsanalysen werden die Ursachen meist auf die tiefer liegenden Planungsinhalte zurückzuführen sein. Im nächsten Abschnitt wird daher die Kontrolle der einzelnen Zieldimensionen „Kosten“, „Zeit“ und „Leistung“ betrachtet und es werden entsprechende Kontrolltechniken vorgestellt. Im Rahmen der Abweichungsanalyse werden der Projektleiter und der Projektcontroller auch auf die ursprünglichen weiteren Planungen zurückgreifen.

Im Anschluss an die Techniken zur Kontrolle einer einzelnen Zieldimension wird in Abschnitt 8.3 eine Methode zur dimensionenübergreifenden Kontrolle eingehend erläutert: Die Earned-Value-Technik.

Abb. 2-92 fasst die verschiedenen Kontrolltechniken, die in diesem Buch dargestellt werden, im Überblick zusammen.

8.2 Kontrolle der einzelnen Zieldimensionen

Bereits beim Projektstart werden bestimmte Stichtage vereinbart, zu denen die Ist-Daten und i.d.R. auch die prognostizierten Wird-Daten erhoben werden. Die Daten werden für jedes Arbeitspaket in regelmäßigen Abständen vom Arbeitspaketverantwortlichen an den Projektleiter oder den Projektcontroller zurückgemeldet. Diese Einzelstände werden in einem Projektstatusbericht aggregiert, um einen Überblick über den momentanen Stand des gesamten Projektes zu bekommen. Diese Statusberichte werden i.d.R. auch für die Kommunikation mit verschiedenen Stakeholdern des Projektes genutzt; allerdings müssen die Berichte auf die jeweiligen Informationsbedürfnisse und Interessen der Stakeholder abgestimmt und somit oftmals spezifisch gestaltet werden. Außerdem dienen sie der Dokumentation des Projektverlaufs.

Teilprozesse der Projektkontrolle	Kontrolltechniken
Leistungskontrolle	Subjektive Leistungsschätzung (8.2.1.2) Messung anhand einer quantitativen Größe (8.2.1.3) 0/50/100%-Methode (8.2.1.4) Meilensteinmethode (8.2.1.5)
Terminkontrolle	Terminliste (8.2.2.2; 6.7.2) Balkenplan (8.2.2.3; 6.7.3; 6.7.4) Netzplan (8.2.2.4; 6.6.2) Meilenstein-Trendanalyse (8.2.2.5)
Kostenkontrolle	Diagramm der kumulierten Ist- und Plankosten (8.2.3.2) Zeit-Kosten-Trenddiagramm (8.2.3.3) Kosten-Trenddiagramm (8.2.3.4)
Ganzheitliche Kontrolle	Earned-Value-Technik (8.3)

Abb. 2-92: Übersicht über Kontrolltechniken

Zudem gibt es Stichtage, die sich auf das Erreichen von Meilensteinen beziehen. Gelegentlich werden auch Ad hoc-Sonderberichte benötigt, für die der jeweilige Arbeitspaketverantwortliche nach dem aktuellen Status gefragt wird, z.B. in Krisensituationen.

Für den Soll-Ist- und den Soll-Wird-Vergleich wird auf die Planungen zurückgegriffen, die mit Hilfe der in Abschnitt 6 vorgestellten Methoden durchgeführt wurden: Sie liefern den „Soll"-Part für den Vergleich. Abschnitt 5 war dem Prozess der Zielpräzisierung gewidmet, in Abschnitt 7 haben wir uns mit dem systematischen Umgang mit Änderungen der ursprünglichen Planung beschäftigt. Beide Abschnitte machen deutlich, dass es von entscheidender Bedeutung ist, die Veränderungen der Soll-Größe jederzeit nachvollziehen zu können.

Abweichungen können insbesondere auf drei **Gründen** beruhen (vgl. *Litke* [Projektmanagement] 153):

- Unrealistische Planungen, z.B. zu wenig Erfahrung als Grundlage für die Schätzungen, Unterschätzung der Komplexität des Projektes
- Unvorhersehbare Änderungen, z.B. neue/geänderte Anforderungen des Kunden, neue Prioritäten des Managements
- Fehler in der Umsetzung der Arbeiten, z.B. zu wenig Effizienz, Qualitätsprobleme, die Nacharbeit erfordern

Die Ergebnisse der Analyse der Abweichungen und ihrer Konsequenzen werden normalerweise in den Projektstatusbericht eingearbeitet, um aufzuzeigen, dass nun aktive Steuerungsmaßnahmen eingeleitet werden. Die beschlossenen Maßnahmen sind detailliert zu planen und auch zu dokumentieren. Diese **Maßnahmenplanung** umfasst mindestens die Bestimmung eines Verantwortlichen, eine genaue Beschreibung der jeweiligen Aufgabe, einen Endtermin und eventuell weitere Beteiligte. Eine solche Planung kann beispielsweise in Form einer separaten Aufgabenliste erfolgen. Sie sollte auch eine Spalte für den jeweiligen Status vorsehen, denn zur Maßnahmenplanung gehört ebenfalls die Kontrolle ihrer Durchführung, sie fließt also in die regelmäßigen Kontrollschleifen ein. So wird sichergestellt, dass keine Maßnahme vergessen wird und Transparenz über den Status der Maßnahme herrscht.

In den folgenden Abschnitten werden verschiedene Kontrolltechniken für die einzelnen Dimensionen vorgestellt:

- Leistungskontrolle
- Terminkontrolle
- Kostenkontrolle

8.2.1 Leistungskontrolle

8.2.1.1 Leistungsfortschritt

Die Leistung in einem Projekt umfasst grundsätzlich zwei Aspekte: Quantität und Qualität. Das Thema Qualität wird aufgrund seiner herausragenden Bedeutung für die Kundenzufriedenheit in Abschnitt 10.1 im Rahmen eines eigenen begleitenden Prozesses „Qualitätsmanagement in Projekten“ betrachtet.

An dieser Stelle beschäftigen wir uns vorrangig mit der Messung der Quantität der erbrachten Leistung. Dabei wird vorausgesetzt, dass die geplante Qualität auch tatsächlich realisiert wird.

Um den **Leistungsfortschritt** des gesamten Projektes beurteilen zu können, wird für jedes Arbeitspaket der Fortschrittsgrad in Prozent erhoben.

Hierbei ist die Einordnung von abgeschlossenen und von noch nicht begonnenen Arbeitspaketen vollkommen unproblematisch: Abgeschlossene Arbeitspakete sind zu 100% fertig gestellt, noch nicht begonnene Arbeitspakete zu 0%.

Die Schwierigkeiten der Fortschrittsmessung liegen also in der Schätzung des Leistungsfortschritts der begonnenen Arbeitspakete. Hier können verschiedene **Verfahren** Anwendung finden (vgl. *Patzak/Rattay* [Projektmanagement] 416f., *Fiedler* [Controlling] 173ff.):

(1) Subjektive Leistungsschätzung

(2) Messung anhand einer quantitativen Größe

(3) 0/50/100%-Methode

(4) Meilensteinmethode

Die grundlegende Funktionsweise und die jeweiligen Stärken und Schwächen dieser Methoden werden in den nächsten Abschnitten dargestellt.

Der Leistungsfortschritt sollte im Anschluss an die Schätzung visuell verdeutlicht werden. Dazu bietet sich beispielsweise ein Balkenplan an (vgl. Abb. 2-93).

In Abb. 2-93 wurde zum 17. Februar 2010 der Leistungsfortschritt in verschiedenen Arbeitspaketen geschätzt. Arbeitspaket 02 „Detailkonzept Software entwickeln" ist erst zu 80% fertig gestellt, obwohl es zu diesem Zeitpunkt bereits abgeschlossen sein sollte.

Bei der Suche nach der Ursache der Abweichung wurde in unserem Beispiel festgestellt, dass der Projektleiter die eingeplanten 3 Tage in diesem Zeitraum nicht leisten konnte, da er noch in ein weiteres Projekt eingebunden war, das sich in einer Notsituation befand. In der Zwischenzeit hatte er jedoch schon einige Aufgaben auf der Grundlage des aktuellen Stands des Detailkonzepts an die Programmierer weitergeben können, die bereits mit der Umsetzung der Software begonnen haben („Fast Tracking"). Diese Vorgehensweise ist jedoch nicht risikolos und bedarf besonderer Planung (vgl. die Ausführungen zum Fast Tracking auf S. 174).

Eine gute Übersicht über den Leistungsfortschritt erhält man auch über eine Markierung oder eine Prozentangabe im Projektstrukturplan. In Abb. 2-94 wird ein solcher Projektstrukturplan für ein Beispielsprojekt „Einführung einer Software für das Rechnungswesen" gezeigt (Arbeitspakete, die erledigt sind, werden durchgestrichen, in Arbeit befindliche sind mit einem Strich versehen).

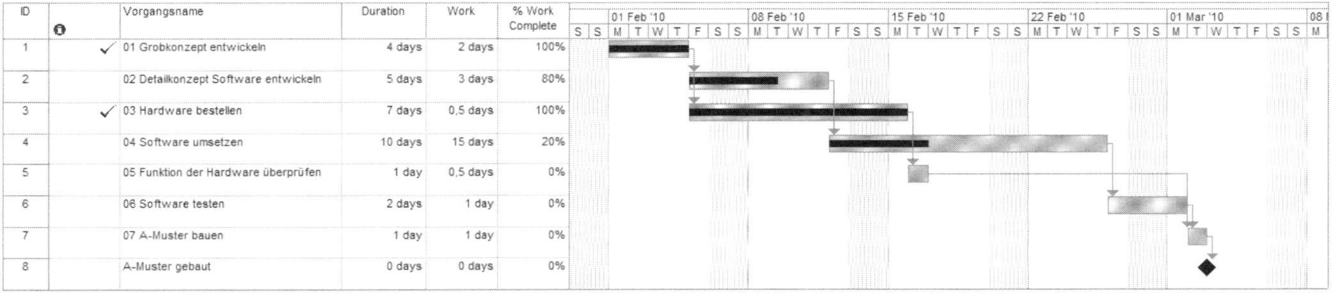

Abb. 2-93: Darstellung des Leistungsfortschritts in einem Balkenplan in der Projektmanagement-Software MS Project

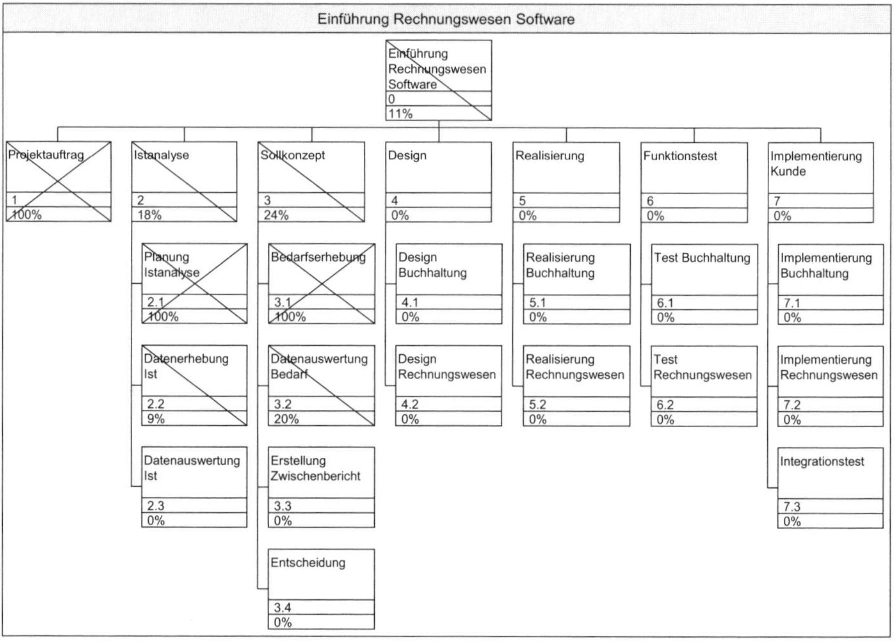

Abb. 2-94: Darstellung des Leistungsfortschritts in einem Projektstrukturplan (Quelle: *Patzak/Rattay* [Projektmanagement] 424)

Wie kann nun der Fortschrittsgrad eines Arbeitspaketes beurteilt werden?

8.2.1.2 Subjektive Leistungsschätzung

Die einfachste Methode zur Schätzung des Fortschrittsgrades eines Arbeitspaketes ist die Befragung des verantwortlichen Mitarbeiters. Gewöhnlich besteht hier die Tendenz, den erreichten Fertigstellungsgrad zu hoch einzuschätzen. Dies liegt zum Teil wohl auch an der unbewussten Neigung des Menschen, „sozial erwünschte" Antworten zu geben. Zudem tun sich Menschen meist schwer, „Zweifel" an ihren Leistungen aufkommen zu lassen, obwohl dies gar nicht die Ursache einer Abweichung sein muss. Dies ist insbesondere dann schwierig, wenn eine entsprechende Unternehmenskultur herrscht, die mit Fehleinschätzungen relativ rigide umgeht.

Kollektive Fehleinschätzungen im Team können auch ein Symptom des „Groupthink" sein (vgl. S. 86), d.h. die Teammitglieder überschätzen sich aufgrund des Zusammengehörigkeitsgefühls innerhalb der Gruppe. Auch Motivationsprobleme des Einzelnen oder in der gesamten Gruppe können eine Fehlerquelle sein.

Oftmals verläuft die Schätzung folgendermaßen: Zunächst liegt das Arbeitspaket über längere Zeit genau im Plan. Kurz vor dem Endtermin wird dem Verantwortlichen bewusst, dass wohl doch noch mehr Arbeit zu erledigen ist, als bisher angenommen oder es zeigen sich bisher versteckte Qualitätsmängel, die zunächst behoben werden müssen. Der Fertigstellungsgrad liegt dann über längere Zeit bei „fast fertig" („95%"), weshalb dieses Phänomen auch „Fast-schon-fertig-" oder „95%-" Syndrom genannt wird.

Dieses Problem kann sich auch ergeben, wenn sich die Gesamtleistung des Arbeitspakets (also die „100%") schleichend verändert. Durch die fortlaufende Detaillierung und Konkretisierung der Ziele kann es leicht zu einer ungewollten und unerkannten Entfernung von den ursprünglichen Projektzielen kommen (vgl. Abschnitt 5 „Zielpräzisierung"). Insbesondere in Entwicklungsprojekten ist das Risiko vorhanden, dass der geplante Inhalt des Projekts über die Anforderungen des Kunden hinausgeht. Man spricht hier auch von „Vergolden" oder „Gold Plating". Die zu erbringende Gesamtleistung in Form des notwendigen Aufwands sollte daher zu den verschiedenen Controlling-Zeitpunkten im Projekt neu geschätzt und mit dem ursprünglich geplanten Gesamtaufwand verglichen werden.

Aus diesem Grunde empfiehlt es sich, den **leistungsmäßigen Fortschrittsgrad** zu bestimmen, in den explizit sowohl die abgeschlossene Leistung als auch die gesamte zu erbringende Leistung einbezogen werden (vgl. *Fiedler* [Controlling] 175):

$$\text{Leistungsmäßiger Fortschrittsgrad in \%} = \frac{\text{Ist-Aufwand} \cdot 100}{\text{Voraussichtlicher Gesamtaufwand}}$$

Den Gesamtaufwand erhält man durch eine möglichst realistische Schätzung der zukünftig noch zu erbringenden Restleistung, die man anschließend zum bisherigen Ist-Aufwand addiert. Dabei wird der Aufwand als Indikator für die Leistung genutzt, was in der Realität nicht in jeder Situation sinnvoll sein muss.

Die Nutzung des Indikators „Zeit" eignet sich jedoch in den seltensten Fällen für die Schätzung des Fertigstellungsgrades: Man kann kaum davon ausgehen, dass nach 60% der geplanten Zeit auch automatisch 60% der Leistung vorliegen (vgl. *Patzak/Rattay* [Projektmanagement] 418). Auch eine reine Division von Ist-Aufwand durch den ursprünglich geplanten Gesamtaufwand kann verzerrte Ergebnisse liefern.

Die subjektive Schätzung ist also mit verschiedenen Risiken, insbesondere einer zu optimistischen Perspektive, verbunden. Jedes Arbeitspaket weist hier andere Charakteristika auf und muss darauf geprüft werden, welcher Indikator sich für die Schätzung eignet. Die folgenden Verfahren wurden entwickelt, um die Leistungsfortschrittsmessung transparenter und nachvollziehbarer zu gestalten.

8.2.1.3 Messung anhand einer quantitativen Größe

Bei manchen Arbeitspaketen eignet sich eine quantitative Größe als Indikator für den Leistungsfortschritt. Es handelt sich hier beispielsweise um Mengengrößen wie m^2, Tonnen, Meter. Die Formel für den leistungsmäßigen Fortschrittsgrad kann in diesem Fall entsprechend angepasst werden:

$$\text{Leistungsmäßiger Fortschrittsgrad in \%} = \frac{\text{Istmenge} \cdot 100}{\text{Gesamtmenge}}$$

Voraussetzungen sind hier, dass

- eine proportionale Beziehung zwischen steigernder Menge und Zeitverbrauch besteht,
- die geplante Qualität auch tatsächlich umgesetzt wird und
- sich das ursprünglich geplante Leistungsvolumen des Arbeitspakets nicht ändert (vgl. *Patzak/Rattay* [Projektmanagement] 416).

Die Anwendbarkeit dieser Methode hängt daher stark von der konkreten Ausgestaltung des Arbeitspaketes ab.

8.2.1.4 0/50/100%-Methode

Bei dieser Methode wird der Leistungsfortschritt sehr pauschal erfasst: Alle Arbeitspakete, die abgeschlossen sind, sind zu 100% fertig, begonnene Arbeitspakete gelten als zu 50% erledigt und noch vollkommen offene Arbeitspakete werden mit 0% erfasst. Eine pessimistische Variante dieser Methode stellt die 0/100%-Methode dar, in der auch bereits begonnene Arbeitspakete mit 0%

bewertet werden. Auch die Einbeziehung von Zwischenstufen mit 25 und 75% ist je nach Art des Projektes üblich.

Bei dieser Methode steht nicht die möglichst differenzierte Erfassung jedes einzelnen Arbeitspaketes im Vordergrund, sondern man geht davon aus, dass sich die Ungenauigkeiten über die Gesamtheit der Arbeitspakete ausgleichen (vgl. *Fiedler* [Controlling] 175). Die Methode kann sich daher insbesondere für relativ kurze Arbeitspakete bei relativ niedrigem Projektrisiko eignen. Der Aufwand für die Erfassung des Leistungsfortschritts ist hier sehr gering. Vor Einsatz dieser Methode ist zu prüfen, ob der Differenzierungsgrad für die weitere Steuerung tatsächlich ausreicht.

8.2.1.5 Meilensteinmethode

Die differenzierteste Methode zur Schätzung des Leistungsfortschritts ist die Meilensteinmethode. Der Arbeitspaketverantwortliche und der Projektleiter bzw. der Projektcontroller vereinbaren Zwischenergebnisse als klare Meilensteine für das Arbeitspaket. Die Erreichung der Meilensteine kann dann als Grundlage für die Leistungsschätzung genutzt werden. Die Vorgehensweise wird in Abb. 2-95 verdeutlicht.

Soll-Leistungsfortschritt in %	Soll kumuliert in %	Meilenstein	Aktueller Status (Ist)	Ist kumuliert in %
15	15	Passendes Hardware-Modell festgelegt	Erledigt	15%
50	65	Lieferantenverhandlungen geführt	Ca. zur Hälfte ausgeführt	Nach Vereinbarung: 15 oder 40%
20	85	Entscheidung für einen Lieferanten getroffen		
15	100	Hardware bestellt		

Abb. 2-95: Leistungsfortschritt für das Arbeitspaket „Hardware bestellen" (In Anlehnung an: *Patzak/Rattay* [Projektmanagement] 417)

Man kann nun lediglich die erreichten Meilensteine für die Messung des Leistungsfortschritts nutzen oder versuchen, den Erreichungsgrad der Meilensteine abzuschätzen und zu berücksichtigen. Wenn wir uns beispielsweise im Arbeitspaket „Hardware bestellen" mitten in den Verhandlungen mit verschiedenen Lieferanten befinden, könnten wir das gesamte Arbeitspaket als zu 15% abgearbeitet einschätzen (lediglich Meilenstein 1 wurde erreicht) oder die Hälfte der Lieferantenverhandlungen noch mit berücksichtigen. In dem Fall hätten wir einen Leistungsfortschritt von 40% in dem betrachteten Arbeitspaket.

Eine andere Variante der Meilensteinmethode sieht vor, die Anzahl der bereits erreichten Meilensteine in Bezug zur Anzahl aller Meilensteine des Arbeitspaketes zu setzen. Hätten wir, wie in Abb. 2-95, vier Meilensteine und hätten einen davon erreicht, so würde der Leistungsfortschritt 25% betragen. Hier zeigt sich sehr deutlich der Nachteil dieser Methode: Die Schätzung wäre in unserem Beispiel relativ ungenau. Diese Methode ist also nur dann anzuraten, wenn

- die Meilensteine differenziert genug geplant werden können und
- zwischen den Meilensteinen ungefähr gleich große Leistungsabschnitte liegen (vgl. *Fiedler* [Controlling] 174).

Die Meilensteinmethode bietet also verschiedenste Möglichkeiten, um die Schätzung der erbrachten Projektleistung zu unterstützen. Die genaue Vorgehensweise muss vor Projektbeginn zwischen Projektleiter und Projektteam festgelegt werden. Ihr Differenzierungsgrad ist je nach Art des betrachteten Projektes individuell anpassbar.

Wenden wir uns nun den Methoden zur Kontrolle der Terminlage eines Projektes zu.

8.2.2 Terminkontrolle

8.2.2.1 Zeitlicher Fortschritt

In Teil 1 wurden verschiedene Rahmenbedingungen, wie kürzere Produktlebenszyklen und erhöhter Wettbewerbsdruck, beschrieben, denen man mit der Einführung eines systematischen Projektmanagements begegnen will. Diese Rahmenbedingungen haben eine außerordentlich hohe Bedeutung der Dimension „Zeit“ zur Folge: Die Geschwindigkeit ist zum entscheidenden Wettbewerbsfaktor geworden. Beispielsweise werden Verzögerungen mit Strafzahlungen belegt oder die erfolgreiche Einführung eines neuen Produktes hängt zum Großteil davon ab, vor dem wichtigsten Konkurrenten am Markt zu sein.

Im Zuge des Risikomanagements besteht daher ein wichtiger Schritt in der Identifikation der „Zeittreiber“ in einem Projekt. In diesem Abschnitt kümmern wir uns jedoch um den konkreten Soll-Ist- und Soll-Wird-Vergleich bezüglich der Dimension „Zeit“. Ausgangspunkt ist hierbei die Schätzung des zeitlichen Fortschrittsgrades:

$$\text{Zeitlicher Fortschrittsgrad} = \frac{\text{Ist-Dauer} \cdot 100}{\text{Voraussichtliche Gesamtdauer}}$$

Die voraussichtliche Gesamtdauer ergibt sich aus der Istdauer und der realistisch geschätzten voraussichtlichen Restdauer, die auch „Time-to-Completion“ genannt wird (vgl. Abb. 2-96).

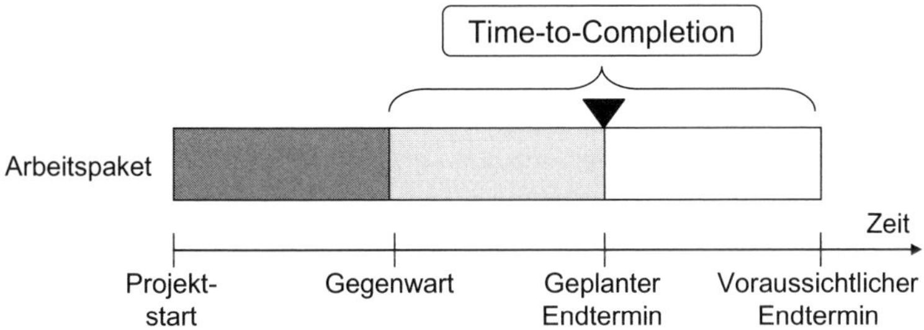

Abb. 2-96: Balkenplan mit Time-to-Completion
(Quelle: *Fiedler* [Controlling] 181)

Eine realistische Schätzung der voraussichtlichen Restdauer ist nur auf der Grundlage eines klaren Blicks auf die noch zu erbringenden Leistungen möglich (vgl. *Fiedler* [Controlling] 180f.). Nicht in jedem Arbeitspaket besteht zwischen Zeit und Leistung eine proportionale Beziehung, denn man kann nicht unbedingt davon ausgehen, dass in jedem Fall in 30% der Zeit auch 30% der Leistung erbracht worden ist.

Es ist also sinnvoll, sowohl den leistungsmäßigen als auch den zeitlichen Fortschrittsgrad zu schätzen, um ein realistisches Bild vom Status eines Arbeitspaketes zu bekommen. Die Schätzung erfolgt i.d.R. durch den Arbeitspaketverantwortlichen. Hierbei kann entweder nach der Restdauer oder nach einem wahrscheinlichen Endtermin gefragt werden. Die Frage nach dem wahrscheinlichen Endtermin ist hierbei weniger zu empfehlen, denn erfahrungsgemäß neigt man bei dieser Frage dazu, einen optimistischen Wunschtermin anzugeben (vgl. *Patzak/Rattay* [Projektmanagement] 420).

Die Terminkontrolle erfolgt auf der Grundlage der bereits in der Planung angewendeten Methoden (vgl. Abschnitt 6.7 „Projektterminplanung“):

- Terminliste
- Balkenplan
- Netzplan

Zudem lässt sich die Entwicklung des Plantermins in einer **Meilenstein-Trendanalyse** untersuchen und verdeutlichen.

8.2.2.2 Terminliste

Die in Abschnitt 6.7.2 vorgestellte Terminliste (S. 178) wird für Kontroll- und Steuerungszwecke um verschiedene Spalten erweitert. Der Aufbau einer solchen Terminliste ist exemplarisch in Abb. 2-97 dargestellt.

Bei dieser Methode sind die Abhängigkeiten zwischen den Arbeitspaketen nicht explizit ausgewiesen. Sie werden implizit bei der Erstellung der Liste berücksichtigt. Mit zunehmender Komplexität und steigendem Umfang des Projektes steigen die Anforderungen an den Ersteller der Liste exponenziell an. Daher bietet sich diese Methode lediglich bei relativ einfachen und leicht durchschaubaren Projekten oder Teilprojekten an.

8.2.2.3 Balkenplan

Im Balkenplan werden die Informationen, die in der Terminliste zu finden sind, graphisch verdeutlicht. Im Zuge der Projektplanung wurden zeitfixierte und vernetzte Balkenpläne unterschieden: Ein zeitfixierter Balkenplan enthält lediglich die Dauern und Termine, die vernetzte Variante berücksichtigt auch logische und ressourcenbedingte Abhängigkeiten. Der Balkenplan enthält die wichtigsten Informationen, die auch ein Netzplan enthält, d.h. kritische Pfade, Puffer und die Abhängigkeiten zwischen den Arbeitspaketen.

Nutzt man für die Planung und Kontrolle eine Softwarelösung, so werden die Balken bei der Eingabe der Ist-Werte automatisch entsprechend verschoben. Der Projektleiter erkennt somit sofort die terminlichen Konsequenzen, die sich aus einer Abweichung ergeben und kann, soweit möglich, wirkungsvolle Gegenmaßnahmen ergreifen.

Abb. 2-98 zeigt ein Beispiel für einen vernetzten Balkenplan, der für die Kontrolle der Termine erweitert wurde.

In Abb. 2-98 greifen wir das Beispiel aus Abschnitt 6.7.3 (S. 180f.) wieder auf: Zum 17.02.2010 wurden die Ist-Werte erhoben und den Soll-Werten gegenübergestellt. Der Projektleiter legt bei diesem Balkenplan Wert auf die Visualisierung der terminlichen Konsequenzen einer Abweichung.

Arbeits-paket	Beschreibung	Geplante Dauer	Geplanter Starttermin	Tatsäch-licher/ Wahrschein-licher Starttermin	Fertigstel-lungsgrad zum 17.02.2010 in %	Rest-dauer	Geplanter Endtermin	Tatsäch-licher/ Wahrschein-licher Endtermin
01	Grobkonzept entwickeln	4	01.02.10	01.02.10	100	0	04.02.10	04.02.10
02	Detailkonzept Software entwickeln	5	05.02.10	05.02.10	80	2	11.02.10	18.02.10
03	Hardware bestellen	7	05.02.10	05.02.10	100	0	15.02.10	15.02.10
04	Software umsetzen	10	12.02.10	19.02.10	0	10	25.02.10	04.03.10
05	Funktion der Hardware prüfen	1	16.02.10	16.02.10	0	1	16.02.10	16.02.10
06	Software testen	2	26.02.10	05.03.10	0	2	01.03.10	08.03.10
07	A-Muster bauen	1	02.03.10	09.03.10	0	1	02.03.10	09.03.10

Abb. 2-97 Erweiterte Terminliste für die Kontrolle

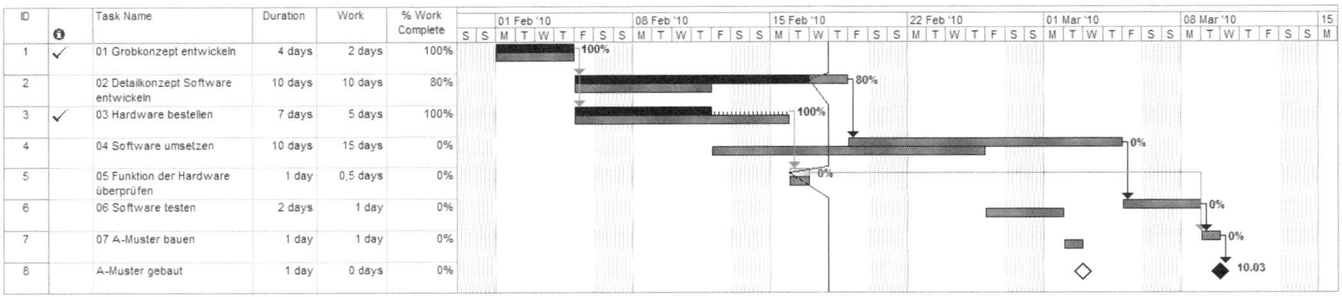

Abb. 2-98 Erweiterter vernetzter Balkenplan für die Zeitkontrolle in der Projektmanagement-Software MS Project

Eine Abweichung ergibt sich in Arbeitspaket 02 „Detailkonzept Software entwickeln“. Dieses Arbeitspaket dauert nun 10 Tage anstatt der ursprünglich geplanten 5 Tage, da der Projektleiter noch in einem anderen Projekt mitarbeitet, das sich in einer Schieflage befindet. Er hat zwar schon 80% der Leistung erbracht, aber die restlichen 20% verteilen sich noch auf 2 weitere Tage. Im Balkenplan werden die Konsequenzen für den Terminplan sehr deutlich (Soll-Wird-Vergleich): Der ursprüngliche Fertigstellungstermin des A-Musters würde sich nun vom 03.03. auf den 10.03.2010 verschieben.

8.2.2.4 Netzplan

Wenn man einen Netzplan für die Planung verwendet, ist es außerordentlich wichtig, ihn auch aktuell zu halten, denn nur dann kann er eine sinnvolle methodische Unterstützung bieten.

Allerdings sind Terminabweichungen in einem Netzplan nicht so deutlich visualisiert und daher nicht so intuitiv erfassbar wie in einem Balkenplan. Dies ist größtenteils auf die abstraktere Darstellung der Veränderung in Form von Zahlen in den Vorgangsknoten zurückzuführen. In einem Netzplan liegt der Schwerpunkt der Visualisierung auf den Abhängigkeiten zwischen den Vorgängen und den kritischen Pfaden.

Man erkennt in einem Netzplan relativ schnell Verschiebungen der kritischen Pfade, die sich durch Abweichungen von der ursprünglichen Planung ergeben. Für genaue Soll-Ist- und Soll-Wird-Vergleiche müssen die Termine in den Vorgangsknoten abgeglichen werden. Daher besteht in den meisten Softwarelösungen die Möglichkeit, Netzpläne auch als vernetzte Balkenpläne auszugeben.

8.2.2.5 Meilenstein-Trendanalyse

Während die Terminliste, der Balkenplan und der Netzplan statische Momentaufnahmen der Projektsituation bieten, können mit Hilfe des Meilenstein-Trenddiagramms die **Veränderungen eines Plantermins** im Zeitverlauf dargestellt werden. Das Objekt der Kontrolle sind hierbei die geplanten Termine der Meilensteine in einem Arbeitspaket oder auch im gesamten Projekt. Bereits zu Projektbeginn werden Meilensteine geplant, die häufig den Abschluss von Projektphasen markieren (zu den Meilensteinen siehe auch S. 73f.).

In einem Meilenstein-Trenddiagramm werden auf der waagrechten Achse die Berichtstermine, auf der senkrechten Achse die jeweils geplanten Endtermine abgetragen. Zu bestimmten Stichtagen werden nun die Plantermine für die einzelnen betrachteten Meilensteine aktualisiert. Den verschiedenen **Meilen-**

steinen werden zur Darstellung bestimmte Symbole oder Farben zugeordnet und die Plantermine auf der Grundlage des momentanen Projektstatus eingetragen. In Abb. 2-99 ist eine solche Meilenstein-Trendanalyse dargestellt.

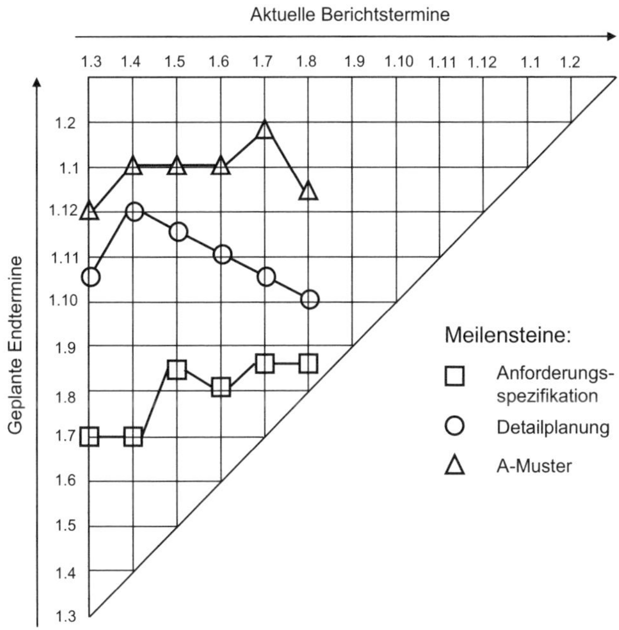

Abb. 2-99: Meilenstein-Trenddiagramm
(In Anlehnung an: *Burghardt* [Projektmanagement] 176)

Aus den Kurvenverläufen kann der Projektleiter Rückschlüsse auf den möglichen Projektverlauf ziehen:

- Ein waagrechter Verlauf deutet auf die Einhaltung des Termins hin.
- Ein ansteigender Verlauf zeigt die Überschreitung des Termins an.
- Ein fallender Verlauf ist ein Indikator für eine mögliche Unterschreitung des Termins.

Für einen Projektleiter ist insbesondere der Gesamtüberblick über alle Meilensteine von besonderer Wichtigkeit, denn die Gesamtheit der Kurvenverläufe wirft ein wichtiges Schlaglicht auf grundlegende Einstellungen und Arbeitsweisen der Teammitglieder (vgl. *Patzak/Rattay* [Projektmanagement] 427f.):

- **Normalfall:** Alle Kurven sind von kleineren Abweichungen von der Waagrechten gekennzeichnet.
- **Starker Anstieg mehrerer Kurven:** Die Teammitglieder sind zu optimistisch und merken im Laufe der Arbeit, dass ihre Schätzungen nicht realistisch waren. Hier zeigen sich Felder für organisationales Lernen.
- **Trendwende-Verläufe mehrerer Kurven:** Bei auffällig exaktem waagrechten Verlauf der Kurven wird gegen Ende der vorgesehenen Arbeitszeit plötzlich eine starke Verzögerung gemeldet. In diesem Fall sind kaum noch Steuerungseingriffe möglich. Die Ursachen einer solchen Entwicklung können vielfältig sein: Fehlschätzungen können ein Symptom des „Groupthink" sein, also eine kollektive Überschätzung aufgrund der Gruppendynamik. Sie können auch schlicht auf Unerfahrenheit der Projektmitarbeiter zurückgeführt werden. Ein anderer Grund könnte eine negative Stimmung in der Gruppe gegenüber dem Projektleiter oder ein grundlegendes Motivationsproblem des Einzelnen oder in der Gruppe sein.
- **Starker Abfall mehrerer Kurven:** Die Arbeitspaketverantwortlichen tendieren dazu, sich abzusichern und entsprechend große Puffer einzubauen. Dieser Verlauf lässt ebenfalls entsprechende Rückschlüsse auf die Unternehmens- und Projektkultur zu.
- **Starke Schwankungen mehrerer Kurven:** Die Terminschätzungen scheinen mit großen Unsicherheiten behaftet zu sein. Solche Verläufe sind daher ein Indikator für hohe Risiken in der Projektdurchführung.
- **Fehlende Abhängigkeiten:** Obwohl ein Meilenstein eklatante Terminverzögerungen erkennen lässt, sind die Schätzungen für davon abhängige Meilensteine durch waagrechte Verläufe gekennzeichnet. In diesem Fall sind sich die Mitarbeiter noch nicht über die Vernetzungen der Aufgabenstellungen bewusst oder haben unterschiedliche Einstellungen zum Umgang mit Terminschätzungen.

Eine Meilenstein-Trendanalyse ermöglicht somit sowohl Rückschlüsse auf projektspezifische Problemstellungen als auch auf mögliche unternehmensweite Herausforderungen. Ein Unternehmen wird dann besonders viel von der Projektmanagement-Methodik profitieren, wenn es diese Potenziale entsprechend nutzt und daraus Anstöße für die weitere Entwicklung der Projekt- und Unternehmenskultur generiert. Erfahrungsgemäß werden diese Potenziale jedoch nur dann ernsthaft ausgeschöpft, wenn es im Unternehmen einen Ansprechpartner für solche projektorientierten kulturellen Fragestellungen gibt. In diesem Fall könnte das der Leiter des Projektmanagementoffice sein, der die Themen in den Multiprojektlenkungsausschuss einbringen kann.

Im Anschluss an die Betrachtung der Methoden zur Terminkontrolle werden die Möglichkeiten zur Kostenkontrolle beleuchtet.

8.2.3 Kostenkontrolle

8.2.3.1 Sicherstellung der Wirtschaftlichkeit

Die Kostenkontrolle dient der Sicherstellung der Wirtschaftlichkeit im Projektverlauf: Zum einen sollen Unwirtschaftlichkeiten in der Projektumsetzung erkannt werden, zum anderen wirken sich Kostenabweichungen i.d.R. auch auf die Projektwertbeiträge aus. Auch hier gilt es, Abweichungen vom Plan möglichst frühzeitig zu erkennen, um Gegenmaßnahmen einleiten zu können.

Ein fundamentaler Bestandteil der Kostenkontrolle ist die Gegenüberstellung der tatsächlichen Kosten (Istkosten) mit den geplanten Kosten (Plankosten). Bei der Erhebung der **Istkosten** ist auf eine möglichst zeitnahe Erfassung der Kosten nach Kostenart pro Arbeitspaket zu achten. Große Teile der Istkosten ergeben sich durch den Arbeitsaufwand der Mitarbeiter. Der jeweilige Arbeitsaufwand pro Arbeitspaket wird durch eine Kontierung der Stunden erfasst und dann mit internen Verrechnungssätzen bewertet.

Die **Plankosten** beinhalten die Kosten laut Kalkulation und die Zusatzkosten aus Vertragsänderungen. An dieser Stelle wird deutlich, wie wichtig ein systematisches Änderungsmanagement ist, um diese Zusatzkosten tatsächlich laufenden Vertragsänderungen zuordnen zu können.

Kommt es zu Termin- und/oder Leistungsabweichungen, so rücken die **Sollkosten** ins Blickfeld, die insbesondere bei der Earned-Value-Analyse eine wichtige Rolle spielt. Sie stellen die geplanten Kosten für die tatsächlich erbrachte Istleistung dar, d.h. man versucht, die Plankosten auf den jeweiligen Leistungsfortschritt zu beziehen.

Das traditionelle Problem der Kostenkontrolle in Projekten liegt in der fehlenden frühzeitigen Kostentransparenz: Wenn die Informationen über die Abweichungen vorliegen, ist es meist zu spät, um noch steuernd eingreifen zu können. Genau an dieser Stelle setzt das Kosten**management** an. Dieser Grundgedanke liegt auch unserem Modell der integrierten Projektkostenplanung in Abschnitt 6.9.4 zugrunde. In Abschnitt 8.2.3.5 steht daher die Kontrolle in der „Integrierten Projektkostenrechnung" im Mittelpunkt.

Zunächst werden wir uns jedoch den grundlegenden **Methoden der Kostenkontrolle** zuwenden, denen man in der Praxis häufig begegnet:

- Dem Diagramm der kumulierten Ist- und Plankosten

- Dem Zeit-/Kosten-Trenddiagramm
- Dem Kosten-Trenddiagramm

8.2.3.2 Diagramm der kumulierten Ist- und Plankosten

Für den Vergleich von Ist- und Plankosten bietet sich zunächst ein Diagramm mit kumulierten Kosten im Zeitverlauf an, wie es in Abb. 2-100 dargestellt ist.

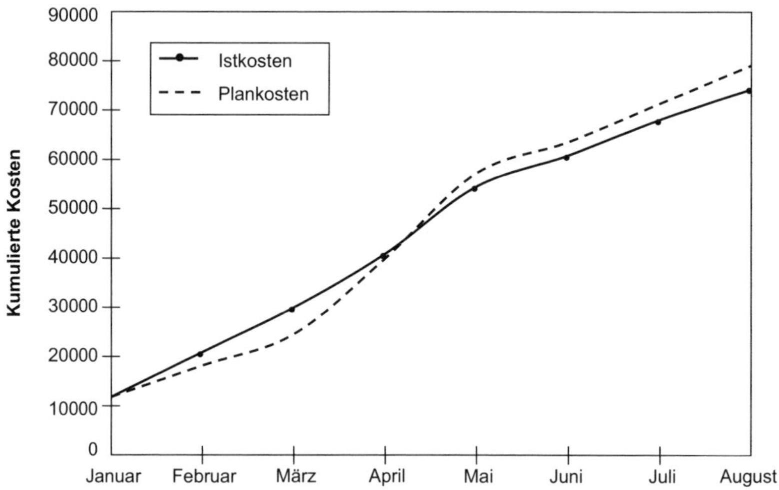

Abb. 2-100: Kumulierte Ist- und Plankosten
(Quelle: *Fiedler* [Controlling] 188)

Die Kostenkurven lassen bis April höhere Istkosten erkennen, ab April übersteigen die Plankosten die Istkosten. Die Gründe für diese Abweichungen können vielfältig sein (vgl. *Fiedler* [Controlling] 188f.):

Die höheren Istkosten bis April könnten beispielsweise zurückzuführen sein auf

- einen höheren Aufwand als ursprünglich geschätzt,
- den Einsatz von wesentlich teureren Mitarbeitern oder auch
- eine Mehrleistung in Form eines vorzeitigen Abschlusses eingeplanter Arbeiten.

Die höheren Plankosten ab April könnten dagegen verursacht sein durch

- einen niedrigeren Aufwand als ursprünglich geschätzt,
- den Einsatz von Mitarbeitern mit niedrigeren Stundensätzen oder auch
- eine Minderleistung im Vergleich zum Plan.

Anhand der Abbildung lässt sich also nicht genau ableiten, worauf die Abweichungen tatsächlich zurückgehen, da die Leistung nicht mit in die Betrachtung einbezogen wurde. Für eine Berücksichtigung der Leistung ist ein Ausweis von Sollkosten notwendig, wie er in der Earned-Value-Analyse stattfindet, die wir in Abschnitt 8.3 betrachten werden.

In der Praxis stellt die Verteilung der Plankosten über die Zeit ein nicht triviales Problem dar: Wenn man die Plan- mit den Istkosten vergleichen will, benötigt man eine Vorstellung vom zeitlichen Anfall der Plankosten. Hier können je nach Projekttyp unterschiedliche Kurvenverläufe zugrunde gelegt werden (vgl. *Burghardt* [Projektmanagement] 188ff.):

(a) Absoluter Plan-/Ist-Vergleich

Die aktuellen Istkosten werden mit den Plankosten zum Ende des Arbeitspaketes oder Projektes verglichen. Es wird daher eine waagrechte Gerade eingezeichnet (vgl. Diagramm a) in Abb. 2-101).

Die Aussagekraft dieser Variante beschränkt sich auf den Verlauf der Istkosten-Kurve über die Zeit im Vergleich zum End-Planwert.

(b) Linearer Plan-/Ist-Vergleich

Geht man davon aus, dass die Kosten gleichmäßig über die Zeit verteilt anfallen werden, so kann man einen linearen Verlauf der Plankostenkurve unterstellen, wie er in Diagramm b) in Abb. 2-101 eingezeichnet ist.

(c) Aufwandskorrelierter Plan-/Ist-Vergleich

Ein wesentlich differenzierterer Überblick wird möglich, wenn man die Aufwandsverteilung auf der Grundlage der genauen Planung, z.B. im Netzplan, für die Verteilung der Plankosten nutzt. In Diagramm c) in Abb. 2-101 wird ein solcher aufwandskorrelierter Plan-/Ist-Vergleich gezeigt; die Plankostenkurve verläuft meist in einer leichten S-Form, da die Projektumsetzung meist durch einen überproportionalen Anstieg des Arbeitsaufwands gekennzeichnet ist.

(d) Plankorrigierter Plan-/Ist-Vergleich

Die genaueste Variante des Plan-/Ist-Vergleichs ergibt sich, wenn nicht nur die Istkosten laufend aktualisiert werden, sondern auch die Planwerte einer laufenden Korrektur durch neue Schätzungen unterliegen. Diagramm d) in

Abb. 2-101 zeigt einen möglichen Verlauf einer Plankostenkurve bei dieser Methode.

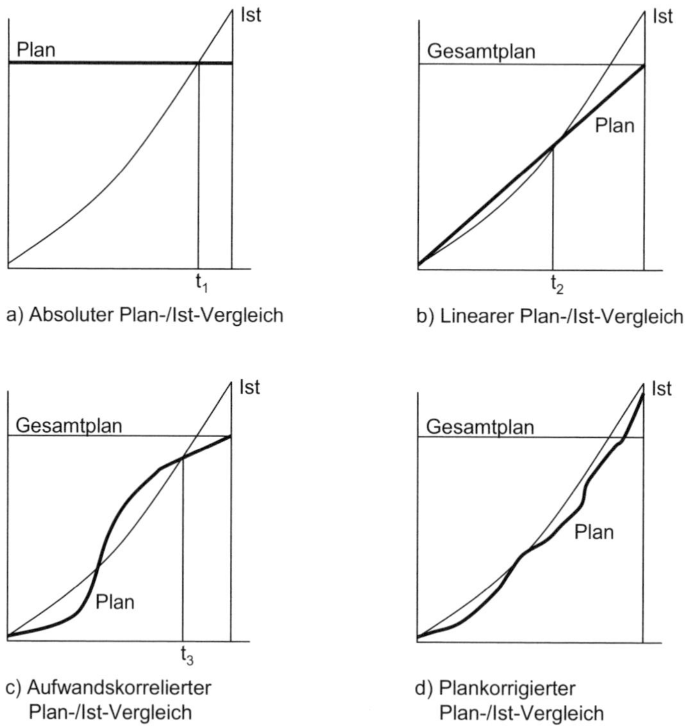

Abb. 2-101: Formen des Plan-/Ist-Vergleichs (Quelle: *Burghardt* [Projektmanagement] 190)

Zur Auswahl der sinnvollsten Variante für ein bestimmtes Arbeitspaket oder das ganze Projekt sollte man sich zunächst mit dem jeweiligen Charakter der zu verrichtenden Arbeit beschäftigen. Ausschlaggebend für die Entscheidung sollten Kosten-/Nutzen-Erwägungen sein: Ein erfolgskritisches, großes Arbeitspaket mit einem relativ außergewöhnlichen Kostenverlauf, das zudem aufgrund seines innovativen Charakters hohen Risiken unterliegt, kann den höheren Aufwand eines plankorrigierten Plan-/Ist-Vergleichs sicherlich eher rechtfertigen als ein relativ überschaubares „Standard"-Arbeitspaket.

8.2.3.3 Zeit-/Kosten-Trenddiagramm

In einem Zeit-/Kosten-Trenddiagramm werden Kosten- und Zeitverbrauch in % einander gegenübergestellt (vgl. Abb. 2-102).

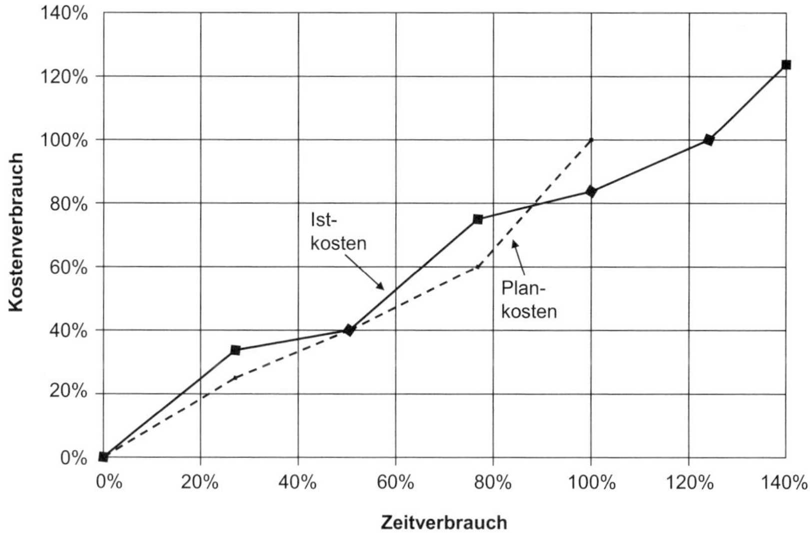

Abb. 2-102: Zeit-/Kosten-Trenddiagramm (Quelle: *Fiedler* [Controlling] 186)

Hier steht allerdings eher das Verhältnis von Kosten- und Zeitverbrauch im Vordergrund der Betrachtung. Im obigen Beispiel war geplant, dass bei 45% der Zeit ca. 40% der Kosten angefallen sein dürften. Dies war an diesem Punkt auch tatsächlich der Fall, wie dem Diagramm aufgrund der Übereinstimmung von Ist- und Plankosten zu entnehmen ist.

8.2.3.4 Kosten-Trenddiagramm

Eine andere Variante eines Trenddiagramms stellt das Kosten-Trenddiagramm dar. Beim Kosten-Trenddiagramm handelt es sich um einen dynamischen Vergleich, der stärker auf die Entwicklung der Kostenschätzung fokussiert als auf die Kosten zu einem bestimmten Zeitpunkt: Es geht vorrangig um einen Soll-Wird-Vergleich, d.h. diese Methodik hat einen stark prognostischen Charakter.

Im Vergleich zur Meilenstein-Trendanalyse stehen hier nicht unbedingt die Meilensteine, sondern Arbeitspakete oder Teilprojekte im Mittelpunkt der Betrachtung. Die ursprüngliche Kostenschätzung bis zur Fertigstellung der Arbeitspakete bzw. Teilprojekte wird im Verlauf des Projektes zu den regelmäßigen Berichtsterminen überprüft und falls notwendig revidiert. Die neuen geplanten Gesamtkosten für das jeweilige Arbeitspaket bzw. Teilprojekt werden nun in einem Diagramm eingetragen (vgl. Abb. 2-103).

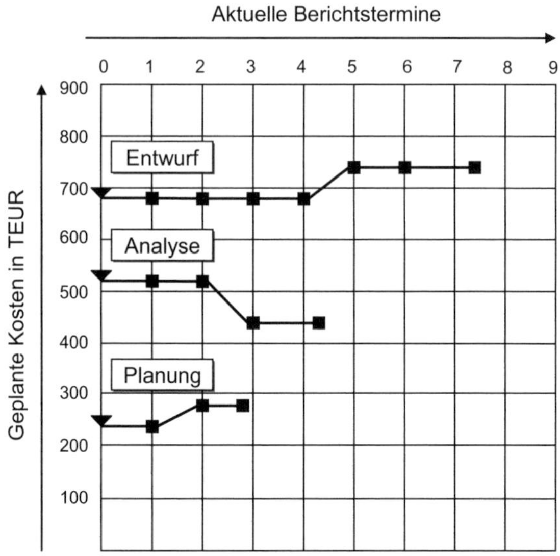

Abb. 2-103: Kosten-Trendanalyse
(In Anlehnung an: *Fiedler* [Controlling] 185)

Die Kosten-Trendanalyse lässt sich folgendermaßen interpretieren:

- Ein waagrechter Verlauf deutet auf die Einhaltung der ursprünglich geplanten Kosten hin.
- Ein ansteigender Verlauf zeigt die Überschreitung der ursprünglich geplanten Kosten an.
- Ein fallender Verlauf ist ein Indikator für eine mögliche Unterschreitung der ursprünglich geplanten Kosten.

Ergibt sich bei der Mehrzahl der Arbeitspakete eine Tendenz zur Überschreitung der ursprünglich geplanten Kosten, ist eine Analyse der Ursachen dieser Abweichungen von Nöten. Beispielsweise könnten methodische Schwächen bei der Kostenplanung identifiziert werden, die durch entsprechende Schulungen beseitigt werden könnten.

Im Anschluss an die Darstellung der bekanntesten grundlegenden Methoden zur Kostenkontrolle werden wir nun auf die Besonderheiten der Kontrolle im Zuge unseres Modells der „Integrierten Projektkostenrechnung" eingehen, deren Grundaufbau und deren Planungskomponente wir in Abschnitt 6.9.3 erläutert haben.

8.2.3.5 Kontrolle in der „Integrierten Projektkostenrechnung"

Die „Integrierte Projektkostenrechnung" besteht aus den drei methodischen Bausteinen:

- Prozesskostenrechnung
- Life Cycle Costing
- Target Costing

Die Prozesskostenrechnung soll eine möglichst verursachungsgerechte Zurechnung der Kosten der indirekten Leistungsbereiche ermöglichen, das Life Cycle Costing lenkt den Fokus auf die Berücksichtigung der Kosten und Erlöse über die gesamte Laufzeit des Projektes hinweg und durch das Target Costing werden die Preisvorstellungen des Kunden besonders in den frühen Projektphasen explizit berücksichtigt.

Insbesondere das Life Cycle Costing und das Target Costing werden zu den Instrumenten des **Kostenmanagements** gezählt. Bei der Kombination dieser Methoden steht die Gestaltung der Kostenstrukturen aus langfristiger Sicht und aus der Perspektive des Marktes im Vordergrund. Beide Instrumente spielen gerade in den frühen Projektphasen eine wichtige Rolle, in denen erfahrungsgemäß die Kosten für den gesamten Lebenszyklus des Projektes zum Großteil festgelegt werden. Auch die Prozesskostenrechnung kann in dieser Richtung eingesetzt werden.

Ein sinnvolles Kostenmanagement in der Produktentwicklung muss die Entwicklung marktgerechter und kostengünstiger Produkte sowie die Schaffung von kosteneffizienten Entwicklungsprozessen fokussieren (vgl. *Ehrlenspiel/ Kiewert/Lindemann* [Kostenmanagement] 19ff.)].

Wie wirkt sich dieser Kostenmanagement-Gedanke nun in der Kostenkontrolle aus?

Zum einen verändert sich der **Charakter der Kontrolle**: Die genauen Kostenziele, die bereits in den frühen Projektphasen festgelegt werden, ermöglichen eine projektbegleitende Kontrolle mit einem neuen Detailliertheitsgrad und einem doppelten Schwerpunkt auf „Soll-Ist"- und „Soll-Wird"-Vergleichen. Zudem verlangt das Kostenmanagement eine möglichst zeitnahe Erfassung der Kosten im Zuge der anzuwendenden Methoden. Diese Methoden können daher im Vergleich zur traditionellen Kostenrechnung erheblich zu einer erhöhten Kostentransparenz beitragen.

Zum anderen gilt es, die **Struktur und praktische Vorgehensweise der Kostenkontrolle** auf die angewandten Instrumente hin anzupassen.

Beschäftigen wir uns zunächst mit dem grundlegenden **Charakter der Kostenkontrolle** in der „Integrierten Projektkostenrechnung".

8.2.3.5.1 Charakter der Kostenkontrolle

Die Anwendung des Target Costing führt zu einer Verschiebung des Fokus von einer reinen „Soll-Ist"- Kontrolle zum Ende der Entwicklung bzw. zu Beginn der Produktion hin auf die frühen Projektphasen. In diesen Phasen sind die Kosten noch beeinflussbar. In Abb. 2-104 werden die unterschiedlichen Regelkreise im Zuge der traditionellen Kostenrechnung und des Target Costing gezeigt.

Die Vorgehensweise des Target Costing ermöglicht eine schnelle Korrektur von Abweichungen. Bei der klassischen Kostenrechnung werden i.d.R. keine detaillierten Kostenziele für einzelne Komponenten festgelegt, so dass die Abweichungen erst wesentlich später sichtbar werden.

Natürlich kann man an dieser Stelle einwenden, dass zum Projektmanagement auch eine Planung von Kosten in den einzelnen Projektphasen gehört, die i.d.R. zur Erreichung von Meilensteinen gemessen wird. Hierbei handelt es sich vorrangig um eine „Soll-Ist"-Betrachtung, d.h. „Habe ich tatsächlich die Kosten verursacht, die ich ursprünglich geplant habe". Die Frage „Wie werden die Kostenstrukturen meines zukünftigen Projektergebnisses aussehen?" steht nicht per se im Mittelpunkt des Projektmanagements, sondern eher die effiziente Abwicklung des Projektes an sich. Natürlich spielt sie zur Erreichung der bestehenden Kostenziele eine wichtige Rolle; daher ergänzt das Target Costing die Vorgehensweise im Projektmanagement sehr gut. Die Kombination kann zu einer zeitlichen Verkürzung des Projektes führen und sich auch in niedrigeren Entwicklungskosten niederschlagen, da Änderungskosten entfallen. Zudem wird die Gefahr von dramatischen Abweichungen stark reduziert.

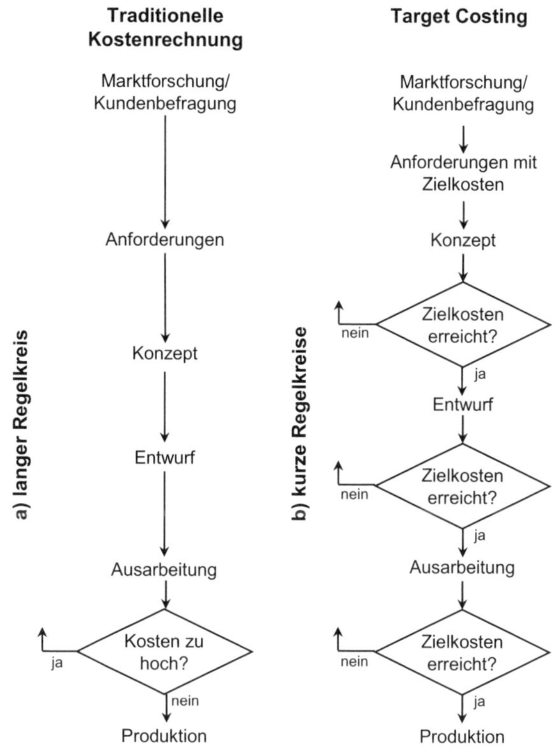

Abb. 2-104: Steuerungsregelkreise bei der traditionellen Kostenrechnung und bei Anwendung des Target Costing (In Anlehnung an: *Ehrlenspiel/ Kiewert/Lindemann* [Kostenmanagement] 51)

In Abschnitt 6.9.3.3 haben wir die Grundgedanken des Target Costing ausführlich beschrieben. Es handelte sich hierbei primär um den Prozess der Ableitung und Vereinbarung von Zielkosten pro Komponente. In Abb. 2-105 ist links ein erster Zyklus zu sehen, der durch das „Kneten“ der Kosten zur Gewinnung einer realistischen Zielgröße gekennzeichnet ist. Der zweite Zyklus dient der Verwirklichung der Kostenziele und beinhaltet verschiedene Maßnahmen zur Zielerreichung.

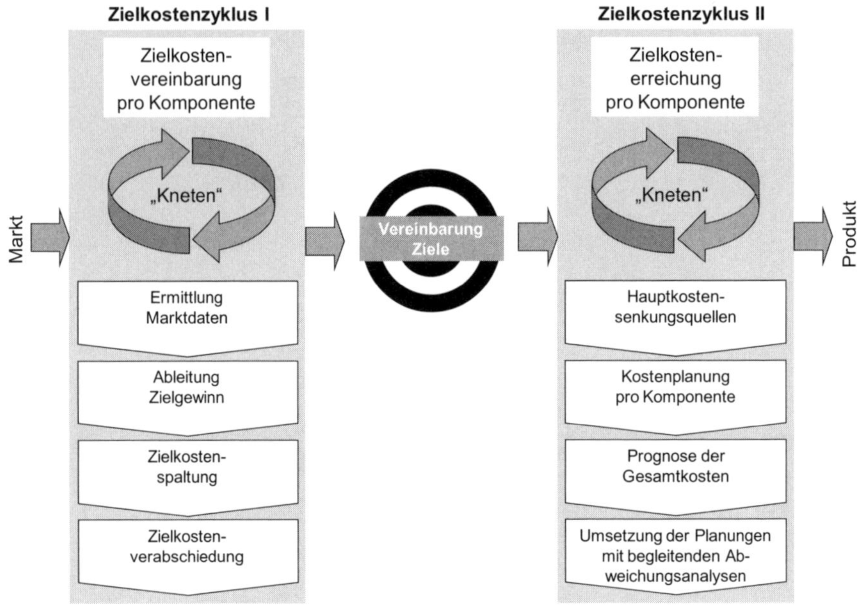

Abb. 2-105: Zielkostenzyklen im Target Costing
(In Anlehnung an: *Schindler* [Target Cost Management] 109)

Anhand dieses zweiten Zyklusses wird deutlich, wie stark die Planung und die Kontrolle in diesem Zyklus miteinander verwoben sind: Auf Basis der vereinbarten Ziele werden zunächst Hauptkostensenkungsquellen auf ihre Einsatzfähigkeit im jeweiligen Fall untersucht. Beispielsweise können

- Möglichkeiten zur sinnvollen Einbindung von Lieferanten geprüft,
- eine Wertanalyse bzw. Wertgestaltung durchgeführt,
- Kostenanalysen auf der Grundlage eines Benchmarkings vorgenommen oder
- Veränderungspotenziale in den notwendigen Prozessen analysiert werden (zu den einzelnen Verfahren vgl. *Bea/Haas* [Management] 353f. oder *Coenenberg/Fischer/Günther* [Kostenrechnung] 545ff.; eine Übersicht über weitere geeignete Verfahren findet sich bei *Horváth/Niemand/Wolbold* [Target Costing] 13ff.).

Auf dieser Grundlage findet eine erneute Kostenplanung statt. Bei dieser Kostenplanung wird auch auf die Erkenntnisse aus der Zielkostenspaltung aus Zyklus I zurückgegriffen, insbesondere auf den Zielkostenindex und das Zielkostenkontrolldiagramm. Es steht dabei die Frage im Vordergrund, inwieweit sich

Kosten und Nutzen der Komponente aus Kundensicht entsprechen (vgl. S. 217ff.). Zunächst erfolgt die Kostenplanung auf der Ebene der einzelnen Komponente, anschließend werden diese Kostenplanungen zu einer Prognose für das gesamte Projekt aggregiert. An beiden Stellen kann sich noch Kostenverbesserungsbedarf ergeben, so dass ein erneutes „Kostenkneten“ notwendig wird und ein neuer Zyklus beginnt. Im Zuge der weiteren Projektplanung und –umsetzung konkretisieren sich die Kostenwerte, so dass die Planungen nun angepasst werden. Auch hier können weitere Zyklen ausgelöst werden, wenn es zu Abweichungen im Zuge der Realisierung kommt.

Nun stellt sich die Frage, wie die **Kostenkontrolle sowie die Steuerungsmaßnahmen konkret ausgestaltet** sein sollten, wenn die „Integrierte Projektkostenrechnung“ angewendet wird.

8.2.3.5.2 Struktur und Vorgehensweise bei der Kostenkontrolle

In der Kostenplanung im Rahmen der integrierten Projektkostenrechnung in Abschnitt 6.9.4 sind wir davon ausgegangen, dass Projekte lebenszyklusorientiert betrachtet werden sollten. Die **Kosten der einzelnen Arbeitspakete** wurden daher nach Kostenarten und nach den verschiedenen Perioden aufgegliedert. Diese Aufgliederung muss in der Kontrolle entsprechend beibehalten werden, damit überhaupt sinnvolle Vergleiche möglich sind. Für die Projektkontrolle muss es zudem möglich sein, die von den Arbeitspaketverantwortlichen zurückgemeldeten Kostenwerte den einzelnen Komponenten zuzuordnen. Sollte eine Komponente auf mehrere Arbeitspakete aufgeteilt sein, so ist auf eine entsprechende Aggregation der Daten zu achten.

Der nächste Schritt in der Kostenplanung besteht in der **Berechnung der kalkulatorischen Zinsen**. Dieser Arbeitsschritt ist notwendig, um den Ansatz dynamisieren zu können. Auch diese Annahmen aus der Planung müssen im Zuge der Kontrolle überprüft und ggf. angepasst werden.

Zudem müssen die **Prozesskostensätze**, die der Planung zugrunde gelegt wurden, kontrolliert werden. Dies ist insbesondere dann wichtig, wenn die Umgestaltung von Prozessen Teil der Maßnahmen zur Erreichung der Target Costs waren.

Außerdem sollten bei der Kostenkontrolle alle **Prämissen**, die in die Planung eingeflossen waren, einer Kontrolle unterzogen werden. Es empfiehlt sich daher, jeden einzelnen Schritt der Planung nachzuvollziehen und zu überprüfen. Die Tabellen in Abschnitt 6.9.4.3 können schrittweise auf zugrunde liegende Prämissen überprüft werden.

Welche konkreten **Steuerungsmaßnahmen** sind nun aus diesem Modell der „Integrierten Projektkostenplanung“ abzuleiten?

Als Ergebnis der gesamten Vorgehensweise in der Planung resultiert eine „aggregierte Zielkostenlücke“ bzw. ein „aggregierter Zielkostenpuffer“: Hierbei handelt es sich um einen Barwert, der sich durch die Dynamisierung des Target Costing ergibt.

Liegt eine **Zielkostenlücke** vor, so sollten Kostenmanagement-Maßnahmen eingeleitet werden, wenn die geplanten Zielrenditen noch erreicht werden sollen. Bei einem **Zielkostenpuffer** gibt es noch Kostenspielräume, ohne die Zielrenditen zu gefährden. Bei der aggregierten Zielkostenlücke handelt es sich jedoch um einen Barwert, der zwar einen Eindruck vom Ausmaß der notwendigen Einsparungen ermöglicht, doch für die Ableitung konkreter Maßnahmen relativ abstrakt ist.

Daher werden in einem letzten Schritt die Ausbringungsmengen in den Perioden der Marktphase einbezogen, um eine Zielkostenlücke bzw. einen Zielkostenpuffer pro Stück zu errechnen. Eine solche Zielkostenlücke ist wesentlich plastischer: Im Beispiel auf S. 238 ist dem Projektteam nach der detaillierten Kostenplanung klar, dass es in den Produktionsperioden Zielkostenlücken in Höhe von ca. 84, 93 und 102 Euro pro Stück zu schließen hat, wenn das geplante Deckungsbudget voll durch das Projekt erwirtschaftet und zugleich der vorgesehene Return on Sales (ROS) in Höhe von 12% erreicht werden soll.

Um eine Indikation für verbesserungswürdige Komponenten zu bekommen, an denen man mit Maßnahmen des Kostenmanagements ansetzen sollte, werden nun zunächst die relativen Kosten- und Nutzenanteile einander gegenübergestellt (vgl. Abschnitt 6.9.3.3.2).

Anschließend können verschiedene Maßnahmen initiiert werden, die zu unterschiedlichen Zeitpunkten wirksam werden können. Hier einige Beispiele:

(1) Das Projektteam untersucht die Möglichkeiten, ein **günstigeres Material** einzusetzen. Diese Einsparung wirkt sich auf die Materialkosten aus, die in den drei Produktionsperioden t_3 bis t_5 anfallen (vgl. Abb. 2-77, S. 230).

(2) Das Projektteam bindet bereits in den frühen Phasen einen Spezialisten aus der Fertigung mit ein und entwickelt Vorschläge für Änderungen im vorgesehenen **Produktionsprozess**. Die Effizienzsteigerung, die sich dadurch ergibt, wirkt sich positiv auf die leistungsmengeninduzierten Fertigungsgemeinkosten in t_3-t_5 aus.

(3) Obwohl die Zielkostenlücken jetzt rein rechnerisch in den drei Perioden der Marktphase anfallen, kann und sollte natürlich bereits früher mit den Einsparungsmaßnahmen angesetzt werden: Beispielsweise könnte ein höherer „Re-Use“, also ein vermehrter Einsatz von Komponenten, die bereits für andere Projekte entwickelt wurden, die **Entwicklungskosten** in t_1 und t_2 senken.

Die Auswirkungen der Änderungen können in Form einer Differenzbetrachtung für die einzelnen Perioden ausgewiesen werden. Werden verschiedene Maßnahmen initiiert, die in unterschiedlichen Perioden wirken, so erscheint der Bezug auf die „aggregierte Zielkostenlücke“ sinnvoll: Die Auswirkungen werden in den verschiedenen Perioden geplant und auf t_0 abgezinst, damit sie trotz des unterschiedlichen zeitlichen Anfalls vergleichbar werden und sie der „aggregierten Zielkostenlücke“ gegenübergestellt werden können. So kann abgeschätzt werden, inwieweit die Zielkostenlücke durch die Maßnahmen geschlossen wird.

Zudem kann bei diesen Optimierungen der **Kostenmanagement-Gedanke des Life Cycle Costing** einfließen: Anhand des Modells kann man beispielsweise prüfen, inwieweit es sinnvoll wäre, in den Perioden t_1 und t_2 in eine bestimmte qualitätssichernde Maßnahme zu investieren und damit die Garantiekosten in t_6 und t_7 zu senken.

Bei diesem Schritt wird also der bestehende Projektkostenplan optimiert. Im weiteren Projektverlauf konkretisieren sich die Planungsdaten und die Planung wird entsprechend aktualisiert; die Abweichungen werden analysiert. Auch hier bieten sich Differenzbetrachtungen an. In der „Integrierten Projektkostenrechnung“ sind sowohl „Soll-Ist“- als auch „Soll-Wird“-Kontrollen notwendig: Wurden die Kosten wie geplant realisiert und wie werden sich die Kosten aus heutiger Sicht entwickeln, d.h. ist unsere bisherige Planung bis zum Projektende aus heutiger Sicht noch realistisch?

Bisher haben wir uns damit beschäftigt, wie die Erreichung von Kosten-, Leistungs- und Terminzielen kontrolliert werden kann. Dabei wurde immer eine dieser Dimensionen isoliert betrachtet. Allerdings ist die Kontrolle einer Dimension nicht immer aussagekräftig: Eine Kostenüberschreitung zu einem bestimmten Zeitpunkt kann beispielsweise dadurch verursacht sein, dass bestimmte Arbeiten vorgezogen wurden und somit eine höhere Leistung erbracht wurde, als dies bisher zu diesem Termin geplant war. Oder man ist laut Kostenkontrolle im Plan, es bestehen jedoch erhebliche Mängel in der Qualität der Arbeitsergebnisse, d.h. die Leistung entspricht nicht der ursprünglichen Planung.

Für einen umfassenden Einblick in den Status des Projektes ist daher eine **kombinierte Betrachtung** von geplanter und tatsächlicher Leistung zu geplanten und tatsächlichen Kosten im vorgesehenen Zeitplan. Eine solche kombinierte Betrachtung steht im Mittelpunkt der Earned-Value-Technik.

8.3 Ganzheitliche Kontrolle mit Hilfe der Earned Value-Technik

Die Earned Value-Technik, auch Earned Value-Analyse, Fertigstellungswert-Analyse oder Arbeitswertmethode genannt, ermöglicht ein differenziertes Bild vom aktuellen Stand eines Projektes in Bezug auf Kosten- und Leistungsabweichungen zu einem bestimmten Zeitpunkt. Zudem enthält sie eine Prognose der Zielerreichung zum Endtermin.

8.3.1 Grundbegriffe der Earned Value-Technik

Für eine Earned-Value-Analyse sind drei Kostengrößen von Bedeutung:

- **Plankosten** (Budgeted Cost of Work Scheduled, BCWS):
  Geplante Kosten für die Planleistung laut Terminplan
- **Istkosten** (Actual Cost of Work Performed, ACWP):
  Tatsächliche Istkosten für die tatsächliche Istleistung zum Stichtag
- **Sollkosten** (Budgeted Cost of Work Performed, BCWP oder auch Earned Value):
  Geplante Kosten für die tatsächliche Istleistung zum Stichtag

Mit Hilfe der Sollkosten wird die Gesamtabweichung „Istkosten – Plankosten“ aufgespalten in

- eine **Kostenabweichung** (Cost Variance) „Istkosten – Sollkosten“, die als Maßstab für die Wirtschaftlichkeit der Projektdurchführung herangezogen werden kann und
- eine **Leistungsabweichung** (Schedule Variance) „Sollkosten – Plankosten“, die angibt, inwieweit die geplanten Leistungsziele zum Stichtag erreicht wurden.

In Abb. 2-106 sind die drei Kostenkurven sowie die Kostenabweichung (ΔK) und Leistungsabweichung (ΔL) dargestellt.

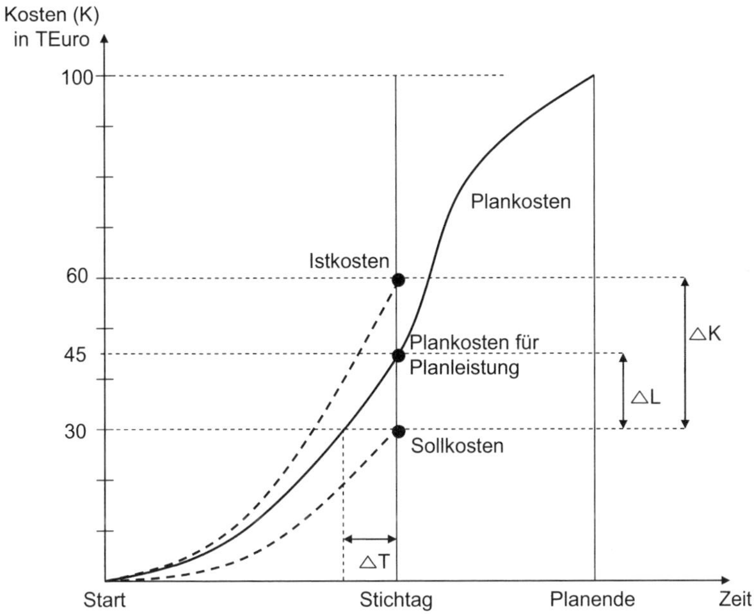

Abb. 2-106: Kurven und Abweichungen in einer Earned Value-Analyse

Zudem ist noch eine Terminabweichung (ΔT) erfasst: Sie ergibt sich als Differenz zwischen dem Stichtag und dem Punkt auf der Plankostenkurve, der angibt, für wann die momentane Istleistung ursprünglich geplant gewesen wäre.

8.3.2 Vorgehensweise bei der Earned Value-Technik

Eine Earned Value-Analyse umfasst folgende Schritte:

- Eintragung der kumulierten Plankosten
- Erfassung der Istkosten und Eintragung in das Earned Value-Diagramm
- Erfassung der Sollkosten und Eintragung in das Earned Value-Diagramm
- Interpretation der Ergebnisse
- Prognose der weiteren Entwicklung
- Einleiten und Verfolgen von Steuerungsmaßnahmen

(1) Eintragung der kumulierten Plankosten

Die Plankostenkurve in Abb. 2-106 ist optisch hervorgehoben, da sie den ursprünglichen Plan darstellt, der als Grundlage für die Einschätzung des aktuellen Status dient. Dieses geplante Budget für die zu erledigende Arbeit sollte i.d.R. im laufenden Projekt möglichst nur bei Veränderungen der Projektziele angepasst werden. An dieser Stelle sieht man deutlich, dass die Kosten des Projektes in der Earned Value-Analyse auch als Maß für die Leistung in Form des geplanten Aufwands zur Erledigung einer Aufgabe herangezogen werden. Oftmals wird bei den Plankosten ein S-förmiger Verlauf der Kurve unterstellt (vgl. S. 290ff.).

(2) Erfassung der Istkosten und Eintragung in das Earned Value-Diagramm

Zum vereinbarten Stichtag werden die Istkosten erfasst. Sie spiegeln den gesamten Arbeitsaufwand wider, der bis zu diesem Stichtag in das Projekt eingebracht wurde. Mit Hilfe der Werte, die zu anderen Stichtagen bereits erhoben wurden, ergibt sich hier die Istkostenkurve.

(3) Erfassung der Sollkosten und Eintragung in das Earned Value-Diagramm

Dieser Arbeitsschritt findet ebenfalls zum vereinbarten Stichtag statt: Zunächst sind hier die Fertigstellungsgrade der einzelnen Arbeitspakete zu schätzen (vgl. Abschnitt 8.2.1). Diese Leistungen werden dann mit Plankosten bewertet. Auch hier können die Eintragungen älteren Datums für die Erstellung einer Kurve genutzt werden.

(4) Interpretation der Ergebnisse

Betrachten wir zur Illustration das Earned Value-Diagramm in Abb. 2-106:

(a) Leistungsabweichung

Zum Stichtag liegt die Sollkostenkurve unterhalb der Plankostenkurve. Es ist also eine Leistungsabweichung erkennbar: Nehmen wir an, wir hätten zum Stichtag Sollkosten in Höhe von 30 TEuro und Plankosten in Höhe von 45 TEuro, dann ergibt sich als **absolute Leistungsabweichung (L)**:

$$\Delta L_{absolut} = \text{Sollkosten} - \text{Plankosten}$$

Im Beispiel: $\Delta L_{absolut} = 30 - 45 = -15$

Ein negativer Wert der Leistungsabweichung zeigt an, dass weniger geleistet wurde als ursprünglich geplant.

Diese Leistungsabweichung kann auch **prozentual** dargestellt werden:

$$\Delta L \text{ in } \% = \frac{\Delta L_{absolut}}{\text{Plankosten}} \cdot 100$$

Im Beispiel: ΔL in % = (-15 / 45) · 100 = -33,3%

Die tatsächliche Leistung liegt also um 33,3% unter der geplanten Leistung.

Man könnte hier auch einen sog. **Leistungsindex** (auch Leistungsverzögerungsindex oder Schedule Performance Index, SPI) bilden, um zu berechnen, wie viel Prozent der Arbeit momentan im Vergleich zum Plan fertig gestellt wurden (vgl. *Fiedler* [Controlling] 193f.):

$$\text{Leistungsindex SPI} = \frac{\text{Sollkosten}}{\text{Plankosten}}$$

Im Bespiel: Leistungsindex SPI = 30 / 45 = 0,667

Bei einem Leistungsindex unter 1 hat man weniger Arbeit erledigt als ursprünglich geplant und hinkt somit der Zeitplanung hinterher, bei einem Leistungsindex über 1 wurde mehr Arbeit im Vergleich zum Plan geschafft, man liegt also vor dem Zeitplan.

(b) Kostenweichung

Nun sollten wir diese Feststellung mit der Kostensituation in Zusammenhang bringen und die Kostenabweichung näher untersuchen: Die Istkosten liegen zum Stichtag bei 60 TEuro.

Die **absolute Kostenabweichung** beträgt somit

$$\Delta K_{absolut} = \text{Istkosten} - \text{Sollkosten}$$

Im Beispiel: $\Delta K_{absolut}$ = 60 – 30 = 30

Die Kosten liegen also 30 TEuro über den Kosten, die für die erbrachte Istleistung geplant gewesen wären.

Auch diese Abweichung kann **prozentual** dargestellt werden:

$$\Delta K \text{ in } \% = \frac{\Delta K_{absolut}}{\text{Sollkosten}} \cdot 100$$

Im Beispiel: ΔK in %= (30 / 30) · 100 = 100%

Das Projekt überschreitet das vorgesehene Budget für die erledigte Arbeit um 100%.

Auch für die Kosten kann ein Index berechnet werden: Der **Kostenindex** (auch Wirtschaftlichkeitsfaktor oder Cost Performance Index, CPI) ist ein wichtiges Maß für die Effizienz der Projektabwicklung.

$$\text{Kostenindex CPI} = \frac{\text{Istkosten}}{\text{Sollkosten}}$$

Im Beispiel: Kostenindex CPI = 60 / 30 = 2

Das Projekt hat doppelt so viel Aufwand benötigt wie ursprünglich geplant, die Kosteneffizienz des Projektes ist daher absolut ungenügend. Bei Werten unter 1 sind die Kosten niedriger, bei Werten über 1 sind sie höher als geplant.

In der Literatur werden die Formeln auch oftmals gedreht, so dass die absolute Kostenabweichung als „Sollkosten – Istkosten“ und der Kostenindex als „Sollkosten / Istkosten“ definiert werden. In diesem Fall verändern sich die Interpretation der Kennzahlen und auch die Formeln für die Prognose entsprechend.

Kommen wir zurück zu unserem Beispielsprojekt: Zum Stichtag zeigt sich also, dass das Projekt aktuell teurer ist als ursprünglich angenommen und auch noch hinter dem Zeitplan liegt. Hier stellt sich natürlich sofort die Frage, worauf diese Abweichungen zurückgeführt werden können, z.B. auf

- eine schleichende Erhöhung der Anforderungen an das Projektergebnis,
- unerfahrene Teammitglieder, deren Schätzungen noch nicht realistisch waren, oder auch fehlendes Know how in der Umsetzung,
- Schwierigkeiten im Projektteam, wie beispielsweise niedrige Motivation, Komplikationen in der Zusammenarbeit.

Nach einer Analyse der Ursachen der Abweichungen gilt es, Lösungen für die zugrunde liegenden Probleme zu suchen und sie entsprechend umzusetzen.

(5) Prognose der weiteren Entwicklung

Auf der Grundlage der Ist-, Plan- und Sollkosten zu verschiedenen Stichtagen kann man eine Vorhersage der weiteren Entwicklung ableiten. Es können verschiedene **Kennzahlen** ermittelt werden:

(a) Voraussichtliche Gesamtdauer (Time Estimate at Completion):

$$EAC_t = \frac{\text{Gesamte Plandauer}}{\text{Leistungsindex SPI}} = \frac{\text{Gesamte Plandauer}}{\left(\frac{\text{Sollkosten}}{\text{Plankosten}}\right)}$$

Diese Formel kann nur dann eine sinnvolle grobe Schätzung des Fertigstellungstermins ergeben, wenn davon ausgegangen werden kann, dass sich der bisherige Trend fortsetzt (lineare Prognose). In unserem Beispiel wurden für das Projekt ursprünglich 12 Monate angesetzt. Somit ergibt sich zum Stichtag folgende Schätzung der voraussichtlichen Gesamtdauer:

$$EAC_t = \frac{12}{0{,}667} = 18$$

Es ist also davon auszugehen, dass sich das Projekt um 6 Monate auf insgesamt 18 Monate verlängern könnte, wenn der Trend anhält und keine Gegenmaßnahmen eingeleitet würden. Allerdings sollte diese Schätzung immer mit anderen Schätzungen abgeglichen werden, die sich z.B. aus dem Netzplan ergeben, um Abhängigkeiten zu berücksichtigen, die innerhalb der Earned Value-Analyse nicht betrachtet werden.

(b) Voraussichtliche Gesamtkosten (Cost at Completion oder auch Estimate at Completion):

$$EAC = \text{Gesamte Plankosten} \cdot \text{Kostenindex CPI} = \text{Gesamte Plankosten} \cdot \frac{\text{Istkosten}}{\text{Sollkosten}}$$

Auch bei dieser Schätzung wird der Trend aus der Vergangenheit extrapoliert, d.h. man geht davon aus, dass die bisherige Entwicklung weiterhin anhält (linearer Verlauf). Kann davon nicht ausgegangen werden, so sollte die noch zu erbringende Leistung geschätzt und erneut der damit verbundene Aufwand mit Kosten bewertet werden. Sollte sich die Abweichung lediglich aus einem Arbeitspaket ergeben und der Projektleiter erwartet keine weiteren Abweichungen, so wäre auch eine additive Prognose denkbar, d.h. zu den bisherigen gesamten Plankosten wird die absolute Kostenabweichung zum Stichtag hinzugezählt.

In unserem Projekt ist der Projektleiter bisher von Gesamtkosten in Höhe von 100 TEuro ausgegangen. Er befürchtet, dass die bisherige Kostenentwicklung sich auch in der Zukunft fortsetzen wird. Somit ergibt sich für die voraussichtlichen Gesamtkosten

$$EAC = 100 \cdot 2 = 200$$

Wahrscheinlich wird sich der Kostenblock also verdoppeln und 200 statt 100 TEuro betragen.

Könnte er davon ausgehen, dass alle weiteren Arbeitspakete laufen, wie ursprünglich geplant, so könnte er eine additive Prognose durchführen:

$$EAC = \text{Geplante Gesamtkosten} + \Delta K \text{ absolut} = 100 + 30 = 130$$

Er würde dann von voraussichtlichen Gesamtkosten in Höhe von 130 TEuro ausgehen.

(6) Einleiten und Verfolgen von Steuerungsmaßnahmen

Bei Abweichungen kann man entweder den Plan ändern, d.h. die Abweichung akzeptieren, oder Maßnahmen zur Korrektur einleiten. Möglichkeiten zur Kostensenkung wurden im Abschnitt 8.2.3.5 im Rahmen der „Integrierten Projektkostenrechnung" skizziert. Zudem kann man beispielsweise versuchen, die höheren Kosten an den Kunden weiterzugeben, insbesondere wenn sie auf umfassende Änderungswünsche von seiner Seite zurückzuführen sind (vgl. Nachforderungsmanagement in Abschnitt 7.5.2).

Hinkt die Leistung dem Plan hinterher, so kann der Ressourceneinsatz erhöht werden, z.B. in Form von Überstunden oder einer Erhöhung des Know hows durch eine Zusatzausbildung von Mitarbeitern. Weitere Möglichkeiten zur Beschleunigung finden sich in Abschnitt 6.6.2.3.3 im Rahmen der Ausführungen zur Optimierung der Planung im Netzplan.

Grundsätzlich ist bei allen Beschleunigungsmaßnahmen zu beachten, dass sie in der Mehrzahl der Fälle mit entsprechenden Kosten verbunden sind. Das Kosten-Nutzen-Verhältnis einer Maßnahme ist daher in jedem Einzelfall abzuwägen (vgl. *Patzak/Rattay* [Projektmanagement] 435ff.).

8.3.3 Kritische Würdigung der Earned Value-Technik

Die Earned Value-Analyse ermöglicht eine ganzheitliche und frühzeitige Kontrolle der drei Dimensionen „Kosten", „Zeit" und „Leistung" in einem Projekt. Ein wichtiger Vorteil ist in der Nutzung als Visualisierungsinstrument zu sehen.

Die Earned Value-Analyse stellt relativ hohe Anforderungen an den Projektleiter, die Arbeitspaketverantwortlichen und das Controllingsystem, denn die notwendigen Daten müssen regelmäßig und vollständig erhoben, ausgewertet und diskutiert werden. Die Einführung der Earned Value-Analyse in einer Organisation ist daher nicht trivial: Zunächst muss das Controllingsystem darauf ausgerichtet werden, die entsprechenden Daten aufzunehmen und zu verarbeiten. Zudem ist für eine erfolgreiche Einführung entsprechende Motivationsarbeit bei den Betroffenen zu leisten, insbesondere durch Schulungsmaßnahmen.

Schelle spricht zwei **Herausforderungen** an, die bei der Anwendung der Earned Value-Technik bedacht werden sollten (vgl. *Schelle* [Projekte] 188):

(1) Proportionalität von Leistung und Kosten

In der Earned Value-Analyse wird die Leistung mit Hilfe von Kosten auf der Grundlage des geplanten Aufwands zur Erledigung einer Aufgabe „gemessen". Hinter dieser Vorgehensweise steckt die Annahme, dass Kosten und Leistung sich proportional entwickeln. Will man die Earned Value-Analyse anwenden, so muss das Projekt daher daraufhin geprüft werden, ob diese Prämisse zutrifft.

(2) Häufige Planrevisionen

Was passiert, wenn die Plankostenschätzung im Projektverlauf häufig revidiert wird? Die Hintergründe für Fehleinschätzungen können vielfältig sein; einige Problemfelder haben wir bereits im Zuge der Leistungskontrolle bei der Bestimmung des Fertigstellungsgrades diskutiert: Selbstüberschätzung aufgrund von fehlender Erfahrung oder durch das „Groupthink"-Phänomen, die menschliche Tendenz zu sozial erwünschten Antworten, aber auch ein rigider Umgang des Managements mit „schlechten Nachrichten" können zu einer verzerrten Berichterstattung führen.

Diese Herausforderung besteht jedoch nahezu bei allen Methoden zur Kontrolle und Steuerung von Projekten, denn sie sind untrennbar mit dem Charakter von Projektarbeit verbunden: Die einzelnen Mitarbeiter bearbeiten eigenverantwortlich bestimmte Arbeitspakete und sind somit auch die Experten für die Schätzungen. Eine ausgeprägte Fremdkontrolle hat in dieser Arbeitsform wenig Platz, stattdessen benötigen die Verantwortlichen Motivation zur **Selbstkontrol-**

le. Selbst die differenzierteste Methode zur Kontrolle ist darauf angewiesen, dass die Mitarbeiter möglichst ehrlich und offen mit ihren Schätzungen umgehen – und dies liegt zum Großteil an der herrschenden **Unternehmens- und Projektkultur**. Für einen sinnvollen Umgang mit Methoden zur Projektkontrolle und –steuerung sind daher meistens unterstützende Maßnahmen der Organisationsentwicklung notwendig, sowohl für die Projektmitarbeiter als auch für die Führungskräfte.

9 Projektabschluss

9.1 Aufgaben des Projektabschlusses

Laut Definition hat ein Projekt einen festgelegten Anfang und ein definiertes Ende. In Abschnitt 4 haben wir uns eingehend mit dem Projektstart und seiner Vorbereitung beschäftigt. Ein systematisch geplantes Projektende ist in der Praxis jedoch weitaus seltener zu finden als ein geordneter Projektstart. Dies könnte auf die folgenden **Faktoren** zurückzuführen sein (in Anlehnung an *Pfetzing/Rohde* [Projektmanagement] 429f.):

- Der Projektabschluss wird nicht sofort am Ende des Projektes durchgeführt, da bereits neue Aufgaben auf die Projektteammitglieder warten. Später gerät er in Vergessenheit.
- Die termingerechte Durchführung des Projektes war mit „Feuerwehraktionen" verbunden und hat somit das Projektteam viel Kraft gekostet. An einem systematischen Projektabschluss besteht kein Interesse, insbesondere, wenn er als reiner Formalismus wahrgenommen wird.
- Das Projekt geht stillschweigend in die Linie über. Dies ist oftmals bei Projekten der Fall, bei denen die weitere Betreuung eine große Rolle spielt.
- Kein Beteiligter möchte über ein misslungenes Projekt sprechen und ihm somit in der Organisation Bedeutung verleihen. Es sollte am liebsten „unter den Tisch fallen".
- Es wurde zu Projektbeginn nicht hinreichend genau definiert, was die Voraussetzungen für den Projektabschluss sein sollen, d.h. der letzte Meilenstein und die Vision wurden nicht klar genug herausgearbeitet und festgelegt. Für die Erreichung des letzten Meilensteins ist sowohl eine verbale Beschreibung als auch eine messbare Größe notwendig, wie z.B. „Der Serienanlauf ist sicherzustellen, d.h. der prozentuale Anteil des Ausschusses soll unter xx % liegen" oder „der Serienanlauf soll noch 3 Monate betreut werden" (vgl. *Bellut* [Abschluss] 438).

- Die internen Auftraggeber priorisieren das Projektende nicht hoch genug und verschieben die Abschlussbesprechung so lange, bis sich das Projekt faktisch aufgelöst hat, da alle Mitarbeiter in anderen Projekten eingesetzt wurden: „Hat doch alles gut geklappt! Da gibt es doch nichts mehr drüber zu sagen. Nicht geschimpft ist genug gelobt. Außerdem wissen die betroffenen Mitarbeiter ja selbst, was gut und was nicht so gut gelaufen ist und werden ihre Lehren daraus ziehen".

Im Verlauf des Buches haben wir uns an mehreren Stellen mit den Veränderungen beschäftigt, die eine Integration von Projektmanagement in die strategische Unternehmensführung mit sich bringt. Projekte sind in diesem Fall als wichtige Instrumente der Unternehmensentwicklung zu verstehen und haben somit für das Unternehmen eine hohe Bedeutung. Befindet sich ein Unternehmen auf dem Weg hin zu einem projektorientierten Unternehmen (vgl. Teil 4), dann muss sich diese Bedeutung des einzelnen Projektes auch im Umgang mit dem Projektabschluss niederschlagen: Es ist eine **systematische Vorgehensweise** notwendig, die

- eine Analyse des gesamten Projektablaufes beinhaltet, um Erkenntnisse für zukünftige Projekte dieser Art zu gewinnen (vgl. *Fiedler* [Projektcontrolling] 208f.),
- den Beteiligten sowohl einen inhaltlichen als auch einen emotionalen Abschluss des Projektes ermöglicht,
- den Mitarbeitern Wertschätzung für ihre Arbeit und ihre Erfahrungen vermittelt und somit positiv auf deren Motivation für die Arbeit in zukünftigen Projekten wirkt (vgl. *Pfetzing/Rohde* [Projektmanagement] 431).

Gerade der erste Punkt spricht ein wichtiges Aufgabenfeld des Projektabschlusses an: Das Lernen aus Projekterfahrungen (vgl. Teil 4, Abschnitt 3 „Aufbau organisationaler Projektmanagementkompetenz"). Die **Erfahrungen aus dem Projekt** sollten in die organisationale Wissensbasis eingehen. Dies betrifft den Wissenszuwachs bezüglich der inhaltlichen Fachthemen, aber auch die Erfahrungen mit der Vorgehensweise im Projektmanagement, mit der Zusammenarbeit mit den wichtigsten Stakeholdern des Projektes sowie innerhalb des Projektteams: „Ein Wissensmanagement für Projekte soll dazu beitragen, die meist innovativen Erfahrungen für künftige Prozesse systematisch nutzbar zu machen und eine dauerhafte Projektkompetenz aufzubauen, zu entwickeln und zu sichern. Damit soll letztlich die Innovationsfähigkeit und Flexibilität der Unternehmung gezielt unterstützt werden" (*Vogel/Bruch* [Projektkompetenz] 251).

Voraussetzungen für einen erfolgreichen **Umgang mit dem Projektwissen** sind (vgl. *Pfetzing/Rohde* [Projektmanagement] 430f.):

- Die grundsätzliche Bereitschaft aller Beteiligten,
- ein wertschätzender Umgang mit den Erfahrungen anderer Menschen,
- eine konstruktive Fehler- und Lernkultur, in der Fehler zum Lernen gehören, und die somit die entsprechende Offenheit zur Reflektion ermöglicht, sowie
- ein entsprechender Prozess mit Verantwortlichen, Techniken und Tools, wie beispielsweise einer Projektbibliothek, Berichten in der Hauszeitschrift oder Informationsbörsen, zur Verbreitung des neuen Wissens im Unternehmen.

9.2 Teilprozesse des Projektabschlusses

Zu einem systematischen Projektabschluss gehören verschiedene Teilprozesse (vgl. Abb. 2-107).

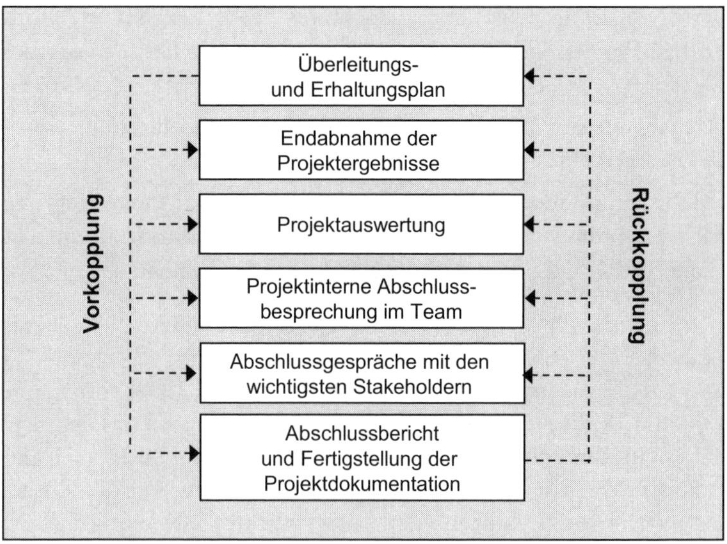

Abb. 2-107: Teilprozesse des Projektabschlusses

Wie bei allen bisher dargestellten Prozessen sind die Teilprozesse interdependent und zeitlich nicht unbedingt in eine feste Reihenfolge zu bringen.

Betrachten wir diese Schritte im Einzelnen.

9.2.1 Überleitungs- und Erhaltungsplan

Ein **Überleitungsplan** zeigt auf, was zukünftig mit den im Projekt eingesetzten Ressourcen passieren soll. Dies betrifft insbesondere die Projektmitarbeiter, aber auch die Sachmittel, wie Rechnerausstattung, Büros, Kopierer sowie nicht verbrauchtes Material.

Für die Projektmitarbeiter in einer reinen Projektorganisation ist es wichtig, dass sie bereits im Projektverlauf Gewissheit über ihre Folgeaufgaben bekommen, denn die Unsicherheit bezüglich ihrer weiteren beruflichen Zukunft im Unternehmen könnte sich sehr kontraproduktiv auf ihre Leistung auswirken. Für ihr Fortkommen sollte gewährleistet sein, dass ihre Fortschritte bezüglich ihrer Erfahrungen und Kompetenzen, die sie im Projekt gemacht haben, schriftlich festgehalten werden. Dieser Schritt gewinnt insbesondere an Bedeutung, wenn Projekte im Unternehmen als Instrumente zur strategischen Personalentwicklung verstanden werden.

Der **Erhaltungsplan** dient der systematischen Betreuung des Produktes bzw. der Projektergebnisse im Anschluss an das Projekt. In vielen Fällen ist dies gleichbedeutend mit einer Überleitung des Projektes in die Linie. Hier einige **Beispiele**:

- Ein Produktentwicklungsprojekt endet häufig mit der Serienreife und wird dann an die Produktion übergeben. Die Verantwortung für das Produkt geht dann i.d.R. auf einen Produktmanager oder zunächst auf den Produktionsleiter über.
- Ein Projekt zur Verbesserung der Prozesse in der Forschung und Entwicklung wird beendet. Das dauerhafte Management dieser Prozesse muss nun in die Linie übergehen, denn zur erfolgreichen ständigen Verbesserung der Prozesse ist ein fester Ansprechpartner notwendig, der die Verantwortung für die Gestaltung und Betreuung der Prozesse übernimmt.
- Im Projekt wurde eine neue Software für einen Kunden entwickelt. In der Regel ist hier im Anschluss an das Projekt mit Pflege- und Weiterentwicklungsarbeiten zu rechnen. Es muss bereits vor Projektende geregelt sein, wer diese Aufgaben in welcher Form übernimmt und wer die Kosten dafür trägt.

Anhand dieser wenigen Beispiele wird schnell deutlich, wie wichtig eine klare Regelung der Schnittstelle zur Linie ist. Dazu gehört auch eine deutliche Benennung des neuen Ansprechpartners und eine Vereinbarung der weiteren

Vorgehensweise mit den wichtigsten Stakeholdern, insbesondere den externen Kunden.

9.2.2 Endabnahme der Projektergebnisse

Bei der Endabnahme findet eine Begutachtung und Bewertung der Projektergebnisse durch den externen und/oder internen Auftraggeber statt. Dabei werden die Ergebnisse mit den Anforderungen aus dem Projektauftrag bzw. aus dem Lasten- und dem Pflichtenheft verglichen.

Die Endabnahme besteht aus **drei Schritten** (vgl. *Burghardt* [Projektmanagement] 257ff.):

- Abnahmetest
- Produktabnahmebericht/Abnahmeprotokoll
- Vorkehrungen und Vereinbarungen für die künftige Einsatzphase mit dem Kunden

(1) Abnahmetest

Burghardt unterscheidet hier nach der Art des zugrunde liegenden Entwicklungsvorhabens vier **Formen des Abnahmetests**, die sich vorrangig auf den Bereich Hardware- und Software-Entwicklung beziehen:

- Produkttests

  Diese Form des Abnahmetests betrifft z.B. Software-Produkte, die selbst das verkaufbare Erzeugnis darstellen. Hierbei steht die Überprüfung der Einsatzfähigkeit des Produktes in vielfältigen Einsatzumgebungen im Vordergrund.

- Abschlusstests

  Der Abschlusstest stellt einen Produkteignungstest für Hardware-Produkte dar, die als Prototyp vorliegen und evtl. auch Software-Anteile enthalten. Im Mittelpunkt steht die bevorstehende Überleitung in die Serienfertigung.

- Akzeptanztests

  Ein Akzeptanztest wird durchgeführt, wenn ein einmaliges, kundenspezifisches Hardware- und Software-System bzw. eine Anlage beim Kunden getestet wird.

- Pilottests

  Ein Pilottest umfasst den ersten Lauf eines DV-Verfahrens, der die Einsatzreife des Verfahrens bestätigen soll.

Diese verschiedenen Abnahmetests lassen sich z.T. auch auf andere Produkte und Projektergebnisse übertragen.

(2) Produktabnahmebericht/Abnahmeprotokoll

Um die Abnahme der Ergebnisse zu dokumentieren, wird ein Abnahmeprotokoll mit einer Beschreibung der Ergebnisse und eventueller Nachforderungen erstellt, das der Auftraggeber unterschreibt. In einem externen Projekt, wie z.B. einem Produktentwicklungsprojekt für einen Kunden, beginnt i.d.R. nach der Abnahme die Gewährleistungsfrist, d.h. der Akt der Abnahme ist von bedeutender rechtlicher Relevanz. Mit der Endabnahme werden die Projektergebnisse zur weiteren Nutzung an den Auftraggeber übergeben (vgl. *Cronenbroeck* [Projektmanagement] 86).

(3) Vorkehrungen und Vereinbarungen für die künftige Einsatzphase mit dem Kunden

Für viele Produkte wünscht der Kunde vom Hersteller Leistungen wie Wartung, Weiterentwicklung oder Anwenderunterstützung während der Nutzungszeit. Diese Leistungen müssen gemeinsam geregelt werden. Basis für die Diskussion und Festlegung dieser Leistungen kann der Erhaltungsplan sein, der zum Abschluss dieser Vereinbarungen auf Anpassungsnotwendigkeiten überprüft werden sollte.

Im Anschluss an die Endabnahme der Projektergebnisse bietet es sich an, für eine umfassende Projektauswertung die **Kundenzufriedenheit** zu erfassen. Dies lässt sich beispielsweise über einen Fragebogen bewerkstelligen, den der Kunde ausfüllt. Dabei spielen dann nicht nur die Projektergebnisse, sondern auch die gesamte Vorgehensweise aus Sicht des Kunden und die empfundene Arbeitsatmosphäre zwischen Kunde und Projektteam eine wichtige Rolle. Die Ergebnisse des Fragebogens können zu einem Kundenzufriedenheitsindex verdichtet werden.

In der Praxis werden der Aufwand und auch die Klarheit, die eine solche Befragung mit sich bringen, oftmals gescheut. Allerdings stellt die Kundenzufriedenheit die wichtigste Basis für eine nachhaltige und erfolgreiche Kundenbeziehung dar (vgl. Abschnitt 10.1 „Qualitätsmanagement“). Falls im Zuge dieser Befragung Schwächen aus Kundensicht thematisiert wurden, erwartet der Kunden natürlich ein entsprechendes Feedback und ehrliche Anstrengungen des Unternehmens, diese Schwächen zukünftig konkret anzugehen. In diesem Sinne kann eine solche Umfrage einen weiteren konstruktiven Kommunikationsprozess zwischen Kunde und Unternehmen auslösen, der für eine dauerhafte und vertrauensvolle Beziehung notwendig ist.

9.2.3 Projektauswertung

Bereits zur Erreichung bestimmter Meilensteine im Projekt finden Zwischenauswertungen im Zuge der Steuerung des Projektes statt. Zum Projektende interessiert insbesondere, inwieweit die Projektziele nun tatsächlich erreicht wurden und wie die Zielerreichung vonstatten ging. Der erste Schritt der Projektauswertung besteht somit in der **Sammlung und Strukturierung der notwendigen Daten**.

Es können hierbei die Projektauswertungen auf der Sachebene und der Beziehungsebene unterschieden werden (vgl. *Schreckeneder* [Projektcontrolling] 194f.). Auf der **Sachebene** sind insbesondere die Nachkalkulation durchzuführen und wichtige Kennzahlen zu erheben und zu analysieren. Zur Einschätzung der **Beziehungsebene** werden die Betroffenen meist mit Hilfe von Fragebögen befragt. Beispielsweise sollte ein Teil des Fragebogens zur Erhebung der Kundenzufriedenheit diese Thematik abdecken und auch das Projektteam sollte die Möglichkeit haben, ihre Einschätzung des Arbeitsklimas usw. in einem Fragebogen zum Ausdruck zu bringen (vgl. das Beispiel in Abb. 2-108).

Ein solcher Feedbackbogen kann für den Projektleiter zur systematischen Verbesserung seiner Arbeit eingesetzt werden. Man kann den Fragebogen noch um weitere Fragestellungen ergänzen, so etwa um teamorientierte Themen.

Kennzahlen zum Projektabschluss erfassen zunächst die Realisierung der operativen Projektziele im Sinne von Kosten, Zeit und Leistung (Umfang und Qualität). Wichtige Kennzahlen sind hierbei beispielsweise die Kosten- und Termintreue, Änderungshäufigkeiten und Fehlerquoten (vgl. *Schelle* [Projekte] 283). Eine umfassende Aufstellung von produkt-, projekt-, prozess- und netzplanorientierten sowie betriebswirtschaftlichen Kennzahlen für die Software- und Hardwareentwicklung findet sich bei *Burghardt* ([Projektmanagement] 280ff.). Diese Kennzahlen werden oftmals auch für einen Vergleich mit anderen Projekten bzw. mit dem Durchschnitt der Projekte herangezogen, um die Projektleistung zu beurteilen. Zudem sollten sie zur Verbesserung der Schätzgenauigkeit für zukünftige Projekte in die Datenbasis einfließen, die zur Unterstützung der Schätzungen herangezogen wird.

Allerdings sollte hier zusätzlich zur operativen auch die übergeordnete strategische Perspektive eingenommen werden: Inwieweit haben wir mit dem Projekt unsere **strategischen Ziele** erreicht? Hat das Projekt den gewünschten Beitrag zur strategischen Unternehmensentwicklung sowie den geplanten Projektwertbeitrag erbracht? Es ist also unverzichtbar, zum Projektabschluss nochmals eine Betrachtung aller Ziele vorzunehmen, die mit dem Projekt verfolgt wurden.

Diese Bewertung ist insbesondere bei der Einschätzung des Beitrags zur strategischen Unternehmensentwicklung nicht einfach und benötigt i.d.R. die Beteiligung verschiedener Personen mit unterschiedlichen Perspektiven.

Feedbackbogen für die Projektteammitglieder						
Projekt:						
Projektleiter:						
	1	**2**	**3**	**4**	**5**	**Anmerkungen**
Projektinhalt:						
Die Ziele des Projektes waren für mich klar formuliert (spezifisch, messbar, attraktiv, realisitisch, terminiert)						
Projektinhalt und -umsetzung wurden aufbauend auf die Projektziele im Team geplant						
Organisation:						
Die Effizienz der P-Teamsitzungen war gegeben						
Das Team war gut auf die P-Teamsitzungen vorbereitet						
Die Projektrollen waren klar definiert und transparent						
Der Projektleiter hat das Projekt sehr gut betreut						
Die Arbeitsaufträge an mich waren klar						
Kommunikation/ Team:						
Vereinbarungen im Team wurden eingehalten						
Der Umgang im Team war offen						
Die Zugehörigkeit zum Team wirkte motivierend für mich						
Gesamteindruck:						
Ich bin mit dem Projektergebnis zufrieden						
Ich würde mit dem P-Team gerne weiterarbeiten						

1= Stimme ich voll zu.....5 = Stimme ich gar nicht zu

Abb. 2-108: Beispiel für einen Feedbackbogen des Projektteams (In Anlehnung an: *Schreckeneder* [Projektcontrolling] 198)

Der Projektleiter hat die Aufgabe, zunächst alle verfügbaren Daten zur Projektauswertung zu beschaffen und auszuwerten. Dies wird er i.d.R. mit Hilfe des Projektteams, des Projektmanagementoffice und v.a. des Projektcontrollers tun.

Bei der Einschätzung des Beitrags zur strategischen Unternehmensentwicklung könnte auch der Fachbereich „Strategieentwicklung" eine wichtige Rolle spielen.

Eine herausragende Stellung in der Projektauswertung nehmen **die Nachkalkulation und die abschließende Projektwertbeitragsrechnung** ein. Beide Aufgaben umfassen auch eine detaillierte **Abweichungsanalyse**, in der die Ursachen für die Abweichungen genauer untersucht werden (vgl. Abb. 2-109).

	Personelle Ursachen	Technische Ursachen	Organisatorische Ursachen
Vermeidbar	• Demotivation • Mangelnde Ausbildung • Missverständnisse • Überlastung	• Planungsfehler • Fehleranfälligkeit • Unvollständige Testdaten • Mangelnde Tool-Nutzung	• Engpässe bei Testanlagen • Unklare Kompetenzverteilung • Personelle Engpässe • Probleme bei der Fertigungseinführung
Kaum vermeidbar	• „Problemfälle" • Fluktuation • Mangelnde Fähigkeiten	• Überforderte Prüftechnik • Neue Anforderungen • Unsichere Systembasis (z.B. Betriebssystemmängel) • Fehlender Support	• Wechselnder Lieferant • Prioritätenveränderungen • Räumliche Aufteilung • Termindruck
Nicht vermeidbar	• Krankheit	• Technologische Grenzen • Fehlerhafte Fremdteile • Fehlende Bauteile	• Änderung der Verträge • Konkurs eines Lieferanten

Abb. 2-109: Ursachen für Planabweichungen
(In Anlehnung an: *Burghardt* [Projektmanagement] 270)

Mit diesen Daten und Auswertungen kann der Projektleiter in die Abschlussbesprechungen mit dem Projektteam und dem internen Auftraggeber gehen.

9.2.4 Projektinterne Abschlussbesprechung im Team

In der Abschlussbesprechung im Projektteam wird die Summe der Erfahrungen reflektiert, die im Rahmen des Projektes von den Teammitgliedern gemacht wurden. Es steht also die Projektbeurteilung aus Sicht des Projektteams im Vordergrund. In der Literatur wird auch angeregt, die Abschlussbesprechung mit allen wichtigen Stakeholdern, wie dem Projektlenkungsausschuss, dem Projektmanagementoffice, eventuell auch dem Kunden, Lieferanten und Vertretern der Linienorganisation gemeinsam durchzuführen (vgl. z.B. *Bellut* [Abschluss] 439). Diese Vorgehensweise dürfte i.d.R. dazu führen, dass konstruktive Kritik und die Herausarbeitung von Stärken und Schwächen innerhalb des Projektteams eher zu kurz kommen, da man sich in der großen Runde keine Blöße geben will. Es erscheint daher sinnvoll, auf jeden Fall vorgelagert eine Besprechung durchzuführen, in der das Team „unter sich" ist und die Offenheit, Fairness und das Vertrauen, die sich hoffentlich innerhalb des Teams herausgebildet haben, für konstruktive interne Diskussionen genutzt werden können. Wichtig ist hierbei, auch positive Aspekte anzusprechen.

In einem Abschlussmeeting sollten jene Fragen beantwortet werden, die in Abb. 2-110 zusammengestellt wurden.

Eine Projektabschlussbesprechung hat neben den inhaltlichen Aspekten, die bisher vorrangig betrachtet wurden, auch eine emotionale Komponente: Man hat gemeinsam eine anspruchsvolle Leistung erarbeitet. Zum einen ist dies der richtige Zeitpunkt für persönliches Feedback untereinander, zum anderen ist dies ein guter Anlass, um seinen gemeinsamen Erfolg zu feiern. Auch bei Projekten mit mäßigem Erfolg gibt es Gründe, um sich gemeinsam „vom Projekt zu verabschieden". Insbesondere die positiven Effekte auf die Motivation und das Engagement in zukünftigen Projekten sind hier zu nennen, denn selbst im katastrophalsten Projekt gibt es Dinge, die gut gelaufen sind und die es Wert sind, genannt und gefeiert zu werden. Wie ein Projektteam das Projektende feiert, wird sehr individuell sein: Ein gemeinsames Essen, eine Wanderung, ein Ausflug – hier kommt alles in Frage, was dem Team als Gruppe Freude machen könnte. Ein kleiner „Fond für Feierlichkeiten" sollte eingeplant werden; er kann je nach Erfolg des Projektes üppiger oder knapper ausfallen.

Hobbs ([Projektmanagement] 91) führt einige kreative Ideen auf, wie sich Projektleiter bei ihren Projektmitarbeiter für ihren Einsatz bedanken können, z.B. ein

- Gruppenbild des Teams, das am Projektende an alle verteilt wird,
- gerahmtes Stück des Projektplans, das für das jeweilige Teammitglied thematisch passt, mit einer handschriftlichen Widmung,
- graviertes Erinnerungsstück für den Schreibtisch, ...

Hier wird wohl jeder Projektleiter eine individuelle Vorgehensweise an den Tag legen, die zu ihm und zum jeweiligen Projektteam passt.

An dieser Stelle soll noch kurz auf das Feedback und die persönliche Zielvereinbarung eingegangen werden: Zum Ende des Projektes sollte der Projektleiter mit jedem einzelnen Mitarbeiter ein Feedbackgespräch führen, in dem individuelle Stärken und Schwächen im Projektverlauf diskutiert werden. Zudem sollte besprochen werden, inwieweit die persönlichen Ziele des Teammitglieds erreicht wurden und welche Konsequenz sich daraus ergibt. Bei sehr starkem

Engagement sollte zusätzlich über eine Beförderung oder eine zusätzliche Gratifikation nachgedacht werden.

Fragen für die Abschlusssitzung im Projektteam

Haben wir die **strategischen und operativen Projektziele** erreicht?
Wenn ja, was waren aus unserer Sicht unsere besonderen Stärken? Wenn nein, was waren aus unserer Sicht die wichtigsten Gründe dafür?

Sind der **Kunde und/oder der interne Auftraggeber** mit dem Projektergebnis zufrieden?
Wenn ja, was ist aus seiner Sicht wahrscheinlich besonders gut gelaufen? Wenn nein, was könnten die wichtigsten Gründe für seine Unzufriedenheit sein?

Wie lief das **Projektmanagement** ab?
Wie genau waren unsere Schätzungen in den verschiedenen Plänen? Haben wir neue Methoden und Tools zur Unterstützung herangezogen, die wir anderen Projektteams empfehlen können? Wie gut haben unsere Steuerungsmaßnahmen gegriffen?

Was ist im Projekt **gut gelaufen**, was war **verbesserungswürdig**?
Wie war unser Klima im Team? Hatten wir unsere Aufgaben, Kompetenzen und Verantwortlichkeiten klar geregelt? Wie lief die Zusammenarbeit mit den Fachabteilungen und Externen?

Welche **Konsequenzen** sollten wir aus diesen Erfahrungen für künftige Projekte ziehen?
Wie dokumentieren wir diese Erfahrungen? Wie machen wir sie der Allgemeinheit zugänglich? Welche Inhalte sind uns für den Abschlussbericht besonders wichtig?
Wer wirkt wie an der Erstellung des Abschlussberichtes mit?

Welche Aufgaben werden die Projektteammitglieder zukünftig in der Organisation wahrnehmen? Wie gehen wir mit unseren Sachmitteln und übrigen Materialien um (Diskussion des **Überleitungsplans**)?

Sind **noch Arbeiten** zu erledigen, bis das Projekt definitiv abgeschlossen werden kann?
Welche Arbeiten fallen im Anschluss an das Projekt an (Diskussion des **Erhaltungsplans**)?

Abb. 2-110: Themen für die Abschlusssitzung im Projektteam
(In Anlehnung an: *Schelle* [Projekte] 288)

9.2.5 Abschlussgespräche mit den wichtigsten Stakeholdern

Auch für die wichtigsten Stakeholder, wie den internen Auftraggeber oder den Betriebsrat, ist ein formaler Projektabschluss wichtig. Hierbei könnten die **fol-**

genden Themen betrachtet werden, die spezifisch auf den jeweiligen Stakeholder zugeschnitten werden sollten (vgl. *Cronenbroeck* [Projektmanagement] 87):

- Vorstellung der Projektergebnisse
- Kurze Rückschau auf das Projekt incl. der wichtigsten Änderungen im Projektverlauf
- Zielerreichung (Soll-/Ist-Vergleich der erzielten Projektergebnisse)
- Erfahrungsaustausch bezüglich der Zusammenarbeit des Projektteams und des jeweiligen Stakeholders
- Ggf. Folgeaktivitäten (Bei Interesse Überleitungsplan und Erhaltungsplan)

Das Abschlussgespräch mit dem **internen Auftraggeber** dient insbesondere der Projektauswertung und Projektbeurteilung aus seiner Sicht. Es sollte mit der formalen Entlastung des Projektleiters und des –teams enden. Die Projektorganisation für dieses Projekt wird somit aufgelöst.

Man kann diese Besprechung auch mit allen wichtigen Stakeholdern gemeinsam durchführen, allerdings wird es dann schwierig, sich auf die jeweilige Sicht und die Interessen des Einzelnen einzustellen. Es steht zu befürchten, dass diese Besprechung vorrangig einen „politischen Charakter" annehmen kann, anstatt einen konstruktiven Rückblick auf das Gesamtprojekt aus der jeweiligen Perspektive zu ermöglichen.

9.2.6 Abschlussbericht und Fertigstellung der Projektdokumentation

In einem Abschlussbericht wird das **Gesamtergebnis eines Projektes** zusammengefasst. Mit ihm sollen Erfahrungen aus dem Projekt festgehalten und für zukünftige Projekte nutzbar gemacht werden. Insbesondere die Analyse von Stärken und Schwächen spielt hier eine wichtige Rolle.

Abb. 2-111 zeigt ein Beispiel für den Aufbau eines Abschlussberichtes.

Der Abschlussbericht sollte anschließend an die wichtigsten Projektbeteiligten verschickt werden, v.a. an die Mitglieder des Projektteams, den internen Auftraggeber und das Projektmanagementoffice.

Ein Abschlussbericht dient der **Sicherung der Erfahrungen für Folgeprojekte**. Er gehört zur Projektdokumentation. Die Projektdokumentation wurde bereits in Abschnitt 7.3.3.2 beschrieben. Der Projektabschlussbericht reicht i.d.R. für die **Abschlussdokumentation** nicht aus, es sind noch weitere Dokumente notwendig.

Vorschlag für den Aufbau eines Projektabschlussberichtes

1 Einleitung
- Ausgangssituation des Projektes (laut Projektauftrag)
- Gestaltungsbereich des Projektes (laut Projektauftrag zzgl. Änderungen im laufenden Projekt)
- Ziele des Projektes (laut Projektauftrag zzgl. Änderungen im laufenden Projekt)

2 Diagnose des Projektmanagements
- Projektaufbauorganisation (laut Projektauftrag zzgl. Änderungen im laufenden Projekt)
- Projektablauforganisation (mit Bezug auf Norm-Phasenplan)
- Qualität des Projektmanagement-Prozesses (incl. kurzer Darstellung und Analyse der Planabweichungen bezüglich der einzelnen Pläne, z.B. Strukturplan, Kostenplan,...)
- Erfahrungen mit den eingesetzten Methoden und Tools
- Analyse der Entwicklungen im Projektumfeld (Einstellung der wichtigsten Stakeholder zum Projekt)
- Entwicklung der Projektkultur innerhalb des Teams

3 Diagnose der Projektergebnisse
- Umfang und Qualität der Projektergebnisse (Beurteilung der Zielerfüllung durch Vergleich mit den Anforderungen)
    - Ergebnis 1:
    - Ergebnis 2:
    - ...

4 Gesamtbeurteilung

5 Überleitungspläne für die Projektressourcen
- Vorschläge für den nächsten Einsatz der Projektmitarbeiter
- Beschreibung der weiteren Verwendung der Sachmittel und übriger Materialien
- Beschreibung der Vorgehensweise bezüglich des Abschlusses der Projektkonten und der Verbuchung von Nachträgen

6 Erhaltungsplan
- Regelungen für die Wartung, Stabilisierung, Optimierung usw. der Projektergebnisse nach Abschluss des Projektes (Organisation, Kostenübernahme)

7 Erkenntnisse und Konsequenzen für die Zukunft
- Lessons Learned, z.B. Stärken und Schwächen, Änderungsbedarf in den Prozessen, Entstehung von sinnvollen Methoden/Tools, die zukünftig in den Prozess einfließen sollten

Abb. 2-111: Vorschlag für den Aufbau eines Projektabschlussberichtes (In Anlehnung an: *Pfetzing/Rohde* [Projektmanagement] 433)

Es bietet sich an, die Zweiteilung aus dem Abschlussbericht in „Projektmanagement/Projektablauf" und „Projektergebnisse" aufzugreifen und die begleitenden Dokumente in einer entsprechenden Aufteilung bereitzustellen (vgl. Abb. 2-87 auf S. 254).

Die Projektdokumentation sollte anschließend der Organisation so zur Verfügung gestellt werden, dass ihre Nutzung gewährleistet ist. Beispielsweise können die gesamte Dokumentation oder besonders wichtige Teile in eine Wissensdatenbank aufgenommen werden. Sollten wichtige Erkenntnisse zum Projektmanagement-Prozess im Unternehmen entstanden sein, so müssen diese Erfahrungen an den Verantwortlichen im Projektmanagementoffice weitergeleitet werden, damit sie ggf. in den Norm-Prozess einfließen können. Diese **Erkenntnisse** können beispielsweise betreffen (vgl. *Bellut* [Abschluss] 445):

- Die Ergänzung von Checklisten, z.B. zum Thema Identifizierung von Projektrisiken und –chancen
- Die Ergänzung bzw. Änderung von Standardplänen, wie z.B. den Norm-Phasenplan, Standard-Projektstrukturpläne oder Standard-Netzpläne
- Die Bereitstellung von genutzten Methoden oder Tools für die gesamte Organisation
- Empfehlungen für die Besetzung des Projektteams im Sinne notwendiger Funktionen für ähnliche Projekte

Eine Wissensdatenbank kann jedoch nur dann hilfreich sein, wenn sie technisch leicht handhabbar ist und jedes Projektteam die Verpflichtung empfindet, sich zunächst über Lösungen von vergleichbaren Problemstellungen in anderen Projekten zu informieren, ehe es mit der Erarbeitung einer neuen Problemlösung beginnt.

Bei der Konzeption von Datenbanken sollte man sich grundsätzlich bewusst machen, dass sich Wissen im Gegensatz zu Informationen nur eingeschränkt auf Papier oder in digitaler Form festhalten und weitergeben lässt. Dies ergibt sich bereits aus der Definition des Begriffs „Wissen": Wird eine Information kombiniert mit der im Gedächtnis gespeicherten Erfahrung, so liegt Wissen vor (vgl. *Willke* [Wissensmanagement] 11). Vor diesem Hintergrund spielen Maßnahmen für einen aktiven Erfahrungsaustausch, z.B. zwischen den Projektleitern, oder für die persönliche Weitergabe von Wissen, beispielsweise über ein Mentorenmodell, eine besonders wichtige Rolle. Zudem sollte über die Datenbanklösung der Zugang zu den Wissensträgern für das jeweilige Themengebiet ermöglicht werden, um den Wissensaustausch über persönliche Kommunikation der Beteiligten anzuregen.

10 Begleitende Prozesse des Managements von Projekten

In den Abschnitten 4 bis 9 haben wir uns mit den einzelnen Phasen des Projektmanagementprozesses beschäftigt; für jede Phase wurden die jeweiligen Ziele und Aufgaben sowie Techniken zur Bewältigung dieser Aufgaben vorgestellt.

Bei dieser Analyse wurden bisher zwei besonders wichtige Themengebiete im Management von Projekten weitgehend ausgeklammert:

- Das Qualitätsmanagement und
- das Management von Chancen und Risiken.

Beide Gebiete durchlaufen einen eigenen Managementprozess, dessen Phasen zeitlich und inhaltlich nicht genau den Phasen des übergeordneten Projektmanagementprozesses zugeordnet werden können. Diese beiden Prozesse begleiten vielmehr den Projektmanagementprozess (vgl. Abb. 2-4, S. 44).

Beide Prozesse setzen bereits auf der strategischen Ebene an, denn sowohl das grundlegende Verständnis von Qualität als auch der grundsätzliche Umgang mit Chancen und Risiken werden zum Großteil durch die strategische Zielsetzung und Planung determiniert. Für beide Bereiche werden unternehmensweite Ziele festgelegt, die jeweils den Ausgangspunkt für das systematische Management von qualitätsrelevanten Themen sowie von Chancen und Risiken darstellen.

Qualitäts- und Risikomanagement sind nicht vollkommen unabhängig voneinander, vielmehr ist hier eine ganzheitliche Betrachtung notwendig: Um ihre Aufgaben voll umfänglich erfüllen zu können, sollten die beiden Prozesse im Projekt miteinander verzahnt sein. Überschneidungen der beiden Themenfelder lassen sich in verschiedenen Bereichen wie bspw. beim Teilprozess der Qualitätssicherung erkennen, der ein aktives und passives Risikomanagement beinhaltet. Interessanterweise dienen manche Methoden sowohl dem Qualitäts- als auch dem Risikomanagement, wie beispielsweise die Fehler-Möglichkeits- und Einfluss-Analyse (FMEA). Ansätze zu einer Verzahnung sind somit auch auf der Methodenebene erkennbar. Damit kommt dem **Bewusstsein** für die aktive Verzahnung der beiden Prozesse entscheidende Bedeutung für einen erfolgreichen Einsatz des Risiko- und Qualitätsmanagements im Rahmen eines Projektes zu.

Beschäftigen wir uns zunächst mit dem Qualitätsmanagement.

10.1 Qualitätsmanagement in Projekten

Die Qualität spielt in einem Projekt eine entscheidende Rolle: Sie ist mittelbarer Bestandteil des „Magischen Dreiecks des Projektmanagements", da die Leistung in einem Projekt aus der Quantität, also dem Umfang, und der Qualität der Leistung besteht (vgl. Abb. 2-3, S. 41).

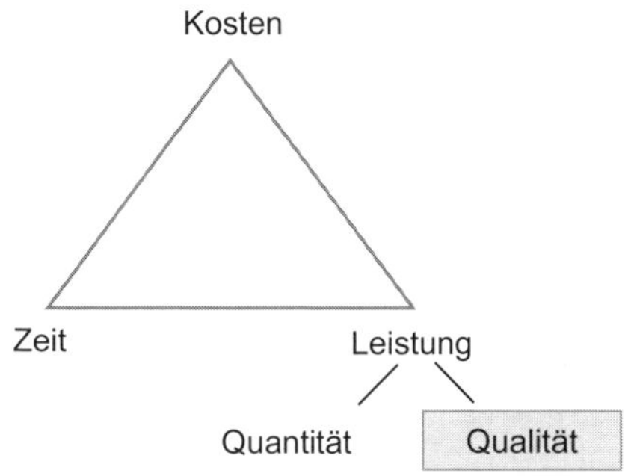

Abb. 2-3 (S. 41): Die Qualitätskomponente im „Magischen Dreieck"

Mit dem Umfang der Leistung haben wir uns im Zuge der Zielpräzisierung, Planung, Umsetzung und Kontrolle des Projektes in den Abschnitten 5 - 8 an verschiedenen Stellen immer wieder beschäftigt. Die Qualität der Leistung wurde bisher eher aus der Betrachtung ausgeklammert, um an dieser Stelle alle qualitätsbezogenen Themen zusammenhängend darzustellen.

10.1.1 Grundlagen des Qualitätsmanagements

In den letzten Jahrzehnten hat das Qualitätsmanagement in Unternehmen stark an Bedeutung gewonnen. Dies dürfte insbesondere auf die **hohe strategische Relevanz** der Qualität zurückzuführen sein, denn eine herausragende Qualität stellt einen erfolgsversprechenden Ansatzpunkt im Rahmen einer Differenzierungsstrategie zur Generierung von Wettbewerbsvorteilen dar. In vielen Branchen wurde allerdings mittlerweile ein so hoher Qualitätsstandard erreicht, dass die Qualität in diesem Fall zwar nicht mehr zur Differenzierung genutzt, die Einhaltung des Standards jedoch als zwingend angesehen werden kann.

Aus strategischer Sicht zielt ein systematisches Qualitätsmanagement in Projekten zum einen auf positive Effekte beim Kunden ab, wie einen höheren wahrgenommenen Kundennutzen oder eine dauerhafte Imageverbesserung beim Kunden und in der gesamten Öffentlichkeit. Zum anderen können mit Hilfe des Qualitätsmanagements die Qualitätskosten gesenkt werden: Zwar steigen die Präventionskosten, doch die Kosten, die durch Fehler entstehen, sollen durch das Qualitätsmanagement stark zurückgehen und die Erhöhung der Präventionskosten überkompensieren (vgl. Abb. 2-112).

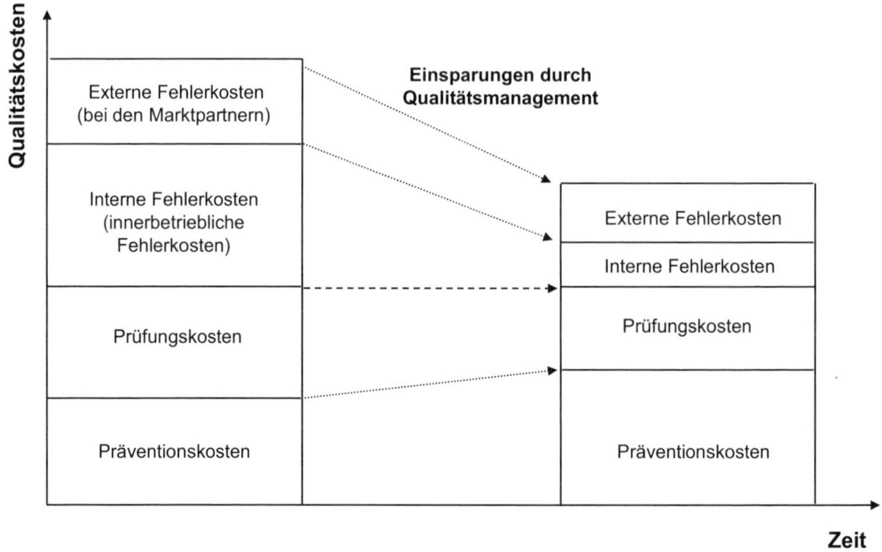

Abb. 2-112: Entwicklung der Qualitätskosten bei vermehrtem Einsatz von Qualitätsmanagement
(In Anlehnung an: *Burke* [Projektmanagement] 311)

Um die aktuelle Rolle des Qualitätsmanagements im Rahmen von Projekten besser verständlich zu machen, wird im Folgenden zunächst auf den inhaltlichen Wandel des Qualitätsmanagements in den letzten Jahrzehnten eingegangen: Während in den 50er und 60er Jahren der Fokus auf der Qualitätskontrolle und später in den 70er Jahren auf der Qualitätssicherung lag, also das Qualitätsmanagement insgesamt relativ technikorientiert und methodenlastig war, erfolgte in den 80er Jahren ein Umbruch.

Das Qualitätsmanagement erfuhr einen Wandel hin zu einem **umfassenden Verständnis**, das weit über die reine Prüfung der Produktqualität hinausging. Die Beherrschung der Prozesskette vom Lieferanten bis hin zum Kunden wurde im Zuge von Just-in-Time-Konzepten und vermehrter internationaler Zusammenarbeit mit Lieferanten, die dem Unternehmen bisher unbekannt waren, immer wichtiger. Diese Entwicklung führte dazu, dass im Bemühen um Vergleichbarkeit und Transparenz der Qualitätsmanagementsysteme internationale Normen zum Qualitätsmanagement entstanden sind. Die **ISO-Normenreihe 9000** sei hier als wichtigstes Beispiel angeführt (ISO = International Organization for Standardization). Sie ist mittlerweile in weit über 80 Ländern institutionalisiert (vgl. *Zollondz* [Qualitätsmanagement] 265).

Seit Mitte der 80er Jahre geht die Entwicklung noch weiter in Richtung einer **„Total Quality Management"**-Philosophie, also eines umfassenden und ganzheitlichen Qualitätskonzeptes, das insbesondere auf eine entsprechende Veränderung der Unternehmenskultur abzielt. Die Idee der Differenzierung durch Qualität, also des Aufbaus von Wettbewerbsvorteilen, führte zu einer Weiterentwicklung im Streben nach „Business Excellence" (vgl. *Seghezzi/ Fahrni/Herrmann* [Qualitätsmanagement] 16ff.). Mit der Bedeutung dieser weiterführenden Konzepte für Projekte werden wir uns in Abschnitt 10.1.3 beschäftigen.

Was ist nun unter „Qualität" zu verstehen? Die Definition dieses Begriffes hat sich mit den oben skizzierten Veränderungen über die Jahrzehnte gewandelt; diese Entwicklung ist in Abb. 2-113 dargestellt.

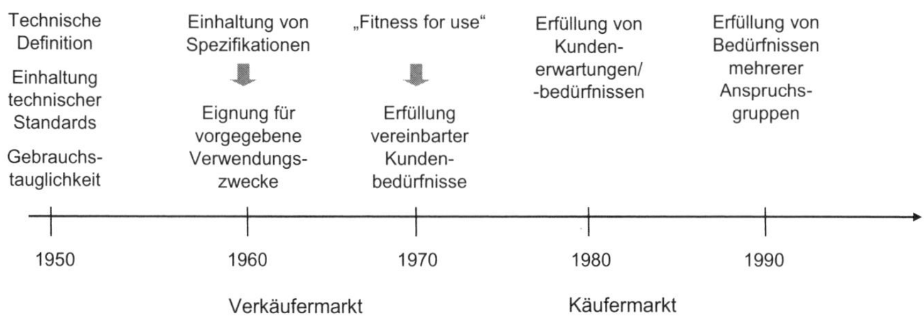

Abb. 2-113: Entwicklung des Qualitätsbegriffs
(In Anlehnung an: *Seghezzi/Fahrni/Hermann* [Qualitätsmanagement] 32)

Ausgehend vom heutigen Verständnis von Qualität können wir definieren:

> **Qualität** verlangt die Übereinstimmung der Projektergebnisse mit den Anforderungen der Stakeholder. Qualität ist somit subjektiv und hängt von der Wahrnehmung der einzelnen Individuen ab.

Dieser weite Begriff von Qualität stellt den Menschen in den Mittelpunkt der Betrachtung.

Ein umfassendes Qualitätsverständnis beinhaltet das **Bewusstsein**, dass jeder Einzelne einerseits Kunde ist und andererseits als Lieferant fungiert und somit auch Kunden hat. Auf diese Weise spielt es keine Rolle, ob man einen internen oder externen Kunden beliefert. Und als Kunde hat man sowohl das Recht als auch die Pflicht, die Qualität der gelieferten Arbeit zu prüfen und ggf. zurückzuweisen. Um dieses Recht bzw. die Pflicht sinnvoll wahrnehmen zu können, benötigt man ein Verständnis für die übergeordneten Zusammenhänge, insbesondere für die zu erreichenden Ziele (vgl. *Kamiske/ Umbreit* [Qualitätsmanagement] 12ff.).

Hier wird deutlich, dass jeder Einzelne eine wichtige Rolle in einem durchgängigen Gesamtprozess zur Erreichung der gewünschten Qualität der Projektergebnisse spielt: Neben der Sicherung der Produktqualität wird daher im Qualitätsmanagement immer stärker auf die Sicherung der Prozessqualität in Projekten Wert gelegt.

10.1.2 Ansätze des Qualitätsmanagements

Es lassen sich verschiedene Ansätze des Qualitätsmanagements unterscheiden:

(1) In den **DIN Normen 9000ff.** und auch in den weiterführenden Qualitätskonzepten ist die zielorientierte Gestaltung der Prozesse von besonderer Bedeutung. Der **„prozessorientierte Ansatz"** gehört zu den acht Grundsätzen des Qualitätsmanagements laut DIN Norm 9000, die vom Management zur Verbesserung der Leistungsfähigkeit der Organisation genutzt werden können: „Ein erwünschtes Ergebnis lässt sich effizienter erreichen, wenn Tätigkeiten und dazugehörige Ressourcen als Prozess geleitet und gelenkt werden" (DIN ISO 9000:2005). Auch in der **projektspezifischen DIN Norm 10006** „Qualitätsmanagementsysteme – Leitfaden für Qualitätsmanagement in Projekten" wird der prozessorientierte Ansatz verfolgt. Bei der Anwendung des Qualitätsmanagements werden hier zwei wichtige Aspekte unterschieden: Das Projekt-Produkt und die Projektprozesse (vgl. DIN ISO 10006:2004).

(2) An dieser Stelle setzt beispielsweise das **„Capability Maturity Model Integration"** (CMMI) des „Software Engineering Institute" (SEI) an, mit dessen Hilfe die Qualität von Produktentwicklungsprozessen verbessert werden soll. Es handelt sich hierbei um eine Sammlung der „Best Practices" zur Prozessverbesserung, die nach verschiedenen Prozessgebieten aufgeteilt sind. Das Projektmanagement spielt hierbei eine besonders wichtige Rolle: Die Projektpla-

nung sowie die Projektsteuerung stellen grundlegende Prozessgebiete für den „CMMI Level 2“ dar. Auch der systematische Umgang mit den Anforderungen des Kunden, das Konfigurationsmanagement, die Sicherung der Produkt- und Prozessqualität oder auch das Risikomanagement sind wichtige CMMI-Themen, die ebenfalls zu einem erfolgreichen Projektmanagement gehören.

Auf der Grundlage von CMMI ist es möglich, die Stärken und Schwächen von Prozessen zu analysieren und entsprechende Verbesserungsmaßnahmen einzuleiten. Je nach Stand der Organisation wird dem Unternehmen im Rahmen einer offiziellen Prüfung, einem sog. ;„Appraisal“, ein bestimmter „Reifegrad“ zuerkannt. Der Reifegrad „CMMI Level 3“, der u.a. ein einheitliches Projektmanagement im gesamten Unternehmen voraussetzt, ist in manchen Branchen mittlerweile als ein wichtiger Wettbewerbsvorteil zu sehen. Teilweise stellt er sogar eine Voraussetzung für die Berücksichtigung als Lieferant dar.

(3) Zur Erreichung der Ziele der Prozessverbesserung und der Bestimmung des Prozessreifegrades einer Organisation kann auch die Norm **ISO/IEC 15504** (Software Process Improvement and Capability Determination, kurz: **SPICE**) eingesetzt werden. Hier nimmt das Projektmanagement ebenfalls eine besondere Stellung ein, denn zum Großteil steht die Bewertung von Projektmanagementprozessen im Mittelpunkt. Die Norm bietet viele Möglichkeiten des Zuschnitts auf spezifische Bedürfnisse. Beispielsweise gibt es mittlerweile eine branchenspezifische Variante „Automotive SPICE“ für die Automobilindustrie und ihre Zulieferer. Maßgeblich an der Entwicklung beteiligt waren die Automobilhersteller Audi, BMW, Daimler, Fiat, Ford, Jaguar, Land Rover, Porsche, VW und Volvo (vgl. The SPICE User Group [Automotive SPICE™]).

Zusammenfassung: Ein systematisches Qualitätsmanagement in Projekten muss sich sowohl auf das Projektergebnis als auch auf die Prozesse beziehen, die zu seiner Erstellung notwendig sind. Hierbei geht es sowohl um technologische Prozesse als auch um die Qualität des Managementprozesses, also des Projektmanagements an sich. Im Folgenden wird das Qualitätsmanagement in Projekten detaillierter dargestellt.

10.1.3 Der Prozess des Qualitätsmanagements in Projekten

Im Folgenden gehen wir von einem Qualitätsmanagementprozess aus, der in vier Phasen gegliedert ist (vgl. Abb. 2-114).

Der gesamte Prozess ist eingebettet in die **Qualitätspolitik** des Unternehmens. Die Qualitätspolitik ist ein Teil der Unternehmenspolitik; sie stellt die „Gesamtheit der Grundsätze dar, die allgemein verbindliche Verhaltensweisen der

Unternehmung und der Mitarbeiter festlegen“ und wird häufig in einem Leitbild festgehalten (*Hinterhuber* [Unternehmungsführung] 277). Im Rahmen einer Qualitätspolitik legt die Unternehmensführung somit die Qualitätsgrundsätze des Unternehmens fest, sie formuliert die grundlegenden Qualitätsziele und definiert die Grundzüge des Qualitätsmanagementsystems.

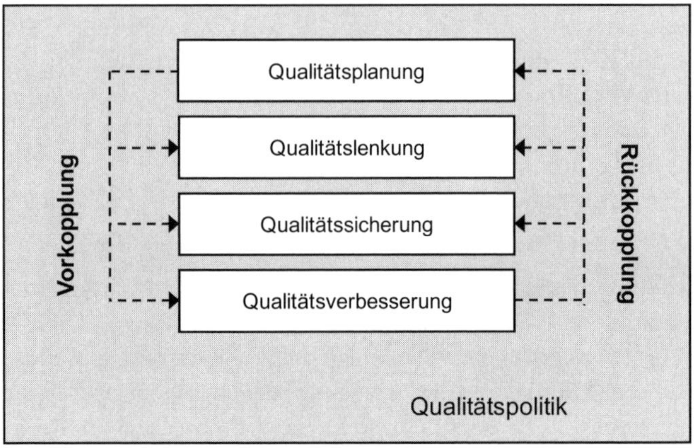

Abb. 2-114: Prozess des Qualitätsmanagements

Kommen wir zu den **Teilprozessen des Qualitätsmanagementprozesses** in Projekten mit ihren jeweiligen Aufgaben und den Techniken zur Lösung dieser Aufgaben (vgl. *Seghezzi/Fahrni/ Herrmann* [Qualitätsmanagement] 137ff.):

(1) Qualitätsplanung

- Planung, Gestaltung, Entwicklung und Konkretisierung der zu erreichenden Qualitätsanforderungen an das Projektergebnis und die notwendigen Prozesse

(2) Qualitätslenkung

- Umsetzung der Qualitätsplanung durch Einhaltung von Spezifikationen oder Standards sowie durch die Beherrschung der Qualität der für das Projekt notwendigen Prozesse
- Messung der realen Produkt- und Prozessqualität im Projekt
- Steuerung durch Soll-Ist- und Soll-Wird-Analysen und Durchführung entsprechender Maßnahmen

(3) Qualitätssicherung

- Externe Maßnahmen: Schaffung von Vertrauen in die qualitative Leistungsfähigkeit des Unternehmens bei den Kunden und der Öffentlichkeit
- Interne Maßnahmen: Schaffung von Vertrauen in die Qualitätsarbeit des eigenen Unternehmens bei Führung und Mitarbeitern

(4) Qualitätsverbesserung

- Kontinuierliche Verbesserung der Fähigkeit zur Erfüllung der Qualitätsanforderungen

Die vier Phasen folgen in der Realität nicht linear aufeinander, sondern sie sind miteinander auch rückwärts verknüpft. Beispielsweise kann eine Maßnahme, die im Rahmen der Qualitätssicherung für notwendig befunden und eingeführt wurde, die Qualitätsplanung für ein laufendes Projekt verändern. Oder im Bemühen um kontinuierliche Verbesserungen werden Änderungen in den Produktentwicklungsprozess eingebracht, die sich auf alle neuen Projekte auswirken. In Abb. 2-115 sind ausgewählte Techniken des Qualitätsmanagements aufgeführt.

10.1.3.1 Qualitätsplanung

Die **Qualitätsplanung** in Projekten dient der Planung der zu erreichenden Qualitätsanforderungen sowohl in Bezug auf

- das Projektergebnis als auch
- auf die notwendigen Prozesse.

(1) Projektergebnis

Die **Projektziele** werden im Zuge der Qualitätsplanung **schrittweise konkretisiert**: Von den Grobzielen, die zur Entscheidung für das Projekt herangezogen werden, über den Projektauftrag mit konkreteren Feinzielen sowie bei externen Projekten über das Lastenheft, in dem der Kunde seine Wünsche und Anforderungen dokumentiert, bis hin zum Pflichtenheft, bei dem das Projektteam diese Wünsche in unternehmensinterne Anforderungen übersetzt. Je nach Art des Projektes findet hier auch die Übersetzung der Kundenwünsche in eine technische Fachsprache, d.h. in detaillierte Spezifikationen statt, falls der Kunde seine Erwartungen im Lastenheft eher qualitativ umschrieben hatte.

Teilprozesse des Qualitätsmanagements in Projekten	Techniken und Methoden
Qualitätsplanung	Quality Function Deployment mit House of Quality (10.1.3.1) Projektspezifischer Qualitätsplan mit Quality Gates (10.1.3.1)
Qualitätslenkung	Produktprüfungen: Verifizierung und Validierung (10.1.3.2) Prozessprüfungen, z.B. CMMI, SPICE (10.1.3.2)
Qualitätssicherung	Strukturelle Vorkehrungen, wie Einführung eines Qualitätsmanagementsystems, Lieferantenbewertungen, Einrichtung fester Qualitätsstellen (10.1.3.3)
Qualitätsverbesserung	Kontinuierliche Verbesserung durch Berücksichtigung von Erfahrungen aus einer Pilotphase (10.1.3.4) Berücksichtigung von Erfahrungen in anderen Projekten (10.1.3.4) „Project-Excellence"-Modell (10.1.4)

Abb. 2-115: Ausgewählte Techniken des Qualitätsmanagements in Projekten

Allerdings werden oftmals nicht alle Erwartungen in den frühen Projektphasen explizit vom Kunden geäußert. Dies liegt zum einen daran, dass bestimmte Dinge für den Kunden stillschweigend als selbstverständlich vorausgesetzt werden, zum anderen sind ihm manche Wünsche zu diesem Zeitpunkt nicht bewusst bzw. er kann sie nicht entsprechend verbalisieren. Es wird deutlich, wie wichtig die Kommunikation zwischen erfahrenen technischen Spezialisten und Marketingfachleuten oder einem erfahrenen Projektleiter, der über diese Kenntnisse verfügt, von Seiten des Auftragnehmers und dem Kunden sein kann, um die Bedürfnisse des Kunden gemeinsam explizit und systematisch herauszuarbeiten.

Die Übersetzung des Lastenhefts aus Kundensicht in ein Pflichtenheft aus der Perspektive des Projektteams stellt eine der wichtigsten Herausforderungen in der Praxis dar. Für diese Aufgabenstellung kann das **„Quality Function Deployment"** (QFD) herangezogen werden. Im Zentrum dieser Methode steht das „House of Quality". Es unterstützt den Kommunikationsprozess zwischen allen beteiligten Spezialisten im Projektteam aus der Entwicklung, dem Marketing, dem Vertrieb und der Produktion.

Das **„House of Quality“** entsteht in 10 Schritten, die in Abb. 2-116 eingezeichnet sind (die dargestellte Vorgehensweise und das Beispiel beruhen auf *Seghezzi/Fahrni/Herrmann* [Qualitätsmanagement] 331ff.).

Das House of Quality wird in den folgenden **zehn Schritten** entwickelt:

Schritt 1: Ermittlung der Kundenanforderungen

Schritt 2: Gewichtung der Kundenanforderungen

Schritt 3: Bewertung bestehender Produkte des eigenen Unternehmens und der Konkurrenz bezüglich der Erfüllung der Kundenanforderungen aus Sicht des Kunden

Schritt 4: Übersetzung der Kundenanforderungen in technische Merkmale

Schritt 5: Erarbeitung der Zusammenhänge zwischen den Anforderungen und den technischen Merkmalen in einer Einflussmatrix

Schritt 6: Ableitung der Bedeutung der technischen Merkmale durch Multiplikation der Bewertung in der Einflussmatrix mit dem jeweiligen Gewicht der Kundenanforderung und Addition über alle Kundenanforderungen

Schritt 7: Bewertung bestehender Produkte des eigenen Unternehmens und der Konkurrenz aus technischer Sicht (z.B. auf der Grundlage von Daten des Messlabors)

Schritt 8: Abschätzung des Schwierigkeitsgrades der technischen Realisierung

Schritt 9: Festlegung von Zielgrößen für die Neuentwicklung auf der Grundlage der Vergleiche mit den Wettbewerbern

Schritt 10: Ableitung von Korrelationen zwischen den technischen Merkmalen im Dach des „Houses of Quality“ für die technischen Mitarbeiter

Aufbauend auf diesem „House of Quality“ für das *Produkt* können einzelne Produkt*komponenten*, die erforderlichen *Prozesse* und auch die *Produktion* mit Hilfe eines ähnlichen Hauses detailliert geplant werden.

Kritische Punkte und Risikofaktoren werden mit Hilfe des „Houses of Quality“ deutlich sichtbar. Sie bieten Ansatzpunkte für präventive Methoden (vgl. *Patzak/Rattay* [Projektmanagement] 237ff.), wie z.B.

- die Fehler-Möglichkeits-und Einfluss-Analyse (FMEA), die im Zuge des Risikomanagements in Abschnitt 10.2.3.1 (S. 354ff.) erläutert wird sowie
- die Fehlerbaumanalyse oder
- die Wertanalyse.

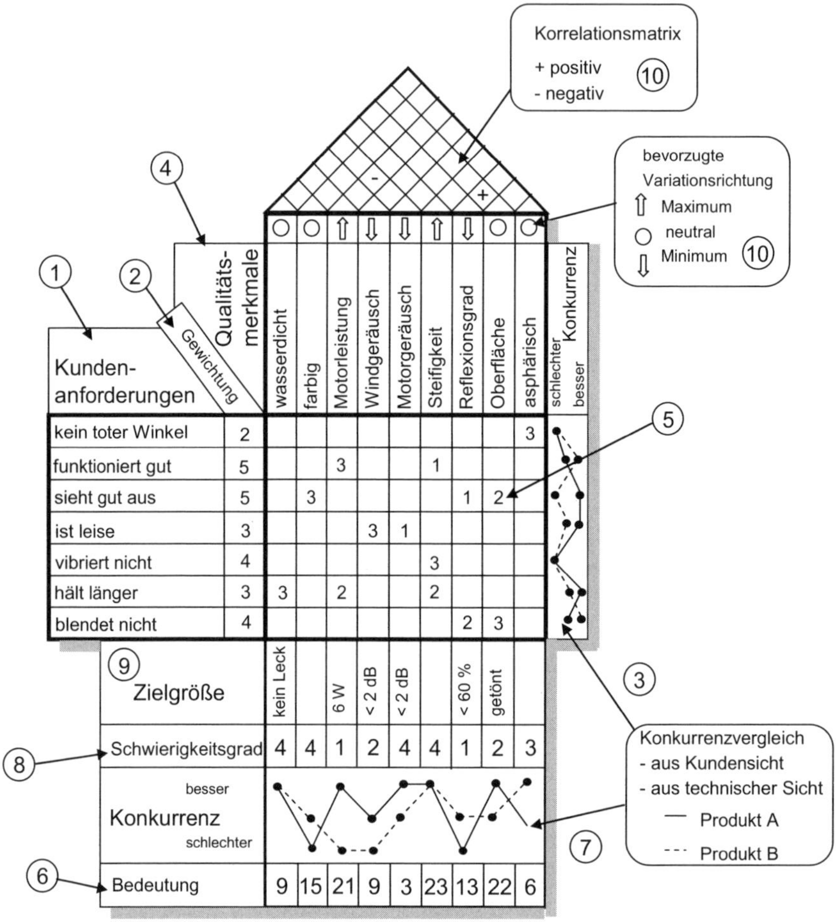

Abb. 2-116: Quality Function Deployment: House of Quality am Beispiel der Entwicklung eines Außenspiegels (Quelle: *Seghezzi/Fahrni/Herrmann* [Qualitätsmanagement] 332)

(2) Prozessqualität

Zur Qualitätsplanung gehört neben der Planung der Produktqualität auch die Planung der Prozessqualität. Die einzelnen Bestandteile eines Prozesses sind in Abb. 2-117 dargestellt. Zur Durchführung eines Prozesses werden in jedem einzelnen Prozessschritt bestimmte Arbeitsgrundlagen (Input) benötigt, wie beispielsweise Dokumente oder Bestimmungen in Form von DIN-Normen.

Eine Person übernimmt die Verantwortung dafür, dass die notwendigen einzelnen Aktivitäten, die in diesem Prozessschritt vorgesehen sind, tatsächlich durchgeführt werden. Bei der Durchführung der Aktivitäten sind i.d.R. bestimmte Methoden hilfreich, oftmals können auch Werkzeuge in Form von IT-Programmen zur Lösung der Aufgaben herangezogen werden. Am Ende resultieren erwünschte Arbeitsergebnisse, beispielsweise eine Arbeitspaketbeschreibung oder andere Dokumente, die meist in einem weiteren Prozessschritt von einer anderen verantwortlichen Person weiterbearbeitet werden und so als Input für den neuen Prozessschritt dienen.

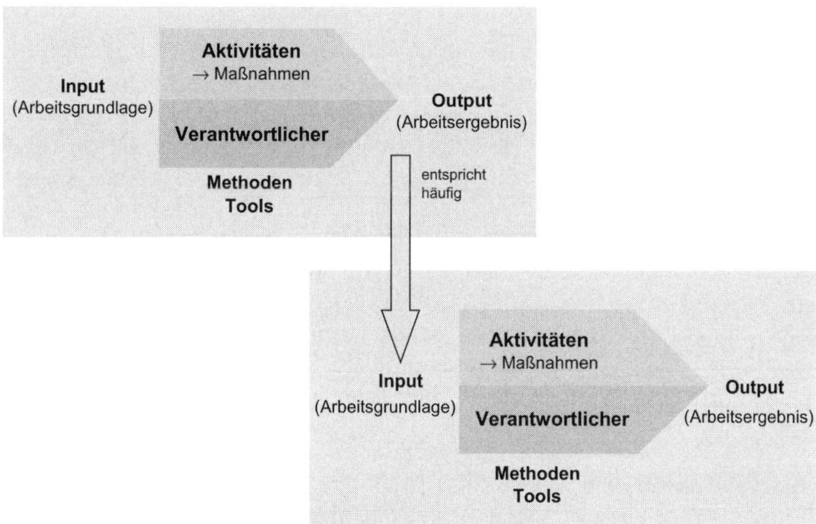

Abb. 2-117: Bestandteile eines Prozesses

Zur Entwicklung eines Produktes sind verschiedene Prozesse notwendig, die systematisch gestaltet werden müssen, wenn die Qualität des Produktes dauerhaft sichergestellt werden soll. Auf die Gestaltung der Ablauforganisation in Projekten wurde in Abschnitt 2.4 bereits eingegangen. Auf jeden Fall ist ein umfassendes, kontinuierliches Prozessmanagement erforderlich, für das es im Unternehmen eine definierte verantwortliche Stelle geben sollte.

Zur Planung des Prozesses gehört die Erstellung eines **projektspezifischen Qualitätsplans**. Bestandteil ist hier beispielsweise die Prüfplanung: Wann finden wo wie womit welche Prüfungen im Projektverlauf statt? Es geht also um die Planung des Ablaufs und der Häufigkeit der Prüfungen sowie der notwendigen Prüfmittel und –methoden.

Im Qualitätsplan können sog. **„Quality Gates"** festgelegt werden: Hierbei handelt es sich um Meilensteine im Projektverlauf, die mit dem Erreichen von bestimmten Qualitätsanforderungen verknüpft sind. Werden die Qualitätsanforderungen beim Review anlässlich des Meilensteins nicht erreicht, kann so lange nicht mit anderen Arbeiten aus der nächsten Phase angefangen werden, bis die qualitativen Defizite aufgeholt wurden.

In der nächsten Phase, der Qualitätslenkung, geht es um die erfolgreiche Umsetzung der geplanten Produkt- und Prozessqualität.

10.1.3.2 Qualitätslenkung

Die **Qualitätslenkung** zielt auf die erfolgreiche Umsetzung und Kontrolle der geplanten Qualität ab.

Zur Überprüfung des aktuellen Status ist es sinnvoll, Messgrößen für die Produkt- und Prozessqualität zu definieren und im Zuge der Realisierung ihren aktuellen Stand zu erheben. Auf diese Weise ergeben sich Ist-Werte, die man mit den ursprünglich geplanten Soll-Werten bzw. mit den prognostizierten Wird-Werten vergleichen kann. Selbstverständlich umfasst die Vorgehensweise bei der Projektkontrolle, die in Abschnitt 8 erläutert wurde, auch die Erfassung von qualitätsbezogenen Werten.

(1) Bei **Produkten** zielt die Qualitätslenkung auf die Erkennung von Fehlern und ihre Behebung ab. Ist dies nicht möglich, wird das Produkt als Ausschuss ausgesondert. Mit Hilfe von Qualitätsprüfungen wird somit die Konformität des Produktes mit den definierten Anforderungen sichergestellt.

Abb. 2-118 gibt einen Überblick über verschiedene Maßnahmen zur Entdeckung von Fehlern im Verlauf eines Software-Projektes.

Produktprüfungen können grundsätzlich zwei Ausrichtungen haben:

1. **Verifizierung:** Entspricht das Produkt den ursprünglich festgelegten Anforderungen aus dem Pflichtenheft?
2. **Validierung:** Erfüllt das Produkt tatsächlich die Bedürfnisse des Kunden/der Anspruchsgruppen? Eignet sich das Produkt wirklich „für einen spezifischen beabsichtigten Gebrauch oder eine spezifische beabsichtigte Anwendung" (DIN ISO 9000:2005)?

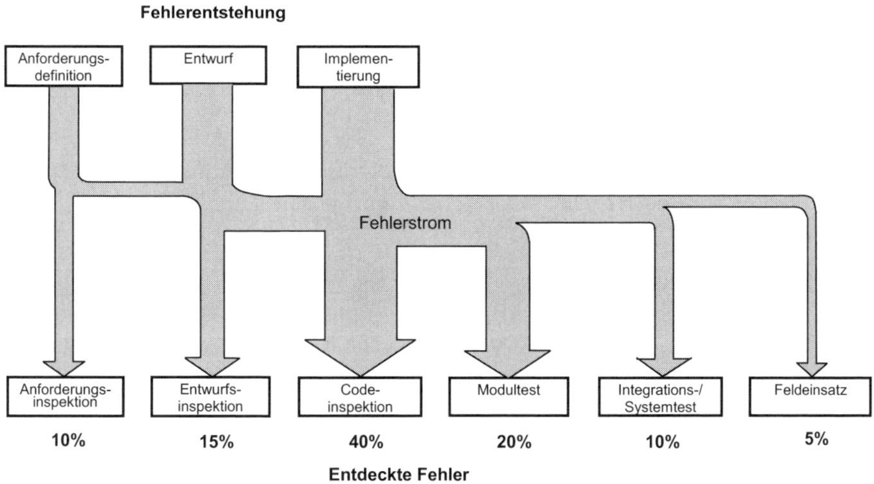

Abb. 2-118: Entdeckung von Fehlern bei der Softwareentwicklung (Quelle: *Burghardt* [Projektmanagement] 211)

Werden bezüglich der Produktqualität Fehler festgestellt, so müssen sie mittels entsprechender Maßnahmen behoben werden.

(2) Fehler auf Produktebene deuten oftmals auch auf eine Schwachstelle im Prozess hin. Die **Messung der Prozessqualität** ist i.d.R. relativ aufwändig. Bei Produktentwicklungsprojekten könnte das Projektteam die Prozessqualität z.B. mit Hilfe eines unternehmensspezifischen „Self-Assessments", also einem zugeschnittenen Fragebogen zur Selbsteinschätzung bewerten. Dieses „Self-Assessment" sollte sich dann an der jeweiligen Methodik der externen Zertifizierung orientieren, beispielsweise an CMMI oder SPICE. Letztendlich schlägt sich die Prozessqualität im Vermeiden von konkreten Fehlern nieder, z.B. in geringerem Ausschuss und weniger Korrekturen.

Wurden auf Prozessebene Schwachstellen identifiziert, so muss nach Maßnahmen gesucht werden, um sie schnellstmöglich zu beheben. Unter Umständen hat dieser Schritt für das einzelne Projekt bereits keine Relevanz mehr, da der Prozess in diesem Projekt einmalig durchgeführt wurde; die Erfahrung kann jedoch im Sinne einer kontinuierlichen Verbesserungsmaßnahme in den Prozess eingehen und somit positiv auf das nächste Projekt wirken.

Um die Qualität der Produkte und Prozesse langfristig sicherzustellen, reichen die dargestellten Maßnahmen allerdings noch nicht aus: Es müssen auch auf struktureller Ebene die Rahmenbedingungen geschaffen werden, um intern und extern Vertrauen in die qualitative Leistungsfähigkeit des Unternehmens aufbauen und erhalten zu können. Dies ist die Aufgabe der Qualitätssicherung.

10.1.3.3 Qualitätssicherung

Die Qualitätssicherung geht mit einem aktiven und passiven Risikomanagement einher. Fehler können erhebliche **Projektrisiken** verursachen, z.B.

- hohe Garantiekosten,
- Produkthaftpflichtfälle mit Schadensersatzansprüchen,
- im schlimmsten Fall sogar Gefahren für Leib und Leben des einzelnen Nutzers,
- Imageverluste bei Produktrückrufaktionen, die Verkaufseinbußen und Marktanteilsverluste nach sich ziehen können.

Solche Risiken müssen systematisch und aktiv bearbeitet werden. In Abschnitt 10.2 „Risikomanagement" werden verschiedene Methoden zum Management von qualitätsbezogenen Risiken vorgestellt. Zudem müssen entsprechende **strukturelle Vorkehrungen** getroffen werden, wie z.B.

- die Einführung und Weiterentwicklung eines übergeordneten Qualitätsmanagementsystems, dessen Funktionsfähigkeit und Wirksamkeit sowohl durch interne Audits als auch durch Zertifizierungen von Seiten Dritter überprüft werden,
- eine systematische Bewertung der Projektlieferanten, um ihre Qualitätsfähigkeit zu beurteilen und sicherzustellen,
- die regelmäßige Überprüfung der Wirksamkeit der Maßnahmen der Qualitätsplanung im Rahmen von Design Reviews,
- die Bereitstellung von entsprechenden Einrichtungen für den Fall des Eintritts des Risikos, wie Notstromaggregate,
- die Einrichtung fester Qualitätsstellen, die sich sowohl mit der konkreten Produkt- und Prozesskontrolle (z.B. Zweitkontrollen oder unabhängige Fremdkontrollen) als auch mit der Überwachung der Wirksamkeit von Lenkungsmaßnahmen beschäftigen (vgl. *Seghezzi/Fahrni/Herrmann* [Qualitätsmanagement] 180ff.).

Die Verantwortung für die Messung und die Überprüfung der Produkt- und Prozessqualität kann und sollte nicht vollständig auf eigene Qualitätsstellen delegiert werden. Dies wäre vor dem Hintergrund der stärkeren Eigenverantwortung des Einzelnen sicherlich verfehlt. Der Trend geht hier immer mehr in

Richtung **Selbstkontrolle** und Selbstprüfung, doch insbesondere bei sehr hohen Risiken, die durch nicht erkannte Fehler entstehen, und bei hohem Aufwand für die notwendigen Prüfapparaturen werden auch weiterhin entsprechende Qualitätsstellen unverzichtbar sein. Zudem ist oftmals ein sehr hohes technisches Know how für die Prüfungen von Nöten, das nicht jeder Mitarbeiter erwerben kann.

Es stellt sich allerdings die Frage, wie das Qualitätsmanagement organisatorisch in das einzelne Projekt integriert werden kann, denn häufig schafft „das typische Selbstverständnis von Projektleitern, die oft grundlegende Aktivitäten zum Qualitätsmanagement als unnotwendige Einmischung, Entzug von Kompetenzen oder unnötigen Dokumentationsaufwand abtun" (*Walder/Patzak* [Qualitätsmanagement] 1), entscheidende Schwierigkeiten für den Qualitätsmanager. Die Schaffung der entsprechenden Strukturen allein scheint hier also nicht wirklich erfolgsversprechend: Die Strukturen müssen durch eine entsprechende Verankerung des Themas „Qualität" in der Unternehmens- und Projektkultur begleitet werden. Das Grundverständnis als „Qualitätsorganisation" ist auch für die nächste Phase des Qualitätsmanagementprozesses von großer Bedeutung: Für die kontinuierliche Verbesserung.

10.1.3.4 Qualitätsverbesserung

Bei der kontinuierlichen Qualitätsverbesserung steht das Bemühen um die permanente Verbesserung der Leistungen, der Prozesse und der Potenziale des Unternehmens im Mittelpunkt. Diese Veränderungen verlangen bei Führungskräften und Mitarbeitern ein höheres Qualitätsbewusstsein und eine verbesserte Lernfähigkeit (vgl. *Imai* [Kaizen]).

Diesem Ziel dienen verschiedene **Instrumente**, wie z.B. (vgl. *Seghezzi/ Fahrni/Herrmann* [Qualitätsmanagement] 196f.):

(a) Ausbau des betrieblichen Vorschlagswesens,

(b) Setzen von qualitätsbezogenen Zielen für Führungskräfte,

(c) Einrichtung von Qualitätszirkeln,

(d) Kampagnen, wie innerbetriebliche Wettbewerbe,

(e) Nationale oder regionale Wettbewerbe (Qualitätspreise), wie der Deming Prize in Japan, der Malcom Baldridge National Quality Award in den USA oder der Ludwig-Erhard-Preis in Deutschland.

Im Rahmen des Projektmanagements spielt hier insbesondere das **Setzen von qualitätsbezogenen Zielen** eine herausragende Rolle, denn grundsätzlich handelt es sich beim Projektmanagement um eine zielgerichtete Methode, bei der persönliche Zielvereinbarungen besonders gut möglich sind: Die Gesamtaufgabe wird in Arbeitspakete aufgeteilt, die zur Bearbeitung an eine Person delegiert werden. Dieser Person kann somit ihr Beitrag zur Zielerreichung der Gruppe relativ klar zugerechnet werden. Die Erreichung der qualitätsbezogenen Projektziele kann über Zielvereinbarungen gut mit den persönlichen Zielen des jeweiligen Mitarbeiters verknüpft werden.

Die anderen Instrumente spielen für das einzelne Projekt eher eine untergeordnete Rolle, da sich ein Projekt durch eine begrenzte Laufzeit auszeichnet. Eine **kontinuierliche Verbesserung** bei Projekten gibt es im Speziellen,

- wenn im Projekt eine Pilotphase eingeplant ist, um die erarbeiteten Lösungen zunächst im Kleinen zu testen, bevor sie organisationsweit eingeführt werden sollen,
- wenn das Projekt nach Abschluss in die Linie überführt wird, z.B. aus einem Projekt zur Prozessverbesserung eine feste Stelle „Prozessmanagement" resultiert,
- aus übergeordneter Sicht für das Multiprojektmanagement: Die Erfahrungen aus jedem abgeschlossenen Projekt können hilfreiche Lektionen für die Qualitätsverbesserung in anderen Projekten beinhalten. Für die Bereitstellung und Nutzung dieses Wissens ist ein systematisches Wissensmanagement notwendig, das wir in Teil 4, S. 731 betrachten werden.

Auf ein angesprochenes Instrument wird zum Abschluss allerdings noch detaillierter eingegangen: Die Deutsche Gesellschaft für Projektmanagement hat ein „Project Excellence"-Modell erarbeitet, das sich stark am „EFQM"-Modell orientiert, das dem „European Quality Award" und dem deutschen „Ludwig-Erhard-Preis" zugrunde liegt. Dieses Modell beinhaltet einen „Total Quality"-Ansatz, also ein umfassendes und ganzheitliches Konzept des Qualitätsmanagements.

10.1.4 Total Quality Management in Projekten

Die in der DIN ISO-Norm 9001 festgelegte Definition von Qualität beschränkt sich zunächst auf die Anforderungen des **Kunden**; Ziel des Unternehmens ist somit die dauerhafte Sicherung der Kundenzufriedenheit.

In der DIN ISO-Norm 9004 wird dieser Fokus systematisch ausgedehnt auf weitere **Stakeholder**. Das Ziel der Steigerung der Zufriedenheit aller vom Unternehmen Betroffenen impliziert grundlegende Veränderungen im Selbstverständnis eines Unternehmens, insbesondere in der Unternehmenskultur. Stakeholder sind nämlich beispielsweise auch die einzelnen Mitarbeiter, die Lieferanten und die interessierte Öffentlichkeit. In der Norm 9004 kommt somit die Philosophie des „Total Quality Managements“ zum Ausdruck.

Die Definitionen des Begriffes „Total Quality Management“ (TQM) sind in der Literatur vielfältig. Wir schließen uns hier der Definition von *Zollondz* ([Qualitätsmanagement 212]) an:

„**Total Quality Management** wird als umfassende Managementkonzeption verstanden, nach der sich das gesamte Management verpflichtet, TQM vorzuleben. Die Organisation stellt die QUALITÄT ins Zentrum des Denkens und Handelns aller Mitarbeiter. Einbezogen sind alle Mitarbeiter, die in allen Bereichen der Organisation ‚permanent' lernen und verbessern.“

Abb. 2-119 zeigt die zentrale Bedeutung des Top Managements in diesem Konzept.

Betrachtet man Total Quality Management als eine Managementkonzeption, so muss das Verständnis der Qualität über die Produkte und Prozesse hinausgehen und insbesondere die **qualitätsorientierte Gestaltung der Potenziale** des Unternehmens mit einschließen.

„Strategische Potenziale stellen Speicher spezifischer Stärken dar, die es ermöglichen, die Unternehmung in einer veränderlichen Umwelt erfolgreich zu positionieren“ (*Bea/Haas* [Management] 122). Betrachtet man das Total Quality Management vor diesem strategischen Hintergrund, so hat es die umfassende Berücksichtigung der Qualität in allen Führungs- und Leistungspotenzialen zur Konsequenz.

Eine detaillierte Diskussion der Bedeutung dieser Qualitätsorientierung beim Aufbau und der Nutzung aller Potenziale würde den Rahmen dieses Buchs sprengen. Die Darstellung an dieser Stelle sollte lediglich klar machen, dass eine ernsthafte Umsetzung des TQM-Gedankens für ein Unternehmen fundamentale Veränderungen in allen Bereichen mit sich bringen kann. Diese Veränderungen betreffen dann selbstverständlich auch die einzelnen Projekte bzw. das gesamte Projektportefeuille. Der Gedanke des TQM zielt zum Großteil auf eine **Lernende Organisation** ab; ein projektorientiertes Unternehmen kann als Prototyp einer solchen Lernenden Organisation aufgefasst werden. Der Weg zum projektorientierten Unternehmen wird in Teil 4 erläutert.

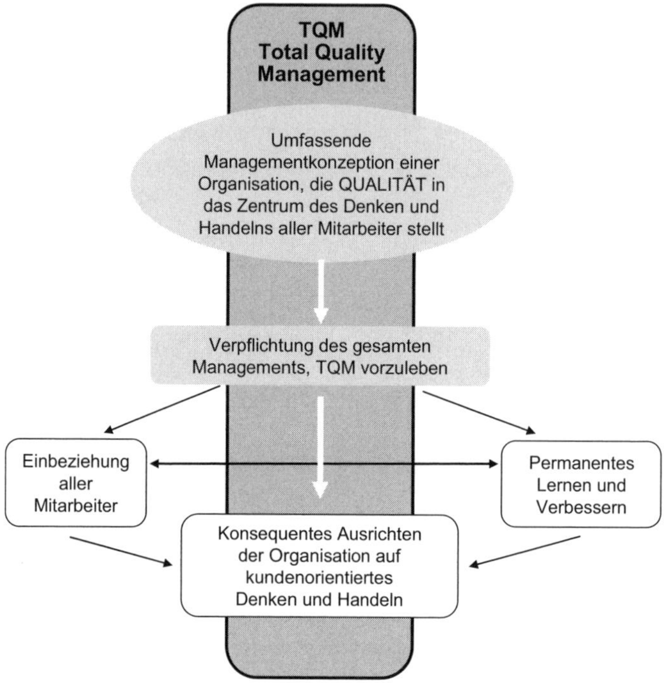

Abb. 2-119: Total Quality Management
(In Anlehnung an: *Zollondz* [Qualitätsmanagement] 212)

Auch auf Ebene des einzelnen Projektes wirkt sich der TQM-Gedanke aus: Im Streben nach **„Project Excellence"**, also nachhaltigen Spitzenleistungen in Projekten. Die Deutsche Gesellschaft für Projektmanagement (GPM) hat hier auf der Grundlage des „EFQM"-Modells der „European Foundation for Quality Management" ein Modell zur Bewertung von Projekten erarbeitet. Das Modell dient v.a. der Selbstbewertung durch das Projektteam, wird aber auch im Rahmen einer offiziellen Bewertung durch externe Assessoren für den „Deutschen Projektmanagement Award" herangezogen. Abb. 2-120 zeigt das Modell im Überblick.

In Abb. 2-120 werden Punktzahlen genannt, die für die einzelnen Bereiche vergeben werden können. Die maximale Punktzahl im Modell beträgt 1.000, die hälftig den beiden Bewertungsbereichen „Projektmanagement" und „Projektergebnisse" zugeordnet sind. Beim Bereich „Projektmanagement" steht das Vorgehen im Projekt im Mittelpunkt der Betrachtung, im Bereich „Projektergebnisse" werden die resultierenden Ergebnisse einer Beurteilung unterzogen.

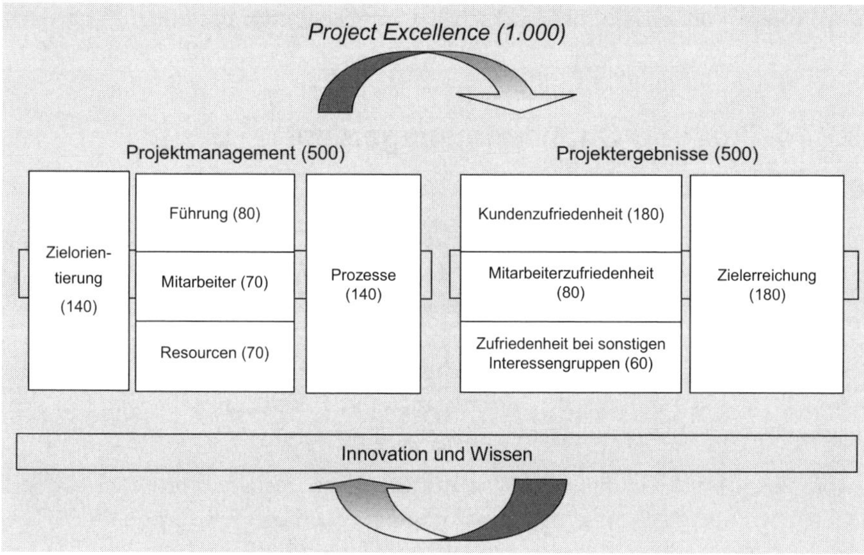

Abb. 2-120: Modell für „Project Excellence" (Quelle: *Deutsche Gesellschaft für Projektmanagement [Project-Excellence-Award]*))

Anhand der Punktzahlen in Abb. 2-120 wird deutlich, welche Schwerpunkte gelegt wurden: Beim Vorgehen stehen die Zielorientierung und die Prozesse im Fokus. Den Projektzielen wird ein hohes Gewicht zugemessen, da die klare und richtige Zielsetzung einen starken Einfluss auf den Projekterfolg hat (vgl. *Schmelzer* [Methoden] 257). Die Prozesse beinhalten den gesamten Projektablauf, die verwendeten Methoden und das Projektcontrolling.

Bei den Ergebnissen wird der Kundenorientierung und der Zielerreichung mit Abstand die höchste Bedeutung zugesprochen. Das Verständnis der Bedürfnisse und Anforderungen des Kunden stellt den Ausgangspunkt für qualitativ hochwertige Leistungen dar. Projekte werden initiiert, um Ziele zu erreichen; die beiden Schwerpunkte sind von daher gut nachvollziehbar.

Aus den Bewertungen wird eine gewichtete Gesamtpunktzahl errechnet. *Schmelzer* ([Methoden] 258) schlägt hier die Brücke zum Risiko des Projektes und ordnet bestimmten Punktzahlen unterschiedliche Risikograde zu.

Auf der Grundlage des „Project.-Excellence"-Modells soll der Fortschritt von Projekten „auf dem Weg zu Spitzenleistungen" beurteilt werden. Allerdings ist die Bewertung relativ aufwändig, so dass es in einer Organisation i.d.R. nicht für jedes Projekt, sondern eher sporadisch bei vergleichbaren Projekten herangezogen wird.

10.2 Risiko- und Chancenmanagement

10.2.1 Begriffe „Risiko" und „Chance"

Jedes Unternehmen ist in eine Umwelt eingebettet, aus der sich sowohl Chancen als auch Risiken ergeben können. Chancen und Risiken entstehen aus der unzureichenden Informationslage bezüglich der Zukunft: Der Erfolg eines Projektes hängt von ausgesprochen vielfältigen Faktoren ab, insbesondere vom momentanen und zukünftigen Verhalten der Menschen, die in irgendeiner Form am Projekt beteiligt sind oder die auch nur zur weiteren Umwelt des Projektes gehören (z.B. bei politischen Entscheidungen).

Je komplexer und dynamischer diese Faktoren sich gestalten, umso höher sind die Chancen und Risiken, denen ein Vorhaben unterliegt. Die Arbeit in Projektform ist tendenziell als Antwort auf eine zunehmende Komplexität und Dynamik in der Unternehmensumwelt zu verstehen (vgl. Teil 1). Die systematische Berücksichtigung von Chancen und Risiken im Prozess des Managements von Projekten spielt für den Erfolg des einzelnen Projektes somit eine entscheidende Rolle. Im Extremfall kann das Eintreten eines Risikos bei einer entsprechenden Bedeutung des Projektes sogar den Fortbestand eines Unternehmens gefährden.

Was versteht man unter einem Risiko und was unter einer Chance?

Es gibt eine Vielzahl von Definitionen, die z.T. sehr unterschiedlich sind. Wir haben uns für eine Definition von Risiko entschieden, die das Risiko stärker in Beziehung zu seiner Kehrseite, der Chance, setzt (vgl. *Schierenbeck/Lister* [Risikomanagement] 183):

> **Risiko** ist die Gefahr einer negativen Abweichung des realisierten Ergebnisses vom geplanten Ergebnis.
>
> Eine **Chance** liegt dann vor, wenn erwartet wird, dass das geplante Ergebnis erreicht oder übertroffen wird.

Wir gehen im Folgenden davon aus, dass Risikomanagement und Chancenmanagement gleichgewichtig zu betrachten sind. Durch diese erweiterte Sichtweise soll die Sensibilität für das Erkennen und Ergreifen von **Chancen** gestärkt werden, welche einen hohen Beitrag zur Wertsteigerung des Unternehmens generieren können, die aber bei einer ausschließlichen Konzentration auf die

Risiken wahrscheinlich nicht entdeckt würden. Viele Instrumente, insbesondere die statistisch untermauerten Methoden, sind zur Erfassung von Chancen und Risiken gleichermaßen geeignet.

10.2.2 Arten von Risiken und von Chancen

Es finden sich viele Vorschläge zur Klassifikation von Risiken. Besonders hilfreich für die konkrete Projektarbeit ist eine Kategorisierung nach ihren **Ursachen** (vgl. Abb. 2-121).

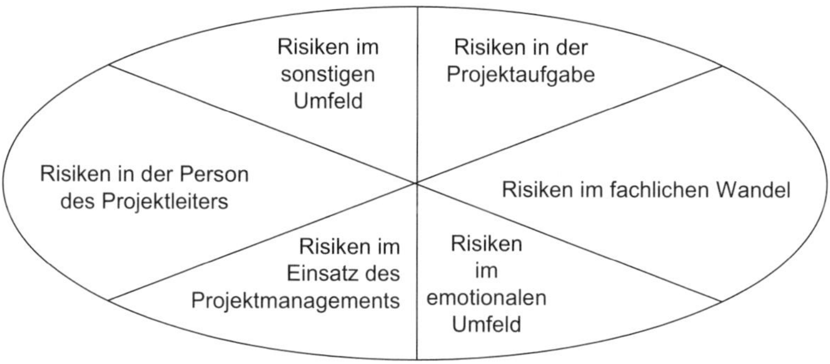

Abb. 2-121: Risiko- und Chancengruppen in Projekten (An Anlehnung an: *Kessler/Winkelhofer* [Projektmanagement] 161)

Betrachten wir einige Beispiele für die jeweilige Risikogruppe (vgl. *Kessler/ Winkelhofer* [Projektmanagement] 162ff.):

Risiken in der Projektaufgabe beruhen meist auf Fehleinschätzungen in der Planung, wie einer Unterschätzung des Aufgabenumfangs und der -komplexität oder der falschen Beschreibung des benötigten Kompetenzprofils der Mitglieder des Projektteams. Das notwendige Know how steht somit nicht zur Verfügung. Diese Risiken kann man häufig relativ umfassend auf der Grundlage des Projektstrukturplans und/oder erfahrungsbasierter Checklisten identifizieren.

Risiken im fachlichen Wandel ergeben sich beispielsweise durch das Veralten von Wissen und Können aufgrund von unerwarteten Innovationen oder durch das plötzliche Auftauchen eines Konkurrenten, der die gleiche Lösung anbietet. Auch für diese Risiken kann das Heranziehen des Projektstrukturplans hilfreich sein, allerdings muss hier explizit die Perspektive „Fachlicher Wandel" fokussiert werden. Zudem sind hier zur Identifikation weitere übergeordnete Aktivitäten zu empfehlen, wie ein intensives „Technology-Scouting", also eine Suche nach innovativen technologischen Lösungen in der Unternehmensumwelt, z.B. bei Hochschulen oder Kongressen. Diese Risiken haben z.T. einen strategischen Charakter, da sie langfristige Auswirkungen mit einer hohen Bedeutung für das gesamte Unternehmen nach sich ziehen können.

Risiken im emotionalen Umfeld liegen in den beteiligten Personen begründet, deren Reaktionen von ihrer Motivation, ihren Hoffnungen und Erwartungen, ihren Befürchtungen und ihrer Veränderungsbereitschaft abhängen. Die Identifikation und Diskussion dieser Risiken kann mit einer Projektumfeldanalyse besonders gut unterstützt werden, wie sie auf S. 100ff. dargestellt wurde. Insbesondere ist hier auch auf die Interessenlagen der eingebundenen Projektteammitglieder zu achten.

Risiken im Einsatz des Projektmanagements sind auf Probleme bei der Anwendung von Projektmanagement-Methoden zurückzuführen, z.B. auf fehlende Akzeptanz bei den Mitarbeitern oder unzureichende Kenntnisse. Diese Risiken haben z.T. einen projektübergreifenden Charakter, denn Probleme in diesem Themengebiet sind meistens zurückzuführen auf

- eine wenig ausgeprägte Projektkultur, z.B. aufgrund fehlender Motivation der Mitarbeiter, verursacht durch die Einführung eines einheitlichen Projektmanagements ohne Einbindung der Betroffenen,
- eine unzureichende organisatorische Verankerung des Projektmanagements, z.B. wurde noch kein Projektmanagementoffice (PMO) eingerichtet, das die Standardisierung des Projektmanagements im Unternehmen federführend betreut und somit sowohl über die anzuwendenden Methoden und Tools entscheidet als auch die entsprechende Ausbildung der Mitarbeiter initiiert (vgl. Teil 3, S. 637) oder
- Schwachstellen in der Personalentwicklung, z.B. durch das Fehlen einer durchgängigen Projektmanagement-Laufbahn mit definierten Rollen, Kompetenzen und Maßnahmen zur Vermittlung und Sicherstellung der erforderlichen Fähigkeiten.

Risiken in der Person des Projektleiters können beispielsweise in fehlender Projekterfahrung, Akzeptanz oder Motivation begründet sein. Auch hier kann ein systematischer Ausbildungsweg im Projektmanagement mit unterstützenden Entwicklungsmaßnahmen gute Dienste leisten.

Risiken im sonstigen Umfeld sind sehr vielfältig: Beteiligte Personen können z.B. notwendige Informationen oder ihre Mitarbeit verweigern. Eventuell werden Entscheidungen nicht so schnell und unbürokratisch getroffen, wie es für die jeweilige Projektsituation notwendig wäre. Aber auch Naturrisiken, Infrastrukturrisiken, rechtliche oder politische Risiken als typische Länderrisiken können für die Durchführung eines Projektes entscheidend sein, insbesondere für ein Engagement in einem bisher noch unbekannten Land. Hier kann der sog. BERI-Index (Business Environment Risk Information Index) zur Entscheidungsunterstützung herangezogen werden: Er dient der Beurteilung von Risiken der internationalen Geschäftstätigkeit in verschiedenen Ländern, d.h. jedes Land bzw. jede Region wird anhand von Checklisten mit Risikofaktoren in Form von Scoring-Modellen bewertet.

Da mit den Risiken i.d.R. auch Chancen verbunden sind, stellt sich die Frage, wie Chancen und Risiken zusammenhängen. Folgende **Arten von Beziehungen** lassen sich unterscheiden (vgl. *Meier* [Risikomanagement] 22ff.):

- **Symmetrisches Risiko-/Chance-Paar:** Einem Risiko, einen bestimmten Schaden in Form eines Verlustes zu erleiden, steht eine Chance gegenüber, das geplante Ergebnis noch zu übertreffen. Ob ein technologischer Wandel beispielsweise eine Chance oder ein Risiko für ein Projekt darstellt, hängt davon ab, ob die Neuerung auf eine unternehmensinterne Stärke oder Schwäche trifft und wie mit dieser Entwicklung daher umgegangen werden kann. Auch die kommunikativen Fähigkeiten des Projektleiters oder die persönliche Passung zwischen den Teammitgliedern können sowohl Risiken als auch Chancen mit sich bringen.
- **Reines Schadensrisiko:** Ein Risiko wirkt einseitig und führt lediglich zu einem Schaden, ohne dass ihm eine entsprechende Chance gegenübersteht. Als plastisches Beispiel können hier Naturrisiken angeführt werden: Wenn ein Erdbeben in einer bestimmten Stärke auftritt, wird es zu einem Schaden führen; im günstigsten Fall gibt es kein Erdbeben und der Schaden tritt nicht ein.
- **Reine Nutzenchance:** Eine Chance muss nicht unbedingt mit einem Risiko verbunden sein. Wenn man die Chance nicht wahrnimmt, kann das geplante Ergebnis dennoch erreicht werden. Beispiel: In einem ersten intensiveren Gespräch mit einem Lieferanten ergeben sich besondere Win-Win-Situationen, denn er hat ein starkes Interesse daran, einen Teil der Entwicklung des Endprodukts zu günstigen Konditionen mit zu übernehmen. Mit dieser Gelegenheit hatte man ursprünglich nicht gerechnet. Natürlich können sich aus dieser Chance auch neue Risiken ergeben, z.B. Kommunikationsprobleme zwischen den beiden Partnern, doch wenn man die Chance nicht wahrnimmt, könnte man grundsätzlich davon ausgehen, dass das geplante Ergebnis trotzdem erreicht wird.

Diese verschiedenen Arten von Beziehungen zwischen Risiken und Chancen ziehen **Konsequenzen** für das **Risiko- und Chancenmanagement** nach sich:

- Bei **symmetrischen Risiko-/Chance-Paaren** ist Risikomanagement gleichzeitig Chancenmanagement: Der systematische Umgang mit den Risiken dient der Verwirklichung der Chance, das geplante Ergebnis zu erreichen bzw. noch zu übertreffen. Hier kann es sehr sinnvoll sein, sich den Chancencharakter nochmals explizit bewusst zu machen, um die positiven Potenziale umzusetzen und einen zusätzlichen Gewinn aus der Situation zu realisieren.
- Das **Management von reinen Schadensrisiken** fokussiert dagegen rein auf den Umgang mit den negativen Auswirkungen einer Situation. Hier werden i.d.R. Maßnahmen der Schadensbegrenzung im Mittelpunkt stehen.
- Das **Management von reinen Nutzenchancen** ist auf den systematischen Umgang mit Gelegenheiten ausgerichtet, die dazu führen, dass die geplanten Ergebnisse noch übertroffen werden können.

Ein gleichgewichtiges Chancen- und Risikomanagement hat alle drei Arten von Chancen und Risiken zu berücksichtigen. Wir werden in den weiteren Ausführungen wieder auf diese Einteilung zurückkommen.

Sowohl Chancen als auch Risiken können **strategischer** und **operativer** Natur sein. Viele Projekte werden initiiert, um Chancen zu ergreifen bzw. Risiken aktiv zu begegnen. Dabei handelt es sich meist um Chancen und Risiken aus strategischer Sicht, wie z.B. die Chance auf eine Marktführerschaft mit einem neuen Produkt. Im Rahmen des Managements von Projekten werden i.d.R. stärker die operativen Risiken fokussiert. Daher sollte man darauf achten, regelmäßig zu festgelegten Zeitpunkten im Projekt auch die strategischen Risiken nochmals aus übergeordneter Perspektive zu betrachten.

Im Rahmen des konkreten Managements eines Projektes ergeben sich Chancenpotenziale, die man aktiv nutzen kann, und Risiken, mit denen man bereits vor ihrem Eintreten aktiv umgehen kann. Dazu ist eine konsequente Analyse und Verfolgung der Chancen und Risiken notwendig sowie die Einleitung von passenden Steuerungsmaßnahmen, kurzum: Ein Managementprozess für Chancen und Risiken.

10.2.3 Der Prozess des Chancen- und Risikomanagements

Im Folgenden gehen wir von einem Chancen- und Risikomanagementprozess aus, der sich in fünf Phasen gliedert (vgl. Abb. 2-122).

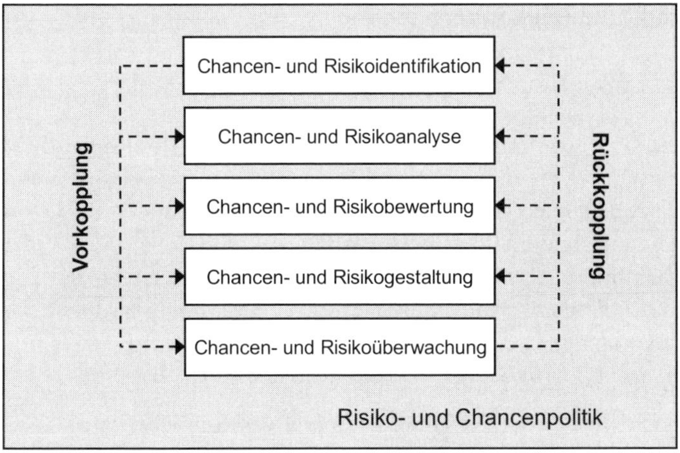

Abb. 2-122: Der Prozess des Chancen- und Risikomanagements

In den verschiedenen Phasen stehen unterschiedliche Aufgabenstellungen im Vordergrund:

(1) Chancen- und Risikoidentifikation

- Sammlung von möglichen Risiken und Chancen, die sich im Projektverlauf ergeben könnten

(2) Chancen- und Risikoanalyse

- Qualitativ: Erste Annäherung anhand von verbalen Beschreibungen, meist beruhend auf Erfahrungen (z.B. aus technologisch ähnlich gelagerten Projekten)
- Quantitativ: Einschätzung der Eintrittswahrscheinlichkeiten und des Ausmaßes der Risiken und Chancen anhand der Auswirkungen auf den Cash-flow

(3) Chancen- und Risikobewertung

- Bewertung der Chancen und Risiken anhand der Präferenzen des Entscheiders

(4) Chancen- und Risikogestaltung

- Entwicklung von Strategien zur Risikobewältigung und Chancennutzung

(5) Chancen- und Risikoüberwachung

- Überprüfung der Umsetzung der geplanten Maßnahmen und ihrer Wirkung sowie der weiteren Entwicklung von Risiken und Chancen

Die Phasen sind eingebunden in die **Chancen- und Risikopolitik** des Unternehmens, in der sich die grundlegende Einstellung des Unternehmens zum Risiko und zur Chance sowie die grundsätzlichen Ziele des Risiko- und Chancenmanagements widerspiegeln. Die Chancen- und Risikopolitik eines Unternehmens beinhaltet die Leitlinien als allgemeinen Rahmen für den Umgang mit Chancen und Risiken. Zum Beispiel sollte hier übergeordnet dokumentiert werden, mit welcher Risikopräferenz Entscheidungen im Unternehmen getroffen werden sollten (risikoavers, risikoneutral, risikofreudig).

Die einzelnen Phasen stellen keine in sich abgeschlossenen Vorgänge dar, sondern sie sind als **interdependentes Geflecht von Vor- und Rückkopplungen** einzelner Aktivitäten miteinander verbunden. Die Prozesse werden idealerweise jedes Mal angestoßen, wenn sich der Informationsstand bezüglich der Risiken und Chancen verändert hat, also z.B. ein bisher unbekanntes Risiko sich zeigt bzw. die Auswirkung einer Chance oder eines Risikos sich anders darstellt als bisher gedacht. An dieser Stelle wird deutlich, welch wichtige Aufgabe der Überwachung der Chancen und Risiken zukommt.

Auch ein Wechsel der Entscheider kann beispielsweise dazu führen, dass Phasen nochmals und auch parallel ablaufen, sei es aufgrund anderer Entscheidungspräferenzen oder eines Zweifels an den bisherigen Einschätzungen der Chancen und Risiken.

Es stellt sich nun die Frage, wie dieser Prozess mit dem übergeordneten **Prozess des Managements von Projekten** zusammenhängt, der in Abschnitt 1.3 beschrieben wurde: Die einzelnen Phasen lassen sich nicht genau den Phasen des Managementprozesses zuordnen. Aus diesem Grund wird dieser Prozess an dieser Stelle als Begleitprozess erläutert. Grundsätzlich verbessert sich im Verlauf des Projektes die Informationslage, d.h. die Unsicherheit über die zukünftigen Entwicklungen nimmt ab. Die Genauigkeit und der Detailliertheitsgrad der Schätzungen bezüglich der Auswirkungen von Chancen und Risiken sollten daher im Projektverlauf ansteigen. Betrachten wir die verschiedenen Phasen des Prozesses im Detail.

In Abb. 2-123 sind die einzelnen **Techniken** zur Abwicklung der Prozesse des Chancen- und Risikomanagements erfasst. Sie werden im Folgenden im Einzelnen beschrieben.

Teilprozesse des Chancen- und Risikomanagements in Projekten	**Techniken**
Chancen- und Risiko-identifikation (10.2.3.1)	• Projektumfeldanalyse • Fehler-Möglichkeits- und Einfluss-Analyse (FMEA) • Systematische Analyse der Projektpläne • Checklisten • Szenario-Technik • Früherkennungssysteme auf der Basis von Indikatoren, Kennzahlen oder Schwacher Signale
Chancen- und Risiko-analyse (10.2.3.2)	Qualitative Analyse: • Risiko- und Chancenliste Quantitative Analyse: • Korrekturverfahren • Mehr-Punkt-Verfahren • Sensitivitätsanalyse • Semiquantitative Analyse • Schätzung mittels Kennwerten • Simulative Risikoanalyse
Chancen- und Risiko-bewertung (10.2.3.3)	Entscheidung in Abhängigkeit von der Risiko-präferenz
Chancen- und Risiko-gestaltung (10.2.3.4)	Ableitung von Strategien: • Risikovermeidung • Risikoverringerung • Risikoüberwälzung • Risikoübernahme → Chancen- und Risikoportfolio → Risikostreuung → Realoptionsansatz → Ex ante- und Ex post-Bereitschaft → Kalkulatorische Risikoaufschläge

Chancen- und Risikoüberwachung (10.2.3.5)	• Laufendes Risikomonitoring • Steuerung der Maßnahmen zur Chancen- und Risikogestaltung • Organisatorische Verankerung des Chancen- und Risikomanagements • Lessons Learned zum Projektabschluss

Abb. 2-123: Ausgewählte Techniken des Chancen- und Risikomanagements in Projekten

10.2.3.1 Chancen- und Risikoidentifikation

Ziel der Chancen- und Risikoidentifikation ist die möglichst frühzeitige systematische Erkennung und Sammlung von Einzelrisiken und –chancen.

(1) Schwerpunkte der Chancen- und Risikoidentifikation

Die Chancen- und Risikoidentifikation hat in den verschiedenen Projektphasen unterschiedliche Schwerpunkte:

Im Rahmen des **Auswahlprozesses von Projekten** werden Chancen und Risiken untersucht, um zu klären, ob ein Projekt überhaupt durchführbar ist und ob es aus strategischer und wirtschaftlicher Sicht grundsätzlich sinnvoll erscheint.

Beim **Projektstart** ist eine systematische und detaillierte Sammlung von Chancen und Risiken notwendig, die i.d.R. zunächst vom Projektleiter durchgeführt wird. Auf diese Weise gewinnt er ein grundlegendes Verständnis für mögliche Schwierigkeiten und die entscheidenden Erfolgsfaktoren, das er für die konkrete Gestaltung des Projektes benötigt, z.B. für die Zusammenstellung des Projektteams. Diese Einschätzung des Projektleiters allein reicht jedoch bei weitem nicht aus: Für eine möglichst umfassende Erkennung von Risiken und Chancen sollte vielfältigstes Expertenwissen einfließen, so dass der Chancen- und Risikoidentifikation im Kick-Off-Meeting mit allen Projektteammitgliedern ein wichtiger Platz zukommt. Oftmals wird je nach Größe und Bedeutung des Projektes auch im Anschluss an das Kick-Off-Meeting ein eigener Risiko-Workshop eingeplant, zu dem weitere interne oder externe Experten eingeladen werden können. Ein solcher Workshop dient i.d.R. allerdings nicht nur der Identifikation von Risiken, sondern auch den weiteren Phasen des Risikomanagements bis hin zur Ableitung von Maßnahmen zum Umgang mit dem jeweiligen Risiko.

Im weiteren **Projektverlauf** sollte regelmäßig überprüft werden, ob alle identifizierten Risiken und Chancen weiterhin im vermuteten Ausmaß bestehen, ob noch weitere Chancen und Risiken hinzugekommen sind und ob die Maßnahmen zur Chancen- und Risikogestaltung erfolgreich wirken.

Bei der Risikoidentifikation wird besonders deutlich, wie stark das Risikomanagement und die herrschende **Unternehmens- und Projektkultur** miteinander verknüpft sind. Grundsätzlich hängen die Erkennung, aber auch die Bewertung von Chancen und Risiken sowie die Entscheidung über entsprechende Maßnahmen zum Großteil davon ab, welche Werte und Normen für die Mitglieder einer Organisation von Bedeutung sind. Gerade bei der Erkennung spielt eine entsprechende Denkhaltung der Mitarbeiter eine entscheidende Rolle, denn es gibt zwar bestimmte Methoden zur Unterstützung der Aktivitäten zur Früherkennung von Chancen und Risiken, doch der Erfolg der Methoden hängt entscheidend von der Kreativität, der Motivation und der Umfeldsensibilität der Mitarbeiter ab. Daher ist es notwendig, eine „Risikomanagement-Philosophie bzw. –kultur zu entwickeln, die es auf alle Organisationsmitglieder zu übertragen gilt, um ein allgemein erhöhtes Risikobewusstsein auf allen Ebenen des Unternehmens zu schaffen" (*Reichmann* [Controlling] 623f.).

(2) Techniken der Chancen- und Risikoidentifikation

Zur Unterstützung der Identifikation von Chancen und Risiken können u.a. folgende **Techniken** eingesetzt werden:

- Projektumfeldanalyse
- Fehler-Möglichkeits- und Einfluss-Analyse (FMEA)
- Systematische Analyse der Projektpläne
- Checklisten
- Szenario-Technik
- Früherkennungssysteme auf der Basis von Indikatoren, Kennzahlen oder Schwacher Signale

(a) Projektumfeldanalyse

Die Projektumfeldanalyse bietet die methodische Grundlage für eine umfassende Auseinandersetzung mit den Faktoren, die Einfluss auf den Projektverlauf nehmen können. Eine wichtige Rolle spielt hier die Stakeholder-Analyse, die sich mit den Erwartungen, Befürchtungen und Bedürfnissen der verschiedenen vom Projekt Betroffenen beschäftigt. Die Methodik der Projektumfeldanalyse wurde in Abschnitt 4.1.3 im Zuge des Projektstarts erläutert, da sie dort zum ersten Mal angewendet werden sollte. Da es sich hierbei um eine Momentaufnahme handelt, empfiehlt es sich, die Analyse im weiteren Projektverlauf regelmäßig wieder aufzunehmen und die aktuellen Entwicklungen zu berücksichtigen.

(b) Fehler-Möglichkeits- und Einfluss-Analyse (FMEA)

Die Fehler-Möglichkeits- und-Einfluss-Analyse (oder englisch Failure Mode and Effect Analysis (FMEA)) beinhaltet eine systematische Vorgehensweise zur **Analyse von möglichen Fehlern**: Man antizipiert gedanklich alle möglichen Abweichungen von der bisher geplanten Leistung und untersucht sowohl, welche Ursache zu dieser Abweichung führen könnte, als auch, wie sich diese Abweichung dann auswirken würde.

Der nächste Schritt besteht in einer **Risikoanalyse**: Es werden

- die Eintrittswahrscheinlichkeit,
- die Bedeutung des Fehlers und
- die Wahrscheinlichkeit der Entdeckung des Fehlers und seiner vollständigen Behebung

abgeschätzt und mit Hilfe von Punktwerten quantifiziert (vgl. Abb. 2-124).

Multipliziert man diese Punktwerte miteinander, so erhält man die sog. „Risiko-Prioritätszahl" (RPZ), die als Indikator für das Ausmaß und die Bedeutung des jeweiligen Risikos herangezogen werden kann.

Anschließend werden Lösungsmaßnahmen abgeleitet und ihre Wirksamkeit überprüft. Die FMEA beinhaltet also noch weitere Schritte des Risikomanagements (vgl. *Patzak/Rattay* [Projektmanagement] 316).

Die FMEA stammt ursprünglich aus der Raumfahrt. Sie eignet sich grundsätzlich für alle Arten von Risiken; in der Praxis wird sie besonders häufig für technische Fragestellungen verwendet.

(c) Systematische Analyse der Projektpläne

Man könnte alle Projektpläne einer Fehler-Möglichkeits- und Einfluss-Analyse unterziehen, allerdings konzentriert man sich auf diese Weise auf die Risiken und durchdringt mögliche Chancen nur am Rande. Es empfiehlt sich somit eine **systematische Durchleuchtung der Projektpläne** auf potenzielle Chancen und Risiken.

Firma
Produkt, Projekt
erstellt von…
Datum…

BAUGRUPPE, BAUTEIL	POTENTIELLE FEHLER			VERSION 1 (Istzustand)					MASSNAHMEN	VERSION 2				
Funktion	Art	Auswirkung	Ursachen	Prüfmaß-nahmen	Ein-tritt a)	Bedeu-tung b)	Entdek-kung c)	RPZ d)		Prüfmaß-nahmen	Ein-tritt a)	Bedeu-tung b)	Entdek-kung c)	RPZ d)
	Bersten	Zerstörung, Lebens-gefahr	- Ventil klemmt - Schalterbruch - Schütz steckt - Sprödbruch	sporadisch	1	5	1	5	redundanten Schalter einbauen fixe Prüfintervalle vereinbaren					
	Lecken	Ausfall Sekundär-schäden	- Dichtung - Haarriss	sporadisch	2	3	2	12	Komponentenzuver-lässigkeit erhöhen (Lieferanten)					

Legende:

a) Eintritt: Wahrscheinlichkeit
- fast nie 1
- selten 2
- manchmal 3
- häufig 4
- fast immer 5

b) Bedeutung: Auswirkung auf Nutzung
- kaum merkbar 1
- geringe Belästigung 2
- mäßiger Schaden 3
- schwerer Schaden 4
- sehr schwerer Schaden 5

c) Entdeckung: Wahrscheinlichkeit
- sehr hoch 1
- hoch 2
- mäßig 3
- gering 4
- sehr gering 5

d) RPZ…RISIKO-PRIORITÄTSZAHL

Abb. 2-124 Fehler-Möglichkeits- und Einfluss-Analyse (FMEA) (Quelle: *Patzak/Rattay* [Projektmanagement] 317)

Dabei kann man sowohl die Objekte als auch die Vorgehensweise im Projekt auf Chancen und Risiken untersuchen:

- Beim **Projektstrukturplan** können für die einzelnen Arbeitspakete insbesondere leistungs- und qualitätsbezogene Chancen und Risiken herausgearbeitet werden. Jedes Arbeitspaket sollte unter dem Gesichtspunkt betrachtet werden, inwieweit an dieser Stelle Schwierigkeiten bei den Sachaufgaben, bei den geplanten Terminen und bei den geplanten Kosten auftreten können, also bei allen drei Dimensionen der Zielerreichung (vgl. *Rinza* [Projektmanagement] 59).
- Bei der **Aufwandsplanung** können die Prämissen analysiert werden, die dem bisherigen Plan zugrunde liegen. Was würde geschehen, wenn bestimmte Rahmenbedingungen nicht eingehalten werden? Was würde sich im besten Fall aufwandsmindernd auswirken?
- Die **Ablaufplanung**, insbesondere ein Netzplan, bietet eine gute Übersicht über Schnittstellen, die ein gewisses Risiko- und Chancenpotenzial beinhalten. Der kritische Pfad verdeutlicht terminliche Risiken und Chancen sehr anschaulich.
- Der Netzplan kann ebenfalls für die **Terminplanung** eingesetzt werden. Auch andere Methoden der Terminplanung, v.a. Balkenpläne, ermöglichen einen relativ klaren Blick auf terminliche Risiken und Chancen.
- Auf der Grundlage der **Ressourcenplanung** können potenzielle Risiken und Chancen in Bezug auf die vorgesehenen Personen, Sachmittel und Materialien deutlich herausgearbeitet werden.
- Die **Kostenplanung** ermöglicht einen realistischen Blick auf finanzielle Risiken und Chancen, insbesondere, wenn bereits von Projektbeginn an alle Kosten über den gesamten Lebenszyklus mit in die Betrachtung einbezogen werden und die Preisvorstellungen des Kunden für bestimmte Funktionen des Projektergebnisses mit einfließen (vgl. die Ausführungen zu den Bausteinen einer integrierten Kostenplanung S. 204ff.).

(d) Checklisten

Checklisten sollen verhindern, dass wichtige Teilaspekte eines Problems übersehen werden. Man sammelt typische Projektrisiken und -chancen aus der Vergangenheit, dokumentiert sie in einer Checkliste und stellt sie allen Betroffenen zur Verfügung. Bei der Chancen- und Risikoidentifikation kann man nun auf diese Checkliste zurückgreifen und die einzelnen Risiken und Chancen daraufhin überprüfen, inwieweit sie für das spezifische Projekt relevant sein könnten.

Der Erfolg einer Checkliste beruht darauf, möglichst die wichtigsten Projektrisiken und -chancen zu erfassen. Daher sollten Checklisten regelmäßig aktualisiert werden, indem die Projektleiter ihre neuen Erfahrungen aus einem gerade abgeschlossenen Projekt mit in die Checkliste einbringen. Benutzt man unternehmensspezifische Checklisten, so ist diese Dokumentation der Erfahrungen ein wichtiger Bestandteil des Wissensmanagements („Lessons Learned") am Ende eines Projektes. Grundsätzlich ist es nicht möglich, alle denkbaren Risiken in Checklisten zu erfassen, so dass der Einsatz von Checklisten immer mit anderen Methoden kombiniert werden sollte.

(e) Szenario-Technik

„Die Szenario-Analyse ist eine Planungstechnik, die ausgehend von der Gegenwart die zukünftigen Entwicklungen eines Gegenstandes bei alternativen Rahmenbedingungen beschreibt" (*Bea/Haas* [Management] 311).

Sie lässt sich ohne weiteres auf die verschiedensten Problemstellungen innerhalb eines Projektes anwenden. Bezogen auf die Identifikation von Projektrisiken und -chancen ist ihr Ziel das rechtzeitige Erkennen von

- Entwicklungen in der Projektumwelt,
- Entwicklungen im Projekt unter Berücksichtigung der externen Entwicklungen und
- Projektrisiken und -chancen als Folge dieser Entwicklungen.

Bei der Szenario-Technik werden mehrere alternative Zukunftsbilder (Szenarien) entworfen, die von den sog. Extremszenarien „Best Case" und „Worst Case" begrenzt werden (vgl. Abb. 2-125).

In der Regel werden etwa drei bis fünf Szenarien einer möglichen Projektentwicklung entworfen, diskutiert und ausgewertet. Bei der Erarbeitung der Szenarien beschäftigt man sich u.a. intensiv mit möglichen Entwicklungen und hypothetischen Störereignissen. Daher ist der große Nutzen der Szenario-Technik in der **Sensibilisierung** auf Projektchancen und -risiken zu sehen, die sich durch neue Entwicklungen in der Projektumwelt ergeben können. Zudem kann ihre Bedeutung für das Projekt antizipiert und so die Basis für den Umgang mit den erkannten Chancen und Risiken gelegt werden.

Zur detaillierten Vorgehensweise bei der Erstellung einer Szenario-Analyse empfehlen sich beispielsweise *Geschka* [Szenariotechnik] oder *Götze* [Szenario-Technik].

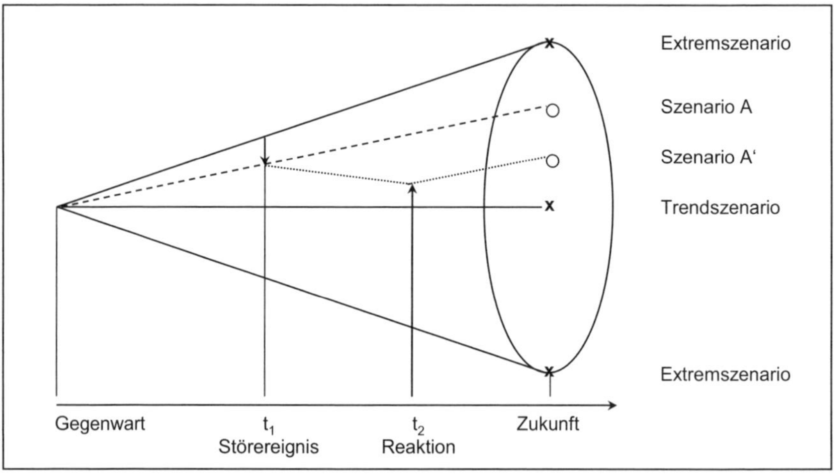

Abb. 2-125: Szenario-Analyse
(In Anlehnung an: *Geschka* [Szenariotechnik] 522)

(f) Früherkennungssysteme auf der Basis von Indikatoren, Kennzahlen oder Schwacher Signale

„Ein Früherkennungssystem ist eine spezielle Form eines Informationssystems, dessen Ziel die möglichst frühzeitige Erkennung, Diagnose und Weitergabe von führungsrelevantem Wissen ist" (*Bea/Haas* [Management] 316).

Zu Beginn der 70er Jahre sahen sich viele Unternehmen verstärkt mit Diskontinuitäten aus der Unternehmensumwelt, also mit Überraschungen von strategischer Reichweite, konfrontiert. Die Forschung beschäftigt sich seitdem mit dem Entwurf von Systemen, mit deren Hilfe neuartige Umweltveränderungen schneller entdeckt werden können. Eine Möglichkeit kann hierbei die Beobachtung von Indikatoren sein, die vorlaufend Hinweise für zukünftige Entwicklungen liefern können.

Diese Systematik lässt sich auch auf die Früherkennung von konkreten Projektrisiken und Projektchancen übertragen. Entscheidend ist hierbei allerdings die Auswahl von geeigneten **projektspezifischen Frühwarnindikatoren**. Ein solcher Indikator für Termin- und Kostenrisiken des Projektes könnte beispielsweise die Anzahl der Änderungswünsche des Kunden sein. Ein weiterer Frühwarnindikator für die Qualität der angestrebten Projektleistung könnte beispielsweise der Umfang der Garantieaufwendungen sein, der sich bei Produkten mit derselben verwendeten Technologie ergeben haben. Auch der Einsatz von Kennzahlen ist möglich, z.B. aus einer Scorecard auf Projektebene.

Diese an bestimmten Projektthemen ausgerichteten Vorgehensweisen eignen sich v.a. zur Identifikation von typischen Projektrisiken und Chancen, weniger jedoch zur Identifikation vollkommen neuer Chancen und Risiken.

Bei den Früherkennungssystemen der 3. Generation versucht man daher, eine Art **„strategisches Radar"** aufzubauen, mit dem man sog. „Schwache Signale" aus der Unternehmensumwelt aufnehmen kann. Diese „Schwachen Signale" sind meist qualitativer Natur (vgl. *Ansoff* [Schwache Signale]). Auch dieses Konzept kann auf das Projektmanagement übertragen werden. Zur Erkennung von projektspezifischen „Schwachen Signalen" kann u.a. die Stakeholderanalyse eingesetzt werden, die im Rahmen der Projektumfeldanalyse vorgestellt wurde.

Die konkrete Implementierung eines solchen Früherkennungssystems unter Berücksichtigung von **„Schwachen Signalen"** ist nicht trivial. Insbesondere geht es darum, das „Können" und „Wollen" der Mitarbeiter zu fördern, d.h. ihnen ein grundlegendes Verständnis für ihre Rolle im Rahmen der Projektrisiko- und Projektchancenidentifikation und für die anzuwendende Methodik zu vermitteln.

Einige der vorgestellten Techniken beinhalten nicht nur die Identifikation von Chancen und Risiken, sondern auch weitere Schritte des Chancen- und Risikomanagements, insbesondere eine Chancen- und Risikoanalyse, mit der wir uns im nächsten Abschnitt beschäftigen wollen.

10.2.3.2 Chancen- und Risikoanalyse

Für einen systematischen Umgang mit Chancen und Risiken ist es unverzichtbar, die identifizierten Chancen und Risiken zu priorisieren, da unmöglich alle Themen gleichzeitig angegangen werden können. Dazu müssen die beteiligten Experten zunächst einschätzen,

- wie wahrscheinlich der Eintritt der jeweiligen Situation ist und
- wie sich die Situation auf das Projekt auswirken würde.

Diese Einschätzung kann sowohl qualitativ als auch quantitativ erfolgen.

(1) Qualitative Analyse

Eine erste Annäherung an die jeweilige Situation erfolgt meist verbal (qualitative Analyse). Zur umfassenden Beschreibung eines Risikos kann auf die Angaben zurückgegriffen werden, die in Abb. 2-126 in Form einer Risikoliste zu finden sind (vgl. *Meier* [Risikomanagement] 30).

Nummerierung	Kurzbezeichnung	Beschreibung	Ursachen	Mögliche Folgen	Betroffene Stakeholder	Klassifizierung	Vernetzung mit anderen Risiken
R001	Aufwand AP 015	Höherer Aufwand in AP 015	Höhere Unsicherheit aufgrund innovativer Technik	- Zeitverzug - Mehrarbeit verursacht höhere Kosten	Projektteammitglieder: Hr. Maier, Fr. Müller; Projektauftraggeber	Risiko-/ Chancen-Paar	Akkumulation mit R002
R002	Abhängigkeit AP 015	Abhängigkeit vom Know-how von Hrn. Maier	Keine weiteren Know-how-Träger bzgl. der neuen Technik	- Überlastung - Motivationsverlust	Hr. Maier; Gesamtes Projektteam, Auftraggeber, Kunde	Reines Schadensrisiko	Akkumulation mit R001
R003	...	...	...	...	...	...	...

AP = Arbeitspaket

Abb. 2-126: Beispiel für eine Risikoliste im Zuge der qualitativen Analyse

Die Betrachtung der Abhängigkeiten unter den Risiken ist eine wichtige Voraussetzung für die realistische Abschätzung einer Risikowirkung. Risiken können nämlich andere Risiken nach sich ziehen und somit eine wesentlich stärkere Wirkung entfalten. Hier ist es wichtig zu untersuchen, ob die Risiken akkumulieren oder sich eventuell gegenseitig kompensieren.

Allerdings sollten nicht nur Risiken, sondern auch Chancen explizit mit in die qualitative Analyse einbezogen werden. Es empfiehlt sich, sowohl eine Risikoliste als auch eine eigene Chancenliste anzulegen (Abb. 2-127).

Nummerierung	Kurzbezeichnung	Beschreibung	Ursachen	Mögliche Auswirkungen	Betroffene Stakeholder	Klassifizierung	Vernetzung mit anderen Chancen
C001	Herr Müller	Gewinnung von Herrn Müller als Projektteammitglied	Besonders gute innerbetriebliche Vernetzung von Herrn Müller	-Senkung der Schnittstellenprobleme mit Abteilung xy - Informale Kommunikation mit wichtigen Entscheidern in der GF	Projektteam, Entscheider in der GF	Risiko-/ Chancen-Paar	Additive Wirkung mit C005
C002	Lieferant xy	Prozessverbesserung	Projekt zur Prozessverbesserung bei Lieferant bald abgeschlossen	- Weniger Schnittstellenprobleme als erwartet - Niedrigere Fehlerquote	Projektteam, Kunde	Risiko-/ Chancen-Paar	Subtraktive Wirkung auf C008
C003	...	...	...	...	...	...	...

Abb. 2-127: Beispiel für eine Chancenliste im Zuge der qualitativen Analyse

(2) Quantitative Analyse

Als nächster Schritt erfolgt auf diesen Grundlagen eine Quantifizierung der Eintrittswahrscheinlichkeiten und des Ausmaßes der Risiken und der Chancen. Man versucht, die Auswirkungen der jeweiligen Situation auf den Cash-flow des Projektes abzuschätzen. Im Projektverlauf wird diese Schätzung unterschiedlich detailliert ausfallen: Vor und bei Projektbeginn erfolgt meist eine grobe Schätzung mit Hilfe von Punktwerten, in den fortgeschrittenen Planungs- und Umsetzungsphasen können die Wirkungen auf die drei Zieldimensionen „Kosten", „Zeit" und „Leistung" mit zunehmender Konkretisierung der Informationslage differenziert untersucht und ihre Konsequenzen auf den Cash-flow quantifiziert werden. Bei dieser differenzierten Analyse der Chancen und Risiken wird jedes Risiko zunächst systematisch und einzeln mit Hilfe entsprechender Methoden untersucht, um anschließend in einer Gesamtbetrachtung für das jeweilige Projekt zusammengeführt zu werden.

Oftmals ist für ein differenziertes Bild der Chancen und Risiken die **Berücksichtigung von Maßnahmen zur Chancen- und Risikogestaltung** notwendig: Bei grundlegenden und erfolgskritischen Risiken kann die ökonomische Sinnhaftigkeit eines Projektes davon abhängen, dass entsprechende Managementmaßnahmen ergriffen werden, z.B. der Abschluss von Verträgen zur Risikoüberwälzung. Die Quantifizierung erfolgt daher meistens iterativ in Abhängigkeit von den geplanten Maßnahmen zur Chancen- und Risikogestaltung.

Für die Quantifizierung von Projektrisiken und -chancen lassen sich verschiedene Methoden anwenden. Dabei kann man Verfahren mit und ohne Berücksichtigung von Wahrscheinlichkeiten unterscheiden. In Abb. 2-128 sind Beispiele für die jeweiligen Methoden aufgeführt, auf die wir im Folgenden näher eingehen wollen. Die meisten Methoden werden in der Literatur eher unter dem Gesichtspunkt „Quantifizierung von Risiken" diskutiert; prinzipiell eignen sich die meisten Verfahren jedoch auch für Chancen, da sie statistisch ausgerichtet sind und somit Risiko mit einer beidseitigen Abweichungsmöglichkeit definieren.

Bei den Verfahren ohne Berücksichtigung von Wahrscheinlichkeiten steht eine erste Annäherung an die quantitativen Auswirkungen von Risiken und Chancen, z.B. in Form einer Bandbreite von möglichen Ergebniswerten im „best and worst case" oder einer Untersuchung der Konsequenzen von Änderungen der Eingabegrößen, im Mittelpunkt. Die Verfahren unter Berücksichtigung von Wahrscheinlichkeiten zielen auf eine möglichst genaue Quantifizierung der Bedeutung der möglichen Chancen und Risiken für das Projekt ab.

Methoden zur Risikoquantifizierung

ohne Berücksichtigung von Wahrscheinlichkeiten	**mit Berücksichtigung von Wahrscheinlichkeiten**
• Korrekturverfahren	• Semiquantitative Analyse
• Mehr-Punkt-Verfahren	• Schätzung mittels Kennwerten
• Sensitivitätsanalyse	• Simulative Risikoanalyse

Abb. 2-128: Ausgewählte Verfahren zur Quantifizierung von Risiken

Methoden zur Risikoquantifizierung ohne Berücksichtigung von Wahrscheinlichkeiten

Wenden wir uns zunächst den Methoden ohne Berücksichtigung von Wahrscheinlichkeiten zu. Bei diesen Verfahren wird i.d.R. an der grundlegenden Projektergebnisgröße des Unternehmens angeknüpft und untersucht, wie sich das Projektergebnis bei Änderungen seiner wesentlichen Einflussgrößen verändert. Im Folgenden untersuchen wir zur Illustration die Auswirkungen auf den Projektwertbeitrag als eine der zentralen Zielgrößen des Projektmanagements. Der Projektwertbeitrag wird mit folgender Formel beschrieben (zur Berechnung vgl. S. 538ff. und S. 567ff.):

$$\text{Projektwertbeitrag (PWB)} = \sum_{t=0}^{T} \frac{\text{ProjektFCF}_t}{(1+\text{WACC})^t}$$

Im Rahmen des Korrekturverfahrens, des Mehr-Punkt-Verfahrens und der Sensitivitätsanalyse werden nun die Einflussgrößen „Free Cash-flow des Projektes“ (ProjektFCF) und „Weighted Average Cost of Capital“ (WACC) verändert, um Rückschlüsse auf mögliche Entwicklungen der Ergebnisgröße „Projektwertbeitrag“ ziehen zu können. Im ProjektFCF werden eine ganze Reihe von Zahlungsstromgrößen berücksichtigt, wie beispielsweise die Projektumsätze, verschiedene Projektkosten sowie projektbezogene Investitionen bzw. Desinvestitionen in Anlage- und Umlaufvermögen. Auch der zeitliche Anfall der jeweiligen Zahlungsstromgrößen spielt eine wichtige Rolle (vgl. Teil 3, S. 525ff.).

(a) Korrekturverfahren

Im Rahmen des Korrekturverfahrens werden Chancen und Risiken berücksichtigt, indem Ab- oder Aufschläge auf die Einflussgrößen des ProjektFCF oder den Kalkulationszinssatz vorgenommen werden. Im Folgenden werden wir uns stärker auf die Berücksichtigung von Risiken konzentrieren.

Die Höhe der Korrektur hängt vom geschätzten Ausmaß des Risikos ab, z.B. wird ein Kalkulationszinssatz höher angesetzt, wenn man einen größeren Schaden vermutet. Diese Verfahrensvariante kann verfeinert werden, indem zwischen verschiedenen Risikoklassen unterschieden wird, denen jeweils unterschiedliche Kalkulationszinssätze zugeordnet sind, z.B.

- Risikoklasse A: 10% für bekannten Projektauftraggeber und traditionelle Technologie
- Risikoklasse B: 12,5% für bekannten Projektauftraggeber und innovative Technologie
- Risikoklasse C: 15% für neuen Projektauftraggeber und traditionelle Technologie
- Risikoklasse D: 20% für neuen Projektauftraggeber und innovative Technologie

Auf diese Weise würde sich je nach Risikoklasse ein anderer Projektwertbeitrag ergeben.

Das Korrekturverfahren ist allerdings nicht unkritisch zu sehen: Es werden z.B. keine Eintrittswahrscheinlichkeiten für die Risiken berücksichtigt. Zudem stellen sich weitere Fragen: Welcher Zusammenhang besteht zwischen dem Risiko und der korrigierten Eingabegröße? Weshalb wurde genau diese Eingabegröße ausgewählt und nicht noch eine weitere berücksichtigt? Womit wird die Höhe der Korrektur begründet? Welche Abhängigkeiten bestehen zwischen den verschiedenen Risiken und wie sind diese Korrelationen in die Berechnung eingeflossen? Diese Fragen machen deutlich, dass diese Methode erst dann richtig nachvollziehbar wird, wenn die schätzenden Experten die Beweggründe für ihre Korrekturen genauer darlegen. Für das Verfahren sprechen jedoch der intuitive Zugang und der geringe Aufwand bei der Berechnung.

(b) Mehr-Punkt-Verfahren

Anders als das Korrekturverfahren berücksichtigt das Mehr-Punkt-Verfahren mehrere Werte je Eingabegröße. Man unterscheidet das Zwei- und das Drei-Punkt-Verfahren:

Beim **Zwei-Punkt-Verfahren** werden jeweils optimistische und pessimistische Werte einer Eingabegröße berücksichtigt.

Das **Drei-Punkt-Verfahren** wird noch durch einen dritten Wert ergänzt: Den Mittelwert (Durchschnitt) oder den Wert, der sich erfahrungsgemäß „im Normalfall" ergeben dürfte.

Es wird in unserem Fall ein Projektwertbeitrag im „best case" berechnet, indem für alle eingehenden Werte der günstigste Fall unterstellt wird. Genauso wird ein alternativer Projektwertbeitrag für den „worst case" auf der Grundlage von pessimistischen Werten errechnet.

Allerdings berücksichtigt auch das Mehr-Punkt-Verfahren die Eintrittswahrscheinlichkeiten der Eingabegrößen nicht. Außerdem können die Abhängigkeiten zwischen den Eingabegrößen nur begrenzt erfasst werden. Welche Risiken mit welchen Abhängigkeiten in die Betrachtung eingeflossen sind, wird erst im Zuge einer umfangreichen Dokumentation nachvollziehbar.

Man bekommt jedoch einen Überblick über die mögliche Spannbreite der Ergebnisentwicklung. Das Mehr-Punkt-Verfahren wird daher in der Praxis häufig angewendet, denn es ist leicht zu erlernen und verursacht keinen nennenswerten Rechenaufwand.

(c) Sensitivitätsanalyse

Die Sensitivitätsanalyse kann zwei Fragen beantworten:

- Wie ändert sich die Ergebnisgröße, wenn eine einzelne Eingabegröße variiert wird? Diese Fragestellung wird auch als **„Was-Wenn-Analyse"** oder englisch „What-if-Analysis" bezeichnet.
- Wie weit darf der Wert einer Eingabegröße vom ursprünglichen Wertansatz abweichen, ohne dass die Ergebnisgröße einen vorgegebenen Wert unter- oder überschreitet? Hierbei handelt es sich um das **Verfahren der kritischen Werte**.

1.) Bei der **„Was-Wenn-Analyse"** wird ein Eingabewert unter Annahme sonst gleicher Bedingungen verändert. Variiert man auf diese Weise nacheinander alle Eingabegrößen, so kann man ableiten, welche Größe den stärksten Einfluss auf das Ergebnis besitzt.

2.) Mit Hilfe des **„Verfahrens der kritischen Werte"** werden jene Schwellenwerte der Eingabegrößen untersucht, bei denen sich das Ergebnis über eine definierte Toleranzgrenze hinaus verändert.

Diese Verfahren berücksichtigen keine Wahrscheinlichkeiten der Eingabe- und Ergebnisgrößen. Abhängigkeiten zwischen den Eingabegrößen fließen nicht explizit mit in die Betrachtung ein. Grundsätzlich fördert die Sensitivitätsanalyse jedoch eine größere Sensibilität gegenüber den Risikofaktoren des Projektes. Gerade die „Was-Wenn-Analyse" verdeutlicht die Bedeutung einzelner Eingabegrößen für die Erreichung des gewünschten Ergebnisses, indem sie die Spannweite möglicher Ergebniswerte aufzeigt.

Methoden zur Risikoquantifizierung mit Berücksichtigung von Wahrscheinlichkeiten

Die Verfahren ohne Berücksichtigung von Wahrscheinlichkeiten können hilfreich sein, um sich der Auswirkung eines Risikos anzunähern; für eine genaue Quantifizierung des Risikos oder einer Chance ist jedoch die **Schätzung von Wahrscheinlichkeiten** notwendig, insbesondere für die Priorisierung der vorrangig anzugehenden Risiken und Chancen.

Die folgenden **Methoden** sind nach zunehmender Komplexität und benötigten statistischen Kenntnissen geordnet.

(a) Semiquantitative Analyse

Bei dieser Vorgehensweise handelt es sich um eine Zwischenstufe zwischen qualitativer und quantitativer Analyse. Sie eignet sich insbesondere zu Projektbeginn, wenn nur wenig detaillierte Informationen vorliegen, oder auch für Risiken und Chancen, die grundsätzlich nur sehr schwer quantifiziert werden können.

Mit Hilfe einer passenden Skalierung werden die verbalen Aussagen aus der qualitativen Analyse in Zahlenwerte überführt. Es bieten sich für diese Transformation insbesondere eine kardinale Skala (Punktwerte, z.B. zwischen 0 und 4) oder eine ordinale Skala mit einer Rangordnung (1. Platz, 2. Platz, …) an.

Die Eintrittswahrscheinlichkeit könnte somit beispielsweise folgendermaßen quantifiziert werden:

Nahezu sicher (> 50%)	4 Punkte
Sehr wahrscheinlich (> 30 - 50 %)	3 Punkte
Wahrscheinlich (> 15 - 30 %)	2 Punkte
Relativ unwahrscheinlich (>5 – 15 %)	1 Punkt
Sehr unwahrscheinlich (≤ 5%)	0 Punkte

An dieser Stelle wird schnell deutlich, dass diese Transformation mit einigen Schwierigkeiten verbunden ist: Verzichtet man auf die Angabe von Prozentzahlen, so können vielerlei Missverständnisse zwischen den beteiligten Personen entstehen. Welche Schwellenwerte im jeweiligen Projekt gelten sollen, muss jeweils unternehmens- und projektspezifisch festgelegt werden.

Grundsätzlich ist zu sagen, dass diese Schätzungen bis zu einem bestimmten Grad der Subjektivität des schätzenden Individuums bzw. der befragten Gruppe unterliegen. Vor diesem Hintergrund wird besonders deutlich, wie wichtig die Erfahrung, die fachliche und methodische Kompetenz sowie die Motivation der befragten Mitarbeiter für die Qualität der Zahlenwerte sind. Bei sehr wichtigen Einschätzungen bietet es sich an, verschiedene Experten unabhängig voneinander zu befragen, um ein möglichst breites Bild der potenziellen Entwicklungen zu bekommen (vgl. die Delphi-Methode S. 148).

Mit Hilfe der verschiedenen statistischen Methoden, die wir in diesem Abschnitt noch ansprechen werden, wird versucht, auf der Grundlage von vergangenheitsbezogenen Daten oder mit Simulationen von möglichen künftigen Entwicklungen mehr Transparenz und Objektivität in die Risiko- und Chancenquantifizierung zu bringen.

Kommen wir nun zu einem Beispiel für die **Einschätzung des Schadensausmaßes** bei Risiken:

Katastrophaler Schaden für das Gesamtprojekt	4 Punkte
Großer Schaden für das Gesamtprojekt	3 Punkte
Mittlerer Schaden	2 Punkte
Kleinerer Schaden	1 Punkt
Zu vernachlässigender Schaden	0 Punkte

Bei einer solchen Zuordnung gibt es relativ viel Raum für unterschiedliche Interpretationen durch die beteiligten Personen. In Abhängigkeit von der Projektart und dem erwarteten Projektwertbeitrag sollten hier genaue Kriterien festgelegt werden, ab wann ein Schaden z.B. „katastrophale“ Ausmaße annimmt.

Die hier geschilderte Vorgehensweise entspricht weitestgehend der Methodik der FMEA (S. 354ff.). In Abb. 2-124 sind in der Legende weitere Beispiele für die Überführung verbaler Einschätzungen in Punktwerte zu finden. Bei der FMEA wird zusätzlich noch die Wahrscheinlichkeit der Entdeckung des Fehlers in die Betrachtung einbezogen. Grundsätzlich kann auch aus den beiden Punktwerten für die Eintrittswahrscheinlichkeit und das Schadensausmaß ein Produkt gebildet werden, das als Indikator für die Bedeutung des jeweiligen Risikos genutzt werden kann. In der Praxis werden diese Werte oftmals in einer Risikoliste mit den „Ampelfarben" rot, gelb und grün hinterlegt, um die wichtigsten Risiken herauszuheben und eine Konzentration auf diese Risiken zu ermöglichen.

(b) Schätzung mittels Kennwerten

Die semiquantitative Analyse (vgl. S. 365f.) wird meist in den frühen Projektphasen angewendet, wenn nur wenig differenzierte Informationen über die Risiken und Chancen zur Verfügung stehen. Im weiteren Projektverlauf ist es i.d.R. möglich, die Eintrittswahrscheinlichkeiten und das Ausmaß des Risikos bzw. der Chance genauer zu quantifizieren: Die Eintrittswahrscheinlichkeiten werden in Prozent geschätzt, das Ausmaß des Risikos bzw. der Chance als Auswirkung auf den Projektwertbeitrag in Form von Geldeinheiten. An die Stelle der singulären Schätzung genau eines Projektwertbeitrages tritt die Schätzung verschiedener möglicher Ausprägungen des Projektergebnisses unter gleichzeitiger Abschätzung einer zugehörigen Wahrscheinlichkeit für die jeweilige Ausprägung des Projektwertbeitrages. Damit können die Projektrisiken nun mittels verschiedener Kennwerte abgeschätzt werden. Die wichtigsten Kennwerte sind

- der Erwartungswert und
- die Varianz.

- **Erwartungswert**

  Nehmen wir an, ein Experte hält die folgenden Projektwertbeiträge für realistisch (vgl. das Beispiel zum Erwartungswertprinzip von *Manz/Dahmen/Hoffmann* [Entscheidungstheorie] 29ff.): Mit einer Wahrscheinlichkeit von 25% wird sich das Projekt so gut entwickeln, dass ein Projektwertbeitrag von 3.000.000 Euro resultieren wird. Zu 25% wird das Projekt mit einigen Schwierigkeiten zu kämpfen haben und somit einen Projektwertbeitrag in Höhe von 1.800.000 Euro erwirtschaften. Allerdings befürchtet er, dass sich die Rahmenbedingungen im Projektverlauf so ungünstig verändern könnten, dass das Projekt zu 50% keinen Projektwertbeitrag abwerfen wird (PWB = 0). Aus diesen Schätzungen kann man nun den **Erwartungswert** berechnen:

$$EW = 0{,}25 \cdot 3.000.000 + 0{,}25 \cdot 1.800.000 + 0{,}5 \cdot 0 = 1.200.000$$

Man gewichtet also die verschiedenen möglichen Ausprägungen des Projektwertbeitrages mit ihrer jeweils abgeschätzten Eintrittswahrscheinlichkeit und bildet dann die Summe. Daraus resultiert der Erwartungswert des Projektwertbeitrages. Dieser Erwartungswert kann dem ursprünglich geplanten Projektwertbeitrag gegenübergestellt werden, um ein differenziertes Bild von der Risiko- und Chancenlage des Projektes zu bekommen.

- **Varianz**

  Der Erwartungswert allein sagt nichts darüber aus, wie stark die möglichen Ausprägungen der betrachteten Größe, im Beispielsfall also des Projektwertbeitrages, durchschnittlich vom Erwartungswert abweichen. Für die Messung dieser Streuung der Werte werden gewöhnlich die Varianz bzw. die Standardabweichung herangezogen. Die Varianz ist ein Maß dafür, wie die einzelnen Ausprägungen um den Erwartungswert verteilt sind, d.h. wie stark die möglichen Projektwertbeiträge um den Erwartungswert streuen.

Die **Varianz** σ^2 berechnet sich als die durchschnittliche quadratische Abweichung vom Mittelwert, in diesem Fall dem Erwartungswert. Die **Standardabweichung** σ ergibt sich, wenn aus der Varianz die Wurzel gezogen wird.

$$\sigma_i = \sqrt{\sum_{j=1}^{m} \left(e_{ij} - \mu_i\right)^2 \cdot p_j}$$

mit

σ_i	Standardabweichung der Alternative i
e_{ij}	Ergebnis Alternative i bei Umweltzustand j
μ_i	Erwartungswert der Alternative i
p_j	Wahrscheinlichkeit Umweltzustand j

Im obigen Beispiel zum Erwartungswert würde die Standardabweichung somit folgendermaßen berechnet:

$$\sigma^2 = (3.000.000 - 1.200.000)^2 \cdot 0{,}25 + (1.800.000 - 1.200.000)^2 \cdot 0{,}25$$
$$+ (0 - 1.200.000)^2 \cdot 0{,}5 = 1{,}62^{12}$$
$$\sigma = \sqrt{1{,}62^{12}} = 1.272.792{,}2$$

Grundsätzlich gilt: Je höher bei einem berechneten Erwartungswert für den Projektwertbeitrag die zugehörige Streuung der Ergebniswerte ist, desto höher ist das Risiko für die Realisierung dieses Erwartungswertes des Projektwertbeitrages einzustufen. Umgekehrt wachsen jedoch auch die Chancen, möglicherweise einen bedeutend höheren Projektwertbeitrag zu erzielen, als mit dem Erwartungswert berechnet. Je geringer die Streuung um den Erwartungswert ausfällt, desto wahrscheinlicher ist die Realisation eines Projektwertbeitrages, der nahe am Erwartungswert liegt.

Allerdings wird die Schätzung auf Gesamtprojektebene in den wenigsten Fällen so vereinfacht ablaufen, wie es in unserem Beispiel der Fall ist, denn im Projektwertbeitrag schlagen sich viele Einzelrisiken und -chancen nieder, die differenziert bezogen auf die verschiedenen Einflussgrößen des Projektwertbeitrages betrachtet werden sollten. Zur Schätzung der möglichen Ausprägungen der verschiedenen Einflussgrößen wird möglichst auf Erfahrungswerte aus der Vergangenheit zurückgegriffen (z.B. bei Preisschwankungen, Witterungsverhältnissen, Schadensfällen oder Streiks). Bei manchen Risiken oder Chancen ist dies jedoch nicht möglich oder erscheint dies nicht sinnvoll. In diesem Fall werden subjektive Expertenschätzungen über das mutmaßliche Eintreten von Ereignissen in der Zukunft zugrunde gelegt.

Auf der Grundlage verschiedener Einzelschätzungen können so Wahrscheinlichkeitsverteilungen für die verschiedenen Einflussgrößen des Projektwertbeitrages abgeleitet werden. Diese Wahrscheinlichkeitsverteilungen können dann wiederum in die Schätzung der Wahrscheinlichkeiten der Ergebnisgröße, also in unserem Fall des Projektwertbeitrags eingehen. Eine solche Vorgehensweise wird im Zuge der simulativen Risikoanalyse vorgestellt.

(c) Simulative Risikoanalyse

Ziel der simulativen Risikoanalyse ist eine möglichst transparente und objektive Einschätzung von Risiken. Mit der **Monte-Carlo-Simulation** bedient man sich einer Methode, mit der mögliche Ausprägungen einer Ergebnisgröße wie bspw. des Projektwertbeitrages mit einer Wahrscheinlichkeitsverteilung beschrieben werden. Diese Wahrscheinlichkeitsverteilung der Ergebnisgröße wird aus den kombinierten Wahrscheinlichkeitsverteilungen der Einflussgrößen sowie aus einem Zufallszahlengenerator gewonnen, der für ausreichend viele Realisierungen der Ergebnisgröße sorgt.

Im Folgenden wird die simulative Risikoanalyse mit dem Fokus auf die praktische Anwendung im Projekt eher knapp skizziert. Eine ausführliche

Darstellung der simulativen Risikoanalyse findet sich bei *Hertz/Thomas* ([Risk Analysis]) oder anhand eines praktischen Beispiels bei *Kaninke* ([A-nalyse] 115 ff.).

Die simulative Risikoanalyse umfasst die folgenden **Schritte**:

1.) Festlegung der zu untersuchenden Ergebnisgröße, z.B. des Projektwertbeitrags und seiner wichtigsten Einflussgrößen

Zunächst wird die Ergebnisgröße festgelegt, für die die Wahrscheinlichkeitsverteilung geschätzt werden soll. Die Abhängigkeiten dieser Ergebnisgröße von ihren wesentlichen Einflussfaktoren müssen eindeutig definiert und idealerweise mit Hilfe einer Formel abgebildet werden. Als Ergebnisgröße bietet sich im Falle der Risikoabschätzung im Projektmanagement eine Projektergebnisgröße wie bspw. der Projektwertbeitrag an.

$$\text{Projektwertbeitrag (PWB)} = \sum_{t=0}^{T} \frac{\text{ProjektFCF}_t}{(1+\text{WACC})^t}$$

Aus der Formel ergibt sich, dass die wichtigsten Einflussgrößen des Projektwertbeitrages der durchschnittlich gewichtete Kalkulationszinsfuß sowie die **Einflussfaktoren des Free Cash-flows** sind.

2.) Schätzung von Referenzwerten für die Einflussfaktoren und ihrer Eintrittswahrscheinlichkeiten

Für die Einflussfaktoren sind nun Referenzwerte und Wahrscheinlichkeitsverteilungen zu schätzen. Allerdings ist dies nur dann notwendig, wenn die Ausprägungen der Einflussfaktoren unsicher sind. Im Falle des Kalkulationszinsfusses ist dies nicht der Fall. Wie aufgezeigt wird (S. 539f.), kann dieser entweder konkret berechnet oder mindestens angenähert werden.

Die zweite Haupteinflussgröße auf den Projektwertbeitrag ist der Free Cash-flow des Projektes in den verschiedenen Perioden. Die zukünftigen Ausprägungen des Free Cash-flow sind tatsächlich unsicher. Er wird von verschiedenen Faktoren beeinflusst, die ihrerseits nicht mit Sicherheit prognostiziert werden können. Für diese Einflussfaktoren können nun Referenzwerte geschätzt werden. Folgende Fragen sind dabei z.B. zu klären:

- Zwischen welchen Höchst- und Niederstgrenzen wird sich der Projektumsatz bewegen?

- In welchem Bereich werden die projektbezogenen Auszahlungen mindestens und höchstens liegen?
- Welche Kapitalbindung wird mindestens notwendig sein? Wie viel Kapital wird höchstens gebunden sein?

Wenn diese Referenzwerte abgeschätzt sind, sollte noch festgelegt werden, mit welcher Wahrscheinlichkeit sich beliebige Ausprägungen der jeweiligen Einflussgröße zwischen den Referenzwerten realisieren werden. Denkbar sind beispielsweise eine Verteilung der Ausprägungen der Einflussfaktoren nach Maßgabe einer Normalverteilung nach *Gauß* oder im Falle der Abschätzung von Höchst- und Mindestwerten nach Maßgabe einer Dreiecksverteilung (vgl. Abb. 2-129).

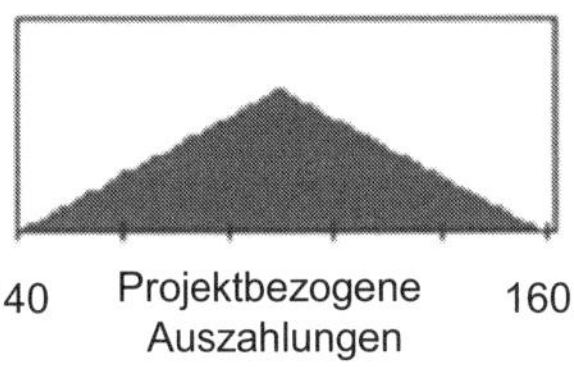

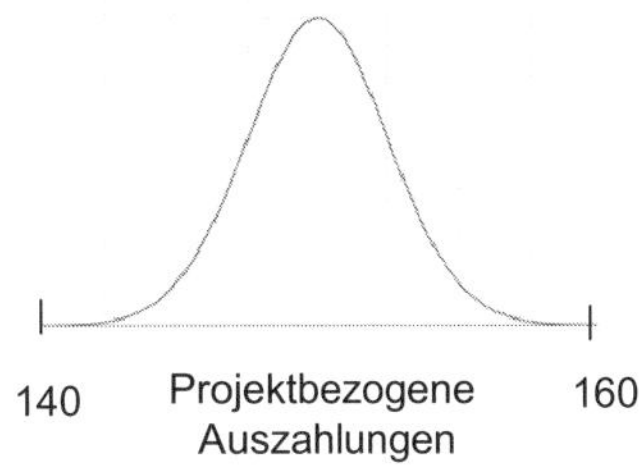

Abb. 2-129: Beispiele für eine Dreiecksverteilung bzw. für eine Normalverteilung der projektbezogenen Auszahlungen

Mit welchen Wahrscheinlichkeitsverteilungen das Auftreten der möglichen Ausprägungen einer Einflussgröße am besten beschrieben wird, kann nicht allgemeingültig beantwortet werden. Am nächsten kommt man der Realität wohl dann, wenn möglichst viele Erfahrungswerte aus der Vergangenheit zur Beantwortung dieser Fragestellung herangezogen werden können. Zudem ist noch zu berücksichtigen, dass die verschiedenen Einflussgrößen möglicherweise voneinander abhängig sind und somit auch stochastische Abhängigkeiten gegeben sind.

3.) Durchführung der Monte-Carlo-Simulation

Mittels einer Monte-Carlo-Simulation kann die Wahrscheinlichkeitsfunktion der Ergebnisgröße ermittelt werden. Hierzu werden mit Hilfe eines mathematischen Algorithmus Tausende Simulationsläufe durchgeführt. In diesen Simulationsläufen werden mittels Zufallsgenerator jeweils neue Ausprägungen für die Einflussgrößen des Projektwertbeitrages generiert und über die Projektwertbeitragsformel miteinander zu jeweils einer Ausprägung des Projektwertbeitrages verrechnet. Aus der Vielzahl der Simulationsdurchläufe lässt sich eine Wahrscheinlichkeitsverteilung für den Projektwertbeitrag ableiten.

4.) Ermittlung und Auswertung der Ergebnisverteilung

Die in den Simulationsläufen ermittelten Ergebnisse werden gespeichert und in einer Tabelle aufgelistet. Eingeteilt in Ergebnisintervalle lassen sich jeweils die absoluten, die relativen und schließlich die kumulierten relativen Häufigkeiten berechnen. Auf diese Weise entsteht die Verteilungsfunktion F(y) des Projektwertbeitrages (vgl. Abb. 2-130).

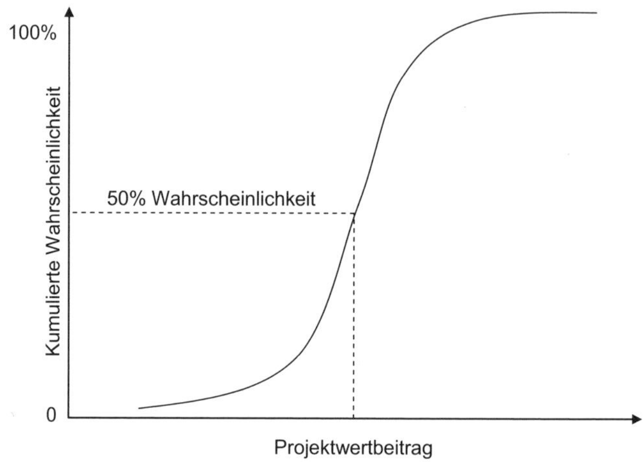

Abb. 2-130: Verteilungsfunktion des Projektwertbeitrages

Sie zeigt für jeden Wert y* die Wahrscheinlichkeit, dass der Projektwertbeitrag y höchstens diesen Wert y* annimmt, d.h. einen Wert, der kleiner oder gleich y* ist. Die Verteilungsfunktion bezeichnet man daher als **Risikoprofil**.

Bei Ergebnisgrößen, die maximiert werden sollen, wie z.B. dem Projektwertbeitrag, ist jedoch eher eine andere Perspektive interessant: Hier taucht eher die Frage auf, mit welcher Wahrscheinlichkeit ein bestimmter Wert überschritten wird. Zur Beantwortung dieser Frage wird aus der Verteilungsfunktion die Komplementärfunktion 1 - F(y) abgeleitet. Sie zeigt für jeden Wert y* die Wahrscheinlichkeit, dass die Ergebnisgröße y ihn übertrifft und kann somit als **Chancenprofil** bezeichnet werden.

Zur Visualisierung des Ergebnisses können die relativen Summenhäufigkeiten als Risiko- und als Chancenprofil abgebildet werden. Beide Kurven liegen spiegelbildlich zum Erwartungswert (vgl. Abb. 2-131).

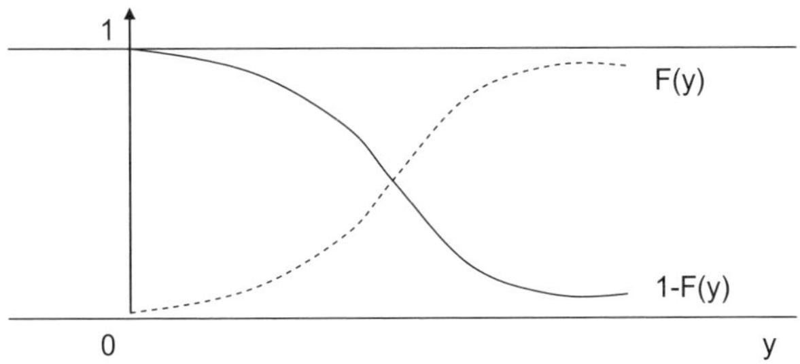

Abb. 2-131: Chancen- und Risikoprofil auf der Grundlage der simulativen Risikoanalyse

Je flacher diese Kurven verlaufen, desto stärker schwanken die Projektergebnisse; je steiler sie sind, desto enger scharen sich die Ergebnisse um den Erwartungswert. Den Erwartungswert erkennt man als den Wert mit der relativen Summenhäufigkeit von 0,5.

Hier wird deutlich, dass die simulative Risikoanalyse als statistische Methode sowohl negative als auch positive Abweichungen vom geplanten Ergebnis berücksichtigen kann, also sowohl Risiken als auch Chancen. Mit Hilfe dieser Methode können die Risiken und Chancen quantitativ erfasst werden. Wenn die Wahrscheinlichkeitsverteilung der Ergebnisgröße, in unserem Fall des Projektwertbeitrages, bekannt ist, können dann natürlich auch weitere Kennwerte zur Charakterisierung der Wahrscheinlichkeitsverteilung wie der Erwartungswert, die Standardabweichung und die Wahrscheinlichkeiten kritischer Werte des Projektwertbeitrages berechnet werden. Diese Kennwerte werden anschließend in der Chancen- und Risikobewertung je nach Risikopräferenz der Entscheider unterschiedlich genutzt (vgl. die Ausführungen zur Risikobewertung S. 376f.).

Die simulative Risikoanalyse gilt als das geeignetste Verfahren zur Berücksichtigung unsicherer Erwartungen bei der Projektbewertung.

Allerdings ist die Qualität der Ergebnisse stark vom zugrunde gelegten Untersuchungsmodell abhängig: Der Untersuchungsgegenstand muss möglichst genau mittels einer Formel beschrieben werden können, wie wir dies hier exemplarisch anhand des Projektwertbeitrages aufgezeigt haben.

Zudem müssen die Einflussgrößen des Untersuchungsgegenstandes möglichst eindeutig und überschneidungsfrei identifizierbar sein. Im Falle des Projektwertbeitrages können die Einflussgrößen des Free Cash-flow und des gewichteten Kapitalkostensatzes eindeutig identifiziert werden. Ob diese Einflussgrößen allerdings vollkommen überschneidungsfrei definiert werden können, ist eher fraglich.

Die **Sensibilität** gegenüber möglichen Chancen und Risiken sowie ihren potenziellen Auswirkungen im Projekt sollte auf jeden Fall erhöht werden. Zudem zwingen alle Verfahren der Risikoidentifikation und Risikoanalyse dazu, die Planungsprämissen im Projekt transparent und nachvollziehbar offenzulegen und nochmals kritisch zu hinterfragen.

Zwischenfazit: Die **Risikoanalyse** beinhaltet eine qualitative und eine quantitative Untersuchung der Chancen und Risiken. Für die quantitative Untersuchung können verschiedene Methoden herangezogen werden, die sich für die konkrete Situation unterschiedlich gut eignen.

Oftmals wird v.a. an relativ komplexen statistischen Modellen kritisiert, dass sie dem Anwender eine Art „Scheingenauigkeit" vermitteln und somit die Gefahr besteht, dass er seine kritische Distanz zum Modell und den Ergebnissen verliert. Ein Modell oder eine Methode können lediglich eine Entscheidungshilfe sein, sie beinhalten jedoch keine automatische Bewertung der Ergebnisse der quantitativen Analyse. Um dies zu verdeutlichen, haben wir eine eigene Phase der „Chancen- und Risikobewertung" vorgesehen, auf die wir im nächsten Abschnitt eingehen wollen.

Das formale Arbeitsergebnis der Chancen- und Risikoanalyse kann eine erweiterte Risikoliste sein, in die auch die Ergebnisse der quantitativen Analyse eingehen (vgl. Abb. 2-132).

Auch die Chancenliste kann entsprechend erweitert werden, allerdings wird hier das mögliche Schadensausmaß durch das Ausmaß der positiven Wirkung auf den Projekt-Cash-flow ersetzt. Am Ende der Phase der Chancen- und Risikoanalyse sind also die Ausmaße der Chancen und Risiken geschätzt, d.h. sie sind quantifiziert.

Der nächste Schritt besteht nun in der **Bewertung dieser Analyseergebnisse**.

Nummerierung	Kurzbezeichnung	Beschreibung	Ursachen	Mögliche Folgen	Betroffene Stakeholder	Klassifizierung	Vernetzung mit anderen Risiken	Mögliches Ausmaß des Schadens	Eintrittswahrscheinlichkeit in %	Erwartungswert	Ergebnisse weiterführender Meßverfahren

Abb. 2-132: Risikoliste im Zuge der quantitativen Analyse

10.2.3.3 Chancen- und Risikobewertung

Die Bewertung der Ergebnisse der Chancen- und Risikoanalyse hängt von der Einstellung des jeweiligen Entscheiders zum Risiko ab. Je nach **Risikopräferenz des Entscheiders** wird er die Analyseergebnisse interpretieren, die Chancen und Risiken priorisieren und seine Entscheidung über die weiteren Strategien treffen, mit denen er den Chancen und Risiken begegnen möchte.

Diese Entscheidungen werden je nach Bedeutung des Risikos oder der Chance für das Projekt gewöhnlich von unterschiedlichen Stellen getroffen:

Kleinere und mittlere Risiken werden i.d.R. durch das Projektteam und den Projektleiter eigenverantwortlich weiterverfolgt.

Bei größeren und existenziellen Risiken erarbeitet das Projektteam Vorschläge zum Risikomanagement, die Entscheidungen werden jedoch normalerweise vom internen Auftraggeber getroffen.

Da Chancen bisher meist weniger im Fokus der Aktivitäten stehen, gibt es hier in der Praxis noch keine grundlegende Vorgehensweise, die beschrieben werden könnte.

Es erscheint hier sinnvoll, dass das Projektteam sich um eher operative Chancen im Projekt kümmern sollte, während die Entscheidung über die weitere Handhabung von Chancen mit weitreichender Bedeutung tendenziell an den internen Auftraggeber und das Steering Committee weitergegeben wird.

Wie wirkt sich nun die **Risikopräferenz** des Entscheiders auf die jeweilige Entscheidung aus? Grundsätzlich kann ein Entscheider

- risikofreudig,
- risikoneutral oder
- risikoavers

eingestellt sein.

Bereits die **Wahl eines bestimmten Quantifizierungsverfahrens** kann Ausdruck der Risikopräferenz sein: Ein risikoneutraler Entscheider legt für seine Entscheidungen vorrangig den Erwartungswert zugrunde. Ein risikofreudiger Entscheidungsträger würde davon ausgehen, dass sicherlich doch ein höheres Ergebnis erzielbar wäre, auch wenn die Wahrscheinlichkeit dafür niedriger ist. Ein risikoaverser Entscheider würde dagegen tendenziell ein niedrigeres Ergebnis erwarten. Für beide Entscheider würde somit die Berechnung der Standardabweichung eine wichtige Rolle spielen.

Die jeweilige Risikoeinstellung des Entscheidungsträgers spiegelt sich dann in der **subjektiven Bewertung der Analyseergebnisse** wider: Dieselbe Standardabweichung kann von einem risikofreudigen Entscheider als positiv, von einem risikoaversen als negativ gewertet werden. Das Mehr-Punkt-Verfahren eröffnet einen Blick auf die mögliche Spannbreite eines Ergebnisses. Inwieweit diese Spannbreite als „akzeptabel" oder „zu risikoreich" eingeordnet wird, hängt von der Risikoeinstellung ab.

Da die Analyse und die Bewertung organisatorisch z.T. getrennt ablaufen, hat es sich in der Praxis bewährt, dass die Ersteller der Analyse entsprechende Entscheidungsvorlagen erstellen und dabei einen Vorschlag zur Bewertung erarbeiten. Trifft dieser Vorschlag nicht die subjektive Risikoeinstellung des Entscheidungsträgers, so wird er gewöhnlich nachfragen und um eine vertiefte Analyse der jeweiligen Sachverhalte bitten, in der eventuell noch weitere statistische Verfahren zum Einsatz kommen. Zum Teil zeigt sich auch schon zu Projektbeginn, dass die Durchführung eines Projektes nur unter der Prämisse entsprechender Maßnahmen zur Risikogestaltung wirtschaftlich attraktiv sein wird, d.h. der Entscheidungsträger fordert auch hier eine weitere Analyse unter Berücksichtigung der Maßnahmen an.

Um mit den Risiken und Chancen im Projektverlauf erfolgreich umzugehen, sind Strategien zur Gestaltung notwendig, die dann bis auf konkrete Maßnahmen heruntergebrochen werden.

10.2.3.4 Chancen- und Risikogestaltung

Nachdem die wichtigsten Chancen und Risiken identifiziert, sowohl qualitativ als auch quantitativ analysiert und bewertet wurden, stellt sich die Frage, welche Strategien bezüglich dieser Chancen und Risiken verfolgt werden sollen. Risikostrategien können an den Ursachen eines Risikos sowie an seinen Auswirkungen ansetzen. Die Maßnahmen können präventiv oder korrektiv ausgerichtet sein, d.h. man kann versuchen, die Risiken entsprechend zu beeinflussen oder für den Fall ihres Eintritts vorzusorgen.

10.2.3.4.1 Arten von Risikostrategien

Wir unterscheiden die folgenden Risikostrategien:

- Risikovermeidung
- Risikoverringerung
- Risikoüberwälzung
- Risikoübernahme

Die verschiedenen Strategien können gut miteinander kombiniert werden, um die Gesamtrisikoposition eines Projektes zu optimieren (vgl. Abb. 2-133).

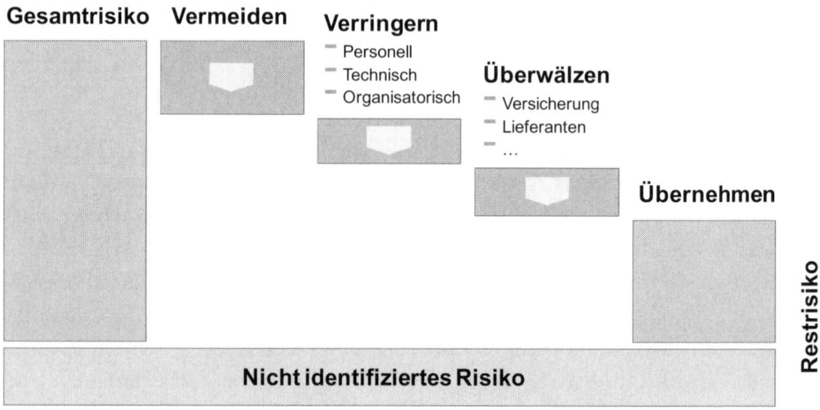

Abb. 2-133: Gesamtkonzept zur Risikooptimierung (In Anlehnung an: *Campenhausen* [Risikomanagement] 97)

Beschäftigen wir uns mit den einzelnen Risikostrategien:

(1) Risikovermeidung

Bei der Risikovermeidungsstrategie wird ein Risiko erst gar nicht eingegangen. Dieser Verzicht hat allerdings i.d.R. einen Preis, da oftmals eine positive Korrelation zwischen Gewinnchancen und Verlustgefahren besteht (Risiko-/Chance-Paar). Das Management sollte festlegen, welche Risiken auf gar keinen Fall eingegangen werden, z.B. durch den Ausschluss von Aktivitäten in besonders risikoreichen Ländern oder das Vermeiden bestimmter Arbeitspakete, die als besonders riskant eingestuft werden. Hier könnte man beispielsweise eine noch unerprobte und daher zu riskante Technologie ausklammern.

(2) Risikoverringerung

Die Risikoverringerungsstrategie beinhaltet alle Aktivitäten zur direkten Beeinflussung des Risikos, sei es über die Senkung der Eintrittswahrscheinlichkeit oder durch die Reduzierung des potenziellen Schadensausmaßes. Die identifizierten, analysierten und bewerteten Risiken werden daraufhin untersucht, inwieweit und durch welche Maßnahmen sie beeinflusst werden können. Risiken können vermindert werden durch

- personelle Maßnahmen, wie z.B. Mitarbeiterschulungen,
- technische Maßnahmen, wie beispielsweise die Einrichtung einer speziellen Löschanlage, und
- organisatorische Maßnahmen, wie die Einführung eines systematischen Qualitätsmanagements (vgl. *Romeike* [Risikosteuerung] 237).

Das Qualitätsmanagement in Projekten fokussiert insbesondere auf die Minimierung von technischen Risiken durch eine entsprechende Prozessgestaltung und Prozessbeherrschung. Besonders sollte auf einen möglichen „Dominoeffekt" geachtet werden, der sich durch den Eintritt eines Risikos ergeben kann. *Merbecks/Stegemann/Frommeyer* führen als Beispiel eine missglückte Integration der IT-Systeme einer japanischen Großbank an, die den Ausfall von tausenden Geldautomaten und große zeitliche Verzögerungen bei den Überweisungen und Kreditkartenabrechnungen nach sich zog. Daraus ergaben sich Störungen der Geschäftsabläufe in ganz Japan: Große Unternehmen bekamen keine Gutschriften, konnten keine Gehälter auszahlen oder mussten jede Rechnungszahlung ihrer Kunden einzeln nachverfolgen. Solche Wirkungsketten mit existenzkritischen Folgen müssen antizipiert und an definierten kritischen Punkten unterbrochen werden können (*Merbecks/Stegemann/Frommeyer* [Risikomanagement] 166).

Eine angestrebte Reduzierung von Risiken führt i.d.R. zu einer detaillierteren Ausarbeitung der Projektplanung an kritischen Stellen, z.B. durch eine genauere Prüfung von risikobehafteten Ressourcen, eine höhere Präzisierung von wichtigen Schnittstellen zwischen Arbeitspaketen oder durch die Einführung von regelmäßigen und stringenten Steuerungs- und Kontrollaktivitäten.

(3) Risikoüberwälzung

Bei einer Risikoüberwälzung wird das Risiko auf Dritte übertragen, beispielsweise auf Versicherungen, Lieferanten, Abnehmer, den Staat oder Banken. Diese Übertragung findet i.d.R. nicht unentgeltlich statt, sondern gegen einen Preis (Risikoprämie). Die grundsätzliche Bereitschaft, Risiken zu übernehmen, sowie die Höhe der Risikoprämie hängen meist davon ab, welche Marktmacht und welches Verhandlungsgeschick die beteiligten Partner aufweisen.

Die Risikoüberwälzung erfolgt i.d.R. mit Hilfe von Verträgen, z.B. Versicherungen, oder auch entsprechenden Geschäftsbedingungen und Sondervereinbarungen, wie Factoring oder Leasing (vgl. *Ehrmann* [Risikomanagement] 88ff.).

Bei der Risikoübernahme durch den Staat ist insbesondere die *Hermes-Bürgschaft* anzuführen: Sie ermöglicht seit 1949 eine Absicherung von Exporten deutscher Unternehmen.

Bestimmte Risiken lassen sich auch auf Märkte abwälzen, z.B. in Form eines Termingeschäftes: Man vereinbart zu einem bestimmten Zeitpunkt die Menge und die Preise von Waren, die zu einem späteren fixierten Termin geliefert und bezahlt werden. Zudem gibt es Optionen, die lediglich das Recht auf Lieferung oder Zahlung beinhalten, aber keine Verpflichtung.

(4) Risikoübernahme

Unternehmerisches Handeln ist untrennbar mit der Übernahme von Risiken verbunden, denn die Kehrseite des Risikos ist die Chance. Manche Risiken gehören ursächlich zum Geschäft des Unternehmens und sollten vom Unternehmen selbst getragen werden. In der Regel macht dies auch aus volkswirtschaftlicher Sicht Sinn, denn Risiken sollten stets von demjenigen getragen werden, der sie am besten einschätzen und am erfolgreichsten mit ihnen umgehen kann. Auf diese Weise stellen sich alle Beteiligten am besten.

Welche Möglichkeiten gibt es nun für ein Unternehmen, um mit übernommenen Risiken umzugehen? Im Folgenden werden einige methodische und inhaltliche Ansatzpunkte zur **Gestaltung der Risikoübernahme** skizziert:

- Chancen- und Risikoportfolio
- Risikostreuung
- Realoptionsansatz
- Ex ante- und Ex post-Bereitschaft
- Kalkulatorische Risikoaufschläge

(a) Das Chancen- und Risikoportfolio

Diese Methode erlaubt eine gleichzeitige Visualisierung des Ausmaßes von Chancen und Risiken in einem Projekt und stellt zugleich die Grundlage für den Umgang mit übernommenen Chancen und Risiken dar

Das hier aufgezeigte Beispiel knüpft an die mit Hilfe der semiquantitativen Analyse gewonnenen Punktwerte für die Eintrittswahrscheinlichkeit und das Ausmaß im Sinne einer positiven oder negativen Wirkung auf den Cash-flow des Projektes an (S. 365ff.).

Diese Punktwerte können in ein Portfolio eingetragen werden, wie es in Abb. 2-134 dargestellt ist. Allerdings sollten die Werte für das Ausmaß von Chancen und Risiken mit unterschiedlichen Vorzeichen versehen werden: Hohe Werte bei Risiken zeigen einen hohen negativen Einfluss auf den Cash-flow an und bekommen daher ein negatives Vorzeichen.

Ein solches Portfolio kann natürlich auch in detaillierterer Form genutzt werden, indem die Wahrscheinlichkeiten in % und das Ausmaß in Geldeinheiten bestimmt und eingetragen werden. Neben der Visualisierung der Chancen und Risiken im Portfolio können den Feldern der Matrix sog. „Normstrategien" zugeordnet werden. Diese Normstrategien können wichtige Anhaltspunkte für den Umgang mit den identifizierten und übernommenen Projektrisiken und Projektchancen bieten. Im Einzelnen können folgende Normstrategien unterschieden werden:

Normstrategien für Chancen:

Quadrant A: Diese Chancen hätten eine hohe positive Wirkung auf den Cashflow, ihr Eintreten ist allerdings nicht sehr wahrscheinlich. Hier könnte man versuchen, die Eintrittswahrscheinlichkeit durch entsprechende Maßnahmen zu erhöhen.

Quadrant B: Diese Chancen verdienen höchste Beachtung, denn sie weisen sowohl ein beträchtliches Erfolgspotenzial auf als auch eine hohe Eintrittswahrscheinlichkeit. Hier sind kreative Ideen zur Verwirklichung der Chancen notwendig.

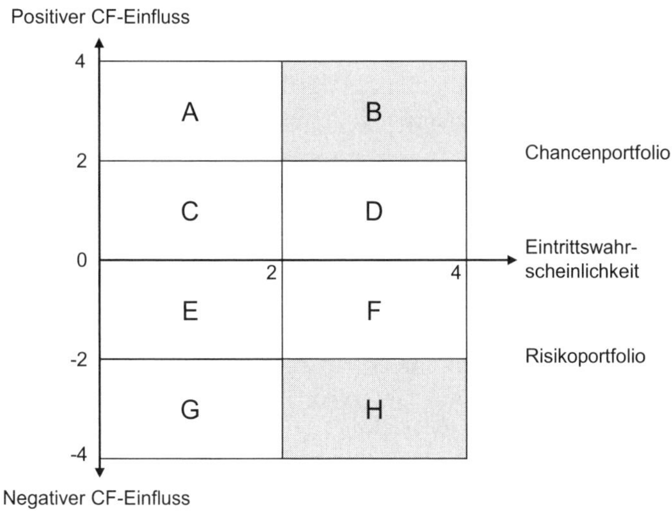

Abb. 2-134: Chancen- und Risikoportfolio

Quadrant C: Diese Chancen sind weder wahrscheinlich noch von besonders großem Ausmaß und können daher im ersten Schritt eher vernachlässigt werden. Eventuell verändert sich ihre Bedeutung im weiteren Projektverlauf.

Quadrant D: Nachdem diese Chancen relativ wahrscheinlich sind, kann man untersuchen, wie aufwändig ihre weitere konsequente Verfolgung wäre und ob sie sich unter Kosten-Nutzen-Gesichtspunkten lohnen würde.

Normstrategien für Risiken:

Quadrant E: Diese Risiken sind aufgrund ihrer niedrigen Bedeutung zu vernachlässigen. Die Einschätzung sollte jedoch im weiteren Projektverlauf überprüft werden.

Quadrant F: Die Wahrscheinlichkeit, dass dieses Risiko sich realisiert, ist relativ hoch. Daher sollte man hier Vorsorge treffen, wenn das Kosten-Nutzen-Verhältnis dies nahe legt.

Quadrant G: Diese Risiken sind sehr gefährlich, aber nicht sehr wahrscheinlich. Hier sind konsequente Maßnahmen zur Risikogestaltung notwendig, d.h. man wird versuchen, die Wahrscheinlichkeit noch weiter abzusenken und/oder man arbeitet daran, das Schadensausmaß zu begrenzen (z.B. durch eine Versicherung).

Quadrant H: Diese Risiken sind sowohl gefährlich als auch sehr wahrscheinlich. Sie könnten eventuell K.O.-Kriterien für das Projekt darstellen. Für diese Risiken müssen sofort Gegenmaßnahmen gefunden und umgesetzt werden.

Insgesamt ergibt das Chancen- und Risikoportfolio einen klaren Überblick über die Chancen- und Risikolage im Projekt. Man sieht, in welchen Quadranten sich Risiken und Chancen häufen und ob Chancen oder Risiken in der Einschätzung der Experten überwiegen.

Zudem stellt dieses Verfahren eine sinnvolle Methode zur aggregierten Betrachtung von Risiken und Chancen dar: Man kann sich auf dieser Grundlage verdeutlichen, welche Risiken miteinander korreliert sind und welche sich eher kompensieren. Dieser Schritt ist wichtig, um das vollständige Ausmaß eines Risikos oder einer Chance zu erfassen, denn die wenigsten Risiken weisen keine Abhängigkeiten zu anderen Risiken auf. Auch Chancen können korreliert sein.

(b) Risikostreuung

Risikostreuung, auch Risikodiversifikation genannt, hat das Ziel, die Konsequenzen eines einzelnen Risikos zu verringern, da es durch günstige Entwicklungen auf anderen Feldern kompensiert werden kann. Man kann Risiken innerhalb eines Projektes streuen, aber auch projektübergreifend durch ein risikoorientiertes Projektportfoliomanagement. Beispielsweise kann man eine Kompensation von Risiken zwischen mehreren Projekten planen, z.B. durch einen Ausgleich von Fremdwährungsverbindlichkeiten mit Hilfe entsprechender Forderungen aus einem anderen Projekt (vgl. *Patzak/Rattay* [Projektmanagement] 49ff.). Auch das Outsourcing wird oftmals unter dem Gesichtspunkt der Risikodiversifikation eingesetzt, indem Lieferanten bestimmte Leistungen übernehmen.

(c) Realoptionsansatz

Zum systematischen Umgang mit Chancen und Risiken gehört zudem der Realoptionsansatz, den wir in Teil 3 als Ergänzung zum Shareholder Value-Konzept darstellen werden (vgl. S. 518f.): Bei manchen Fragestellungen besteht die Möglichkeit, die endgültige Investitionsentscheidung in die Zukunft zu verschieben oder in mehrere aufeinander folgende Investitionen aufzuteilen. Im weiteren Verlauf verbessert sich i.d.R. die Informationslage, der Entscheider gewinnt ein neues, aktuelles Bild bezüglich der Chancen und Risiken des Projektes und kann flexibel auf die neuen Gegebenheiten reagieren.

Die Zerlegung eines Großprojektes in mehrere aufeinander folgende Teilprojekte mit der Möglichkeit, nach jedem Teilprojekt über den Abbruch oder die Weiterführung des Projektes zu entscheiden, bietet einen unternehmerischen Handlungsspielraum, der bereits einen eigenen, quantifizierbaren Wert darstellt. Es ist daher zu empfehlen, die jeweilige Situation daraufhin zu überprüfen, ob sie den Charakter einer Realoption aufweist. Falls dem so ist, stellt der Umgang mit dieser Realoption einen wichtigen Teil eines proaktiven Chancenmanagements dar.

(d) Ex ante- und Ex post-Bereitschaft

Nicht jedes Risiko wird bewusst übernommen, sondern eine Risikoübernahme ergibt sich auch für jene Risiken, die im Zuge des systematischen Risikomanagements nicht erkannt oder unterschätzt wurden.

Das Unternehmen sollte daher generell auf den Eintritt von Risiken vorbereitet werden: Es ist zum einen eine **Ex ante-Bereitschaft** zur möglichst frühzeitigen Erkennung von Risiken notwendig, zum anderen eine **Ex post-Bereitschaft** zur Bewältigung bereits eingetretener Risiken. Zum Aufbau einer Ex ante-Bereitschaft sind beispielsweise die Einführung von Früherkennungssystemen und die Durchführung von Szenario-Analysen sinnvoll. Zur möglichst erfolgreichen Bewältigung von Risiken wird viel Flexibilität im gesamten Unternehmen benötigt, eine Art „allgemeines Reaktionspotenzial“.

Zudem führt der Eintritt von Risiken meist zu „Feuerwehraktionen“, in denen unter extremem Zeitdruck die Situation analysiert und Lösungsvorschläge erarbeitet werden müssen. An die Mitglieder des Projektteams sind unter diesem Gesichtspunkt Anforderungen wie erhöhte Belastbarkeit, Kreativität, Flexibilität und Bereitschaft zu inkrementalem Vorgehen zu stellen. Bei bestimmten Problemen kann hier auch auf weitere Mitarbeiter mit entsprechenden Erfahrungen oder auf externe Berater zurückgegriffen werden (vgl. die Ausführungen zum Diskontinuitätenmanagement in *Bea/Haas* [Management] 329ff.).

(e) Kalkulatorische Risikoaufschläge

Werden Risiken selbst getragen, kann sich dies über die Einstellung von Rückstellungen oder über direkte Einbußen beim geplanten Projekt-Cash-flow manifestieren. Zum Ausgleich der daraus resultierenden Minderungen des Projektergebnisses sollte eine risikogerechte Preisgestaltung erfolgen, d.h. es sollte, sofern am Markt umsetzbar, ein kalkulatorischer Risikoaufschlag berücksichtigt werden.

10.2.3.4.2 Umsetzung der Risiko- und Chancenstrategien

Wie werden die Risiko- und Chancenstrategien nun **konkret umgesetzt**? Es sind klare Aktionspläne notwendig, die auf der Grundlage der Risiko- und der Chancenlisten aufgebaut werden können. Die Risiko- und die Chancenlisten werden um neue Spalten ergänzt:

- Aktivität
- Verantwortlich
- Zu erledigen bis

Im Zuge der Umsetzung dieser Aktivitäten wird zu bestimmten Stichtagen der Status erhoben, der ebenfalls in der Liste vorgesehen werden kann.

Zum Umgang mit den Chancen und Risiken gehört insbesondere auch **die Kommunikation mit den Stakeholdern** des Projektes. Als Adressaten für Risikoinformationen können unterschieden werden (vgl. *Meier* [Risikomanagement] 221):

- Die Betroffenen
- Die Beteiligten
- Die Interessierten
- Die Verantwortlichen
- Die „Amtlichen“
- Die Verursachenden

Allerdings sind die Gruppen nicht überschneidungsfrei und auch nicht vollkommen unabhängig voneinander.

In Bezug auf die Risikokommunikation wird eine Gruppe von Stakeholdern gesetzlich besser gestellt, da sie aufgrund ihrer Investition in das Unternehmen besondere Risiken tragen: Die Anteilseigner. Insbesondere Risiken, die den Bestand des Unternehmens gefährden, müssen klar kommuniziert werden.

Insgesamt fördert die Risikokommunikation das Bewusstsein für Risiken bei allen Beteiligten. Gerade die Mitarbeiter sollen zu einem risikobewussten und eigenverantwortlichen Handeln motiviert werden. Dazu ist v.a. eine klare Kommunikation der vom Top Management festgelegten Risikopolitik notwendig, aber auch gleichberechtigte Kommunikationsbeziehungen zwischen allen Mitarbeitern, unabhängig von der bestehenden Hierarchie. Wichtige Gesichtspunkte der Gestaltung der Kommunikation finden sich in Abschnitt 7.3 „Projektinformationsmanagement".

10.2.3.5 Chancen- und Risikoüberwachung

Die Überwachung der Chancen und Risiken beinhaltet unterschiedliche **Aufgaben**:

- Überwachung der weiteren Entwicklung von Chancen und Risiken (laufendes Risiko-Monitoring)
- Steuerung der Maßnahmen zur Chancen- und Risikogestaltung
- Überwachung des gesamten Chancen- und Risikomanagementprozesses.
  Hier sind insbesondere folgende Aspekte relevant:
  - Wird der geplante Prozess eingehalten?
  - Sind die Verantwortlichkeiten klar geregelt?
  - Werden die Methoden sinnvoll angewendet?
  - Sind Risikoberichte über die wesentlichen Risiken an die Leitungs- und Kontrollorgane gewährleistet?
  - Findet eine nachvollziehbare Dokumentation statt?
- Durchführung von chancen- und risikoorientierten Lessons Learned zum Projektabschluss (Einbringen der Erfahrungen in die organisationale Wissensbasis).

Seit 1998 sind börsennotierte Unternehmen in Deutschland durch das Gesetz zur Kontrolle und Transparenz im Unternehmensbereich (KonTraG) zur Einrichtung eines Risikomanagementsystems verpflichtet. Mit Hilfe dieses Managementsystems sollen Entwicklungen, die den Fortbestand des Unternehmens gefährden, frühstmöglich erkannt werden. Zum Teil sind die o.g. Aufgaben im KonTraG als Mindeststandards für ein Risikomanagementsystem festgelegt.

Wie wir in Teil 1 festgestellt haben, werden immer größere Anteile der Geschäftstätigkeit in Projektform abgewickelt. Vor diesem Hintergrund wird deutlich, dass das Risikomanagementsystem auf die Überwachung von Projekten, insbesondere solchen Projekten mit existenzieller Bedeutung für das Gesamtunternehmen, zugeschnitten sein sollte. Das Risikomanagement benötigt klare Verantwortlichkeiten und muss daher explizit in der Struktur des Unternehmens verankert werden.

10.2.4 Organisatorische Verankerung des Chancen- und Risikomanagements

Die Bedeutung, die einem Thema in einer Organisation zukommt, spiegelt sich häufig in der Einrichtung von Stellen, von Gremien oder von Ausschüssen wider. Damit soll nicht gesagt werden, dass lediglich diese Stellen und Gremien für dieses Thema zuständig sein sollen, sondern dass es klare Vorgehensweisen, Zuständigkeiten und Eskalationswege gibt, die für eine systematische Planung und Umsetzung sorgen. Auch für das Chancen- und Risikomanagement empfiehlt sich die Einrichtung entsprechender Stellen.

Zunächst sollte es in jeder Geschäftseinheit einen **Risikobeauftragten** geben: Er ist ein Spezialist für das Thema „Risikomanagement“ und ist beim Top-Management der Geschäftseinheit angesiedelt. Er übernimmt Koordinationsaufgaben und bildet die Schnittstelle zum operativen Geschäft. Seine **Aufgaben** bestehen in

- der Bereitstellung einer einheitlichen und aktuellen Datenbasis über die Risiken,
- der Entwicklung von einheitlichen Standards zum Risikomanagement,
- der Unterstützung und der Koordination im konkreten Risikomanagement in Abteilungen oder Projekten,
- dem Aufbau von Risikomanagement-Know how in der Organisation,
- der Wahrnehmung der unternehmensweiten Perspektive auf alle bestehenden Risiken.

In einem projektorientierten Unternehmen, in dem die gesamte Geschäftstätigkeit in Projektform abgewickelt wird, könnten diese Aufgaben dem Projektmanagementoffice zukommen. Sind Projekte jedoch (noch) nicht der Kern der Geschäftes, so ist eine Stelle notwendig, die eine übergeordnete Sicht über die Risiken aus dem Projektgeschäft und dem Geschäft in der Primärorganisation einnimmt, um eine realistische Einschätzung des Gesamtrisikos der Geschäftseinheit zu gewinnen.

Eine solche Gesamtsicht kann jedoch i.d.R. nicht durch eine einzige Person erarbeitet werden. Daher bietet es sich an, in jeder Geschäftseinheit ein Gremium einzurichten, eine Art „Risikoausschuss". Dieser **Risikoausschuss** nimmt aus gesamtorganisatorischer Sicht eine Identifikation, Analyse, Bewertung und Überwachung der wesentlichen Risiken vor und initiiert Maßnahmen zur Risikogestaltung.

Aufgrund der herausragenden Bedeutung von Risiken für die gesamte Organisation sollte ein Mitglied der Geschäftsleitung zum Risikoausschuss gehören. Auch der Risikoverantwortliche und ein Vertreter des Projektmanagementoffices sollten Mitglieder des Risikoausschusses sein. Zudem sollte der Leiter des Fachbereichs „Unternehmenscontrolling" dem Ausschuss angehören.

Zu Beginn dieses Abschnitts wurde bewusst von „Geschäftseinheiten" gesprochen: Risikomanagement beginnt und vollzieht sich zum Großteil direkt „am Geschäft", doch aufgrund der herausragenden Bedeutung von Risiken für ein Unternehmen muss die oberste Geschäftsleitung jederzeit über die wesentlichen Risiken in den Geschäftseinheiten informiert sein und auch ein übergeordnetes Risikomanagement aus Gesamtunternehmenssicht betreiben. Je nach Höhe des jeweiligen Risikos sollte es daher einen Eskalationsweg über die verschiedenen Ebenen im Unternehmen hinweg geben. Auf allen Ebenen sind somit jeweils ein Risikobeauftragter und ein Risikoausschuss einzurichten. Für einen solchen Eskalationsweg sind Schwellenwerte für das mögliche Schadensausmaß und/oder für die Eintrittswahrscheinlichkeit des Risikos notwendig, bei deren Überschreiten die nächsthöhere Ebene einzuschalten ist.

Die bisherigen Ausführungen haben sich aufgrund der Anforderungen, die sich aus dem **KonTraG** ergeben, zunächst auf das Management von Risiken konzentriert. Allerdings kann und sollte die Chance als Kehrseite des Risikos genauso mit in die Betrachtung einbezogen werden: Alle Regelungen und Gremien können sowohl für den Umgang mit Risiken als auch mit Chancen genutzt werden.

Abschließend soll noch bemerkt werden, dass das Chancen- und Risikomanagement nicht vollkommen auf diese Stellen und Gremien delegiert werden kann, sondern dass im gesamten Unternehmen eine entsprechende Kultur herrschen sollte. Wie in Abschnitt 10.2.3.1 bei der Chancen- und Risikoidentifikation angesprochen, sollte sich jeder Mitarbeiter seiner Bedeutung bei der Früherkennung und beim Management von Chancen und Risiken bewusst sein.

11 Professionalisierung und Weiterentwicklungen des Projektmanagements

Das Management von Projekten befasst sich mit der möglichst effizienten Abwicklung einzelner Projekte. In den letzten Abschnitten wurden verschiedene Methoden für die Planung, Umsetzung und Kontrolle eines Projektes, das Qualitätsmanagement sowie das Chancen- und Risikomanagement in einem Projekt dargestellt. Nunmehr soll – gewissermaßen als Abschluss der Darstellung des Managements von Projekten und als Brücke zur Erweiterung der Perspektive hin zu einem Management durch Projekte –noch ein grundlegendes Thema näher betrachtet werden: Die Professionalisierung und ständige Weiterentwicklung des Projektmanagements.

Mit der zunehmenden Bedeutung des Projektgeschäftes für ein Unternehmen gewinnen die **möglichst professionelle Umsetzung** der einzelnen Projekte und auch das professionelle Management ganzer Projektportefeuilles an Gewicht.

Relativ schnell stellen sich den Führungskräften hinsichtlich der Professionalisierung des Projektmanagements wichtige **Fragen**:

- Wie „gut" ist unser Projektmanagement eigentlich und wo haben wir Handlungsbedarf zur Weiterentwicklung unseres Projektmanagements?
- Können wir von einem **allgemein anerkannten Standard** im Projektmanagement profitieren?
- Ist eine **Ausbildung und Zertifizierung** unserer Mitarbeiter bei einer allgemein anerkannten Institution sinnvoll, um so sicherzustellen, dass unsere Projektleiter und die Projektteams über alle notwendigen Projektmanagement-Kompetenzen verfügen?
- Wäre es sinnvoll, unsere Erfahrungen hinsichtlich der Abwicklung von Projekten in einem **unternehmensspezifischen Projektmanagementstandard** zusammenzufassen?
- Könnten **alternative Vorgehensmodelle** des Projektmanagements für unsere Situation hilfreich sein?
- Wie können wir **institutionell** sicherstellen, dass das Projektmanagement im Unternehmen systematisch und abgestimmt auf die Unternehmensziele weiterentwickelt wird?

- Wie können wir für eine **situationsadäquate Unterstützung** von Projektleitern und Projektteams sowie des betroffenen Linienmanagements bei der Projektabwicklung sorgen?

Wie das Projektmanagement professionalisiert und weiterentwickelt werden kann, hängt zum einen von der spezifischen Unternehmenssituation ab, zum anderen aber auch von der Art der Projekte, die ein Unternehmen schwerpunktmäßig durchführt. Faktoren wie die Unternehmenskultur, die Dynamik der Branche, die Projektgrößen und –mengen, die schon vorhandenen Kompetenzen der Mitarbeiter sind wichtige Rahmenbedingungen bei der Suche nach dem „richtigen" Weg zur Professionalisierung des Projektmanagements.

(1) Aus diesem Grunde ist der Ausgangspunkt für eine Weiterentwicklung des Projektmanagements zunächst eine Analyse der Unternehmenssituation sowie eine Analyse des Status Quo des Projektmanagements. Im Rahmen dieser Analyse ist zu überprüfen, ob für die vorgefundene Unternehmenssituation ein effektives und zugleich effizientes Projektmanagementsystem vorliegt. Die Frage **„Wie gut ist unser Projektmanagement eigentlich?"** hat also zwei Aspekte: Es stellt sich erstens die Frage, ob das Projektmanagement des Unternehmens dazu in der Lage ist, die Zielsetzungen und Strategien des Unternehmens sinnvoll zu unterstützen. Zweitens ist zu überprüfen, ob das Projektmanagement so ausgelegt ist, dass eine möglichst ressourcenschonende Abwicklung der Projekte möglich wird. Als ersten Schritt werden wir daher eine **Assessment-Methode** vorstellen, die diese Analyse sinnvoll unterstützen kann (Abschnitt 11.1).

(2) Dann werden verschiedene Möglichkeiten zur Professionalisierung vorgestellt: Zunächst werden allgemein anerkannte **Standards** des Projektmanagements skizziert und verglichen (Abschnitt 11.2). Diese Standards können sowohl für das konkrete Projektmanagement als auch für die Aus- und Weiterbildung im Bereich des Projektmanagements eingesetzt werden. Oftmals werden sie auch als Grundlage für unternehmenseigene Projektmanagement-Standards genutzt.

(3) In Abschnitt 11.3 werden zwei **alternative Vorgehensmodelle** des Projektmanagements vorgestellt, die für spezielle Problemstellungen eingesetzt werden können:

- Das Critical Chain-Projektmanagement und
- das Agile Projektmanagement.

(4) Die Frage nach der **institutionalisierten Verankerung** der Professionalisierung und Weiterentwicklung des Projektmanagements im Unternehmen schließt dieses Kapitel ab (Abschnitt 11.4). Die Antwort auf diese Frage lenkt den Blick auf das in der aktuellen Projektmanagementliteratur zunehmend diskutierte **Projektmanagementoffice (PMO)**. Wir werden uns zunächst mit den Grundlagen sowie mit den einzelprojektbezogenen Aufgaben des PMO beschäftigen. In Teil 3 und 4 des Buches werden dann die multiprojektbezogenen Aspekte des PMO dargestellt.

11.1 Projektmanagement-Assessment

Projektmanagement wird zunehmend zu einem wichtigen strategischen Wettbewerbs- und Erfolgsfaktor für ein Unternehmen. Aus diesem Grunde muss das Management sicherstellen, dass ausreichende Projektmanagementkompetenzen im Unternehmen vorhanden sind und diese auch so eingesetzt werden, dass ein professionelles Projektmanagement gewährleistet ist.

Durch eine systematische Evaluation des Projektmanagements kann der **Kompetenz- und Umsetzungsstatus** des Projektmanagements im Unternehmen festgestellt werden. Damit bildet eine solche Evaluation auch die Grundlage für die Ermittlung des Handlungsbedarfs zur Weiterentwicklung des Projektmanagements. Eine Evaluation lässt sich mittels eines Projektmanagement-Assessments durchführen. In den letzten Jahren ist eine Reihe von Assessmentmodellen im Projektmanagement entwickelt worden. *Wagner* stellt eine Genealogie der Assessmentmodelle vor, die in Abb. 2-135 zu sehen ist.

Wagner ([Reifegradmodelle] 29ff.) unterscheidet allgemeine Reifegradmodelle sowie PM-spezifische Reifegradmodelle. **Allgemeine Reifegradmodelle** beziehen sich nicht ausschließlich auf das Projektmanagement, sondern sind breiter angelegt. So sind bspw. CMMI (**C**apability **M**aturity **M**odel **I**ntegrated) und SPICE (**S**oftware **P**rocess **I**mprovement and **C**apability **De**termination) allgemeine Prozessreifegradmodelle. Diese Modelle umfassen eine Vielzahl von Prozessgebieten und beschreiben die Anforderungen, die in den jeweiligen Prozessgebieten zu erfüllen sind, um einen bestimmten Prozessreifegrad nachweisen zu können. Ursprünglich wurden diese Modelle zur Überprüfung des Reifegrades in der Produktentwicklung, insbesondere in der Softwareentwicklung und in der Systementwicklung, konzipiert.

Im Rahmen der Forschung und Entwicklung spielen Projektmanagementprozesse eine große Rolle; insofern werden diese Modelle vielfach auch zur Überprüfung des Projektmanagement-Reifegrades einer Organisation eingesetzt.

Dies bietet sich deshalb besonders an, weil diese Modelle weltweit in F&E-Bereichen eine hohe Akzeptanz zur Beurteilung von Reifegraden aufweisen. Interessant am CMMI-Modell ist auch die Tatsache, dass sich einige PM-spezifische Reifegradmodelle an die Bewertungssystematik des CMMI-Modells anlehnen. Im folgenden Abschnitt werden zunächst einige Anforderungen an Projektmanagementmodelle abgeleitet, bevor dann in einem weiteren Schritt ein überblicksartiger Vergleich verschiedener Projektmanagement-Assessmentmodelle anhand dieser Anforderungen vorgenommen wird.

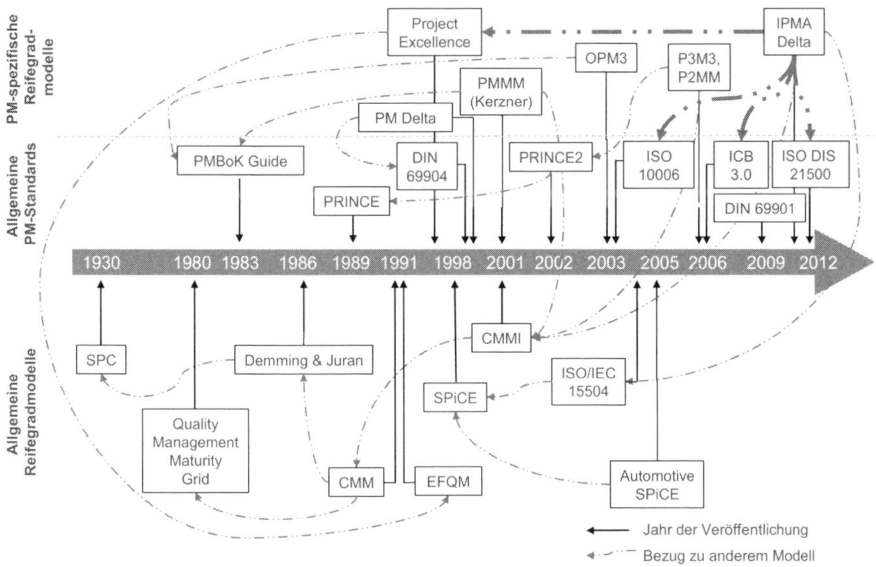

Abb. 2-135: Genealogie der Assessmentmodelle (Quelle: *Wagner* [Assessments] 26)

11.1.1 Anforderungen an Projektmanagement-Assessments

Wie bereits dargestellt, sind in unterschiedlichen Unternehmenssituationen unterschiedliche Ausprägungen des Projektmanagements sinnvoll. Damit kann es das *eine richtige Projektmanagement* nicht geben. Konsequenterweise sollte ein Projektmanagement-Assessment dazu in der Lage sein, jene Ausprägung des Projektmanagements zu prüfen, die für ein spezielles Unternehmen in seiner konkreten Unternehmenssituation **passend** erscheint.

Im Rahmen eines Assessments müssen folglich bestimmte Themen des Projektmanagements je nach situativer Unternehmensnotwendigkeit geprüft oder weggelassen werden können. Für Unternehmen, die sich eher im Bereich des „Managements von Projekten" befinden, spielt die Untersuchung ihres Einzelprojektmanagements die zentrale Rolle. Unternehmen, die hingegen im Entwicklungskontinuum des Projektmanagements eher dem „Management durch Projekte" zuzurechnen sind, benötigen eine umfassende Überprüfung, die neben dem Einzelprojektmanagement auch das Multiprojektmanagement sowie die Rahmenbedingungen des Projektmanagements umfasst. Das Assessmentmodell sollte sich daher an einen unterschiedlichen **Prüfungsumfang anpassen** lassen.

Bewusst wird deshalb hier von einem allgemeinverbindlichen Projektmanagementmaßstab Abstand genommen. An die Stelle von Assessmentansätzen, die häufig auch als Methode zum Benchmarking dienen, sollte ein situationsspezifischer, auf die konkreten strategischen Erfordernisse des Unternehmens zugeschnittener Evaluationsansatz treten.

Diese situative Sicht des Projektmanagements schlägt sich auch in den Anforderungen an Projektmanagement-Assessments nieder. Demnach lassen sich folgende **Anforderungen** ableiten (vgl. ausführlicher *Ribeiro/Scheurer* [Projektmanagement-Assessments] 16ff.):

- Das Assessmentmodell sollte sich an einem Verständnis von Projektmanagement als Führungskonzeption orientieren.
- Ein Assessmentmodell sollte sowohl das Top-Management als auch die Projektmanagement-Experten mit einbeziehen.
- Mit dem Assessmentmodell sollte der Ansatz des strategischen Fits, also die konkrete Passung zwischen den Umweltanforderungen, den Unternehmensstrategien und den unternehmerischen Strukturen, Prozessen und Kompetenzen des Projektmanagements abprüfbar sein.
- Das Assessmentmodell sollte einen ausreichenden Einblick in situations- und strategiebezogene Stärken und Schwächen des Projektmanagements eines Unternehmens ermöglichen.
- Das Assessmentmodell muss die Grundlage für praxisrelevante und situationsadäquate Verbesserungen des Projektmanagements bieten, die dem jeweiligen Unternehmen einen praktischen Mehrwert bringen.
- Die Assessments müssen sich mit einer sinnvollen Aufwands-/ Nutzenrelation durchführen lassen.

- Ein Assessmentmodell muss das relevante und verfügbare Projektmanagement-Know how mit einbeziehen.

11.1.2 Vergleich bestehender Projektmanagement-Assessmentmodelle

Für einen Vergleich verschiedener Assessmentmodelle werden die genannten Anforderungen zugrunde gelegt. Folgende Assessmentmodelle werden in den Vergleich mit einbezogen:

- **IPMA Delta**

  Dieses Modell wurde neu von einer Arbeitsgruppe der *Deutschen Gesellschaft für Projektmanagement* (GPM) in Abstimmung mit der *International Project Management Association* (IPMA) erarbeitet. Es baut auf aktuellen Projektmanagementstandards auf und orientiert sich am Klassifizierungssystem nach CMMI (vgl. *Wagner* [Assessments] 24ff.).

- **OPM3**

  Bei OPM3 (Organizational Project Management Maturity Model) handelt es sich um das Assessmentmodell des weltgrößten Projektmanagementverbandes, dem *Project Management Institute* (PMI) (vgl. *PMI* [OPM3]).

- **P3M3**

  Hierbei handelt es sich um das Assessmentmodell des britischen *Office of Government Commerce* (OGC). Diese Organisation soll britischen Regierungsstellen helfen, einen möglichst hohen Mehrwert für ihre Budgets zu erhalten. In diesem Zusammenhang wurde auch der PRINCE 2-Standard für das Projektmanagement entwickelt (vgl. Abschnitt 11.2.2.3).

- **CMMI**

  CMMI (Capability Maturity Modell Integrated) wurde vom *Software Engineering Institute* (SEI) als Prozessreife-Assessmentmodell konzipiert. Auch wenn es nicht primär zur Projektmanagementevaluation entwickelt wurde, so deckt es doch fast alle Projektmanagementthemen ab und ergänzt komplementär noch einige interessante Prozessgebiete.

- **COACH PM**

  Hierbei handelt es sich um ein neues situativ ausgerichtetes Assessmentmodell, das von *Ribeiro/Scheurer* entwickelt wurde (vgl. *Ribeiro/Scheurer* [Projektmanagement-Assessments].

Eine über den nachfolgenden Vergleich hinausgehende Darstellung von Assessmentmodellen mit Bezug zum Projektmanagement findet sich bei *Wagner* ([Reifegradmodelle] 29ff.).

In Abb. 2-136 werden die verschiedenen Assessmentmodelle anhand wichtiger Kriterien miteinander verglichen.

Die Assessmentmodelle OPM3, P3M3 und CMMI sind in der Praxis bereits seit Jahren erfolgreich im Einsatz. Allerdings werden die letzten vier Kriterien der Vergleichsmatrix, die sich speziell aus dem neuen Rollenverständnis des Projektmanagements ergeben, von diesen Assessmentmodellen nur bedingt erfüllt. COACH PM befindet sich seit 2009 im Einsatz und hat sich bislang gut bewährt. Das Assessmentmodell IMPA Delta der GPM/IPMA befindet sich derzeit (2011) noch in einer Pilotphase.

Generell kann aber an dieser Stelle das Zwischenfazit gezogen werden, dass insbesondere IMPA Delta sowie COACH PM die neuesten Erkenntnisse im Projektmanagement mit aufnehmen und in das Assessment integrieren. Aber auch OPM3 sowie P3M3 kann attestiert werden, dass diese Modelle inzwischen auf die neuen Entwicklungen im Projektmanagement stärker Bezug nehmen. So wurde beispielsweise in die aktuelle zweite Fassung von P3M3 je ein Assessmentmodul zum Projektprogramm- und Projektportfoliomanagement integriert. Mit COACH PM wurde zudem der Versuch gemacht, zusätzlich zu den neuesten Erkenntnissen im Projektmanagement den erweiterten Anforderungen an ein situationsbezogenes Projektmanagement-Assessment gerecht zu werden.

Welches Assessmentmodell letztlich zur Beurteilung der unternehmenseigenen Projektmanagementkompetenzen herangezogen wird, sollte in einem separaten Entscheidungsprozess geklärt werden.

11.1.3 COACH PM – ein Beispiel für ein situationsbezogenes Projektmanagement-Assessmentmodell

Der Name „COACH“ steht für „**co**mpetency and **a**pplication **ch**eck”. Der Begriff „Check“ steht für den grundlegenden Ansatz, in einem ersten Schritt zunächst ein eher gröber konzipiertes Assessment zu verwenden. Dieses Vorgehen trägt dem Grundgedanken Rechnung, dass es im Rahmen der Professionalisierung des Projektmanagements zunächst darauf ankommt, die wichtigsten situationsadäquaten Ansatzpunkte für Verbesserungen zu identifizieren.

	IPMA Delta	OPM3	P3M3	CMMI	COACH PM
Assessment-Umfang	Projekt, Organisation, Individuelle Kompetenzen	Portfolio, Programm, Projekt, organisationale Kompetenzen (organisational enablers)	Projekt-, Programm- und Portfolio-management sowie sieben weitere Prozessperspektiven	F&E-Prozessreife	Projekt, Multiprojekt, Projektmanagement-kontext
Zugrunde-liegende PM-Wissensbasis	• ISO 1006 • ISO 9001 • ISO 21500 • ICB 3.0 • Konzept der organisationalen Kompetenzen im Projektmanage-ment	Sammlung von Best Practices, am PMBOK-Guide orientiert	Sammlung von Best Practices, an PRINCE2 orienitert	Bewährtes SEI F&E-Prozessmodell, über PM hinausgehend	• ICB 3.0 • PMBOK-Guide • PRINCE2 • Empirische Erfolgsfaktoren • Mit weiteren Wissensbasen abgeglichen
Assessment-aufwand	Umfangreich	Sehr umfangreich. Basiert auf 600 Best Practices. Kurzes Self-Assessment verfügbar	Von sehr umfangreich bis zu kurzen Self-Assessments	Drei Stufen, von sehr aufwändig bis kurz und knapp (SCAMPI A, B, C)	Moderater Umfang, skalierbar mit dem Assessmentumfang
Mögliche Ergebnisse	• Ausweis von IPMA-Kompe-tenzklassen • Stärken-Schwächen-Profil • Empfehlungen	Stärken-Schwächen-Profil und hinterlegte Verbesserungs-vorschläge	• Ausweis von PM-Reifegraden in fünf Reifegradklassen • Stärken-Schwächen-Profil • Empfehlungen	• Offizieller Reifegrad • Stärken-Schwächen-Profil • Optional Verbesserungs-vorschläge	• Stärken- und Schwächenprofil • Identifikation von Verbesserungs-notwendigkeiten • Optional Verbesserungs-vorschläge

	IPMA Delta	**OPM3**	**P3M3**	**CMMI**	**COACH PM**
Abprüfung des strategischen Fit	Wird mit Modul O des Assessments abgedeckt	Nicht explizit, nur indirekt mit Zusatzaufwand	Nicht explizit	Nein	Ja, durch gezielte Fragestellungen
Anpassbarkeit von Umfang und Fokus	Umfang und Fokus anpassbar	Teilweise	Umfang und Fokus modular anpassbar	Teilweise	Umfang und Fokus anpassbar
Priorisierung von PM-Themen möglich	Ergebnisse der unterschiedlichen Assessmenttools fließen mit vorgegebenen Gewichtungen in die Reifegrad-bestimmung ein	Nein	Priorisierung indirekt durch Auswahl der Assessment-module möglich	Nein	Ja, durch Gewichtung zusammen mit dem Top-Management
Einbeziehung von Top-Management und Projekt-management-Experten	Management ist in den Assessment-prozess systematisch mit einbezogen	Möglich	Möglich	Möglich	Systematische Einbeziehung in den Assessmentprozess

Abb. 2-136: Vergleich von Assessmentmodellen (vgl. *Project Management Institute* [Maturity Model], *Office of Government Commerce* [P3M3Model])

Die Detailanalyse kann dann in jenen Bereichen des Projektmanagements erfolgen, in denen sich das PMO bzw. das Management zur Umsetzung von Verbesserungsmaßnahmen entscheidet.

COACH PM beinhaltet vier Analyse- und Auswertungsebenen, die in Abb. 2-137 zu sehen sind.

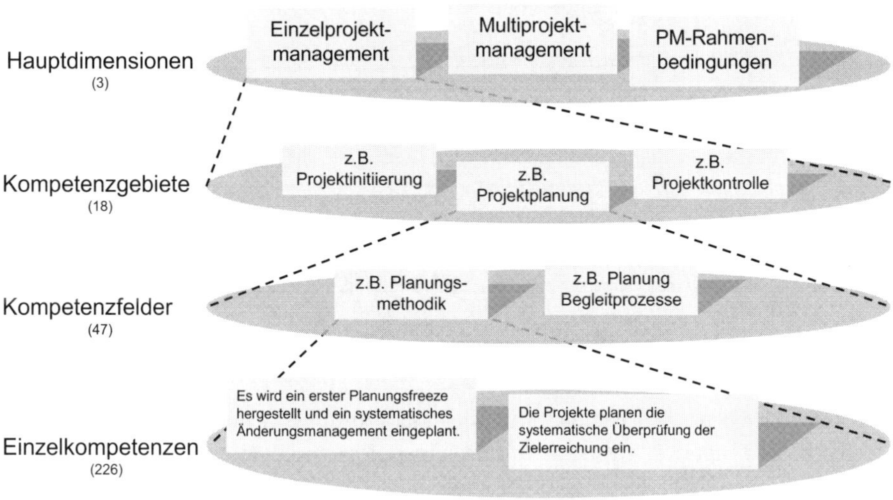

Abb. 2-137: Aufbau des Assessmentmodells

Entsprechend unserem Ansatz des Projektmanagements als Führungskonzeption sind in den Assessementprozess sowohl das Top Management als auch die Projektmanagement-Experten involviert. Abb. 2-138 gibt einen Überblick über den fünfstufigen Prozessablauf (von unten nach oben aufsteigend).

Im Folgenden werden die einzelnen Schritte des Assessmentprozesses kurz skizziert (vgl. die ausführliche Darstellung anhand eines Beispiels in *Ribeiro/ Scheurer* [Projektmanagement-Assessments] 20ff.):

(1) Situationscheck

Ausgangspunkt des Projektmanagement-Assessments ist die Bestimmung der **Unternehmenssituation**, in die das Projektmanagement eingebettet ist. Die Situationsbestimmung und die Festlegung des Assessmentumfangs werden zusammen mit dem Top-Management des Unternehmens durchgeführt.

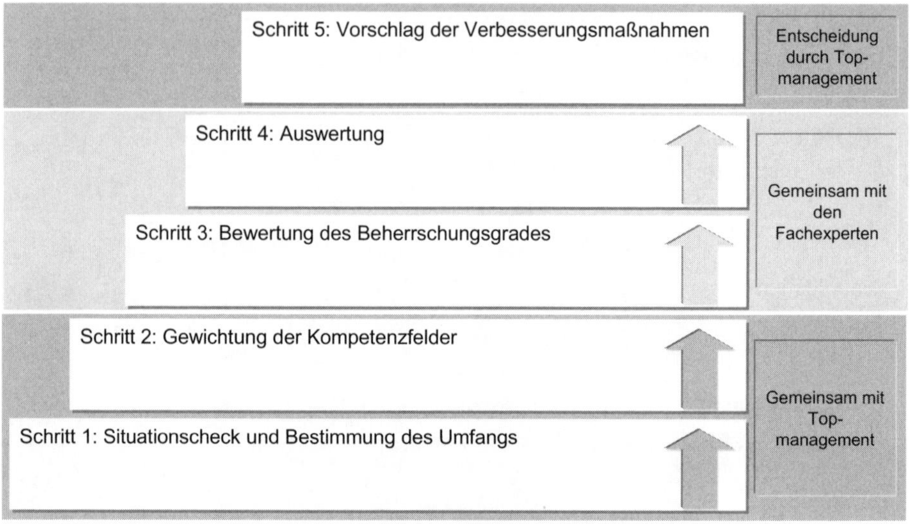

Abb. 2-138: Ablauf des Assessmentprozesses

Im Assessmentmodell ist der Situationscheck mit den drei Dimensionen „Unternehmenssituation“, „Projektumfeld“ und „Projektcharakteristika“ mit jeweils vier Variablen angelegt. Die Ausprägung der Variablen wird vom Top-Management eingeschätzt. Anhand dieses Situationschecks wird dann zusammen mit dem Top-Management eine Bewertung durchgeführt und festgelegt, welche Rolle das Projektmanagement in dem untersuchten Unternehmen einnimmt und in welcher Ausprägung des Projektmanagements ein Fit zwischen Unternehmensstrategie und Projektmanagement vorliegt.

(2) Gewichtung der Kompetenzfelder

Das Top-Management legt über Gewichtungen auf der Ebene der 47 Kompetenzfelder auch die situationsbezogene Bedeutung der verschiedenen Projektmanagementthemen für das betrachtete Unternehmen fest. Diese Priorisierung der Kompetenzfelder in Zusammenarbeit mit dem Top-Management ist ein essenzielles Merkmal des Assessmentmodells. Damit wird sichergestellt, dass sich die Ausrichtung des weiteren Assessments wirklich unmittelbar am Bedarf und an der konkreten Situation des untersuchten Unternehmens ausrichtet. Auf diese Weise entsteht ein für jede Organisation spezifisches Profil von Gewichtungen.

(3) Bewertung des Beherrschungsgrades

Die Bewertung des Beherrschungsgrades der Einzelkompetenzen wird gemeinsam mit den Projektmanagementexperten des untersuchten Unternehmens vorgenommen. Der Bewertungsumfang variiert in Abhängigkeit vom definierten Assessmentumfang. Er kann sich auf ein einzelnes Projekt beziehen oder mehrere Projekte zusammen mit dem Multiprojektumfeld berücksichtigen.

COACH PM ermöglicht eine Unterscheidung nach vorhandenen Kompetenzen und deren praktischer Anwendung. Die Bewertung dokumentierter Prozesse und Methoden eines Unternehmens, also der organisationalen Projektmanagementkompetenzen, kann unter der Kategorie **„Existent"** vorgenommen werden. Parallel dazu kann deren praktische Verwendung in den Projekten bzw. im Multiprojektmanagement unter der Kategorie **„Angewendet"** erfasst werden. Die Bewertung für „Angewendet" wird also für die „gelebten" Prozesse und Methoden vergeben.

Aus der Bewertung des Beherrschungsgrades lassen sich die Stärken und Schwächen auf der Ebene der Projektmanagement-Kompetenzfelder, bei Bedarf aber auch bis auf die Ebene der Einzelkompetenzen ablesen.

(4) Auswertung und Vorschlag von Verbesserungsmaßnahmen

Für die letztendliche Beurteilung des situationsbezogenen Handlungsbedarfs fehlt neben der Betrachtung der Beherrschungsgrade der Projektmanagementkompetenzen noch die Berücksichtigung der Bedeutung, die den einzelnen Kompetenzfeldern von Seiten des Top-Managements zugewiesen wurde. Die Ableitung eines konkreten Verbesserungsbedarfs erfolgt in COACH PM, indem eine Korrelation zwischen der Gewichtung des Top-Managements und der mit den Projektmanagement-Experten ermittelten Beherrschungsgrade der untersuchten Kompetenzfelder vorgenommen wird. Im Zuge des Assessments werden diese Korrelationen in Aktionsportfolios aufbereitet. In Abb. 2-139 wird auszugsweise ein Beispiel eines Aktionsportfolios für das Einzelprojektmanagement („Angewendet") dargestellt. Die 9 Felder des Aktionsportfolios tragen die Ampelfarben grün (G), gelb (Y) und rot (R).

Im Aktionsportfolio werden die verschiedenen Projektmanagement-Kompetenzfelder jeweils in Form eines Punktes eingetragen. In dem Beispiel weisen die Kompetenzfelder 2, 3, 4 und 6 nur einen mittelmäßigen Beherrschungsgrad auf.

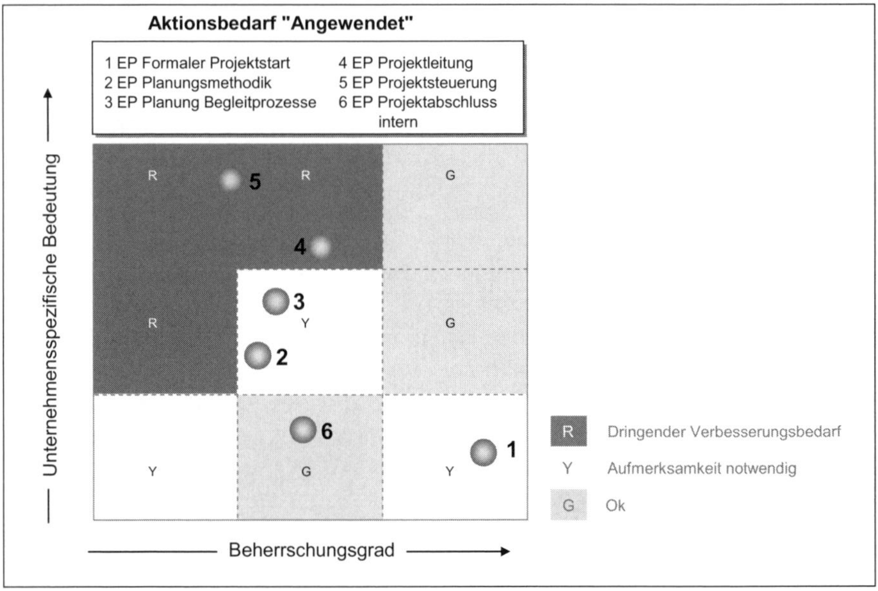

Abb. 2-139: Aktionsportfolio (Auszug)

Diese Erkenntnis gibt für sich alleine noch keinen Hinweis darauf, ob wirklich Handlungsbedarf besteht. Erst durch die Korrelation mit der durch das Top-Management festgelegten unternehmensspezifischen Bedeutung der Kompetenzfelder entsteht ein klares Bild des Aktionsbedarfs:

- Kompetenzfeld 6 wird demnach vom Top-Management nur eine geringe Bedeutung zugewiesen, deshalb ist hier eine mittelmäßige Beherrschung auch in Ordnung und es entsteht kein weiterer Aktionsbedarf.
- Kompetenzfeld 4 wird eine hohe Bedeutung beigemessen. Damit ist hier auch der Anspruch an eine gute Beherrschung der betroffenen Projektmanagementkompetenzen wesentlich höher. Hier reicht Mittelmäßigkeit nicht aus und es besteht dringender Handlungsbedarf.
- Den Kompetenzfeldern 2 und 3 wurde eine mittelstarke Bedeutung zugewiesen. Die gelbe Farbe ihres Portfoliofeldes signalisiert, dass sie im Auge zu behalten sind, aber kein vordringlicher Verbesserungsbedarf besteht.
- Kompetenzfeld 5 ist bei gegebener Bedeutung und Beherrschungsgrad ein klarer Problemfall.

- Kompetenzfeld 1 ist zwar exzellent beherrscht, hat aber nur eine geringe Bedeutung. Die Farbe Gelb weist in diesem Fall darauf hin, dass hier zu prüfen ist, ob nicht ein übermäßiger Aufwand in die Beherrschung dieses Kompetenzfeldes fließt. Möglicherweise könnte ein verringerter Aufwand ausreichen.

Das Aktionsportfolio weist in übersichtlicher Weise und auf einer überschaubaren Aggregationsebene auf den konkreten Handlungsbedarf hin. Damit stellt es eine geeignete Grundlage für die Erarbeitung von konkreten Verbesserungsmaßnahmen dar.

Die Ergebnisse werden ausgewertet und zusammen mit den Projektmanagementexperten analysiert. Handlungsfelder werden identifiziert und mit einem Ansatz für die Verbesserung der betroffenen Projektmanagementkompetenzen hinterlegt.

(5) Assessementergebnisse als Ausgangspunkt der weiteren Professionalisierung des Projektmanagements

Die Assessmentergebnisse werden zwischen Top-Management und Projektmanagementexperten diskutiert. In diesem Zusammenhang kann in einzelnen Themenbereichen, für die ein hoher Verbesserungsbedarf erkannt wurde, vorbereitend nochmals eine Detailanalyse durchgeführt werden. Nachdem zusammen eine Entscheidung zu den wichtigsten und/oder dringlichsten Verbesserungsbereichen getroffen wurde, können konkrete Aktionsprogramme entwickelt werden.

Generell wird durch diese Vorgehensweise die direkte Kommunikation zwischen Top-Management und Projektmanagement-Experten zum Stand des Projektmanagements im Unternehmen intensiviert. Zudem erfolgen weitere Professionalisierungsschritte des Projektmanagements auf Basis einer systematischen und klar strukturierten Vorgehensweise, die an den unternehmens- und situationsspezifischen Anforderungen ausgerichtet ist.

Auf diese Weise wird eine weitere Professionalisierung des Projektmanagements möglich, die sowohl aus Sicht des Managements als auch aus Sicht der Projektleiter und ihrer Teams die für das Unternehmen relevanten Bereiche des Projektmanagements adressiert. Die transparente und gemeinsame Erarbeitung der Professionalisierungsbereiche spielt gerade auch im Hinblick auf die Akzeptanz bei der Umsetzung von Neuerungen im Projektmanagement eine große Rolle.

Im Anschluss an eine Analyse des aktuellen Status des Projektmanagements und der Erfordernisse, die sich aus der spezifischen Situation des Unternehmens ergeben, stellt sich oftmals die Frage nach Einführung eines einheitlichen

Standards im Unternehmen. Hier kann auf allgemein anerkannte Standards zurückgegriffen oder bei Bedarf ein eigener unternehmensspezifischer Standard entwickelt werden.

11.2 Projektmanagementstandards

11.2.1 Funktionen von Standards

Die Geschichte des Projektmanagements beginnt mit der Planung und Durchführung von technischen Projekten, v.a. von Projekten des Großbaus, des Anlagenbaus und von Informationssystemen. Inzwischen haben Projekte in alle Bereiche der Wirtschaft Einzug gehalten. Für die Zukunft wird gar eine Entwicklung hin zu einer sog. „Projektwirtschaft" erwartet.

Das aus der Praxis heraus entwickelte Projektmanagement bediente sich zur Gestaltung des Ablaufs von technischen Projekten in zunehmendem Maße betriebswirtschaftlicher Methoden und Techniken. Klassische Beispiele sind der Einsatz der Netzplantechnik zur Planung, Steuerung und Kontrolle von Projekten sowie die Übertragung von Erkenntnissen der Unternehmensführung auf die Gestaltung der Führungsrolle des Projektleiters, insbesondere bei der Führung eines Projektteams. Bald wurden aus der Praxis heraus Forderungen gestellt, den „Wildwuchs" zu begrenzen und Ordnung in die Planung, Steuerung und Kontrolle von Projekten sowie die zum Einsatz kommenden Methoden und Techniken zu bringen.

Das intensive Bemühen um eine Standardisierung des Projektmanagements ist insbesondere dem Umstand zu verdanken, dass sich das für das Projektmanagement zuständige Personal vorwiegend aus dem Kreis der Techniker rekrutiert. Techniker wiederum präferieren klare Definitionen und Regeln, was deutlich in der Festlegung von Normen, wie den ISO-, DIN- oder ANSI-Normen, zum Ausdruck gebracht wird.

Allgemein anerkannte Projektmanagementstandards nehmen folgende **Funktionen** wahr:

(1) Sicherung der Qualität des Projektmanagements

Das Projektmanagement wird dadurch verbessert, dass Standards jahrelange praktische Erfahrungen mit einer intensiven wissenschaftlichen Durchdringung kombinieren. Mit der Möglichkeit des Rückgriffs auf bewährte Standards wird das Management von Projekten nicht nur verbessert, sondern auch erleichtert.

(2) Qualifikation der Projektleiter und -mitarbeiter

Eng verbunden mit diesem Qualitätsaspekt von Standards ist die **Qualifikationsfunktion** von Projektmanagementstandards. Die meisten allgemein anerkannten Standards bilden die Grundlage für Programme zur Qualifizierung und Zertifizierung von Projektmanagern. Auf diese Weise werden ein gemeinsames Verständnis und ein gemeinsames Vokabular geschaffen, denn Projektmanagement kann in der Praxis sehr unterschiedlich aussehen. Zertifikate können sowohl für den einzelnen Projektleiter als auch für das gesamte Unternehmen Wettbewerbsvorteile begründen, wenn sie das Vertrauen in die Projektmanagement-Fähigkeiten erhöhen (vgl. *Oestereich/Gessler/Lehmann* [Projektmanagement-Zertifikate] 16).

(3) Verbesserung der Transparenz der Projektmanagementaktivitäten

Wenn sichergestellt ist, dass ein allgemein anerkannter Standard eingesetzt wird, ist für Außenstehende der Prozess des Projektmanagements durchschaubar. Dies wiederum verbessert die Voraussetzungen für die Kommunikation in Projekten und über Projekte hinaus. Dieser Effekt ist besonders wichtig angesichts der zunehmenden Arbeitsteilung in Projekten und damit zusammenhängend dem steigenden Internationalisierungsgrad der Projektwirtschaft.

(4) Schaffung von Voraussetzungen für die Kontrolle

Transparenz ist die Voraussetzung für die Kontrolle. Wenn die Planung und der Ablauf von Projekten nach einem vorgefertigten Schema von statten gehen, lässt sich der Erfüllungsgrad der einzelnen Elemente gut überprüfen. Dies wiederum ist eine wesentliche Voraussetzung für das Zeitmanagement und das Kostenmanagement.

Im Folgenden werden drei international ausgerichtete Projektmanagementstandards vorgestellt:

- PMBOK® Guide
- ICB 3.0
- PRINCE2

11.2.2 Ausgewählte Projektmanagementstandards

11.2.2.1 PMBOK® Guide

(1) Übersicht über den Standard

Der „Guide to the Project Management Body of Knowledge“ (PMBOK® Guide) ist vom amerikanischen *Project Management Institute* (PMI) entwickelt worden. Das PMI ist die größte internationale Projektmanagement-Organisation; ca.

360.000 Personen weltweit sind zertifizierte „Project Management Professionals“ (PMP) (vgl. *Brecht-Hadraschek* [Zertifizierungen] 4).

Die erste Fassung des PMBOK-Guide wurde 1987 veröffentlicht, seit Ende 2008 liegt die vierte Fassung vor. Der PMBOK-Guide wird vom American National Standards Institute (ANSI) und dem Institute of Electrical and Electronics Engineers (IEEE) als Projektmanagementstandard anerkannt.

Der PMBOK-Guide wird regelmäßig im Abstand von ca. vier Jahren mit Hilfe von erfahrenen Praktikern weiterentwickelt.

Im Rahmen dieses Standards wird bei der Beschreibung des Projektmanagements ein **prozessbezogener Ansatz** verfolgt. Die vorgeschlagenen Best Practices stellen eine allgemeine Wissensbasis dar und sollen für jedes Projekt angemessen zugeschnitten werden.

Der Guide besteht aus drei Abschnitten (sections):

1. Abschnitt: Rahmen des Projektmanagements

Definitionen, Unterscheidung von Projektmanagement, Programmmanagement und Portfoliomanagement, Beschreibung der Projektphasen sowie der Organisationsstruktur eines Projektes.

2. Abschnitt: Standard für das Projektmanagement

Es werden folgende fünf Prozessgruppen unterschieden:

Initiating, Planning, Executing, Monitoring and Controlling, Closing.

Zudem werden spezifische Wissensgebiete (knowledge areas), wie das Personalmanagement oder das Kostenmanagement, definiert, die für ein erfolgreiches Projektmanagement von besonderer Bedeutung sind. Durch die Gegenüberstellung der Prozessgruppen (Initiierung, Planung, Durchführung, Überwachung und Steuerung sowie Abschluss) und der Wissensgebiete ergeben sich 42 Projektmanagementprozesse, die in Abb. 2-140 dargestellt sind.

Für jeden einzelnen Prozess wird eine kurze Definition vorgestellt sowie seine Inputs und Outputs aufgezeigt, z.B. die Risikoliste als Input beim Prozess „Durchführen einer quantitativen Risikoanalyse“ und ihre überarbeitete Version als Output.

3. Abschnitt: Wissensgebiete im Projektmanagement

In diesem Abschnitt werden die spezifischen Wissensgebiete genauer betrachtet. Alle Prozesse, die zu einem Wissensgebiet gehören, werden im Überblick dargestellt und die Zusammenhänge thematisiert.

Wissensgebiete	Projektmanagementprozesse
Integrationsmanagement in Projekten	Entwickeln des Projektauftrags Entwickeln des Projektmanagementplans Führen und Managen der Projektdurchführung Überwachen und Steuern der Projektarbeit Durchführen einer integrierten Änderungssteuerung Abschluss eines Projektes oder einer Phase
Inhalts- und Umfangsmanagement in Projekten	Sammeln von Anforderungen Definieren von Inhalt und Umfang Erstellen des Projektstrukturplans Verifizieren des Inhalts und des Umfangs Steuerung des Inhalts und des Umfangs
Terminmanagement in Projekten	Definieren der Vorgänge Festlegen des Ablaufs Schätzen des Ressourcenbedarfs Schätzen der Dauern Entwickeln des Terminplans Steuerung des Terminplans
Kostenmanagement in Projekten	Schätzen der Kosten Festlegen des Budgets Steuerung der Kosten
Qualitätsmanagement in Projekten	Planen der Qualität Durchführen der Qualitätssicherung Durchführen der Qualitätslenkung
Personalmanagement in Projekten	Entwickeln eines Personalplans Zusammenstellen des Projektteams Entwickeln des Projektteams Führen des Projektteams
Kommunikationsmanagement in Projekten	Identifizieren der Stakeholder Planen der Kommunikation Verteilen von Informationen Managen der Erwartungen der Stakeholder Berichten des Projektfortschritts
Risikomanagement in Projekten	Planen des Risikomanagements Identifizieren von Risiken Durchführen einer qualitativen Risikoanalyse Durchführen einer quantitativen Risikoanalyse Planen des Umgangs mit den Risiken Überwachen und Steuern der Risiken
Beschaffungsmanagement in Projekten	Planen der Beschaffung Durchführen der Beschaffung Verwalten der Beschaffung Abschluss der Beschaffung / Vertragsende

Abb. 2-140: Projektmanagementprozesse nach Wissensgebieten
(In Anlehnung an: *Project Management Institute* [PMBOK] 43)

Pro Prozess werden die Abläufe und Zusammenhänge mit Hilfe eines Flow-Charts verdeutlicht und es werden sinnvolle Tools und Methoden vorgestellt. Die Kurzübersicht pro Prozess aus dem vorhergehenden Abschnitt wird daher um „Tools & Techniques" erweitert. Im Prozess „Durchführen einer quantitativen Risikoanalyse" werden hier beispielsweise

- Methoden zur Sammlung und Darstellung von Daten, wie Befragungen und Wahrscheinlichkeitsverteilungen,
- Methoden zur quantitativen Risikoanalyse und Modellierung, wie die Sensitivitätsanalyse, die Analyse des Erwartungswertes oder Simulationsmodelle sowie
- die Expertenbefragung

angesprochen. Auch auf die Inputs und Outputs wird genauer eingegangen als im zweiten Abschnitt.

Zum PMBOK gehören zudem ein Anhang, in dem genauer auf Veränderungen im Vergleich zur vorigen Auflage und die Entwicklung des PMBOK-Guides eingegangen wird, sowie ein umfangreiches Glossar mit wichtigen Begriffen und Definitionen.

(2) Zertifizierung

Das Projektmanagement-Curriculum des PMI beinhaltet drei Stufen, wobei die Stufen nicht zwingend nacheinander zu absolvieren sind:

(1) Certified Associate in Project Management (CAPM)

Grundlagenzertifikat für Projektmanagement-Einsteiger

(2) Project Management Professional (PMP)

Zertifikat für Projektleiter

(3) Program Management Professional (PgMP)

Zertifikat für Verantwortliche für strategisch ausgerichtete Projektprogramme und Multiprojektmanagement

Ergänzend gibt es noch zwei Zertifizierungen in Spezialbereichen:

- PMI Risk Management Professional (PMI-RMP)
- PMI Scheduling Professional (PMI-SP)

Die Prüfungen des Curriculums bestehen aus Multiple Choice-Fragen in computerbasierten Tests. Für die Zulassung sind i.d.R. umfassende Praxiserfahrungen zu belegen, z.B. für den PMP 4.500 Stunden Projektleitungserfahrung für Bewerber mit Hochschulabschluss bzw. 7.500 Stunden Projektleitungserfahrung für Bewerber mit Abitur (zu den genauen Zulassungsvoraussetzungen vgl. z.B. die Homepage des *PMI Chapter München* unter http://pmi-muc.de/ zertifizierung.htm).

Die Zertifikate sind 3 Jahre bzw. beim CAPM 5 Jahre gültig. Da sich das PMI als ausgesprochen praxisorientiert versteht, ist es außer beim CAPM bei allen Zertifikaten notwendig, die eigenen Aktivitäten bei der praktischen Anwendung und Weiterentwicklung des Projektmanagements mit Hilfe von sog. „professional development units" (PDUs) zu belegen. Innerhalb der drei Jahre müssen 60 PDUs gesammelt werden, damit das Zertifikat für weitere drei Jahre verlängert wird. PDUs werden z.B. für Aus- und Weiterbildung, das Schreiben von Veröffentlichungen zum Thema Projektmanagement und die Anwendung des Wissens im Rahmen von konkreten Projekten vergeben.

11.2.2.2 ICB

(1) Übersicht über den Standard

Die „International Competence Baseline" (ICB) ist der internationale Standard für Projektmanagement der *International Project Management Association* (IPMA). Die Originalfassung der ICB erscheint in Englisch, doch die verschiedenen nationalen Mitgliedsorganisationen der IPMA können sie übersetzen und somit eine nationale Competence Baseline herausgeben. Im deutschsprachigen Raum sind drei Mitgliedsorganisationen der IPMA vertreten:

- Die Deutsche Gesellschaft für Projektmanagement (GPM)
- Die Schweizerische Gesellschaft für Projektmanagement (spm)
- Die Projekt Management Austria (pma)

Die drei Organisationen haben miteinander eine deutsche Ausgabe der ICB erarbeitet („National Competence Baseline", NCB, Version 3.0 der *PM-Zert* Zertifizierungsstelle der GPM e.V. vom März 2008). Sie liegt den weiteren Ausführungen zugrunde.

Während der PMBOK-Guide prozessorientiert aufgebaut ist, stehen bei der ICB die **Kompetenzen** im Mittelpunkt. Es wird davon ausgegangen, dass Kompetenzen ein professionelles, erfolgreiches Projektmanagement garantieren. Eine Kompetenz wird definiert als „nachgewiesene Fähigkeit, Wissen und/oder Fertigkeiten anzuwenden sowie dort, wo dies relevant ist, der Nachweis persönlicher Eigenschaften“ (*PM-Zert* [NCB] 13). Die Zertifizierung erfolgt daher sehr stark personenbezogen.

In der ICB kommt ein wichtiger Bedeutungswandel innerhalb des Projektmanagements zum Ausdruck: Während ursprünglich die **technische Kompetenz** im Vordergrund stand, werden heute die **Verhaltenskompetenz** und die **Kontextkompetenz** als gleichberechtigter Anspruch an die Qualität des Projektmanagements formuliert. Damit wird der für das Projektmanagement gewachsenen Bedeutung der Sozialkompetenz und auch der Vernetzung des Projektes mit seinem Umfeld Rechnung getragen.

Die drei großen **Kompetenzbereiche** umfassen inhaltlich (vgl. *PM-Zert* [NCB] 16):

- Die **technischen Kompetenzen** bestehen aus 20 Elementen, die sich mit der Fach- und Methodenkompetenz im Projektmanagement befassen.
- Bei den 15 **Verhaltenskompetenz**-Elementen stehen die persönlichen Beziehungen zwischen den beteiligten Einzelpersonen und Gruppen im Mittelpunkt.
- Die 11 **Kontextkompetenz**-Elemente legen den Fokus auf die Interaktion des Projektteams mit dem Projektkontext und der Stammorganisation.

Die einzelnen Elemente dieser Kompetenzbereiche sind in Abb. 2-141, dem „Eye of Competence“, erfasst.

Dieses Symbol „stellt die Integration aller PM-Elemente bei der Bewertung einer bestimmten Situation durch das Auge eines Projektmanagers dar. Das Auge steht auch für Klarheit und Weitblick“ (*PM-Zert* [NCB] 12).

In der ICB werden keine speziellen Methoden, Verfahren oder Instrumente beschrieben oder empfohlen. Stattdessen wird jedes einzelne Kompetenzelement wie folgt dargestellt:

- Allgemeine Beschreibung des Kompetenzelementes,
- Liste mit möglichen Prozessschritten, die mit dem Kompetenzelement verbunden sein können,
- Liste mit angesprochenen Themenfeldern,
- Aufgliederung der Schlüsselkompetenzen, die bei einer Zertifizierung in den verschiedenen Leveln vorhanden sein müssen,
- Darstellung der Beziehungen zu anderen Kompetenzelementen durch eine Aufzählung der Hauptbeziehungen.

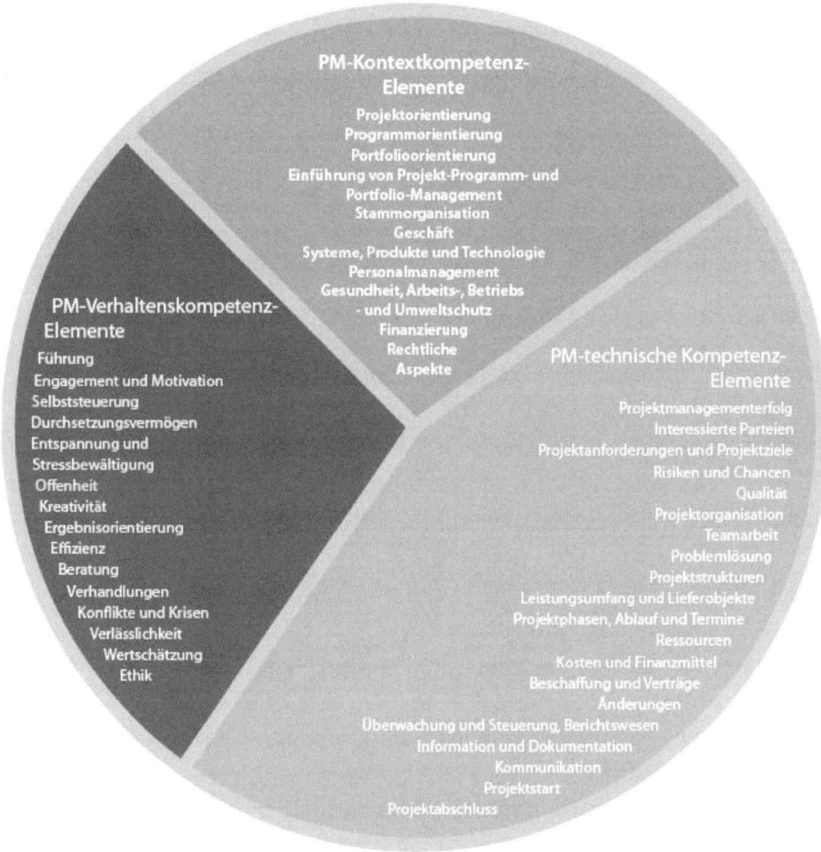

Abb. 2-141: Eye of Competence (Quelle: *PM-Zert* [NCB] 3)

An dieser Stelle zeigt sich eine wichtige Besonderheit der ICB: Sie ist stark auf die Beurteilung von Kompetenzen für die Zertifizierung einer einzelnen Person ausgerichtet.

(2) Zertifizierung

Die IPMA vergibt ihre Zertifikate nach dem sog. „Vier-Level-Zertifizierungs-system (4-L-C)":

(1) Zertifizierter Projekt-Direktor (IPMA Level A)

Für Leiter/innen von Projektportfolios oder Projektprogrammen

(2) Zertifizierter Senior Projektmanager (IPMA Level B)

Für Leiter/innen von komplexen Projekten mit Teilprojekten

(3) Zertifizierter Projektmanager (IPMA Level C)

Für Leiter/innen von begrenzt komplexen Projekten mit praktischen Erfahrungen in unterschiedlichen Projekten und Situationen

(4) Zertifizierter Projektmanagement-Fachmann (IPMA Level D)

Für Mitarbeiter/innen, die in einem Projekt entsprechendes Projektmanagement-Wissen anwenden können

Die Zertifizierung wird in Deutschland durch die *PM-Zert*, die Zertifizierungsstelle der GPM, durchgeführt. Dabei werden die Kandidaten von mindestens zwei erfahrenen und zertifizierten Assessoren geprüft. Je nach angestrebtem Level unterscheidet sich der Umfang der notwendigen Schritte im Zertifizierungsverfahren. Obligatorisch für alle Level bei PM-Zert sind:

- Bewerbungsformular, Lebenslauf
- Liste der Projekte, Programme, Portfolios und Referenzen
- Selbstbewertung
- Zulassung zur Teilnahme am Zertifizierungsverfahren
- Schriftliche Prüfung

Je nach Level kommen ein Workshop, eine 360-Grad-Bewertung (Beurteilung der Kompetenz durch drei weitere Personen, „die den Kandidaten von unterschiedlichen Blickwinkeln her gut kennen und diesen auf einem bestimmten Level für zweifellos qualifiziert halten“ (PM-Zert [NCB] 22), ein Bericht und ein Prüfungsgespräch hinzu.

Auch die Zulassungsvoraussetzungen unterscheiden sich von Level zu Level; außer beim Level D umfassen sie umfangreiche Praxiserfahrungen in dem angestrebten Level. Nähere Informationen zur Zulassung und zum gesamten Zertifizierungsprozess finden sich in den NCB oder auf der Homepage der GPM unter www.gpm-ipma.de.

Grundsätzlich sind die Zertifikate 5 Jahre gültig. Danach kann eine Re-Zertifizierung stattfinden, bei der v.a. die Projektmanagementaktivitäten sowie die berufliche Weiterentwicklung seit der letzten Zertifizierung in Betracht gezogen werden.

11.2.2.3 PRINCE2

(1) Übersicht über den Standard

PRINCE2 (**Pr**ojects **in** **C**ontrolled **E**nvironments) stellt eine Projektmanagementmethode dar, die in und für Großbritannien als strukturierter Standard für erfolgreiches Projektmanagement im IT-Bereich entwickelt wurde und heute in zunehmendem Maße auch in andere Länder Eingang findet. PRINCE2 ist ein registriertes Warenzeichen des *Office of Government Commerce* (OGC), einer britischen Regierungsbehörde. Die erste Version von PRINCE2 stammt von 1996, im Jahr 2009 wurde die aktuelle neueste Version „PRINCE2:2009" veröffentlicht.

Bei PRINCE2 handelt es sich um eine generische Projektmanagementmethode, die grundsätzlich für jedes Projekt genutzt werden kann. PRINCE2 umfasst ein detailliertes Prozessmodell, in dem alle anfallenden Projektmanagementaufgaben beschrieben sind. Auf diese Weise soll ein übergeordneter Rahmen für die konkrete Anwendung bereitgestellt werden. Ein wichtiger inhaltlicher Schwerpunkt liegt jedoch auf der sinnvollen Anpassung der Methode auf die jeweilige Situation („Tailoring").

Grundlage für die Arbeit mit dem Modell ist das Handbuch des OGC mit dem Titel „Erfolgreiche Projekte managen mit PRINCE2" bzw. im Original „Managing Successful Projects with PRINCE2". Zudem wurde ein zweites Buch „Erfolgreiches Lenken von Projekten mit PRINCE2" (englisches Original: „Directing Successful Projects with PRINCE2") veröffentlicht. Für eine Kurzeinführung in die Thematik empfiehlt sich das Taschenbuch *Hedeman/Seegers* [PRINCE2].

Im Rahmen von PRINCE2 werden **vier Perspektiven** des Projektmanagements unterschieden:

1. Sieben Grundprinzipien

Die sieben Grundsätze werden als notwendige Voraussetzung für erfolgreiches Projektmanagement definiert und sind somit für jedes Projekt unverzichtbar.

2. Sieben Themen

Hierbei handelt es sich um Schlüsselbereiche, die während des gesamten Projektlebenszyklus eine wichtige Rolle spielen, z.B. der Umgang mit Risiken oder Qualität.

3. Sieben Prozesse

PRINCE2 ist eine prozessorientierte Methode. Für jeden einzelnen Prozess im Projektverlauf werden Aktivitäten, Ergebnisse und Verantwortlichkeiten beschrieben.

4. Anpassung der Methode an die Projektumgebung („Tailoring")

Abb. 2-142 gibt einen Überblick über die **sieben Grundprinzipien** in PRINCE2.

Abb. 2-142: Grundprinzipien von PRINCE2:2009 (Quelle: *Hedeman/Seegers* [PRINCE2] 23, basierend auf Unterlagen des *OGC*)

Während der gesamten Projektlaufzeit sind sieben **wichtige Schlüsselthemen** zu beachten:

Thema	Frage nach
Business Case	Warum?
Organisation	Wer?
Qualität	Was?

Pläne	Welche? Wie? Wie viel? Wann?
Risiken	Was ist, wenn?
Änderung	Was sind die Auswirkungen?
Fortschritt	Wo stehen wir jetzt? Wohin gehen wir? Sollen wir weitermachen?

Abb. 2-143: Die Schlüsselthemen nach PRINCE2 (Quelle: *Hedeman/Seegers* [PRINCE2] 29, basierend auf Unterlagen des OGC)

Den größten Teil von PRINCE2 nehmen die detaillierten Beschreibungen der **sieben Projektmanagement-Prozesse** ein:

- Vorbereiten eines Projektes (Starting up a Project)
- Initiieren eines Projektes (Initiating a Project)
- Lenken eines Projektes (Directing a Project)
- Steuern einer Phase (Controlling a Stage)
- Managen der Produktlieferung (Managing Product Delivery)
- Managen der Phasenübergänge (Managing Stage Boundaries)
- Abschließen eines Projektes (Closing a Project)

In der ersten Version von PRINCE2 gab es noch einen weiteren Prozess „Planen eines Projektes (Planning)", der in der neuesten Auflage in das Schlüsselthema „Pläne" integriert wurde. Die Prozesse finden i.d.R. in unterschiedlichen Projektphasen statt (vgl. Abb. 2-144).

Für jeden Prozess werden nun der grundlegende Zweck, die Ziele, die einzelnen Aktivitäten und die damit verbundenen empfohlenen Tätigkeiten skizziert. Zur Illustrierung wird jeweils ein Prozessdiagramm erstellt, aus dem die Zusammenhänge mit anderen Prozessen, die Abfolge der Aktivitäten und Managementprodukte zu ersehen sind. In Abb. 2-145 ist als Beispiel die Übersicht über den Prozess „Initiieren eines Projektes" dargestellt.

Für die notwendigen Managementprodukte sind konkrete Vorlagen verfügbar, mit deren Hilfe ihre Vollständigkeit und Qualität sichergestellt werden soll.

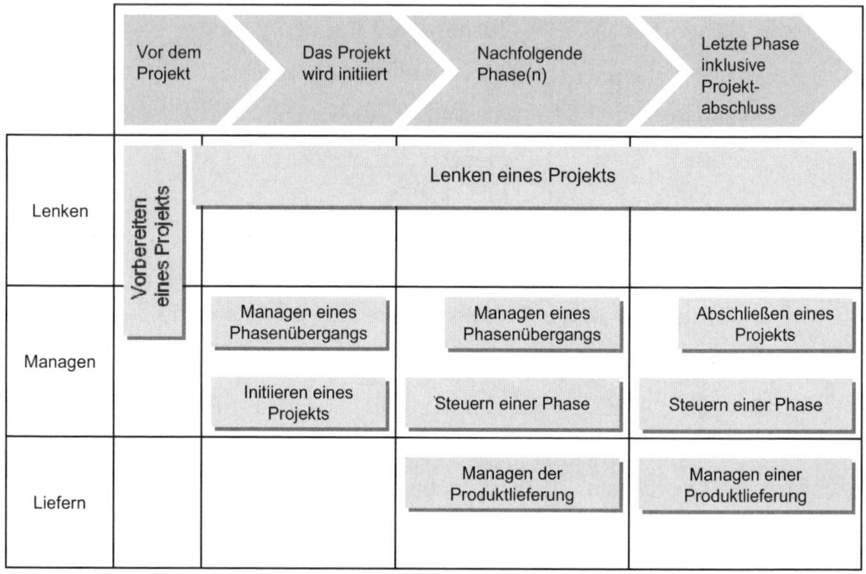

Abb. 2-144: PRINCE2-Prozesse
(Quelle: *Office of Government Commerce* [Projekte] 131)

(2) Zertifizierung

Für PRINCE2 werden zwei Zertifizierungen angeboten:

1. PRINCE2 Foundation:

Bei dieser Basisprüfung liegt der Schwerpunkt auf den Grundlagen und den Begrifflichkeiten von PRINCE2. Es handelt sich um einen einstündigen Multiple Choice-Test.

2. PRINCE2 Practitioner

Dieses Zertifikat ist für Projektleiter gedacht und zielt daher auf die konkrete Umsetzung und Anwendung von PRINCE2 ab. Voraussetzung ist ein Foundation-Zertifikat. Die Prüfung besteht aus einer dreistündigen Klausur, die auf einem fiktiven Projekt basiert.

Schulungen zur Vorbereitung und Prüfungen dürfen lediglich von akkreditierten Organisationen durchgeführt werden, die von der APMG Group Ltd. überwacht werden.

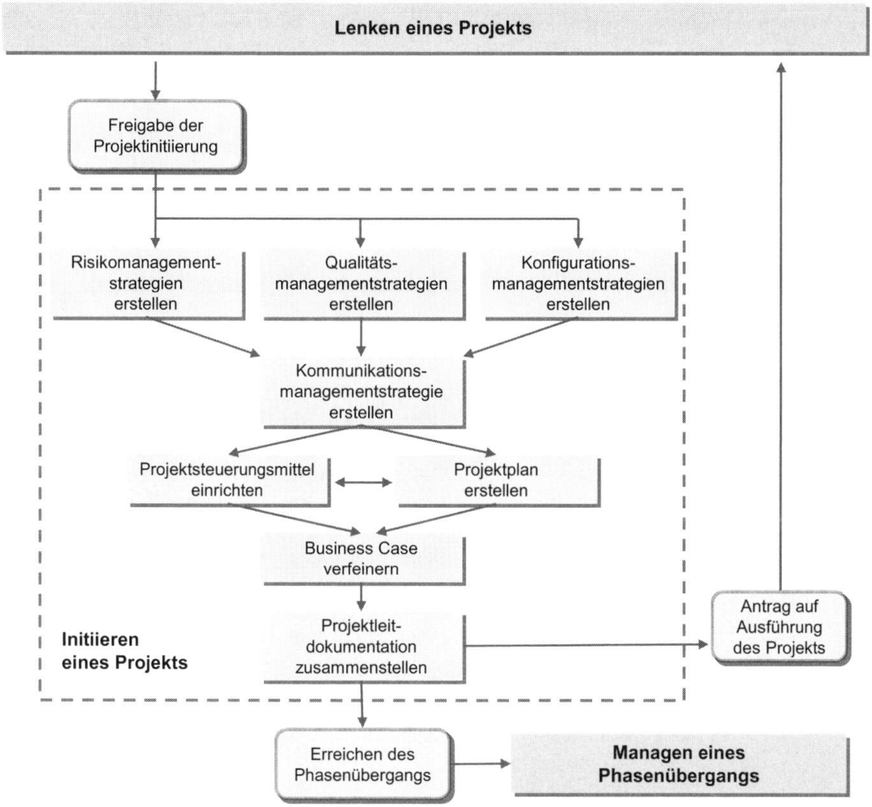

Abb. 2-145: Übersicht über den Prozess „Initiieren eines Projektes" (Quelle: *Office of Government Commerce* [Projekte] 167)

11.2.3 Verbreitung und Schwerpunkte der Standards

Die drei vorgestellten Standards haben verschiedene inhaltliche Schwerpunkte und unterscheiden sich, v.a. aufgrund ihrer Entstehungsgeschichte und ihrer Herkunft, auch in ihren geographischen Verbreitungsgebieten.

Der PMBOK-Guide wurde in den Vereinigten Staaten entwickelt. Er weist einen hohen internationalen Bekanntheitsgrad auf und ist gerade in englischsprachigen Ländern weit verbreitet.

Im deutschsprachigen Raum hat die NCB als Standard der Deutschen Gesellschaft für Projektmanagement (GPM) und ihren Schwesterverbänden in der Schweiz und Österreich eine herausragende Stellung.

PRINCE2 gewinnt in den letzten Jahren zunehmend auch im deutschsprachigen Raum an Bedeutung. Bisher wurde es vornehmlich in Ländern eingesetzt, die enge politische und wirtschaftliche Beziehungen zu Großbritannien aufweisen.

Die wichtigsten inhaltlichen Schwerpunkte der drei Standards werden in Abb. 2-146 einander gegenübergestellt.

Inhalte	**PMBOK-Guide von PMI**	**ICB/NCB der IPMA/GPM**	**PRINCE2 des OGC**
Ziele	Umfangreiche Wissenssammlung der anerkannten Best Practices	„Kanon international abgestimmter und vereinbarter Kompetenzelemente" (*PM-Zert* [NCB] 6), insbesondere zur Bewertung und Zertifizierung der für ein professionelles PM notwendigen Kompetenzen	Bereitstellung eines Methodenrahmens zur sofortigen Anwendung
Grundlegende Perspektive	Prozessorientiert	Kompetenzorientiert	Prozessorientiert
Abstraktionsgrad	Mittel, Prozesse definiert	Hoch, keine konkreten Handlungsanweisungen oder Methoden	Niedrig, Prozesse sind relativ detailliert beschrieben, konkrete Vorlagen für Berichte usw. sind verfügbar
Kernbranchen	Keine Einschränkung, auf alle Projekte anwendbar	Keine Einschränkung, auf alle Projekte anwendbar	Traditionell aus dem IT-Bereich, jedoch als generischer Ansatz auf alle Projekte anwendbar

Regionaler Einsatz	International mit Schwerpunkt auf den USA, sehr häufig in globaler Projektumgebung in internationalen Großprojekten	Führend im deutschsprachigen Raum, zunehmende Ausdehnung auch in Asien	Zunächst v.a. in Großbritannien und Ländern, die traditionell starke Geschäftsbeziehungen mit GB unterhalten, mittlerweile weitere Verbreitung
Verbreitung der Zertifikate	Ca. 370.000 PMPs weltweit (vgl. *PMI* [What is PMI?])	Mehr als 110.000 Zertifizierte in allen Leveln weltweit, Stand Ende 2009 (vgl. *International Project Management Association* [Certification])	Ca. 200.000 PRINCE2 Practitioner (vgl. *Brecht-Hadrascheck* [Zertifizierungen] 4)

Abb. 2-146: Vergleichende Gegenüberstellung der Standards von PMI, IPMA/GPM und OGC

Aufgrund der unterschiedlichen inhaltlichen Schwerpunkte und Ausgestaltung der Standards hängt es stark von der individuellen Situation und den Zielen des Unternehmens ab, welcher Standard für die eigenen Projektaktivitäten zugrunde gelegt werden sollte. Allerdings ist es oftmals gar nicht notwendig, sich für einen Ansatz zu entscheiden, sondern es bietet sich an, die große Wissensbasis über das Projektmanagement in den verschiedenen Standards zu nutzen und die **unterschiedlichen Sichtweisen zu kombinieren**.

So empfehlen *Thom/Odermatt* ([Projektmanagement] 16) von der Universität Bern in ihrem Gutachten zu den Zertifizierungsverfahren von PMI und IPMA im Projektmanagement: „Ambitionierte Projektleiter sind gut beraten, sich nicht ausschließlich auf eines der beiden Systeme zu fokussieren. Gerade weil die Ansätze von PMI und IPMA im Kern verschieden sind, kann ihre Kombination zu optimalen Resultaten führen. Gleiches gilt für Unternehmen, die das Ziel anstreben, in ihrem Unternehmen ein optimales Projektkarrieremodell zu installieren. Da die wesentlichen Elemente der PMI- und IPMA-Zertifizierung nur geringe Schnittflächen aufweisen, erscheint es durchaus sinnvoll, in unternehmensspezifischen Projektlaufbahnen Zertifikate beider Systeme zu berücksichtigen – ergänzt durch betriebseigene Qualitätssicherungsmaßnahmen. Diese

Überlegungen können nicht nur große und international tätige Unternehmen anstellen, sondern auch KMU mit nationaler Ausrichtung".

Eine solche Kombination bietet sich ebenfalls an, wenn man aufgrund der hohen Bedeutung des Projektmanagements eine individuelle Vorgehensweise mit einem eigenen Standard im Unternehmen entwickeln und etablieren will.

11.2.4 Unternehmenseigene Standards

Allein aufgrund des teilweise recht hohen Abstraktionsgrades der allgemeinen Standards erscheint es oftmals sinnvoll, einen eigenen Standard für das Projektmanagement im Unternehmen zu definieren. Auch im stark anwendungsorientierten PRINCE2-Standard spielt das „Tailoring", also der Zuschnitt der allgemeinen Vorgehensweise auf die eigenen konkreten Bedürfnisse, eine wichtige Rolle.

Ein **eigener Projektmanagementstandard** umfasst mindestens

- einen übergeordneten Projektphasenplan mit Meilensteinen,
- eine konkrete Prozessbeschreibung mit Formularen, Checklisten und Vorlagen,
- alle notwendigen Hilfsmittel zur sinnvollen Anwendung von Methoden und Werkzeugen (z.B. Software),
- ein Projektmanagement-Handbuch, in dem der gesamte Standard festgelegt und erklärt wird (incl. einer Beschreibung der Projektorganisation und der Rollen der Projektbeteiligten).

Bei der **Entwicklung des Standards** sollte darauf geachtet werden, dass

- sehr erfahrene Projektleiter beteiligt sind, um ihre Erfahrungen und Vorschläge einzubringen,
- Öffnungen für den projektspezifischen Zuschnitt des Standards vorgesehen sind (z.B. nach Projektgrößen oder –bedeutung),
- der Standard nicht zu starr, überreglementiert oder überbürokratisiert ausgestaltet wird, sondern die Projektleiter und das Projektteam die neuen Regelungen als hilfreich und unterstützend in der täglichen Arbeit empfinden können (Gleichgewicht zwischen Strukturierung und Freiheit für kreatives Arbeiten im Projekt),

- der Standard regelmäßig unter Berücksichtigung der Projekterfahrungen und der neuesten Best Practices überarbeitet wird, damit er nicht veraltet, sondern weiterentwickelt und neuen Erfordernissen angepasst wird.

Um Ängsten und Widerständen bei den von den Veränderungen betroffenen Mitarbeitern zu begegnen, sollte bei der Entwicklung und Einführung eines neuen Standards auf ein **begleitendes Change Management** geachtet werden. Erfahrungsgemäß sind hier besonders wichtig:

- begleitende Kommunikationsmaßnahmen, auch bereits im Vorfeld,
- Einbindung von wichtigen Meinungsführern bei der Entwicklung des Standards,
- intensive Schulungen,
- Unterstützung der Mitarbeiter bei der Anwendung des neuen Standards durch einen kompetenten Ansprechpartner (vgl. die Ausführungen zum Projektmanagementoffice in Abschnitt 11.4.2).

Bei der Diskussion um die Professionalisierung des Projektmanagements und die Entwicklung eines neuen Standards können auch alternative Vorgehensmodelle im Projektmanagement eine wichtige Rolle spielen. Im nächsten Abschnitt werden zwei weitere Vorgehensmodelle vorgestellt.

11.3 Alternative Vorgehensmodelle

Die Methoden, die im Rahmen des Managements von Projekten angewendet werden, sind mittlerweile weitgehend ausgereift. Neue Entwicklungen des Projektmanagements sind jedoch auch in diesem Bereich zu finden: Diese Weiterentwicklungen betreffen allerdings weniger die einzelnen Techniken als vielmehr eine grundlegende Infragestellung der Vorgehensweise innerhalb eines Projektes.

Im Folgenden werden zwei Vorgehensmodelle betrachtet, bei denen sich die Prämissen für die Planung, Durchführung und Kontrolle von Projekten verändern:

- Das Critical Chain-Projektmanagement und
- Das Agile Projektmanagement.

Im **Critical Chain-Projektmanagement** wird das gesamte Projekt so geplant, dass die Engpassressource im Projekt möglichst sinnvoll ausgelastet ist. Alles andere wird dieser Prämisse untergeordnet, d.h. alle Steuerungsaktivitäten sind darauf ausgerichtet, dass dieser Ressource die Arbeit nicht ausgeht bzw. dass sie vor Überlastungen geschützt wird.

Beim **Agilen Projektmanagement** stehen das ständige Anpassen des Projektes an Veränderungen und neue Erkenntnisse im Mittelpunkt. Zudem wird die eigenverantwortliche Zusammenarbeit der beteiligten Mitarbeiter als wichtigster Erfolgsfaktor für ein Projekt gesehen.

11.3.1 Critical Chain-Projektmanagement

Das Critical Chain-Projektmanagement oder auch „Konzept der kritischen Kette im Projektmanagement" wurde von *Eliyahu M. Goldratt* (geb. 1948) im Jahre 1997 entwickelt. Das Konzept beruht auf der von *Goldratt* begründeten „Theory of Constraints", einem systemorientierten Management-Ansatz zur Identifizierung und Beseitigung von Engpässen in Unternehmen und damit zur Beschleunigung der Durchlaufzeit in Projekten.

11.3.1.1 Die „Theory of Constraints" als Grundlage des Konzeptes

In der „Theory of Constraints" wird ein Unternehmen als Netzwerk verschiedener Prozesse gesehen. Die Performance dieses Netzwerkes wird durch einen „Flaschenhals"-Prozess nach oben begrenzt (vgl. *Löbel* [Wege] 31). Im Ausnahmefall kann es auch mehrere „Flaschenhälse" geben.

Will man das gesamte System nun effizienter gestalten, so ist insbesondere am „Flaschenhals" anzusetzen. Hierzu schlägt *Goldratt* fünf Schritte vor (vgl. *Goldratt* [Theory] und *Löbel* [Wege] 33ff.):

(1) Identifizieren des Flaschenhalses

Das limitierende Element im Unternehmen muss zunächst gefunden werden. Hierbei kann es sich sowohl um materielle Ressourcen, wie etwa Arbeitskapazitäten, als auch um immaterielle Beschränkungen in Form von Regeln oder Verfahrensanweisungen handeln.

(2) Auslasten des Flaschenhalses

Ist der Flaschenhals gefunden, wird untersucht, wie die volle Kapazität dieses limitierenden Elements genutzt werden kann.

(3) Unterordnen aller anderen Dinge

Das Gesamtsystem muss auf Ursachen für die bisherige Minderauslastung des Flaschenhalses untersucht werden. Es ist dann eine Umgestaltung des Systems notwendig, damit die bestmögliche Nutzung des Flaschenhalses sichergestellt werden kann.

(4) Erweitern des Flaschenhalses

Unter Umständen ist es möglich und sinnvoll, den Flaschenhals „aufzubohren", d.h. die Kapazität des Flaschenhalses zu erweitern, beispielsweise durch Neueinstellungen von Mitarbeitern mit bestimmten Qualifikationen oder die Anschaffung einer weiteren Maschine. Im Anschluss stellt sich die Frage, ob sich nun ein neuer Flaschenhals ergibt, der optimiert werden sollte.

(5) Kontrolle / Rekursion

Durch Schritt (4) werden Maßnahmen, die man in Schritt (2) und (3) eingeführt hat, unter Umständen obsolet oder gar kontraproduktiv. Zudem ist die gesamte Situation nicht statisch und benötigt daher weiterhin Aufmerksamkeit. *Goldratt* legt somit sein Konzept als einen kontinuierlichen Verbesserungsprozess zur Erhöhung der Effizienz an.

Bei der gesamten Untersuchung ist zu bedenken, dass das Gesamtsystem „Unternehmen" stark vernetzt ist: Es besteht in der Regel aus vielen Teilsystemen, also in sich geschlossenen Untereinheiten wie Abteilungen oder Geschäftseinheiten. Werden hier lediglich **lokale Optima** gesucht, müssen sie in Summe nicht das **globale Optimum** für das gesamte Unternehmen ergeben. Es ist daher ein ganzheitliches systemisches Denken notwendig, um die effizienteste Lösung für das Gesamtunternehmen zu erreichen.

Diese Grundüberlegungen werden im Konzept der kritischen Kette auf Projekte übertragen.

11.3.1.2 Definitionen und Ziele des Critical Chain-Projektmanagements

In *Goldratts* Buch „Die Kritische Kette. Ein Roman über das neue Konzept im Projektmanagement" (Frankfurt a.M./2002) sollen drei junge Führungskräfte gemeinsam als „Think Tank" die Entwicklungszeit eines Produktes in einem schnelllebigen Markt drastisch verkürzen (vgl. *Goldratt* [Kritische Kette] 7ff.).

In vielen Märkten sind die Produktlebenszyklen sehr kurz: Die Fähigkeit, in möglichst kurzen Zeitabständen neue, qualitativ hochwertige Produkte auf den Markt zu bringen, stellt hier einen entscheidenden Wettbewerbsvorteil dar. In anderen Branchen drohen hohe Konventionalstrafen bei Zeitverzug des Projektes.

> **Ziele** des Critical Chain-Projektmanagements sind die Verkürzung der Projektlaufzeit, zumindest eine Verbesserung der Termintreue.

Fokussiert man den Faktor Zeit im Projekt, so steht der reibungslose Ablauf des Projektes im Vordergrund. Wie in einem Staffellauf spielen dabei die rechtzeitige Verfügbarkeit und der Arbeitseinsatz der Mitarbeiter eine entscheidende Rolle. *Goldratt* führt daher ergänzend zum „Kritischen Pfad“, der logische und sachliche Abhängigkeiten widerspiegelt (vgl. S. 172), den Begriff der „Kritischen Kette“ ein:

> Die **Kritische Kette** ist die längste Folge voneinander abhängiger Projektaufgaben unter Berücksichtigung von Ressourcenabhängigkeiten.

Diese Kritische Kette stellt somit den Engpass aus der „Theory of Constraints“ dar, denn das Projekt kann nicht schneller voranschreiten als entlang dieser Kette. Welche Implikationen ergeben sich daraus für das Critical Chain-Projektmanagement?

11.3.1.3 Grundsätze des Critical Chain-Projektmanagements

Goldratt hat verschiedene **Schwachstellen** bei der herkömmlichen Ressourcenplanung und insbesondere der Aufwandsschätzung identifiziert (vgl. *Techt* [Critical-Chain-Projektmanagement] 14f. sowie *Lörz/Techt* [Critical Chain] 43ff. und 113ff.):

(1) Umwandlung von Schätzungen in verbindliche Zusagen

Bei der Aufwandsschätzung sind sich die Mitarbeiter i.d.R. bewusst, dass ihre Schätzungen später im Projektplan in verbindliche Termine umgewandelt werden. Da sie als zuverlässig gelten wollen, versuchen sie, möglichst realistisch zu schätzen und antizipieren daher, dass aller Erfahrung nach nicht alles so laufen wird, wie ursprünglich geplant (vgl. Abb. 2-147). Daher kalkulieren sie persönliche Zeitpuffer in die Aufwandsschätzungen ihrer Arbeitspakete ein, die nach *Goldratt* oftmals mehr als 50% der geschätzten Dauer betragen.

Diese individuellen Sicherheitspuffer sind für das Gesamtprojekt i.d.R. unwiederbringlich verloren. *Lörz/Techt* ([Critical Chain] 121) führen hier „Parkinson`s Law“ an: „Arbeit dehnt sich so weit aus, dass sie die dafür zur Verfügung stehende Zeit ausfüllt“.

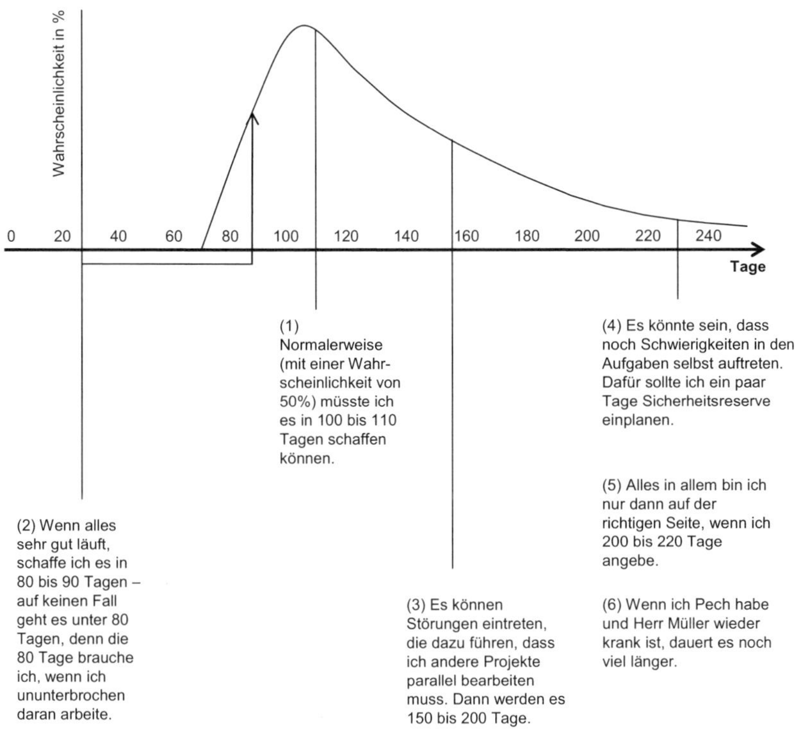

Abb. 2-147: Wahrscheinlichkeitsverteilung (Quelle: *Lörz/Techt* [Critical Chain] 118)

Auf diese Weise werden auch Verzögerungen im Projekt kaum aufgeholt: Arbeitet der Nachfolger schneller, so müsste er befürchten, dass seine Zeitschätzungen beim nächsten Projekt in Zweifel gezogen werden.

(2) „Studentensyndrom“

Aufgaben werden nur sehr selten vor dem festgesetzten Termin beendet. Oftmals werden Arbeiten erst „auf den letzten Drücker“ begonnen und fertig gestellt. Somit werden die persönlichen Sicherheitspuffer i.d.R. unnötig ausgeschöpft.

(3) Negatives Multitasking

Muss eine Aufgabe unterbrochen werden zugunsten einer anderen, in diesem Moment höher priorisierten Aufgabe kann sich diese Form des Multitasking negativ auf die Dauer der Aufgaben auswirken.

Sehr deutlich wird dies anhand von Abb. 2-148: Im ursprünglichen Arbeitsplan waren ca. 6 Wochen für die Aufgaben des Projektes Oslo vorgesehen. Da jedoch die Aufgaben für die anderen beiden Projekte eingeschoben werden müssen, verlängert sich die Durchlaufzeit bis zur endgültigen Fertigstellung der Aufgaben dieses Projektes auf fast 4 Monate. Zudem vergrößert sich aufgrund der Einarbeitungszeiten auch der Arbeitsaufwand.

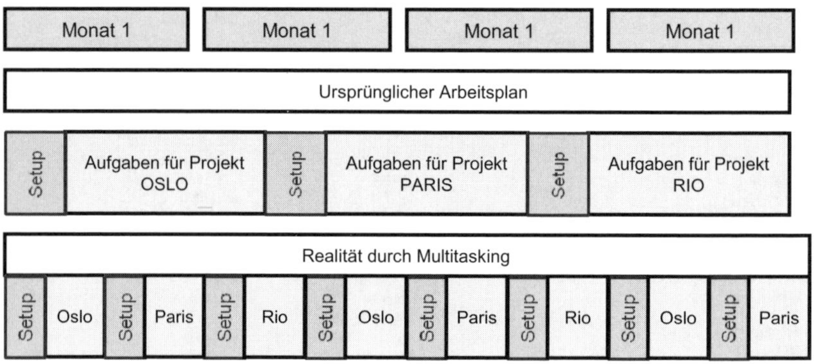

Abb. 2-148: Negatives Multitasking
(Quelle: *Lörz/Techt* [Critical Chain] 44)

(4) Fehlende Abstimmung und Flexibilität bei der Arbeitsübergabe

Sollte ein Mitarbeiter seine Aufgabe früher als geplant beenden und an den Nachfolger übergeben, so wird diese Zeit häufig vom Nachfolger nicht genutzt, da er noch andere Aufgaben zu erledigen hat.

Diese Erkenntnisse greift *Goldratt* in seinem Konzept auf und leitet daraus wichtige **Grundsätze** zur Planung, Optimierung und Steuerung der Kritischen Kette ab (vgl. *Goldratt* [Kritische Kette], *Techt* [Critical-Chain-Projektmanagement] 14f. und *Lörz/Techt* [Critical Chain] 116ff.):

- **Schätzungen bleiben Schätzungen**

Schätzungen werden nicht mehr zu Terminzusagen gemacht, sondern es ist allen Beteiligten klar, dass es sich hier um Schätzungen handelt, die mit entsprechenden Unsicherheiten behaftet sind. Diese Unsicherheiten werden nun nicht mehr in jedem einzelnen Arbeitspaket berücksichtigt, sondern sie werden in Form von globalen Puffern einkalkuliert.

- **Einrichtung von Projektpuffern**

Die einzelnen Arbeitspakete, die auf der Kritischen Kette liegen, werden zeitlich um 50% gekürzt. Diese eingesparten Zeiten werden dann global als sog. „Projektpuffer" ans Ende des Projektes gestellt. *Goldratt* schlägt vor, den gesamten Projektpuffer anschließend zu halbieren (vgl. *Goldratt* [Kritische Kette] 165). Auf diese Weise wird die gesamte Projektlaufzeit um 25% reduziert.

- **Einrichtung von Zubringerpuffern**

Die Kritische Kette stellt für das Projekt den Engpass dar, der in der „Theory of Constraints" thematisiert wird. Es wird daher alles Übrige am Engpass ausgerichtet, um ihn optimal auszulasten. Vor allem ist es notwendig, den Engpass vor Zeitverlusten zu schützen, die sich durch Probleme in den Arbeitspaketen ergeben, die nicht auf der Kritischen Kette liegen, sondern als „Zubringer" fungieren. Die Zeiten für die Arbeitspakete auf dem Zubringer werden daher ebenfalls um 50% gekürzt und die Hälfte dieser Zeit wird als globaler „Zubringerpuffer" direkt vor dem Engpass eingeplant.

- **Realisierung des Prinzips des Staffellaufs**

Um den Problemen des „Studentensyndroms", des „Negativen Multitaskings" und der fehlenden Abstimmung und Flexibilität bei der Arbeitsübergabe entgegenzuwirken, wird das Prinzip des Staffellaufs eingesetzt: „Nach dem Prinzip des Staffellaufs beginnt jeder Mitarbeiter seine Aufgabe, sobald er die Arbeit von seinem Vorgänger erhalten hat. Er konzentriert sich ganz auf seinen Auftrag und ist von anderen Arbeiten freigestellt. Gewissermaßen sprintet er mit dem Staffelstab und versucht, so schnell wie möglich diesen Stab weiterzureichen. Braucht er dennoch mehr Zeit als ursprünglich geschätzt, wird diese Zeit vom Projektpuffer aufgefangen" (*Techt* [Critical-Chain-Projektmanagement] 15). Für die Realisierung dieses Prinzips werden neue Kommunikationsregeln notwendig, um eine reibungslose Übergabe zu gewährleisten.

- **Schutz des Projektpuffers**

Der Projektpuffer steht nicht für etwaige Kürzungen zur Verfügung, insbesondere hat das Top-Management keinen Zugriff auf den Projektpuffer. Kunden, die nicht mit dem Konzept vertraut sind, wird der Projektplan mit der Kritischen Kette nicht gezeigt.

11.3.1.4 Implikationen für das Multiprojektmanagement

Das Staffellaufprinzip bringt viele Veränderungen für alle Betroffenen mit sich. Eine wichtige Voraussetzung ist hier, dass der eingeplante Mitarbeiter auf der Kritischen Kette auch wirklich zum entsprechenden Zeitpunkt zur Verfügung steht und die Arbeit übernehmen kann.

In einem Aufsatz über die unternehmensweite Einführung des Critical-Chain-Managements wird über Probleme der Ressourcenabstimmung berichtet: „Nach wenigen Wochen schon beklagten die Projektleiter Ressourcenengpässe, die ihre strammen Projektpläne zunichte machten. Die CCPM-Projekte untereinander waren nicht abgestimmt und synchronisiert. Die Hausaufgaben für die einzelnen Projekte waren gemacht, aber nicht für die gesamte Projektflotte" (*Steeger* [Staffelformation] 7).

Abhilfe schafft hier die projektübergreifende Identifizierung der Engpass-Ressourcen im Unternehmen, die aufgrund ihrer Qualifikation in vielen Projekten eingesetzt werden. Die Projekte sind dann zu priorisieren und so zu staffeln, „dass die kritische, mehrfach benötigte Ressource ihre Aufgaben **nacheinander** abarbeiten kann. Möglicherweise werden – mit Blick auf diese Ressource – Projekte gestaffelt statt zeitgleich gestartet. Erst diese Synchronisierung – mit der kritischen Ressource im Mittelpunkt (die sog. DRUM-Ressource, die „Taktgeberin") – erbringt dem Unternehmen ein optimales Ergebnis" (*Techt* [Critical-Chain-Projektmanagement] 15).

Zur möglichst optimalen Auslastung der DRUM-Ressource wird wieder auf die Prinzipien der „Theory of Constraints" zurückgegriffen: Alles muss sich dem Engpass unterordnen. Es werden entsprechende Puffer vor dem Engpass eingebaut, mit deren Hilfe sichergestellt werden soll, dass die Engpass-Ressource auf keinen Fall von negativem Multitasking betroffen ist.

Abb. 2-149 zeigt die Staffelung verschiedener Projekte mit sog. „Drum Buffer". Die Ressource E stellt hier die Drum-Ressource dar, die bestimmt, wann das nächste Projekt gestartet werden kann. In diesem Beispiel kann Projekt 2 gestartet werden, wenn die Ressource E mit ihren Aufgaben für Projekt 1 beginnt. So können zum einen mögliche Verspätungen ausgeglichen werden, falls die Ressource E erst später als geplant für Projekt 1 und 2 zur Verfügung steht. Zum anderen kann der Engpass früher mit seinen Aufgaben für Projekt 2 beginnen, falls er in Projekt 1 schneller fertig sein sollte.

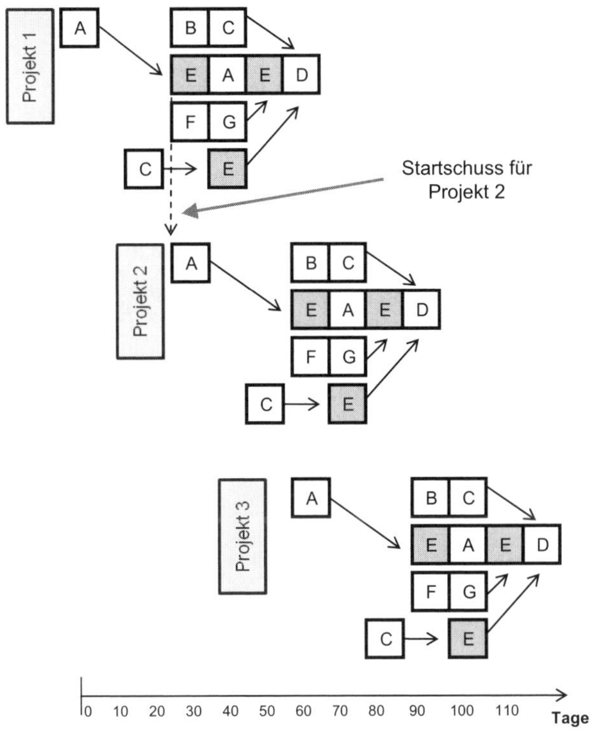

Abb. 2-149: Staffeln von Projekten nach der Engpass-Ressource mit Drum Buffer (In Anlehnung an: *Lörz/Techt* [Critical Chain] 69)

11.3.1.5 Kritische Würdigung des Konzeptes

Mit der Einführung des Critical Chain-Managements sind umfangreiche Anforderungen an die Unternehmenskultur und das auf ihr beruhende Verhalten verbunden:

(1) Anforderungen an die Projektmitarbeiter

- Die Projektmitarbeiter müssen sich daran gewöhnen, dem Engpass zuzuarbeiten und ihre Tätigkeiten dem Engpass unterzuordnen. Dies erfordert einen ganz **neuen Arbeitsstil** und ein **neues Kommunikationsverhalten**: Das Staffellaufprinzip erfordert eine intensive Vorbereitung der Arbeitsübergabe, entsprechende Freiräume, um die Arbeit evtl. auch früher als geplant übernehmen zu können, sowie ein sofortiges „Lossprinten" mit den Aufgaben.

- Alle Planungen müssen zwingend **ohne persönlichen Puffer** erfolgen. Es erfordert eine entsprechende Vertrauenskultur, um den persönlichen Sicherheitspuffer in der Aufwandsschätzung preiszugeben.

(2) Anforderungen an den Projektleiter

- Die zentrale Aufgabe des Projektleiters besteht darin, dafür zu sorgen, dass die Kritische Kette möglichst schnell und reibungslos vorankommt. Er muss also zunächst ein neues Selbstverständnis entwickeln.
- Die Art der Projektplanung ändert sich durch die Konzentration auf den Projektengpass und den neuen Umgang mit den Pufferzeiten umfassend.
- Der Projektleiter muss v.a. in der Umstellungsphase sehr diplomatisch und geduldig auf die Ängste, Bedenken und Fragen der Mitarbeiter eingehen.
- Will man das Konzept erfolgreich einführen, ist eine Optimierung der Engpässe auf Gesamtunternehmensebene notwendig. Der einzelne Projektleiter verliert hier an Einfluss- und Optimierungsmöglichkeiten für sein persönliches Projekt.

(3) Anforderungen an das (Top-)Management

- Der Projektpuffer im einzelnen Projekt darf nicht mehr angetastet werden.
- Es wird eine neue Art von Multiprojektmanagement notwendig, das besonders auf die kritischen Ressourcen des Unternehmens konzentriert ist.

Es zeigt sich also gerade vor dem Hintergrund dieser umfassenden Anforderungen an das Verhalten, dass die Entscheidung für die Einführung des Critical Chain-Projektmanagements weit reichende Konsequenzen hat: Soll die Methodik wirklich zum Erfolg führen, muss sie unternehmensweit eingeführt werden. Sie verlangt eine konsequente Umsetzung der neuen Planungs- und Steuerungsgrundsätze und kann nur mit einer klaren Unterstützung durch das Management eingeführt werden. Für die Projektleiter und Projektmitarbeiter sind umfassende Schulungen und Trainings notwendig.

Vor diesem Hintergrund stellt sich die Frage nach der praktischen Verbreitung des Konzeptes. Bisher sind v.a. einzelne Erfahrungsberichte zu dem Thema zu finden (z.B. *Steeger* [Kritische Kette] oder [Staffelformation]). Eine umfassende empirische Bestätigung der Wirksamkeit der Vorgehensweise steht unseres Wissens noch aus. Generell scheint die Methodik in den USA und Asien eher eine gewisse Verbreitung zu finden als in Europa.

Der nächste Abschnitt beschäftigt sich mit einem anderen und zur Zeit viel beachteten Vorgehensmodell im Projektmanagement, dem Agilen Projektmanagement.

11.3.2 Agiles Projektmanagement

Der aus dem Lateinischen stammende Begriff „agil" lässt sich mit „flink", „beweglich" übersetzen.

In agilen Modellen wird von einer **evolutionären Entwicklung im Projektverlauf** ausgegangen: Man rechnet ständig mit Änderungen aufgrund von neuen Erkenntnissen, die man im Projektverlauf gewinnt.

Man erstellt daher zunächst eine grobe Rahmenplanung für das gesamte Projekt. Spätere Phasen werden erst im Laufe des Projektes im Detail geplant, da alle Beteiligten im Projektverlauf lernen und diese Erkenntnisse in das Projekt einfließen sollen.

Ziel des agilen Projektmanagements ist v.a. eine schnellere und änderungsfreundlichere Entwicklung

11.3.2.1 Grundlagen agiler Entwicklungen

Die Wurzeln des „Agilen Projektmanagements" liegen in der **Softwareentwicklung**. Der Bereich des Software-Engineering ist besonders stark von der Verkürzung der Produktlebenszyklen und den erhöhten Flexibilitätsanforderungen von Kundenseite betroffen.

Eine besondere Schwierigkeit resultiert hierbei aus dem Charakter von Software: Es handelt sich um ein Produkt, bei dem sich der Kunde häufig noch gar nicht genau vorstellen kann, was die neue Software alles leisten könnte und sollte. Zudem ist die Softwareentwicklung extrem komplex, beispielsweise aufgrund der Vielzahl von Schnittstellen, die zu berücksichtigen sind.

Zu Projektbeginn sind Softwareentwicklungsprojekte daher oftmals durch eine **starke Unschärfe der Ziele** gekennzeichnet. In der Regel ergeben sich während der Entwicklung neue Anforderungen oder Änderungsnotwendigkeiten, die schnellstmöglich berücksichtigt werden sollten. Es ist also eine besondere Flexibilität und Professionalität notwendig, da diese Projekte nur bedingt vorhersehbar und planbar erscheinen.

In den 1980er und 1990er Jahren wurde verstärkt die Standardisierung von Prozessen vorangetrieben, um bewährte Techniken und Vorgehensweisen für alle Beteiligten nutzbar zu machen und so Effizienzvorteile zu realisieren. Zudem boomten zu dieser Zeit die Qualitätsmanagementsysteme und führten häufig zu erhöhten Dokumentationsanforderungen.

Das Agile Projektmanagement entstand zum Großteil als Gegenbewegung zu stärker planungsorientierten Ansätzen in dieser Zeit, die von IT-Experten teilweise als starr und überreglementiert empfunden wurden (vgl. *Oestereich/Weiss* [APM] 14).

Verschiedene Experten suchten nach Wegen zu flexibleren, „leichtgewichtigeren" Modellen, die die notwendigen Freiräume boten und Möglichkeiten zu anderen Formen der Zusammenarbeit eröffneten (vgl. *Seibert* [Agiles Projektmanagement] 41). Inspiriert wurden sie häufig auch von den Methoden der schlanken Entwicklung und der Lean Production in der Automobilindustrie (vgl. *Womack/Jones/Roos* [Revolution]).

Basili und *Turner* ([Iterative Enhancement]) stellten bereits in den 1970er Jahren eine iterative und inkrementelle Vorgehensweise vor. Mitte der 80er Jahre veröffentlichte *Boehm* sein „Spiralmodell" (vgl. S. 78f.), etwa zeitgleich entstand das „Evolutionäre Projektmanagementmodell" von *Gilb* ([Principles]). Den Durchbruch in der Fachwelt erlangten agile Ansätze 1999 durch die Veröffentlichung des Buches „Extreme Programming Explained: Embrace Change" von *Beck*.

2001 veröffentlichten verschiedene namhafte Vertreter des Agilen Projektmanagements das sog. „Agile Manifest" im Internet. Auf der Grundlage dieser Aussagen werden wir uns im Folgenden damit beschäftigen, welche Prinzipien und Merkmale agile Ansätze grundsätzlich kennzeichnen.

11.3.2.2 Das Agile Manifest und agile Grundprinzipien

17 Experten der Softwareentwicklung formulierten im Jahre 2001 als sog. „Agile Alliance" ihre gemeinsamen Grundwerte in einem Manifest (http://agilemanifesto.org):

Manifesto for Agile Software Development

We are uncovering better ways of developing software by doing it and helping others do it. Through this work we have come to value:

- **Individuals and interactions** over processes and tools
- **Working software** over comprehensive documentation

> • **Customer collaboration** over contract negotiation
>
> • **Responding to change** over following a plan
>
> That is, while there is value in the items on the right, we value the items on the left more.

Die Verfasser stellen also ausdrücklich die Menschen und deren Zusammenarbeit, funktionierende Software, die Zusammenarbeit mit dem Kunden und den Stakeholdern sowie einen flexiblen Umgang mit Änderungen in den Mittelpunkt ihrer Konzepte. Dies soll nicht heißen, dass den Prozessen und Werkzeugen, einer aussagekräftigen Dokumentation, Vertragsverhandlungen und der systematischen Planung und Planverfolgung keine Bedeutung zukäme, sondern dass sie im Zweifelsfalle den obigen Grundwerten unterzuordnen seien.

Dabei darf „Agilität" nicht mit „Beliebigkeit" oder „Chaos" gleichgesetzt werden: „Wenn es heißt, ‚Funktionierende Software ist wichtiger als umfangreiche Dokumentation', dann bedeutet dies nicht, dass Dokumentation unwichtig oder zu vermeiden ist, sondern dass die beste und umfangreichste Dokumentation keinen Wert hat, wenn die Software nicht funktioniert" (*Oestereich/Weiss* [APM] 15).

Konkretisiert werden die noch sehr grundlegenden und allgemeinen Aussagen des Manifests durch verschiedene agile **Prinzipien**, die die meisten agilen Ansätze kennzeichnen (vgl. http://agilemanifesto.org/principles.html, *Seibert* [Agiles Projektmanagement] 44, *Oestereich/Weiss* [APM] 16f.):

(1) Inkrementelle Vorgehensweise

In der agilen Entwicklung nähert man sich inkrementell dem Ziel an: Da das gewünschte Ergebnis zu Projektbeginn noch sehr unscharf sein kann (vgl. Abb. 2-150), plant man sog. „Inkremente" als objektiv messbare Teilergebnisse ein, „d.h. eine teilfertige, vorübergehende, aber ausführbare Version der angestrebten Lösung" (*Oestereich* [Agiles Projektmanagement] 20). Grundsätzlich bezeichnet ein Inkrement einen Zuwachs an Funktionalität.

> Es werden möglichst früh und dann in relativ kurzen Abständen lauffähige Versionen ausgeliefert, die der Kunde testen kann. Die **Erkenntnisse aus diesen Tests** sollten schnellstmöglich wieder in die weitere Entwicklung einfließen.

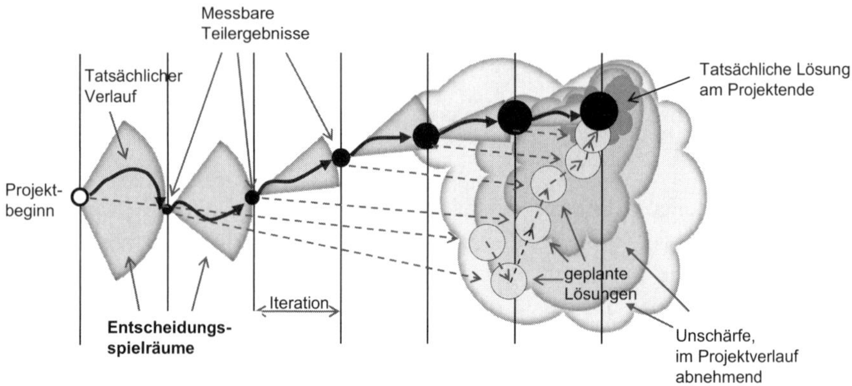

Abb. 2-150: Schrittweise Zielklärung und –näherung im agilen Projektmanagement
(Quelle: *Oestereich* [Agiles Projektmanagement] 20)

(2) Iterative Vorgehensweise

Ein wichtiges Merkmal agiler Ansätze ist die Planung und Durchführung von Iterationen, also Schleifen für laufende Revisionen und Verbesserungen von vorhandenen Teilen eines Systems. In einer Iteration werden alle wichtigen Entwicklungsschritte erledigt. Die Iteration ist als Zeitraum in Abb. 2-150 zu sehen.

(3) Timeboxing

Man plant für die einzelnen Iterationen feste Zeitabschnitte ein, die dann nicht mehr verändert werden können. Bemerkt man im Laufe der Entwicklung, dass man nicht alle geplanten Features umsetzen kann, so werden weniger wichtige Aufgaben in die nächste Version verschoben, der Endtermin der Iteration wird jedoch nicht angetastet.

(4) Orientierung am Kundennutzen und intensive Einbindung des Kunden

Kundenzufriedenheit durch frühe und kontinuierliche Lieferung brauchbarer Software hat höchste Priorität. Da der Kunde definiert, was „brauchbar" ist, soll er stark in das Projekt eingebunden sein, z.B. indem er mitentscheidet, welche Features in welchem Release umgesetzt werden sollen. Um das Risiko des Kunden zu reduzieren, werden zuerst die „Kernfunktionalitäten" angegangen. Auf diese Weise realisiert der Kunde auch bei einem frühen Projektabbruch einen nachweisbaren Nutzen.

(5) Eigenverantwortlichkeit, Selbstorganisation und direkte Kommunikation

In agilen Modellen stellt der Mensch den zentralen Erfolgsfaktor dar. Die gewünschte Leichtgewichtigkeit ist nur dann möglich, wenn der Einzelne Verantwortung übernimmt, seine Kompetenzen einbringt und motiviert arbeitet. Die direkte Kommunikation ist die effizienteste und effektivste Art, Informationen weiterzugeben. Die Teammitglieder sind gleichberechtigt und können sich selbst so organisieren, wie es ihnen für die Aufgabe geboten erscheint. In regelmäßigen Abständen wird im Team darüber nachgedacht, wie die gemeinsame Arbeit verbessert werden kann.

(6) Änderungsfreundliche Projektkultur

„Welcome changing requirements, even late in development" – der Kunde und auch das Team können jederzeit Änderungen einbringen. Diese Vorgehensweise soll die Kreativität des Teams erhöhen und dem Kunden einen schnelleren und höheren Nutzen bringen.

Grundsätzlich beruhen agile Methoden auf allgemeinen evolutionär-systemischen Prinzipien: Mit der Arbeit in Iterationszyklen folgen sie dem evolutionären Entwicklungsprozess „Variation – Selektion – Retention (Bewahrung und Weitergabe)". Zudem finden bei der teamzentrierten kollaborativen Entwicklung umfangreiche Selbstorganisationsprozesse statt (vgl. *Saynisch* [Prinzipien] 297).

Die oben dargestellten Grundprinzipien werden verschiedenen agilen Entwicklungsmethoden zugrunde gelegt. Die meisten Verfasser des agilen Manifestes haben eigene **agile Methoden** mit unterschiedlichen Schwerpunkten entwickelt:

- „eXtreme Programming" (XP) von *Kent Beck* und *Ward Cunningham*
- die „Crystal"-Familie von *Alistair Cockburn*
- „Scrum" von *Ken Schwaber*, *Jeff Sutherland* und *Mike Beedle*
- „Adaptive Software Development" (ASD) von *Jim Highsmith*

Zudem gibt es weitere bekannte agile Ansätze, z.B.

- „Feature Driven Development" (FDD) von *Jeff DeLuca* und *Peter Coad*
- „Lean Software Development" von *Mary und Tom Poppendieck*
- „Agiles Projektmanagement" (APM) von *Bernd Oestereich* und *Christian Weiss*
- „Agile Real-Time Embedded Systems" (ARTE) von *Peter Hruschka* und *Chris Rupp*

Vergleiche der verschiedenen Methoden finden sich beispielsweise bei *Seibert* [Agiles Projektmanagement] oder *Hruschka/Rupp/Starke* [Agility]. Um eine konkrete agile Vorgehensweise zu verdeutlichen, werden wir im Folgenden die **„Scrum“-Methode** skizzieren. Diese Methode wird ausgewählt, weil sie weniger auf spezielle Software-Fragen ausgerichtet ist, sondern sich stärker mit der Perspektive des Managements von Projekten beschäftigt.

11.3.2.3 „Scrum“ als Beispiel für ein agiles Modell

Ken Schwaber charakterisiert seine „Scrum“-Methode als „Prozess zur Bewältigung komplexer Projekte, bei denen es unmöglich ist, alles vorauszusagen, was eintreten kann. Dementsprechend bietet Scrum einfach ein System und eine Reihe von Verfahren an, die alles sichtbar halten“ (*Schwaber* [Scrum] XV).

(1) Aufbau

Der Begriff **„Scrum“** (dt. „Gedränge“) stammt aus dem Rugby-Sport und bezeichnet dort einen komplizierten Spielzug, der eine sorgsame Vorbereitung und disziplinierte Teamarbeit verlangt (vgl. *Pichler* [Scrum] 2).

„Scrum“ beinhaltet eine **erfahrungsgeleitete Methode** zur Projektsteuerung: Sowohl die Arbeitsweise als auch das Produkt werden regelmäßig begutachtet und angepasst. Dazu wird das Projekt in verhältnismäßig kurze Iterationen aufgeteilt, die maximal 30 Tage umfassen. Diese kurzen Arbeitszyklen werden **„Sprints“** genannt.

In Abb. 2-151 wird die grundlegende Vorgehensweise im Rahmen von „Scrum“ dargestellt.

In jedem Zyklus werden Anforderungen, die im sog. „Product Backlog“ festgehalten sind, in funktionierende, getestete Software übersetzt. Das **„Product Backlog“** wird auf der Grundlage einer ersten groben Produktvision erstellt: Es werden Anforderungen an das neue System gesammelt, die jederzeit geändert und erweitert werden können. Für jede Anforderung wird die momentane Priorität aus Kundensicht festgelegt, die sich im Projektverlauf ebenso wie die Anforderungen selbst ändern kann. In der Regel wird mit einem groben „Product Backlog“ gestartet, das im Projektverlauf verfeinert wird.

Für jeden Sprint wird ein übergeordnetes Ziel formuliert, um bei allen Beteiligten ein gemeinsames Bild des erwarteten Ergebnisses zu etablieren. Vor Beginn jedes Sprints werden in einer gemeinsamen Sitzung von Projektteam und Kunde aus dem „Product Backlog“ die Anforderungen ausgewählt, die im Rahmen des Sprints umgesetzt werden sollen. Diese ausgewählten Anforderungen werden in das sog. **„Sprint Backlog“** übernommen: Hier werden alle Aktivitäten erfasst, die zur Umsetzung der Anforderungen und zur Erreichung des Sprintziels notwendig sind. Es handelt sich hierbei also um eine konkrete „To Do“-Liste.

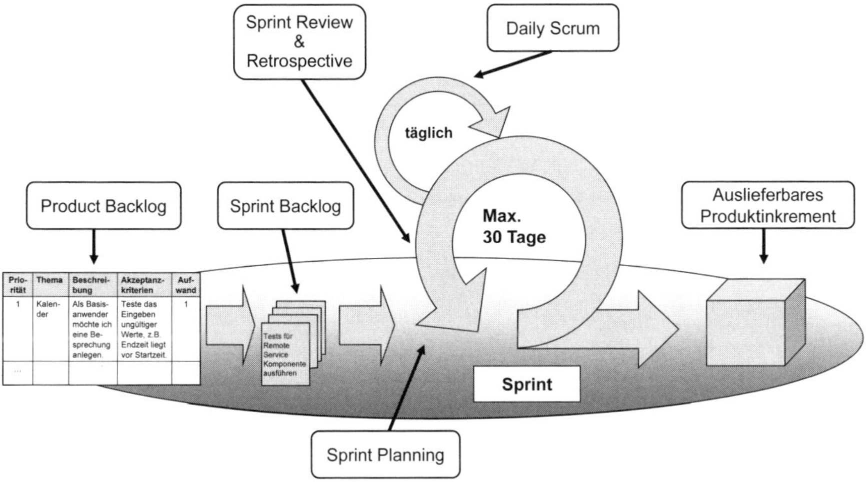

Abb. 2-151: Übersicht über den Scrum-Prozess nach *Schaber/Beedle* ([Scrum]) (Darstellung in Anlehnung an *Pichler* [Scrum] 7)

Hat ein Sprint erstmal begonnen, so können die Anforderungen für diesen Sprint nicht mehr verändert werden. Für den einzelnen Sprint steht genau die vereinbarte Zeit zur Verfügung (**„timeboxing“**): Ist das Team schneller als geplant, können zusätzliche Anforderungen eingearbeitet werden, ist es langsamer, werden niedriger priorisierte Anforderungen zunächst zurückgestellt und in einen anderen Sprint verschoben.

(2) Organisation

Im Sprint organisieren sich die Teammitglieder selbst. Jeden Tag zur gleichen Zeit findet eine 15-minütige Besprechung statt, die sog. **„Daily Scrum“**. Die Teammitglieder informieren sich gegenseitig über ihren aktuellen Status und mögliche Probleme, indem sie die folgenden drei Fragen beantworten:

- Was habe ich seit der letzten Daily Scrum getan?
- Was will ich bis zur nächsten Daily Scrum tun?
- Werde ich in irgendeiner Form bei meiner Arbeit behindert?

Am Ende jedes Sprints findet ein sog. **„Sprint Review“** statt, bei dem das Arbeitsergebnis des Sprints vom „Product Owner“ begutachtet und überprüft wird.

Die Rolle des **„Product Owner“** ist in „Scrum“ von größter Wichtigkeit: Er repräsentiert die Bedürfnisse des Endkunden, steuert die Entwicklung und arbeitet während des gesamten Projektes eng mit dem Team zusammen. Diese Rolle beinhaltet sowohl Aufgaben aus dem Bereich des Produktmanagements als auch aus dem Projektmanagement. Zum **Aufgabengebiet** des „Product Owner“ gehören insbesondere (vgl. *Pichler* [Scrum] 9ff.):

- Anforderungsbeschreibung und –management
- Management der Softwareversionen und Verantwortung für den ökonomischen Projekterfolg
- Stakeholder-Management

In „Scrum“ gibt es noch eine weitere spezielle Rolle, die insbesondere bei der Einführung von „Scrum“ von größter Bedeutung ist: Den sog. **„Scrum Master“**. Seine Aufgabe ist es, das Team beim Einsatz von „Scrum“ zu unterstützen und zu coachen. Dazu gehört auch, mögliche Hindernisse in der Zusammenarbeit von „Product Owner“ und Team zu beseitigen. Er moderiert die „Daily Scrums“ und auch die **„Sprint Retrospektive“**, eine Besprechung zur kontinuierlichen Verbesserung der Entwicklungsaktivitäten, die am Ende jedes Sprints erfolgen sollte.

11.3.2.4 Kritische Würdigung agiler Projektmanagement-Ansätze

In Theorie und Praxis werden die Vor- und Nachteile von agilen Methoden umfassend diskutiert. Die Befürworter von klassischen, ausführlich dokumentierten und geordneten Vorgehensmodellen werfen den agilen Methoden v.a. die Nichtberücksichtigung der Best Practices vor. Viele Vertreter der agilen Methoden halten die klassischen Vorgehensmodelle für praxisfern, nicht anwendbar und bürokratisch (vgl. *Saynisch* [Prinzipien] 277).

Gerade in der Softwareentwicklung sind agile Methoden mittlerweile etabliert und werden in verschiedenen Ausprägungen eingesetzt, so teilweise auch in einer Kombination aus agilen und plandeterminierten Methoden.

Boehm und *Turner* untersuchen in ihrem Buch „Balancing Agility and Discipline: A Guide for the Perplexed“ (Boston 2008) ausführlich die Stärken und Schwächen der agilen und der klassischen Methoden. Sie stellen ihren Untersuchungen eine Fabel voran:

- **Klassische Methoden:** Sie werden mit einem Elefanten verglichen, der mit Stärke, Disziplin und Verlässlichkeit ein Dorf mit Nahrungsmitteln versorgt. Nachdem die Köche im Dorf zunehmend nach exotischeren Lebensmitteln verlangen, verliert der Elefant jedoch an Popularität.
- **Agile Methoden:** In einem anderen Dorf in der Nähe kümmert sich ein kleiner, flinker Affe um die Versorgung der Bevölkerung. Bei der Suche nach immer exotischeren Früchten verläuft er sich gelegentlich und er kann nur kleinere Mengen an Nahrungsmitteln tragen.
- **Kombination:** Mit der Zeit ist der Affe allein schon von der für das wachsende Dorf notwendigen Menge an Nahrungsmitteln überfordert und lernt, die Qualitäten des großen, starken Elefanten zu schätzen. Beide beschließen, ihre Stärken zu bündeln, indem der Affe sich für beide Dörfer um die exotischeren Wünsche kümmert, während der Elefant die notwendigen Mengen an Grundnahrungsmitteln für beide Dörfer besorgt.

Diese kleine Fabel bringt sehr plastisch die Vorteile beider Vorgehensweisen zum Ausdruck. Es zeigt sich, dass es von der jeweiligen Situation abhängt, welche Vorgehensweise angewendet werden sollte. *Boehm* und *Turner* ([Balancing] 54ff.) arbeiten **fünf kritische Faktoren** für die Entscheidung zwischen agilem und plandeterminiertem Vorgehen heraus:

(1) Projektgröße

Je kleiner das Projekt, d.h. je weniger Personen am Projekt beteiligt sind, desto eher sind agile Methoden zu empfehlen. Dies ist beispielsweise darauf zurückzuführen, dass kleine Teams i.d.R. schneller und einfacher zu gemeinsamen Werten finden, welche die Anwendung agiler Methoden begünstigen (vgl. *Oestereich/Weiss* [APM] 20f.)

(2) Kritikalität des Projektes

Hierbei handelt es sich um das Ausmaß des Schadens, der durch Fehler entstehen kann (vgl. *Hruschka/Rupp/Starke* [Agility] 54). Je kritischer ein Projekt ist, desto sinnvoller ist der Einsatz eines plandeterminierten Ansatzes.

(3) Dynamik des Projektes

Eine hohe Dynamik entsteht, wenn Anforderungen häufig geändert werden bzw. neue Anforderungen dazukommen. Die Handhabung starker Dynamik ist eines der wichtigsten Anliegen der agilen Methoden; sie wurden gerade für Situationen mit hoher Dynamik entwickelt.

(4) Kompetenzen des Personals

Um sinnvoll mit agilen Methoden umgehen zu können, benötigen die Mitarbeiter entsprechende Kompetenzen und Erfahrungen. *Alistair Cockburn* hat eine Klassifizierung für die Fähigkeiten der Teammitglieder entwickelt: Man schätzt die Erfahrungen und Kompetenzen der Mitarbeiter ein und ordnet ihnen einen bestimmten Reifegrad zu (vgl. Abb. 2-152). Diese Klassifizierung nutzen *Boehm* und *Turner* auch in ihrem Konzept (vgl. Abb. 2-153 bei der Achse „Personal").

Ebene	Charakteristik
3	Fähig, eine Methode anzupassen, d.h. auch deren Regeln zu brechen, um mit unvorhergesehenen Situationen fertig zu werden
2	Fähig, eine Methode bei vorhersehbaren Situationen anzupassen
1 A	Nach Ausbildung fähig, größere Entwicklungsaktivitäten richtig abzuwickeln
	Kann mit viel Erfahrung auf Ebene 2 gelangen
1 B	Nach Ausbildung in der Lage, kleinere Teilschritte im Entwicklungsprozess korrekt auszuführen
	Kann mit Erfahrung auf Ebene 1 A gelangen
-1	Hat vielleicht technische Fähigkeiten, ist aber unfähig oder unwillig, im Team mit gemeinsam vereinbarten Methoden zu arbeiten

Abb. 2-152: Klassifizierung der Fähigkeiten des Entwicklungsteams nach *Alistair Cockburn* (Quelle: *Hruschka/Rupp/Starke* [Agility] 98)

Will man agile Methoden anwenden, benötigt man v.a. Mitarbeiter der Ebenen 2 und 3. Auch *Oestereich/Weiss* ([APM] 29) stellen fest, „dass agiles Projektmanagement nichts für Anfänger ist, sondern eine Disziplin oder Zusatzqualifikation für erfahrene und kompetente Profis darstellt, die guten Gewissens glauben dürfen, es besser zu machen, als wenn sie den Standards gemäß verfahren."

(5) Unternehmenskultur

Agile Methoden passen gut zu Unternehmenskulturen, in denen sich die Mitarbeiter bei großen Freiheitsgraden wohl fühlen, in denen Selbstorganisation und Eigenverantwortung gelebt werden sowie flache Hierarchien herrschen. Entscheidet man sich in einer eher hierarchisch geprägten Kultur für die Einführung agiler Methoden, so bringt diese Entscheidung i.d.R. einen umfassenden kulturellen Wandel mit sich, der nicht zu unterschätzen ist.

Abb. 2-153 zeigt die fünf Faktoren im Zusammenhang. Je weiter außen man sich bei der Bewertung der jeweiligen Situation befindet, desto eher sollte man auf eine stärker planorientierte, klassische Vorgehensweise zurückgreifen.

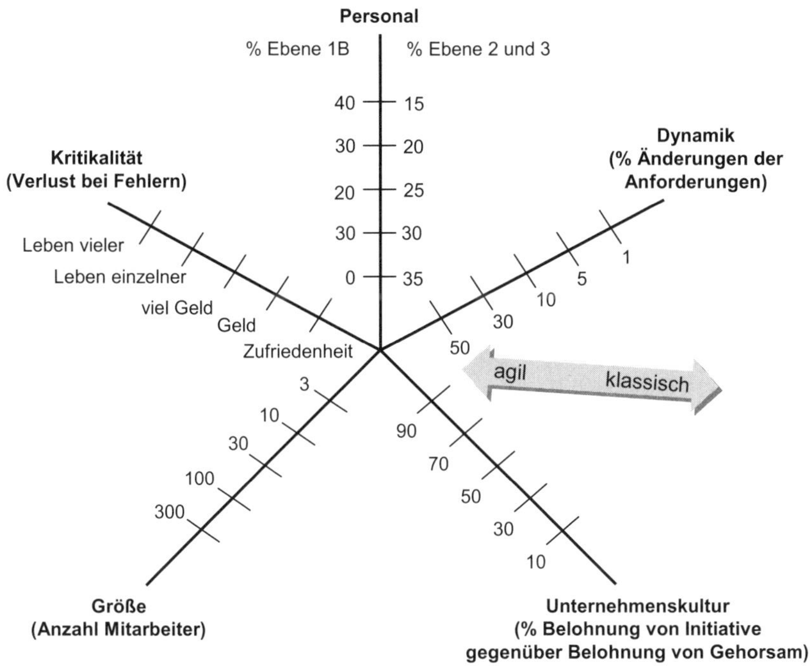

Abb. 2-153: Dimensionen der Methodenauswahl nach *Boehm/Turner* ([Balancing] 56, deutsche Übersetzung in Anlehnung an *Hruschka/Rupp/ Starke* [Agility] 99)

Letztendlich kommen *Boehm* und *Turner* ([Balancing] 148ff.) zu dem **Schluss**, dass

- keine der beiden Methoden ein Allheilmittel für die Schwierigkeiten der Softwareentwicklung bereithält,
- es für beide Methoden jeweils Standardsituationen gibt, in denen sie der anderen klar überlegen sind,

- in Zukunft vermehrt Entwicklungsprojekte zu bewältigen sein werden, die sowohl Agilität als auch Disziplin brauchen,
- vermehrt Methoden entwickelt und eingesetzt werden, die beide Vorgehensweisen vereinen und ausbalancieren,
- es besser ist, eine Methode bei Bedarf auszubauen als eine Methode, die zu umfangreich ist, nach unten anzupassen und zu vereinfachen,
- Methoden wichtig sind, aber dass der letztendliche Erfolg wahrscheinlich stärker von den Mitarbeitern, den Werten im Team und im Unternehmen, der Kommunikation und dem Management von Kundenerwartungen abhängt.

11.4 Professionalisierung des Projektmanagements durch das PMO

Bisher wurden verschiedene Aspekte der Professionalisierung des Projektmanagements beleuchtet. Nicht geklärt ist bislang, wie sichergestellt werden kann, dass Projektmanagement im Unternehmen systematisch und ausgerichtet auf die Unternehmensziele weiterentwickelt wird.

Je stärker sich das Projektmanagement in einem Unternehmen von einer reinen Methodik zur Abwicklung von Einzelprojekten hin zu einer Führungskonzeption entwickelt, umso wichtiger wird ein professionelles Projektmanagement. Gleichzeitig steigt der Bedarf an situationsgerechter Beratung und Unterstützung von Projektleitungen, Projektteams und Linienmanagement.

Damit wird auch die Einrichtung einer **eigenständigen Organisationseinheit**, die sich den Aufgaben der laufenden Anpassung und Verbesserung des Projektmanagements annimmt, immer wichtiger. Diese Organisationseinheit wird in der Literatur unter dem Oberbegriff des **Projektmanagementoffice (PMO)** diskutiert.

Bei der Professionalisierung des Projektmanagements geht es letztlich um den systematischen Aufbau von situationsadäquaten organisationalen Kompetenzen im Projektmanagement. Genau bei dieser Aufgabe kommt dem PMO eine wichtige Rolle zu. Wir gehen folgendermaßen vor:

- Der Aufbau organisationaler Kompetenzen im Projektmanagement (Abschnitt 11.4.1)
- Die Aufgaben des PMO im Management von Projekten (Abschnitt 11.4.2)

11.4.1 Der Aufbau organisationaler Kompetenzen im Projektmanagement

Die neuen Herausforderungen der Unternehmensführung und die damit zusammenhängende Rolle des Projektmanagements als Führungsfunktion erfordern den systematischen **Aufbau organisationaler Kompetenzen** im Projektmanagement. Die konkrete Ausprägung der organisationalen Kompetenzen des Projektmanagements richtet sich dabei danach, welche Rolle dem Projektmanagement in der jeweiligen Unternehmenssituation jeweils eingeräumt wird.

Wie anhand des Kontinuums des Projektmanagements bereits aufgezeigt, kann dies die gesamte Bandbreite von der Abwicklung eines einzelnen Projektes über die strategische Ausrichtung eines Unternehmens mithilfe eines Multiprojektmanagementansatzes bis hin zu einer projektorientierten Anpassung des gesamten Führungssystems des Unternehmens sein. Damit können auch die organisationalen Kompetenzen im Projektmanagement von einem rein instrumentellen Charakter im Hinblick auf eine Einzel- oder Multiprojektabwicklung bis hin zum originären strukturellen Steuerungscharakter alle Facetten aufweisen.

Entscheidend ist somit, dass in der jeweiligen Unternehmenssituation und der zugehörigen Ausprägung des Projektmanagements die organisationalen Kompetenzen verfügbar sind, die in der spezifischen Situation benötigt werden, um ein professionell funktionierendes Projektmanagement zu gewährleisten.

Um zu klären, welche Aufgaben dem PMO in den verschiedenen Ausprägungsgraden des Projektmanagements zukommt, wird zunächst ein Blick auf die Kompetenzen geworfen, die eine Organisation generell aufbauen sollte, um mit den Herausforderungen der jeweiligen Ausprägung des Projektmanagements umgehen zu können. Zur Definition der organisationalen Kompetenzen im Projektmanagement wird an einen Vorschlag von *Krainz* zur allgemeinen Definition des Kompetenzbegriffes angeknüpft.

Krainz führt aus, dass der Begriff Kompetenz zwei Bedeutungen umfasst. Zum einen werden darunter Fähigkeiten verstanden, zum anderen aber auch die Position und die damit verbundene Entscheidungsmacht eines Kompetenzträgers. Mit dem Aufbau von Kompetenzen wird somit zugleich ein verfügbares Handlungspotenzial aufgebaut (vgl. *Krainz* [Sozialkompetenz] 243f.).

Organisationale Kompetenzen im Projektmanagement sind die Summe aller Fähigkeiten sowie die zugehörige Entscheidungsmacht, um situationsgerechte Handlungspotenziale des Projektmanagements aufzubauen.

In Bezug auf das Projektmanagement unterscheiden wir folgende organisationale Kompetenzen:

- Fachliche Kompetenzen
- Strukturelle Kompetenzen
- Soziale Kompetenzen

Dabei wird der Aufbau persönlicher Fähigkeiten als ein Teil des Aufbaus organisationaler Kompetenzen verstanden. Dies kann vor dem Hintergrund der Erkenntnisse zur Funktionsweise einer lernenden Organisation und des Wissensmanagements gerechtfertigt werden. Im Folgenden werden wir die unterschiedlichen organisationalen Kompetenzen des Projektmanagements kurz beschreiben (vgl. Abb. 2-154).

(1) Fachliche Kompetenzen

Der Definition von *Krainz* folgend, geht es zunächst um den Aufbau fachlicher Fähigkeiten. Dies sind die wesentlichen Kompetenzen, die ein Verantwortlicher, egal ob in der Linie oder im Projekt benötigt, um bestimmte Problemstellungen lösen zu können. Diese Fähigkeiten haben einen primär instrumentellen Charakter und können sowohl Bestandteil einer persönlichen und/oder einer organisationalen Wissensbasis sein. Im Bereich des Projektmanagements sind hiermit bspw. die Prozesse und Methoden zur effizienten Abwicklung von Projekten oder die Methoden und Prozesse zur Steuerung eines ganzen Projektportefeuilles angesprochen. Es geht im Grunde also um **inhaltliche, methodische und prozessuale Fähigkeiten**.

(2) Strukturelle Kompetenzen

Kompetenzen sind nach *Krainz* aber auch mit Positionsmacht verbunden. Insofern geht es bei der Betrachtung der organisationalen Kompetenzen des Projektmanagements auch um die strukturelle Einordnung des Projektmanagements in das Unternehmen und um die relative Zuweisung von Positionsmacht zwischen Stammorganisation und Sekundärorganisation. Dies gilt keinesfalls nur für das Verhältnis zwischen Projektteam und Linienorganisation. Vielmehr wird auch die Frage zu stellen sein, welche projektorientierten Organisationseinheiten es im Rahmen der Sekundärorganisation überhaupt gibt und welche Rolle diesen im Verhältnis zur Stammorganisation zukommt. Die Fähigkeit einer Organisation, das **situativ richtige Verhältnis zwischen Stamm- und Projektorganisation** zu finden, wird im Folgenden als strukturelle Kompetenz bezeichnet.

(3) Soziale Kompetenzen

Sowohl Unternehmen als auch Projekte können als technisch-soziale Systeme gesehen werden. Ein Projekt nimmt aus dieser Perspektive betrachtet praktisch die Stellung des Systems im System ein. Mitglieder haben oftmals eine **Doppelrolle im Projektteam und in der Stammorganisation**. Dies kann zu einer Reihe von Problemen führen. Insofern gehören Sozialkompetenzen als dritte wichtige Kategorie zu den organisationalen Kompetenzen des Projektmanagements (vgl. *Krainz* [Sozialkompetenz] 241).

Adäquate Sozialkompetenz ist dann gegeben, wenn sowohl Projektleiter, Projektteammitglieder aber auch das Management in der Linie über ausreichende soziale Verhaltenspotenziale verfügen, um mit den aufkommenden Konflikten möglichst konstruktiv umzugehen. Hierzu gehört auch die Fähigkeit zur **Schaffung situationsadäquater sozialer Arrangements**.

Organisationale Kompetenzen im Projektmanagement

Fachliche Kompetenzen	Strukturelle Kompetenzen	Soziale Kompetenzen
• Inhaltliche Fähigkeiten • Methodische Fähigkeiten • Prozessuale Fähigkeiten	• Strukturelle Einordnung des Projektmanagements im Unternehmen • Situationsgerechte Weitergabe von Entscheidungsmacht	• Soziale Verhaltenspotenziale zum konstruktiven Umgang mit Konflikten • Fähigkeit zur Schaffung situationsadäquater sozialer Arrangements

Abb. 2-154: Organisationale Kompetenzen im Projektmanagement (Quelle: *Scheurer* [Unternehmensentwicklung] 193f.)

Die konkrete Ausprägung der organisationalen Kompetenzen des Projektmanagements richtet sich danach, welche Rolle dem Projektmanagement in der jeweiligen Unternehmenssituation eingeräumt wird. Davon hängen auch die Funktion des PMO sowie seine konkreten Aufgabenstellungen ab. Grundsätzlich ist das PMO jedoch als eine Organisationseinheit zu verstehen, die für den situationsgerechten Aufbau organisationaler Kompetenzen zur Professionalisierung des Projektmanagements verantwortlich ist. Mit dem Aufbau dieser organisationalen Projektmanagementkompetenzen übernimmt das PMO zugleich eine wichtige Schnittstellenrolle zwischen Projektmanagement und der Linienorganisation.

Im Wesentlichen lassen sich in Verbindung mit dem Aufbau organisationaler Projektmanagementkompetenzen die folgenden vier **Hauptfunktionen des PMO** in der Praxis aus empirischen Untersuchungen ableiten (vgl. *Gemünden/ Dammer/Jonas* [Organisation] 106ff.):

- **Administrative Funktion**
  Das PMO entwickelt die Projektmanagement-Methodologie für das Unternehmen und liefert ein konsistentes Set an Projektmanagement-Werkzeugen und Prozessen.
- **Kontrollfunktion**
  Das PMO liefert die Standards für eine einheitliche Abwicklung und einheitliche Bewertung der Projekte. Hierunter kann zudem die Definition eines einheitlichen Risikomanagements fallen.
- **Optimierungsfunktion**
  Das PMO liefert innerbetriebliche Beratungsleistungen, insbesondere im Hinblick auf das Projekt-, Programm-, und Portfoliomanagement. Projektorientierte Prozessberatung und Wissensmanagement stehen im Vordergrund.
- **Koordinationsfunktion**
  Das PMO konsolidiert Informationen aus der Projektlandschaft und gleicht diese mit den Informationen aus der Linienorganisation des Unternehmens ab. Hierbei geht es insbesondere um eine Koordination der Ressourcenanforderungen sowie um die Nutzung von Synergien.

11.4.2 Die Aufgaben des PMO im Management von Projekten

Entscheidend für ein Unternehmen ist die Verfügbarkeit der organisationalen Kompetenzen, die in der jeweiligen Unternehmenssituation und der zugehörigen Ausprägung des Projektmanagements benötigt werden, um ein professionell funktionierendes Projektmanagement zu gewährleisten.

Wenn das PMO als die Organisationseinheit angesehen wird, die genau dies zu gewährleisten hat, wird deutlich, dass es nicht „das“ PMO mit einem festen Satz von Aufgabenstellungen geben kann. Vielmehr wird sich der Umfang der Aufgabenstellungen des PMO entsprechend den Ausprägungen des Projektmanagements auf dem Kontinuum verändern. Um dem situativen Kontext des Projektmanagements gerecht zu werden, werden die Aufgaben und Funktionen des

PMO deshalb im weiteren Verlauf des Buches entlang dem Entwicklungskontinuum des Projektmanagements beschrieben.

Im Rahmen des Managements von Projekten liegt der Schwerpunkt der Betrachtung auf der effizienten Umsetzung eines Projektes. Projektmanagement kann daher primär als **Problemlösungsmethode** verstanden werden. Eine professionelle und systematische Abwicklung eines jeden Einzelprojektes ist als wichtige Grundlage für alle weiteren Ausprägungen des Projektmanagements auf späteren Stufen des Kontinuums des Projektmanagements zu sehen. Obwohl das Projektmanagement in dieser Situation keinen strategischen Charakter annimmt, sind bereits im Einzelprojektmanagement etliche organisationale Kompetenzen des Projektmanagements grundlegend auch für die weiteren Ausprägungen des Projektmanagements.

Als Grundlage für die Diskussion, welche Aufgaben ein PMO im Bereich des Managements von Projekten übernehmen sollte, wird zunächst anhand von Abb. 2-155 ein Überblick darüber gegeben, welche Kompetenzen schwerpunktmäßig zur Abwicklung von Projekten benötigt werden.

Organisationale Kompetenzen im Management von Projekten

Fachliche Kompetenzen	Strukturelle Kompetenzen	Soziale Kompetenzen
• Inhaltliche, methodische und prozessuale Fähigkeiten, die zur Abwicklung von Einzelprojekten benötigt werden • Fähigkeit, die situativ angepasste Methodik für Projekte zur Verfügung zu stellen • Fähigkeiten zum Umgang mit Komplexität	• Fähigkeit zur situativ angepassten Einordnung der Projekte in die Stammorganisation des Unternehmens • Fähigkeit zur situationsgerechten Weitergabe von Entscheidungsmacht an die Projekte	• Fähigkeiten im Bereich der Führung eines Teams • Fähigkeiten im Bereich der Motivation eines Teams • Fähigkeiten zum Umgang mit den Projektstakeholdern

Abb. 2-155: Organisationale Kompetenzen im Management von Projekten

Aus Abb. 2-155 wird schnell deutlich, dass bereits im Rahmen der Abwicklung von Einzelprojekten eine Vielzahl von Kompetenzen benötigt wird. Somit ist bereits hier ein hohes Maß an Professionalisierung des Projektmanagements erforderlich. Die Einrichtung eines PMO wird in der Literatur überwiegend mit Fragestellungen des Multiprojektmanagement, also dem Management durch Projekte verbunden. Hier wird jedoch die Auffassung vertreten, dass die systematische Professionalisierung des Projektmanagements eine so hohe Bedeutung für ein Unternehmen hat, dass dies bereits im Stadium der überwiegenden Abwicklung von Einzelprojekten die Einrichtung eines PMO rechtfertigt. Zudem hat die Einrichtung eines solchen PMO auch eine Signalwirkung auf Mitarbeiter und Kunden im Hinblick auf die Bedeutung, die dem Projektmanagement aus Unternehmenssicht zugemessen wird.

Damit wird hier die Einrichtung eines PMO schon im Bereich des Managements von Projekten vorgeschlagen, selbst wenn von der Sache her ein Gutteil der Aufgaben, die dem PMO zumeist zugeschrieben werden, erst mit einer Multiprojektmanagementperspektive relevant wird. Aus diesem Grunde werden wir diese Aufgaben auch erst in Teil 3, Abschnitt 4.4.1, der sich mit den Aufgaben des PMO im Rahmen der Multiprojektumsetzung befasst, näher beschreiben. Welche Aufgaben ein PMO im Rahmen eines Managements von Projekten bereits übernehmen sollte, zeigt Abb. 2-156 im Überblick (vgl. ausführlicher *Scheurer* [Unternehmensentwicklung] 197ff.).

Zusammenfassend kann festgestellt werden, dass dem PMO im Rahmen eines Managements von Projekten eine Vielzahl von Aufgaben zukommen kann. Im Grunde geht es zumeist um Aufgabenstellungen, die eine **standardisierende, eine administrative und eine unterstützende Funktion** für die Projekte und die Projektleiter haben. Nicht alle diese Aufgaben müssen zwingend bei einem PMO angesiedelt werden. Aufgrund der Vielfalt der Aufgabenstellungen wird jedoch schnell deutlich, dass eine Bündelung der Projektmanagementkompetenz in einem Unternehmen durchaus sinnvoll sein kann.

Das PMO ist zwar organisatorisch als Teil der Linie zu sehen, steht aber von seinen Aufgaben her betrachtet zwischen Stammorganisation und Projekten. Die personelle Ausstattung des PMO richtet sich natürlich nach dem Umfang der Aufgabenstellungen. In dieser Ausprägung des Projektmanagements nimmt das PMO nahezu ausschließlich Dienstleistungsfunktionen wahr; die Entscheidungskompetenzen werden davon unberührt, je nach organisatorischer Einordnung des Projektes, zwischen Stammorganisation und Projekt verteilt.

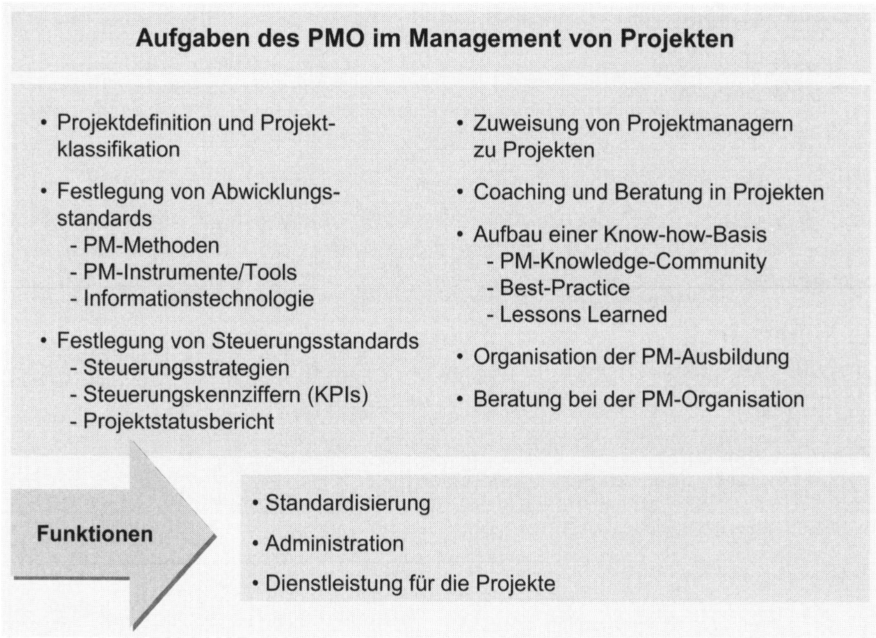

Abb. 2-156: Aufgaben und Funktionen des PMOs im Rahmen eines Managements von Projekten

12 Zusammenfassung

Das „Management von Projekten“ dient der erfolgreichen und effizienten Abwicklung von einzelnen Projekten.

Dafür muss zunächst die Projektorganisation geklärt und festgelegt werden. Die Projektorganisation umfasst die Aufbau- und Ablauforganisation für die Projektarbeit mit der Festlegung entsprechender Organisationseinheiten als Aufgabenträger. Wichtige Konsequenzen für die Projektarbeit ergeben sich auch aus dem Verständnis von Projekten als selbstorganisierende Systeme.

Nach der Entscheidung für ein Projekt, die eine umfassende Machbarkeitsstudie beinhaltet, bedarf es einer klaren, systematischen Vorgehensweise für die Projektarbeit. Wir unterscheiden hier die **folgenden Phasen**:

- Projektstart
- Zielpräzisierung

- Projektplanung
- Projektumsetzung
- Projektkontrolle
- Projektabschluss

Die Phasen laufen nicht linear nacheinander ab, sondern es finden sich wechselseitig rekursive Vernetzungsbeziehungen. Sie werden von zwei Begleitprozessen flankiert: Dem Qualitätsmanagement sowie dem Chancen- und Risikomanagement.

(1) Projektstart

Diese Phase beinhaltet die vorbereitenden Tätigkeiten bis hin zum offiziellen Start des Projektes im Zuge eines Kick-Off-Meetings.

(2) Zielpräzisierung

Ziele sind Ergebnisse eines projektbegleitenden Zielpräzisierungsprozesses zwischen den Projektbeteiligten.

(3) Projektplanung

Die Qualität der Projektplanung übt einen entscheidenden Einfluss auf die Erreichung der Projektziele aus. Sie besteht aus den folgenden Teilprozessen, die rekursiv miteinander vernetzt sind: Planung der Projektstruktur, des Ablaufs, der Termine, der Ressourcen und der Kosten.

Mit jedem Teilprozess ergeben sich neue Informationen, die sich auch auf andere Teilprozesse auswirken können. Die Projektplanung hat somit einen iterativen Charakter und wird daher mehrfach überarbeitet und angepasst. Die Teilprozesse können von verschiedenen Planungstechniken unterstützt werden.

(4) Projektumsetzung

In dieser Phase werden die Pläne als Grundlage für eine systematische Erreichung der festgelegten Projektziele eingesetzt. Hier findet die konkrete Erstellung der Projektergebnisse statt. Wichtige Themen in dieser Phase sind die Kommunikation und das Informationswesen, das Änderungs- und Konfigurationsmanagement sowie das Vertrags- und Nachforderungsmanagement.

(5) Projektkontrolle

Jede Planung muss überprüft werden. Diese Überprüfung erfolgt durch einen Vergleich von geplanten Größen mit definierten Vergleichsgrößen. Ergeben sich Abweichungen, so sind detaillierte Abweichungsanalysen notwendig. Je nach Bedeutung der Konsequenzen, die sich durch die Abweichungen ergeben, können entweder die Planungen angepasst oder korrigierende Steuerungsmaßnahmen ergriffen werden. Für unterschiedliche Kontrollobjekte können verschiedene Kontrolltechniken herangezogen werden.

(6) Projektabschluss

Ein systematisch geplantes Projektende ermöglicht für alle Beteiligten einen inhaltlichen und emotionalen Abschluss des Projektes: Es wird die weitere Vorgehensweise im Anschluss an das Projekt geplant, die Projektergebnisse werden formal abgenommen, es findet eine Analyse des gesamten Projektablaufes im Projektteam und mit wichtigen Stakeholdern statt, um wichtige Erkenntnisse zu gewinnen, und die Erkenntnisse werden in Form eines Abschlussberichtes dokumentiert. Die Erkenntnisse sollen systematisch für andere Projekte verfügbar gemacht werden.

Die Begleitprozesse **„Qualitätsmanagement"** und **„Risiko- und Chancenmanagement"** sind von herausragender Bedeutung für den Projekterfolg und benötigen jeweils einen eigenen Managementprozess, der zeitlich und inhaltlich nicht genau den Phasen des Projektmanagementprozesses zugeordnet werden kann.

Die **Qualität** ist mittelbarer Bestandteil des „Magischen Dreiecks des Projektmanagements" und stellt somit eine wichtige Zieldimension für ein Projekt dar. In einem systematischen Qualitätsmanagementprozess sind die vier Phasen Qualitätsplanung, Qualitätslenkung, Qualitätssicherung und Qualitätsverbesserung zu unterscheiden. Ein umfassendes und ganzheitliches Konzept stellt das Total Quality Management dar: Es kann sich v.a. in Form des Strebens nach „Project Excellence", also nachhaltigen Spitzenleistungen in Projekten auf die einzelnen Projekte auswirken.

Chancen und **Risiken** entstehen aus der unzureichenden Informationslage bezüglich der Zukunft, sie gehören also per se zu wirtschaftlichem Handeln. Es ist eine systematische Vorgehensweise notwendig, um Chancen und Risiken zu erkennen und möglichst optimal mit ihnen umzugehen. Dieser Prozess beinhaltet die fünf Phasen der Identifikation, der Analyse, der Bewertung, der Gestaltung und der Überwachung von Chancen und Risiken.

Als Abschluss der Darstellung des Managements von Projekten und als Brücke zur Erweiterung der Perspektive hin zu einem Management durch Projekte wird ein grundlegendes Thema näher beleuchtet: Die **Professionalisierung und die ständige Weiterentwicklung** des Projektmanagements.

Ausgangspunkt ist die Frage: Wie gut ist unser Projektmanagement? Wir befassen uns daher zunächst mit dem Projektmanagement-Assessment. Als wichtige Möglichkeiten zur Professionalisierung werden dann allgemein anerkannte

Standards des Projektmanagements vorgestellt (PMBOK-Guide, ICB, PRINCE2) sowie die Definition eines unternehmenseigenen Standards thematisiert.

Bei der Diskussion um die Professionalisierung des Projektmanagements und die Entwicklung eines neuen Standards können auch alternative Vorgehensmodelle eine wichtige Rolle spielen. Daher werden das Critical Chain-Projektmanagement und das agile Projektmanagement beschrieben.

Um die Professionalisierung und Weiterentwicklung des Projektmanagements auch institutionell im Unternehmen zu verankern, empfiehlt sich die Einrichtung einer eigenständigen Organisationseinheit, des Projektmanagementoffice (PMO). Diese Einheit ist für den systematischen Aufbau situationsadäquater organisationaler Kompetenzen im Projektmanagement zuständig. Zum Abschluss des zweiten Teils werden die Aufgaben des PMO im Rahmen des Managements von Projekten genauer betrachtet.

Fragen zur Wiederholung

(1) Grundlagen des Managements von Projekten

1. Welche Merkmale zeichnen ein Projekt aus? (1.1.1)
2. Wodurch unterscheiden sich strategische und operative Projekte? (1.1.2)
3. Wie sieht das „Magische Dreieck der Projektsteuerung“ aus? Erläutern Sie seine Aussage. (1.2)
4. Weshalb ist es sinnvoll, das Management eines Projektes in Phasen zu zerlegen? (1.3.1)
5. Welche Phasen des Projektmanagementprozesses lassen sich unterscheiden? Stellen Sie die Zusammenhänge der Phasen dar. (1.3.2)
6. Welche Begleitprozesse des „Managements von Projekten“ kennen Sie? Weshalb sind sie notwendig? (1.3.2)

(2) Projektorganisation

1. Definieren Sie den Begriff der Projektorganisation. (2.1.1)
2. Welche Ziele sollte man bei der Gestaltung der Projektorganisation verfolgen, um die beiden Ziele des Projektmanagements, die Förderung der strategischen Unternehmensentwicklung und die Steigerung des Unternehmenswertes, zu erfüllen? (2.1.2)
3. Skizzieren Sie die Rolle des Projektauftraggebers. (2.2.1)
4. Welche Aufgaben hat ein Projektleiter? Erläutern Sie die Spezifika der Projektarbeit, die sich auf seine Arbeit auswirken. (2.2.2)
5. Welche Kriterien sind bei der Zusammenstellung eines Projektteams zu beachten? (2.2.4)
6. Beschreiben Sie die Modelle der Stabs-Projektorganisation, der Matrix-Projektorganisation und der Reinen Projektorganisation. Gehen Sie dabei auf die Vor- und Nachteile des jeweiligen Modells ein. (2.3.1)
7. Was versteht man unter der „Projektablauforganisation“? Welche Rolle spielen dabei die Projektphasenpläne? (2.4)
8. Was ist ein „Meilenstein“? Welche Funktion hat er? (2.4.1)

9. Wieso kommt der Projektkultur eine wichtige Rolle zu, wenn man Projekte als „selbstorganisierende Systeme“ versteht? (2.5.1)
10. Welche positiven und negativen Wirkungen können von einer eigenständigen Projektkultur ausgehen? (2.5.2)
11. Inwiefern kann man eine Projektkultur zielgerichtet beeinflussen? Suchen Sie konkrete Beispiele. (2.5.2)

(3) Vorselektion von Projekten

Erläutern Sie die verschiedenen Teilstudien, die im Rahmen einer Machbarkeitsstudie durchgeführt werden sollten. (3.2.2)

(4) Projektstart

1. Die Phase des Projektstarts umfasst die Vorbereitungen des Projektes bis hin zum Kick-Off-Meeting. Welche Aufgaben gehören zur Projektvorbereitung? (4.1)
2. Erläutern Sie die Vorgehensweise bei der „Projektumfeldanalyse“. Wozu dient diese Technik? Wann würden Sie eine solche Projektumfeldanalyse im Projektverlauf durchführen? (4.1.3)
3. Wozu dient ein Kick-Off-Meeting? Welche Themen sollten hier besprochen werden? (4.2)

(5) Zielpräzisierung

1. Welche Funktionen erfüllen Ziele im Rahmen des Managements? (5.1)
2. Wie sollten Ziele formuliert werden, damit sie ihre Funktionen voll erfüllen können? (5.2)
3. Beschreiben Sie die möglichen Beziehungen zwischen Zielen. Welche Methoden können zur Analyse der Zielbeziehungen eingesetzt werden? (5.4)
4. Erläutern Sie den Prozess der Zielpräzisierung. Gehen Sie dabei auf die einzelnen Projektphasen ein. (5.5)
5. Was versteht man unter einem „Lastenheft“, was unter einem „Pflichtenheft“? (5.5.2 und 5.5.3)

(6) Projektplanung

1. Welche Aufgaben kommen der Projektplanung zu? (6.1)

2. Weshalb übt die Qualität der Projektplanung einen entscheidenden Einfluss auf die Erreichung der Projektziele aus? (6.1)
3. Erläutern Sie die Funktionen von Planungstechniken. (6.2)
4. Welche Teilprozesse der Projektplanung kennen Sie? Wie hängen die Teilprozesse miteinander zusammen? (6.3)
5. Bei der Projektplanung arbeitet man „vom Groben zum Detail". Was heißt das? (6.3)
6. Geben Sie einen Überblick über die verschiedenen Arten von Projektstrukturplänen. (6.4.1)
7. Was versteht man unter einem „Arbeitspaket"? (6.4.2)
8. Warum gewinnt die Arbeitsaufwandsschätzung in den letzten Jahren zunehmend an Bedeutung? (6.5.1)
9. Erläutern Sie die folgenden Methoden der Expertenschätzung (6.5.2):
   - Einzel- und Mehrfachbefragung
   - Delphi-Methode
   - Schätzklausur
10. In der Netzplantechnik spielen Anordnungsbeziehungen eine wichtige Rolle. Stellen Sie eine Normalfolge, eine Anfangsfolge und eine Endfolge anhand eines selbstgewählten Beispiels dar. (6.6.2)
11. In welchen Arbeitsschritten wird beim Arbeiten mit einem Netzplan gewöhnlich vorgegangen? Skizzieren Sie die jeweiligen Arbeitsschritte. (6.6.2.3)
12. Was versteht man unter einem „kritischen Pfad"? (6.6.2.3.2)
13. Welche Vorteile sehen Sie beim Einsatz der Netzplantechnik, welche Probleme können auftauchen? (6.6.2.4)
14. Welche Methoden der Projektterminplanung kennen Sie? (6.7)
15. Was versteht man unter „Projektressourcen"? Welche Arten von Projektressourcen kann man unterscheiden? (6.8)
16. Skizzieren Sie die Vorgehensweise bei der Ressourcenplanung. Vertiefen Sie Ihre Ausführungen am Beispiel der Personalplanung. (6.8).
17. Weshalb sollte eine Projektkostenplanung „lebenszyklusorientiert" erfolgen? (6.9.2.2 und 6.9.3.2)

18. Im Modell der „Integrierten Projektkostenplanung“ kommt die Prozesskostenrechnung zum Einsatz. Was versteht man unter leistungsmengeninduzierten, was unter leistungsmengenneutralen Prozesskosten? (6.9.3.1.2)

19. Was spricht für die Anwendung des „Target Costing“ in Projekten? (6.9.2.3 und 6.9.3.3)

20. Weshalb ist im Modell der „Integrierten Projektkostenplanung“ der Ansatz von kalkulatorischen Zinsen notwendig? (6.9.4)

(7) Projektumsetzung

1. Welche Aufgaben fallen schwerpunktmäßig in der Projektumsetzung an? (7.1)
2. Welche Berichte gehören zum Standard im Projektmanagement? Wozu dienen sie? Was ist jeweils zu beachten? (7.3.3.1)
3. Erläutern Sie die Aufgaben der Projektdokumentation. Wie sollte eine Projektdokumentation aufgebaut sein? (7.3.3.2)
4. Definieren Sie den Begriff „Projektmarketing“. Welche Ziele werden im Zuge des Projektmarketing verfolgt? (7.3.4)
5. Warum sollten Leistungsänderungen im Projektverlauf nur kontrolliert vorgenommen werden? (7.4)
6. Skizzieren Sie die Schritte des Änderungsmanagements. (7.4.1)
7. Was versteht man unter „Konfigurationsmanagement“? Wozu dient es? Welche Teilgebiete werden hier unterschieden? (7.4.2)
8. Definieren Sie den Begriff „Vertragsmanagement“. (7.5.1)
9. Das Nachforderungsmanagement widmet sich dem systematischen Umgang mit Eigen-Claims und Fremd-Claims. Erklären Sie diese Begriffe und gehen Sie auf die drei Aufgabengebiete des Nachforderungsmanagements ein. (7.5.2)

(8) Projektkontrolle

1. Was versteht man unter einer „Soll-Ist"- und einer „Soll-Wird"-Kontrolle? (8.1)
2. Wie geht man im Rahmen einer „Soll-Ist"-Kontrolle vor? (8.1)
3. Worauf können Abweichungen zurückgeführt werden? Suchen Sie Beispiele. (8.2)
4. Erläutern Sie die grundlegende Vorgehensweise sowie die Stärken und Schwächen verschiedener Methoden zur Leistungskontrolle (8.2.1):
   - Subjektive Leistungsschätzung
   - Messung anhand einer quantitativen Größe
   - 0/50/100%-Methode
   - Meilensteinmethode
5. Bei der Terminkontrolle ist die Schätzung des „zeitlichen Fortschrittsgrads" sinnvoll. Wie wird er berechnet? (8.2.2)
6. Was versteht man unter „Time-to-Completion"? (8.2.2.1)
7. Erläutern Sie die Vorgehensweise bei einer „Meilenstein-Trendanalyse". (8.2.2.5)
8. Welche Schwierigkeiten können auftauchen, wenn die Kostenkontrolle anhand eines „Diagramm der kumulierten Ist- und Plankosten" erfolgt? (8.2.3.2)
9. Erläutern Sie die Vorgehensweise bei der „Earned-Value-Technik". Welche Vorteile und welche Herausforderungen sehen Sie bei ihrer Anwendung? (8.3)

(9) Projektabschluss

1. Weshalb kommt es vor, dass ein Projekt in der Praxis nicht systematisch abgeschlossen wird? (9.1)
2. Warum ist ein systematischer Projektabschluss sinnvoll und wichtig? (9.1)
3. Welche Teilprozesse können beim Projektabschluss unterschieden werden? (9.2)
4. Erläutern Sie die Aufgaben von Überleitungs- und Erhaltungsplänen. (9.2.1)

5. In welchen Schritten sollte die Endabnahme der Projektergebnisse ablaufen? (9.2.2)
6. Welche Daten sind für eine umfassende Projektauswertung notwendig? Wie können sie erhoben werden? (9.2.3)
7. Skizzieren Sie die wichtigsten Themen für eine Abschlusssitzung im Projektteam. (9.2.4)
8. Wie könnte ein Projektabschlussbericht sinnvollerweise aufgebaut sein? (9.2.6)

(10) Begleitende Prozesse des Managements von Projekten

1. Warum weisen das Qualitätsmanagement sowie das Chancen- und Risikomanagement den Charakter von begleitenden Prozessen auf? (10)
2. Worauf könnte die hohe strategische Relevanz des Themas „Qualität" zurückzuführen sein? (10.1.1)
3. Definieren Sie den Begriff „Qualität". (10.1.1)
4. Stellen Sie die vier Teilprozesse des Qualitätsmanagements mit ihren wichtigsten Aufgaben dar. (10.1.3)
5. Zur Überführung der Kundenanforderungen aus dem Lastenheft in ein Pflichtenheft aus Sicht des Projektteams kann das „Quality Function Deployment" gute Dienste leisten. Skizzieren Sie den Aufbau eines „Houses of Quality". (10.1.3.1)
6. Was versteht man unter „Verifizierung" und „Validierung" im Zusammenhang mit Produktprüfungen? (10.1.3.2)
7. Nennen Sie Beispiele für strukturelle Vorkehrungen im Rahmen der Qualitätssicherung. Wozu dienen sie? (10.1.3.3)
8. Was versteht man unter „Total Quality Management"? Inwiefern wirkt sich der Gedanke des TQM auf Projekte aus? (10.1.4)
9. Definieren Sie die Begriffe „Risiko" und „Chance". (10.2.1)
10. In Theorie und Praxis konzentriert man sich häufig auf das Management von Risiken. Weshalb wird im Rahmen dieses Buches für ein gleichgewichtiges Chancen- und Risikomanagement plädiert? (10.2.1)
11. Stellen Sie den Prozess des Chancen- und Risikomanagements dar und gehen Sie kurz auf die einzelnen Bestandteile ein. (10.2.3)

12. Welche Methoden der Identifikation von Chancen und Risiken kennen Sie? Gehen Sie detailliert auf die Fehler-Möglichkeits- und-Einfluss-Analyse (FMEA) und eine weitere Methode Ihrer Wahl ein. (10.2.3.1)
13. Wie geht man im Rahmen einer Chancen- und Risikoanalyse systematisch vor? Welche Methoden können hier zum Einsatz kommen? (10.2.3.2)
14. Welche Risikoeinstellungen des Entscheiders kann man unterscheiden? Wie können sie sich im Chancen- und Risikomanagementprozess auswirken? (10.2.3.3)
15. Erläutern Sie den Gesamtprozess der Risikooptimierung mit den vier möglichen Risikostrategien. (10.2.3.4)
16. Wie könnte der Chancen- und Risikomanagementprozess organisatorisch im Unternehmen verankert werden? (10.2.4)

(11) Professionalisierung und Weiterentwicklung des Projektmanagements

1. Welche Rolle spielen Assessments im Rahmen der Professionalisierung und Weiterentwicklung des Projektmanagements? (11.1)
2. Welche Anforderungen sind an Projektmanagement-Assessments zu stellen? (11.1.1)
3. Welche Projektmanagement-Assessmentmodelle kennen Sie? (11.1.2)
4. Welche Funktionen haben allgemeine Projektmanagement-Standards? (11.2.1)
5. Worauf ist bei der Entwicklung unternehmenseigener Standards besonders zu achten? (11.2.4)
6. Welche Grundsätze kennzeichnen das Critical Chain-Projektmanagement? (11.3.1.3)
7. Zeigen Sie die wichtigsten Grundprinzipien agiler Entwicklungen auf. (11.3.2.2)
8. Was wird unter den „organisationalen Kompetenzen des Projektmanagements“ verstanden? (11.4.1)

Fragen zur Vertiefung

(1) Grundlagen des Managements von Projekten

1. Erläutern Sie die beiden Regelkreise des Projektmanagements, die dem „Management von Projekten“ zuzuordnen sind.

(2) Projektorganisation

1. Können Sie einem Projektleiter einen „richtigen“ Führungsstil empfehlen?
2. Eine Matrix-Projektorganisation kann nur dann optimale Ergebnisse liefern, wenn eine „Matrix-Kultur“ herrscht. Was gehört zu einer solchen „Matrix-Kultur“?
3. Gibt es aus Ihrer Sicht „das richtige Organisationsmodell“ für die Projektorganisation?
4. Was spricht für und was gegen den Einsatz von Projektphasenplänen? Würden Sie standardisierte Projektphasenpläne einsetzen? Begründen Sie Ihre Meinung.
5. Man kann Projekte als „selbstorganisierende Systeme“ verstehen, in denen Ordnung „von selbst“ entsteht. Welche Konsequenzen ergeben sich aus dieser Sichtweise für die Führung in Projekten?

(3) Vorselektion von Projekten

Was versteht man unter einer „Hitrate“? Welches Problem im Zuge der Vorselektion von Projekten ist in diesem Zusammenhang mit diesem Begriff zu beachten?

(4) Projektstart

1. Wozu dient ein Projektauftrag? Welche Inhalte sollte er umfassen?
2. Was wird unter der „Planung des Projektmanagementsystems“ in der Projektstartphase verstanden?
3. In der Praxis wird gelegentlich die Meinung vertreten, ein Kick-Off-Meeting sei nicht notwendig, da ein Projekt relativ überschaubar sei oder da ein Meeting aufgrund der Internationalität der Teammitglieder zu aufwändig sei. Würden Sie sich dieser Meinung anschließen?

(5) Zielpräzisierung

1. Inwiefern sollte man Ziele als Ergebnisse eines projektbegleitenden Zielpräzisierungsprozesses sehen?
2. Gibt es Zusammenhänge zwischen dem Projektstrukturplan und den Projektzielen?
3. Inwiefern spielen Ziele eine Rolle in der Projektabschlussphase?

(6) Projektplanung

1. Inwieweit ist es aus Ihrer Sicht sinnvoll, Standard-Projektstrukturpläne zu nutzen?
2. Worauf sollte man bei der Definition von Arbeitspaketen achten?
3. Sie sind Projektleiter und erstellen einen Netzplan für Ihr Projekt. Dabei stellen Sie fest, dass Sie mit Ihrer bisherigen Planung die Terminvorstellungen des Kunden nicht einhalten können. Welche Beschleunigungsmaßnahmen kommen nun in Betracht? Wie gehen Sie bei der Optimierung des Netzplans vor?
4. Erläutern Sie die Vorgehensweise beim Aufbau eines Balkenplans. Wie unterscheiden sich zeitfixierte Balkenpläne von der vernetzten Variante?
5. Wie hängen die Ressourcenplanung und die Kostenplanung in Projekten zusammen?
6. Zu den Methoden der Aufwandsschätzung gehören u.a. die Multiplikatormethode und die parametrische Methode. Stellen Sie die jeweilige Vorgehensweise kurz dar und skizzieren Sie die Unterschiede zwischen den Methoden.
7. Welche Maßnahmen können zur Ressourcenoptimierung ergriffen werden?
8. Skizzieren Sie drei wichtige Spezifika von Projekten, die sich auf die Methodik der Kostenplanung auswirken.
9. Stellen Sie die Vorgehensweise im Rahmen des Target Costing dar. Wieso kann der Einsatz eines „erweiterten Zielkostenkontrolldiagramms“ sinnvoll sein?
10. Erläutern Sie die Vorgehensweise im Modell der „Integrierten Projektkostenplanung“. Was spricht für die Anwendung dieses Modells, welche Schwierigkeiten sind damit verbunden?

(7) Projektumsetzung

1. Definieren Sie den Begriff „Projektinformationsmanagement". Welche Herausforderungen sind hier zu bewältigen?
2. Wie kann bei der Gestaltung eines spezifischen Projektinformationssystems vorgegangen werden?
3. „In den meisten Projekten entscheidet das Projektmarketing zu einem großen Teil über den Projekterfolg". Würden Sie sich dieser These anschließen?
4. Welche Zusammenhänge sehen Sie zwischen dem Änderungs- und dem Konfigurationsmanagement?
5. Arbeiten Sie die Zusammenhänge des Vertragsmanagements mit dem Änderungsmanagement, dem Konfigurationsmanagement und dem Nachforderungsmanagement heraus.

(8) Projektkontrolle

1. „Planung ohne Kontrolle ist sinnlos, Kontrolle ohne Planung unmöglich" (*Wild* [Unternehmensplanung] 44). Was ist mit diesem Zitat Ihrer Meinung nach gemeint?
2. Aus einer Meilenstein-Trendanalyse können sowohl Rückschlüsse auf projektspezifische Problemstellungen als auch auf mögliche unternehmensweite Herausforderungen abgeleitet werden. Erläutern Sie diese Feststellung anhand von Beispielen.
3. Wie verändert sich der Charakter der Kostenkontrolle bei Anwendung des Target Costing?
4. Erläutern Sie drei Beispiele für Maßnahmen zur Kostensenkung im Zusammenhang mit dem Target Costing.

(9) Projektabschluss

1. Untersuchen Sie die Bedeutung des Projektabschlusses für das Wissensmanagement.
2. Im Anschluss an die Endabnahme der Projektergebnisse bietet es sich an, die Kundenzufriedenheit zu erfassen. Warum ist dies besonders wichtig und wie könnte diese Erfassung konkret von statten gehen?

(10) Begleitende Prozesse des Managements von Projekten

1. Welche Zusammenhänge sehen Sie zwischen dem Qualitätsmanagement einerseits und dem Risikomanagement andererseits?
2. Beschreiben Sie den inhaltlichen Wandel, den die Disziplin des Qualitätsmanagements in den letzten Jahrzehnten erfahren hat. Worauf könnte dieser Wandel im Detail zurückzuführen sein?
3. Inwiefern spielt die Qualität der Prozesse eine Rolle im Qualitätsmanagement? Suchen Sie praktische Ansätze, mit deren Hilfe Prozessverbesserungen angestrebt werden, die sich stark auf Projekte auswirken.
4. Was versteht man unter der „Qualitätspolitik“ eines Unternehmens? Welche Bedeutung hat sie für den Prozess des Qualitätsmanagements?
5. Erläutern Sie das Modell für „Project Excellence“. Wozu dient es?
6. Welche Beziehungen können zwischen Chancen und Risiken bestehen? Welche Konsequenzen haben diese Zusammenhänge für das Chancen- und Risikomanagement?
7. Inwieweit beeinflusst die Unternehmens- und Projektkultur den Risikomanagementprozess? Können auch Wirkungen vom Risikomanagement auf die Unternehmens- und Projektkultur ausgehen?
8. Welche Gründe könnten dafür sprechen, Risiken bewusst zu übernehmen?
9. Wie kann ein Unternehmen auf den Eintritt von Risiken vorbereitet werden?

(11) Professionalisierung und Weiterentwicklung des Projektmanagements

1. Skizzieren und vergleichen Sie den Aufbau des PMBOK-Guide, der International Competence Baseline (ICB) und von PRINCE2.
2. Gehen Sie auf die Anforderungen ein, die im Zuge einer Einführung des Critical Chain-Projektmanagements in einem Unternehmen an die Projektmitarbeiter, die Projektleiter und das Top-Management gestellt werden.
3. Warum wurden agile Methoden entwickelt und worauf zielen sie ab?

4. Anhand welcher Kriterien würden Sie sich zwischen dem Einsatz der klassischen und einer agilen Vorgehensweise entscheiden?
5. Welche generellen Aufgaben kann das PMO im Rahmen im Rahmen einer Professionalisierung und Weiterentwicklung des Projektmanagements übernehmen?

Literaturempfehlungen

Bea, *F.X.* u. *E. Göbel*: Organisation, 4. A., Stuttgart 2010.

Burghardt, M.: Einführung in Projektmanagement: Definition, Planung, Kontrolle, Abschluss. 5. A., Erlangen 2007.

Litke, H.-D.: Projektmanagement: Methoden, Techniken, Verhaltensweisen, evolutionäres Projektmanagement. 5. A., München 2007.

Madauss, B.: Handbuch Projektmanagement: mit Handlungsanleitungen für Industriebetriebe, Unternehmensberater und Behörden. 6. A., Stuttgart 2000.

Oestereich, B. u. C. *Weiss*: [APM] – Agiles Projektmanagement. Erfolgreiches Timeboxing für IT-Projekte. Heidelberg 2008.

Patzak, G. u. G. *Rattay*: Projektmanagement. Leitfaden zum Management von Projekten, Projektportfolios und projektorientierten Unternehmen. 5. A., Wien 2009.

Schelle, H.: Projekte zum Erfolg führen: Projektmanagement systematisch und kompakt. 6. A., München 2010.

Scheurer, S.: [Unternehmensentwicklung] und Wertsteigerung durch PMOs. In: *Sandrion-Arndt*, B., *Thomas*, R. u. L. *Becker* (Hrsg.): Handbuch Project Management Office. Mit PMO zum strategischen Management der Projektlandschaft. Düsseldorf 2010, S. 83-225.

Teil 3: Management durch Projekte

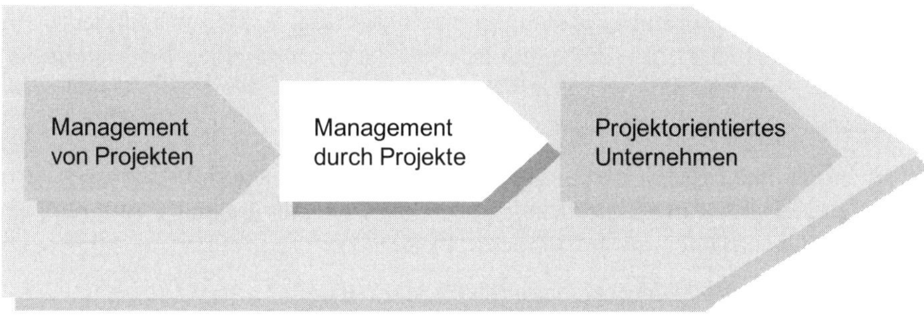

1 Grundlagen des Managements durch Projekte

Das „Management durch Projekte" stellt den zweiten Schritt auf dem Entwicklungskontinuum des Projektmanagements dar, das wir in Teil 1, S. 22ff. vorgestellt haben. Wenn die Anzahl der zu koordinierenden Projekte zunimmt, die Projekte tendenziell größer werden und weltweit vernetzt ablaufen, wird ein systematisches **Multiprojektmanagement** notwendig, um diese Herausforderungen erfolgreich bestehen zu können.

Je größer der Anteil der Projekte am Gesamtumsatz des Unternehmens wird, desto stärker beeinflussen sie die strategische Ausrichtung des Unternehmens, d.h. Projektmanagement und Unternehmensführung gehen ineinander über. Auswahl und Umsetzung der „richtigen" Projekte entscheiden bei zunehmender Bedeutung des Projektgeschäftes wesentlich über den Erfolg des Unternehmens.

Das Projektmanagement bekommt somit einen eigenständigen strategischen Charakter als Führungskonzeption, mit deren Hilfe die beiden **strategischen Unternehmensziele** verfolgt werden:

1. Die Unternehmensentwicklung durch Projekte und
2. die Wertsteigerung durch Projekte.

Mit Hilfe der Führungsregelkreise des Projektmanagements in Abb. 3-1 können wir die methodische Vorgehensweise im Rahmen des Managements durch Projekte im Überblick betrachten.

Im Management durch Projekte bewegen wir uns im oberen dunkler unterlegten Teil der Führungsregelkreise. Ausgangspunkt ist die Zusammenstellung eines **Projektportefeuilles**, das gemäß der Gesamtunternehmensplanung der Entwicklung und der Wertsteigerung des Unternehmens gleichermaßen dient.

Zudem ist sicherzustellen, dass die Projekte des Portefeuilles koordiniert umgesetzt werden. Diese **Umsetzung** der Multiprojektplanung stellt dann die Basis für die Planung und Umsetzung der einzelnen Projekte dar. Falls sich auf der Einzelprojektebene Änderungen ergeben, kann dies unterschiedliche Konsequenzen für das Management von Projekten haben: Entweder es werden durch die Änderungen im einzelnen Projekt auch andere Projekte so tangiert, dass Steuerungseingriffe auf Multiprojektebene notwendig werden, oder die Abweichung im Einzelprojekt fällt so erheblich aus, dass der geplante Beitrag des Projektes zur Erreichung der Unternehmensziele in Frage gestellt werden muss. Im letzteren Fall kann dies zur Änderung der Gesamtunternehmensplanung führen, evtl. gar zu einem Projektabbruch.

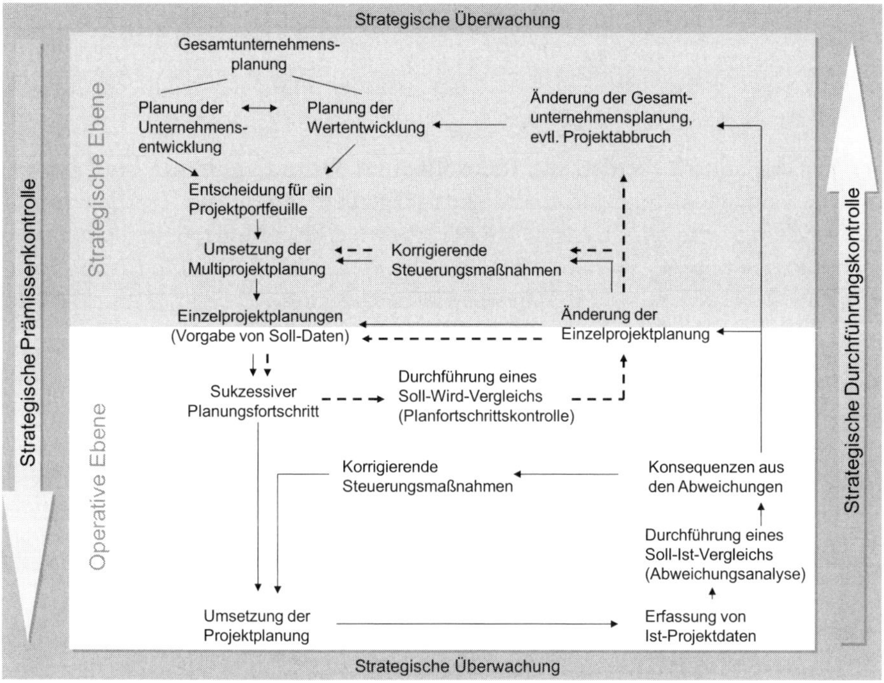

Abb. 3-1: Die Führungsregelkreise des Projektmanagements

An dieser Stelle wird die starke Verknüpfung der operativen Ebene mit der strategischen Ebene des Projektmanagements sehr deutlich: Das Management durch Projekte nimmt eine wichtige Schnittstellenfunktion zwischen der Einzelprojektabwicklung und der Gesamtunternehmensentwicklung ein.

Darüber hinaus muss im Rahmen eines Managements durch Projekte darauf geachtet werden, dass sowohl die strategische Ausrichtung als auch die geplante Wertsteigerung des Unternehmens laufend kritisch überprüft werden. Gerade vor dem Hintergrund stetigen Wandels und einer hohen Umweltdynamik ist durch eine **strategische Kontrollfunktion** sicherzustellen, dass die strategische Ausrichtung des Unternehmens noch sinnvoll ist und dass die geplante Wertsteigerung realisierbar bleibt. Andernfalls sind grundlegende Änderungen in der Ausrichtung des Unternehmens vorzunehmen, was im Sinne eines Managements durch Projekte nichts anderes bedeutet als die grundlegende Überprüfung und gegebenenfalls Neuausrichtung des bestehenden Projektportefeuilles.

Im Folgenden wird es nun darum gehen, die skizzierten Aufgaben des Managements durch Projekte ausführlich zu erläutern und Instrumente zu ihrer Unterstützung vorzustellen. Teil 3 ist entlang dieser Aufgabenstellungen des Managements durch Projekte aufgebaut:

(1) In Abschnitt 2 werden die **theoretischen Grundlagen für eine Unternehmensentwicklung** durch Projektmanagement erarbeitet. In diesem Zusammenhang wird ein Überblick über verschiedene Modelle der Unternehmensentwicklung gegeben. Davon ausgehend werden Gestaltungsempfehlungen für das Management durch Projekte ausgearbeitet.

(2) Abschnitt 3 beschäftigt sich mit den **theoretischen Grundlagen des Wertsteigerungsmanagements** und mit der Frage, wie der Wertbeitrag eines Projektes bestimmt werden kann.

(3) Die theoretischen Grundlagen der Unternehmensentwicklung und des Wertsteigerungsmanagements werden in Abschnitt 4 zusammengeführt. Sie dienen dann als Basis für die Realisierung des Managements durch Projekte in Form eines **Multiprojektmanagements**.

2 Unternehmensentwicklung durch Projekte

Im Folgenden werden wir uns mit den Zusammenhängen zwischen Projektmanagement und der strategischen Ausrichtung des Unternehmens beschäftigen. Die strategische Ausrichtung und somit die langfristige Unternehmensentwicklung ist das zentrale Thema des Strategischen Managements: „Das Strategische Management befasst sich mit der zielorientierten Gestaltung von Unternehmen unter strategischen, d.h. langfristigen, globalen, umweltbezogenen und entwicklungsorientierten Aspekten" (*Bea/Haas* [Management] 22).

Wissenschaftler haben sich aus unterschiedlichen Perspektiven mit der Frage beschäftigt, inwieweit eine solche zielorientierte Gestaltung des Unternehmens möglich ist und wie sie konkret aussehen sollte. Wenn wir uns also der Frage zuwenden wollen, welche Rolle das Projektmanagement bei der strategischen Ausrichtung des Unternehmens spielen kann und soll, ist es sinnvoll, verschiedene Ansätze zur Unternehmensentwicklung zu betrachten. Wir werden uns hier auf Ansätze beschränken, die aus unserer Sicht einen direkten Bezug zum Management durch Projekte haben: Die **gestaltungsorientierten** und die **evolutionären Modelle** der Unternehmensentwicklung. Auf der Grundlage der wichtigsten Aussagen dieser Ansätze lassen sich Gestaltungsempfehlungen ableiten, die sich sowohl auf die Inhalte als auch auf die Methoden des Managements durch Projekte beziehen.

2.1 Theoretische Grundlagen der Unternehmensentwicklung

2.1.1 Wandel als Bedingung und Ziel der strategischen Unternehmensentwicklung

Wie bereits in Teil 1 unter dem Stichwort der Megatrends aufgezeigt, steht in einer Vielzahl von neueren wissenschaftlichen Untersuchungen der Wandel des unternehmerischen Umfeldes im Mittelpunkt der Betrachtung. In Summe führen die Entwicklungen zunehmend zu einer weltweiten Vernetzung von Wirtschaft und Gesellschaft und so zu immer komplexeren gesellschaftlichen, politischen und ökonomischen Wechselwirkungen. Dies führt zugleich zu einer sich immer schneller wandelnden Welt in allen Lebensbereichen, damit natürlich auch zu einem schnelleren unternehmerischen Wandel (vgl. exemplarisch *Bea/Haas* [Management] 6ff.; *Haas* [Entwicklungsfähigkeit] 11ff.; noch umfassender *Gagsch* [Wandlungsfähigkeit]).

Aus diesen Entwicklungen lässt sich eine Vielzahl von **strategischen Anforderungen** an Unternehmen ableiten (vgl. *Haas* [Entwicklungsfähigkeit]):

- Die wechselseitigen Beziehungen zwischen Umwelt und Unternehmung müssen besser wahrgenommen, analysiert und möglichst frühzeitig in die unternehmerischen Entscheidungen mit einbezogen werden.
- Komplexe Anpassungsprozesse an die veränderten, globalen Marktstrukturen werden notwendig.
- Der Zeitbedarf für Unternehmensprozesse muss deutlich verkürzt werden.
- Die Unternehmensprozesse müssen flexibel und v.a. kundenorientiert ausgerichtet werden.
- Wissen aus unterschiedlichen Fachgebieten muss für die zunehmend vielfältiger werdenden Probleme kombiniert werden; dies gilt insbesondere für das in allen Branchen stetig wachsende Systemgeschäft.
- Die Flexibilität und Entwicklungsfähigkeit des Unternehmens müssen erhöht werden.

Vor dem Hintergrund dieser Anforderungen stellt sich natürlich die Frage, wie und mit welchen Methoden die Unternehmensführung auf diese strategischen Herausforderungen reagieren kann. Dies ist keine neue Fragestellung, wie ein

Blick auf die Historie dieser Disziplin zeigt (vgl. zur Entwicklung der Disziplin *Ansoff* [Entwicklungsstand] 62ff.; *Bea/Haas* [Management] 11ff.). Weitgehende Übereinstimmung besteht jedoch seit den Arbeiten von *Ansoff* darin, dass ein erfolgversprechendes Strategisches Management einen Fit zwischen dem Unternehmen und seinem Umfeld sowie einen Fit zwischen den unternehmensinternen Führungssubsystemen herzustellen hat.

Wenn effektive Unternehmensführung in der Herstellung eines Fit zwischen Unternehmen und Umwelt und eines sich hierzu kohärent verhaltenden unternehmensinternen Fit besteht, sich die Umwelt jedoch ständig wandelt, muss das **Management des Wandels** oder anders ausgedrückt die Steuerung der Unternehmensentwicklung somit als die zentrale Herausforderung einer strategischen Unternehmensführung verstanden werden. Dabei muss Wandel keinesfalls nur als extern gegebene Nebenbedingung begriffen werden, die die Entwicklung eines Unternehmens dominiert. Wandel kann durchaus auch ein proaktiv, vom Unternehmen selbst anvisiertes Ziel sein (vgl. *Gagsch* [Wandlungsfähigkeit] 32).

Eine geschlossene Theorie des Wandels lässt sich in der Literatur nicht finden; stattdessen existiert eine Reihe von Ansätzen, die sich mit unterschiedlichen Aspekten des Wandels bzw. der Entwicklung von Unternehmen befassen (vgl. *Stetter* [Unternehmensentwicklung] 14; *Gagsch* [Wandlungsfähigkeit] 25ff.).

Wenn also im Folgenden dargestellt werden soll, welche Rolle das Projektmanagement als Führungskonzeption im Rahmen der Unternehmensentwicklung spielen kann, muss zunächst an den Modellen der Unternehmensentwicklung angeknüpft werden. Anhand dieser Modelle wird dann aufgezeigt, welche Gestaltungsempfehlungen im Umgang mit dem unternehmerischen Wandel gemacht werden und von welchen Faktoren eine überdurchschnittlich erfolgreiche Entwicklung des Unternehmens abhängt.

2.1.2 Modelle der Unternehmensentwicklung

Wir unterscheiden

- gestaltungsorientierte Modelle der Unternehmensentwicklung
- evolutionäre Modelle der Unternehmensentwicklung

Diese Unterscheidung genügt, um die Bandbreite unterschiedlicher Gestaltungsempfehlungen im Umgang mit dem unternehmerischen Wandel darzustellen. Auf der Grundlage der wichtigsten Aussagen und der neueren Entwicklungen dieser Ansätze lassen sich Gestaltungsempfehlungen ableiten, die einen Brückenschlag zum Projektmanagement, verstanden als Führungskonzeption, nahelegen.

2.1.2.1 Gestaltungsorientierte Modelle

Gestaltungsorientierte Modelle sehen die Entwicklung des Unternehmens als unmittelbare Folge von Gestaltungshandlungen. Die Unternehmensentwicklung wird folglich als **Ergebnis eines formalen, rational planbaren und kontrollierbaren Steuerungsprozesses gesehen.**

Im Folgenden werden die zwei Gestaltungsansätze kurz skizziert, die in der aktuelleren Literatur im Vordergrund stehen. Beide Ansätze gehen zwar gleichermaßen von einer Gestaltbarkeit der Unternehmensentwicklung aus, schlagen dabei jedoch völlig unterschiedliche Gestaltungsschwerpunkte für das Management vor.

Wir betrachten nun

- den „Market-based View of Strategy“
- den „Resource-based View of Strategy“

2.1.2.1.1 Market-based View of Strategy

Ausgangspunkt dieser Betrachtungsweise des Strategischen Managements ist das industrieökonomische „Structure-Conduct-Performance-Paradigma“.

> Aus Sicht des **„Structure-Conduct-Performance-Paradigmas“** ist der unternehmerische Erfolg eine Funktion der Markt- bzw. Branchenstruktur sowie des auf diese Struktur abgestimmten Marktverhaltens des Unternehmens.

Folglich kann ein Unternehmen dann mit einer dauerhaften strategiebezogenen Rendite rechnen, wenn es gelingt, **in einer attraktiven Branche eine nachhaltig verteidigbare Wettbewerbsposition zu beziehen und diese aufrechtzuerhalten**. Damit stellen sich natürlich die Fragen, was eine attraktive Branche ausmacht und wie eine nachhaltig verteidigbare Wettbewerbsposition in einer solchen Branche erreicht werden kann.

An der Beantwortung dieser Fragen setzt *Porter* mit seiner Konzeption an. Er entwickelt sowohl ein Modell zur Analyse der Branchenstruktur als auch Vorschläge zu einer entsprechend abgestimmten strategischen Ausrichtung des Unternehmens. *Porter* hat seine Konzeption in zwei Klassikern des Strategischen Managements vorgestellt: „Competitive Strategy: Techniques for Analyzing Industries and Competitors“, New York 1980; „Competitive Advantage: Creating and Sustaining Superior Performance, New York 1985.

Da mit zunehmender Attraktivität der Branche die Erfolgschancen des Unternehmens wachsen, besteht nach *Porter* die erste Aufgabe der wettbewerbsstrategisch sinnvollen Ausrichtung eines Unternehmens in der Analyse der Attraktivität der Branche, der das Unternehmen zuzurechnen ist. In Abb. 3-2 sind die Faktoren zu sehen, die nach *Porter* die Attraktivität einer Branche bestimmen.

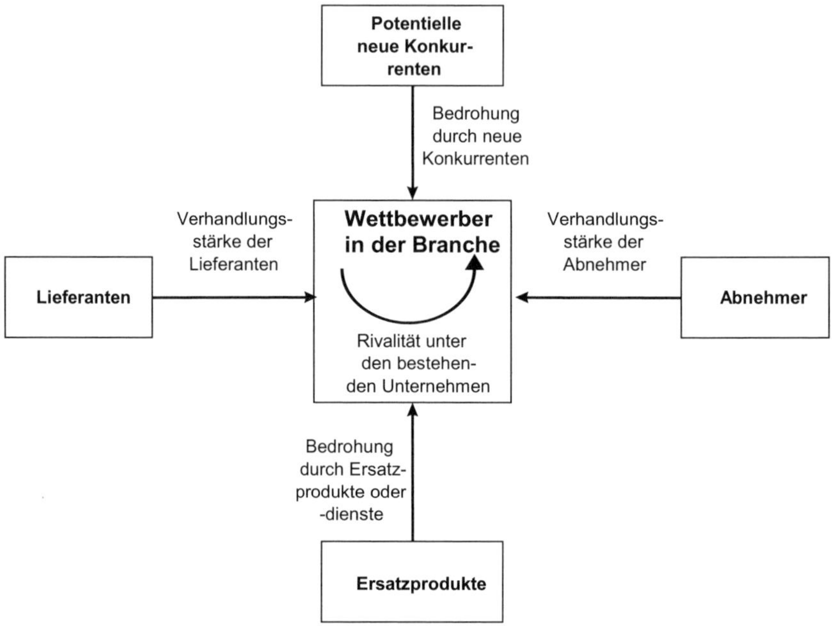

Abb. 3-2: Die fünf die Branchenrentabilität bestimmenden Wettbewerbskräfte (Quelle: *Porter* [Wettbewerbsvorteile] 29)

Nach der Analyse der Branchenattraktivität besteht die eigentliche Gestaltungsaufgabe in der Auswahl und Umsetzung der für die jeweilige Branchenstruktur geeigneten Wettbewerbsstrategie. *Porter* unterscheidet zwei grundlegende Basisstrategien für die Geschäftsbereichsebene:

- Die Strategie der **Kostenführerschaft**

  Das Unternehmen verfolgt durch die Nutzung aller verfügbaren Quellen die Strategie der Erzielung eines Kostenvorsprungs vor den Konkurrenten in der Branche. Gelingt der nachhaltige Aufbau eines Kostenvorsprungs sowie die Durchsetzung von Preisen nahe am Branchendurchschnitt, schlägt sich dies in einem überdurchschnittlichen Unternehmenserfolg nieder. Zugleich ergibt sich aus einer führenden Kostenposition gegenüber den Konkurrenten ein Wettbewerbsvorteil aufgrund des höheren Preissenkungsspielraums.

- Die Strategie der **Differenzierung**

  Das Unternehmen verfolgt die Strategie, einmalige, nicht von den Konkurrenten imitierbare Leistungen innerhalb der Branche zu erbringen. Die Differenzierungsmöglichkeiten beziehen sich sowohl auf das Produkt als auch auf Dienstleistungen im Zusammenhang mit dem Produkt. Die Differenzierungsstrategie führt dann zu einem nachhaltigen und überdurchschnittlichen Erfolg, wenn sich die Differenzierungsmerkmale von denen der Konkurrenten unterscheiden und gleichzeitig die durch die Differenzierung erzielbaren höheren Preise unter den Zusatzkosten der Einmaligkeit liegen.

- **Nischenstrategie**

  Beide Strategien können sowohl branchenweit als auch nur eingeschränkt auf ein bestimmtes Branchensegment - *Porter* spricht in diesem Zusammenhang von **Nischenstrategie** - zum Einsatz kommen. Welche der beiden Strategien zu wählen ist, hängt nach *Porter* entscheidend von der Struktur der Branche und damit von der Wettbewerbssituation in der Branche ab, in der das Unternehmen tätig ist.

Somit ist eine nachhaltig erfolgreiche Unternehmensentwicklung aus dem Blickwinkel des „Market-based View of Strategy“ das Resultat von rational geplanten Gestaltungshandlungen, die sich primär an externen Strukturen ausrichten und sich v.a. in **erfolgsversprechenden Produkt-/Marktkombinationen** manifestieren.

Der Erfolg der Unternehmensentwicklung zeigt sich in der Erzielung einer nachhaltigen Rendite und wird damit in rein monetären Größen ausgedrückt.

2.1.2.1.2 Resource-based View of Strategy

Der starken Betonung externer Marktstrukturen zur Erklärung des Unternehmenserfolges setzen eine Vielzahl von Autoren mit ihrem „Resource-Conduct-Performance-Paradigma“ eine Antithese entgegen.

> Nach dem **„Resource-Conduct-Performance-Paradigma“** ergibt sich der Unternehmenserfolg nicht primär aus der Marktattraktivität, sondern vielmehr aus den spezifischen Ressourcen eines Unternehmens und aus den mit diesen Ressourcen abgestimmten wettbewerbsstrategischen Verhaltensweisen.

Diese Autoren sehen also die Gestaltungsaufgabe des Managements im **Aufbau von besonderen Unternehmensressourcen**, um sich so langfristig von anderen Unternehmen durch besondere organisationale Fähigkeiten abzuheben. Dabei wird angenommen, dass sich die so aufgebauten besonderen Unternehmensfähigkeiten auch in einem überdurchschnittlichen unternehmerischen Erfolg niederschlagen.

Hierbei geht es somit immer um Ressourcen, die an einzelne Unternehmen gebunden sind. Bei diesen Ressourcen kann es sich ebenso um greifbare wie auch um nicht greifbare Aktiva des Unternehmens handeln.

(1) Tangible und intangible Assets

Hall ([intangible resources] 136ff.) unterscheidet „tangible assets" und „intangible assets" (vgl. Abb. 3-3).

- **„tangible assets"**
  Unter „tangible assets" sind alle greifbaren Ressourcen zu verstehen. Es kann sich z.B. um Forschungs- und Entwicklungseinrichtungen, die Verfügbarkeit von Basistechnologien oder/und von Fertigungstechnologien handeln. Darüber hinaus zählen hierzu auch andere Faktoren wie Grundbesitz, Fertigungskapazitäten oder Mitarbeiter. Diese Ressourcen sind i.d.R. auf Faktormärkten handelbar.
- **„intangible assets"**
  Unter den „intangible assets" sind alle nicht greifbaren Ressourcen zu verstehen. Diese sind entweder nicht objektiv erfassbar oder es gibt keine eindeutig definierten Eigentumsrechte an diesen Ressourcen. In jedem Fall können diese Ressourcen i.d.R. deshalb auch nicht auf Faktormärkten gehandelt werden. In der Literatur findet sich eine Vielzahl von Beispielen für „intangible assets": Der Ruf des Unternehmens und seiner Produkte, die Kundenloyalität, die Mitarbeitertreue, organisationale Kompetenzen oder organisationale Routinen, Wissen, Teamfähigkeiten oder die Unternehmenskultur.

Nachhaltige Wettbewerbsvorteile entstehen v.a. durch Ressourcen, die nicht auf Faktormärkten handelbar sind und folglich von den Unternehmen zeitintensiv selbst aufgebaut werden müssen (vgl. *Rasche* [Wettbewerbsvorteile] 55ff.).

Mit der nachhaltigen Erzielung überdurchschnittlicher Gewinne kann ein Unternehmen dann rechnen, wenn es gelingt, eine einzigartige Ressourcenbasis zu schaffen, die das Unternehmen zu besonderen Marktleistungen befähigt und die zugleich gegenüber den Nachahmerversuchen der Konkurrenz nachhaltig verteidigungsfähig ist.

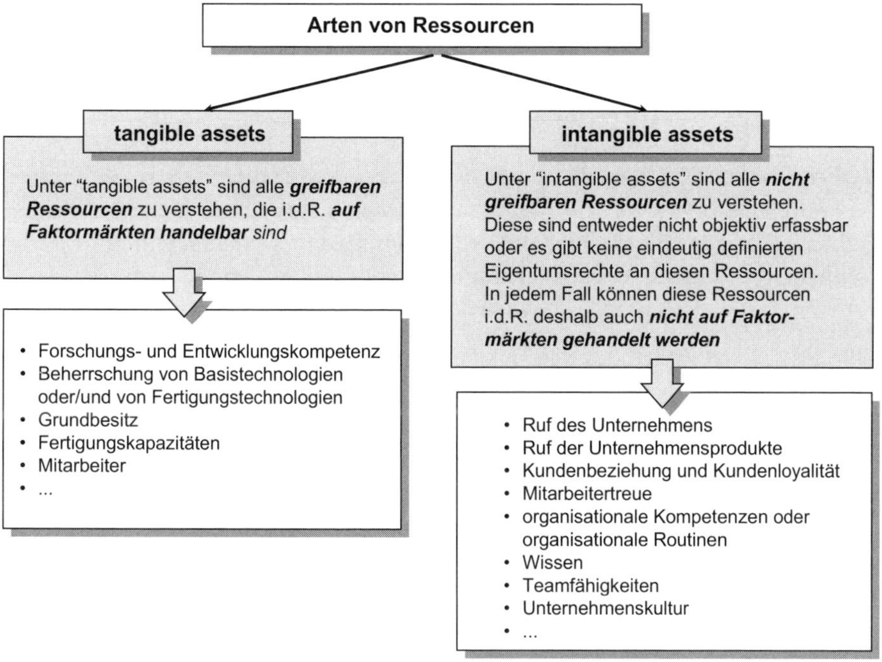

Abb. 3-3: Arten von Ressourcen
(In Anlehnung an: *Hall* [intangible resources] 136ff.)

(2) Kernkompetenzen

Hamel/Prahalad haben die bislang geschilderten theoretischen Grundlagen in ein praktisch anwendbares Managementkonzept eingearbeitet. Sie führen eine langfristig erfolgreiche Unternehmensentwicklung auf die Schaffung einzigartiger Ressourcen im Unternehmen und deren besondere **Kombination zu Kernkompetenzen** zurück.

Kernkompetenzen zeichnen sich aus Sicht dieser Autoren durch folgende **Merkmale** aus (vgl. *Hamel/Prahalad* [Competing] 224ff.):

- Kernkompetenzen müssen zu den von den Kunden wahrgenommenen Vorzügen des Endproduktes erheblich beitragen.

- Kernkompetenzen müssen einzigartig sein und sich von den Kompetenzen der Wettbewerber nachhaltig abheben. Zudem dürfen Kernkompetenzen von Konkurrenten nur schwer imitierbar sein.
- Kernkompetenzen müssen das Unternehmen dazu befähigen, neue Marktperspektiven über das Angebot neuer Produkte und Dienstleistungen auf dem vorhandenen Markt zu gewinnen oder einen Zugang zu neuen Märkten zu schaffen.

Hamel/Prahalad unterstellen gemäß der ressourcenorientierten Sichtweise, dass durch den Aufbau von Kernkompetenzen unternehmensinterne Wettbewerbsvorteile gegenüber der Konkurrenz geschaffen werden können, die eine nachhaltigere Wirkung erzielen als rein marktbezogene Wettbewerbsvorteile.

Abb. 3-4 stellt die grundlegenden Aussagen des Ansatzes übersichtlich dar.

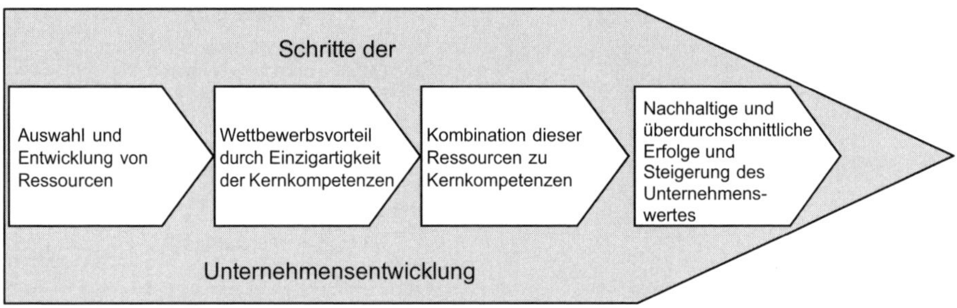

Abb. 3-4: Schritte der Unternehmensentwicklung nach *Hamel/Prahalad*

Dieser grundlegend von der marktorientierten Sichtweise des industrieökonomischen Ansatzes abweichende Blickwinkel hat natürlich auch Konsequenzen im Hinblick auf die strategische Steuerung des Unternehmens.

Die beiden Autoren schlagen vor, die an strategischen Geschäftseinheiten ausgerichtete Strategieformulierung, die aus industrieökonomischer Sicht grundlegend für die Schaffung von Wettbewerbsvorteilen ist, aufzugeben und stattdessen die Unternehmung neu, und zwar entlang der Kernkompetenzen, zu betrachten (vgl. Abb. 3-5).

Wettbewerb findet sowohl auf der Ebene der Kernkompetenzen, der Kernprodukte und schlussendlich auch auf der Ebene der Endprodukte statt. Eine langfristige Erfolgssicherung ergibt sich nun aber nicht allein durch eine herausragende Produkt-/Marktposition, sondern vielmehr durch den Aufbau und die Nutzung von Kernkompetenzen.

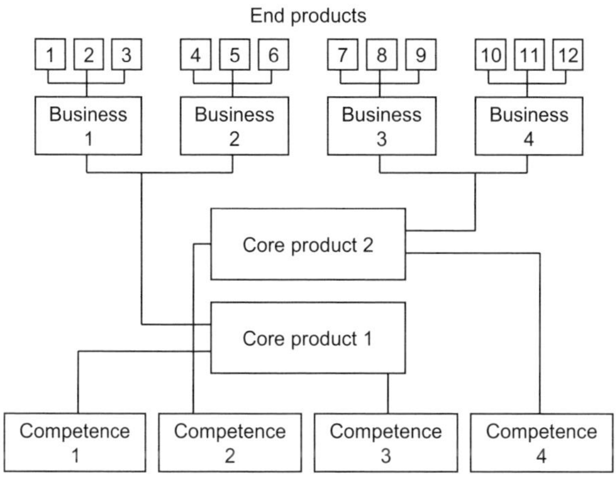

Abb. 3-5: Competencies: the roots of competitiveness (Quelle: *Prahalad/Hamel* [Core Competence] 239)

Deshalb konzentrieren sich *Hamel/Prahalad* ([Competing] 175ff.). bei der Ableitung von strategischen Gestaltungsempfehlungen v.a. auf den Aufbau und die Nutzung, insbesondere auch auf ein „leveraging“ der Unternehmensressourcen. Dieses Ressourcenleveraging soll zu einer nachhaltig verteidigbaren Wettbewerbsposition des Unternehmens und damit letztlich zu überdurchschnittlichen Gewinnen führen

Während dieser Ansatz insgesamt stark an technologisch orientierten Kernkompetenzen ausgerichtet ist, gewinnt mittlerweile innerhalb der ressourcenorientierten Literatur die inhaltlich weiter gefasste Diskussion um „organizational capabilities“ breiteren Raum.

(3) Wissen

Unter **„organizational capabilities“** werden organisationale Fähigkeiten, wie z.B. strukturelle Flexibilität oder Lernfähigkeit verstanden. Diese Fähigkeiten schlagen sich in organisationalen Routinen nieder und werden so zwar zu Wissen der Organisation, allerdings jedoch zu „tacit knowledge“. **„Tacit knowledge“** ist das Wissen, das in einer Organisation zwar implizit vorhanden ist – „man weiß, wie das geht“ – ohne dass dieses Wissen in Organisationshandbüchern oder in sonstigen Regelwerken explizit niedergeschrieben ist.

Damit werden über eine solche Ressource „Wissen“ nachhaltig verteidigbare Wettbewerbsvorteile aufgebaut, handelt es sich dabei doch um eine besonders schwer imitierbare und übertragbare Ressource. Aus diesem Grunde hat sich sowohl im angelsächsischen als auch im deutschen Sprachraum zunehmend so etwas wie ein **„Knowledge-based View“** bzw. ein wissensorientierter Ansatz der Unternehmensführung herausgebildet. Demnach wird die Summe des relevanten Wissens in einem Unternehmen mit der organisationalen Wissensbasis umschrieben, die sich aus individuellen und kollektiven Wissensbeständen zusammensetzt. Diese Wissensbasis wird durch organisationales Lernen verändert und weiterentwickelt.

Im Folgenden wird stellvertretend für diese gesamte Forschungsrichtung, die sich noch als „work in progress“ darstellt, kurz der Ansatz des Wissensmanagements nach *Probst/Raub/Romhardt* vorgestellt. Die Autoren bauen ihren Ansatz auf folgendem Wissensbegriff auf:

> „**Wissen** bezeichnet die Gesamtheit der Kenntnisse und Fähigkeiten, die Individuen zur Lösung von Problemen einsetzen. Dies umfasst sowohl theoretische Erkenntnisse als auch praktische Alltagsregeln und Handlungsanweisungen. Wissen stützt sich auf Daten und Informationen, ist im Gegensatz zu diesen jedoch immer an Personen gebunden. Es wird von Individuen konstruiert und repräsentiert deren Erwartungen über Ursache-Wirkungs-Zusammenhänge“ (*Probst/Raub/Romhardt* [Wissen] 23).

Die Summe des relevanten Wissens in einem Unternehmen wird mit der **organisationalen Wissensbasis** umschrieben, die sich aus individuellen und kollektiven Wissensbeständen zusammensetzt. Diese Wissensbasis wird durch organisationales Lernen verändert und weiterentwickelt.

Die Autoren gehen mit dem Begriff des Wissensmanagements jedoch über das organisationale Lernen hinaus. Während mit dem organisationalen Lernen alle Veränderungen der organisationalen Wissensbasis erfasst werden, verstehen sie unter **Wissensmanagement** eine gezielte, zweckgerichtete und primär anwendungsorientierte Lenkung und Entwicklung der organisationalen Wissensbasis (vgl. *Probst/Raub/Romhardt* [Wissen] 24).

Die Autoren unterscheiden zunächst sechs voneinander unabhängige Kernprozesse des Wissensmanagements, die aus ihrer Sicht die wesentlichen operativen Interventionsbereiche der organisationalen Wissensbasis darstellen. Diese operativen Interventionsbereiche vervollständigen die Autoren mit einem übergelagerten Steuerungszyklus, der über eine Definition von Wissenszielen und der

Bewertung des geschaffenen Wissens eine Einbindung des gesamten Wissensmanagements in die strategische Ausrichtung des Unternehmens garantieren soll.

Die Gesamtkonzeption von *Probst/Raub/Romhardt* sowie der umfassend angelegte Charakter ihres Ansatzes werden in Abb. 3-6 deutlich.

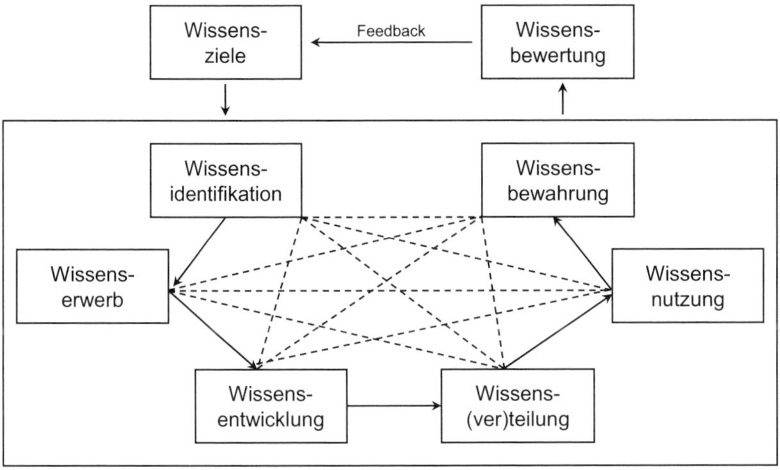

Abb. 3-6: Bausteine des Wissensmanagements nach *Probst/Raub/Romhardt* (Quelle: *Probst/Raub/Romhardt* [Wissen] 32)

Einige wichtige Punkte aus diesem **Konzept des Wissensmanagements** sind:

- Das Konzept des Wissensmanagements ist eingebettet in die strategische Ausrichtung des gesamten Unternehmens und dient der Generierung von zukünftigen Unternehmenskompetenzen, die für die Erzielung nachhaltig überdurchschnittlicher Renditen benötigt werden.
- Aus dem Abgleich von vorhandenem und zur strategischen Zielverfolgung benötigtem Wissen ergibt sich die Notwendigkeit zu externer Wissensbeschaffung und interner Wissensentwicklung. Einen Schwerpunkt legen die Autoren hierbei auf die interne Wissensentwicklung in Form eines breit angelegten Innovationsmanagements, das nicht nur Produkt-, sondern auch Prozess- und Sozialinnovationen umfasst und das sich in neuen organisationalen Fähigkeiten niederschlägt. Als Voraussetzung für ein solches Innovationsmanagement sind durch eine entsprechende Kontextsteuerung Freiräume für individuelle und kollektive, in Teams stattfindende Wissensentwicklungen zu schaffen.

- Der Übergang von individuellem Wissen zu Teamwissen und zu Organisationswissen rückt in den Blickpunkt der Betrachtung. Die Verteilung des Wissens im Unternehmen ist eine an den übergeordneten Zielsetzungen und den daraus abgeleiteten Kriterien orientierte Aufgabe. Bei der Wissensverteilung geht es um die Wissensmultiplikation durch eine schnelle Wissensübermittlung an eine Vielzahl von Mitarbeitern, um die Sicherung und Teilung vergangener Erfahrungen sowie um die Entwicklung neuen Wissens durch simultanen Wissensaustausch.

Insgesamt gesehen liegt diesem Modell das Bestreben zugrunde, einerseits **Wissen als eine zentrale strategische Ressource** zu begründen und andererseits Erklärungsversuche abzugeben, welche Aktivitäten des Wissensmanagements notwendig sind, um über das Management der Ressource „Wissen“ tatsächlich zu nachhaltigen Wettbewerbsvorteilen zu gelangen.

Die Ansätze des Resource-based View of Strategy erfahren mit dem Ansatz der **„Dynamic Capabilities“** von *Teece* nochmals eine deutliche Ausweitung und Akzentuierung im Hinblick auf deren konsequente Betrachtung vor dem Hintergrund der Umfelddynamik von Unternehmen. *Teece* legt mit seinem Ansatz die Grundlagen „...to specify the nature and microfoundations of the capabilities necessary to sustain superior enterprise performance in an open economy with rapid innovation and globally dispersed sources of invention, innovation and manufacturing capability" (*Teece* [Dynamic Capabilities] 3).

Gemäß *Teece* reicht es in einem äußerst dynamischen Umfeld nicht mehr aus, nur schwer imitierbare intangible Ressourcen aufzubauen, vielmehr müssen zusätzlich schwer imitierbare „Dynamic Capabilities“ aufgebaut werden. Im Grunde handelt es sich hierbei um (Meta)Fähigkeiten, die es dem Unternehmen erlauben, sich ständig und fortlaufend zu erneuern, um so die unternehmerische Ressourcenbasis im Verhältnis zum Wettbewerb ständig einzigartig zu erhalten und flexibel auf die sich verändernden Marktbedürfnisse anzupassen. *Teece* definiert „Dynamic Capabilities“ als „...capacity (1) to sense and shape opportunities and threats, (2) to seize opportunities, (3) to maintain competitiveness through enhancing, combining, protecting, and when necessary reconfiguring the business enterprise's intangible and tangible assets" (*Teece* [Dynamic Capabilities] 4, vgl. Abb. 3-7).

Mit der Betonung dieser Metafähigkeiten rückt *Teece* ([Dynamic Capabilities] 65ff.) auch die zentrale Rolle des Entrepreneurs im Management in den Vordergrund. Zum einen bedarf es eines im Schumpeter'schen Sinne unternehmerisch denkenden Managements, um die *Dynamic Capabilities* zu pflegen und ständig weiterzuentwickeln. Zum anderen besteht die wesentliche Aufgabe eines unternehmerisch denkenden Managements darin, mit Hilfe der *Dynamic Capabilities* den Aufbau und die Weiterentwicklung von einzigartigen Ressourcen so zu steuern, dass durch ihre spezielle Rekombination oder Ausformung immer wieder von Neuem die dynamisch sich verändernden Marktbedürfnisse bedient werden können. Da einzigartige Ressourcen zunehmend aus Wissen bestehen, Wissen aber an die Wissensträger gekoppelt ist, betont *Teece* die wichtige Rolle dieser Wissensträger (Literati) und die Bedeutung des konsequenten Managements dieser Wissensträger und deren Kombination in „virtuoso teams" (*Teece* [Dynamic Capabilities] 224ff.).

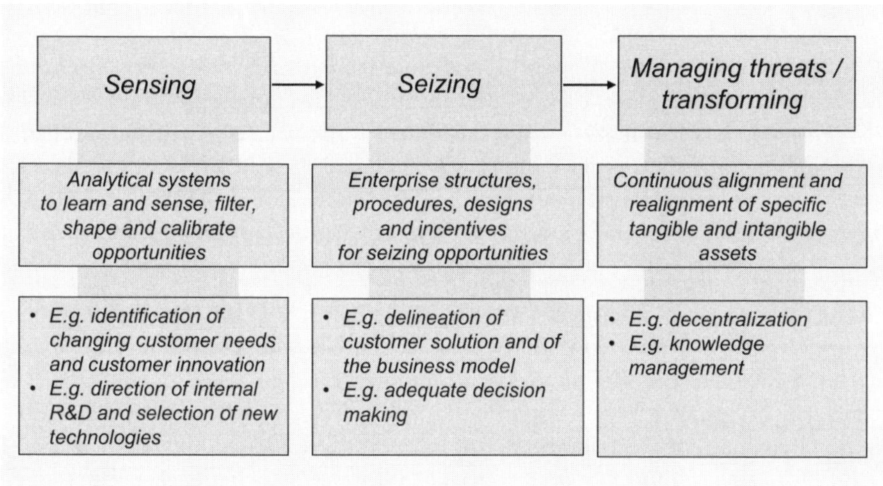

Abb. 3-7: Dynamic Capabilities nach *Teece* ([Dynamic Capabilities] 4)

Grundlegend handelt es sich bei dem Ansatz von *Teece* um einen klar gestaltungsorientierten Ansatz, in dem das unternehmerische Management die zentrale Aufgabe der fortlaufenden Rekombination der Ressourcen wahrnimmt. Gleichwohl nimmt auf den Gesamtprozess der unternehmerischen Entwicklung auch die Evolution der Umweltbedingungen eine wichtige Rolle ein. *Teece* spricht deshalb im Hinblick auf Strategieprozesse von „Evolution with Design" (*Teece* [Dynamic Capabilities] 107).

2.1.2.1.3 Kombinierte gestaltungsorientierte Ansätze

Über lange Jahre hinweg wurden die beiden Schulen des gestaltungsorientierten Managements als gegensätzliche und nicht miteinander vereinbare Ansätze gesehen. Mittlerweile hat sich jedoch die Erkenntnis durchgesetzt, dass sich die Ausrichtung von erfolgversprechenden Produkt-/Marktkombinationen an externen Marktstrukturen und der Aufbau von einzigartigen Ressourcenkombinationen innerhalb des Unternehmens durchaus komplementär ergänzen. Abschließend soll deshalb ein neuerer gestaltungsorientierter Ansatz skizziert werden, der Elemente des Structure-Conduct-Performance-Paradigmas mit Elementen des Resource-Conduct-Performance-Paradigmas vereint. Es handelt sich um den Ansatz von *Chakravarthy/Lorange*, den die Autoren im Jahr 2007 vorgelegt haben.

Chakravarthy/Lorange ([Profit] 3) stellen auf Basis einer umfassenden empirischen Untersuchung fest, dass es der Mehrzahl der Unternehmen im aktuellen dynamischen Umfeld nicht gelingt, nachhaltiges profitables Wachstum zu erzielen. Nur ca. 25% aller Unternehmen waren gemäß dieser Untersuchung dazu in der Lage, das scheinbare Dilemma zwischen Wachstum und Ertrag erfolgreich über einen geschlossenen Zeitraum von mindestens fünf Jahren zu überwinden.

Auf der Grundlage der Erfolgsrezepte einiger dieser Unternehmen erarbeiten die beiden Autoren einen Vorschlag zur nachhaltig erfolgreichen strategischen Ausrichtung von Unternehmen in dynamischen Umfeldern und zur Umsetzung dieser Strategien. Sie schlagen eine kontinuierliche und evolutionäre Erneuerung von Wettbewerbspositionen und eine parallele Erneuerung der hierzu benötigten Unternehmenskompetenzen vor. In den Mittelpunkt ihrer Betrachtung stellen die Autoren dabei einen Ansatz mit vier Erneuerungsstrategien (renewal strategies), der in Abb. 3-8 im Überblick dargestellt ist.

Die Autoren stehen damit direkt in der Tradition beider gestaltungsorientierter Schulen und deutlich in der Nachfolge des Dynamic-Capabilities-Ansatzes von *Teece*. Mittels der vier Erneuerungsstrategien soll sich ein Unternehmen möglichst im Rahmen eines Prozesses der kontinuierlichen Erneuerung proaktiv in neue Markt- und Wettbewerbspositionen hineinentwickeln. Zugleich werden kontinuierlich neue komplementäre Kompetenzplattformen entwickelt, die die marktorientierten Strategien flankieren und unterstützen. Neben der Formulierung der richtigen Strategien betonen die Autoren aber vor allem die Notwendigkeit zu einer konsequenten Umsetzung dieser Strategien. Den wesentlichen Erfolgsfaktor diesbezüglich sehen sie in einem Managertypus, den sie als „Entrepreneur-Manager" bezeichnen (vgl. Abb. 4-16, S. 753).

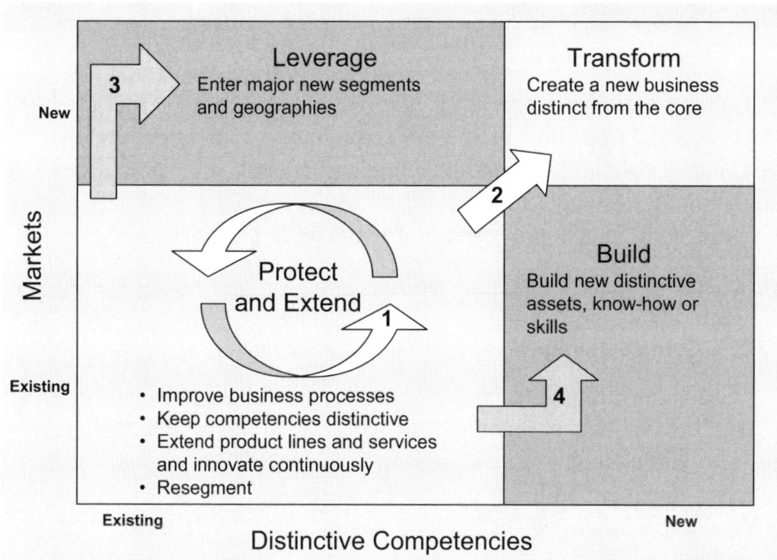

Abb. 3-8: Four renewal strategies nach *Chakravarthy/Lorange* ([Profit] 187)

Dieser Entrepreneur-Manager ist der eigentliche Treiber der stetigen Erneuerung. Allerdings kann diese fortlaufende Erneuerung nur gelingen, wenn hierzu die richtigen Rahmenbedingungen gesetzt werden. Diese Rahmenbedingungen sind von den unmittelbaren Sponsoren der strategischen Erneuerung in den jeweiligen Geschäftseinheiten und vom Top-Management zu schaffen. Es muss ein durchgängiges und einheitliches Verständnis vom Top-Management bis hin zu den eigentlichen Treibern in Hinblick auf die Bedeutung der fortlaufenden strategischen Erneuerung für die Wettbewerbsstellung des Unternehmens vorhanden sein.

Interessant an dieser Konzeption ist die Tatsache, dass *Chakravarthy/Lorange* auf der Basis einer breiten empirischen Untersuchung und unter Bezug auf die Best Practices nachhaltig erfolgreicher Unternehmen, ebenso wie *Teece* und die Autoren im Bereich der evolutionären Managementansätze - diese jedoch eher aus theoretischen Überlegungen heraus - zu denselben Schlussfolgerungen kommen. Alle Autoren sehen in der ständigen Weiterentwicklung und Erneuerung des Unternehmens *die* wirksame Möglichkeit, mit der hohen Umfelddynamik und Vernetztheit des Unternehmens erfolgreich umzugehen. Einzig im Hinblick auf die direkten Gestaltungsmöglichkeiten der fortlaufenden Unternehmenserneuerung durch das Management treten Auffassungsunterschiede zu Tage. Diese werden im nächsten Abschnitt deutlich.

Im Anschluss an die beiden gestaltungsorientierten Modelle des „Market-based View of Strategy“ und des „Resource-based View of Strategy“ werden wir uns nun mit den evolutionären Modellen beschäftigen. Im folgenden Abschnitt wird untersucht, welche Empfehlungen die Vertreter dieser Ansätze für den Umgang mit dem unternehmerischen Wandel geben.

2.1.2.2 Evolutionäre Modelle

2.1.2.2.1 Grundaussagen

Alle Evolutionsmodelle der Unternehmensentwicklung gehen letztlich auf Analogien zur Entwicklung von physikalischen oder biologischen Systemen zurück und stehen damit in direktem Bezug zum modernen evolutions- und systemtheoretisch geprägten Weltbild. Es wird unterstellt, dass sich die Evolutionsdynamik dieser naturwissenschaftlichen Systeme modifiziert auch auf soziale Systeme übertragen lässt. Es liegt somit die Vorstellung zugrunde, dass sich verschiedene Elemente eines Unternehmens im Rahmen der allgemeinen Entwicklungsdynamik verändern und parallel laufend auf ihre Eignung für die zukünftige Unternehmensentwicklung überprüft werden. Diejenigen Elemente, die zu positiven Eigenschaften für die zukünftige Unternehmensentwicklung führen, werden beibehalten, die anderen Elemente werden selektiert. Demnach unterliegen aus dieser Sicht auch soziale Systeme dem evolutionären Dreischritt aus Variation, Selektion und Retention.

In der Übertragung des Evolutionsmechanismus auf die Unternehmung sind sich die meisten Autoren der evolutionstheoretischen Managementansätze noch einig, was jedoch konkret diesem Evolutionsmechanismus unterliegt, differiert je nach Ansatz erheblich (vgl. hierzu *Müller-Stewens/Lechner* [Strategisches Management] 153ff.).

Hannan/Freeman ([Population Ecology] von 1977) wählen in Analogie zur biologischen Spezies als Untersuchungsgegenstand eine Population von Organisationen gleicher organisatorischer Form. Variation und Selektion bringen demnach neue organisatorische Formen hervor, die entweder wieder selektiert werden, oder ideal den jeweiligen Umweltanforderungen angepasst sind und deshalb bewahrt und weitergegeben werden.

McKelvey/Aldrich ([Populations] von 1983) beziehen den Evolutionsmechanismus in Analogie zu Genen auf organisatorische Kompetenzen (Comps). Demnach werden Kompetenzen, die für die Organisation nützlich und überlebensnotwendig sind, bewahrt, während die weniger erfolgsnotwendigen Kompetenzvariationen wieder selektiert werden.

Nelson/Winter ([Evolutionary Theory] von 1982) konzentrieren sich mit ihrem Ansatz auf die Variation und Selektion von unternehmerischen Routinen. Sie beziehen sich hierbei auf operative Abwicklungsroutinen, auf Finanzierungsroutinen sowie auf Routinen zur Suche nach Verbesserungsmöglichkeiten.

Während *Hannan/Freemann* sich mit ihrem Untersuchungsgegenstand noch auf eine Gruppe von Unternehmen bezogen hatten, beziehen sich sowohl *McKelvey/Aldrich* als auch *Nelson/Winter* auf evolutionär bewährte Veränderungen innerhalb einzelner Firmen.

In den neueren Evolutionsmodellen der Unternehmensentwicklung wird das Ergebnis des Evolutionsprozesses als Konsequenz einer inneren Kohärenz und zugleich als Konsequenz der Stimmigkeit des entstandenen Evolutionsergebnisses mit seiner Umwelt gesehen (vgl. exemplarisch *Probst* [Selbst-Organisation] von 1987). Die innere Kohärenz ist dabei als Ausdruck der Selbstorganisation des Systems zu sehen. Damit werden externe Adaptionsmechanismen und interne Selbstorganisationsprozesse zunehmend als gleichgewichtige Entwicklungsursachen von Unternehmen betrachtet.

So unterschiedlich die Betrachtungsobjekte der evolutionären Ansätze auch sein mögen, bezüglich der Gestaltungsmöglichkeiten der Unternehmensentwicklung besteht Einigkeit: Grundsätzlich verweist die Evolutionsdynamik auf eine offene Zukunft. Trotzdem ist eine Einflussnahme auf die Entwicklung des Unternehmens möglich, zwar nicht im Sinne einer unmittelbaren Gestaltung, sondern im Sinne einer Kanalisierung des evolutionären Entwicklungsverlaufes. Diese Position wird auch als begrenzter Voluntarismus bezeichnet (vgl. *Kirsch* [Betriebswirtschaftslehre] 115).

Begrenzt voluntaristische Evolutionsmodelle schließen eine direkte und unmittelbar zielorientierte Steuerbarkeit der Unternehmensentwicklung zunächst aus. Sie räumen dem Management jedoch indirekte Gestaltungsmöglichkeiten ein, mit denen die Evolutionsprozesse zwar nicht beherrscht, jedoch immerhin kanalisiert werden können.

Welche Entwicklungen die evolutionären Managementmodelle im Zeitverlauf durchlaufen haben, wird exemplarisch an der St. Galler Schule aufgezeigt. Dabei können in diesem Rahmen nur die wesentlichen Entwicklungslinien skizziert werden. Um die Konsequenzen der evolutionären Managementmodelle für das Projektmanagement besser aufzeigen zu können, wird anschließend noch der Ansatz des entwicklungsorientierten Managements von *Klimecki, Probst und Eberl,* der ebenfalls in der Tradition der St. Galler Schule steht, etwas detaillierter beschrieben.

2.1.2.2.2 Die St. Galler Schule

(1) Hans Ulrich

Als Begründer der St. Galler Managementschule ist *Hans Ulrich* zu sehen. *Ulrich* ([Management] 32) geht von einer rein anwendungsorientierten, von einer "problemorientierten" Sichtweise der Wissenschaft aus. Demnach hat sich die Managementlehre unmittelbar an den aus der Praxis kommenden Problemstellungen zu orientieren und Modelle zu schaffen, die im Rahmen einer praktischen Umsetzung eine möglichst hohe Problemlösungskraft entwickeln.

Da es sich in der Praxis um Probleme handelt, die durch ihre wechselseitige Vernetzung, ihre Dynamik und ihre inhaltliche Vielschichtigkeit gekennzeichnet sind, wird als Grundlage zu einer ganzheitlichen Erfassung und Handhabung dieser Probleme eine systemtheoretisch-kybernetische Betrachtungsperspektive gewählt.

Mit der systemtheoretischen Betrachtungsweise gelingt es aus Sicht der St. Galler Schule, sowohl die wechselseitigen Verknüpfungen der Unternehmensbestandteile darzustellen als auch deren Einbettung in übergeordnete Systeme. Eng mit den wechselseitigen Verknüpfungen der Systemelemente ist auch deren inhaltliche Vielschichtigkeit verbunden. Damit macht eine gestaltungsorientierte Betrachtung der verschiedenen Systemelemente und ihrer wechselseitigen Verknüpfungen aus Sicht von *Ulrich* eine interdisziplinäre Ausrichtung der Managementlehre notwendig (vgl. *Ulrich* [Management] 35).

Ulrich legt 1968 seine Konzeption des Unternehmens vor. Der Titel seines Werkes lautet: „Die Unternehmung als produktives soziales System“. Das Unternehmen wird dort als ein offenes komplexes System beschrieben, das aus technischen und sozialen Elementen besteht. Diese Elemente stehen in vielfältigen wechselseitigen Abhängigkeiten zueinander und unterliegen zudem einer ständigen Veränderungsdynamik.

Die Beschreibung der Unternehmens- und Umweltelemente und ihrer Wechselbeziehungen wurde zu einem der Hauptanliegen der St. Galler Schule. Die erste umfassende Beschreibung erfolgte mit der Entwicklung des St. Galler Management-Modells (*Ulrich/Krieg* [St. Galler Management-Modell] von 1972), wie es in Abb. 3-9 dargestellt ist.

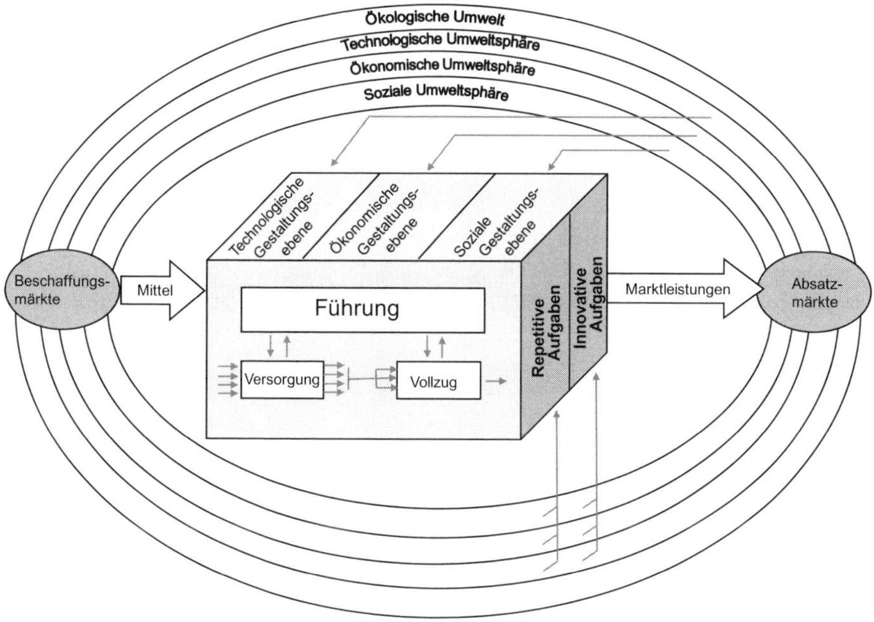

Abb. 3-9: Das St. Galler Management-Modell
(Quelle: *Spickers* [Entwicklung])

Auf der Basis dieses Managementmodells definierte *Ulrich* ([Management] 87) „Unternehmensführung" als „Gestalten und Lenken einer gesellschaftlichen Institution im Sinne eines sozialen Systems". Besonderen Wert legt er dabei auf einen Ansatz der integrierten Unternehmensführung. Durch die Aktivitäten der Unternehmensführung sollen die verschiedenen unternehmensinternen und unternehmensexternen Elemente zu einem funktionierenden sozio-technischen System integriert werden.

Welchen Charakter diese komplexen sozio-technischen Systeme aufweisen und wie das „Gestalten und Lenken sozialer Systeme" konkreter ausgestaltet werden kann, wurde vor allem von *Malik* und *Probst* untersucht. Beide Autoren versuchen auf biokybernetischer Grundlage Möglichkeiten der praktischen Handhabung von komplexen Führungsproblemen aufzuzeigen (eine ausführliche Gegenüberstellung der Ansätze findet sich bei *Scheurer* [Steuerung]).

(2) Fredmund Malik

Malik plädiert dafür, das Problem der Komplexitätsbeherrschung mit Hilfe eines systemisch-evolutionären Managementansatzes zu lösen, der sich an der Vorstellung einer spontanen, sich selbst organisierenden Ordnung ausrichtet, wie sie bei lebenden Organismen zu finden ist (vgl. *Malik* [Strategie] 38f.). Dahinter steht die Vorstellung, dass eine Komplexitätsbeherrschung im Rahmen eines rein rational planenden menschlichen Handelns nicht möglich ist. Zwar entstehen durch ein solches Handeln auch Ordnungen, i.d.R. jedoch nicht die eigentlich beabsichtigten Ordnungen, sondern eher eine Mischung aus beabsichtigten und spontan entstehenden Ordnungen.

Malik legt im Rahmen seiner Konzeption des Managements komplexer Systeme in Anlehnung an *Beer* ([Decision] von 1966) mit der „Struktur des lebensfähigen Systems" ein kybernetisches Gestaltungsmodell vor, das aus seiner Sicht die „optimalen Voraussetzungen für die Lösung des Problems der Komplexitätsbewältigung" schafft und zugleich Strukturen aufweist, „die für die Lebensfähigkeit eines jeden Systems notwendig und hinreichend sind" (*Malik* [Strategie] 175). *Malik* ([Strategie] 80) versteht unter dem Begriff der **Lebensfähigkeit** folgende Systemeigenschaften:

- Fähigkeit zur Identitätswahrung
- Anpassungsfähigkeit
- Lernfähigkeit
- Entwicklungsfähigkeit

Strategisches Management besteht für *Malik* nicht mehr in der Lösung konkreter strategischer Steuerungsprobleme, sondern vielmehr in einer bewussten und zweckorientierten Gestaltung einer Systemstruktur, die genügend Raum für den Ablauf spontaner Ordnungsprozesse lässt. Strategisches Management findet somit nicht auf der konkreten Objektebene, sondern auf einer Metaebene statt. Ergänzend schlägt er eine Systemmethodik als generelle Vorgehensweise für den Umgang mit komplexen Systemen vor, die der Gestaltung und Kultivierung der Strukturen des lebensfähigen Systems mittels systemmethodischer Prinzipien dient (vgl. *Malik* [Elemente] 135).

(3) Gilbert Probst

Ebenso wie *Malik* geht auch *Probst* von kybernetischen Lenkungs- oder eher in seinem Sinne formuliert, von kybernetischen Organisationsmodellen zur Komplexitätsbeherrschung aus. Konkret knüpft *Probst* an die in der soziologischen Literatur geführte Diskussion über die Beschreibung sozialer Systeme als autopoietische Systeme an. Dabei handelt es sich um einen Systembegriff, der dort in Anlehnung an die neuere biologische Literatur verwendet wird.

Während im Ansatz von *Malik* mit der „Struktur des lebensfähigen Systems" das Augenmerk vor allem auf der Fragestellung des Überlebens im Sinne der Aufrechterhaltung des Systems liegt, betont *Probst* mit der Thematisierung der Selbstorganisationsprozesse insbesondere die Entwicklung des Systems. Diese Entwicklung des Systems ist nach *Probst* durch seine Systemkomplexität, durch seinen heterarchischen Aufbau sowie durch eine gewisse Autonomie des Systems bedingt. Autonomie in seinem Sinne meint keine vollständige Unabhängigkeit des Unternehmens von der Umwelt, sondern weist darauf hin, dass das soziale System Unternehmen die Einflüsse der Umwelt primär über seine internen Selbstlenkungs- und Selbstregulierungsmechanismen verarbeitet.

Zusätzlich betont *Probst* die Zweckorientierung sozialer Systeme. Er geht davon aus, dass soziale Systeme aktiv gestaltend im Sinne ihrer Zweckverfolgung in die Systemumwelt eingreifen. Diese Gestaltungshandlungen erfolgen auf der Basis der Wahrnehmungen und Werthaltungen der Systemmitglieder einerseits und auf der Basis der gemeinsamen Systemkultur andererseits. *Probst* ([Selbst-Organisation] 50) begreift Unternehmen somit als soziale Systeme, die durch „sinnhafte Handlungen, durch Kognitionen, Werte und Normen zusammengehalten werden".

Management besteht somit für *Probst* einerseits in substantiellen Organisationsakten. Dabei geht es darum, für das Unternehmen Organisationsformen zu finden, in denen sich das Unternehmen im Rahmen seiner Selbstorganisationsprozesse weiterentwickeln kann. Andererseits sieht *Probst* aber auch die Notwendigkeit zu symbolischen Organisationsakten zur Unterstützung einer Kultur im Sinne eines strukturellen Kontextes. Dieser strukturelle Kontext bildet seinerseits den Rahmen für die Auslösung sinngebender Prozesse (vgl. *Probst* [Selbst-Organisation]).

Probst stellt somit in seinem Ansatz die Selbstorganisationsmechanismen des sozialen Systems „Unternehmung" in den Mittelpunkt. Diese Selbstorganisationsmechanismen können zur spontanen Entstehung vollkommen neuer Ordnungen führen, in denen sich letztlich die Entwicklungsmöglichkeiten des Systems widerspiegeln.

Somit tragen aus Sicht beider Autoren menschliche Handlungen zwar mit zu der letztendlich resultierenden Ordnung eines Unternehmens bei. Beide Autoren sind aber auch der Meinung, dass die letztlich zustande kommende Ordnung vor allem auch eine spontan entstehende Ordnung, oder mit anderen

Worten, eine **Selbst-Organisation** ist. Damit geht es letztlich beiden Autoren in Zusammenhang mit der der praktischen Handhabung von komplexen Führungsproblemen um die Schaffung eines metastrategischen Rahmens, in dem die Selbstorganisationsprozesse innerhalb des komplexen sozialen Systems Unternehmen geeignet ablaufen können.

(4) Knut Bleicher

Die Erkenntnisse von *Malik* und *Probst* sowie die Forderung von *Ulrich* nach einer Integration der normativen, strategischen und operativen Managementebene innerhalb eines ganzheitlichen Gesamtkonzeptes nimmt *Knut Bleicher* in seinem Konzept des integrierten Managements auf. *Bleicher* ([Management] 80ff.) konkretisiert die drei Ebenen des normativen, strategischen und operativen Managements und zeigt auf, wie sich diese drei Dimensionen in einem ganzheitlichen Managementansatz horizontal und über die weiteren Dimensionen der Strukturen, der Aktivitäten und des Verhaltens auch vertikal integrieren lassen. Sein Konzept ist in Abb. 3-10 dargestellt.

Zudem geht *Bleicher* auf der Basis der Erkenntnisse von *Malik* und *Probst* von einem erweiterten Begriff der Unternehmensführung aus. Er verschiebt den Fokus der Unternehmensführung etwas von der direkten Gestaltung und Lenkung weg zur Setzung von Rahmenbedingungen, in denen das System „Unternehmung" geeignete Entwicklungsmöglichkeiten findet (vgl. Abb. 3-11).

Dem Management kommt aus dieser Sicht immer weniger die Rolle des technokratischen Lenkers zu. Diese Rolle wird zunehmend durch die Rolle des evolutionären Kultivierens spontaner sozialer Ordnungen abgelöst (vgl. *Bleicher* [Management] 64). *Bleicher* sieht in diesem Zusammenhang für das normative und strategische Management die Aufgabe zur Gestaltung der Rahmenbedingungen, in denen sich die Unternehmensentwicklung vollziehen kann. Die Lenkung der konkret ablaufenden Unternehmensentwicklung ist primär Aufgabe des operativen Managements. Folglich betont *Bleicher* in seinem Ansatz vor allem das normative und das strategische Management und deren Rolle bei der Gestaltung der Unternehmensentwicklung.

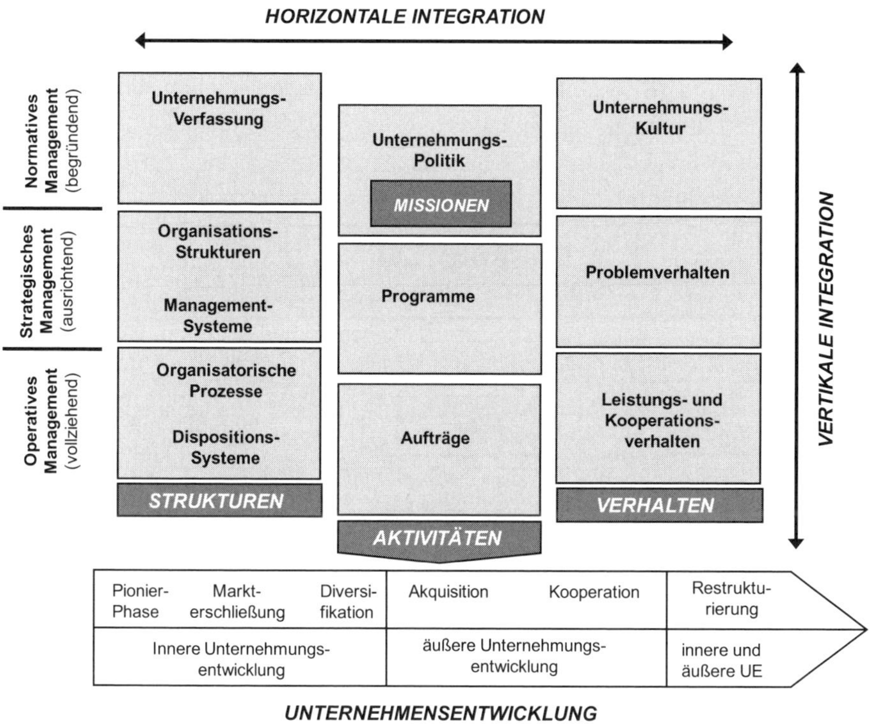

Abb. 3-10: Das Konzept des integrierten Managements (Quelle: *Spickers* [Entwicklung])

(5) Johannes Rüegg-Stürm

Die Weiterentwicklungen der St. Galler Schule seit *Ulrich* finden ihren Niederschlag in einem nun ebenfalls weiterentwickelten Management-Modell. 2002 wurde von *Rüegg-Stürm* ([Management-Modell]) das neue St. Galler Management-Modell vorgestellt. Wie das ursprüngliche St. Galler Management-Modell basiert auch das neue St. Galler Management-Modell auf den systemtheoretisch-kybernetischen Grundlagen und auf *Ulrichs* Verständnis des Unternehmens als komplexem sozialem System.

Die Erweiterungen beziehen sich vor allem auf folgende Punkte (vgl. *Rüegg-Stürm* [Management-Modell] 89):

- Die normativen Grundlagen der Unternehmensführung finden über die bewusste Einbeziehung von Normen und Werten stärkere Beachtung.

- Die vielfältigen Anspruchsgruppen mit ihren verschiedenen Anliegen werden stärker mit einbezogen.
- Die Prozessorientierung des Modells wurde deutlich verstärkt.
- Der Ressourcenbegriff im Modell wurde deutlich ausgeweitet.

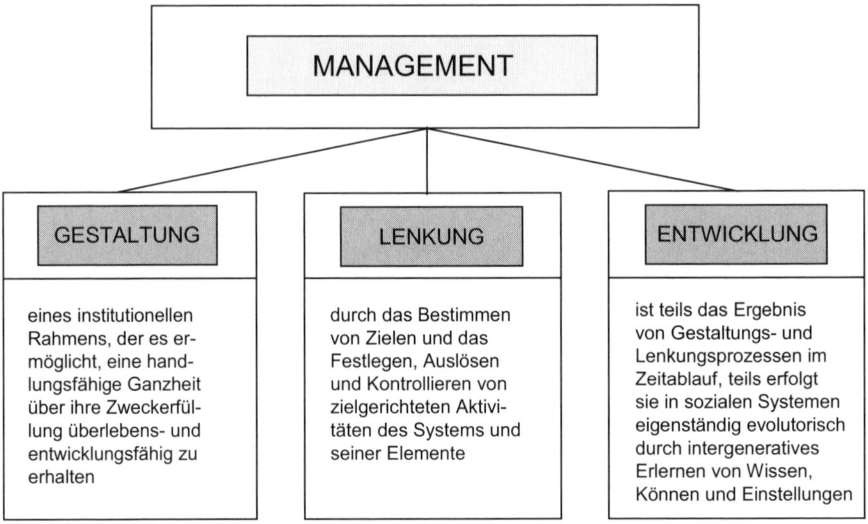

Abb. 3-11: Funktionen des Managements (Quelle: *Bleicher* [Management] 60)

Abb. 3-12 zeigt die sechs wichtigsten Grundkategorien des neuen St. Galler Management-Modells, die aus Sicht der St. Galler Schule wesentlich für die Gestaltung, Lenkung und Weiterentwicklung zweckorientierter sozialer Organisationen sind.

Die einzelnen Elemente des neuen St. Galler Management-Modells werden hier nicht weiter vertieft. Der interessierte Leser sei auf *Rüegg-Stürm* ([Management-Modell]) verwiesen. Stattdessen werden wir exemplarisch anhand eines ausgewählten Ansatzes aus der St. Galler Schule etwas ausführlicher auf die charakteristischen Besonderheiten des evolutionären Managements St. Galler Prägung eingehen. Der Ansatz von *Klimecki, Probst und Eberl* eignet sich besonders deshalb, weil die Autoren einen großen Teil der aufgezeigten Entwicklungen der St. Galler Schule aufnehmen und in ihrem Ansatz des entwicklungsorientierten Managements kombinieren.

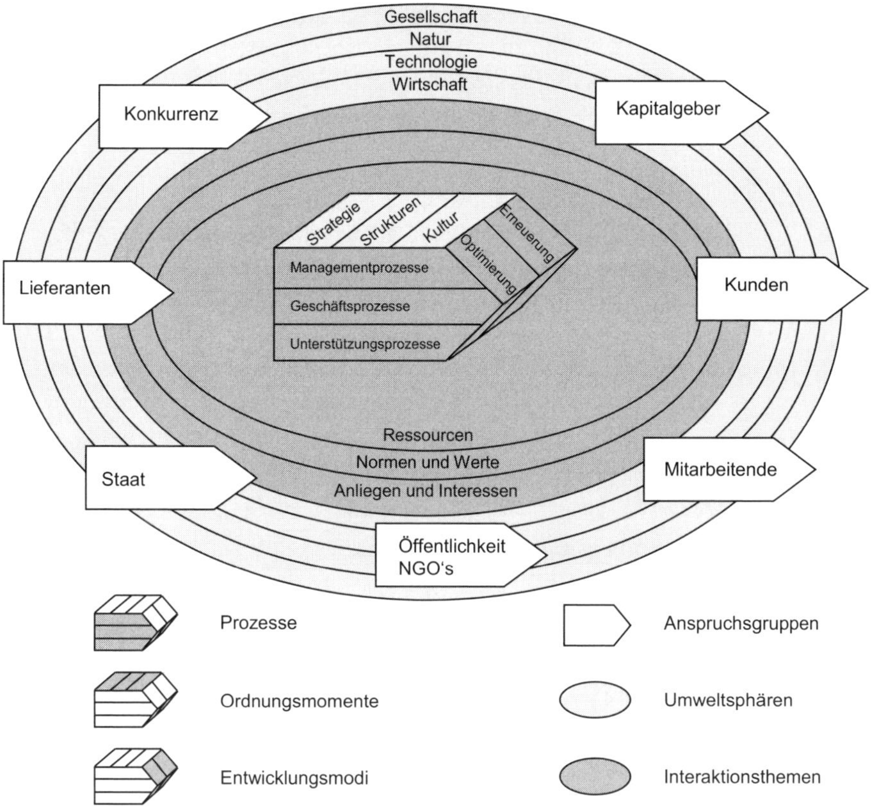

Abb. 3-12: Das neue St. Galler Management-Modell im Überblick (Quelle: *Rüegg-Stürm* [Management-Modell] 22)

2.1.2.2.3 Entwicklungsorientiertes Management von *Probst, Klimecki* und *Eberl*

Im Ansatz des **entwicklungsorientierten Managements** werden von den Autoren wesentliche evolutionstheoretische Kerngedanken der St. Galler Schule mit den grundlegenden Ideen aus dem Bereich der lernenden Organisation verknüpft. Dies bietet sich durchaus an, liegt doch bei genauer Betrachtung sowohl den Evolutionsmodellen als auch dem organisationalen Lernprozess dieselbe Versuchs-Irrtums-Methodik zugrunde.

Aufgrund der herausragenden Rolle, die dem **organisationalen Lernen** im Rahmen des entwicklungsorientierten Managements zukommt, könnte dieser

Ansatz ebenso gut unter dem Oberbegriff des organisationalen Lernens dargestellt werden. Insofern kommt diesem Ansatz eine integrierende Funktion zwischen den evolutionstheoretischen Managementansätzen und denen des organisationalen Lernens zu (vgl. zur Lernenden Organisation *Bea/Haas* [Management] 450ff.).

Klimecki/Probst/Eberl gehen von einer besonderen Komplexität aktueller Veränderungsprozesse in der Umwelt von Unternehmen aus, so dass die drei Faktoren **Vielfalt, Dynamik und Diskontinuität** zu einem 'magischen Dreieck' des Managements werden. Dies wiederum zwinge dazu, die traditionell analytisch-rationalen Vorstellungen der exakten Planbarkeit und der Machbarkeit zu verlassen (vgl. *Klimecki/Probst/Eberl* [Management] 10). Statt der Beherrschung von Unternehmen steht folglich die Steigerung der Veränderungsfähigkeit der Unternehmen im Vordergrund modernen Managements. Diese soll v.a. durch eine systemische und entwicklungsorientierte Ausrichtung des Managements erfolgen.

In diesem Zusammenhang betonen die Autoren die aktive und selbstbestimmende Rolle eines jeden Organisationsmitglieds als Initiator und Träger systemischer Veränderungsprozesse. Das Ziel des Managements „ist die *Entwicklung des Systems*. Diese ist gleich bedeutend mit einer Erhöhung des *systemischen Problemlösungspotenzials*" (*Klimecki/Probst/Eberl* [Management] 24). Die Autoren charakterisieren das **entwicklungsorientierte Management** durch folgende **Merkmale** (vgl. *Klimecki/Probst/Eberl* [Management] 24ff.):

- Sinn- und Wertorientierung aller Mitarbeiter auf der Basis von gemeinsam geteilten Wertvorstellungen
- Entfaltung dezentraler und partizipativer Managementkompetenz in Verbindung mit einer partizipativen Auslegung aller Entwicklungsprozesse des Unternehmens
- Ausrichtung des entwicklungsorientierten Managements an den strategischen Erfolgspotenzialen des Unternehmens
- Gestaltung von Rahmenbedingungen, die eine Entfaltung von Veränderungs- und Selbstorganisationsprozessen begünstigen
- Ausrichtung der Unternehmensentwicklung auf individuelles und organisationales Lernen und Bereitstellung von Lernhilfen durch das Management
- Flexibilitätserhöhung durch eine lose Kopplung flexibler Organisationseinheiten anstelle fester Verhaltens- und Verfahrensprogrammierungen

Aus Sicht der Autoren entwickelt sich ein Unternehmen über eine fortschreitende Ausdifferenzierung einer überindividuellen organisationalen Wissensbasis zu einem kollektiven Gedächtnis. Es handelt sich hierbei um die kognitiven Strukturen der Organisation, in denen sowohl Wirklichkeitskonstruktionen über die Umwelt des Unternehmens wie auch Problemlösungsschemata gespeichert sind. Der Übergang von einem Entwicklungsniveau zum nächsten erfolgt durch organisationales Lernen. Hierbei handelt es sich um einen aktiven Entwicklungsprozess, der sich selbstorganisierend aus der inneren Dynamik des Systems ergibt.

Aus diesem Verständnis des Entwicklungsbegriffes leiten die Autoren **drei konzeptionelle Bausteine des entwicklungsorientierten Managements** ab:

- **Organisationale Wirklichkeitskonstruktionen**
  „Unter *organisationalen Wirklichkeitskonstruktionen* verstehen wir die kollektiv akzeptierten Wahrnehmungs- und Interpretationsmuster eines sozialen Systems, die sich im Laufe der Zeit zu *systemischem* Wissen verdichtet haben. Dieses Verständnis beinhaltet sowohl *individuelle* ... als auch *soziale Konstruktionen*, denn die Individuen tauschen ihre individuellen Wirklichkeitskonstruktionen untereinander aus und verändern sie dabei gleichzeitig" (*Klimecki/Probst/Eberl* [Management] 53).

- **Organisationale Lernprozesse**
  „Unter organisationalem Lernen verstehen wir eine *Weiterentwicklung* des organisationalen Wissens in moralischer, sozialer und technischer Hinsicht, das durch dialogische Aushandlungsprozesse zustande gekommen ist" (*Klimecki/Probst/Eberl* [Management] 62). Die kollektive Lernfähigkeit hängt dabei entscheidend von der Qualität der Kommunikationsprozesse ab.

- **Selbst-Organisation**
  Die Entwicklung eines Systems ist ein sich aus dem System selbst ergebender Prozess, der nicht von außen verordnet werden kann. Dabei handelt es sich nicht um einen reaktiven, anpassenden Prozess, sondern um einen innovativen und kreativen Funktionsmechanismus der Entwicklung. Dieser Selbst-Organisations-Mechanismus ist das grundlegende Steuerungsprinzip der organisationalen Wirklichkeitskonstruktionen und damit auch des organisationalen Lernens.

Aus diesen drei Grundbausteinen der Entwicklung leiten die Autoren ihre Gestaltungsempfehlungen für das Management ab. Diese Gestaltungsempfehlungen orientieren sich nun ebenfalls im Sinne eines „begrenzten Voluntarismus" weniger an direkten Eingriffsversuchen in die Unternehmensentwicklung, sondern an **der Schaffung von veränderungsfreundlichen Kontexten**, also letztlich von Freiräumen für die Entfaltung des Selbstentwicklungspotenzials von Organisationsmitgliedern und Organisation.

Abb. 3-13 zeigt die Gestaltungsempfehlungen von *Klimecki/Probst/Eberl*. Diese sind nicht isoliert voneinander zu sehen, sondern stehen in wechselseitiger Abhängigkeit zueinander und bedingen sich gegenseitig in ihrer Wirksamkeit.

Abb. 3-13: Gestaltungsempfehlungen des entwicklungsorientierten Managements nach *Klimecki/Probst/Eberl*

Aus den allgemeinen Gestaltungsempfehlungen lassen sich einzelne **Gestaltungsempfehlungen** ableiten:

- **Kulturbewusstes Management**
  Hierbei geht es um die Herstellung eines gemeinsamen Sinnzusammenhanges und einer gemeinsamen Unternehmensidentität über ein Netz von Werten, Glaubensvorstellungen sowie kognitiven und normativen Orientierungsmustern. Dieser gemeinsame Sinnzusammenhang lässt sich jedoch nicht durch eine zielgerichtete Steuerungsmechanik von außen verordnen, vielmehr kann er nur im Rahmen des Systems partizipativ durch alle Organi-

sationsmitglieder im Rahmen diskursiver und konsensorientierter Aushandlungsprozesse entstehen und sich ändern.

- **Flexibilisierung der kognitiven und materiellen Strukturen**
  Die Flexibilisierung der kognitiven Strukturen von Unternehmen und damit natürlich des Denkens und Handelns ist eine entscheidende Grundbedingung für Entwicklungsprozesse. Dies wird nur durch eine vorbehaltslose Reflexion verschiedener Wirklichkeitskonstruktionen durch die Organisationsmitglieder möglich. Damit kommt dem Management die Aufgabe zu, bei der Überwindung von Lernbarrieren mitzuhelfen und zugleich flexible Informationsstrukturen im Unternehmen zu schaffen. Dies ist mit der Gewährung eines möglichst hohen Maßes an Autonomie zugunsten der Subsysteme zu koppeln.

- **Eröffnen von Interaktionsspielräumen**
  Selbstorganisation verlangt die Eröffnung von Interaktionsspielräumen auf allen Ebenen des Unternehmens, indem hierarchische Strukturen durch heterarchische Strukturen ersetzt werden. „Heterarchische Organisationen benötigen lediglich *zwei Ebenen*: die Ebene der Arbeitsteams und die der Koordination. Die Koordinationsebene stimmt die Ziele der einzelnen Arbeitsgruppen im Hinblick auf den Zweck des sozialen Systems ab und koordiniert Interaktions- und Austauschprozesse“ (*Klimecki/Probst/Eberl* [Management] 88f.).

  Allerdings kommt damit in heterarchischen Organisationen der Kommunikationsfähigkeit sowie der sozialen Kompetenz der Organisationsmitglieder zentrale Bedeutung zu. Besonders wichtig sind in diesem Zusammenhang die Toleranz gegenüber alternativen Wirklichkeitskonstruktionen und die Fähigkeit zur gemeinsamen konstruktiven, kommunikativen und konsensorientierten Problemlösung.

Wir wollen nun im nächsten Schritt untersuchen, welche Konsequenzen sich aus den Evolutionsmodellen für das Management durch Projekte ergeben können.

2.2 Gestaltungsempfehlungen für ein Management durch Projekte

Mit den auf dem klassisch-mechanistischen Weltbild basierenden gestaltungsorientierten Modellen einerseits und den auf dem modernen systemisch-evolutionären Weltbild fußenden evolutionären Modellen andererseits wurde eine Bandbreite von Modellen der Unternehmensentwicklung vorgestellt. Dem entsprechend unterschiedlich fallen, zumindest auf den ersten Blick, die Vorstellungen darüber aus, welche Ursachen die Entwicklung des Unternehmens maßgeblich beeinflussen und welche konkreten Möglichkeiten das Management zur Steuerung der Unternehmensentwicklung hat.

Abb. 3-14 zeigt die unterschiedlichen Modelle im Überblick.

(1) Empfehlungen aus gestaltungsorientierter Sicht

Aus der gestaltungsorientierten Perspektive ist jede Unternehmensentwicklung immer direkt auf die Gestaltungshandlungen des Managements zurückzuführen.

Hinsichtlich der Gestaltungsobjekte werden jedoch offensichtlich unterschiedliche Vorschläge gemacht. Als Gestaltungsschwerpunkte werden aus Sicht des „Market-based View of Strategy" der **Aufbau von geeigneten Produkt-/ Marktkombinationen** genannt.

Aus Sicht des „Resource-based View of Strategy" sollte der Gestaltungsschwerpunkt im Aufbau und in der **Kombination einzigartiger Ressourcenpositionen** liegen, insbesondere sollten „intangible assets" entwickelt werden. Im Mittelpunkt dieser „intangible assets" steht wiederum das Wissen als besonders interessante Ressource im Sinne der Erzielung von Wettbewerbsvorteilen. Hinter diesen „intangiblen assets", aber auch hinter dem Begriff des Wissens verbirgt sich in der Vorstellung der Autoren i.d.R. schwerpunktmäßig der Aufbau von organisationalen Kompetenzen. Je stärker das Thema des Wandels von Unternehmensumfeld und Unternehmen in die Betrachtung einbezogen wird, desto stärker wird der Aufbau von organisationalen Metakompetenzen thematisiert, um so eine noch flexiblere und effektivere Kombination der Unternehmensressourcen zu gewährleisten.

Zugleich werden zunehmend die Bedeutung des Entrepreneur-Managers und die Bildung von Hochleistungsteams für die Kombination der Ressourcen hervorgehoben. Etwas weiter gefasst könnte man dies auch unter der Notwendigkeit zum Aufbau bestimmter organisationaler Strukturen, versehen mit besonderen – diesmal allerdings auch personenbezogenen Fähigkeiten - ansehen. Ohnehin spielt das Individuum als Träger oder Mittler der Ressource „Wissen" eine zunehmende Rolle in den ressourcenorientierten Ansätzen der Unternehmensführung.

Als Voraussetzung für einen erfolgreichen Aufbau von Metakompetenzen und organisationalen Strukturen wird zudem immer wieder auf die Bedeutung der Unterstützung durch das Top-Management hingewiesen.

Ansätze der Unternehmensentwicklung

Gestaltungsmodelle der Unternehmensentwicklung

Unternehmensentwicklung wird als unmittelbare Folge der Gestaltungshandlungen des Managements verstanden. Die Unternehmensentwicklung kann somit im Grunde als formaler, rational planbarer und kontrollierbarer Steuerungsprozess begriffen werden.

Ansätze	Gestaltungsempfehlungen
Market-based View	• Auswahl der Branche mit einer attraktiven Branchenstruktur • Setzung erfolgsversprechender Produkt-/ Marktkombinationen und Verteidigung der Wettbewerbsvorteile durch Errichtung von Markteintrittsbarrieren
Resource-based View	• Aufbau von einzigartigen und schwer imitierbaren Ressourcen • Kombination dieser Ressourcen zu (Kern-)Kompetenzen
Knowledge-based View	• Konzentration auf den Aufbau von intangiblen Ressourcen, insbesondere in Form von: - Wissen - organisationalen Routinen
Dynamic Capabilities	• Aufbau von organisationalen Fähigkeiten und Managementfähigkeiten, die eine ständige umwelt- und marktadäquate Erneuerung der Unternehmenskompetenzen erlauben

Evolutionäre Modelle der Unternehmensentwicklung

Unternehmensentwicklung wird als Folge einer Mischung aus einem emergent ablaufenden Evolutionsprozess und Gestaltungshandlungen des Managements verstanden. Die Unternehmensentwicklung ist somit nur begrenzt durch direkte Steuerungseingriffe beeinflussbar.

Ansätze	Gestaltungsempfehlungen
Evolutionäres Management nach der St. Galler Schule (Malik, Probst)	• Strukturelle Steuerung zur Unterstützung und Kanalisierung der ablaufenden Selbstorganisationsprozesse • Symbolische Gestaltung zur Vermittlung eines Sinnrahmens als gemeinsame Grundlage einer spontanen Ordnungsbildung
Entwicklungsorientiertes Management (Klimecki, Probst, Eberl)	• Bereitstellen von Rahmen- und Prozessbedingungen für die selbstorganisatorische Ausbildung eines gemeinsamen Sinnzusammenhanges • Förderung des organisationalen Lernens • Dezentralisierung von Entscheidungsmacht und Verantwortung mit loser Kopplung zwischen den Subsystemen • Eröffnung von Interaktionsspielräumen zur Förderung der Selbstorganisation

Abb. 3-14: Ansätze der Unternehmensentwicklung und zugehörige Gestaltungsempfehlungen

Wie anhand des Ansatzes von *Chakravarthy/Lorange* deutlich wird, widersprechen sich die unterschiedlichen Gestaltungsschwerpunkte jedoch nicht, so dass eine **integrative Sichtweise** angebracht ist. Vom Management sollten folglich gleichermaßen beide Gestaltungsfelder, also sowohl die Marktstrukturen mit den zugehörigen Strategien als auch die interne Ressourcenkombination bei der Steuerung der Unternehmensentwicklung beachtet werden.

(2) Empfehlungen aus evolutionärer Sicht

Evolutionäre Managementmodelle begreifen unternehmerisches Handeln vor dem Hintergrund sich fortlaufend dynamisch wandelnder Unternehmensumfelder. Das Unternehmen wird als evolvierendes und entwicklungsfähiges offenes System gesehen. Vor diesem Hintergrund sind gezielte Gestaltungseingriffe in die Unternehmensentwicklung zwar nicht sinnlos, es muss jedoch davon ausgegangen werden, dass die ursprüngliche Gestaltungsintention nicht voll zur Umsetzung gelangt. Hierfür sorgt die selbstorganisierende Eigendynamik des evolvierenden Unternehmens.

Deshalb stehen bei den evolutionären Modellen der Unternehmensentwicklung die indirekt ausgerichteten **Steuerungsempfehlungen** im Vordergrund. Die Steuerung der Unternehmensentwicklung soll eher mittelbar über die sinnhafte und strukturelle Kanalisierung der ablaufenden Selbstorganisationsprozesse erfolgen. Damit ist nichts anderes gemeint als der Aufbau organisationaler Kompetenzen zur gezielten Steigerung der Entwicklungsfähigkeit des Unternehmens. Hierbei wird insbesondere auf den Aufbau von Metafähigkeiten wie auf die Kommunikations- und auf die individuelle und organisationale Lernfähigkeit verwiesen.

Der Aufbau von Kommunikationsfähigkeit, organisationaler Lernfähigkeit und strategischer Kompetenz setzt gleichermaßen eine Demokratisierung der strategischen Steuerung voraus (vgl. *Zahn* [Strategiekompetenz] 15). Strategische Steuerung so verstanden ist partizipativ ausgerichtet und verlangt nach einer weitgehenden Entscheidungs- und Verantwortungsdezentralisierung. Hier liegt die Idee zugrunde, dass über die Förderung einer Vielzahl kreativer **Selbstorganisationsprozesse** eine proaktive Entwicklung des Unternehmens möglich wird. So soll nicht nur eine Anpassung des Unternehmens an das sich wandelnde Umfeld vorgenommen werden. Vielmehr soll über die kontinuierliche Entwicklung von Strategieinnovationen der Wandel der Unternehmensumwelt aktiv geprägt werden, um so fortlaufend immer wieder neue Wettbewerbsvorteile zu generieren.

(3) Grundsätzliche Empfehlungen

Damit ergeben sich interessante Parallelen zwischen gestaltungsorientierten und evolutionären Managementansätzen. Je stärker die Unsicherheit und Dynamik der Unternehmensentwicklung mit in die Betrachtung einbezogen wird, desto eher setzen beide Managementrichtungen auf den Aufbau von organisationalen Kompetenzen zur Erhöhung der Flexibilität und der Entwicklungsfähigkeit des Unternehmens.

Bei genauerer Betrachtung wird somit deutlich, dass inzwischen weitreichende Überschneidungen zwischen den neueren ressourcenorientierten Gestaltungsansätzen und den evolutionären Gestaltungsansätzen bestehen. Ebenso wie die Autoren der evolutionären Modelle der Unternehmensentwicklung den Aufbau besonderer organisationaler Fähigkeiten einfordern, verlagern sich auch die Gestaltungsempfehlungen im Rahmen der ressourcenorientierten Gestaltungsansätze zunehmend hin zum Aufbau von „intangible assets" in Form von besonderen organisationalen Kompetenzen bzw. organisationalen Wissensbeständen, die wiederum ihren Niederschlag in organisationalen Routinen finden. Auch die Thematik des organisationalen Lernens als Mechanismus zur Entwicklung der Ressourcen gewinnt zunehmend an Bedeutung und bietet damit eine weitere Überschneidung mit den evolutionären Gestaltungsmodellen, die im organisationalen Lernen eine zentrale Voraussetzung für die Entwicklungsfähigkeit des Unternehmens sehen.

Die evolutionären Ansätze gehen allerdings einen Schritt weiter. Sie sehen den Aufbau organisationaler Kompetenzen als Form der indirekten, quasi einer strukturellen Steuerung des Unternehmens. Dies ist aus ihrer Sicht dem Umstand geschuldet, dass die Entwicklung des Unternehmens aufgrund der inhärenten Selbstorganisationsmechanismen nie vollständig zielgerichtet beeinflussbar ist. Dies sehen die gestaltungsorientierten Ansätze anders. Auch hier wird zwar anerkannt, dass evolutionäre Elemente bei der Strategieentwicklung und –umsetzung eine Rolle spielen. Es wird jedoch davon ausgegangen, dass ein zielgerichtetes Design der Evolution möglich ist.

Auch hinsichtlich der Bedeutung einer echten unternehmerischen Einflussnahme im Hinblick auf die Strategieentwicklung, vor allem aber in Hinblick auf die Strategieumsetzung sind sich beide Managementausrichtungen im Grunde durchaus nahe. Allerdings konzentrieren sich die gestaltungsorientierten Ansätze mit der Betonung eines Entrepreneurs stärker auf eine zentrale Gestaltungsinstanz und fordern diese Gestaltungsinstanz durch die Unterstützung mittels der zusätzlichen Autorität des Top-Managements möglichst handlungsfähig zu machen. Ergänzend wird durchaus die Bedeutung von Hochleistungsexpertenteams thematisiert. Diese Teams haben jedoch einen stärker instrumentellen Charakter als dies im Rahmen der evolutionären Managementansätze der Fall ist.

Evolutionäre Ansätze setzen vor allem auf eine dezentrale in Teams organisierte strategische Kompetenz. Damit kommt diesen Teams gerade auch im Hinblick auf die Selbstorganisationsmechanismen eines Unternehmens eine eigenständige strategische Steuerungsbedeutung zu. Damit bleibt über den Aufbau bestimmter organisationaler Fähigkeiten und die Gestaltung von entwicklungsorientierten strukturellen Rahmenbedingungen ausreichend Raum für die Entwicklung emergenter Strategiemuster.

Zusammenfassung: Alle Autoren – unabhängig, ob aus gestaltungsorientierter oder aus evolutionärer Sicht – unterbreiten Steuerungsvorschläge, mit denen eine erfolgreiche Entwicklung des Unternehmens gesichert werden soll. Zudem lassen sich auf einer theoretisch gesicherten Basis keine eindeutigen Präferenzen hinsichtlich der Richtigkeit einzelner Steuerungsvorschläge ableiten. Aus diesen Gründen liegt es nahe, von einer möglichst umfassenden strategischen Steuerung auszugehen, der folgende **Aufgaben** zukommen:

- Entwicklung und Durchführung strategischer Steuerungsmaßnahmen, die zu direkten Wettbewerbsvorteilen über den **Aufbau von nachhaltig erfolgsversprechenden Produkt-/Marktkombinationen** führen.
- Entwicklung und Durchführung strategischer Steuerungsmaßnahmen, die zu indirekten Wettbewerbsvorteilen über den **Aufbau von besonderen Ressourcenkombinationen oder zentralen organisationalen Fähigkeiten** führen.
- **Schaffung struktureller Rahmenbedingungen,** die eine partizipative und entwicklungsorientierte strategische Steuerung zulassen.

Aus diesem Überblick über aktuelle Modelle der strategischen Unternehmensentwicklung ergibt sich nun die inhaltliche und methodische Bandbreite, in der sich ein **Management durch Projekte** abspielen kann:

(a) **Inhaltlich** müssen sich strategische Projekte an den oben dargestellten Aufgaben der Strategischen Steuerung ausrichten. Wenn eine umfassende strategische Steuerung angestrebt wird, kann dies nur im Rahmen eines Multiprojektmanagements gelingen. Für ein Management durch Projekte wird sich somit zunächst die Frage stellen, welche strategischen Projekte durchgeführt werden sollen. Damit unmittelbar verknüpft werden Schwerpunkte hinsichtlich einer eher direkten bzw. indirekten Steuerung des Unternehmens gesetzt. Ebenso wird damit eine eher produkt-/marktorientierte oder eine ressourcenorientierte

Ausrichtung des Unternehmens festgelegt. Darüber hinaus ist jedoch die Frage zu beantworten, wie mit der getroffenen Auswahl der strategischen Projekte die angestrebte Wertsteigerung des Unternehmens umgesetzt werden kann.

(b) Neben diesen inhaltlichen Konsequenzen ergeben sich aus den Modellen der Unternehmensentwicklung **methodische Konsequenzen** für ein Management durch Projekte. Nachdem Unternehmen aus Sicht des evolutionären Managements als evolvierende Systeme mit selbstorganisierender Eigendynamik gekennzeichnet wurden, stellt sich die Frage, welches Verständnis dann im Hinblick auf strategische Projekte zugrunde zu legen ist und welche Konsequenzen dies für die anzuwendende Projektmanagementmethodik hat. Die Berücksichtigung dieser Erkenntnisse hat einen starken Einfluss auf den Erfolg der Projektumsetzung, sowohl im Rahmen des Managements durch Projekte als auch des Managements von Projekten.

3 Wertsteigerung durch Projekte

Wie in Teil 1 bereits erläutert wurde, stellt die Steigerung des Unternehmenswertes neben der Unternehmensentwicklung ein wichtiges Ziel wirtschaftlich orientierter Unternehmungen dar. Ebenso wurde bereits thematisiert, dass die Erzielung von Unternehmenswertbeiträgen durch Projekte v.a.

- von der **Auswahl** wertsteigernder Projekte sowie
- von der **Realisierung der Wertbeiträge** im Verlauf der Projektabwicklung abhängt.

Mit der **Realisierung von Wertbeiträgen im Verlauf der Projektabwicklung** befasst sich v.a. Teil 2 des Lehrbuches. Aus ökonomischer Perspektive stellt eine möglichst effiziente Projektabwicklung – und damit letztlich die Sicherung oder gar die Steigerung des Projektwertbeitrages – die wesentliche Aufgabe eines Managements **von** Projekten dar.

In diesem Abschnitt wollen wir uns der Frage nach der Bestimmung des Projektwertbeitrags zuwenden. Diese Frage lässt sich nicht so einfach beantworten. Vielmehr muss hier zunächst ein Umweg über die theoretischen Grundlagen und verschiedene Konzepte des Wertsteigerungsmanagements eingeschlagen werden (Abschnitte 3.1 und 3.2), damit die grundlegende Vorgehensweise und auch die Probleme verständlich werden. Erst dann folgen Überlegungen zum wertorientierten Management auf Projektebene in Abschnitt 3.3.

3.1 Theoretische Grundlagen des Wertsteigerungsmanagements

3.1.1 Aufgaben des Wertsteigerungsmanagements

Die wertorientierte Unternehmensführung rückt den Eigenkapitalgeber (Shareholder) und seine Erwartungen in den Mittelpunkt der Betrachtung. Die Überlassung von Eigenkapital stellt aus seiner Sicht eine Investition dar. Sofern es sich bei dem Eigenkapitalgeber um einen ökonomisch rational vorgehenden Investor handelt, wird er seine Entscheidung hinsichtlich einer Durchführung oder Unterlassung der Investition von der Risiko-/Rentabilitätskombination der Investition abhängig machen. Hier noch etwas vereinfacht dargestellt: Die Rentabilität einer Investition ergibt sich aus dem Verhältnis von Anfangsauszahlung und von zukünftig aus dieser Investition erwarteten Zahlungsüberschüssen.

Wenn der Eigenkapitalgeber seine Entscheidung zur Überlassung von Eigenkapital vom Wert seiner Investition abhängig macht, wird deutlich, dass die **Aufgabe des Wertsteigerungsmanagements** darin besteht, **den Wert der betrieblichen Investitionen stellvertretend für den Eigenkapitalgeber zu steigern**. Letztlich erhöht sich mit der erfolgreichen Auswahl und Realisierung der betrieblichen Investitionen der Wert des gesamten Unternehmens und damit auch der Wert des Anteils des Eigenkapitalgebers am Unternehmen.

Es kann davon ausgegangen werden, dass ein Projekt eine **betriebliche Investitionsalternative** darstellt. Damit stellt sich die Frage, welchen Beitrag ein Projekt zur Steigerung des Unternehmenswertes leisten kann. Um diese Aufgabe lösen zu können, müssen zunächst mehrere Fragen beantwortet werden:

- Mit welchen investitionstheoretischen Verfahren kann der Wert von Investitionen generell bestimmt werden? Welches dieser Verfahren eignet sich für die Bestimmung von Projektwertbeiträgen? (Abschnitt 3.1.2)
- Wie sollte der Entscheidungswert aussehen, den der Eigenkapitalgeber sinnvollerweise als Entscheidungskriterium für die Überlassung von Eigenkapital zugrunde legen sollte? (3.2)
- Wie kann vom Entscheidungswert des Eigenkapitalgebers ein sinnvoller unternehmensinterner Entscheidungswert zur Beurteilung von Projektwertbeiträgen abgeleitet werden? (3.3)

3.1.2 Investitionsrechenverfahren

Aus betriebswirtschaftlicher Sicht versteht man unter einer **Investition** eine Anlage finanzieller Mittel in materielle oder immaterielle Objekte, die für das

Unternehmen einen Nutzen bringen soll (vgl. *Schulte* [Investition] 5]. Mit Hilfe verschiedener Verfahren der Investitionsrechnung sollen die vielfältigen Zahlungskonsequenzen einer Investitionsentscheidung sinnvoll zusammengefasst werden, um den Investor bei seiner Entscheidung zu unterstützen.

Bei den Investitionsrechnungen unterscheidet man statische und dynamische Verfahren (vgl. Abb. 3-15).

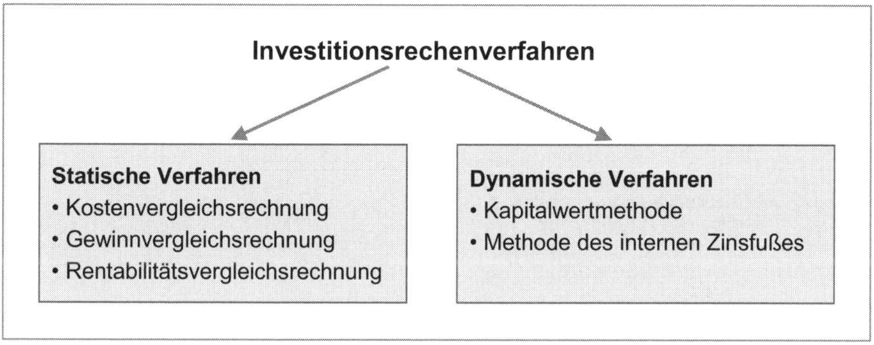

Abb. 3-15: Übersicht über ausgewählte Investitionsrechenverfahren

(1) Statische Investitionsrechenverfahren

Die meisten statischen Verfahren beruhen auf der Vorstellung, dass eine Beurteilung von Investitionsprojekten anhand einer einzelnen, als repräsentativ angenommenen Periode möglich ist.

Obwohl ein Investor seine Entscheidungen typischerweise für einen längeren Planungszeitraum trifft, wird bei den statischen Verfahren auf die klassische Abrechnungsperiode aus der Buchhaltung, also ein Jahr, zurückgegriffen. Üblicherweise werden die Aus- und Einzahlungen im gesamten Planungszeitraum jedoch relativ unregelmäßig und in unterschiedlichsten Höhen über den Projektlebenszyklus hinweg anfallen. Die Auswahl der Periode, die man der Betrachtung zugrunde legt, stellt daher ein schwieriges Problem dar und wird meist durch die Wahl eines „Jahres mit durchschnittlichen Ein- und Auszahlungen" (*Kruschwitz* [Investitionsrechnung] 32), also mit Hilfe von Durchschnittswerten getroffen.

Zieht man statt des gesamten Planungszeitraumes nur eine Jahresabrechnungsperiode zur Beurteilung der Investition heran, ergibt sich noch eine weitere Konsequenz: In die Investitionsrechnung gehen nicht mehr Ein- und Auszahlungen, sondern periodisierte Erfolgsgrößen wie Aufwendungen und Erträge ein. Beispielsweise werden nun nicht mehr die tatsächlichen Anschaffungsauszahlungen berücksichtigt, sondern die Abschreibungen, die sich daraus ergeben.

(a) Kostenvergleichsrechnung

Man vergleicht die Kosten der verschiedenen Investitionsalternativen und entscheidet sich für die Alternative mit den geringsten Gesamtkosten in der Periode.

(b) Gewinnvergleichsrechnung

Die Kostenvergleichsrechnung wird dergestalt erweitert, dass auch die Erlöse mit in die Betrachtung einbezogen werden. Auswahlkriterium für die Alternativen ist die Höhe des Gewinns.

(c) Rentabilitätsvergleichsrechnung

Mit Hilfe von Rentabilitätskennziffern soll die Tatsache berücksichtigt werden, dass Investitionsentscheidungen unterschiedliche Kapitalbindungen zur Folge haben können. Daher wird der Gewinn, der sich durch eine Investition ergeben würde, durch den Kapitaleinsatz dividiert, der mit ihrer Realisation verbunden wäre. Als Rentabilitätskennziffern kommen u.a. in Frage:

$$\text{Eigenkapitalrentabilität} = \frac{\text{Gewinn}}{\text{Eingesetztes Eigenkapital}}$$

$$\text{Gesamtkapitalrentabilität} = \frac{\text{Gewinn + Fremdkapitalzinsen}}{\text{Gesamtkapital}}$$

$$\text{Umsatzrentabilität} = \frac{\text{Gewinn}}{\text{Umsatzerlöse}}$$

(d) Kritik

Die drei genannten Verfahren weisen verschiedene **Schwachstellen** auf (vgl. z.B. *Pape* [Unternehmensführung] 31ff. und die dort angegebenen Quellen). Die wesentlichen Kritikpunkte lauten:

- **Vergangenheitsorientierung**
  Den drei Methoden liegen vergangenheitsbezogene Größen zugrunde. Der Investor interessiert sich jedoch für die **zukünftige** Entwicklung des Unternehmens.

- **Vernachlässigung des Zeitwerts des Geldes**
  Grundsätzlich weist eine Geldeinheit, die man heute zur Verfügung hat und am Kapitalmarkt anlegen kann, einen größeren Wert auf, als eine Geldeinheit, die man beispielsweise erst in einem Jahr erhält. Der Entscheidungsträger hat also i.d.R. eine Zeitpräferenz. Der Zeitpunkt des Anfalls der Zahlungen wird bei den vorgestellten Verfahren jedoch generell nicht berücksichtigt.

- **Einperiodenbetrachtung**
  Für die drei statischen Verfahren werden buchhalterische, kurzfristige Erfolgsgrößen herangezogen. Eine sinnvolle Beurteilung von Investitionsobjekten ist jedoch nur über ihre gesamte Laufzeit hinweg möglich.

- **Beeinflussbarkeit der Gewinnermittlung**
  Der buchhalterische Gewinn kommt unter Berücksichtigung einer Vielzahl von Bilanzansatz- und Bewertungswahlrechten zustande. Insofern fließen bei der Periodenabgrenzung dieser Größe eine Vielzahl von Zielsetzungen, z. B. steuerlicher Art, mit ein, die im Sinne eines Periodenerfolgsausweises möglicherweise sinnvoll, hinsichtlich der Beurteilung von Investitionsalternativen aber eher erfolgsverzerrend sind. Für die Beurteilung von Investitionsalternativen eignen sich zahlungsstromorientierte Größen wesentlich besser.

- **Fehlende Berücksichtigung von Risiken**
  Die drei vorgestellten Ansätze klammern das leistungs- und finanzwirtschaftliche Risiko aus. Ein rationaler Anleger wird jedoch für riskante Investitionsobjekte eine adäquate Risikoprämie verlangen.

Einige dieser Probleme können zwar durch Anpassungen, wie beispielsweise eine Bereinigung der Kennzahlen bezüglich bilanzpolitischer Maßnahmen, relativiert werden, doch gerade die einperiodige Sichtweise, die fehlende Berücksichtigung des Zeitwertes des Geldes sowie die Vernachlässigung von Risiken erweisen sich als äußerst schwer wiegende Mängel der vorgestellten Verfahren (vgl. *Horváth* [Controlling] 462ff.).

(2) Dynamische Investitionsrechenverfahren

Mit Hilfe der dynamischen Verfahren sollen die dargestellten Nachteile der statischen Rechnungen umgangen werden. Sie berücksichtigen die unterschiedlichen Zahlungszeitpunkte durch Ab- oder Aufzinsung der Zahlungen und sind somit grundsätzlich mehrperiodig angelegt. Als Rechengrößen werden nun Ein- und Auszahlungen verwendet.

Die wichtigste Prämisse der dynamischen Verfahren liegt in der Existenz eines „vollkommenen Kapitalmarktes“: Auf einem vollkommenen Kapitalmarkt kann jeder beliebige Betrag zu einem einheitlichen Zinssatz angelegt oder als Kredit aufgenommen werden, es herrscht vollständige Markttransparenz für alle Teilnehmer, subjektive Präferenzen spielen keine Rolle und es fallen keinerlei Transaktionskosten an (vgl. z.B. *Troßmann* [Investition] 41f.).

(a) Kapitalwertmethode

Beurteilt ein potenzieller Investor einen durch ein Investitionsobjekt ausgelösten Zahlungsstrom, so wird er zukünftige Zahlungen niedriger bewerten als heutige, da er Zinsen für die Anlage der heutigen Zahlungen am Kapitalmarkt vereinnahmen kann. Bei der Berechnung des Kapitalwertes C der Investition werden daher alle Zahlungen auf den Betrachtungszeitpunkt diskontiert und addiert:

$$C = \sum_{t=0}^{T} \frac{E_t - A_t}{(1+i)^t}$$

mit
E_t Einzahlungen in t
A_t Auszahlungen in t
i Kalkulationszinssatz

Die Einbeziehung des Kalkulationszinssatzes bei der Berechnung des Kapitalwertes ermöglicht einen **Vergleich des Investitionsobjektes mit einer alternativen Finanzanlage**: Ein positiver Kapitalwert signalisiert die Überlegenheit des Investitionsobjektes; ein negativer Kapitalwert zeigt an, dass die zur Verfügung stehenden Mittel nicht in das Investitionsobjekt, sondern auf den Kapitalmarkt fließen sollten. Bei einem Vergleich von mehreren Investitionsobjekten kann mit Hilfe des Kapitalwertkriteriums eine Rangfolge für die Durchführung der Investitionen aufgestellt werden.

Die Kapitalwertmethode stellt die methodische Grundlage für die meisten Konzepte zur Wertsteigerung von Unternehmen dar. Gerade im Shareholder-Value-Konzept von *Rappaport* kommt der Rückgriff auf den Kapitalwert besonders stark zum Ausdruck; dieser Ansatz wird in Abschnitt 3.2.3 detailliert dargestellt.

(b) Methode des internen Zinsfußes

Dieses Verfahren beruht auf der gerade vorgestellten Kapitalwertmethode; gesucht wird mit dieser Methode der interne Zinsfuß, d.h. der Kalkulationszinssatz, bei dem der Kapitalwert C der Investition Null wird:

$$C = \sum_{t=0}^{T} \frac{E_t - A_t}{(1+r)^t} = 0$$

mit

E_t Einzahlungen in t

A_t Auszahlungen in t

r Interner Zinsfuß

Anhand eines Vergleichs des internen Zinsfußes mit dem herrschenden Kapitalmarktzins kann man eine Vorteilhaftigkeitsentscheidung treffen . Bei mehreren, sich gegenseitig ausschließenden Investitionsobjekten entscheidet man sich für das mit dem höchsten internen Zins.

(c) Kritik

Aus theoretischer Sicht sind einige **Kritikpunkte** an den Verfahren der dynamischen Investitionsrechnung angebracht. Zunächst muss angemerkt werden, dass sich die Ergebnisse der Methode des internen Zinsfußes und die Empfehlungen der Kapitalwertmethode widersprechen können. Dieses Problem taucht auf, wenn der Kapitaleinsatz und andere Basisgrößen, wie die Laufzeit bei den Investitionsalternativen, nicht übereinstimmen. Außerdem existieren Investitionen, die entweder gar keinen oder mehr als einen internen Zinsfuß aufweisen. Aus diesem Grunde wird aus theoretischer Sicht beim Vergleich der dynamischen Investitionsrechenverfahren dem Kapitalwertverfahren der Vorzug gegenüber dem Verfahren des Internen Zinsfußes gegeben.

Vergleicht man abschließend die dynamischen und die statischen Verfahren bezüglich ihrer Eignung für die Unterstützung einer Investitionsentscheidung, so zeigt sich eine **methodische Überlegenheit der dynamischen Verfahren**, insbesondere der Kapitalwertmethode:

- In die Rechnung fließen zukunftsorientierte Daten über die gesamte Laufzeit des Projektes ein, die auf den Betrachtungszeitpunkt diskontiert und zu einem Entscheidungswert addiert werden.
- Aufgrund der Zahlungsorientierung der eingehenden Daten eröffnen sich keine bilanzpolitischen Spielräume.
- Durch den Kalkulationszinsfuß können verschiedene Risiken der Investitionsalternativen in die Vorteilhaftigkeitsbetrachtungen mit eingebracht werden.

Zusammenfassend ergibt sich somit folgende Erkenntnis im Hinblick auf die **Bestimmung von Projektwertbeiträgen**:

- Statische Verfahren der Investitionsrechnung eignen sich nicht als Grundlage zur Bestimmung von Projektwertbeiträgen.
- Aus den dynamischen Verfahren der Investitionsrechnung wird aus den oben dargestellten Gründen auf das Kapitalwertverfahren als Grundlage für die Berechnung von Projektwertbeiträgen zurückgegriffen.

Bevor jedoch auf die Berechnung der Projektwertbeiträge eingegangen werden kann, muss noch geklärt werden, welche Entscheidungswerte ein ökonomisch rational handelnder Investor sinnvollerweise für seine Entscheidung zur Überlassung von Eigenkapital zugrunde legen sollte und welche Konsequenzen sich hieraus für die Bestimmung von Projektwertbeiträgen ergeben.

3.2 Ermittlung von Entscheidungswerten auf Gesamtunternehmensebene

3.2.1 Der Zukunftserfolgswert

Mit Hilfe der bisherigen Überlegungen (Abschnitt 3.1) wird nun untersucht, anhand welcher Daten ein rationaler Eigner seine Entscheidung bezüglich einer Investition treffen wird, sei es in ein Unternehmen oder in ein Projekt. Diese Überlegungen zu antizipieren und in die unternehmerischen Entscheidungen einfließen zu lassen, ist der zentrale Gedanke des Wertsteigerungsmanagements.

Hält der Eigner seine bisherigen Anteile weiterhin oder kauft er noch neue hinzu, dann wird er am Zukunftserfolg des Unternehmens partizipieren. Da es hier um den zukünftigen Erfolg des Unternehmens geht, eignet sich insbesondere die Kapitalwertmethode, um die Vorteilhaftigkeit der Investition einzuschätzen: Der Kapitalwert ist positiv, wenn der Barwert der Rückflüsse größer ist als die ursprüngliche Anfangsinvestition. Dieser Barwert der zukünftigen Rückflüsse wird als **Zukunftserfolgswert** bezeichnet. Geht man von der grundsätzlichen Unternehmensfortführung und somit von einem unendlichen Planungshorizont aus, wird der Zukunftserfolgswert folgendermaßen definiert:

$$\text{Zukunftserfolgswert} = \sum_{t=1}^{\infty} \frac{\text{Rückfluss}_t}{(1+\text{Zinssatz})^t}$$

Für die Berechnung des Zukunftserfolgswertes können unterschiedliche Rückflüsse zugrunde gelegt werden, die sich aus verschiedenen Perspektiven ergeben können (vgl. *Günther* [Controlling] 78ff. und die dort angegebenen Quellen).

(1) Eigentümerperspektive mit Ein- und Auszahlungen

Grundsätzlich wäre für den einzelnen Eigner ein Zukunftserfolgswert auf der Basis seiner individuellen Rückflüsse interessant, in die alle Zahlungen einfließen, die sich aus dem Eigentum ergeben. Die Rückflüsse entsprechen der Differenz aus Einnahmen, wie z.B. Ausschüttungen, Steuerrückzahlungen oder Erlösen aus Bezugsrechten, und Ausgaben, wie der jeweiligen Einlage, Steuerzahlungen oder Kosten für die Verwaltung des Depots.

Aus Sicht des Managements ist eine Orientierung an einer solchen Größe zur Beurteilung der Auswirkung einer Entscheidung auf den Zukunftserfolg des Unternehmens jedoch relativ schwierig: Probleme ergeben sich zum einen aufgrund der Heterogenität der Eigner; beispielsweise kann die unterschiedliche Steuerprogression der verschiedenen Eigner kaum in die Betrachtung einbezogen werden. Zum anderen sind die Zahlungen an und von Dritten vom Unternehmen in keiner Weise beeinflussbar.

(2) Unternehmensperspektive mit Ein- und Auszahlungen

Man greift im Rahmen der wertorientierten Unternehmensführung daher i.d.R. nicht auf die individuellen Zahlungsströme zwischen Eigner und Unternehmen zurück, sondern man zieht ersatzweise **Zahlungen zwischen dem Unternehmen und seiner Umwelt** zur Bewertung heran:

$$\text{Zukunftserfolgswert} = \sum_{t=1}^{\infty} \frac{(\text{Einzahlungen}_t - \text{Auszahlungen}_t)}{(1 + \text{Zinssatz})^t}$$

Mit Hilfe dieses Überganges wird eine von den individuellen Bedingungen der verschiedenen Eigner abstrahierte Bewertung des Unternehmens möglich. Allerdings kann der auf diese Weise errechnete Zukunftserfolgswert auf Basis von liquiden Mitteln durch **Kreditgeschäfte** verzerrt sein.

(3) Unternehmensperspektive mit Cash-flows

Daher werden oftmals die Cash-flows für die Bewertung herangezogen: Der **Cash-flow** (auch Einnahmenüberschuss genannt) basiert auf Einnahmen und Ausgaben. Er zeigt die Veränderung des Geldvermögens eines Unternehmens auf und klammert Kreditgeschäfte aus, indem Forderungen zu den Zahlungsgrößen (den Ein- und Auszahlungen aus Perspektive (2)) addiert und Verbindlichkeiten subtrahiert werden.

$$\text{Zukunftserfolgswert} = \sum_{t=1}^{\infty} \frac{(\text{Einnahmen}_t - \text{Ausgaben}_t)}{(1 + \text{Zinssatz})^t}$$

Nachdem die einzahlungsorientierte Variante aus Sicht des Eigentümers zwar theoretisch optimal, aber praktisch nicht durchführbar erscheint, gilt die cash-flow-orientierte Sicht des Unternehmens als praktikable „second-best"-Lösung. Diese Idee liegt den so genannten Discounted-Cash-flow-Modellen zugrunde, wie sie in Abschnitt 3.2.3 vorgestellt werden.

(4) Unternehmensperspektive mit Gewinnen

Eine weitere Variante für die Ermittlung des Zukunftserfolgswertes beruht auf der Grundlage von **modifizierten Aufwands- und Ertragsgrößen**. Hierbei ergibt sich der Wert des Unternehmens durch die künftig zu erzielenden Gewinne; das Ausschüttungsverhalten des Unternehmens wird für irrelevant gehalten, da sich der Eigner jederzeit liquide Mittel durch den Verkauf von Anteilen oder durch Kreditaufnahme besorgen kann.

$$\text{Zukunftserfolgswert} = \sum_{t=1}^{\infty} \frac{(\text{Erträge}_t - \text{Aufwendungen}_t)}{(1 + \text{Zinssatz})^t}$$

Bei dieser Rechnung wird also auf die periodisierten Erfolgsgrößen aus dem externen Rechnungswesen zurückgegriffen. Wie bereits im Rahmen der statischen Verfahren in Abschnitt 3.1.2 aufgezeigt, eignen sich Gewinne aus dem Rechnungswesen aufgrund ihrer Periodenbezogenheit nur eingeschränkt zur Beurteilung von Investitionen. Da auf diese Daten in der Praxis jedoch traditionellerweise in besonderem Maße zurückgegriffen wird, stellt sich die Frage, ob nicht doch durch entsprechende Anpassungen auch auf der Basis von Gewinnen eine sinnvolle Investitionsbeurteilung möglich sein könnte.

Das **„Preinreich-Lücke-Theorem"** kann uns bei der Beantwortung dieser Frage ein großes Stück weiterhelfen. *Gabriel A.D. Preinreich* ([Valuation]) hat das Theorem 1937 erstmals beschrieben, die Zusammenhänge wurden 1955 formal von *Wolfgang Lücke* bewiesen (vgl. *Lücke* [Investitionsrechnungen]). Das Theorem besagt, dass unter bestimmten Bedingungen der Kapitalwert auf Basis von Zahlungsüberschüssen und der Kapitalwert auf der Basis von periodisierten Erfolgsgrößen, wie Kosten und Leistungen bzw. Erträgen und Aufwendungen, übereinstimmen.

Welche Bedingungen müssen erfüllt sein, damit sich die Kapitalwerte tatsächlich entsprechen?

1. Kongruenzprinzip

Die Summe aller Zahlungsüberschüsse muss über die Totalperiode gleich der Summe aller Periodengewinne sein.

$$\sum_{t=0}^{T} G_t = \sum_{t=0}^{T} Ü_t$$

mit
G Gewinn
Ü Zahlungsüberschüsse

2. Berücksichtigung von kalkulatorischen Zinsen

Bei den periodisierten Größen ergeben sich i.d.R. zeitliche Abweichungen, die sich auf den Kapitalwert auswirken würden. Die jeweilige Periodengröße muss daher um kalkulatorische Zinsen auf den Kapitalbestand der Vorperiode verringert werden, die sich ergebende Periodengröße wird „Residualgewinn" genannt (vgl. *Schweitzer/Küpper* [Systeme] 234). *Lücke* bezeichnet die kalkulatorischen Zinsen als „Ausgleichsventil", mit dem die Unterschiede der Diskontierungsreihen, die sich durch die zeitlichen Verschiebungen ergeben, korrigiert werden können (*Lücke* [Investitionsrechnungen] 314).

Das „Preinreich-Lücke-Theorem" kann für alle Rechengrößen herangezogen werden, deren Periodenüberschüsse dem Kongruenzprinzip entsprechen. Es gilt somit auch für Rechnungen auf der Basis von Aufwendungen und Erträgen (vgl. *Ewert/ Wagenhofer* [Unternehmensrechnung] 67).

Als Fazit des bisherigen Gedankenganges kann festgehalten werden, dass aus theoretischer Sicht die Variante (1), also die einzahlungsorientierte Sicht des Eigners, der optimale Weg zur Errechnung eines Entscheidungswertes für den (potenziellen) Anleger wäre. Aufgrund der dargelegten Schwierigkeiten dieses Ansatzes könnte man als „second best"-Lösung auf die Cash-flows (Variante (3)) zurückgreifen. Auch anhand von Gewinnen (Variante (4)) wäre mit Hilfe entsprechender Anpassungen eine Ermittlung von Entscheidungswerten möglich; in der Praxis könnte diese Methode von besonderer Bedeutung sein, da die notwendigen Daten detailliert zur Verfügung stehen. Grundsätzlich hat sich anhand des Lücke-Theorems gezeigt, dass beide Varianten durch bestimmte Anpassungen ineinander überführt werden können und letztendlich dieselben Ergebnisse resultieren. Daher kommen verschiedene Ansätze der wertorientierten Unternehmensführung in Frage, mit deren Hilfe sinnvolle Entscheidungswerte auf Gesamtunternehmensebene generiert werden können.

3.2.2 Varianten der wertorientierten Unternehmensführung

Es gibt verschiedene Möglichkeiten, um Entscheidungswerte für eine wertorientierte Unternehmensführung zu gewinnen.

Im Folgenden sollen eine Cash-flow-orientierte Variante der wertorientierten Unternehmensführung (Shareholder Value nach *Rappaport*) und ein gewinnorientierter Ansatz in Form des EVA-Konzeptes nach *Stern/Stewart* vorgestellt werden.

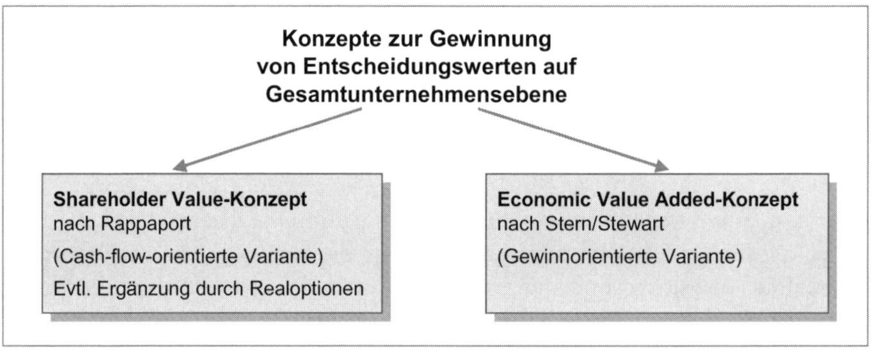

Abb. 3-16: Konzepte zur Gewinnung von Entscheidungswerten auf Gesamtunternehmensebene

Zunächst werden die grundsätzliche Funktionsweise und der Aufbau der einzelnen Konzepte mit Blick auf Entscheidungs- und Steuerungsgrößen für das Gesamtunternehmen dargestellt. In Abschnitt 3.3 wird dann untersucht, inwieweit sich die Konzepte auch für die Generierung von **Entscheidungs- und Steuerungsgrößen für Projekte** eignen. Die folgenden Grundlagen der beiden gewählten Ansätze sind daher auch für die Betrachtung des Projekterfolges von Bedeutung.

Zunächst sollen die Grundgedanken und Bestandteile des Shareholder Value nach *Rappaport* als Cash-flow-orientierte Variante dargestellt werden, da sie auch für das Verständnis des EVA-Ansatzes eine wichtige Rolle spielen.

3.2.3 Das Shareholder Value-Konzept nach *Rappaport*

Mit dem Begriff „Shareholder Value" verbindet sich in besonderem Maße der Name *Alfred Rappaport*; er veröffentlichte 1986 in den USA das Buch „Creating Shareholder Value – The New Standard for Business Performance", das als Grundlagenwerk zur wertorientierten Unternehmensführung bezeichnet werden kann.

Rappaport geht darin von den Investitionsüberlegungen der (potenziellen) Anleger aus, wie sie bereits zu Anfang des Abschnitts 3.2 dargestellt wurden: Der Eigentümer trifft seine Entscheidung für oder gegen ein finanzielles Engagement anhand seiner Erwartungen über die Zahlungen, die ihm aus dieser Investition **in der Zukunft** zufließen werden. Aus dieser Überlegung ergibt sich eine Definition des Shareholder Value als Barwert sämtlicher Nettozahlungen an die Eigner.

Grundsätzlich kann man zwei Vorgehensweisen wählen, um den Shareholder Value als Wert des Eigenkapitals zu bestimmen: Im Rahmen des „Equity-Approach" wird versucht, den Wert des Eigenkapitals direkt zu ermitteln; beim „Entity-Approach" bestimmt man zunächst den Gesamtwert des Unternehmens und subtrahiert dann den Wert des Fremdkapitals.

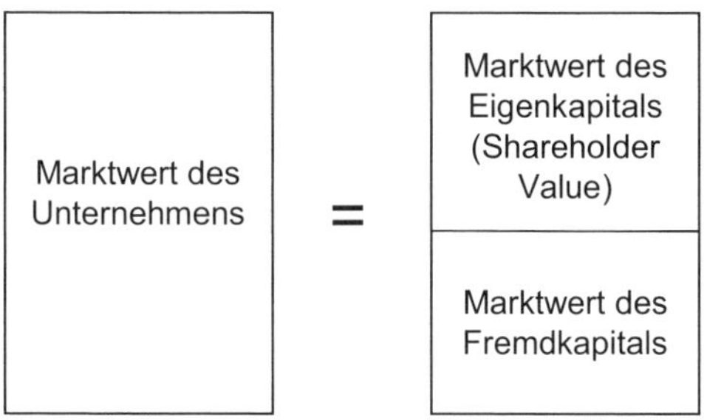

Abb. 3-17: Zusammensetzung des Marktwertes des Unternehmens

Rappaports Konzept beruht auf dem „Entity-Approach", denn er berechnet zunächst den Marktwert des Unternehmens als Summe aller zukünftigen diskontierten Cash-flows (Unternehmenswert aus laufender Geschäftstätigkeit)

und dem Marktwert des nicht betriebsnotwendigen Vermögens. Nicht betriebsnotwendiges Vermögen sind Vermögensgegenstände, die nicht der laufenden Geschäftstätigkeit dienen (z.B. bestimmte Finanzanlagen oder Immobilien). Nun muss noch der Marktwert des Fremdkapitals abgezogen werden, um zum Shareholder Value, dem Marktwert des Eigenkapitals, zu gelangen.

Da *Rappaport* davon ausgeht, dass ein Unternehmen nicht alle anfallenden Cash-flows für die gesamte Totalperiode, also für die Zeit seines Bestehens, genau prognostizieren kann, teilt er die Summe aller diskontierten Cash-flows auf: Das Unternehmen erstellt genaue Cash-flow-Planungen für eine bestimmte Planungsperiode (z.B. fünf oder zehn Jahre). Für den Zeitraum nach der Prognoseperiode wird ein Residualwert zugrunde gelegt (vgl. *Rappaport* [Shareholder Value] 48f.). Die Cash-flows und auch der Residualwert werden auf den Betrachtungszeitpunkt diskontiert. Man bezeichnet diese Methode daher auch als **Discounted-Cash-flow-Methode**.

Der Shareholder Value kann formal folgendermaßen dargestellt werden:

$$SV = \sum_{t=0}^{T} \frac{FCF_t}{(1+WACC)^t} + \frac{Residualwert}{(1+WACC)^T} + MW\ nbV - MW\ FK$$

mit

FCF	Freier Cash-flow
WACC	Weighted Average Cost of Capital (Kapitalstrukturgewichteter Gesamtkapitalkostensatz)
MW nbV	Marktwert des nicht betriebsnotwendigen Vermögens
MW FK	Marktwert des Fremdkapitals

Anhand der Formel werden die wichtigsten Parameter zur Bestimmung des Shareholder Value deutlich:

- Die prognostizierten freien Cash-flows,
- der Gesamtkapitalkostensatz WACC und
- der Residualwert.

(1) Der freie Cash-flow

Der freie Cash-flow zeigt das Finanzmittel-Potenzial aus laufender Unternehmenstätigkeit auf, das zur Befriedigung der Ansprüche von Eigen- und Fremdkapitalgebern zur Verfügung steht. In der Literatur finden sich verschiedene

Definitionen und Abgrenzungen des freien Cash-flow; wir legen im Weiteren folgende Methode zur Ermittlung des freien Cash-flow zugrunde:

	Betriebliche Einnahmen aus laufender Unternehmenstätigkeit
-	Betriebliche Ausgaben aus laufender Unternehmenstätigkeit
=	**Betrieblicher bzw. Operating Cash-flow** (vor Zinsen und vor Steuern)
-	Ertragssteuerzahlungen
=	**Betrieblicher bzw. Operating Cash-flow** (vor Zinsen und nach Steuern)
-	Ersatz- und Erweiterungsinvestitionen in das Anlagevermögen
+	Desinvestitionen im Anlagevermögen
-	Erhöhung des Working Capital
+	Verringerung des Working Capital
=	**Freier bzw. Free Cash-flow** (aus laufender Unternehmenstätigkeit und vor Zinsen)

Abb. 3-18: Ermittlung des freien Cash-flow
(In Anlehnung an: *Pape* [Unternehmensführung] 105)

Der **betriebliche Cash-flow** ergibt sich grundsätzlich als Einnahmenüberschuss aus laufender Geschäftstätigkeit; werden die Ertragsteuern abgezogen, zeigt die Größe das Potenzial an finanziellen Mitteln an, die für Ersatz- und Erweiterungsinvestitionen, zur Befriedigung der Ansprüche der Fremdkapitalgeber und für Zahlungen an die Eigner genutzt werden können.

Der nächste Schritt besteht im Abzug von Ersatz- und Erweiterungsinvestitionen in das Anlagevermögen; diese Mittel sind notwendig, um den langfristigen Erfolg des Unternehmens zu sichern. Gerade diese Investitionsentscheidungen ziehen oftmals eine Erhöhung des langfristigen Umlaufvermögens (Working Capital) nach sich. Diese Erhöhung muss ebenfalls vom betrieblichen Cash-flow subtrahiert werden, um den **freien Cash-flow** zu ermitteln (vgl. *Pape* [Unternehmensführung] 105f. und die dort angegebenen Quellen). Bei Desinvestitionen im Anlagevermögen und bei Verringerung des Working Capital werden ehemals gebundene Mittel freigesetzt; sie werden daher addiert.

(2) Der Gesamtkapitalkostensatz WACC

Der Diskontierungszinssatz ist beim Shareholder-Value-Ansatz als Mindestrendite zu verstehen, die ein Unternehmen erzielen muss, wenn es einem Vergleich mit einer Anlagealternative vergleichbaren Risikos standhalten will. *Rappaport* zieht als Diskontierungszinssatz den kapitalstrukturgewichteten Gesamtkapitalkostensatz (Weighted Average Cost of Capital = WACC) heran; dieser Kapitalkostensatz ergibt sich als gewichteter Durchschnitt der Eigenkapital- und Fremdkapitalkosten, wobei die Wirkung von Steuern hierbei aus didaktischen Gründen vernachlässigt wird:

$$WACC = k_{ek} \cdot \frac{EK}{GK} + k_{fk} \cdot \frac{FK}{GK}$$

mit

k_{ek}	Eigenkapitalkostensatz	EK	Eigenkapital
k_{fk}	Fremdkapitalkostensatz	FK	Fremdkapital
GK	Gesamtkapital (Eigenkapital + Fremdkapital)		

Die Diskontierung der freien Cash-flows mit diesem Gesamtkapitalkostensatz erweist sich als sinnvoll, da sich beide Größen auf das gesamte eingesetzte Kapital beziehen: Der freie Cash-flow stellt eine Überschussgröße dar, die unter Einsatz des gesamten Kapitals der Unternehmung erwirtschaftet worden ist. Der Gesamtkapitalkostensatz ergibt sich unter Berücksichtigung aller Finanzierungsquellen des Unternehmens.

Der **Fremdkapitalkostensatz** kann relativ einfach bestimmt werden: Man kann ihn aus Kreditverträgen und Anleihebedingungen ableiten oder den Zinssatz für langfristige Schuldverschreibungen zugrunde legen. Wichtig ist jedoch, dass hierbei die Kosten zukünftigen Fremdkapitals im Vordergrund stehen und nicht die Kosten für ehemals geschuldetes Fremdkapital (vgl. *Rappaport* [Shareholder Value] 45f.).

Die Bestimmung des **Eigenkapitalkostensatzes** gestaltet sich dagegen wesentlich komplizierter: Die Bereitstellung von Eigenkapital ist für einen Investor mit erheblichen Risiken verbunden. Ein rationaler Anleger erwartet daher für die risikobehaftete Beteiligung an einem Unternehmen eine Vergütung, die sog. **Risikoprämie**. Zur Ermittlung des Eigenkapitalkostensatzes zieht *Rappaport* daher das Capital Asset Pricing-Modell (CAPM) heran. Diesem Modell liegt der Gedanke zugrunde, dass sich der Eigenkapitalkostensatz aus einer Verzinsung für risikofreie Anlagen (Risikolose Sockelrate) und einer Risikoprämie für die riskantere Investition in Anteilsscheine des jeweiligen Unternehmens zusammensetzt:

Eigenkapitalkostensatz = Risikolose Sockelrate + Risikoprämie

Für die Bestimmung der risikolosen Sockelrate wird meist auf die aktuellen Renditen von langfristigen Bundesanleihen zurückgegriffen, die zwar auch nicht als vollkommen risikolos bezeichnet werden können, aber dennoch einen guten Schätzwert für einen risikolosen Zinssatz liefern.

Die unternehmensspezifische Risikoprämie ergibt sich durch die Multiplikation der Marktrisikoprämie mit dem sog. Beta-Faktor des Unternehmens:

$$k_{ek} = i_f + \beta \cdot \underbrace{(r_M - i_f)}_{\text{Marktrisikoprämie}}$$

mit
- k_{ek} Risikoadjustierte Eigenkapitalkosten
- i_f Risikolose Sockelrate
- r_M Erwartete Marktrendite
- β Unternehmensspezifischer Beta-Faktor

Die Marktrisikoprämie errechnet sich als Differenz zwischen der erwarteten Marktrendite (z.B. der Rendite des DAX-Portfolios) und der risikolosen Sockelrate und ist somit ein allgemeines Maß für die übliche Risikoprämie des Eigenkapitals am Kapitalmarkt. Der Beta-Faktor stellt dagegen ein unternehmensspezifisches Risikomaß dar: Er drückt die in der Vergangenheit beobachtete **Volatilität** einer Aktie aus, d.h. ihre Kursentwicklung im Vergleich zur Entwicklung eines gesamten Marktindex (wie z.B. des DAX). Ist Beta größer 1, so wird sich eine Aktie stärker verändern als der herangezogene Marktindex und gilt damit als risikoreich.

(3) Der Residualwert

Die Ermittlung der freien Cash-flows und des Gesamtkapitalkostensatzes dient v.a. der Berechnung eines diskontierten Cash-flow-Wertes innerhalb des Planungshorizontes. Doch auch nach Ende dieses Zeitraumes, für den genaue Planungen existieren, werden im Normalfall Ergebnisse aus unternehmerischer Tätigkeit resultieren. Dieser Residualwert wird von *Rappaport* unter vereinfachenden Annahmen ermittelt. Die Berechnung des Residualwertes hängt zum Großteil von der verfolgten Strategie ab und kann daher nicht allgemeingültig bestimmt werden. Oftmals wird der Fortführungswert als Barwert einer ewigen Rente zugrunde gelegt (detaillierte Ausführungen zu den verschiedenen Möglichkeiten finden sich z.B. bei *Rappaport* [Shareholder Value] 48ff. oder *Pape* [Unternehmensführung] 115ff.).

Im Anschluss soll eine Erweiterung der Shareholder-Value-Methode vorgestellt werden, die in den letzten Jahren zunehmend Bedeutung erlangt hat: Die Bewertung, Auswahl und das Management von strategischen Investitionen mit Hilfe des Realoptionsansatzes.

3.2.4 Entscheidungswerte auf der Basis von Realoptionen

Bereits Anfang der 80er-Jahre wurde von verschiedenen Autoren ein wichtiger Kritikpunkt an der Discounted-Cash-flow-Methode geäußert: Es handelt sich um ein Verfahren bei **Sicherheit**, d.h. man geht davon aus, dass die zukünftigen Cash-flows zum Betrachtungszeitpunkt genau geschätzt werden können und dass im weiteren Verlauf **keine Veränderungen** eintreten werden. Diese Annahme erscheint in einer Zeit der zunehmenden Komplexität und Dynamik der Umwelt äußerst unrealistisch; bei einer Investitionsentscheidung gewinnt vielmehr die Berücksichtigung von Chancen und Risiken, die sich im Zusammenhang mit der Ungewissheit der zukünftigen Entwicklungen ergeben, somit stark an Bedeutung.

Besteht die Möglichkeit, die endgültige Investitionsentscheidung in die Zukunft zu verschieben oder in mehrere aufeinander folgende Investitionen aufzuteilen, so bringt dies i.d.R. eine Verbesserung der Informationslage mit sich. Die Ungewissheit nimmt somit im Zeitverlauf graduell ab. Durch zusätzliche Informationen wird es für das Unternehmen möglich, auf neue Entwicklungen zu reagieren. Das Management kann bereits getroffene Entscheidungen revidieren und die ursprüngliche Strategie an die veränderten Umweltbedingungen anpassen (vgl. *Koch* [Realoptionen] 35), d.h. durch dieses Vorgehen ergeben sich **unternehmerische Handlungsspielräume**. Die Möglichkeit, die Gesamtinvestition in eine **Sequenz von Investitionsentscheidungen** aufzuspalten, und je nach Erfolg oder Misserfolg die weitere Vorgehensweise anzupassen, wird bei der Kapitalwertmethode nicht berücksichtigt (vgl. *Kühn/Fuhrer/Jenner* [Reale Optionen] 45): Hier wird dem Entscheider empfohlen, entweder sofort zu investieren, falls die Investition vorteilhaft ist, oder sie grundsätzlich zu unterlassen.

Doch gerade diese Möglichkeit einer flexiblen Reaktion auf Umwelt- und Marktentwicklungen stellt in einer Zeit der zunehmenden Komplexität, Dynamik und somit erhöhter Ungewissheit einen nicht zu unterschätzenden Wert für ein Unternehmen dar.

Mit Hilfe eines **Beispiels** soll die Grundidee, die den Realoptionen zugrunde liegt, kurz illustriert werden (das Beispiel basiert auf *Kühn/Fuhrer/Jenner* [Reale Optionen] 46): Ein Unternehmen plant die Einführung eines neuen Produktes in Europa. Da das Produkt sehr innovativ ist, bringt dieses Projekt sowohl hohe Risiken als auch große Chancen mit sich. Die Unternehmensleitung wendet die Discounted-Cash-flow-Methode an und kommt zu dem Ergebnis, dass die Markteinführung aufgrund des hohen Risikos unattraktiv bzw. wertvernichtend wäre.

Allerdings bieten sich Handlungsspielräume an, die den Umgang mit der Unsicherheit erleichtern können. Beispielsweise könnte sich das Management entschließen, in einem ersten Schritt das Produkt in einem Testmarkt, also z.B. nur in Deutschland, einzuführen. Damit erwirbt die Unternehmensleitung eine **reale Option** auf einen vorzeitigen Abbruch bei Misserfolg auf dem Testmarkt bzw. auf die Einführung auf dem Gesamtmarkt bei Erfolg auf dem Testmarkt.

An diesem Beispiel wird die konzeptionelle Analogie zwischen Real- und Finanzoptionen besonders deutlich: Man kann die Möglichkeit, bei Erfolg auf dem Testmarkt die Gesamtmarkteinführung in Angriff zu nehmen, als Kauf-Option (Call) auf die Cash-flows interpretieren, die sich durch die Einführung des Produktes auf dem Gesamtmarkt ergeben. Andererseits beinhaltet diese Situation gleichzeitig eine Verkaufs-Option (Put) bei Misserfolg auf dem Testmarkt; der Ausübungspreis dieser Option entspricht den ersparten Kosten einer Einführung auf dem Gesamtmarkt (vgl. *Meise* [Realoptionen] 51).

Die auf dem Testmarkt gewonnenen neuen Informationen liefern dem Management ein neues Bild bezüglich der Chancen und Risiken des Projektes: Bei Erfolg auf dem deutschen Markt ist ein Erfolg auf dem Gesamtmarkt wesentlich wahrscheinlicher als zuvor, bei einem Misserfolg kann das gesamte Projekt notfalls abgebrochen werden, bevor zu viel investiert wurde. Auf diese Weise wird also das Verlustrisiko bedeutend reduziert. Zudem können bei der Einführung auf dem deutschen Markt Lerneffekte erzielt werden.

Allerdings können sich durch das Abwarten auch Probleme ergeben: Vielleicht wäre das Produkt auch auf dem Gesamtmarkt erfolgreich gewesen und dem Unternehmen können Erträge entgangen sein. Eventuell gibt es auch einen Konkurrenten, der in der Zwischenzeit ein vergleichbares Produkt auf den anderen Märkten einführt. Insgesamt wäre es durch diese erweiterte Sichtweise jedoch durchaus möglich, dass das Produkt nun doch eingeführt werden sollte – entgegen der Empfehlung, die sich aus der Kapitalwertmethode ergibt.

Anhand dieses Beispiels zeigt sich, dass sich die Manager des Unternehmens durch die Zerlegung des Großprojektes „Einführung eines Produktes auf dem gesamten europäischen Markt“ in nacheinander geschaltete Teilprojekte einen Handlungsspielraum (möglicher Abbruch des Großprojektes oder Weiterführung) geschaffen haben, der bereits für sich genommen einen bestimmten Wert repräsentiert, auch wenn er eventuell nicht zu Einzahlungen führt.

Wie kann die Höhe des Wertes dieses **Handlungsspielraumes** nun bestimmt werden? Beim Realoptionsansatz werden die Grundideen des Optionspreisansatzes der Finanzierungstheorie, bei denen Optionen handelbare Wertpapiere darstellen, auf „real (nonfinancial) assets" übertragen (*Amram/Kulatilaka* [Real Options] 6). Eine **Option** kann prinzipiell als Recht definiert werden, einen Vermögensgegenstand zu einem bestimmten Zeitpunkt (europäische Option) bzw. während einer bestimmten Zeitspanne (amerikanische Option) zu einem bestimmten Preis zu erwerben bzw. zu veräußern (vgl. *Trigeorgis* [Real Options] 69). Wichtig ist hierbei, dass es sich bei einer Option lediglich um ein Recht und um keine Pflicht handelt.

Wie der Realoptionsansatz für die Bewertung von Projekten eingesetzt werden kann, wird im Zusammenhang mit der Planung der Wertentwicklung von Projekten ausführlich erörtert (S. 584).

Nachdem nun die Grundzüge und die wichtigsten Bestandteile des Shareholder-Value-Konzeptes sowie die Erweiterungsmöglichkeit durch Realoptionen vorgestellt wurden, sollen diese Erkenntnisse für die Darstellung eines weiteren, in der Praxis weit verbreiteten Ansatzes zur wertorientierten Unternehmensführung genutzt werden: Das Economic Value Added-Konzept von *Stern/Stewart.*

3.2.5 Der Economic Value Added-Ansatz nach *Stern/Stewart*

Die Unternehmensberatung *Stern Stewart & Co* entwickelte unter dem Namen „Economic Value Added" (EVA) ein Konzept zur wertorientierten Unternehmensführung, das auf einer intuitiv eingängigen Grundidee beruht: Um den Wert des Unternehmens zu steigern, muss ein Gewinn erzielt werden, der größer ist als die Kosten für das Kapital, das für die Erwirtschaftung des Gewinnes eingesetzt werden musste. *Stern/Shiely/Ross* ([Unternehmensführung] 35) zitieren *Roberto Goizueta*, einen früheren CEO von Coca-Cola, mit einer plakativen Erklärung: „Sie werden nur dann reicher, wenn Sie Geld so investieren, dass Sie dafür mehr bekommen als Sie selbst dafür bezahlen müssen."

Diese Erkenntnis ist allerdings nicht neu; sie ist in Theorie und Praxis unter dem Namen „Residualgewinn" bekannt und wird seit Jahrzehnten in verschiedenen Formen praktisch eingesetzt.

Allgemein kann der **Residualgewinn** (RG) folgendermaßen dargestellt werden:

(1) RG = Gewinn – Kapitalkostensatz · Kapitaleinsatz

oder umgeformt

(2) RG = (Kapitalrentabilität – Kapitalkostensatz) · Kapitaleinsatz

Allerdings handelt es sich beim „Economic Value Added" EVA um einen Residualgewinn, dem spezielle Komponenten zugrunde liegen:

EVA = NOPAT - WACC · NOA

mit

NOPAT	Net Operating Profit After Taxes
WACC	Weighted Average Cost of Capital
NOA	Net Operating Assets

Die in die EVA-Berechnung einfließenden Daten stammen zum Großteil aus dem externen Rechnungswesen; allerdings werden sowohl die Gewinngröße NOPAT als auch die Kapitalgröße NOA in mehreren Stufen „bereinigt".

(1) Die Gewinngröße NOPAT

Stern/Stewart gehen von einer Rechnungslegung nach US-GAAP aus; die Gewinngröße NOPAT ergibt sich somit folgendermaßen (vgl. *Young/O`Bryne* [EVA] 35):

Net Sales
- Operating Expenses

= Operating Profit (or Earnings Before Interest and Taxes = EBIT)
- Taxes

= Net Operating Profit After Taxes (NOPAT)

Nun erfolgen die so genannten „Adjustments", die umfangreichen Anpassungen zur Bereinigung der Auswirkungen des Vorsichtsprinzips, zur Reduzierung von bilanzpolitischen Spielräumen und zur Vermeidung der Fortführung früherer „Bilanzierungsfehler" (vgl. *Ewert/Wagenhofer* [Unternehmensrechnung] 551ff.). Wichtig ist hierbei, dass niemals alle Adjustments herangezogen werden können, da hierbei Inkonsistenzen möglich sind: Jedes Unternehmen entscheidet sich individuell für jene Anpassungen, die für seine Belange sinnvoll erscheinen. Eine Aufstellung der wichtigsten Adjustments findet sich beispielsweise bei *Ehrbar* [EVA] 178ff. oder bei *Stewart* [Value].

(2) Der Kapitalkostensatz WACC

Auch im EVA-Konzept wird der Kapitalkostensatz nach dem in Abschnitt 3.2.3 vorgestellten „Weighted Average Cost of Capital"-Modell berechnet (S. 515); allerdings schlägt *Stewart* zur Berechnung der Eigenkapitalkosten im Rahmen des „capital asset pricing model" eine Alternative für die Ermittlung des Beta-Faktors vor, bei der das Risiko in verschiedene Risikofaktoren zerlegt wird und somit detaillierter in die Berechnung eingehen soll (vgl. *Stewart* [Value] 452ff.).

(3) Die Kapitalgröße NOA

Die Kapitalgröße „Net operating assets" (NOA) entspricht dem betriebsnotwendigen Vermögen zu Beginn des Jahres, also dem investierten Kapital, das zur Erwirtschaftung der Gewinngröße NOPAT eingesetzt werden musste (zur genauen Ermittlung der Kapitalgröße vgl. beispielsweise *Hostettler* [EVA] 111ff.). Bei der Berechnung der Kapitalgröße spielen die sog. „Equity Equivalents", spezielle Adjustments, wie die Aktivierung und Abschreibung von Aufwendungen mit strategischem Charakter (z.B. Forschung und Entwicklung), eine wichtige Rolle.

Prinzipiell stehen für Manager operativer Bereiche drei Handlungsmöglichkeiten zur **Steigerung des EVA** zur Verfügung:

- Die Erhöhung des NOPAT bei gleichem Kapitaleinsatz (beispielsweise durch Effizienzsteigerungen in der Produktion),
- die Investition zusätzlichen Kapitals in Projekte mit überdurchschnittlicher Rendite und/oder
- die Verringerung des betrieblich gebundenen Kapitals, mit dem eine unzureichende Rendite, also eine Verzinsung unterhalb der Kapitalkosten, erreicht wird.

Natürlich spielt auch eine möglichst vorteilhafte Kapitalstruktur eine wichtige Rolle, doch auf die Zusammensetzung der Kapitalstruktur haben operative Manager meist nur wenig Einfluss.

Bisher haben wir uns lediglich mit dem statischen Teil des EVA-Konzeptes beschäftigt. Um den Nachteilen einer statischen Kennzahl auf Grundlage des Gewinnes zu begegnen, haben *Stern/Stewart* auch eine dynamische Komponente in ihren Ansatz integriert: Den **„Market Value Added"** (MVA). Der MVA kann auf zwei verschiedene Arten berechnet werden und zwar

- **ex ante** als Summe der Barwerte der diskontierten prognostizierten EVAs und/ oder
- **ex post** als Marktwert des gesamten Unternehmens abzüglich ausgewiesenem Vermögen (Der Marktwert des Gesamtunternehmens ergibt sich als Summe der Marktwerte des Eigenkapitals und des Fremdkapitals) (vgl. *Hostettler* [EVA] 184f.).

Die beiden Berechnungsarten sind in Abb. 3-19 dargestellt.

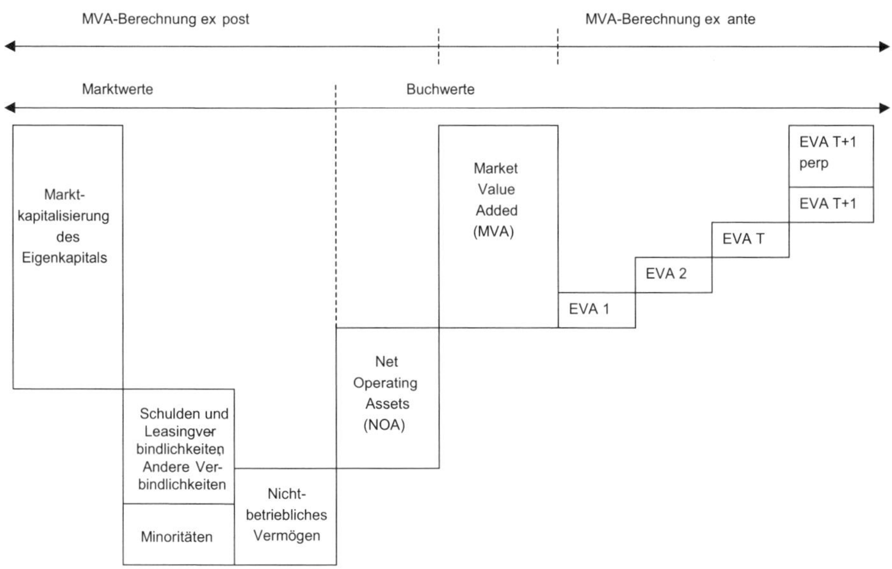

Abb. 3-19: Grafische Darstellung der Berechnung des MVA ex post und ex ante (Quelle: *Hostettler* [EVA] 185)

Die Ergebnisse beider Varianten sollten sich im Idealfall entsprechen: Eine Abweichung kann auf mögliche Über- oder Unterbewertungen durch den Kapitalmarkt bzw. auf Fehleinschätzungen künftiger EVAs durch das Management hindeuten. Auf diese Weise fließen die Erwartungen des Kapitalmarktes mit in das Konzept ein; bei Abweichungen könnte das Management beispielsweise seine Informationspolitik verändern.

Mit Hilfe des EVA-Konzeptes ist es möglich, **eine** Methode für die Investitionsrechnung, die jährliche Gewinnplanung und die täglichen operativen Entscheidungen zu nutzen. Die Grundidee von EVA ist für die Mitarbeiter intuitiv eingängig und daher **relativ leicht kommunizierbar**; die Einführung des EVA-Ansatzes kann somit zu einer **höheren Transparenz** beitragen und ein **stärkeres Verantwortungsgefühl** bezüglich der Auswirkungen des eigenen Handelns auf die EVA-Performance mit sich bringen.

Besondere Vorteile bietet EVA als Beurteilungsgröße im **Anreizsystem** des Unternehmens. Will man erreichen, dass das Management tatsächlich die für die Anteilseigner besten Investitionsprojekte realisiert, so erzielt man mit der Kopplung des Entgeltes der Manager an die Barwerte der Residualgewinne (zu denen ja auch der EVA gehört) gute Ergebnisse (vgl. *Ewert/Wagenhofer* [Unternehmensrechnung] 535ff.).

Problematisch erscheint beim EVA-Konzept die Anpassung der Größen aus dem Rechnungswesen durch die Adjustments: Es ergeben sich entsprechende **Manipulationsspielräume**. Außerdem sind die EVA-Größen verschiedener Unternehmen durch die jeweils eigene Definition und Zusammenstellung der Adjustments **nicht direkt vergleichbar**. Die **Einperiodigkeit** der EVA-Kennzahl kann als schwierigstes Problem des Ansatzes angeführt werden; durch die Einbeziehung des MVA als dynamische Erweiterung kann dieser Schwachpunkt jedoch zum Grossteil behoben werden.

Nachdem nun verschiedene Möglichkeiten aufgezeigt wurden, mit deren Hilfe man rational zu Entscheidungswerten auf Gesamtunternehmensebene gelangen kann, steht nun die Gewinnung von Entscheidungswerten **für Projekte** im Mittelpunkt.

3.3 Ermittlung von Entscheidungswerten auf Projektebene

3.3.1 Überblick

Aus Sicht einer eignerorientierten Unternehmensführung sind bei jeder Entscheidung deren Auswirkungen auf den Unternehmenswert mit zu berücksichtigen. Allerdings kann nicht bei jeder Entscheidung der Gesamtunternehmenswert vor und nach der Entscheidung berechnet und miteinander verglichen werden. Dies ist aufgrund der Komplexität der zugrunde liegenden Konzeptionen und dem damit verbundenen Aufwand nicht sinnvoll.

Ideal für die Beurteilung einer Entscheidung unter Wertsteigerungsgesichtspunkten wäre somit ein Entscheidungswert, der entgegen den Entscheidungswerten auf Gesamtunternehmensebene keine Totalbetrachtung verlangt. Vielmehr sollte der Entscheider mittels eines solchen Entscheidungswertes dazu in der Lage sein, im Sinne einer **Differenzbetrachtung** den positiven oder negativen Beitrag der in Frage stehenden Entscheidung zum Unternehmenswert zu ermitteln.

Allerdings ist es nicht für alle Entscheidungssachverhalte unter Wirtschaftlichkeitsgesichtspunkten lohnend, eine Rückbindung bis zur Wertsteigerung des Unternehmens anzustreben. Nur wenn der zugrunde liegenden Entscheidung ein ausreichend großes Gewicht im Hinblick auf die Wirtschaftlichkeit zukommt, erscheint der Aufwand zur Berechnung eines Wertbeitrages gerechtfertigt. In Bezug auf Projekte, insbesondere in Bezug auf strategische Projekte, steht die Notwendigkeit zur Berechnung eines Projektwertbeitrages jedoch außer Frage. Dies natürlich umso mehr, je stärker die Entwicklung des gesamten Unternehmens und damit auch die Entwicklung des Unternehmenswerts von einem Management durch Projekte geprägt wird.

Im Folgenden wird der projektbezogene Entscheidungswert als **Projektwertbeitrag** bezeichnet. Bevor jedoch ein konkreter Vorschlag für die Berechnung eines Projektwertbeitrages gemacht wird (S. 567ff.), müssen vorlaufend noch einige grundsätzliche Überlegungen zu den theoretischen Grundlagen einer wertorientierten Projektwirtschaftlichkeitsrechnung angestellt werden.

Zunächst werden die wesentlichen Charaktermerkmale des Projektwertbeitrages dargestellt, die dann auch als Basis für seine Definition dienen.

Anhand dieser Merkmale wird dann überprüft, inwiefern sich die Konzepte zur Ermittlung gesamtunternehmensbezogener Entscheidungswerte auf die Projektebene übertragen lassen. Abschließend wird die Grundstruktur einer wertorientierten Projektwirtschaftlichkeitsrechnung skizziert.

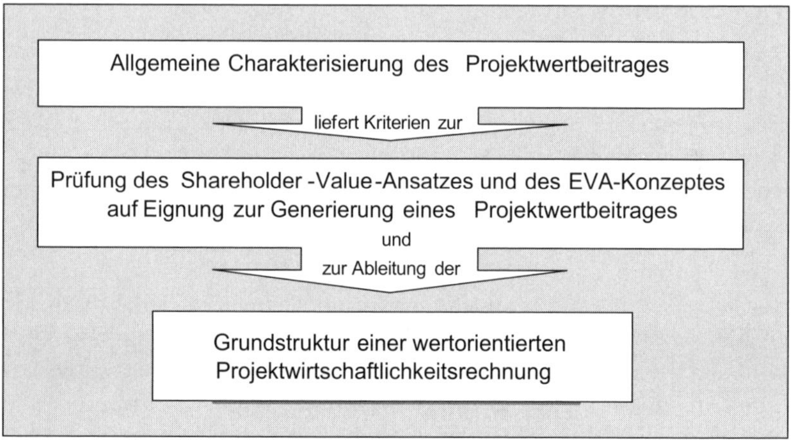

Abb. 3-20: Überblick über den Aufbau von Abschnitt 3.3

3.3.2 Der Projektwertbeitrag als Entscheidungswert auf Projektebene

Bevor im Folgenden auf die Charakterisierung projektbezogener Entscheidungswerte eingegangen wird, soll nochmals kurz die Entscheidungssituation beleuchtet werden, in der diese Entscheidungswerte zum Tragen kommen.

Im Grunde steht der Entscheider vor der Frage, ob er ein Projekt – sei es ein unternehmensinternes Projekt oder ein Kundenprojekt – zum Start freigeben soll. Die Antwort ist letztlich gleich bedeutend mit einer Entscheidung für die Bindung knappen Kapitals und von anderen knappen Ressourcen in diesem Projekt. Dies lässt sich aus gesamtunternehmerischer Sicht nur dann rechtfertigen, wenn das Projekt für **die Entwicklung des Unternehmens** von Bedeutung ist und/oder einen **Beitrag zum Gesamtunternehmenswert** erbringt, der mindestens gleich hoch oder höher ist als der Beitrag eines Alternativprojektes. Wie die Entscheidung für oder gegen ein Projekt ganzheitlich strukturiert und wie eine Abwägung zwischen Unternehmensentwicklung und Wertsteigerung vorgenommen werden kann, wird in Abschnitt 4.3.1 ausführlich dargestellt. Im Folgenden wird ausschließlich auf die Ermittlung des Entscheidungskriteriums „Projektwertbeitrag“ eingegangen.

Folgende **Eigenschaften** charakterisieren den Projektwertbeitrag:

- Zukunftsorientierung
- Mehrperiodigkeit / Lebenszyklusorientierung
- Entscheidungsorientierung
- Sequenzielle Entscheidungsmöglichkeiten

(1) Zukunftsorientierte Steuerung

Grundlegend muss festgestellt werden, dass ein Entscheider bereits vor dem Start eines Projektes eine Vorstellung davon gewinnen muss, welchen Beitrag das Projekt zum Gesamtunternehmenswert leisten kann. Der Projektwertbeitrag selbst stellt ein wichtiges Entscheidungskriterium für oder gegen den Projektstart dar. Insofern muss der Projektwertbeitrag in erster Linie **als zukunftsorientierte Steuerungsgröße** gesehen werden. Natürlich kann der Projektwertbeitrag im Falle einer Projektdurchführung anschließend auch als Sollgröße für die mitlaufende Sicherung der Projektwirtschaftlichkeit dienen. Zur Ermittlung des Projektwertbeitrages sind jedoch zunächst **Plandaten** notwendig.

Entscheidend für die Berechnung eines Projektwertbeitrages sind die Höhe der Zahlungsströme aus einem Projekt sowie deren zeitlicher Anfall. Insofern würde eine Schätzung von geplanten Zahlungsströmen und geplantem zeitlichen Anfall für die Berechnung eines geplanten Projektwertbeitrages ausreichen.

Diese Schätzung ist im Grunde jedoch von allen anderen Planungsbereichen des Projektes abhängig. Voraussetzung für die Prognose von Projektzahlungsströmen sind die Projektstruktur- und Projektablaufplanung, die Projektterminplanung, die Projektressourcen- und Projektbudgetplanung sowie die Projektkostenplanung. Zusätzlich sollte das Projektrisiko geschätzt werden.

Damit wird deutlich, dass der Aussagegehalt des Projektwertbeitrages umso höher ist, je detaillierter die Projektplanung durchgeführt wurde. Bereits aus der einfachen Aufzählung der Planungsgegenstände wird zugleich deutlich, dass hier aus ökonomischer Sicht eine konfliktäre Zielbeziehung vorliegt. Einerseits sollte natürlich eine möglichst exakte und vollständige Projektplanung vorgenommen werden, um so eine solide Grundlage für die Berechnung des Projektwertbeitrages zu erhalten, andererseits kann auch nicht zu viel Aufwand in die Planung des Projektes investiert werden, solange noch nicht geklärt ist, ob das Projekt für das Unternehmen überhaupt interessant ist.

Hier muss somit ein Kompromiss zwischen Planungsgenauigkeit auf der einen Seite und vertretbarem Planungsaufwand auf der anderen Seite gefunden werden. Dies gilt insbesondere für große und komplexe Projekte, wie sie beispielsweise im Großanlagenbau oder in der Bauwirtschaft typischerweise vorkommen.

(2) Mehrperiodigkeit / Lebenszyklusorientierung

Projekte laufen i.d.R. über mehrere Abrechnungsperioden hinweg. Aus diesem Grunde muss bei der Beurteilung der Projektwirtschaftlichkeit eine Methode zum Einsatz kommen, die über die Erfassung des Zeitwertes des Geldes in der Lage ist, einen theoretisch richtigen **mehrperiodigen Entscheidungswert** zu liefern. Im Grunde kann dies, wie bereits aufgezeigt (S. 502ff.), nur durch die Anwendung von dynamischen Investitionsrechnungsverfahren garantiert werden. Zur **Strukturierung des Projektes** über die gesamte Laufzeit hinweg und zur damit verbundenen **zeitlichen Einordnung der Projektzahlungsströme** kann eine Einteilung des Projektes in typische Projektlebenszyklen, wie z.B. die Projektvorlaufphase, die Nutzungsphase und die Projektnachlaufphase, vorgenommen werden.

Sowohl der mehrperiodige Zeitbezug als auch die Erfassung von projektbezogenen Zahlungsströmen stellen die Wirtschaftlichkeitsbetrachtungen eines Projektes in der Praxis allerdings vor Probleme. Sie resultieren v.a. aus der Tatsache, dass Überlegungen zur Wirtschaftlichkeit allgemein - und damit auch zur Projektwirtschaftlichkeit - oftmals auf der Basis kostenrechnerischer Daten vorgenommen werden. Unter Kosten wird „der bewertete sachzielbezogene Güterverbrauch einer Abrechnungsperiode" verstanden (*Schweitzer/Küpper* [Systeme] 13). Mithin sind Kostenrechnungssysteme vom Grundcharakter her weder an Zahlungsstromgrößen ausgerichtet noch mehrperiodig angelegt.

Aus diesem Grunde muss in diesem Zusammenhang die Schnittstelle zwischen dynamisch ausgerichteten Investitionsrechenverfahren und deren Zahlungsstromorientierung einerseits und der Kostenrechnung andererseits in den Blickpunkt der Betrachtung rücken. Hierbei ist jedoch besonders auf den Zeitbezug der Kostengrößen sowie auf deren Bezug zu Zahlungsstromgrößen zu achten.

In der Literatur wird eine Reihe von Vorschlägen diskutiert, die sich an der Schnittstelle zwischen Investitionsrechnung und Kostenrechnung bewegen. Zu nennen wären hier beispielsweise der Ansatz der investitionstheoretischen Kostenrechnung nach *Schweitzer/Küpper* ([Systeme] 241ff.), die Lebenszyklusrechnung von *Riezler* ([Lebenszyklusrechnung]) sowie die Ansätze des dynamischen Target Costing von *Mussnig* ([Target Costing]) und *Schmidt* ([Life Cycle]). Die Lebenszyklusrechnung und die Ansätze des dynamischen Target Costing wurden in Teil 2, Abschnitt 6.9.3 und 6.9.4 ausführlich erörtert.

Festzuhalten bleibt an dieser Stelle der **Lebenszykluscharakter des Projektwertbeitrages**. Selbst wenn zur Ableitung der zeitbezogenen Zahlungsstromgrößen kostenrechnerische Daten mit herangezogen werden, ändert dies nichts am periodenübergreifenden Charakter des Projektwertbeitrages.

Der Projektwertbeitrag ist als Entscheidungswert anzusehen, der die Wirtschaftlichkeit des Projektes über den gesamten Projektlebenszyklus abbildet. Damit ist diese Steuerungsgröße ganz eindeutig von allen Periodenerfolgsgrößen abzugrenzen. Während Periodenerfolgsgrößen den Beitrag einer bestimmten Unternehmenseinheit – oder in diesem Fall eines Projektes – zum Erfolg einer Abrechnungsperiode zum Ausdruck bringen, erfasst der Projektwertbeitrag den Anteil, den das Projekt über seine gesamte Lebensdauer hinweg zum Gesamtunternehmenswert beiträgt.

Abb. 3-21 macht deutlich, dass es sich bei der Betrachtung von Periodenerfolgsgrößen um eine Querschnittsbetrachtung handelt, während der Projektwertbeitrag eine typische Längsschnittsbetrachtung darstellt. Diese jeweilige Fokussierung ist aufgrund der unterschiedlichen betriebswirtschaftlichen Aufgabenstellungen auch folgerichtig.

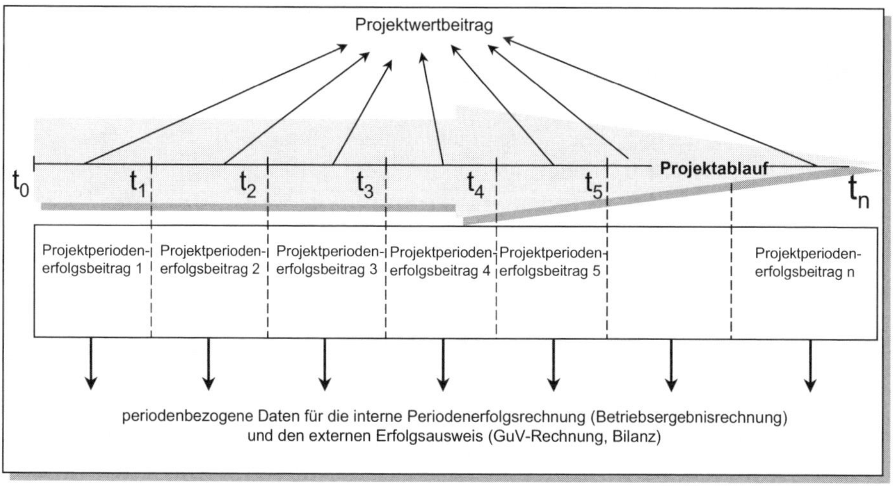

Abb. 3-21: Abgrenzung periodenbezogener Erfolgsgrößen vom Projektwertbeitrag

Bei den internen Rechnungsweseninstrumenten geht es primär um die Erfassung jeweils einperiodiger Ergebnisse, sowohl zu Steuerungszwecken als auch als Grundlage für den vom Gesetzgeber vorgeschriebenen Ausweis von Periodenerfolgen im Rahmen des externen Rechnungswesens. Für diese Aufgabenstellungen ist die Betrachtung der jeweiligen zeitraumbezogenen Beiträge eines Projektes zum Gesamtperiodenerfolg eines Unternehmens wichtig.

Bei der Entscheidung für oder gegen ein Projekt interessieren die periodisierten Erfolgsbeiträge nicht. Entscheidend ist vielmehr die Frage, ob das Projekt einen positiven Beitrag zur Steigerung des Unternehmenswertes liefert, oder möglicherweise sogar zur Vernichtung von Unternehmenswert führt. Die Entscheidung muss vor dem Start des Projektes getroffen werden und hat zugleich alle relevanten Daten über den gesamten Projektablauf hinweg mit einzubeziehen.

Der Projektwertbeitrag ist somit klar von Projektperiodenerfolgsgrößen abzugrenzen und hat keinen Aussagewert im Hinblick auf die Messung interner oder externer projektbezogener Periodenerfolge. Stattdessen liefert er dem Entscheider eine Information, ob er durch das Projekt einen Beitrag zur Steigerung des Gesamtunternehmenswertes im Sinne vorhandener oder potenzieller Eigenkapitalgeber leistet. Die Entscheidung bezieht sich auf das Projekt im Ganzen und nicht auf einen Abrechnungszeitraum.

(3) Entscheidungsorientierung

In die Berechnung eines Projektwertbeitrages dürfen nur jene wirtschaftlichen Größen eingehen, die von der Entscheidung für oder gegen das Projekt verursacht werden. Die Abgrenzung der Projektverursachung der Daten, die Zahlungsstromorientierung der Daten und die Verknüpfung der Projektwertbeitragsrechnung mit den bisherigen Instrumenten des internen Rechnungswesen sind eng miteinander verknüpfte Problemstellungen, die bei der Betrachtung der Grundstruktur einer Projektwirtschaftlichkeitsrechnung nochmals aufgegriffen werden (Abschnitt 3.3.4).

(4) Sequenzielle Entscheidungsmöglichkeiten

Abschließend ist noch auf den typisch **sequenziellen Charakter** von Entscheidungen hinzuweisen, die sich auf strategische Projekte beziehen. Aufgrund der Zeitspanne, über die sich strategische Projekte hinziehen können, aufgrund der oftmals hohen Informationsunsicherheit zu Beginn solcher Projekte, aber auch aufgrund ihrer Komplexität ist davon auszugehen, dass niemals alle Projektentscheidungen bereits zu Beginn des Projektes getroffen werden. Vielmehr werden einzelne Entscheidungen erst im Projektablauf mit zunehmendem Erkenntnisfortschritt getroffen. Damit liegen auch erst zu diesem Zeitpunkt die ökonomischen Konsequenzen dieser Entscheidungen fest. Trotzdem sollte ein Projektwertbeitrag dazu in der Lage sein, **verschiedene Entscheidungsoptionen** und ihre ökonomischen Konsequenzen schon im Planungsstadium **mit einzupreisen**.

Fasst man alle diese Charakteristika zusammen, so handelt es sich bei einem Projektwertbeitrag um eine **mehrperiodige Steuerungsgröße,**

- die auf der **Basis von Plandaten** errechnet wird (Zukunftsorientierung),
- die sich an den **Zahlungsstromgrößen des gesamten Projektlebenszyklusses** ausrichtet und somit keine zeitraumbezogenen Periodenergebnisbeiträge ausweist (Lebenszyklusorientierung),
- in die nur Daten eingehen dürfen, die tatsächlich **durch das Projekt verursacht** werden (Entscheidungsorientierung) und
- die dazu in der Lage ist, **sequenzielle Entscheidungsmöglichkeiten** mit zu erfassen.

Nach dieser Charakterisierung definieren wir den Projektwertbeitrag wie folgt:

Unter einem **Projektwertbeitrag** verstehen wir eine zukunftsorientierte, auf projektlebenszyklusorientierten Planungsdaten basierende Steuerungsgröße,

- mit deren Hilfe bereits vor dem Projektstart der Beitrag eines Projektes zum Gesamtunternehmenswert abgeschätzt wird und
- die im weiteren Verlauf des Projektes als Sollgröße zur Sicherung der Projektwirtschaftlichkeit zugrunde gelegt werden kann

3.3.3 Übertragung der gesamtunternehmensbezogenen Entscheidungswerte auf die Projektebene

In Abschnitt 3.2 wurden mit dem Shareholder Value-Ansatz und dem Economic Value Added-Ansatz (EVA) zwei verschiedene Grundkonzepte zur wertorientierten Unternehmensführung vorgestellt. Zusätzlich wurde der Realoptionsansatz skizziert, der als Ergänzung des Shareholder Value-Ansatzes gesehen werden kann. Sowohl der Shareholder Value- als auch der Economic Value Added-Ansatz liefern von ihrer Grundstruktur her gesamtunternehmensbezogene Entscheidungswerte. Der Realoptionsansatz wird nicht nur unter dem Aspekt der Bewertung von gesamten Unternehmen diskutiert, sondern auch in Bezug auf die Bewertung von Strategien oder einzelnen Investitionsalternativen. Insofern eignet sich dieser Ansatz auch für eine projektbezogene Betrachtung. Für den **Shareholder Value-** und den **Economic Value Added-Ansatz** kann jedoch nicht von vornherein davon ausgegangen werden, dass sie ebenfalls projektbezogen eingesetzt werden können.

Aus diesem Grunde werden diese beiden Ansätze im Folgenden genauer darauf untersucht, inwieweit eine Übertragung der jeweiligen Methodik auf Projekte sinnvoll erscheint und ob sie sich somit als Grundlage zur Berechnung von

Projektwertbeiträgen eignen. Hierzu werden die Ansätze auf ihre Konsistenz bezüglich der oben dargestellten Kriterien überprüft.

(1) Zukunftsorientierung

Da alle Konzepte gleichermaßen auf Plandaten basieren, treffen die Schwierigkeiten, die sich aus der Gewinnung der relevanten Plandaten ergeben, gleichermaßen auf alle Ansätze zu.

(2) Mehrperiodigkeit / Lebenszyklusorientierung

Der **Shareholder Value** basiert methodisch auf dem Kapitalwert und ist somit prinzipiell mehrperiodig über den gesamten Lebenszyklus eines Projektes angelegt. Im Zentrum des Shareholder Value-Konzeptes steht die Diskontierung von Cash-flows; der Ansatz ist daher grundsätzlich zahlungsstromorientiert. Allerdings wird in der Praxis meist nicht auf Basis von Zahlungsströmen geplant und gesteuert, sondern mit Hilfe von Kosten und Leistungen aus der Kostenrechnung. Um der Zahlungsorientierung gerecht zu werden, ist unbedingt darauf zu achten, dass die Daten aus der Kostenrechnung vor ihrer Nutzung für die Berechnung eines Projektwertbeitrages in Cash-flows überführt werden. Auch **Realoptionen** sind prinzipiell mehrperiodig und zahlungsstromorientiert. Der innere Wert der Realoption entspricht dem oben dargestellten Kapitalwert (Shareholder Value).

Wie in Abschnitt 3.2.1 aufgezeigt wurde (vgl. S. 508f.), ist es mit Hilfe des Preinreich-Lücke-Theorems prinzipiell möglich, auch auf Basis von Gewinnen zu einem sinnvollen mehrperiodigen Entscheidungswert zu kommen, was für die Anwendbarkeit des **EVA-Konzeptes** sprechen würde. Grundlage des Ansatzes ist jedoch eine einperiodige Erfolgskennzahl (Economic Value Added), die im Wesentlichen auf der Periodenerfolgsgröße NOPAT aufbaut. Somit ist zunächst weder eine Ausrichtung dieser Erfolgskennzahl an Zahlungsströmen zu erkennen noch eine Orientierung am Projektlebenszyklus. Möglicherweise können diese Nachteile des EVA-Konzeptes durch die Errechnung eines lebenszyklusbezogenen Market Value Added (MVA) und durch die Vornahme von Adjustments teilweise ausgeglichen werden. Grundsätzlich bleibt jedoch festzuhalten, dass der Grundcharakter des EVA-Konzeptes einperiodig und periodenerfolgsbezogen ist.

An dieser Stelle muss nochmals darauf hingewiesen werden, dass die Ermittlung von projektbezogenen Periodenergebnissen nicht Ziel der Berechnung von Projektwertbeiträgen ist und auch nicht sein kann.

Diese aus Sicht des Managements durch Projekte unerwünschte Rückbindung an Periodenergebnisse ist, wie bereits erläutert, eine bedeutende Schwachstelle des **EVA-Ansatzes**, denn sie kann zu einer gedanklichen Vermischung von verschiedenen theoretischen Konzepten, also von ein- und mehrperiodigen Werten, d.h. Periodenerfolgsgrößen und Wertbeiträgen führen.

Der **Shareholder Value** macht als mehrperiodige zahlungsorientierte Größe von vornherein keinerlei Aussage über den Periodenerfolg eines Projektes. Im Vordergrund der Betrachtung steht hier der wirtschaftliche Totalerfolg des Projektes, und zwar über alle Phasen des Projektlebenszyklus hinweg betrachtet.

(3) Entscheidungsorientierung

Die **Gewinnung von projektbezogenen Daten** stellt grundsätzlich eine relativ schwierige Aufgabe dar. Dieses Problem betrifft sowohl den Shareholder Value- und als auch den Economic Value Added-Ansatz.

Beim Shareholder-Value-Ansatz können entweder die durch das betrachtete Projekt ausgelösten Zahlungsströme direkt erfasst oder alternativ über zahlungsstromorientiert modifizierte Kostenrechnungsdaten gewonnen werden. Beim Economic Value Added-Ansatz erfolgt die Datengewinnung aufgrund der periodenorientierten Sichtweise dieses Ansatzes ohnehin primär aus der Periodenerfolgsrechnung, mithin also aus der Kostenrechnung und Finanzbuchhaltung. Zunächst ergeben sich für beide Ansätze damit im Grunde dieselben projektspezifischen Zurechnungsprobleme. Diese resultieren zum einen aus der verursachungsgerechten Zurechnung von Gemeinkosten auf die Projekte, zum anderen aus Verbundproblemen, die sich aus der gemeinsamen Nutzung gleicher Potenzialgüter durch mehrere Projekte ergeben können.

Abgesehen von diesen gemeinsamen grundsätzlichen Problemen können bei genauerer Betrachtung jedoch gravierende Unterschiede zwischen den beiden Konzepten der wertorientierten Unternehmensführung bezüglich der projektbezogenen Datengewinnung festgestellt werden:

(a) Für die Berechnung eines Projektwertbeitrags nach dem **Economic Value Added-Ansatz** wären die Ermittlung einer projektbezogenen Gewinngröße (NOPAT), eines projektbezogenen Kapitaleinsatzes (NOA) und eines projektbezogenen Kapitalkostensatzes (WACC) notwendig:

- **Berechnung einer projektbezogenen Gewinngröße (NOPAT)**
  Außer dem oben bereits angesprochenen Gemeinkostenproblem ergeben sich bei der Berechnung einer projektbezogenen Gewinngröße (NOPAT) weitere Schwierigkeiten. Zunächst stellt sich die Frage, inwieweit auf Projektebene **Adjustments** berücksichtigt werden müssen bzw. können. Die Berechnung von projektbezogenen Adjustments wäre äußerst aufwändig und im Unternehmen kaum mehr kommunizierbar; somit würde die große

Stärke des EVA-Konzeptes, nämlich die gute Kommunizierbarkeit und intuitive Erfassbarkeit, in Mitleidenschaft gezogen. Außerdem handelt es sich beim NOPAT um ein Ergebnis **nach Steuern und Adjustments**, d.h. das Periodenergebnis müsste von einer hochaggregierten Gewinnkennzahl auf der Ebene des Gesamtunternehmens oder der Strategischen Geschäftseinheit nachträglich auf Projekte zugerechnet werden.

- **Berechnung eines projektbezogenen Kapitaleinsatzes (NOA)**
  Die genaue Quantifizierung des Kapitaleinsatzes für ein Projekt erweist sich in der Praxis als relativ schwierig, da für mehrere Projekte oft auf die gleichen Ressourcen zurückgegriffen wird. Zudem wäre auch beim Kapitaleinsatz die Berücksichtigung von Adjustments ein Problem.

- **Berechnung eines projektbezogenen Kapitalkostensatzes (WACC)**
  Eine erste Schwierigkeit in diesem Zusammenhang könnte in der Ermittlung der genauen **Kapitalstruktur des Einzelprojektes** liegen, denn gerade bei kleineren Projekten ist eine differenzierte Aufteilung in Fremd- und Eigenkapital eher ungewöhnlich. Bei Großprojekten, wie beispielsweise im Anlagenbau, ist eine solche Aufteilung dagegen denkbar. In diesen Fällen können die Fremdkapitalkosten eventuell aus projektspezifischen Kreditverträgen abgeleitet werden. Trotzdem bleibt die **Bestimmung der Eigenkapitalkosten** problematisch. Zur Bestimmung der Eigenkapitalkosten wird auf Gesamtunternehmensebene im Rahmen des WACC-Ansatzes auf den Kapitalmarkt zurückgegriffen (vgl. Abschnitt 3.2.3). Dies ist für die Bestimmung projektspezifischer Eigenkapitalkosten jedoch nicht möglich. In Abschnitt 3.3.4.1 werden alternative Ansätze zur Bestimmung projektspezifischer Eigenkapitalkosten diskutiert.

Aufgrund dieser und weiterer Schwierigkeiten gehen *Young/O`Bryne* ([EVA] 89) davon aus, dass die Berechnung eines Economic Value Added auf Ebenen unterhalb von Strategischen Geschäftseinheiten nur selten von Erfolg gekrönt sein wird: „Although some EVA consultants have expended considerable efforts in trying to bring EVA calculations deeper into organizations, our experience tells us that such efforts rarely succeed".

(b) Das Problem der Berechnung eines projektbezogenen Kapitalkostensatzes ergibt sich auch bei Anwendung des **Shareholder Value-Konzeptes**, doch zumindest entfallen bei diesem Ansatz mit dem projektbezogenen NOPAT und dem projektspezifischen Kapitaleinsatz zwei ebenfalls schwierig zu bestimmende Komponenten.

Der Gesamtunternehmenswert setzt sich hier aus drei Teilen zusammen (*Horváth* [Controlling] 452):

Summe der diskontierten Cash-flows

\+ Wert des Unternehmens über den Planungszeitraum hinaus

\+ nicht-betriebsnotwendiges Vermögen bezogen auf den Planungszeitpunkt

= Gesamtunternehmenswert

Untersucht man diese drei Bestandteile allerdings auf ihre **Relevanz für Projekte**, so spielt die Summe der diskontierten Cash-flows mit Abstand die bedeutendste Rolle. Im Allgemeinen weisen Projekte eine relativ genau eingrenzbare und überschaubare Laufzeit auf, so dass über die gesamte Laufzeit des Projektes verhältnismäßig genaue Cash-flow-Planungen möglich sein sollten und damit im Normalfall keine Bestimmung eines Projektrestwertes notwendig wird.

Im Zusammenhang mit den Cash-flows des Projektes stellt sich zudem noch die Frage, inwieweit **Steuern** bei der Berechnung des Wertbeitrages von Projekten zu berücksichtigen sind. Im Grunde können steuerliche Sachverhalte, insbesondere bei der Abwicklung von Projekten im internationalen Umfeld, eine bedeutende Rolle spielen. Die dabei auftauchenden Steuereffekte werden jedoch i.d.R. von Spezialisten im Unternehmen grundsätzlich geklärt. Zumeist werden die Steuereffekte nicht bis auf die Projektebene durchgerechnet, sondern im Rahmen der Ermittlung des Gesamtunternehmensergebnisses geplant und berücksichtigt. Aus diesem Grunde werden wir im Folgenden ebenfalls auf die Berücksichtigung von Steuern auf Ebene des einzelnen Projektes verzichten.

In Bezug auf die Berücksichtigung von nicht-betriebsnotwendigem Vermögen ist davon auszugehen, dass auf Projektebene gewöhnlich nur betriebsnotwendige Vermögensgegenstände eingesetzt werden; daher erscheint eine Zurechnung nicht betriebsnotwendigen Vermögens auf Projekte kaum sinnvoll.

Bezüglich der Bestimmung von Projekt-Cash-flows muss nochmals auf die oben dargestellten allgemeinen Zurechnungsschwierigkeiten verwiesen werden. Gegenüber der Bestimmung von projektspezifischen NOPATs ergibt sich allerdings der Vorteil, dass kein Umweg über gesamtunternehmensbezogene oder geschäftseinheitengezogene Periodenergebnisgrößen gemacht werden muss, die erst wieder mittels aufwändiger Adjustments für die Berechnung von wertorientierten Größen angepasst werden müssen. Vielmehr können die erforderlichen

Daten hier direkt aus einer internen Cash-flow-Rechnung gewonnen werden oder indirekt über die Kostenrechnung, deren Daten dann allerdings auf ihre Zahlungswirksamkeit hin überprüft werden müssen.

Mit der genauen Ausgestaltung und Berechnung der Cash-flows in der Projektwertbeitragsrechnung werden wir uns im nächsten Abschnitt 3.3.4 im Detail befassen.

(4) Sequenzielle Entscheidungsmöglichkeiten

Beim **Shareholder Value-Konzept** wird implizit davon ausgegangen, dass zum heutigen Betrachtungszeitpunkt alle Informationen von Beginn bis zum Ende des Projektes vorliegen, d.h. es handelt sich methodisch gesehen um eine Betrachtung unter Sicherheit. Der Entscheidungsträger sollte sich zum Betrachtungszeitpunkt bei Vorteilhaftigkeit sofort für das Projekt entscheiden; falls es dagegen Wert vernichtet, sollte er das Projekt nicht durchführen.

Aufgrund der Komplexität und Dynamik der Umwelt kann sich jedoch schon allein durch Abwarten die Informationslage derart verändern, dass sich das Projekt plötzlich doch als wertschaffend erweisen würde. Will man diese Veränderungsoptionen mit in die Entscheidung einbringen, könnte man beispielsweise das **Entscheidungsbaum-Verfahren** anwenden und so die verschiedenen optionalen Entscheidungswege mit in die Betrachtung integrieren.

Bei dieser Methode ergeben sich allerdings in der Realität aufgrund der gewaltigen Anzahl von möglichen Umweltentwicklungen Schwierigkeiten. Denn eine vollständige Abbildung der Zukunft ist das eigentliche Ziel dieses Verfahrens; dies dürfte aber kaum gelingen. Zudem wird der Entscheidungsbaum mit steigender Anzahl der Handlungsalternativen und der möglichen Umweltzustände zunehmend unübersichtlicher (vgl. *Schärer/Botteron* [Wert] 1122 oder *Hommel/ Lehmann* [Bewertung] 118). Zur besseren Einschätzung des Risikos können zudem noch verschiedene Methoden zur Ergänzung des Shareholder Value-Ansatzes genutzt werden: Sensitivitätsanalysen, die Szenario-Technik und auch die simulative Risikoanalyse mit Monte-Carlo-Simulation (vgl. Teil 2, S. 369ff.).

Alle diese Verfahren weisen jedoch einen wichtigen Nachteil auf: Sie erfassen Handlungsspielräume, die sich im Laufe vieler Investitionsprojekte ergeben, entweder gar nicht oder nur unzureichend (Für eine detaillierte Kritik verschiedener Verfahren vgl. *Meise* [Realoptionen] 39ff.). Um Fehlentscheidungen, insbesondere bei strategischen Projekten, zu vermeiden, bietet sich daher die Ergänzung der Discounted-Cash-flow-Methode durch den **Realoptionsansatz** an (vgl. S. 584ff.).

Auf Grundlage des **EVA-Konzeptes** erscheint eine Berücksichtigung von sequenziellen Handlungsmöglichkeiten praktisch kaum durchführbar. Prinzipiell könnte man zwar ebenso Entscheidungsbäume, Sensitivitätsanalysen, die Szenario-Technik oder die Monte-Carlo-Simulation zur Ergänzung heranziehen, jede Entscheidung müsste hier jedoch zusätzlich auf ihre Auswirkungen auf die verschiedenen Periodenerfolgsgrößen während der gesamten Laufzeit untersucht werden.

In Abb. 3-22 werden die Konzepte bezüglich ihrer Eignung zur Generierung von Projektwertbeiträgen nochmals miteinander verglichen.

Konzepte / Kriterien	Shareholder Value	Economic Value Added	Realoptionen
Zukunftsorientierung	Ableitung von Plandaten erforderlich	Ableitung von Plandaten erforderlich	Ableitung von Plandaten erforderlich
Mehrperiodigkeit / Lebenszyklusorientierung	Mehrperiodiger Entscheidungswert mit lebenszyklusorientierter Zahlungsstromorientierung	Einperiodige Erfolgsgröße steht im Mittelpunkt; keine Zahlungsstromorientierung	Mehrperiodiger Entscheidungswert mit Zahlungsstromorientierung
Entscheidungsorientierung	Berechnung eines projektbezogenen Kapitalkostensatzes	Berechnung eines projektbezogenen NOPAT; Berechnung eines projektbezogenen Kapitaleinsatzes; Berechnung eines projektbezogenen Kapitalkostensatzes	Berechnung eines projektbezogenen Kapitalkostensatzes
Sequenzielle Entscheidungsmöglichkeiten	Entscheidungskriterium bei Sicherheit, eine sinnvolle Ergänzung durch Realoption ist möglich	Schwierig, da jede Entscheidung sich auf die Periodenerfolgsgrößen während der Gesamtlaufzeit auswirkt	Kern des Realoptionsansatzes

Abb. 3-22: Prüfung der gesamtunternehmensbezogenen Entscheidungswerte auf ihre Eignung zur Generierung von Projektwertbeiträgen

Die Abbildung verdeutlicht insgesamt nochmals die Tendenz zur theoretischen, letztlich wohl aber auch zur praktischen Überlegenheit des Shareholder Value-Konzeptes im Vergleich zum EVA-Ansatz. Allein stehend weist der Shareholder Value-Ansatz die Schwäche auf, dass sequenzielle Entscheidungsprozesse nicht sinnvoll abgebildet werden können. In der Kombination mit dem Realoptionsansatz kann jedoch auch diese Schwäche behoben werden

3.3.4 Grundstruktur einer wertorientierten Projektwirtschaftlichkeitsrechnung

Nach der Charakterisierung des Projektwertbeitrages und der Prüfung der gesamtunternehmensbezogenen Entscheidungswerte auf ihre Eignung zur Übertragung auf die Projektebene kann nun im Folgenden die Grundstruktur einer wertorientierten Projektwirtschaftlichkeitsrechnung näher beschrieben werden.

Gemäß der Ergebnisse der Überprüfung im vorigen Abschnitt wird nicht weiter auf den Economic-Value Added-Ansatz eingegangen. Dies bedeutet nicht, dass Economic-Value Added-Ansätze grundlegend zur Erfassung der Projektwirtschaftlichkeit ungeeignet sind; aus unserer Sicht sind sie jedoch dem Cash-flow-orientierten Shareholder-Value-Ansatz sowohl theoretisch als auch praktisch zur Bewertung von Projekten klar unterlegen. Aus diesem Grunde beziehen sich die folgenden Ausführungen ausschließlich auf einen Projektwertbeitrag, der sich auf den **Cash-flow-orientierten Shareholder-Value-Ansatz** stützt.

Der Projektwertbeitrag, der im Folgenden genauer betrachtet werden soll, entspricht somit in seiner Grundstruktur dem Barwert der zukünftigen Projekt-Cash-flows und sieht wie folgt aus:

$$\text{Projektwertbeitrag (PWB)} = \sum_{t=0}^{T} \frac{\text{ProjektFCF}_t}{(1+\text{WACC})^t}$$

Im Folgenden wird nun auf die Ermittlung der beiden Hauptkomponenten eingegangen, also auf die Vorgehensweise und Probleme bei der Bestimmung des Kalkulationszinsfusses (WACC) und der Projekt-Free Cash-flows (FCF).

3.3.4.1 Bestimmung des Kalkulationszinsfusses

Wie bereits ausgeführt, zieht *Rappaport* zur Berechnung des Gesamtunternehmenswertes als Diskontierungszinssatz den kapitalstrukturgewichteten Gesamtkapitalkostensatz (Weighted Average Cost of Capital = WACC) heran. Bezogen auf die Berechnung eines Gesamtunternehmenswertes stellt der Gesamtkapitalkostensatz unzweifelhaft eine sinnvolle Größe dar. Im Hinblick auf eine Differenzbetrachtung, wie sie der Berechnung eines Projektwertbeitrages zu Grunde liegt, ist dies jedoch zu hinterfragen.

Grundlegend müsste eigentlich davon ausgegangen werden, dass für das zu bewertende Projekt auch die zugehörige Finanzierungsstruktur bestimmt werden müsste und der daraus resultierende Kapitalkostensatz zu berechnen wäre. Dies wirft jedoch sowohl praktische als auch theoretische Probleme auf.

In der Praxis dürfte es äußerst schwer fallen, jedem speziellen Projekt seine eigene Finanzierungsstruktur zuzurechnen. Die Finanzierung eines Unternehmens wird i.d.R. nicht von Projekt zu Projekt, sondern gesamthaft für übergeordnete Unternehmenseinheiten vorgenommen. Bestenfalls wird auf der Ebene von strategischen Geschäftseinheiten eine eigenständige Finanzierungsstruktur zurechenbar sein. Zudem hängt der kapitalstrukturgewichtete Gesamtkapitalkostensatz nicht nur von der Kapitalstruktur, sondern auch von der Risikostruktur der finanzierten Unternehmenseinheit ab. Hier ergibt sich sowohl praktisch als auch theoretisch das nächste Problemfeld.

Die Abschätzung des projektspezifischen Risikos stellt schon an sich eine komplexe Aufgabenstellung dar. Hierauf wurde in Teil 2, S. 344ff., näher eingegangen. Die Quantifizierung dieses Risikos i.S. einer theoretisch richtigen Einpreisung in einen projektspezifischen Beta-Faktor zur Berechnung von projektspezifischen Eigenkapitalkosten ist nicht möglich.

Bereits die Berechnung von Betafaktoren auf Unternehmensebene bereitet erhebliche Schwierigkeiten. Als Lösungsansätze für das Problem der Abbildung des Anlagerisikos ohne direkte Zugriffsmöglichkeiten auf Kapitalmarktdaten, wie dies bei Berechnung von Kapitalkostensätzen für Unternehmensteile der Fall ist, wurden sog. Analogie- und Analyseansätze vorgeschlagen (vgl. *Freygang* [Kapitalallokation] 251ff.). Im Rahmen der **Analogieansätze** wird auf Daten von börsennotierten Unternehmen zurückgegriffen, bei denen man eine der betrachteten Unternehmensteileinheit ähnliche Risikostruktur vermutet; diese Vorgehensweise wurde im Zusammenhang mit der Ermittlung von geschäftsspezifischen Risikokosten für Strategische Geschäftseinheiten entwickelt und beispielsweise bei der *Siemens AG* auch praktisch angewendet (vgl. *Neubürger*

[Siemens] 193). Da jedoch kaum ein Unternehmen an der Börse notiert sein dürfte, das nur ein einziges Projekt durchführt, ist diese Methode für Projekte nicht sinnvoll anwendbar.

Eine weitere Möglichkeit stellen die **Analyseansätze** dar; hier versucht man, das in das WACC-Modell in Form des Beta-Faktors eingehende Risiko durch bestimmte fundamentale Risikofaktoren genauer zu quantifizieren und zu prognostizieren (vgl. *Freygang* [Kapitalallokation] 274ff.). Mit Hilfe dieses Konzeptes erfolgt eine wesentlich genauere Risikoanalyse, die im Rahmen des Projektmanagements generell von großem Nutzen sein kann. Die Durchführung dieser Risikoanalyse ist jedoch sehr aufwändig und kann daher nur für Projekte mit großer Bedeutung gerechtfertigt werden. Zudem kann es sinnvoller sein, das spezifische Projektrisiko nicht im Kalkulationszinsfuß zu erfassen, sondern eine separate Handhabung des Projektrisikos vorzunehmen. Dies wurde in Teil 2, S. 344ff. ausführlich erläutert.

Aufgrund der dargestellten Schwierigkeiten ist es sinnvoll, für die Berechnung des Projektwertbeitrages auf den kapitalstrukturgewichteten Gesamtkapitalkostensatz zurückzugreifen, der sich aus der Kapital- und Risikostruktur einer übergeordneten Einheit ableiten lässt. Hierbei kommt entweder die Kapital- und Risikostruktur des Gesamtunternehmens in Frage, oder sofern eine bereichsspezifische Kapital- und Risikostruktur im Unternehmen abgebildet wird, der kapitalstrukturgewichtete Gesamtkapitalkostensatz des Unternehmensbereiches, in dem das Projekt ablaufen soll (vgl. *Riezler* [Lebenszyklusrechnung] 213f.).

3.3.4.2 Ermittlung der Projekt-Free Cash-flows

Nachdem die Ermittlung des Kalkulationszinsfusses der Projektwertbeitragsrechnung geklärt ist, muss nun in einem zweiten Schritt untersucht werden, wie die Projekt-Cash-flows bestimmt werden können.

Es ist zunächst nochmals zu betonen, dass es im Folgenden um die Bestimmung von **Free Cash-flows** geht. Es müssen somit zuerst die Operating Cash-flows des Projektes ermittelt werden. Anschließend sind von diesen betrieblichen Projekt-Cash-flows die durch das Projekt verursachten Investitionen in das Anlage- und Umlaufvermögen abzuziehen. Erst dann ergibt sich der Betrag, der aus dem Projekt noch für die Auszahlung an die Fremd- und Eigenkapitalgeber zur Verfügung steht.

Grundlegend können zwei **Arten der Cash-flow-Berechnung** unterschieden werden:

- Die indirekte Cash-flow-Berechnung
- Die direkte Cash-flow-Berechnung

3.3.4.2.1 Indirekte Cash-flow-Berechnung

Ausgangspunkt der indirekten Berechnung ist der Gewinn nach Steuern, der sich aus der Gewinn- und Verlustrechnung des Jahresabschlusses ergibt. Zum Gewinn nach Steuern werden alle Aufwendungen der Periode addiert, die nicht zu Ausgaben geführt haben, sowie von ihm alle Erträge subtrahiert, die nicht zugleich Einnahmen waren.

Jahresgewinn

+ Nichtausgabenwirksame Aufwendungen
  (z.B. Abschreibungen, Erhöhung von Rückstellungen)

- Nichteinnahmewirksame Erträge
  (z.B. Zuschreibungen, Verringerung von Rückstellungen)

= Cash-flow

Abb. 3-23: Indirekte Ermittlung des Cash-flow
(Quelle: *Siegwart* [Cash-flow] 20)

Die indirekte Cash-flow-Ermittlung ist insbesondere darauf ausgerichtet, im Rahmen einer Bilanzanalyse durch Unternehmensexterne zusätzliche Informationen zu gewinnen. Sie knüpft somit an Periodenerfolgsgrößen aus dem extern ausgerichteten Rechnungswesen an. Diese Daten werden jedoch i.d.R. für das gesamte Unternehmen – sowie bestenfalls noch für die einzelnen Unternehmenssegmente – ermittelt.

Daher entstehen große Schwierigkeiten, diese Periodenerfolgsgrößen „verursachungsgerecht“ **auf ein Projekt** zurückzurechnen. Dies wäre jedoch die Voraussetzung für eine indirekte Berechnung eines projektbezogenen Cash-flow. Im Grunde ergeben sich somit aufgrund der indirekten Berechnung des Cash-flow über Periodenerfolgsgrößen dieselben Zurechnungsschwierigkeiten, die schon aus der Betrachtung des EVA-Konzeptes und seiner mangelnden Übertragbarkeit auf die Projektebene bekannt sind. Folglich wird die indirekte Methode zur Berechnung des Cash-flow hier nicht weiter verfolgt, da sie für die Berechnung eines Projekt-Cash-flow ungeeignet ist.

3.3.4.2.2 Direkte Cash-flow-Berechnung

Im Folgenden wird eine **direkte Berechnung** des Cash-flow bevorzugt. Sie geht nach folgendem Schema vor:

Einnahmen aus laufender Unternehmenstätigkeit
(z.B. Umsatzerlöse)

\- Ausgaben aus laufender Unternehmenstätigkeit
(z.B. Löhne)

= Cash-flow

Abb. 3-24: Direkte Ermittlung des Cash-flow

Die direkte Berechnung geht von den Zahlungsvorgängen aus, die durch das Projekt ausgelöst werden. Von den Einnahmen werden die Ausgaben direkt abgezogen. Die für eine direkte Berechnung des Projekt-Cash-flow benötigten Daten können aus dem internen Rechnungswesen gewonnen werden. Hieraus ergeben sich etliche **Vorteile** gegenüber der indirekten Berechnung (vgl. *Siegwart* [Cash-flow] 21f.):

- Anknüpfungspunkt für die Cash-flow-Berechnung ist keine Residualgröße wie der Gewinn, sondern direkt und unmittelbar der durch das Projekt ausgelöste Umsatz.
- Daten des externen Rechnungswesens haben tendenziell eher einen retrospektiven Charakter, während Daten aus dem internen Rechnungswesen aufgrund ihres Steuerungscharakters eher einen Planungscharakter aufweisen.
- In der Gewinngröße des Jahresabschlusses stecken oftmals betriebs- oder periodenfremde Aufwendungen und Erträge, die - auf die Projektebene bezogen - zu großen Abgrenzungsproblemen bei der Berechnung eines Operating Cash-flow führen.

Im Folgenden wird dargestellt, an **welchen Instrumenten des internen Rechnungswesens** angeknüpft werden kann und welche Daten in die direkte Berechnung des Projekt-Cash-flow einfließen sollten. Folgende Instrumente des internen Rechnungswesens kommen für eine direkte Cash-flow-Berechnung in Frage:

- Interne Cash-flow-Rechnung
- Kostenrechnung

(1) Interne Cash-flow-Rechnung

Falls im Unternehmen im Rahmen des internen Rechnungswesens eine interne Cash-flow-Rechnung existiert, kann in diesem Idealfall unmittelbar auf die Daten aus dieser Rechnung zurückgegriffen werden. Die Zahlungsstromorientierung der Daten ist dann automatisch gewährleistet. Allerdings muss sehr genau darauf geachtet werden, dass nur die hinsichtlich des betrachteten Projektes entscheidungsrelevanten Daten in die Berechnung des Projektwertbeitrages einfließen. Dies sind i.d.R. alle Zahlungsströme, die durch das Projekt ausgelöst werden. Welche Zahlungsströme tatsächlich als projektbezogen und entscheidungsrelevant einzuordnen sind, kann im Folgenden zusammen mit dem Rückgriff auf kostenrechnerische Daten genauer dargestellt werden.

(2) Kostenrechnung

Wenn es in einem Unternehmen keine Cash-flow-Rechnung gibt, kommen für die Berechnung des Projektwertbeitrages aufgrund der weit verbreiteten Verfügbarkeit v.a. **kostenrechnerische Daten** in Frage. Will man jedoch einen Cash-flow aus Daten der Kostenrechnung ableiten, so ist eine Reihe von Anforderungen zu erfüllen. Sie sind in Abb. 3-25 zusammengefasst dargestellt:

- Projektbezogenheit
- Zahlungsstromorientierung
- Entscheidungsorientierung
- Werttreiberorientierung

(a) Projektbezogenheit

Ausgangspunkt für alle Wirtschaftlichkeitsbetrachtungen ist das Projekt über seinen gesamten Lebenszyklus hinweg. Damit gilt auch für alle weiteren kostenrechnerischen Betrachtungen die Feststellung, dass alle Kostendaten über den **gesamten Lebenszyklus des Projektes** hinweg berücksichtigt werden müssen.

Damit stellt sich zugleich die Frage nach der zeitlichen Abgrenzung eines Projektes. Im Sinne der Projektwertbeitragsermittlung müssen alle dem Projekt zuzurechnenden Kostendaten erfasst werden. Die Projektlaufzeit muss somit so definiert werden, dass alle vorlaufenden und nachlaufenden Kosten im Rahmen der Projektwertbeitragsermittlung berücksichtigt werden können.

Vorlaufende, vom Projekt verursachte Forschungs- und Entwicklungskosten, Qualitätssicherungskosten oder Kosten für den Produktionsanlauf sind für die Betrachtung der Wirtschaftlichkeit ebenso von Bedeutung wie die durch die

Produktion verursachten Kosten oder die nachlaufenden Garantieverpflichtungen und die für die Entsorgung anfallenden Kosten. Die Definition einer Projektlaufzeit, die nur einen Teil der vom Projekt verursachten Kosten umfasst – z. B. von der Angebotsphase bis zum Produktionsstart –, erlaubt schon aus diesem Grunde keine Berechnung eines aussagekräftigen Projektwertbeitrages.

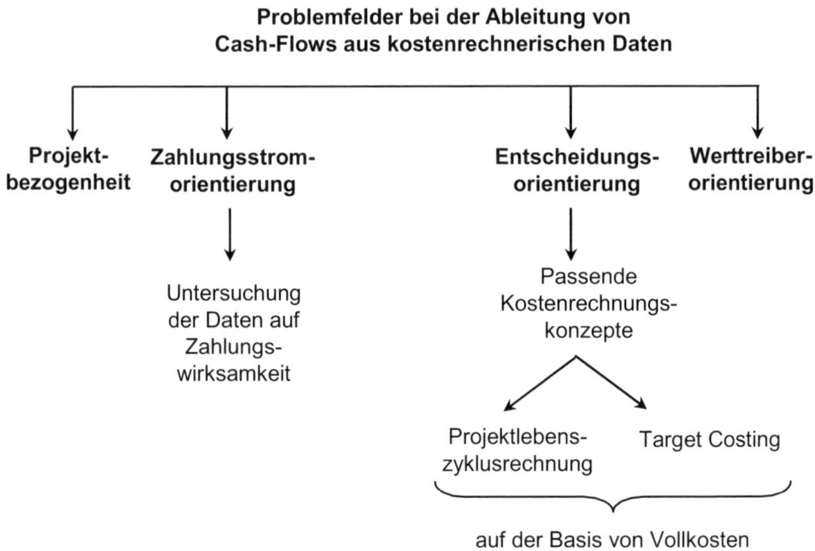

Abb. 3-25: Übersicht über Problemfelder bei der Ableitung von Cash-flows aus kostenrechnerischen Daten

Dieselben Überlegungen ergeben sich natürlich auch für die Erfassung von nachlaufenden, dem Projekt noch zuzurechnenden Erlösgrößen. Hier wäre z.B. an die nachlaufende Nutzung von Potenzialgütern (beispielsweise Maschinen) zu denken, die eigentlich aufgrund des betrachteten Projektes angeschafft wurden, aber darüber hinaus auch für nachlaufende Projekte noch Leistungen abgeben können.

Eine projektorientierte Kostenrechnung muss folglich grundsätzlich als **lebenszyklusorientierte Kostenrechnung** gesehen werden. Zum einen müssen, wie bereits aufgezeigt, alle Kosten des Projektlebenszyklusses erfasst werden, zum anderen müssen diese Kosten aber auch den jeweils richtigen Lebenszyklusphasen des Projektes zugeordnet werden.

Damit ergeben sich zwei wesentliche Modifikationen zu einem einperiodig ausgerichteten Kostenrechnungsverständnis:

- Es müssen Kosten über mehrere Abrechnungsperioden hinweg berücksichtigt werden.
- Der zeitliche Anfall der Kosten und die Zurechnung der Kosten zu den jeweils richtigen Abrechnungsperioden spielen aufgrund der Berücksichtigung des Zeitwertes des Geldes in der Projektwertbeitragsrechnung eine wichtige Rolle.

(b) Zahlungsstromorientierung

Mit dem Projekt als Betrachtungsobjekt und dem gesamten Lebenszyklus als Betrachtungszeitraum wird die klassisch kurzfristige und periodenbezogene Perspektive der Kostenrechnung zugunsten einer investitionstheoretischen Totalbetrachtung überschritten.

Daher sind die Kosten und Leistungen im Hinblick auf ihre **Zahlungswirksamkeit** zu untersuchen und um die nicht zahlungswirksam werdenden Bestandteile zu bereinigen (z.B. kalkulatorische Kosten).

Erfolgt die Hinwendung zu einem dynamisch ausgerichteten Kalkül, welches nicht die periodenbezogene, sondern die periodenübergreifende Gesamtbetrachtung wählt, wird die Orientierung an einem zahlungsstromorientierten - also an einem pagatorischen - Kostenbegriff relevant (vgl. die Diskussion bei *Riezler* [Lebenszyklusrechnung] 163 ff. oder *Schmidt* [Life Cycle] 22ff.).

In der betrieblichen Praxis kann nahezu uneingeschränkt von der Verwendung eines wertmäßigen Kostenbegriffs ausgegangen werden. Dieser geht vom bewerteten betriebszweckbezogenen Güterverzehr, unabhängig von einem konkreten Zahlungsanfall aus. Wenn somit dieser wertmäßige Kostenbegriff als Grundlage der verfügbaren Kostendaten gewählt wird, müssen folglich von den erfassten Kosten jene Kostenbestandteile wieder abgezogen werden, die zu keinen Zahlungswirkungen geführt haben. Insbesondere gilt dies natürlich für alle kalkulatorischen Kosten, die von vornherein ignoriert werden müssen (ausführlicher hierzu *Siegwart* [Cash-flow] 37f.). Im Prinzip handelt es sich bei einer solchen Vorgehensweise um den Übergang von einer kurzfristigen Periodenerfolgsrechnung zu einer kurzfristigen Cash-flow-Rechnung. *Siegwart* ([Cash-flow] 42f.) schlägt in diesem Zusammenhang sogar vor, Kosten in der Kostenrechnung nicht mehr nur nach den Kostenarten bzw. nach ihrem Charakter in fixe und variable Kosten zu trennen, sondern mit ihrer Zahlungsstromwirksamkeit eine weitere Unterscheidungsdimension einzuführen.

Mit der Modifikation der kostenrechnerischen Daten im obigen Sinne kann ein Operating-Cash-flow berechnet werden. Entscheidend für die Berechnung von Projektwertbeiträgen ist jedoch die Berechnung des **Free-Cash-flow**. Aus diesem Grunde müssen nach der Modifikation der kostenrechnerischen Daten hin zu einem kurzfristigen Cash-flow noch die periodenbezogenen Investitionen in das projektbezogene Anlage- und Umlaufvermögen abgezogen werden.

Bevor diese Modifikationen anhand eines Beispiels verdeutlicht werden können (S. 574ff.), werden noch die Entscheidungsorientierung und die Werttreiberorientierung der Projektwertbeitragsrechnung betrachtet.

(c) Entscheidungsorientierung

Grundlegend müssen in einer Projektwertbeitragsrechnung alle wirtschaftlichen Konsequenzen erfasst werden, die sich aus der Durchführung des Projektes im Vergleich zu seiner Nichtdurchführung ergeben.

Diese wirtschaftlichen Konsequenzen sind - soweit sie quantifizierbar sind - entweder direkt in einer internen kurzfristigen Cash-flow-Rechnung oder mittels kostenrechnerischer Verfahren abzubilden. In der Praxis dominiert die Abbildung über die Kostenrechnung deutlich. Insofern ist hier zunächst noch der grundsätzlichen Frage nachzugehen, **welche kostenrechnerischen Konzepte** sich besonders zur Abbildung von projektbezogenen Entscheidungssachverhalten eignen.

- **Projektlebenszyklusrechnung**

  Eine erste notwendige Bedingung für eine geeignete Abbildung projektbezogener Entscheidungssachverhalte wurde mit der Lebenszyklusorientierung bereits besprochen: Es müssen alle Kostendaten über den gesamten Projektlebenszyklus hinweg erfasst und abgebildet werden. Eine projektorientierte Entscheidungsrechnung kann somit immer nur zugleich eine **Projektlebenszyklusrechnung** sein. Die Methode des **Life Cycle Costing** eignet sich darüber hinaus in besonderem Maße für eine wirtschaftlichkeitsorientierte Entscheidungsunterstützung, da sie unmittelbar von Beginn des Projektes an die Kostenoptimierung des Projektes über den gesamten Projektlebenszyklus in den Mittelpunkt der Betrachtung stellt. Hierzu werden insbesondere die kostenmäßigen trade-off-Beziehungen betrachtet, die sich durch Entscheidungsinterdependenzen zwischen den verschiedenen Projektlebenszyklen ergeben.

- **Target Costing**

  Für Unternehmen, die sich in einem dynamischen Wettbewerbsumfeld befinden und sich einem starken Wettbewerbsdruck ausgesetzt sehen, ist zudem die unmittelbare Orientierung am Markt und am Kunden unumgänglich. Diese Markt- und Kundenorientierung muss sich somit auch in projektorientierten Entscheidungen und damit auch in deren kostenrechnerischer Abbildung widerspiegeln. Mit dem **Target Costing** steht ein Kostenmanagementsystem zur Verfügung, das zwei Elemente beinhaltet, die gleichermaßen für eine Entscheidungsorientierung von Bedeutung sind:

1. Das Target Costing orientiert sich an Marktpreisen und leitet mittelbar aus diesen maximal erlaubte Produktionskosten für das betrachtete Produkt ab.

2. Vor der Berechnung der maximal erlaubten Produktionskosten vom Marktpreis werden noch die vom Management geforderten Renditeziele berücksichtigt. Grundlegend für das Target Costing sind somit drei **Annahmen**:

- Die produktspezifischen Renditeziele gelten als unverrückbare Vorgabe des Managements und sind im Verlauf der Projektdurchführung nicht disponibel.

- Nicht die Herstellkosten eines Produktes bestimmen dessen Preis, vielmehr haben sich die Kostenstrukturen des Unternehmens an den am Markt durchsetzbaren Kosten auszurichten.

- Das Management der internen Kostenstrukturen und die Sicherung der Renditeziele müssen sich immer an den vom Kunden gewünschten Produktmerkmalen und Produktfunktionen orientieren.

In der Konsequenz führen diese strikt wertsteigerungs- und marktorientierten Annahmen des Target Costing zu einem aktiven Kostenmanagement über alle Phasen des Projektlebenszyklusses hinweg unter gleichzeitiger Berücksichtigung der Markt- und Kundenerfordernisse.

Sowohl das Life Cycle Costing als auch das Target Costing verweisen auf die projektlebenszyklusbezogene Langfristigkeit der Kostenbetrachtung. Damit verknüpft stellt sich die Frage, ob im Falle projektorientierter Entscheidungen die Berücksichtigung nur eines Teils der Kosten oder aller Kosten entscheidungsrelevant ist. Die Antwort hierauf fällt in der Literatur nicht eindeutig aus (vgl. *Riezler* [Lebenszyklusrechnung] 150 versus *Mussnig* [Target Costing] 188f. und die dort jeweils angegebenen Quellen). Zumeist wird jedoch davon ausgegangen, dass bei Entscheidungen, die sich auf eine längere Laufzeit beziehen – hier auf den gesamten Projektlebenszyklus – alle Kosten als entscheidungsrelevant anzusehen sind.

Begründet wird dies damit, dass bei langfristigen Entscheidungen auch kurzfristig als fix anzusehende Kosten wieder variabel und damit entscheidungsrelevant werden. Zudem muss ein Unternehmen gerade unter Wirtschaftlichkeitsgesichtspunkten langfristig darauf achten, eine Deckung aller Kosten zu erzielen. Darüber hinaus würden durch ein Aussparen von Gemeinkosten Kostenmanagementkonzepte wie das Life Cycle Costing und das Target Costing nur noch einen Teil der Kosten als Zielkosten optimieren. Dies wäre jedoch sowohl unter Motivationsgesichtspunkten als auch Wirtschaftlichkeitsgesichtspunkten verfehlt; gerade auch vor dem Hintergrund, dass in Unternehmen mit flexiblen und hochautomatisierten Fertigungsstrukturen der Gemeinkostenanteil im Verhältnis zu den Einzelkosten in den letzten Jahren stetig gestiegen ist. Grundsätzlich ist somit eine **projektorientierte Kostenrechnung auf der Basis von Vollkosten** vorzunehmen. Allerdings entstehen damit aus entscheidungsorientierter Sicht Probleme der **sachlichen Abgrenzung** von Kostenbestandteilen.

Das erste Problem ist in der **verursachungsgerechten Zurechnung der Gemeinkosten auf das betrachtete Projekt zu sehen**. Keinesfalls sollten hier relativ undifferenziert Durchschnitts- oder Tragfähigkeitsprinzipien zum Einsatz kommen. Vielmehr sollte für eine möglichst differenzierte Zurechnung der Gemeinkosten auf die verschiedenen Projekte auf eine **Prozesskostenrechnung** zurückgegriffen werden (vgl. *Mussnig* [Target Costing] 191ff.).

Dies gilt umso mehr, je gemeinkostenintensiver das betrachtete Unternehmen ist. Im Rahmen der Prozesskostenrechnung wird davon ausgegangen, dass eine verursachungsgerechtere Zurechnung von Gemeinkosten dann möglich wird, wenn diese nicht über abgegrenzte Kostenstellen, sondern über abgegrenzte Prozesse, bestehend aus Aktivitätsketten, verrechnet werden. Voraussetzung hierfür ist jedoch, dass den einzelnen Aktivitäten quantitative Kostentreiber zugeordnet werden können und sich eine verursachungsgerechte Inanspruchnahme der Prozesse durch das betrachtete Projekt feststellen lässt. Für nicht verursachungsgerecht zurechenbare Gemeinkosten kann dem Vorschlag *Riezlers* gefolgt werden, der eine generelle Zurechnung der Gemeinkosten über Deckungsbudgets vorschlägt (vgl. *Riezler* [Lebenszyklusrechnung] 151f.).

Das zweite Problem sachlicher Abgrenzung ergibt sich aus der Nutzung von gemeinsamen Potenzialfaktoren oder durch die gemeinsame Nutzung von Vorlaufleistungen, wie z. B. F&E-Leistungen, durch mehrere Projekte. Im Grunde handelt es sich um **Verbundeffekte** zwischen den verschiedenen Projekten eines Projektportefeuilles. Auch hier stellt sich die Frage, wie eine **verursachungsgerechte Zurechnung der jeweiligen Potenzialfaktornutzungsanteile bzw. der gemeinsamen Vorleistungen** erfolgen kann.

Für den Fall, dass produktorientierte Projekte vorliegen, schlägt *Schmidt* die Berechnung von stückbezogenen Verrechnungssätzen mit anschließender Verrechnung über die Projektproduktstückzahlen vor (vgl. *Schmidt* [Life Cycle] 155 ff.). *Riezler* ([Lebenszyklusrechnung] 154ff.) befürwortet dagegen, solche Verbundwirkungen mit „sekundären Zahlungen“ zu erfassen. Inanspruchnahmen durch ein Projekt werden mit vollkostenorientierten oder marktpreisorientierten Verrechnungspreisen als „fiktiven Auszahlungen“ belastet. Leistungsabgaben eines Projektes an ein anderes Projekt werden mit „fiktiven Einzahlungen“ gutgeschrieben.

Da an dieser Stelle nur die Grundstruktur der Projektwertbeitragsrechnung dargestellt wird, werden alle weiteren kostenrechnerischen Fragestellungen in Teil 2 erörtert (S. 197ff.). Dies betrifft sowohl die grundsätzliche Darstellung von Life Cycle Costing, Target Costing und Prozesskostenrechnung als auch die Erörterung der speziellen projektspezifischen Besonderheiten bei der Verwendung dieser Kostenrechnungsverfahren zur Ableitung zahlungsorientierter kurzfristiger Projekt-Cash-flows.

(d) Werttreiberorientierung

Entscheidend für die Ermittlung eines aussagefähigen Projektwertbeitrages ist die Orientierung an den wesentlichen Einflussgrößen des Projekterfolges bei der Zusammenstellung der Berechnungsdaten. Dies gilt für die direkte Zusammenstellung der projektbezogenen Cash-flow-Größen ebenso wie für den Fall, dass der Umweg über zahlungswirksame Kostengrößen gegangen wird. In Abb. 3-26 sind etliche wichtige Einflussgrößen auf den Projekterfolg zusammengefasst dargestellt.

Vor allem für die vorlaufende Beurteilung, ob ein Projekt einen Wertbeitrag kreiert oder gar zur Vernichtung von Unternehmenswert beiträgt, spielen diese Projektwerttreiber eine zentrale Rolle.

Projektwerttreiber sind Größen, die einen wesentlichen Einfluss auf den Projektwertbeitrag ausüben.

Dabei kommt es darauf an, die wesentlichen Projektwerttreiber des jeweiligen Projektes herauszukristallisieren, deren Einfluss auf die Projektzahlungsströme abzuschätzen und die so gewonnenen Daten in eine Projektwertbeitragsplanung zu überführen. Darüber hinaus bieten die Projektwerttreiber den idealen Ansatzpunkt für Sensitivitätsanalysen und eine Risikoabschätzung des Projektes.

Einflussgrößen auf die Projekteinzahlungen	• Indikatoren der gesamtwirtschaftlichen Entwicklung (z.B. Wachstumsrate des Bruttosozialprodukts, Wechselkursentwicklungen) • Marktpotenzial • Marktvolumen • Eigener Marktanteil • Absatzzeitraum • Absatzpreis • Durchschnittliche jährliche Absatzpreisveränderung • Indikatoren der Kundenzufriedenheit (z.B. Anzahl Beanstandungen, voraussichtliche Wiederkaufrate)
Einflussgrößen auf die Projektauszahlungen in der Vorlaufphase	• Anzahl Neuteile gegenüber dem Vorgängerprodukt • Variantenzahl • Mitarbeiteranzahl in der Entwicklung • Entwicklungszeit
Einflussgrößen auf die Projektauszahlungen in der Marktphase	• Auftragsdurchlaufzeit • Durchlaufzeit Produktion • Schichtzahl • Anlagennutzungsgrad • (Netto-) Mitarbeiteranzahl in der Produktion • Ausschussquote • Nacharbeitsquote • Teilezahl pro Endprodukt • Variantenzahl • Anteil Zulieferteile • Durchschnittliche Bestände (Material, Zwischen- und Endprodukte) • Durchschnittliche jährliche Faktorpreisveränderungen • Durchschnittliche jährliche Produktivitätssteigerungen
Einflussgrößen auf die Projektauszahlungen in der Nachlaufphase	• Ausschussquote • Prüfumfang • Anlagennutzungsdauern • Anlagenweiterverwendungsgrade am Projektende

Abb. 3-26: Einflussgrößen auf den Erfolg von Produktprojekten
(In Anlehnung an: *Riezler* [Lebenszyklusrechnung] 144)

Mit der Berechnung des geplanten Projektwertbeitrages und der Durchführung von Risikoanalysen wird zum einen eine Entscheidungsgrundlage für einen Projektstart bzw. für eine Projektablehnung geschaffen, zum anderen ist damit zugleich eine Konkretisierung der wesentlichen Projektplanungsprämissen verbunden. Die mitlaufende Kontrolle dieser Planungsprämissen auf Änderungen ist eine wichtige Grundlage für die Sicherung der Projektwirtschaftlichkeit.

4 Multiprojektmanagement

4.1 Phasen des Multiprojektmanagements

Wir haben uns bisher mit den theoretischen Grundlagen des Managements durch Projekte beschäftigt. Nun wollen wir uns der Realisierung des Managements durch Projekte zuwenden: Hierfür ist ein systematisches Multiprojektmanagement notwendig. Das Multiprojektmanagement beinhaltet **drei Phasen**:

- Multiprojektplanung
- Multiprojektumsetzung
- Multiprojektkontrolle

Diese Phasen laufen nicht zwingend linear und nur in dieser Reihenfolge ab. Sie dienen lediglich als Strukturierungshilfe für die Betrachtung der Aufgabenstellungen und der Methoden, die jeweils zum Einsatz kommen. In der Realität finden sich hier wechselseitig rekursive Vernetzungsbeziehungen zwischen den verschiedenen Phasen (vgl. Abb. 3-27).

Die einzelnen Phasen decken die folgenden inhaltlichen Schwerpunkte ab:

(1) Multiprojektplanung

Die Multiprojektplanung hat sowohl einen strategischen als auch einen operativen Charakter. Bei der **strategischen Multiprojektplanung** werden zunächst jene Projekte ausgewählt, die den beiden Zielen der strategischen Unternehmensentwicklung und der Wertsteigerung am besten dienen. Mit Hilfe eines systematischen Auswahlprozesses wird ein „strategisches Projektnetz“ zusammengestellt. Für die Bewertung der Projekte werden hierbei sowohl qualitative Kriterien zur Unternehmensentwicklung als auch quantitative Kriterien zur Wertsteigerung herangezogen.

Aufbauend auf dieser Entscheidung erfolgt dann die konkretere **operative Multiprojektplanung**. Diese setzt v.a. an der Abstimmung der Ressourcenplanung sowie an der Planung von Synergien zwischen den verschiedenen Projekten an.

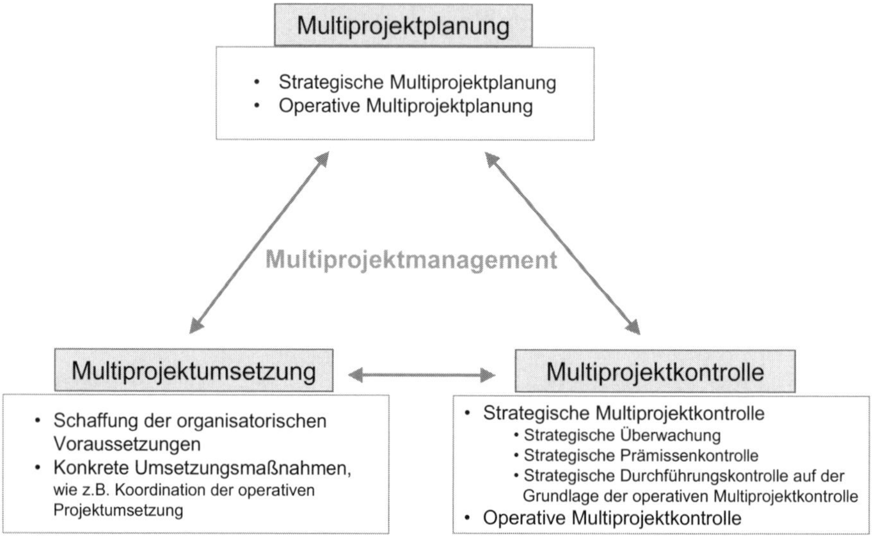

Abb. 3-27: Phasen des Multiprojektmanagements

(2) Multiprojektumsetzung

Wesentliche Voraussetzung für die Multiprojektumsetzung ist zunächst die Schaffung effizienter Strukturen. Die Aufgaben der Multiprojektumsetzung bestehen v.a. in der Koordination der operativen Projektumsetzung sowie im Änderungsmanagement innerhalb des strategischen Projektnetzes. Bei der Multiprojektumsetzung sind die strategischen und operativen Aufgaben so stark miteinander vernetzt, dass wir uns dazu entschlossen haben, sie nicht künstlich zu trennen, sondern sie in einem großen Gesamtblock zu betrachten.

(3) Multiprojektkontrolle

Die Multiprojektkontrolle unterteilt sich in eine strategische und in eine operative Multiprojektkontrolle. Die **strategische Multiprojektkontrolle** überprüft parallel zur Umsetzung der Projekte, ob

- das einzelne Projekt noch in das strategische Projektnetz passt,
- das strategische Projektnetz insgesamt noch immer die erwünschte Entwicklung des gesamten Unternehmens unterstützt und
- sich im Zuge der konkreten Durchführung der Projekte Erkenntnisse ergeben, die zu strategischem Handlungsbedarf im Sinne einer Neuausrichtung des bestehenden strategischen Projektnetzes führen.

Diese letztgenannte Aufgabe gehört zur strategischen Durchführungskontrolle; sie ist die Schnittstelle zur operativen Multiprojektkontrolle. Im Rahmen der **operativen Multiprojektkontrolle** geht es v.a. darum, anhand festgelegter Kriterien einen vergleichbaren Überblick über den Stand der Projektdurchführung über alle Projekte hinweg zu erhalten.

In Abschnitt 4.3 werden die drei Phasen im Detail beschrieben. Dabei werden die Techniken behandelt, die zur Unterstützung der Phasen eingesetzt werden (vgl. Abb. 3-28).

Phasen des Multiprojektmanagements	Techniken
Strategische Multiprojektplanung	Balanced Scorecard (Abschnitt 4.3.1.3.1) Discounted Cash-flow-Methode (4.3.1.4.4) Realoptionen (4.3.1.4.5) Nutzwertanalyse (4.3.1.5.2) Strategische Projektnetze (4.3.1.5.3) Portfolio-Methode (4.3.1.6.1) Projektnetzwertbeitrag (4.3.1.6.2)
Operative Multiprojektplanung	Multiprojektressourcenplanung durch integrierte weltweit verfügbare IT-Systeme (4.3.2.2) Multiprojektsynergieplanung mit Einflussmatrix (4.3.2.3)
Multiprojektumsetzung	Projektmanagementoffice (PMO) (4.4.1)
Multiprojektkontrolle	Strategische Multiprojektkontrolle (4.5.2) Operative Multiprojektkontrolle (4.5.3) Multiprojektreporting (4.5.3.2) Multiprojektabweichungsanalyse (4.5.3.3)

Abb. 3-28: Übersicht über Multiprojektmanagement-Techniken

Zuvor befassen wir uns mit der Rolle des Projektmanagementoffice im Rahmen des Multiprojektmanagements.

4.2 Die Rolle des Projektmanagementoffice im Rahmen des Multiprojektmanagements

Bereits in Teil 2 Abschnitt 11 wurde auf die Bedeutung des PMO im Rahmen des Managements von Projekten eingegangen, gleichzeitig aber auch darauf hingewiesen, dass diese Bedeutung im Rahmen eines Multiprojektmanagements noch zunimmt. *Gemünden/Dammer/Jonas* ([Multiprojektmanagement] 36ff.) stellen im Rahmen ihrer empirischen Untersuchungen folgende Hauptprobleme des Multiprojektmanagements fest:

- Mangelnde Transparenz über die Projektlandschaft
- Mangelhafte Implementierung von Priorisierungskriterien und Priorisierungsverfahren
- Mangelnde Nutzung von Synergiepotenzialen zwischen den Projekten
- Mangelnde Transparenz der Strategien, die mit einem Portfolio von Projekten umgesetzt werden sollen

Aus weiteren Ergebnissen ihrer Untersuchungen schließen die Autoren, dass es in vielen Unternehmen zudem starke Probleme in der Zusammenarbeit der am Multiprojektmanagement beteiligten Akteure gibt. All dese Befunde zeigen deutlich, dass es einen weiteren Professionalisierungsbedarf sowie einen nicht unerheblichen Koordinierungs- und Systematisierungsbedarf im Hinblick auf ein funktionierendes Multiprojektmanagement gibt. *Gemünden/Dammer/Jonas* [Organisation] 97) weisen in diesem Zusammenhang selbst auf die zunehmende Bedeutung des PMO hin.

Die zunehmende Bedeutung des PMO wird zudem durch die Ergebnisse der PMO Maturity Studie 2009 gestützt. Demnach haben inzwischen 64,7% der befragten Firmen ein PMO eingerichtet. Zudem hat sich gezeigt, dass bei den Umfrageteilnehmern, bei denen bereits ein PMO institutionalisiert war, die Projekte durchschnittlich mit geringeren Überschreitungen der geplanten Zeitdauer, der personellen Ressourcen und des geplanten Budgets umgesetzt werden konnten (vgl. *Sandrino-Arndt* [PMO Maturity Studie]).

Dies legt die Vermutung nahe, dass eine zunehmende Professionalisierung und Systematisierung des Multiprojektmanagements, gerade auch mit Hilfe eines PMO, durchaus kein Selbstzweck ist, sondern sich für die Unternehmen in konkretem Mehrwert niederschlägt.

Je größer der Anteil der Projekte am Gesamtumsatz des Unternehmens wird, desto stärker beeinflussen sie zugleich die strategische Ausrichtung des Unternehmens, d.h. Projektmanagement und Unternehmensführung überschneiden sich erheblich. Die Auswahl der „richtigen“ Projekte oder mit anderen Worten: die Zusammenstellung des „richtigen“ Projektportefeuilles entscheiden bei zunehmender Bedeutung des Projektgeschäftes wesentlich über die zukünftige Entwicklung des Unternehmens und über die Steigerung des Unternehmenswertes.

Damit wird deutlich, dass im Rahmen des Managements durch Projekte eine ganze Reihe zusätzlicher organisationaler Kompetenzen des Projektmanagements benötigt wird. Die organisationalen Kompetenzen des Projektmanagements, die schwerpunktmäßig im Bereich des Managements durch Projekte eine Rolle spielen, sind in Abb. 3-29 dargestellt.

Organisationale Kompetenzen im Management durch Projekte

Fachliche Kompetenzen	**Strukturelle Kompetenzen**	**Soziale Kompetenzen**
• Strategisches Denken und Handeln im Projekt • Inhaltliche, methodische und prozessuale Fähigkeiten zur Planung, Umsetzung und Kontrolle eines kompletten Projektportefeuilles • Fähigkeiten zum Umgang mit Komplexität in einer Multiprojektumgebung	• Fähigkeit zur Schaffung der strukturellen Rahmenbedingungen zur Vernetzung von Unternehmensstrategie und Projektmanagement • Fähigkeit zum situationsgerechten Makeln von Entscheidungsmacht zwischen Stammorganisation und Projekten • Fähigkeiten zur Koordination einer Multiprojektumgebung	• Fähigkeiten zum Umgang mit einer erweiterten Zahl von Projektstakeholdern • Fähigkeit zur Schaffung von sozialen Arrangements, die eine effiziente und effektive Abwicklung von Projekten in einer Multiprojektumgebung zulassen

Abb. 3-29: Organisationale Kompetenzen im Management durch Projekte

Anhand dieser Abbildung wird deutlich, dass sich die Aufgaben eines PMO im Bereich des Managements durch Projekte ganz wesentlich erweitern. Der Schwerpunkt der Aufgabenstellungen des PMO muss offensichtlich in der Unterstützung eines systematischen Multiprojektmanagements liegen. Zudem muss das PMO am Aufbau von Rahmenbedingungen mitwirken, die eine Vernetzung von Unternehmensstrategie und Projektmanagement ermöglichen.

Die Dienstleistungs- und Servicefunktion des PMO, die im Rahmen eines Managements von Projekten stärker an den Projekten und Projektleitern orientiert war, erfährt somit im Rahmen eines Multiprojektmanagements eine deutliche Ausweitung auch in Richtung des Linienmanagements, insbesondere aber des Topmanagements. Sie drückt sich konkret vor allem in der Informationssammlungs-, Informationsverdichtungs- und Koordinationsfunktion des PMO aus.

Hinzu kommt eine Unterstützungsfunktion des PMO, vor allem im Hinblick auf die Verfolgung und Realisierung der Gesamtunternehmenszielsetzungen. Es muss sowohl die strategische Ausrichtung als auch die geplante Wertsteigerung des Unternehmens sichergestellt werden. Hierzu braucht es nicht nur auf der Ebene des Managements in der Stammorganisation ein strategisches Verständnis. Vielmehr muss ein PMO dafür sorgen, dass auch auf der Ebene der Projekte Inhalte und Methoden der Unternehmensstrategie verfügbar sind und verstanden werden. Projektmanager, die zunehmend in Multiprojektumgebungen eingebunden sind, die auch strategische Bedeutung entfalten, müssen dazu in der Lage sein, ihr Handeln im Kontext der gesamten Unternehmensentwicklung zu begreifen.

Eine weitere wichtige Funktion besteht in der Vertrauensbildung und dem Konfliktausgleich zwischen den Beteiligten in Projekt- und Stammorganisation.

Wenn das PMO diesen vielfältigen Aufgaben und Funktionen im Rahmen eines Managements durch Projekte gerecht werden soll, muss es eine gewichtige Stellung im Unternehmen einnehmen. Sowohl eine ausreichende Stellenausstattung zur Umsetzung der Aufgaben, als auch eine klare Rollenverteilung zwischen Top-Management, Linienmanagement, PMO und Projektleitungen sind wesentliche Voraussetzungen für die erfolgreiche Bewältigung der Aufgabenstellungen (vgl. *Gemünden/Dammer/Jonas* [Multiprojektmanagement] 46). Nicht zuletzt die Besetzung der Leitung des PMO ist erfolgskritisch für die Wirksamkeit des PMO. In der Person des Stelleninhabers bzw. der Stelleninhaberin müssen sich Fachexpertise und Erfahrung im Projektmanagement mit einer authentischen Ausrichtung am Gesamtunternehmensinteresse verbinden. Nur so ist eine Akzeptanz durch alle Beteiligten erreichbar.

Aufgaben und Funktionen des PMO im Rahmen eines Managements durch Projekte werden nochmals in Abb. 3-30 im Überblick dargestellt.

Die detaillierte Darstellung der Aufgaben des PMO im Rahmen des Multiprojektmanagements erfolgt in den jeweiligen Phasen des Multiprojektmanagements.

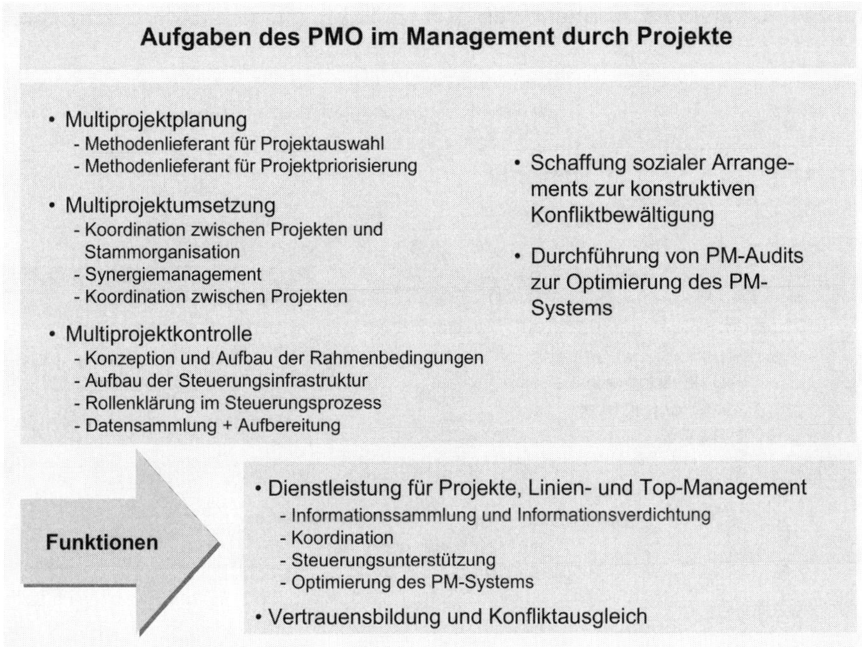

Abb. 3-30: Aufgaben und Funktionen des PMO im Rahmen eines Managements durch Projekte

4.3 Multiprojektplanung

4.3.1 Strategische Multiprojektplanung

4.3.1.1 Vorgehensweise

Ziel der strategischen Multiprojektplanung ist es, ein strategisches Projektnetz auszuwählen, das die Grundlage für eine möglichst effektive und effiziente Ressourcenzuteilung darstellt.

> Ein **strategisches Projektnetz** ist die im Zuge eines systematischen Auswahlprozesses entstandene Zusammenstellung aller in einem Unternehmen zur Umsetzung angenommenen und in Durchführung befindlichen Projekte.

Dieses strategische Projektnetz muss sowohl die strategischen Ziele der Unternehmensentwicklung als auch die Wertsteigerungsziele adäquat berücksichtigen. Damit muss sich der Auswahlprozess sowohl an qualitativen als auch an quantitativen Auswahlkriterien orientieren. Wir schlagen eine iterative Vorgehensweise zur Untersuchung des Beitrages der Projekte zur Unternehmens- und Wertentwicklung vor. Dabei wird zunächst jedes einzelne Projekt analysiert, es wird eine Vorauswahl getroffen und anschließend erfolgt eine Bewertung der möglichen Kombinationen von Projekten, also der „strategischen Projektnetze“ (vgl. Abb. 3-31).

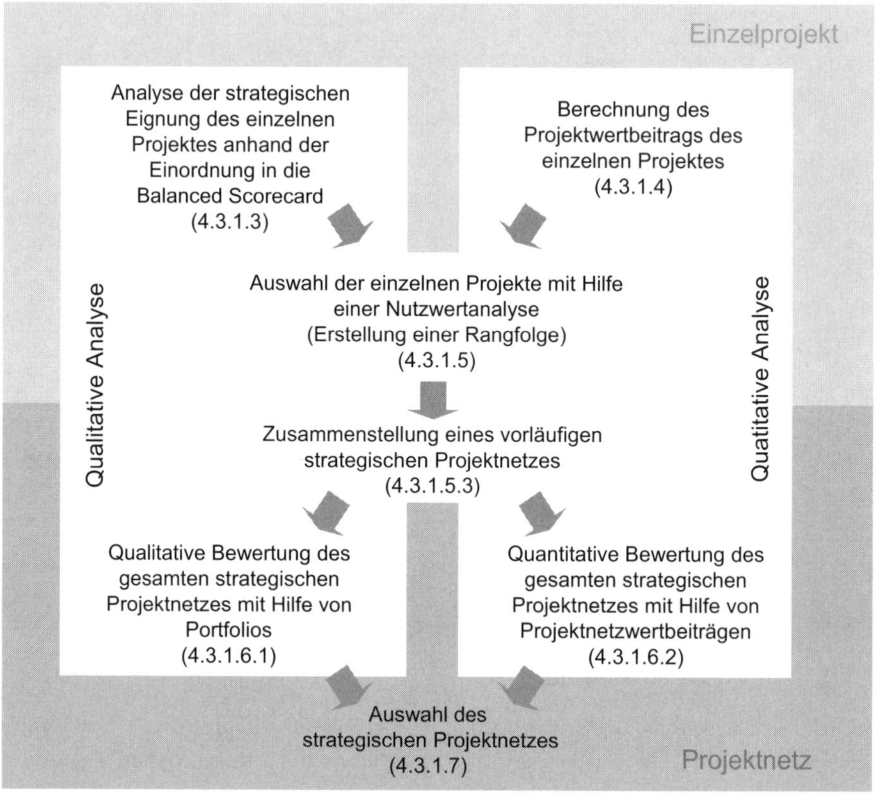

Abb. 3-31: Prozess zur Auswahl eines strategischen Projektnetzes

Im Einzelnen finden dabei folgende Aktivitäten statt:

(1) Analyse der strategischen Eignung des Projektes

Mit der Balanced Scorecard steht ein Instrument zur Verfügung, mit dessen Hilfe der mögliche strategische Entwicklungsrahmen eines Unternehmens abgesteckt werden kann (vgl. *Kaplan/Norton* [Balanced Scorecard]). Wir nutzen dieses Instrument zur Prüfung der strategischen Eignung der Projekte.

Für die einzelnen Felder der Balanced Scorecard werden strategische Ziele definiert. Der nächste Schritt besteht in der Überlegung, welche **Werttreiber** die Erreichung der jeweiligen Ziele sicherstellen sollen. Diese Werttreiber sollten so weit präzisiert werden, dass ihr Auf- oder Abbau als Ziel für strategische Projekte formuliert werden kann. Demnach kann nach den Feldern der Balanced Scorecard aufgeschlüsselt überprüft werden, welche Projekte zu welchen strategischen Zielerreichungen einen Beitrag leisten können. Die genaue Vorgehensweise wird in Abschnitt 4.3.1.3 dargestellt (S. 563ff.).

Neben der strategischen Eignung der Projekte ist im nächsten Schritt deren Beitrag zur Unternehmenswertsteigerung zu berechnen.

(2) Berechnung des Projektwertbeitrags des einzelnen Projektes

Der Projektwertbeitrag wird auf der Basis von geplanten Free Cash-flows (FCF) mit Hilfe der folgenden Formel berechnet:

$$\text{Projektwertbeitrag (PWB)} = \sum_{t=0}^{T} \frac{\text{ProjektFCF}_t}{(1+\text{WACC})^t}$$

mit
WACC Weighted Average Cost of Capital

Der Planung der Wertentwicklung des Projektes ist Abschnitt 4.3.1.4 gewidmet (S. 567ff.).

(3) Auswahl der einzelnen Projekte mit Hilfe der Nutzwertanalyse und Zusammenstellung eines vorläufigen strategischen Projektnetzes

Zur Auswahl der einzelnen Projekte wird die Nutzwertanalyse eingesetzt. Mit dieser Methode können sowohl quantitative als auch qualitative Kriterien in eine gemeinsame Bewertung über Nutzwerte einfließen.

Allerdings erlaubt die Nutzwertanalyse nur eine Bewertung der einzelnen Projekte, bietet aber keine Möglichkeit, die Sinnhaftigkeit der ausgewählten Projekte im Gesamtzusammenhang zu bewerten. Die Darstellung und Analyse der Kombination der Projekte ist jedoch von entscheidender Bedeutung.

Die ausgewählten Projekte werden daher in ein strategisches Projektnetz eingebracht. Die Verteilung der Projekte in diesem Projektnetz zeigt auf, welche strategischen Steuerungsschwerpunkte gesetzt werden.

Die gesamte Vorgehensweise zur Vorauswahl und Kombination von Projekten wird in Abschnitt 4.3.1.5 beschrieben (S. 591ff.).

(4) Bewertung des gesamten Projektnetzes

(a) Qualitative Bewertung unter Einsatz von Portfolios

Die Summe der einzelnen Projekte ist qualitativ nicht unbedingt dasselbe wie ein strategisches Netzwerk als Ganzes. Aus diesem Grunde sollte das strategische Projektnetz abschließend noch einer weiteren Bewertung anhand besonders wichtiger qualitativer Entscheidungsfaktoren unterzogen werden. Beispielsweise könnte man die Dimensionen „Projektwertbeitrag" und „Erfolgswahrscheinlichkeit" einander gegenüberstellen, um die **Rentabilitäts-Risiko-Struktur des Projektnetzes** zu analysieren. Der Einsatz der dafür geeigneten Portfoliomethode wird in Abschnitt 4.3.1.6.1 beleuchtet (S. 600f.).

(b) Quantitative Bewertung mit Hilfe von Projektnetzwertbeiträgen

Der Wertbeitrag des gesamten Projektnetzes stellt Informationen darüber bereit, wie stark das Wertsteigerungspotenzial des gesamten Unternehmens von einzelnen Projekten des strategischen Projektnetzes abhängt. Es handelt sich dabei um eine dynamisierte Free Cash-flow-Rechnung. Abschnitt 4.3.1.6.2 ist der Berechnung von Projektnetzwertbeiträgen gewidmet (S. 606).

(5) Auswahl des strategischen Projektnetzes

Entscheidend für die endgültige Auswahl des strategischen Projektnetzes eines Unternehmens sind sowohl die strategische Eignung als auch die Wertbeitragspotenziale der gefundenen Projektkombination. Idealerweise ergibt sich zwischen diesen beiden Zielen kein Widerspruch. Falls doch, stehen mit der dargestellten Vorgehensweise dem Entscheidungsträger die Informationen zur Verfügung, die er für eine Abwägung zwischen Wertbeitragsverzicht einerseits und der Entscheidung für höhere strategische Entwicklungspotenziale andererseits benötigt. In Abschnitt 4.3.1.7 (S. 611ff.) werden wir das Thema „Strategische Multiprojektplanung" mit diesem Schritt abschließen.

4.3.1.2 Grundlagen der strategischen Multiprojektplanung

Bevor die gesamte Vorgehensweise im Detail vorgestellt wird, stellen sich noch einige grundlegende Fragen, die im Folgenden beantwortet werden sollen.

Ausgehend von den betrachteten Modellen der Unternehmensentwicklung und den daraus abgeleiteten Erkenntnissen sollte eine erfolgreiche strategische Steuerung aus einer geeigneten Mischung von direkten und indirekten Steuerungseingriffen und somit natürlich auch aus einer geeigneten Mischung strategischer Projekte bestehen. Wir wollen daher folgende Fragen klären:

- Welche Projekte sind überhaupt als strategische Projekte einzustufen?
- Welche Art strategischer Projekte könnten in einer Multiprojektplanung kombiniert werden?
- Welches Instrumentarium bietet sich zur Projektauswahl im Rahmen des Multiprojektmanagements an?

(1) Da Multiprojektmanagement als Methode der strategischen Unternehmensentwicklung verstanden wird, können im Rahmen der hier zu betrachtenden Multiprojektplanung ausschließlich **strategische Projekte** Berücksichtigung finden. Diese können von den operativen Projekten durch eine ganze Reihe von Kriterien abgegrenzt werden, die im Grunde bereits aus der Abgrenzung von operativem und strategischem Management bekannt sind. Ein strategisches Projekt ist durch eine Ausrichtung an übergeordneten Unternehmenszielen, durch seine Effektivitätsorientierung, seine anfangs oftmals mangelnde Operationalisierbarkeit der Projektaufgabenstellung als direkte Folge der hohen Komplexität und der starken Veränderungsdynamik des Projektproblems sowie durch seine starke Feed-forward Ausrichtung und den starken Bezug zum Projektumfeld charakterisiert.

(2) Welche Aufgabenstellungen können nun für strategische Projekte in Frage kommen? Dies hängt zum Großteil vom Steuerungsverständnis ab, das im jeweiligen Unternehmen vorherrscht. Ausgehend von dem hier vertretenen Steuerungsverständnis sollte eine Kombination aus unterschiedlichen strategischen Projekttypen in die Projektplanung Eingang finden. In Abb. 3-32 sind **Typen strategischer Projekte** zusammengestellt. Es handelt sich sowohl um direkt markt- und wettbewerbswirksame Projekte als auch um Projekte, die sich stärker mit dem indirekt wettbewerbswirksamen Aufbau von internen Prozessen oder Entwicklungspotenzialen beschäftigen.

(3) Anhand der Fülle der in Abb. 3-32 nur exemplarisch aufgeführten Beispiele für strategische Projekte einerseits und des i.d.R. begrenzten Investitionsbudgets andererseits wird deutlich, dass für das Top-Management bei der Zusammenstellung eines geeigneten strategischen Projektportefeuilles ein komplexes Auswahl- und Optimierungsproblem vorliegt.

Beispiele für unterschiedliche strategische Projekttypen

Direkt markt- und wettbewerbswirksame Projekte

- Projekte zur Etablierung der vorhandenen Produktpalette auf neuen Märkten
- Produktneuentwicklungsprojekte
- Projekte zur Entwicklung eines neuen Marktes durch den Aufbau regionaler Fertigungskapazitäten
- Projekte zum Aufbau von Markteintrittsbarrieren für die Konkurrenten
- Projekte zum Ausbau von Marktanteilen
- Projekte zum Ausbau einer globalen Marktstellung
- Marktforschungsprojekte
- Projekte zur kostenorientierten Überprüfung der unternehmensinternen Prozesse und Strukturen
- Projekte zur Qualitätssteigerung und Qualitätssicherung

Indirekt wettbewerbswirksame Projekte

- Projekte zur internen Entwicklung von (technologischen) Kernkompetenzen
- Projekte zur kundenorientierten Ausrichtung und zur Beschleunigung interner Unternehmensprozesse
- Projekte zum Aufbau und zur Umsetzung lern- und entwicklungsfördernder Führungssysteme und Organisationsstrukturen
- Projekte zum Aufbau und zum zielorientierten Management einer organisationalen Wissensbasis
- Projekte zur Schaffung einer lernfreundlichen Unternehmenskultur
- Projekte zum Aufbau des erforderlichen Humankapitals
- Projekte zur Institutionalisierung eines Innovationsmanagements

Abb. 3-32: Strategische Projekttypen

Zum einen muss eine geeignete **Kombination aus direkt und indirekt wettbewerbswirksamen strategischen Projekten** gefunden werden, um eine effektive Unternehmensentwicklung sicherzustellen. Zum anderen spielen bei der Zusammensetzung eines strategischen Projektnetzes Fragen der **Projektlaufzeiten** und der unterschiedlichen **Fristigkeiten der Projekte** im Hinblick auf ihre Ertragswirksamkeit eine große Rolle.

Vor allem die Schaffung eines Ausgleichs zwischen kurzfristig wirksam werdenden Steigerungen des Unternehmenswertes und mittel- bis langfristig wirksam werdenden Erfolgspotenzialen stellt eine komplexe Abstimmungsaufgabe dar. Entscheidend für eine langfristig effektive und gleichzeitig mittel- bis kurzfristig erfolgreiche Unternehmensentwicklung ist somit die Frage, welche strategischen Aufgabenstellungen in Form von strategischen Projekten nun konkret angegangen werden sollen.

Zur Beantwortung dieser Frage wird im Folgenden die bereits oben skizzierte **mehrstufige Vorgehensweise** detailliert beschrieben. Sie besteht aus folgenden Schritten:

- Analyse der strategischen Eignung von Projekten
- Planung der Wertentwicklung von Projekten
- Vorauswahl und Kombination von Projekten
- Bewertung der strategischen Projektnetze
- Auswahl des strategischen Projektnetzes

Betrachten wir die einzelnen Schritte im Detail.

4.3.1.3 Analyse der strategischen Eignung von Projekten

4.3.1.3.1 Einordnung der strategischen Projekte in die Balanced Scorecard

Zunächst wird im Folgenden die Balanced Scorecard vorgestellt. Die Balanced Scorecard wurde ursprünglich von *Kaplan/Norton* als neues Instrument zur Erfolgsmessung entwickelt. Zu den folgenden Ausführungen vgl. *Kaplan/ Norton:* Balanced Scorecard. Strategien erfolgreich umsetzen. Stuttgart 1997.

Bei der Balanced Scorecard wird davon ausgegangen, dass mit einer ausschließlichen Orientierung an monetären Daten die wirkliche Bandbreite der strategischen Aufgabenstellungen, die über den Erfolg der Unternehmensentwicklung entscheiden, nicht adäquat erfasst werden kann. Bei zunehmender Umwelt- und Wettbewerbsdynamik stellen „intangible assets", wie Flexibilität, Mitarbeiter-Know how oder Prozessfähigkeiten, immer mehr die wettbewerbskritischen Erfolgsfaktoren dar. Diese hier exemplarisch aufgeführten „intangible assets" und viele andere mehr zeichnen sich dadurch aus, dass sie einerseits zwar als erfolgskritische Vermögenswerte anzusehen sind, andererseits aber keinen unmittelbaren Niederschlag in den Finanzkennziffern der traditionellen Rechnungswesenmodelle finden (vgl. *Kaplan/Norton* [Balanced Scorecard] 7). Aus diesem Grunde wurden in der Balanced Scorecard über die **finanzielle Perspektive** hinaus drei zusätzliche Perspektiven mit in die Messung des Unternehmenserfolges einbezogen. Es handelt sich dabei um die **interne Prozessperspektive**, die **Kundenperspektive** sowie die **Lern- und Entwicklungsperspektive**.

Dieser Erweiterung liegt die Idee zugrunde, dass neben den Finanzkennzahlen, die nur das Ergebnis des abgelaufenen Geschäftes zeigen, auch Kennzahlen berücksichtigt werden müssen, die **vorlaufend** Auskunft über die Werttreiber des zukünftigen Unternehmenserfolges geben. Damit kann über die Balanced Scorecard, wenn sie nicht nur als Instrument zur Erfolgsmessung, sondern auch als strategisches Steuerungsinstrument betrachtet wird, ein Ausgleich zwischen kurzfristigen, primär an Finanzkennzahlen orientierten Unternehmenszielen und langfristigen, an der effektiven Unternehmensentwicklung ausgerichteten Zielen vorgenommen werden.

Ausgangspunkt bei der Zusammenstellung einer unternehmensspezifischen Balanced Scorecard i.S. eines strategischen Steuerungsinstrumentes sind die unternehmerische Vision und die **normativen Rahmenbedingungen** des Unternehmens sowie das daraus abgeleitete strategische Steuerungsverständnis. Im Einzelnen können unter den normativen Rahmenbedingungen die Unternehmenspolitik, die Unternehmensverfassung sowie die Unternehmenskultur verstanden werden (vgl. *Bleicher* [Management] 80f. und 157ff.).

Die übergeordnete Unternehmensvision und die Unternehmensstrategie werden durch eine Definition strategischer Ziele für die einzelnen Felder der Balanced Scorecard konkretisiert. In einem weiteren Schritt ist dann zu überlegen, welche Werttreiber in den jeweiligen Feldern das Erreichen der strategischen Ziele sicherstellen sollen. Diese Werttreiber sind dann so weit zu präzisieren, dass ihr Auf- oder Ausbau als Ziel für ein strategisches Projekt formuliert werden kann. Abb. 3-33 enthält mögliche strategische Projekte nach Feldern angeordnet.

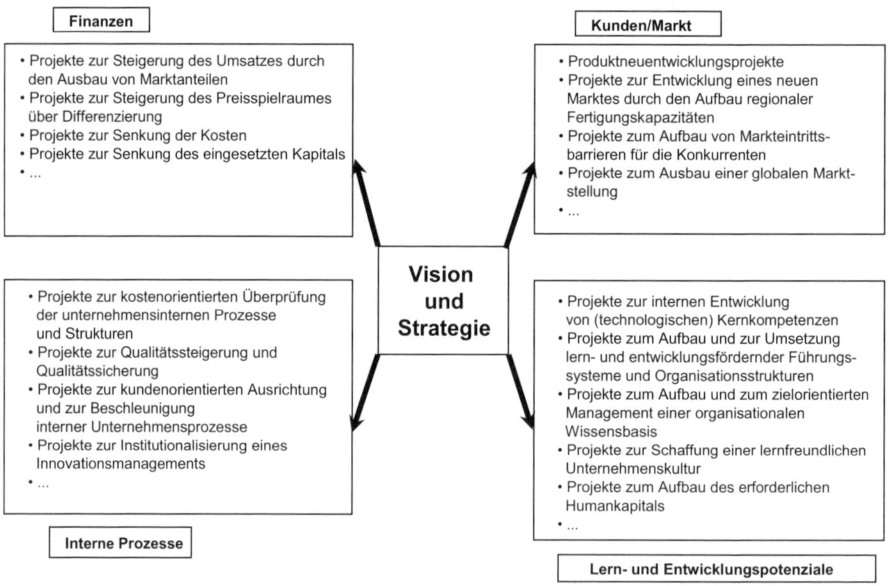

Abb. 3-33: Einordnung strategischer Projekte in der Balanced Scorecard

In Abb. 3-33 wurden zur Verdeutlichung der Funktionsweise die bereits in Abb. 3-32 exemplarisch aufgeführten Projekte in die Balanced Scorecard übernommen. Eigentlich erfordert diese Übernahme einen umfassenden Auswahlprozess, in dem es darum geht, sowohl die strategische Eignung als auch den Wertbeitrag der einzelnen Projekte für das Unternehmen zu beurteilen. Dieser Auswahlprozess wird ausführlich in Abschnitt 4.3.1.5 (S. 591) dargestellt. Zudem sollte vor der Einordnung strategischer Projekte in die Balanced Scorecard geklärt werden, welche Ursache-Wirkungsbeziehungen bei der Umsetzung der verschiedenen strategischen Projekte auftreten. In Abb. 3-34 werden wiederum exemplarisch zwei mögliche Ursache-Wirkungsbeziehungen aufgezeigt, die zu einer Verknüpfung strategischer Projekte über die verschiedenen Felder der Balanced Scorecard hinweg führen könnten.

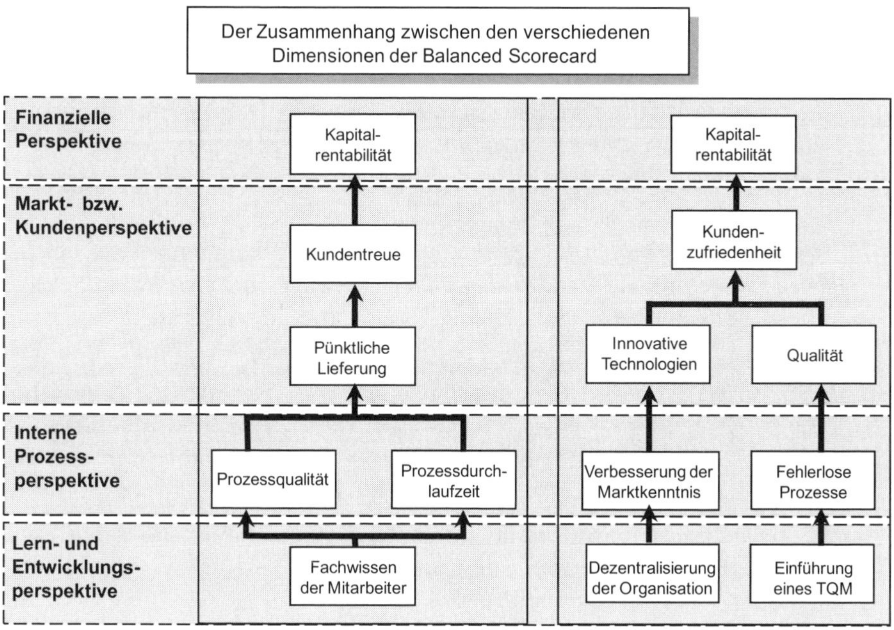

Abb. 3-34: Ursache-Wirkungsbeziehungen zwischen strategischen Projekten in unterschiedlichen Feldern der Balanced Scorecard (In Anlehnung an: *Kaplan/Norton* [Balanced Scorecard] 29)

Die in Abb. 3-34 dargestellten Ziele könnten durch ein spezielles strategisches Projekt verfolgt werden, wie z.B. ein Projekt zur Steigerung der Prozessqualität in den verschiedenen Abteilungen. Es ist allerdings auch möglich, dass ein Ziel lediglich mittelbar verfolgt wird, beispielsweise dürfte es wahrscheinlich kein eigenes Projekt für die „Dezentralisierung der Organisation" geben, sondern dies wäre vermutlich Teil eines umfassenden Reorganisationsprojektes oder eines Projektes im Bereich „Change Management". Möglich ist auch, dass ein Ziel durch mehrere Projekte verfolgt wird, z.B. könnte die Steigerung des Fachwissens der Mitarbeiter ein Thema für ein strategisches Personalentwicklungsprojekt sein und/oder eines Projektes zur Prozessverbesserung und/oder eines Projektes zur Einführung eines systematischen Innovationsmanagements.

4.3.1.3.2 Vorteile der Balanced Scorecard

Bereits anhand dieser kurzen Skizze der Balanced Scorecard und ihrer Einsatzmöglichkeiten werden die **Vorteile** dieses Instruments für die Multiprojektplanung deutlich:

- Mit der Verteilung der strategischen Projekte über die Felder der Balanced Scorecard werden automatisch verschiedene für die Unternehmensentwicklung wichtige Werttreiber fokussiert. Eine eindimensionale, nur an Finanzkennziffern ausgerichtete strategische Steuerung wird so vermieden.
- Zugleich werden auf diese Weise nicht nur direkt markt- und wettbewerbswirksame strategische Steuerungsprojekte angegangen. Vielmehr finden über die interne Prozesssicht und die Entwicklungs- und Lernperspektive der Balanced Scorecard auch indirekt wettbewerbswirksame Projekte i. S. eines mittel- oder gar langfristigen Potenzialaufbaus Berücksichtigung.
- Durch eine geeignete Verteilung der strategischen Projekte über alle Felder der Balanced Scorecard kommt es außerdem zu einem Ausgleich zwischen kurzfristiger Erfolgserzielung i. S. der Finanzkennziffern und zukunftsorientiertem Aufbau von direkten und indirekten Erfolgspotenzialen mit der Konsequenz eines zeitverschobenen Erfolgsanfalles.
- Die Balanced Scorecard stellt als geradezu ideales Visualisierungs- und Kommunikationsinstrument eine geeignete Methode für eine partizipative Steuerung durch strategische Projekte dar.

Zusammenfassung: Mit der Balanced Scorecard steht ein geeignetes Instrument zur Verfügung, um nach Maßgabe der strategischen Positionierung des Unternehmens eine Vorauswahl aus der Summe der strategischen Projekte zu treffen. Bis zu diesem Zeitpunkt der strategischen Multiprojektplanung stehen somit eher qualitative Entscheidungskriterien im Vordergrund. Diese primär qualitative Sichtweise muss vor dem Hintergrund der Wertsteigerungszielsetzung durch eine quantitative Bewertung der zur Auswahl anstehenden Projekte ergänzt werden.

4.3.1.4 Planung der Wertentwicklung von Projekten

4.3.1.4.1 Merkmale des Projektwertbeitrages

Als wesentliche Ergänzung der bisherigen strategischen Sichtweise und als weitere Grundlage für die Auswahl von Projekten muss eine Planung der Projektwertentwicklung erfolgen. Die Wertentwicklung eines Projektes lässt sich durch den Projektwertbeitrag quantifizieren. Deshalb steht im Mittelpunkt der Planung der Wertentwicklung von Projekten die **Berechnung des geplanten Projektwertbeitrages**.

Ausgangspunkt und zugleich Hauptschwierigkeit für die Planung der Wertentwicklung ist die Zusammenstellung der relevanten Planungsdaten für die projektbezogene Free-Cash-flow-Rechnung.

Um Klarheit zu schaffen, welche Daten für die Berechnung des Projektwertbeitrages notwendig sind, kann auf die **Merkmale des Projektwertbeitrages** zurückgegriffen werden. Demnach dürfen in den Projektwertbeitrag nur die vom jeweils betrachteten Projekt verursachten Daten eingehen. Es müssen alle Daten über den gesamten Projektlebenszyklus hinweg vollständig berücksichtigt werden. Es geht nicht um die Beschaffung von periodenbezogenen Daten, vielmehr müssen sich die Daten an den voraussichtlichen **Projektzahlungsströmen** orientieren. Letztlich muss der **projektbezogene Cash-flow** abgeleitet werden.

Da es um die Berechnung von **potenziellen** Projektwertbeiträgen geht, können alle Daten nur aus einer vorlaufenden Projektplanung gewonnen werden. Damit wird zugleich deutlich, dass die Qualität der Projektwertbeitragsberechnung wesentlich vom Differenzierungsgrad der Projektplanung abhängt. Zudem liegen zu einem solch frühen Entscheidungszeitpunkt noch keine realisierten Projektdaten vor, so dass auch die Frage der adäquaten Risikoabschätzung und des adäquaten methodischen Umgangs mit den Projektrisiken eine bedeutende Rolle für die Qualität der Projektwertbeitragsplanung spielt. Auf die Risikobetrachtungen soll hier nur am Rande eingegangen werden. Eine ausführliche Darstellung des Umgangs mit Projektrisiken befindet sich in Teil 2, S. 344.

Damit stellt sich nun die Frage, wie projektbezogene Cash-flows gewonnen werden können. Bereits in Abschnitt 3.3.4.2 wurde darauf hingewiesen, dass grundsätzlich **zwei Möglichkeiten der direkten Cash-flow-Berechnung** bestehen:

- Die Ermittlung der Daten aus einer internen Cash-flow-Rechnung
- Die Ermittlung der Daten aus der Kostenrechnung

Diese beiden Alternativen werden im Folgenden genauer betrachtet.

4.3.1.4.2 Interne Cash-flow-Rechnung

Daten aus einer internen Cash-flow-Rechnung sind für eine Projektwertbeitragsrechnung nur dann nutzbar, wenn sie einen ausreichenden Differenzierungsgrad besitzen und tatsächlich projektbezogen gestaltet sind. Dies ist nicht unbedingt zu erwarten, da Cash-flow-Rechnungen i.d.R. nicht primär projektbezogen, sondern meist gesamtunternehmensbezogen aufgebaut sind.

Falls keine projektbezogene Cash-flow-Rechnung verfügbar ist, kann bei der Planung der Projekt-Cash-flows auf die Projektwerttreiber zurückgegriffen werden, um auf dieser Basis die entsprechenden Projektzahlungsströme zu ermitteln.

> Unter **Projektwerttreibern** werden die Größen verstanden, die einen wesentlichen Einfluss auf den Projektwertbeitrag haben.

In Anlehnung an die „lebenszyklusbezogene Planung der Projektwirkungen" von *Riezler* ([Lebenszyklusrechnung] 193ff.) kann eine projektwerttreiberorientierte interne Cash-flow-Rechnung folgendermaßen aussehen:

- Bestimmung der relevanten Projektwerttreiber
- Analyse und Festlegung der Planungsprämissen für die Projektwerttreiber
- Planung der Projektwerttreiber

(1) Bestimmung der relevanten Projektwerttreiber

Zunächst kommt es darauf an, die wesentlichen Projektwerttreiber des jeweiligen Projektes herauszufinden, die zu signifikanten positiven und negativen Zahlungswirkungen im Projekt führen. Hier bietet es sich an, für unternehmenstypische Projekte **Checklisten** aufzubauen, in denen mögliche Projektwerttreiber für alle Phasen des Projektlebenszyklus gesammelt werden. In dieser Checkliste werden auch die wichtigsten Zahlungswirkungen, also die Arten von Ein- und Auszahlungen, berücksichtigt, die diese Werttreiber gewöhnlich in der Vorlauf-, Markt- und Nachlaufphase mit sich bringen.

An dieser Stelle werden sowohl direkte als auch indirekte Zahlungswirkungen berücksichtigt, die sich durch das Projekt ergeben können. Als Beispiel für indirekte Zahlungswirkungen könnten Mehr- oder Mindereinzahlungen aus Umsätzen anderer Produkte angeführt werden, wenn zwischen dem Projekt und einem bestehenden Produkt substitutive oder komplementäre Beziehungen bestehen.

Auf der Grundlage einer Checkliste können nun diejenigen Projektwerttreiber identifiziert werden, die für das einzelne Projekt von Bedeutung sind. Bei der Nutzung der Checkliste ist allerdings darauf zu achten, dass man sich dennoch detailliert mit den jeweiligen Eigenheiten des Projektes auseinandersetzt.

(2) Analyse und Festlegung der Planungsprämissen für die Projektwerttreiber

Im nächsten Schritt werden die Haupteinflussgrößen auf die Projektwerttreiber gesucht: Wovon hängt die Höhe der jeweiligen Ein- oder Auszahlung ab? Beispielsweise wirken sich die geplante Absatzmenge pro Periode, die Absatzdauer, der Absatzpreis pro Periode, zu gewährende Rabatte oder auch die Zahlungsbedingungen für den Kunden auf die Umsätze aus.

Die mögliche Entwicklung dieser Haupteinflussgrößen wird nun differenziert analysiert und es werden pro Periode Planwerte festgelegt. Die Analysen beinhalten wiederum Prognosen für die Faktoren, die sich auf die Haupteinflussgrößen auswirken, wie z.B. Annahmen über die Kundenzufriedenheit, Werbeauszahlungen, Wechselkursentwicklungen.

Sowohl bei der Identifizierung der wichtigsten Haupteinflussgrößen wie auch für die Festlegung der Planwerte ist es ratsam, auf Erfahrungen aus bereits durchgeführten Projekten zurückzugreifen sowie Expertenbefragungen vorzunehmen. Als Experten kommen sowohl erfahrene Projektleiter des Unternehmens als auch Fachbereichsverantwortliche in Frage, die bereits zum wiederholten Male mit vergleichbaren Fachproblemen konfrontiert waren.

(3) Planung der Projektwerttreiber

In einem letzten Schritt müssen die **Auswirkungen der Planungsprämissen** auf die Projektwerttreiber zur Ableitung der projektspezifischen Zahlungsstromkonsequenzen beschrieben werden. *Riezler* schlägt hierzu die Erarbeitung von Funktionen für die Abschätzung der projektspezifischen Einzahlungen und Auszahlungen vor, in denen die Einflussgrößen explizit berücksichtigt werden.

Beispielsweise nähert er die Auszahlungen für Werkzeuge in einer Periode über die folgende Funktion an (vgl. *Riezler* [Lebenszyklusrechnung] 207):

Nutzungsabhängiger Verschleiß der Werkzeuge pro Perioden =

0,5 Euro · DS · pskum

mit DS: Durchsatz (Gutstücke + Ausschuss) der Fertigungslinie einschließlich Durchsatz für andere Aufträge pskum: Kumulierte Faktorpreisänderungen

Eine solche analytische Vorgehensweise macht zwar zunächst einen etwas theoretischen Eindruck, hat aber den Vorteil, dass sie i.d.R. an die analytische Vorgehensweise der Vorkalkulation anschlussfähig ist. Allerdings sind die **Unterschiede zwischen periodenbezogenen Bewertungen der Kostenrechnung und reiner Zahlungsorientierung** zu berücksichtigen.

Zahlungsströme, wie Auszahlungen für Forschung und Entwicklung, vorlaufende Schulungen, vorlaufende Produktionsvorbereitungen usw., die allesamt in der Projektvorlaufphase anfallen, sind direkt zu schätzen. Innerbetriebliche Leistungsverrechnungen können gemäß dem Vorschlag von *Riezler* über Sekundärzahlungen dem Projekt zugerechnet werden. Zudem rechnet er dem Projekt eine Deckungsvorgabe für Gemeinauszahlungen über den Projektlebenszyklus hinweg zu. Für Zahlungen der Projektnachlaufphase wie Garantieverpflichtungen oder auch Anlagenrestwerte schlägt er eine vereinfachende Zurechnung zum Zeitpunkt der Projektbeendigung vor (vgl. *Riezler* [Lebenszyklusrechnung] 210).

Aus dieser Zusammenstellung der Zahlungsströme lassen sich die lebenszyklusbezogenen Zahlungswirkungen des zugrunde liegenden Projektes ableiten. Abb. 3-35 zeigt die Zusammenstellung der Zahlungsströme und die Berechnung projektbedingter Einzahlungsüberschüsse (Hinweis: Die Tabelle berücksichtigt aus Darstellungsgründen lediglich die Zahlungsvorgänge bis einschließlich 1. HJ 2013).

Um diese Daten für eine Projektwertbeitragsrechnung verwendbar zu machen, sind die projektbedingten Zahlungen daraufhin zu untersuchen, welche Anteile zur gewöhnlichen Geschäftstätigkeit gehören und welche einen eher investiven Charakter aufweisen. Auf diese Weise wird der Operating Cash-flow abgeleitet.

Dieser Operating Cash-flow ist unter Berücksichtigung der Nettoinvestitionen ins Anlagevermögen und der Veränderung des Working Capital noch in einen Free Cash-flow umzurechnen (diese Vorgehensweise wurde bereits in Abschnitt 3, S. 514f. und S. 545f. genauer erläutert). Diese Umrechnung wird jedoch nicht an dieser Stelle, sondern exemplarisch am Beispiel zur Ableitung der Cash-flows aus der Projektkostenrechnung aufgezeigt (vgl. S. 582ff.).

LEBENSZYKLUSRECHNUNG		**Projekt:**		**Beispiel Fertigungslinie Bearbeitung**				**PLANUNG**			
Werte in TEUR + Einzahlungen - Auszahlungen				Beginn Bauzeit: 01.10.2010 Ende Vertrag: 30.09.2014				Beginn Serienproduktion: 01.10.2011 Ende Serienproduktion: 30.09.2017			
		Barwert	Summe	t_0 1.10.10	t_1 2.Hj. 2010	t_2 1.Hj. 2011	t_3 2.Hj. 2011	t_4 1.Hj. 2012	t_5 2.Hj. 2012	t_6 1.Hj. 2013	t_7 2.Hj. 2013
	I. Vorlaufphase										
1	Gebäude	-2.296	-2.500		-1.000	-1.000	-500				...
2	Gebäudeinfrastruktur	-446	-500			-300	-200				...
3	Flexible Maschinen	-9.411	-10.500		-2.000	-3.500	-4.700	-300			...
4	Spezialmaschinen	-3.163	-3.500		-1.000	-1.000	-1.500				...
5	Spezialwerkzeuge	-433	-500				-500				...
6	Erstattung Spezialwerkzeuge	433	500				500				...
	Immaterielle Leistungen										...
7	- projektbedingte Forschung und Entwicklung	-625	-700		-200	-200	-150	-100	-50		...
8	- Produktionsvorbereitung	-178	-200			-100	-100				...
9	- Personalschulung vor Produktionsbeginn	-217	-250				-250				...
10	**SUMME I (projektbedingte Zahlungen)**	**-16.334**	**-18.150**		**-4.200**	**-6.100**	**-7.400**	**-400**	**-50**		...
11	Gemeinanteile: Allg. FuE, Projektleitung, Weiterbild. usw.	-1.530	-1.700		-500	-500	-500	-200			...
12	**SUMME I (nach Deckungsvorgabe)**	**-17.864**	**-19.850**		**-4.700**	**-6.600**	**-7.900**	**-600**	**-50**		...
	II. Marktphase										
	a) Direkte Projektwirkungen										
13	Umsatzeinzahlungen	52.780	80.208				2.403	5.836	7.022	7.083	...
14	Einzahlungsschmälerungen	-264	-401				-12	-29	-35	-35	...
15	* Nettoeinzahlungen aus Umsätzen	52.516	79.807				2.391	5.807	6.987	7.048	...
	Auszahlungs-/Kostenstelle 4810										...
	beschäftigungsabhängige Auszahlungen										...
16	Energie	-2.692	-4.099				-144	-314	-329	-338	...
17	Werkzeuge	-1.294	11.969				-62	-144	-155	-159	...
18	Hilfs- und Betriebsstoffe (incl. Entsorgung)	-1.036	-1.584				-50	-115	-124	-127	...
19	Materialgutschrift Ausschuss	78	118				9	15	11	11	...
20	Löhne	-5.730	-8.676				-392	-690	-700	-727	...
	beschäftigungsfixe Auszahlungen										...
21	Gehälter	-1.670	-2.558				-94	-195	-195	-202	...
22	Instandhaltung (Fremdleistungen, Material)	-1.338	4.934				-77	-159	-159	-164	...
23	Betriebliche Steuern	-651	-983				-76	-76	-76	-76	...
24	Sonstige Betriebsauszahlungen	-446	-660				-26	-53	-53	-55	...
25	Anlaufauszahlungen (nach Beginn Serienproduktion)	-52	-60				-60				...
26	Unterschiede Zahlungen/ Verbrauch durch Vorräte	-76					-200				...
	b) Indirekte Projektwirkungen										...
27	Rohgussteil zu variablen Auszahlungen	-9.889	-15.050				-499	-1.132	-1.235	-1.268	...
28	Inanspruchnahme Eigeninstandhaltung	-186	-284				-10	-22	-22	-22	...
29	Andere innerbetriebliche Leistungsverrechnungen	-371	-568				-21	-43	-43	-45	...
30	Sprungfixe Auszahlungen Allg. Verwaltung und Vertrieb	-742	-1.137				-42	-87	-87	90	...
31	Sekundäre Einzahlungen	1.057	1.781				3	55	3	9	...
32	**SUMME II (projektbedingte Zahlungen)**	**27.479**	**41.996**				**650**	**2.847**	**3.825**	**3.794**	...
	Zugerechnete Deckungsvorgaben für Gemeinauszahlungen										...
33	Fixkostendeckung Rohguss	-3.122	-4.769				-180	-371	-371	-382	...
34	Allg. Verwaltung und Vertrieb	-2.319	-3.553				-130	-270	-270	-281	...
35	**SUMME II (nach Deckungsvorgabe)**	**22.038**	**33.675**				**339**	**2.206**	**3.183**	**3.130**	...
	III. Nachlaufphase										...
36	Restwert Gebäude	979	2.000								...

Abb. 3-35: Tabellarische Darstellung von lebenszyklusbezogenen Zahlungswirkungen (In Anlehnung an: *Riezler* [Lebenszyklusrechnung] 211)

Grundsätzlich erlaubt eine Anknüpfung an den Projektwerttreibern nicht nur eine unmittelbare Ableitung der projektbezogenen Zahlungsströme, sondern bietet zugleich den idealen Ansatzpunkt für die Durchführung von Sensitivitätsanalysen und eine Risikoabschätzung des Projektes. Darüber hinaus kann dieser projektwerttreiberorientierte Ansatz natürlich auch als Basis für eine spätere Kontrolle des Projektablaufes dienen.

Alternativ zu der hier vorgestellten Vorgehensweise, die sich an Projektwerttreibern orientiert, kann auch auf unternehmensspezifische Werttreiberbäume bzw. auf projektspezifisch zugeschnittene Kennzahlensysteme zurückgegriffen werden.

4.3.1.4.3 Ableitung der Planungsdaten aus einer Projektkostenrechnung

4.3.1.4.3.1 Vorgehensweise

Eine weitere Möglichkeit zur direkten Berechnung von Projekt-Cash-flows besteht in der Ableitung der projektbezogenen Zahlungsströme über die kostenrechnerische Datenbasis. Hier kann **unmittelbar an die Projektkostenplanung** angeknüpft werden. Welche kostenrechnerischen Verfahren sich besonders für die Erfassung von Projekten eignen, soll an dieser Stelle nicht weiter erörtert werden. Stattdessen sei auf Teil 2 verwiesen. Dort werden alle Fragestellungen in Bezug auf die Projektkostenplanung ausführlich behandelt (vgl. Abschnitt 6.9, S. 197ff.).

Nur so viel sei zum besseren Verständnis der folgenden Vorgehensweise festgestellt: Auch die Planung der Kosten muss sich am Lebenszyklus des Projektes ausrichten. Insofern spielt hier das **Life Cycle Costing** eine wichtige Rolle. Dies zeigt sich in der Unterteilung der Kosten in Vorlaufkosten, Nachlaufkosten sowie Kosten der Produktions- und Absatzphase. Zudem können kostenrechnerische Daten nicht ungeprüft in eine Projektwertbeitragsrechnung übernommen werden. Während in der klassischen Kostenrechnung die periodengerechte Abgrenzung der Kosten und die periodengerechte Ergebnisrechnung im Vordergrund stehen, orientiert sich die Projektwertbeitragsrechnung an **Zahlungsstromgrößen**.

Aus diesem Grunde müssen alle kostenrechnerischen Größen vor der Übernahme in die Projektwertbeitragsrechnung zunächst auf ihre **Zahlungswirksamkeit** hin überprüft werden. In die Projektwertbeitragsrechnung gehen Kosten bzw. Leistungsgrößen nur insoweit ein, wie sie eine positive oder negative **Zahlungswirkung** auslösen. Im Grunde geht es bei dieser Ableitung von Zahlungsgrößen um eine Überführung der kurzfristigen Erfolgsrechnung in eine **Cash-flow-Rechnung**.

Damit können unterschiedliche Fälle beim Übergang von kostenrechnerischen zu zahlungsstromorientierten Daten auftreten. In Abb. 3-36 sind exemplarisch einige Fälle aufgezeigt.

Geschäftsvorfall	Kostenwirkung	Zahlungswirkung	Auswirkung in der Projektwertbeitragsrechnung
Anschaffung einer Maschine mit linearer Abschreibung	• Anschaffung bleibt ohne Kostenwirkung • Abschreibung erzeugt linear verlaufende Kosten über die Maschinenlaufzeit hinweg	• Anschaffung wird voll zahlungswirksam • Abschreibungen sind nicht zahlungswirksam	• Anschaffungsauszahlung ist in der Anschaffungsperiode voll zu berücksichtigen • Abschreibungen sind nicht zu berücksichtigen
Materialeinkauf und Verbrauch in der Produktion (in derselben Abrechnungsperiode)	• Verbrauch des Materials in der Produktion führt zu Kosten	• Einkauf des Materials führt zu Zahlungsströmen	• Auszahlungen für den Einkauf des Materials sind zu Einkaufspreisen zu berücksichtigen
Es fallen Fertigungsgemeinkosten an	Fertigungsgemeinkosten sind als Kosten voll zu berücksichtigen	Die Fertigungsgemeinkosten sind nach ihrer Zahlungsstromwirkung zu trennen: - kalkulatorische Zinsen (nicht zahlungsstromwirksam) - Energiekosten (zahlungsstromwirksam)	Fertigungsgemeinkosten sind nur dann zu berücksichtigen, wenn sie zu Zahlungsabflüssen führen

Abb. 3-36: Beispiele für die Überführung von Kostendaten in Cash-flow-Daten

Betrachtet man die Anschaffung einer Maschine, so unterscheiden sich kostenrechnerische und zahlungsorientierte Wirkungen stark voneinander. Bei Materialeinkauf und Verbrauch in derselben Abrechnungsperiode sind kostenrechnerische und zahlungsstromorientierte Wirkungen dagegen identisch. Im Falle von Fertigungsgemeinkosten werden bei der Überführung der kurzfristigen Erfolgsrechnung in eine Cash-flow-Rechnung nur jene Anteile der Gemeinkosten berücksichtigt, die eine Auszahlung auslösen (z.B. Energiekosten).

Da der Projektwertbeitrag methodisch vom Shareholder Value-Konzept ausgeht, wird hier nicht der allgemeine Zahlungsüberschuss zugrunde gelegt, sondern der Free Cash-flow (vgl. Abschnitt 3.2.3). Um die Free Cash-flows eines Projektes zu berechnen, wird von den **Operating Cash-flows** ausgegangen. Hierbei handelt es sich um die Einnahmenüberschüsse aus laufender Geschäftstätigkeit, d.h. Investitionen werden nicht berücksichtigt. Der Operating Cash-flow umfasst die finanziellen Mittel, die für folgende Zwecke zur Verfügung stehen:

- für Ersatz- und Erweiterungsinvestitionen,
- zur Befriedigung der Ansprüche der Fremdkapitalgeber und
- für Zahlungen an die Eigner.

Als erster Schritt werden die Ertragssteuerzahlungen vom Operating Cash-flow abgezogen, denn sie sind für den Fortbestand des Unternehmens zwingend zu entrichten. Der erwirtschaftete Operating Cash-flow sollte im nächsten Schritt ausreichen, um die notwendigen Investitionen zu decken. Daher werden anschließend geplante Ersatz- und Erweiterungsinvestitionen in das Anlagevermögen abgezogen. Auch Erhöhungen des Working Capital sind hier zu berücksichtigen. Das Working Capital setzt sich aus Vorräten, Forderungen und unfertigen Erzeugnissen zusammen und kann näherungsweise als Differenz zwischen dem gesamten Umlaufvermögen und den kurzfristigen Verbindlichkeiten berechnet werden.

Zur ausführlichen Erklärung des Übergangs von kostenrechnerischen zu zahlungsstromorientierten Daten wird im Folgenden ein **Projektbeispiel** herangezogen, das exemplarisch für die Kosteneinflüsse bei einem klassischen Entwicklungsprojekt eines Massenherstellers steht. Dieses Beispiel wurde in Teil 2, S. 226ff., zur Verdeutlichung der projektorientierten Kostenrechnung ebenfalls zugrunde gelegt. Hierbei wurde von einer lebenszyklusbezogenen Betrachtung der Kosten sowie von einer an den Marktpreisen ausgerichteten Preisbildung ausgegangen.

Beispiel:

Es soll ein **qualitativ hochwertiger und innovativer Kühlschrank** entwickelt, produziert und verkauft werden. Die angestrebte Innovation bezieht sich auf den Einsatz neuartiger Technologien, um ein spezielles Mikroklima im Gemüsefach zu erzeugen, das eine wesentlich längere und vitaminschonendere Aufbewahrung von Gemüse ermöglicht.

Der Kühlschrank wird exklusiv für einen Großkunden entwickelt und hergestellt: Ein Hersteller exklusiver Küchen möchte ihn für sein neuestes Küchenprogramm einsetzen, bei dem „Gesundes Kochen“ im Mittelpunkt steht.

Gemeinsam mit dem Kunden wird der folgende Zeitplan aufgestellt: Die ersten zwei Jahre sind notwendig, um den Kühlschrank zu entwickeln und zur Produktionsreife zu führen. Im dritten Jahr läuft die Serienproduktion voll an und wird weitere zwei Jahre andauern. Nach Produktionsende rechnet das Unternehmen damit, dass es noch zwei Jahre Service- und Garantieleistungen zu erfüllen hat. Das Gesamtprojekt hat also eine Laufzeit von 7 Jahren.

Die weitere **Vorgehensweise** umfasst die folgenden Schritte:

1. Planung der Kosten
2. Untersuchung der Zahlungswirksamkeit der Kosten
3. Berechnung der Operating Cash-flows

Zunächst werden die Preisvorstellungen des Kunden erhoben und der mögliche Umsatz für die verschiedenen Perioden geplant. Als Ergebnis erhalten wir die Nettoumsätze pro Periode der Produktion und des Verkaufs.

Periode t_2 wäre die erste Periode, in der die Kühlschränke in Serienproduktion hergestellt und verkauft würden. Der Kunde plant, in dieser Periode 1.000 Kühlschränke abzunehmen. In Periode t_3 geht er von insgesamt 2.500 Stück aus und in Periode t_4 von 2.700 Stück. Der Vertrieb rechnet damit, dass in allen drei Perioden ein Preis von 1.200 Euro pro Kühlschrank erzielbar wäre.

Aufgrund der steigenden Absatzmengen und der damit verbundenen Lernkurveneffekte wird dem Kunden ein Preisnachlass in Höhe von 5% des Nettopreises gewährt. Abb. 3-37 verdeutlicht die Planung zu diesem Zeitpunkt.

Periode	t_0	t_1	t_2	t_3	t_4	t_5	t_6
Geplante/Abgesetzte Menge	0	0	1.000	2.500	2700	0	0
Preis	0	0	1.200	1.200	1.200	0	0
= Bruttoumsatz	0	0	1.200.000	3.000.000	3.240.000	0	0
Durchschnittlicher Rabattsatz	0	0	5%	5%	5%	0	0
Rabatt	0	0	60.000	150.000	162.000	0	0
= Nettoumsatz	0	0	**1.140.000**	**2.850.000**	**3.078.000**	0	0

Abb. 3-37: Planung der Absatzmengen, Preise und Rabatte

4.3.1.4.3.2 Planung der Kosten

Es werden nun durch Experten die in den einzelnen Projektphasen anfallenden Kosten geschätzt. Hierbei wird folgendermaßen vorgegangen: Zunächst werden die direkt zurechenbaren Kosten des Projektes in den verschiedenen Perioden geplant. Dabei handelt es sich einerseits um die Einzelkosten des Projektes, andererseits um direkt zurechenbare Gemeinkosten. In unserem Modell der „Integrierten Projektkostenplanung" in Teil 2, S. 224ff. werden diese Gemeinkostenanteile mit Hilfe der Prozesskostenrechnung als „leistungsmengeninduzierte Gemeinkosten" bestimmt, um eine möglichst differenzierte Zurechnung zu ermöglichen.

Anschließend werden jene Kosten geschätzt, die dem Projekt nicht direkt zugerechnet werden können, die jedoch teilweise durch das Projekt mitgetragen werden müssen. Diese Kosten werden im Sinne einer Deckungsvorgabe durch eine Managemententscheidung dem Projekt zugerechnet.

Beginnen wir mit den **Einzelkosten** in unserem Beispiel:

Projekt-F&E: Auf der Grundlage der Erfahrungen aus früheren Projekten mit ähnlichem Innovationsgehalt schätzt der zukünftige Projektleiter die Anzahl der notwendigen Arbeitsstunden der Ingenieure aus der Forschungs- und Entwicklungsabteilung. In den Perioden t_2 bis t_4 wird die F&E-Abteilung noch Aufgaben in der Serienbetreuung übernehmen.

Erstattung F&E-Kosten: Der Kunde beteiligt sich an den Forschungs- und Entwicklungskosten. Er zahlt in t_1 45.000 Euro und in t_3 12.000 Euro.

Kosten der Produktionsvorbereitung: In der Produktionsvorbereitung werden die Produktionsprozesse geplant und festgelegt. Die Kosten werden der Periode t_1 zugerechnet.

Materialeinzelkosten: Diese Kosten fallen in der Produktionsphase an, also in den Perioden t_2, t_3 und t_4. Anfangs rechnet das Projektteam mit Kosten in Höhe von 654 Euro pro Stück. In Periode t_3 wird es wahrscheinlich zu einer Verteuerung der elektronischen Bauteile kommen, so dass die Kosten auf 657 Euro pro Stück steigen dürften. In Periode t_4 können durch die größeren Abnahmemengen entsprechende Rabatte bei den Zulieferern realisiert werden, so dass die Materialeinzelkosten noch 605 Euro pro Stück betragen dürften.

Fertigungseinzelkosten: Diese Kosten ergeben sich ebenfalls in der Produktionsphase. Sie werden für die Periode t_2 auf 110 Euro, die Periode t_3 auf 105 Euro und die Periode t_4 auf 102 Euro pro Stück geschätzt. Bei dieser Planung geht man also von einem entsprechenden Lernkurveneffekt aus.

Rüstkosten: Diese Kosten fallen durch die Einstellung der Fertigungsanlagen und ihre Bestückung mit den notwendigen Werkzeugen ebenfalls in den Produktionsphasen an.

Ausschuss: Erfahrungsgemäß gibt es bei jeder Fertigung auch einen gewissen Prozentsatz an fehlerhaften Stücken, der normalerweise aufgrund des Lernkurveneffektes abnimmt.

Garantiekosten: Die Garantiekosten lassen sich über Qualitätserfassungssysteme annähern. Sie fallen in der Produktionsphase, aber auch in der Auslaufphase an.

Kommen wir nun zu den **Gemeinkosten**: Hier wird die Prozesskostenrechnung eingesetzt. Es werden somit leistungsmengeninduzierte und leistungsmengenneutrale Gemeinkosten unterschieden.

Die **leistungsmengeninduzierten Gemeinkosten** sind auf die einzelnen Prozesse mit Hilfe der jeweiligen Kostentreiber differenziert zurechenbar.

Bei den **Materialgemeinkosten** schlägt insbesondere das Materiallager zu Buche.

Die Fertigungsgemeinkosten umfassen beispielsweise Abschreibungen für Maschinen und Werkzeuge, Energiekosten, Hilfslöhne und Kosten für Hilfsmaterial. Aus Vereinfachungsgründen wollen wir an dieser Stelle lediglich die Positionen detaillierter betrachten, die Abschreibungen nach sich ziehen: Die Anschaffung einer Maschine und von Spezialwerkzeugen.

Für den Bau der Kühlschränke ist eine Erweiterung der bestehenden Fertigungsstraßen notwendig. In Periode t_1 erfolgt die **Anschaffung einer entsprechenden neuen Fertigungsmaschine** für 140.000 Euro. Diese Auszahlung wird in der Kostenplanung kostenrechnerisch erfasst, also über Abschreibungen auf Basis der Produktionsmengen in den leistungsmengeninduzierten Fertigungsgemeinkosten. Es wird davon ausgegangen, dass mit der Maschine insgesamt 11.200 Stück gefertigt werden können. Das Produkt soll im Anschluss an das Projekt in Varianten weitergeführt werden, so dass die restliche Kapazität der Maschine in Höhe von 5.000 Stück nahtlos ab t_5 hierfür genutzt werden kann.

Für die Forschung und Entwicklung und für die Fertigung sind **Spezialwerkzeuge** notwendig, die in den Perioden t_0 (10.000 Euro), t_1 (5.000 Euro) und t_3 (5.000 Euro) angeschafft werden. Sie werden jeweils linear über zwei Perioden abgeschrieben.

In allen Perioden werden **leistungsmengeninduzierte Verwaltungs- und Vertriebsgemeinkosten** eingeplant.

In Abb. 3-38 sind alle dem Projekt direkt zurechenbaren Kosten aufgeführt: Die Einzelkosten und die leistungsmengeninduzierten Gemeinkosten.

Periode	t_0	t_1	t_2	t_3	t_4	t_5	t_6
Einzelkosten							
Projekt-F&E	21.000	37.500	12.500	14.500	5.000	0	0
Erstattung Projekt-F&E	0	-45.000	0	-12.000	0	0	0
Produktionsvorbereitung	0	800	0	0	0	0	0
Material	0	0	654.000	1.642.500	1.633.500	0	0
Fertigung	0	0	110.000	262.500	275.400	0	0
Rüsten	0	0	2.000	5.000	5.400	0	0
Ausschuß	0	0	25.000	50.000	48.600	0	0
Garantien	0	0	12.000	25.000	29.500	22.000	17.000
Gemeinkosten (leistungsmengeninduziert)							
Material	0	0	41.000	95.000	100.035	0	0
Fertigung	5.000	7.500	50.000	131.250	137.700	1.500	0
Verwaltung	10.500	15.000	75.000	85.000	87.000	8.000	5.000
Vertrieb	35.000	68.000	55.000	75.000	77.000	10.000	8.000

Abb. 3-38: Direkt zurechenbare Kosten des Beispiel-Projektes

Bei den **leistungsmengenneutralen Gemeinkosten** ist eine verursachungsgerechte Zurechnung grundsätzlich nicht möglich. Sie werden in Form eines **Deckungsbudgets** zwischen Management und dem Projektverantwortlichen bzw. dem Projektteam ausgehandelt.

In unserem Beispiel soll das Projekt in der Vorlauf- und Produktionsphase Anteile der Gemeinkosten der Basisentwicklung tragen, in den Produktionsperioden Anteile der leistungsmengenneutralen Material- und Fertigungsgemeinkosten und über alle Perioden hinweg Anteile der leistungsmengenneutralen Verwaltungs- und Vertriebskosten.

In Abb. 3-39 sind alle leistungsmengenneutralen Kosten über die Projektlaufzeit hinweg aufgeführt.

Periode	t_0	t_1	t_2	t_3	t_4	t_5	t_6
Deckungsbudget (leistungsmengen-neutrale Kosten)							
Basisentwicklung	18.000	18.000	18.000	18.000	18.000	0	0
Material	0	0	18.000	42.000	45.000	0	0
Fertigung	0	0	33.000	88.000	92.000	0	0
Verwaltung	17.000	17.000	17.000	17.000	17.000	17.000	17.000
Vertrieb	15.000	15.000	15.000	15.000	15.000	15.000	15.000
Summe Deckungsbudget pro Periode	50.000	50.000	101.000	180.000	187.000	32.000	32.000

Abb. 3-39: Deckungsbudget als Summe der leistungsmengenneutralen Kosten

4.3.1.4.3.3 Zahlungswirksamkeit der Kosten

Nun werden alle Kosten und Leistungen auf ihre Zahlungswirksamkeit hin untersucht, da bei der Ermittlung des Operating Cash-flow auf der Grundlage von kostenrechnerischen Daten nur die zahlungswirksam werdenden Bestandteile relevant sind. Die Tabellen werden nun insoweit abgeändert, als **lediglich die zahlungswirksamen Anteile der Kosten verbleiben.** Damit erfolgt der Übergang von einer periodenbezogenen kurzfristigen Erfolgsrechnung zu einer lebenszyklusorientierten Cash-flow-Rechnung. Besondere Aufmerksamkeit ist in unserem Beispiel allen Posten zu widmen, die durch Abschreibungen beeinflusst werden.

Die **Nettoumsätze** im Beispiel sind voll zahlungswirksam.

Im Beispiel gehen wir davon aus, dass alle **Einzelkosten** in der jeweiligen Planperiode auch voll zahlungswirksam sind.

Die **leistungsmengeninduzierten Gemeinkosten** sind im Beispiel teilweise zahlungswirksam, in den meisten Fällen zu 75%. Eine Ausnahme bildet hier die Kostenart „Fertigungsgemeinkosten“, in der bisher auch die Abschreibungen für die Maschine und für die Spezialwerkzeuge enthalten waren. Aufgrund dieser hohen

AfA-Anteile gehen wir pauschal davon aus, dass die Kosten lediglich zu 30% zahlungswirksam sind.

Prinzipiell müssten bei der Überprüfung auf Zahlungswirksamkeit nun sowohl bei der Maschine als auch bei den Spezialwerkzeugen die ursprünglichen Investitionsauszahlungen angesetzt werden. Allerdings stehen bei der Berechnung des Operating Cash-flow die Einnahmenüberschüsse **aus laufender Geschäftstätigkeit** im Mittelpunkt, so dass die Investitionen nicht berücksichtigt werden dürfen. Sie spielen jedoch später bei der Überführung in Free Cash-flows eine Rolle.

Abb. 3-40 zeigt die Nettoumsätze und die direkt zurechenbaren Kosten nach Überprüfung auf Zahlungswirksamkeit und auf ihre Zugehörigkeit zur laufenden Geschäftstätigkeit.

Periode		t_0	t_1	t_2	t_3	t_4	t_5	t_6
	Zahlungs-wirksam-keit							
Geplante/Abgesetzte Menge		0	0	1.000	2.500	2700	0	0
Preis		0	0	1.200	1.200	1.200	0	0
= Bruttoumsatz		0	0	1.200.000	3.000.000	3.240.000	0	0
Durchschnittlicher Rabattsatz		0	0	5%	5%	5%	0	0
Rabatt		0	0	60.000	150.000	162.000	0	0
= Nettoumsatz		0	0	**1.140.000**	**2.850.000**	**3.078.000**	0	0
Zahlungswirksame Einzelkosten								
Projekt-F&E	voll	21.000	37.500	12.500	14.500	5.000	0	0
Erstattung Projekt-F&E	voll	0	-45.000	0	-12.000	0	0	0
Produktionsvorbereitung	voll	0	800	0	0	0	0	0
Material	voll	0	0	654.000	1.642.500	1.633.500	0	0
Fertigung	voll	0	0	110.000	262.500	275.400	0	0
Rüsten	voll	0	0	2.000	5.000	5.400	0	0
Ausschuß	voll	0	0	25.000	50.000	48.600	0	0
Garantien	voll	0	0	12.000	25.000	29.500	22.000	17.000
Zahlungswirksame leistungsmengeninduzierte Gemeinkosten								
Material	zahlungs-wirksamer Teil			30.750	71.250	75.026		
Fertigung	zahlungs-wirksamer Teil	1.500	2.250	15.000	39.375	41.310	450	
Verwaltung	zahlungs-wirksamer Teil	7.875	11.250	56.250	63.750	65.250	6.000	3.750
Vertrieb	zahlungs-wirksamer Teil	26.250	51.000	41.250	56.250	57.750	7.500	6.000
Summe der anfallenden Zahlungen (zahlungswirksame Einzelkosten und lmi Gemeinkosten) pro Periode		56.625	57.800	958.750	2.218.125	2.236.736	35.950	26.750
Operating Cash-flow ohne Deckungsbudget		-56.625	-57.800	181.250	631.875	841.264	-35.950	-26.750

Abb. 3-40: Leistungen und direkt zurechenbare Kosten nach Überprüfung auf Zahlungswirksamkeit zur Gewinnung der Operating Cash-flows

Die **leistungsmengenneutralen Gemeinkosten (Deckungsbudget)** sind im Beispiel ebenfalls teilweise zahlungswirksam, und zwar zu 75%. Die gleichen Prozentzahlen bei der Zahlungswirksamkeit werden hier lediglich aus Vereinfachungsgründen gewählt.

Abb. 3-41 zeigt die adjustierten Werte nach Überprüfung auf Zahlungswirksamkeit.

Periode		t_0	t_1	t_2	t_3	t_4	t_5	t_6
	Zahlungs-wirksam-keit							
Zahlungen Deckungsbudget (zahlungswirksame leistungsmengenneutrale Kosten)								
Basisentwicklung	zahlungs-wirksamer Teil	13.500	13.500	13.500	13.500	13.500		
Material	zahlungs-wirksamer Teil			13.500	31.500	33.750		
Fertigung	zahlungs-wirksamer Teil			24.750	66.000	69.000		
Verwaltung	zahlungs-wirksamer Teil	12.750	12.750	12.750	12.750	12.750	12.750	12.750
Vertrieb	zahlungs-wirksamer Teil	11.250	11.250	11.250	11.250	11.250	11.250	11.250
Summe Zahlungen Deckungsbudget pro		37.500	37.500	75.750	135.000	140.250	24.000	24.000

Abb. 3-41: Zahlungen Deckungsbudget pro Periode

4.3.1.4.3.4 Berechnung der Operating Cash-flows

Auf der Grundlage der angenäherten Zahlungen können nun die Operating Cash-flows mit und ohne Berücksichtigung des Deckungsbudgets berechnet werden. Dieser Schritt wird in Abb. 3-42 verdeutlicht.

Die sowohl mittels Projektwerttreiber wie auch über die Daten der Kostenrechnung gewonnenen Cash-flows stellen die Grundlage für die Berechnung des geplanten Projektwertbeitrages dar.

Periode		t_0	t_1	t_2	t_3	t_4	t_5	t_6
	Zahlungs-wirksam-keit							
Geplante/Abgesetzte Menge		0	0	1.000	2.500	2700	0	0
Preis		0	0	1.200	1.200	1.200	0	0
= Bruttoumsatz		0	0	1.200.000	3.000.000	3.240.000	0	0
Durchschnittlicher Rabattsatz		0	0	5%	5%	5%	0	0
Rabatt		0	0	60.000	150.000	162.000	0	0
= Nettoumsatz		0	0	**1.140.000**	**2.850.000**	**3.078.000**	0	0
Zahlungswirksame Einzelkosten								
Projekt-F&E	voll	21.000	37.500	12.500	14.500	5.000	0	0
Erstattung Projekt-F&E	voll	0	-45.000	0	-12.000	0	0	0
Produktionsvorbereitung	voll	0	800	0	0	0	0	0
Material	voll	0	0	654.000	1.642.500	1.633.500	0	0
Fertigung	voll	0	0	110.000	262.500	275.400	0	0
Rüsten	voll	0	0	2.000	5.000	5.400	0	0
Ausschuß	voll	0	0	25.000	50.000	48.600	0	0
Garantien	voll	0	0	12.000	25.000	29.500	22.000	17.000
Zahlungswirksame leistungsmengeninduzierte Gemeinkosten								
Material	zahlungs-wirksamer Teil			30.750	71.250	75.026		
Fertigung	zahlungs-wirksamer Teil	1.500	2.250	15.000	39.375	41.310	450	
Verwaltung	zahlungs-wirksamer Teil	7.875	11.250	56.250	63.750	65.250	6.000	3.750
Vertrieb	zahlungs-wirksamer Teil	26.250	51.000	41.250	56.250	57.750	7.500	6.000
Summe der anfallenden Zahlungen (zahlungswirksame Einzelkosten und lmi Gemeinkosten) pro Periode		56.625	57.800	958.750	2.218.125	2.236.736	35.950	26.750
Operating Cash-flow ohne Deckungsbudget		-56.625	-57.800	181.250	631.875	841.264	-35.950	-26.750
Zahlungen Deckungsbudget (zahlungswirksame leistungsmengenneutrale Kosten)								
Basisentwicklung	zahlungs-wirksamer Teil	13.500	13.500	13.500	13.500	13.500		
Material	zahlungs-wirksamer Teil			13.500	31.500	33.750		
Fertigung	zahlungs-wirksamer Teil			24.750	66.000	69.000		
Verwaltung	zahlungs-wirksamer Teil	12.750	12.750	12.750	12.750	12.750	12.750	12.750
Vertrieb	zahlungs-wirksamer Teil	11.250	11.250	11.250	11.250	11.250	11.250	11.250
Summe Zahlungen Deckungsbudget pro Periode		37.500	37.500	75.750	135.000	140.250	24.000	24.000
Operating Cash-flow mit Deckungsbudget		-94.125	-95.300	105.500	496.875	701.014	-59.950	-50.750

Abb. 3-42: Ableitung der Operating Cash-flows

4.3.1.4.4 Einzelprojektwertbeitrag auf Basis des Discounted Free Cash-flow

Auf der Grundlage der über einen projektwerttreiberorientierten Ansatz (Abschnitt 4.3.1.4.2) oder aus der Projektkostenrechnung gewonnenen Cash-flows (Abschnitt 4.3.1.4.3) kann nun ein Projektwertbeitrag berechnet werden. Gemäß dem Charakter des Projektwertbeitrages kann es sich natürlich immer nur um einen Entscheidungswert auf der Basis von Plandaten handeln.

Wird von **sicheren Erwartungen** im Hinblick auf die geplanten Cash-flows ausgegangen, kann der Einzelprojektwertbeitrag auf der Basis der abgeleiteten Cash-flows berechnet werden. Dies wird im Folgenden demonstriert.

Bieten sich aus Sicht des Managements verschiedene Handlungsoptionen an, so kann der Einzelprojektwertbeitrag auf der Basis von Realoptionen berechnet werden. Auf diese Weise kann die Möglichkeit zu flexiblen Reaktionen auf Umwelt- und Marktentwicklungen in die Betrachtung mit einbezogen werden. Dies wird im nächsten Abschnitt (S. 584ff.) detailliert betrachtet.

Der im Folgenden zu berechnende Projektwertbeitrag ist in seiner Grundstruktur der Barwert der zukünftigen Projekt-Free Cash-flows (abgekürzt ProjektFCF). Als Abzinsungsfaktor wird der kapitalstrukturgewichtete Gesamtkapitalkostensatz herangezogen. Damit berechnet sich der Projektwertbeitrag wie folgt:

$$\text{Projektwertbeitrag (PBW)} = \sum_{t=0}^{T} \frac{\text{ProjektFCF}_t}{(1+\text{WACC})^t}$$

Im Folgenden wird exemplarisch der Projektwertbeitrag unter Heranziehung der aus den kostenrechnerischen Daten gewonnenen Operating Cash-flows unter Annahme eines WACC von 10 % errechnet.

Allerdings sind für die Berechnung des geplanten Projektwertbeitrages nicht die Operating Cash-flows, sondern die Free Cash-flows maßgeblich. Damit müssen in einem ersten Schritt, um von den Operating Cash-flows zu den Free Cash-flows zu kommen, noch die Netto-Anlageinvestitionen sowie die Veränderungen des Working Capital berücksichtigt werden.

In Abb. 3-43 wird die Berechnung der Free Cash-flows ohne und mit Berücksichtigung des Deckungsbudgets aufgezeigt. Hierbei wurden die Investitionen bzw. Desinvestitionen ins Anlagevermögen entsprechend berücksichtigt. Es handelt sich hierbei um die Investitionsauszahlung und die beiden sekundären

Einzahlungen für die Fertigungsmaschine sowie um die drei Investitionsauszahlungen für die Spezialwerkzeuge.

Berechnung des Free Cash Flow ohne Deckungsbudget							
Periode	t_0	t_1	t_2	t_3	t_4	t_5	t_6
Operating Cash-flow ohne Deckungsbudget	-56.625	-57.800	181.250	631.875	841.264	-35.950	-26.750
Veränderungen des Anlagevermögens							
Investition in Maschinen	0	-140.000	0	0	0	0	0
Desinvestition Maschinen	0	0	0	0	0	62.500	0
Investition in Werkzeuge	-10.000	-5.000	0	-5.000	0	0	0
Veränderungen des Anlagevermögens	-10.000	-145.000	0	-5.000	0	62.500	0
Veränderungen des Working Capital							
Erhöhung des Working Capital	0	0	-32.700	-49.425	0	0	0
Minderung des Working Capital	0	0	0	0	82.125	0	0
Veränderungen des Working Capital	0	0	-32.700	-49.425	82.125	0	0
Free Cash-flow ohne Deckungsbudget	-66.625	-202.800	148.550	577.450	923.389	26.550	-26.750
Abgezinster Free Cash-flow ohne Deckungsbudget	-66.625,0	-184.363,6	122.768,6	433.846,7	630.686,9	16.485,5	-15.099,7

Berechnung des Free Cash Flow mit Deckungsbudget							
Periode	t_0	t_1	t_2	t_3	t_4	t_5	t_6
Operating Cash-flow mit Deckungsbudget	-94.125	-95.300	105.500	496.875	701.014	-59.950	-50.750
Veränderungen des Anlagevermögens							
Investition in Maschinen	0	-140.000	0	0	0	0	0
Desinvestition Maschinen	0	0	0	0	0	62.500	0
Investition in Werkzeuge	-10.000	-5.000	0	-5.000	0	0	0
Veränderungen des Anlagevermögens	-10.000	-145.000	0	-5.000	0	62.500	0
Veränderungen des Working Capital							
Erhöhung des Working Capital	0	0	-32.700	-49.425	0	0	0
Minderung des Working Capital	0	0	0	0	82.125	0	0
Veränderungen des Working Capital	0	0	-32.700	-49.425	82.125	0	0
Free Cash-flow mit Deckungsbudget	-104.125	-240.300	72.800	442.450	783.139	2.550	-50.750
Abgezinster Free Cash-flow mit Deckungsbudget	-104.125,0	-218.454,5	60.165,3	332.419,2	534.894,3	1.583,3	-28.647,1

Projektwertbeitrag ohne Deckungsbudget:	937.699,4	auf Basis Free Cash-flow
Projektwertbeitrag mit Deckungsbudget:	577.835,6	auf Basis Free Cash-flow

Abb. 3-43: Berechnung der Projektwertbeiträge ohne und mit Deckungsbudget

Bei der Berechnung der Veränderungen des Working Capital sind in unserem Beispiel vereinfachend lediglich die Materialvorräte zu berücksichtigen. Wir gehen von einem durchschnittlichen Lagerbestand von 5% des Materialeinsatzes in den Produktionsphasen aus. Zum Ende von t_4, der letzten Produktionsperiode, wird das Lager komplett abgebaut.

Auf der Grundlage der Free Cash-flows wird jeweils ein Projektwertbeitrag ohne und mit Deckungsbudget berechnet.

Welche **Schlüsse** lassen sich nun auf der Grundlage dieser beiden Projektwertbeitragsgrößen ziehen?

- **Projektwertbeitrag ohne Deckungsbudget**

  Diese Wirtschaftlichkeitskennziffer macht eine Aussage darüber, ob das betrachtete Projekt gemäß einer reinen Differenzbetrachtung und der damit verbundenen Zurechnung aller ausschließlich vom Projekt verursachten Zahlungsströme zur Wertsteigerung oder zur Wertvernichtung des Unternehmens beiträgt.

- **Projektwertbeitrag mit Deckungsbudget**

  Mit Hilfe dieser Wirtschaftlichkeitskennziffer wird ersichtlich, ob das betrachtete Projekt auch noch nach der Zurechnung zusätzlicher Deckungslasten aus dem Gemeinkostenblock des Unternehmens dazu in der Lage ist, zur Wertsteigerung des Unternehmens beizutragen.

  Grundlegend ist die Durchführung eines Projektes bereits dann vorteilhaft für die Wertsteigerung des Gesamtunternehmens, wenn ein positiver Projektwertbeitrag - auch ohne Zurechnung einer Deckungsvorgabe - erzielt wird. Allerdings signalisiert ein solches Projekt eine potenzielle „Unterdeckung“ der Gemeinkostenblöcke des Unternehmens. In der Konsequenz müssten solche Unterdeckungen durch Projekte mit höheren Projektwertbeitragsanteilen hinsichtlich der Gemeinkostenblöcke kompensiert werden (vgl. *Riezler* [Lebenszyklusrechnung] 215).

Im vorliegenden Beispiel ist jedoch sogar der Projektwertbeitrag mit Deckungsvorgabe positiv. Das vorliegende Beispielprojekt trägt also in jedem Falle zur Unternehmenswertsteigerung bei.

4.3.1.4.5 Einzelprojektwertbeitrag auf Basis von Realoptionen

Bei der Berechnung des Einzelprojektwertbeitrages auf Basis der Discounted Free-Cash-flows wurde implizit von **sicheren** Cash-flow-Erwartungen ausgegangen. Risiken oder Chancen können zwar ergänzend über Sensitivitätsanalysen oder andere Methoden in die Betrachtung des Projektes mit einfließen, werden jedoch dadurch nicht direkt zum Bestandteil der Projektwertbeitragsberechnung.

(1) Grundlagen

Ein anderer Ansatz liegt der Berechnung des Einzelprojektwertbeitrages mittels **Realoptionen** zugrunde. Hier wird von vornherein davon ausgegangen, dass die zukünftigen Cash-flow-Erwartungen **unsicher** sind und dass folglich ein Projektablauf nicht komplett durchgeplant werden kann. Im Mittelpunkt der Betrachtung stehen **unterschiedliche Reaktionsmöglichkeiten** auf Umwelt- und Marktentwicklungen, die sich im Laufe der Projektabwicklung eröffnen. Diesen Reaktionsmöglichkeiten wird ein Eigenwert zugeschrieben, der bei der Bewertung eines Projektes zu berücksichtigen ist. Die Bewertung der Handlungsspielräume, die sich durch die unterschiedlichen Reaktionsmöglichkeiten ergeben, soll mit Hilfe des **Optionspreisansatzes** erfolgen. Im Grunde setzt sich der Wert einer Option aus ihrem inneren Wert und aus ihrem Zeitwert zusammen. Dies gilt sowohl für eine Finanzoption als auch für eine Realoption. Welche theoretischen Überlegungen diesbezüglich relevant sind, wurde bereits in Abschnitt 3.2.4 kurz dargestellt.

Hier sollen im Folgenden die Überlegungen zum Realoptionsansatz nochmals aufgegriffen und auf die Bewertung von Projekten bezogen werden. Demnach wäre der **innere Wert** des Projektes durch den Gegenwartswert der aus dem Projekt resultierenden Rückflüsse abzüglich des Gegenwartswerts der Projektinvestitionen zu berechnen. Hierbei handelt es sich im Kern um den Projektwertbeitrag. Somit bildet der im vorigen Abschnitt berechnete Projektwertbeitrag auch die Basis für die projektbezogene Realoptionsbestimmung. Allerdings muss gemäß dem Realoptionsansatz der innere Wert des Projektes noch durch den **Zeitwert** der Option ergänzt werden, der sich aus den jeweiligen projektspezifischen Handlungsspielräumen ergibt.

Allerdings stößt genau die monetäre Bewertung dieser Handlungsspielräume auf große Schwierigkeiten:

- Die **Schätzung** der in die Realoptionen eingehenden Parameter ist z.T. sehr schwierig, z.B. die Unsicherheit hinsichtlich des Projektwertes (Varianz der Cash-flows).
- Realoptionen sind meist **geteilte Optionen**, d.h. verschiedene Inhaber können das Recht zur Ausübung nutzen. Beispielsweise könnten mehrere Konkurrenten zum gleichen Zeitpunkt ein neues Produkt auf den Markt bringen. Da nun mehrere Unternehmen über die gleiche Option verfügen, reduziert sich der Optionswert. Dieses Problem stellt sich bei Finanzoptionen nicht, da der Eigentümer exklusiv über das Ausübungsrecht verfügt (vgl. *Kühn/Fuhrer/Jenner* [Reale Optionen] 49f.).

- Realoptionen können im Gegensatz zu Finanzoptionen **verbunden** sein, d.h. durch die Ausübung einer Option entsteht mindestens eine neue Option (vgl. *Copeland/Keenan* [real options] 131). In diesem Fall muss der Wert der Folgeoption bei der Bewertung berücksichtigt werden. Wenn sich viele Folgeoptionen durch die erste Realoption ergeben, kann die Bestimmung der Anzahl und des Wertes äußerst schwierig werden (vgl. *Kühn/Fuhrer/Jenner* [Reale Optionen] 50).

Zusammenfassung: Die praktische Bewertung von Realoptionen mittels theoretisch richtiger Modelle ist so aufwändig, dass sie sich in einer theoretisch korrekten Form in der Praxis kaum durchsetzen wird. Trotz der verschiedenen methodischen Problemfelder, die sich bei der konkreten Bestimmung des Optionswertes ergeben, kann der Realoptionsansatz jedoch **wichtige Einsichten für die Praxis** liefern:

- Der Prozess der Bewertung einer Realoption beinhaltet eine detaillierte Analyse von Chancen und Risiken: „**Die konzeptionelle Nutzung des Realoptionsansatzes** dient der Entwicklung eines Verständnisses der Bedeutung von Optionalitäten und verändert die **mentalen Modelle** der Akteure" (*Pritsch/Weber* [Bedeutung] 23).
- Bisher wurden in der Praxis häufig Investitionen getätigt, obwohl sie zunächst wertvernichtend schienen. Aus der Theorie der Realoptionen lässt sich eine rationale Erklärung für bisher mit **„betriebswirtschaftlicher Intuition"** begründete Entscheidungen ableiten. Allerdings sollte man sich bei der praktischen Nutzung des Konzeptes der Realoptionen immer der **Subjektivität** gewahr sein, die sich durch die hohen Bewertungsspielräume bei den Prognosen der eingehenden Parameter ergibt. Somit ist zumindest auch der Missbrauch von Realoptionen zur Rechtfertigung von wertvernichtenden Investitionen möglich (vgl. *Kühn/Fuhrer/Jenner* [Reale Optionen] 55 und die dort angegebenen Quellen).

Offensichtlich sollten trotz der theoretischen und methodischen Schwierigkeiten pragmatische Wege für eine praktische Umsetzung des Realoptionsansatzes gesucht werden. Dabei kann es nicht mehr primär darum gehen, einen theoretisch richtigen Wertansatz für die Realoption zu finden. Stattdessen geht es um die Schaffung eines systematisierten gedanklichen Bezugsrahmens, mit dessen Hilfe ein Entscheider den Wert alternativer Projekthandlungsmöglichkeiten abzuschätzen lernt. Eine solche Heuristik zur Abschätzung des Optionswertes würde bereits einen Fortschritt in der Projektbewertung bringen, in jedem Falle im Verhältnis zur vollständigen Vernachlässigung des Optionswertes.

(2) Heuristik zur Abschätzung des Optionswertes

Slater/Reddy/Zwirlein ([Evaluating] 447ff.) legen eine Heuristik vor. Die Autoren zeigen am Beispiel einer Neuproduktentwicklung, dass zu einer umfassenden Beurteilung dieser Investitionsalternative die Berechnung des Kapitalwerts sinnvoll mit der Abschätzung des Optionswertes der Neuproduktentwicklung kombiniert werden kann. Sie gehen davon aus, dass sich beide Methoden zur Abschätzung des wirklichen Wertes der Investitionsalternative komplementär ergänzen.

Die Kombination beider Bewertungsverfahren nehmen die Autoren in einer Matrix vor. Auf der einen Dimension der Matrix wird die Attraktivität des Kapitalwertes der Investitionsalternative abgetragen, auf der anderen Dimension die Höhe des Optionspotenzials der Investitionsalternative. Diese Vorgehensweise lässt sich direkt auf die Bewertung von Projekten übertragen. Gerade die Entwicklung eines neuen Produktes stellt eine typische Projektaufgabenstellung dar. Abb. 3-44 zeigt die grundlegende Vorgehensweise zur Erstellung einer **Kapitalwert-/ Optionswertmatrix**.

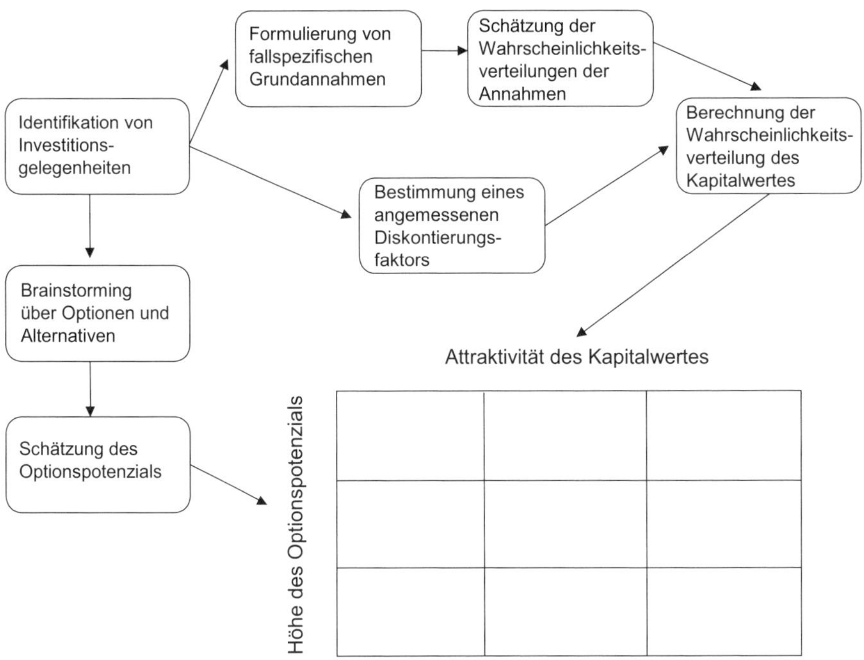

Abb. 3-44: Vorgehensweise zur Erstellung einer Kapitalwert-/Optionswertmatrix (In Anlehnung an: *Slater/Reddy/Zwirlein* [Evaluating] 455)

(a) Die **Berechnung des Kapitalwertes** sollte aus Sicht der Autoren unter Verwendung von Wahrscheinlichkeitsverteilungen vorgenommen werden, um auf diesem Wege die gesamten Möglichkeiten der potenziell negativ oder positiv verlaufenden Kapitalwertentwicklungen zu berücksichtigen.

(b) Die **Abschätzung des Optionspotenzials** erfolgt über einen Fragenkatalog, der vom Management mittels Brainstorming jeweils auf die betrachtete Investitionsalternative zugeschnitten werden muss. Dieser Fragenkatalog erlaubt in Kombination mit einer Ordinalskala die Einschätzung, ob die Investitionsalternative ein kleines, mittleres oder großes Optionspotenzial besitzt.

Abb. 3-45 zeigt einen Fragenkatalog zur Schätzung des Optionspotenzials einer Produktneuentwicklung.

	Optionswert		
	Positiv		**Negativ**
1. Das Potenzial für weiteres Wachstum aufgrund dieses Produktes/ dieser Technologie ist	groß		klein
2. Die Entwicklungskosten entstehen v.a. am Anfang des Projektes	nein		ja
3. Das Projekt kann in kleinere Abschnitte mit Meilensteinen eingeteilt werden, an denen eine Entscheidung für oder gegen weitere Investitionen möglich ist	ja		nein
4. Investitionen in Produktionskapazitäten und Marketing sind auf spätere Projektabschnitte konzentriert	ja		nein
5. Es ist wahrscheinlich, dass Partner/Kunden gefunden werden, welche die Wahrscheinlichkeit eines Projekterfolges erhöhen	ja		nein
6. Es besteht die Möglichkeit, die Produktionskapazitäten zu minimalen Kosten anzupassen	ja		nein
Das gesamte Optionspotenzial dieses Projektes ist	groß	mittel	klein

Abb. 3-45: Optionspotenzial-Assessment
(In Anlehnung an: *Slater/Reddy/Zwirlein* [Evaluating] 454)

(3) Bewertungsmatrix

Als nächster Schritt wird das geschätzte Optionspotenzial mit den in die drei Kategorien „sehr attraktiver", „mäßig attraktiver" und „unattraktiver Kapitalwert" eingeteilten Kapitalwertberechnungen kombiniert. Hieraus resultiert eine Neun-Felder-Bewertungsmatrix, die nun die Grundlage für den Umgang mit der betrachteten Investitions- bzw. Projektalternative darstellt.

Abb. 3-46 zeigt, welche Normstrategie *Slater/Reddy/Zwirlein* je nach Einordnung der Projektalternativen in die jeweiligen Felder der Bewertungsmatrix vorschlagen.

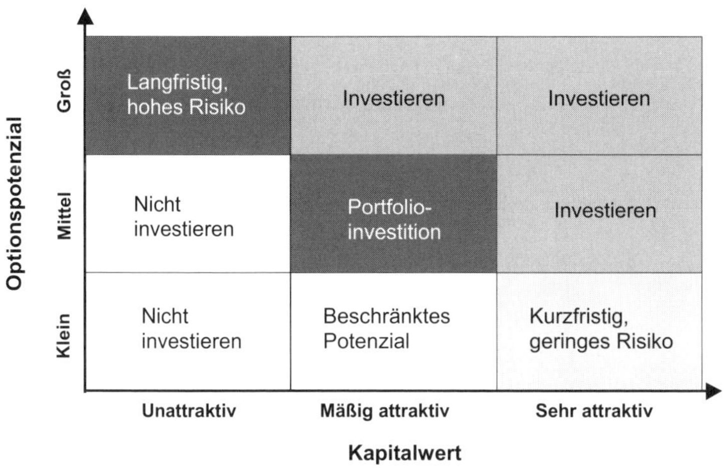

Abb. 3-46: Kapitalwert-/Optionswert-Analyse Matrix (In Anlehnung an: *Slater/Reddy/Zwirlein* [Evaluating] 456)

Wie aus der Bewertungsmatrix ersichtlich wird, handelt es sich bei den Projekten im oberen rechten Eck um die attraktivsten. Sowohl der Kapitalwert als auch der Optionswert der Projekte spricht für weitere Investitionen in diese Projekte.

Projekte, die in der Mitte bzw. im obersten linken Eck der Matrix liegen, würden gemäß einer reinen Kapitalwertbetrachtung eher vorsichtig bis negativ eingeschätzt werden und so tendenziell wohl eher nicht weiter verfolgt. In dieser Matrix zeigt sich jedoch ganz deutlich, dass ein mäßig attraktiver oder unattraktiver Kapitalwert durch ein vergleichbar hohes Optionspotenzial aufgewogen werden kann, so dass diese Projekte möglicherweise doch umgesetzt werden sollten. Allerdings erfordert dies ein aktives Management der mit diesen Projekten verbundenen Optionspotenziale sowie eine laufende Beobachtung der sich mit zunehmendem Informationsgewinn verändernden Optionswerte. Entweder entwickeln sich diese Projekte in Folge des gezielten Managements der Optionspotenziale zu einem klaren Investitionsfall oder es wird deutlich, dass sich die ehemals angedachten Optionen nicht realisieren lassen und somit ein Rückzug aus diesen Projekten zu empfehlen ist.

Ein Rückzug bzw. ein Unterlassen der Investition von vorneherein bietet sich bei allen Projekten an, die im linken unteren Eck eingeordnet wurden. Hier sprechen weder die Kapitalwerte noch die Optionswerte für eine Umsetzung dieser Projekte. Anders sieht es bei Projekten mit kurzfristig geringem Risiko, hohem Kapitalwert, aber geringem Optionswert aus. Hier handelt es sich typischerweise um Projekte, die auf bereits bestehendem Know how bzw. auf bestehenden Kapazitäten aufsetzen. Insofern besteht kaum die Option eines weiteren Leveraging zukünftiger Projektergebnisse, andererseits können vorhandene Ressourcen jedoch zur Realisierung der aktuellen Kapitalwerte ohne weitere größere Investitionserfordernisse genutzt werden. Es handelt sich mithin um Projekte, die kurzfristig hohe Cash-flows liefern und damit natürlich interessant sind.

(4) Zusammenfassung

Es kann festgestellt werden, dass ein Management realer Optionen gerade in Zeiten zunehmender Markt- und damit auch Projektdynamik eine wichtige Rolle spielt. Insbesondere in Bezug auf Projekte, die hohen Unsicherheiten unterliegen. Diese würden bei einer reinen Kapitalwertbetrachtung oftmals eher nicht realisiert werden, obwohl gerade diese Projekte nicht selten mit zunehmendem Informationsgewinn auch vielfältige Handlungsoptionen eröffnen. Gerade hier bietet der Realoptionswertansatz einen entscheidenden Vorteil: Anstatt einer einmaligen Entscheidung für oder gegen ein Projekt und dies noch zu einem frühen Zeitpunkt, zu dem sich eine Vielzahl von Informationen noch nicht ausreichend konkretisiert haben, erlaubt der Realoptionswertansatz eine Zerlegung der einmaligen Entscheidung in eine Vielzahl von Teilentscheidungen. Diese Teilentscheidungen können sukzessive immer dann getroffen werden, wenn sich weitere Informationen so weit konkretisiert haben, dass eine Abschätzung zukünftiger Handlungsoptionen möglich wird.

Zugleich kann über ein aktives Management dieser realen Optionen der Projektablauf· flexibel, entsprechend der sich verändernden Informationslage, gesteuert werden. Dies kann sowohl zu einer Begrenzung des Projektrisikos als auch zu einer Steigerung des Projektwertes führen. Insoweit bietet die komplementäre Betrachtung von Projektwertbeitrag und Projektoptionswert wesentliche Vorteile gegenüber einer rein wertorientierten Beurteilung des Projektes.

4.3.1.5 Vorauswahl und Kombination von Projekten

In den beiden vorangegangenen Abschnitten wurden mit der Balanced Scorecard und der Projektwertbeitragsrechnung Instrumente aufgezeigt, die sowohl die strategische Ausrichtung des Unternehmens mittels Projekten unterstützen als auch eine Planung der Projektwertentwicklung - und damit mittelbar auch der Unternehmenswertentwicklung ermöglichen. Damit decken diese Instrumente zugleich das Spannungsfeld der Projektauswahl ab.

Die Projektauswahl kann nicht ausschließlich nach Maßgabe der erwünschten strategischen Positionierung des Unternehmens erfolgen, ohne dabei auf die Wertentwicklung des Unternehmens zu achten. Ebenso wenig kann die Auswahl der Projekte einzig nach der Höhe der aktuell erzielbaren Projektwertbeiträge erfolgen, ohne die langfristige Positionierung des Unternehmens im Wettbewerb zu berücksichtigen. Eine Auswahl von Projekten muss sich vielmehr in einem iterativ ablaufenden Prozess gleichermaßen an qualitativen und quantitativen Kriterien orientieren.

Zunächst müssen die Projekte einzeln mittels der qualitativen und quantitativen Kriterien bewertet und im Rahmen einer Vorauswahl in eine mögliche Umsetzungsreihenfolge gebracht werden. Nach diesem Bewertungsteilschritt sind die einzeln bewerteten Projekte zu sinnvollen strategischen Projektnetzen zu kombinieren. Dies muss jedoch keinesfalls streng nach der aus der Projekteinzelbetrachtung abgeleiteten Umsetzungsreihenfolge geschehen. Vielmehr können sich aus der Kombination unterschiedlicher Einzelprojekte in strategischen Projektnetzen nochmals neue Erkenntnisse hinsichtlich der strategischen Bedeutung einzelner Projekte für die Gesamtunternehmensentwicklung ergeben. Damit kann eine endgültige Auswahl des strategischen Projektnetzes erst nach einer Gesamtsicht auf die im strategischen Projektnetz kombinierten Projekte erfolgen.

4.3.1.5.1 Grundlagen der Projektauswahl

Für die Projektauswahl benötigen wir eine Methode, mit der eine geeignete Balance zwischen kurz- und mittelfristiger Wertsteigerung des Unternehmens und einer nachhaltig erfolgreichen Unternehmensentwicklung hergestellt werden kann. Im Grunde sollten die Ergebnisse der Projektwertbeitragsrechnung in eine solche Methode ebenso einfließen können wie die Ergebnisse aus der strategischen Positionierung mittels Balanced Scorecard.

Hier stellt sich zunächst die Frage, ob die **Projektwertbeitragsrechnung** oder die **Balanced Scorecard** allein die notwendigen Entscheidungsinformationen liefern kann. Für die Projektwertbeitragsrechnung kann dies eindeutig verneint werden. Zwar liefert diese ein eindeutiges Bild im Hinblick auf die wertmäßigen Konsequenzen der einzelnen Projekte, sie erlaubt aber keinen Blick auf den Zusammenhang zwischen den Projekten oder deren Relevanz im Hinblick auf die strategische Ausrichtung des Unternehmens.

Die **Balanced Scorecard** kann über die Einordnung eines einzelnen Projektes in den strategischen Gesamtzusammenhang hinaus grundlegende Ursache-Wirkungs-Beziehungen aufzeigen, in denen die Fristigkeit der Erfolgserzielung zum Ausdruck kommt: Strategische Projekte, die im Markt- bzw. Kundensegment angesiedelt werden, wirken sich meist unmittelbar und kurzfristig auf die Finanzkennziffern aus. Strategische Projekte, die sich mit der Gestaltung der internen Unternehmensprozesse befassen, wirken eher mittel- bis langfristig auf die Finanzkennziffern. Die zeitlich am stärksten verzögerten Auswirkungen auf die Finanzkennziffern ergeben sich aus Lern- und Entwicklungsprojekten.

Zudem ist ausgehend von Kunden- bzw. Marktprojekten über interne Prozessprojekte bis hin zu Lern- und Entwicklungsprojekten von zunehmenden Quantifizierungsschwierigkeiten des Projekterfolges auszugehen. Somit ergeben sich aus der Einordnung strategischer Projekte in die jeweiligen Felder der Balanced Scorecard zwar erste Hinweise im Hinblick auf die Operationalisierbarkeit und den zeitlichen Anfall der finanziellen Auswirkungen dieser Projekte, diese sind für eine konkrete Rangfolgeentscheidung strategischer Projekte unter der Prämisse der Wertsteigerungsorientierung jedoch nicht präzise genug.

Aus diesem Grunde wird hier eine **mehrstufige Vorgehensweise** zur Lösung dieser Rangfolgeproblematik vorgeschlagen:

(1) In der ersten Stufe erfolgt - wie bereits beschrieben - die **Definition strategischer Projekte** in Übereinstimmung mit der Unternehmensvision und der strategischen Ausrichtung des Unternehmens. Die Summe aller möglichen strategischen Projekte wird dann aus der übergeordneten Entwicklungsperspektive für das Unternehmen über die unterschiedlichen Felder der Balanced Scorecard angeordnet. Damit wird in dieser ersten Phase der gesamte mögliche Entwicklungsrahmen des Unternehmens abgesteckt.

(2) In einem zweiten Schritt werden dann die Projekte, die gemäß der Balanced Scorecard prinzipiell zur Umsetzung in Frage kommen, zusätzlich auf ihren **Projektwertbeitrag** hin überprüft.

(3) In einem dritten Schritt ist noch zu klären, ob sich aus der strategischen Positionierung des Unternehmens und aus der Projektwertbeitragsbetrachtung alle Entscheidungskriterien ableiten lassen, die für eine **Entscheidung für oder gegen die Durchführung** eines Projektes von Bedeutung sind. Wird jedoch dem Management durch Projekte – wie dies hier der Fall ist – eine wichtige Rolle in Bezug auf die strategische Positionierung und auf die Wertsteigerung des Unternehmens beigemessen, müssen in ein Entscheidungsmodell auf jeden Fall der Wertbeitrag und die sonstigen Zielgrößen aus der Balanced Scorecard als Ziel- bzw. Entscheidungskriterien mit eingehen.

Dies schließt nicht aus, dass darüber hinaus noch weitere Kriterien im Rahmen der Entscheidung eine Rolle spielen können. In Abb. 3-47 wird exemplarisch eine Reihe von Bewertungskriterien aufgeführt, anhand derer strategische Projekte beurteilt werden können. Teilweise können diese Kriterien auch als Zielkriterien in der Balanced Scorecard eine Rolle spielen.

Ein allgemein gültiger Katalog von Bewertungskriterien kann nicht vorgeschlagen werden. Ein solcher Katalog kann nur unternehmensindividuell in Abstimmung mit der Unternehmensvision und der strategischen Ausrichtung des jeweiligen Unternehmens erarbeitet werden.

4.3.1.5.2 Die Nutzwertanalyse als Methode der Projektauswahl

Wenn eine umfassende Bewertung der strategischen Projekte idealerweise durch eine Mischung von quantitativen und qualitativen Kriterien erfolgt, wird ein Bewertungsinstrument benötigt, in dem sowohl quantitative als auch qualitative Bewertungskriterien sinnvoll kombiniert werden können. Hier bietet sich die Nutzwertanalyse an (vgl. *Zangemeister* [Nutzwertanalyse] 6f., *Bea/Haas* [Management] 206f.).

Die Nutzwertanalyse ist ein formales Bewertungsverfahren, in dem den zu bewertenden Alternativen Nutzwerte zugewiesen werden. Diese Nutzwerte können entweder direkt aus quantitativen Bewertungskriterien oder indirekt durch die Zuweisung von subjektiven Nutzwerten in Form von Rangpunkten für qualitative Bewertungskriterien gewonnen werden. Aus der Summe der gewichteten Kriteriennutzwerte ergibt sich ein Gesamtnutzwert pro Alternative. Damit wird eine Anordnung der untersuchten Alternativen nach der Höhe der Nutzwerte möglich.

Abb. 3-47: Mögliche Bewertungskriterien für strategische Projekte

Die Vorgehensweise wird im Folgenden anhand der Auswahl von Projekten aufgezeigt:

- **Zielbildung**

  Zunächst müssen die Ziele festgelegt werden, die hinter der Projektauswahl stehen sollen. Dies können - wie bereits diskutiert - strategische Zielsetzungen sein, die sich unmittelbar aus der Balanced Scorecard ableiten lassen. Es können zudem wertorientierte Zielsetzungen oder andere darüber hinaus reichende Zielsetzungen sein. In jedem Fall müssen diese Ziele präzisiert und in Form von operationalisierten **Bewertungskriterien** in die Nutzwertanalyse eingebracht werden.

Zudem sind die verschiedenen Bewertungskriterien mit **Zielgewichten** zu versehen. Über diese relative Gewichtung der unterschiedlichen Bewertungskriterien fließt maßgeblich die Präferenzstruktur der Entscheider mit in die spätere Bewertung ein.

- **Alternativensuche**
  Im Rahmen der Auswahl von Projekten können die Alternativen in externen Projekten bestehen, die vom Kunden an das Unternehmen herangetragen werden. Darüber hinaus können interne Projekte durch das Unternehmen selbst in den Auswahlprozess mit eingebracht werden. Im Grunde ergibt sich der Alternativenraum aus der Summe der strategischen Projekte, die bereits in die Balanced Scorecard aufgenommen wurden. In dieser Phase sollten im Zuge einer Vorauswahl allerdings alle Projektalternativen ausgeschieden werden, deren Umsetzung bereits von vornherein nicht in Frage kommt, beispielsweise aufgrund von Verletzungen wichtiger Nebenbedingungen.
- **Ermittlung der Zielertragsmatrix**
  Alle Projektalternativen, die nach der Vorauswahl noch im Alternativenraum verblieben sind, können nun in den Bewertungsprozess aufgenommen werden. Konkret erfolgt dies, indem den einzelnen Projekten jeweils im Hinblick auf die ausgewählten Bewertungskriterien Zielerträge zugeordnet werden. Diese Zielerträge können in dieser Phase noch qualitativer oder quantitativer Natur sein. Bezogen auf die Beurteilung strategischer Projekte könnte die Zielertragsmatrix einer Nutzwertanalyse wie in Abb. 3-48 aussehen. Die Tabelle enthält lediglich fünf exemplarische Bewertungskriterien.
- **Ermittlung der Zielwertmatrix**
  Den Zielerträgen der Zielertragsmatrix sind in dieser Phase Nutzwerte beizumessen. Diese Nutzwerte geben letztlich das Präferenzsystem des Entscheidungsträgers wider. Bereits quantitativ vorliegende Zielerträge können direkt als Zielwert in die Betrachtung eingehen. Alternativ können die verschiedenen Ausprägungen ebenso wie qualitative Zielerträge z.B. mittels einer kardinalen Zielwertskala bewertet werden. Abb. 3-49 zeigt eine Zielwertmatrix für eine kardinale Zielwertskala von 0 – 10 Punkten auf der Grundlage der Zielertragsmatrix aus Abb. 3-48.

Bewertungskriterien	Projektwertbeitrag	Ausweitung des Marktanteils	Technologieführerschaft	Investitionsvolumen	Zeitrisiko
Kriteriengewicht	0,35	0,25	0,2	0,1	0,1
Strategische Projekte					
Markt- bzw. Kundenprojekte					
• Produktneuentwicklung	+ 300 Mio	starke Ausweitung	ja	100 Mio	sehr hoch
• Aufbau neuer Vertriebskanäle	+ 50 Mio	mittlere Ausweitung	nein	4 Mio	mittel
• ...	...	...	...	...	...
Interne Prozessprojekte					
• Qualitätssteigerung	+ 7 Mio	gering	nein	5 Mio	gering
• ...	...	...	...	...	...
...					

Abb. 3-48: Beispiel für eine Zielertragsmatrix (nach Balanced Scorecard-Feldern eingeteilt)

- **Durchführung der Wertsynthese**

  Abschließend ist der Gesamtnutzwert pro Projektalternative zu berechnen. Liegen durchgehend kardinale Zielwerte vor, kann der Gesamtnutzwert durch die Addition der mit den jeweiligen Kriteriengewichten multiplizierten Zielwerte über alle Bewertungskriterien hinweg berechnet werden.

  Demnach würde sich für das Projekt „Produktneuentwicklung" folgender Gesamtnutzwert ergeben:

$$NW_{Produktneuentw.} = 0{,}35 * 8 + 0{,}25 * 8 + 0{,}2 * 9 + 0{,}1 * 3 + 0{,}1 * 1 = 7$$

Anhand der Höhe des Gesamtnutzwertes kann nun eine Rangfolge der strategischen Projekte gebildet werden. Insgesamt erlaubt die Nutzwertanalyse gleichermaßen die Einbeziehung von qualitativen und quantitativen Ergebnisgrößen und stellt damit eine geeignete Methode für eine ausgewogene Projektbewertung nach strategischen und wertorientierten Gesichtspunkten dar.

Bewertungskriterien	Projektwertbeitrag	Ausweitung des Marktanteils	Technologieführerschaft	Investitionsvolumen	Zeitrisiko
Kriteriengewicht	0,35	0,25	0,2	0,1	0,1
Projekte					
Markt- bzw. Kundenprojekte					
• Produktneuentwicklung	8	8	9	3	1
• Aufbau neuer Vertriebskanäle	2	5	2	9	5
• ...	...	...	...	...	...
Interne Prozessprojekte					
• Qualitätssteigerung	2	2	2	9	7
• ...	...	...	...	...	...
...					

Abb. 3-49: Beispiel für eine Zielwertmatrix

Der besondere Wert der Nutzwertanalyse für die Bewertung und Auswahl von Projekten liegt im Zwang zur Offenlegung der Bewertungsgrundlagen durch die Entscheider. Hierdurch wird eine Entscheidung für bzw. gegen bestimmte strategische Projekte nachvollziehbar, kommunizierbar und kontrollierbar gemacht.

Allerdings muss an dieser Stelle auch deutlich gemacht werden, dass diese Bewertungssystematik zur Auswahl strategischer Projekte keinesfalls zur zwingenden Umsetzung der strategischen Projekte in der Abfolge ihrer Nutzwerthöhen führen muss. Die Nutzwertanalyse liefert immer nur eine **Bewertung des Einzelprojektes**, bietet aber keine Möglichkeit, die Sinnhaftigkeit der ausgewählten Projekte im Gesamtzusammenhang zu bewerten. Eben dies ist aber von entscheidender Bedeutung, wenn über die Durchführung oder Nichtdurchführung die strategische Ausrichtung des gesamten Unternehmens mit beeinflusst wird. Aus diesem Grunde sind die anhand ihrer Nutzwerte ausgewählten Projekte nochmals übersichtlich in Form von strategischen Projektnetzen zusammenzufassen und so einer projektübergreifenden Bewertung zugänglich zu machen.

4.3.1.5.3 Strategische Projektnetze als Ergebnis der vorläufigen Projektauswahl

Als Ergebnis des Auswahlprozesses mittels Balanced Scorecard und Nutzwertanalyse kommt ein Netz von strategischen Projekten zustande, das durch Ursache-Wirkungsketten verknüpft, im Sinne einer gemeinsamen Unternehmensentwicklung und Vision ausgerichtet ist. Die Summe aller so ausgewählten strategischen Projekte sollte sowohl eine geeignete Operationalisierung der zukünftig beabsichtigten Unternehmensentwicklung darstellen als auch die angestrebte Steigerung des Unternehmenswertes sicherstellen. Damit offenbart die durch den Auswahlprozess zustande gekommene Verteilung des Projektnetzes über die Balanced Scorecard zugleich, welche strategischen Steuerungsschwerpunkte gesetzt werden.

Dies wird im Folgenden mit Hilfe zweier unterschiedlicher strategischer Projektnetze verdeutlicht (Abb. 3-50). Die Projekte werden - je nach erwartetem Ressourceneinsatz - durch Kreise verschiedener Größe dargestellt.

Während die linke Balanced Scorecard in Abb. 3-50 ein Projektnetz aufzeigt, dem eine Mischung aus direkter und indirekter strategischer Steuerung zugrunde liegt, zeigt die rechte Balanced Scorecard eine eher direkte auf schnelle Wirksamkeit auf Markt- und Finanzkennzahlen ausgerichtete strategische Steuerungsabsicht.

Wie in Abb. 3-50 schon angedeutet, bestehen noch zusätzliche Möglichkeiten, die strategischen Steuerungszusammenhänge zu visualisieren: Zum Beispiel können die Ursache-Wirkungsketten, und damit natürlich auch die wechselseitigen Zusammenhänge zwischen den strategischen Projekten, durch Verknüpfungspfeile dargestellt werden. Der Umfang der Kreise kann den Budgetanteil des jeweiligen strategischen Projektes symbolisieren. Durch weitere Bezeichnungen der Projektkreise können die Projektprioritäten oder andere Informationen dargestellt werden.

Anhand dieser strategischen Projektnetze kann zudem eine weitere zentrale Funktion der Balanced Scorecard verdeutlicht werden: Die Balanced Scorecard stellt geradezu ein ideales **Visualisierungs- und Kommunikationsinstrument** dar. Es handelt sich um ein leicht verständliches strategisches Steuerungsinstrument, das über die Formulierung des strategischen Projektnetzes die gesamte Entwicklungsrichtung des Unternehmens aufzeigt und dem einzelnen Projektmitarbeiter über die Einordnung seines Projektes im Projektnetzwerk zugleich seine Rolle im Rahmen der strategischen Entwicklung des Unternehmens verdeutlicht. Genau dies stellt eine geeignete Grundlage für einen Diskussionsprozess hinsichtlich der richtigen Ausrichtung des gesamten Unternehmens dar.

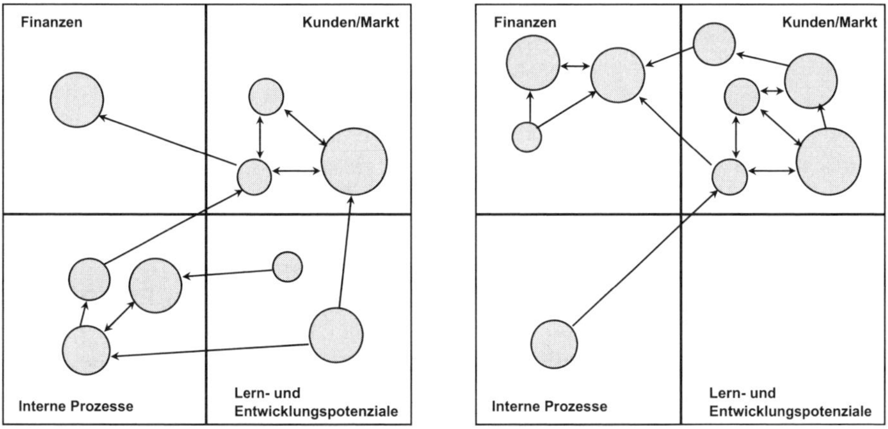

Strategisches Projektnetz I   Strategisches Projektnetz II

Abb. 3-50: Strategische Projektnetze

Zugleich lassen sich aus der Einordnung des einzelnen Projektes im strategischen Projektnetz die wesentlichen Zielsetzungen für die Umsetzung eines Projektes aus dem Kontext der gesamten Unternehmensentwicklung erschließen. Dies erleichtert die Vorgabe von Zielen für einzelne strategische Projekte ebenso wie die sinngemäße Ableitung von Unterzielen für weitere aus den strategischen Projekten erwachsende operative Folgeprojekte. Darüber hinaus bietet die Kenntnis von der Einordnung der eigenen Projektzielsetzung in den gesamten strategischen Entwicklungsrahmen des Unternehmens eine geeignete Grundlage für projektinterne Diskussionsprozesse und eigenverantwortliche Anpassungen im Rahmen einer zieladäquaten Projektabwicklung.

4.3.1.6 Bewertung der strategischen Projektnetze

Nachdem aus der Summe aller möglichen Projekte mit Hilfe der Nutzwertanalyse ein strategisches Projektnetz abgeleitet wurde, ist in einem letzten Schritt zu überprüfen, ob dieses Projektnetz in seiner **Gesamtbetrachtung** tatsächlich sowohl den strategischen Anforderungen des Unternehmens als auch den Ansprüchen der Unternehmenswertsteigerung in ausreichendem Maße genügt. Folglich wird nun die Ebene der Einzelprojektbewertung verlassen und durch eine Bewertung des gesamten Projektnetzes ergänzt.

Mit der Fokussierung des gesamten Projektnetzes ergibt sich auch eine Verschiebung der Bewertungsperspektive. Im Rahmen der qualitativen Bewertung kann das strategische Projektnetz nochmals auf einzelne Kriterien überprüft werden, die für die **strategische Entwicklung** von besonderer Bedeutung sind. Hierzu eignet sich die **Portfoliomethode**.

Darüber hinaus ist nicht nur von Interesse, welchen Wertbeitrag ein einzelnes Projekt erbringt. Auf diese Frage konzentriert sich die Berechnung des Projektwertbeitrages. Da sich Investoren jedoch primär an der Wertsteigerung des gesamten Unternehmens orientieren, rückt zusätzlich die Frage in den Mittelpunkt, welchen Beitrag das gesamte Projektnetz zur **Steigerung des Unternehmenswertes** erbringen kann. Aus diesem Grunde sollte das strategische Projektnetz auch auf seinen **Wertbeitrag** hin überprüft werden. Im Folgenden wird zunächst die Portfoliomethode zur Bewertung von strategischen Projektnetzen, anschließend die Berechnung des Projektnetzwertbeitrages vorgestellt.

4.3.1.6.1 Qualitative Bewertung durch die Portfoliomethode

Die strategischen Projektnetze geben durch die Einordnung der ausgewählten strategischen Projekte in die Balanced Scorecard einen guten Überblick über die gesamte strategische Positionierung des Unternehmens, sie erlauben aber keine detailliertere Prüfung der ausgewählten Projekte nach weiteren Kriterien, die für die Bewertung des gesamten strategischen Projektnetzes von Bedeutung sein können.

Aus Sicht der Unternehmensführung kann z.B. von besonderem Interesse sein, wie sich die **Risikostruktur** des gesamten Projektnetzes darstellt. Auch die Frage könnte relevant sein, ob das Unternehmen mit dem ausgewählten strategischen Projektnetz vor dem Hintergrund der zunehmenden Umfelddynamik ausreichend **wandlungsfähig** ist.

Wir nutzen die **Portfoliomethode** zur weitergehenden qualitativen Bewertung des gesamten strategischen Projektnetzes nach besonders wichtigen strategischen Kriterien.

In der Literatur finden sich verschiedenartige Nutzungen des Begriffes „Projektportfolio“. Diese reichen von der Bezeichnung der Summe aller in einem Unternehmen existenten Projekte über die Bezeichnung eines nach bestimmten Kriterien zusammengefassten Teils der im Unternehmen vorhandenen Projekte.

Demnach müssen nicht alle Projekte eines Unternehmens in einem solchen Projektportfolio enthalten sein, vielmehr kann es sogar unterschiedliche Projektportfolios geben (vgl. *Lomnitz* [Multiprojektmanagement] 86ff.). *Lomnitz* empfiehlt sogar die Zusammenstellung verschiedener Projektportfolios, um so die Projekte aus unterschiedlichen Dimensionen wahrnehmen zu können. *Patzak/Rattay* ([Projektmanagement] 503ff.) empfehlen die Zusammenfassung von vergleichbaren Projekten mit vielfältigen gegenseitigen Abhängigkeiten zu einem Projektportfolio. Exemplarisch nennen sie Portfolios für EDV-Projekte, F&E-Projekte oder Akquisitionsprojekte. Darüber hinaus ist im gleichen Zusammenhang in der Literatur auch von Projektportefeuilles die Rede (vgl. *Lomnitz* [Multiprojektmanagement] 86ff.).

Unser Begriff des „Projektportfolios" unterscheidet sich von diesen Definitionen. Die Summe aller im Unternehmen zur Umsetzung vorgesehenen strategischen Projekte, die aus der dargestellten strategischen Auswahlmethodik resultieren, schlägt sich aus unserer Sicht im **strategischen Projektnetz** nieder. Die **Portfoliomethode** wird von uns nur insoweit auf Projekte angewandt, als diese zur ergänzenden Bewertung der strategischen Projektnetze nach unterschiedlichen Portfoliodimensionen eingesetzt wird.

Die Grundidee der Portfoliomethode liegt darin, strategische Entscheidungen nicht isoliert zu betrachten, sondern in den **Gesamtzusammenhang** zu stellen. Eben dieser Ansatz prädestiniert die Portfoliomethode zur Überprüfung und Bewertung des gesamten strategischen Projektnetzes. Zudem basiert die Portfoliomethode auf der Portfoliotheorie, die sich mit dem Konzept einer effizienten Anlagenstreuung unter **Risiko-Rentabilitäts-Gesichtspunkten** beschäftigt. Demnach liegt eine solch effiziente Anlagenstreuung dann vor, wenn entweder die Rentabilität einer Gruppe von Vermögenswerten bei einer gegebenen Risikohöhe maximiert ist oder wenn bei einer gegebenen Rentabilität das Risiko minimiert wird. Zugrunde liegt somit die Überlegung, dass eine effiziente Anlagestreuung eine gewisse Balance zwischen Risiko und Rentabilität beinhalten sollte.

Wenn nun davon ausgegangen wird, dass sich Unternehmen im Grunde als eine Summe von Anlagen, z.B. in Form von Geschäftseinheiten oder Projekten, beschreiben lassen und zudem davon ausgegangen wird, dass die Aufgabe einer nachhaltigen Unternehmensentwicklung ebenfalls in der Umsetzung effizienter Risiko-Rentabilitätskombinationen liegt, wird die Relevanz der Portfoliomethode noch deutlicher.

Risiken und Rentabilitäten bezogen auf ein Unternehmen lassen sich ganz direkt beispielsweise aus seinen Ertragspotenzialen und aus den Wahrscheinlichkeiten, mit denen diese Ertragspotenziale realisiert werden können, ableiten. Indirekt können der Umfang von Risiken und die Höhe der Rentabilitäten aus der Wandlungsfähigkeit des Unternehmens abgeleitet werden. Dem entsprechend orientiert sich die Analyse unternehmerischer Fragestellungen an solchen Dimensionen auf den Achsen der Portfolios. Im Folgenden werden zur Bewertung des strategischen Projektnetzes exemplarisch

- das Projektwertbeitrags-Erfolgswahrscheinlichkeits-Portfolio und
- das Wandlungsfähigkeitsportfolio

vorgestellt.

(1) Projektwertbeitrags-Erfolgswahrscheinlichkeits-Portfolio

Dieses Portfolio nimmt die Grundüberlegung der Portfoliotheorie direkt auf und stellt die geplante Projektrentabilität unmittelbar dem Risiko gegenüber, diese Rentabilität tatsächlich auch erzielen zu können. Aus der kombinierten Betrachtung beider Dimensionen kann damit direkt auf die wirtschaftliche Attraktivität des einzelnen Projektes unter Berücksichtigung des Risikos geschlossen werden (Abb. 3-51).

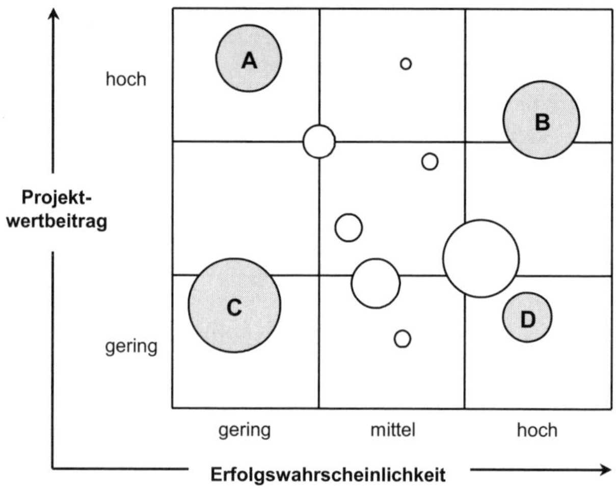

Abb. 3-51: Projektwertbeitrag-Erfolgswahrscheinlichkeits-Portfolio

Bei der Operationalisierung der Rentabilitätsdimension des Portfolios können die berechneten Planprojektwertbeiträge verwendet werden. Die Operationalisierung der Risikodimension des Portfolios kann entlang der Vorgehensweise zur Analyse und Berücksichtigung des Projektrisikos erfolgen, die in Teil 2, S. 359 beschrieben wurde.

Bezogen auf das strategische Projektnetz lässt dies zugleich eine Analyse der Rentabilitäts-Risiko-Struktur der Gesamtheit aller ausgewählten Projekte zu. Hieraus ergibt sich ein erster Anhaltspunkt hinsichtlich der Rentabilität des gesamten strategischen Projektnetzes. Dies steht jedoch bei dieser Betrachtung nicht im Mittelpunkt des Interesses, vielmehr geht es primär um die Verhältnismäßigkeit zwischen Rentabilität und Risiko und um die Abschätzung des Gesamtrisikos, das sich aus dem strategischen Projektnetz für das Unternehmen ergibt. Die Rentabilität des strategischen Netzwerkes wird im Rahmen der quantitativen Bewertung nochmals gesondert betrachtet (vgl. S. 606ff.).

(2) Wandlungsfähigkeitsportfolio

Jantzen-Homp ([Portfolio-Management] 1) hat ein Portfolio entwickelt, das die Bewältigung des Unternehmenswandels im Rahmen des Multiprojektmanagements thematisiert. Für sie liegt eine wichtige Aufgabe des Projektmanagements aufgrund der zunehmenden Dynamik der Umwelt im Aufbau von Vernetzungen zwischen verschiedenen Unternehmensbereichen bzw. externen Gruppen; die Projektarbeit dient als „Bewegungsform des Unternehmungswandels" [*Jantzen-Homp* [Portfolio-Management] 67), das Projektmanagement als Wandlungspromotor, der Wandlungsbedarf erkennt und Wandlungsbereitschaft sowie –fähigkeit im gesamten Unternehmen fördert (zu den Begriffen Wandlungsbedarf, Wandlungsbereitschaft und Wandlungsfähigkeit vgl. *Jantzen-Homp* [Portfolio-Management] 25ff.). In diesem Zusammenhang weist *Jantzen-Homp* dem Projektportfolio-Management eine Integrationsrolle im Unternehmungswandel zu. Aus ihrer Sicht hat das Projektportfolio-Management die Aufgaben eines „Change Agents" zu übernehmen.

Allerdings sind Projekte im Rahmen des Projektportfolio-Managements nicht nur nach ihrem Beitrag zum Unternehmenswandel auszuwählen, vielmehr sieht *Jantzen-Homp* in der Projekteffizienz ein ebenso wichtiges Kriterium für eine erfolgreiche Unternehmensentwicklung. Aus diesem Grunde schlägt sie vor, alle Projekte nach den beiden Dimensionen **„Projekteffizienz"** und **„Beitrag zum Unternehmenswandel"** in einem Portfolio zu visualisieren und zu bewerten.

Abb. 3-52 und 3-53 zeigen, durch welche Faktoren *Jantzen-Homp* die Dimensionen „Projekteffizienz" und „Beitrag zum Unternehmenswandel" konkretisiert.

Die Projekte des strategischen Projektnetzes sind anhand der einzelnen Faktoren der jeweiligen Dimension zu bewerten und gemäß den jeweiligen Faktorengewichtungen den beiden Dimensionen des Projektportfolios zuzuordnen. Hierbei können die Projekte analog ihrer unterschiedlichen Umsatzvolumina mittels unterschiedlich großer Kreise abgebildet werden. Abb. 3-54 zeigt exemplarisch ein solches Projektportfolio.

Dimension „Projekteffizienz"
(Interne Faktoren)

1. **Führungsprozesseffizienz**
   - Planung, Steuerung und Kontrolle der Projekte durch den Projektleiter
   - Führungstätigkeiten auf Wandlungsziele ausrichten
   - Risikoeinschätzung
   - Kommunikation des Projektleiters
   - Projektleiter als Vorbild / Multiplikator

2. **Human-Ressourcen-Orientierung**
   - Human-Ressourcen-Qualifikation
   - Motivation der Projektmitarbeiter
   - Individuelles und kollektives Lernen
   - Informationsveranstaltungen
   - Schulungen

3. **Vorgehensprozesseffizienz**
   - Abläufe und Strukturen
   - Phasenmodell oder Versionenkonzept
   - Verlaufsmuster
   - Schnittstellenmanagement

4. **Finanz- und Sachressourceneffizienz**
   - Rentabilität
   - Ressourcenausstattung
   - Ressourcenbelastung
   - Risiko

Abb. 3-52: Dimension „Projekteffizienz"
(Quelle: *Jantzen-Homp* [Portfolio-Management] 166)

Dimension „Beitrag zum Unternehmungswandel"
(Externe Faktoren)

1. **Unternehmungsentwicklung**
   - Unternehmungswachstum
   - Unternehmungsstagnation
   - Unternehmungsschrumpfung

2. **Formen des Unternehmungswandels**
   - Reorientierung
   - Revitalisierung
   - Restrukturierung

- Remodellierung

3. Reichweite und Tiefe des Unternehmungswandels
- Transformativer Wandel
- Reproduktiver Wandel
- Tagesgeschäft

4. Wandlungsfähigkeit
- Innovationsfähigkeit
- Flexibilität
- Aktionsfähigkeit mit Blick auf Kompetenzausstattung und Markt- und Wettbewerbsorientierung

Abb. 3-53: Dimension „Beitrag zum Unternehmenswandel"
(Quelle: *Jantzen-Homp* [Portfolio-Management] 169)

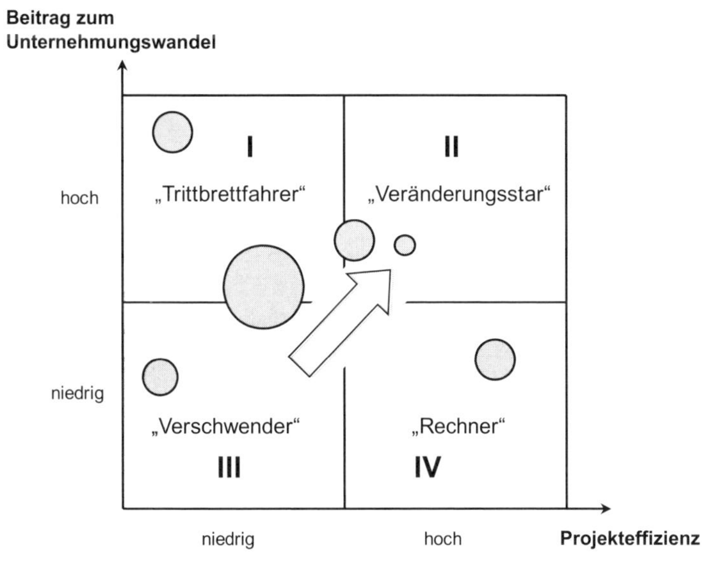

Abb. 3-54: Wandlungsfähigkeitsportfolio
(Quelle: *Jantzen-Homp* [Portfolio-Management] 174)

Jantzen-Homp nimmt eine Einteilung des Portfolios in vier Quadranten vor und schlägt je nach Einordnung der Projekte in die jeweiligen Quadranten folgende **Normstrategien** für einen möglichen Umgang mit den Projekten vor (vgl. *Jantzen-Homp* [Portfolio-Management] 174ff.):

- **Trittbrettfahrer-Projekte** weisen eine ambivalente Stellung auf: Sie können aufgrund der niedrigen Projekteffizienz die gesamte Projektarbeit gefährden, sind aber andererseits Potenzialträger für den Unternehmenswandel. Daher sollte hier auf eine Steigerung der Projekteffizienz hingesteuert werden; eine Alternative könnte auch die Fremdvergabe an Dritte sein.
- **Veränderungsstar-Projekte** sollten höchste Priorität bei der Vergabe finanzieller und humaner Ressourcen bekommen, denn sie bestimmen die zukünftige Wettbewerbsposition des Unternehmens.
- **Verschwender-Projekte** erfordern eine klare Entscheidung für entsprechende Verbesserungen oder die endgültige Desinvestition.
- **Rechner-Projekte** weisen trotz hoher Projekteffizienz kaum Wandlungsergebnisse auf; daher sollten die Ausrichtung und die Zielsetzung der Projekte neu überdacht werden.

Dies sind die Empfehlungen, die das einzelne Projekt betreffen. Darüber hinaus ist aber der Blick auf das gesamte strategische Projektnetz wichtig. Sofern alle Projekte des strategischen Projektnetzes in das Portfolio eingeordnet wurden, kann nun mit einem Blick das Verhältnis zwischen Projekteffizienz und Wandlungsfähigkeit erfasst werden. Damit eröffnen sich verschiedene Analysemöglichkeiten. Zum Beispiel kann nun überprüft werden, ob das ausgewählte strategische Projektnetz eine ausreichende Wandlungsfähigkeit des Unternehmens garantiert. Es lässt sich auch feststellen, ob eine hohe Wandlungsfähigkeit gegebenenfalls durch einen Verzicht auf Projekteffizienz „erkauft" wird. In jedem Fall kann mittels des Wandlungsfähigkeitsportfolios eine Analyse des gesamten strategischen Projektnetzes hinsichtlich zwei Dimensionen durchgeführt werden, die für eine erfolgreiche langfristige Unternehmensentwicklung von hoher Bedeutung sind. Entsprechen die Ergebnisse dieses Analyseprozesses nicht den ursprünglichen strategischen Zielsetzungen, stellt das Analyseergebnis gleichzeitig die Grundlage für eine Veränderung des strategischen Projektnetzes dar.

4.3.1.6.2 Quantitative Bewertung durch den Projektnetzwertbeitrag

Bevor auf die Berechnung des Projektnetzwertbeitrages eingegangen wird, muss zunächst noch eine klärende Abgrenzung vorgenommen werden: Keinesfalls darf der Projektnetzwertbeitrag mit dem Gesamtunternehmenswert verwechselt werden. In den Gesamtunternehmenswert gehen alle wertrelevanten Sachverhalte ein, die das gesamte Unternehmen als solches betreffen. In den Projektnetzwertbeitrag gehen dagegen nur alle wertrelevanten Zahlungsströme aus dem Projektgeschäft ein. Damit gibt er Aufschluss darüber, welchen Anteil das reine Projektgeschäft zum Gesamtunternehmenswert beitragen kann. Dieser Anteil ist natürlich umso höher, je höher die Umsatzanteile des Projektgeschäftes am Gesamtumsatz des Unternehmens sind.

Die folgenden Überlegungen stützen sich auf das Konzept der „langfristigen Unternehmensergebnisrechnung“ nach *Günther* ([Controlling] 291ff.). Allerdings wird *Günthers* Konzept modifiziert und nicht auf die Betrachtung von strategischen Geschäftseinheiten, sondern auf die Analyse von strategischen Projektnetzen angewandt. Im Kern bleiben die Überlegungen von *Günther* jedoch erhalten.

Basis für die weiteren Überlegungen ist die Tatsache, dass neben der reinen Betrachtung des Projektwertbeitrages weitere Betrachtungsperspektiven für die Bewertung eines Einzelprojektes, mehr sogar noch für die Bewertung eines gesamten Projektnetzes, von Bedeutung sein können. Insbesondere interessieren der zeitliche Anfall der Free Cash-flows und die Konsequenzen, die sich hieraus ergeben.

Günther schlägt in diesem Zusammenhang eine dynamisierte „Ergebnisrechnung“ vor, die auch die periodenübergreifenden Wirkungen von Unternehmensentscheidungen verdeutlichen kann (vgl. *Günther* [Controlling] 285ff.). Eine solche dynamisierte „Ergebnisrechnung“ zeigt für jede Periode den Periodenerfolg, den Vergangenheitserfolg sowie den Zukunftserfolg. Dem Perioden- sowie dem Vergangenheitserfolg liegen bereits realisierte Free Cash-flows zugrunde. Der Zukunftserfolg berechnet sich aus den geplanten Free Cash-flows. Die Berechnung des Vergangenheitserfolges hat eher eine **Dokumentationsfunktion**; denn für Entscheidungen sind allein der Perioden- und der Zukunftserfolg relevant, da nur diese noch beeinflussbar sind.

Im Folgenden wird jedoch nicht mehr von einer dynamisierten Ergebnisrechnung, sondern von einer **dynamisierten Free Cash-flow-Rechnung** gesprochen. Dies zum Einen deshalb, da in diese Rechnung nur Free Cash-flows eingehen, zum Zweiten soll so jede Nähe – auch wenn diese nur semantischer Natur ist – zu anderen Periodenerfolgsrechnungen vermieden werden.

Die jeweiligen Erfolgskennziffern werden jeweils auf den Beginn der Periode 0 bezogen wie folgt berechnet (in Anlehnung an *Günther* [Controlling] 289):

$$\text{Vergangenheitserfolg} = \sum_{i=-n}^{t-1} \frac{FCF_i}{(1+WACC)^i}$$

$$\text{Periodenerfolg} = \text{Projekt-FCF}_t$$

$$\text{Zukunftserfolg} = \sum_{i=t}^{T} \frac{\text{Projekt-FCF}_i}{(1+WACC)^i}$$

Wertbeitrag = Vergangenheitserfolg + Periodenerfolg + Zukunftserfolg

Für eine quantitative Bewertung des gesamten Projektnetzes muss zunächst die bisherige Betrachtungsperspektive erweitert werden. Bislang wurde lediglich der Projektwertbeitrag pro Projekt betrachtet. Bei der Analyse eines Projektnetzwertbeitrages rückt jetzt die Summe aller Einzelprojektwertbeiträge zu bestimmten Betrachtungszeitpunkten in den Vordergrund. Nur über eine solche Querschnittsanalyse kann eine zeitpunktbezogene Bewertung des Wertsteigerungspotenzials über das gesamte Projektnetz hinweg erfolgen. Eine solche Sichtweise kann wichtige Einsichten über die Struktur und die Qualität des ausgewählten Projektnetzes im Hinblick auf seine Wertsteigerungspotenziale bieten. Zugleich kann eine solche Perspektive, verbunden mit einer rollierenden Planung, Hinweise darauf geben, welche **Art von Neuprojekten** im Falle frei werdender Ressourcen akquiriert werden sollten.

Der erste Schritt zur Ermittlung von Projektnetzwertbeiträgen besteht in der Zusammenstellung der Free Cash-flows über alle Projekte des strategischen Projektnetzes hinweg. Die folgende Tabelle zeigt exemplarisch eine Zusammenstellung über fünf Projekte mit unterschiedlichem Zeithorizont (vgl. Abb. 3-55).

Periode	-3	-2	-1	0	1	2	3	4	5	6	n
Projekt 1	-30	-50	5	15	25	25	30	30	15	5	10
Projekt 2	0	0	-30	-12	20	40	5	5	0	0	0
Projekt 3	0	-120	-100	30	40	50	15	15	15	0	0
Projekt 4	0	0	0	0	0	-70	-30	100	90	30	20
Projekt 5	0	0	0	0	-120	30	80	80	80	35	20
Projektnetz	-30	-170	-125	33	-35	75	100	230	200	70	50

Abb. 3-55: Free Cash-flows des Projektnetzes

Bei der Erstellung der Tabelle wurde davon ausgegangen, dass eine strategische Planung mit einem Planungshorizont von sechs Jahren zugrunde liegt. Auf das siebte Jahr wurden alle zukünftigen Free Cash-flows der Projekte abgezinst, die über den strategischen Planungshorizont hinausreichen. Insofern sind die Zahlen des siebten Jahres als geschätzter Barwert der nach dem Planungshorizont noch anfallenden Free Cash-flows zu interpretieren. Als Betrachtungszeitpunkt für die Querschnittsbetrachtung wird der 01.01.00, also der Anfang der Periode 0 zugrunde gelegt.

Abb. 3-56 zeigt den Wertbeitrag jedes Projektes zum Zeitpunkt des Projektstarts sowie zum Zeitpunkt der Querschnittsbetrachtung des Projektnetzwertbeitrages.

	Projektwertbeitrag zum Zeitpunkt des Projektstarts	Projektstart	Projektwertbeitrag zum Zeitpunkt 01.01.00
Projekt 1	19,39	t_{-3}	23,76
Projekt 2	12,19	t_{-1}	13,41
Projekt 3	-96,43	t_{-2}	-116,69
Projekt 4	85,90	t_2	70,99
Projekt 5	121,16	t_1	110,14

Abb. 3-56: Projektwertbeitrag zum Projektstart und zum Zeitpunkt 01.01.00

Bereits diese Zusammenstellung der Projekte nach ihren Projektwertbeiträgen gibt einen ersten Aufschluss hinsichtlich der Struktur des Projektnetzes. Zum Ersten ist festzustellen, dass mit Projekt 3 lediglich ein Projekt Unternehmenswert vernichtet. Alle anderen Projekte erzielen einen Beitrag zur Steigerung des Unternehmenswertes. Allerdings erweist sich Projekt 3 als ein echtes Problemprojekt, das zum Betrachtungszeitpunkt alleine ca. 54% der Wertsteigerung wieder vernichtet, die durch alle anderen Projekte des im Beispiel betrachteten Projektnetzes geschaffen wurden.

Damit ergibt sich aus Wertsteigerungsgesichtspunkten ein dringlicher Bedarf zur Überprüfung von Projekt 3. Diese Überprüfung kann sich auf die grundlegende strategische Bedeutung des Projektes 3 innerhalb des strategischen Projektnetzes beziehen, darüber hinaus aber auch auf die Abwicklungseffizienz.

Weitere Analysemöglichkeiten ergeben sich durch die Zerlegung der Wertbeiträge der einzelnen Projekte in Vergangenheitserfolg, Periodenerfolg und Zukunftserfolg. In der folgenden Tabelle wurde diese Zerlegung für das exemplarische Projektnetz vorgenommen (vgl. Abb. 3-57).

	Projektwertbeitrag zum Zeitpunkt 01.01.00	Vergangenheitserfolg (Barwert der FCF bis t_0)	Periodenerfolg in t_0	Zukunftserfolg		
				Projektbestand	Neuprojekte	Summe
Projekt 1	23,76	-94,93	15	103,69		103,69
Projekt 2	13,41	-33,00	-12	58,41		58,41
Projekt 3	-116,69	-255,20	30	108,51		108,51
Projekt 4	70,99	0	0		70,99	70,99
Projekt 5	110,14	0	0		110,14	110,14
Projektnetz	101,62	-383,13	33	270,61	181,13	451,75

Abb. 3-57: Zerlegung der Projektwertbeiträge in Vergangenheitserfolg, Periodenerfolg und Zukunftserfolg zum Betrachtungszeitpunkt 01.01.00

Die drei bislang schon in Abwicklung befindlichen Projekte 1, 2 und 3 haben **bis zum Betrachtungszeitpunkt** lediglich zu negativen Free Cash-flows geführt und mithin Unternehmenswert in Höhe von 383,13 vernichtet. Auch aus dieser Perspektive zeigt sich Projekt 3 als Hauptwertvernichter.

Der Projektnetzwertbeitrag der Betrachtungsperiode beträgt 33 und damit ca. 33% des gesamten aus dem Projektnetz erwarteten Wertbeitrages von 101,62. Wichtiger als diese Perspektive erscheint aber der Blick auf die zukünftig erwarteten Projektnetzwertbeiträge. Aufgrund der hohen Wertvernichtung in den bereits abgelaufenen Perioden müssen aus dem bestehenden strategischen Projektnetz die zukünftig geplanten Projektwertbeiträge unbedingt so wie geplant realisiert werden. Selbst wenn dies so gelingt, ist das Unternehmen jedoch noch nicht in der Lage, mindestens seine Kapitalkosten zu decken, vielmehr würde in Summe immer noch Wert vernichtet. Dieser Schluss kann aus einer Gegenüberstellung des Vergangenheitserfolges, des Periodenerfolges und des Zukunftserfolges aus dem Projektbestand gezogen werden:

Zukunftserfolg des Projektbestandes + Periodenerfolg – Vergangenheitserfolg < 0

270,61 + 33 – 383,13 = - 73,52

Mithin wäre das Unternehmen mit diesem strategischen Projektnetz dringend auf eine erfolgreiche Akquisition und Durchführung der Neuprojekte 4 und 5 angewiesen, um so doch noch einen positiven Projektnetzwertbeitrag im Planungshorizont zu erzielen.

Auf Basis einer solchen Projektnetzwertbeitragsrechnung können noch weitere Analysen vorgenommen werden, die hier nicht alle im Detail vorgestellt werden können. Wie an diesem Beispiel jedoch verdeutlicht wurde, kann die Projektnetzwertbeitragsrechnung wichtige Informationen liefern, anhand derer eine quantitative Bewertung des gesamten strategischen Projektnetzes möglich wird.

Diese Informationen können gegebenenfalls nochmals zu einer Infragestellung des gesamten ausgewählten Projektnetzes oder auch zur genaueren Überprüfung eines einzelnen Projektes des strategischen Projektnetzes führen, insbesondere dann, wenn ein Abgleich zwischen dem gesamten geplanten Projektnetzwertbeitrag und den Erwartungen der Kapitaleigner zu einem unbefriedigenden Ergebnis führt.

4.3.1.7 Auswahl des strategischen Projektnetzes

Die Auswahl des strategischen Projektnetzes ist das Ergebnis eines **iterativen Auswahlprozesses**, der zunächst beim einzelnen Projekt und dann bei möglichen Kombinationen von Projekten ansetzt. Entscheidend für die endgültige Festlegung eines strategischen Projektnetzes sind sowohl die strategische Eignung als auch die Wertbeitragspotenziale der gefundenen Projektkombination. Dies kann, wie in den letzten zwei Abschnitten aufgezeigt wurde, letztlich nur aus einer Gesamtsicht auf die im strategischen Projektnetz kombinierten Projekte beurteilt werden.

Letztlich wird die endgültige Festlegung des strategischen Projektnetzes aus einer Abwägung von Projektwertnetzbeiträgen und dem strategischen Entwicklungspotenzial der Projektkombination erfolgen. Idealerweise ergibt sich kein Widerspruch zwischen strategischer Eignung der Projektkombinationen und der Höhe ihres Wertbeitrages. Falls doch, stehen den Entscheidungsträgern mit der vorgeschlagenen Vorgehensweise jene Informationen zur Verfügung, die für eine Abwägung zwischen Wertbeitragsverzicht einerseits und der Entscheidung für höhere strategische Entwicklungspotenziale andererseits benötigt werden. Aus dieser Abwägung wird letztlich die Wahl eines strategischen Projektnetzes erfolgen.

Allerdings ist nicht davon auszugehen, dass diese Festlegung auf ein strategisches Projektnetz für alle Zeiten als endgültig anzusehen ist. Vielmehr ist eine regelmäßige Überprüfung und möglicherweise auch eine Anpassung des strategischen Projektnetzes notwendig.

Änderungen können sich beispielsweise aus der strategischen Kontrolle der Unternehmensentwicklung ergeben. Auslöser können hier Änderungen von Planungsprämissen im Unternehmensumfeld oder im Unternehmen selbst und - damit verbunden - Änderungen der Unternehmensstrategie sein. Auch aus der laufenden Kontrolle der Projektumsetzung können sich Erkenntnisse ergeben, die für eine Veränderung des strategischen Projektnetzes sprechen. Nicht zuletzt könnte das Auftauchen neuer strategischer Optionen in Form neuer möglicher Projekte eine Veränderung des strategischen Projektnetzes sinnvoll erscheinen lassen. Zudem scheiden abgearbeitete Projekte im Zeitverlauf auch aus dem Projektnetz wieder aus. Trotzdem kann von einer relativen Stabilität des strategischen Projektnetzes ausgegangen werden, da dieses im Grunde die langfristige Ausrichtung der Unternehmensentwicklung abbildet und somit in seinen Grundzügen eine relativ hohe Kontinuität aufweisen wird.

Die Festlegung auf eine bestimmte Kombination von Projekten in Form eines strategischen Projektnetzes bildet zugleich die notwendige Grundlage für die operative Multiprojektplanung. Sie wird im Folgenden behandelt.

4.3.2 Operative Multiprojektplanung

4.3.2.1 Aufgaben der operativen Multiprojektplanung

Nachdem auf der Basis der bisherigen Planungen die Entscheidung für eine bestimmte Projektkombination getroffen worden ist, muss das von der Unternehmensleitung ausgewählte strategische Projektnetz im Hinblick auf seine Konsequenzen für die strategische Entwicklung des Unternehmens planerisch präzisiert werden.

Dabei liegt der Schwerpunkt der Betrachtung hier nicht auf der Planung des einzelnen Projektes. Diese wird in Teil 2 des Buches ausführlich dargestellt. Im Bereich der Multiprojektplanung geht es zunächst um die planerische Präzisierung des unternehmerischen Entwicklungspfades und um die Planung der zugehörigen Wertsteigerungspotenziale der Projekte des strategischen Projektnetzes. Das strategische Projektnetz eines Unternehmens besteht lediglich aus strategischen Projekten. Es stellt sich nun die Frage, wie diese Projekte für die Umsetzung konkretisiert werden können. Zunächst werden viele strategische Projekte in mehrere operative Projekte aufgeteilt, die gemeinsam der strategischen Zielsetzung dienen.

Bei der Vielfalt der Projekte erscheint es sinnvoll, **Projektprogramme** zu bilden.

> Unter **Projektprogrammen** wird ein Bündel von Projekten verstanden, die koordiniert werden, da eine gemeinsame Planung, Umsetzung und Kontrolle aufgrund ihrer Gleichartigkeit, ihrer gegenseitigen Abhängigkeiten und eines Synergiepotenzials sinnvoll erscheinen.

(1) Eine besonders wichtige Abhängigkeit zwischen Projekten stellt der Rückgriff auf dieselben **Ressourcen** dar. Abhängigkeiten können aber auch inhaltlicher Art sein, weil die Ergebnisse des einen Projektes grundlegend für ein ande-

res sind. Die Gesamtheit aller F&E-Projekte wäre für uns somit ein Beispiel für ein Projektprogramm. Man kann Projektprogramme nach Kunden bilden, Projektprogramme zur Bearbeitung bestimmter Produkt- oder Regionalmärkte oder auch je nach individueller Situation des Unternehmens zur Zusammenfassung aller Prozessverbesserungsprojekte.

Die Summe aller Projektprogramme und somit die Gesamtheit aller strategischen und operativen Projekte im Unternehmen bezeichnen wir als **Projektportefeuille**.

(2) Eine Zusammenfassung von gleichartigen Projekten zu Projektprogrammen macht schon deshalb Sinn, weil sich sowohl bei der Planung, der Umsetzung als auch bei der Kontrolle dieser Projekte **Synergieeffekte** ergeben. Beispielsweise können für die Planung und Umsetzung von Entwicklungsprojekten einheitliche Phasenschemata für bestimmte Entwicklungsschritte zugrunde gelegt werden. Teilweise kann hier sogar auf allgemein verfügbare Best-Practice-Ansätze, wie beispielsweise im Falle von Softwareentwicklungsprojekten auf die CMMI-Systematik, zurückgegriffen werden. Zudem können Projektprogramme mit einer gemeinsamen Steuerungsmethode kontrolliert und damit auch besser vergleichbar gemacht werden.

Wenn in den folgenden Abschnitten nun die operative Multiprojektplanung, die Multiprojektumsetzung und die Multiprojektkontrolle beschrieben werden, liegen diesen Betrachtungen zum Großteil Projektprogramme zugrunde.

(3) Die wesentlichen Aufgaben der operativen Multiprojektplanung sind die **Multiressourcenplanung** sowie die **Planung von Synergien** über alle Projekte hinweg. Bevor diese beiden Planungsbereiche in den folgenden Abschnitten detaillierter betrachtet werden, ist noch kurz auf die notwendige planerische Präzisierung des strategischen Projektnetzes einzugehen. Hiermit soll anhand eines ersten Planungsschrittes nochmals überprüft werden, ob sich der angestrebte Entwicklungspfad des Unternehmens tatsächlich mit den im strategischen Projektnetz festgelegten Projekten umsetzen lässt.

Wenn möglich, sind hierfür **Meilensteine** der strategischen Entwicklung des Unternehmens zu planen und den einzelnen strategischen Projekten zuzuordnen. Zusätzlich können diese Meilensteine der strategischen Entwicklung mit den zugehörigen geplanten Projektwertbeiträgen kombiniert werden, so dass sich parallel zur strategischen Entwicklung auch die Wertentwicklung des Unternehmens abschätzen lässt.

Zudem sind die strategischen Projekte in einem weiteren Schritt genauer zu definieren. Dies beginnt mit der Formulierung konkreter Projektziele, die sich an den Meilensteinen der strategischen Entwicklung ausrichten sollten und setzt sich mit einer Grobplanung der strategischen Projekte fort. Diese Grobplanung muss nach einer einheitlichen Methode vorgenommen werden, um so eine vergleichbare Darstellung der verschiedenen Projekte und damit eine gewisse Übersichtlichkeit zu erreichen. Aus dieser Grobplanung sollte ein Überblick über Projektarbeitspakete, Projektmeilensteine, Projektkapazitäten, Projekttermine, Projektwerttreiber und Projektkosten bzw. Projekt-Cash-flows resultieren.

Diese Grobplanung stellt zugleich die Grundlage für eine Untersuchung der wechselseitigen Abhängigkeiten der strategischen Projekte dar. Erste Abhängigkeiten ergeben sich bereits aus der Vorformulierung des strategischen Projektnetzes nach Ursache-Wirkungsbeziehungen und seiner Verteilung über die Balanced Scorecard. Im Grunde sollte ein strategisches Projektnetz somit bereits aus schlüssig aufeinander abgestimmten Einzelbausteinen des strategischen Entwicklungspfades des Unternehmens bestehen. Allerdings müssen die Ursache-Wirkungsbeziehungen zwischen den strategischen Projekten der Balanced Scorecard stärker operationalisiert werden.

Dabei kann so vorgegangen werden, dass die geplanten strategischen Zielsetzungen soweit möglich zunächst in Finanzkennziffern übersetzt werden, z.B. in Operating Cash-flows, Rentabilitäts- oder Umsatzgrößen. Zur Erreichung der Finanzziele und der meist damit eng gekoppelten Markt- und Kundenziele können dann in einem weiteren Schritt solche Ziele und Kennzahlen für strategische Projekte abgeleitet werden, die sich mit der entsprechenden Gestaltung der internen Prozesse beschäftigen. Dies gilt auch für die strategischen Projekte, die sich um den Aufbau der Infrastruktur und der Humanpotenziale des Unternehmens kümmern, um so über den Aufbau zukünftiger Entwicklungspotenziale die Grundlage für die Erreichung der internen Prozessziele, der Finanz- und Kundenziele zu schaffen (vgl. *Kaplan/Norton* [Balanced Scorecard] 11).

Im Folgenden werden die wesentlichen Aufgaben der operativen Multiprojektplanung behandelt:

- Die Multiprojektressourcenplanung und
- die Multiprojektsynergieplanung.

4.3.2.2 Multiprojektressourcenplanung

Zwischen allen Projekten besteht grundsätzlich eine Abhängigkeit, sofern wir, wie generell anzunehmen ist, von einer Unternehmung mit begrenzten Ressourcen ausgehen: Alle Projekte konkurrieren um dieselben knappen Ressourcen. Gerade vor dem Hintergrund von finanziellen Zielen, die sich stark an der Wertsteigerung des Unternehmens ausrichten, spielt eine systematische und transparente Planung der aktuellen und zukünftigen Ressourcenverteilung über alle Projekte hinweg eine zentrale Rolle. Über die Multiressourcenplanung muss einerseits sichergestellt werden, dass die Verteilung der Ressourcen gemäß der strategischen Bedeutung der Projekte erfolgt. Andererseits muss eine effiziente Ressourcenallokation bezogen auf das einzelne Projekt, ebenso wie über die Summe aller Projekte hinweg erfolgen. Die Multiprojektressourcenplanung ist somit als ein wesentliches Instrument der Effektivitätssicherung, zugleich aber auch der Effizienzsicherung anzusehen.

4.3.2.2.1 Aufgaben der Multiprojektressourcenplanung

(1) Effektivitätssicherung

Durch die Verteilung der knappen Ressourcen auf die Projekte im strategischen Projektnetz werden letztlich die strategischen Schwerpunkte des Unternehmens in konkrete Projektbudgets überführt. Damit wird über die Multiressourcenplanung festgelegt, welche strategische Entwicklung das Unternehmen tatsächlich machen wird.

Bei der Multiressourcenplanung und der damit verbundenen Budgetoptimierung sollte auf die Erkenntnisse des Auswahlprozesses der strategischen Projekte und die daraus resultierende Projektanordnung im strategischen Projektnetz zurückgegriffen werden. Das strategische Projektnetz stellt im Grunde ja bereits das Ergebnis eines mehrstufigen Auswahlprozesses unter Berücksichtigung der wichtigsten unternehmerischen Ziele dar. Welche dieser Ziele in welchem Zeitrahmen mit welchen der vorausgewählten Projekte tatsächlich zur Umsetzung gelangen können, entscheidet sich jedoch letztlich nach der Verfügbarkeit der Ressourcen für die Umsetzung der Projekte.

(2) Effizienzsicherung

Über die Effektivitätssicherung durch die entsprechende Priorisierung und Zuordnung der Ressourcen hinaus spielt die Multiressourcenplanung eine zentrale Rolle bei der Sicherung der projektbezogenen, aber auch der projektübergreifenden Effizienz. Hierbei kommt es darauf an, die Ressourcen im jeweiligen Einzelprojekt entsprechend der Projektplanung rechtzeitig und in ausreichender Höhe zur Verfügung zu stellen, so dass die geplanten Projektziele erreichbar sind.

Zusätzlich muss eine Multiressourcenplanung jedoch den Ausgleich der Ressourcen zwischen verschiedenen Projekten berücksichtigen, insbesondere dann, wenn sich durch die Umfeld- oder Unternehmensdynamik Änderungen gegenüber der ursprünglichen Projektplanung ergeben. Solche Änderungen sind in der Praxis durchaus an der Tagesordnung und können auf vielfältigen Ursachen, wie beispielsweise Änderungen der Kundenanforderungen im Projektverlauf, Zeitverzug im Projekt aufgrund unvorhergesehener technischer Probleme oder Verknappung der vorhandenen Ressourcen durch Hinzukommen von Neuprojekten oder Vorgaben der Unternehmensführung beruhen. In solchen Situationen wird die Multiressourcenplanung zu einem kritischen Erfolgsfaktor im Hinblick auf die Sicherung möglichst vieler Projekterfolge und damit natürlich auch des Gesamtunternehmenserfolges.

Die Multiressourcenplanung hat als parallel zur Einzelprojektabwicklung laufender Prozess die Aufgabe, die zur Verfügung stehenden Ressourcen auf die verschiedenen Einzelprojekte zu verteilen. Diese **Verteilung der Ressourcen** muss so vorgenommen werden, dass überschüssige und zeitweise nicht benötigte Ressourcen in Projekten mit entsprechendem Ressourcenbedarf zum Einsatz kommen. Dies hört sich zwar selbstverständlich an, ist es jedoch in der Praxis durchaus nicht, insbesondere wenn es um den vorübergehenden Ausgleich von Ressourcen geht, die in unterschiedlichen Organisationseinheiten des Unternehmens gebunden sind.

Es ist nicht davon auszugehen, dass die jeweiligen Organisationseinheiten einen Überblick darüber haben, in welchen Projekten, die von anderen Bereichen des Unternehmens abgewickelt werden, welche zusätzlichen Ressourcen benötigt werden. Dies gilt sowohl für den Umfang der benötigten Ressourcen als auch für die Art der benötigten Kompetenzen. Ganz praktisch könnte hier beispielsweise die Verlagerung von Entwicklungsingenieuren aus einem Kundenbereich mit zeitweise geringerem Projektvolumen in einen Kundenbereich mit vorübergehend sehr hohem Projektvolumen erforderlich sein. Denkbar wären in einem ähnlichen Zusammenhang beispielsweise auch Verschiebungen von Ressourcen aus zentralen Entwicklungsbereichen in Kunden- und/oder Applikationsprojekte.

Größere Herausforderungen als die Verschiebung überschüssiger Ressourcen stellt eine sinnvolle Multiressourcenplanung von **knapper werdenden Ressourcen** dar. Hier muss mit Hilfe der Multiressourcenplanung ein Mittelweg zwischen strategischen Notwendigkeiten und Effizienzgesichtspunkten angestrebt werden.

Generell erstreckt sich die Multiressourcenplanung sowohl auf Kapital und Sachgüter als auch auf personelle Ressourcen. Besondere Schwierigkeiten tauchen insbesondere im Bereich der Human-Ressourcen auf. Hier geht es sowohl um eine quantitative als auch um eine qualitative Planung. Sowohl die Anzahl der verfügbaren Human-Ressourcen als auch ihre Kompetenzprofile sind in der

Multiressourcenplanung zu berücksichtigen. Unter Wertsteigerungsgesichtspunkten spielen zusätzlich die zugehörigen Kosten für die Planung der Human-Ressourcen und damit die Frage, wo Human-Ressourcen aufgebaut werden können, eine wichtige Rolle. Im Folgenden beschäftigen wir uns zunächst mit den notwendigen **Erfolgsbedingungen** und anschließend mit möglichen **Lösungsmodellen** für eine Human-Ressourcen-orientierte Multiressourcenplanung.

Eine grundlegende Rahmenbedingung für die Multiressourcenplanung ist deren **organisatorische Verankerung**. Dieser Aspekt könnte zwar auch unter die Erfolgsbedingungen subsumiert werden, soll jedoch besser separat im Zusammenhang mit den strukturellen Lösungsmodellen diskutiert werden (S. 621ff.).

Im Folgenden wird auf jene **Erfolgsbedingungen** eingegangen, die von der organisatorischen Einbindung der Multiressourcenplanung unabhängig sind:

- Projektpriorisierung
- Einheitliche Systematik zur Durchführung von Projekten
- Aktuell verfügbare Projektdaten
- IT-Infrastruktur

4.3.2.2.2 Erfolgsbedingungen der Multiprojektressourcenplanung

(1) Projektpriorisierung

Die erste und wichtigste Erfolgsbedingung für eine sinnvolle Multiressourcenplanung liegt in einer sauberen **Priorisierung der Projekte**. Da von knappen Ressourcen auszugehen ist, sind Konfliktsituationen bei der Verteilung dieser Ressourcen vorprogrammiert. Um in solchen Situationen die notwendige Akzeptanz für die Verteilung der Ressourcen zu bekommen, ist neben einer transparenten Priorisierungssystematik auch eine offene Kommunikation über die zugrunde liegenden Ziele des Unternehmens und die daraus abgeleitete Priorisierung notwendig. Mit der in den letzten Abschnitten beschriebenen iterativen Systematik zur Auswahl von Projekten liegt zugleich eine Systematik zur Priorisierung von Projekten vor, die sich gleichermaßen an strategischen Unternehmensentwicklungszielen sowie an Wertsteigerungszielen orientiert.

(2) Einheitliche Systematik zur Durchführung von Projekten

Eine weitere wichtige Erfolgsbedingung für eine Multiressourcenplanung besteht in der **Vergleichbarkeit von Projekten** als Grundlage für eine Zuweisung von Ressourcen. In diesem Zusammenhang spielt v.a. eine einheitliche Definition von „Projekt" im Unternehmen eine wichtige Rolle. Allen Beteiligten sollte klar sein, was in der Organisation als richtiges Projekt gesehen und nicht nur per Umgangssprache als „Projekt" bezeichnet wird. Hierzu gehören bestimmte Projekteinstiegskriterien sowie ein einheitlicher und für alle transparenter Umgang mit dem Einstieg in ein Projekt. In der Regel wird ein geordneter Projekteinstieg über ein unternehmensweit standardisiertes Projektantragsformular vorgenommen, welches einen knappen Überblick über die wichtigsten Projektdaten gibt. Anhand dieses Projektantragsformulars durchläuft das Projekt dann einen ersten Entscheidungsprozess, in dem geklärt wird, ob das beantragte Projekt überhaupt in einen detaillierten Projektauswahlprozess aufgenommen wird.

Die Notwendigkeit für einen systematischen und einheitlichen Umgang mit Projekten endet jedoch keineswegs mit dem Projekteinstieg. Im Gegenteil, gerade im Verlauf des Projektfortschrittes ist es für eine Multiressourcenplanung von großer Bedeutung, Projektstände in unterschiedlichen Projekten vergleichen zu können. Aus diesem Grunde sollte es für die Durchführung von Projekten in Unternehmen standardisierte und damit vergleichbare Beschreibungen für Projektlebenszyklusprozesse geben. Falls in einem Unternehmen sehr unterschiedliche Projekttypen vorkommen, können auch mehrere auf die jeweiligen Projekttypen zugeschnittene Standardprozessbeschreibungen zum Einsatz kommen. Aus Sicht der Multiressourcenplanung kann auf Basis von Standardprozessbeschreibungen und den daran gekoppelten Erfahrungswerten wesentlich besser abgeschätzt werden, welchen tatsächlichen Gehalt Ressourcenanforderungen einzelner Projekte realistischerweise haben. Damit wird gerade in der oftmals sehr sensiblen Ressourcenverteilungsdiskussion für alle Beteiligten auf klaren und für alle gleichermaßen transparenten Grundlagen diskutiert.

(3) Aktuell verfügbare Projektdaten

So selbstverständlich wie sich die folgende Erfolgsbedingung anhört, ist sie in der Praxis nicht. Voraussetzung für eine funktionierende Multiressourcenplanung ist eine möglichst aktuell gehaltene und gepflegte **Sammlung der wichtigsten Daten**, die für die Schätzung der benötigten Ressourcen einerseits aber auch für die Abschätzung der vorhandenen Ressourcen andererseits benötigt werden. Hierzu gehören Projektlisten, aus denen hervorgeht, welche Projekte aktuell in der Umsetzung sind und welche Projekte unmittelbar vor dem Start stehen. Zudem werden Daten zum aktuellen Ressourceneinsatz über alle Projekte hinweg benötigt. Diese Daten können über eine möglichst tages- oder wochenaktuell mindestens aber monatsaktuell geführte Zeiterfassung erhoben werden. Die Daten zum zusätzlich benötigten Ressourceneinsatz in Neuprojekten müssen aus den zugehörigen Projektaufwandsschätzungen gewonnen werden.

Damit sind jedoch erst die Daten zur quantitativen Multiressourcenplanung erhoben, zusätzlich müssen noch die qualitativen Erfordernisse aus den Projekten abgefragt werden. Als weitere Planungsgrundlage sind somit Informationen zu den in den Projekten benötigten Kompetenzträgern zu erfassen. Diese Datensammlung kann über die Einführung von Jobprofilen standardisiert werden, die wiederum die Grundlage für die Suche und Ausbildung der entsprechenden Kompetenzen bilden. Damit wird zugleich eine wesentliche weitere Erfolgsbedingung für eine effektive und effiziente Multiressourcenplanung deutlich: Es geht um die Verfügbarkeit eines systematischen Kompetenzmanagements und dessen Verknüpfung mit der Multiressourcenplanung.

Nur so ist zu gewährleisten, dass relativ schnell der aktuelle und zukünftige Ressourcenbedarf aus den Projekten adäquat mit den vorhandenen Ressourcen, sowohl von der Anzahl, von der räumlichen Verfügbarkeit und von der Kompetenz her abgeglichen werden kann.

(4) IT-Infrastruktur

Eine zentrale Erfolgsbedingung für die praktische Durchführung der Multiressourcenplanung stellt die Existenz einer leistungsfähigen IT-Infrastruktur dar. Dies umso mehr, als in der Praxis davon auszugehen ist, dass strategische Projektnetze zunehmend global ausgerichtet sind. Zudem erfolgt die Umsetzung einzelner Projekte mit deutlich zunehmender Tendenz weltweit verteilt über eine Vielzahl von verschiedenen Standorten. Damit reichen die in der Vergangenheit häufig praktizierten projektspezifischen IT-Insellösungen über MS Project oder über Excel nicht mehr aus, um mit der inzwischen entstandenen Planungskomplexität Schritt zu halten. Aus diesem Grunde werden **integrierte, weltweit verfügbare IT-Systeme** immer wichtiger für eine sinnvolle Multiressourcenplanung. Diese IT-Systeme integrieren idealerweise sowohl Zeiterfassungssysteme, Projektplanungsmodule, Module zur Messung des Projektfortschrittes und des Projektcontrolling sowie Module des Kompetenzmanagements. Unter Umständen können zudem die Module der Finanzbuchhaltung und des internen Rechnungswesens zusätzlich bereitgestellt werden.

4.3.2.2.3 Organisatorische Verankerung der Multiprojektressourcenplanung

Nachdem die organisationsunabhängigen Erfolgsbedingungen der Multiressourcenplanung betrachtet wurden, können konkrete Lösungsansätze der Multiressourcenplanung nun im Zusammenhang mit der Verankerung des Projektmanagements in der Organisation entwickelt werden. An dieser Stelle soll nicht ausführlich auf die verschiedenen Modelle der Projektorganisation eingegangen werden, diese werden auf S. 65ff. genauer dargestellt.

Generell ist jedoch festzuhalten, dass das Projektmanagement immer i.S. einer **Sekundärorganisation** die bestehende Linienorganisation überlagert. In welcher Form die Projektorganisation mit der Linienorganisation gekoppelt ist, hängt u.a. davon ab, welche Bedeutung Projekte für das Unternehmen haben. Prinzipiell kann die Bandbreite von einer reinen Projektorganisation bis hin zu einer reinen Linienfunktion mit angehängten Projekten in Stabsform gehen. Je gewichtiger Projekte für die Organisation sind, desto stärker sind die Entscheidungsbefugnisse in der Projektorganisation verankert, wie dies typischerweise in der reinen Projektorganisation der Fall ist. Im extremen Fall kann hier nahezu die gesamte Linienorganisation in der Projektorganisation aufgehen. Spielen Projekte keine so bedeutende Rolle für die Organisation, werden diese der Linienorganisation nur angehängt. Ein Ausgleich zwischen Linien- und Projektorganisation wird mittels einer Matrixorganisation angestrebt. Hier wird in der Projektorganisation die Entscheidungsbefugnis für die Umsetzung der Projekte verankert, die Projektleitung bestimmt somit darüber **was** im Projekt **wann** zu leisten ist, um die Projektziele zu erreichen. In der Linie bleibt die Entscheidungsbefugnis, **wie** diese Umsetzung zu erfolgen hat.

Damit wird deutlich, dass in einer solchen Situation die Entscheidung über Ressourcen genau im Schnittbereich der Matrix getroffen werden muss: Die Projektleitung wird aus der Projektplanung heraus eine Anforderung hinsichtlich der Anzahl und der Eigenschaften der benötigten Ressourcen stellen. Diese Ressourcen sind jedoch den Fachabteilungen in der Linie zugeordnet. Das Linienmanagement wird sich z.B. vorbehalten wollen, wie viele Mitarbeiter und mit welcher Qualifikation zur Lösung der Projektaufgaben abgestellt werden. Damit ist ein Konflikt um die knappen Ressourcen schon auf der Ebene des Einzelprojektes vorprogrammiert.

Dieser Konflikt stellt sich weder in der reinen Projektorganisation ein, denn hier sind die Ressourcen ohnehin direkt den Projekten zugeordnet, noch in der Stabsprojektorganisation, dort haben die Projekte keinen Zugriff auf die Ressourcen in der Linie. Obwohl die Zuständigkeiten für das einzelne Projekt hier jeweils eindeutig geregelt sind, ist aufgrund der Zielsetzungen einer effizienten und effektiven Verteilung der Ressourcen über eine Vielzahl von Projekten hinweg eine übergeordnete Koordination der Ressourcenzuordnung notwendig. Dies umso mehr, als auch innerhalb der Linie je nach Organisation des Unternehmens zusätzliche Schwierigkeiten auftauchen können. Beispielsweise können die Fachspezialisten für Forschung und Entwicklung in der Linie unterschiedlichen Kunden- oder Regionalbereichen zugeordnet sein. Zudem kann noch eine Trennung in Basisentwicklung und Applikationsentwicklung vorhanden sein. Bei Ressourcenanfragen aus den Projekten kommt es in solchen Fällen schon auf der Einzelprojektebene oftmals zu unterschiedlichen Meinungen innerhalb der Linie im Hinblick auf die Zuständigkeit und damit den Einsatz der Ressourcen.

In Summe wird deutlich, welche Schwierigkeiten in der Verteilung der Ressourcen schon auf der Einzelprojektebene, in jedem Fall aber auf der Multiprojektebene liegen. Somit ist nicht davon auszugehen, dass es ohne vorgegebene strukturelle oder prozessuale Lösungen tatsächlich zu einer effektiven und effizienten Ressourcenverteilung kommt.

Zunächst wird im Folgenden auf **strukturelle Lösungsmöglichkeiten** eingegangen. Grundsätzlich kann die Multiressourcenplanung zentral oder dezentral abgewickelt werden (vgl. hierzu auch *Patzak/Rattay* [Projektmanagement] 531ff.). Welche Lösung hier Sinn macht, hängt einerseits vom Charakter des Geschäfts, andererseits natürlich auch von der Passung zur bestehenden Linienorganisation ab. In Frage kommen:

- Zentrale Verankerung der Multiressourcenplanung und
- Dezentrale Organisation der Multiressourcenplanung.

(1) Zentrale Verankerung der Multiressourcenplanung

Eine zentrale Verankerung der Multiressourcenplanung bietet sich am ehesten an, wenn das Geschäft im Rahmen einer überschaubaren Projektlandschaft abgewickelt wird. Dies ist entweder dann der Fall, wenn nur wenige kleinere Projekte abzuwickeln sind und dies im Rahmen einer Stabsprojektorganisation erfolgen kann oder dann, wenn das Geschäft praktisch ausschließlich über Projekte läuft. Typischerweise ist dies in der Bauwirtschaft oder im Großanlagenbau der Fall.

In diesem Fall wird davon ausgegangen, dass alle Informationen über die Projekte, deren aktuelle Stände und deren Ressourcenbedarf sowie alle Informationen über die verfügbaren Ressourcen an einer zentralen Stelle zusammenlaufen und die Ressourcen von dieser Stelle aus über alle Projekte hin geplant werden. Je nach Größe des Unternehmens und nach seiner sonstigen Organisationsstruktur kann eine solch zentrale Stelle pro Division bzw. pro Geschäftsbereich eingerichtet werden. Denkbar ist auch die Bündelung dieser Aufgabe beim jeweiligen Divisions- bzw. Geschäftsbereichscontrolling oder beim zugehörigen Projektcontrolling. Dafür sprechen der sehr hohe Informationsbedarf und die Tatsache, dass das Controlling ohnehin eine Organisationseinheit ist, deren Hauptaufgabe in der Sammlung und in der steuerungsorientierten Aufbereitung von Daten liegt. Allerdings handelt es sich beim Controlling klassischerweise auch um eine Stabsabteilung ohne eigene Entscheidungsbefugnisse. Damit könnte eine solche Lösung daran kranken, dass in diesem Fall die Entscheidung letztlich doch wieder von der Linie oder von einem anderen Entscheidungsgremium getroffen werden muss.

Zudem treten immer dann Schwierigkeiten auf, wenn es um die Ressourcenzuteilung von divisions- oder geschäftsbereichsübergreifenden Projekten geht oder wenn aus Kapazitätsgründen ein Ausgleich von Ressourcen zwischen verschiedenen Organisationseinheiten stattfinden sollte. Hier besteht dann latent immer die Gefahr, dass Bereichsegoismen doch über die gesamtunternehmerischen Ziele dominieren. Eine Lösung hierfür könnte die Einrichtung einer zentralen Einheit wie eines **„Projektmanagementoffice" (PMO)** auf Gesamtunternehmensebene sein.

Wesentliche Erfolgsbedingung für die Wirksamkeit eines PMO ist die Existenz integrierter IT-Systeme und die Bereitschaft im Unternehmen zur konsequenten Pflege der benötigten Daten. Zugleich muss sich dieses Projektmanagementoffice dann als Verbindungsstelle zwischen Unternehmensleitung, Divisions- und Bereichsleitung sowie Projektleitungen verstehen. Das PMO muss Vorgaben der Unternehmensleitung so umsetzen, dass diese in den verschiedenen Unternehmensbereichen Akzeptanz finden und zugleich den Projektleitungen die Verfolgung ihrer Projektziele ermöglichen. Dies geht nur, wenn sich das PMO in einer Informationssammlungs-, Koordinations- und Steuerungsfunktion zugleich aber auch in einer Dienstleistungsfunktion sieht. Rolle und Aufgaben eines PMO werden im Rahmen der Multiprojektumsetzung ausführlicher beschrieben (vgl. S. 637ff.).

(2) Dezentrale Organisation der Multiressourcenplanung

Bei einer dezentralen Multiressourcenplanung sind im Grunde zwei mögliche Vorgehensweisen denkbar:

- Die Ressourcenplanung wird vollständig in Eigenregie von den betroffenen Mitarbeitern der Linie und den Projektverantwortlichen durchgeführt.
- Die Ressourcenplanung und die Ressourcenverteilung werden über einen internen Marktmechanismus gesteuert.

(a) In der Praxis wird eine Abstimmung zwischen den dezentral Verantwortlichen so ablaufen, dass der Projektleiter entsprechend seiner Projektplanung Ressourcen von den Fachabteilungen in der Linie anfordert. Nicht selten werden hier neben fachlicher Qualifikation auch persönliche Beziehungen und Erfahrungen eine wesentliche Rolle spielen. Der zuständige Abteilungsleiter hat nun die Aufgabe, seinen Ressourcen- und Kompetenzpool so zu verteilen, dass möglichst alle anfragenden Projekte die zur Umsetzung ihrer Projektziele benötigten Ressourcen erhalten. Ab einer bestimmten Unternehmensgröße ist allerdings davon auszugehen, dass der Abteilungsleiter einer Fachabteilung allein keinen ausreichenden Überblick mehr darüber gewinnt, welche Prioritäten den jeweiligen Projekten aus der Gesamtunternehmenssicht zukommen. Zudem dürfte für ihn die Einschätzung von möglichen und sinnvollen Ressourcenverschiebungen zwischen den Projekten und zwischen anderen betroffenen Fachbereichen kaum zu leisten sein. Möglicherweise kann eine rein dezentrale Multiressourcenplanung in kleinen, leicht überschaubaren Unternehmen mit entsprechend hoch ausgeprägter informaler Informationskultur noch funktionieren, in größeren Unternehmen wird eine rein dezentral ablaufende Multiressourcenplanung nicht mehr zu einer effektiven und effizienten Ressourcenverteilung führen.

Aus diesem Grunde muss eine dezentrale Multiressourcenplanung von gemeinsamen **Planungsrunden** begleitet werden. In diesen Planungsrunden sollten Vertreter aus den Fachabteilungen, Projektleiter und Vertreter der Unternehmensführung die Informationen über Ressourcenbedarf, zur Verfügung stehende Kapazitäten sowie übergeordnete Unternehmensziele in einen gemeinsamen systematischen Entscheidungsprozess mit einbringen. Mit solchen Planungsrunden kann zwar gewährleistet werden, dass alle für eine sinnvolle Multiressourcenplanung benötigten Informationen verfügbar sind. Allerdings ist davon auszugehen, dass es aufgrund der Dynamik in den Projekten und im unternehmerischen Umfeld oft zu Änderungen der Planungsprämissen kommt und damit häufig Bedarf zur Anpassung der Multiressourcenplanung entsteht. Dadurch besteht die Gefahr, dass solche Planungsrunden zu einer kontinuierlichen Einrichtung mit entsprechender Ressourcenbindung der Entscheider werden.

(b) Alternativ kann eine dezentrale Multiressourcenplanung über die Einführung eines **Marktmechanismus** erfolgen (vgl. *Patzak/Rattay* [Projektmanagement] 534f.). Im Grunde wird damit die Idee einer dezentralen oder zentralen Planung der Ressourcen aufgegeben. An die Stelle der Planung tritt dann in Form des Preises für die Ressourcenüberlassung ein automatischer Ausgleichsmechanismus. Der Preismechanismus funktioniert dann, wenn die Projektleiter über die eigenständige Verwendung ihrer Projektbudgets auf dem Wege der internen Leistungsverrechnung dazu ermächtigt werden, den Fachabteilungen Kostensätze für die Überlassung der Ressourcen zu bezahlen, die über den durchschnittlich zu verrechnenden Sätzen liegen. Die Fachabteilungen müssen allerdings zugleich als Profit-Center bzw. Cost-Center organisiert werden. Ganz automatisch würden diese dann ihre Ressourcen denjenigen Projekten zur Verfügung stellen, die die höchsten Ressourcenüberlassungsentgelte anbieten.

Zusätzlich könnten **erfolgsabhängige Entlohnungssysteme** im Projektmanagement eingeführt werden. Bei Erreichen bestimmter Wertsteigerungs- oder Kostenvorgaben werden dann Erfolgsboni als variable Entlohnungsbestandteile an die Projektleitung und an die Projektteammitglieder ausgeschüttet. Damit hätten Projektleiter einen weiteren Attraktor, mit dem sie intern für ihr Projekt werben können, um so entsprechende Ressourcen anzuziehen.

Eine rein über interne Marktmechanismen gesteuerte Multiressourcenplanung hat den Vorteil, dass alle Beteiligten gezwungen sind, in Markt- und damit Kundenkategorien zu denken. Dies kann gerade in Bezug auf interne Fachabteilungen, die ansonsten nur wenig Bezug zu Kunden und ökonomischen Zielsystemen entwickeln, ein erheblicher unternehmerischer Zugewinn sein.

Allerdings erfolgt so eine automatische Ausrichtung der Ressourcen in Richtung von Erfolg versprechenden Projekten mit entsprechend attraktiver Budget- und Boniausstattung. Projekte, die gegenüber Kunden bereits sehr knapp kalkuliert sind oder interne Projekte, die zunächst nur Kosten verursachen und mit entsprechend knappen Budgets ausgestattet sind, entfalten somit natürlich nur einen sehr begrenzten Charme im Hinblick auf die Ressourcenüberlassung. Gerade solche Projekte können für die zukünftige Unternehmensentwicklung jedoch aufgrund ihrer strategischen Potenziale von hoher Bedeutung sein. Typischerweise sind dies Projekte, die den Aufbau neuer Marktpotenziale, wie beispielsweise den Aufbau neuer Kundenbeziehungen, den Eintritt in neue Märkte oder die Entwicklung interner Fähigkeiten, wie z. B. die Ausweitung der IT-Infrastruktur, die Einführung neuer interner Steuerungssysteme oder die Verbesserung der internen Prozessqualität zum Ziel haben. In diesen Fällen muss die Unternehmensleitung durch den gezielten Einbau von zusätzlichen Attraktoren dafür sorgen, dass solche Projekte im Rahmen der Ressourcenzuweisung nicht zu kurz kommen. Dies kann entweder über den gezielten Einsatz finanzieller Attraktoren oder über Attraktoren im Hinblick auf die persönlichen Weiterentwicklungsmöglichkeiten erfolgen.

Damit wird auch deutlich, dass eine effektive Multiressourcenplanung ausschließlich auf der Basis von Marktmechanismen nur schwer vorstellbar ist.

Letztlich wurde mit dem zentralen Ansatz einerseits ein Top-down Ansatz, mit dem dezentralen Ansatz ein Bottom-up Ansatz dargestellt. Es hat sich gezeigt, dass beide Ansätze in ihrer reinen Ausprägung mit entsprechenden Schwierigkeiten behaftet sind. Aus diesem Grunde wird wohl der Versuch einer Kombination von Top-down und Bottom-up Ansatz eine Erfolg versprechende Alternative darstellen. Auf einen solchen Ansatz werden wir im Rahmen der Multiprojektumsetzung eingehen, da dort dieselben Problemstellungen relevant werden, wie sie sich schon im Rahmen der Multiressourcenplanung gezeigt haben (S. 614ff.).

4.3.2.3 Multiprojektsynergieplanung

4.3.2.3.1 Arten von Abhängigkeiten

Grundlage für die Planung von Synergien zwischen den Projekten ist die **Analyse der wechselseitigen Projektabhängigkeiten**. Diese Abhängigkeiten müssen transparent gemacht werden. Diese Transparenz ist wiederum die Voraussetzung für die Planung gemeinsamer Steuerungsaktivitäten über Projekte hinweg sowie für die konsequente Planung von Synergieeffekten.

(1) Die **strategische Abhängigkeit** ergibt sich bereits durch die Positionierung der Projekte im strategischen Projektnetz. Durch die Auswahl der Projekte und deren Kombination im strategischen Projektnetz wird im Grunde die strategische Entwicklung des Unternehmens beschrieben. Mit der Zuordnung einer Rolle bei der Umsetzung der Unternehmensentwicklung entstehen zugleich die strategischen Abhängigkeiten zwischen den Projekten. So kann es beispielsweise eine Reihe von Projekten geben, die sich mit dem internen Potenzialaufbau oder mit der Verbesserung der internen Prozessfähigkeiten des Unternehmens beschäftigen.

Die **Projekte zum internen Potenzialaufbau** sind wiederum eine wichtige Voraussetzung für die effektive und effiziente Abwicklung von kunden- und marktbezogenen Projekten. Beispielsweise ist die Abwicklung von Entwicklungsprojekten für Kunden stark abhängig von einem funktionierenden Projekt- aber auch von einem funktionierenden Qualitätsmanagement. Diese wechselseitigen Abhängigkeiten sind bereits zu einem Teil mit den Ursachen-Wirkungsketten beschrieben, die dem strategischen Projektnetz zugrunde liegen. Allerdings ist nicht davon auszugehen, dass damit alle relevanten wechselseitigen Abhängigkeiten beschrieben sind, insbesondere nicht diejenigen, die für die konkrete operative Abwicklung der Projekte relevant sind.

(2) Neben den strategischen und ressourcenmäßigen Abhängigkeiten ist eine Vielfalt weiterer Abhängigkeiten denkbar. Exemplarisch werden im Folgenden einige mögliche **Abhängigkeiten** aufgezeigt (in Anlehnung an *Fiedler* [Controlling] 63f.):

- Projekte können **technologische Abhängigkeiten** aufweisen. So kann die in einem bestimmten Projekt entwickelte Technologie zugleich die technologische Grundlage für Folgeprojekte darstellen.

- Projekte können wechselseitige Abhängigkeiten im Hinblick auf ein **übergeordnetes Projektziel** haben. Dies ist immer dann der Fall, wenn ein übergeordnetes Ziel über die Initiierung und Durchführung mehrerer Teilprojekte erreichbar werden soll. Dies wird in der Praxis oftmals dann in Betracht gezogen, wenn zur Erreichung des Projektziels Aktivitäten vollkommen unterschiedlicher Unternehmenseinheiten notwendig werden oder die Abwicklung der Aktivitäten in einem großen Projekt zu komplex würde. Hier macht es oftmals mehr Sinn, die Gesamtzielverfolgung in einzelne Unterprojekte aufzuteilen und diese den zuständigen Unternehmenseinheiten zuzuweisen. In der Regel wird dann eine zusätzliche **übergeordnete** Gesamtprojektverantwortung definiert, die die wechselseitigen Projektabhängigkeiten über die Teilprojekte hinweg koordiniert.
- Projekte können **terminlich** voneinander abhängig sein. Wenn Folgeprojekte vom Ergebnis eines vorlaufenden Projektes abhängig sind, ergeben sich ganz automatisch über die Verknüpfung der Terminpläne zeitliche Abhängigkeiten.
- Oftmals folgen aus sonstigen Abhängigkeiten, wie beispielsweise den oben benannten technologischen oder terminlichen Abhängigkeiten, unmittelbar auch **ökonomische Abhängigkeiten**. Beispielsweise ergeben sich aus Terminverschiebungen oder unterschätzten technologischen Problemstellungen in Vorlaufprojekten schnell in Folgeprojekten ebenfalls Terminverschiebungen oder ein Ressourcenmehrbedarf. Solche Konsequenzen schlagen sich dann unmittelbar in Kostenerhöhungen im Folgeprojekt nieder.
- Projekte können gegenseitige Abhängigkeiten aufweisen, weil bei mehreren Projekten **derselbe Kunde** der Auftraggeber oder **derselbe Unterlieferant** mit in die Projektabwicklung einbezogen ist.
- Denkbar sind auch Abhängigkeiten, die sich daraus ergeben, dass mehrere Projekte im selben **wirtschaftlichen** oder **kulturellen Umfeld** abgewickelt werden.

Diese Aufzählung möglicher Abhängigkeiten ist sicher nicht vollständig. Zudem werden bei jedem Unternehmen unterschiedliche Abhängigkeiten auftauchen. Aus diesem Grunde muss hier jeweils eine unternehmensspezifische Analyse durchgeführt werden, um so die für das jeweilige Unternehmen entscheidenden Abhängigkeiten zu erfassen.

Wenn diese Abhängigkeiten erhoben sind, stellt sich die Frage, wie diese Abhängigkeiten so systematisiert werden können, dass sich daraus Planungs- und Steuerungskonsequenzen ableiten lassen.

4.3.2.3.2 Planung von Synergieeffekten

(1) Einfache Einflussmatrix: Grundsätzliche Abhängigkeiten zwischen den Projekten

Fiedler ([Controlling] 64) zeigt mit der **Einflussmatrix** eine Methode auf, mit der anhand eines paarweisen Vergleichs der Projekte die gegenseitigen direkten Abhängigkeiten zwischen den Projekten ermittelt werden können. Dabei werden die Projekte, wie in Abb. 3-58 sichtbar, in einer Matrix erfasst und hinsichtlich ihres wechselseitigen Einflusses untersucht.

Bei *Fiedler* wird aufgrund des Bestrebens, das Verfahren möglichst einfach zu halten, weder nach der Art des Einflusses noch nach der Intensität der Einflussnahme unterschieden. Stattdessen wird lediglich an dem Kreuzungspunkt zwischen Projekten, an dem eine Einflussnahme festgestellt wird, eine 1 eingetragen. Anschließend werden die Zeilen- sowie die Spaltensummen pro Projekt gebildet. Aus der Zeilensumme des Projekts geht hervor, wie stark es andere Projekte beeinflusst. An der Spaltensumme wird abgelesen, wie stark das Projekt selbst von anderen Projekten beeinflusst wird.

	Wirkung auf	Beeinflusste Projekte				Summe Einfluss
Wirkung von		Projekt a	Projekt b	Projekt c	Projekt d	
Einfluss-nehmende Projekte	Projekt a	-				0
	Projekt b	1	-	1	1	3
	Projekt c	1		-		1
	Projekt d	1	1		-	2
Summe Beeinflussung		3	1	1	1	6

Abb. 3-58: Einfache Einflussmatrix (gegliedert nach globalen Abhängigkeiten) (Quelle: *Fiedler* [Controlling] 64)

Das Ergebnis der Einflussmatrix wird in ein **Portfolio** übertragen. Aus diesem Portfolio sollen dann Planungs- und Steuerungskonsequenzen abgeleitet werden.

Fiedler unterscheidet nun vier verschiedene Portfoliobereiche (Abb. 3-59):

- **Aktive Projekte**
  Diese Projekte sind selbst weitgehend unabhängig, beeinflussen andere Projekte aber stark. Im vorliegenden Beispiel handelt es sich um die Projekte b und d.

- **Kritische Projekte**
  Diese Projekte werden selbst stark von anderen Projekten beeinflusst, beeinflussen aber zugleich weitere Projekte ebenfalls stark. Es handelt sich um stark vernetzte Projekte.
- **Passive Projekte**
  Dies sind Projekte, die kaum Einfluss auf andere Projekte entwickeln, selbst aber stark von dritten Projekten abhängen. Im Beispiel handelt es sich um Projekt a.
- **Träge Projekte**
  Die sind Projekte mit einem geringen Vernetzungsgrad. In dem Beispiel handelt es sich um Projekt c.

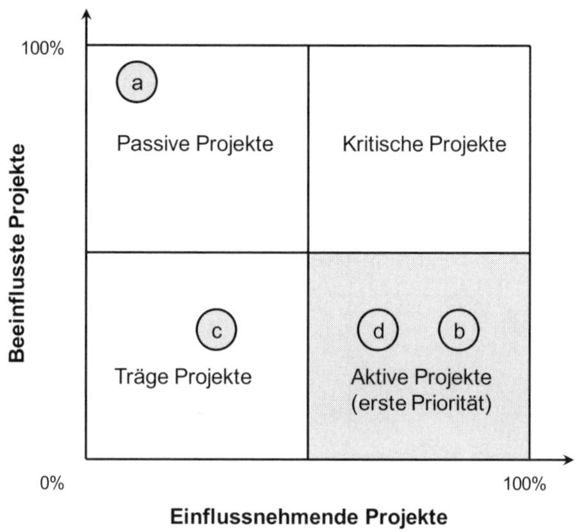

Abb. 3-59: Portfolio zur Analyse der Projektabhängigkeiten (Quelle: *Fiedler* [Controlling] 64)

Aus dieser Betrachtung ergeben sich sicherlich erste wichtige Anhaltspunkte zu den Abhängigkeiten zwischen den Projekten. Als Grundlage zu einer konsequenten Planung von Synergien reicht dieser Differenzierungsgrad an Informationen allerdings nicht aus. Aus diesem Grunde sollte die von *Fiedler* vorgeschlagene Matrix ausgeweitet werden.

(2) Erweiterte Einflussmatrix: Arten der Abhängigkeiten zwischen den Projekten

In einem ersten Schritt sollten möglichst alle Abhängigkeiten erhoben werden, die zwischen den Projekten des Unternehmens existieren. In einem zweiten Schritt sollten die wichtigsten Abhängigkeiten ermittelt und mit in die Einflussmatrix eingebracht werden. Hierbei sollten strategische und ressourcenmäßige Abhängigkeiten mitbedacht werden. Um die Einflussmatrix noch übersichtlich zu halten, können dort auch nur die wichtigsten drei oder fünf Abhängigkeiten eingebracht werden. Darüber hinaus sollte eine Bewertung der Einflussintensitäten vorgenommen werden. Um auch hier die Handhabbarkeit der Einflussmatrix zu wahren, würde es ausreichen, eine durch Projektmanagementspezialisten durchgeführte Schätzung der Intensitäten zwischen 1 und 3 vorzunehmen. Abb. 3-60 zeigt exemplarisch die erweiterte Einflussmatrix.

Wirkung von	**Wirkung auf**	Projekt A	Projekt B	Projekt C	Projekt D	Summe
Projekte	Einflussgrößen					
Projekt A	Gemeinsames Ziel	0	1	0	3	4
	Termine	0	0	2	0	2
	Ressourcen	0	2	0	2	4
	Technologie	0	0	0	3	3
	X	0	0	0	0	0
	X	0	0	0	0	0
	Summe	0	3	2	8	13
Projekt B	Gemeinsames Ziel	1	0	0	0	1
	Termine	1	0	2	1	4
	Ressourcen	3	0	0	3	6
	Technologie	0	0	0	1	1
	X	0	0	0	0	0
	X	0	0	0	0	0
	Summe	5	0	2	5	12
Projekt C	Gemeinsames Ziel	0	0	0	3	3
	Termine	1	1	0	3	5
	Ressourcen	0	0	0	3	3
	Technologie	0	0	0	3	3
	X	0	0	0	0	0
	X	0	0	0	0	0
	Summe	1	1	0	12	14
Projekt D	Gemeinsames Ziel	3	0	3	0	6
	Termine	0	0	1	0	1
	Ressourcen	2	1	2	0	5

	Technologie	2	1	2	0	5
	X	0	0	0	0	0
	X	0	0	0	0	0
	Summe	7	2	8	0	17
	Gesamtsumme	13	6	12	25	56

Abb. 3-60: Erweiterte Einflussmatrix (gegliedert nach differenzierten Projektabhängigkeiten)

Die Ergebnisse dieser Einflussmatrix können, wie bereits von *Fiedler* vorgeschlagen, wieder in ein Portfolio zur Analyse der Projektabhängigkeiten eingebracht werden (vgl. Abb. 3-61). Dies kann durchaus etwas undifferenzierter anhand der gesamten Zwischensummen über alle Einflussfaktoren pro Projekt hinweg erfolgen. Hieraus lässt sich nach dem schon bekannten Schema ablesen, welche Projekte stärker beeinflussen oder stärker beeinflusst werden.

Abb. 3-61: Portfolio zur Analyse der Projektabhängigkeiten

Dies ist eine erste wichtige Information und gibt bereits die ersten Hinweise darauf, welche Projekte i. S. der Multiprojektplanung und der Planung möglicher Synergien vordringlich betrachtet werden sollten. Ein besonderes Augenmerk sollte auf die kritischen und auf die aktiven Projekte gelegt werden. Diese beeinflussen andere Projekte stark und werden teilweise selbst auch beeinflusst, sind also stark mit den anderen Projekten vernetzt. Aus dem Portfolio selbst lässt sich allerdings weder die Ursache der Abhängigkeiten noch die Richtung oder Intensität des Einflusses ablesen. Hierzu kann jetzt jedoch auf die Informationen aus der differenzierten Einflussmatrix zurückgegriffen werden.

Diese Informationen sollten nochmals so aufbereitet werden, dass in den Zeilen die Einflussfaktoren abgetragen werden, in den Spalten die Summe der Wirkung dieses Einflussfaktors pro Projekt. Dies wurde in Fortführung des obigen Beispiels in Abb. 3-62 durchgeführt:

Hier kann aus der Relation zwischen der Zeilensumme des jeweiligen Einflussfaktors und der Gesamtsumme abgelesen werden, wie intensiv dieser Einflussfaktor im Verhältnis zu den anderen Einflussfaktoren zu wechselseitigen Abhängigkeiten zwischen den Projekten beiträgt. Daraus kann nun für eine Planung von Synergien gezielt abgeleitet werden, aus welchen Einflussfaktoren sich die höchsten Synergiepotenziale zwischen den Projekten anbieten.

	Wirkung auf					
Wirkung von	Projekt A	Projekt B	Projekt C	Projekt D	Projekt E	Summe
Gemeinsames Ziel	4	1	3	6	0	14
Termine	2	1	5	4	0	12
Ressourcen	5	3	2	8	0	18
Technologie	2	1	2	7	0	12
X	0	0	0	0	0	0
X	0	0	0	0	0	0
Summe	13	6	12	25	0	56

Abb. 3-62: Erweiterte Einflussmatrix (gegliedert nach Einflussgrößen auf Projekte)

Zugleich können relativ leicht pro Projekt die kritischen Einflussfaktoren identifiziert werden, indem die höchste Beeinflussungsintensität pro Spalte markiert wird. So wird sehr schnell deutlich, mit welcher Abhängigkeit das jeweilige Projekt die anderen Projekte am stärksten beeinflusst. Dies ist sowohl für den Multiprojektplaner als auch für den Einzelprojektleiter eine wichtige Steuerungsinformation. Bei Projekt A, B und D sind die Ressourcen der kritische Einflussfaktor, bei Projekt C sind es die Termine.

(3) Systematische Synergieplanung

Auf dieser Basis kann nun eine systematische Synergieplanung aufgesetzt werden. Dies soll exemplarisch an einem denkbaren Fall aus unserem Beispiel gezeigt werden. Stellt sich wie im Beispielsfall heraus, dass das Projekt D ein kritisches Projekt ist, also sowohl andere Projekte beeinflusst als auch selbst stark beeinflusst wird, kann der erweiterten Einflussmatrix in Abb. 3-57 sofort entnommen werden, welches die wichtigsten Einflussfaktoren auf dieses Projekt sind. Im vorliegenden Beispiel sind dies die Einflussfaktoren „gemeinsames Ziel", „Ressourcen" und „Technologie". Im zweiten Schritt ist anhand der ursprünglichen Einflussmatrix nochmals zu überprüfen, aus welchen Projekten die Beeinflussung von D hauptsächlich resultiert. Die Beeinflussung resultiert im vorliegenden Beispiel v.a. aus den Projekten A und C. Offensichtlich handelt es sich um Projekte, die dem Projekt D zuarbeiten, wobei die gemeinsame Zielerreichung hauptsächlich vom richtigen Ressourceneinsatz und von der gemeinsamen Bewältigung der technologischen Aufgabenstellungen abhängt.

In einem solchen Fall kann nun aus Sicht einer Multiprojektplanung konsequent an der Planung von Synergien zwischen den Projekten A, C und D gearbeitet werden. Beispielsweise kann der Einsatz von Fachspezialisten aus der Entwicklung zur Lösung der technologischen Aufgaben gemeinsam mit allen drei Projektverantwortlichen geplant werden. Auf diese Weise kann vermieden werden, dass ähnliche technologische Problemstellungen redundant von Projekt zu Projekt immer wieder neu angegangen und gelöst werden.

Zudem kann durch die Koordination zwischen den Projekten eine optimierte Aufteilung der Entwicklungsaktivitäten sowohl von der zeitlichen Einordnung in das jeweilige Projekt als auch von der benötigten Ressourcenanzahl erreicht werden. Auch im Hinblick auf die benötigten Entwicklungskompetenzen kann die Abstimmung zwischen den Projekten so erfolgen, dass dieselben Kompetenzprofile nicht unnötigerweise von den jeweiligen Projekten jeweils einzeln, in Summe damit aber mehrfach, angefordert werden. Ganz offensichtlich können über einen solchen projektübergreifenden Ansatz nicht unerhebliche Synergiepotenziale im Bereich der Entwicklungsressourcen geplant und dann in der Umsetzung realisiert werden.

Darüber hinaus kann die systematische Analyse von Abhängigkeiten auch über die Planung einzelner konkreter Synergiepotenziale hinaus dazu genutzt werden, jene Projekte zu identifizieren, die möglicherweise aufgrund ihrer wechselseitigen Abhängigkeiten zu Projektprogrammen zusammengefasst werden können.

Damit können dann möglicherweise auf der Ebene der gemeinsamen Planung und Steuerung ganzer Projektprogramme weitere Synergien gehoben werden.

4.3.3 Die Aufgaben des Projektmanagementoffice (PMO) im Rahmen der Multiprojektplanung

Die Phase der Multiprojektplanung ist entscheidend für die systematische Integration des Projektmanagements in die strategische Gesamtunternehmenszielsetzung. Zudem werden in dieser Phase die Grundlagen für eine effiziente Abwicklung des gesamten strategischen Projektnetzes, und damit für die Sicherstellung der Projektwertbeiträge, gelegt. In dieser Phase dominieren damit eher strategische und stark betriebswirtschaftlich orientierte Inhalte und Methoden. Diese Themen und Methoden stehen im Management von Projekten traditionell nicht so stark im Vordergrund. Aus diesem Grunde kommt hier dem PMO bei der inhaltlichen und methodischen Unterstützung der *Multiprojektplanung* eine besonders wichtige Rolle zu.

Das PMO hat **Methoden** zur Verfügung zu stellen, mit deren Hilfe eine strategie- und wertsteigerungsgerechte Auswahl von Projekten getroffen werden kann. Zudem muss Unterstützung bei der **Priorisierung der Projekte** gemäß ihrer strategischen Bedeutung und ihres Beitrages zur Wertsteigerung des Unternehmens geleistet werden. Dies kann bspw. mit Scoringmodellen oder auch mit Hilfe von Portfolios erfolgen. Diese Methodenunterstützung kann durchaus von einer strategisch ausgerichteten Stelle im PMO geleistet werden.

Für die Unterstützung der **Integration des Projektmanagements in die strategische Ausrichtung** des Unternehmens ist das PMO aufgrund seiner Schnittstellenrolle zwischen Top-Management und Projektleitern geradezu prädestiniert. Im PMO treffen die stärker kundenorientierte Bottom-up-Sichtweise der Projektleiter und die stärker an Finanzkennziffern orientierte Top-Down-Sichtweise des Managements aufeinander. Wenn das PMO sowohl beim Top-Management als auch bei den Projektleitern ausreichendes Vertrauen genießt, kann das PMO gerade in der Phase der Multiprojektplanung eine wichtige Rolle im Hinblick auf den Ausgleich dieser unterschiedlichen Sichtweisen spielen. Die adäquate Berücksichtigung von Kunden- und Marktinteressen sowie der Interessen der Eigner und Kapitalgeber in der Unternehmensstrategie kann über die Mitwirkung des PMO gewährleistet werden.

Nach der Priorisierung der Projekte durch das Top-Management des Unternehmens kann die Umsetzung in konkrete Projektprogramme wieder durch das PMO unterstützt werden. Hierbei spielen dann eher effizienzorientierte Aktivitäten zur Unterstützung der Multiressourcenplanung bzw. der Planung von

Synergien zwischen den Projekten eine Rolle. Hier kommt der Koordinationsfunktion des PMO im Rahmen der Multiprojektplanung eine hohe Bedeutung zu. Diese Koordinationsfunktion wird auch im Rahmen der Multiprojektumsetzung weiterhin eine wichtige Rolle spielen.

4.4 Multiprojektumsetzung

Im Rahmen der operativen Multiprojektplanung wurde die besondere Bedeutung der Multiprojektressourcenplanung und der Multiprojektsynergieplanung gewürdigt. Zugleich wurde bereits dort die Problematik der organisatorischen Verankerung der Multiressourcen- und Multisynergieplanung andiskutiert. Dabei wurde deutlich, dass weder ein einseitig zentral organisierter Bereich mit einem reinen Top-down Ansatz der Multiprojektplanung noch ein rein dezentral oder marktlich organisierter Bottom-up Ansatz Erfolg versprechend erscheint. Vielmehr wurde festgestellt, dass in der Kombination von Top-down- und Bottom-up-Ansatz eine organisatorische Möglichkeit gesehen wird, die Aktivitäten der Multiprojektplanung sinnvoll zu bündeln. Wie ein solcher Ansatz konkret aussehen kann, wird im Folgenden im Rahmen der Multiprojektumsetzung näher beleuchtet.

4.4.1 Organisation der Multiprojektumsetzung

Strategische Steuerung über Projekte ist ein partizipativer Prozess. Damit verbunden ist einerseits eine Dezentralisierung von Entscheidungs- und Verantwortungsbereichen, um eine höhere Markt- und Kundennähe sowie eine breite Übernahme unternehmerischer Verantwortung sicherzustellen. Andererseits resultieren aus einer Vielzahl dezentraler Entscheidungen in strategischen Projekten technische und inhaltliche Koordinationserfordernisse hinsichtlich einer konkreten Umsetzung des Multiprojektmanagements. Zudem ist es notwendig, die Summe aller Entscheidungen immer wieder mit den gemeinsamen Unternehmenszielen zu harmonisieren, um so die erwünschte Entwicklung des Unternehmens sicherzustellen. Weder die projektübergreifenden Koordinationserfordernisse noch die Harmonisierung der Projektentscheidungen mit den Unternehmenszielen können vom Top-Management oder von einzelnen Projektverantwortlichen allein abgedeckt werden. Es müssen vielmehr zusätzliche **Organisationseinheiten** im Unternehmen eingerichtet werden. Dies sind insbesondere

- der Multiprojektlenkungsausschuss (MPL) und
- das Projektmanagementoffice (PMO).

Diese Organisationseinheiten sollten eine Brücke zwischen der primären Unternehmensorganisation und der sekundären Projektorganisation schlagen.

Aus Abb. 3-63 sind die Zusammenhänge zwischen dem Multiprojektlenkungsausschuss, dem Projektmanagementoffice sowie der Projektlandschaft und der Linienorganisation zu ersehen.

4.4.1.1 Multiprojektlenkungsausschuss

Der Multiprojektlenkungsausschuss (MPL) sollte sich zusammensetzen aus

- Mitgliedern der Unternehmensleitung
- Mitgliedern des PMO
- dem Leiter des Fachbereichs „Strategieentwicklung"
- dem Leiter des Fachbereichs „Unternehmenscontrolling"
- im Falle besonders wichtiger strategischer Projekte auch aus Projektleitern

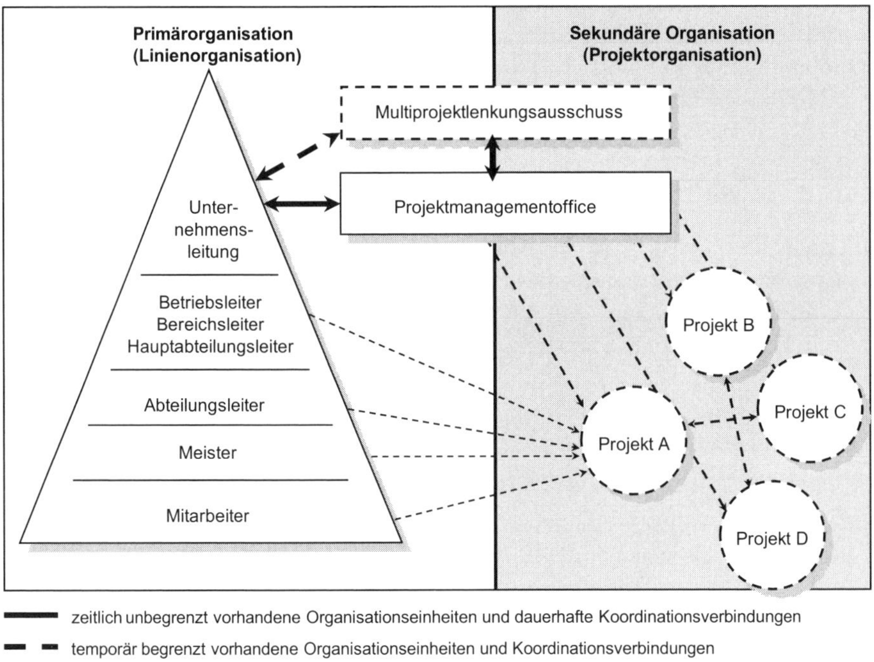

Abb. 3-63: Multiprojektorganisation
(In Anlehnung an: *Schreyögg* [Organisationsgestaltung] 253)

Beim MPL handelt es sich um eine Arbeitsgruppe, die in regelmäßigen Abständen, in jedem Fall aber immer dann zusammenkommt, wenn inhaltliche Abstimmungsfragen zwischen den strategischen Projekten auftreten, die die strategische Ausrichtung des gesamten Unternehmens betreffen. Ein Treffen kann auch dann notwendig werden, wenn in einzelnen strategischen Projekten Erkenntnisse gewonnen werden, die zu zukünftigen Änderungen der strategischen Ausrichtung des Unternehmens führen können.

Bereits die Bezeichnung „Ausschuss" weist auf den Charakter dieser Organisationseinheit hin. Bei einem Ausschuss handelt sich normalerweise um eine zeitlich begrenzte Arbeitsgruppe. Dies gilt hier auch, da die Zusammensetzung des Gremiums in gleichem Maße zeitlich begrenzt ist wie die Projekte, die die Zusammensetzung des Multiprojektlenkungsausschusses wesentlich mitbestimmen. Allerdings wird ein bestimmter Anteil der Mitglieder als ständige Mitglieder die Kontinuität des Gremiums und die langfristige an den Unternehmenszielen orientierte Ausrichtung der Entscheidungen sicherstellen. In der Regel handelt es sich hierbei um das für Projektmanagement zuständige Mitglied der Geschäftsführung, den Leiter des PMO sowie die Leitungen der Bereiche „Unternehmensstrategie" und „Unternehmenscontrolling". Wenn primär dieser Teil des Multiprojektlenkungsausschusses betrachtet wird, handelt es sich eher um eine dauerhafte organisatorische Einrichtung.

Durch die **Zusammensetzung des MPL** ergibt sich eine Ansammlung von Informationen, die von der strategischen Ausrichtung des Unternehmens über die praktische Umsetzung des Multiprojektmanagements bis hin zur konkreten Umsetzung der einzelnen strategischen Projekte reichen. Diese Ansammlung von Informationen aus unterschiedlichen Perspektiven ist dazu geeignet, die praktische Umsetzung des Multiprojektmanagements immer wieder zu hinterfragen und eingetretene Koordinationsschwächen zu beheben. Ebenso können aus jeder Perspektive immer wieder neue Informationen erwachsen, die die gesamte strategische Ausrichtung des Unternehmens und damit zugleich die weitere Gültigkeit des bislang definierten strategischen Projektnetzes in Frage stellen.

Solange die grundlegende strategische Ausrichtung des Unternehmens durch die neu gewonnenen Informationen nicht berührt wird, also eher Lernprozesse initiiert werden, bei denen es lediglich um eine Verbesserung der praktischen Umsetzung des Multiprojektmanagements geht, fallen diese Aufgaben im Rahmen der normalen Steuerungstätigkeit dem PMO zu. Wenn durch die Informationen jedoch Lernprozesse angestoßen werden, die dazu führen, dass die grundlegenden Werte oder Handlungsnormen des Unternehmens oder die strategische Entwicklungsrichtung insgesamt neu überdacht werden müssen, ist der

Multiprojektlenkungsausschuss mit in diesen Entscheidungsprozess einzubeziehen.

Der Multiprojektlenkungsausschuss stellt somit ein **flexibles Bindeglied** zwischen der Linienorganisation des Unternehmens und der Projektorganisation dar. Je stärker die strategische Steuerung des Unternehmens über strategische Projekte abgewickelt wird, desto öfter wird der Multiprojektlenkungsausschuss zusammentreten. Dies gilt auch für den Fall, dass sich das Unternehmen in äußerst dynamischen Märkten bewegt, die immer wieder eine flexible Anpassung der strategischen Ausrichtung des Unternehmens erfordern. Je stabiler dagegen die Umweltentwicklung verläuft und je stärker die strategische Unternehmensentwicklung von der Linienorganisation übernommen wird, desto seltener werden Aktivitäten des Multiprojektlenkungsausschusses notwendig. In jedem Fall sollte der Multiprojektlenkungsausschuss jedoch einmal im Quartal zusammenkommen.

Insgesamt gesehen stellt dieser Multiprojektlenkungsausschusses eine organisatorische Einheit dar, die je nach Umfeldsituation und nach strategischem Steuerungsverständnis eine Art „Scharnierfunktion" zwischen routinisierter und zentralisierter Abwicklung der strategischen Steuerung in der Linienorganisation und flexibler und dezentraler Abwicklung der strategischen Steuerung in strategischen Projekten übernimmt.

Im Rahmen der Multiprojektumsetzung erteilt der Multiprojektlenkungsausschuss auf der Basis der Vorgaben der Geschäftsführung und auf der Basis der Multiprojektplanung die Umsetzungsfreigaben für das gesamte strategische Projektnetz bzw. für ausgewählte strategische Projekte aus dem Projektnetz. Zudem ist der Multiprojektlenkungsausschuss an der Besetzung der Projektleitung der strategischen Projekte, die aufgrund von Vorschlägen des PMO erfolgt, beteiligt.

4.4.1.2 Projektmanagementoffice (PMO)

Im Bereich der *Multiprojektumsetzung* kommen dem PMO vor allem Aufgaben zu, die mit der **Bewältigung der Komplexität** zusammenhängen, die sich aus einer wechselseitig vernetzten Projektlandschaft ergibt. Insbesondere spielen hier Koordinationsaufgaben zwischen Linienmanagement und Projektleitungen eine große Rolle. Dies gilt insbesondere dann, wenn zwischen Projekten und Linienmanagement Ressourcenkonflikte auftreten. Zudem kommt dem PMO im Hinblick auf den Einsatz von Ressourcen die Aufgabe eines systematischen Synergiemanagements zu. Dies kann nur aus der übergeordneten Warte unter enger Einbeziehung des Linienmanagements sinnvoll betrieben werden.

Auch die Aufgabe der Setzung von Prioritäten hinsichtlich des Einsatzes knapper Ressourcen kann dem PMO zugeordnet werden. Insofern nimmt das PMO hier eine wichtige Schnittstellenaufgabe im Hinblick auf den Ausgleich zwischen Interessen des Linienmanagements einerseits und der Projektleiter andererseits wahr.

Darüber hinaus kommt dem PMO die **Koordinationsaufgabe** zwischen der Vielzahl von Projekten zu. Diese ist für die Sicherstellung des Gesamterfolgs aus Unternehmenssicht sehr wichtig. Dies gilt insbesondere dann, wenn es in einzelnen Projekten zu Änderungen im Projektverlauf kommt, oder bei Projekten Risiken realisiert werden müssen, die Wechselwirkungen mit anderen Projekten auslösen.

Bevor jedoch die konkreten Aufgaben des PMO im Rahmen der Multiprojektumsetzung genauer betrachtet werden, ist noch einmal darauf hinzuweisen, dass das PMO für eine systematische Professionalisierung der Projektabwicklung zu sorgen hat. Wir hatten bereits im Bereich des Managements von Projekten vorgeschlagen, ein PMO einzurichten, um hier erste Schritte zur Professionalisierung des Projektmanagements einzuleiten, selbst dann, wenn diese Anstrengungen erst im Falle eines Multiprojektmanagements richtig wirksam werden. Hierzu gehört die Standardisierung der Projektabwicklung ebenso wie die Einrichtung einer einheitlichen Projektdatenbasis. Spätestens im Rahmen der Multiprojektumsetzung ist dies unumgänglich. Aus diesem Grunde werden diese Aufgaben im Folgenden an dieser Stelle dargestellt, obwohl beide Aufgaben auch bereits im Bereich des Managements von Projekten angegangen werden können.

4.4.1.3 Zusammenspiel zwischen den verschiedenen Organisationseinheiten

Das Zusammenspiel zwischen den verschiedenen Organisationseinheiten ist in Abb. 3-64 dargestellt.

Wie aus Abb. 3-64 ersichtlich, stellt die Kombination aus Multiprojektlenkungsausschuss und PMO sowie deren Verknüpfung mit der Unternehmensleitung genau die Kombination aus Top-down- und Bottom-up-Ansatz dar, der bereits im Rahmen der Multiprojektplanung als erfolgsversprechend für ein Management durch Projekte eingestuft wurde.

Grundsätzlich sind die beschriebenen Organisationseinheiten je nach Größe des Unternehmens auf unterschiedlichen Hierarchieebenen einsetzbar: Auf jeden Fall sind ein Multiprojektlenkungsausschuss und ein PMO auf der höchsten Ebene des Gesamtunternehmens notwendig. Bei großen Geschäftsbereichen, denen eigenständige strategische Spielräume eingeräumt werden und in denen eine Vielzahl von Projekten zu koordinieren ist, kann es sinnvoll sein, beide Organe auch auf der Ebene der Geschäftsbereiche anzusiedeln.

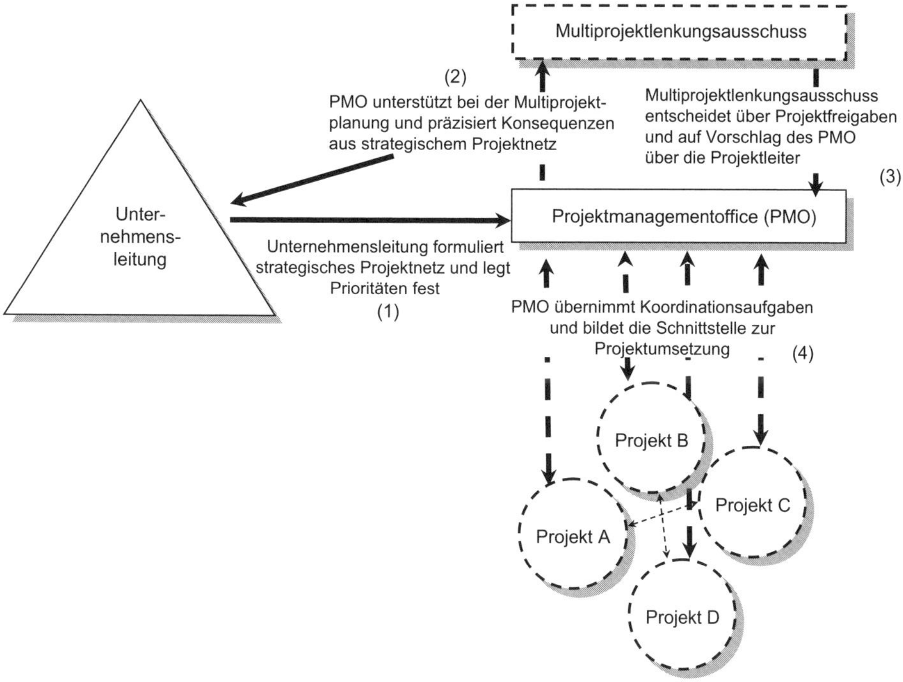

Abb. 3-64: Zusammenspiel der verschiedenen Organisationseinheiten im Rahmen der Multiprojektumsetzung

4.4.2 Aufgaben der Multiprojektumsetzung

Im Folgenden werden die zentralen Aufgaben der Multiprojektumsetzung detailliert dargestellt:

- Entwicklung einheitlicher Projektmanagementstandards
- Bereitstellung einer einheitlichen und aktuellen Datenbasis
- Projektunterstützung und Projektkoordination
- Aufbau von Projektmanagement-Know how
- Multiprojektsynergie- und Multiprojektänderungsmanagement
- Durchführung von Projektmanagement-Assessments

4.4.2.1 Entwicklung einheitlicher Projektmanagementstandards

Als Voraussetzung für die Entwicklung einheitlicher Standards besteht die erste Aufgabe in der unternehmensspezifischen Projektdefinition sowie in der Festlegung von Klassifikationskategorien für die unterschiedlichen Projekte eines Unternehmens durch das PMO. Dies erscheint zunächst profan, ist aber insofern wichtig, da damit in einem Unternehmen Routineaufgaben eindeutig von Projektaufgaben unterschieden werden. Nur eindeutig als Projektaufgaben eingestufte Aufgabenstellungen unterliegen damit den Projektmanagementstandards des Unternehmens.

Zudem ist auch eine Klassifikation von Projekten wichtig, da nicht auf alle Projekte zwingend dieselben Standards angewendet werden sollten. So wäre bspw. die Anwendung aller Standards auf kleine oder weniger wichtige Projekte eine administrative Übertreibung, während besonders wichtige Projekte evtl. über die normalen Standards hinaus zusätzlichen Methodeneinsatz erforderlich machen. Damit kommt dem PMO nicht nur die Aufgabe der Auswahl geeigneter Standards zu, sondern auch die Aufgabe des Zuschnitts dieser Standards auf die unterschiedlichen Projektklassen eines Unternehmens. Insgesamt erleichtert die Setzung von Standards die Projektabwicklung deutlich und macht sie wesentlich effizienter.

Bei der Auswahl der Standards kann auf weltweit bekannte und inzwischen auch bewährte Standards wie die ICB 3.0, den PMBOK-Guide oder PRINCE2 zurückgegriffen werden (vgl. hierzu S. 402). Ob dabei eher auf kompetenzorientierte oder prozessorientiert ausgerichtete Standards zurückgegriffen wird, ist bspw. eine der Entscheidungen, die ein PMO nach entsprechender Eignungsprüfung für ein gesamtes Unternehmen treffen kann. Darüber hinaus kann ein PMO prüfen, ob je nach Komplexität der Projektaufgabenstellungen in einem Unternehmen evtl. weniger planungsorientierte Projektmanagementmethoden wie bspw. agile Methoden zum Einsatz kommen sollen. Orientiert sich ein Unternehmen an den internationalen Standards, werden damit die eigenen Projektmanagementstandards möglicherweise sogar mit den Standards von Kunden und Lieferanten kompatibel. Oftmals setzen sich solche Standards in bestimmten Branchen durch, so dass hieraus weitere unternehmensübergreifende Effizienz- und Synergievorteile zu erzielen sind.

Grundsätzlich kann das PMO auch standardisierte und auf das Unternehmen zugeschnittene Projektphasenmodelle für die Projektabwicklung im Unternehmen einführen. Auch diese Projektphasenmodelle sind an die Notwendigkeiten der verschiedenen Projektklassen anzupassen.

Zur Sicherstellung einer effizienten Projektabwicklung gehört auch die Auswahl und Standardisierung geeigneter Instrumente und Tools. Dies betrifft sowohl die gesamte Projektabwicklung als auch spezielle Themenbereiche, die von besonderer Bedeutung für das Unternehmen sind. Als Beispiel aus der Projektabwicklung seien hier exemplarisch die Bereiche des Änderungs- oder Risikomanagements in Projekten genannt. Die Auswahl der entsprechenden Tools oder Instrumente ist i.d.R. gleichzeitig eng mit der Auswahl der geeigneten Projekt-IT-Standards für das Unternehmen verbunden. Hierbei sollte besonders auf Kompatibilität zwischen der standardisierten Projektabwicklung und den Möglichkeiten der Softwarelösung geachtet werden. Allerdings darf nicht die Software aufgrund möglicher funktionaler oder methodischer Beschränkungen faktisch die Standardisierung der Projektabwicklung bestimmen. Vielmehr sollten bei Entscheidungen für eine Software immer die im Unternehmen definierten und optimierten Prozesse den Maßstab darstellen.

Die festgelegten Standards sollten sich in einem unternehmensspezifischen **Projektmanagementhandbuch** wieder finden. Um eine wirkliche Standardisierung bestimmter Projektmanagementprozesse sowie des zugehörigen Instrumenteneinsatzes in einem Unternehmen sicherzustellen, müssen diese Standards eine hinreichend weite Verbreitung im Unternehmen finden. Dies wird nicht durch die Erstellung und Verbreitung eines Projektmanagementhandbuches allein möglich sein, vielmehr muss das PMO in Zusammenarbeit mit den Personalentwicklern des Unternehmens diese Standards zusätzlich in Trainingsmaßnahmen einbringen.

4.4.2.2 Bereitstellung einer einheitlichen und aktuellen Datenbasis

Wenn davon ausgegangen wird, dass zunehmend mehr Umsatzanteile des Geschäfts über Projekte abgewickelt werden, wächst die Bedeutung eines sinnvoll strukturierten, kontinuierlich aktualisierten und zentral geführten Datenstammes über alle Projekte hinweg. Auch die Tatsache, dass Projekte zunehmend weltweit vernetzt abgewickelt werden, macht eine zentrale Datenbasis immer wichtiger. Nur durch sie kann über die Gesamtheit der Projekte noch der Überblick gewahrt werden.

Dieser Überblick ist gleichermaßen für die Geschäftsführung wie für den einzelnen Projektleiter von Bedeutung. Für das PMO stellt dieser Datenstamm die Grundlage für die Multiprojektplanung, die Multiprojektumsetzung und natürlich auch für die Unterstützung der Multiprojektkontrolle dar. Im Folgenden werden exemplarisch einige **Analysen** genannt, die aus einem solchen Datenstamm generiert werden können:

- Anhand der Struktur des Projektportefeuilles kann abgeschätzt werden, ob die **Unternehmensentwicklung** in die erwünschte Richtung läuft. Dabei kann sowohl die Verteilung von Projekten über verschiedene Geschäftsbereiche, die technologische Streubreite in den Projekten oder auch die regionale Verteilung der Projekte weltweit ein Anhaltspunkt für eine solche Beurteilung sein.
- Aus der Struktur des Projektportefeuilles kann zudem die **Risikostruktur** des Unternehmens abgeleitet werden. Beispielsweise kann hier relativ schnell abgeschätzt werden, welcher Anteil der Projekte speziellen Technologie- oder Länderrisiken unterliegt. Auch aus der Anzahl und Größe der Projekte lassen sich weitere Risiken ablesen, wie beispielsweise starke Abhängigkeiten von einzelnen Großprojekten oder einseitige Abhängigkeiten von einzelnen Kunden.
- Aus dem Projektportefeuille lässt sich eine erste Indikation der **Unternehmensrentabilität** zukünftiger Abrechnungsperioden ableiten. Aus dem aktuellen Abwicklungszustand der Projekte lassen sich aber auch Rückschlüsse auf die aktuelle Rentabilitätssituation ziehen.

Die Verfügbarkeit dieser Daten stellt zugleich die Voraussetzung für die Erstellung von regelmäßigen Multiprojektreports oder von Entscheidungsvorlagen durch das PMO dar. Im Einzelnen sollten die Projektdatensätze folgende **Informationen** enthalten:

- Projektkunde
- Projektstart und geplantes Projektende
- Projektziel und strategische Bedeutung
- Projektgröße in Form von Aufwandsgrößen oder Umsatzgrößen
- Zuordnung des Projektes zu bestimmten Unternehmenseinheiten
- Technologie und Requirements
- Plattformen/Standardtechnologien
- Standort(e) der Projektdurchführung
- Projektrisiken

- Interner Projektauftraggeber bzw. zuständige Mitglieder des Multiprojektlenkungsausschusses
- Projekt-Core Team
  - Anzahl und Rollen der Projektmitarbeiter
  - Projektleiter
  - benötigte Kompetenzen
- Ökonomische Kennziffern wie:
  - Umsatz bzw. Cash-flow
  - geplante Gesamtkosten/Projektbudget
  - geplante Rentabilität bzw. Projektwertbeitrag
- Daten zum aktuellen Stand des Projektes
  - Projektfortschritt
  - zeitliche Situation anhand von Milestones
  - Kosten
  - Projektqualität
  - Abweichungsstatus
- Historie der Projekte, insbesondere Genehmigungs- und Änderungshistorie
- Daten zum Claimmanagement

Neben der Geschäftsführung profitieren natürlich v.a. die Projektleiter von der Verfügbarkeit dieser Daten. Zum einen unterliegen sie bei der Lieferung der Daten dem Zwang, sich selbst Klarheit über ihr eigenes Projekt zu verschaffen. Zum Zweiten ergibt sich durch die Transparenz über die gesamte Projektlandschaft hinweg die Chance für das PMO, effizienz- und synergiesteigernde Maßnahmen zu initiieren, die allen Projekten wieder zugute kommen.

4.4.2.3 Projektunterstützung und Projektkoordination

Die Standardisierungsnotwendigkeiten bieten für das PMO zugleich den geeigneten Anknüpfungspunkt für die konkrete Projektunterstützung. Hier kann das PMO mit dem Angebot von Coaching- bzw. Workshopaktivitäten selbst an der Verbreitung der definierten Projektmanagementprozesse und -methoden sowie der zugehörigen IT-Lösungen mitwirken. Im Rahmen des Coaching können Projektleiter bei Bedarf persönlich gecoacht werden; vorstellbar ist auch das Coaching des gesamten Projektteams über die Moderation von Projektsitzungen.

Zudem können Workshopkonzepte erarbeitet und angeboten werden, in denen Mitglieder des PMO zusammen mit den Projektteams bestimmte Phasen des Projekts bearbeiten. Beispielsweise sind hier ein Projekt-Kick-Off-Workshop, Projektplanungs-, Projektreview- sowie Projektabschlussworkshops denkbar. Zudem könnten Spezialworkshops für Projekte mit besonders hoher Komplexität oder mit starken Zeit-, Kosten-, Qualitäts- oder Leistungsabweichungen angeboten werden. Darüber hinaus kann das PMO dem Projektleiter für besonders wichtige Projekte Mentoren aus der Geschäftsführung oder aus dem Pool besonders erfahrener Projektmanager zur Seite stellen.

Je nach organisatorischer Regelung und nach Ausstattung kann das PMO auch administrative Projekttätigkeiten wie die Aktualisierung der Projektdokumente oder die Aktualisierung der wichtigsten Projektkenndaten übernehmen. Allerdings sollte bei zunehmendem Engagement des PMO darauf geachtet werden, dass nicht mit der Unterstützung schleichend die Projektverantwortung an das PMO übertragen wird. Für die ordnungsgemäße technische und ökonomische Projektabwicklung muss eindeutig der Projektleiter die Verantwortung tragen.

Sofern sich aus der konkreten Projektarbeit Erkenntnisse zur Verbesserung der Projektmanagementprozesse ergeben, ist die Aufnahme dieser Erkenntnisse sowie die Optimierung der bestehenden Projektmanagement-Prozessarchitektur eine weitere Aufgabe des PMO. Die verbesserten Prozesse sind dann wieder in die konkrete Projektarbeit zu übertragen.

Über die Projektmanagementunterstützung hinaus fällt dem PMO eine ganze Reihe von Koordinationsaufgaben im Rahmen der Multiprojektumsetzung zu.

Das PMO bildet die Schnittstelle zwischen dem Management durch Projekte und der konkreten Umsetzung der Projekte. Dies führt dazu, dass das PMO einerseits die Koordination der Projekte i. S. der Gesamtzielsetzung des Unternehmens vornehmen muss. Zugleich muss das PMO dafür sorgen, dass jedem Projektleiter klar wird, welche Bedeutung seinem Projekt im Hinblick auf die Entwicklung des Unternehmens und im Hinblick auf die Erreichung der wertorientierten Zielsetzungen für das Gesamtunternehmen zukommt.

Sowohl die strategischen als auch die wertorientierten Ziele sind hierzu gemeinsam vom PMO und der Projektleitung so weit zu operationalisieren, dass der konkrete Einstieg in die Projektumsetzung möglich wird. Dies kann anhand einer Checkliste erfolgen, die dazu zwingt, die Zusammenhänge zwischen der strategischen Zielsetzung des Projektes, der Operationalisierung dieser Zielsetzung in qualitativen und quantitativen Messgrößen, bis hin zur Definition von zentralen Umsetzungsmeilensteinen und zur Ableitung einzelner Projektaufgaben offen zu legen (Abb. 3-65).

Strategisches Projektziel	Messgrößen	Soll-Werte	Meilensteine	Projekt-aufgaben
Das strategische Projektziel ergibt sich aus der Stellung des Projektes in der Balanced Scorecard	Übersetzung des strategischen Projektziels in qualitative und quantitative Messgrößen	Festlegen von zu erreichenden Soll-Messwerten	Definition von Meilensteinen auf dem Weg zur Umsetzung des strategischen Projektziels	Ableitung erster Projektaufgabenpakete als Grundlage für einen Projektstrukturplan

Abb. 3-65: Checkliste zur Operationalisierung der Projektzielsetzungen

Durch die Beteiligung des PMO an der Erstellung dieser Checkliste fließt automatisch das verknüpfende „Multiprojektwissen“ in die Einzelprojekte mit ein. Durch diese Vorgehensweise wird bereits beim Projekteinstieg verhindert, dass einzelne Projektteams eine Ausrichtung ihrer Projekte vornehmen, die entweder nicht mit dem strategischen Entwicklungspfad des Unternehmens übereinstimmt oder aufgrund ihrer wechselseitigen Verknüpfung mit anderen Projekten deren Umsetzung gefährdet. Auch eine einseitige Steigerung von Projektwertbeiträgen in einem Projekt zu Lasten der Projektwertbeiträge anderer Projekte kann so vermieden werden. Diese Checkliste stellt somit für das PMO ein wichtiges Instrument zur inhaltlichen und wirtschaftlichen Koordination der verschiedenen Projekte dar.

Zudem bietet sich diese Checkliste auch für den Projektleiter als Einstiegshilfe in das Projekt an. Zum einen kann die Checkliste als Kommunikationsgrundlage beim Projektstartup mit dem Projektteam genutzt werden, zum anderen kann diese Checkliste im Verlauf der Projektumsetzung auch für die Zielvereinbarungen zwischen Projektleitung und Projektteammitgliedern herangezogen werden.

Neben der inhaltlichen und wirtschaftlichen Koordination der Projekte kann das PMO über das Vorschlagsrecht für die Projektleitung und über die Beratung der Projektleitungen hinsichtlich der Zusammensetzung der Projektteams eine **personelle Koordination** über die verschiedenen Projekte hinweg vornehmen. Die Vernetzung von strategischen Projekten über Personen, die in diesem Falle in mehreren Projekten gleichzeitig als Projektleiter oder wechselseitig auch als Projektteammitglied tätig werden, bietet sich v.a. für Projekte mit starken wechselseitigen Projektabhängigkeiten an. Die Koordination der beiden Projekte findet dann in einem ersten Schritt bereits über die Doppelverantwortung des Aufgabenträgers statt (Abb. 3-66).

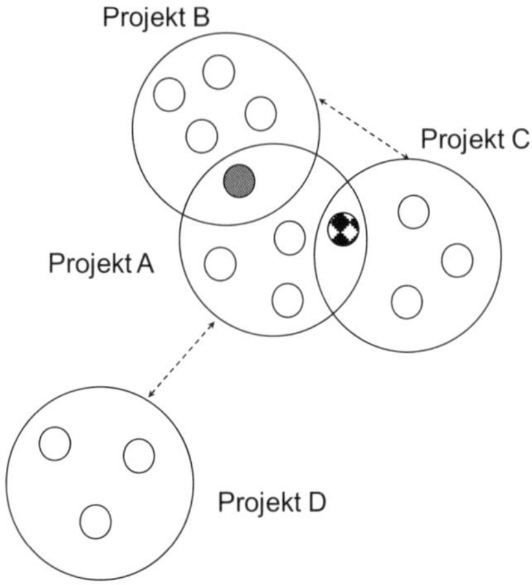

Abb. 3-66: Projektkoordination über personelle Verflechtungen

4.4.2.4 Aufbau von Projektmanagement-Know how

Wesentliche Voraussetzungen für eine erfolgreiche Multiprojektumsetzung sind Projektmanagementkompetenzen und der relativ einfache Zugang zu projektbezogenem Erfahrungswissen. Hieraus erwachsen zwei wichtige weitere **Aufgabenfelder** für das PMO:

- Das PMO hat dafür Sorge zu tragen, dass auf der personellen Ebene ausreichend **Projektmanagementkompetenzen** aufgebaut werden.
- Zudem kommt dem Aufbau einer organisationalen **Wissensbasis** zum Thema „Projektmanagement" eine hohe Bedeutung zu.

(1) Projektmanagementkompetenzen

Im Hinblick auf einen Ausbau der personellen Projektmanagementkompetenzen kann das PMO in Zusammenarbeit mit dem Personalbereich des Unternehmens eine ganze Reihe von Maßnahmen umsetzen. Zunächst ist anhand der Beschreibungen des Projektmanagementprozesses zu überprüfen, welche Rollen in den Projektabwicklungsprozessen des Unternehmens vorgesehen sind und mit welchen Kompetenzen diese Rollen ausgestattet sein sollten. Hieraus können dann Kompetenzprofile für die verschiedenen Rollen entwickelt werden. Analog zu diesen Kompetenzprofilen kann vom PMO ein Projektmanagementkarrierepfad entwickelt werden.

Damit sind zugleich die Grundlagen für die Umsetzung eines **systematischen Personalentwicklungskonzeptes** gelegt. Je nach Karriereschritt kann den Projektmanagementverantwortlichen so das Kompetenzprofil vermittelt werden, das sie zur Bewältigung ihrer jeweiligen Aufgaben benötigen. Natürlich werden sich die Trainingsmaßnahmen an den im Unternehmen definierten Standardprozessen und Methoden orientieren.

Dem PMO kann in diesem Zusammenhang die Aufgabe des systematischen Aufbaus eines **Projektmanagementpools** zukommen. Hierzu sind alle vorhandenen Projektleiter zu erfassen, auf ihre bereits erworbenen Kompetenzen und Erfahrungen hin zu überprüfen und mit den definierten Projektmanagementrollen und zugehörigen Kompetenzprofilen abzugleichen. Dies kann anhand eines **Zertifizierungssystems** erfolgen. Hieraus ergibt sich dann ein Überblick darüber, wie viele Projektleiter mit welchen Kompetenzgraden dem Unternehmen zur Verfügung stehen, aber auch darüber, wie viele der Projektleiter mit welchen Trainingsmaßnahmen auf das jeweils erwünschte bzw. benötigte Kompetenzniveau zu heben sind.

Aus dem Abgleich von benötigten und vorhandenen Kompetenzprofilen lässt sich nun natürlich mit jedem einzelnen Betroffenen über seine persönlichen Entwicklungsziele im Projektmanagement diskutieren und ein systematisches Entwicklungsprogramm ableiten.

Aus der gesamtunternehmerischen Perspektive kann das PMO zugleich feststellen, ob aus dem Abgleich zwischen der Anzahl vorhandener Kompetenzprofile und der Anzahl vorhandener Projekte mit entsprechendem Kompetenzbedarf ein Misfit im Unternehmen besteht. Sollte sich hier eine Bedarfslücke ergeben, muss das PMO Strategien zur Deckung des Kompetenzbedarfs entwickeln. Hier wird sich v.a. die Frage nach der Dringlichkeit der Bedarfsdeckung stellen. Kurzfristig können solche Bedarfslücken möglicherweise nur über den Einkauf der benötigten Kompetenzen über den Arbeitsmarkt gedeckt werden. Mittel- bis langfristig ist der unternehmensinterne, an den eigenen Standards orientierte Kompetenzaufbau natürlich sehr sinnvoll. Gerade dann, wenn in einer Branche große Teile des Umsatzes über Projekte abgewickelt werden, kann ein Unternehmen mit dem systematischen Aufbau von Projektmanagementkompetenz echte Wettbewerbsvorteile generieren.

(2) Wissensbasis

Ebenso wichtig wie der Aufbau personenbezogener Projektmanagementkompetenz ist die Verbreiterung der organisationalen Wissensbasis zum Thema Projektmanagement. Hier kommt dem PMO die Aufgabe zu, das im Unternehmen vorhandene Projektmanagementwissen sowie die zugehörige Erfahrung zu bündeln und verfügbar zu machen.

Ausgangspunkt für eine Bündelung des Projektmanagementwissens kann eine einheitliche **Projektdokumentation** über alle Projekte hinweg sein. In die Projektdokumentation müssen alle wesentlichen Projektdaten aufgenommen werden. Im Einzelnen handelt es sich dabei um die Beschreibung der Rahmenbedingungen des Projektes, um die Planungsunterlagen, die Beschreibung der Projektentscheidungen, die Sicherung der Projekterfahrungen, die Unterlagen über Soll-Ist-Abweichungen sowie die im Rahmen des Projektabschlusses erstellten Berichte. Diese Projektdaten sind chronologisch gemäß den einzelnen Projektphasen anzuordnen, so dass sich aus der Summe der gesammelten Projektdaten die gesamte Projekthistorie erschließen lässt.

Eine solch vereinheitlichte Projektdokumentation erfüllt eine Koordinationsfunktion aus Sicht des Multiprojektmanagements. Zugleich bietet sie bei personellen Änderungen während der Projektdurchführung eine Grundlage für die schnelle Einarbeitung von neuen Projektteammitgliedern oder sogar einer neuen Projektleitung. Zudem wird insgesamt die Transparenz der Projektdurchführung deutlich erhöht und damit eine reibungslose Projektabwicklung unterstützt.

Neben der einheitlichen Regelung der Projektdokumentation kommt auch der Regelung einer einheitlichen Vorgehensweise beim Projektabschluss sowie der einheitlichen Erstellung eines **Projektabschlussberichtes** hohe Bedeutung zu. Im Rahmen des Projektabschlusses muss v.a. die Projektübergabe einheitlich geregelt werden. Mit der Projektübergabe gehen auch alle zukünftigen mit dem ehemaligen Projekt verbundenen Aufgaben sowie die zukünftige Verantwortung an den Projektauftraggeber über. Zudem ist dies der Zeitpunkt der Projektteamauflösung sowie des Ausscheidens des Projektes aus dem Multiprojektmanagement und damit auch aus der Betreuung durch das PMO.

Die letzte Projektinformation, die für das Multiprojektmanagement im Zusammenhang mit dem Projektabschluss von Bedeutung ist, ist der **Projektabschlussbericht**. Aus ihm ergeben sich alle Daten, die Eingang in die gemeinsame Wissensbasis finden. In Abb. 3-67 sind die **Anforderungen an einen Projektabschlussbericht** zusammengestellt.

Alle Dokumentationen abgelaufener Projekte helfen jedoch nicht weiter, wenn die hieraus abgeleiteten Erkenntnisse nicht aktiv im Sinne eines Lessons Learned in aktiven Projekten genutzt werden. Erfahrungsgemäß geschieht genau dies nicht von allein. Hier muss das PMO einen systematischen Prozess initiieren und dauerhaft begleiten.

Adressat	• interner Auftraggeber • ausgewählte Personen der Projektorganisation
Zeitpunkt	• zu Projektende
Inhalt	• Gesamtbeurteilung des abgewickelten Projekts • Darstellung des Projektverlaufs: Ausgangslage, Vorgehensweise • Darstellung der Projektergebnisse: erbrachte Leistungen, Termine, verbrauchte Kosten und Personaleinsatz; Abweichungsanalysen • besondere Ereignisse, Problemstellungen und Lösungen im Projektverlauf • gemachte Erfahrungen für zukünftige Nutzung, Stärken-Schwächen-Analyse • Wie geht es weiter nach Projektende (Empfehlungen)?
Umfang	Je nach Projekt 2 bis 10 Seiten, zusätzlich diverse Beilagen

Abb. 3-67: Projektabschlussbericht
(Quelle: *Patzak/Rattay* [Projektmanagement] 493)

Dann kann mit der Sammlung und Aufbereitung des in unterschiedlichen Projektabläufen erworbenen Wissens zugleich die Grundlage einer projektorientierten gemeinsamen Wissensbasis aufgebaut werden. Diese gemeinsame Wissensbasis kann als Ausgangspunkt für eine zielorientiert projektbezogene Kommunikation dienen.

Hierzu können vom PMO intranetbasierte Frage- und Diskussionsforen für die im Projektgeschäft tätigen Mitarbeiter eingerichtet werden. Zudem können auf der Grundlage dieser Wissensbasis Workshops mit worst-case-Fallstudien organisiert werden. So können aus negativen Projekterfahrungen Rückschlüsse für andere Projekte gezogen werden, um ähnlich schlechte Projektverläufe in der Zukunft zu vermeiden. Umgekehrt können aber auch Best-Practice-Workshops angeboten werden, in denen den Teilnehmern bereits bewährte Projektmanagementmethoden oder IT-Instrumente nahe gebracht werden können. Denkbar ist auch der Aufbau einer unternehmensinternen Austauschplattform für Projektmanagementthemen im Intranet. Damit sind nur einige Aktivitäten benannt, die ein PMO i. S. eines aktiv betriebenen Wissensmanagements aufgreifen kann. Je umfassender das PMO zur Verbreiterung und zur aktiven Nutzung der Projektmanagementwissensbasis beiträgt, umso größer werden die positiven Wirkungen im Rahmen der Multiprojektumsetzung für das gesamte Unternehmen sein.

4.4.2.5 Multiprojektsynergie- und Multiprojektänderungsmanagement

(1) Multiprojektsynergiemanagement

Bei der Umsetzung des Multiprojektsynergiemanagements kann an die Ausführungen zur Multiprojektsynergieplanung (vgl. Abschnitt 4.3.2.3) angeknüpft werden. Dort wurde eine Methode zur Analyse von wechselseitigen Projektabhängigkeiten vorgestellt. Es wurde zwischen stark andere Projekte beeinflussenden bzw. stark von anderen Projekten beeinflussten Projekten unterschieden. Im beeinflussenden Fall wurden diese als aktive Projekte, die beeinflussten Projekte als kritische Projekte bezeichnet. Des Weiteren wurden mit den passiven bzw. trägen Projekten zwei weitere Projektkategorien vorgestellt, die keinen nennenswerten Einfluss auf andere Projekte haben, bzw. keinem Einfluss unterliegen.

Für die Multiprojektsynergieumsetzung sind natürlich v.a. die aktiven und kritischen Projekte von Interesse. Wie bereits in Abschnitt 4.3.2.3 (S. 625ff.) gezeigt, kann mit einer erweiterten Methode relativ einfach herausgefunden werden, welche Beeinflussungsfaktoren für die Projekte besonders relevant sind. Diesen kritischen Einflussfaktoren wurde bereits im Rahmen der Multiprojektsynergieplanung besondere Aufmerksamkeit gewidmet. Die gemeinsame Planung von Synergien über mehrere Projekte hinweg ist i.d.R. schon von der Sache her eine relativ komplexe Aufgabenstellung, die zudem einen gesamtunternehmerischen Überblick erforderlich macht. Bereits aus diesem Grunde ist hier das PMO gefordert.

Darüber hinaus kommt jedoch schon bei der Multiprojektsynergieplanung eine weitere Schwierigkeit hinzu, die sich in der konkreten Realisierung der geplanten Synergiepotenziale i.d.R. noch weiter verstärkt. Angesprochen ist die Verfolgung von Eigeninteressen, seien es diejenigen des Projektleiters im Hinblick auf sein Projekt oder diejenigen von Seiten des Linienmanagements im Hinblick auf die Auswirkungen von Projekten auf ihre Ressourcen- oder Ergebnissituation. In jedem Fall ist damit zu rechnen, dass im Rahmen der konkreten Umsetzung von Multiprojektsynergien die Ziele der Betroffenen z.T. konfliktär angelegt sind. Aus diesem Grunde kann es im Rahmen der Umsetzung von Synergiepotenzialen zu „taktischen und politischen" Ausweichhandlungen von Betroffenen kommen.

Gerade in solchen Fällen spielt das PMO mit seiner gegenüber der Linienorganisation und den Projekten gleichermaßen neutralen Position eine wichtige Rolle. Hier kann das PMO, das einzig der Wahrung der Gesamtunternehmensziele verpflichtet ist, eine ausgleichende Funktion einnehmen und damit über Bereichs- oder Einzelprojektegoismen hinweghelfen. Sollte dies im Einzelfall nicht möglich sein, kann das PMO eine Entscheidungsvorlage für den Multiprojektlenkungsausschuss erstellen und das Thema zur weiteren Entscheidung eskalieren. Gerade ein durch das PMO verankerter und betreuter systematischer Konfliktbearbeitungs- und Eskalationsprozess spielt für die konkrete Umsetzung von Multiprojektsynergien eine Schlüsselrolle.

(2) Multiprojektänderungsmanagement

Eng verknüpft mit dem Multiprojektsynergiemanagement muss auch das Multiprojektänderungsmanagement gesehen werden. Dabei geht es nicht primär um Änderungen innerhalb einzelner Projekte. Das Management dieser Änderungen obliegt überwiegend dem Projektleiter.

Nur insofern, als einzelprojektbezogene Änderungen über ihre Verknüpfung im gesamten Projektnetz zu Folgeänderungen in anderen Projekten führen, wird hieraus wieder eine Aufgabe für das PMO. Dabei kann der Charakter der Folgeänderungen vielfältiger Natur sein. Denkbar sind beispielsweise neue Technologiefolgen für verknüpfte Projekte oder eine Verschiebung der Ressourcensituation im Ausgangsprojekt, die sich wie ein Dominoeffekt über weitere mit diesem Projekt verknüpfte Projekte hinweg zieht. Auch eine Gefährdung der bislang eingeplanten Synergieeffekte zwischen mehreren Projekten kann Änderungen mit sich bringen. Welcher Effekt sich aus den Änderungen auch immer ergibt, für das PMO erwächst hieraus im Rahmen der Multiprojektumsetzung die Aufgabe, möglichst zeitnah auf solche Änderungen zu reagieren und mit angepassten Planungs- und Optimierungsmaßnahmen die Erreichung der Gesamtunternehmenszielsetzungen weiterhin zu sichern.

4.4.2.6 Durchführung von Projektmanagement-Assessments

Die Beherrschung des Projektmanagements wird zu einem immer wichtigeren strategischen Erfolgs- und Wettbewerbsfaktor für Unternehmen; allerdings nicht für alle Unternehmen in gleichem Maße und in derselben Ausprägung. Um einen strategischen Fit zu erreichen, muss das PMO dafür Sorge tragen, dass genau jene Projektmanagementkompetenzen im Unternehmen vorhanden sind und auch richtig zum Einsatz gelangen, die zur Situation des Unternehmens passen. Das PMO muss somit für die ständige Weiterentwicklung und für die situationsgerechte Professionalisierung des gesamten Projektmanagementsystems des Unternehmens sorgen. Hierzu sind regelmäßig Projektmanagement-Assessments durchzuführen. Diese Assessments machen u. E. aber nur dann Sinn, wenn sie so aufgebaut sind, dass sie alle wichtigen Grundlagen für die Ableitung konkreter situationsspezifischer Verbesserungsmaßnahmen liefern. Wie ein solches Projektmanagement-Assessment ablaufen kann, wurde bereits in Teil 2, Abschnitt 11 aufgezeigt.

4.5 Multiprojektkontrolle

4.5.1 Der Kontrollgegenstand

Zunächst muss zum besseren Verständnis der folgenden Ausführungen eine klare Trennung zwischen Multiprojektkontrolle und Projektkontrolle vorgenommen werden. Während unter Projektkontrolle die Kontrolle einzelner Projekte verstanden wird, ist der Kontrollgegenstand der Multiprojektkontrolle immer das **gesamte Projektportefeuille**. Je mehr Umsatzanteile eines Unternehmens über das Projektgeschäft abgewickelt werden, desto stärker handelt es sich bei der Multiprojektkontrolle vom Charakter her um eine strategische Kontrolle. Über die Kontrolle des Projektportefeuilles werden letztlich sowohl große Teile der Kontrolle der Unternehmensentwicklung als auch der Wertentwicklung des Unternehmens durchgeführt. Die aus dieser Kontrollfunktion resultierenden Steuerungsmaßnahmen haben somit mehrheitlich einen strategischen Charakter.

Im Rahmen der Kontrolle von Einzelprojekten geht es um die Erreichung des technologischen und ökonomischen Projektziels. Dabei werden v.a. die Projekterfolgsfaktoren: Termine, Kosten sowie Projektleistung i. S. von Umfang und Qualität der Leistung fortlaufend auf Abweichungen hin untersucht. Es handelt sich dabei primär um die Kontrolle einer effizienten Umsetzung der Projektplanung und damit eher um eine operative Kontroll- und Steuerungstätigkeit.

Die beiden Ebenen der Kontrolle sind allerdings gerade in der Multiprojektkontrolle eng verknüpft, bildet doch die einzelprojektbezogene Kontrolle die Ausgangsbasis für die Aggregation der Daten über alle Projekte hinweg.

Wir unterscheiden nach dem Kontrollobjekt zwei **Arten der Multiprojektkontrolle**:

- Die operative und
- die strategische Multiprojektkontrolle.

(1) Im Rahmen der **operativen Multiprojektkontrolle** geht es zunächst darum, die Kontrollinformationen aus der Einzelprojektebene aufzunehmen, zu

aggregieren und daraus die Steuerungsinformationen über das gesamte Projektportefeuille hinweg zu generieren. Durch die Spiegelung von Einzelprojektinformationen an den Gesamtunternehmenszielen können einzelprojektbezogene Kontrollinformationen eine ganz neue Bedeutung erlangen. Ebenso kann sich die Bedeutung der einzelprojektbezogenen Steuerungsinformationen durch ihre Aggregation über alle Projekte hinweg verschieben.

Die Aufgabe der operativen Multiprojektkontrolle besteht v.a. in der Aggregation und Aufbereitung der einzelprojektbezogenen Informationen. Auf Basis dieser aggregierten Informationsbasis soll eine Feed-forward-orientierte Steuerung über das gesamte Projektportefeuille ermöglicht werden. Darauf aufbauend gilt es dann zu beurteilen, ob aus projekteinzelbezogenen Kontrollinformationen oder aus der Aggregation von Kontrollinformationen über alle Projekte hinweg ein strategischer Veränderungsbedarf für das Unternehmen entsteht.

(2) Die Überprüfung eines strategischen Veränderungsbedarfs ist die originäre Aufgabe der **strategischen Multiprojektkontrolle**. Gemäß dem Ansatz der strategischen Kontrolle von *Steinmann/Schreyögg* ([Management] 279ff.), der im Folgenden zugrunde gelegt werden soll, gibt es dabei mit der Prämissen- und der Durchführungskontrolle zwei gerichtete Kontrollfunktionen, die durch eine allgemeine und nicht speziell ausgerichtete strategische Überwachung ergänzt werden.

In Abb. 3-68 sind die grundlegenden Zusammenhänge zwischen Einzelprojektkontrolle und Strategischer Multiprojektkontrolle überblicksartig dargestellt. Diese Zusammenhänge werden im weiteren Verlauf detaillierter dargestellt.

Im Folgenden wird zunächst der Ansatz der strategischen Kontrolle nach *Steinmann/Schreyögg* dargestellt und auf den Fall der Strategischen Multiprojektkontrolle übertragen. Anschließend wird auf die operative Multiprojektkontrolle eingegangen. Die Einzelprojektkontrolle wird nicht an dieser Stelle, sondern ausführlich in Teil 2, S. 269ff. dargestellt.

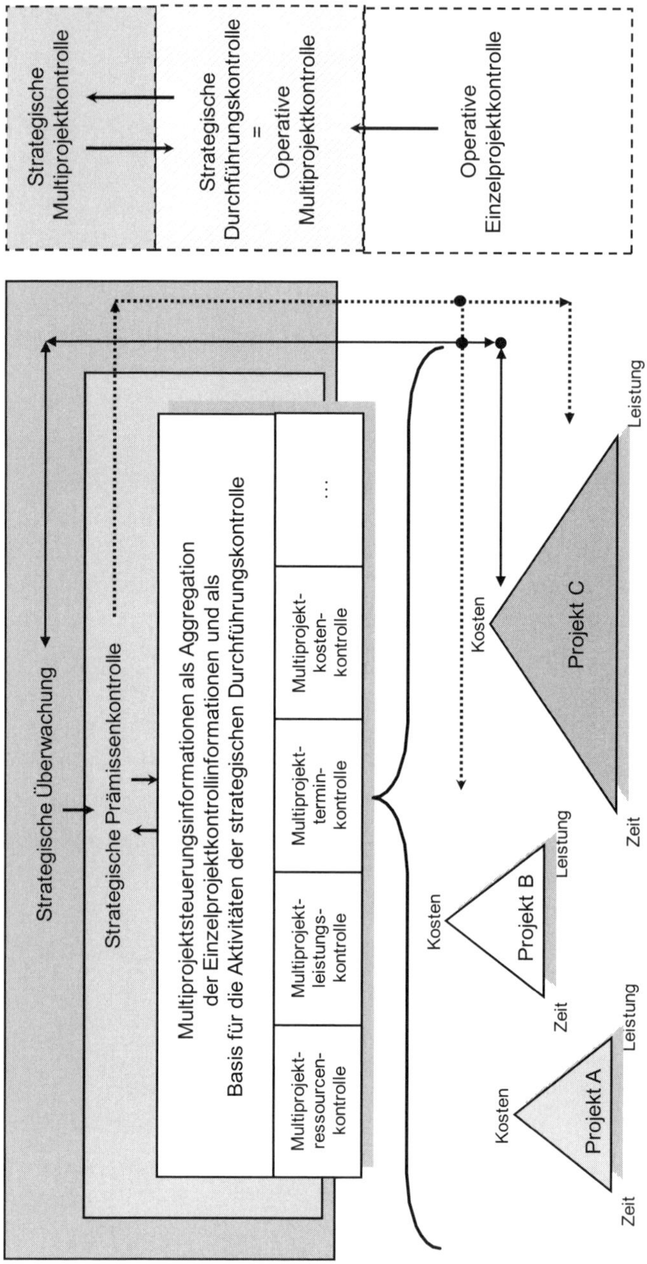

Abb. 3-68: Der Zusammenhang zwischen Einzelprojektkontrolle und Multiprojektkontrolle

4.5.2 Strategische Multiprojektkontrolle

Durch die strategische Steuerung sollen eine effektive Unternehmensentwicklung und die Erreichung der Wertsteigerungsziele des Unternehmens sichergestellt werden. Im Rahmen des Managements durch Projekte wird versucht, diese Ziele durch eine entsprechende Zusammenstellung eines strategischen Projektnetzes und durch dessen aktives Management zu erreichen. Mit der Auswahl eines spezifischen strategischen Projektnetzes wird, wie bereits beschrieben, ein bestimmter Entwicklungskorridor für das Unternehmen festgelegt. Mit dieser Formulierung des strategischen Projektnetzes ist zugleich eine Selektion ganz bestimmter strategischer Projekte verbunden. Diese Selektion, die immer unter den Bedingungen unvollständiger Information und zudem zu einem ganz bestimmten Zeitpunkt vorgenommen werden muss, erfordert ein zusätzliches Korrektiv, das möglichst frühzeitig Bedrohungen des eingeschlagenen Entwicklungspfades oder gar Irrwege identifizieren kann. Zusätzliche Bedeutung erlangt ein solches Korrektiv natürlich durch eine hohe Umfelddynamik.

Steinmann/Schreyögg ([Management] 175) schlagen deshalb mit einer strategischen Kontrollfunktion ein zusätzliches strategisches Steuerungsinstrument vor, das wie ein zur strategischen Planung und Strategieumsetzung „gleichlaufender Radar ... Veränderungsnotwendigkeiten registriert und signalisiert".

Mittels einer strategischen Kontrolle, die durch eine globale und ungerichtete Kompensationsfunktion ein Gegengewicht zum selektiven Charakter einer strategischen Planung schaffen soll, wird somit also ständig überprüft, ob der eingeschlagene Entwicklungspfad des Unternehmens noch tragfähig ist oder ob die Ausrichtung der Unternehmensentwicklung verändert werden sollte.

> Die **strategische Kontrolle** hat die Aufgabe, alle Ereignisse, die für die eingeschlagene Entwicklung des Unternehmens gefährdend wirken können, zu identifizieren und gegebenenfalls auf eine Änderung der Entwicklungsrichtung des Unternehmens hinzuwirken.

Insofern stellt die strategische Kontrolle die gesamte Ausrichtung der Unternehmensentwicklung ständig auf den Prüfstand. Aus der Sicht eines Managements durch Projekte bedeutet dies, dass das einmal formulierte strategische Projektnetz nicht als statisch zu sehen ist. Vielmehr stellen die jeweilige Selektion und Kombinationen von Projekten zu einem Projektportefeuille immer nur einen momentanen Planungszwischenstand zur zukünftigen Unternehmensentwicklung unter den Bedingungen der jeweilig vorhandenen Informationsstände dar. Gerade deshalb wird eine Multiprojektkontrolle immer wieder zu

Änderungen im Projektnetz führen. Solche Änderungen können zur Abwehr von externen oder internen Gefahren für das Unternehmen notwendig werden. Umgekehrt können sich aus der Umfeld- oder aus der Unternehmensdynamik aber auch Chancen ergeben, die nur durch Änderungen im Projektnetz realisierbar werden.

Für die Umsetzung ihrer strategischen Kontrollkonzeption schlagen *Schreyögg/ Steinmann* ([Strategische Kontrolle] 401ff.) **drei Kontrollbausteine** vor, die im Folgenden dargestellt und auf die Multiprojektkontrolle bezogen werden:

- Die strategische Überwachung
- Die strategische Prämissenkontrolle
- Die strategische Durchführungskontrolle

4.5.2.1 Strategische Überwachung

Die strategische Überwachung setzt bereits in der Phase der Strategieformulierung ein und stellt nach *Steinmann/Schreyögg* die Kernfunktion der kompensierenden strategischen Kontrolle dar. Die strategische Überwachung übernimmt die Aufgabe einer **ungerichteten Beobachtung**. Damit sollen alle vernachlässigten oder unvorhergesehenen Ereignisse, die strategiegefährdend sein können, erfasst werden. Die strategische Überwachung steht somit in deutlichem Gegensatz zur Prämissen- und Durchführungskontrolle, die beide eine selektive, an einem bestimmten Kontrollobjekt orientierte Kontrollfunktion ausüben. Im Grunde kann man sich die strategische Überwachung somit als eine Art **strategisches Radar** vorstellen, das alles zu erfassen versucht, was im Unternehmen selbst bzw. im Unternehmensumfeld auftaucht und für die strategische Entwicklung des Unternehmens bzw. für die Wertsteigerung des Unternehmens relevant ist oder in Zukunft relevant werden könnte.

Diese Funktion der strategischen Kontrolle bezieht sich auf das gesamte Unternehmen und sein gesamtes Umfeld, damit eingeschlossen natürlich auch auf das Projektportefeuille des Unternehmens. Im Sinne einer klar am Projektportefeuille ausgerichteten Multiprojektkontrolle ergeben sich aus der strategischen Überwachung jedoch keine weiteren projektbezogenen Kontrollaufgaben.

Die Kontrollfunktion der strategischen Überwachung sollte organisatorisch aufgrund ihres übergeordneten Charakters bei Stabsabteilungen wie dem Unternehmenscontrolling oder der Strategieentwicklung angesiedelt werden.

4.5.2.2 Strategische Prämissenkontrolle

Die Prämissenkontrolle hat die Aufgabe, die bereits in der Phase der Strategieformulierung beginnende Selektion von Planungsprämissen zu überwachen, um so möglichst frühzeitig und vorausschauend strategiebedrohende Abweichungen der Planungsprämissen zu erkennen. Somit geht es im Rahmen einer Multiprojektkontrolle um die Überwachung der Schlüsselprämissen, die bei der Planung des strategischen Projektnetzes als Entscheidungsgrundlagen gedient hatten. Dabei spielen sowohl Prämissen das externe Unternehmensumfeld betreffend, als auch Planungsprämissen, die die interne Projektabwicklung betreffen, eine Rolle. Damit wird im Hinblick auf diese Kontrollfunktion eine Zusammenarbeit von mehreren Organisationseinheiten notwendig:

(1) Zum Ersten müssen vom Unternehmenscontrolling bzw. von der Strategieentwicklung die Kontrollinformationen zu den Planungsprämissen der Gesamtunternehmensplanung zur Verfügung gestellt werden. Idealerweise steht diesen Bereichen zur Erhebung solcher Kontrollinformationen ein strategisches **Frühwarnsystem** zur Verfügung.

(2) Zum Zweiten müssen in diese Betrachtung die Kontrollinformationen hinsichtlich der Planungsprämissen der Projekte aus dem Projektportefeuille einfließen. Hier kommt nun dem PMO eine wichtige Koordinationsfunktion zu. Beim PMO laufen die Meldungen aus den einzelnen Projekten hinsichtlich der Änderungen externer, direkt projektbezogener Prämissen und interner Projektabwicklungsprämissen zusammen. Diese Informationen können nun vom PMO über das gesamte Projektportefeuille hinweg aggregiert und steuerungsorientiert aufbereitet werden. Auf diese Weise ergibt sich ein Überblick über alle externen und internen Prämissenänderungen über das Gesamtunternehmen und über das gesamte strategische Projektnetz hinweg.

Aus der übergreifenden Kontrollsicht auf die gesamtunternehmerischen Planungsprämissen und auf die Planungsprämissen des Projektportefeuilles lässt sich nun abschätzen, ob es im unternehmerischen Umfeld oder im Rahmen der Projektumsetzung zu solch gravierenden Verschiebungen der ursprünglichen Planungsprämissen kommt, dass zur Sicherung der strategischen Entwicklungsziele bzw. der Wertsteigerungsziele des Unternehmens Änderungen im Projektportefeuille notwendig sind. Sollten strategisch relevante Änderungen anfallen, hat das PMO zusammen mit dem Unternehmenscontrolling bzw. mit dem Bereich Strategieentwicklung eine Entscheidungsvorlage für den Multiprojektlenkungsausschuss oder gegebenenfalls sogar für die Geschäftsführung auszuarbeiten.

4.5.2.3 Strategische Durchführungskontrolle

Die Durchführungskontrolle beginnt erst in der Phase der Strategieimplementierung und überwacht die **Umsetzung der Strategie**. Zu kontrollieren sind hier Abweichungen von **strategischen Meilensteinen**. Sind die Abweichungen strategisch relevant, wird eine Strategieänderung initiiert. Wenn die strategische Unternehmensentwicklung wie bei einem Management durch Projekte eng mit dem Projektportefeuille verknüpft ist, kann die Strategieimplementierung praktisch mit der Abwicklung der Projekte des Portefeuilles gleichgesetzt werden. Damit handelt es sich bei einer strategischen Durchführungskontrolle letztlich um eine Multiprojektdurchführungskontrolle.

Im Rahmen einer solchen **Multiprojektdurchführungskontrolle** ist eine Vielzahl von Merkmalen des Ist-Zustandes zu erheben sowie von Abweichungsanalysen des Projektportefeuilles durchzuführen. Die Ergebnisse hieraus sind in Entscheidungsvorlagen zu überführen und dem Multiprojektlenkungsausschuss bzw. der Geschäftsführung vorzulegen. Die von diesen Gremien getroffenen Entscheidungen müssen entweder auf der Ebene des PMO hinsichtlich des gesamten Projektportefeuilles umgesetzt werden oder sofern einzelne Projekte von den Entscheidungen betroffen sind, vom PMO in Zusammenarbeit mit den jeweiligen Projektleitern.

Ein Anknüpfungspunkt für die Durchführungskontrolle kann die Checkliste zur Operationalisierung des strategischen Projektziels sein, die bereits in Abschnitt 4.4.2.3 (S. 645) dargestellt wurde. Im Einzelnen wurde das strategische Projektziel in qualitative und quantitative Messgrößen umgewandelt, es wurden Soll-Werte für diese Messgrößen sowie Meilensteine auf dem Weg zur Umsetzung des strategischen Projektziels festgelegt. Anhand dieser Meilensteine wurden dann ein Strukturplan für das Projekt abgeleitet sowie Aufgabenpakete definiert. Im Grunde dient diese Checkliste somit v.a. dazu, die Verbindung von der strategischen Zielsetzung des Projekts bis hin zu einer zieladäquaten praktischen Umsetzung herzustellen. Genau deshalb eignet sich diese Checkliste nun in der Umkehrbetrachtung auch besonders für eine strategisch orientierte Multiprojektdurchführungskontrolle.

Allerdings kommt es aus Sicht der strategischen Multiprojektkontrolle nun v.a. auf die aggregierten und aufbereiteten Einzelprojekterkenntnisse und damit auf den Gesamtüberblick über das gesamte Projektportefeuille an. Nur aus den aggregierten Informationen lassen sich die Steuerungserkenntnisse ableiten, die für die Gesamtunternehmensentwicklung von Bedeutung sind. Eben diese Informationssammlung und Informationsaufbereitung stellt jedoch einen erheblichen operativen Aufwand dar. Welche Informationen vom PMO gesammelt und wie die Abweichungsanalysen durchgeführt werden können, wird im nächsten Abschnitt unter der Überschrift der operativen Multiprojektkontrolle an einigen Beispielen aufgezeigt.

Genau an dieser Stelle sehen wir damit auch einen weitgehenden Schnittbereich zwischen strategischer Multiprojektdurchführungskontrolle und operativer Multiprojektkontrolle. Während die operative Multiprojektkontrolle stärker an der praktischen Beschaffung und Aufbereitung der relevanten Kontrollinformationen über alle Projekte hinweg orientiert ist, fokussiert die strategische Multiprojektdurchführungskontrolle stärker auf die strategische Interpretation der aggregierten Kontrollinformationen und auf den möglicherweise auf strategischer Ebene resultierenden Handlungsbedarf. Unterstützend kommen hier noch die Informationen der strategischen Prämissenkontrolle sowie der ungerichteten strategischen Überwachung hinzu.

Aus der Summe dieser Kontrollinformationen ergibt sich aus dem Blickwinkel der strategischen Multiprojektkontrolle schlussendlich ein Gesamtbild, aus dem sich die strategischen Konsequenzen für das gesamte Projektportefeuille ableiten lassen. Diese strategischen Konsequenzen müssen nicht immer in Anpassungen des strategischen Projektnetzes zur Abwehr von Risiken für die Entwicklung des Unternehmens oder seine Wertsteigerung bestehen. Vielmehr können sich auch aus Chancen, die sich aus dem Umfeld oder aus dem Unternehmen selbst entwickeln, neue Optionen für die strategische Entwicklung des Unternehmens ergeben, die zu einer Änderung des Gesamtprojektportefeuilles führen.

4.5.3 Operative Multiprojektkontrolle

4.5.3.1 Aufgaben der operativen Multiprojektkontrolle

Strategische Multiprojektkontrolle wäre unmöglich ohne die „Zuarbeit" der operativen Multiprojektkontrolle. Wie bereits im vorherigen Abschnitt kurz angesprochen, ist die operative Multiprojektkontrolle für die praktische Beschaffung und Aufbereitung der relevanten Kontrollinformationen über alle Projekte hinweg zuständig. Im Folgenden wird dargestellt, was hierunter im Einzelnen zu verstehen ist:

(1) Im ersten Schritt geht es zunächst um die Erhebung der Ist- und der Wird-Daten. Diese Daten werden i.d.R. im Rahmen eines **Multiprojektreporting** aufbereitet.

(2) In einem zweiten Schritt geht es um die Durchführung von **Abweichungsanalysen** und um die Erstellung von Abweichungsreports für die zuständigen Entscheidungsgremien. Anhand der kritischen Erfolgsfaktoren „Zeit" und

„Kosten“ sowie anhand der Projektrisiken wird exemplarisch vertieft, wie solche Abweichungsanalysen, bezogen auf das gesamte Projektportefeuille, aussehen könnten.

(3) In einem dritten Schritt wird anschließend auf die **Zuständigkeiten im Multiprojektsteuerungsprozess** und auf den **Ablauf des Prozesses** eingegangen.

Bevor wir jedoch im Folgenden in die konkrete Darstellung der operativen Multiprojektkontrolle einsteigen, muss noch auf einen Punkt hingewiesen werden, der für die Qualität der gesamten Multiprojektkontrolle entscheidend ist. Es muss zwischen allen am Multiprojektkontrollprozess beteiligten Organisationseinheiten eine offene und vertrauensvolle **Kommunikationskultur** geschaffen werden.

Der Multiprojektlenkungsausschuss ebenso wie die Geschäftsführung muss glaubhaft machen, dass sie an den Kontrollinformationen zur Steuerung des Projektportefeuilles wirklich interessiert sind, für diese Steuerung aber authentische Kontrollinformationen benötigen. Zugleich muss der Projektleiter aber auch darauf vertrauen können, dass Steuerungseingriffe von dieser Seite nur dann erfolgen, wenn sie aus Sicht des Gesamtprojektportefeuilles notwendig werden, bzw. wenn der Projektleiter selbst unzureichende Selbststeuerungsmöglichkeiten besitzt und um Steuerungsunterstützung nachsucht.

Ansonsten muss ganz klar das **Subsidiaritätsprinzip** bei der Projektsteuerung gelten. Mit anderen Worten: Immer jene Organisationseinheit, die gerade noch zur Steuerung der jeweiligen Sachverhalte in der Lage ist, sollte dies auch tun. Dies setzt voraus, dass das Wissen, das von einem PMO gesammelt und über das gesamte Projektportefeuille hinweg aufbereitet wird, nicht nur in eine Richtung weitergeleitet, sondern bei Bedarf auch den Projektleitern zur Unterstützung von Steuerungsentscheidungen zur Verfügung gestellt wird. Insbesondere das PMO stellt diesbezüglich eine wichtige Scharnierfunktion zwischen der gesamtunternehmensbezogenen und der einzelprojektbezogenen Steuerungsebene dar. Insofern ist es von besonderer Bedeutung, dass das PMO als ehrlicher Informationsmakler zwischen diesen zwei Entscheidungsebenen fungiert und seine Aktivitäten i. S. der übergeordneten Unternehmenszielerreichung ausrichtet. Auf keinen Fall darf es aufgrund der Aktivitäten des PMO zu einer reinen Kontrollkultur im negativen Sinne kommen. Nicht die Suche nach Schuldigen bei Projektabweichungen darf Ergebnis der Kontrollaktivitäten sein, sondern die gemeinsame Suche nach geeigneten Steuerungsmaßnahmen i. S. des Projektes und des Unternehmens muss im Vordergrund aller Bemühungen stehen.

Nur im Rahmen einer **Vertrauenskultur** ist ein authentischer Informationsaustausch zwischen den verschiedenen Entscheidungsebenen möglich.

4.5.3.2 Multiprojektreporting

Ausgangspunkt für alle weiteren Aktivitäten der operativen Multiprojektkontrolle ist die Sammlung und Aufbereitung der aktuellen Projektstände. Dies ist die Aufgabe des PMO und sollte in Kooperation mit den Projektleitern auf einer monatlichen Basis erfolgen. Im Einzelfall, etwa im Falle besonders kritisch verlaufender oder besonders wichtiger Projekte, kann die Berichtsfrequenz bei Bedarf erhöht werden. In jedem Fall bildet das Multiprojektreporting die Schnittstelle zum Einzelprojektreporting und zur Einzelprojektkontrolle. Insofern muss das PMO schon im Vorfeld für einheitliche Vorgehensweisen und einen einheitlichen Methodeneinsatz auf der Ebene der Einzelprojektkontrolle sorgen. Ansonsten besteht auf der Multiprojektebene die Gefahr, dass Daten aggregiert werden, die nicht miteinander vergleichbar sind. Die Folge wären Multiprojektreports, die zu fragwürdigen Steuerungskonsequenzen führen könnten. Für die Qualität der operativen Multiprojektkontrolle sind zudem die Auswahl der zu erhebenden Kontrollinhalte sowie die Art der Aufbereitung dieser Kontrollinformationen entscheidend.

Als geeignete Form für die Aufbereitung der gesammelten Informationen schlagen wir die Einrichtung eines **Multiprojektreportingsystems** vor.

(1) Elemente eines Multiprojektreportingsystems

- **Ziel des Reportings**
  Es muss geklärt werden, was mit dem Multiprojektreporting erreicht werden soll. Im Grunde kann es hier nur um die feed-forward-orientierte Erhöhung der Steuerungsfähigkeit im Rahmen des Managements durch Projekte gehen. Dies sollte durch eine Verbesserung der Transparenz über die Situation und Entwicklung des gesamten Projektportefeuilles erfolgen.

- **Adressaten**
  Es muss festgelegt werden, welche Informationsadressaten zu welchen Zeitpunkten Steuerungsinformationen erhalten.

- **Informationslieferanten**
  In einem Multiprojektreportingsystem wird definiert, wer die Informationen erhebt, aggregiert und aufbereitet. In diesem Zusammenhang sind die Rollen von Projektleiter, PMO und Geschäftsführung zu klären.

- **Regeln für die Erstellung der Reports**

  Zunächst ist zu klären, ob die Reports nur reine aggregierte Projektstatusinformationen wiedergeben oder ob die Reports neben dem Informationsüberblick bereits Soll-Ist- und Soll-Wird-Abweichungen enthalten sollen. Zudem könnten diese Abweichungen bereits im Sinne einer Entscheidungsvorbereitung bewertet werden. In diesem Falle müssten zusätzlich Regeln für die Abweichungsanalysen sowie für die Bewertungen der Abweichungen festgelegt und kommuniziert werden.

- **Erhebungsprozess**

  Hier muss festgelegt werden, ob es sich bei der Informationssammlung und Weitergabe jeweils um Hol- oder um Bringschulden handelt. Zudem sind die Frequenz der Datenerhebung und das Tooling für die Datenerhebung festzulegen. Nicht zuletzt ist sicherzustellen, dass für die Datenerhebung die erforderlichen Ressourcen bereitstehen.

(2) Inhalte der Reports

Ein Multiprojektreport kann in **zwei Bestandteile** zerlegt werden:

- Stammdaten zur Kurzcharakterisierung jedes Projekts
- Daten zum aktuellen Stand der Projekte

(a) Stammdaten der Projekte

Zum Ersten müssen die relevanten Stammdaten zur Kurzcharakterisierung jedes Projekts übersichtlich zusammengestellt werden. Hierzu gehören folgende **Informationen**:

- Projekt-ID

  Die Projekt-ID bildet die Grundlage für die eindeutige Identifikation des einzelnen Projekts.

- Projektcharakter

  Die Art des Projektes ist kurz zu beschreiben. Hierbei könnte zum Beispiel zwischen Grundlagenentwicklungs-, Applikationsentwicklungs-, Serienbetreuungs- oder auch internen Organisationsentwicklungsprojekten unterschieden werden.

- Verwendete Technologie

  Die Art der verwendeten Technologie spielt für das Management eine wichtige Rolle, insbesondere um die mit dem Projekt verbundenen Risiken abzuschätzen. Handelt es sich um eine Basistechnologie, eine Standardtechnologie oder um eine neue, bislang noch nicht eingesetzte Technologie.

- Projektkategorie

  Die Projekte können nach verschiedenen Kriterien im Hinblick auf ihre Gesamtbedeutung für das Unternehmen kategorisiert werden. Hierbei bieten sich Kriterien wie z.B. Umsatz, Rentabilitätserwartung, Komplexität, Technologie, Risiko sowie strategische Bedeutung für das eigene Unternehmen oder auch die strategische Bedeutung für den Kunden an. Aus einer Bewertung des Projektes gemäß der einzelnen Kriterien und einer gewichteten Betrachtung der Kriterien ergeben sich verschiedene Projektkategorien.

- Standorte

  Hier sind die Entwicklungs- und Produktionsstandorte zu benennen, an denen das Projekt umgesetzt wird.

- Name des Projektleiters

- Zeitliche Rahmenbedingungen

  Hier sind Projektstart und Projektende zu erfassen.

- Aktuelle Projektphase

  Hier ist anzugeben, in welcher Projektphase sich das Projekt befindet.

- Strategische Ziele des Projekts

- Strategierelevanz

  An dieser Stelle kann eine grobe Angabe i. S. von hoher, mittlerer bzw. geringer Strategierelevanz gemacht werden.

In Abb. 3-69 ist exemplarisch eine Tabelle mit Projektstammdaten dargestellt.

Projektstammdaten										
Projekt-ID	Charakter	Technologie	Kategorie	Standorte	Projektleiter	Start	Ende	aktuelle Projektphase	Strategisches Ziel	Strategie-relevanz
0003D-E01	Applikation	Standard	A	Stuttgart, Madrid	Müller	01.05.05	01.12.07	Testphase	Wertsteigerung	mittel
0004D-F01	Grundlagen	neue Technologie	B	Stuttgart, Toulouse	Poincare	15.01.06	01.03.08	Designphase	Technologische Kernkompetenz	hoch
0005US-01	Applikation	neue Technologie	B	Detroit	Johnson	01.10.07	30.12.09	Quotation-phase	Markteintritt	hoch
0006D-I01	internes IT-Projekt	-	C	Frankfurt	Meyer	01.06.06	31.12.08	Umsetzung	Erhöhung der Logistikfähig-keiten weltweit	hoch
...	...	...	...	...	...	...	...	...	...	...

Abb. 3-69: Übersicht über die Stammdaten des Projektportefeuilles

(b) Aktueller Stand der Projekte

Neben den Stammdaten zur Charakterisierung der Projekte interessiert v.a. der aktuelle Stand der Projekte. Hierzu wird vorgeschlagen, zu jedem Projekt folgende **Kennzahlen** monatlich zu erfassen und in den Multiprojektreport mit aufzunehmen:

- Projektumsatz
- Änderungsvolumen im Projekt
- Projektrentabilität bzw. Projektwertbeitrag
- Kostenindex
- Leistungsindex
- Stand der Projektqualität
- Milestoneerreichung
- Ressourcenentwicklung

In Abb. 3-70 ist exemplarisch eine Tabelle mit den Projektkennziffern dargestellt.

Projektkennziffern								
Projekt-ID	Umsatz	Änderungs-volumen	Rentabilität	Kostenindex	Leistungs-index	Qualität	Milestone-erreichung	Ressourcen
0003D-E01	120 Mio	14 Mio	17%	105%	98%	100%	100%	92%
0004D-F01	14 Mio	0,5 Mio	9%	100%	80%	85%	75%	75%
0005US-01	20 Mio	-	5%	100%	100%	-	-	25%
0006D-I01	-	-	-	140%	105%	90%	85%	95%
...	...	...	...	...	...	...	...	...

Abb. 3-70: Übersicht über wichtige Kennzahlen des Projektportefeuilles

In Abb. 3-71 sind die Definitionen für die Kennzahlen ersichtlich.

Da in der Praxis oftmals der Return on Sales (ROS) als Wirtschaftlichkeitskennziffer für Projekte gewählt wird, wurde hier diese Rentabilität berücksichtigt. An dieser Stelle könnte auch der geplante Projektwertbeitrag des jeweiligen Projektes stehen.

In der Tabelle wurde exemplarisch jeweils eine Möglichkeit zur Erhebung und Darstellung der jeweiligen Kennzahl aufgezeigt. Diese Kennzahlen können jederzeit auch anders definiert werden und bieten dann natürlich einen abweichenden Aussagegehalt. Hier gibt es keine „allein richtige" Definition dieser Kennzahlen. Die Definition hängt vielmehr vom erwünschten Informationsbedarf und der Steuerungsabsicht der Informationsadressaten ab.

Umsatz	absolut angegeben
Änderungsvolumen	absolute Werte aller Änderungsanträge
Rentabilität	Return on Sales (ROS)
Kostenindex	siehe Kapitel "Kostenabweichungen"
Leistungsindex	siehe Kapitel "Leistungsabweichungen"
Qualität	Qualitätserfüllung gemäß Qualitätsaudits an den Milestones
Milestoneerreichung	Erreichte Milestones im Verhältnis zu allen bis zum Erhebungszeitpunkt zu erreichenden Milestones
Ressourcen	Ressourcenverfügbarkeit im Verhältnis zur Ressourcenplanung bis zum Erhebungszeitpunkt

Abb. 3-71: Definitionen von Multiprojektkennzahlen

In jedem Fall sind mit diesem Multiprojektreporting in einem ersten Schritt die wichtigsten Projektinformationen und zwar sowohl die Projektstammdaten als auch die zentralen Informationen zum Status der Projekte auf einen Blick ersichtlich. Für die Schaffung von Transparenz über alle Projekte hinweg ist dies ein erster Fortschritt. Allerdings sind die bis hierhin gesammelten und aufbereiteten Informationen sowohl für einen Multiprojektlenkungsausschuss wie für die Geschäftsführung noch unzureichend im Hinblick auf die Steuerung des Multiprojektportefeuilles. Hierzu fehlen noch aufbereitete Informationen zur Struktur des Projektportefeuilles, v.a. aber Informationen zu **Projektabweichungen**. Wie diese Informationen im Rahmen der Multiprojektabweichungsanalyse gewonnen und in welcher Form diese Informationen dann in das Multiprojektreporting eingearbeitet werden können, wird im nächsten Abschnitt dargestellt.

4.5.3.3 Multiprojektabweichungsanalyse

4.5.3.3.1 Aufgaben von Abweichungsanalysen

Ein wesentlicher Bestandteil der operativen Multiprojektkontrolle ist die Multiprojektabweichungsanalyse. Die Abweichungsanalyse beschäftigt sich zunächst mit den Abweichungen zwischen **Soll- und Ist-Werten**. Darüber hinaus sind für eine feed-forward orientierte Kontrollfunktion zusätzlich die Abweichungen zwischen **Soll-Werten und Prognosewerten**, auch Wird-Werte genannt, von Bedeutung. Die Soll-Werte, die dieser Abweichungsanalyse zugrunde liegen, stammen aus den Einzelprojektplanungen, soweit die Abweichungen der Einzelprojekte als Basis für die Aggregation der Daten herangezogen werden. Teilweise sind die Soll-Werte auch aus den Zielsetzungen der strategischen Unternehmensentwicklung hergeleitet, soweit Abweichungen auf der Ebene des Gesamtprojektportefeuilles betrachtet werden. Die Projekt-Istwerte werden im Rahmen des monatlichen Reporting erhoben. Je nach Situation könnten die Prognosewerte beispielsweise durch eine Fortschreibung der Ist-Werte gewonnen werden, falls die Prämisse einer weiterhin unveränderten Projektabwicklung gilt. Hieraus lassen sich Erkenntnisse darüber ableiten, wie sich bestimmte Projektkennziffern weiterentwickeln, falls keine Steuerungsmaßnahmen eingeleitet werden.

Abweichungsanalysen können entlang der wichtigsten **Projektkennziffern** erfolgen. Hierbei ist auf die aggregierten und aufbereiteten Daten der Einzelprojekte zurückzugreifen. Entscheidend für die Multiprojektsteuerung ist dann allerdings die Interpretation der Daten aus Sicht des gesamten Projektportefeuilles. Ergänzend zu dieser Sichtweise sollten aber auch Analysen zur **Struktur des Projektportefeuilles** durchgeführt werden. Anhand dieser Analysen kann überprüft werden, ob die Struktur des gesamten Projektportefeuilles noch den ursprünglichen Zielsetzungen zur strategischen Entwicklung des Unternehmens entspricht oder ob sich hier Abweichungen ergeben. Mit der Darstellung dieser Strukturanalysen wird im Folgenden begonnen.

4.5.3.3.2 Projektstrukturanalysen

Zur Analyse der Projektstruktur kann v.a. auf die Stammdaten der Projekte zurückgegriffen werden. Ist das gesamte Projektreporting, was im Grunde zu erwarten ist, in Form einer Datenbank angelegt, kann eine Strukturanalyse relativ einfach durch Abfragen über die verschiedenen Parameter erfolgen.

Welche Abfragen notwendig werden, hängt davon ab, zu welchen strategischen Fragestellungen Abweichungsanalysen durchgeführt werden sollen. In Abb. 3-72 werden exemplarisch einige Projektstrukturparameter sowie ihr potenzieller strategischer Informationsgehalt beschrieben.

Anhand dieser Projektstrukturparameter werden jeweils einzelne strategische Fragestellungen auf Abweichungen hin analysiert, um daraus entsprechende Steuerungsinformationen für genau diesen Teil der Strategieumsetzung zu gewinnen.

Projektstrukturanalyse	
Projektgrößen	Aus einer Analyse nach Projektgrößen kann untersucht werden, ob das Unternehmen von wenigen Großprojekten einseitig abhängig ist oder ob eine gesunde Mischung von Projekten unterschiedlicher Projektgröße vorhanden ist. Liegen strategische Vorgaben für die Verteilung der Projekte vor, können die Abweichungen hierzu erfasst werden. Bei der Selektion zukünftiger Projekte kann die vorhandene und die erwünschte Größenverteilung der Projekte mit in die Projektauswahlentscheidung einbezogen werden.
Projektcharakter	Zunächst kann hier nach Kundenprojekten und internen Projekten klassifiziert werden. Beide Dimensionen können nochmals weiter unterteilt werden. Beispielsweise könnten Kundenprojekte in Grundlagenentwicklungs-, Applikationsentwicklungs- und Serienbetreuungsprojekte unterteilt werden. Aus der Analyse, welche Anteile des Geschäftes welchen Projektcharakter aufweisen, ergeben sich wichtige Informationen im Abgleich mit den strategischen Vorgaben. Auch aus dem Verhältnis von externen Kundenprojekten zu internen Projekten, die sich mit dem Aufbau von Potenzialen beschäftigen, ergeben sich wichtige Steuerungsinformationen.
Kunden	Aus einer Analyse nach Kunden kann untersucht werden, ob das Unternehmen von wenigen Großkunden einseitig abhängig ist oder ob eine breite Kundenbasis vorhanden ist. Liegen strategische Vorgaben für eine angestrebte Umsatzverteilung im Hinblick auf die Kunden vor, können die Abweichungen hierzu erfaßt werden. Bei der Selektion zukünftiger Projekte kann die vorhandene und die erwünschte Kundenstruktur mit in die Projektauswahlentscheidung einbezogen werden. Zudem können weitere vertriebliche Maßnahmen initiiert werden, um die erwünschte Kundenstruktur zu realisieren.
Märkte	Anhand einer Analyse nach Märkten oder Regionen kann untersucht werden, ob das Unternehmen auf den angestrebten Märkten entsprechend der strategischen Planung adäquat vertreten ist. Bei Abweichungen können bei der Selektion zukünftiger Projekte die vorhandenen und die geplanten Marktanteilsziele mit in die Projektauswahlentscheidung einbezogen werden. Zudem können weitere vertriebliche Maßnahmen initiiert werden, um die erwünschten Marktanteile zu realisieren.
Entwicklungs- bzw. Produktionsstandorte	Aus einer Analyse der Projekte nach Entwicklungs- und Produktionsstandorten kann herausgefunden werden, ob strategische Standortvorgaben entsprechend umgesetzt werden. Hierzu ist der geplante Umsatzanteil der Projekte mit den tatsächlich an den Standorten realisierten Umsatzanteilen zu vergleichen. Bei Abweichungen können bei zukünftigen Projekten entsprechende Standortentscheidungen getroffen werden. Diese Betrachtung kann z.B. beim Aufbau von global verteilten Kompetenzzentren oder bei der Verlagerung von Unternehmensaktivitäten von Hochlohnländern in Niedriglohnländer eine Rolle spielen.
Technologien	Im Bereich der Technologien wäre es beispielsweise möglich, die Projekte nach der Verwendung von technologischen Plattformen zu untersuchen. Dies spielt bei der Umsetzung von Kostensenkungsstrategien und von Qualitätssteigerungsstrategien eine Rolle. Wenn die geplanten Technologieplattformen nicht wie geplant in einer entsprechenden Anzahl von Projekten verwendet werden, kann dies entweder Steuerungsmaßnahmen bei der zukünftigen Projektauswahl oder bei der Auswahl der Technologie im Rahmen der Projektumsetzungen zur Folge haben.

Abb. 3-72: Projektstrukturanalyse

Wenn zudem Abweichungsinformationen zur gesamten Unternehmensentwicklung anhand der Struktur des Projektportefeuilles gewonnen werden sollen, kann wie schon anhand der Projektauswahl aufgezeigt, wieder auf strategische Projektnetze zurückgegriffen werden (vgl. Abb. 3-50 Strategische Projektnetze). Die Gesamtstruktur des vorhandenen Projektportefeuilles, aufgetragen auf die vier Felder der Balanced Scorecard, zeigt auf einen Blick, wo die aktuellen Schwerpunkte der Strategieumsetzung liegen.

Wenn sich hier deutliche Abweichungen zu den eigentlich geplanten Schwerpunkten der strategischen Unternehmensentwicklung ergeben, deutet dies darauf hin, dass das Projektportefeuille systematisch in eine andere Richtung entwickelt werden muss. Dies gelingt i.d.R. nicht in kurzen Zeiträumen, da bereits laufende Projekte nur in seltenen Fällen einfach abgebrochen werden können. Selbst wenn dies aus ökonomischen oder technologischen Gründen durchaus sinnvoll erscheint, können Kundenverpflichtungen dem entgegenstehen.

Aus diesem Grunde wird das Projektportefeuille, mindestens im Falle begrenzter Ressourcen, zumeist im Zuge des normalen Auslaufens von Projekten und der Auswahl neuer Projekte ins Portefeuille sukzessive entwickelt. Um zusätzliche Steuerungsinformationen zum Ausmaß der Entwicklungsmöglichkeiten des Projektportefeuilles zu erhalten, sollte zusätzlich zu den strukturellen Abweichungsanalysen ein Report aufgebaut werden, der die Bewegungen des Projektportefeuilles in Form von Zugängen, Abgängen und Projektabbrüchen erfasst.

Im Folgenden wird die Abweichungsanalyse der wichtigsten **Projektkennziffern** erörtert:

- Ressourcenabweichungen
- Leistungsabweichungen
- Terminabweichungen
- Kostenabweichungen
- Wirtschaftlichkeitsabweichungen

4.5.3.3.3 Ressourcenabweichungen

Wir legen den Fokus auf die **Personalressourcen**. Dabei ist von der gesamten Ressourcenentwicklung im Projektportefeuille auszugehen. Im Grunde werden zunächst die über alle Projekte hinweg geplanten Ressourcen mit den zur Verfügung stehenden personellen Kapazitäten eines Planungszeitraums abgeglichen (vgl. *Lomnitz* [Multiprojektmanagement] 115f.). Dies kann summarisch über das gesamte Unternehmen hinweg erfolgen.

Die Erfassung der zur Verfügung stehenden und der geplanten Ressourcen wird i.d.R. nach verschiedenen Organisationseinheiten differenziert durchgeführt. Dies ist eine wichtige Voraussetzung für das Management dieser Ressourcen. Es kann nicht davon ausgegangen werden, dass Ressourcen beliebig zwischen verschiedenen Fachbereichen oder gar Unternehmensbereichen hin und her geschoben werden können. Dem stehen neben fachlichen Problemstellungen auch unterschiedliche Budgetverteilungen zwischen den Organisationseinheiten im Wege. Trotzdem macht auch die summarische Betrachtung Sinn. Wenn sich über das gesamte Unternehmen hinweg eine einigermaßen ausgeglichene Ressourcenkapazitäts- und Ressourcenbedarfssituation ergibt, in einzelnen Unternehmenseinheiten jedoch sehr große Ungleichgewichte auftauchen, kann dies Hinweise auf zukünftig veränderte Budgetierungsnotwendigkeiten ergeben.

Generell kann bei der Berücksichtigung der zur Verfügung stehenden Kapazitäten zwischen internen und externen Ressourcen unterschieden werden. Hierbei sind sowohl für interne als auch für externe Kapazitäten die vorhandenen Budgets abzutragen. Diese definieren die absolute Obergrenze an potenziell einsetzbaren Ressourcen. Zudem sollten die jeweilig angestrebten Sollwerte sowie die aktuell jeweils tatsächlich verfügbaren Ressourcen erfasst werden. Den vorhandenen bzw. budgetierten Ressourcen werden nun die über alle Projekte hinweg geplanten Ressourcen gegenübergestellt. Hierbei sollte idealerweise derselbe organisatorische Differenzierungsgrad wie bei der Erfassung der vorhandenen Kapazitäten angelegt werden, um beim Vergleich zwischen vorhandener Kapazität und Ressourcenbedarf dieselbe Basis zugrunde zu legen.

Die Gegenüberstellung von vorhandener Eigen- und Fremdkapazität kann nun in einem Diagramm über die Planungszeiträume hinweg dem geplanten Ressourcenbedarf gegenübergestellt werden, der sich aus den Umsetzungserfordernissen des Projektportefeuilles ergibt. Abb. 3-73 zeigt die grundlegende Vorgehensweise.

Aus Abb. 3-73 lässt sich erkennen, dass es klare Abweichungen zwischen vorhandener (durchgezogene Linien) und benötigter Kapazität (Säulen) vom 3. Quartal des Jahres 1 bis einschließlich des 4. Quartals des Jahres 2 gibt. Hier reichen auch die verfügbaren externen Ressourcen zunächst nicht aus, um diesen Ressourcenengpass zu überwinden. In solchen Situationen kommt dem PMO die Aufgabe zu, solche Engpässe im Rahmen des Reporting deutlich hervorzuheben und an den Multiprojektlenkungsausschuss bzw. an die Geschäftsführung zu melden. Sollte kein Budget mehr zur Verfügung stehen oder sollten die Ressourcen am Markt nicht verfügbar sein, muss von den zuständigen Entscheidungsgremien eine Ressourcenallokation gemäß der strategischen Bedeutung der Projekte vorgenommen werden.

In der vorliegenden Form macht die Ressourcenplanung einen statischen Eindruck. Diese Annahme würde jedoch deutlich zu kurz greifen. Vielmehr müssen natürlich alle Bewegungen im Projektportefeuille durch Zu- und Abgänge von Projekten ebenso wie die Bewegungen auf der Kapazitätsseite durch Einstellungen und durch Abgänge von Mitarbeitern sowie die Veränderungen von Budgets mit in die Betrachtung einbezogen werden.

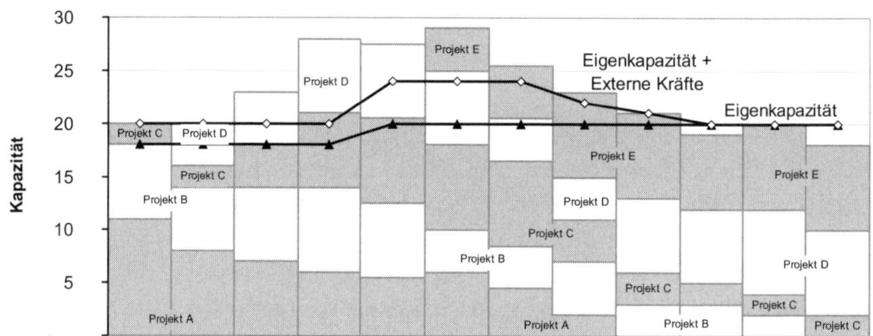

	Jahr 1 Q1	Jahr 1 Q2	Jahr 1 Q3	Jahr 1 Q4	Jahr 2 Q1	Jahr 2 Q2	Jahr 2 Q3	Jahr 2 Q4	Jahr 3 Q1	Jahr 3 Q2	Jahr 3 Q3	Jahr 3 Q4
Projekt E						4	5	8	8	7	8	8
Projekt D		4	5	7	7	7	4	4	7	7	8	8
Projekt C	2	2	4	7	8	8	8	4	3	2	2	2
Projekt B	7	6	7	8	7	4	4	5	3	3	2	
Projekt A	11	8	7	6	6	6	5	2				
Gesamtbedarf	20	20	23	28	28	29	26	23	21	19	20	18
Externe Kräfte	2	2	2	2	4	4	4	2	1	-	-	-
Eigenkapazität	18	18	18	18	20	20	20	20	20	20	20	20

Abb. 3-73: Multiprojektressourcenkontrolle
(In Anlehnung an: *Hab/Wagner* [Projektmanagement] 247)

Damit wird deutlich, dass eine regelmäßige, mindestens vierteljährliche, besser sogar monatliche Aktualisierung dieser Planung notwendig ist. Zudem sollten neben den Planungswerten noch Prognosewerte in die Betrachtung mit einbezogen werden. Aus dem Vergleich von Ist- und Prognosewerten lässt sich relativ schnell abschätzen, welcher Entscheidungs- bzw. Handlungsdruck besteht.

Im oben dargestellten Beispiel geht die Differenzierung der Ressourcenabweichungsanalyse nur bis auf die Divisionsebene. Möglicherweise ist diese Differenzierungsebene jedoch nicht ausreichend, um die richtigen Steuerungsnotwendigkeiten zu erkennen und entsprechende Maßnahmen abzuleiten. Darüber hinaus wären weitere Differenzierungsmöglichkeiten nach Fachbereichen, nach Standorten bzw. Regionen oder auch nach Rollen für Steuerungszwecke sinnvoll.

Auf die **Differenzierung nach Rollen** wird aufgrund ihrer Bedeutung im Folgenden kurz eingegangen. Es können i.d.R. nicht alle Rollen abgebildet werden. Dies ist auch gar nicht notwendig. Allerdings gibt es praktisch in jedem Unternehmen aufgrund des unternehmensspezifischen Geschäftscharakters spezielle Schlüsselqualifikationen, die immer wieder benötigt werden. Die Rollen im Unternehmen, die diese Schlüsselqualifikationen abdecken, sollten differenziert betrachtet werden. Denkbar sind hier beispielsweise Qualifikationen aus dem Projektmanagement selbst wie Projektleiter, Seniorprojektleiter, Teilprojektleiter Software oder Hardware, Projektqualitätsmanager, aber auch System- oder Testingenieure. Letztlich wird die Bestimmung der Schlüsselqualifikationen und der zugehörigen Rollen immer eine unternehmensspezifische Fragestellung sein. Abb. 3-74 zeigt eine solche rollenspezifische Differenzierung.

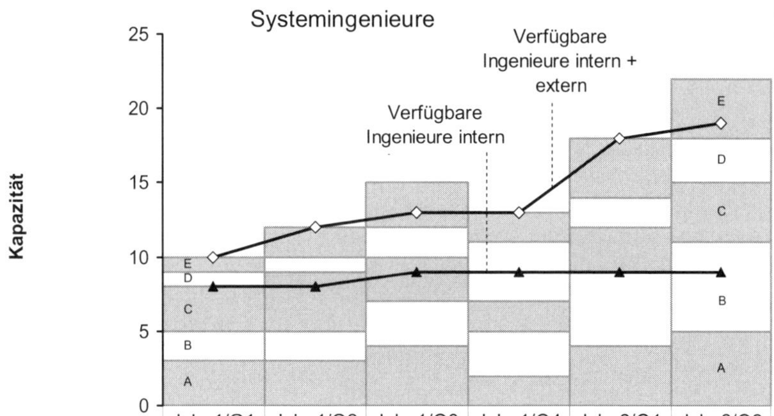

	Jahr 1/Q1	Jahr 1/Q2	Jahr 1/Q3	Jahr 1/Q4	Jahr 2/Q1	Jahr 2/Q2
E	1	2	3	2	4	4
D	1	1	2	4	2	3
C	3	4	3	2	3	4
B	2	2	3	3	5	6
A	3	3	4	2	4	5
Gesamtbedarf	10	12	15	13	18	22
Verfügbare Ingenieure extern	2	4	4	4	9	10
Verfügbare Ingenieure intern	8	8	9	9	9	9

Abb. 3-74: Multiprojektressourcenkontrolle für die Rolle „Systemingenieur“

Mit einer solchen rollenorientierten Spezifizierung wird neben der quantitativen auch die qualitative Kontrolle mit eingeführt. Letztlich ist dies für die Ableitung von Steuerungskonsequenzen und für die Einleitung von zielgerechten Maßnahmen durch die Personalbereiche des Unternehmens unabdingbar.

4.5.3.3.4 Leistungsabweichungen

Es werden zwei Arten von Leistungsabweichungen im Projektportefeuille unterschieden:

- Abweichungen im Leistungsfortschritt der erarbeiteten Projektergebnisse (Quantität der Leistung)
- Abweichungen in Form von mangelnder Produkt- bzw. Prozessqualität (Qualität der Leistung)

(1) Die Messung des **leistungsmäßigen Fortschrittsgrads** auf Einzelprojektebene wurde ausführlich beschrieben (S. 275ff.). Die Abweichungsanalyse auf der Gesamtprojektebene wird an den auf der Einzelprojektebene angewandten Methoden anknüpfen. Am aussagekräftigsten ist wohl eine Orientierung an Aufwandswerten, um die schon geleisteten Arbeiten ins Verhältnis zu den noch ausstehenden und damit den insgesamt geplanten Arbeiten zu setzen. Der Gesamtaufwand ergibt sich aus einer Schätzung der noch zu erbringenden Restleistung, die zum bisherigen Ist-Aufwand addiert wird. Somit kann der zum Betrachtungszeitpunkt eigentlich geplante mit dem tatsächlichen Fertigstellungsgrad pro Projekt verglichen werden.

Aus der summarischen Betrachtung der Fertigstellungsgrade aller Projekte wird dann ein Eindruck darüber gewonnen, welcher Anteil der Projekte des Portefeuilles im Plan, hinter dem Plan oder sogar vor ihrem geplanten Fertigstellungsgrad liegt. Kommt es bezogen auf das Gesamtprojektportefeuille hier insgesamt zu gravierend negativen Planabweichungen, ist in Folge mit Ressourcenengpässen bzw. mit Kostenabweichungen von den ursprünglichen Planungen zu rechnen. Handelt es sich um negative Abweichungen, die hauptsächlich auf einige Großprojekte zurückgehen, sollten in diesen Projekten projektspezifische Nachsteuerungsmaßnahmen ergriffen werden. Handelt es sich um ein Phänomen, das sich über eine Vielzahl von Projekten erstreckt, liefert dies möglicherweise einen Hinweis auf mangelhafte Projektplanungskompetenzen im Unternehmen. Hier kann dann mit einer Erhöhung der Projektplanungskompetenz bei den Mitarbeitern, mit einer Verbesserung des Planungsprozesses, einem verfeinertem Methodeneinsatz und dem systematischen Einsatz von Erfahrungswissen aus parallel ablaufenden oder früheren Projekten reagiert werden.

Alternativ könnte hier auch über alle Projekte hinweg ein **Leistungsindex** errechnet werden. Angelehnt an die Vorgehensweise im Zuge der Earned Value-Analyse kann man hier auf Kostengrößen zurückgreifen (vgl. *Fiedler* [Controlling] 187ff.). Hierzu müssten die Sollkosten zu einem Betrachtungszeitpunkt mit den Plankosten ins Verhältnis gesetzt werden. Die Sollkosten ergeben sich aus den auf den Betrachtungszeitpunkt umgerechneten Plankosten. Ergibt sich hier eine Differenz, so ist dies eine **Leistungsabweichung**. Diese deutet darauf hin, dass der tatsächliche Leistungsfortschritt zum Betrachtungszeitpunkt hinter dem ursprünglich geplanten Leistungsfortschritt zurückbleibt.

Leistungsabweichung im Projektportefeuille =
Summe der kumulierten Sollkosten über alle Projekte
- Summe der kumulierten Plankosten über alle Projekte

Der **Leistungsindex** ergibt sich dann aus folgender Formel:

$$\text{Leistungsindex} = \frac{\sum \text{kumulierte Sollkosten über alle Projekte}}{\sum \text{kumulierte Plankosten über alle Projekte}} \cdot 100$$

Ein Index von 100 würde aufzeigen, dass im Durchschnitt über alle Projekte hinweg keine Leistungsabweichungen vorhanden sind. Im Einzelprojekt kann dies natürlich trotzdem der Fall sein und Steuerungsmaßnahmen notwendig machen.

Abb. 3-75 zeigt einen solchen Leistungsindex.

In Abb. 3-75 ist zugleich ein Steuerungskorridor ersichtlich. Ein solcher Korridor kann zusätzlich definiert werden und legt dann fest, ab welcher Abweichungshöhe Steuerungshandlungen beabsichtigt sind. In diesem Fall zeichnet sich ein dauerhafter Trend zum Leistungsverzug über das gesamte Projektportefeuille ab. Spätestens ab Quartal 3 des letzten Geschäftsjahres sollte mit Steuerungsmaßnahmen eingegriffen werden.

(2) Neben dem reinen Projektfortschritt können sich Leistungsabweichungen auch aus der mangelnden Qualität der erbrachten Leistungen ergeben. Die mangelnde Qualität kann wiederum auf eine mangelnde Produkt- oder Prozessqualität zurückzuführen sein. Insofern sind zusätzlich zum reinen Leistungs-

fortschritt **Abweichungsanalysen hinsichtlich der Produkt- und Prozessqualität** in den Projekten durchzuführen.

(a) Die **Produktqualität** wird im Projektverlauf i.d.R. über mitlaufende Methoden der Qualitätssicherung überprüft. Je nach Produkt können zur mitlaufenden Prüfung der Qualität unterschiedliche Prüfkriterien angelegt werden. Als Beispiel können hier für eine Softwareentwicklung Qualitätskriterien, wie die Anzahl der gefundenen Softwarefehler in bestimmten Entwicklungsphasen im Verhältnis zu vorhandenen Erfahrungswerten oder die Stabilität des Produktes als Verhältnis von geänderten Lines of Code im Verhältnis zu verfügbaren Erfahrungswerten, herangezogen werden. Für die Hardwareentwicklung könnte beispielsweise das Verhältnis der durch die Produktfunktionen erfüllten Anforderungen im Vergleich zu den Anforderungen gemäß Pflichtenheft herangezogen werden. Solche Vergleiche sollten zu bestimmten, in allen Projekten wiederkehrenden Milestones im Projekt, wie beispielsweise der Ablieferung eines B- oder C-Musters beim Kunden, durchgeführt werden.

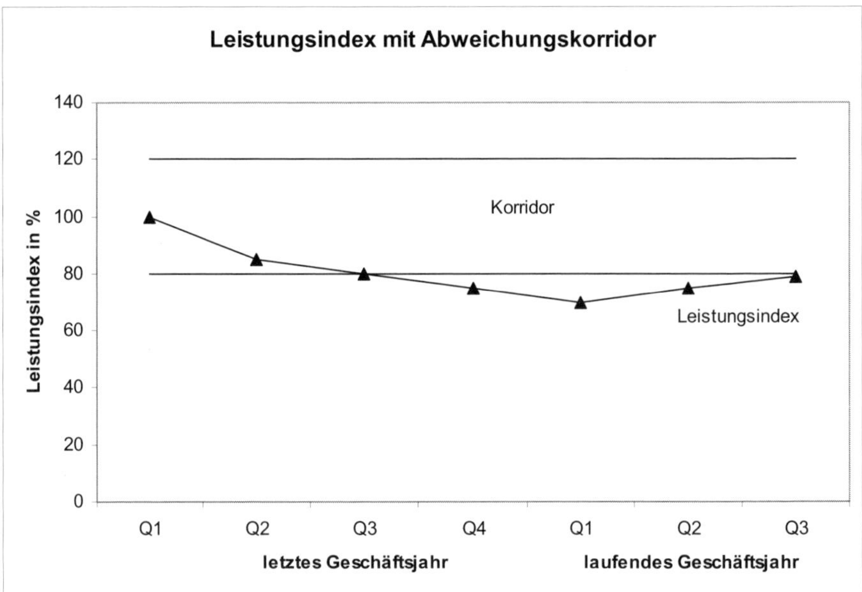

Abb. 3-75: Leistungsindex über das gesamte Projektportefeuille

Da je nach Produkt die Qualitätsprüfungskriterien und damit die zugehörigen Kennziffern sehr unterschiedlich ausfallen können, bietet es sich für die Abweichungsanalyse über ein Projektportefeuille hinweg an, über alle Projekte nur einen pauschalen Qualitätserreichungsgrad in % der geplanten Qualität zu erfassen. Dies kann entweder relativ grob mit den unterschiedlichsten und damit natürlich letztlich zwischen den Projekten nicht wirklich vergleichbaren Kriterien erfolgen, oder differenziert über einen Qualitätserreichungsindex, der dann so formuliert werden müsste, dass dieser auf alle Projekte anwendbar ist. Die Entscheidung, wie detailliert hier Abweichungsanalysen in Sachen Produkt- aber natürlich auch Prozessqualität durchgeführt werden sollen, hängt letztlich davon ab, welche strategische Bedeutung die Qualität für das Unternehmen hat.

(b) Neben der Produktqualität ist auch die **Prozessqualität** der Projektabwicklung zu überprüfen. Hier können unternehmensspezifische Standards oder allgemein anerkannte Prozessstandards wie CMMI oder SPICE (vgl. S. 390) als Vergleichsmaßstab herangezogen werden. Mittels regelmäßiger Audits über alle Projekte lassen sich auf diese Weise Prozessfähigkeitsgrade für unterschiedliche Teilprozesse der Projektabwicklung ableiten. Wenn bestimmte Prozessfähigkeitsgrade über alle Teilprozesse hinweg erreicht sind, kann einem Projekt oder natürlich auch einem ganzen Unternehmen über alle Projekte hinweg ein bestimmtes CMMI- bzw. SPICE-Level attestiert werden. Macht die Geschäftsführung zeitliche Vorgaben zur Erreichung bestimmter Prozessreifegrade, kann der aktuelle Stand der Prozessreifegrade über das Gesamtprojektportefeuille hinweg erhoben und in regelmäßigen Abständen mit dieser Vorgabe verglichen werden. So kann ausgewiesen werden, ob sich der Prozessreifegrad der Projekte im Zeitverlauf verbessert. Ein solcher Abgleich kann sogar nach einzelnen Teilprozessen differenziert durchgeführt werden. Zeigen sich besondere Schwächen in bestimmten Teilprozessen des Projektmanagements, lassen sich aus solch einem Abgleich prozessspezifische Verbesserungsmaßnahmen ableiten.

Selbstverständlich können Abweichungen in der Produkt- oder Prozessqualität auch zu Terminabweichungen führen, insbesondere dann, wenn die Projektmeilensteine mit Quality Gates gekoppelt werden. Damit wird die Erfüllung aller Vorgaben eines Meilensteines auch von der Erfüllung aller Produkt- und Prozessqualitätserfordernisse gemäß der Qualitätsplanung bis zum betreffenden Zeitpunkt abhängig gemacht. Sind die geplanten Qualitätsstandards nicht erfüllt, gilt der Meilenstein als nicht erreicht. Die daraus resultierenden Abweichungen stellen dann Terminabweichungen dar und werden auch dort erfasst.

4.5.3.3.5 Terminabweichungen

Ausgangspunkt für die Analyse der Terminabweichungen im Projektportefeuille ist ein Überblick über die zeitlichen Rahmenbedingungen der Projekte. Hierzu müssen zunächst die zeitbezogenen Projektdaten zusammengestellt werden. Insbesondere sind dies folgende **Informationen**:

- Realisierter oder geplanter Startzeitpunkt des Projekts
- Geplanter Endzeitpunkt des Projektes
- Planungsänderungen hinsichtlich Start- oder Endzeitpunkten des Projektes

Die Planungsabweichungen können auf Zeitverzögerungen oder Zeitersparnisse in der Projektabwicklung zurückzuführen sein. Dies verändert die Durchführungsdauer des Projektes und führt zu einem neuen voraussichtlichen Endtermin. Zudem sind reine Verschiebungen von Projekten auf der Zeitachse denkbar. Die Durchführungsdauer des Projektes entspricht zwar immer noch der ursprünglichen Planung, die Projekte starten aber zu einem anderen Zeitpunkt als geplant. Dies führt dann entsprechend zu früheren oder späteren Endterminen des Projektes. Während Terminverschiebungen bezogen auf ein einzelnes Projekt in ihren Konsequenzen noch einigermaßen überschaubar bleiben, entsteht durch unterschiedlichste Terminabweichungen in einer Vielzahl von Projekten relativ schnell eine unübersichtliche Situation. Hier sind auch die aus den Terminabweichungen möglicherweise resultierenden Steuerungsnotwendigkeiten ohne eine entsprechende Visualisierung der eingetretenen oder geplanten Terminabweichungen nur noch schwerlich ableitbar.

Aus diesem Grund schlagen wir in Anlehnung an *Lomnitz* ([Multiprojektmanagement] 167ff.) die Erstellung eines Multiprojektzeitplans vor.

In diesem **Multiprojektzeitplan** sollten die oben bereits aufgeführten Termininformationen pro Projekt ersichtlich sein. Die Zeitachse sollte an den typischen Projektlaufzeiten des Unternehmens ausgerichtet sein. Zudem sollten die Balkenpläne so gestaltet werden, dass die Terminabweichungen grafisch deutlich von den im Plan verlaufenden Projektverläufen unterscheidbar sind. In Abb. 3-76 ist ein solcher Multiprojektzeitplan in Auszügen dargestellt.

Aus einem solchen Multiprojektzeitplan lassen sich durch den parallelen Blick auf alle Projekte schnell die wesentlichen Terminabweichungen erfassen. Zugleich kann sehr schnell abgeschätzt werden, ob sich die Terminabweichungen in ihrer Auswirkung über alle Projekte hinweg gegenseitig verstärken oder ob sich die Abweichungen gegenseitig eher kompensieren.

Im vorliegenden Beispiel ist ein gegenseitiger Verstärkungseffekt zu erkennen. Das erste Projekt 0002D-01 und das zweite Projekt 0004US-01 sind beide durch eine Verlängerung der Projektdauer und damit durch eine Verschiebung des voraussichtlichen Projektendes nach hinten gekennzeichnet. Gleichzeitig verlagert sich der Projektstart des untersten Projekts 0005US-01 nach vorne. Alle diese Effekte spielen sich relativ zeitgleich im Zeitraum zwischen Quartal 4 in 2011 und Quartal 1 in 2012 ab. Damit wird deutlich, dass es aus der Summe der sich verstärkenden Terminabweichungen über die verschiedenen Projekte hinweg zu Ressourcenengpässen kommen kann. Dies ist genau dann der Fall, wenn die in den ersten beiden Projekten 0002D-01 und 0004US-01 länger gebundenen Ressourcen möglicherweise bereits für den Projektstart des Projektes 0001F-01 und des untersten Projektes 0005US-01 vorgesehen waren.

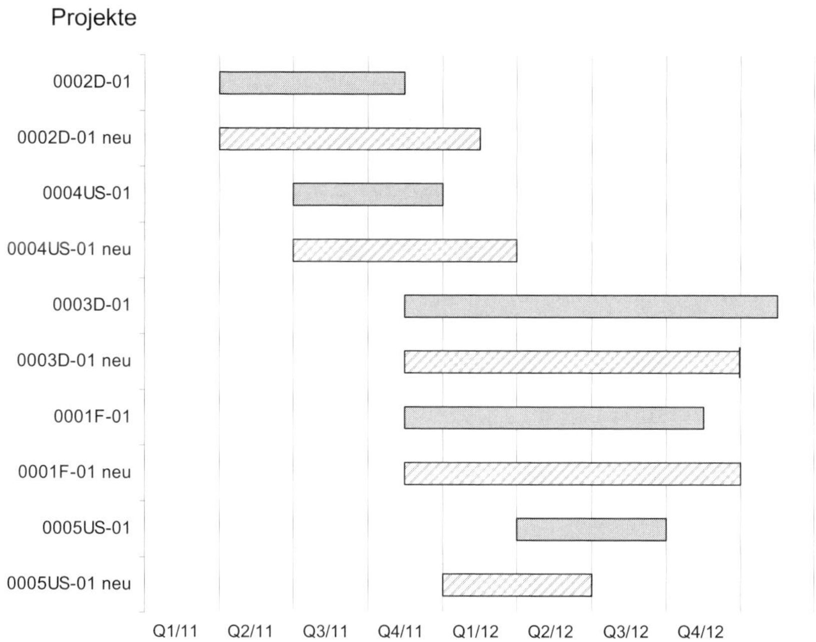

Abb. 3-76: Multiprojektterminkontrolle
(In Anlehnung an: *Lomnitz* [Multiprojektmanagement] 2. A., 153)

Ob dies im Einzelfall so ist, muss noch mit einer Abhängigkeitsanalyse zwischen den Projekten geprüft werden. Anhand des Beispiels wird jedoch deutlich, dass ein grafisch visualisierter Multiprojektzeitplan relativ schnell einen Überblick über die aktuelle und zukünftige terminliche Situation des Projektportefeuilles liefert. Um als Grundlage für die Ableitung von zeitnahen Steuerungsmaßnahmen zu dienen, sollte der Multiprojektzeitplan mindestens quartalsweise, besser natürlich monatlich aktualisiert werden.

4.5.3.3.6 Kostenabweichungen

Die Analyse der Kosten stellt einen wichtigen Zwischenschritt im Rahmen einer umfassenderen Analyse der Wirtschaftlichkeit des Projektes dar. Die Wirtschaftlichkeitsanalyse wird im nächsten Abschnitt behandelt. Eine separate Betrachtung der Kosten bietet sich aufgrund ihrer Bedeutung für die Projektwirtschaftlichkeit an. Darüber hinaus sind die Kosten jener Wirtschaftlichkeitsfaktor, den das Unternehmen am besten beeinflussen kann.

Allerdings geht es bei dieser Betrachtung nicht um die Kosten und deren Kontrolle im Einzelprojekt, sondern auf einer aggregierten Ebene um die Kosten des gesamten Projektportefeuilles. Als Grundlage für eine wirkungsvolle Abweichungsanalyse der Projektkosten sollte zunächst eine ABC-Analyse über die projektbezogenen Kostenarten des Unternehmens hinweg durchgeführt werden. Hieraus werden die Informationen über die unternehmensspezifischen Hauptkostenstrukturen im Projektgeschäft gewonnen. Aufbauend auf diesen Erkenntnissen können die Hauptkostenblöcke im Projektgeschäft des Unternehmens herausgefiltert werden. Genau diese Kostenarten werden nun in der Kostenabweichungsanalyse betrachtet. Die Kosten können grundsätzlich nach verschiedenen Kriterien untersucht werden.

(1) Kostenabweichungsanalyse

Über das Gesamtprojektportefeuille hinweg interessieren aber in jedem Fall die Entwicklung der Projektkosten und eine Gegenüberstellung mit den geplanten und den tatsächlich erwarteten Kosten. In Abb. 3-77 ist exemplarisch eine solche Kostenabweichungsanalyse dargestellt.

Die in Abb. 3-77 vorgestellte **Kostenabweichungsanalyse** differenziert nach den wichtigsten Kostenarten. Dies ist bereits ein relativ detaillierter Differenzierungsgrad, der möglicherweise nicht über alle Projekte eines Unternehmens durchgehalten werden kann. Dies gilt v.a. dann, wenn in einem Unternehmen zeitgleich mehrere hundert Projekte abgewickelt werden. In solchen Fällen kann eine Vereinfachung entweder über eine Vorauswahl der wichtigsten Projekte oder über eine summarische Betrachtung aller Kosten vorgenommen werden. Zunächst wird im Folgenden die Kostenabweichungsanalyse jedoch auf Basis der Differenzierung nach **Kostenarten** weiter betrachtet. Wenn das Unternehmen nur eine begrenzte und überschaubare Anzahl von Projekten gleichzeitig durchführt, ist diese differenzierte Betrachtung in jedem Fall zu bevorzugen. Die zu berücksichtigenden Kostenarten können je nach Unternehmen und je nach Branche variieren. Beispielsweise werden im Anlagenbau häufig die kalkulierten Projektrisiken als eigene Kostenart geführt.

Abweichungsanalyse über die Gesamtprojektlaufzeit									
	Plankosten	genehmigte Kostenänderungen	berichtigte Plankosten	bereits angefallene Kosten	vertraglich vereinbarte Kosten	bis zur Fertigstellung noch zusätzlich zu erwartende Kosten	Prognostizierte Projektkosten	Abweichungen Soll - Ist	Abweichungen Soll - Prognose
	a	b	c = a + b	d	e	f	g = d + e + f	h = c - d - e	i = c - g
Kostenarten									
Vorlaufkosten									
Projekt-F&E									
kalkulatorische Afa aus Invest									
Werkzeugkosten									
Kosten der Produktionsvorbereitung									
Produktionskosten									
Materialeinzelkosten									
Materialgemeinkosten									
Fertigungseinzelkosten									
Ausschuss									
Fertigungsgemeinkosten									
Garantiekosten									

Abb. 3-77: Kostenabweichungsanalyse

Die Kostenabweichungsanalyse stellt die Plankosten den Istkosten und den prognostizierten Kosten bezogen auf das Projektende gegenüber. In dieser Form werden die Kosten somit nicht den Abrechnungsperioden zugerechnet. Es wird also nicht versucht, die Kostenabweichungen pro Abrechnungsperiode zu erfassen, um damit die Auswirkungen auf die Periodenergebnisse abzuschätzen. Vielmehr steht die Betrachtung der Kostensituation von Projektanfang bis Projektende im Mittelpunkt der Analyse. Wenn diese Informationen, wie in der Tabelle aufgezeigt, nach Kostenarten differenziert aufbereitet werden, lassen sich Erkenntnisse darüber gewinnen, in welchen Kostenarten die größten Abweichungen über alle Projekte hinweg auftreten. Dies wiederum liefert deutliche Indizien dafür, welche Unternehmensbereiche oder welche Prozessbereiche im Rahmen des Projektmanagements über alle Projekte hinweg Schwierigkeiten aufwerfen.

(2) Arten von Kostenabweichungen

Folgende Prüfungen können im Rahmen der Abweichungsanalyse durchgeführt werden:

- Differenz zwischen ursprünglichen Plankosten und den berichtigten Plankosten
- Soll-Ist-Abweichungen
- Differenz zwischen prognostizierten Gesamtkosten und berichtigten Plankosten
- Abweichungen nach Abrechnungsperioden
- Ermittlung der absoluten Abweichung in Form eines Kostenindex

1.) Über das Projektportefeuille hinweg lässt sich ermitteln, wie hoch die Differenz zwischen den ursprünglich in der Projektstartkalkulation ermittelten **Plankosten** (a) und den **berichtigten Plankosten** unter Berücksichtigung aller genehmigten Änderungen (c) ist. Ergeben sich hier deutliche Abweichungen, muss entweder von einem projektbegleitenden branchentypisch hohen Änderungsbedarf von Seiten der Kunden ausgegangen werden oder die Abweichungen liefern ein Indiz für hausinterne Schwächen in bestimmten Projektprozessphasen. So könnten in diesem Fall z.B. Schwächen in der frühen und detaillierten Abstimmung von Lasten- und Pflichtenheft vorliegen. Denkbar wären jedoch auch Schwächen im Projektplanungsprozess. Auf alle Fälle kann aus der Abweichung selbst noch nicht präzise auf die Ursachen geschlossen werden. Die Abweichungen signalisieren jedoch bereits auf dem hoch aggregierten Level Verbesserungsbedarf und weisen grob die Richtung für eine genauere Analyse.

2.) Darüber hinaus können die **Soll-Ist-Abweichungen** (h) analysiert werden. Hierbei geht es jedoch weniger um eine Soll-Ist-Abweichung im gewohnten Sinne. Im Einzelprojekt können die Soll-Kosten zu den Ist-Kosten zu einem bestimmten Zeitpunkt in Beziehung gesetzt werden, woraus sich dann eine

Abweichung zwischen den eigentlich zu diesem Zeitpunkt geplanten Soll-Kosten und den Ist-Kosten ergibt. Diese Abweichung kann im Einzelprojekt dann auch als Maßstab für eine ineffiziente Projektabwicklung dienen. Über das gesamte Projektportefeuille hinweg verwischt sich hier durch die Aggregation der Daten über alle Projekte der Aussagegehalt etwas. Dabei muss bedacht werden, dass sich insgesamt über die betrachteten Projekte negative und positive Abweichungen gegenseitig aufheben können. Möglicherweise kann hier eine Abweichung einen groben Hinweis auf mögliche Ineffizienzen in der Projektabwicklung liefern. Klar wird aber in jedem Fall, dass bei entsprechenden Abweichungen zwischen Plan- und Ist-Kosten ziemlich wahrscheinlich Ergebnisprobleme im Gesamtunternehmensergebnis auftauchen werden. In welcher Abrechnungsperiode dies aber sein wird, lässt sich aus dieser Information ebenfalls nicht erschließen.

3.) Des Weiteren kann aus der Abweichungsanalyse abgeleitet werden, wie sich die Kostenentwicklung über alle Projekte hinweg darstellt. Die Summe aus den bereits angefallenen Kosten (d) und den bereits vertraglich fixierten Kosten (e) ergänzt um die über die vertraglich vereinbarten Kosten hinaus noch bis zur Fertigstellung zu erwartenden Kosten (f) ergibt die **prognostizierten Gesamtkosten der Projekte** (g). Weichen die prognostizierten Gesamtkosten der Projekte erheblich von den berichtigten Plankosten (c) ab, gibt auch dies wiederum einen deutlichen Hinweis auf sich abzeichnende Ergebnisprobleme. Zugleich stellt diese Abweichung einen echten Hinweis auf Ineffizienzen in der Projektabwicklung dar. Allerdings sind die auftauchenden Ergebnisprobleme auch in diesem Fall nicht einzelnen Abrechnungsperioden zurechenbar.

4.) Eine periodenbezogene Abweichungsanalyse wird erst dann möglich, wenn die oben dargestellte Kostenabweichungsanalyse so erweitert wird, dass die Abweichungen nicht mehr summarisch über die Gesamtlebensdauer der Projekte betrachtet wird, sondern wenn zusätzlich die **Abweichungen nach Abrechnungsperioden** aufgeteilt werden. Wie viele Abrechnungsperioden in eine solche Betrachtung sinnvollerweise einbezogen werden, hängt von den typischen Projektlebensdauern des jeweiligen Unternehmens ab. Voraussetzung für eine solche periodenbezogene Kostenabweichungsanalyse ist allerdings eine lebenszyklusbezogene Projektkostenplanung. Liegt diese Voraussetzung vor, kann nicht nur über den gesamten Projektverlauf hinweg, sondern auch von Abrechnungsperiode zu Abrechnungsperiode eine Kostenabweichungsanalyse durchgeführt werden. Diese liefert dann nicht nur projektorientierte Informationen, sondern zusätzlich ergebnisrelevante Abweichungen für das Gesamtunternehmen. Dies lässt dann neben den projektspezifischen Steuerungskonsequenzen auch die Ableitung weiterer unternehmensbezogener Handlungskonsequenzen zu.

5.) Wenn aufgrund der Vielzahl der zu betrachtenden Projekte von vorneherein auf eine pauschale Betrachtungsebene gewechselt werden soll, bietet sich die Ermittlung eines **Kostenindexes** an. An einem solchen Kostenindex kann die Entwicklung der Kosten gegenüber den ursprünglichen Planungen, aber auch ein Trend der Kostenentwicklung im Zeitverlauf abgebildet werden (vgl. zu den folgenden Ausführungen *Fiedler* [Controlling] 159ff.).

Hierzu müssten über alle betrachteten Projekte hinweg jeweils die Plankosten, die Istkosten sowie die Sollkosten erhoben werden. Die Sollkosten ergeben sich aus den auf den Betrachtungszeitpunkt umgerechneten Plankosten.

Zu einem bestimmten Betrachtungszeitpunkt, also beispielsweise zu jedem Quartal, können dann Abweichungsanalysen durchgeführt werden. Dabei ergibt sich die Kostenabweichung aus der Differenz von Istkosten und Sollkosten über alle Projekte hinweg:

Kostenabweichung im Projektportefeuille =
Summe der kumulierten Istkosten über alle Projekte
- Summe der kumulierten Sollkosten über alle Projekte

Diese Kostenabweichung signalisiert einen so bislang in den Projekten nicht geplanten Ressourcenverbrauch. Mit folgender Formel lässt sich die absolute Abweichung in einen Kostenindex umrechnen:

$$\text{Kostenindex} = \frac{\sum \text{kumulierte Istkosten über alle Projekte}}{\sum \text{kumulierte Sollkosten über alle Projekte}} \cdot 100$$

Idealerweise sollte der Indexwert bei 100 liegen. Dies würde signalisieren, dass über alle Projekte hinweg sich Ressourcenmehr- und Ressourcenminderverbräuche in etwa ausgleichen. Im Einzelfall könnten pro Projekt zwar trotzdem Steuerungsmaßnahmen angebracht sein, über das gesamte Projektportefeuille hinweg ergeben sich aber keine schwerwiegenden Probleme hinsichtlich der Kostensituation. Abb. 3-78 zeigt einen solchen Kostenindex.

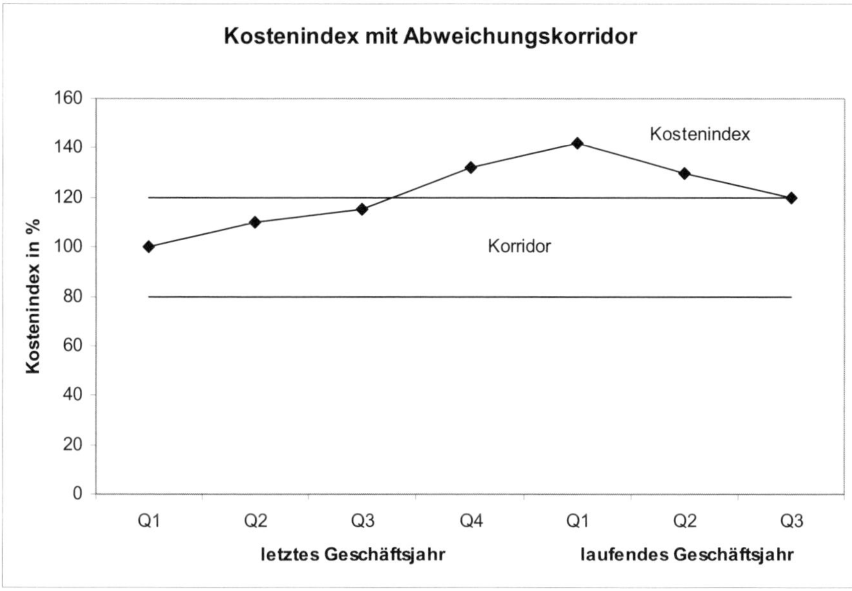

Abb. 3-78: Kostenindex mit Abweichungskorridor

In Abb. 3-78 ist zugleich ein Steuerungskorridor zu erkennen. Ein solcher Korridor kann zusätzlich definiert werden und legt dann fest, ab welcher Abweichungshöhe Steuerungshandlungen vorgesehen sind.

Zudem ist ersichtlich, dass sich die Kostensituation seit dem 3. Quartal des letzen Geschäftsjahres kontinuierlich bis zu einem Hochpunkt im 1. Quartal des laufenden Geschäftsjahres verschlechtert hat. Offensichtlich wurde dann aufgrund der eingeleiteten Maßnahmen eine Trendwende bewirkt. Diese Trendumkehr ist nun mit weiteren Steuerungsmaßnahmen zu verfestigen.

4.5.3.3.7 Wirtschaftlichkeitsabweichungen

Mit der Betrachtung der Kosten und ihrer möglichen Abweichungen wurde bereits einer der wichtigsten Werttreiber der Projektwirtschaftlichkeit dargestellt. Allerdings handelt es sich dabei nicht um den einzigen Werttreiber, der die Gesamtwirtschaftlichkeit eines Projektes bestimmt.

Wenn Projektwirtschaftlichkeit als Projektwertbeitrag definiert wird, wie wir dies hier tun, sind neben den Projektkosten noch **zwei weitere Werttreiber** zu nennen:

- Die Projektumsätze
- Die projektspezifische Kapitalbindung

Im Kern werden in die Analyse der Wirtschaftlichkeitsabweichungen somit die Veränderungen aller Werttreiber der Free Cash-flows mit einbezogen. Dabei steht, wie bereits bei der Darstellung der Kostenabweichungen aufgezeigt, nicht die Abweichung vom Periodenerfolg eines Projektes im Fokus der Betrachtung, sondern die Wirtschaftlichkeitsabweichung bezogen auf den gesamten Projektlebenszyklus.

Die projektspezifische **Kapitalbindung** kann sich sowohl im Hinblick auf das projektspezifisch anzuschaffende Anlagevermögen als auch im Hinblick auf das projektspezifische Working Capital auswirken. Änderungen des gebundenen Kapitals hängen oftmals mit Änderungen des Projektumsatzes zusammen.

Die **Projektumsätze** können sich aufgrund höherer oder verminderter Kundennachfrage oder aufgrund von Nachverhandlungen mit dem Kunden bei Änderungen der Produktanforderungen erhöhen oder vermindern. Zudem spielt die Verteilung der Zahlungsströme auf der Zeitachse noch eine Rolle für deren Wertbeitrag im Projekt. Je früher Einzahlungen, bzw. je später Auszahlungen anfallen, desto werthafter wirken sie auf die Gesamtwirtschaftlichkeit eines Projektes. Zeitverschiebungen von Zahlungsströmen können sich aufgrund nicht erwarteter Marktverschiebungen ebenso ergeben wie aufgrund von Änderungen im Projektablauf.

Wenn Wirtschaftlichkeitsabweichungen detailliert betrachtet werden sollen, muss dies im Grunde immer auf der Ebene eines Einzelprojektes erfolgen. Nur auf dieser Ebene können alle Projektwerttreiber einzeln und detailliert mit ihren Abweichungen erfasst werden. Zudem kann die Abweichung, wie im letzten Abschnitt anhand der Kostenabweichungen gezeigt wurde, für jeden Werttreiber auf Einzelprojektebene nochmals tiefer bis in die einzelnen Unterkategorien des jeweiligen Wertreibers aufgeschlüsselt werden. Für eine Betrachtung der Wirtschaftlichkeitsabweichungen des gesamten Projektportefeuilles ist ein solcher Detaillierungsgrad jedoch nicht umsetzbar.

In einem ersten Aggregationsschritt wird daher pro Projekt auf die jeweils summarisch erfassten Abweichungen der wichtigsten Werttreiber abgehoben. In einem zweiten Schritt könnte sogar die Differenzierung in die einzelnen Werttreiber aufgegeben werden. In diesem Fall wird pro Projekt dann nur noch summarisch die Gesamtabweichung über alle Werttreiber hinweg erfasst. Dieser Zweischritt wird im Folgenden anhand eines Beispiels aufgezeigt. Hierzu wird auf die Abb. 3-55, S. 608 zurückgegriffen. In dieser Tabelle wurden die Free

Cash-flows von fünf Projekten als Grundlage für die Berechnung des Projektnetzwertbeitrags eines Projektportefeuilles erfasst:

Periode	-3	-2	-1	0	1	2	3	4	5	6	n
Projekt 1	-30	-50	5	15	25	25	30	30	15	5	10
Projekt 2	0	0	-30	-12	20	40	5	5	0	0	0
Projekt 3	0	-120	-100	30	40	50	15	15	15	0	0
Projekt 4	0	0	0	0	0	-70	-30	100	90	30	20
Projekt 5	0	0	0	0	-120	30	80	80	80	35	20
Projektnetz	-30	-170	-125	33	-35	75	100	230	200	70	50

Abb. 3-79: Ausgangstabelle Projektportefeuille

Aufbauend auf den Projekten dieser Tabelle wird zunächst Projekt 1 herausgegriffen und anhand dieses Projektes exemplarisch aufgezeigt, wie eine Abweichungsanalyse, orientiert an den Werttreibern des Free Cash-flow, vorgenommen werden kann. Hierzu werden pro Werttreiber die Abweichungen in jeder Projektphase erfasst und summiert. Die Summe der Abweichungen ergibt somit die Abweichung des Projekt-Free Cash-flow pro Periode.

Abb. 3-80 zeigt die detaillierte Abweichungsanalyse im Projekt 1. In Abb. 3-81 wurden die Abweichungen übersichtlich zusammengefasst.

Aus dem Blickwinkel der heutigen Erkenntnisse vom Zeitpunkt t_0 her betrachtet lässt sich erkennen, dass die bisher realisierten Anlaufkosten des Projektes höher waren, als dies ursprünglich geplant war. Auch die bislang geplanten zukünftigen Kosten für die noch ausstehenden Folgeperioden des Projektes werden nach der korrigierten Planung wohl höher ausfallen. Zudem wurde in Periode t_{-2} eine geringere Einmalzahlung vom Kunden erlöst als ursprünglich geplant. Darüber hinaus mussten sogar die bislang geplanten Umsätze bis zur Periode zwei nach unten korrigiert werden. Ab der Periode zwei werden nach der korrigierten Planung allerdings wesentlich höhere Umsätze erwartet, als ursprünglich angenommen.

Im Grunde handelt es sich somit um ein Projekt mit durchgängig negativen Kostenabweichungen und einem insgesamt langsameren Anlauf, als ursprünglich geplant. Allerdings können die höheren Kosten in Verbindung mit den gegenüber der ursprünglichen Planung stärker ansteigenden Umsätzen gesehen werden. Die korrigierte deutlich höhere Umsatzplanung in späteren Projektphasen führt offensichtlich zusätzlich im Working Capital zu einer Korrektur der ursprünglichen Planung hin zu einer höheren Kapitalbindung, als ursprünglich geplant.

Detaillierte Abweichungsanalyse Projekt 1														
Periode	-3	-3	-3	-2	-2	-2	-1	-1	-1	0	0	0	1	1	1
	Plan	Ist	Δ	Plan	Ist	Δ	Plan	Ist	Δ	Plan	Ist	Δ	Plan	korr. Plan	Δ
Umsatz	0	0	0	0	0	0	7	5	-2	30	30	0	40	39	-1
ausgabewirksame Kosten	-25	-27	-2	-40	-41	-1	-1	-2	-1	-12	-14	-2	-15	-14	1
Operating Cash-flow	**-25**	**-27**	-2	**-40**	**-41**	**-1**	6	**3**	-3	**18**	**16**	-2	**25**	**25**	0
Veränderungen des AV	-5	-5	0	-8	-8	0	0	-1	-1	0	0	0	0	0	0
Veränderungen des Working Capital	0	0	0	-2	-1	1	-1	-1	0	-3	-3	0	0	0	0
Free Cash-flow	**-30**	**-32**	**-2**	**-50**	**-50**	**0**	**5**	**1**	**-4**	**15**	**13**	**-2**	**25**	**25**	**0**

Detaillierte Abweichungsanalyse Projekt 1																	
Periode	2	2	2	3	3	3	4	4	4	5	5	5	6	6	6	n	n	n
	Plan	korr. Plan	Δ	Plan	korr. Plan	Δ	Plan	korr. Plan	Δ	Plan	korr. Plan	Δ	Plan	korr. Plan	Δ	Plan	korr. Plan	Δ
Umsatz	45	44	-1	52	57	5	53	60	7	27	40	13	20	32	12	25	30	5
ausgabewirksame Kosten	-19	-20	-1	-22	-23	-1	-22	-24	-2	-13	-19	-6	-15	-17	-2	-15	-15	0
Operating Cash-flow	**26**	**24**	-2	**30**	**34**	**4**	**31**	**36**	**5**	**14**	**21**	**7**	**5**	**15**	**10**	**10**	**15**	**5**
Veränderungen des AV	0	0	0	0	0	0	0	-1	-1	0	0	0	0	0	0	0	0	0
Veränderungen des Working Capital	-1	-1	0	0	-1	-1	-1	-2	-1	1	0	1	0	-2	-2	0	-1	-1
Free Cash-flow	**25**	**23**	**-2**	**30**	**33**	**3**	**30**	**33**	**3**	**15**	**21**	**8**	**5**	**13**	**8**	**10**	**14**	**4**

Abb. 3-80: Detaillierte Abweichungsanalyse in Projekt 1

Zusammenfassung Abweichungen Projekt 1											
Periode	-3	-2	-1	0	1	2	3	4	5	6	n
Umsatzabweichungen	0	0	-2	0	-1	-1	5	7	13	12	5
Kostenabweichungen	-2	-1	-1	-2	1	-1	-1	-2	-6	-2	0
Abweichungen Operating Cash-flow	**-2**	**-1**	**-3**	**-2**	**0**	**-2**	**4**	**5**	**7**	**10**	**5**
Abweichungen des AV	0	0	-1	0	0	0	0	-1	0	0	0
Abweichungen des Working Capital	0	1	0	0	0	0	-1	-1	1	-2	-1
Abweichungen Free Cash-flow	**-2**	**0**	**-4**	**-2**	**0**	**-2**	**3**	**3**	**8**	**8**	**4**

Abb. 3-81: Zusammenfassung der Abweichungen in Projekt 1

Abschießend stellt sich die Frage, welche Wirtschaftlichkeitsabweichung sich aus den Abweichungen der einzelnen Werttreiber nun insgesamt für das Projekt ergeben. Als Maßstab hierfür kann der Projektwertbeitrag von Projekt 1 anhand des korrigierten Free Cash-flow genommen werden. Alternativ kann in einer Differenzbetrachtung natürlich auch nur der Wertbeitrag über die festgestellten Abweichungen berechnet werden. Ist der korrigierte gesamte Projektwertbeitrag höher als der ursprüngliche Projektwertbeitrag, bzw. fällt der Wertbeitrag über alle Abweichungen positiv aus, generiert das Projekt nach den Abweichungen von der ursprünglichen Planung sogar noch einen höheren Wertbeitrag für das Unternehmen, als ursprünglich angenommen. Genau dies ist in dem vorliegenden Beispiel der Fall, wie der Vergleich über die beiden Projektwertbeiträge zeigt. Beide Wertbeiträge wurden mit einem Zinsfuß von 10% berechnet:

Ursprünglich geplanter Projektwertbeitrag von Projekt 1:

$$\text{Geplanter Projektwertbeitrag} = \sum_{t=-3}^{n} \frac{\text{geplante Projekt FCF}_t}{(1+\text{WACC})^t} = 19{,}39$$

Projektwertbeitrag von Projekt 1 nach Berücksichtigung der Wirtschaftlichkeitsabweichungen durch bereits realisierte Werte von t_{-3} bis t_0 sowie korrigierte Planungswerte von t_1 bis t_n:

$$\text{Korrigierter Projektwertbeitrag} = \sum_{t=-3}^{0} \frac{\text{realisierte FCF}_t}{(1+\text{WACC})^t} + \sum_{t=1}^{n} \frac{\text{korrigierte FCF}_t}{(1+\text{WACC})^t} =$$

27,64

Im diesem Fall wird damit zwar klar, dass das Projekt durch die vorliegenden Abweichungen sogar noch zusätzlichen Wertbeitrag liefert. Auf welche Abweichungen dies zurückzuführen ist, und welche Steuerungshandlungen zu einem noch höheren Wertbeitrag führen könnten, lässt sich aus der bisherigen Betrachtung nur schwer ableiten. Aus diesem Grunde werden die Abweichungen der **einzelnen Werttreiber** nochmals gesondert auf ihre Wertbeitragswirkung in der Vergangenheit, zum Zeitpunkt t_0 und v.a. auf ihre zukünftigen Wertbeitragswirkungen hin untersucht.

Die Periodenabweichung zeigt die Abweichung vom Projekt-Free Cash-flow jeweils zu Beginn der betrachteten Periode. Die Vergangenheitsabweichung zeigt zur jeweiligen Betrachtungsperiode, welche Projektwertbeitragsabweichungen vom Basisjahr aus gesehen bis zur Betrachtungsperiode bereits realisiert wurden. An den Zukunftswertbeitragsabweichungen lässt sich ablesen, welche Projektwertbeitragsabweichungen zukünftig noch erwartet werden.

Die jeweiligen Wertbeitragsabweichungen werden jeweils auf den Beginn der Periode 0 bezogen wie folgt berechnet (in Anlehnung an *Günther* [Controlling] 289):

$$\text{Vergangenheitsabweichung} = \sum_{i=n}^{t-1} \frac{(\text{realisierte FCF - ursprünglich geplante FCF})_i}{(1+\text{WACC})^i}$$

$$\text{Periodenabweichung} = \text{Realisierter FCF}_t - \text{ursprünglich geplanter FCF}_t$$

$$\text{Zukunftsabweichungen} = \sum_{i=1}^{T} \frac{(\text{korrigierte FCF - ursprünglich geplante FCF})_i}{(1+\text{WACC})^i}$$

$$\text{Gesamtabweichungen} = \text{Vergangenheitsabweichungen} + \text{Periodenabweichungen} + \text{Zukunftsabweichungen}$$

	Barwert der Abweichungen zum Zeitpunkt 01.01.00	Vergangenheits-abweichung (Barwert der Abweichung bis t_0)	Abweichung in t_0	Zukunftsabweichungen		
				Projekt-bestand	Neu-projekte	
Umsatzabweichungen	22,01	-2,20	0	24,21		
Kostenabweichungen	-13,86	-4,97	-2	-6,89		
Abweichungen des AV	-1,78	-1,10	0	-0,68		
Abweichungen des Working Capital	-2,49	1,21	0	-3,70		
Gesamtabweichungen	3,88	-7,06	-2	12,94		

Abb. 3-82: Aufgeteilte Wertbeitragsabweichungen

Abb. 3-82 zeigt, dass die negativen Abweichungseffekte hauptsächlich aus den bis zum Betrachtungszeitpunkt bereits realisierten Kostenabweichungen stammen. Einflussmöglichkeiten bestehen lediglich noch im Hinblick auf die in der Zukunft prognostizierten Abweichungen. Hier muss der Steuerungsschwerpunkt in Projekt 1 eindeutig auf der Sicherung des prognostizierten Umsatzzuwachses liegen. Treten die Umsatzerwartungen in den Folgeperioden des Projektes so nicht ein, können die bereits bis zum Zeitpunkt t_0 verlorenen Wertbeitragsanteile möglicherweise nicht überkompensiert werden. Ergänzend sollte versucht werden, die für die Zukunft noch prognostizierten negativen Kostenabweichungen soweit wie möglich zu minimieren.

Aus diesem Beispiel wird klar, dass eine Abweichungsanalyse pro Werttreiber über das gesamte Projektportefeuille hinweg kaum durchführbar ist. Diese relativ detaillierte Betrachtung sollte sich v.a. auf die besonders wichtigen Projekte des Unternehmens und auf Projekte beschränken, die sehr große Abweichungen aufweisen. Ansonsten wird sich eine Multiprojektabweichungsanalyse an der summarischen Gesamtabweichung über alle Werttreiber hinweg ausrichten.

In Abb. 3-83 wird das Beispielsprojektportefeuille mit den fünf Projekten nochmals aufgenommen, jetzt aber mit den erfassten summarischen Wertbeitragsabweichungen über alle Projekte hinweg.

Periode	-3	-3	-2	-2	-1	-1	0	0	1	1	2	2	3	3	4	4	5	5	6	6	n	n
	Plan	Ist	Plan	Ist	Plan	Ist	Plan	Ist	Plan	korr. Plan	Plan	korr. Plan	Plan	korr. Plan	Plan	korr. Plan	Plan	korr. Plan	Plan	korr. Plan	Plan	korr. Plan
Projekt 1	-30	-32	-50	-50	5	1	15	13	25	25	25	23	30	33	30	33	15	21	5	13	10	14
Projekt 2	0	0	0	0	-30	-32	-12	-12	20	18	40	35	5	8	5	8	0	5	0	0	0	0
Projekt 3	0	0	-120	-110	-100	-90	30	28	40	40	50	52	15	18	15	18	15	18	0	0	0	0
Projekt 4	0	0	0	0	0	0	0	0	0	0	-70	-70	-30	-30	100	100	90	90	30	30	20	20
Projekt 5	0	0	0	0	0	0	0	0	-120	-120	30	25	80	75	80	75	80	75	35	30	20	20
Projektnetz	-30	-32	-170	-160	-125	-121	33	29	-35	-37	75	65	100	104	230	234	200	209	70	73	50	54

Abb. 3-83: Projektportefeuille mit summarischen Wertbeitragsabweichungen

Um eine besseren Überblick über die Abweichungen zu erhalten, werden diese in Abb. 3-84 nochmals zusammengefasst dargestellt.

Zusammenfassung Abweichungen Projektnetz											
Periode	-3	-2	-1	0	1	2	3	4	5	6	n
Projekt 1	-2	0	-4	-2	0	-2	3	3	6	8	4
Projekt 2	0	0	-2	0	-2	-5	3	3	5	0	0
Projekt 3	0	10	10	-2	0	2	3	3	3	0	0
Projekt 4	0	0	0	0	0	0	0	0	0	0	0
Projekt 5	0	0	0	0	0	-5	-5	-5	-5	-5	0
Summe Projektabweichungen	**-2**	**10**	**4**	**-4**	**-2**	**-10**	**4**	**4**	**9**	**3**	**4**

Abb. 3-84: Zusammengefasste Wertbeitragsabweichungen im Projektportefeuille

Die Wertbeitragsabweichungen über alle Projekte werden wieder in Vergangenheitsabweichungen, in Abweichungen in Periode 0 sowie in Zukunftsabweichungen umgerechnet (vgl. Abb. 3-85). In dieser Darstellungsform kann am besten analysiert werden, auf welche Abweichungen noch Einfluss genommen werden kann.

Im Einzelnen können in der ersten Spalte die gesamten Wertbeitragsabweichungen pro Projekt und über das gesamte Projektportefeuille hinweg zum Betrachtungszeitpunkt abgelesen werden. In Summe ergibt sich durch die Wertbeitragsabweichungen in unserem Beispiel eine Wertbeitragssteigerung von 14,83 über das gesamte Projektportefeuille hinweg. Diese resultiert primär aus bereits realisierten und zukünftig noch zu realisierenden Wertbeitragssteigerungen in Projekt 3.

	Barwert der Abweichungen zum 01.01.00	Vergangenheits-abweichung (Barwert bis t_0)	Abweichung in t_0	Zukunftsabweichungen Projekt-bestand	Neu-projekte	Summe
Projekt 1	3,88	-7,06	-2,00	12,94		12,94
Projekt 2	-0,74	-2,20	0,00	1,46		1,46
Projekt 3	28,92	23,10	-2,00	7,82		7,82
Projekt 4	0,00	0,00	0,00		0,00	0,00
Projekt 5	-17,23	0,00	0,00		-17,23	-17,23
Projektnetz	14,83	13,84	-4,00	22,22	-17,23	4,99

Abb. 3-85: Aufgeteilte Wertbeitragsabweichung im Projektportefeuille

Allerdings wird auch deutlich, dass mit Projekt 5 noch ein Projekt akquiriert werden soll, das nicht mehr so attraktiv erscheint, wie in den ursprünglichen Planungen noch angenommen wurde. Hier würde sich eine werttreiberorientierte Detailanalyse anbieten, um so festzustellen, ob und wenn ja welche zukünftigen Einflussmöglichkeiten vorhanden sind, um die prognostizierten negativen Wertbeitragsabweichungen abzumildern.

Aus der isolierten Betrachtung der reinen Abweichungen ergibt sich jedoch kein schlüssiges Gesamtbild über die Auswirkungen der Wertbeitragsabweichungen auf das gesamte Projektportefeuille. Um ein komplettes Bild zu erhalten, sollten die Wertbeitragsabweichungen den ursprünglich angenommen Wertbeiträgen des Projektportefeuilles gegenübergestellt werden. Abb. 3-86 zeigt diese Zusammenführung von ursprünglichen Projektnetzwertbeiträgen und Wertbeitragsabweichungen.

Anhand dieser Tabelle kann nun eine summarische **Multiprojektwertabweichungsanalyse** vorgenommen werden. Durch einen Blick auf die Vergangenheitsabweichung wird klar, dass sich Projekt 1 und 2 bis zum Betrachtungszeitpunkt noch schlechter entwickelt haben, als ursprünglich angenommen wurde.

Hier wird es zur Sicherung der Projektwertbeiträge nun darauf ankommen, die positive prognostizierte Zukunftsentwicklung unbedingt zu realisieren. Im Problemprojekt 3 konnte bis zum Betrachtungszeitpunkt offensichtlich ein Teil der negativen Projektwertbeiträge vermieden werden. Bei diesem Projekt ist darauf zu achten, dass die zukünftig höher prognostizierten Projektwertbeiträge auch tatsächlich realisiert werden.

	Projektwertbeitrag zum Zeitpunkt 01.01.00	Abweichungen zum Zeitpunkt 01.01.00	Vergangenheitserfolg (Barwert der FCF bis t_0)	Vergangenheitsabweichung (Barwert der FCF bis t_0)	Periodenerfolg in t_0	Abweichung in t_0
Projekt 1	23,76	3,88	-94,93	-7,06	15,00	-2,00
Projekt 2	13,41	-0,74	-33,00	-2,20	-12,00	0,00
Projekt 3	-116,69	28,92	-255,20	23,10	30,00	-2,00
Projekt 4	70,99	0,00	0,00	0,00	0,00	0,00
Projekt 5	110,14	-17,23	0,00	0,00	0,00	0,00
Projektnetz	101,61	14,83	-383,13	13,84	33,00	-4,00

Zukunftserfolg bzw. Zukunftsabweichungen				ursprünglicher Projektwertbeitrag	korrigierter Projektwertbeitrag
Projektbestand	Abweichungen	Neuprojekte	Abweichungen		
103,69	12,94			23,76	27,64
58,41	1,46			13,41	12,67
108,51	7,82			-116,69	-87,77
		70,99	0,00	70,99	70,99
		110,14	-17,23	110,14	92,91
270,61	22,22	181,13	-17,23	101,61	116,44

Abb. 3-86: Multiprojektwertbeitragsabweichung

In Projekt 4 liegen offensichtlich keine weiteren Informationen gegenüber der ursprünglichen Planung vor. Da das Projekt einen positiven Wertbeitrag aufweist, entsteht auch kein weiterer Handlungsbedarf. Bei Projekt 5 zeichnet sich allerdings ein prognostizierter Rückgang des Projektwertbeitrages ab. Hier ist zu überprüfen, auf welche Ursachen dies zurückzuführen ist, um gegebenenfalls noch in der Akquisitionsphase bzw. in den ersten Projektphasen dieser Entwicklung entgegenzusteuern.

In Summe betrachtet wird aber auch klar, dass Projekt 4 und 5 unbedingt akquiriert werden müssen, um die aus dem bisherigen Projektbestand resultierenden negativen Projektwertbeiträge zu kompensieren. Offensichtlich wurde auch im Projektbestand bereits an der Verminderung der negativen Projektwertbeiträge gearbeitet; diese Effekte reichen aber über das bisher im Bestand befindliche Projektportefeuille noch nicht aus, um insgesamt bis zum Betrachtungszeitpunkt einen positiven Projektnetzwertbeitrag zu erzielen.

Insgesamt gesehen bietet eine solche **dynamisierte Multiprojektabweichungsanalyse** zusätzliche Steuerungsinformationen sowohl vor einem möglichen Projektstart als auch während der Projektdurchführung. Während der Projektdurchführung können relativ einfach die Zukunftsabweichungen des Projektportefeuilles identifiziert werden, die durch Steuerungsmaßnahmen noch beeinflussbar sind. Sollen detailliertere Abweichungsanalysen durchgeführt werden, können ausgehend von der Betrachtung des Projektportefeuilles einzelne Projekte identifiziert werden, um dort weitere Analyseschritte vorzunehmen. Dies kann im Einzelfall bei besonders wichtigen Projekten bis zur Sensitivitätsanalyse der Projektwerttreiber und zur mitlaufenden Kontrolle der Projektplanungsprämissen gehen, um so die maximal wirksamen Steuerungseingriffe im Einzelprojekt zu identifizieren.

4.5.3.4 Prozess und Instrumentarium der operativen Multiprojektkontrolle

4.5.3.4.1 Multiprojektsteuerung

Nachdem im Rahmen der operativen Multiprojektkontrolle das Multiprojektreporting und verschiedene Möglichkeiten von Multiprojektabweichungsanalysen vorgestellt wurden, ist nun zu klären, wie der Multiprojektsteuerungsprozess aussehen kann und welche Rolle den einzelnen Organisationseinheiten im Rahmen dieses Steuerungsprozesses zukommt. Zudem muss das Multiprojektreporting durch steuerungsorientierte Elemente ergänzt und damit zu einem Multiprojektsteuerungscockpit ausgebaut werden. Diese beiden Themen werden später beleuchtet (S. 695ff.). Bevor dies geschieht, ist noch kurz auf die wesentlichen Voraussetzungen für eine funktionierende Multiprojektsteuerung einzugehen. Folgende Voraussetzungen können als **Erfolgsbedingungen einer Multiprojektsteuerung** gesehen werden:

- **Durchgängiges Steuerungsverständnis**
  Eine grundlegende Voraussetzung für eine funktionierende Multiprojektsteuerung ist ein identisches und von allen gleichermaßen akzeptiertes Steuerungsverständnis. Dies kann allerdings nur dann entstehen, wenn allen Beteiligten der strategische Charakter einer Multiprojektmanagementsteuerung bewusst ist. Es muss ein gemeinsames Mindset dafür geschaffen werden, dass die Gesamtunternehmensentwicklung und die Erzielung der Unternehmenswertsteigerungen im Wesentlichen durch ein Management durch Projekte umgesetzt werden sollen.
- **Ernsthaftigkeit der Steuerungsabsichten**
  Von allen Beteiligten ist absolute Ernsthaftigkeit in der Steuerungsabsicht einzufordern. Dies gilt für die Geschäftsführung, die sich intensiv mit der Gesamtprojektsituation des Unternehmens auseinandersetzen muss, wie für den einzelnen Projektleiter, der am anderen Ende der Steuerungskette die bis ins Einzelprojekt erforderlichen Steuerungsmaßnahmen eingebettet in den Gesamtunternehmenskontext umsetzen muss.
- **Subsidiaritätsprinzip der Steuerung**
  Steuerung sollte immer dort erfolgen, wo sie gerade noch möglich ist. Alles, was in einem einzelnen Projekt steuerbar ist, sollte auch dort vom Projektleiter selbst gesteuert werden. Als nächste Unterstützungsinstanz fungiert das PMO. Erst dann sollte auf die Ebene des Multiprojektlenkungsausschusses oder auf die Ebene der Geschäftsführung eskaliert werden. Generell liegt dem Management durch Projekte die Idee möglichst dezentraler Steuerungsverantwortung zugrunde. Der Projektleiter ist als „Unternehmer im Unternehmen" zu sehen.
- **Eindeutige Entscheidungs- , Kompetenz- und Verantwortungsverteilung**
  Steuerung im Rahmen des Managements durch Projekte findet stärker dezentral und mit umfassendem Abstimmungsbedarf über mehrere Ebenen und über etliche Organisationseinheiten hinweg statt. Damit muss eindeutig geklärt werden, welche Organisationseinheit in diesem Steuerungskontext welche Rolle einnimmt und wie die wechselseitigen Kommunikationsbeziehungen ausgestaltet sein sollen. Diese Rollenverteilung muss transparent sein und im gesamten Unternehmen klar kommuniziert werden.

4.5.3.4.2 Zusammenhang zwischen der strategischen und der operativen Multiprojektkontrolle

Als Grundlage für die Betrachtung des Multiprojektkontrollprozesses muss der Zusammenhang zwischen der strategischen Multiprojektkontrolle und der operativen Multiprojektkontrolle betrachtet werden. Wie bereits dargestellt (vgl. Abschnitt 4.5.1), gibt es einen Überschneidungsbereich zwischen der strategischen Durchführungskontrolle und der operativen Multiprojektkontrolle. Dieser Überschneidungsbereich manifestiert sich insbesondere im Multiprojektsteuerungsprozess. Genau hier findet der Übergang zwischen der operativen Multiprojektabweichungsanalyse und den daraus resultierenden strategischen Projektsteuerungskonsequenzen statt, die im Rahmen der Strategischen Durchführungskontrolle thematisiert werden.

Da jedoch die gesamte operative Multiprojektabweichungsanalyse letztlich auf aggregierten Daten der Einzelprojektabweichungsanalysen basiert, findet zugleich über diesen Multiprojektkontrollprozess die Verbindung zwischen operativer Einzelprojektkontrolle und gesamtunternehmensbezogener Projektportefeuillekontrolle statt. Im Grunde können bereits Steuerungsnotwendigkeiten in einem Einzelprojekt einen strategischen Charakter annehmen und damit zugleich eine Rolle im Rahmen der Strategischen Durchführungskontrolle spielen. Dies ist immer dann der Fall, wenn aufgrund seiner Größe oder anderer Kriterien ein strategisch bedeutsames Projekt vorliegt, und dieses so starke Abweichungen aufweist, dass die gesamte ursprünglich geplante Unternehmensentwicklung dadurch in Frage gestellt wird.

Handelt es sich nicht um Großprojekte oder um aus anderen Gründen strategisch wichtige Projekte, können die Abweichungen aus einer bestimmten Projektgruppe oder aus dem gesamten Projektbestand trotzdem strategische Konsequenzen hervorrufen. Hier entsteht die strategische Relevanz aus der Summe der aggregierten Einzelprojektabweichungen. Strategische Multiprojektsteuerungsmaßnahmen setzen dann zwar zunächst an den aggregierten Auswirkungen an, können jedoch nur dann zu einem echten Steuerungserfolg führen, wenn die zugehörigen Maßnahmen in jedem betroffenen Einzelprojekt im Gesamtunternehmenskontext verstanden und entsprechend umgesetzt werden. Damit wird auch deutlich, dass Abweichungsanalysen auf der Multiprojektebene oftmals nur ein Indiz für die Steuerungsnotwendigkeiten auf der Gesamtunternehmensebene darstellen. Diese müssen in einem weiteren Schritt bis auf die detaillierten Abweichungen auf Einzelprojektebene zurückverfolgt werden, um so differenziertere Abweichungsursachen zu erkennen und zu konkreten Steuerungsmaßnahmen zu kommen.

Als Fazit kann somit festgehalten werden, dass gerade die operative Multiprojektsteuerung das zentrale Bindeglied zwischen operativer Einzelprojektsteuerung und strategischer Unternehmenssteuerung darstellt. Diese Zusammenhänge werden im Folgenden noch deutlicher, wenn in die Betrachtung des Multiprojektkontrollprozesses zusätzlich die beteiligten Organisationseinheiten mit einbezogen werden.

4.5.3.4.3 Organisation der Multiprojektkontrolle

Abb. 3-87 kann als Ausgangspunkt für die weitere Betrachtung der Multiprojektkontrolle dienen.

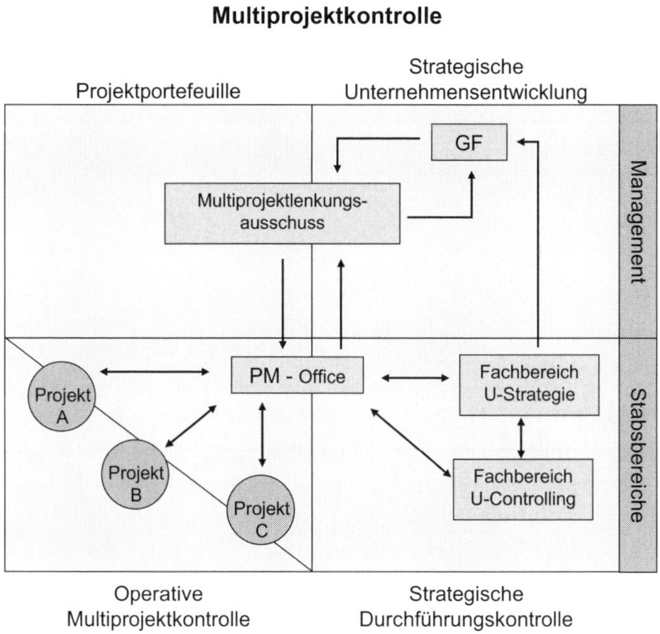

Abb. 3-87: Die Rolle der verschiedenen Organisationseinheiten im Multiprojektkontrollprozess

Die Multiprojektkontrolle umfasst die Kontrolle des Projektportefeuilles und zugleich die Kontrolle der Unternehmensentwicklung. Damit wachsen die zwei Funktionen der operativen Multiprojektkontrolle und der strategischen Durchführungskontrolle zusammen. Allerdings ist die Basis für die operative Multiprojektkontrolle die Einzelprojektkontrolle, während die Basis für die strategische Durchführungskontrolle die Strategieentwicklung ist.

4.5.3.4.3.1 Aufgaben der Organisationseinheiten

Wenn nun die Rolle der Organisationseinheiten im Rahmen der Multiprojektsteuerung betrachtet wird, fällt auf, dass sich keine Organisationseinheit ausschließlich nur um die Projekte oder um die strategische Entwicklung des Unternehmens kümmern kann. Alle Organisationseinheiten müssen immer sowohl das Projektportefeuille als auch die gesamte Unternehmensentwicklung bei ihren Entscheidungen mit berücksichtigen. In ganz besonderem Maße gilt dies für das PMO sowie für den Projektlenkungsausschuss. Diese beiden Organisationseinheiten verbinden explizit mit ihren Funktionen die strategische Steuerung und die Steuerung des Projektportefeuilles.

Die Geschäftsführung und die angeschlossenen Fachbereiche des Unternehmenscontrolling und der Strategieentwicklung sind zwar primär für die Führung und Entwicklung des Gesamtunternehmens zuständig, benötigen hierfür jedoch die Informationen über die Entwicklung des Projektportefeuilles. Umgekehrt sind die Projektleiter zwar v.a. für die Abwicklung ihrer Einzelprojekte zuständig, sie muss aber im Rahmen eines Managements durch Projekte im Kontext der Gesamtunternehmensentwicklung erfolgen.

Im Folgenden werden die **Aufgaben der einzelnen Organisationseinheiten im Multiprojektsteuerungsprozess** detailliert betrachtet:

- **Geschäftsführung**
  Die Geschäftsführung erarbeitet zusammen mit den strategischen Fachbereichen „Strategieentwicklung" und „Unternehmenscontrolling" die strategischen Entwicklungsziele sowie die Wertsteigerungsziele für das Unternehmen. Dies erfolgt unter Einbeziehung der Mitglieder des Multiprojektlenkungsausschusses und unter Berücksichtigung der Informationen von Seiten des PMO. Nach der Festlegung der Ziele dienen diese sowohl für den Multiprojektlenkungsausschuss als auch für das PMO als Vorgaben im Rahmen der Multiprojektsteuerung.

- **Fachbereich „Strategieentwicklung"**
  Der Fachbereich hat einen reinen Stabscharakter, besitzt somit also keine Entscheidungsbefugnisse. Der Fachbereich „Strategieentwicklung" hat zusammen mit dem PMO die Aufgabe, die Zielsetzungen der Unternehmensentwicklung im Rahmen der Projektportefeuilleentwicklung umzusetzen. Der Fachbereich „Strategieentwicklung" und das PMO liefern v.a. die **qua-**

litativen Entscheidungsgrundlagen für den Projektlenkungsausschuss und die Geschäftsführung, auf deren Basis der Prozess der Projektauswahl und der Festlegung auf ein strategisches Projektnetz abläuft.

Des Weiteren ist im Rahmen der Multiprojektkontrolle in einem intensiven Informationsaustausch zwischen beiden Organisationseinheiten sicherzustellen, dass die angestrebte Unternehmensentwicklung weder durch Abweichungen im Verlauf der Projektabwicklung noch durch eine Änderung der Planungsprämissen oder durch Änderungen im Umfeld des Unternehmens gefährdet wird. Hierbei übernimmt der Fachbereich „Strategieentwicklung" die Funktionen der strategischen Überwachung sowie der strategischen Prämissenkontrolle und zusammen mit dem PMO die Funktion der strategischen Durchführungskontrolle. Das PMO steuert hierzu aus der operativen Multiprojektkontrolle die aggregierten Projektdaten und die Abweichungsanalysen bei.

- **Fachbereich „Unternehmenscontrolling"**

  Auch dieser Fachbereich hat einen reinen Stabscharakter, besitzt somit also ebenfalls keine Entscheidungsbefugnisse. Der Fachbereich „Unternehmenscontrolling" hat zusammen mit dem PMO die Aufgabe, die Zielsetzungen der Unternehmenswertsteigerung im Rahmen der Projektportefeuilleentwicklung umzusetzen. Damit liefern das Unternehmenscontrolling zusammen mit dem PMO v.a. die **quantitativen** Entscheidungsgrundlagen für den Projektlenkungsausschuss und die Geschäftsführung im Prozess der Projektauswahl und der Festlegung auf ein strategisches Projektnetz.

  Des Weiteren haben beide Organisationseinheiten eine wichtige Rolle in der Sicherung der Wertsteigerungsbeiträge des Projektportefeuilles. Grundlage für diese Aufgabe bilden die Abweichungsanalysen der operativen Multiprojektkontrolle, die vom PMO durchgeführt werden. Allerdings legt das PMO den Fokus mit seinen Abweichungsanalysen auf die Gesamtprojektlebenszeit. Für das Unternehmenscontrolling sind jedoch die periodenbezogenen Auswirkungen der Abweichungen aus dem Projektportefeuille von Interesse. Nur so kann die Auswirkung auf das jeweilige Periodenergebnis des Unternehmens erfasst werden. Insofern muss das Unternehmenscontrolling aufbauend auf den vom PMO gelieferten Informationen zusätzliche Analysen durchführen, um die projektportefeuillebezogenen Informationen in die periodenbezogenen Gesamtunternehmensrechnung zu überführen.

- **Multiprojektlenkungsausschuss**

  Der Multiprojektlenkungsausschuss stellt das zentrale Entscheidungsgremium im Hinblick auf alle Entscheidungen dar, die das Projektportefeuille in

Summe betreffen und somit einen strategischen Charakter entfalten. Der Multiprojektlenkungsausschuss entscheidet damit auch über die Neuaufnahme oder Ablehnung von neuen Projekten. Dem Multiprojektlenkungsausschuss obliegt die periodische Überprüfung des gesamten Projektportefeuilles im Hinblick auf seinen Beitrag zu den strategischen Entwicklungs- und den Wertsteigerungszielen des Unternehmens. Ergeben sich im Rahmen der strategischen Kontrolle Erkenntnisse zu Umfeldänderungen oder zu wesentlichen Änderungen der zugrunde liegenden Planungsprämissen, die die bisherigen strategischen Entwicklungs- oder Wertsteigerungsziele des Unternehmens in Frage stellen, muss der Multiprojektlenkungsausschuss entsprechend mit einer Neuausrichtung des Projektportefeuilles reagieren. Dies kann auch dann der Fall sein, wenn sich aus der strategischen Durchführungskontrolle so starke Abweichungen im Rahmen der Projektabwicklung ergeben, dass die geplanten Unternehmensziele gefährdet erscheinen.

Aus der Beschreibung der Funktionen der am operativen Multiprojektsteuerungsprozess beteiligten Organisationseinheiten wird nochmals die enge Verzahnung zwischen operativer Projektwelt und strategischer Unternehmensentwicklung klar. Je effizienter und offener die wechselseitige Zusammenarbeit zwischen den verschiedenen Organisationseinheiten verläuft und je konsequenter zugleich am Subsidiaritätsprinzip der Steuerung festgehalten wird, umso stärker lässt sich in einem Management durch Projekte ein fließender Übergang zwischen strategischer Unternehmensentwicklung und deren konkreter Umsetzung in Form von Projekten erzielen. Dies setzt ein breites unternehmerisches Grundverständnis ebenso voraus wie die Möglichkeit, dieses Grundverständnis dann auch in eigene Steuerungsentscheidungen umzuwandeln. Wenn diese unternehmerischen Fähigkeiten breit im Unternehmen angelegt werden, bringt dies durch die durchgängig geschlossene Steuerungskette vom Einzelprojekt über das Projektportefeuille bis hin zur Gesamtunternehmensebene eine deutliche Verbesserung der Gesamtsteuerungsfähigkeit des Unternehmens. Zudem ergeben sich eine Steigerung der Steuerungsgeschwindigkeit und damit die Chance zu flexiblen und schnellen Reaktionen auf Veränderungen im Unternehmen und im Unternehmensumfeld.

Eine Schlüsselfunktion im Rahmen der Multiprojektsteuerung nimmt das PMO ein. Aus diesem Grunde wird die Rolle des PMO im Folgenden separat betrachtet.

4.5.3.4.3.2 Die Aufgaben des Projektmanagementoffice im Rahmen der Multiprojektkontrolle

Bisher wurde stärker auf die Definition von Abwicklungsstandards eingegangen, das PMO hat aber auch die Aufgabe, die Standards für die Steuerung der Projekte festzulegen. Hier geht es vor allem um die Definition der Kategorien wie bspw. Zeit, Leistung, Kosten und Qualität, nach denen Projekte im Unternehmen gesteuert werden sollen, und um die Festlegung von entsprechenden Steuerungskennziffern. Oftmals wird im Zuge dieser Aufgabe vom PMO auch ein einheitlicher Projektstatusbericht als Grundlage für die Projektdurchsprachen eingeführt.

Die erste Aufgabenstellung des PMO im Bereich der *Multiprojektkontrolle* besteht in der Konzeption und im Aufbau der Rahmenbedingungen für die Multiprojektsteuerung. Unter den Rahmenbedingungen sind sowohl der Steuerungsprozess zu verstehen als auch die Einbindung der organisationalen Einheiten, die an der Multiprojektkontrolle beteiligt sind und die bereits kurz beschrieben wurden (S. 696ff.). Auch die Steuerungsinfrastruktur wie bspw. einheitliche Datenbasen für alle Projekte oder Steuerungscockpits zur Visualisierung der Steuerungsinformationen sind durch das PMO aufzubauen. Dies muss in enger Abstimmung mit dem Top-Management erfolgen.

Dabei ist insbesondere auch die Rolle des PMO im Rahmen der Multiprojektsteuerung festzulegen. Diese kann von einer reinen Dienstleistungsfunktion für das Top-Management bis hin zur Berechtigung eigener Steuerungseingriffe stellvertretend für das Top-Management gehen. Wie dies gestaltet wird, hängt stark von der Unternehmenskultur, von der Stellung des Projektmanagements im Unternehmen und von der Bereitschaft des Top-Managements zur Weitergabe von Entscheidungskompetenzen ab.

Unabhängig von den eigenen Entscheidungskompetenzen nimmt das PMO i. S. der Entscheidungsvorbereitung auf jeden Fall eine Schlüsselstellung im Unternehmen ein. Es bündelt die gesamten Steuerungsinformationen aus den Einzelprojektabwicklungen und aggregiert diese über das Projektportefeuille hinweg, so dass diese Informationen einen strategischen Charakter für das Unternehmen erhalten. Darüber hinaus führt das PMO projektportefeuillebezogene Abweichungsanalysen durch. Die so aufbereiteten Informationen gibt das PMO sowohl an die zwei bereits genannten Stabsfunktionen „Strategieentwicklung“ und „Unternehmenscontrolling“ zur weiteren Analyse im Unternehmenskontext weiter als auch direkt als Entscheidungsgrundlage an den Multiprojektlenkungsausschuss und an die Geschäftsführung.

Umgekehrt vermittelt das PMO zugleich die strategischen Vorgaben, die von den Entscheidungsorganen kommen, im Rahmen seiner koordinierenden und unterstützenden Funktionen bei der Multiprojektumsetzung bis zum Einzelprojekt. Zudem hilft das PMO dem einzelnen Projektleiter bei der Eskalation von Entscheidungen, die auf der Einzelprojektebene nicht mehr sinnvoll getroffen werden können. Das PMO nimmt somit eine echte Scharnierfunktion zwischen strategischer Unternehmensentwicklung und operativer Projektabwicklung ein.

Damit übernimmt das PMO zugleich eine wichtige Mittlerposition zwischen den einzelnen Projekten und dem Top-Management. Über das PMO kann der direkte Kontakt für die Projektleiter zum Top-Management organisiert werden. Damit werden bei Bedarf aus Sicht der Projektleiter relativ schnelle Entscheidungen von Seiten des Top-Managements möglich. Bei der Herbeiführung solcher Entscheidungen kann das PMO die Rolle des beratenden Fachexperten gegenüber der Projektleitung, aber auch gegenüber dem Top-Management einnehmen. Insofern kann das PMO hier auch die Stellung eines nur dem Gesamtunternehmensinteresse verbundenen vertrauensvollen Maklers gegenüber beiden Seiten einnehmen.

Zusammenfassend kann hinsichtlich der Aufgaben des PMO im Rahmen der Multiprojektumsetzung sowie im Rahmen der Multiprojektsteuerung festgestellt werden, dass diese Aufgaben sich häufig im Konfliktfeld zwischen Linienmanagement, Projektleitung und Top-Management abspielen. Diese Konflikte sind bereits durch den Einsatz von Projektteamstrukturen im Rahmen einer Stammorganisation vorprogrammiert (vgl. *Krainz* [Sozialkompetenz] 241). Für ein funktionierendes Multiprojektmanagement ist aber eine konstruktive Lösung dieser Konflikte unumgänglich.

In diesem Zusammenhang kommt dem PMO die äußerst wichtige Aufgabe zu, soziale Arrangements zu schaffen, die eine Lösung der immer wieder auftretenden Konflikte im Sinne des Gesamtunternehmensinteresses erlauben. Zum Beispiel dürfen Projektstatusmeetings zwischen Projektleiter und Top-Management nicht als „Tribunale“ inszeniert sein. Vielmehr muss eine Arbeitssituation hergestellt werden, in der es beiden Seiten möglich wird, gemeinsam nach zielführenden Lösungen für Problemstellungen zu suchen, ohne dass eine Seite dabei ihr Gesicht verliert. Dies kann allerdings nur dann gelingen, wenn sich alle Beteiligten an die vereinbarten sozialen Arrangements und die damit verbundenen Regeln halten. Dies gilt insbesondere für das Top-Management. Hier gibt es nach den Erkenntnissen der empirischen Studien von *Gemünden/Dammer/Jonas* ([Multiprojektmanagement] 42) noch Nachholbedarf.

4.5.3.4.4 Multiprojektkontrollcockpit

Wesentliche Grundlage für die Multiprojektkontrolle sind die durch das PMO entsprechend aufbereiteten Informationen. Allerdings reichen die Informationen, die im Rahmen des Multiprojektreporting dargestellt wurden, als Grundlage für Steuerungsentscheidungen noch nicht aus. Im Multiprojektreporting wurden zum einen die Strukturdaten der Projekte, zum anderen die wichtigsten Projektkennziffern mit ihren Istwerten erfasst. Damit wird zwar die Transparenz über das Projektportefeuille hinweg gesteigert, Steuerungsentscheidungen sind aber erst dann ableitbar, wenn die Istwerte mit den Plan- bzw. Sollwerten oder den Prognosewerten verglichen werden.

Damit müssen als Grundlage für Steuerungsentscheidungen die bisherigen Vorschläge zum Multiprojektreporting um die Erkenntnisse der Abweichungsanalyse ergänzt werden. Dabei ist darauf zu achten, dass die Steuerungsinformationen für die Entscheidungsträger noch übersichtlich bleiben. Dies ist v.a. dann nicht einfach, wenn in einem Unternehmen eine große Anzahl von Projekten gleichzeitig umgesetzt wird. Im Grunde muss dann in Absprache mit den Entscheidungsträgern festgelegt werden, welche Informationen zur Steuerung überhaupt herangezogen werden sollen.

Wollen die Entscheider Informationen zum Stand jedes einzelnen Projektes im Projektportefeuille, muss an der Tabelle mit den Projektkennziffern angeknüpft werden. Allerdings ist es aufgrund der Datenfülle nicht sinnvoll, neben den Istwerten noch alle Abweichungen zu den Plan- oder Prognosewerten im Hinblick auf die Kennziffern im Detail auszuweisen. Vielmehr sollte in Bezug auf die Abweichungen der Projektkennziffern nur der momentane Status des Projektes angezeigt werden. Dies kann beispielsweise mit Pfeilen oder mit einer **Ampelfunktion** erfolgen. Dabei ist für jede Projektkennziffer ein zweistufiger Steuerungskorridor zu definieren. Wenn die Abweichung der Projektkennziffer die erste Stufe über- oder unterschreitet, wird der Status bei dieser Projektkennziffer auf Gelb, bei einer Ausweitung der Abweichung über den zweiten Grenzwert hinaus auf Rot gestellt. Zudem kann nach einer im Voraus festgelegten Regel aus den Abweichungen der einzelnen Projektkennziffern ein Gesamtstatus des Projektes abgeleitet werden.

Wird nun diese Abweichungsanalyse in regelmäßigen Abständen durchgeführt, kann neben dem jeweils aktuellen Stand auch der Trend in Bezug auf die Kennziffern im Zeitablauf pro Projekt erfasst werden. Wenn eine Vielzahl von Projekten ähnliche Trends in Bezug auf dieselben Projektkennziffern ausweist, kann dies zugleich ein Hinweis auf ein unternehmensweites Problem sein. In Abb. 3-88 wurde das Multiprojektreporting um die Ampelfunktionen ergänzt.

Projektstammdaten

Projekt-ID	Charakter	Technologie	Kategorie	Standorte	Projektleiter	Start	Ende	aktuelle Projektphase	Strategisches Ziel	Strategie-relevanz
0003D-E01	Applikation	Standard	A	Stuttgart, Madrid	Müller	01.05.05	01.12.07	Testphase	Wertsteigerung	mittel
0004D-F01	Grundlagen	neue Technologie	B	Stuttgart, Toulouse	Poincare	15.01.06	01.03.08	Designphase	Technologische Kernkompetenz	hoch
0005US-01	Applikation	neue Technologie	B	Detroit	Johnson	01.10.07	30.12.09	Quotation-phase	Markteintritt	hoch
0006D-I01	internes IT-Projekt	-	C	Frankfurt	Meyer	01.06.06	31.12.08	Umsetzung	Erhöhung der Logistikfähig-keiten weltweit	hoch
...	...	...	...	...	...	...	...	...	...	...

Projektkennziffern

Projekt-ID	Umsatz	Änderungs-volumen	Rentabilität	Kosten-entwicklung	Leistungs-fortschritt	Qualität	Milestone-erreichung	Ressourcen
0003D-E01	120 Mio	14 Mio	17%	105%	98%	100%	100%	92%
0004D-F01	14 Mio	0,5 Mio	9%	100%	80%	85%	75%	75%
0005US-01	20 Mio	-	5%	100%	100%	-	-	25%
0006D-I01	-	-	-	140%	105%	90%	85%	95%
...	...	...	...	...	...	...	...	...

Status der Abweichungen

Projekt-ID	Änderungs-volumen	Rentabilität	Kosten-entwicklung	Leistungs-fortschritt	Qualität	Milestone-erreichung	Ressourcen	Projektgesamt-status Q1	Projektgesamt-status Q2	Projektgesamt-status Q3
0003D-E01	y	g	g	g	g	g	y	g	-	-
0004D-F01	g	y	g	y	y	r	r	r	-	-
0005US-01	g	r	g	g	-	-	r	r	-	-
0006D-I01	g	-	r	g	g	y	r	r	-	-
...	...	...	...	...	...	...	...	...	...	...

Abb. 3-88: Multiprojektreporting mit Ampelfunktion

Dabei steht dunkelgrau für eine rote Ampelschaltung mit Abkürzung r für „red“, mittelgrau für eine gelbe (y für „yellow“) und hellgrau für eine grüne Ampel (g für „green“).

Werden aufgrund der Übersichtlichkeit nur noch bestimmte Bestandteile der Informationen, evtl. sogar nur noch die Ampeln pro Projekt und Kennziffer abgebildet, kann von einem **Projektsteuerungscockpit** gesprochen werden. Hier steht der schnelle Überblick für die Entscheidungsträger im Vordergrund, nicht mehr die Vollständigkeit der Information. Werden zur Beurteilung spezieller Projekte zusätzliche Informationen benötigt, können diese vom PMO durch Rückgriff auf die Daten der umfassenden Abweichungsanalysen ergänzend zur Verfügung gestellt werden.

Ein solches Cockpit auf der Basis von Ampeln hat den Nachteil, dass die tatsächlichen Abweichungen in Zahlenwerten nicht mehr erkennbar sind. Dies würde bezogen auf die Zusammenstellung aller Projekte für den Entscheider aber ohnehin nicht mehr erfassbar sein. Werden anstelle aller Projekte aber aggregierte Daten über das gesamte Projektportefeuille hinweg betrachtet, kann die Darstellung von Portefeuillekennziffern in einem Steuerungscockpit wieder Sinn machen. Allerdings muss den Entscheidungsträgern dann aber auch bewusst sein, dass es sich bei diesen Zahlenwerten nur um summarische Werte - bezogen auf das gesamte Portefeuille - handelt.

Sollen auf dieser Basis Steuerungsentscheidungen bei Abweichungen getroffen werden, ist eine tiefer gehende Analyse auf Basis der Einzelprojektübersicht in jedem Fall unumgänglich. Denkbar ist auch die Aufnahme von Verhältniskennziffern zur Darstellung der Struktur des Projektportefeuilles. Hier können beispielsweise die Ergebnisstruktur des Projektportefeuilles, die anteilige Verteilung der Umsätze in Regionen, auf Kunden, nach Projektgrößen oder auch die anteilige Verteilung der Projektbudgets auf verschiedene Projekttypen abgebildet werden. In Abb. 3-89 ist ein Beispiel für ein Steuerungscockpit zu sehen.

Im linken oberen Quadranten ist der **aktuelle Abweichungsstatus** der Kosten, des Leistungsfortschritts und der Qualität abgetragen. Hier können Ampelfarben eingesetzt werden, d.h. es gibt grüne, gelbe und rote Abweichungsbereiche. In Abb. 3-89 stehen die dunkelgrauen Balken für Anteile der Projektumsätze im „roten Bereich“, die mittleren für gelbe und die hellgrauen Säulen für grüne Abweichungsbereiche. Zudem ist der prozentuale Umsatzanteil von grünen, gelben und roten Projekten in Bezug auf ihren Gesamtprojektstatus abgetragen.

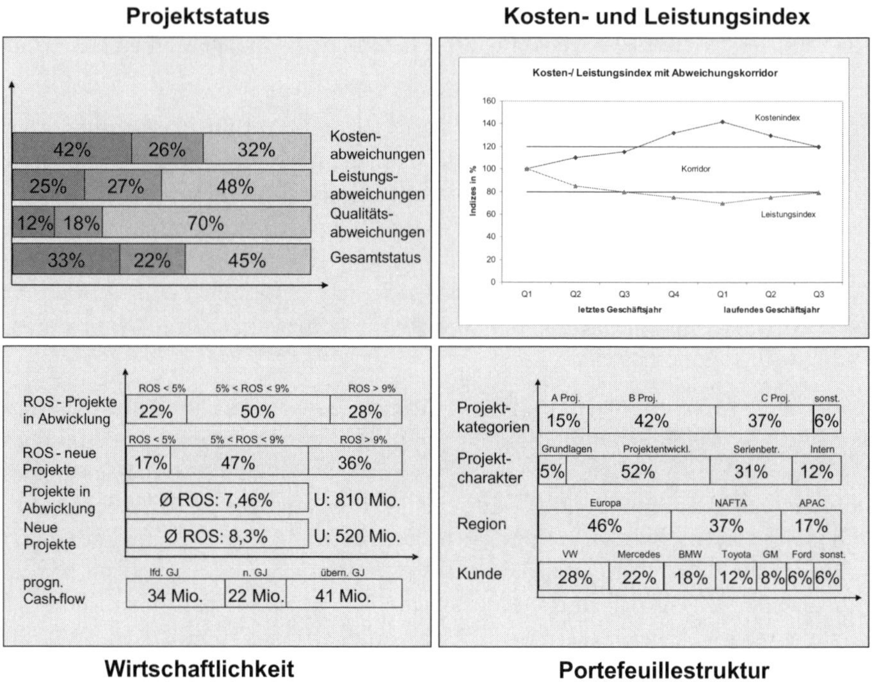

Abb. 3-89: Multiprojektcockpit

Im rechten oberen Quadranten werden die Kosten- und Leistungsabweichungen des gesamten Projektportefeuilles im Zeitablauf in Form der Entwicklung des Kosten- und des Leistungsindex dargestellt.

Im linken unteren Quadranten ist der ROS (Return on Sales) für die in Abwicklung und für die neu akquirierten Projekte abgetragen. Dabei sind die Umsatzanteile nach ROS-Bereichen abgetragen. Zudem ist der durchschnittliche ROS für die in Abwicklung und für die neu akquirierten Projekte dargestellt. Darüber hinaus wird noch der prognostizierte Cash-flow über das gesamte Projektportefeuille im Berichtsjahr und in den zwei Folgejahren ausgewiesen. Alternativ könnte dieser Quadrant auch Kennziffern aus der Projektnetzwertbeitragsrechnung beinhalten.

Welche Steuerungskennzahlen abgebildet werden sollen, hängt letztlich immer vom unternehmensspezifischen Steuerungsbedarf ab. Der Steuerungsbedarf wird von der verfolgten Unternehmensstrategie und deren Operationalisierung in strategischen Zielen bestimmt. Damit müssen die betrachteten Steuerungskennzahlen einen klaren Bezug zu diesen Zielen aufweisen und sind deshalb auch jeweils unternehmensspezifisch zu definieren.

5 Zusammenfassung

Die Notwendigkeit für ein „Management durch Projekte" ergibt sich, sobald die Anzahl der zu koordinierenden Projekte zunimmt oder die Projekte tendenziell größer und weltweit vernetzt werden: Es ist ein systematisches strategisches und operatives Multiprojektmanagement erforderlich, um diese Herausforderungen des Wandels erfolgreich bestehen zu können.

Das „Management durch Projekte" dient somit der Zusammenstellung und dem Management eines Projektportefeuilles, mit dem

- die angestrebte strategische Entwicklung des Unternehmens umgesetzt und
- die aus Sicht des Kapitalmarktes notwendige Wertsteigerung des Unternehmens erreicht werden kann.

Unternehmensentwicklung durch Projekte

Zunächst muss aus theoretischer Sicht untersucht werden, welche Rolle das Projektmanagement bei der strategischen Ausrichtung des Unternehmens in Zeiten des Wandels spielen kann und sollte. Wir haben daher verschiedene **Ansätze der Unternehmensentwicklung** betrachtet, die auf eine dauerhaft überdurchschnittlich erfolgreiche Entwicklung des Unternehmens abzielen:

- **Gestaltungsorientierte Modelle**, in denen die Unternehmensentwicklung als Ergebnis eines fomalen, rational planbaren und kontrollierbaren Steuerungsprozesses verstanden wird, und
- **Evolutionäre Modelle**, bei denen eher von indirekten Gestaltungsmöglichkeiten ausgegangen wird, mit denen die ablaufenden Evolutionsprozesse zwar nicht beherrscht, aber immerhin kanalisiert werden können.

Auf der Grundlage dieser Modelle können folgende Gestaltungsempfehlungen für ein „Management durch Projekte" abgeleitet werden:

Es sollten Projekte ausgewählt und durchgeführt werden, die zu direkten Wettbewerbsvorteilen über den Aufbau von nachhaltig Erfolg versprechenden Produkt-/ Marktkombinationen führen.

Es sollten Projekte ausgewählt und durchgeführt werden, die zu indirekten Wettbewerbsvorteilen über den Aufbau von besonderen Ressourcenkombinationen oder zentralen organisationalen Kompetenzen führen.

Es sollten strukturelle Rahmenbedingungen geschaffen werden, die eine partizipative und entwicklungsorientierte strategische Steuerung zulassen.

Projekte sollten jedoch nicht nur einen Beitrag zur Unternehmensentwicklung leisten, sondern auch zur Wertsteigerung des Unternehmens beitragen.

Wertsteigerung durch Projekte

Die wertorientierte Unternehmensführung rückt den Eigenkapitalgeber (Shareholder) und seine Erwartungen in den Mittelpunkt der Betrachtung. Die Überlassung von Eigenkapital stellt aus seiner Sicht eine Investition dar. Somit stellt sich zunächst die Frage, wie man methodisch die Vorteilhaftigkeit von Investitionen beurteilen kann. An dieser Stelle wurde eine methodische Überlegenheit der Kapitalwertmethode festgestellt.

Im nächsten Schritt wurde untersucht, welche Entscheidungswerte ein ökonomisch rational handelnder Investor aus theoretischer Sicht für seine Überlassung von Eigenkapital zugrunde legen könnte und sollte. Dabei wurden insbesondere **zwei Methoden** betrachtet:

Das **Shareholder Value-Konzept** nach *Rappaport*, das sich durch Realoptionsbetrachtungen ergänzen lässt, und

Der **Economic Value Added-Ansatz** nach *Stern/Stewart.*

Beide Konzepte sind grundsätzlich zur Ermittlung von Entscheidungswerten auf Gesamtunternehmensebene gedacht. Bei der Untersuchung ihrer Übertragbarkeit auf Projekte erschien das Shareholder Value-Konzept vorteilhafter und wurde daher als methodische Basis für die Berechnung des Projektwertbeitrags herangezogen.

Unter einem **Projektwertbeitrag** verstehen wir eine zukunftsorientierte, auf projektlebenszyklusbezogenen Planungsdaten basierende Steuerungsgröße, mit deren Hilfe bereits vor dem Projektstart der Beitrag eines Projektes zum Gesamtunternehmenswert abgeschätzt wird und die im weiteren Verlauf des Projektes als Sollgröße zur Sicherung der Projektwirtschaftlichkeit zugrunde gelegt werden kann.

Er entspricht dem Barwert der zukünftigen Free Cash-flows des Projektes mit den „Weighted Average Cost of Capital" (WACC) als Kalkulationszinsfuß.

Die Erkenntnisse aus den beiden theoretischen Analysen zur Unternehmensentwicklung und zur Wertsteigerung wurden anschließend zusammengeführt und in ein Gesamtkonzept für das Multiprojektmanagement eingebracht.

Multiprojektmanagement

Das „Management durch Projekte" wird konkret durch ein systematisches Multiprojektmanagement umgesetzt. Es besteht aus drei Phasen:

- Multiprojektplanung,
- Multiprojektumsetzung und
- Multiprojektkontrolle.

Die Phasen sind wechselseitig rekursiv vernetzt und laufen somit nicht linear nacheinander ab.

(1) Multiprojektplanung

Im Zuge der strategischen Multiprojektplanung werden jene Projekte ausgewählt, die den beiden Zielen der strategischen Unternehmensentwicklung und der Wertsteigerung am besten dienen. Ergebnis dieser Auswahlentscheidung ist ein „strategisches Projektnetz" als Zusammenstellung aller in einem Unternehmen zur Umsetzung angenommenen und in Durchführung befindlichen strategischen Projekte.

Aufbauend auf dieser Entscheidung erfolgt dann die konkrete operative Multiprojektplanung: Hier geht es v.a. um die Abstimmung der Ressourcenplanung sowie die Planung von Synergien zwischen den verschiedenen Projekten.

(2) Multiprojektumsetzung

Für eine erfolgreiche Umsetzung der Multiprojektplanung sind zunächst die notwendigen Strukturen einzurichten. Zur Multiprojektumsetzung gehören

- Die Bereitstellung einer einheitlichen und aktuellen Datenbasis
- Die Entwicklung von einheitlichen Projektmanagementstandards
- Die Unterstützung und Koordination der operativen Projektumsetzung
- Der Aufbau von Projektmanagement-Know how
- Das Multiprojektsynergie- und Multiprojektänderungsmanagement innerhalb des strategischen Projektnetzes.

Zur Wahrnehmung dieser Aufgaben müssen zusätzliche Organisationseinheiten eingerichtet werden. Dies sind insbesondere der Multiprojektlenkungsausschuss und das Projektmanagementoffice (PMO).

(3) Multiprojektkontrolle

Im Rahmen der strategischen Multiprojektkontrolle wird geprüft,

- ob die strategische Eignung der einzelnen Projekte für das strategische Projektnetz weiterhin gesichert ist,
- ob das strategische Projektnetz noch immer die gewünschte strategische Entwicklung für das Gesamtunternehmen widerspiegelt,
- ob sich aufgrund neuer Erkenntnisse im Zuge der Durchführung einzelner Projekte ein strategischer Handlungsbedarf zur Überarbeitung des Projektnetzes ergibt.

Bei der operativen Multiprojektkontrolle steht der Überblick über den aktuellen Stand der Gesamtheit der Projekte im Mittelpunkt. Dazu dienen insbesondere **Multiprojektreports** und **Multiprojektabweichungsanalysen**.

Fragen zur Wiederholung

(1) Grundlagen des Managements durch Projekte

1. Skizzieren Sie den grundlegenden Charakter und die Aufgaben des „Managements durch Projekte". Erläutern Sie, wann ein „Management durch Projekte" überhaupt notwendig wird. (1)

(2) Unternehmensentwicklung durch Projekte

1. Erläutern Sie die grundlegende Aufgabe der strategischen Unterneh--mensführung? (2.1.1)

2. Was sind die grundlegenden Unterschiede zwischen den gestaltungs- und evolutionsorientierten Modellen der Unternehmensentwicklung? (2.1.2)

3. Welche Gestaltungsschwerpunkte ergeben sich nach der „Market-based-View of Strategy" bzw. der „Resource-based-View of Strategy"? (2.1.2.1)

4. Durch welche Art von Steuerungseingriffen versuchen die Vertreter des evolutionären Managements, die Unternehmensentwicklung zu kanalisieren? Belegen Sie dies durch Beispiele. (2.1.2.2)

(3) Wertsteigerung durch Projekte

1. Was spricht für die Verwendung dynamischer Investitionsrechenverfahren bei der Ableitung von projektorientierten Entscheidungswerten? (3.1.2)

2. Aus welchen Größen berechnet sich der Shareholder Value nach *Rappaport*? (3.2.3)

3. Welche Aspekte können mittels eines Realoptionsansatzes zusätzlich in eine Entscheidung mit einbezogen werden? (3.2.4)

4. Aus welchen Größen berechnet sich der EVA nach *Stern/Stewart*? (3.2.5)

5. Durch welche Merkmale ist ein Projektwertbeitrag gekennzeichnet? (3.3.2)

(4) Multiprojektmanagement

1. Geben Sie einen Überblick über die Aufgabenstellungen der Multiprojektplanung, -umsetzung und –kontrolle. (4.1)

2. Erläutern Sie die unterschiedlichen Arten, wie projektbezogene Cash-flows gewonnen werden können. (4.3.1.4.2 und 4.3.1.4.3)

3. Wie berechnet man auf der Grundlage eines Operating Cash-flow einen Free Cash-flow? (3.2.3 und 4.3.1.4.3.4)

4. Skizzieren Sie den Prozess zur Vorauswahl und Kombination von Projekten (4.3.1.5)

5. Für die Auswahlentscheidung von Projekten kann die Nutzwertanalyse eingesetzt werden. Verdeutlichen Sie die Vorgehensweise im Rahmen dieses Verfahrens anhand eines selbstgewählten Beispiels. (4.3.1.5.2)

6. Was versteht man unter einem „strategischen Projektnetz"? (4.3.1.5.3)

7. Unterscheiden Sie die drei Begriffe „strategisches Projektnetz", „Projektportefeuille" und „Projektprogramm". (4.3.1.6.1 und 4.3.2.1)

8. Erklären Sie, welche Bedingungen für eine erfolgreiche Multiprojektressourcenplanung gegeben sein sollten. (4.3.2.2.2)

9. Wie kann eine Multiprojektorganisation aussehen? Erläutern Sie die Aufgaben der einzelnen Stellen und Gremien. (4.4.1)

10. Erläutern Sie die Aufgaben des PMO in den drei Phasen des Multiprojektmanagements. (4.3.3, 4.4.2 und 4.5.3.4.3.2)

11. Was versteht man unter einer „strategischen Prämissenkontrolle"? Verdeutlichen Sie die Aufgaben der strategischen Prämissenkontrolle anhand eines Beispiels. (4.5.2.2)

12. Skizzieren Sie den Aufbau und mögliche Inhalte eines Multiprojektreports. (4.5.3.2)

13. Wie können Multiprojektressourcenabweichungen festgestellt und analysiert werden? (4.5.3.3.3)

14. Bei der Projektsteuerung sollte das „Subsidiaritätsprinzip" gelten. Was beinhaltet dieser Begriff? (4.5.3.4)

14. Zeigen Sie den Multiprojektkontrollprozess auf. (4.5.3.4)

15. Wie kann ein Multiprojektkontrollcockpit aussehen? Welchen Nutzen kann man aus ihm ziehen? (4.5.3.4.4)

Fragen zur Vertiefung

(1) Grundlagen des Managements durch Projekte

1. Stellen Sie die Regelkreise des „Managements durch Projekte" im Führungsregelkreis des Projektmanagements dar.

(2) Unternehmensentwicklung durch Projekte

1. Was macht Wissen zu einer interessanten Ressource im Hinblick auf die Erzielung von Wettbewerbsvorteilen?

2. Inwiefern kann von einem Zusammenwachsen der gestaltungs- bzw. der evolutionsorientierten Modelle der Unternehmensentwicklung gesprochen werden?

3. Welche Erkenntnisse lassen sich aus den Modellen der Unternehmensentwicklung für ein Management durch Projekte ableiten?

4. Wieso ist die Einbeziehung des Projektumfeldes ein Erfolgsfaktor für die Erzielung guter Projektlösungen?

5. Welche Rolle spielt ein bewusstes Management der Kommunikation im Projektmanagement?

(3) Wertsteigerung durch Projekte

1. Wieso wird dem Shareholder Value-Konzept der Vorzug bei der Ableitung projektorientierter Entscheidungswerte eingeräumt?

2. Welche Schwierigkeiten ergeben sich bei der Ableitung eines projektspezifischen Kalkulationszinsfußes?

3. Welche Punkte müssen bei der Ableitung von projektbezogenen Cashflows beachtet werden?

(4) Multiprojektmanagement

1. Erläutern Sie die Zusammenhänge zwischen Multiprojektplanung, -umsetzung und –kontrolle.
2. Man kann strategische Projekte mit direkter und indirekter Markt- und Wettbewerbswirkung unterscheiden. Suchen Sie Beispiele für den jeweiligen Projekttyp.
3. Erläutern Sie das Konzept der Balanced Scorecard. Wozu kann man dieses Konzept im Rahmen des Projektmanagements nutzen?
4. Die Berechnung von Realoptionen stellt eine methodische Herausforderung für die Praxis dar. Skizzieren Sie eine praxisorientierte Lösung für die Berücksichtigung des Realoptionsgedankens.
5. Welche Kriterien würden Sie für die Bewertung von strategischen Projekten heranziehen?
6. Zeigen Sie auf, wozu die Zerlegung des Projektwertbeitrages in Vergangenheits-, Perioden- und Zukunftserfolg dient.
7. Wie sollte die Multiprojektressourcenplanung organisatorisch im Unternehmen verankert sein?
8. Welche methodischen Möglichkeiten sehen Sie zur Unterstützung der Multiprojektsynergieplanung?
9. Skizzieren Sie die Zusammenhänge zwischen der Einzelprojekt- und der Multiprojektkontrolle.
10. Wie würden Sie eine Multiprojektterminkontrolle betreiben?
11. Welche Schlüsse können Sie aus einer Multiprojektwertbeitragsabweichungsanalyse ziehen?
12. Welche Erfolgsbedingungen sind für eine erfolgreiche Multiprojektsteuerung notwendig?

Literaturempfehlungen

Bea, F.X. u. J. *Haas*: Strategisches Management. 5. A., Stuttgart 2009.

Gagsch, B.: Wandlungsfähigkeit von Unternehmen. Konzept für ein kontextgerechtes Management des Wandels. Frankfurt/Main 2002.

Klimecki, R., G.J.B. *Probst* u. P. *Eberl*: Entwicklungsorientiertes Management. Stuttgart 1994.

Lomnitz, G.: Multiprojektmanagement. Projekte planen, vernetzen und steuern. 3. A., Frankfurt/Main 2008.

Patzak, G. u. G. *Rattay*: Projektmanagement: Leitfaden zum Management von Projekten, Projektportfolios und projektorientierten Unternehmen. 5. A., Wien 2009.

Probst, G.J.B. u. P. *Gomez*: Die [Methodik] des vernetzten Denkens zur Lösung komplexer Probleme. In: *Probst*, G.J.B. u. P. *Gomez* (Hrsg.): Vernetztes Denken: Unternehmen ganzheitlich führen. Wiesbaden 1989, S. 1-18.

Steinmann, H. u. G. *Schreyögg*: [Management]. Grundlagen der Unternehmensführung. 6. A., Wiesbaden 2005.

Teil 4: Das projektorientierte Unternehmen

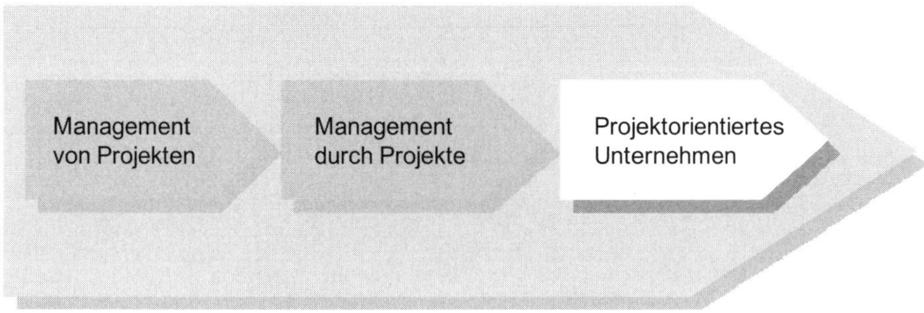

1 Einführung

Wir gehen davon aus, dass mit zunehmender Umwelt- und Unternehmensdynamik das Projektmanagement als Instrument der Unternehmensführung immer stärker an Bedeutung gewinnt. Aus unserer Sicht können durch eine systematische Einbettung des Projektmanagements in die Führungsfunktionen besonders **nachhaltige Wettbewerbsvorteile** erzielt werden. Diese These soll im Folgenden mit der Darstellung des projektorientierten Unternehmens untermauert werden.

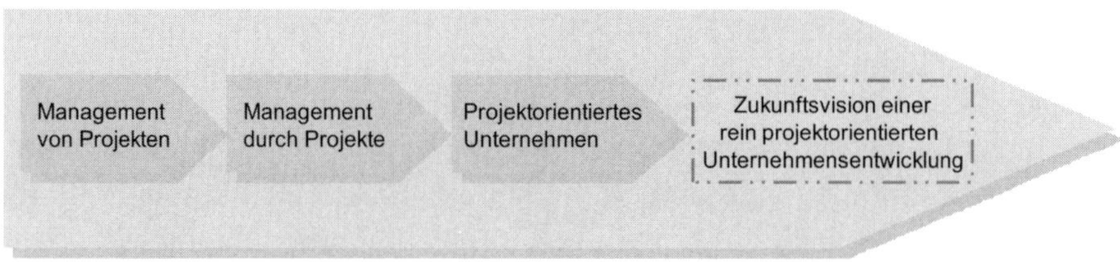

Abb. 4-1: Von der Einzelprojektabwicklung zur Zukunftsvision der projektorientierten Unternehmensentwicklung

Wie aus Abb. 4-1 ersichtlich wird, handelt es sich beim projektorientierten Unternehmen um den vorläufig letzten Schritt des Entwicklungskontinuums des Projektmanagements. Diese Entwicklung zu einem projektorientierten Unternehmen stellt eine adäquate unternehmerische Antwort auf eine Situation mit sehr hoher Umfeld- und Unternehmensdynamik und einem hohen Anteil von Projekten am Gesamtgeschäft dar.

Bereits im Zuge der theoretischen Grundlegung der Unternehmensentwicklung haben wir herausgearbeitet (vgl. die Zusammenfassung auf S. 500), dass sowohl die Vertreter von ressourcenorientierten Gestaltungsansätzen als auch von evolutionären Modellen der Unternehmensentwicklung den Aufbau von **Ressourcenkombinationen** bzw. **organisationalen Fähigkeiten** vorschlagen, die eine **partizipative und entwicklungsorientierte strategische Steuerung** zulassen. Diese wiederum verlangt eine Flexibilisierung von organisationalen und mentalen Strukturen sowie eine Dezentralisierung von Entscheidungen.

Aus dieser Perspektive ergeben sich zwei **wesentliche Erfolgsfaktoren der Unternehmensentwicklung**:

- Der kontinuierliche Aufbau **organisationaler Kompetenzen** durch die Etablierung einer lernenden Organisation und

- Der gezielte Aufbau **persönlicher Kompetenzen** bei den Mitarbeitern.

(1) Ein projektorientiertes Unternehmen kann geradezu als Prototyp einer **projektorientierten lernenden Organisation** verstanden werden. Sie verlangt in Ergänzung zu einem systematischen Multiprojektmanagement eine entwicklungsorientierte Ausrichtung der Führungsfunktionen des Unternehmens an den Erfordernissen des Projektmanagements. Darüber hinaus muss ein klares Verständnis des projektorientierten Unternehmens i. S. einer lernenden Organisation vorhanden sein, um über die Weiterentwicklung der organisationalen Kompetenzen eine entsprechende unternehmerische Wissensbasis zu verankern. Ergänzend hierzu sind gezielte Maßnahmen zum Aufbau persönlicher Kompetenzen im Projektmanagement zu ergreifen.

(2) Im Rahmen des „Managements durch Projekte" in Teil 3 ist implizit schon deutlich geworden, dass die stärkere Integration des Projektmanagements in die strategische Unternehmensführung zunehmend Konsequenzen für die Führungssysteme Planung, Kontrolle, Organisation, aber auch für die Personalentwicklung und für die Unternehmenskultur hat, je höher der über Projekte abgewickelte Umsatzanteil eines Unternehmens wird. Während im Rahmen eines Managements durch Projekte die Integration des Projektmanagements in die gesamte Unternehmensentwicklung angestrebt wird, zeichnet sich ein projektorientiertes Unternehmen zusätzlich dadurch aus, dass die **Führungsfunktionen** des Unternehmens **systematisch auf die Erfordernisse des Projektmanagements** ausgerichtet werden. Die Weiterentwicklung der Führungsfunktionen und der notwendige **Kompetenzaufbau** auf organisationaler und persönlicher Ebene hängen dabei eng miteinander zusammen.

Zur Charakterisierung eines projektorientierten Unternehmens befassen wir uns mit folgenden Problemstellungen:

- Abschnitt 2: Neuausrichtung der Führungsfunktionen: Strategische Planung, Strategische Kontrolle, Organisation, Unternehmenskultur
- Abschnitt 3: Aufbau organisationaler Projektmanagementkompetenz durch Weiterentwicklung eines Unternehmens zu einer Lernenden Organisation sowie durch Projekte als Bausteine des Wissensmanagements
- Abschnitt 4: Aufbau einer persönlichen Projektmanagementkompetenz am Beispiel des Projektleiters
- Abschnitt 5: Aufgaben des Projektmanagementoffice (PMO) im Rahmen eines projektorientierten Unternehmens
- Abschnitt 6: Wettbewerbsvorteile eines projektorientierten Unternehmens in einem dynamischen Umfeld

- Abschnitt 7: Zukunftsvisionen einer projektorientierten Unternehmensentwicklung

2 Neuausrichtung der Führungsfunktionen im projektorientierten Unternehmen

Ein projektorientiertes Unternehmen zeichnet sich nach *Patzak/Rattay* ([Projektmanagement] 577) dadurch aus, dass „Abteilungen im traditionellen Sinne vorhanden, aber nicht vorrangig für den Geschäftserfolg verantwortlich sind". Die Abteilungen stellen aus dieser Sicht eher Dienstleistungspools dar, die für die Projektabwicklung entsprechend qualifizierte Mitarbeiter zur Verfügung stellen. Der Geschäftserfolg wird in einem projektorientierten Unternehmen primär mit der Vielzahl der durchgeführten Projekte erzielt. Hierzu bedarf es dann allerdings einer projektorientierten Ausrichtung der Führungssysteme des Unternehmens, wie der Organisation und der Kultur (vgl. *Gareis* [Management by Projects] 37). Diese projektorientierte Ausrichtung der Führungssysteme ist das Hauptcharaktermerkmal eines projektorientierten Unternehmens.

> Ein projektorientiertes Unternehmen zeichnet sich dadurch aus, dass Projektmanagement als **Führungskonzeption mit in die Entwicklung des gesamten Unternehmens integriert** ist und dass eine **bewusste Anpassung der Führungsfunktionen** des Unternehmens an die Bedürfnisse des Projektmanagements vorgenommen wird.

Wie eine solche projektorientierte Ausrichtung der Führungsfunktionen aussieht, wird im Folgenden skizziert und dann in Beziehung zur „Lernenden Organisation" gesetzt.

2.1 Strategische Planung im projektorientierten Unternehmen

Wird die Entscheidung getroffen, dass Projekte zukünftig der „Kern des Geschäftes" im Unternehmen sein sollen, dann erfolgt die strategische Entwicklung überwiegend durch Projekte. Damit kommt letztlich auf jeden Projektverantwortlichen eine Mitverantwortung für die Gesamtentwicklung des Unternehmens zu.

Diese Mitverantwortung ist zwar auch in einem „Management von Projekten" vorhanden, jedoch wesentlich abstrakter. Als Konsequenz aus der unmittelbareren Verantwortung muss die „Formel" vom **„Unternehmer im Unterneh-**

men“ wirklich ernst genommen werden. Die Projektteams sollten sowohl aufgabenbezogen als auch disziplinarisch stärker eigenverantwortlich sein, sie sollten aber dann auch verstärkt das Erfolgsrisiko tragen. Die Projektverantwortlichen müssen zudem umfassender in die Strategieentwicklung und -implementierung einbezogen werden, wenn sie ihre Entscheidungsspielräume i. S. des Gesamtunternehmens nutzen sollen. Strategieentwicklung kann dann nicht mehr in eng abgegrenzten Führungskräfte- und Spezialistenzirkeln stattfinden, sondern wird mit den Projekten über das gesamte Unternehmen verteilt.

Aus der **stärkeren Autonomie** der einzelnen Projektteams folgt allerdings zugleich ein stärkerer **Koordinationsbedarf**. Letztlich muss eine projektorientierte strategische Planung in einer Mischung aus dezentraler strategischer Projektsteuerung mit hoher Markt- und Kundennähe und aus zentraler Koordination mittels eines systematischen Multiprojektmanagements ablaufen. Hierzu ist jedoch eine gleichberechtigte Stellung der dezentralen und zentralen strategischen Steuerungsorgane notwendig. Strategische Steuerung entsteht dann nicht aus zentralen Planungsvorgaben, sondern aus einer wechselseitigen Abstimmung der verschiedenen Steuerungsorgane. Damit kommt jedoch der Generierung dezentraler Steuerungsinformationen sowie der Schaffung von Kommunikationsforen zum gleichberechtigten Austausch der Steuerungsinformationen eine wesentliche Bedeutung zu. Gerade durch die Sicherstellung einer gleichberechtigten Kommunikation besteht die Chance, aus der Mischung von zentralen und dezentralen Steuerungsinformationen eine gemeinsame handlungsgeeignete Wirklichkeitskonstruktion zu gewinnen. Diese gemeinsame Wirklichkeitskonstruktion kann die übergeordneten, für das gesamte Unternehmen wichtigen Aspekte mit unmittelbar markt- und kundenbezogenen Aspekten aus der strategischen Projektsicht verbinden.

2.2 Strategische Kontrolle im projektorientierten Unternehmen

Die Ausführungen zur strategischen Planung betonen bereits die zunehmende Eigenverantwortlichkeit der Projektteams. Daraus resultiert grundsätzlich eine Verschiebung hin **zu mehr Selbstkontrolle** im Projektteam. Für eine erfolgreiche Steuerung im projektorientierten Unternehmen sind die folgenden **Voraussetzungen** entscheidend:

- **Durchgängiges Steuerungsverständnis**

  Allen Beteiligten muss die hohe Priorität von Projekten aufgrund ihres strategischen Charakters bewusst sein.

- **Subsidiaritätsprinzip der Steuerung**

  Steuerung sollte immer dort erfolgen, wo sie gerade noch möglich ist. Alles, was in einem einzelnen Projekt steuerbar ist, sollte dort auch vom Projektleiter selbst gesteuert werden. Fragen der gesamtunternehmerischen Steuerung werden ebenfalls auf möglichst projekt-, und damit kunden- und marktnahen Ebenen entschieden.

- **Eindeutige Entscheidungs-, Kompetenz- und Verantwortungsverteilung**

  Aufgrund des umfassenden Abstimmungsbedarfs in einer projektorientierten Unternehmung muss eindeutig geklärt werden, welche Organisationseinheit in diesem Steuerungskontext welche Rolle einnimmt und wie die wechselseitigen Kommunikationsbeziehungen auszugestalten sind.

Dies hat nicht nur Konsequenzen für die operative Eigenprojektkontrolle, die sowieso im Zuständigkeitsbereich des Projektteams liegt, sondern darüber hinaus auch für die **strategische Kontrollfunktion**. Über die Zielvereinbarung des Projektteamleiters mit dem Projektmanagementoffice (PMO) und der daraus abgeleiteten Zielvereinbarung zwischen Projektleiter und Projektteam ist allen Projektmitgliedern sowohl die strategische Einordnung ihres Projektes in das gesamte strategische Projektnetz als auch der geplante Projektwertbeitrag bekannt.

Damit kommt sowohl den Teammitgliedern als auch der Projektleitung die Aufgabe einer strategischen Überwachung zu (vgl. S. 656). Sowohl aus der eigenverantwortlichen Überwachung des Projektumfeldes als auch aus der Überwachung der Projektdurchführung können sich Erkenntnisse ergeben, die die strategische Zielsetzung des Projektes selbst oder gar die Ausrichtung des gesamten strategischen Projektnetzes beeinflussen. Darüber hinaus können sich Entwicklungen abzeichnen, die eine Realisierung des geplanten Projektwertbeitrages in Frage stellen.

Sobald solche Erkenntnisse vorliegen, müssen diese von der Projektleitung in die Diskussion mit dem PMO bzw. mit dem Multiprojektlenkungsausschuss eingebracht werden. So können auch auf der projektübergreifenden Ebene Maßnahmen ergriffen werden, die auf der Einzelprojektebene die Sicherung des Projektwertbeitrages unterstützen oder mit denen alternativ auf der Multiprojektebene der Wertbeitrag des Gesamtprojektportefeuilles sichergestellt werden kann. Dies kann bereits durch eine Umschichtung von Ressourcen zwischen den Projekten erreicht werden, möglicherweise jedoch auch über die Erarbeitung einer neuen gemeinsamen strategischen Stoßrichtung, die in Folge sogar zu einer Veränderung des gesamten Projektportefeuilles führen kann.

Damit bekommt die strategische Kontrollfunktion ebenso wie die strategische Planungsfunktion einen partizipativen Charakter. Die strategische Kontrollfunktion wird so in einer **Mischung aus zentraler Fremdkontrolle** durch das PMO bzw. das Unternehmenscontrolling **und dezentraler Selbstkontrolle** durch die Betroffenen wahrgenommen. Damit sollte gewährleistet sein, dass sowohl die kontextspezifischen strategischen Projektinformationen als auch die das gesamte Unternehmen betreffenden strategischen Informationen bei der Entwicklung des Unternehmens laufend berücksichtigt werden.

2.3 Organisation im projektorientierten Unternehmen

Der Organisation kommt in einem projektorientierten Unternehmen eine strukturelle Steuerungsfunktion zu: Um eine wirklich gleichberechtigte Mischung aus dezentraler und zentraler strategischer Steuerung zu ermöglichen, müssen die jeweiligen Steuerungsorgane entsprechend in der Organisationsstruktur verankert werden.

(1) Dezentrale Steuerungsorgane

Die **dezentralen Steuerungsorgane** sind die **Projektteams**. Diese müssen von der Linie organisatorisch klar abgegrenzt werden und sollten aufgrund der hohen Bedeutung der strategischen Projektaufgaben voll aufgabenbezogen und disziplinarisch eigenverantwortlich sein. Dem Projektleiter und dem Projektteam wird so ein eigenständiger Handlungsrahmen eingeräumt. Nur im Rahmen eines reinen Projektmanagements ist der nötige Freiraum für eine eigenständige und unmittelbar kontextbezogene strategische Steuerungsfunktion gegeben. Eine solch hohe Eigenständigkeit der einzelnen Projekte erfordert andererseits jedoch wieder höhere organisatorische Koordinationsanstrengungen.

Deshalb sollte die Schaffung **loser Kopplungen** zwischen den verschiedenen strategischen Projekten unterstützt werden. Dies kann durch wechselseitige personelle Besetzungen der Projektteams erfolgen. Hierdurch wird auch die Bildung einer informalen Informations- und Kommunikationsstruktur gefördert, die sich nach dem unmittelbaren Problembedarf ausrichtet: Kommunikationsbeziehungen werden je nach Koordinationsbedarf aktiviert oder abgeschwächt. Eine solche formale Entkopplung der Koordinationsmechanismen bringt den Vorteil spontaner Koordinationsmuster mit sich (vgl. die Ausführungen zur Selbstorganisation in Teil 2, S. 82ff.).

Zusätzlich zu diesen lose gestalteten Koordinationsmechanismen sollten **Kommunikationsgremien** eingerichtet werden, die entweder in regelmäßigen Abständen oder bei projektübergreifendem Problemstellungsbedarf zusammenkommen.

(2) Zentrale Steuerungsorgane

Neben den dezentralen Steuerungsorganen bedarf es der Institutionalisierung **zentraler Koordinations- und Steuerungsorgane** (vgl. S. 634ff.).

Dabei kommt dem Projektmanagementoffice (PMO) als zentralem Koordinationsorgan zwischen der Projektwelt und der Unternehmensführung eine besondere Rolle zu. Bereits im Rahmen eines „Managements durch Projekte" erwies sich die Einführung eines solchen Organs als sinnvoll, im Rahmen eines projektorientierten Unternehmens ist sie unumgänglich. Die Bedeutung des PMO und des Multiprojektlenkungsausschusses nimmt im Rahmen eines projektorientierten Unternehmens zu.

(a) Das **Projektmanagementoffice** (PMO) besetzt i. S. der Entscheidungsvorbereitung für den Multiprojektlenkungsausschuss und die Geschäftsführung die Schlüsselstelle im Unternehmen (vgl. Abb. 4-2). Zugleich werden die Kommunikations-, Standardisierungs- und Unterstützungsaufgaben für die einzelnen Projekte noch wichtiger. Auch im Rahmen des projektorientierten Kompetenzaufbaus sowie eines systematisch organisierten Wissens- und Erfahrungsaustausches zwischen den Projekten erwachsen zusätzliche Aufgaben. Das Projektmanagementoffice nimmt somit einerseits eine echte Scharnierfunktion zwischen strategischer Unternehmensentwicklung und operativer Projektabwicklung ein, spielt andererseits aber auch eine zentrale Rolle im Aufbau eines projektorientierten Wissensmanagements.

(b) Das relative Gewicht des **Multiprojektlenkungsausschusses** als strategisches Entscheidungsorgan nimmt in einer projektorientierten Unternehmung ebenfalls deutlich zu. Er entscheidet über die Neuaufnahme oder Ablehnung neuer Projekte. Ihm obliegt auch die periodische Überprüfung des gesamten Projektportefeuilles im Hinblick auf die Passung zu den strategischen Entwicklungs- und den Wertsteigerungszielen des Unternehmens. Diese Überprüfung wird unter Einbeziehung der betroffenen Projektleiter vorgenommen, um so den direkten Bezug zwischen strategischer Unternehmensentwicklung und konkreter Projektumsetzung zu gewährleisten.

Insgesamt sollten die strukturellen Rahmenbedingungen zu einer Steigerung der Kommunikationsfähigkeit zwischen Linie und Projektmanagement beitragen. Eine gleichberechtigte top-down- und bottom-up-Kommunikation bildet die

Voraussetzung für die Erarbeitung einer gemeinsamen strategischen Stoßrichtung, die sowohl zu einer Erhöhung der lokalen strategischen Variabilität als auch zu einer gemeinsamen effektiven Ausrichtung des gesamten Unternehmens führt.

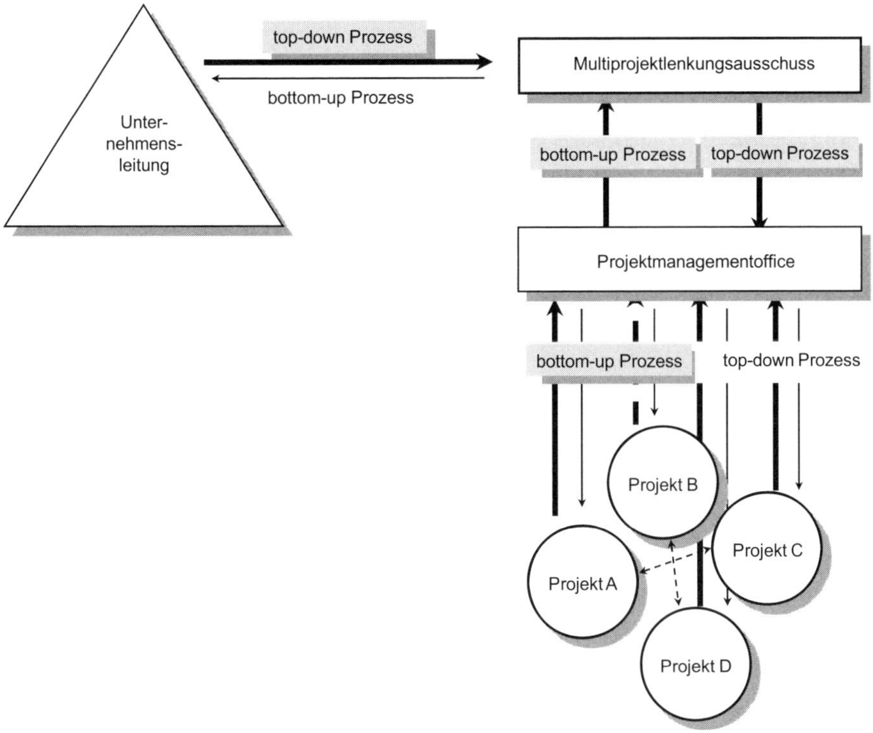

Abb. 4-2: Organisation des projektorientierten Unternehmens

2.4 Unternehmenskultur im projektorientierten Unternehmen

Unternehmensentwicklung durch Projektmanagement setzt ein stark dezentrales und partizipativ angelegtes strategisches Steuerungsverständnis voraus. Die strategische Ausrichtung wird nicht an wenigen zentralen Stellen des Unternehmens vorgenommen, sondern bildet sich aus einer Kombination von dezentralen Entscheidungen und zentralen Koordinationsanstrengungen. Eine solche offene und flexible strategische Steuerung erfordert jedoch von allen Unternehmensmitgliedern **gemeinsam getragene Werte**, die einen übergeordneten gemeinsamen Verhaltenskorridor schaffen.

Im Folgenden wird aus dem gesamten normativen Handlungsrahmen die Unternehmenskultur herausgegriffen und im Hinblick auf jene **Kulturdimensionen** analysiert, **die für ein projektorientiertes Unternehmen von besonderer Bedeutung sind** (in Anlehnung an *Bleicher* [Management] 248ff.):

- **Offenheit**
  Die Unternehmenskultur sollte **außenorientiert** sein und eine hohe Sensibilität gegenüber den Bedürfnissen von unternehmensexternen Interessengruppen aufweisen. Hierzu gehört natürlich auch eine starke Markt- und Kundenorientierung des Unternehmens. Darüber hinaus muss eine Offenheit gegenüber dem ständigen Wandel in der Umwelt an den Tag gelegt werden. Die Umweltdynamik sollte als **Chance zur ständigen Erneuerung** und nicht als Gefahr begriffen werden.

- **Differenziertheit**
  Die Unternehmenskultur wird zwar als ein gemeinsamer Werterahmen verstanden, trotzdem sollte ausreichend Freiraum für unterschiedliche Subkulturen und die daraus resultierenden differenzierten Verhaltensweisen im Unternehmen erhalten bleiben. Der Ausgleich zwischen den verschiedenen Subkulturen erfordert eine Vielzahl von wechselseitigen Abstimmungsprozessen. Eine offene und auf Vertrauen basierende Kommunikationskultur ist dabei der Schlüssel zu authentischen, an Gesamtunternehmenszielen orientierten Entscheidungen auf allen Ebenen. Dies sollte einhergehen mit einer Basisorientierung der Unternehmenskultur, die eine Entwicklung des Unternehmens bottom-up möglich macht.

- **Führung**
  Die Unternehmenskultur muss **unternehmerische Denk- und Handlungsweisen** fördern. Hierzu gehört die Verankerung des Bewusstseins, dass sich unternehmerische Entwicklung aus einer Mischung von Planung und dem Ablauf evolutionärer Prozesse ergibt. Ein projektorientiertes Unternehmen zielt in seinem hoch dynamischen und komplexen Umfeld stark auf das Lernen und den systematischen Umgang mit Wissen ab. Hierzu bedarf es einer entsprechenden **Lern- und Wissenskultur**, in der das Teilen von Wissen Usus ist sowie die stetige Bereitschaft zur Veränderung im Denken verankert wird. Zugleich sollte die notwendige Innovationsorientierung durch eine fehlertolerante Unternehmenskultur unterstützt werden.

- **Mitarbeiter**
  Jeder einzelne Mitarbeiter ist als **„Unternehmer" und gleichberechtigter Kommunikationspartner** in der konstruktiven Auseinandersetzung um „den richtigen Weg" der Unternehmensentwicklung ernst zu nehmen. Handlungsorientierung und Risikoübernahme des Einzelnen müssen gefördert werden. Persönliche Leistung muss sich in Gratifikationen und Entwicklungsmöglichkeiten des Einzelnen niederschlagen.

Bleicher fasst diese vier Dimensionen zu einem Muster einer Unternehmenskultur zusammen und nennt sie **„verpflichtete Unternehmenskultur"** (vgl. Abb. 4-3).

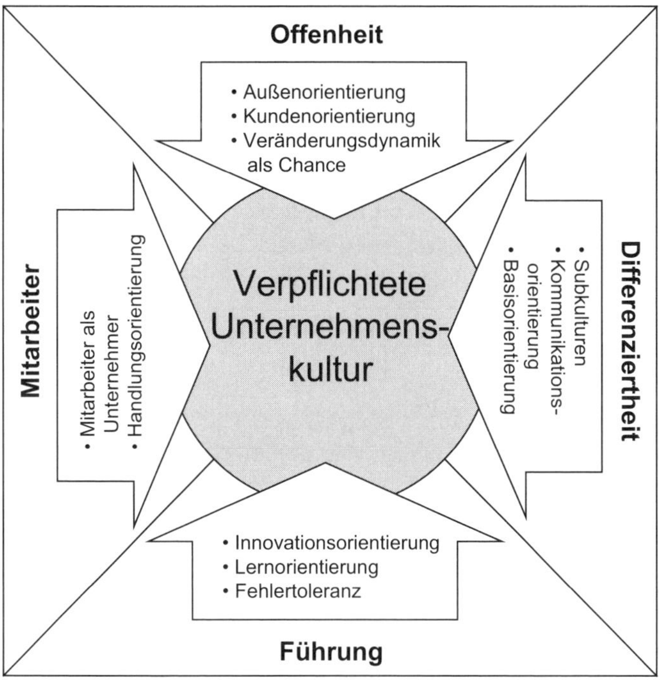

Abb. 4-3: Verpflichtete Unternehmenskultur
(Quelle: *Bleicher* [Management] 259f.)

Selbstverständlich muss sich eine solch projektorientierte Ausrichtung der Unternehmenswerte auch in der Unternehmenspolitik und in der Unternehmensverfassung niederschlagen, so dass ein konsistenter normativer Handlungsrahmen entsteht.

3 Aufbau organisationaler Projektmanagementkompetenz

Die skizzierten Veränderungen in den Führungsfunktionen führen nur dann zu einem projektorientierten Unternehmen, wenn sich diese Veränderungen in neuen organisationalen Strukturen, Prozessen, Routinen und Methoden niederschlagen. Im Zusammenhang mit der Veränderung der organisationalen Wissensbasis spricht man von einer lernenden Organisation. Daraus ergeben sich folgende **Haupterfolgsfaktoren eines projektorientierten Unternehmens**:

- Das organisationale Lernen
- Das Wissensmanagement

Im Folgenden wird zunächst auf den Zusammenhang zwischen lernender Organisation und projektorientiertem Unternehmen eingegangen. Anschließend wird die Rolle von Projekten für das Wissensmanagement und die Rolle des Wissensmanagements in Projekten analysiert.

3.1 Das projektorientierte Unternehmen als lernende Organisation

Die Entwicklungsfähigkeit eines Unternehmens hängt nach weit gehender Übereinstimmung im Wesentlichen von der **organisationalen Lernfähigkeit** des Unternehmens bzw. von seiner Fähigkeit zur gezielten **Generierung und Nutzung von Wissen** ab.

Da sich Unternehmen immer aus lernenden Individuen zusammensetzen, wird als zentraler Ausgangspunkt der organisationalen Lernfähigkeit das individuelle Lernen der Mitarbeiter gesehen. Darüber hinaus findet Lernen jedoch auch in Gruppen statt. Dieses Lernen resultiert aus einer Kombination von Fähigkeiten Einzelner zu einer gemeinsamen Gruppenfähigkeit. Die Ausbildung dieser Gruppenfähigkeit ist i.d.R. Voraussetzung für die Erreichung des erwünschten Gruppenzieles.

Das Lernen von Organisationen findet über die Weiterentwicklung einer überindividuellen organisationalen Wissensbasis statt. Wissen wird dabei in einer Art organisationalem Gedächtnis, repräsentiert durch verschiedene organisationale Subsysteme wie die Kultur, die Struktur, organisationale Routinen oder die

Strategie des Unternehmens, gespeichert (vgl. *Scheurer/Zahn* [Organisationales Lernen] 174). Wenn diese Entwicklung der organisationalen Wissensbasis gezielt und zweckgerichtet erfolgt, kann von einem Übergang des organisationalen Lernens zum Wissensmanagement gesprochen werden (vgl. *Probst/Raub/Romhardt* [Wissen] 22ff.).

Das Ausmaß der Entwicklungsfähigkeit eines Unternehmens hängt nun stark davon ab, welche Arten des organisationalen Lernens stattfinden. In der Literatur werden drei **Arten des organisationalen Lernens** unterschieden (vgl. *Argyris/Schön* [Learning], *Bea/Haas* [Management] 453f.):

- **Single-Loop-Learning**
  Single-Loop-Learning oder **Verbesserungslernen** betrifft Prozesse, in denen Fehler aufgespürt und korrigiert werden, ohne die bestehenden Regeln und Normen zu verändern. Im Grunde versuchen Organisationsmitglieder, Fehlerquellen ihres „normalen" Verhaltens, die aus veränderten Umfeld- oder Unternehmensbedingungen resultieren, zu identifizieren und zu beseitigen.

- **Double-Loop-Learning**
  Double-Loop-Learning oder **Erneuerungslernen** betrifft fundamentale Veränderungen der Regeln und Normen im Unternehmen. Bisher bestehende Annahmen, Erwartungen und Handlungsweisen werden vor dem Hintergrund auftretender Umfeld- oder Unternehmensbedingungen grundsätzlich in Frage gestellt und gegebenenfalls durch neue Ziele, Normen oder Handlungstheorien ersetzt bzw. ergänzt.

- **Deutero-Learning**
  Deutero-Learning bezieht sich auf die **Verfeinerung des Verbesserungs- und Erneuerungslernens**. Das Lernen selbst wird somit zum Gegenstand des Lernens. Insbesondere geht es dabei um die Überwindung von Widerständen gegenüber Veränderungen.

Hieraus wird ersichtlich, dass von einer nachhaltigen Entwicklungsfähigkeit des Unternehmens nur dann ausgegangen werden kann, wenn echtes Erneuerungslernen, idealerweise kombiniert mit Deutero-Lernen, stattfindet. Damit stellt sich natürlich die Frage, unter welchen Rahmenbedingungen in einem Unternehmen diese Arten des organisationalen Lernens gefördert werden. In der Literatur (stellvertretend *Klimecki/Probst/Eber*l [Management] 81ff.; *Scheurer/Zahn* [Organisationales Lernen] 176ff.) wird eine ganze Reihe von **Bedingungen** genannt:

- **Lernfreundliche Unternehmenskultur**
  Eine lernfreundliche Unternehmenskultur muss innovationsorientiert und fehlertolerant sein. Experimentelles Lernen sollte als normal gelten, Fehler als Quelle besserer Erkenntnis gewertet werden. Hinzu kommen Außenorientierung und Offenheit als Voraussetzung zur Wahrnehmung von Umfeldveränderungen und der daraus resultierenden Infragestellung bestehender Werthaltungen und Geschäftsverständnisse.

- **Gewährung von Freiräumen**
  Organisationales Lernen wird nur möglich, wenn Freiräume - organizational slacks - für individuelle und kollektive, in Teams stattfindende, kreative Akte der Wissensentwicklungen bleiben. Mindestens ebenso wichtig ist die Gewährung geistiger Freiräume: Bestehende Annahmen und Werthaltungen müssen vorbehaltlos in Frage gestellt werden dürfen. Unterschiedlichste Wirklichkeitskonstruktionen sind gleichberechtigt in die Diskussion einzubeziehen. Selbstorganisatorische Musterbildungen sind in einer unternehmensübergreifenden Kommunikation zuzulassen bzw. zu fördern.

- **Dezentralisierung**
  Mit der Übertragung ganzheitlicher Aufgabenstellungen auf dezentrale Einheiten kommt diesen Einheiten auch eine gesteigerte Verantwortung zu. Im Bereich der strategischen Unternehmensführung zeichnet sich eine ganzheitliche Aufgabenstellung durch eine Integration von Strategieformulierung, -implementierung und -kontrolle aus. Dies zwingt zu selbständigem Erkennen von Gesamtzusammenhängen sowie zu unternehmerischen Handlungsweisen und damit nicht zuletzt zu Gruppenlernprozessen. Zudem müssen diese dezentralen Einheiten aufgrund ihrer ganzheitlichen Aufgabenstellungen multifunktional zusammengesetzt werden, was zusätzlich zum interdisziplinären Informationsaustausch und damit zu weiterem individuellen Lernen und zu weiteren Gruppenlernprozessen führt.

- **Informationsweitergabe**
  Voraussetzung für organisationale Lernprozesse und damit die Generierung neuen Wissens ist die Verteilung vorhandener Informationen - und zwar auch strategischer Informationen - an die dezentralen Organisationseinheiten und somit an eine Vielzahl von Mitarbeitern. Nur so können Erfahrungen gesichert, kontextbezogene Wissensbestandteile neu eingegliedert und in die gesamtunternehmensbezogene Entwicklung neuen Wissens mit eingearbeitet werden.

- **Kommunikationsfähigkeit**
  Als entscheidender Faktor des organisationalen Lernens wird die Fähigkeit zur Kommunikation innerhalb und zwischen den dezentralen organisatorischen Einheiten gesehen. Nur wenn eine kritische, aber konstruktive Dialogfähigkeit zwischen gleichberechtigten Kommunikationspartnern vorhanden ist, kann davon ausgegangen werden, dass strategische Innovationen unter Einbezug aller Kreativitätspotenziale entwickelt werden.

Abschließend ist noch zu prüfen, inwiefern die Merkmale eines projektorientierten Unternehmens mit diesen Rahmenbedingungen organisationalen Lernens konform sind. Hierzu werden in Abb. 4-4 die notwendigen Rahmenbedingungen für organisationales Lernen den charakteristischen Ausprägungen der Führungsfunktionen eines projektorientierten Unternehmens gegenübergestellt.

Abb. 4-4 zeigt deutlich die starken Übereinstimmungen zwischen den Rahmenbedingungen des organisationalen Lernens und den Merkmalen eines projektorientierten Unternehmens. Im Grunde kann eine **projektorientierte Unternehmung als Prototyp einer lernenden Organisation** aufgefasst werden.

Strategische Entwicklung erfolgt partizipativ und unter wechselseitiger Diskussion über die unterschiedlichen strategischen Sichtweisen der Projektteams, die diese aus ihrer unmittelbaren Markt- und Kundennähe ausbilden.

Entscheidend für die Entwicklungsfähigkeit des Unternehmens ist der ständig zwischen unterschiedlichen Organisationseinheiten eines projektorientierten Unternehmens ablaufende **Kommunikationsprozess**. Im Rahmen dieses Kommunikationsprozesses kommt es durch das Zusammenspiel der unterschiedlichen Organisationsebenen zu einer demokratisierten unternehmerischen **Wissensbasis**. Eine solch demokratisierte Wissensbasis führt zur Entwicklung einer breiten strategischen Kompetenz im Unternehmen und ist damit zugleich die Grundlage für einen stetigen Strom unternehmerischer Innovationen (vgl. ausführlich Abschnitt 5.2).

Wissen lässt sich im Gegensatz zu Informationen allerdings nur eingeschränkt auf Papier oder in digitaler Form festhalten und weitergeben. Dies lässt sich aus der Definition des Begriffs „Wissen“ ableiten: Wird eine Information kombiniert mit der im Gedächtnis gespeicherten Erfahrung, liegt Wissen vor (vgl. *Willke* [Wissensmanagement] 11). Die Ressource „Wissen“ weist also personengebundene Spezifika auf, die im Zuge eines systematischen Wissensmanagements berücksichtigt werden sollten.

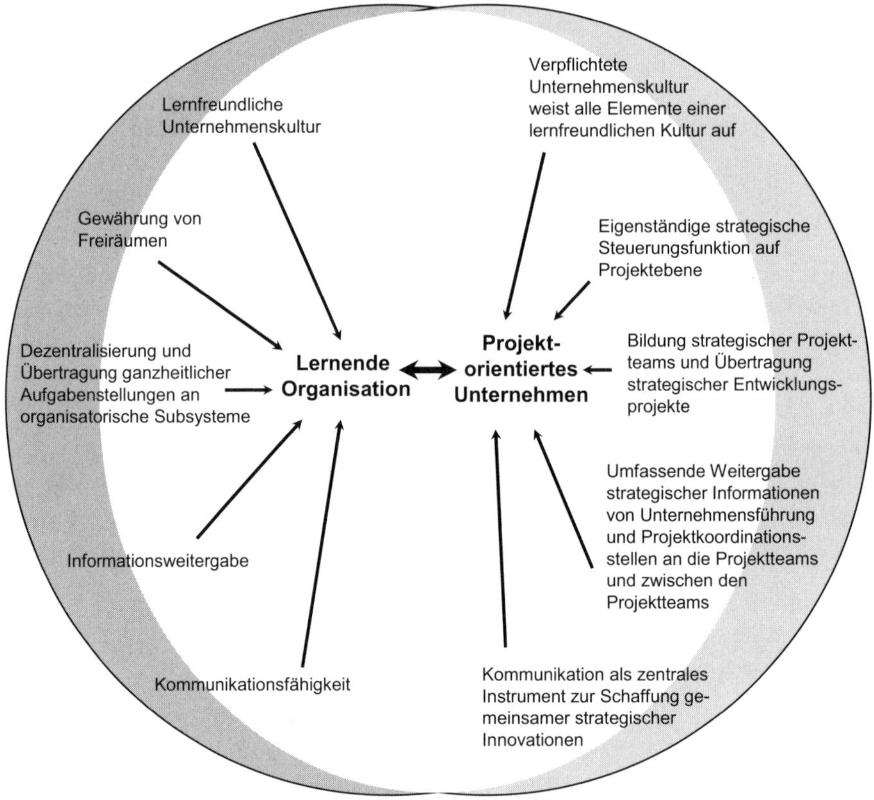

Abb. 4-4: Gegenüberstellung der Rahmenbedingungen organisationalen Lernens und der Merkmale des projektorientierten Unternehmens

3.2 Projekte als Bausteine des Wissensmanagements

Zur Konzeption eines projektorientierten Unternehmens gehört auch die systematische Nutzung von Projekten als Mittel zur **Generierung neuen Wissens.** Dabei wird auf die Projektstrukturen mit hoher Flexibilität und flachen Hierarchien gesetzt, die einen Austausch von Wissen über die Hierarchieebenen hinweg unterstützen. Durch die verstärkte Einrichtung von Projekten kann das Lernen gefördert werden, weil die Individuen im Projektteam mehr kommunizieren, ihr spezielles Wissen austauschen und es zu neuen innovativen Lösungen kombinieren.

Allerdings könnte das Teilen und Verknüpfen von Wissen noch durch althergebrachte Barrieren erschwert werden, wie z.B. durch das Festhalten an Herrschaftswissen im Sinne von „Wissen ist Macht". Aus diesem Grunde muss das Wissensmanagement in Projekten von einer entsprechenden **Wissenskultur** getragen sein, in der das Teilen von Wissen zum Alltag gehört, die stetige Bereitschaft zur Veränderung im Denken verankert wird und auch Fehler bis zu einem gewissen Grad toleriert werden, da sie zum Lernen gehören. Projekte können so aktiv zur Etablierung einer entsprechenden Wissenskultur beitragen, denn die Arbeit im Projektteam steigert die Motivation des Einzelnen, der Gruppe sein Wissen zur Verfügung zu stellen (vgl. die Ausführungen zur projektorientierten Anpassung der Unternehmenskultur in Abschnitt 2.4).

Wird zudem ernsthaft eine weitgehende Verlagerung der Entscheidungskompetenzen in die Projekte vorgenommen und über das PMO und den Multiprojektlenkungsausschuss eine Einbindung der Projekte in die Entscheidungen zur Unternehmensentwicklung vorgenommen, können die Projekte zudem als ein zentrales Mittel zur Verbreiterung der strategischen Kompetenz in einem Unternehmen gesehen werden.

Projekte dienen nicht nur der Generierung von neuem Wissen, sondern sie erleichtern auch den **Wissenstransfer** und die **Wissensnutzung**: Die Teammitglieder können entscheidend dazu beitragen, das neue Wissen in die bestehende Organisation einzubringen. Beispielsweise kehren die Mitarbeiter nach Projektende in die Linie zurück, setzen das neu erworbene Wissen dort ein und wirken aufgrund ihrer Einbindung in die Erarbeitung der Lösung mit Motivation und Überzeugungskraft als Multiplikatoren. Dieser Aspekt sollte bereits bei der Besetzung des Projektteams eine Rolle spielen. Der Transfer des Wissens kann vom Projektstart an als wichtige Aufgabe im Projektverlauf berücksichtigt werden.

Zudem bieten Projekte aus Sicht des Gesamtunternehmens die Möglichkeit, Fähigkeiten einzelner Personen systematisch zu fördern, also individuelles Wissen für das Unternehmen zu sichern. Projekte können also einerseits gezielt in Unternehmen eingesetzt werden, um Wissensmanagement zu betreiben, andererseits ist aber auch ein Wissensmanagement im jeweiligen Projekt notwendig.

3.3 Wissensmanagement in Projekten

Für einen systematischen Umgang mit Wissen innerhalb eines Projektes müssen die entsprechenden **Rahmenbedingungen** geschaffen werden. Dazu gehören

- der Einsatz entsprechender Methoden, z.B. der Projektmanagement-Methodik und intuitiv-kreativer Techniken, wie des Brainstormings,
- die Einrichtung eines unterstützenden Projektinformationswesens sowie die Förderung und Gestaltung der Projektkommunikation,
- der Aufbau einer lernförderlichen Projektkultur als Grundlage für einen offenen, vertrauensvollen Wissensaustausch zwischen den Teammitgliedern,
- die wissensorientierte Gestaltung des Projektstarts und des Projektendes als besonders kritische Zeitpunkte für das Wissensmanagement in einem Projekt, z.B. durch das Festlegen von festen Regeln zur projektbegleitenden Dokumentation sowie von Reportingstrukturen und –prozessen am Anfang des Projektes und durch das Einplanen einer „Lessons Learned"-Runde zum Abschluss des Projektes. Für den Erfolg dieser Maßnahmen ist es essentiell, dass die Projektteams dazu verpflichtet werden, nach vorhandenen Lösungen aus anderen Projekten zu suchen, bevor eine eigene Lösung entwickelt wird.

Greifen wir auf das Konzept zum Wissensmanagement von *Probst/Raub/ Romhardt* ([Wissen]) zurück, das wir im Zuge des „Resource-based View of Strategy" erläutert haben (S. 471ff.). So haben v.a. die sog. **Kernprozesse** des Wissensmanagements für Projekte eine besondere Relevanz:

- Wissensidentifikation
- Wissenserwerb
- Wissensentwicklung
- Wissensverteilung
- Wissensbewahrung
- Wissensnutzung

(a) Wissensidentifikation

„Wenn Siemens wüsste, was Siemens alles weiß" – dieser Satz zeigt deutlich eines der wichtigsten Probleme des Wissensmanagements: Die Strukturen in einem großen Unternehmen können so komplex sein, dass nur mit Mühe erkennbar ist, wer welches Wissen in welchem Umfang hat. Dies führt oftmals zu Parallelentwicklungen und Doppelarbeit. Im Zusammenhang mit dem Projektmanagement ist somit in einem ersten Schritt zu klären, wer welches Wissen in das Projektteam einbringen kann und sollte, um die notwendigen Kompetenzen im Projekt abdecken zu können. Hierbei handelt es sich sowohl um fachliches Wissen zur Lösung der inhaltlichen Aufgabenstellung als auch um Wissen über den Projektmanagement-Prozess.

An dieser Stelle ergibt sich im Zuge der Projektarbeit eine zusätzliche Schwierigkeit: Da nach Projektende die Mitarbeiter andere Aufgaben übernehmen, kann die Suche nach Wissensträgern zu bestimmten Themen erschwert werden. Bevor Wissen aufgebaut werden kann, muss zunächst also das bestehende Wissen mitsamt den Wissensträgern identifiziert werden. In der Praxis werden für diese Aufgabe häufig Datenbanklösungen im Intranet eingesetzt, deren Erfolg größtenteils von ihrer benutzerfreundlichen Gestaltung abhängt.

Die Wissensidentifikation beinhaltet jedoch auch die Überprüfung der grundsätzlichen Machbarkeit eines Projektes. Bei dieser Einschätzung spielt nicht nur die interne Verfügbarkeit des Wissens, sondern auch die externe Verfügbarkeit am Markt eine wichtige Rolle.

(b) Wissenserwerb

Beim Wissenserwerb geht es um die Gewinnung von externem Wissen. Ein Unternehmen kann durch seine Beziehungen zu Lieferanten, Kunden, Kooperationspartnern Wissen erwerben oder es auch durch Akquisitionen oder Einsatz von bisher unternehmensexternen Experten zukaufen, wenn es Schwierigkeiten sieht, das Wissen in der zur Verfügung stehenden Zeit selbst zu entwickeln. Grundsätzlich können alle diese Möglichkeiten des Wissenserwerbs in Projekten eine Rolle spielen.

(c) Wissensentwicklung

Die Entwicklung neuen Wissens stellt die Kernaufgabe eines Projektteams dar, denn ein Projekt ist ja per definitionem eine neuartige, einmalige Aufgabenstellung, für deren kreative Lösung ein interdisziplinäres Team benötigt wird. Je nach Zusammenstellung des Teams ergeben sich neue Kombinationen von Wissen, die unterschiedliche Lösungsvorschläge implizieren. Die neuartige Kombination von Wissen bezieht sich einerseits auf die Gruppe, andererseits aber auch auf das Lernen der Teammitglieder untereinander, also auf das individuelle Lernen des Einzelnen. Grundsätzlich kommt Projekten die Funktion von Kommunikationsarenen für kollektiven Austausch und Denkprozesse zu, „in denen Wissen konzipiert, evaluiert und fortentwickelt wird" (*Vogel/Bruch* [Projektkompetenz] 266).

Die Wissensentwicklung beinhaltet alle Bemühungen des Unternehmens „um die Produktion bisher intern noch nicht bestehender oder gar um die Kreierung intern und extern noch nicht existierender Fähigkeiten" (*Probst/Raub/Romhardt* [Wissen] 29). Der Wissenserwerb stellt somit einen komplementären Baustein dar, denn z.B. durch die Einstellung neuer Mitarbeiter, durch Kooperationen mit anderen Unternehmen oder das Hinzuziehen von Beratern kann das bisher vorhandene Wissen um neues externes Wissen erweitert werden.

(d) Wissensverteilung

Die grundlegende Frage des Wissenstransfers besteht in der Festlegung, wer welches Wissen auf welche Weise bekommen soll. Beispielsweise kann Wissen aktiv verteilt oder lediglich zur Nutzung bereitgestellt werden. Hier ist abzuwägen zwischen der Gefahr der Informationsüberflutung und dem Risiko des unzureichenden Abrufs der Informationen aufgrund von Unkenntnis, fehlender Motivation oder niedrigerer Priorisierung im Vergleich zum Alltagsgeschäft.

Die Übertragung von Wissen von Individuen oder Gruppen auf andere Individuen und Gruppen kann insbesondere durch **personalorientierte Maßnahmen** gefördert werden. Ziel ist es, die Barrieren und Egoismen des Wissensträgers bei der Weitergabe von Wissen zu überwinden und die Bereitschaft zur Aufnahme des Wissens beim Adressaten zu fördern.

(e) Wissensbewahrung

Die Speicherung von Wissen ist nicht trivial, denn sie hat zum einen eine technologische und zum anderen eine verhaltensorientierte Dimension. Die heutige Informations- und Kommunikationstechnologie hält vielfältige Optionen zur Speicherung von Wissen bereit, z.B. in Form von Datenbanken oder Expertensystemen. Die Möglichkeiten des Mitarbeiters zur Speicherung von Wissen gehen über Fähigkeiten künstlicher Systeme weit hinaus, besonders in Bezug auf die Art des zu speichernden Wissens.

Der einzelne Mitarbeiter spielt also bei der Speicherung von Wissen eine besonders wichtige Rolle. Im Rahmen des Projektmanagements sind hier v.a. Maßnahmen zur **Verhinderung von Wissensverlust** von Bedeutung, z.B. durch Auflösung des Teams zum Projektende oder durch Abwanderung des Mitarbeiters.

Bei der Wissensbewahrung geht es nicht nur um die Speicherung der Projektergebnisse, sondern auch um die Sicherung der im Projekt gewonnenen Erfahrungen, beispielsweise mit den eingesetzten Methoden oder dem gesamten Projektmanagementprozess. Die Erfahrungen, die im Projekt gemacht wurden, sollen weiteren Projektteams bzw. den Linienabteilungen jederzeit zur Verfügung stehen. „Um wertvolle Expertise nicht leichtfertig preiszugeben, müssen die Prozesse der Selektion des Bewahrungswürdigen, die angemessene Speicherung und die regelmäßige Aktualisierung bewusst gestaltet werden“ (*Probst/Raub/Romhardt* [Wissen] 30).

(f) Wissensnutzung

Der Aufbau und die Bereitstellung von Wissen allein reichen nicht aus, um den Erfolg des Unternehmens signifikant und nachhaltig zu steigern. Erst die Nutzung des relevanten Wissens bringt dem Unternehmen einen echten Mehrwert. Die Nutzung neuen Wissens verlangt jedoch vom Mitarbeiter, seine alten, eingefahrenen Routinen zu verlassen, was erfahrungsgemäß zu Schwierigkeiten führen kann. Bei sehr weit reichenden Änderungen können sich bei den Betroffenen Ängste einstellen, da sie befürchten, ihre Kenntnisse und Fähigkeiten würden in Zukunft an Relevanz verlieren. Sie sehen somit ihre Stellung und ihren bisherigen Status bedroht. Eine weitere Barriere liegt in der eher unbewussten Trägheit vieler Menschen: Sie halten an alten Denkmustern und Gewohnheiten fest, weil sie die Geborgenheit des Vertrauten schätzen (vgl. *Bea/ Göbel* [Organisation] 502).

Wie können diese **Barrieren** abgebaut werden?

Eine wichtige Möglichkeit haben wir bereits mit der Etablierung einer entsprechenden **Wissenskultur** kennen gelernt, denn auf diese Weise werden die den Handlungen zugrunde liegenden Denkmuster beeinflusst. Die Veränderung einer Unternehmenskultur ist jedoch ein schwieriges, langfristiges Unterfangen und die Gestaltungsmöglichkeiten sind begrenzt.

Zudem erweist sich eine möglichst **weitgehende Einbindung der Betroffenen** als positiv, d.h. man sollte die zukünftigen „Key Player", die eine Innovation aus einem Projekt direkt betrifft, unbedingt in das jeweilige Projektteam integrieren.

Betroffene Mitarbeiter, die nicht direkt ins Team eingebunden werden können, sollten über das Projekt und seinen Sinn **informiert** werden (vgl. die Ausführungen zum Projektmarketing S. 256f.), um ein entsprechendes Bewusstsein für die Notwendigkeit der Veränderung in der Organisation zu etablieren. Bei dieser Gelegenheit können die konkreten Übertragungsmöglichkeiten des Wissens vorgestellt werden, z.B. die Handhabung einer Datenbank im Intranet.

Zudem müssen die Mitarbeiter faktisch über Zeitreserven verfügen, um das neue Wissen anwenden zu können. Hier ist es notwendig, entsprechende **zeitliche Spielräume** vorzusehen.

Die Attraktivität der Nutzung des neuen Wissens kann auch über die Schaffung von **Anreizen** gesteigert werden: Dabei kommen finanzielle Anreize in Form von Boni, die an individuelle Zielvereinbarungen gekoppelt sind, oder immaterielle Anreize, wie Auszeichnungen oder positive Bestätigung durch Lob, in Betracht.

4 Aufbau persönlicher Projektmanagementkompetenz

Mit der stärkeren Ausrichtung auf das Projektgeschäft benötigt ein Unternehmen neben organisationalen zunehmend auch persönliche Projektmanagement-Kompetenzen. Das Projektmanagementoffice (PMO) hat in Zusammenarbeit mit dem Personalbereich dafür zu sorgen, dass die benötigten personalen Kompetenzen in entsprechender Qualität und Quantität zur Verfügung stehen. Dabei geht es zwar nicht nur um die Ausbildung von **Projektleitern**, ihr sollte jedoch höchste Bedeutung im Unternehmen beigemessen werden. Aus diesem Grunde machen wir die folgenden Betrachtungen exemplarisch an der Rolle des Projektleiters fest. Zunächst werden die Anforderungen an einen Projektleiter in einem projektorientierten Unternehmen beschrieben. Anschließend wird die Rolle der Personalentwicklung in diesem Kontext skizziert.

4.1 Anforderungen an Projektleiter

Projektorientierte Unternehmen zeichnen sich v.a. durch eine starke Verlagerung von strategischen Steuerungshandlungen an relativ autonome dezentrale Projektteams aus. Damit sind bereits zwei Hauptmerkmale angesprochen, die die besondere **Rolle des Projektleiters in einer projektorientierten Unternehmung** verdeutlichen:

- Der Projektleiter muss mit **strategischen Problemstellungen** umgehen können. Dies erfordert ein langfristiges konzeptionelles Denken ebenso wie die Fähigkeit zum Umgang mit vieldimensionalen und wechselseitig verknüpften Aufgabenstellungen.
- Nicht der Projektleiter allein ist zur Lösung solch vieldimensionaler Problemstellungen in der Lage, sondern auch das Projektteam durch seine fachübergreifende Zusammensetzung. Der Projektleiter hat somit die Aufgabe eines **teaminternen Beziehungsmanagements** und ist verantwortlich für die Entwicklung und Förderung seines Teams. Darüber hinaus muss er die Rahmenbedingungen im Projekt so setzen, dass ausreichender Freiraum für den Ablauf kreativ offener Selbstorganisationsprozesse in der Projektarbeit verbleibt.
- Strategische Projektlösungen werden zwar relativ eigenständig durch das Projektteam erarbeitet, sie stellen jedoch immer zugleich auch einen Baustein in der gesamten Unternehmensentwicklung dar. Der Projektleiter hat somit die Aufgabe eines externen Beziehungsmanagements. Er muss zum **Makler zwischen Projekt- und Gesamtunternehmensinteressen** wer-

den. Zudem müssen die Interessen anderer externer Gruppen mit einbezogen werden.

Diese grundlegenden Aufgabenstellungen des Projektleiters schlagen sich in einer Vielzahl von Rollen nieder, denen ein Projektleiter gerecht werden sollte (vgl. Abb. 4-5).

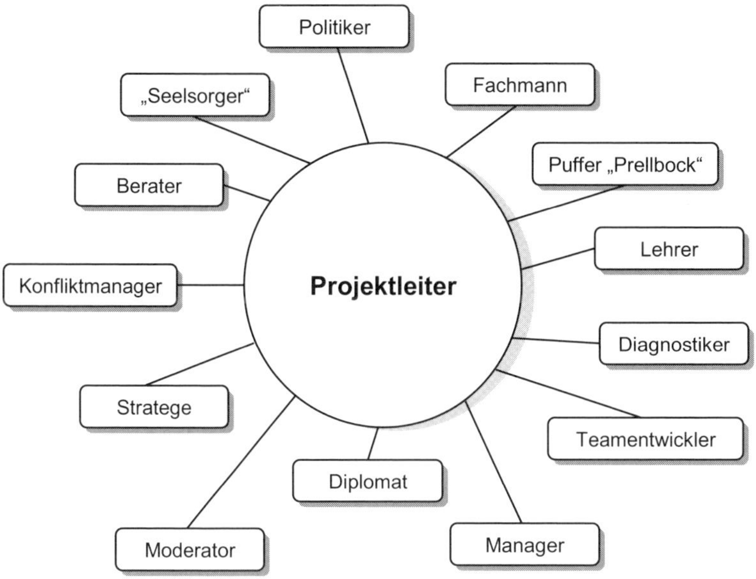

Abb. 4-5: Rollen eines Projektleiters
(Quelle: *Kraus/Westermann* [Projektmanagement] 159)

In einem projektorientierten Unternehmen hängt ein Großteil des gesamten Unternehmenserfolges von der erfolgreichen Durchführung der strategischen Projekte ab. Wie die oben kurz skizzierten Aufgabenstellungen des Projektleiters zeigen, nimmt dieser eine zentrale Stellung innerhalb einer projektorientierten Unternehmung ein. Er hat einen starken Einfluss auf den Projekterfolg und somit natürlich auch auf den Gesamtunternehmenserfolg. Aus diesem Grunde stellt die **Entwicklung von Projektleitern** eine strategische wichtige Investition in Humankapital für ein projektorientiertes Unternehmen dar.

Hierbei ist darauf zu achten, dass ein dem Aufgaben- und Rollenprofil entsprechend umfassendes **Kompetenzprofil** aufgebaut wird. Demnach muss ein Projektleiter Kompetenzen in den vier Bereichen aufweisen, die in Abb. 4-6 dargestellt sind.

Abb. 4-6: Wunschkompetenzprofil des Projektleiters
(In Anlehnung an: *Kraus/Westermann* [Projektmanagement] 157)

Im Folgenden wird auf die einzelnen Kompetenzfelder eingegangen (in Anlehnung an *Bretz* [Unternehmerische Avantgarde] 103f. und an *Kraus/Westermann* [Projektmanagement] 157ff.):

- **Fachkompetenzen**

  Die benötigten Fachkompetenzen sind in erster Linie von der Projektaufgabenstellung abhängig. In jedem Fall ist für den Projektleiter jedoch eine **ganzheitliche, gesamtprozessorientierte Fachkompetenz** von hoher Bedeutung. Da der Gesamtprozess oftmals technische und betriebswirtschaftliche Bereiche berührt, wäre eine solche gemischt fachliche Kompetenz von Vorteil. Zusätzliches Fach- und Erfahrungswissen im Hinblick auf die betrieblichen Abläufe sowie die administrativen Prozesse innerhalb des Unternehmens sollten ebenfalls vorhanden sein. Insgesamt gesehen steht bei den benötigten Fachinhalten jedoch eher die Rolle des Projektleiters als Prozesstreiber, denn die Rolle als Fachspezialist im Vordergrund.

- **Methodenkompetenzen**

  Die Methodenkompetenzen eines Projektleiters in einem projektorientierten Unternehmen sollten sich auf drei Bereiche erstrecken:

  (a) Projektmanagementmethoden

  Hierunter fällt sowohl die gesamte Projektabwicklungsmethodik als auch das in den einzelnen Projektabwicklungsphasen benötigte Instrumentarium der Projektplanung, Projektkontrolle und Projektdokumentation.

(b) Strategische Steuerungsmethoden

Hier sind v.a. Methoden der strategischen Planung, insbesondere die Portfoliomethoden, die Balanced Scorecard, Methoden der strategischen Kontrolle wie Prämissen- oder Meilensteinkontrollen, aber auch Methoden der Frühwarnung zu nennen.

(c) Allgemeine Arbeitsmethoden

Die hier benötigten Kenntnisse reichen von persönlichen Arbeitstechniken über Präsentations- und Moderationstechniken bis hin zu Problemlösungsmethoden.

- **Soziale Kompetenzen**

  Wenn Projekte ernsthaft auch als soziale Systeme verstanden werden, muss der Projektleiter eine Reihe von sozialen Fähigkeiten aufweisen. In erster Linie muss der Projektleiter die Fähigkeit zur Teamentwicklung haben. Dies bedingt gruppendynamische Grundkenntnisse. Darüber hinaus muss der Projektleiter eine hohe Fähigkeit zum projektinternen und projektexternen Beziehungsmanagement aufweisen. Angesprochen ist hiermit einerseits die Konfliktfähigkeit, zugleich aber auch die Integrationsfähigkeit des Projektleiters. Besondere Bedeutung kommt in diesem Zusammenhang auch den kommunikativen Fähigkeiten des Projektleiters zu. Der Projektleiter sollte im Endeffekt nicht als „Kontrolleur" des Projektteams auftreten, sondern als Katalysator über die Bündelung der Arbeitsergebnisse eine Unterstützungsfunktion für das Projektteam erbringen.

- **Unternehmerische Kompetenzen**

  Angesichts der partizipativen strategischen Steuerung in projektorientierten Unternehmen und der damit verbundenen dezentralen Erfolgsverantwortung kann ein strategisches Projekt durchaus als eigenständige unternehmerische Einheit im Unternehmen verstanden werden. Somit kommt den unternehmerischen Fähigkeiten des Projektleiters hohe Bedeutung zu. Im Einzelnen sind vernetztes Denken in gesamtunternehmerischen Zusammenhängen, die Fähigkeit zur gemeinsamen Zielfindung im Team, die Bereitschaft zur Entscheidung unter Unsicherheit und damit zur Übernahme unternehmerischen Risikos gefordert.

Darüber hinaus sollte sich der Projektleiter der evolutionären Eigendynamik bewusst sein, die jeder Unternehmens- und somit auch Projektentwicklung zugrunde liegt. Dies setzt wiederum Gefallen an Veränderungen sowie eine

Neugier auf neue Lösungen, nicht zuletzt jedoch auch eine gewisse Lust an der eigenen Persönlichkeitsentwicklung voraus.

Wenn dieses Wunschkompetenzprofil realistisch betrachtet wird, muss wohl zugegeben werden, dass hier eher ein „Supermann", denn ein in der Realität vorfindbarer Projektleiter beschrieben wird.

Wenn schon die personifizierte Kombination all dieser Fähigkeiten so kaum vorzufinden sein wird, stellt sich die Frage, welche Typen von Projektleitern in der Praxis tatsächlich vorkommen. Nach einer empirischen Studie, deren Ergebnisse hier nur äußerst verkürzt wiedergegeben werden können, unterscheiden *Hauschildt* und *Keim* ([Projektmanagement]) in der Praxis fünf unterschiedliche **Projektleitertypen**, die mit ihrer jeweiligen Häufigkeit des Vorkommens in der Praxis in Abb. 4-7 dargestellt sind.

Dieses etwas ernüchternde Ergebnis macht verständlich, wieso in der Praxis immer wieder von personellen Engpässen in Verbindung mit der Auswahl von geeigneten Projektleitern gesprochen wird. Zudem wird die strategische Notwendigkeit zum Aufbau und zur Entwicklung des richtigen Humankapitals nochmals überdeutlich.

Welche Projektleiterkompetenzen bevorzugt aufgebaut werden sollten, kann ebenfalls aus der empirischen Studie von *Hauschildt* und *Keim* - wenn auch mit Vorsicht - abgeleitet werden. Die Autoren überprüften den Erfolg der unterschiedlichen Projektleitertypen gemessen an deren „Erfolg als Projektleiter" und „Erfolg des Projekts". **Überproportional erfolgreich** war demnach der interaktive Projektleiter. Sowohl der erfahrene Tüftler, als auch der unerfahrene Kreative weisen ordentliche Projekterfolge auf, wobei der erfahrene Tüftler in Bezug auf den Erfolg als Projektleiter bereits schlechter bewertet wird. **Unterdurchschnittliche Projekterfolge** weisen der unkreative, mittelmäßige Projektverwalter und v.a. der unkreative Problemlöser auf.

4.2 Die Bedeutung der Personalentwicklung

4.2.1 Kompetenzprofile

Im Rahmen eines projektorientierten Unternehmens kommt der systematischen Entwicklung von Projektmanagement-Kompetenzen eine strategische Bedeutung zu. Die Aufwendungen für die Entwicklung von Projektleitern können aus Sicht des Unternehmens somit als strategisches Investment gesehen werden.

Projektleitertypen	Typische Merkmale	Häufigkeit
Der interaktive Projektmanager	• **hohes Interaktionsvermögen** • hinreichende Problemlösungskapazität • Erfahrung • kooperatives Führungsvermögen • konstruktive Kreativität • Organisationsvermögen • kommunikativ-analytische Fähigkeiten	20 %
Der erfahrene Tüftler	• **hohe Erfahrung** • **hohe konstruktive Kreativität** • mangelndes Interaktionsvermögen • mangelndes Organisationsvermögen • mangelnde kommunikativ-analytische Fähigkeiten	11,1 %
Der unerfahrene Kreative	• **hohe konstruktive Kreativität** • hohes Organisationsvermögen • kooperatives Führungsvermögen • geringes Interaktionsvermögen • geringe Erfahrung	20 %
Der unkreative Problemlöser	• **exzellente Problemlösungskapazität** • geringe Erfahrung • geringe konstruktive Kreativität	11,1 %
Der unkreative, mittelmäßige Projektverwalter	• **mangelnde Problemlösungskapazität** • **mangelndes Organisationsvermögen** • **mangelnde konstruktive Kreativität** • sonst Merkmale höchstens durchschnittlich vorhanden	37,8 %

Abb. 4-7: Unterschiedliche Typen von Projektleitern (Quelle: *Hauschildt/Keim* [Projektmanagement] 206ff.)

Im Kern ist für den systematischen Aufbau spezifischer Projektmanagement-Kompetenzen ein eigener **Projektmanagement-Karrierepfad** notwendig, der eine gleichwertige und attraktive Alternative zum traditionellen Karriereweg bieten muss. Im Folgenden skizzieren wir eine mögliche **Vorgehensweise zur Entwicklung personaler Projektmanagement-Kompetenzen** (vgl. Abb. 4-8).

Schritt 1	Festlegung von Kompetenzprofilen anhand der im Projektmanagement anfallenden Rollen
Schritt 2	Entwicklung eines Laufbahnkonzeptes für Projektmanager und Zuordnung von Kompetenzprofilen zu Karrierestufen
Schritt 3	Durchführung einer Kompetenzanalyse zur Ermittlung der im Unternehmen vorhandenen Kompetenzen
Schritt 4	Ermittlung des Kompetenzbedarfs und Ableitung der Bedarfslücke
Schritt 5	Formulierung eines Maßnahmenkataloges zur Beschaffung bzw. Entwicklung der benötigten Kompetenzen
Schritt 6	Aufbau eines auf die definierten Kompetenzen zugeschnittenen Personalentwicklungskonzeptes

Abb. 4-8: Vorgehensweise zur Entwicklung personaler Projektmanagementkompetenzen

Aus den unterschiedlichen Kompetenzen können **Kompetenzprofile** abgeleitet und verschiedenen Entwicklungsstufen eines Projektmanagementkarrierepfades zugeordnet werden. Abb. 4-9 zeigt ein Beispiel für ein **Laufbahnkonzept für Projektmanager**.

Zielsetzung

- Einführung weltweit verbindlicher Standards und Kompetenzanforderungen
- Entwicklung eines konzernweit einheitlichen Konzeptes
- Verbreiterung der Qualifikation aller Projektmanager
- Vermittlung von zusätzlichen laufbahnabhängigen Spezialkompetenzen
- Zertifizierung der zukünftigen Projektmanager nach einheitlichen Regeln
- Nachzertifizierung der vorhandenen Projektmanager

Abb. 4-9: Entwicklung eines Laufbahnkonzeptes für Projektmanager

Wenn die Rolle des Projektleiters als **„Unternehmer im Unternehmen“** wirklich ernst genommen wird, könnte dies über ein eigenständiges Projektmanagementlaufbahnkonzept hinaus die Folge haben, dass kein Linienmanager mehr bestimmte Positionen im Unternehmen erreichen kann, wenn er nicht eine „Mindestlaufbahn“ im Bereich Projektmanagement absolviert hat. Solche sich überschneidenden Karrierewege bieten sowohl aus Unternehmenssicht als auch aus Mitarbeitersicht Vorteile. Der Mitarbeiter sammelt so weisungsgebundene Erfahrungen in der Linie ebenso wie Erfahrungen aus dem eigenverantwortlichen Projektgeschäft. Für das Unternehmen kommt es so automatisch zu einer stärkeren **Verflechtung zwischen Linien- und Projektorganisation** sowie zu einer wechselseitig stärkeren Akzeptanz zwischen Linien- und Projektmitarbeitern. Dies funktioniert allerdings nur dann, wenn die traditionellen Linienfunktionen nicht attraktiver ausgestaltet werden als die Projektmanagementfunktionen.

Abb. 4-10 zeigt mit dem nächsten Schritt die Zuordnung von Kompetenzprofilen zu den Entwicklungsstufen der Projektmanagementlaufbahn. Allerdings wurde die Zuordnung hier nur auf einem hoch aggregierten Level vorgenommen. In einem konkreten Fall müssten die einzelnen Kompetenzkategorien nochmals aufgeschlüsselt werden.

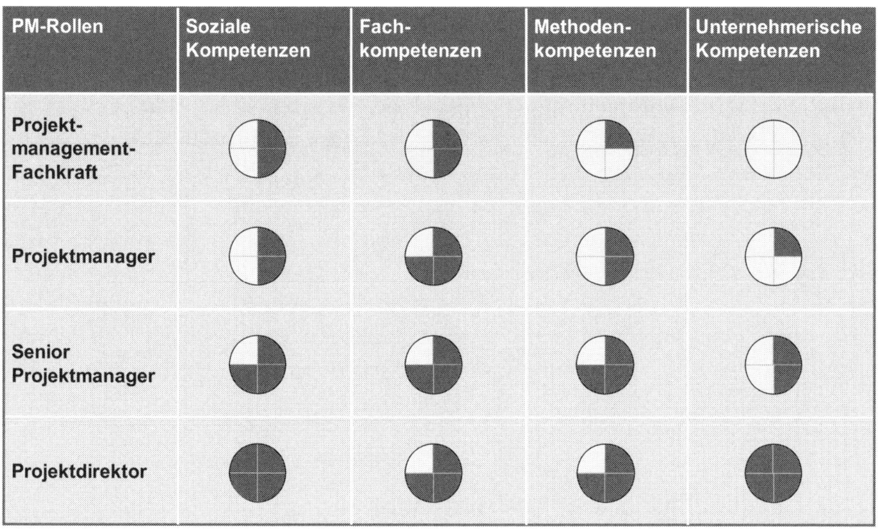

Abb. 4-10: Kompetenzprofile im Projektmanagement

In Abb. 4-11 zeigt eine Möglichkeit zur Bestandsaufnahme der vorhandenen Kompetenzen.

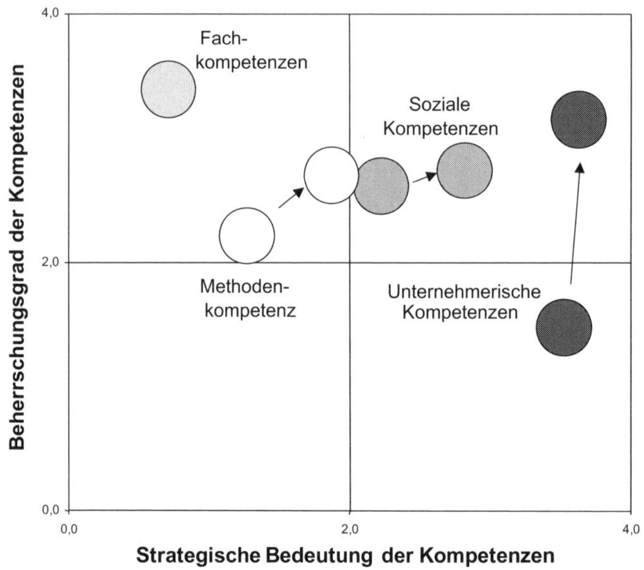

Abb. 4-11: Kompetenzprofil Projektmanager

Dabei wird der Beherrschungsgrad der Kompetenzen ihrer strategischen Bedeutung gegenübergestellt. Zudem wird der Istzustand aus der Kompetenzanalyse abgetragen und dem Sollzustand (durch Pfeile) gegenübergestellt. Hieraus ergibt sich die Kompetenzlücke, die es mit entsprechenden Maßnahmen von Seiten der Personalentwicklung zu füllen gilt. In unserem Beispiel sind eine kleinere Kompetenzlücke bei der Methodenkompetenz und bei der Sozialkompetenz zu sehen sowie eine große Kompetenzlücke bei den unternehmerischen Fähigkeiten. Die Fachkompetenzen sind gemäß ihrer strategischen Bedeutung und ihrem Beherrschungsgrad offensichtlich zufriedenstellend ausgeprägt. Auch hier müssten im konkreten Anwendungsfall die einzelnen Kompetenzkategorien nochmals aufgeschlüsselt werden.

4.2.2 Entwicklung von Kompetenzen

Wenn somit feststeht, welche Kompetenzlücken im Unternehmen vorhanden sind, ist im nächsten Schritt zu klären, mit welchen Maßnahmen diese Kompetenzlücken geschlossen werden können. Grundsätzlich können die Kompetenzen

- auf dem Arbeitsmarkt eingekauft oder
- im Unternehmen selbst entwickelt werden.

(1) Wie die benötigten **Kompetenzen beschafft** werden können, hängt von der Verfügbarkeit der Kompetenzen auf externen Märkten ebenso wie von der Zeitspanne ab, in der diese Kompetenzen benötigt werden. Wenn die Zeit hierfür ausreicht, ist die Entwicklung der Kompetenzen im eigenen Unternehmen vorzuziehen: Zum einen liefert dies den Mitarbeitern eine längerfristige Perspektive und führt damit zu einer verstärkten Bindung ans Unternehmen. Zudem sind die Mitarbeiter im Unternehmen bereits sozialisiert. Andererseits kann der Kompetenzaufbau mit externen Einstellungen natürlich sehr viel schneller vorangebracht werden. Zudem werden mit der Einstellung von externen Kompetenzträgern neue Erfahrungswerte von anderen Branchen oder anderen Unternehmen ins Unternehmen mit eingebracht. Letztlich sprechen für beide Alternativen bestimmte Argumente, die in der konkreten Situation abgewogen werden müssen.

(2) Im Folgenden wollen wir nicht weiter auf die externe Beschaffung von Projektmanagementkompetenzen eingehen, sondern anhand einer modernen Ausbildungsmethodik exemplarisch darstellen, wie **intern** Projektmanagementkompetenzen aufgebaut werden können.

Wir schlagen in diesem Zusammenhang den Einsatz von „Lernbausteinen" und ihre Kombination zu unternehmens- und themenspezifischen „Lernwelten" vor. Unter einem **Lernbaustein** ist eine Kombination von Projektmanagementinhalten oder -methoden mit passender Lehrmethodik zu verstehen. **Lernwelten** sind unternehmensspezifische Kombinationen von Lernbausteinen (vgl. Abb. 4-12).

Als Grundlage für die Entwicklung von Lernbausteinen und Lernwelten wird zunächst die gelebte Projektmanagementpraxis im Unternehmen mit den unternehmensspezifisch definierten Standards verglichen. Fehlen noch definierte, aber praktisch nicht verfügbare Inhalte und Methoden, so sind diese zusammen mit dem PMO und den weiteren für Projektmanagement zuständigen Prozessownern zu entwickeln.

Im nächsten Schritt ist zu prüfen, wie die Überführung und didaktische Einkleidung dieser Inhalte in „Lernbausteine" erfolgen kann. Die didaktische Gestaltung muss sich dabei an der jeweiligen Zielgruppe, den Unternehmensbelangen und strukturellen Bedingungen orientieren, um so passgenaue Lösungen zu erzielen. Dabei bringt ein modularer Aufbau der Lernwelten den Vorteil, dass eine individuelle Auswahl und Schwerpunktsetzung, orientiert am jeweiligen Praxiskontext des Einzelnen, möglich wird. Zudem können im Gesamtkontext des Unternehmens Lernwelten mittels diverser Lernbausteine so zusammengestellt werden, dass sie exakt auf die Bedürfnisse, Voraussetzungen und Ziele des Unternehmens abgestimmt sind.

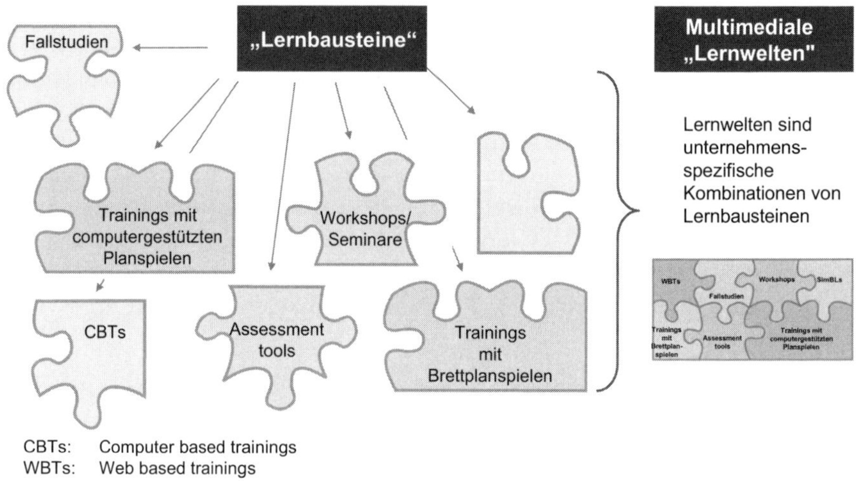

Abb. 4-12: Beispiel für Lernbausteine und eine Lernwelt

Lernbausteine und unternehmensspezifische Lernwelten sind dabei so zu gestalten, dass sie nachhaltiges Lernen ermöglichen, den Transfer der Lerninhalte vom Lernkontext in den Anwendungskontext erleichtern und statt der Aneignung von „trägem Wissen" den Erwerb umfassender Handlungskompetenzen ermöglichen. Werden auf diesem Wege individuelle und kollektive Lernprozesse didaktisch sinnvoll konzipiert, können sie wesentlich zur Erweiterung der organisationalen Wissensbasis beitragen.

Als sinnvoll und lerneffizient haben sich sog. „hybride Lernarrangements" erwiesen, die Präsenz- und virtuelle Lernformen kombinieren und sich die jeweiligen Vorzüge zu Nutze machen (vgl. *Arnold/Gómez Tutor* [Ermöglichungsdidaktik] 133ff.). Exemplarisch wird im Folgenden aufgezeigt, wie ein solcher Lernbaustein in Form eines computerbasierten Planspiels gestaltet sein könnte, der sich auf die Vermittlung von Projektmanagementkompetenzen bezieht.

Für die Vermittlung von Handlungskompetenzen, die ein hohes Maß an Entscheidungsfähigkeit erfordern, bieten sich **computerbasierte Planspiele** an, die in Präsenztrainings integriert sind. Computerbasierte Planspiele sind aus vielen Gründen lernförderlich und effektiv; die wichtigsten Argumente sind in Abb. 4-13 zusammengefasst.

In Planspielen zeigen sich verschiedene Übungs-, Gruppen- und Transfereffekte ausgeprägter als in anderen Veranstaltungsformen. Gruppenprozesse und kooperative Bearbeitung von Problemen erhöhen den Wirkungsgrad der individuellen Lernprozesse und weisen in Richtung organisationales Lernen (vgl. *Heidack* [Planspiel] 1ff.). Abb. 4-14 zeigt exemplarisch den konkreten Aufbau eines solchen planspielgestützten Trainings für die Ausbildung von Projektmanagern.

Vermittlung komplexer Zusammenhänge	In einem computergestützten Planspiel können unternehmensrelevante Problemfelder simuliert und anhand authentischer Situationen und Probleme bearbeitet werden. Komplexe Zusammenhänge können durchschaubar gemacht werden.
Übungsfeld für gewünschte Kompetenzen	Das Planspiel bietet hervorragende Möglichkeiten, die Fähigkeiten, die man im Umgang mit komplexen Problemsituationen benötigt, regelrecht einzuüben. Analyse- und Organisationsgeschick, Problembewusstsein, Entschlusskraft, Kooperationsbereitschaft und Kommunikationsfähigkeit können so in aktiver und kooperativer Auseinandersetzung entwickelt und gefördert werden.
Spaß am Lernen	Der Spielcharakter sorgt für intrinsische Motivation und Spaß am Lernen, Spannung erhöht die Aufmerksamkeit.
Eigenes Engagement	Die Handlungssituationen sind so gestaltet, dass sie ein hohes Maß an Beteiligung und Selbststeuerung erlauben und fördern.
Konkretes Wissens-management in der Gruppe	Gelernt wird im sozialen Austausch. Individuelles Wissen wird bei der gemeinsamen Suche nach Problemlösungen ausgetauscht, weitergegeben und dadurch erweitert.
Lernen durch Erfahrung	Planspiele stellen Umgebungen dar, in denen die Konsequenzen des eigenen Handelns unmittelbar erfahrbar werden. Insgesamt wird gelernt, auch in schwierigen Situationen den Überblick zu behalten.

Abb. 4-13: Vorteile von Planspielen bei der Vermittlung kombinierter projektorientierter Kompetenzen

Ein besonderer Vorteil der in Abb. 4-14 skizzierten Konzeption liegt in der inhaltlichen Variabilität und Flexibilität. Verschiedene Projektmanagementkompetenzen können im Trainingskonzept miteinander kombiniert werden.

Abb. 4-14: Beispiel für ein Projektmanagementtraining mit computergestütztem Planspiel

Zusätzlich ist eine Ergänzung eines solchen Grundlagentrainings durch Fragestellungen des Multiprojektmanagements zur Förderung der strategischen Kompetenzen genauso möglich wie eine Verzahnung mit der konkreten IT-Umsetzung des Projektmanagements in der Unternehmung oder mit vertieften verhaltensorientierten Komponenten zur Förderung der sozialen Kompetenz.

5 Die Aufgaben des PMO im Rahmen eines projektorientierten Unternehmens

Wie bereits dargestellt, zeichnet sich ein projektorientiertes Unternehmen dadurch aus, dass Projektmanagement als Führungskonzeption mit in die Entwicklung des gesamten Unternehmens integriert ist und dass eine bewusste Anpassung der Führungsfunktionen des Unternehmens an die Bedürfnisse des Projektmanagements vorgenommen wird. Bei dieser Anpassung der Führungsfunktionen des Unternehmens spielen die Erkenntnisse zum Umgang mit einer Situation sehr hoher Umfeld- und Unternehmensdynamik aus den modernen Ansätzen der Unternehmensführungslehre eine wichtige Rolle.

Bei erhöhter Dynamik des Wandels wird die Fähigkeit eines Unternehmens, sich schnell an neue Umweltsituationen anzupassen, zu einem bedeutenden Wettbewerbsvorteil, vielleicht sogar zum bedeutendsten Erfolgsfaktor überhaupt. Wie bereits dargestellt (S. 495), fordern sowohl die modernen gestaltungsorientierten Ansätze als auch evolutions- und entwicklungstheoretisch fundierte Ansätze den Aufbau von Metakompetenzen, um so die Entwicklungsfähigkeit des Unternehmens zu erhöhen. Die Autoren beider Ansätze sind sich im Grunde auch weitgehend einig, dass die Steigerung der Entwicklungsfähigkeit eine strukturelle Flexibilisierung des Unternehmens verlangt.

All diese Gestaltungsempfehlungen zur Erhöhung der Entwicklungsfähigkeit eines Unternehmens können bestens im Rahmen des Projektmanagements umgesetzt werden. Projektmanagement benötigt ohnehin eine eigenständige, flexiblere Sekundärstruktur; Projektmanagement ermöglicht, aus Sicht des Multiprojektmanagements betrachtet, eine Flexibilisierung der strategischen Ausrichtung. Im Grunde kann die Gesamtstrategie eines Unternehmens mittels Multiprojektmanagement in eine Reihe konsistenter Strategiebündel zerlegt und somit wesentlich flexibler gesteuert werden. Projektmanagement findet in dezentralen Projektteams statt, die nahe am jeweiligen Markt und Kunden arbeiten. Damit sind Projekte prädestiniert für eine frühe Wahrnehmung von Veränderungen. Dies macht sie zu einem idealen Nukleus für eine lernende Organisation.

Im Hinblick auf die Steuerung des Unternehmens kann wohl von einem Kontinuum zwischen direkten Steuerungseingriffen und indirekt strukturell gesteuerten emergenten Selbstorganisationsmechanismen ausgegangen werden. Welcher der beiden Steuerungsansätze vielversprechender ist, wird entscheidend von der Situation abhängen, in der sich ein Unternehmen befindet. In Branchen- oder Marktsituationen mit geringerer Dynamik werden direkte Steuerungseingriffe durchaus zu den beabsichtigten Wirkungen führen, in Branchen oder Marktsituationen mit sehr hoher Dynamik erscheinen indirekte Steuerungseingriffe erfolgversprechender.

Nimmt das Unternehmensumfeld einen dauerhaft dynamischen Charakter an, wird die strategische Entscheidungskompetenz sukzessiv stärker auf die projektorientierte Sekundärorganisation verlagert. Dementsprechend macht es dann auch Sinn, die Führungsfunktionen des gesamten Unternehmens projektorientiert anzupassen: Die organisationalen Kompetenzen aus Sicht der Unternehmensführung werden zu organisationalen Kompetenzen des projektorientierten Unternehmens.

Zugleich wird aber auf der Projektebene verstärkt ein Projektkleiter benötigt, der für Projektentscheidungen steht, die sowohl aus Projektsicht als auch aus Gesamtunternehmensperspektive zieladäquat sind. Dezentralisierung der Entscheidungskompetenz erfordert eine Stärkung der Unternehmereigenschaft auf der Projektebene. *Teece* spricht in diesem Zusammenhang vom Entrepreneur-Manager. Welche Auswirkungen dies auf die organisationalen Kompetenzen des Projektmanagements in einem projektorientierten Unternehmen hat, zeigt der Überblick in Abb. 4-15.

Anhand dieser Abbildung wird deutlich, dass die Aufgaben eines PMO in einem projektorientierten Unternehmen schwerpunktmäßig im Aufbau von Rahmenbedingungen liegen, die den Projekten ein eigenständiges - aber auf die Unternehmenszielsetzungen bezogenes - unternehmerisches Arbeiten ermöglichen sollen. Welche Rahmenbedingungen dies sind, wird im Folgenden dargestellt.

Schon an dieser Stelle sei aber angemerkt, dass das PMO ohne eine aktive und unterstützende Beteiligung des Top-Managements keine Chance hat, diese Rahmenbedingungen zu schaffen. Letztlich muss das Top-Management davon überzeugt sein, dass aus einem partizipativ angelegten Strategieformierungsprozess wirklich Wettbewerbs- und damit auch Wertsteigerungsvorteile für ein Unternehmen generiert werden können. Nur wenn sich das Top-Management auf eine indirekte Steuerung des Unternehmens über die Gestaltung eben dieser Rahmenbedingungen einlässt, also partiell wirklich auf direkte Entscheidungsmöglichkeiten zugunsten der dezentral agierenden Projekte verzichtet, kann das PMO sinnvoll als Katalysator einer solchen Entwicklung wirksam werden.

Organisationale Kompetenzen im projektorientierten Unternehmen		
Fachliche Kompetenzen	**Strukturelle Kompetenzen**	**Soziale Kompetenzen**
• Inhaltliche und methodische Fähigkeiten für eine partizipative strategische Planung in den Projekten • Inhaltliche und methodische Fähigkeiten für eine operative Selbstkontrolle sowie eine strategische Kontrolle im Rahmen des Projektportefeuilles • Entrepreneurship	• Fähigkeit zur Setzung der Rahmenbedingungen für eine indirekte strukturelle Steuerung des Unternehmens • Einrichtung von Kommunikationsplattformen zur Koordination und Harmonisierung der Projektentscheidungen	• Sicherstellung einer dezentralen und partizipativen strategischen Unternehmensentwicklung • Fähigkeiten zum Aufbau eines gemeinsamen Sinn- und Werterahmens zur Harmonisierung dezentraler Entscheidungen

Abb. 4-15: Organisationale Kompetenzen in einem projektorientierten Unternehmen

5.1 Schaffung von strukturellen Rahmenbedingungen

Vorausgesetzt das Top-Management steht zu dieser Form einer projektorientierten Unternehmensentwicklung, muss das PMO in einem ersten Schritt an der Schaffung der strukturellen Rahmenbedingungen mitwirken. In diesem Zusammenhang ist in enger Abstimmung mit den Verantwortlichen in der Stammorganisation an einer stärker projektorientierten Ausrichtung des gesamten strategischen Planungs- und Kontrollsystems des Unternehmens mitzuwirken.

Zwei Aspekte seien in diesem Zusammenhang angesprochen:

(1) Zum Ersten sind die Bottom-up orientierten Erfahrungen des PMO aus der Aggregation der einzelprojektbezogenen Daten und die Top-down orientierten und von den Kapitalmarktanforderungen getriebenen Sichtweisen des Top-Managements zusammenzubringen. Steuerungs- und Kontrollprozesse müssen

somit systematisch in einem **Top-down/Bottom-up-Verfahren** angelegt werden.

(2) Zum Zweiten sind die unterschiedlichen Zeithorizonte im Ergebnisausweis abzustimmen. Aus Sicht der Unternehmensführung wird immer die periodenbezogene bzw. eine kapitalmarktgetriebene Quartalsberichterstattung im Vordergrund stehen, während aus Sicht des Projekts das **lebenszyklusbezogene Projektergebnis** entscheidend ist. In beiden Punkten kann das PMO durch die Mitgestaltung von Planungs- und Steuerungsprozessen bzw. durch die Art der Aufbereitung der Projektdaten eine Mittlerfunktion zwischen den Anforderungen der Projekte und den Anforderungen der Stammorganisation einnehmen.

Ein wesentlicher Punkt im Hinblick auf die Schaffung struktureller Rahmenbedingungen ist das Empowerment der Projekte. Das PMO muss zusammen mit dem Top-Management Projekte im Unternehmen als eigenständige unternehmerische Einheiten mit entsprechendem Entscheidungsfreiraum konstituieren. Nur wenn eine echte Möglichkeit zu eigenständigen Entscheidungen in den Projekten vorhanden ist, können kreative Selbstorganisationsmechanismen wirksam werden.

5.2 Stärkung des strategischen Denkens und Handelns in Projekten

Wenn Projekte im Unternehmen als eigenständige unternehmerische Einheiten konstituiert werden, muss das PMO für eine Stärkung des strategischen Denkens und Handelns in den Projekten sorgen. Damit wird die Organisation und Einführung eines Karrieremodells für Projektleiter mit einer Ausbildung im Sinne eines Entrepreneur-Managers zu einem gemeinsamen Thema für das PMO und den Personalbereich. Welche Eigenschaften ein solcher Projektleiter aufweisen sollte, lässt sich an der Beschreibung von *Chakravarthy/Lorange* in Abb. 4-16 festmachen.

Das PMO muss daran mitwirken, dass die so ausgebildeten Projektleiter, je nach ihrer Stellung als Projektleiter, Senior Projektleiter oder als Projektdirektor auch das entsprechende **Gewicht** im Verhältnis zu den Kollegen in der Stammorganisation eingeräumt bekommen. In einer projektorientierten Unternehmung sind viele strategische Themen über einen gemeinsamen konstruktiven Kommunikationsakt zu bearbeiten. Dabei spielt eine gleichberechtigte Stellung im Gesamtunternehmensgefüge eine wesentliche Rolle. Dies gilt nicht nur für die Stellung im Kommunikationsprozess, sondern auch im Hinblick auf das

Incentivesystem. Die Übernahme unternehmerischer Verantwortung durch die Projekte muss auch durch entsprechende Incentives gewürdigt werden.

Skills

- See the big picture and shape strategy
- Communicate and market the strategy
- Manage stakeholders, gain support and mobilize resources
- Assemble and motive a team of experts

Personal Traits

- Propensity to take risks
- Passion & inner fire
- Action orientation
- Self confidence

Professional Traits

- Established track record - buy freedom and trust
- Long tenure and varied experience - helps with networking

Abb. 4-16: Profil eines Entrepreneur-Managers nach *Chakravarthy/Lorange* ([Profit] 111)

5.3 Schaffung von sozialen Rahmenbedingungen

Neben der Schaffung von strukturellen Rahmenbedingungen kommt der Schaffung von sozialen Rahmenbedingungen eine wichtige Rolle zu. Nur wenn entsprechende soziale Situationen innerhalb eines Unternehmens eine **partizipative Strategiebildung** zulassen, können die angestrebte Flexibilität und Entwicklungsfähigkeit des Unternehmens überhaupt erreicht werden. Unter einer sozialen Situation wird dabei der Kontext verstanden, der dem Auftreten eines bestimmten Verhaltens erst Sinn verleiht (vgl. *Krainz* [Sozialkompetenz] 247).

Gerade in diesem Zusammenhang kommt dem PMO eine zentrale Bedeutung zu. Das PMO kann zwar immer wieder dafür sorgen, dass soziale Arrangements aufgebaut werden, in denen eine gleichberechtigte Kommunikation zwischen allen Beteiligten möglich wird. Durch die Sicherstellung einer gleichberechtigten Kommunikation besteht die Chance, aus der Mischung von zentralen und dezentralen Steuerungsinformationen eine gemeinsame Wirklichkeitskonstruktion zu erreichen. Diese gemeinsame Wirklichkeitskonstruktion kann die übergeordneten, für das gesamte Unternehmen wichtigen Aspekte mit unmittelbar markt-

und kundenbezogenen Aspekten aus der strategischen Projektsicht verbinden. Wirklich wirksam wird dies aber nur dann, wenn diese sozialen Arrangements zu einer verlässlichen und von allen Beteiligten akzeptierten Selbstverständlichkeit im Unternehmen werden, mithin also so etwas wie eine **soziale Systemkompetenz** entsteht. Zum Aufbau einer solchen Systemkompetenz kann das PMO dadurch beitragen, dass es strikt auf die Einhaltung der vereinbarten Rollen, insbesondere von Seiten des Top-Managements, achtet.

5.4 Schaffung von kulturellen Rahmenbedingungen

Abschließend muss über die Schaffung kultureller Rahmenbedingungen dafür gesorgt werden, dass eine Rückbindung der in den Projekten dezentral erarbeiteten Ergebnisse auf die Zielsetzungen des Unternehmens erfolgt. Hier kann das PMO als Initiator einer gemeinsamen Kulturformulierung auftreten und an der systematischen Verbreitung einer projektorientierten Kultur im Unternehmen und insbesondere in den Projekten mitwirken.

Über die Formulierung und den Austausch von **gemeinsamen Sinn- und Wertvorstellungen** ergibt sich ein Rahmen, in dem die dezentralen Selbstorganisationsprozesse ablaufen können. Durch die Setzung eines solchen „Wertekorridors" wird verhindert, dass in den Projekten beliebige Lösungen entwickelt werden, die aus Sicht der Zielsetzungen des Unternehmens zentrifugale Kräfte entfalten. Dabei hat das PMO die Aufgabe darauf zu achten, dass sowohl von Seiten des Top-Managements als auch von Seiten der Projektleitungen keine symbolischen Führungsakte vorgenommen werden, die der vereinbarten projektorientierten Unternehmenskultur zuwiderlaufen. Zudem kann das PMO in diesem Zusammenhang Kommunikationsplattformen einrichten, die dem Zweck der laufenden kulturellen Abstimmung und Weiterentwicklung dienen (vgl. Abb. 4-17).

Zusammenfassend kann festgestellt werden, dass das PMO im Rahmen eines projektorientierten Unternehmens so etwas wie eine Governmentfunktion über die Mitgestaltung der Rahmenbedingungen für einen partizipative Strategieformierung einnimmt. Dabei spielt es eine wesentliche Rolle an der Schnittstelle zwischen Stammorganisation und Projekten. Im Kern nimmt das PMO eine Mittlerfunktion im Hinblick auf die institutionalisierten Konfliktbereiche zwischen Top-Management, Linienmanagement und Projektleitung ein.

Dabei ist über das Management der strukturellen, sozialen und kulturellen Rahmenbedingungen das Spannungsverhältnis zwischen dezentraler strategischer Entscheidung und Rückbindung der Ergebnisse an die gemeinsamen Unternehmensziele zu bewältigen.

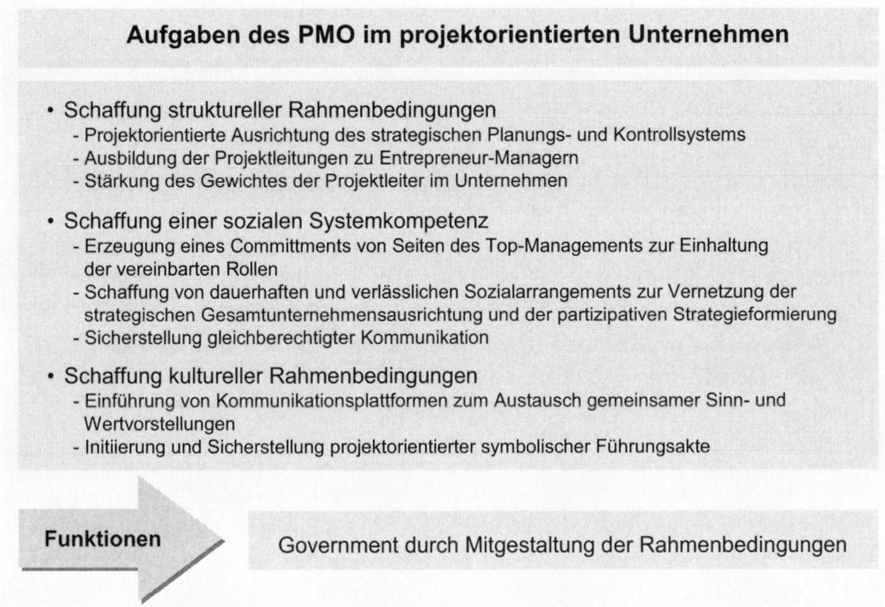

Abb. 4-17: Aufgaben und Funktionen des PMOs im Rahmen eines projektorientierten Unternehmens

Dies alles ist nur machbar, wenn dem PMO von allen Beteiligten das entsprechende **Vertrauen** entgegengebracht wird. Die Leitung des PMOs muss in der Organisation als **authentischer Makler** zwischen allen Beteiligten und als den Gesamtunternehmenszielsetzungen verpflichtet, akzeptiert sein. Wenn dies gelingt, kann das PMO eine Schlüsselfunktion für die Steigerung der Flexibilität und Entwicklungsfähigkeit des Unternehmens einnehmen.

6 Wettbewerbsvorteile eines projektorientierten Unternehmens

Wenn nach möglichen Wettbewerbsvorteilen eines projektorientierten Unternehmens gefragt wird, muss zunächst nochmals kurz auf die Situation der Unternehmen eingegangen werden:

- Unternehmen sehen sich einem nachhaltigen **Wandel in ihrem Umfeld** gegenüber; die Dynamik dieses Wandels nimmt zudem ständig zu. Immer mehr Anspruchsgruppen treten mit zunehmend vielfältigeren und unterschiedlichen Ansprüchen gegenüber den Unternehmen auf, insbesondere die Kundenansprüche steigen stetig. Der Markt ist heute zumeist global zu sehen, damit findet Wettbewerb ebenfalls global statt. Zu wesentlichen Faktoren in diesem Wettbewerb sind inzwischen Wissen und Geschwindigkeit geworden.
- Unternehmen stehen vor dem Hintergrund dieses Wandels vor einer Vielzahl von **strategischen Anforderungen**. Die Sensitivität der Unternehmen in Hinblick auf den Wandel des Umfeldes muss erhöht und die Reaktionszeiten müssen gesenkt werden. Besonders wichtig ist es, vorhandenes Wissen besser zur Entfaltung zu bringen und zu kombinieren; ebenso ist die systematische und zielorientierte Entwicklung neuen Wissens von existenzieller Bedeutung. Die Flexibilität und Entwicklungsfähigkeit des Unternehmens muss insgesamt erhöht werden, hierzu ist eine flexible und v.a. kundenorientierte Ausrichtung der Unternehmensprozesse notwendig.

Angesichts der zunehmenden Dynamik des Umfeldwandels und der daraus resultierenden Anforderungen an die Unternehmen stellt sich jetzt die Frage, wieso gerade mittels eines projektorientierten Unternehmens nachhaltige Wettbewerbsvorteile aufgebaut werden können. Diese Frage wird im Folgenden anhand von drei **Thesen** beantwortet:

- Projektorientierte Unternehmen führen zu einem Empowerment der Mitarbeiter.
- Mit dem Empowerment der Mitarbeiter ist der Aufbau einer unternehmensweiten strategischen Kompetenz verbunden.
- Durch den Aufbau einer unternehmensweiten strategischen Kompetenz wird kreatives Lernen und der Aufbau von Erfolgspotenzialen durch Strategieinnovationen gefördert.

6.1 Wettbewerbsvorteile durch Empowerment der Projektteams

Bevor geprüft wird, welche Wettbewerbsvorteile sich durch ein Empowerment der Mitarbeiter im Rahmen eines projektorientierten Unternehmens erzielen lassen, muss zunächst kurz geklärt werden, was unter Empowerment überhaupt zu verstehen ist.

> **Empowerment** heißt: Mehr Kompetenzen, Befugnisse und Wissen, d.h. auch mehr Macht, auf die Mitarbeiter zu übertragen (*Bea/Göbel* [Organisation] 399).

Grundsätzlich kann zwischen dem Empowerment einzelner Mitarbeiter und dem Empowerment von Gruppen unterschieden werden. In beiden Fällen lassen sich jedoch praktisch die gleichen Merkmale des Empowerments ableiten. Da bei einer projektorientierten Unternehmensführung das teamorientierte Empowerment im Vordergrund steht, wird im Folgenden das **teamorientierte Empowerment** genauer betrachtet.

Nach *Kirkman/Rosen* ([Work Team Empowerment] 137ff.) zeichnet sich **Teamempowerment** durch die vier folgenden Merkmale aus:

- **Gruppenwirksamkeit**
  Das Team teilt die kollektive Meinung, dass es auf Basis der gemeinsamen Fähigkeiten und der überlassenen Ressourcen zur effektiven Lösung von Problemen in der Lage ist.

- **Bedeutungsgehalt**
  Für das Team tritt dann ein Bedeutungsgehalt ihrer Aufgabenstellung ein, wenn die Aufgabenstellung mit den Zielen, Werten und Normen des Teams vereinbar ist. Zudem steigt der Bedeutungsgehalt der Aufgaben mit der zunehmenden Notwendigkeit, verschiedene Teamfähigkeiten einzubringen, mit einem sichtbaren Arbeitsergebnis der Teamaufgabe und mit einem ehrlichen Feedback für die Teamleistung.

- **Autonomie**
  Teamautonomie ist dann gegeben, wenn das Team in der Planung und Durchführung seiner Aufgabenstellung weitgehend selbständig ist. Hierzu gehören die teaminternen Zielvereinbarungen ebenso wie die Auswahl der Methoden zur Aufgabenerfüllung.

- **Einfluss**
  Teameinfluss wird dann spürbar, wenn Teamentscheidungen bzw. Arbeitsergebnisse des Teams Wirkung auf das Team selber und auf das Unternehmen sowie dessen Kunden zeigen.

Neben den bereits genannten Merkmalen müssen weitere **strukturelle Voraussetzungen**, wie die Form der externen Teamführung, Aspekte der Selbstbestimmung der Arbeitsumgebung des Teams, Fragen des Human Resource Managements sowie Aspekte der Organisationsstruktur für ein wirkliches Teamempowerment erfüllt sein (vgl. *Kirkman/Rosen* [Work Team Empowerment] 141ff). Diese Voraussetzungen sind ebenso wie die Auswirkungen des Teamempowerments in Abb. 4-18 zusammengefasst.

Werden diese Voraussetzungen des Teamempowerments genauer betrachtet, zeigt sich, dass eine Vielzahl dieser Aspekte in den vorigen Abschnitten bereits als Merkmale eines projektorientierten Unternehmens angesprochen wurde. Damit kann ohne weiteres davon ausgegangen werden, dass mit der strategischen Unternehmensentwicklung im Rahmen eines projektorientierten Unternehmens zugleich ein Empowerment der Mitarbeiter sowie der Projektteams einhergeht.

Von besonderem Interesse sind im Hinblick auf mögliche Wettbewerbsvorteile die **Auswirkungen des Empowerments**. Offensichtlich verstehen sich Mitarbeiter aufgrund ihrer strategischen Einbindung, ihrer Entscheidungsmöglichkeiten und ihrer gesteigerten Verantwortung quasi als „Mitunternehmer". Dies führt zu einer stärkeren Identifikation mit dem Unternehmen, verbunden mit dem Bestreben, die Arbeitsproduktivität sowie die Qualität der geleisteten Arbeit zu erhöhen. Eine verbesserte Wettbewerbssituation des Unternehmens sowie eine flexible und unmittelbare Ausrichtung der Unternehmensprozesse an den Bedürfnissen der Kunden sind die Folge.

Von besonderer Bedeutung für die Wettbewerbssituation des Unternehmens ist angesichts der hohen Dynamik des Umfeldwandels jedoch die **Entwicklungsfähigkeit des Unternehmens**. In diesem Zusammenhang sind v.a. die Steigerung des proaktiven Verhaltens der Mitarbeiter sowie die geringeren Widerstände gegenüber Veränderungen bemerkenswert. Werden die Rahmenbedingungen innerhalb des Multiprojektmanagements im Sinne eines ausreichenden Empowerments richtig gesetzt, können kreative Selbstorganisationsprozesse innerhalb des Projektteams sogar zu vollkommen neuen kreativen Lösungen führen und damit die Entwicklungsfähigkeit des Unternehmens deutlich stärken.

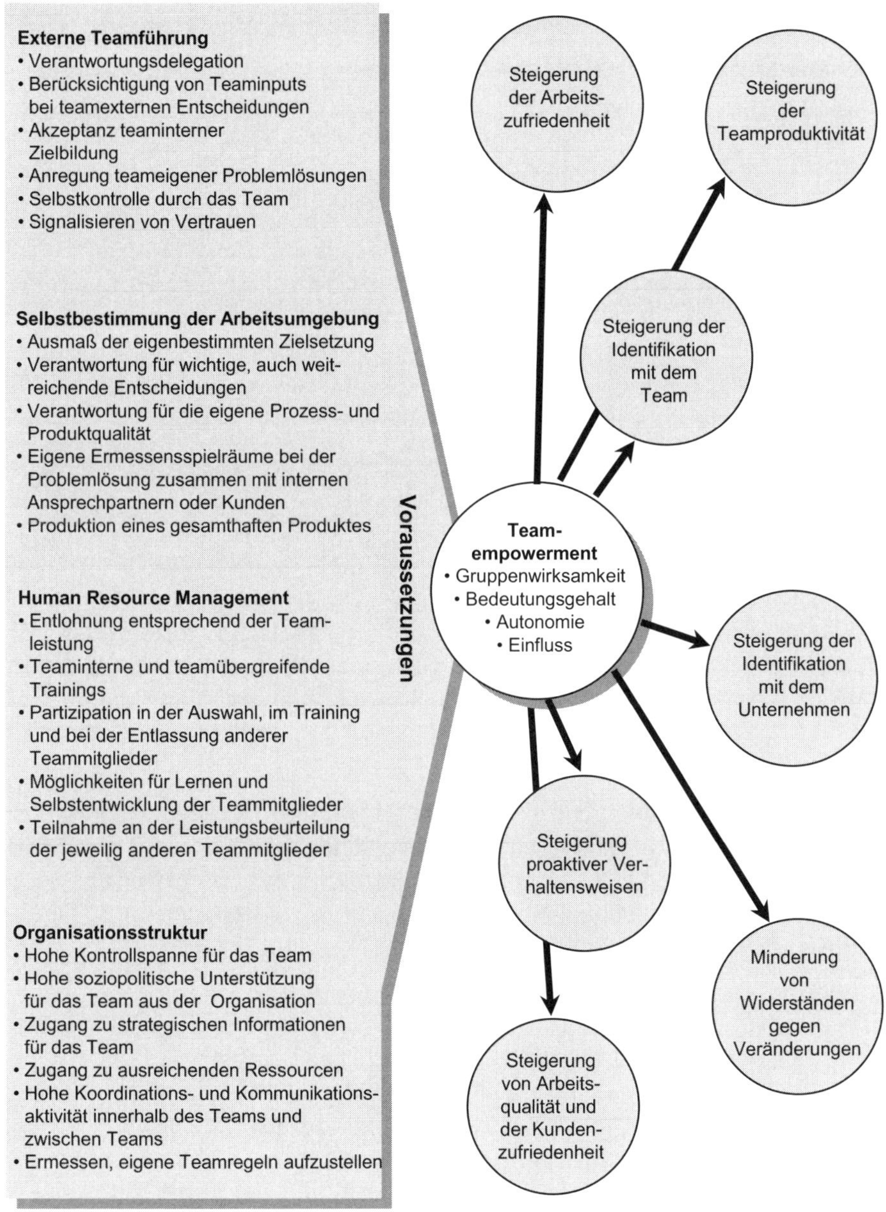

Abb. 4-18: Voraussetzungen und Auswirkungen des Teamempowerments (In Anlehnung an: *Kirkman/Rosen* [Work Team Empowerment] 154)

6.2 Wettbewerbsvorteile durch den Aufbau einer strategischen Kompetenz

Angesichts der hohen Wandeldynamik des unternehmerischen Umfeldes sind nach *Zahn* konventionelle Strategieansätze, die den Aufbau bestimmter Produkt-/ Marktkombinationen oder den Aufbau bestimmter Kompetenzen vorschlagen, weniger Erfolg versprechend als die kontinuierliche Entwicklung und konsequente Anwendung einer allgemeinen strategischen Kompetenz. Die Pflege einer dynamischen strategischen Kompetenz schafft „die Basis für Strategieinnovationen, für einen kontinuierlichen Vorteilsstrom und für strategische Flexibilität, die wiederum für die Fortschrittsfähigkeit der Unternehmen in der wissensintensiven und durch Informationstechnologie revolutionierten `neuen Ökonomie` unerlässlich sind“ (*Zahn* [Strategiekompetenz] 12).

Dynamische Strategiekompetenz äußert sich in den Differenzierungsmöglichkeiten im Wettbewerb, die den Kunden immer wieder einen neuen Nutzen stiften. Eine solch dynamische Strategiekompetenz manifestiert sich nach *Zahn* in experimentellem strategischen Lernen und findet ihren Ausdruck im kreativen Entwickeln und Testen neuer Strategien. Zielsetzung dieses Zweischrittes der kreativen Strategieentwicklung und des Testens ist die **fortlaufende Erneuerung der unternehmerischen Erfolgspotenziale durch Strategieinnovationen**. Angestrebt werden dabei grundlegende strategische Innovationen wie die Erfindung neuer Geschäftsmodelle oder die Veränderung der Spielregeln des Branchenwettbewerbs.

In dieser ständig fortlaufenden Entwicklung strategischer Innovationen liegt gerade vor dem Hintergrund sich ständig wandelnder Umfeld- und damit auch Wettbewerbsbedingungen die Quelle zukünftiger Wettbewerbsvorteile. Somit „definiert sich Strategie als die Generierung eines stetigen Stroms von Wettbewerbsvorteilen“ (*Zahn* [Strategiekompetenz] 17).

Besonders interessant ist nun die Frage, wie eine solche Strategiekompetenz aufgebaut werden kann. *Zahn* betont hier v.a. die „Förderung von strategischem Denken“ und die „Demokratisierung von Strategieprozessen“ (*Zahn* [Strategiekompetenz] 13). Der Aufbau einer strategischen Kompetenz setzt somit eine **breite Weitergabe von strategischen Informationen und die Einbeziehung aller kreativen Potenziale** voraus. Besonders förderlich für die Entwicklung von Strategieinnovationen ist nach *Zahn* ([Strategiekompetenz] 15) ein intensiver Dialog auf der Basis der weitergegebenen strategischen Informationen, ebenso das unbegrenzte Hinterfragen vorherrschender Geschäftsverständnisse sowie das Zulassen eines fantasievollen Experimentierens.

In einem projektorientierten Unternehmen wird mit der systematischen Einbeziehung der Projektteams in Strategieentwicklung und Strategieimplementation auf einen weit verbreiteten strategischen Denkprozess gesetzt. Insofern kann behauptet werden, dass mit einer ernsthaft betriebenen projektorientierten Umgestaltung der Führungsfunktionen zugleich der Aufbau strategischer Kompetenz in obigem Sinne verbunden ist. Gerade dies stellt in einem äußerst dynamischen Umfeld und bei der Notwendigkeit einer fortlaufenden Generierung von Strategieinnovationen eine wichtige Quelle zukünftiger Wettbewerbsvorteile dar.

Zusammenfassend kann behauptet werden, dass sowohl das mit einem projektorienterten Unternehmen verbundene Empowerment der Mitarbeiter als auch der Aufbau strategischer Kompetenz zu einer Steigerung der Entwicklungsfähigkeit des Unternehmens führt. Vor dem Hintergrund der ständig zunehmenden Umfelddynamik ist jedoch genau in dieser Verbesserung der Entwicklungsfähigkeit des Unternehmens der wesentliche Wettbewerbsvorteil zu sehen.

7 Zukunftsvision einer projektorientierten Unternehmensentwicklung

Bislang wurde ein projektorientiertes Unternehmen beschrieben, das als Ausdruck einer Mischform zwischen „traditioneller" strategischer Unternehmensführung und einer neuen, stärker an den Charakter von Projekten angepassten, dynamischen Form der strategischen Unternehmensführung verstanden werden kann. Im projektorientierten Unternehmen wurde eine gezielt am Projektgeschäft und an der zunehmenden Umfelddynamik orientierte Anpassung der Führungsfunktionen vorgenommen. Die bisherigen Führungsfunktionen werden aber nicht ersetzt, sondern im Wesentlichen ergänzt.

Dies drückt sich beispielsweise darin aus, dass das gesamte Multiprojektmanagement in der bislang beschriebenen Form als Sekundärorganisation noch neben einer Primärorganisation abläuft. Die Verbindung zwischen diesen beiden Organisationsstrukturen wird durch neue Koordinationssubsysteme wie das PMO und den Multiprojektlenkungsausschuss geschaffen.

Ebenso wird diese Mischform an der Wahrnehmung zentraler Koordinationsfunktionen im Hinblick auf die strategische Ausrichtung durch die Unternehmensleitung und die daran angegliederten Koordinationsorgane deutlich. Zwar sind die Projektteams im Rahmen des top-down-/bottom-up-Ansatzes ebenfalls nachhaltig an der strategischen Ausrichtung des Unternehmens beteiligt, über die normative Rahmensetzung und die Balanced Scorecard sind jedoch immer noch eine Reihe von Vorgaben vorhanden.

Wird das gesamte Geschäft des Unternehmens ausschließlich über Projekte abgewickelt und nimmt die Dynamik des Umfeldes noch weiter zu, kann eine weitere Flexibilisierung bzw. Auflösung der übergeordneten Führungsfunktionen und eine nur noch und rein an den Projekten ausgerichtete Vorgehensweise sinnvoll werden. Eine solche Entwicklung zeigt Abb. 4-19 im Überblick.

Die Zukunftsvision einer rein projektorientierten Unternehmensentwicklung ergibt sich aus Abb. 4-19 praktisch automatisch. Im Grunde müssen nur die grundlegenden Merkmale, die bereits charakteristisch für ein projektorientiertes Unternehmen sind, analog der wachsenden Bedeutung des Projektgeschäftes für das Unternehmen und der noch wachsenden Umfelddynamik noch flexibler und entwicklungsfähiger gestaltet werden, um so zur Abwicklung eines reinen Projektgeschäftes in der Lage zu sein.

Abb. 4-19: Von der „traditionellen" strategischen Unternehmensführung zur Zukunftsvision einer projektorientierten Unternehmensentwicklung

So einfach und logisch diese Vorgehensweise ist, umso mehr muss jedoch darauf hingewiesen werden, dass sich durch die im Folgenden vorzustellende Zukunftsskizze einer rein projektorientierten Unternehmensentwicklung sowohl der Charakter des Unternehmens als auch der Charakter der Führungsfunktionen grundlegend verändern. Demnach könnte eine rein projektorientierte Unternehmensentwicklung in Zukunft folgendermaßen ausgestaltet sein (diese Ausführungen wurden von der innovationsorientierten Struktur nach *Mirow* [Innovation] 138ff. inspiriert):

- **Auflösung der Unternehmenshierarchien zugunsten einer vollkommen heterarchischen Unternehmensstruktur**
  Anstelle der Kombination von Primär- und Sekundärstruktur wird die Primärorganisation vollständig aufgelöst. Die Organisation des Unternehmens wird dann vollkommen heterarchisch, d. h. sie besteht nur noch aus zwei Ebenen:
  - Aus der Koordinationsebene, in Form einer Unternehmensleitung, die allerdings nur noch in der Rolle eines Ressourcenmanagers mit Koordinationsfunktion fungiert.
  - Aus der Ebene der wechselseitig vernetzten Projektteams, in denen eine Kompetenzbündelung i. S. der Lösung der Projektaufgabe erfolgt. Feste Unter- und Überordnungsverhältnisse sind somit aufgelöst. Die anfallenden Steuerungsaufgaben werden von allen Organisationseinheiten wechselseitig je nach Sinnhaftigkeit übernommen.
- **Auflösung der festen Organisationsstruktur**
  Anstelle einer festen Organisationsstruktur gibt es nur noch ein **Netzwerk aus Projekten** und zugehörigen Projektteams. Die Projektteams stellen eine Bündelung von Kompetenzen und Ressourcen dar, die sich je nach Bedarf des Marktes oder einzelner Kunden bilden und wieder auflösen können. Die Bildung und Auflösung wird von Mitarbeitern initiiert, die sich als Unternehmer im Unternehmen verstehen. Die Aufgabe dieser Unternehmer besteht in der **ständig neuen Rekombination von Kompetenz- und Ressourcenbündeln zu strategischen Innovationen**, die zur Erzielung von Wettbewerbsvorteilen geeignet erscheinen. Natürlich ist damit auch die Auflösung von Kompetenz- und Ressourcenbündeln, die keinen Markt- oder Kundennutzen mehr aufweisen und damit auch keinen Mehrwert für das eigene Unternehmen mehr schaffen können, verbunden.

  Demnach stellen diese Unternehmer zugleich das Bindeglied zwischen der Koordinationsebene und den einzelnen Kompetenzträgern dar. Sie müssen auf der einen Seite die nötigen Kompetenzträger für ihr Projekt gewinnen, auf der anderen Seite aber auch die Koordinationsebene von der Mehrwertgenerierung dieses Projektes überzeugen, um so eine Freigabe dieser Kompetenzträger und zusätzlicher Ressourcen für ihr Projekt zu erwirken. Durch die Aktivitäten der Unternehmer kommt es zu einer Vielzahl loser Kopplungen zwischen den verschiedenen Projektteams und der Koordinationsebene.

Moderne Informations- und Kommunikationstechnologie spielt eine Schlüsselrolle in einem solchen dynamischen und flexiblen Organisationskonzept, in dem eine Bündelung vieler ähnlicher Kompetenzen im Extremfall sogar als **virtuelles Kompetenzzentrum** denkbar wäre. So können sich markt- und sogar kurzfristig situationsangepasste Organisationsstrukturen je nach Bedarf bzw. je nach Möglichkeiten zur Erzielung von Wettbewerbsvorteilen ständig neu bilden und wieder auflösen (vgl. Abb. 4-20).

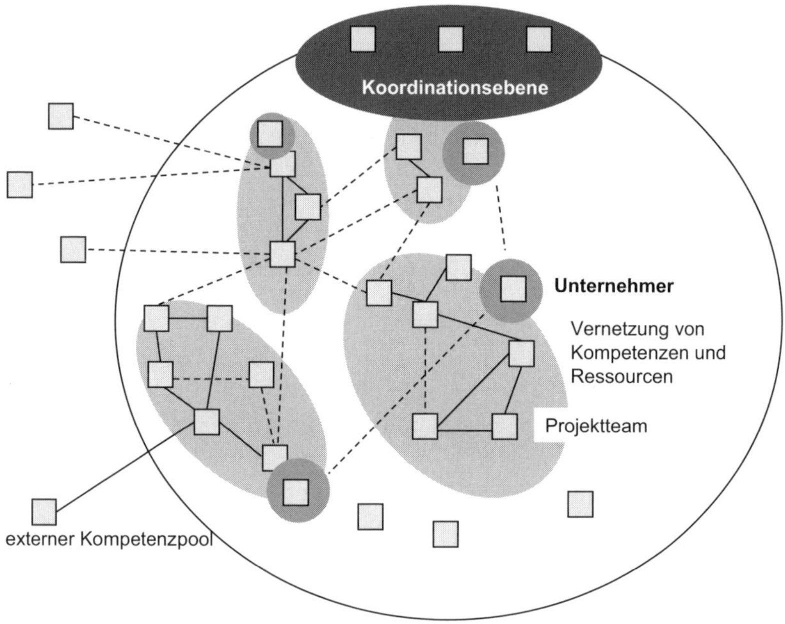

Abb. 4-20: Projektnetzwerkorganisation (In Anlehnung an die innovationsorientierte Struktur von *Mirow* [Innovation] 138)

- **Umfassendes Empowerment der Mitarbeiter**

An die Projektteams müssen die vollständige unternehmerische Entscheidungskompetenz, aber auch die vollständige unternehmerische Verantwortung übertragen werden. Dies gilt sowohl für den Unternehmer, der i.d.R. der Projektleiter sein wird, als auch für die einzelnen Projektmitarbeiter. Diese müssen einerseits frei in der Entscheidung sein, ein Projekt ins Leben zu rufen bzw. sich als Kompetenzträger an einem Projekt zu beteiligen. Andererseits müssen sie aber über leistungsbezogene und projekterfolgsabhängige Vergütungssysteme auch an den wirtschaftlichen Projekterfolgen bzw. Projektrisiken beteiligt werden. Grundsätzlich gilt das Prinzip der Nichteinmischung von Seiten der Koordinationsebene, sobald von dort das Projekt befürwortet und mit den nötigen Ressourcen ausgestattet wurde. Im Grunde wird auf diese Art und Weise jeder Mitarbeiter zu einem Mitunternehmer und trägt so gesamtunternehmerische Verantwortung.

- **Markt- und Selbstorganisationsmechanismen als kreative Innovationsmechanismen**

  Projektideen können durch Zufall oder durch eine systematische Beobachtung von Kunden- und Marktbedürfnissen generiert werden. Diese Projektideen können im Unternehmen durch eine „freie Ausschreibung“, z.B. im Intranet, bekannt gemacht werden. Auf eine solche Projektausschreibung können sich nach eigenem Ermessen Kompetenzträger melden, die aus ihrer Sicht die richtigen Kompetenzen zur Bewältigung der Projektaufgabe mitbringen.

  Diese Kompetenzträger wissen jedoch um ihre Mitbeteiligung am Projekterfolg bzw. am Projektrisiko. Deshalb werden sie ihre Kompetenz immer in jenes Projekt einbringen wollen, das ihnen am erfolgversprechendsten erscheint. Eine solche Vorgehensweise führt praktisch zu einem unternehmensinternen **„Projektmarkt“**, auf dem durch Kompetenznachfrage und Kompetenzangebot eine erste Selektion der vorhandenen Projekte nach ihrem voraussichtlichen wirtschaftlichen Erfolg vorgenommen wird. In der Regel kann davon ausgegangen werden, dass die Projekte, die über echte strategische Innovationen den Kunden einen wirklichen Zusatznutzen bringen, zugleich die höchste Wertsteigerung für das Unternehmen und damit mittelbar auch für die am Erfolg beteiligten Projektteammitglieder aufweisen. Somit werden alle unternehmerisch denkenden Mitarbeiter möglichst nach eigenen Strategieinnovationen suchen oder sich mindestens an Projekten beteiligen, die solche Innovationen hervorbringen. Damit stellt sich ein doppelter Effekt ein: Es kommt über interne Marktmechanismen zu einer effektiven Ressourcenallokation, zugleich wird ein kontinuierlicher Strom von Strategieinnovationen generiert.

Diese Strategieinnovationen werden in einem zweiten Selektionsprozess der Beurteilung durch die Kunden bzw. den Markt unterworfen. Aus dieser Beurteilung resultiert ein entsprechend hoher oder niedriger Mehrwert für das Unternehmen und die beteiligten Projektteammitglieder. Werden Strategieinnovationen vom Markt negativ beurteilt, schlägt dies mittelbar auch wirtschaftlich auf die Projektteammitglieder durch. Damit liegen schnelle Anpassungsmaßnahmen oder sogar fundamentale Lernschritte zur Weiterentwicklung der Strategien im Eigeninteresse der Teammitglieder. Enden die Weiterentwicklungsversuche erfolglos, werden sich die Kompetenzträger nach einer lukrativeren Alternativverwendung ihrer Kompetenz in anderen Projekten umsehen. Dementsprechend wird es zu einer emergenten Musterbildung erfolgreicher Strategieinnovationen kommen. Aus dieser Musterbildung resultiert letztlich die strategische Entwicklung des Unternehmens.

Durch die Schaffung eines geeigneten strukturellen Entwicklungsrahmens einerseits und durch die stärkere Heranführung aller Mitarbeiter an die originäre unternehmerische Verantwortung andererseits wird so in dieser Zukunftsvision einer projektorientierte Unternehmensentwicklung die **Innovations**- und **Entwicklungsfähigkeit** des Unternehmens deutlich gesteigert.

Die **Innovationsfähigkeit** des Unternehmens steigt durch den internen Wettbewerb der Ideen: Strategische Projekte werden einem unternehmensinternen Wettbewerb um Ressourcen und Kompetenzträger ausgesetzt. Somit kommt es zu einem ersten internen Selektionsprozess, in dem sich nur jene Projekte durchsetzen, die an die aktuelle innere Struktur des Unternehmens in der jeweiligen Situation anknüpfen und die aufgrund ihrer strategischen Innovationskraft zugleich zu Wettbewerbsvorteilen in der jeweiligen Umfeldsituation des Unternehmens führen. Dieser interne Selektionsprozess wird durch die externe Selektion des Marktes und der Kunden ergänzt.

Durch die Offenheit, die strategische Entwicklung des Unternehmens als evolutionären Prozess in Form von emergenten Strategiemustern ablaufen zu lassen und dies mit einem Höchstmaß an Außenorientierung zu kombinieren, wird zugleich die **Entwicklungsfähigkeit** des Unternehmens deutlich gesteigert. Auch die Auflösung der hierarchischen Unternehmensstrukturen und deren Überführung in heterarchische Strukturen führen zu einer nachhaltig gesteigerten Entwicklungsfähigkeit des Unternehmens. Im Grunde kann das Unternehmen als sich kontinuierlich wandelndes Projektnetzwerk begriffen werden, in das ganz selbstverständlich auch externe Kompetenzträger mit eingebaut werden können. Damit werden sogar die Unternehmensgrenzen fließend. Das Unternehmen dient letztlich nur noch als rechtlicher Rahmen und als Sinn- und

Identitätsstifter für eine gemeinsame unternehmerische Tätigkeit. Damit liegt hier ein Modell vor, das in die Richtung der Auflösung klassischer Unternehmensstrukturen und in die Richtung des Arbeitens in losen Zusammenhängen weist.

Mit diesem Abschnitt sollte eine **Zukunftsvision** vorgestellt werden, die zwar durchaus im Bereich des Möglichen liegt, jedoch durch wissenschaftliche Untersuchungen weiter präzisiert und mit Leben erfüllt werden muss.

8 Zusammenfassung

(1) Anpassung der Führungsfunktionen

Ein projektorientiertes Unternehmen zeichnet sich dadurch aus, dass Projektmanagement als Führungskonzeption mit in die Entwicklung des gesamten Unternehmens integriert ist sowie eine bewusste Anpassung der Führungsfunktionen des Unternehmens an die Bedürfnisse des Projektmanagements vorgenommen wird.

(2) Aufbau von organisationalen Projektmanagementkompetenzen

Die Anpassungen der Führungsfunktionen führt nur dann zu einem projektorientierten Unternehmen, wenn diese Veränderungen sich in neuen organisationalen Strukturen, Prozessen, Routinen und Methoden niederschlagen und daraus erweiterte organisationale Projektmanagementkompetenzen resultieren. Aus diesem Grunde ist ein projektorientiertes Unternehmen als lernende Organisation auszugestalten. Aktives Wissensmanagement durch Projekte und in den Projekten selbst wird zu einem wichtigen Erfolgsfaktor der projektorientierten Organisation.

(3) Aufbau von persönlichen Projektmanagementkompetenzen

Neben organisationalem Kompetenzaufbau kommt auch dem persönlichen Kompetenzaufbau eine hohe Bedeutung zu. Dies gilt insbesondere für die Rolle des Projektleiters, der in einem projektorientierten Unternehmen eine Vielzahl von Kompetenzen aufweisen muss. Das Unternehmen sollte bei diesem Kompetenzaufbau seine Mitarbeiter mit geeigneten Methoden und Incentives unterstützen.

(4) Aufgaben eines PMO im Rahmen eines projektorientierten Unternehmens

Die Aufgaben eines PMO in einer projektorientierten Unternehmung liegen schwerpunktmäßig im Aufbau von Rahmenbedingungen, die den Projekten eine eigenständige unternehmerische Arbeit ermöglichen. Dabei geht es um

- die Schaffung von strukturellen Rahmenbedingungen,
- die Stärkung des strategischen Denkens und Handelns in Projekten,
- die Schaffung von sozialen Rahmenbedingungen,
- die Schaffung von kulturellen Rahmenbedingungen.

(5) Wettbewerbsvorteile des projektorientierten Unternehmens

Projektorientierte Unternehmen führen zu einem Empowerment der Mitarbeiter. Dies ist mit dem Aufbau einer unternehmensweiten strategischen Kompetenz verbunden. Durch den Aufbau dieser unternehmensweiten strategischen Kompetenz wird kreatives Lernen und der Aufbau von Erfolgspotenzialen durch Strategieinnovationen gefördert. Dies erhöht die Entwicklungsfähigkeit des Unternehmens nachhaltig.

Fragen zur Wiederholung

1. Wie kann ein projektorientiertes Unternehmen charakterisiert werden? (1)

2. Welche Veränderungen der Führungsfunktionen sind für ein projektorientiertes Unternehmen typisch? (2)

3. Welche Rollen kommen auf den Projektleiter eines projektorientierten Unternehmens zu? (4.1)

4. Welche Fähigkeiten sollte ein Projektleiter in einem projektorientierten Unternehmen besitzen? (4.2)

Fragen zur Vertiefung

1. Welchen Zusammenhang sehen Sie zwischen einer Lernenden Organisation und einem projektorientierten Unternehmen?

2. Welche Rolle spielt der organisationale und persönliche Kompetenz aufbau in einem projektorientierten Unternehmen?

3. Welche Argumente sprechen dafür, dass gerade ein projektorientiertes Unternehmen nachhaltige Wettbewerbsvorteile erzielen kann?

4. Was ist „Empowerment" und welche Wettbewerbsvorteile können sich daraus ergeben?

5. Was wird unter dem Aufbau einer „Strategiekompetenz" verstanden und welche Wettbewerbsvorteile können sich daraus ergeben?

Literaturempfehlungen

Bleicher, K.: Das Konzept Integriertes Management. 7. A., Frankfurt/Main 2004.

Kraus, G. u. R. *Westermann*: Projektmanagement mit System. 4. A., Wiesbaden 2010.

Patzak, G. u. G. *Rattay*: Projektmanagement: Leitfaden zum Management von Projekten, Projektportfolios, Programmen und projektorientierten Unternehmen. 5. A., Wien 2009.

Scheurer, S.: Unternehmensentwicklung und Wertsteigerung durch PMOs. In: *Sandrion-Arndt*, B., *Thomas*, R. u. L. *Becker* (Hrsg.): Handbuch Project Management Office. Mit PMO zum strategischen Management der Projektlandschaft. Düsseldorf 2010, S. 83-225.

Zahn, E.: Strategiekompetenz – Voraussetzung für maßgeschneiderte Strategien. In: *Zahn*, E. u. S. *Foschiani* (Hrsg.): Maßgeschneiderte Strategien – der Weg zur Alleinstellung im Wettbewerb. Stuttgart 1999, S. 1-22.

Literaturverzeichnis

Amram, M. u. N. *Kulatilaka*: [Real Options]: Managing Strategic Investment in an Uncertain World. Boston, Mass 1999.

Ansoff, H.I.: Zum [Entwicklungsstand] betriebswirtschaftlicher Planungssysteme. In: *Steinmann*, H. (Hrsg.): Planung und Kontrolle. München 1981, S. 59-83.

Ansoff, H.I.: Die Bewältigung von Überraschungen und Diskontinuitäten durch die Unternehmensführung. Strategische Reaktionen auf [Schwache Signale]. In: *Steinmann*, H. (Hrsg.): Planung und Kontrolle. München 1981, S. 233-264.

Argyris, C. u. A.B. *Schön* : Organizational [Learning]. Reading (Mass.) 1978.

Arnold, R. u. C. *Gómez Tutor*: Grundlinien einer [Ermöglichungsdidaktik]: Bildung ermöglichen, Vielfalt gestalten. Augsburg 2007.

Baganz, A.: Vernetztes Denken und Handeln in der [Projektabwicklung]. In: *Probst*, G.J.B. u. P. *Gomez* (Hrsg.): Vernetztes Denken: Unternehmen ganzheitlich führen. Wiesbaden 1989, S. 147-180.

Balzert, H.: Lehrbuch der [Software-Technik]. Software-Management, Software-Qualitätssicherung, Unternehmensmodellierung. Heidelberg, Berlin 1998.

Bamberg, G., *Coenenberg*, A.G. u. M. *Krapp*: Betriebswirtschaftliche [Entscheidungslehre]. 14. A., München 2008.

Basili, V.R. u. A.J. *Turner*: [Iterative Enhancement]: A Practical Technique for Software Development. IEEE Transactions on Software Engineering 1, 4/1975, p. 390-396.

Bea, F.X.: Die [Prozesse] des Risikomanagements – Anforderungen und Gestaltung. In: *Knobloch*, A.P. u. N. *Kratz* (Hrsg.): Neuere Finanzprodukte: Anwendung, Bewertung, Bilanzierung. München 2003, S. 33-49.

Bea, F.X.: [Entscheidungen] des Unternehmens. In: *Bea*, F.X. u. M. *Schweitzer* (Hrsg.): Allgemeine Betriebswirtschaftslehre. Band 1: Grundfragen, 10. A., Stuttgart 2004, S. 333-437.

Bea, F.X.: [Führung]. In: *Bea*, F.X., *Friedl*, B. u. M. *Schweitzer* (Hrsg.): Allgemeine Betriebswirtschaftslehre. Band 2: Führung, 9. A., Stuttgart 2005, S. 1-15.

Bea, F.X. u. E. *Göbel:* [Organisation]. 4. A., Stuttgart 2010.

Bea, F.X. u. J. *Haas*: Strategisches [Management]. 5. A., Stuttgart 2009.

Beck, K.: Extreme Programming Explained: Embrace Change. Reading, Mass. (u.a.) 2000.

Beck, T.: Die [Projektorganisation] und ihre Gestaltung. Berlin 1996.

Beer, S.: [Decision] and Control. The meaning of Operational research and Management Cybernetics. London, New York, Sydney 1966.

Bellut, J.: [Abschluss]. In: *Bernecker*, M. u. K. *Eckrich*: Handbuch Projektmanagement. München, Wien 2003, S. 433-447.

Bellut, J.: Gestaltung des [Kick-Off-Meetings] (Abläufe, Gestaltung, Vor- & Nachbereitung, Checklisten). In: *Bernecker*, M. u. K. *Eckrich*: Handbuch Projektmanagement. München, Wien 2003, S. 209-236.

Berndt, R.: [Marketing]: Band 2 Marketing-Politik. 3. A., Berlin u.a. 1995.

Berndt, R., *Fantapié Altobelli*, C. u. M. *Sander*: Internationales [Marketing-Management]. 2. A., Berlin, Heidelberg, New York 2003.

Bleicher, K.: Das Konzept Integriertes [Management]: Visionen - Missionen - Programme. 7. A., Frankfurt 2004.

Böck, R. u. G. *Reiff*: Projektmanagement – Entscheidung über [Führungsinstrumente]. In: *Bernecker*, M. u. K. *Eckrich*: Handbuch Projektmanagement. München, Wien 2003, S. 159-193.

Boehm, B.W.: [Software] engineering economics. Englewood Cliffs, 1981.

Boehn, B.W. u. R. *Turner*: [Balancing] Agility and Discipline: A Guide for the Perplexed. Boston 2008.

Boehm, B.W., *Abts*, C., *Brown*, A.W., *Chulani*, S., *Clark*, B.K., *Horowitz*, E., *Madachy*, R., *Reifer*, D. u. B. *Steece*: Software Cost Estimation with [COCOMO II]. Upper Saddle River, New Jersey 2000.

Boos, F.: [Projektmanagement]. In: *Königswieser*, R. u. C. *Lutz* (Hrsg.): Das systemisch-evolutionäre Management. 2. A., Wien 1992, S. 69-77.

Boos, F. u. B. *Heitger*: Kunst oder Technik? Der [Projektmanager] als sozialer Architekt. In: *Balck*, H. (Hrsg.): Networking und Projektorientierung. Berlin, Heidelberg 1996, S. 165-182.

Brecht-Hadraschek, B: PM-[Zertifizierungen] im Vergleich, Teil 1: Nutzen und inhaltliche Ausrichtung. In: Projekt Magazin, Ausgabe 11/2010.

Bretz, H.: [Unternehmerische Avantgarde] und Fortschrittsfähige Organisation. In: *Balck*, H. (Hrsg): Networking und Projektorientierung. Berlin, Heidelberg 1996, S. 87-105.

Bundesministerium für Umwelt, Naturschutz und Reaktorsicherheit (BMU): [Megatrends] der Nachhaltigkeit. Unternehmensstrategie neu denken. Berlin 2008.

Burke, R.: [Projektmanagement]: Planungs- und Kontrolltechniken. Bonn 2004.

Burghardt, M.: Einführung in [Projektmanagement]: Definition, Planung, Kontrolle, Abschluss. 5. A., Erlangen 2007.

Campenhausen, C. von: [Risikomanagement]. Zürich 2006.

Chakravarthy, B. u. P. *Lorange:* [Profit] or Growth. Why You Don`t Have to Choose. New Jersey 2007.

Coenenberg, A.G. u. T.M. *Fischer*: [Prozesskostenrechnung] – Strategische Neuorientierung in der Kostenrechnung. In: Die Betriebswirtschaft (DBW), 1991, S. 21-38.

Coenenberg, A.G., *Fischer*, T.M. u. T. *Günther*: [Kostenrechnung] und Kostenanalyse. 7. A., Stuttgart 2009.

Copeland, T.E. u. P.T. *Keenan*: Making [real options] real. In: The McKinsey Quarterly (1998), No. 3, S. 128-141.

Corsten, H., *Corsten*, H. u. R. *Gössinger:*: [Projektmanagement]. 2. A., München 2008.

Cronenbroeck, W.: Handbuch Internationales [Projektmanagement]. Berlin 2004.

Deal, T.B.: [Unternehmenskultur], Grundstein für Spitzenleistungen. In: Allgemeine Treuhand AG (Hrsg.): Die Bedeutung der Unternehmenskultur für den künftigen Erfolg Ihres Unternehmens: Referate anlässlich der ATAG-Tagung vom 3. Mai 1984 im Grand Hotel Dolder, Zürich, S. 27-42.

Deutsche Gesellschaft für Projektmanagement: Der Deutsche [Project-Excellence-Award]. Broschüre auf der Homepage der Deutschen Gesellschaft für Projektmanagement: http://www.gpm-ipma.de/fileadmin/user_upload/ueber-uns/GPM_Award-Broschure_2009_final.pdf, Verfügbarkeitsdatum: 23.11.2010.

Diethelm, G.: [Projektmanagement 1]. Band 1: Grundlagen. Herne, Berlin 2000.

Diethelm, G.: [Projektmanagement 2]. Band 2: Sonderfragen. Herne, Berlin 2001.

Domschke, W. u. A. *Drexl*: Einführung in [Operations Research]. 7. A., Berlin, Heidelberg, New York 2007.

Eckrich, K: Phasenorientiertes Handeln: Die [Umsetzung] ganzheitlichen Denkens in der Praxis des Projektmanagements. In: *Bernecker,* M. u. K. *Eckrich*: Handbuch Projektmanagement. München, Wien 2003, S. 35-49.

Ehrbar, A.: Economic value added: [EVA]; der Schlüssel zur wertorientierten Unternehmensführung. Wiesbaden 1999.

Ehrlenspiel, K., *Kiewert,* A. u. U. *Lindemann*: Kostengünstig Entwickeln und Konstruieren: [Kostenmanagement] bei der integrierten Produktentwicklung. 6. A., Berlin, Heidelberg, New York 2007.

Ehrmann, H.: Kompakt-Training [Risikomanagement]: Rating – Basel II. Ludwigshafen 2005.

Eisele, W.: [Technik] des betrieblichen Rechnungswesens. 7. A., Stuttgart 2002.

Ewert, R. u. A. *Wagenhofer*: Interne [Unternehmensrechnung]. 7. A., Berlin 2008.

Fiedler, R.: [Controlling] von Projekten. 5. A., Wiesbaden 2010.

Fischer, T.M. und J. *Schmitz*: Informationsgehalt und Interpretation des Zielkostenkontrolldiagramms im [Target Costing]. In: Kostenrechnungspraxis, 1994, Heft 6, S. 427-433.

Foerster, H. von: Das Konstruieren einer [Wirklichkeit]. In: *Watzlawik,* P. (Hrsg.): Die erfundene Wirklichkeit: Wie wissen wir, was wir zu wissen glauben? Beiträge zum Konstruktivismus. 7. A., München 1991, S. 39-60.

Foss, N.J.: [Resources] and Strategy: A Brief Overview of Themes and Contributions. In: *Foss,* N.J. (Hrsg.): Resources, Firms, and Strategies: a Reader in the Resource-Based Perspective. Oxford 1997, S. 3-18.

Freeman, F.R.: Strategic Management. A [Stakeholder] Approach. Boston 1984.

Freygang, W.: [Kapitalallokation] in diversifizierten Unternehmen: Ermittlung divisionaler Eigenkapitalkosten. Wiesbaden 1993.

Friedl, B.: [Controlling]. Stuttgart 2003.

Friedl, B.: [Kostenmanagement]. Stuttgart 2009.

Gagsch, B.: [Wandlungsfähigkeit] von Unternehmen. Konzept für ein kontextgerechtes Management des Wandels. Frankfurt/Main 2002.

Gareis, R.: [Management by Projects]: The Management Strategy of the „New" Project-oriented Company. In: *Gareis,* R. (Hrsg.): Handbook of Management by Projects. Wien 1990, S. 35-47.

Gemünden, H.G., *Dammer,* H. u. D. *Jonas*: Die Zusammenarbeit der Akteure im [Multiprojektmanagement]. In: *Steinle,* C., *Eßeling,* V. u. T. *Eichenberg* (Hrsg.): Handbuch Multiprojektmanagement und –controlling. Berlin 2008, S. 33-49.

Gemünden, H.G., *Dammer,* H. u. D. *Jonas*: [Organisation] von Multiprojektmanagement: Erfolgsfaktor Project Management Office. In: *Mayer,* T.-L., *Wald,* A., *Gleich,* R. u. R. *Wagner* (Hrsg.): Advanced Project Management. Berlin 2008, S. 93-112.

Geschka, H.: Die [Szenariotechnik] in der strategischen Unternehmensplanung. In: *Hahn,* D. u. B. *Taylor* (Hrsg.): Strategische Unternehmungsplanung – strategische Unternehmungsführung: Stand und Entwicklungstendenzen. 8. A., Heidelberg 1999, S. 518-545.

Gilb, T.: [Principles] of Software Engineering Management. Wokingham (GB) 1988.

Göbel, E.: Das Management der sozialen [Verantwortung]. Berlin 1992.

Götze, K.: [Szenario-Technik] in der strategischen Unternehmensplanung. Wiesbaden 1991.

Goldratt, E.M.: What is the thing called [Theory] of Constraints, and how should it be implemented? Great Barrington 1990.

Goldratt, E.M.: Die [Kritische Kette]: Ein Roman über das neue Konzept im Projektmanagement]. Frankfurt a. M., New York 2002.

Günther, T.: Unternehmenswertorientiertes [Controlling]. München 1997.

Haas, J.: Die [Entwicklungsfähigkeit] von Unternehmen. Eine theoretische und pragmatische Analyse. Frankfurt a. M. 1997.

Hab, G. u. R. *Wagner*: [Projektmanagement] in der Automobilindustrie. 3. A., Wiesbaden 2010.

Hall, R.: The strategic analysis of [intangible resources]. In: Strategic Management Journal, Vol. 13 (1992), S. 135-144.

Hamel, G. u. C.K. *Prahalad*: [Competing] for Future. Paperback Auflage, Harvard Business School Press, Boston 1996.

Hannan, M.T. u. J.H. *Freeman*: The [Population Ecology] of organizations: In: American Journal of Sociological Review, vol. 49, Nr. 2, 1977, S. 149-164.

Hansel, J. u. G. *Lomnitz*: [Projektleiter]-Praxis. 4. A., Berlin, Heidelberg, New York 2003.

Hansen, H.R. u. G. *Neumann*: [Wirtschaftsinformatik] 1: Grundlagen und Anwendungen. 10. A., Stuttgart 2009.

Hauschildt, J. u. G. *Keim*: Vom Promotorenmodell zum [Projektmanagement] in Innovationsprozessen. In: *Scholz*, C. (Hrsg): Individualisierung als Paradigma: Festschrift für Hans Jürgen Drumm. Stuttgart, Berlin, Köln 1997, S. 201-222.

Hayek, F.A. v.: [Freiburger Studien]: Gesammelte Aufsätze. 2. A., Tübingen 1994.

Hedeman, B. u. R. *Seegers*: [PRINCE2]™ 2009 Edition – Das Taschenbuch. 1. Ausg. 2. A., Zaltbommel (NL) 2010.

Heidack, C.: Lern- und Lehrhandeln im [Planspiel] – Erfolgsfaktoren. Fachbeitrag auf CD-Rom. BIBB-Planspielforum (www.vernetzt-denken.de). In: *Blötz*, U. u.a. (Hrsg.): Planspiele in der beruflichen Bildung. Bielefeld 2001.

Heinen, E.: [Einführung] in die Betriebswirtschaftslehre. 9. A., Wiesbaden 1985.

Helmke, J.: [Lasten- & Pflichtenheft]. In: *Bernecker*, M. u. K. *Eckrich*: Handbuch Projektmanagement. München, Wien 2003, S. 149-157.

Hertz, D.B. u. H. *Thomas*: [Risk analysis] and its applications. Chichester u.a. 1984.

Hill, G.M.: The complete [Project Management Office Handbook]. Boca Raton 2008.

Hinterhuber, H.H.: Strategische [Unternehmungsführung]: II. Strategisches Handeln. 7. A., Berlin, New York 2004.

Hobbs, P: Professionelles [Projektmanagement]. Landsberg am Lech 2000.

Hofer, C. u. D. *Schendel*: [Strategy] Formulation: Analytical Concepts. St. Paul 1978.

Hofmann, J., *Rollwagen*, I. u. S. *Schneider*: [Deutschland] im Jahr 2020. Neue Herausforderungen für ein Land auf Expedition. Deutsche Bank Research, Frankfurt a. M. 2007.

Hommel, U. u. H. *Lehmann*: Die [Bewertung] von Investitionsprojekten mit dem Realoptionsansatz – Ein Methodenüberblick. In: *Hommel*, U., *Scholich*, M. u. R. *Vollrath* (Hrsg.): Realoptionen in der Unternehmenspraxis. Berlin u.a. 2001, S. 113-129.

Horsch, J.: Innovations- und [Projektmanagement]. Von der strategischen Konzeption bis zur operativen Umsetzung. Wiesbaden 2003.

Horváth, P.: [Controlling]. 11. A., München 2009.

Horváth, P., *Niemand*, S. u. M. *Wolbold:* [Target Costing] – State of the Art. In: *Horváth*, P. (Hrsg.): Target Costing. Stuttgart 1993, S. 1-27.

Hostettler, S.: Das Konzept des Economic Value Added ([EVA]): Darstellung und Anwendung auf Schweizer Aktiengesellschaften. Bern u.a. 1997.

Hruschka, P., *Rupp*, C. u. G. *Starke*: [Agility] kompakt – Tips für erfolgreiche Systementwicklung. 2. A., Heidelberg 2009.

Imai, M.: [Kaizen]: der Schlüssel zum Erfolg der Japaner im Wettbewerb. 12. A., München 1994.

International Project Management Association (IPMA): [Certification]: http://www.ipma.ch/certification/pages/default.aspx, abgerufen am 07.03.2011.

Janis, I.L.: [Groupthink]. In: *Hackman*, R.J., *Lawler*, E.E. u. L.W. *Porter* (Hrsg.): Perspectives on Behavior in Organizations. New York u.a. 1997, S. 335-343.

Jantzen-Homp, D.: [Portfolio-Management] – Multiprojektarbeit im Unternehmungswandel. Wiesbaden 2000.

Joos-Sachse, T.: Controlling, [Kostenrechnung] und Kostenmanagement: Grundlagen, Instrumente, neue Ansätze. 4. A., Wiesbaden 2006.

Kamiske, G.F. u. G. *Umbreit:* [Qualitätsmanagement] – eine multimediale Einführung. 4. A., München, Wien 2008.

Kaninke, M.: [Analyse] strategischer Risiken. Frankfurt 2004.

Kaplan, R.S. u. D.P. *Norton*: [Balanced Scorecard]: Strategien erfolgreich umsetzen. Stuttgart 1997.

Katzenbach, J.R. u. D.K. *Smith:* The Discipline of [Teams]. In: Harvard Business Review, Heft 1, 1993, S. 111-120.

Kellner, H.: [Projekt-Mitarbeiter] finden und führen. München, Wien 2003.

Kerzner, H.: [Projektmanagement]: Ein systemorientierter Ansatz zur Planung und Steuerung von Projekten. 2. A., Bonn 2008.

Kessler, H. u. G. *Winkelhofer*: [Projektmanagement] Leitfaden zur Steuerung und Führung von Projekten. 3. A., Berlin, Heidelberg, New York 2002.

Kieser, A. u. C. *Hegele*: [Kommunikation] im organisatorischen Wandel. Stuttgart 1998.

Kieser, A. u. P. *Walgenbach*: [Organisation]. 5. A., Stuttgart 2007.

Kindler, A., *Jahnke,* B. u. W. *v. Schneyder*: [Aufwandsschätzung] von Projekten: Eine Standortbestimmung. In: projektMANAGEMENT aktuell, Heft 1/2005, S. 14-22.

Kirkman, B.L. u. B. *Rosen*: A Model of [Work Team Empowerment]. In: *Pasmore*, W.A. u. R.W. *Woodman* (Hrsg.): Research in Organizational Change and Development. London 1997, S. 131-167.

Kirsch, W.: [Betriebswirtschaftslehre]. Eine Annäherung aus der Perspektive der Unternehmensführung. 5. A., München 1998.

Klein, R. u. A. *Scholl*: Planung und [Entscheidung]: Konzepte, Modelle und Methoden einer modernen betriebswirtschaftlichen Entscheidungsanalyse. München 2004.

Klimecki, R., *Probst*, G.J.B. u. P. *Eberl*: Entwicklungsorientiertes [Management]. Stuttgart 1994.

Koch, C.: Optionsbasierte Unternehmensbewertung: [Realoptionen] im Rahmen von Akquisitionen. Wiesbaden 1999.

Krainz, E.: [Sozialkompetenz] im Projektmanagement: Eine unterschätzte Dimension. Plädoyer für einen gruppendynamischen Paradigmenwechsel. In: Gruppendynamik und Organisationsberatung, H. 4 (2009), S. 243f.

Kraus, G. u. R. *Westermann*: [Projektmanagement] mit System: Organisation, Methoden, Steuerung. 4. A., Wiesbaden 2010.

Kremin-Buch, B.: Strategisches [Kostenmanagement]: Grundlagen und moderne Instrumente. 4. A., Wiesbaden 2007.

Kroeber-Riel, W., *Weinberg,* P. u. A. *Gröppel-Klein*: [Konsumentenverhalten]. 9. A., München 2009.

Kruschwitz, L.: [Investitionsrechnung]. 12. A., München, Wien 2009.

Kühn, R., *Fuhrer,* U. u. T. *Jenner*: [Reale Optionen]. In: Die Unternehmung, 54. Jg., H. 1 (2001), S. 43-56.

Kupsch, P.: [Unternehmungsziele]. Stuttgart, New York 1979.

Kuster, J., *Huber,* E., *Lippmann,* R., *Schmid,* A., *Schneider,* E., *Witschi,* U. u. R. *Wüst:* Handbuch [Projektmanagement]. 2. A., Berlin, Heidelberg, New York 2008.

Litke, H.-D.: [Projektmanagement]: Methoden, Techniken, Verhaltensweisen, evolutionäres Projektmanagement. 5. A., München 2007.

Löbel, U.: [Wege] zum Ziel: Goldratt´s Theory of Constraints – Methoden und Werkzeuge. Bonn 2005.

Lörz, H. u. U. *Techt*: [Critical Chain]: Beschleunigen Sie Ihr Projektmanagement. München 2007.

Lomnitz, G.: [Multiprojektmanagement]. Projekte planen, vernetzen und steuern. 3. A., Frankfurt/Main 2008.

Lücke, W.: [Investitionsrechnungen] auf der Grundlage von Ausgaben oder Kosten?. In: Zeitschrift für handelswissenschaftliche Forschung, H. 7 (1995), S. 310-324.

Madauss, B.: Handbuch [Projektmanagement]: mit Handlungsanleitungen für Industriebetriebe, Unternehmensberater und Behörden. 6. A., Stuttgart 2000.

Malik, F.: [Strategie] des Managements komplexer Systeme. Ein Beitrag zur Management-Kybernetik evolutionärer Systeme. 3. A., Bern, Stuttgart 1989.

Malik, F.: [Elemente] einer Theorie des Managements sozialer Systeme. In: *Bauer*, L. u. H. *Matis* (Hrsg.): Evolution - Organisation - Management. Berlin 1989.

Malik, F.: Systemisches Management und [Systemisches Projektmanagement]. In: *Balck*, H. (Hrsg.): Networking und Projektorientierung. Berlin, Heidelberg 1996, S. 145-164.

Manz, K., *Dahmen*, A. u. L. *Hoffmann*: [Entscheidungstheorie]. 2 A., München 2000.

McKelvey, B. u. H. *Aldrich*: [Populations], natural selection and applied, organizational science. In: Administative Science Quarterly, Vol. 28, Nr. 1, 1983, S. 101-128.

Meffert, H. u. J. *Bolz*: Internationales [Marketing-Management]. 3. A., Stuttgart, Berlin, Köln 1998.

Meier, P: [Risikomanagement] in Technologieunternehmen. Weinheim 2005.

Meise, F.: [Realoptionen] als Investitionskalkül: Bewertung von Investitionen unter Unsicherheit. München, Wien 1998.

Mente, M.: [Zielbildung] und –sicherung als Grundlage eines ergebnisorientierten Projektmanagements. In: *Steinle*, C., *Bruch*, H. u. D. *Lawa* (Hrsg.): Projektmanagement: Instrument effizienter Innovationen. 3. A., Frankfurt am Main 2001, S. 108-132.

Menz, F. u. K.H. *Stahl*: [Stakeholderkommunikation]. Berlin 2008.

Merbecks, A., *Stegemann,* U. u. J. *Frommeyer*: Intelligentes [Risikomanagement]. Frankfurt, Wien 2004.

Meyer, M.M.: [Projektablaufplanung]. In: *Bernecker,* M. u. K. *Eckrich*: Handbuch Projektmanagement. München, Wien 2003, S. 295-316.

Mirow, M.: [Innovation] als strategische Chance. In: *Zahn,* E. u. S. *Foschiani* (Hrsg.): Maßgeschneiderte Strategien – der Weg zur Alleinstellung im Wettbewerb. Stuttgart 1999, S. 127-141.

Müller-Stewens, G. u. C. *Lechner*: [Strategisches Management]. Wie strategische Initiativen zum Wandel führen. 3. A., Stuttgart 2005.

Mussnig, W.: Dynamisches [Target Costing]. Wiesbaden 2001.

Nelson, R.R. u. S.G. *Winter*: An [Evolutionary Theory] of economic change. Cambridge 1982.

Noth, T.: [Aufwandschätzung] von FuE-Projekten. In: *Platz,* J. u. H.J. *Schmelzer*: Projektmanagement in der industriellen Forschung und Entwicklung: Einführung anhand von Beispielen aus der Informationstechnik. Berlin, Heidelberg, New York 1986, S. 161-180.

Neubürger, H.-J.: Wertorientierte Unternehmensführung bei [Siemens]. In: Zeitschrift für betriebswirtschaftliche Forschung (Zfbf), Jg. 52 (2000), S. 188-196.

Oestereich, B.: [Agiles Projektmanagement]. In: HMD – Praxis der Wirtschaftsinformatik, 260, 45. Jahrgang, April 2008, S. 18-26.

Oestereich, B. u. C. *Weiss*: [APM] – Agiles Projektmanagement. Erfolgreiches Timeboxing für IT-Projekte. Heidelberg 2008.

Oestereich, B., *Gessler,* M. u. F. *Lehmann*: Mein Haus, mein Auto, meine [Projektmanagement-Zertifikate]. OBJEKTspektrum, Fachzeitschrift für Software-Engineering und -Management, Schwerpunktheft Assessments und Zertifikate, Heft 03/2009, S. 46-53.

Office of Government Commerce (OGC): [P3M3Model]: http://www. p3m3-officialsite.com/P3M3Model/P3M3Model.aspx, dort http:// www.p3m3-officialsite.com/nmsruntime/saveasdialog.aspx?lID=456& sID=166, geladen am 16.02.2011 (P3M3_Introduction_and _Guide.pdf) sowie http:// www.p3m3-officialsite.com/nmsruntime/saveasdialog.aspx?lID=457& sID=166, geladen am 16.02.2011 (P3M3_Portfolio_Model.pdf), sowie http://www.p3m3-officialsite.com/nmsruntime/saveasdialog.aspx?lID= 464&sID=166, geladen am 16.02.2011 (P3M3_Programme_Model.pdf) sowie http://www.p3m3-officialsite.com/nmsruntime/saveasdialog.aspx?lID=458&sID=166, geladen am 16.02.2011 (P3M3_Project_Model.pdf).

Office of Government Commerce (OGC): Erfolgreiche [Projekte] managen mit PRINCE2. 1. Aufl. der dt. Übers. der 5. engl. Ausg., London 2009.

Office of Government Commerce (OGC): Managing successful projects with PRINCE2. 1. A., London 2009.

Olfert, K.: Kompakt-Training [Projektmanagement]. 6. A., Ludwigshafen (Rhein) 2008.

Osborn, A.F.: [Applied Imagination]: Principles and procedures of creative problem-solving. 3. A., New York 1963.

Pape, U.: Wertorientierte [Unternehmensführung]. 4. A., Sternenfels 2010.

Patzak, G. u. G. *Rattay*: [Projektmanagement]: Leitfaden zum Management von Projekten, Projektportfolios und projektorientierten Unternehmen. 5. A., Wien 2009.

Pfetzing, K. u. A. *Rohde*: Ganzheitliches [Projektmanagement]. 3. A., Gießen 2009.

Pichler, R.: [Scrum] – Agiles Projektmanagement erfolgreich einsetzen. Heidelberg 2008.

PM-Zert: National Competence Baseline ([NCB]). Version 3.0 der *PM-Zert* Zertifizierungsstelle der GPM e.V. vom März 2008.

Porter, M.E.: [Competitive Strategy]: Techniques for Analyzing Industries and Competitors. New York 1980.

Porter, M.E.: [Competitive Advantage]: Creating and Sustaining Superior Performance. New York 1985.

Porter, M.E.: [Wettbewerbsvorteile]. Spitzenleistungen erreichen und behaupten. Frankfurt, New York 1989.

Prahalad, C.K. u. G. *Hamel*: The [Core Competence] of the Corporation. In: *Foss*, N.J. (Hrsg.): Resources, Firms, and Strategies: a Reader in the Resource-Based Perspective. Oxford 1997, S. 235-256.

Preinreich, G.A.D.: [Valuation] and Amortization. In: The Accounting Review (12) 1937, S. 209-226.

Pritsch, G. u. J. *Weber*: Die [Bedeutung] des Realoptionsansatzes aus Controlling-Sicht. In: *Hommel*, U., *Scholich*, M. u. R. *Vollrath* (Hrsg.): Realoptionen in der Unternehmenspraxis. Berlin u.a. 2001, S. 13-43.

Probst, G.J.B.: [Selbst-Organisation]. Ordnungsprozesse in sozialen Systemen aus ganzheitlicher Sicht. Berlin, Hamburg 1987.

Probst, G.J.B. u. P. *Gomez*: Die [Methodik] des vernetzten Denkens zur Lösung komplexer Probleme. In: *Probst*, G.J.B. u. P. *Gomez* (Hrsg.): Vernetztes Denken: Unternehmen ganzheitlich führen. Wiesbaden 1989, S. 1-18.

Probst, G.J.B., *Raub*, S. u. K. *Romhardt*: [Wissen] managen: wie Unternehmen ihre wertvollste Ressource optimal nutzen. 5. A., Wiesbaden 2006.

Project Management Institute (PMI): Organizational Project Management Maturity Model ([OPM3]) - Second Edition, Newtown Square, PA, USA 2008.

Project Management Institute (PMI): A Guide to the Project Management Body of Knowledge ([PMBOK]®-Guide). Fourth Edition, Newtown Square, PA, USA 2008.

Project Management Institute (PMI): [What is PMI?]: http://www.pmi.org/en/About-Us/About-Us-What-is-PMI.aspx, geladen am 25.02.2011.

Rappaport, A.: [Shareholder Value] – Ein Handbuch für Manager und Investoren. 2. A., Stuttgart 1999.

Rasche, C.: [Wettbewerbsvorteile] durch Kernkompetenzen: Ein ressourcenorientierter Ansatz. Wiesbaden 1994.

Rattay, G.: [Projektplanung] und –steuerung. In: *Eschenbach*, R. (Hrsg.): Controlling. 2. A., Stuttgart 1996, S. 371-412.

Rauschenberger, R.: Nachhaltiger [Shareholder Value]. Integration ökonomischer und sozialer Kriterien in die Unternehmensanalyse und in das Portfoliomanagement. Bern, Stuttgart, Wien 2002.

Reichmann, T.: [Controlling] mit Kennzahlen und Managementberichten. 7. A., München 2006.

Ribeiro, M. u. S. Scheurer: Projektmanagement als Führungskonzeption – Konsequenzen für zukünftige [Projektmanagement-Assessments]. In: projektMANAGEMENT aktuell, Heft 5/2009, S. 12-25.

Riezler, S.: [Lebenszyklusrechnung]. Instrumente des Controlling strategischer Projekte. Wiesbaden 1996.

Rinza, P.: [Projektmanagement]: Planung, Überwachung und Steuerung von technischen und nichttechnischen Vorhaben. 4. A., Berlin, Heidelberg, New York 1998.

Romeike, F.: Der Prozess der [Risikosteuerung] und –kontrolle. In: *Romeike*, F. u. B. *Finke* (Hrsg.): Erfolgsfaktor Risikomanagement. Chance für Industrie und Handel. Wiesbaden 2003, S. 235-243.

Rosenstiel, v., L.: Mit [Sozialtechniken] „Prozessverlusten" entgegenwirken. In: ProjektMANAGEMENT aktuell, Heft 5/2010, S. 3-9.

Rüegg-Stürm, J.: Das neue St. Galler [Management-Modell]. Grundkategorien einer integrierten Managementlehre. Bern 2002.

Rump, J., *Schabel*, F., *Alich*, D. u. S. *Groh*: [Betriebliche Projektwirtschaft]. Eine Vermessung. Eine empirische Studie des Instituts für Beschäftigung und Employability (IBE) im Auftrag von HAYS. Zitiert nach: http://www.ibe-ludwigshafen.de/images/stories/pdf/betriebliche%20 projektwirtschaft-ergebnisse.pdf, Verfügbarkeitsdatum: 12.04.2010.

Sakurai, M.: [Target Costing] and How to Use it. In: Journal of Cost Management, Summer 1989, S. 39-50.

Sakurai, M.: Integratives [Kostenmanagement]. München 1997.

Sandrino-Arndt, B.: [PMO Maturity Studie] 2009 – Deutsche Unternehmen zwischen Regulation und Wandel. Zitiert nach: http:// www.controlling portal.de/Fachinfo/Projektcontrolling/PMO-Maturity-Studie-2009-Deutsche-Unternehmen-zwischen-Regulation-und-Wandel.html, Verfügbarkeitsdatum: 10.04.2010.

Saynisch, M: Agile Projektmanagement-[Prinzipien] – Ein evolutionärer Management-Ansatz? „Projektmanagement 2. Ordnung" als Referenzmodell. In: *Oestereich*, B. (Hrsg.): Agiles Projektmanagement. Beiträge zur Konferenz „interPM" Glashütten 2006. Heidelberg 2006, S. 273-304.

Saynisch, M.: Die Praxis des [Konfigurationsmanagement]. In: *Bechler*, K.J. u. D. *Lange* (Hrsg.): DIN Normen im Projektmanagement. Bonn, Berlin 2005, S. 31-34.

Schärer, M. u. P. *Botteron*: Wie lässt sich der [Wert] strategischer Projekte bestimmen? In: Der Schweizer Treuhänder, 11/01, S. 1119-1126.

Schein, E.H.: [Organizational culture] and leadership. 3. A., San Francisco 2004.

Schelle, H.: [Projekte] zum Erfolg führen: Projektmanagement systematisch und kompakt. 6. A., München 2010.

Scheurer, S.: Bausteine einer Theorie der strategischen [Steuerung] von Unternehmen. Berlin 1997.

Scheurer, S. u. M. *Zahn*: [Organisationales Lernen]. In: Zeitschrift Führung + Organisation, H. 3 (1998), S. 174-180.

Scheurer, S. (2009): Projektmanagement als [Führungsfunktion] - die neue Rolle des Projekt-Controllings. In: *Klein,* A. u. R. *Gleich* (Hrsg.): Projekt-Controlling. Freiburg 2009, S. 25-58.

Scheurer, S.: [Unternehmensentwicklung] und Wertsteigerung durch PMOs. In: *Sandrion-Arndt*, B., *Thomas*, R. u. L. *Becker* (Hrsg.): Handbuch Project Management Office. Mit PMO zum strategischen Management der Projektlandschaft. Düsseldorf 2010, S. 83-225.

Schierenbeck, H. u. M. *Lister*: [Risikomanagement] im Rahmen der wertorientierten Unternehmenssteuerung. In: *Hölscher,* R. u. R. *Elfgen* (Hrsg.): Herausforderung Risikomanagement. Identifikation, Bewertung und Steuerung industrieller Risiken. Wiesbaden 2002, S. 181-203.

Schindler, E.: [Target Cost Management] (TCM) im Industriebetrieb am Beispiel Leica. In: *Boutellier*, R., *Völker*, R. u. E. *Voit* (Hrsg.): Innovationscontrolling: Forschungs- und Entwicklungsprozesse gezielt planen und steuern. München, Wien 1999, S. 105-118.

Schmelzer, H.J.: [Methoden] der Risikoanalyse und –überwachung. In: *Gassmann*, O. u. C. *Kobe* (Hrsg.): Management von Innovation und Risiko – Quantensprünge in der Entwicklung erfolgreich managen. 2. A., Berlin, Heidelberg, New York 2006, S. 245-266.

Schmelzer, H.J. u. K.H. *Buttermilch*: Reduzierung der Entwicklungszeiten in der [Produktentwicklung] als ganzheitliches Problem. In: *Brockhoff*, K., *Picot*, A. und Ch. *Urban* (Hrsg.): Zeitmanagement in Forschung und Entwicklung, zfbf, Sonderheft 23/1988, S. 43-72.

Schmidt, A.: [Kostenrechnung]. 5. A., Stuttgart u.a. 2008.

Schmidt, F.R.: [Life Cycle] Target Costing. Ein Konzept zur Integration der Lebenszyklusorientierung in das Target Costing. Aachen 2000.

Schmitz, H. u. M.P. *Windhausen*: [Projektplanung] und Projektcontrolling: Planung und Überwachung von besonderen Vorhaben. 3. A., Düsseldorf 1986.

Schreckeneder, B.C.: [Projektcontrolling]: Projekte überwachen, steuern und präsentieren. 3. A., Freiburg, München 2010.

Schreyögg, G.: Organisation. Grundlagen moderner [Organisationsgestaltung]. 3. A., Wiesbaden 1999.

Schreyögg, G: [Organisation]. Grundlagen moderner Organisationsgestaltung. 5. A, Wiesbaden 2008.

Schreyögg, G. u. H. *Steinmann*: [Strategische Kontrolle]. In: Schmalenbachs Zeitschrift für betriebswirtschaftliche Forschung (Zfbf), Heft 5, 1985, S. 391-410.

Schulte, G.: [Investition]: Investitionscontrolling und Investitionsrechnung. 2. A., München 2007.

Schwaber, K.: Agiles Projektmanagement mit [Scrum]. Unterschleißheim 2008.

Schwaber, K. u. M. *Beedle*: Agile Software Development with [Scrum]. Upper Saddle River NJ u.a. 2002.

Schwarze, J.: Projektmanagement mit [Netzplantechnik]. 10. A., Herne, Berlin 2010.

Schweitzer, M. u. H.-U. *Küpper*: [Systeme] der Kosten- und Erlösrechnung. 10. A., München 2011.

Seghezzi, H.D., *Fahrni*, F. u. F. *Hermann*: Integriertes [Qualitätsmanagement] – Der St. Galler Ansatz. 3. A., München 2007.

Seibert, S.: [Agiles Projektmanagement]. In: projektMANAGEMENT aktuell, Heft 1/2007, S. 41-48.

Seidenschwarz, W.: [Target Costing]: Marktorientiertes Zielkostenmanagement. München 1993.

Shields, M.D. und S.M. *Young*: Managing [Product Life Cycle Costs]: An Organizational Model. In: Journal of Cost Management, Fall 1991, S. 39-52.

Siegwart, H.: Der [Cash-flow] als finanz- und ertragswirtschaftliche Lenkungsgröße. 3. A., Zürich, Stuttgart 1994.

Slater, S.F., *Reddy*, V.K. u. T.J. *Zwirlein*: [Evaluating] Strategic Investments. In: Industrial Marketing Management, H 27 (1998), S. 447-458.

Spalink, H.: [Führung] als zentrale Führungsfunktion im Projektmanagement. In: *Steinle*, C., *Bruch*, H. u. D. *Lawa* (Hrsg.): Projektmanagement: Instrument effizienter Innovationen. 3. A., Frankfurt am Main 2001, S. 206-218.

Spickers, J.: Die [Entwicklung] des St. Galler Management-Modells. Homepage der Universität St. Gallen. [http://www.ifb.unisg.ch/org/ifb/ifbweb.nsf/wwwpubinhalteger/st.galler+management-modell], Version 2.1 vom 20.04. 2010, Verfügbarkeitsdatum 23.11.2010.

Sprenger, A.B.: Die Wandelfähigkeit von [Projektgruppen] – Entwicklung eines Ansatzes für die systemische Beurteilung der Erfolgskriterien organisatorischer Wandelprozesse im Projektmanagement. Bamberg 1995.

Steeger, O.: „Ruhe bitte! Hier arbeitet die ‚[Kritische Kette]'!": Bahnstrohmspezialist Transtechnik nutzt Critical-Chain-Projektmanagement. In projektMANAGEMENT aktuell, Heft 2/2005, S. 8-13.

Steeger, O.: Die Projektflotte ist heute in „[Staffelformation]" unterwegs: CCPM-Pionier Transtechnik mit neuen Ansätzen für das Multiprojektmanagement. In: projektMANAGEMENT aktuell, Heft 3/2007. S- 3-11.

Steinmann, H. u. G. *Schreyögg*: [Management]. Grundlagen der Unternehmensführung. 6. A., Wiesbaden 2005.

Stern, J.M., *Shiely*, J.S. u. I. *Ross*: Wertorientierte [Unternehmensführung] mit E(conomic) V(alue) A(dded). München 2002.

Stetter, T.: [Unternehmensentwicklung] und strategische Unternehmensführung. München 1994.

Stewart, G.B.: The Quest for [Value]: The EVA™ Management Guide. New York 1991.

Stöger, R.: Wirksames [Projektmanagement]: Mit Projekten zu Ergebnissen. 2. A., Stuttgart 2007.

Techt, U.: Das aktuelle Stichwort: „[Critical-Chain-Projektmanagement]". In: projektMANAGEMENT aktuell, Heft 2/2005, S. 14-15.

Teece, D.J.: [Dynamic Capabilities] and Strategic Management. Oxford 2009.

The SPICE User Group: [Automotive SPICE™]: Introduction. Homepage: [http://www.automotivespice.com/web/Introduction.html], Verfügbarkeitsdatum 23.11.2010.

Thom, *N.* u. S. *Odermatt*: Gutachten zu den Zertifizierungsverfahren im [Projektmanagement]. Institut für Organisation und Personal der Universität Bern. Verein zur Zertifizierung im Projektmanagement (VZPM) (Hrsg.), Glattbrugg (CH) 2009.

Trigeorgis, L.: [Real Options]: Managerial Flexibility and Strategy in Resource Allocation. Cambridge, Mass. 1996.

Troßmann, E.: [Investition]. Stuttgart 1998.

Troßmann, E.: [Beschaffung] und Logistik. In: *Bea*, F.X., *Friedl*, B. und M. *Schweitzer* (Hrsg.): Allgemeine Betriebswirtschaftslehre. Band 3: Leistungsprozess. 9. A., Stuttgart 2006, S. 113-181.

Turner, J.R.: The [Handbook] of project-based management: improving the processes for achieving strategic objectives. 4. A., London 1999.

Ulrich, H.: Die [Unternehmung] als produktives soziales System. Bern, Stuttgart 1968.

Ulrich, H.: [Management]. Bern 1984.

Ulrich, H. u. W. *Krieg*: Das [St. Galler Management-Modell]. Bern 1972.

Ulrich, H. u. G.J.B. *Probst*: [Anleitung] zum ganzheitlichen Denken und Handeln: ein Brevier für Führungskräfte. 4. A., Bern 1995.

Varela, F.: Der kreative [Zirkel]. In: *Watzlawick*, P. (Hrsg.): Die erfundene Wirklichkeit. Wie wissen wir, was wir zu wissen glauben? Beiträge zum Konstruktivismus. 7. A., München 1991, S. 294-309.

Vogel, B. u. H. *Bruch*: [Projektkompetenz] durch Wissensmanagement. In: *Steinle*, C., *Bruch*, H. u. D. *Lawa* (Hrsg.): Projektmanagement: Instrument effizienter Innovation. 3. A., Frankfurt a. M. 2001, S. 251-268.

Wagner, R.: [Assessments] im PM – Die Reifeprüfung für projektorientierte Organisationen. In: projektMANAGEMENT aktuell, Heft 2/2010, S. 24-30.

Wagner, R.: [Reifegradmodelle] im Projektmanagement. In: *Möller*, T., *Campana*, C., *Lange*, D., *Gemünden*, H.G. u. P.E. *Mayer* (Hrsg.): Projekte erfolgreich managen. 42. Akt./Erg.-Lieferung. Köln 2010, Kapitel 6.2.7, S. 1-50.

Walder, F.-P. u. G. *Patzak*: [Qualitätsmanagement] und Projektmanagement. Wiesbaden 1997.

Wastian, M., *Braumandl*, I. *u.* L. *v. Rosenstiel* (Hrsg.): Angewandte [Psychologie] für Projektmanager, Heidelberg 2009.

Weber, K.E.: [Vertragsrechtliche Fragen]. In: *Schelle*, H., *Reschke*, H., *Schnopp*, R. u. A. *Schub* (Hrsg.): Projekte erfolgreich managen. 30. Akt./ Erg.-Lieferung, Juli 2007. Köln 2007.

Wild, J.: Grundlagen der [Unternehmungsplanung]. 4. A., Opladen 1982.

Willke, H.: Systemisches [Wissensmanagement]. 2. A., Stuttgart 2001.

Winkelhofer, G.: Management- und [Projekt-Methoden]: Ein Leitfaden für IT, Organisation und Unternehmensentwicklung. 3. A., Berlin, Heidelberg, New York 2005.

Womack, J.P., *Jones*, D.T. u. D. *Roos*: Die zweite [Revolution] in der Autoindustrie. 8. A., Frankfurt/Main, New York 1994.

Young, S.D. u. S.F. *O`Bryne*: [EVA] and value-based management: a practical guide to implementation. New York et al. 2001.

Zahn, E.: Kompetenzbasierte [Strategien]. In: *Corsten*, H. u. M. *Reiß* (Hrsg.): Handbuch Unternehmensführung: Konzepte - Instrumente - Schnittstellen. Wiesbaden 1995, S. 355-369.

Zahn, E.: [Strategiekompetenz] – Voraussetzung für maßgeschneiderte Strategien. In: *Zahn*, E. u. S. *Foschiani* (Hrsg.): Maßgeschneiderte Strategien – der Weg zur Alleinstellung im Wettbewerb. Stuttgart 1999, S. 1-22.

Zangemeister, C.: [Nutzwertanalyse] in der Systemtechnik. 4. A, München 1976.

Zehbold, C.: [Lebenszykluskostenrechnung]. Wiesbaden 1996.

Zimmermann, J., *Stark*, Ch. u. J. *Rieck*: [Projektplanung]: Modelle, Methoden, Management. 2. A., Berlin, Heidelberg, New York 2010.

Zollondz, H.-D.: Grundlagen [Qualitätsmanagement]: Einführung in Geschichte, Begriffe, Systeme und Konzepte. 2. A., München 2006.

Stichwortverzeichnis

Z